Sistemas auxiliares del motor

José Pardiñas

EDI

ÍNDICE

CÓMO SE USA ESTE LIBRO

Cada unidad de este libro comienza con un **caso práctico inicial,** que plantea una situación relacionada con el ejercicio profesional y vinculado con el contenido de la unidad de trabajo. Pretende que comprendas la utilidad de lo que vas a aprender. Consta de una situación de partida y de un estudio del caso, que o bien lo resuelve o da pistas para su análisis a lo largo de la unidad.

El caso práctico inicial se convierte en **eje vertebrador de la unidad** ya que se incluirán llamadas que hagan de referencia a ese caso concreto, a lo largo del desarrollo de los contenidos.

El desarrollo de los contenidos aparece ordenado en epígrafes y subepígrafes y acompañado de numerosas ilustraciones, seleccionadas de entre los equipos y herramientas más frecuentes que te vas a encontrar al realizar tu trabajo.

En los márgenes aparecen textos que amplían los contenidos y llamadas al caso práctico inicial.

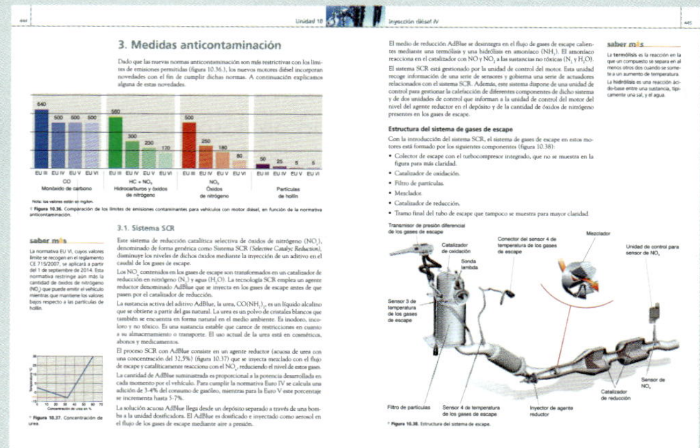

A lo largo del texto se incorporan **actividades** propuestas y **ejemplos,** con actividades planteadas y desarrolladas que ayudan a asimilar los conceptos tratados y por otra parte, a aprender a realizar ciertos cálculos teóricos necesarios para conocer el funcionamiento y las características técnicas de los sistemas auxiliares del motor.

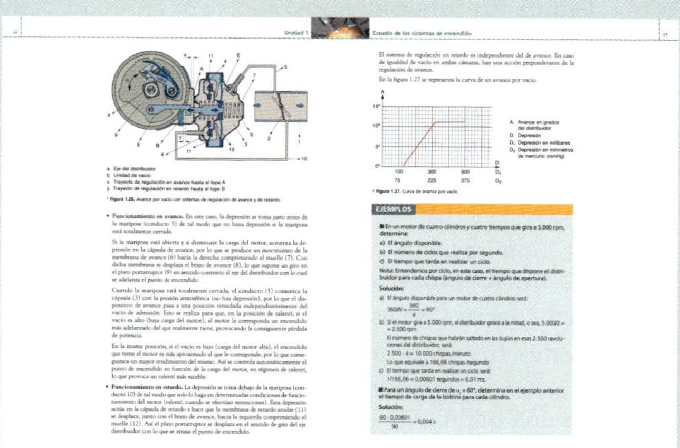

IMPORTANTE

Todas las actividades propuestas en este libro deben realizarse en un cuaderno de trabajo, nunca en el propio libro.

Como cierre de la unidad se proponen una serie de **actividades finales** para que apliques los conocimiento adquiridos y, a su vez, te sirvan de repaso.

El apartado **evalúa tus conocimientos** consiste en una batería de preguntas que te permitirán comprobar el nivel de conocimientos adquiridos tras el estudio de la unidad. Las soluciones a estas preguntas las puedes encontrar al final del libro.

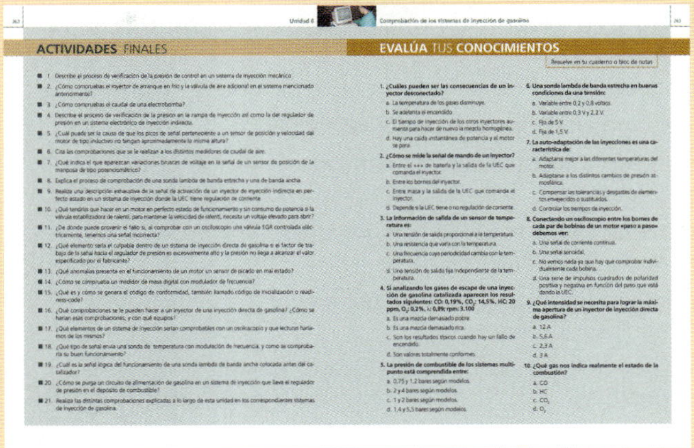

En la sección **práctica profesional** se plantea el desarrollo de un caso práctico, en el que se describen las operaciones que se realizan, se detallan las herramientas y el material necesario, y se incluyen fotografías que ilustran los pasos a seguir.

Estas prácticas profesionales representan los resultados de aprendizaje que debes alcanzar al terminar tu módulo formativo.

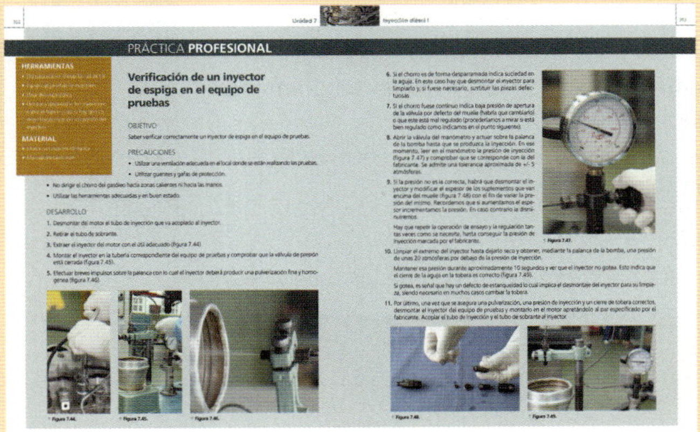

La sección **mundo técnico** versa sobre información técnica de este sector y vinculada a la unidad. Es importante conocer las últimas innovaciones existentes en el mercado y disponer de ejemplos en la vida real de las aplicaciones de los contenidos tratados en la unidad.

La unidad finaliza con el apartado **en resumen,** mapa conceptual con los conceptos esenciales de la unidad.

Además, se incluyen en el apartado **entra en internet** con diversas páginas web para ampliar los contenidos tratados en la unidad.

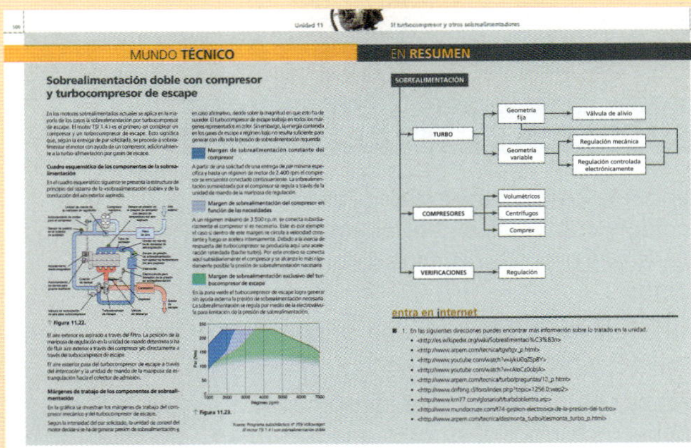

1 Estudio de los sistemas de encendido

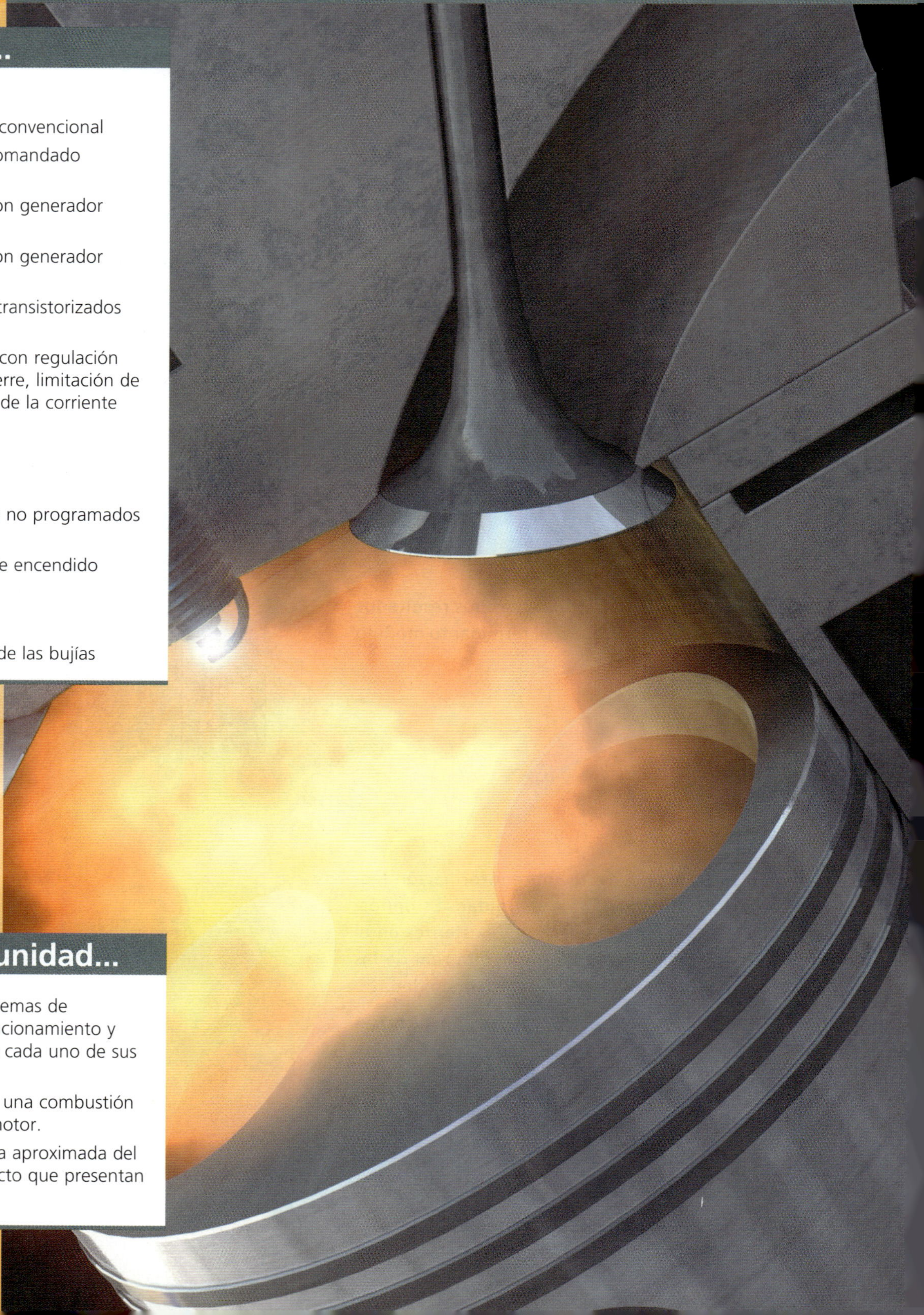

vamos a conocer...

1. Introducción
2. Encendido electromecánico convencional
3. Encendido transistorizado comandado por contactos
4. Encendido transistorizado con generador de impulsos por efecto Hall
5. Encendido transistorizado con generador de impulsos por inducción
6. Ventajas de los encendidos transistorizados sin contactos
7. Encendidos transistorizados con regulación electrónica del ángulo de cierre, limitación de la corriente primaria y corte de la corriente de reposo
8. Encendidos programados

PRÁCTICA **PROFESIONAL**

Identificación de encendidos no programados sobre el motor

Bujías: análisis de la punta de encendido e instalación correcta

MUNDO **TÉCNICO**

El láser podría marcar el fin de las bujías

y al finalizar esta unidad...

- Diferenciarás los distintos sistemas de encendido y conocerás el funcionamiento y características particulares de cada uno de sus elementos.
- Entenderás la repercusión de una combustión anormal de la mezcla en el motor.
- Serás capaz de tener una idea aproximada del estado del motor por el aspecto que presentan las bujías.

situación de partida

Pablo es un farmacéutico que trabaja en una farmacia de su pueblo. Es aficionado a los coches antiguos y como tal, dispone de varios modelos en su casa. Señalaremos que Pablo también es licenciado en Física.

Una tarde lluviosa salió a la carretera con un SEAT 600 con tan mala suerte que de repente se le para el motor. Accedió al mismo y vio cómo una tapa negra estaba muy mojada. Retiró la tapa y la secó bien y con mucha delicadeza. También detectó que en el interior de dicha tapa, entre otros elementos, había unos contactos que al accionar el arranque abrían y cerraban.

La sencillez del sistema despertó en Pablo gran interés. El caso es que el coche arrancó una vez instalada la tapa.

Pablo conoce a Benito, la persona que va a impartir un curso muy básico sobre encendidos a personal de la Asociación de Talleres de la comarca. Lo llama para que le pase la información del curso y cuando pueda le explique personalmente los contenidos del mismo.

Benito le pasa dicha información y en el tiempo libre le va explicando todos los detalles.

La primera parte del curso, conceptos básicos de magnetismo y electromagnetismo, a Pablo le resulta fácil de entender dados sus conocimientos de Física. Después, aprovechando alguno de sus coches caseros, le comenta la evolución de los distintos tipos de encendidos no programados, desde los que contienen ruptor hasta los transistorizados.

Pablo identifica los elementos que componen el circuito del encendido en sus coches según le va indicando Benito. Incluso tienen que ir a un taller del pueblo para ver algunos componentes electrónicos ya que sus coches son demasiado antiguos y carecen de ellos. Una de las curiosidades que más le llama la atención a Pablo son los distintos aspectos que tienen las bujías, una vez desmontadas, de alguno de sus modelos. Dado el interés de Pablo por el tema y a su sólida formación, Benito ya se atreve a comentarle el funcionamiento y características de cada uno de los componentes de los encendidos y lo invita que acuda como oyente a los últimos días del curso.

El resultado es que Pablo le pide a Benito algunas explicaciones un poco más profundas acerca de los encendidos transistorizados y sin querer Benito saca el tema de las Unidades Electrónicas de Control.

Pablo tira de conversación y llegan a estudiar los primeros sistemas de encendido gobernados por dichas Unidades de Control. Benito no quiso mezclar sistemas donde las Unidades gestionan encendidos e inyecciones. Nunca se había imaginado Pablo que después de tantos años, conceptos como inducción electromagnética, efecto Hall, interferencias eléctricas… se verían refrescados gracias a su afición automovilística.

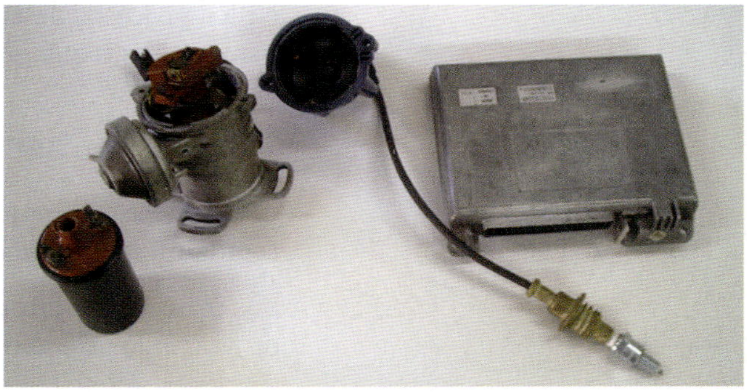

↑ **Distintos componentes del sistema de encendido.**

estudio del caso

Antes de empezar a leer esta unidad de trabajo, puedes contestar las dos primeras preguntas. Después analiza cada punto del tema, con el objetivo de contestar al resto de las preguntas de este caso práctico.

1. ¿Sabes lo que es el magnetismo y el electromagnetismo?
2. ¿Crees que el aspecto que presenta una bujía nos puede decir algo acerca del funcionamiento del motor?
3. ¿Sabes cuál es la misión del circuito de encendido y qué elementos lo componen?
4. ¿Piensas que puede haber encendidos con elementos electrónicos y sin embargo no ser gobernados por una Unidad de Control?
5. ¿Crees que el sistema de encendido necesita disponer de algún supresor de las interferencias eléctricas?
6. Si el tiempo que transcurre entre la inflamación de la mezcla y su combustión total es más o menos el mismo, ¿cómo adecua el sistema de encendido el salto de chispa en función del número de revoluciones?
7. Los materiales paramagnéticos. ¿Son atraídos por imanes?

1. Introducción

saber más

El magnetismo y la electricidad se hallan estrechamente relacionados, ya que gracias al magnetismo, puede obtenerse electricidad.

El matemático escocés James Clerk Maxwell fue el primero en explicar la relación entre la electricidad y el magnetismo, allá por el año 1870.

La energía motriz del motor se consigue mediante una explosión que se obtiene a través de una reacción química entre el oxígeno del aire y la gasolina. Dicha reacción química da como resultado la generación de vapor de agua, CO_2 y otros gases residuales, así como la liberación de energía térmica que produce la expansión de los gases resultantes. Para iniciar la reacción necesitamos aportar energía a una parte de la mezcla inicial, de tal modo que se inicie la reacción en un punto de la cámara de combustión (electrodos de la bujía). La energía liberada por la reacción producida en ese punto servirá para incendiar el gas próximo a ese punto, provocando así la propagación de la llama que implicará la combustión de todo el gas de la cámara de combustión.

La energía inicial necesaria para el inicio de la combustión la aportamos en forma de salto de chispa entre los electrodos de la bujía. Dicho salto de chispa consiste en hacer conducir un material (aire + gasolina) que es en principio un aislante. Por tanto, para lograr el salto de un electrón entre los electrodos de una bujía es necesario aplicarle una tensión de varios miles de voltios para arrancarle electrones a la mezcla (ionizarla) y que así se produzca una corriente eléctrica entre los dos electrodos con el fin de calentar la mezcla hasta una temperatura y durante un tiempo suficiente para iniciar una explosión.

Por ello, las bajas tensiones de las baterías (6, 12 o 24 V) necesitan ser transformadas en altas tensiones. Esta función la realiza una bobina. Para entender cómo se producen estos cambios de voltaje, así como otros fenómenos que tienen lugar en los procesos de encendido, es preciso tener claros unos conceptos de **magnetismo y electromagnetismo** que a continuación vamos a explicar.

1.1. Magnetismo

El magnetismo es una parte de la Física que estudia las **fuerzas de atracción y repulsión** que se producen entre ciertos materiales.

Los imanes son unos materiales que presentan unas propiedades magnéticas que provocan la atracción o repulsión de otros imanes en función de la posición relativa entre ellos. De este modo se definen en cada pieza de material imantado dos caras o polos (norte y sur), y sabemos que cuando dos imanes se enfrentan por el mismo polo se repelen mientras que si lo hacen por polos opuestos se atraen.

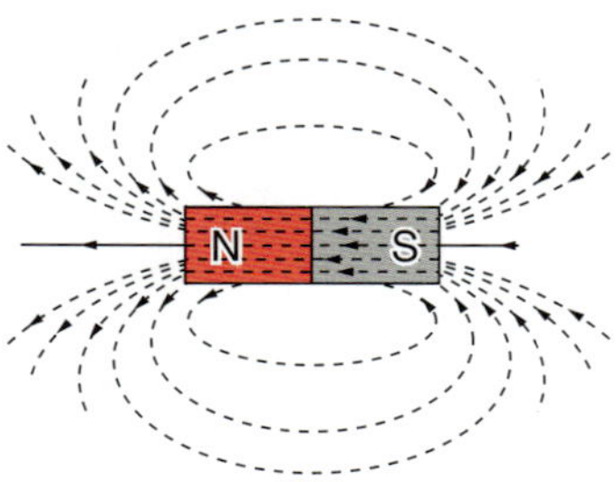

↑ **Figura 1.1.** Campo magnético de un imán.

Campo magnético producido por un imán

Es el espacio dentro del cual se aprecian los efectos magnéticos que origina el imán. Se representa por una serie de líneas denominadas **líneas de fuerza** (figura 1.1), las cuales se dibujan más apretadas en el punto donde el campo magnético es más intenso. Las líneas representan la orientación que tomarían los polos norte y sur de un imán si se viera sometido a la fuerza generada por el campo magnético en el punto que estuviera dibujada la línea (figura 1.2). Sobre la misma línea se dibuja una flecha que indica hacia dónde quedaría orientado el polo norte.

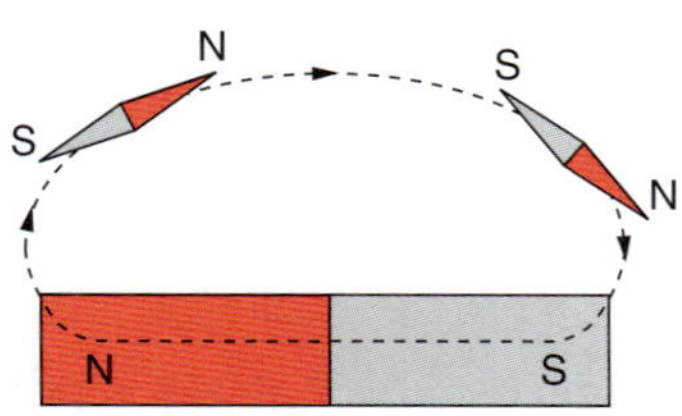

↑ **Figura 1.2.** Demostración de la existencia de un campo magnético.

Clasificación de las sustancias en función de sus propiedades magnéticas

1. **Sustancias ferromagnéticas.** Son sustancias que se ven sometidas a fuerzas al ser introducidas dentro de un campo magnético (níquel, hierro, acero, etc.). Estas sustancias, si permanecen tiempo suficiente bajo el efecto del campo

magnético, pueden generar un campo magnético propio una vez que el campo magnético inicial desaparece (se imantan). El tiempo que permanece ese campo magnético propio (remanencia) varía en función de las características del material. Si este tiempo es suficientemente largo hablamos de un **imán permanente.** Debido a esta propiedad de imantación, estas sustancias pueden producir una transmisión del campo magnético a través de ellas casi sin pérdidas.

2. **Sustancias paramagnéticas.** Estas sustancias no se ven sometidas a ningún tipo de fuerza al ser introducidas dentro de un campo magnético ni provocan alteraciones en él (cromo, aluminio, manganeso, aire, etc.).
3. **Sustancias diamagnéticas.** Tampoco se ven sometidas a fuerzas al ser insertadas dentro de un campo magnético pero entorpecen el paso del mismo a través de ellas (antimonio, mercurio, bismuto, etc.).

Nota: De esta clasificación de sustancias deducimos que cada material transmite en su interior el campo magnético de una forma diferente, de tal modo que la capacidad de conducir el campo magnético de un punto a otro se le denomina **permeabilidad magnética** (μ). En las sustancias ferromagnéticas, $\mu > 1$; pudiendo alcanzar valores de 2.000 o más. En las paramagnéticas $\mu \simeq 1$, mientras que en las diamagnéticas $\mu < 1$.

1.2. Electromagnetismo

Es la parte de la Física que estudia la relación entre las corrientes eléctricas y los campos magnéticos.

caso práctico inicial

En el curso de encendidos, Benito explica conceptos de magnetismo y electromagnetismo.

Campos magnéticos generados por corrientes

A través de diversos experimentos se concluyó que toda corriente eléctrica genera un campo magnético en sus proximidades proporcional a la intensidad de la corriente. La representación del campo magnético en forma de líneas de fuerza producido por una corriente rectilínea es mostrada en la figura 1.3. La flecha representa el conductor.

Para aumentar el campo magnético producido por un conductor en un punto, podemos construir una espira cuyo centro sea dicho punto (figura 1.4). El campo magnético en una espira es máximo en su centro y aumenta al incrementar la corriente eléctrica.

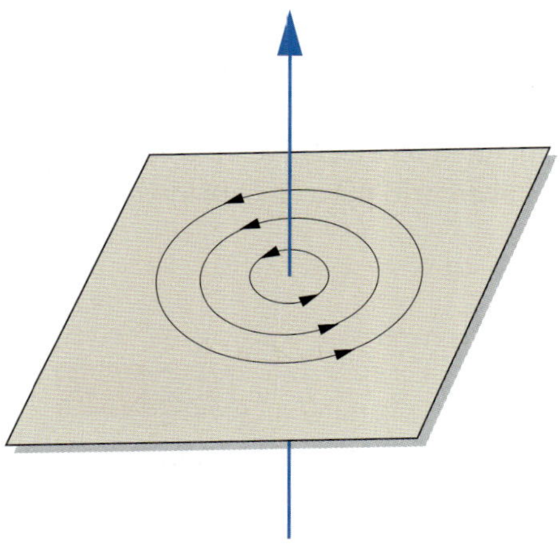

↑ **Figura 1.3.** Campo magnético creado por una corriente rectilínea.

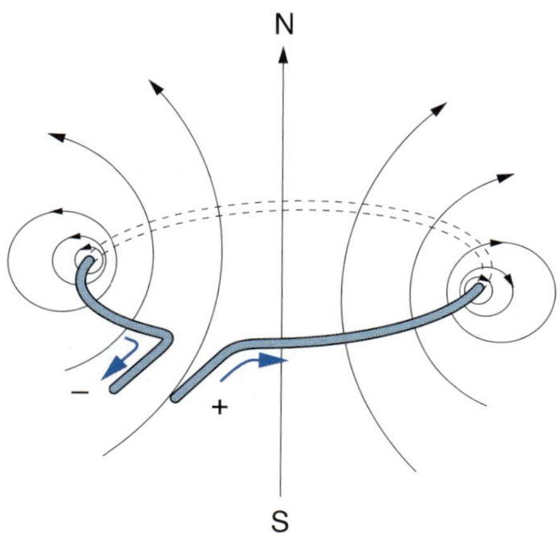

↑ **Figura 1.4.** Campo magnético creado por una espira.

saber más

Ferrita

La ferrita es una forma alotrópica del hierro que aparece en ciertas aleaciones.

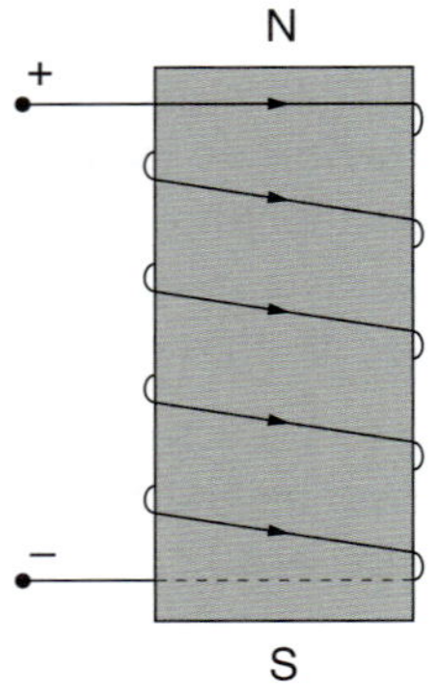

↑ **Figura 1.5.** Bobina.

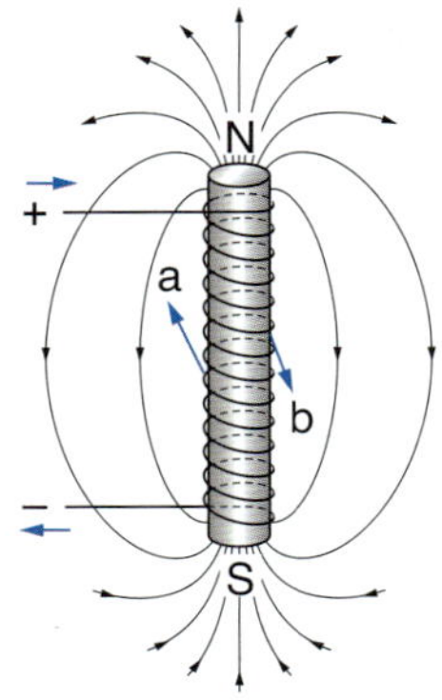

↑ **Figura 1.6.** Campo magnético creado por una bobina.

Colocando varias espiras unas seguidas de otras, formaremos un solenoide o bobina (figura 1.5), donde el campo magnético en sus proximidades será la suma del campo magnético producido por cada una de las espiras. Como el campo magnético generado por una sola espira es muy débil, para conseguir campos magnéticos aprovechables necesitaremos un gran número de espiras, lo que da como resultado dispositivos relativamente grandes. En la figura se puede ver que en los dos extremos de la bobina se originan los dos polos. Las polaridades se verán invertidas si se invierte el sentido de la corriente eléctrica. Para aprovechar por igual el campo magnético generado por todas las espiras es conveniente arrollar dichas espiras alrededor de un núcleo que transporte muy bien el campo magnético (material altamente ferromagnético) y que al mismo tiempo no se imante para que así, al desaparecer la corriente eléctrica, desaparezca también el campo magnético. Dos de los materiales más utilizados son el hierro dulce y la ferrita. Este núcleo lo tenemos representado en la figura 1.6 indicado con la letra **b,** mientras que la letra **a** señala el arrollamiento de la bobina.

Corrientes generadas por campos magnéticos

También a través de diversos experimentos se ha llegado a la conclusión de que todo **campo magnético** en las proximidades de un conductor produce una corriente eléctrica en el mismo, proporcional a la intensidad del campo magnético y a la velocidad con que varía dicho campo.

Podemos verlo en la representación de un experimento básico (figura 1.7), donde en la sección A observamos cómo al acercar un imán a una bobina se aprecia la formación de una corriente eléctrica en su interior que puede ser detectada a través de un amperímetro. En la sección B, se aprecia cómo un imán quieto no produce ninguna corriente eléctrica y, por último, en la sección C se ve cómo al alejar el imán obtenemos la misma corriente que al acercarlo pero en sentido contrario.

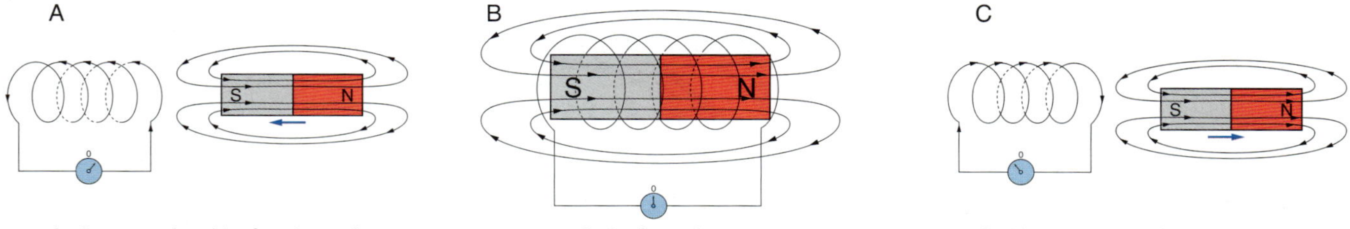

A. Acercando el imán al conductor B. Imán quieto C. Alejando el imán del conductor

↑ **Figura 1.7.** Generación de corriente.

La corriente generada en una bobina por efecto de un campo magnético, conocida con el nombre de **corriente inducida,** responde a la **ley de Lenz,** que nos indica que, al hacer variar el campo magnético en las proximidades de una bobina, esta genera una corriente que se opone a esa variación de campo magnético.

Autoinducción

Si hacemos circular una corriente eléctrica a través de una bobina, genera un campo magnético; al mismo tiempo, sabemos que, si variamos un campo magnético cerca de una bobina, esta variación provocará una corriente eléctrica en el interior de la misma. Por tanto, si hacemos pasar una corriente eléctrica que varía a través de una bobina, conseguimos un campo magnético que varía en las proximidades de esta. Este campo magnético autoinducirá en la misma bobina una corriente eléctrica que según la ley de Lenz tenderá a oponerse a la variación de corriente eléctrica que nosotros intentamos producir en la bobina. De este modo, si intentamos aumentar la corriente eléctrica que circula por una bobina (por ejemplo conectando la bobina a un voltaje) la corriente autoinducida por dicha variación en la bobina provocará que esta ofrezca una resistencia al aumento de corriente. Por otro lado, si intentamos reducir la corriente eléctrica que circula por una bobina (por ejemplo desconectando dicha bobina del voltaje) la desaparición de campo magnético autoinducirá una corriente que sustituya a la desaparecida.

saber más

La unidad de inducción *(L)* en el Sistema Internacional es el henrio (H).

El henrio es la inductancia de un circuito en el que una corriente que varía a razón de 1 amperio por segundo da como resultado una fuerza electromotriz autoinducida de 1 voltio.

Transformadores

Si colocamos dos bobinas muy próximas una de otra (por ejemplo arrollándolas sobre un mismo núcleo) y hacemos circular una corriente eléctrica que varía a través de una de las bobinas (bobina de primario) conseguiremos que el campo magnético generado por esta corriente cree una corriente inducida y, por tanto, un voltaje en cada una de las espiras de la otra bobina (bobina de secundario). De este modo, el voltaje entre los extremos de la segunda bobina será proporcional al número de espiras de la misma. Por tanto, variando el número de espiras de la segunda bobina podremos conseguir voltajes tan grandes como queramos, siempre y cuando el campo magnético inductor (el generado por la primera bobina) sea lo suficientemente grande.

En la figura 1.8 vemos una ejecución básica de bobina donde, si abrimos y cerramos el interruptor, provocamos un voltaje inducido entre los bornes del secundario. Aplicando la ley de Lenz tenemos lo siguiente: la corriente inducida en la bobina secundaria genera un campo magnético cuyo flujo se opone al flujo creado por la bobina primaria.

Al cerrar el interruptor, la corriente inducida en el secundario es contraria a la del primario ya que el flujo varía en el primario de cero al máximo. Sin embargo, al abrir el interruptor la corriente inducida en el secundario tiene el mismo sentido que la del primario debido a que el flujo en el primario varía de máximo a cero.

Aplicando el mismo principio de la misma ley, podemos confirmar que una vez que está establecida la corriente por el primario, al abrir el interruptor aparece una fuerza contraelectromotriz (f.c.e.m.) que se opone a que la corriente desaparezca, generándose una fuerza electromotriz (f.e.m.) que es del mismo sentido que la intensidad original.

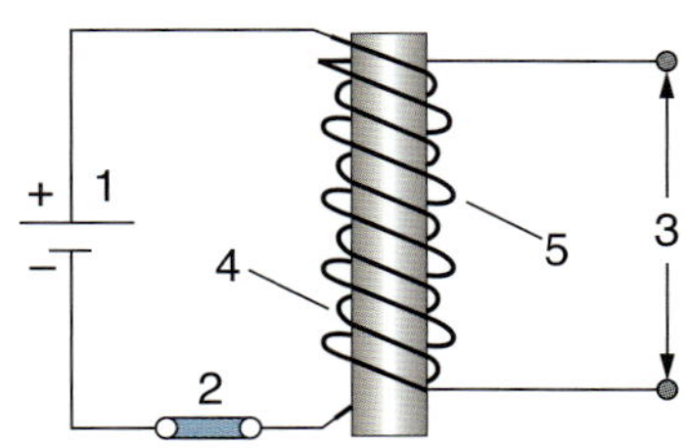

1. Batería
2. Interruptor
3. Voltaje inducido en el secundario
4. Bobina primaria
5. Bobina secundaria

↑ **Figura 1.8.** Principio de funcionamiento de un transformador.

Tensión del circuito secundario (relación de transformación)

Sabemos, desde que explicamos la figura 1.8, que cuando abríamos el interruptor se inducía en el circuito primario y en el circuito secundario una f.e.m.

saber más

Nota

El flujo magnético también puede estar expresado en weber. Si ocurre esto, la constante 10^8 desaparecería de las expresiones mencionadas en esta página. Esto es así, ya que 1 weber = 10^8 maxwelios.

Pues bien, la f.e.m. inducida en el primario es:

$$E_1 = \frac{\Phi \cdot N_1}{t \cdot 10^8}$$

E_1 = f.e.m. de autoinducción en el primario en voltios.

Φ = variación de flujo magnético en maxwelios.

N_1 = número de espiras del primario.

t = tiempo que dura la variación de flujo en segundos.

10^8 = constante para que la f.e.m. venga expresada en voltios.

Y en el secundario la f.e.m. inducida será:

$$E_2 = \frac{\Phi \cdot N_2}{t \cdot 10^8}$$

E_2 = f.e.m. inducida en el secundario en voltios.

Φ = variación de flujo magnético en maxwelios.

N_2 = número de espiras del secundario.

t = tiempo que dura la variación de flujo en segundos.

10^8 = constante para que la f.e.m. venga expresada en voltios.

Como el campo magnético es común para ambos arrollamientos, así como también el tiempo de apertura durante el cual se produce la variación del flujo magnético, igualando las ecuaciones anteriores, se tiene:

$$\Phi = \frac{E_1 \cdot t \cdot 10^8}{N_1} = \frac{E_2 \cdot t \cdot 10^8}{N_2}$$

Por tanto:

$$\frac{E_1}{N_1} = \frac{E_2}{N_2}$$

O también:

$$\frac{E_1}{E_2} = \frac{N_1}{N_2}$$

Según indica la expresión anterior, la relación de transformación (R_T) estará en función del número de espiras entre primario y secundario y de la tensión de influencia de los mismos.

EJEMPLO

Una bobina produce un flujo de 0,0025 weber y tiene 25.000 espiras en el arrollamiento secundario. Si el flujo desaparece en 0,002 segundos, ¿cuál será la f.e.m. inducida en dicho arrollamiento?

Solución:

$$E_2 = \frac{\Phi \cdot N_2}{t} = \frac{0{,}0025 \cdot 25.000}{0{,}002} = 31.250 \text{ voltios}$$

2. Encendido electromecánico convencional

Un sistema convencional de encendido está básicamente compuesto por los siguientes elementos (figura 1.9): batería, llave de contacto, bobina, distribuidor, bujías y cableado necesario para su conexionado. Por su parte, el distribuidor incorpora entre otros mecanismos, el ruptor, la leva, el condensador y la pipa o rotor.

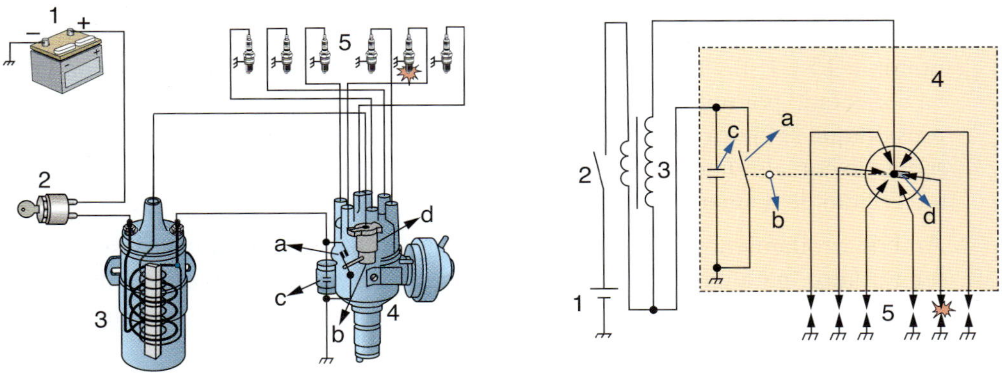

A. Conexión de los distintos elementos en un motor de 6 cilindros

B. Esquema eléctrico

1. Batería
2. Llave de contacto
3. Bobina de encendido
4. Distribuidor
   a. Ruptor
   b. Leva
   c. Condensador
   d. Pipa o rotor
5. Bujías

↑ **Figura 1.9.** Instalación de un encendido electromecánico convencional.

2.1. Batería

Es la encargada de suministrar la energía suficiente para hacer funcionar el circuito (figura 1.10).

saber más

En el libro *Sistemas de carga y arranque* de Editex puedes ampliar información sobre la batería.

2.2. Llave de contacto

Además de abrir y cerrar el circuito primario, realiza otras funciones como son el bloqueo de la dirección y el accionamiento del motor de arranque (figura 1.11).

↑ **Figura 1.10.** Batería.

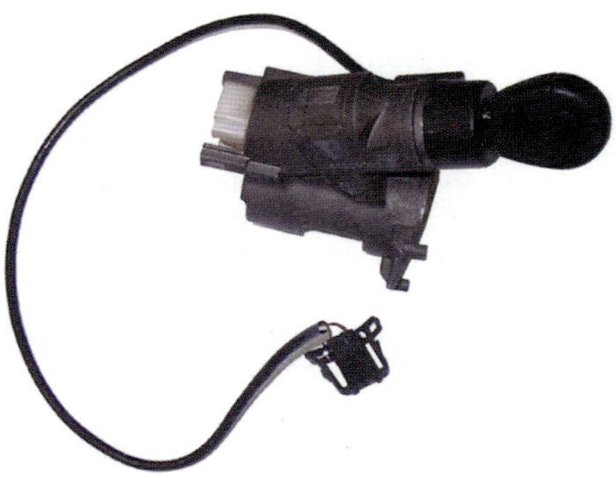

↑ **Figura 1.11.** Llave de contacto.

recuerda

Energía de una bobina

La energía *(E)* que puede acumular una bobina o transformador de encendido viene dada por la siguiente expresión:

$$E = 1/2\ L \times I$$

donde L es la inductancia de la bobina e I la intensidad que circula por ella.

2.3. Bobina de encendido

Es el elemento encargado de elevar la baja tensión de la batería y transformarla en alta tensión en el circuito de las bujías (figura 1.12).

Básicamente, está constituida por un núcleo magnético alrededor del cual existen dos arrollamientos denominados secundario y primario. En las bobinas modernas, el arrollamiento primario está arrollado sobre el secundario, con lo cual se consigue una mayor resistencia mecánica en el conjunto así como una mayor disipación del calor.

El primario va conectado al circuito de baja tensión (tensión de batería) y está formado por un hilo grueso de cobre (0,5 a 0,8 mm de diámetro) y unas pocas espiras (entre 200 y 300 aproximadamente). Los bornes exteriores se suelen denominar 15 y 1, B y D, + y –, respectivamente según el fabricante. El secundario va conectado por uno de sus extremos al primario y por el otro al circuito de alta tensión que se cierra a través de las bujías (normalmente este último borne viene señalado con el número 4). Este arrollamiento es de hilo de cobre muy fino (0,06 a 0,08 mm de diámetro) y presenta muchas espiras (de 20.000 a 30.000).

Ambos arrollamientos están aislados entre sí por papel y bañados en resina epoxi o en asfalto, para dar rigidez al conjunto frente a las vibraciones. También hay bobinas rellenas en aceite de alta rigidez dieléctrica que sirve de aislante y refrigerante.

La bobina basa su funcionamiento en los fenómenos de inducción electromagnética.

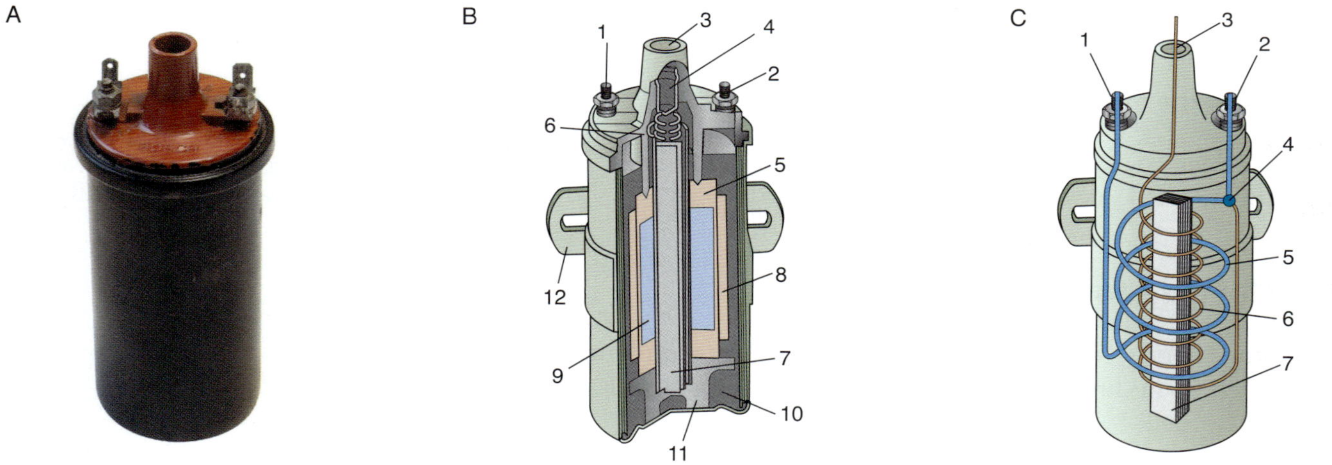

A. Aspecto exterior

B. Vista interior
1. Borne 15
2. Borne 1
3. Borne 4
4. Conexión exterior de alta tensión
5. Capas de papel aislante
6. Tapa aislante
7. Núcleo magnético
8. Arrollamiento primario
9. Arrollamiento secundario
10. Masa de relleno
11. Cuerpo aislante
12. Abrazadera de sujeción

C. Detalle de conexión de los arrollamientos
1. Borne +
2. Borne –
3. Borne 4
4. Conexión común de los arrollamientos
5. Arrollamiento primario
6. Arrollamiento secundario
7. Núcleo magnético

↑ **Figura 1.12.** Vista y detalles de una bobina de encendido.

2.4. Distribuidor

Recibe movimiento del árbol de levas y su función es repartir a cada una de las bujías, en el orden y momento preciso, el impulso de alta tensión generado por la bobina (figura 1.13).

Los componentes del distribuidor son, como se ha dicho: el ruptor, la leva, el condensador y la pipa o rotor.

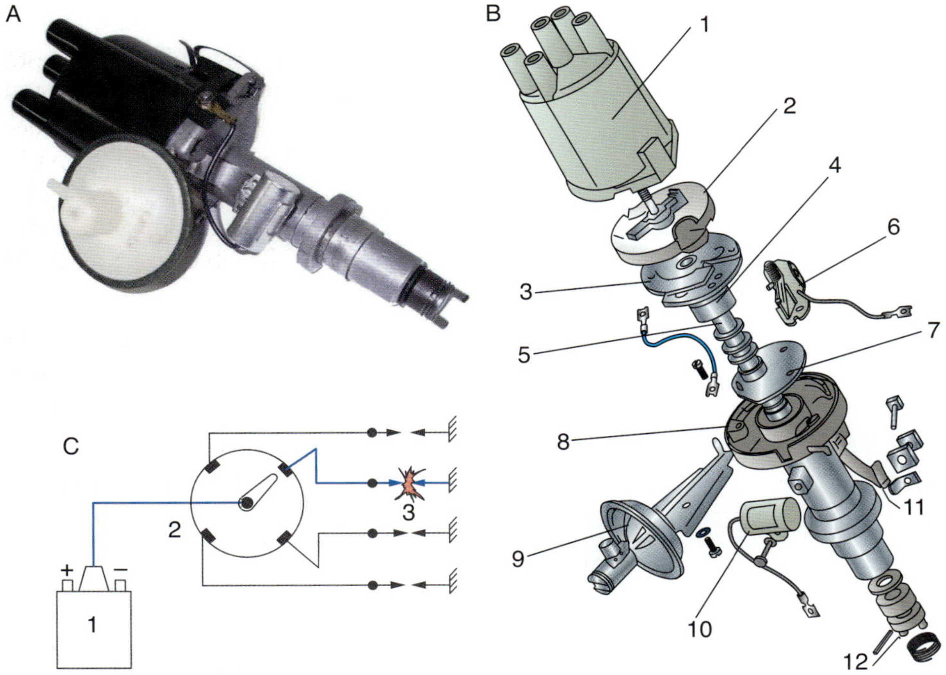

A. Aspecto exterior
B. Despiece
   1. Tapa
   2. Rotor
   3. Avance centrífugo
   4. Leva
   5. Eje
   6. Ruptor
   7. Placa soporte
   8. Cuerpo
   9. Depresor
   10. Condensador
   11. Muelle de sujeción
   12. Arrastre
C. Detalle de la distribución de alta tensión
   1. Bobina
   2. Distribuidor
   3. Bujías

↑ **Figura 1.13.** Distribuidor.

Ruptor

Es un interruptor accionado por una leva a través de un patín de fibra que desliza sobre la misma (figura 1.14). Este interruptor se encarga de abrir y cerrar el circuito primario de la bobina de encendido al ritmo del número de revoluciones del motor.

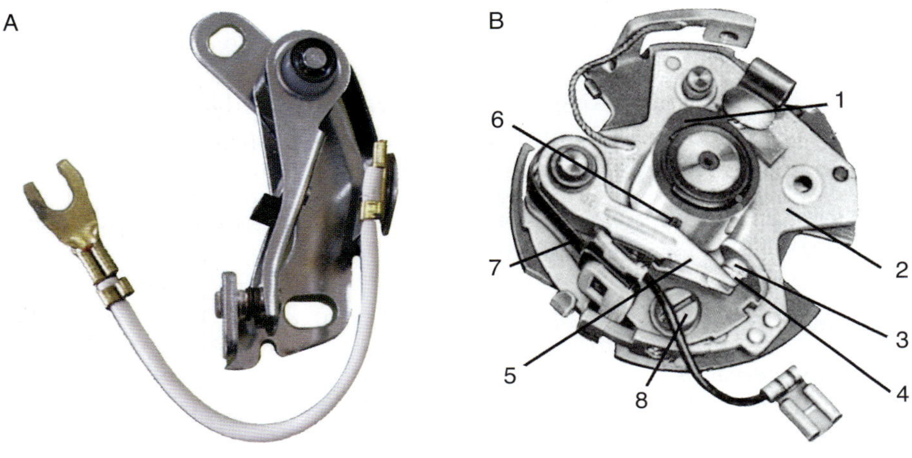

A. Aspecto exterior
B. Ubicación del ruptor en el distribuidor
   1. Leva del ruptor (un solo saliente, ya que corresponde a un motor monocilíndrico)
   2. Placa portarruptor
   3. Yunque
   4. Martillo
   5. Palanca del ruptor
   6. Patín
   7. Resorte de la palanca del ruptor
   8. Tornillo de fijación del yunque

↑ **Figura 1.14.** Ruptor.

saber más

Tungsteno

Metal de color blanco estañoso con una densidad muy elevada (13,9 g/cm³). Tiene gran resistencia eléctrica y su temperatura de fusión es 3.410 °C. Se llama también wolframio.

Los contactos del ruptor, uno fijo llamado yunque y otro móvil llamado martillo, son de acero al tungsteno de elevado punto de fusión.

Leva

Tiene forma de polígono regular (cuadrada, hexagonal, etc.), según el número de cilindros del motor. Sus vértices están redondeados y determinan el ángulo de apertura y cierre de los contactos del ruptor.

La leva en su movimiento genera dos ángulos. Se llama **ángulo de leva o ángulo de cierre** (α_c) al descrito por la leva mientras los contactos están cerrados. Se llama **ángulo de apertura** (α_a) al descrito por la leva mientras los contactos están abiertos.

El valor medio de cierre de contactos (valor porcentual) es conocido como *Dwell* y se define como la fracción de tiempo durante el cual están cerrados los contactos del ruptor con respecto al tiempo total de un ciclo de encendido.

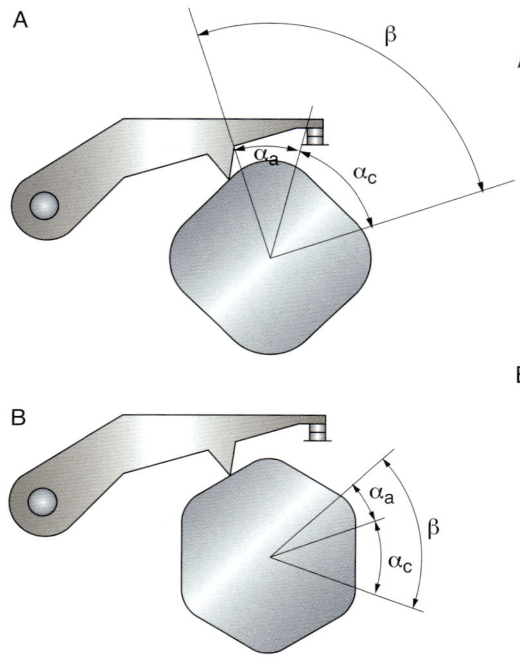

A. Ángulo de giro de una leva cuadrada (motor de cuatro cilindros)
α_c: ángulo de cierre (57°)
α_a: ángulo de apertura (33°)
β: **ángulo disponible (90°)**

$$Dwell = \frac{\alpha_c}{\beta} = \frac{57°}{90°} = 0{,}63 \rightarrow 63\%$$

B. Ángulo de giro de una leva hexagonal (motor de seis cilindros)
α_c: ángulo de cierre (38°)
α_a: ángulo de apertura (22°)
β: **ángulo disponible (60°)**

$$Dwell = \frac{\alpha_c}{\beta} = \frac{38°}{60°} = 0{,}63 \rightarrow 63\%$$

Son grados de giro del distribuidor (no confundir con grados de cigüeñal)

↑ **Figura 1.15.** Ángulos de giro de la leva.

Una separación entre contactos grande (α de cierre pequeño) favorece el encendido en bajas revoluciones; mientras que una separación pequeña (α de cierre grande) beneficia su comportamiento en altas revoluciones.

La separación correcta la marca el fabricante en los catálogos correspondientes y suele ser de 0,40 mm aproximadamente.

Funcionamiento del ruptor en combinación con la bobina

- **Contactos cerrados:** al cerrarse los contactos del ruptor, y con la llave de contacto accionada, el circuito primario se conecta a masa. Con ello, se inicia un campo magnético en función de la tensión de la batería y la resistencia del primario (figura 1.16).

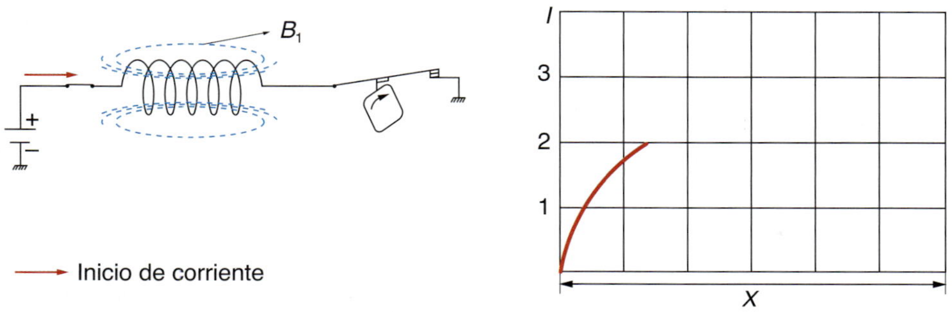

B_1. Campo magnético en formación

I. Intensidad
X. Tiempo de contacto cerrados

↑ **Figura 1.16.** Formación del campo magnético en la bobina al cerrarse los contactos del ruptor.

Cuando una bobina se conecta a voltaje de forma instantánea, la intensidad que pasa por ella, y por tanto el campo magnético generado por la misma, no se produce de forma instantánea sino que, debido a su autoinducción, la intensidad va creciendo progresivamente hasta alcanzar un valor máximo conocido como corriente de reposo (figura 1.17).

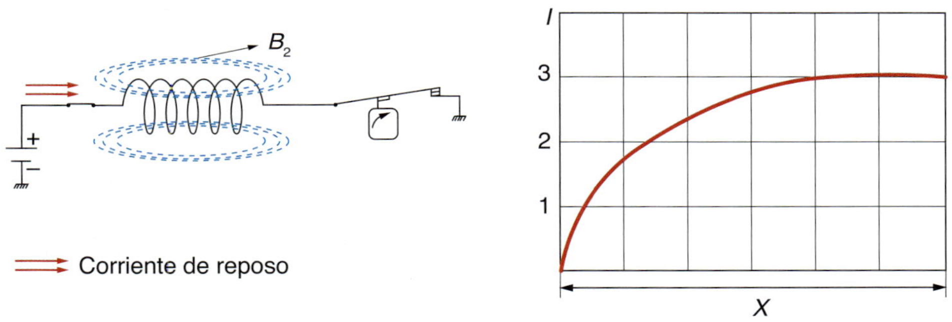

B_2. Campo magnético formado

I. Intensidad
X. Tiempo de contacto cerrados

↑ **Figura 1.17.** Evolución de la intensidad de corriente a través de la bobina.

El ángulo de cierre de contactos debe ser suficientemente amplio para asegurar que a cualquier régimen de giro la bobina tenga tiempo suficiente para cargarse completamente.

- **Contactos abiertos:** una vez que se forma el campo magnético, la leva del distribuidor sigue girando y se abren los contactos. La corriente del primario se interrumpe y con ello se disipa rápidamente el campo magnético.

  Según la ley de inducción, sabemos que las tensiones inducidas en el primario y en el secundario de la bobina son proporcionales al campo magnético inductor, al número de espiras y a la rapidez de la variación de campo.

  La tensión del primario alcanza así varios cientos de voltios.

  Esta tensión inducida en el primario se traduce en otra en el secundario que alcanzaría valores de 30 kV aproximadamente como tensión disponible (régimen en vacío sin bujía que produzca consumo al secundario, figura 1.18).

saber más

Tensión de encendido

La tensión de encendido es la tensión mínima necesaria para ionizar la mezcla y producir así el salto de chispa. Esta tensión depende de la cantidad de mezcla entre los dos electrodos (separación de electrodos), así como de la temperatura, composición y presión de la misma (tanto la debida a la relación de compresión del motor como a la cantidad de aire que entra en este).

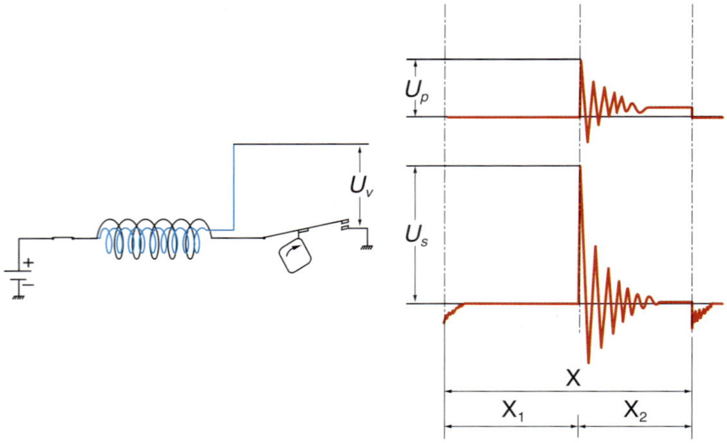

U_v. Tensión en vacío
U_p. Tensión primaria
U_s. Tensión secundaria
X. Tiempo de contactos
X_1. Cerrados
X_2. Abiertos

↑ **Figura 1.18.** Tensiones en la bobina.

La relación de tensiones entre el primario y el secundario viene dada por la relación entre el número de espiras de ambos arrollamientos.

Intercalando entre el circuito secundario y masa un elemento consumidor (bujía), se produce el salto de chispa entre sus electrodos. A la tensión necesaria para que esto ocurra se le llama **tensión de encendido.**

La diferencia entre la tensión disponible y la tensión de encendido se denomina **tensión de reserva** (figura 1.19).

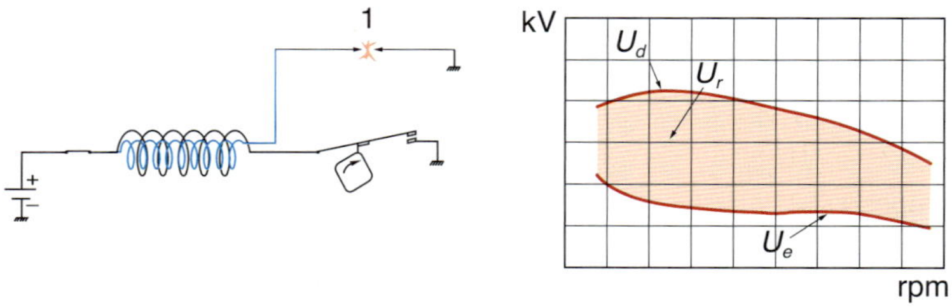

1. Bujía
U_d. Tensión disponible
U_r. Tensión de reserva
U_e. Tensión de encendido

↑ **Figura 1.19.** Margen de funcionamiento del encendido.

Condensador

Su misión es reducir el arco eléctrico que se produce entre los contactos del ruptor en el momento de la apertura. De no existir, dicho arco eléctrico ocasionaría la rápida destrucción de estos contactos (figura 1.20). De esta forma también conseguimos una interrupción muchísimo más rápida de la corriente en el circuito primario debido a la mayor velocidad de la variación de flujo. Con ello logramos una f.e.m. inducida en el secundario de valores más elevados.

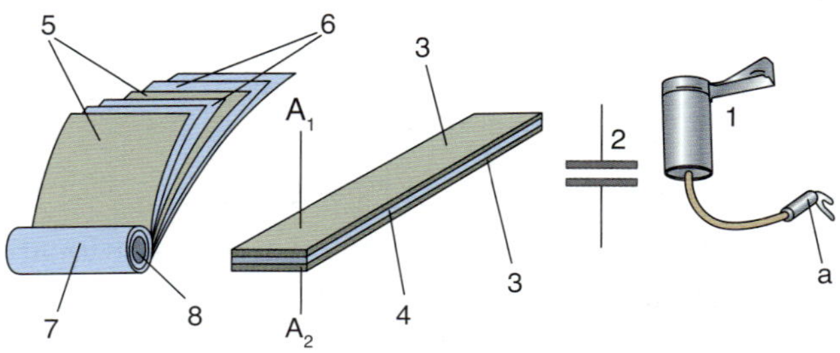

A_1, A_2. Conexión eléctrica
a. Borne (+)
1. Aspecto exterior
2. Símbolo de conexión
3. Placas conductoras
4. Capa aislante
5. Láminas metálicas
6. Láminas aislantes
7. Condensador bobinado
8. Carrete

↑ **Figura 1.20.** Condensador.

Está formado por dos placas conductoras (láminas de estaño o aluminio) separadas por material aislante (papel parafinado). El conjunto se presenta en forma de cilindro donde una placa se conecta a la caja metálica (borne de masa) y la otra a un cable que sale al exterior (borne +).

Se conecta en paralelo con los contactos del ruptor (figura 1.9) y la capacidad del mismo debe ser la prescrita para cada sistema de encendido ya que en caso contrario aparecerían defectos en los contactos del ruptor. En general la capacidad de los condensadores de encendido oscila entre 0,2 y 0,3 μF (1 μF = 1 × 10^{-6} F).

La capacidad de un condensador depende exclusivamente de sus características geométricas.

El condensador también actúa como antiparasitario, al absorber las chispas que se producen en otros circuitos inductivos instalados en el automóvil, impidiendo que sean captados por los receptores de radio.

saber más

El condensador es un elemento que tiene la propiedad de almacenar y ceder carga eléctrica, y esta característica lo convierte en un componente muy útil en circuitos donde se requiere «filtrar» la corriente o bien construir dispositivos temporizados.

Pipa o rotor

Consiste en un contacto móvil que va acoplado en la parte alta del eje de la leva (figura 1.21). Está fabricado de material aislante (generalmente de resina artificial) y dispone de una lámina metálica en su parte superior por la que recibe la alta tensión del borne central de la tapa del distribuidor a través de un carboncillo el cual, gracias a un muelle, tiene asegurado el contacto con dicha lámina metálica.

Mediante el giro, el rotor distribuye esa alta tensión a las bujías, según el orden de encendido, a través de las conexiones interiores de dicha tapa.

La conducción de corriente entre el rotor y las conexiones de la tapa se realiza sin contacto mecánico para evitar desgastes. Debido a la alta tensión de la que disponemos, dicha conducción se efectúa a través de un arco voltaico.

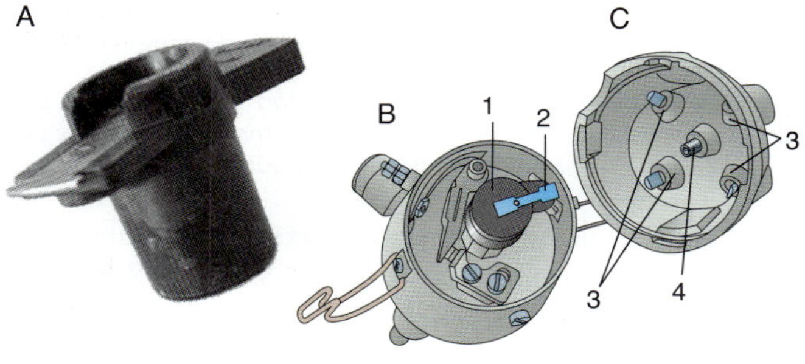

A. Aspecto exterior
B. Ubicación en el distribuidor
C. Tapa del distribuidor
1. Rotor
2. Lámina metálica
3. Conexiones interiores
4. Carboncillo elástico

↑ **Figura 1.21.** Pipa o rotor.

Hemos de señalar que la distancia que existe entre la punta de la lámina metálica y los contactos de las conexiones interiores de la tapa, suele ser de, aproximadamente 0,3 mm. Tanto la tapa del distribuidor, como el rotor propiamente dicho, solo admiten una posición de montaje. Esto es debido a que debe existir un perfecto sincronismo en todo momento entre la tapa, el rotor y la leva.

Algunos modelos de pipa incorporan un limitador de giro que consta de un brazo sujeto al centro de la misma por un muelle.

Dicho brazo se desplaza al alcanzar un número determinado de revoluciones, con lo cual se deriva la corriente de alta a masa impidiendo que el motor supere por sus medios esas revoluciones.

caso práctico inicial

La humedad en la tapa del distribuidor del coche de Pablo provocó la parada del motor.

Mecanismos de avance

La chispa de encendido debe saltar con cierta antelación con respecto al PMS (figura 1.22) para que la presión de combustión alcance su valor máximo, poco después de que el pistón inicie la carrera descendente una vez superado dicho PMS (figura 1.23). Este punto óptimo depende de las características constructivas del motor (tamaño de biela, diámetro del pistón, tamaño de la muñequilla del cigüeñal, etc.).

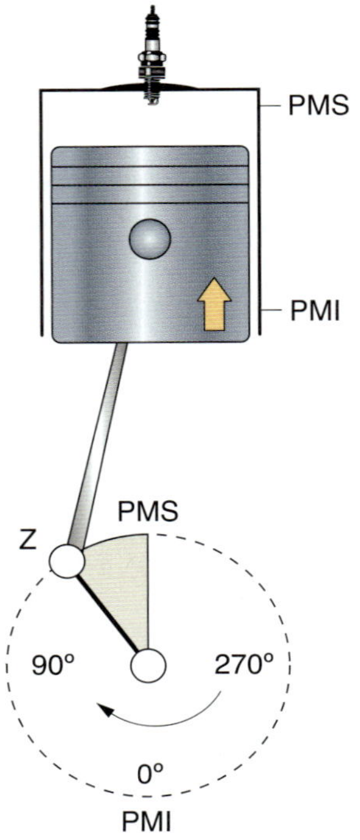

PMS. Punto Muerto Superior
PMI. Punto Muerto Inferior
Z. Punto de encendido

↑ **Figura 1.22.** Posición del cigüeñal y del pistón en el punto de encendido (Z), estando este avanzado.

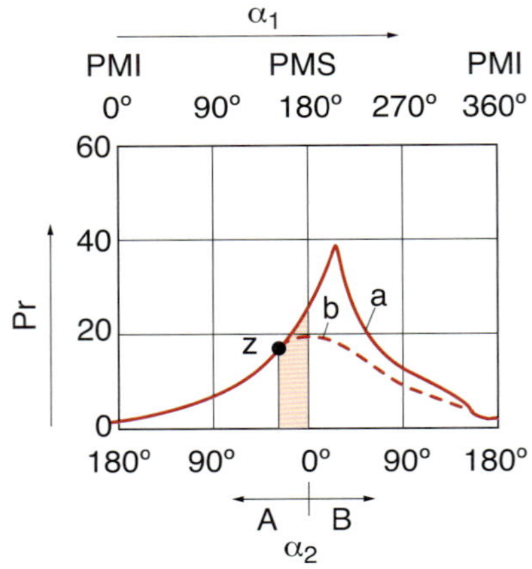

PMS. Punto Muerto Superior
PMI. Punto Muerto Inferior
A. Antes del PMS
B. Después del PMS
Z. Punto de encendido
a. Presión obtenida por la compresión de la mezcla, más la combustión de la misma, cuando salta la chispa en el punto Z
b. Presión obtenida por la compresión de los gases sin que salte la chispa
α_1. Ángulo de giro del cigüeñal
α_2. Ángulo de ajuste del encendido
Pr. Presión en la cámara de combustión

↑ **Figura 1.23.** Variación favorable de la presión en la cámara de combustión durante una vuelta completa del cigüeñal.

Desde que salta la chispa hasta que se alcanza la presión máxima de combustión, transcurre un tiempo debido a la velocidad de la propagación de la llama y el tiempo que tarda en producirse la expansión de los gases debida a la reacción química producida por el incendio de la mezcla. Este tiempo varía en función de la forma de la cámara de combustión, temperatura de la mezcla, riqueza de la misma y presión en el interior de dicha cámara (tanto la debida a la cantidad de aire que entra en el motor, carga, como a la relación de compresión). El ángulo recorrido por el motor desde que se produce el salto de chispa hasta que se produce el punto de encendido varía en función de la velocidad de giro del mismo, por lo que necesitaremos avanzar el encendido a medida que aumentan las revoluciones.

Unos dispositivos de avance situados en la cabeza del distribuidor ajustan el punto de encendido en función de las revoluciones y la carga del motor. Existen dos ejecuciones básicas:

- **Avance centrífugo.** Varía el punto de encendido en función del número de revoluciones del motor.
- **Avance por vacío.** Varía el punto de encendido en función de la carga del motor.

Con independencia de estos dispositivos, casi todos los motores calan el distribuidor con algunos grados de avance. El valor oscila entre 0 y 25° aproximadamente según las características del motor (cilindrada, grado de compresión, normas antipolución, etc.).

Avance centrífugo

Como se muestra en la figura 1.24, está formado por dos pesos centrífugos (1) que se apoyan sobre la placa del eje (2), la cual gira con el eje del distribuidor (3). Al aumentar el régimen, los pesos se desplazan hacia el exterior y hacen girar a la pieza de arrastre (4) por la trayectoria de rodadura (5) en el mismo sentido de giro que el eje del distribuidor. Esto acarrea un giro en la leva de encendido (6), también en el mismo sentido que el del distribuidor, por lo que el punto de encendido se adelanta un ángulo (α).

En la figura 1.25, se representa la curva de un avance centrífugo.

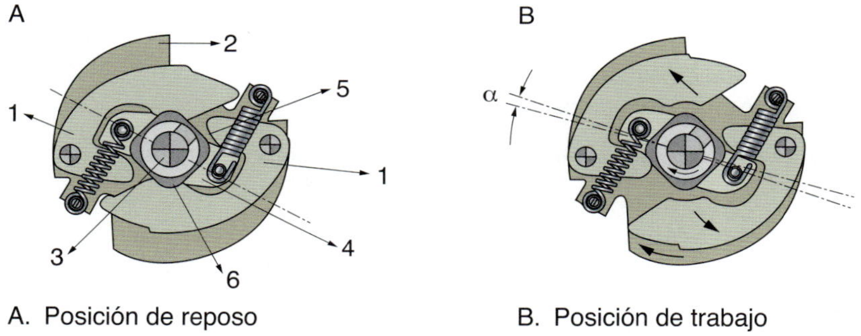

↑ **Figura 1.24.** Forma de funcionamiento del regulador centrífugo.

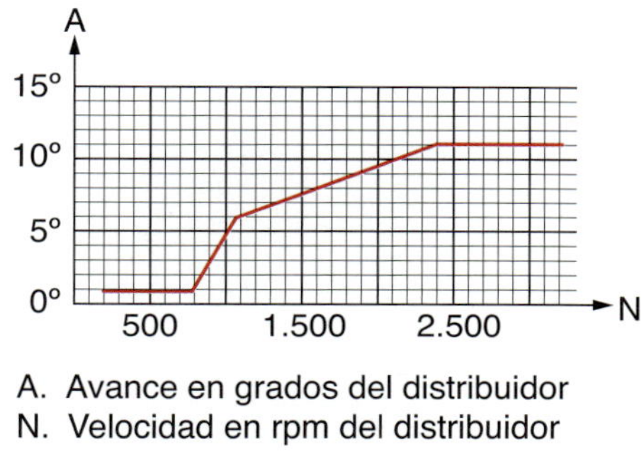

↑ **Figura 1.25.** Gráfico de avance centrífugo.

Avance por vacío

El vacío en el interior del colector de admisión está provocado por la diferencia entre la cantidad de aire que sería capaz de aspirar el motor en las revoluciones en las cuales está trabajando y la cantidad de aire que realmente aspira debido al estrangulamiento que produce la válvula de mariposa. De este modo, una depresión elevada en el colector de admisión implica un alto estrangulamiento de la mariposa y por tanto una baja cantidad de aire por embolada. La ausencia de depresión en el colector de admisión implica que el motor no es capaz de aspirar más aire que el que se le está suministrando, lo que indica que la mariposa no está estrangulando el motor y, por tanto, el motor está aspirando una gran cantidad de aire por embolada.

Así este mecanismo (figura 1.26) funciona por el vacío que hay en el colector de admisión (1) cerca de la mariposa (2). Cuanto mayor sea el vacío en el colector de admisión menos aire por embolada estará aspirando el motor y por tanto la presión de compresión será menor, por lo que necesitaremos un encendido más adelantado debido a la menor velocidad de propagación de la llama y a la velocidad de la reacción de explosión. En caso de desaparecer la depresión, tendremos una mayor cantidad de aire por embolada, por lo que necesitaremos atrasar el encendido para compensar los aumentos de velocidad.

El vacío puede actuar sobre una o sobre dos cápsulas –una de avance (3) y otra de retardo (4)– ya que este sistema, aparte de la regulación de avance propiamente dicha, se ve perfeccionado en algunos casos con una **regulación en retardo** con el fin de mejorar los gases de escape.

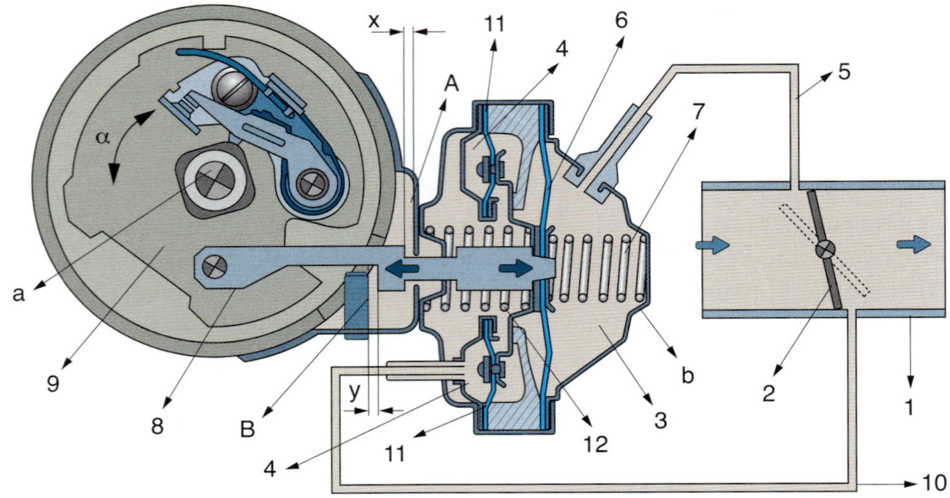

a. Eje del distribuidor
b. Unidad de vacío
x. Trayecto de regulación en avance hasta el tope A
y. Trayecto de regulación en retardo hasta el tope B

↑ **Figura 1.26.** Avance por vacío con sistemas de regulación de avance y de retardo.

- **Funcionamiento en avance.** En este caso, la depresión se toma justo antes de la mariposa (conducto 5) de tal modo que no haya depresión si la mariposa está totalmente cerrada.

  Si la mariposa está abierta y si disminuye la carga del motor, aumenta la depresión en la cápsula de avance, por lo que se produce un movimiento de la membrana de avance (6) hacia la derecha comprimiendo el muelle (7). Con dicha membrana se desplaza el brazo de avance (8), lo que supone un giro en el plato portarruptor (9) en sentido contrario al eje del distribuidor con lo cual se adelanta el punto de encendido.

  Cuando la mariposa está totalmente cerrada, el conducto (5) comunica la cápsula (3) con la presión atmosférica (no hay depresión), por lo que el dispositivo de avance pasa a una posición retardada independientemente del vacío de admisión. Esto se realiza para que, en la posición de ralentí, si el vacío es alto (baja carga del motor), al motor le corresponda un encendido más adelantado del que realmente tiene, provocando la consiguiente pérdida de potencia.

  En la misma posición, si el vacío es bajo (carga del motor alta), el encendido que tiene el motor es más aproximado al que le corresponde, por lo que conseguimos un mayor rendimiento del mismo. Así se controla automáticamente el punto de encendido en función de la carga del motor, en régimen de ralentí, lo que provoca un ralentí más estable.

- **Funcionamiento en retardo.** La depresión se toma debajo de la mariposa (conducto 10) de tal modo que solo lo haga en determinadas condiciones de funcionamiento del motor (ralentí, cuando se efectúan retenciones). Esta depresión actúa en la cápsula de retardo y hace que la membrana de retardo anular (11) se desplace, junto con el brazo de avance, hacia la izquierda comprimiendo el muelle (12). Así el plato portarruptor se desplaza en el sentido de giro del eje distribuidor con lo que se atrasa el punto de encendido.

El sistema de regulación en retardo es independiente del de avance. En caso de igualdad de vacío en ambas cámaras, hay una acción preponderante de la regulación de avance.

En la figura 1.27 se representa la curva de un avance por vacío.

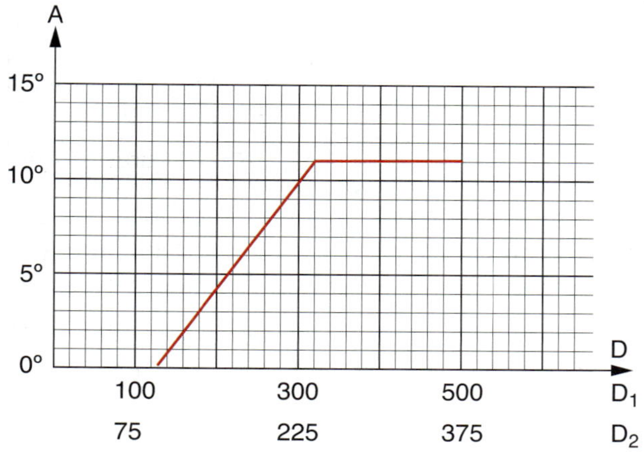

A. Avance en grados del distribuidor

D. Depresión

D_1. Depresión en milibares

D_2. Depresión en milímetros de mercurio (mmHg)

↑ **Figura 1.27.** Curva de avance por vacío.

EJEMPLOS

■ **En un motor de cuatro cilindros y cuatro tiempos que gira a 5.000 rpm, determina:**

a) El ángulo disponible.

b) El número de ciclos que realiza por segundo.

c) El tiempo que tarda en realizar un ciclo.

Nota: Entendemos por ciclo, en este caso, el tiempo que dispone el distribuidor para cada chispa (ángulo de cierre + ángulo de apertura).

Solución:

a) El ángulo disponible para un motor de cuatro cilindros será:

$$360/N = \frac{360}{4} = 90°$$

b) Si el motor gira a 5.000 rpm, el distribuidor girará a la mitad, o sea, 5.000/2 = = 2.500 rpm.

El número de chispas que habrán saltado en las bujías en esas 2.500 revoluciones del distribuidor, será:

2.500 · 4 = 10.000 chispas /minuto.

Lo que equivale a 166,66 chispas /segundo

c) El tiempo que tarda en realizar un ciclo será:

1/166,66 = 0,00601 segundos = 6,01 ms.

■ **Para un ángulo de cierre de $\alpha_c = 60°$, determina en el ejemplo anterior el tiempo de carga de la bobina para cada cilindro.**

Solución:

$$\frac{60 \cdot 0{,}00601}{90} = 0{,}004 \text{ s}$$

2.5. Cables de encendido

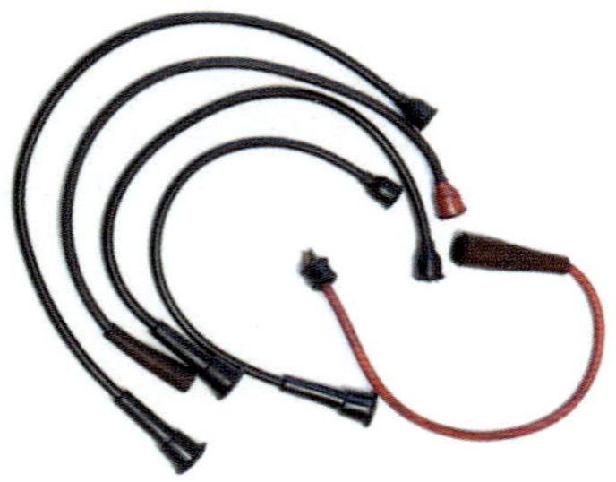

↑ **Figura 1.28.** Cables de encendido.

Destinados a transmitir la alta tensión de la bobina al distribuidor y de este a las bujías o, en el caso de sistemas de encendido sin distribuidor, desde la bobina a las bujías (figura 1.28).

Están formados por un alma y por un aislante. El alma, de pequeña sección debido a la pequeña corriente que por ella circula, es de hilo de fibra textil artificial fabricada a base de celulosa (rayón) e impregnada en carbón. El aislante, por su parte, suele ser de plástico o goma vulcanizada con un grosor considerable para aislar del exterior la elevada tensión que soporta. A diferencia del plástico, este último material tarda mucho más tiempo en agrietarse o quebrarse incluso a temperaturas altas y en contacto con aceite o gasolina. Unos capuchones de cloruro de polivinilo protegen a los terminales de la entrada de humedad y de aire ozonizable.

saber más

Rayón

El nombre de rayón ha sustituido a la primitiva denominación de seda artificial, a fin de eludir confusiones con la seda natural. Para su obtención se utiliza como materia prima desperdicios de algodón que, una vez lavados, nitrados y desecados, se disuelven en una mezcla de éter y alcohol y se hacen pasar a través de tubos capilares.

El aislamiento debe cuidarse especialmente, ya que la formación de ozono puede estropear la envoltura exterior y causar descargas eléctricas. El ozono puede crearse debido al **efecto corona** que consiste en la emisión de descargas eléctricas a través del aire y se produce en las proximidades de las líneas de alta tensión.

Estos cables deben reunir las siguientes características:

- Soportar altas tensiones (del orden de 30.000 V) sin perforarse.
- Ser insensibles a la humedad y a los hidrocarburos.
- Soportar altas temperaturas.
- Ser resistentes a las vibraciones.
- Tener una resistencia adecuada para eliminar los parásitos que afectan a los equipos electrónicos que vayan montados en el vehículo.

saber más

Ozono

Tres átomos de oxígeno forman una molécula de ozono.

Con el objeto de que el sistema de alta tensión se mantenga simétrico con prestaciones iguales en todos los cilindros, todos los cables deben tener la misma longitud. Además deberán ser lo más cortos posibles para evitar que se doblen.

Es conveniente situar a los cables en forma de peine en vez de reunirlos en un solo haz, ya que a causa de las descargas intermitentes, si los cables están muy juntos pueden propagarse las descargas por inducción.

Por lo general, existen tres tipos de cables de encendido, que se diferencian por el material conductor que utilizan así como por el tipo de resistencia que necesitan para suprimir las interferencias.

- Cables de encendido de resistencia de carbono.
- Cables de encendido de reactancia inductiva.
- Cables de encendido de cobre con resistencia antiparasitaria en las pipas.

En el interior de un cable de encendido con resistencia de carbono (figura 1.29) se encuentra una malla de fibra de vidrio impregnada de carbono. Este núcleo de fibra de vidrio está rodeado de dos capas de silicona y tejido de fibra de vidrio. El aislante interior de silicona le da al cable mayor resistencia.

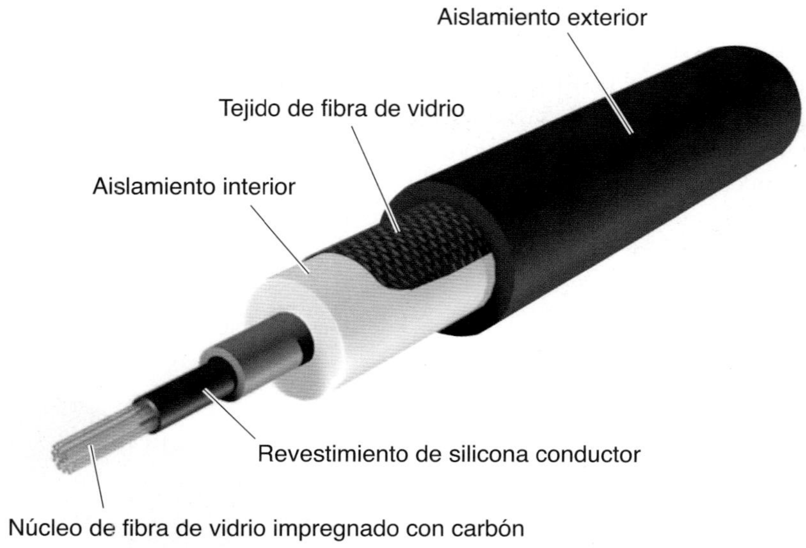

↑ **Figura 1.29.** Cable de encendido con resistencia de carbono.

En el interior de los cables de encendido de reactancia inductiva (figura 1.30) se encuentra, al igual que en los cables descritos anteriormente, un núcleo de fibra de vidrio. Sobre la fibra se encuentra una capa de silicona conductora y magnética rodeada por un alambre de acero inoxidable. Al igual que en una bobina, aquí se genera una tensión de inducción.

En este tipo de cables se genera un campo magnético intermitente. La bobina almacena energía para después soltarla. Como resultado, se neutraliza la tensión inductiva del cable, de ahí que esta energía se denomine «reactiva» y la resistencia inductiva, «reactancia». La resistencia de este tipo de cables oscila en función de la frecuencia de encendido (revoluciones del motor). Debido a la bobina de alambre, cuantas más revoluciones, mayor es la resistencia (inductiva). Como se aprecia en la figura, están recubiertos por dos capas de silicona y tejido de fibra de vidrio. El aislante interior de silicona confiere al cable más rigidez y lo protege de tensiones de encendido elevadas. El tejido de fibra le da más resistencia.

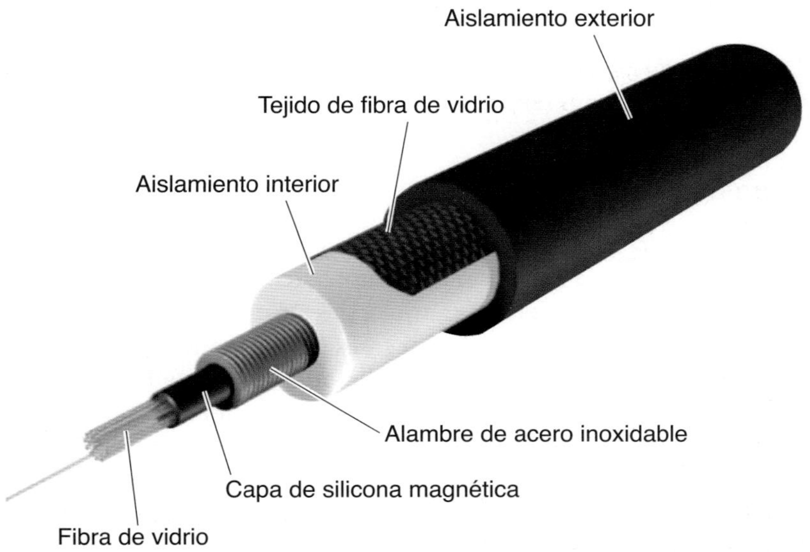

↑ **Figura 1.30.** Cable de encendido de reactancia inductiva.

Por último, por lo que respecta a los cables de encendido de cobre con resistencia antiparasitaria en las pipas (figura 1.31), decir que el núcleo de cobre está rodeado por un revestimiento de silicona que le da mayor rigidez al cable y funciona como aislante eléctrico. Señalaremos que el cobre, aunque es un conductor excelente, tiene poca resistencia a la oxidación; de ahí que el núcleo va estañado. Estos cables de encendido no tienen resistencia antiparasitaria propia. Dicha resistencia está integrada en forma de vidrio fundido con elementos conductores en la pipa de la bujía y de la bobina.

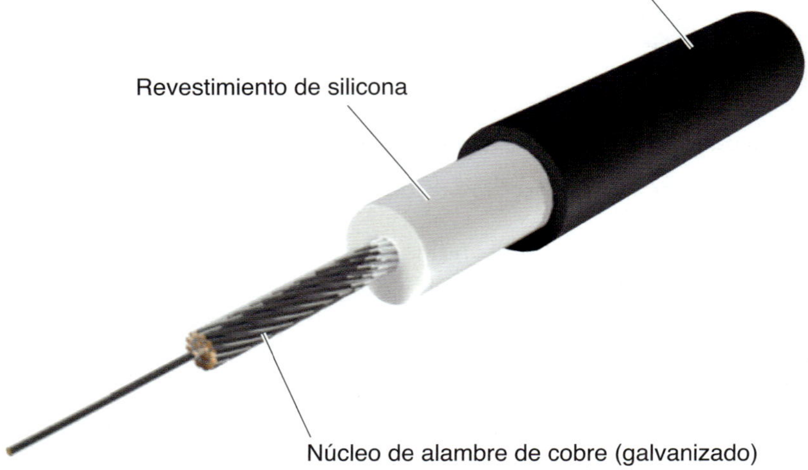

↑ **Figura 1.31.** Cables de encendido de cobre con resistencia antiparasitaria en las pipas.

2.6. Bujías

Las bujías (figura 1.32) van montadas sobre la culata con sus electrodos dentro de la cámara de combustión del motor y su función es inflamar la mezcla aire-gasolina, que se encuentra sometida a presión en dicha cámara, mediante chispas eléctricas que saltan entre sus electrodos.

↑ **Figura 1.32.** Bujía.

Dada la función que desempeña, es muy importante que su funcionamiento sea correcto para conseguir un rendimiento óptimo en el motor.

Estructura de una bujía

Como se aprecia en la figura 1.33, está formada por un electrodo central (1), compuesto generalmente por un núcleo de cobre con una aleación de níquel. Una gran cantidad de calor se disipa a través de este elemento, por lo que debe ser resistente al desgaste por quemadura. En casos de altas solicitaciones térmicas, se fabrican de plata o de platino o de aleaciones de este último. El núcleo sobresale por la parte inferior de la bujía y se une por su parte alta a través de vidrio fundido (2) (conductor de electricidad) a un perno de conexión de acero (3). Este perno termina en su parte superior con una tuerca de conexión (4) a la que se une el cable de alta tensión. Además de la función conductora, el vidrio realiza el anclaje mecánico de las piezas y garantiza la estanqueidad frente a los gases procedentes de la combustión.

Un aislador (5) rodea al electrodo central y al perno de conexión; su función es incomunicar a los mismos con respecto al cuerpo (6). El aislador requiere unas características muy especiales, como son resistencia mecánica, dureza, alta rigidez dieléctrica y buena conductibilidad térmica. Se fabrica de óxido de aluminio (Al_2O_3) con aditivos de sustancias vidriosas formando así un cuerpo cerámico. En su parte superior, lleva talladas unas nervaduras (7) que hacen de barreras a la corriente de fuga, mientras que por su parte inferior (8), llamada pie del aislador, envuelve al electrodo central con una determinada longitud y espesor en función de las cuales las bujías tendrán unas características u otras (en concreto, el grado térmico). Entre el cuerpo y el aislador se forma el espacio respiratorio (9).

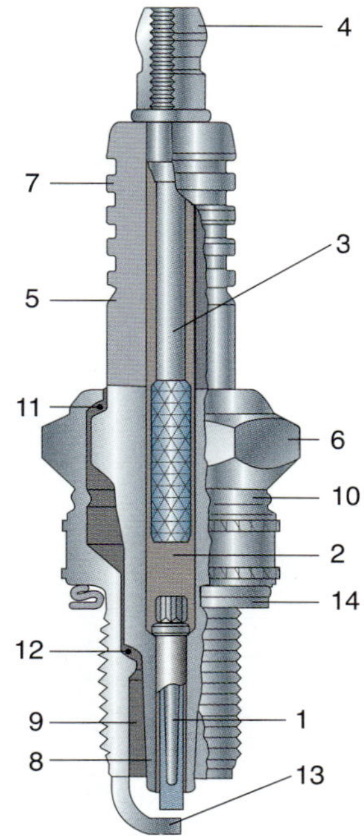

↑ **Figura 1.33.** Bujía.

El cuerpo fija la bujía a la culata. Es de acero niquelado con una zona roscada en la parte inferior para su acoplamiento a la culata y un fresado hexagonal en su parte superior para aplicar la llave de bujía. El aislador queda unido al cuerpo en una zona (10), llamada de contracción térmica, a la que se le aplica calentamiento inductivo a alta presión. Se interponen dos juntas (11 y 12) entre el cuerpo y el aislador, que hacen hermético el interior de la bujía al paso de los gases de la cámara de combustión.

El electrodo de masa (13) está soldado al cuerpo y suele tener una sección rectangular. Al igual que el electrodo central, el electrodo de masa está sometido a altas temperaturas y a fuertes presiones, por lo que los materiales de fabricación suelen ser los mismos. La separación entre ambos electrodos constituye la denominada **distancia disruptiva** (distancia entre la que salta la chispa). Una junta-arandela metálica (14), colocada entre la rosca y el asiento con la culata, forma una unión estanca de la bujía con la cámara de combustión.

Desarrollo de la combustión de la mezcla

Cuando se descarga la bobina de encendido, hay un aumento rápido de tensión entre los electrodos de la bujía hasta que se alcanza la tensión de encendido, momento en el que se produce la chispa con el fin de que se inicie la combustión. El proceso de combustión debe producirse avanzando en un frente continuo e uniforme (figura 1.34) cuando se cumplen una serie de condiciones como son: punto del encendido exacto, gasolina adecuada, proporción de la mezcla aire-gasolina correcta, buena distribución de dicha mezcla en la cámara de combustión, etc.

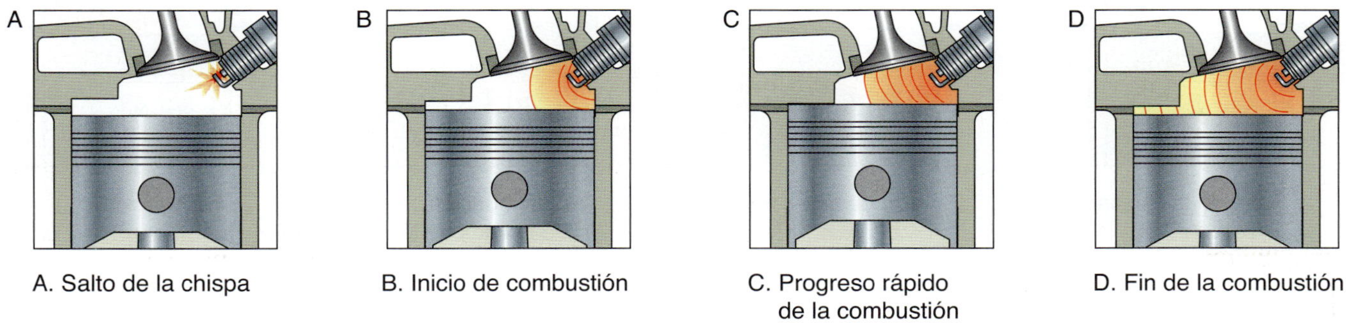

↑ **Figura 1.34.** Proceso normal de combustión.

Cuando salta la chispa y el proceso de la combustión no es el correcto, o incluso, cuando la combustión se produce por causas ajenas al salto de la chispa, aparecen algunos fenómenos que a continuación explicamos:

saber más

Autoencendido

Algún caso de autoencendido se puede detectar al ver que el motor no se detiene al desconectar el encendido.

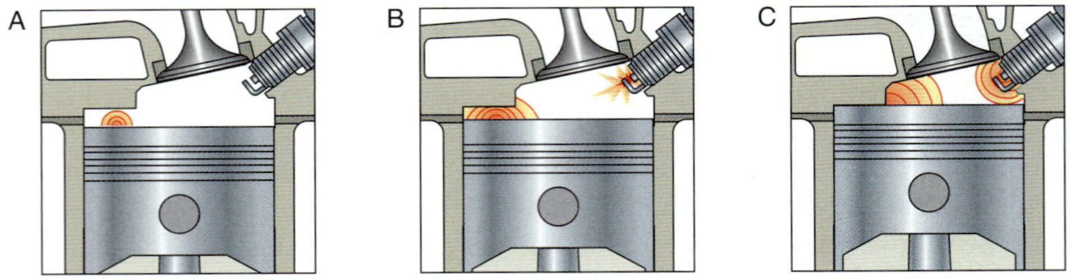

A. Se produce la inflamación de una partícula caliente

B. Salta normalmente la chispa

C. Se inflama el resto de la mezcla

↑ **Figura 1.35.** Autoencendido.

↑ **Figura 1.36.** Daños ocasionados por autoencendido en un pistón.

↑ **Figura 1.37.** Daños ocasionados por autoencendido en una bujía.

Con el **autoencendido** la combustión puede iniciarse por cualquier punto excesivamente caliente dentro de la cámara, como pueden ser en la válvula de escape, en puntas salientes de la junta de culata, en la punta del pie del aislador, bordes metálicos irregulares, depósitos de carbonilla, etc. El resultado es un frente de llama distinto al normal (figura 1.35) lo cual acarrea un aumento de temperatura y presión en la cámara de tal modo que eleva aún más la temperatura de los puntos calientes. Debido a esto, puede ocurrir que se alcance la presión máxima aun sin que llegue el pistón al PMS, con lo que habría un funcionamiento brusco del motor así como una pérdida de potencia. El autoencendido puede terminar por dañar a los órganos del motor, en especial al pistón (figura 1.36), las bujías (figura 1.37), los casquillos de la biela o las bielas propiamente dichas.

Otras veces, la combustión se inicia normalmente en la bujía y el frente de llama avanza en parte por la cámara de combustión mientras que el resto de la mezcla se incendia espontáneamente por alcanzar condiciones críticas de presión, temperatura y densidad. A este fenómeno se le llama **detonación** (figura 1.38). Este incendio espontáneo infunde una presión percutora a la cabeza del pistón que, en caso de ser muy intensa, puede causar daños al pistón (figura 1.39). La figura 1.40 nos muestra la curva de presión en el cilindro cuando hay compresión de los gases sin salto de chispa (1) y cuando hay combustión con detonación (2).

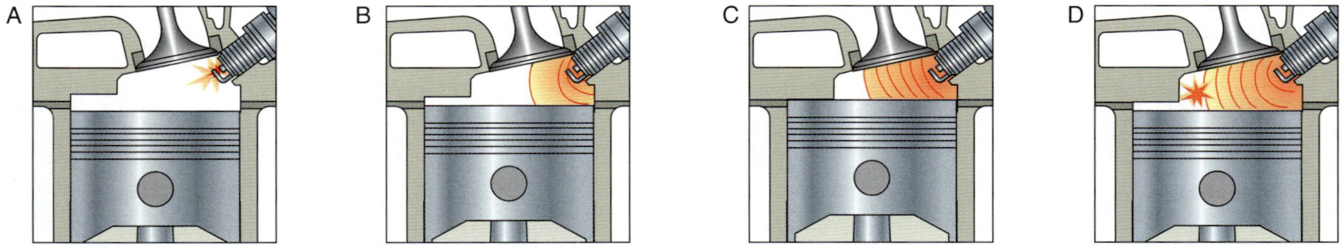

A. Salto de la chispa

B. Inicio de combustión

C. Continuación de la combustión

D. Detonación

↑ **Figura 1.38.** Detonación.

La diferencia principal que hay entre la **detonación** y el **autoencendido** está en que en el primero la combustión se completa antes de tiempo mientras que en el segundo la velocidad de llama es más o menos normal. Es muy frecuente que a un autoencendido le siga la detonación y, por supuesto, una detonación continuada puede llevar al autoencendido.

↑ **Figura 1.39.** Daños ocasionados por detonación en un pistón.

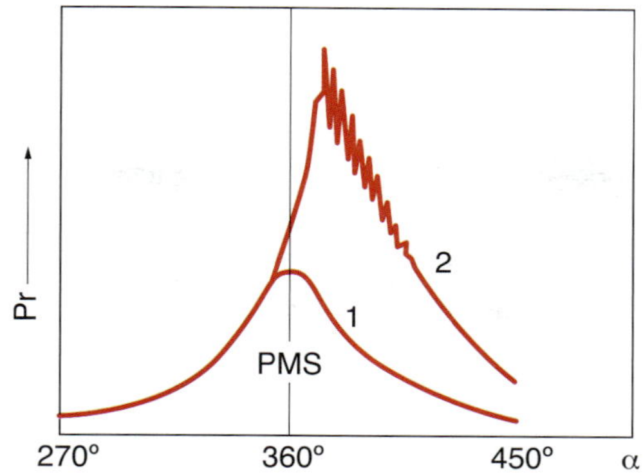

↑ **Figura 1.40.** Curva de la presión en el cilindro.

Pr. Presión en el interior del cilindro
α. Ángulo de giro del cigüeñal
1. Presión obtenida por la compresión de los gases sin que salte la chispa
2. Combustión detonante

La detonación provoca una reducción del rendimiento, un calentamiento excesivo del motor y un ruido característico en el mismo (picado de biela) fácilmente perceptible.

Una relación de compresión elevada, mala refrigeración en el motor, gasolina inadecuada, avance excesivo del encendido, etc., son factores que contribuyen a que haya una detonación.

Temperatura de funcionamiento de una bujía y grado térmico

La temperatura que se alcanza en la cámara de combustión varía de unos motores a otros en función de la refrigeración, de la relación de compresión, etc. Sin embargo, la temperatura de funcionamiento de una bujía debe mantenerse por encima del límite de autolimpieza (500 °C) y por debajo del límite de inflamaciones prematuras (900 °C), independientemente del motor que se trate.

$$T_1 - T_2 = 500 \text{ a } 900\ °C$$

T_1 = Temperatura de la bujía en el interior de la cámara durante la combustión en °C.

T_2 = Temperatura que evacua la bujía, en °C.

La bujía debe entregar al sistema de refrigeración, a través de la culata, la misma cantidad de calor que recibe en la combustión. La figura 1.41 nos da una visión del recorrido del calor en la bujía. Observamos que un 80% aproximadamente se evacua por conducción térmica, mientras que un 20% lo absorben los gases frescos de la admisión.

Si la temperatura debe ser la misma en todas las bujías y, sin embargo, la que se alcanza en las cámaras de combustión varía, evidentemente la capacidad de transmitir el calor al sistema de refrigeración difiere de unas bujías a otras. De ahí que se utilice el concepto de **grado térmico** de las bujías.

Las bujías se agrupan en tres categorías dependiendo de su facilidad de evacuación de calor:

- **Bujía caliente o bajo grado térmico** (figura 1.42a). El pie del aislador es largo por lo que la evacuación del calor se efectúa lentamente. Se usan en motores lentos de baja compresión o en aquellos que utilizan aceite en el combustible, en cuyas cámaras de combustión las temperaturas son bajas.

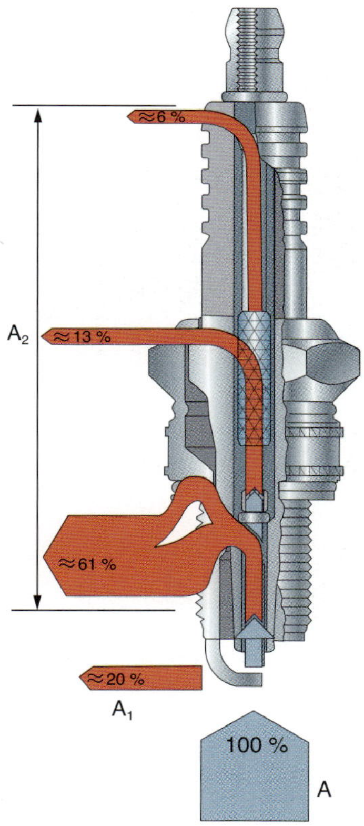

A. Absorción de calor de la cámara de combustión
A_1. Calor cedido a los gases frescos de la admisión
A_2. Calor cedido a la culata a través del cuerpo metálico de la bujía

↑ **Figura 1.41.** Vías de derivación del calor en la bujía de encendido.

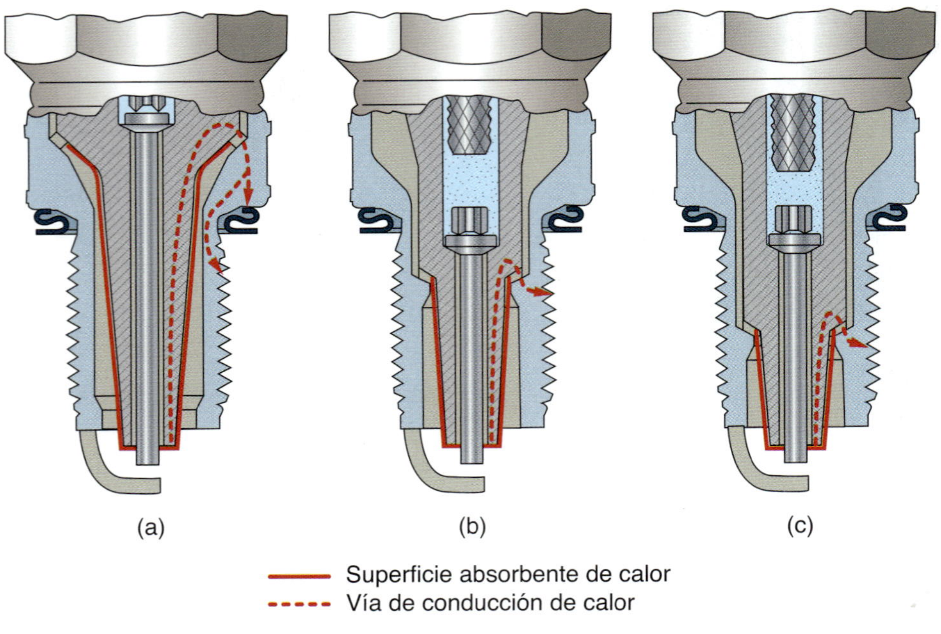

↑ **Figura 1.42.** Grado térmico de la bujía.

- **Bujía de grado térmico medio** (figura 1.42b). El pie del aislador es más corto que en la bujía anterior, por tanto la facilidad para evacuar el calor es mayor. Se utiliza en motores cuya relación de compresión es media.
- **Bujía fría o alto grado térmico** (figura 1.42c). El pie del aislador es muy corto y transmite rápidamente el calor al sistema de refrigeración. La utilizan aquellos motores de elevada compresión y altas revoluciones.

La figura 1.43 nos muestra las curvas de temperatura en bujías con diversos grados térmicos, montadas en un mismo motor y actuando este a plena carga.

Es muy importante, en la sustitución de las bujías de un vehículo, seleccionar la bujía correcta para cada aplicación. Por tanto, es recomendable seguir escrupulosamente las indicaciones del fabricante de la bujía, para asegurarse de que cumple las especificaciones establecidas por el constructor del vehículo.

Para determinar el grado térmico, no solo se tiene en cuenta la temperatura de la cámara de combustión sino también la probabilidad de inflamación, la cual se deduce mediante corriente de iones.

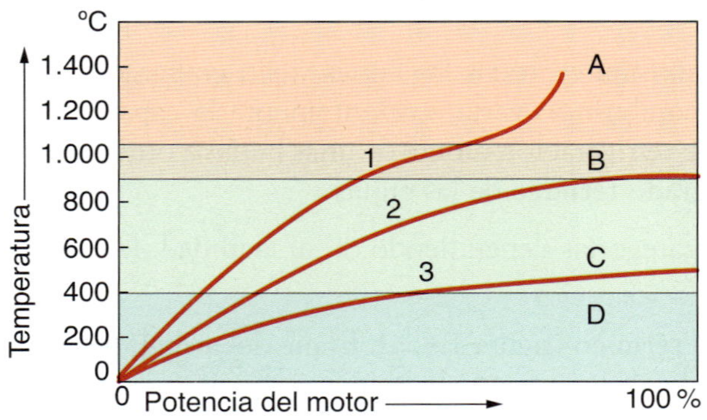

↑ **Figura 1.43.** Curvas de temperatura en bujías con diversos índices de grado térmico.

Distancia entre electrodos, tensión de encendido y tipos de electrodos

La distancia entre los electrodos de una bujía (figura 1.44) influye, entre otros factores[1], en la tensión de encendido. Una separación demasiado pequeña implica una tensión baja. Esto puede acarrear problemas debido a una transmisión insuficiente de energía a la mezcla con la consiguiente dificultad para inflamarla.

Por el contrario, una separación demasiado grande conlleva una elevada tensión de encendido, lo cual supone una reducción de la reserva de tensión, con el peligro de que haya más fallos en el encendido.

El valor de separación exacto lo determina el fabricante del motor. Normalmente oscila entre 0,7 y 1,1 mm. La figura 1.45 nos muestra un gráfico donde se aprecia la relación entre dicha separación y la tensión de encendido.

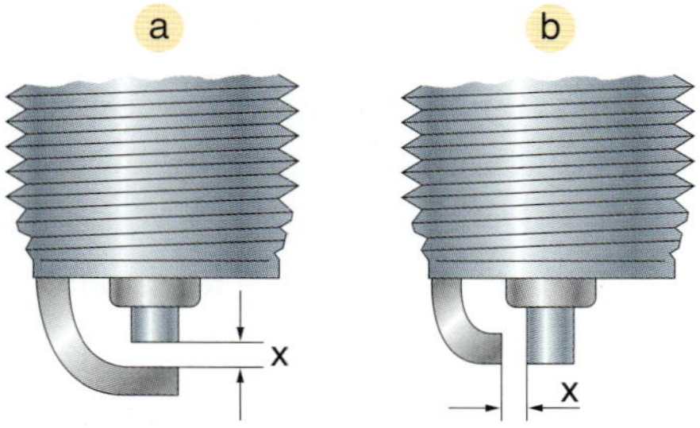

x. Separación de electrodos
a. En electrodo central
b. En electrodo lateral

↑ **Figura 1.44.** Distancia entre electrodos.

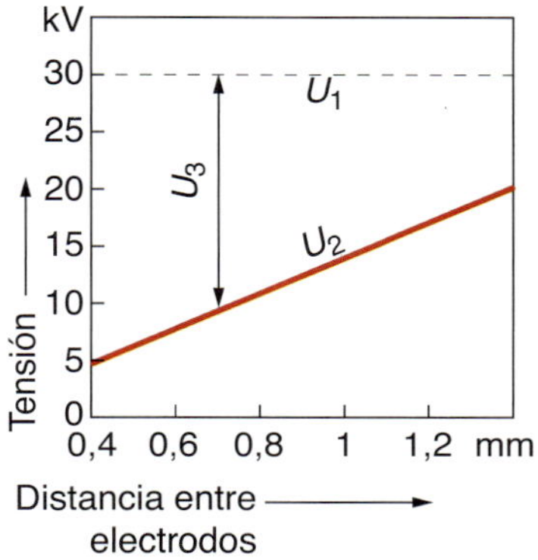

U_1. Tensión de encendido disponible
U_2. Tensión de encendido necesaria
U_3. Reserva de tensión de encendido (disminuye al desgastarse los electrodos)

↑ **Figura 1.45.** Relación entre la tensión de encendido y la separación de electrodos.

La longitud de chispa queda determinada también por la disposición de los electrodos. Distinguimos dos tipos:

- **Longitud de chispa al aire** (figura 1.46). Los dos electrodos de masa están enfrentados al central. La chispa hace un recorrido directo entre el electrodo central y el de masa.
- **Longitud de chispa deslizante** (figura 1.47). Aquí los electrodos de masa están colocados lateralmente a la cerámica. La chispa se desliza desde el electrodo central por encima de la punta del pie del aislador y luego salta por una hendidura del vidrio al electrodo de masa. Es muy utilizada actualmente por su efecto positivo sobre la inflamación de la mezcla.

↑ **Figura 1.46.** Longitud de chispa al aire.

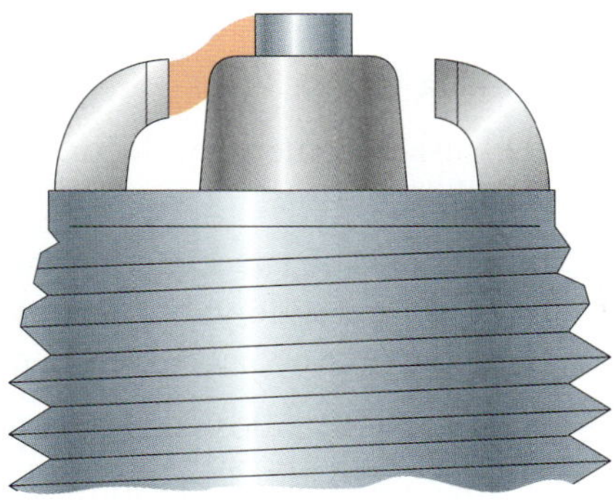

↑ **Figura 1.47.** Longitud de chispa deslizante.

[1] Otros factores son la forma del electrodo, la temperatura y el material del mismo, la composición de la mezcla, etc.

↑ **Figura 1.48.** Bujía con varios electrodos de masa.

Con objeto de prolongar la duración de las bujías, se utilizan bujías con un mayor número de electrodos de masa (figuras 1.46, 1.47 y 1.48). La chispa salta siempre desde el electrodo central al electrodo de masa más próximo. Si la distancia aumenta, la chispa salta sobre el siguiente electrodo de masa que esté más cerca. Así se mantiene una separación entre los electrodos más homogénea y durante más tiempo.

Resistencia antiparasitaria

Algunas bujías están dotadas en su interior de una resistencia antiparasitaria con la finalidad de eliminar posibles interferencias eléctricas.

Identificación de las bujías

Las características de las bujías vienen grabadas mediante un código (cada fabricante utiliza el suyo propio) en el cuerpo o en el aislador de la misma.

Cada número o letra que interviene en ese código tiene un significado con respecto a las características de la bujía (en cuanto a grado térmico, separación de los electrodos, tamaño de rosca, etc.).

Existen tablas de equivalencias entre las distintas marcas de bujía y los modelos de vehículo a que están destinadas.

↑ **Figura 1.49.** Bujía normal.

Análisis de las bujías según sus condiciones de trabajo

El aspecto que presentan los aisladores y los electrodos de las bujías permite conocer el funcionamiento de las mismas, al igual que el del motor.

A continuación se muestran distintos estados de bujías.

a. Normal (figura 1.49)

Pie del aislador de color blanco grisáceo o gris amarillento hasta pardo corzo. El motor está en orden y el grado térmico es correcto.

↑ **Figura 1.50.** Bujía cubierta de hollín.

b. Cubierta de hollín (figura 1.50)

El hollín de color negro mate cubre el pie del aislador, electrodos y cuerpo de la bujía.

- **Motivos:** ajuste incorrecto de la mezcla (rica), filtro de aire sucio, conducción a bajo número de revoluciones, bujía demasiado fría.
- **Repercusión:** dificultades para arrancar en frío y fallos en el encendido.
- **Actuación:** ajustar la mezcla y revisar el filtro de aire. Si persiste el defecto, utilizar bujías más calientes.

↑ **Figura 1.51.** Bujía engrasada.

c. Engrasada (figura 1.51)

El pie del aislador, cuerpo y electrodos están cubiertos de hollín aceitoso brillante o carbonilla aceitosa.

- **Motivos:** demasiado aceite en la cámara de combustión; segmentos, cilindros y guías de válvulas muy desgastados. Si se trata de motores de dos tiempos, excesivo aceite en la mezcla.
- **Repercusión:** fallos en el encendido y dificultades al arrancar.
- **Actuación:** repasar el motor, utilizar la mezcla correcta (si es en dos tiempos) y montar bujías nuevas.

↑ **Figura 1.52.** Bujía con depósito de plomo.

↑ **Figura 1.53.** Bujía con ceniza.

↑ **Figura 1.54.** Bujía con electrodo central fundido y electrodo de masa dañado.

↑ **Figura 1.55.** Bujía con electrodos soldados por fusión.

d. Depósito de plomo (figura 1.52)

Una vitrificación pardo-amarillenta (puede llegar a alcanzar un color verde) aparece en el pie del aislador.

- **Motivos:** uso de aditivos de plomo en el combustible.
- **Repercusión:** fallos en el encendido, ya que la capa se vuelve conductora cuando el motor funciona con cargas elevadas.
- **Actuación:** bujías nuevas.

e. Formación de ceniza (figura 1.53)

Una capa de ceniza se deposita sobre el pie del aislador en el espacio de ventilación y sobre el electrodo de masa.

- **Motivos:** los aditivos del aceite pueden ser los causantes de dicha ceniza.
- **Repercusión:** puede producir autoencendidos con pérdida de potencia y daños en el motor.
- **Actuación:** reparar el motor, usar bujías nuevas y otra clase de aceite.

f. Electrodo central fundido y electrodo de masa dañado (figura 1.54)

- **Motivos:** punto del encendido demasiado avanzado, residuos de combustible en la cámara, válvulas defectuosas, mala calidad del combustible, distribuidor deteriorado.
- **Repercusión:** fallos en el encendido, pérdida de potencia (daños en el motor).
- **Actuación:** revisar el motor, el encendido y la preparación de la mezcla y poner bujías nuevas.

g. Electrodos soldados por fusión (figura 1.55)

Poros esponjosos en los electrodos. Hay incrustación de materiales ajenos a la bujía.

- **Motivos:** punto del encendido demasiado avanzado, residuos de combustión en la cámara, válvulas defectuosas, distribuidor deteriorado, mala calidad del combustible.
- **Repercusión:** antes del fallo total (daños en el motor) se produce pérdida de potencia.
- **Actuación:** revisar el motor, el encendido y la mezcla y poner bujías nuevas.

caso **práctico** inicial

Pablo puede ver en alguno de sus coches distintos aspectos presentados por las bujías.

↑ **Figura 1.56.** Bujía con rotura del pie del aislador.

h. Rotura del pie del aislador (figura 1.56)

- **Motivos:** deterioro mecánico (golpe, caída...), depósitos entre el electrodo central y el pie del aislador (en casos extremos), servicio excesivamente prolongado.
- **Repercusión:** fallos en el encendido, ya que la chispa salta en puntos indebidos.
- **Actuación:** revisar el motor y montar bujías nuevas.

↑ **Figura 1.57.** Bujía con desgaste de electrodos.

i. Considerable desgaste en los electrodos (figura 1.57)

Hay una corrosión intensa.

- **Motivos:** aditivos agresivos en el combustible y en el aceite.
- **Repercusión:** fallos en el encendido (sobre todo al acelerar), dificultad para el arranque.
- **Actuación:** bujías nuevas.

↑ **Figura 1.58.** Bujía con desgaste por quemadura de electrodos.

j. Excesivo desgaste por quemadura en los electrodos (figura 1.58)

La bujía presenta un aspecto normal pero con desgaste.

- **Motivos:** las bujías han estado en servicio demasiado tiempo.
- **Repercusión:** fallos en el encendido (sobre todo al acelerar), dificultad para el arranque.
- **Actuación:** bujías nuevas.

Limitaciones del encendido electromecánico convencional

Antes de describir los encendidos transistorizados y electrónicos diremos que el encendido electromecánico convencional tiene muchas limitaciones. Estas son algunas de ellas:

- Desgaste de las partes mecánicas (muelles, pesos centrífugos, eje del distribuidor, fibra del ruptor, etc.).
- Formación de arcos eléctricos que aparecen a bajo número de revoluciones cuando los contactos abren lentamente, con la consiguiente craterización en los mismos que dificulta el paso de la corriente.
- Posible rebote de contactos a muy altas revoluciones, con lo que disminuye la energía de encendido.
- La corriente del primario queda limitada entre 4 o 5 A, ya que con el ruptor no es posible cortar elevadas corrientes por la rapidez con que se queman sus contactos.
- Las bobinas estándar, empleadas en estos sistemas, necesitan más tiempo para alcanzar la corriente de saturación debido a la alta resistencia del primario (3 a 4 Ω). De esta forma, a altas revoluciones la energía proporcionada por la misma disminuye.

ACTIVIDADES

1. Un motor alcanza una temperatura de 2.300 °C en el interior de sus cilindros. Determinar la temperatura que tendrá que evacuar la bujía, para poder trabajar a su temperatura de autolimpieza (600 °C).

3. Encendido transistorizado comandado por contactos

Incorpora un bloque electrónico formado básicamente por un transistor de potencia cuya función es cortar la corriente del primario.

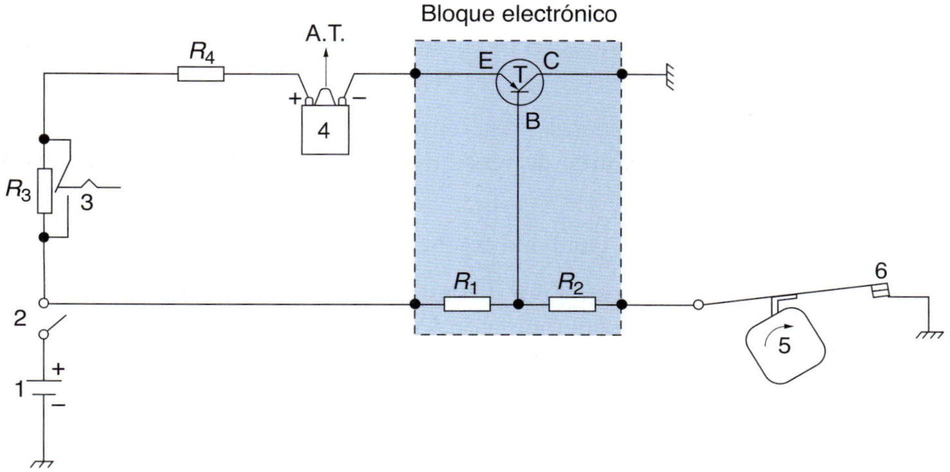

1. Batería
R_1 y R_2. Resistencias en puente divisor
2. Interruptor de encendido
R_3 y R_4. Resistencias adicionales
3. Conmutador para elevación de arranque
4. Bobina
A.T. Alta tensión
5. Leva
6. Contactos del ruptor
T. Transistor
E. Emisor
B. Base
C. Colector

↑ **Figura 1.59.** Esquema de un sistema de encendido transistorizado comandado por contactos.

Cuando los contactos del ruptor están cerrados se establece una diferencia de potencial entre los puntos E y B de más de 0,7 V debido al divisor de tensión que forman las resistencias R_1 y R_2. Así tenemos una pequeña corriente (aproximadamente 0,4 A) (corriente piloto) que circula desde el interruptor principal hacia el emisor, a través del arrollamiento primario de la bobina, y la base del transistor. Esta corriente hace que fluya otra de mayor intensidad (entre 10 y 15 A) (corriente primaria) por dicho arrollamiento debido a que el transistor se hace conductor entre los puntos E y C.

Cuando se abren los contactos del ruptor, no hay diferencia de potencial entre la base y el emisor. Como consecuencia, el transistor se bloquea e interrumpe el paso de corriente por la bobina.

Las resistencias adicionales montadas en serie R_3 y R_4 (esta puede estar integrada en el amplificador), limitan la corriente primaria en la bobina para evitar sobrecargas térmicas. La resistencia R_3 se puentea automáticamente en el momento de arranque con el fin de obtener una corriente primaria apropiada aunque haya caída de tensión en la batería.

Apreciamos cómo, en este sistema de encendido, el ruptor se encarga únicamente de controlar la corriente de base del transistor. Así el efecto de autoinducción de la bobina no influye en los contactos del ruptor, por lo que no es necesario un condensador para protegerlos.

recuerda

El transistor fue inventado en los laboratorios Bell de EE.UU. en diciembre de 1947 por John Bardeen, Walter Houser Brattain y William Bradford Shockley. Es un componente de gran importancia en electrónica ya que funciona como un dispositivo que permite amplificar pequeñas corrientes y también puede funcionar como interruptor electrónico sin contactos metálicos.

saber más

Transistor

La mínima tensión que debe haber entre emisor y base para que el tramo emisor-colector se vuelva conductor ha de ser 0,7 V.

En un montaje Darlington la mínima tensión entre emisor y base del par Darlington debe ser 1,4 V.

Por lo que respecta a los dispositivos de avance, son los mismos que en un encendido convencional, por lo que evitamos explicarlos de nuevo.

Algunas ventajas de este sistema de encendido son:

- Mayor duración de los contactos del ruptor debido a la pequeña corriente que llega a los mismos.
- Posibilidad de utilizar una bobina de mayor rendimiento con baja resistencia de primario, ya que el uso del transistor permite aumentar la corriente primaria. Esto repercute de modo directo en la tensión inducida en el secundario, que será más elevada.
- Los contactos no están sometidos a la tensión de primario (solo reciben 12 V) por lo que desaparece el arco de tensión entre ellos y por tanto el desgaste debido a este.

Entre los inconvenientes, al igual que en el encendido convencional, están:

- Variación del ángulo de cierre por desgaste de la fibra del ruptor y por rebote de contactos en altas revoluciones con los consiguientes fallos en el encendido.
- Limitaciones propias de la mecánica del sistema: fatiga del resorte, envejecimiento de los contactos, etc.

La figura 1.60 nos muestra la bobina, el bloque electrónico y las dos resistencias adicionales de este sistema de encendido.

caso práctico inicial

Los coches de Pablo no tienen componentes electrónicos, ya que son muy antiguos.

1. Bobina
2. Bloque electrónico
3 y 4. Resistencias adicionales

↑ **Figura 1.60.** Distintos componentes de un encendido transistorizado comandado por contactos.

4. Encendido transistorizado con generador de impulsos por efecto Hall

4.1. Funcionamiento

En este sistema de encendido, el ruptor es sustituido por un generador de impulsos que basa su funcionamiento en un efecto físico que se presenta en algunos semiconductores, el llamado efecto Hall, que explicamos a continuación (figura 1.61).

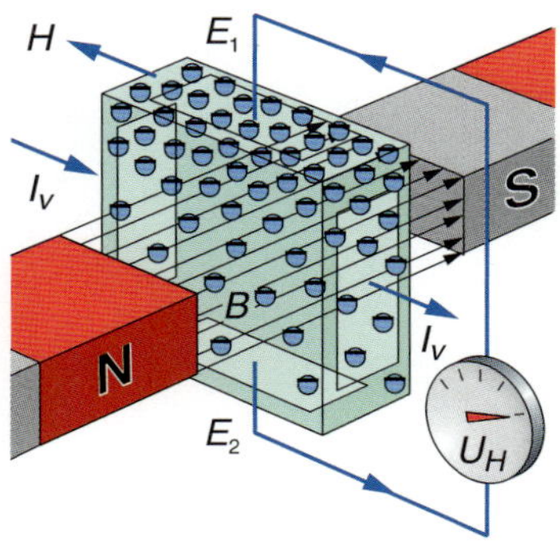

↑ **Figura 1.61.** Efecto Hall.

Si un semiconductor (capa Hall H) de antimoniuro de indio, arseniuro de indio u otro similar se expone a la acción de un campo magnético (B) de tal forma que las líneas de fuerza actúen perpendicularmente al semiconductor, y al mismo tiempo se le aplica una corriente (I_v) entre sus extremos, se genera una tensión (U_H) entre los electrodos (E_1 y E_2) dispuestos entre sus caras opuestas. Esto es debido a que los electrones se desplazan en sentido transversal a la dirección de la corriente y del campo magnético.

Si la intensidad de corriente (I_v) no varía, la tensión (U_H) aumentará al mismo tiempo que aumenta la intensidad del campo magnético.

Explicamos el funcionamiento del generador de impulsos propiamente dicho mediante la figura 1.62.

Está ubicado en el distribuidor y se compone básicamente de una parte fija (barrera magnética) y de una parte giratoria (pantalla magnética).

La barrera magnética está formada por un imán permanente con piezas conductoras del campo magnético y un interruptor electrónico (circuito integrado Hall) el cual incorpora la capa Hall y un amplificador de conmutación, entre otros componentes electrónicos.

Un sensor Hall siempre tiene tres conexiones, dos para la alimentación (+ y –) y una para la señal (O). La tensión de alimentación suele ser de 12 V. Esta alimentación se necesita porque el circuito integrado Hall es un sistema electrónico independiente y como tal requiere alimentación.

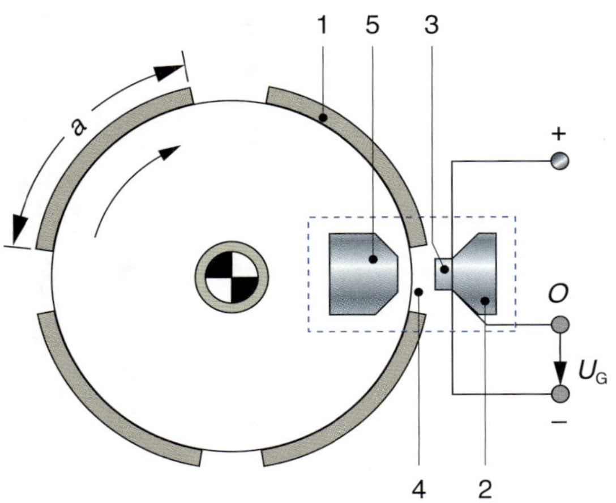

1. Pantalla magnética de anchura (a)
2. Pieza conductora
3. Circuito integrado Hall
4. Entrehierro
5. Imán y pieza conductora

U_G. Voltaje emitido por el sensor Hall-integrado

↑ **Figura 1.62.** Generador de efecto Hall.

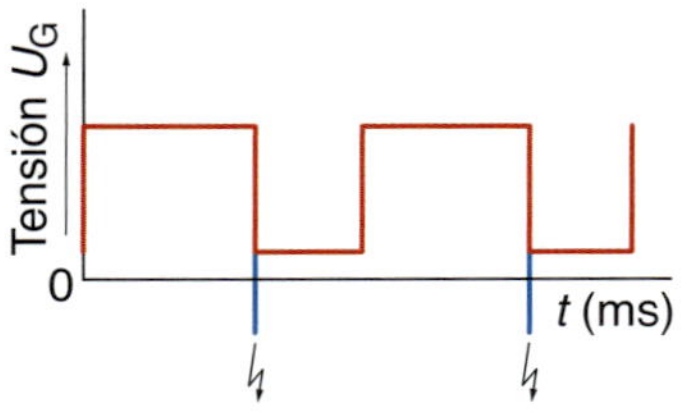

↑ **Figura 1.63.** Tensión de salida del sensor Hall-integrado.

El eje del distribuidor va unido a las pantallas (el número de ellas es igual al de cilindros) que dirigen el campo magnético hacia la capa Hall cuando se colocan delante del imán, provocando así una tensión positiva en la salida del conjunto sensor Hall-integrado (figura 1.63). Esta tensión será utilizada para la excitación del bloque electrónico que se encargará de la puesta a masa del primario de la bobina. En el momento en que la pantalla abandona el entrehierro, el campo magnético deja de afectar a la capa Hall provocando que el conjunto sensor Hall-integrado deje de emitir voltaje, con lo cual la excitación del bloque electrónico desaparece y con ello se interrumpe el primario para dar lugar a la chispa en la bujía.

El ángulo de cierre viene determinado pues por la anchura de la pantalla magnética (a), por lo que permanece constante siempre y, como la anchura es idéntica para cada una de las pantallas, dicho ángulo es de igual magnitud para cada uno de los cilindros del motor.

Nos acercamos un poco más al funcionamiento del bloque electrónico a través de la figura 1.64.

Como se comentó anteriormente, la interrupción del circuito primario se realiza a través de dicho bloque. Cuando el generador Hall emite señal, esta llega a la base del transistor de excitación (3b) donde es amplificada y enviada a la etapa de salida Darlington (3c) para que conecte el primario de la bobina. En el momento de ausencia de señal, el transistor 3b deja de excitarse por lo que el *Darlington* 3c interrumpe dicho circuito primario.

El bloque 3a es un estabilizador de tensión para evitar que los puntos de desconexión-conexión del circuito integrado Hall varíen con la tensión del circuito de carga del vehículo.

La función de modular y amplificar (hasta cierta amplitud) los impulsos la realiza el circuito integrado Hall.

saber más

Sensor Hall-integrado

En algunos modelos se puede dar algún caso en el que con la pantalla delante del imán, la tensión de salida del sensor Hall-integrado sea 0 y con el hueco delante del imán la tensión sea positiva.

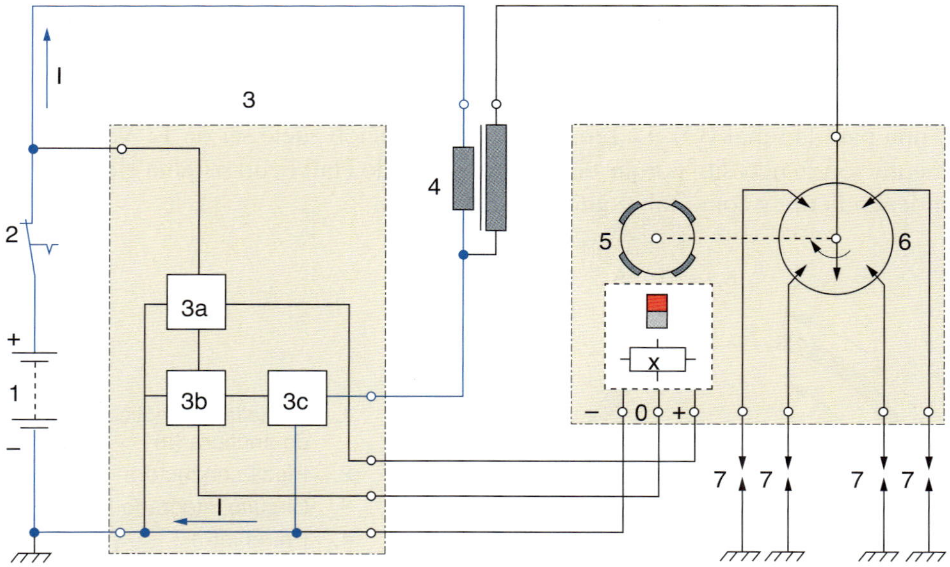

1. Batería
2. Interruptor de encendido
3. Bloque electrónico
4. Bobina
5. Generador Hall
6. Distribuidor
7. Bujías

↑ **Figura 1.64.** Conexionado del bloque electrónico del encendido de efecto Hall.

4.2. Características constructivas

La forma constructiva del distribuidor es la que se observa en la figura 1.65.

La barrera magnética va montada sobre la placa portadora, la cual puede girar un cierto ángulo por el efecto de la cápsula de depresión. El circuito integrado Hall se asienta sobre un soporte de cerámica y, junto con una de las piezas conductoras, está recubierto de una capa de plástico fundido para evitar la humedad y el ensuciamiento. La pipa y las pantallas, que forman una sola pieza, reciben movimiento del eje del distribuidor.

Con el giro de este, las pantallas se desplazan en el entrehierro para realizar la función correspondiente. Por último, apreciamos el cable trifilar que conecta el generador de impulsos.

4.3. Variación del punto del encendido

Al igual que en los encendidos convencionales, el sistema de avance sigue siendo mecánico, mediante dispositivos centrífugos y por vacío (figura 1.66).

Durante el **avance centrífugo,** la acción de los pesos centrífugos (1) desplaza a la pipa (2), y con ella, las pantallas magnéticas (3), con respecto al eje de giro del distribuidor y en el mismo sentido que este.

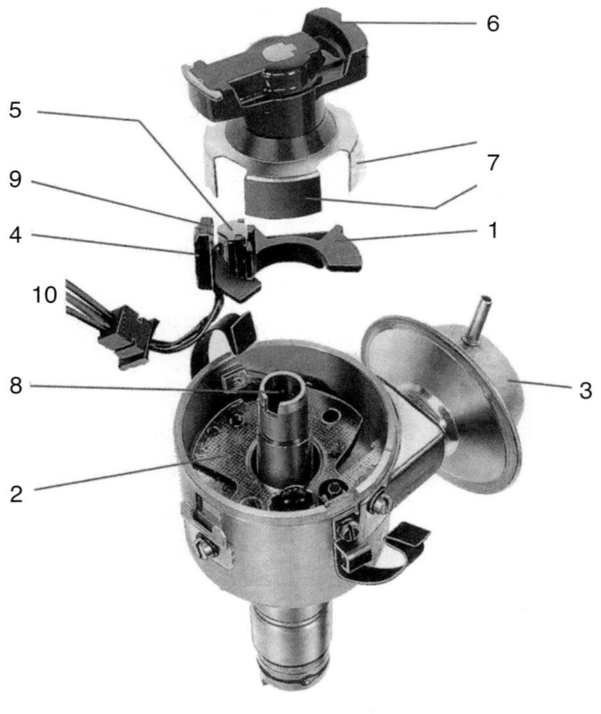

1. Barrera magnética
2. Placa portadora
3. Cápsula de depresión
4. Soporte cerámico con circuito integrado Hall y una de las piezas conductoras
5. Pieza conductora
6. Pipa
7. Pantallas magnéticas
8. Eje del distribuidor
9. Entrehierro
10. Cable trifilar del transmisor

↑ **Figura 1.65.** Distribuidor de encendido con generador Hall.

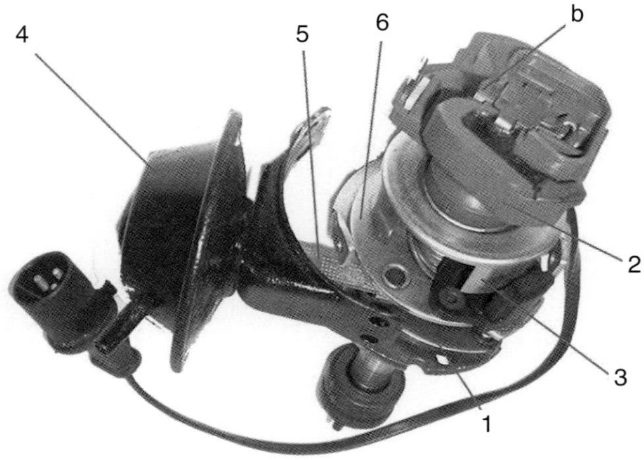

↑ **Figura 1.66.** Ubicación de los dispositivos centrífugos y por vacío en un distribuidor de encendido con generador Hall.

En cambio, en el **avance por vacío** el pulmón (4) hace que el vástago (5) desplace a la placa portadora (6) en sentido contrario al de giro del eje del distribuidor. Por supuesto, en ambos casos el encendido resulta adelantado.

En la misma figura se puede apreciar que la pipa incorpora un limitador de giro (b).

Hay que señalar que los limitadores de giro solo se montan en algunos modelos.

5. Encendido transistorizado con generador de impulsos por inducción

5.1. Funcionamiento

En este caso, existe un generador de impulsos eléctricos obtenidos por **inducción electromagnética** cuando hay variación de flujo magnético en el interior de una bobina.

El generador, que como en el sistema anterior se encuentra ubicado en el distribuidor, está formado (figura 1.67) por un rotor (1) de acero dulce magnético unido al eje del distribuidor con tantos dientes como cilindros tiene el motor. El estátor o unidad magnética la conforman un imán permanente (2) y una bobina (3) arrollada sobre un núcleo magnético (4).

La señal generada por este sensor es la que muestra la figura 1.68, la cual describimos a continuación.

A medida que un diente del rotor se va acercando al núcleo, reduce el entrehierro (5) (figura 1.67) y asegura un mejor paso del flujo magnético en la bobina por lo que la intensidad de flujo en esta última aumenta. Esta variación de intensidad del flujo magnético hace aparecer en la bobina una tensión de sentido positivo. Justamente antes de enfrentarse los dientes, la tensión alcanza su valor máximo positivo (+*U*), ya que es en ese momento cuando el entrehierro disminuye con mayor rapidez.

Cuando el diente empieza a alejarse, el flujo magnético decrece, por lo que la tensión inducida en la bobina pasa a valores negativos hasta alcanzar su valor mínimo (–*U*).

Cuando los dientes están perfectamente alineados, la tensión inducida cae a cero, ya que es en ese instante cuando la tensión pasa de positivo a negativo. En ese momento tiene lugar el encendido (punto tz), pues se hace coincidir con la posición adecuada del pistón para que se produzca el salto de la chispa.

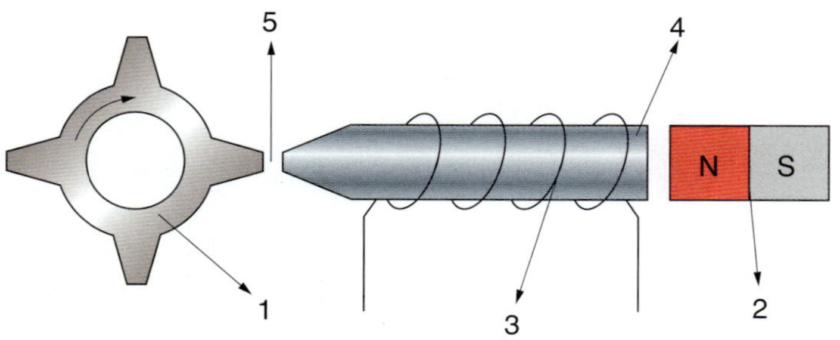

↑ **Figura 1.67.** Generador de impulsos por inducción (esquema fundamental).

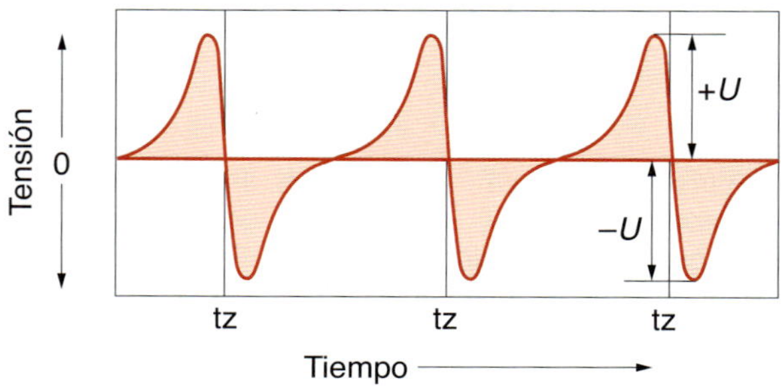

↑ **Figura 1.68.** Transcurso temporal de la tensión alterna producida por el generador de impulsos por inducción.

La frecuencia generada en esta señal alterna corresponde al número de chispas por minuto:

$$f = z \cdot \frac{n}{2}$$

f = frecuencia (rpm)

z = número de cilindros

n = velocidad de rotación del motor (rpm)

La representación real del generador de impulsos la observamos en la figura 1.69.

↑ **Figura 1.69.** Generador de impulsos según el principio de inducción.

La figura 1.70 muestra el proceso completo de la transformación de los impulsos de este sistema de encendido. El sensor inductivo genera la señal alterna al girar el distribuidor, donde los puntos tz corresponden al salto de chispa. La tensión de pico generada por este sensor (+*U*, –*U*, figura 1.68) varía en función de la velocidad de rotación del motor, alcanzando valores entre 1 y 20 V. El sensor es capaz de generar voltajes realmente altos siempre que no se le pidan intensidades superiores a 10 miliamperios, por lo que es necesario amplificar la señal para su posterior utilización. De ello se encarga el bloque amplificador (2a), que transforma la señal alterna en una onda cuadrada. A continuación pasa al mando de cierre (2b), donde se aumenta su anchura o tiempo de activación en función del número de revoluciones, de modo que adopte una duración de cierre determinado.

Una vez establecido el ángulo de cierre, la señal es aplicada al amplificador (2c), donde se aumenta al valor necesario para controlar el transistor de potencia (2d), el cual conecta y desconecta la corriente primaria de la bobina al compás de los impulsos. Cada supresión de la corriente primaria genera un disparo de chispa en la bujía en el punto tz.

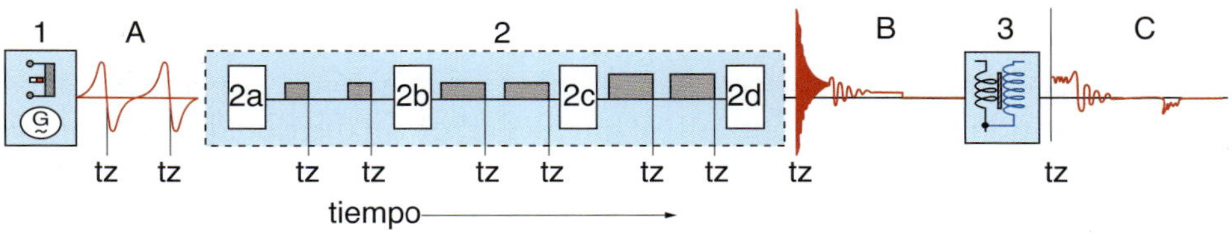

1. Generador de impulsos
A. Señal del generador
2. Bloque electrónico
B. Oscilograma primario
3. Bobina de encendido
C. Oscilograma secundario

↑ **Figura 1.70.** Desarrollo de los impulsos de encendido transistorizado con generador por inducción.

saber más

Regulación del ángulo de cierre

La regulación del ángulo de cierre se explicará en el sistema de encendido siguiente.

El bloque electrónico de estos sistemas suele ir montado sobre el cuerpo del distribuidor. En cambio, en el encendido Hall, suele ser frecuente que la instalación de los bloques electrónicos se efectúe sobre radiadores de aluminio en zonas bien ventiladas del motor. En la figura 1.71 apreciamos un bloque electrónico típico.

↑ **Figura 1.71.** Bloque electrónico.

5.2. Variación del punto de encendido

Al igual que en los encendidos convencionales, el sistema de avance sigue siendo mecánico; es decir, mediante dispositivos centrífugos y por vacío (figura 1.72).

En este sistema, a efectos del regulador, se sustituye el ruptor por el estátor y la leva por el rotor.

El **avance centrífugo,** formado por los contrapesos (1), desplaza al árbol hueco (2), al rotor (3) y a la pipa (4) con respecto al árbol del distribuidor (5) en el sentido de rotación. Así, los dientes de la rueda generadora de impulsos llegan a pasar antes por delante de los dientes del estátor (6), por lo que el encendido resulta avanzado.

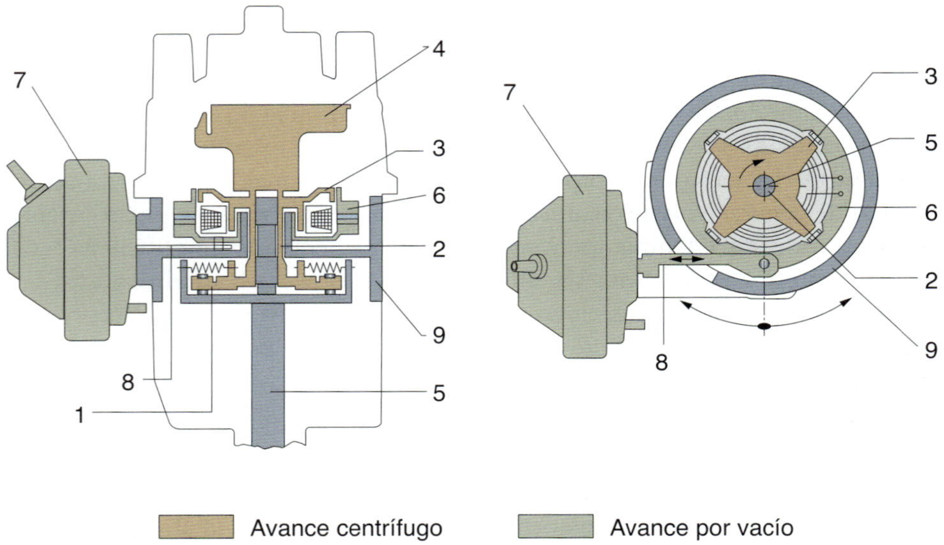

↑ **Figura 1.72.** Esquema de la acción combinada de los avances centrífugo y por vacío, con mando del encendido por generador de impulsos por inducción.

Cuando funciona el mecanismo de **avance por vacío** (7), la varilla de tracción (8) hace girar al estátor con sus bobinas con relación a la placa portadora (9). El sentido de giro es contrario al giro del árbol del distribuidor, por lo que también avanza el encendido.

Por último, señalaremos, a través de la figura 1.73, un campo característico del ángulo de encendido de los sistemas de encendido con regulación mecánica.

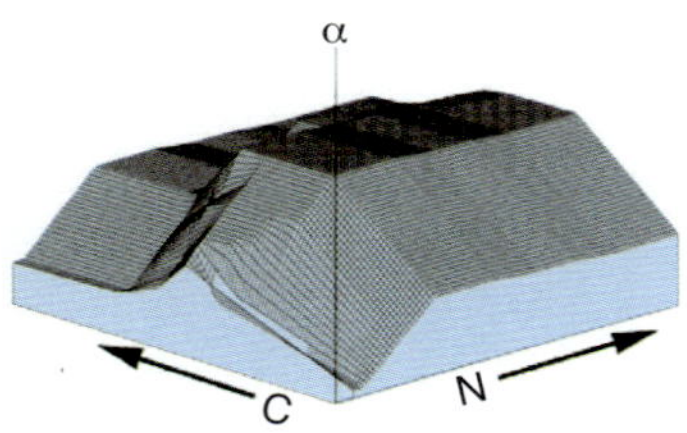

N. Número de revoluciones del motor
C. Carga
α. Ángulo de encendido

↑ **Figura 1.73.** Mapa tridimensional de los sistemas de encendido con regulación mecánica.

6. Ventajas de los encendidos transistorizados sin contactos

Algunas de las ventajas que ofrecen este tipo de encendidos son las siguientes:

- Desaparición del desgaste mecánico del sistema (leva, ruptor...), lo que conlleva a una mayor duración del sistema de encendido, así como desaparición del ajuste del mismo por desgaste (conocido por puesta a punto).
- La desaparición del rebote del ruptor provoca la posibilidad de realizar cortes de encendido más rápidos que permiten chispas más intensas y momentos de encendido más precisos. Al desaparecer el rebote a altas revoluciones, tenemos la posibilidad de tener chispas más efectivas a esas revoluciones.

saber más

Encendido Hall y encendido inductivo

Estos dos sistemas pueden ir provistos de resistencias en serie para la limitación de la corriente primaria. Una de ellas, al igual que el transistorizado con contactos, se puentea en el momento de arranque.

7. Encendidos transistorizados con regulación electrónica del ángulo de cierre, limitación de la corriente primaria y corte de la corriente de reposo

7.1. Generalidades

Estos sistemas consisten básicamente en los encendidos inductivos y Hall mejorados con la única diferencia con respecto a los explicados anteriormente del funcionamiento interno del módulo. En estos encendidos, el ángulo de cierre no es fijo y la cantidad de corriente que pasa por la bobina está limitada para que dicha corriente no varíe en función de la tensión de la batería y de la temperatura de los componentes del sistema de encendido. Todo esto, sin que ello afecte al momento de encendido.

El tiempo necesario para cargar una bobina de modo que produzca una chispa efectiva solo depende de las características de la bobina, del circuito de excitación, de la tensión de batería y de las revoluciones. Estos módulos de encendido realizarán las siguientes modificaciones para lograr la correcta carga de la bobina, sin que exista un exceso de tiempo de carga de la misma que provocaría un sobrecalentamiento y un desgaste prematuro de los componentes del circuito de encendido.

7.2. Variación del ángulo de cierre con respecto al número de revoluciones

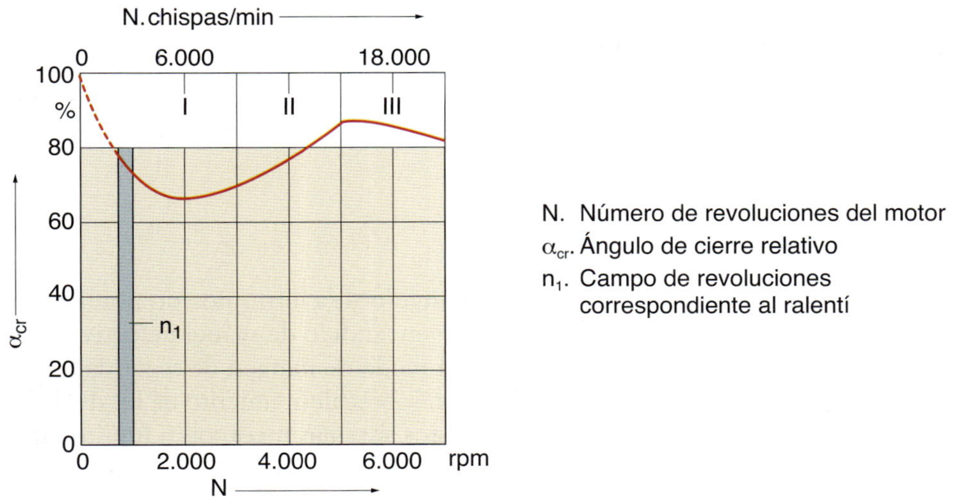

↑ **Figura 1.74.** Ángulo de cierre relativo en función del número de revoluciones del motor para motores de seis cilindros.

El tiempo de carga óptimo de la bobina a partir de un número determinado de revoluciones es fijo, de tal modo que el ángulo de cierre debe aumentar a medida que aumentan las revoluciones (sección II de la figura 1.74). Por otra parte, para velocidades bajas de motor es conveniente aumentar la potencia de encendido para una correcta inflamación de la mezcla, para lo cual tendremos que aumentar el tiempo de carga de la bobina y, por tanto, el ángulo de cierre (sección I de la figura 1.74).

En algún sistema existe una limitación del ángulo de cierre para que este no se produzca antes de que termine la chispa cuando el motor gira a altas revoluciones (punto *tso* de la figura 1.75) por lo cual, una vez alcanzado ese punto, el tiempo de cierre disminuye a medida que aumentan las revoluciones, disminuyendo también el ángulo de cierre (sección III de la figura 1.74).

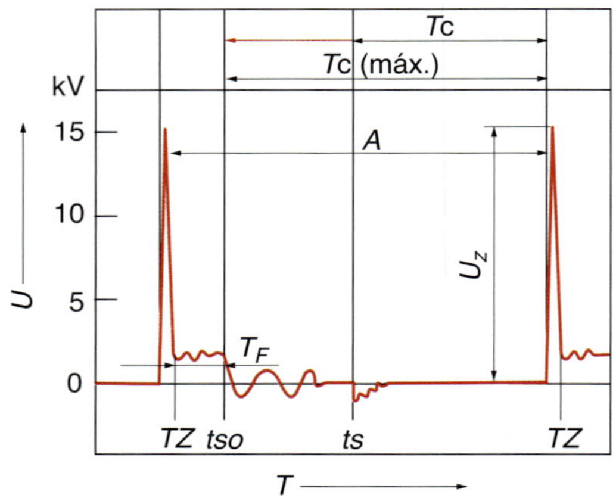

U.	Tensión de la bujía de encendido
T.	Tiempo
A.	Intervalo de encendido
U_z.	Tensión de encendido
ts.	Comienzo del cierre a bajas revoluciones
tso.	Limitación del ángulo de cierre
TZ.	Punto de encendido
Tc.	Tramo de cierre
Tc (máx).	Tramo máximo de cierre
TF.	Duración de la chispa

↑ **Figura 1.75.** Mando del ángulo de cierre relativo mediante la elección del comienzo del cierre, en función del número de revoluciones.

7.3. Variación del ángulo de cierre en función de la tensión de la batería

Como es sabido, la tensión del circuito de carga oscila entre los 9 V disponibles en el momento de arranque y los 14,5 V de regulación del alternador; por lo cual la tensión de carga de la bobina oscila entre esos valores. Para compensar las condiciones de bajo voltaje, el sistema debe aumentar el ángulo de cierre.

7.4. Limitación de corriente

El sistema, a través de la variación del ángulo de cierre, nos proporciona el tiempo suficiente para cargar la bobina de encendido de manera efectiva, proporcionando siempre un exceso de carga a modo de margen de seguridad. Para evitar que este exceso de carga provoque un sobrecalentamiento de los distintos componentes del sistema de encendido, estos sistemas incorporan un limitador de corriente.

7.5. Desconexión del encendido a motor parado

Otra función del módulo electrónico es la de impedir que circule la corriente primaria con el encendido conectado y el motor parado, por lo que se evita un calentamiento excesivo de la bobina en estas condiciones.

7.6. Funcionamiento

Para ver el funcionamiento de lo explicado anteriormente nos apoyamos en las figuras 1.76, 1.77 y 1.78.

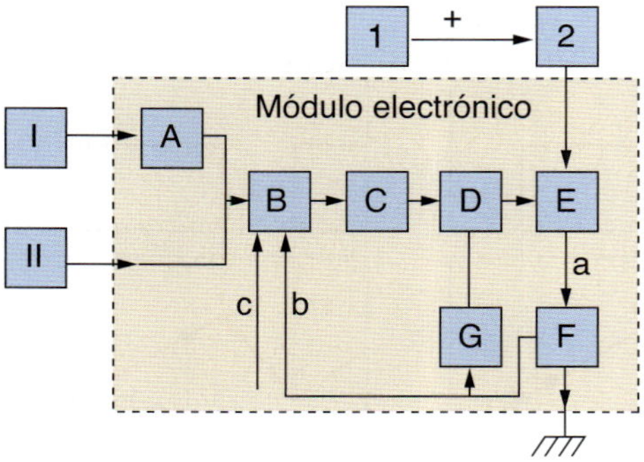

I. Generador Hall
II. Generador de impulsos de inducción
1. Batería
2. Bobina
A. Etapa conformadora de impulsos
B. Regulación del ángulo de cierre
C. Corte de la corriente de reposo
D. Etapa de excitación
E. Etapa final
F. Detección de corriente (resistencia)
G. Limitación de corriente
a. Corriente primaria
b. Valor real de corriente primaria
c. Valor consignado de corriente primaria en función de la tensión de batería y de las revoluciones

↑ **Figura 1.76.** Esquema básico de funcionamiento del módulo electrónico con generador de impulsos inductivo o con generador Hall.

En los **encendidos inductivos** se consigue ángulo de cierre (figura 1.77) desplazando el nivel del disparador en el módulo electrónico. Apreciamos cómo, sobre la curva de la tensión del generador de impulsos, se desplazan los puntos de disparo hacia su zona negativa cuando el ángulo de cierre es demasiado pequeño; mientras que si el ángulo es demasiado grande el proceso se desarrolla de una forma inversa.

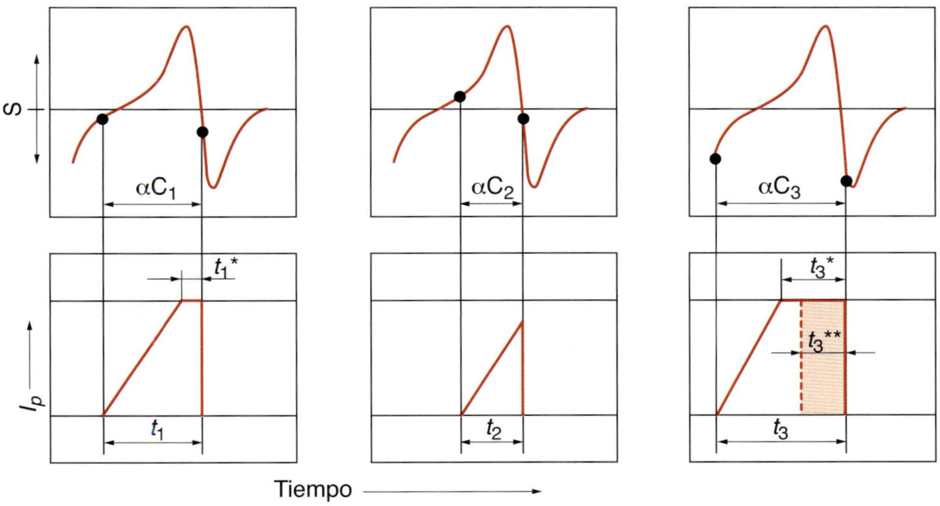

S. Señal del generador de impulsos de inducción
I_p. Corriente primaria
αC_1. Ángulo de cierre correcto
αC_2. Ángulo de cierre insuficiente
αC_3. Ángulo de cierre excesivo
t_1, t_2 y t_3. Tiempo guía para la etapa final
t_1^*. Tiempo de limitación de corriente correcto
t_3^*. Tiempo de limitación de corriente excesivo
t_3^{**}. Tiempo de cierre a eliminar

↑ **Figura 1.77.** Variación del ángulo de cierre por desplazamiento del nivel del disparador en caso de generador de impulsos por inducción.

En los **encendidos con generador Hall,** al no haber señal analógica como en el caso anterior, se dispone de una etapa conformadora de impulsos que transforma la señal rectangular del generador Hall en una tensión de rampa triangular (figura 1.78). Los niveles del disparador se desplazan sobre la tensión de esa rampa cuando hay variación del ángulo de cierre. Por tanto, en este encendido el ajuste del ángulo de cierre, aparte de estar determinado por la anchura de la pantalla del tambor, puede ajustarse obviamente en el propio módulo electrónico.

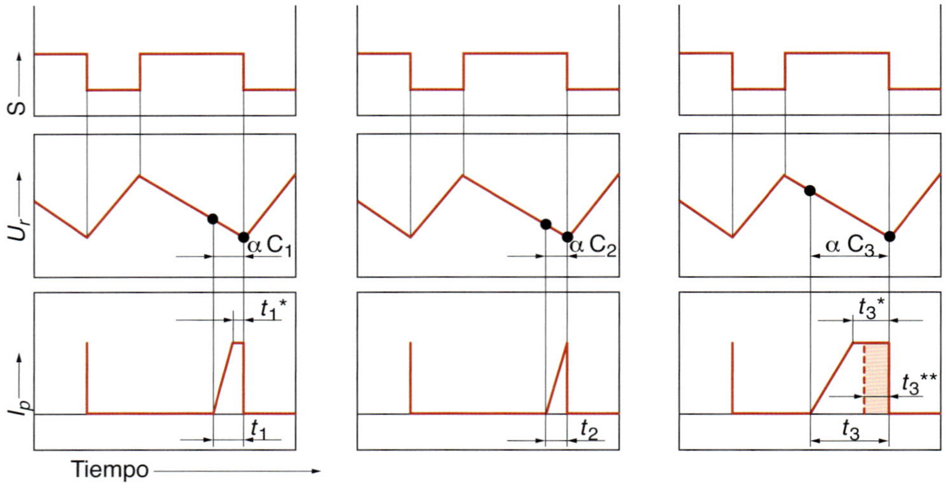

S. Señal del generador Hall
U_r Tensión de rampa (etapa de formación de impulsos)
I_p. Corriente primaria
αC_1. Ángulo de cierre correcto
αC_2. Ángulo de cierre insuficiente
αC_3. Ángulo de cierre excesivo

t_1, t_2 y t_3. Tiempo guía para la etapa final
t_1*. Tiempo de limitación de corriente adecuado
t_3*. Tiempo de limitación de corriente excesivo
t_3**. Tiempo de cierre a eliminar

↑ **Figura 1.78.** Variación del ángulo de cierre por desplazamiento del nivel del disparador en caso de generador Hall.

A continuación vemos cómo es el proceso de limitación de la corriente primaria (figura 1.76).

El voltaje en la resistencia detectora de corriente es proporcional a la intensidad en el primario; por tanto, cuando se alcanza un determinado nivel de corriente también se alcanza un voltaje proporcional a esta. Al obtener el voltaje correspondiente a la intensidad de primario prefijada por el fabricante, el transistor de conmutación del primario comienza a aumentar su resistencia, limitando así la corriente en dicho arrollamiento.

Por último, es importante resaltar que la etapa excitadora corresponde a la de los encendidos transistorizados conocidos.

ACTIVIDADES

2. Inspeccionar un encendido de efecto Hall y otro inductivo en dos vehículos y anotar las diferencias que existen entre ellos.

8. Encendidos programados

En estos sistemas, la bobina está controlada y activada por una Unidad Electrónica de Control que ajusta su tiempo de carga, así como el momento preciso de encendido en función de una serie de datos que definen las condiciones de funcionamiento del motor tomadas a través de una serie de sensores (figura 1.79).

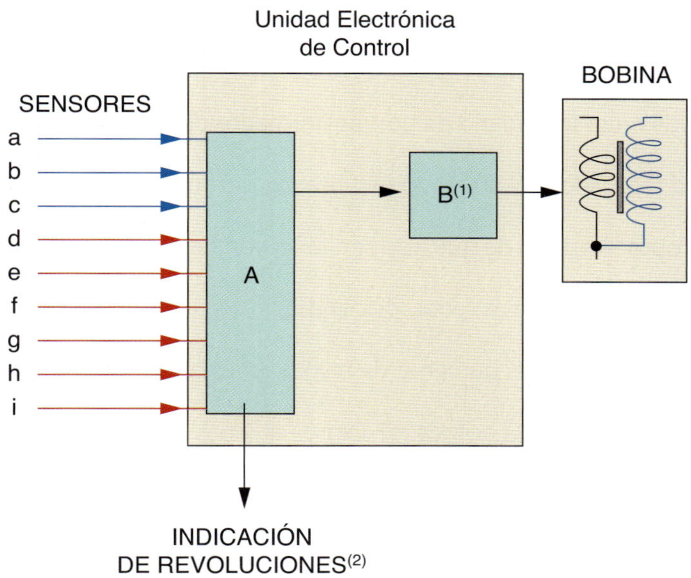

A. Unidad de proceso de la señal
B. Amplificador final de encendido
→ Señales imprescindibles
→ Señales secundarias
a. Posición del motor
b. Revoluciones
c. Carga del motor
d. Temperatura del motor
e. Temperatura del aire
f. Indicación de octanaje
g. Sensor de picado
h. Posición de la mariposa
i. Tensión de la batería

(1) Puede ser externo a la centralita.
(2) Para otros sistemas que lo necesitan (cuadro de instrumentos, sistemas de inyección, etc.). Suele ser una señal de onda cuadrada con frecuencia proporcional a la señal de giro del motor.

↑ **Figura 1.79.** Esquema base de los encendidos programados.

Estos sensores dan la misma información que los utilizados para los sistemas de inyección electrónica de gasolina. Por ello, los vehículos que instalaban inyección electrónica y encendido programado independientes se veían en la obligación de duplicar una parte de los sensores y establecer relaciones entre los dos sistemas.

Como en la actualidad todos los modelos de automóviles a gasolina montan sistemas de inyección electrónicos y los avances en la electrónica permiten que un único microcontrolador sea capaz de realizar todas las funciones necesarias para el control de la inyección, encendido y otras funciones adicionales, dichos sistemas de inyección incorporan ya el control de encendido.

Tanto los sensores como el funcionamiento de estos encendidos serán explicados en las unidades 3 y 4.

saber más

Unidades Electrónicas de Control

En modelos antiguos podemos encontrar Unidades Electrónicas de Control que solamente se encargan de la gestión del encendido.

caso práctico inicial

Benito explica a Pablo los encendidos gestionados por una U.E.C; sin embargo, no estudian sistemas donde una misma U.E.C gestiona conjuntamente encendido e inyección.

saber más

Los transistores forman parte fundamental de la etapa de potencia de las Unidades Electrónicas de Control. Diez años después del invento del transistor se construyó el primer circuito integrado, que reunía en una sola pastilla o chip de silicio numerosos componentes: transistores, diodos, resistencias y condensadores. Todo ello conectado de tal modo que constituía por sí mismo un circuito diseñado específicamente para una aplicación concreta.

ACTIVIDADES FINALES

- 1. ¿Cómo se llama a la partícula con carga negativa del átomo?
- 2. Si el átomo posee más electrones que protones decimos que se encuentra cargado…
- 3. Para que fluya corriente eléctrica por un conductor es preciso que en sus extremos haya…
- 4. ¿Qué hay que hacer para aumentar y reforzar el campo magnético creado por una bobina?
- 5. ¿De qué depende la tensión inducida en el secundario de un transformador de encendido?
- 6. Un condensador de gran capacidad montado tras un diodo rectificador, contribuye a…
- 7. En una unidad de mando con microprocesador, ¿de qué tipo son la mayoría de los circuitos integrados?
- 8. ¿Cuáles son los accesorios de encendido comunes a todos los cilindros?
- 9. ¿Por qué es necesario avanzar el encendido con el aumento de revoluciones?
- 10. ¿En cuál de estos dos casos está el encendido más avanzado? Explica el motivo.
  a) Acelerador totalmente pisado.
  b) Acelerador parcialmente pisado.
- 11. Explica la constitución de una bobina de encendido así como su funcionamiento.
- 12. ¿Se puede aumentar el voltaje de una corriente continua con un transformador?
- 13. ¿A qué se llama grado térmico en una bujía?
- 14. Interpreta una codificación de una bujía a través de un manual técnico de bujías.
- 15. Explica en qué consisten la detonación y el autoencendido.
- 16. ¿Qué efecto puede tener sobre el motor una bujía excesivamente fría?
- 17. ¿Qué es el efecto Hall?
- 18. ¿Cómo diferencias a simple vista un encendido con generador de impulsos por inducción de otro cuyo generador de impulsos está basado en el efecto Hall?
- 19. Dibuja un esquema simplificado de los dos encendidos anteriormente citados y explica su funcionamiento.
- 20. ¿Con qué objeto se utiliza la limitación de corriente en algunos sistemas de encendido?
- 21. Cita las ventajas de los encendidos transistorizados frente a los convencionales.
- 22. ¿A qué llamamos distancia disruptiva en una bujía?
- 23. ¿Qué diferencia hay entre una sustancia ferromagnética y una diamagnética?

EVALÚA TUS CONOCIMIENTOS

Resuelve en tu cuaderno o bloc de notas

1. **Las líneas de fuerza de un imán se consideran por convención que:**
   a. Salen del polo norte al polo sur.
   b. Salen del polo sur al polo norte.
   c. No hay líneas de fuerza en un imán.
   d. Depende del imán.
2. **¿Qué nos dice la ley de Lenz?**
   a. El sentido de una corriente inducida es siempre tal que el flujo magnético que crea se opone a la causa que origina la corriente inducida.
   b. La intensidad de corriente es inversamente proporcional a la resistencia.
   c. La resistencia de un hilo es directamente proporcional a su longitud y a su resistencia específica.
   d. El sentido de una corriente inducida es siempre tal que el flujo magnético que crea se suma a la causa que origina la corriente inducida.
3. **El condensador sirve para:**
   a. Evitar que se caliente el arrollamiento secundario de la bobina.
   b. Que el circuito de encendido tenga mayor resistencia.
   c. Evitar los picos de la extra-tensión de ruptura.
   d. Variar el punto de encendido.
4. **La temperatura de auto-limpieza de las bujías es de:**
   a. 300 °C
   b. 500 °C
   c. 250 °C
   d. Entre 800 y 950 °C
5. **¿Con qué objeto se montan varios electrodos de masa en algunas bujías?**
   a. Para evitar los autoencendidos.
   b. Para disipar mejor el calor.
   c. Para conseguir una chispa más densa.
   d. Para prolongar la duración de la bujía.
6. **La capacidad de un condensador se mide en:**
   a. Voltios.
   b. Faradios.
   c. Amperios.
   d. Teslas.
7. **En un montaje Darlington la mínima tensión entre emisor y base del par Darlington para que el tramo emisor-colector se vuelva conductor debe ser:**
   a. 5 V.
   b. 0,7 V.
   c. 1,4 V.
   d. Varía según el tipo de transistor
8. **El circuito integrado Hall de un sistema de encendido Hall, ¿necesita alimentación eléctrica?**
   a. Siempre.
   b. Nunca.
   c. En los modelos modernos sí.
   d. En los modelos modernos no.
9. **En un encendido inductivo, la tensión entregada por el generador alcanza su valor máximo en el momento en que…**
   a. El rotor gira a su velocidad mínima.
   b. Salta la chispa en la bujía.
   c. Los dientes del rotor y los del núcleo magnético están a punto de enfrentarse.
   d. Los dientes del rotor y los del núcleo magnético están perfectamente alineados.
10. **La relación de transformación en la bobina es:**
    a. La relación entre el campo magnético creado por el secundario y el primario.
    b. La diferencia entre el número de espiras del primario y el secundario.
    c. La relación entre el número de espiras del primario y el secundario.
    d. La relación entre el diámetro de las espiras del primario y el secundario.

PRÁCTICA **PROFESIONAL**

HERRAMIENTAS

- Destornillador plano

MATERIAL

- 3 motores distintos

Identificación de encendidos no programados sobre el motor

OBJETIVOS

Saber identificar un encendido electromecánico convencional, un encendido transistorizado con generador de impulsos por efecto Hall y un encendido transistorizado con generador de impulsos por inducción.

PRECAUCIONES

Procurar que los motores estén fríos.

↑ **Figura 1.80.**

DESARROLLO

En la figura 1.80 se aprecia un encendido electromecánico convencional; se puede comprobar por el condensador. En caso de duda se abre la tapa del distribuidor para ver el ruptor.

En la figura 1.81 se muestra un encendido de efecto Hall. Se puede comprobar si al levantar la tapa del distribuidor se aprecian las pantallas magnéticas.

En la figura 1.82 aparece un encendido inductivo. Se puede comprobar por el generador de impulsos que lo caracteriza.

↑ **Figura 1.81.**

↑ **Figura 1.82.**

Bujías: análisis de la punta de encendido e instalación correcta

HERRAMIENTAS

- Llave dinamométrica
- Llave de bujías

MATERIAL

- Un motor
- Documentación técnica o manuales de fabricantes

OBJETIVOS

- Conocer la gran importancia que tiene la apariencia de la punta de encendido de una bujía.
- Saber respetar las indicaciones suministradas por el constructor del vehículo para seleccionar la bujía adecuada y para apretarla correctamente al motor.

PRECAUCIONES

- Utilizar una llave de bujías y una llave dinamométrica adecuadas y en buen estado.
- Procurar que los motores estén fríos.

DESARROLLO

1. Extrae la bujía (figura 1.83).
2. Observa la punta del encendido de la bujía (figura 1.84). Recuerda que la apariencia de la punta de encendido de una bujía no solo nos indicará si la bujía es adecuada o no para aquella aplicación, sino que también será un testigo para conocer el estado de funcionamiento del motor.
3. Mira en el manual técnico la bujía adecuada para el motor.
4. Aprieta la bujía con los dedos hasta que la empaquetadura (tuerca hexagonal en la parte superior del cuerpo metálico) toque la culata (figura 1.85).
5. Aprieta definitivamente la bujía con la llave dinamométrica. Un apriete excesivo puede producir la rotura del casquillo metálico, mientras que un apriete insuficiente ocasiona sobrecalentamiento de la bujía (figura 1.86).

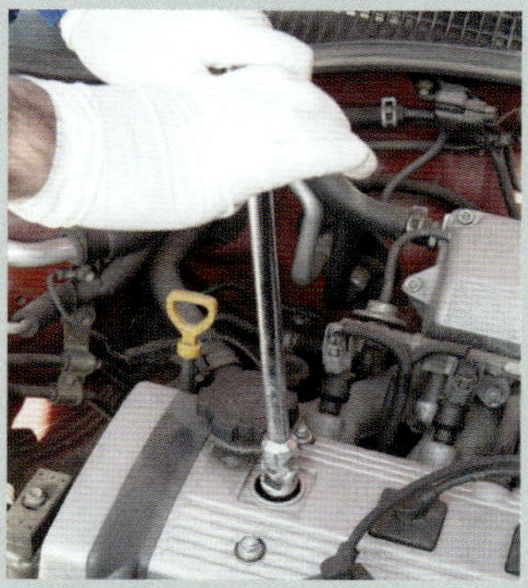

↑ **Figura 1.83.**

↑ **Figura 1.84.**

↑ **Figura 1.85.**

↑ **Figura 1.86.**

MUNDO **TÉCNICO**

El láser podría marcar el fin de las bujías

La bujía ha sido un componente indispensable para el motor de combustión. Este dispositivo genera la ignición de la mezcla de combustible y aire en el cilindro. El primero de estos dispositivos fue inventado por Nikola Tesla, sin embargo, fue uno de los ingenieros de Mercedes-Benz llamado Gottlob Honold quien consiguió desarrollar una bujía económicamente viable en 1902. Con ello, durante todo el siglo XX, el coche eléctrico dejó de competir con el de gasolina. Sin embargo, después de 100 años esto cambia, con los nuevos adelantos técnicos, el coche eléctrico vuelve a tomar relevancia.

Ahora, lo que son las cosas, las bujías podrían dar paso a **unos dispositivos de ignición electrónicos** que ayudarán a los motores de combustión a ser más limpios para alcanzar los nuevos requerimientos de emisiones que se les están imponiendo. **Un grupo de investigadores japoneses ha dado con un sistema que actúa mediante un láser** y que es capaz de producir una combustión casi total de la mezcla de aire y carburante.

En un motor convencional, esta mezcla es comprimida en el cilindro por un pistón. La ignición comienza en la punta de encendido de la bujía, que se sitúa en la parte superior del cilindro. **De esta manera, la fuerza de la explosión recorre la cámara de arriba abajo, empujando al pistón de nuevo a su posición inicial y moviendo con él todo el árbol de levas.** Así, para la combustión es necesario crear un arco voltaico entre los polos de la bujía.

Esto, que es muy adecuado para producir la explosión de un carburante como la gasolina de gran calidad resulta bastante problemático cuando el combustible tiene un octanaje más bajo. Además, para que este proceso sea óptimo, la mezcla debe contener una proporción muy determinada de aire. **Las bujías se van calentando y este aumento de la temperatura también afecta a ese porcentaje, que debe ir modificándose a pesar de lo cual se forman depósitos** en las puntas de encendido que merman su capacidad.

Así, parece bastante evidente que cuanto mayor sea la temperatura a la que se inicia la ignición, tanto mayor será esta, sobre todo porque cuanto mayor sea el calor que genere, y más rápidamente se produzca, menos restos de material sin quemar se arrojarán por el escape. **Después de más de 100 años usando bujías, ahora los científicos se han puesto a darle la vuelta a la tortilla y creen que mediante un láser se podría mejorar este proceso.**

Para empezar, porque estos haces de luz de intensidad y pureza controlada, pueden mantener constante la temperatura a la que se emiten. Además, también ofrecen una precisión, en lo que al tiempo exacto de emisión se refiere, que permitiría a la electrónica del vehículo gestionar la combustión en función de muchas más variables de las que se están empleando ahora mismo. **Otra de las ventajas es que, puntualmente, pueden generar igniciones en otras zonas del cilindro, donde a veces quedan bolsas de combustible sin quemar.**

Publicado por Roberto Fresnedal en: Tecnología Gadgets Curiosidades

EN RESUMEN

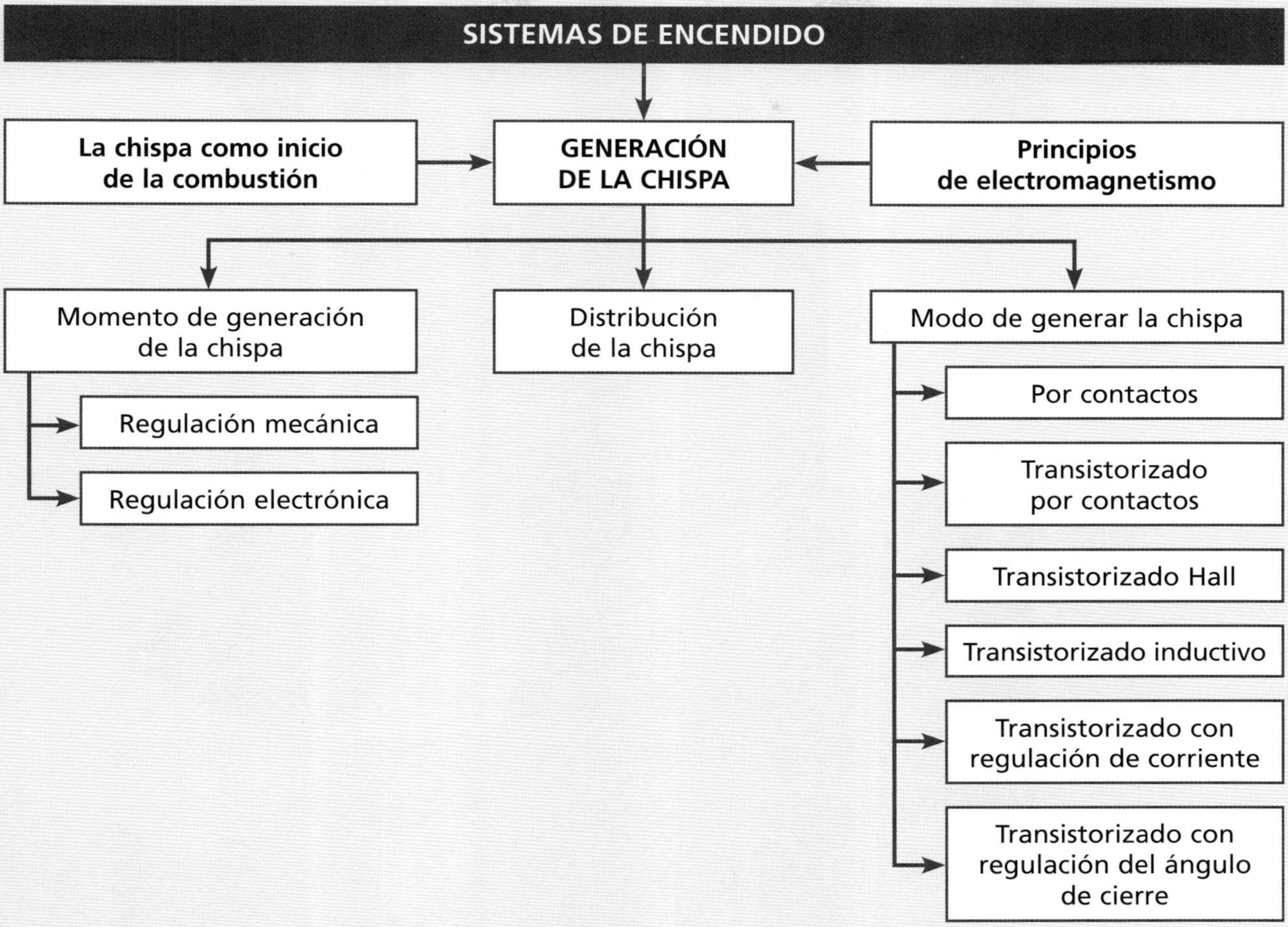

entra en internet

■ 1. En las siguientes direcciones puedes encontrar más información sobre lo tratado en la unidad.

- <http://es.wikipedia.org/wiki/Magnetismo>
- <http://es.wikipedia.org/wiki/Electromagnetismo>
- <http://www.ngkntk.ru/es/tecnologia-en-detalle/cables-de-encendido/principios-de-funcionamiento/la-resistencia-electrica/>
- <http://www.ngkntk.ru/es/tecnologia-en-detalle/bujias-de-encendido/>
- <http://www.youtube.com/watch?v=NAamQ6RYQTc>
- <http://www.km77.com/glosario/d/detonacion.asp>
- <http://diccionario.motorgiga.com/diccionario/autoencendido-definicion-significado/gmx-niv15-con363.htm>
- <http://www.youtube.com/watch?v=ATp63x0LJ2w>

2 Comprobación de los sistemas de encendido

vamos a conocer...

1. Precauciones de seguridad
2. Comprobación y puesta a punto de los distintos sistemas de encendido

PRÁCTICA **PROFESIONAL**

Comprobación de un encendido transistorizado con generador de impulsos por efecto Hall

MUNDO **TÉCNICO**

Herramientas de los osciloscopios para simplificar las medidas en presencia de señales ruidosas

y al finalizar esta unidad...

- Conocerás las normas de seguridad indispensables.
- Sabrás comprobar individualmente, con los útiles adecuados, cada uno de los elementos que componen los distintos sistemas de encendido.
- Serás capaz de analizar en su conjunto los diferentes sistemas de encendido con el osciloscopio.
- Sabrás realizar las operaciones de puesta a punto del encendido utilizando una lámpara de pruebas y también dominarás la verificación y el ajuste de la puesta a punto del encendido utilizando una pistola estroboscópica.

CASO **PRÁCTICO** INICIAL

situación de partida

Manuel, propietario de un Honda Accord EX, detecta los siguientes problemas en su vehículo:

- Explosiones en tiempo húmedo.
- Vibraciones en el motor y falta de potencia.

Decide llevarlo a un taller de automoción, donde le atiende un mecánico. Lo primero que hace éste es mirar que tipo de encendido incorpora el vehículo y observa que es transistorizado inductivo.

Ahora el mecánico sale a la carretera con el Honda para cerciorarse si lo que dice Manuel es cierto. Y efectivamente, el vehículo tiene los problemas que alude su propietario.

Tras una revisión superficial del circuito de encendido, el mecánico detecta que la tapa del distribuidor está agrietada por lo que decide cambiarla, pensando así que las explosiones en tiempo húmedo quedarían eliminadas.

Más tarde comprueba con un multímetro, la bobina. La encuentra en perfecto estado.

La experiencia del mecánico le hace pensar que lo mejor es conectar el osciloscopio y ver los distintos oscilogramas del encendido.

Así lo hace, y en uno de dichos oscilogramas interpreta cómo un cable de conexión del distribuidor con la bujía está en mal estado. Se procede al cambio del cable afectado.

El osciloscopio también le hace ver que la señal del sensor inductivo es correcta.

Por último, prueban el vehículo en carretera en donde aprecian que el motor queda en perfecto estado de funcionamiento. El mecánico va pensando que la anomalía en el cable era la que hacía que el motor funcionase en tres cilindros lo que derivaba, obviamente, en vibraciones en el motor y una falta de potencia.

Durante esta última prueba en carretera, Manuel le comenta al mecánico que si le parece bien que aproveche para cambiar las bujías ya que llevan funcionando muchos kilómetros.

El mecánico le responde que las que tiene no están mal, pero si las quiere cambiar se lo hace otro día ya que las dos llaves dinamométricas de las que dispone están averiadas en este momento. Lo que sí aprecia en las bujías es que su grado térmico no se corresponde con las características del motor.

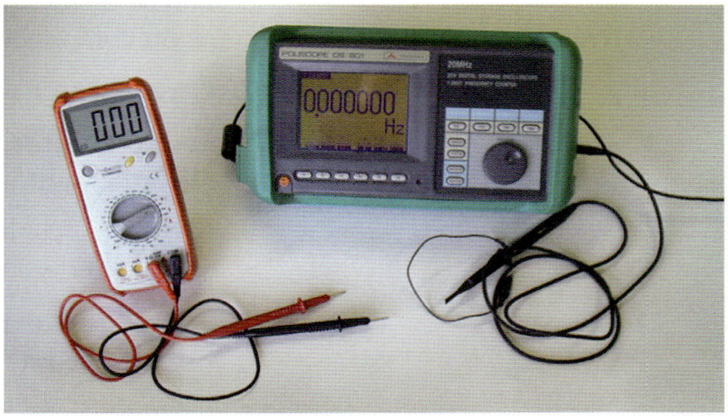

↑ **Multímetro y osciloscopio.**

estudio del caso

Antes de empezar a leer esta unidad de trabajo, puedes contestar las dos primeras preguntas. Después analiza cada punto del tema, con el objetivo de contestar al resto de las preguntas de este caso práctico.

1. ¿Qué útiles crees imprescindibles para la comprobación de los encendidos?
2. ¿Por qué en tiempo húmedo una tapa de distribuidor puede tener más problemas que en seco?
3. ¿Qué útil utilizarías para determinar la calidad de la chispa?
4. ¿Qué influencia tiene en el motor una puesta a punto incorrecta?
5. ¿Consideras que la señal de un sensor Hall y la señal de un sensor inductivo reúnen las mismas características?
6. ¿Se pueden realizar comprobaciones internas a un módulo electrónico?

1. Precauciones de seguridad

Vamos a desglosar una serie de precauciones que todo operario debe conocer antes de realizar cualquier control eléctrico en un motor, con el fin de no causar daños en el vehículo ni en la propia persona. Son las siguientes:

1. Asegurarse que el estado de carga de la batería es el correcto así como el acoplamiento de sus bornes.
2. No arrancar el motor mediante una fuente de alimentación superior a 12 V.
3. No conectar la batería con polaridad invertida y nunca desconectarla mientras está en marcha el motor.
4. No desconectar ni conectar componentes electrónicos mientras estén sometidos a corriente.
5. Si hay temperaturas superiores a 60° en el coche (por ejemplo en el túnel de secado de pintura), retirar antes las UEC. Igual consideración hay que tener si se realizan soldaduras eléctricas en el coche.
6. Asegurarse de que todas las conexiones eléctricas están conectadas correctamente, puesto que el mal conexionado puede acarrear la destrucción de algún componente o el mal funcionamiento del mismo.
7. Cerciorarse del buen estado de las conexiones eléctricas y aislamientos.
8. Está totalmente prohibida la comprobación de existencia de tensión mediante cortocircuitos a masa.
9. No colocar cables de antena o haces de cables cerca de las UEC con el fin de evitar interferencias en las señales.
10. Asegurarse siempre de que las piezas de recambio son las diseñadas para el sistema que estamos comprobando.
11. Existen partes del sistema de encendido donde se trabaja con tensiones muy altas (primario de bobina, cables de alta tensión, distribuidor, bujías), por lo que se ha de procurar no manipularlos con el motor en marcha. Estas elevadas tensiones, en caso de contacto, pueden deteriorar piezas transistorizadas (relojes, reguladores cardiacos, etc.).
12. No intentar arrancar el motor con componentes de alta tensión desconectados, ya que la alta tensión, si no está debidamente conducida, puede dañar componentes electrónicos del vehículo.
13. Siempre debe haber una ventilación adecuada en el local donde se están realizando las pruebas. Esto es debido a que, en caso de necesitar arrancar el motor, los gases de escape suponen un serio peligro para la salud.
14. Hay que utilizar siempre las herramientas adecuadas y además asegurarse de que están en buen estado.

ACTIVIDADES

1. Practica estas normas de seguridad en tu taller.

2. Comprobación y puesta a punto de los distintos sistemas de encendido

Antes de comprobar cualquier encendido se deben extraer las bujías para observar su aspecto y comprobar si están todas por igual y así saber si es un problema localizado en un solo cilindro o en varios. En función de su aspecto deducimos si es un fallo de encendido o de otros elementos del motor.

2.1. Encendido electromecánico convencional

Veamos la comprobación de los siguientes elementos:

Bobina

a) **Comprobación de la resistencia de los arrollamientos.** Para el arrollamiento primario se conecta el óhmetro entre los bornes (+, 15, B) y (–, 1, D) (figura 2.1); mientras que para medir el arrollamiento secundario se conecta el óhmetro entre los bornes (–, 1,D) y la salida de alta tensión (figura 2.2).

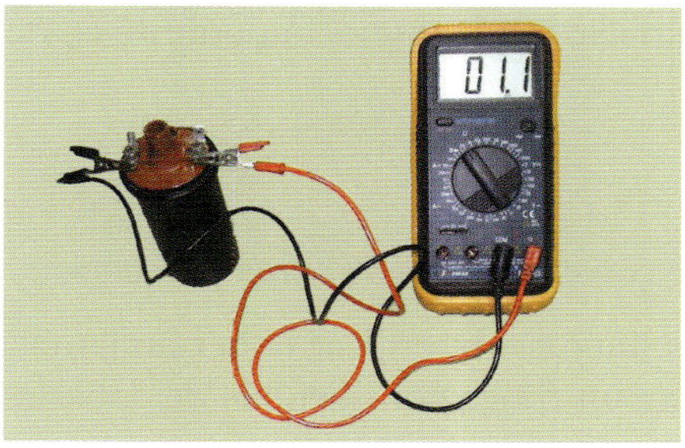

↑ **Figura 2.1.** Comprobación de la resistencia primaria de la bobina de encendido.

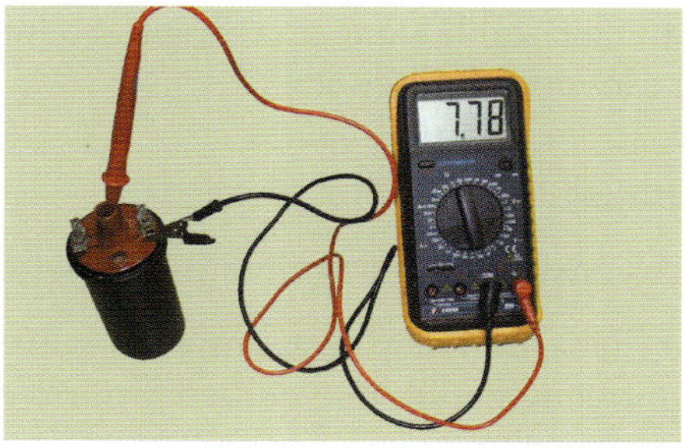

↑ **Figura 2.2.** Comprobación de la resistencia secundaria de la bobina de encendido.

En ambos casos, el valor de la resistencia debe estar comprendido dentro de los indicados por el fabricante. En caso contrario, hay que sustituir la bobina.

b) **Comprobación del aislamiento de los arrollamientos.** Para el secundario se conecta el óhmetro entre el borne de alta y la carcasa de la bobina (figura 2.3). En el caso del primario se conecta el mismo aparato de medida entre el borne de entrada de corriente y la propia carcasa (figura 2.4).

Debe comprobarse que hay circuito abierto para los dos arrollamientos; de no ser así se debe cambiar la bobina de encendido.

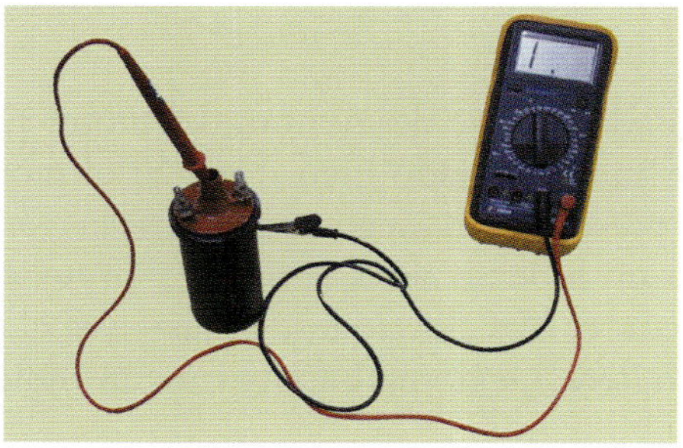

↑ **Figura 2.3.** Comprobación del aislamiento del arrollamiento secundario de la bobina de encendido.

↑ **Figura 2.4.** Comprobación del aislamiento del arrollamiento primario de la bobina de encendido.

recuerda

Para medir las diferentes unidades eléctricas son necesarios diversos instrumentos de medida, tales como el amperímetro para medidas de intensidad; el voltímetro para la tensión o voltaje y el ohmímetro para valores de resistencia. Hay un instrumento de medida, el multímetro, que reúne en un solo aparato las diferentes funciones de medida.

saber más

Impedancia y resolución

Las características que hace que un multímetro digital sea más preciso que el de tipo analógico es porque posee una gran impedancia de entrada (resistencia interna) y también proporciona una mejor resolución.

Todos los instrumentos de medida, cuando miden, consumen una parte de la energía del circuito del cual se está midiendo.

Se entiende por impedancia a la oposición o resistencia interna que el aparato de medida opone al paso de la corriente que está midiendo; por lo tanto cuanto mayor sea la impedancia del aparato, menor corriente del circuito de prueba consumirá y mejor será la precisión de la lectura.

Cables de encendido

Diagnóstico

Dado que los cables de encendido están sometidos a grandes cargas, es necesario revisarlos periódicamente y cambiarlos al primer síntoma de envejecimiento. El aspecto exterior de un cable de encendido puede ofrecer información sobre la causa de un defecto.

A los cables de encendido cuya apariencia externa sea correcta, se le comprobará la resistencia y se comparará con los valores permitidos (figura 2.5).

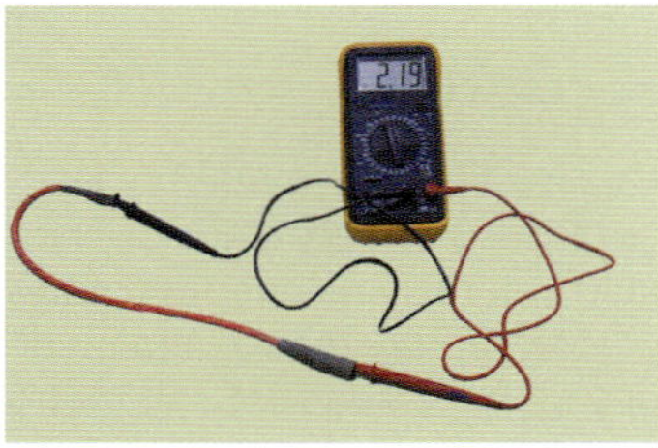

↑ **Figura 2.5.** Verificación de la resistencia de los cables de encendido.

Consejos para el montaje:

- Se recomienda utilizar unas pinzas para cables de encendido; si no se dispone de ellas, deberá tirarse hacia fuera o presionarse la pipa de bujía. Si se tira del cable podría dañarse o romperse.
- Antes de tirar de la pipa, se recomienda darle un cuarto de vuelta.
- Deberá tirarse siempre de la pipa de la bujía recta, para evitar que se dañe la cerámica de la bujía.
- Cada cable tiene una longitud determinada, por lo que es importante colocarlos correctamente.

saber más

Resistencia antiparasitaria en los cables de encendido

Si los cables de alta tensión llevan resistencia antiparasitaria, la resistencia de los mismos depende de la longitud del cable.

Bujías

A continuación describimos una serie de consideraciones a tener en cuenta:

- Para montar y desmontar las bujías es importante utilizar la herramienta correcta, puesto que de lo contrario existe un riesgo considerable de dañarlas al atornillarlas o desatornillarlas.
- Cuando se cambien las bujías, el motor deberá estar completamente frío. Esto es muy importante, sobre todo en los motores que instalan culatas de aluminio. Con el calor este material se expande más que las bujías, por lo que la bujía se queda fija.
- Para montar correctamente una bujía se necesita una llave dinamométrica. La mayoría de los fallos que se producen en las bujías se deben a que el par de apriete es incorrecto. Si es demasiado bajo, las pérdidas de compresión podrían provocar un sobrecalentamiento. También se podría romper el aislador o el electrodo central a consecuencia de las vibraciones. Si es demasiado alto, la bujía se podría romper. Las zonas de salida del calor se estropearían, los electrodos podrían sufrir sobrecalentamiento o fundirse y provocar una avería en el motor.
- El desgaste que presentan las bujías usadas que se desmontan del motor permiten saber con claridad si el motor ha funcionado bien o no. Si el motor funciona correctamente, la bujía debe presentar un aspecto «reseco»: las zonas circundantes de los electrodos tienen un aspecto seco, agrisado y presentan matices de entre blanco, amarillo y marrón. Los electrodos, al igual que el saliente visible del aislador, no permiten detectar normalmente ningún indicio significante de daños.
- Siempre se debe instalar la bujía con las características que indique el fabricante del motor.

caso práctico inicial

El mecánico no cambió las bujías del coche de Manuel, debido a que no disponía de llave dinamométrica en buen estado. Esto demuestra la importancia del par de apriete correcto.

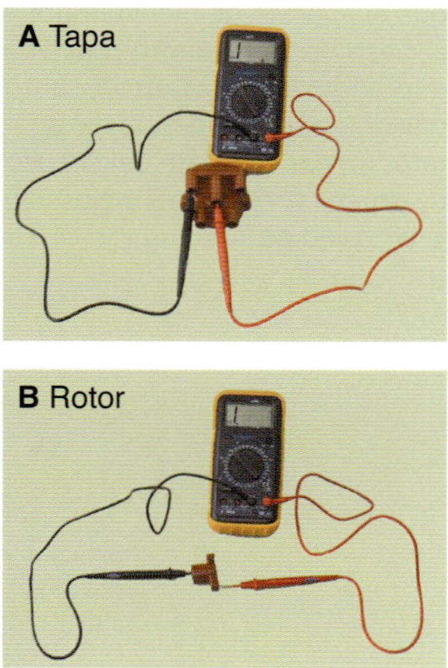

↑ **Figura 2.6.** Comprobación del aislamiento de la tapa y del rotor del distribuidor.

Comprobación del distribuidor

Tapa y rotor

- Observar que las conexiones interiores de la tapa, la escobilla central de la misma y la lámina metálica del rotor están en buen estado.
- Comprobar visualmente que no existan grietas en estos elementos.
- Comprobar el aislamiento de los dos elementos (figura 2.6).

Si los resultados no son satisfactorios, sustituir dichas piezas.

caso práctico inicial

La tapa del distribuidor del Honda Accord estaba agrietada, lo cual acarreaba problemas en el motor.

Ruptor

- Verificar el estado de los contactos. Si están sucios se limpian empleando un papel vegetal impregnado en tricloro. Si están quemados se cambian.
- Comprobar la separación entre los mismos mediante una galga de espesores (figura 2.7). Debe existir la separación marcada por el fabricante (de 0,40 a 0,45 mm aproximadamente). En caso necesario corregir en el contacto fijo.

  Una separación incorrecta acarrea una modificación en el punto de encendido con la consiguiente pérdida de rendimiento en el motor.

1. Ruptor
2. Galga de espesores
3. Tornillo de reglaje

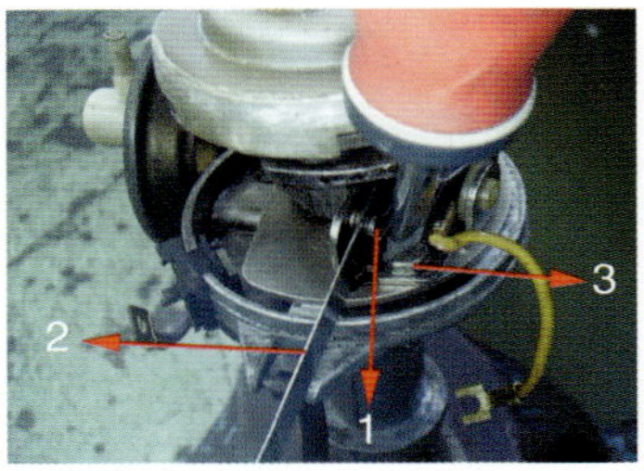

↑ **Figura 2.7.** Comprobación de la separación de los contactos del ruptor.

Condensador

Se verifica mediante un comprobador específico (figura 2.8).

Se procede como sigue:

- Conectar el aparato a la red a la tensión adecuada y accionar el interruptor general.
- Conectar las puntas de prueba al positivo del condensador y a masa del mismo.
- Observar el comportamiento de la lámpara: si solo se produce un destello en el aparato, el condensador está en buen estado; destellos más o menos rápidos indican que hay fugas de alto valor, mientras que si la lámpara se enciende a pleno revela que el condensador está cruzado. Cualquier anormalidad en cuanto al funcionamiento supone su cambio.

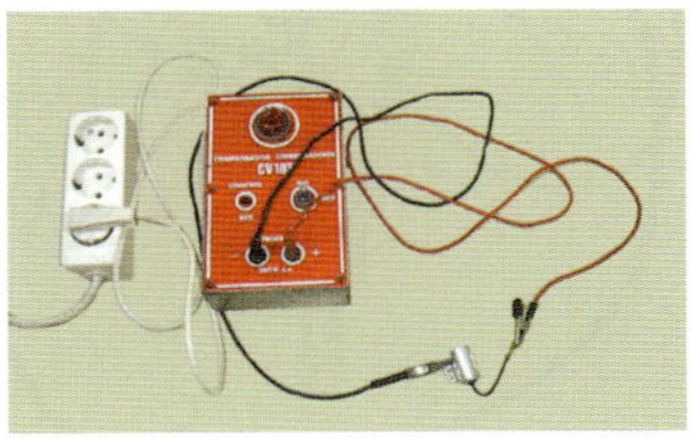

↑ **Figura 2.8.** Verificación del condensador.

Otros aspectos importantes del distribuidor

- Comprobar la presión de la lámina-muelle en los contactos del ruptor mediante un dinamómetro. Debe indicar el valor del fabricante (aproximadamente 5-6 N).
- Observar que el cuerpo del distribuidor se encuentra en buen estado, sin grietas ni señales de golpes.
- Verificar que los casquillos interiores no tengan desgaste.
- Observar que las piezas que forman el avance centrífugo están correctamente colocadas y en buen estado.
- Comprobar la correcta estanqueidad del depresor mediante un vacuómetro (figura 2.9), observando que al realizar la aspiración se desplaza la pieza que corresponda según del sistema de que se trate.
- Colocar el eje del distribuidor sobre dos calzos en V y con ayuda de un reloj comparador comprobar que las levas (si se trata de un encendido convencional) no están desgastadas. La diferencia entre ellas no debe ser superior a 0,09 mm.

1. Mecanismo de avance por vacío
2. Vacuómetro

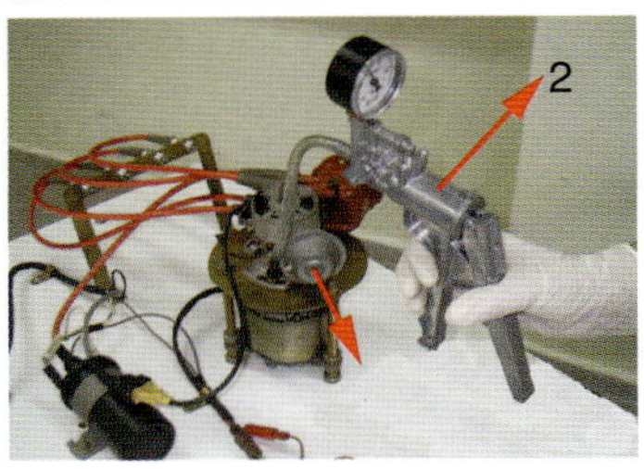

↑ **Figura 2.9.** Verificación de la cápsula de avance por vacío.

Comprobación del encendido con osciloscopio

Cualquier señal eléctrica tiene su representación gráfica. Con el osciloscopio podemos observar si dichas señales son o no correctas, con lo que se facilita la detección de fallos en el sistema de encendido e incluso del motor. Para ello, en el sistema de encendido deberemos utilizar osciloscopios especialmente adaptados para este propósito.

Para la toma de la señal de primario (figura 2.10), conectamos la entrada (1) del osciloscopio al negativo de la bobina y la masa (2) del mismo a la masa del vehículo. Por otro lado, conectamos una pinza inductiva (3) al cable de la bujía número 1 para saber a qué cilindro corresponde cada una de las señales.

Para tomar la señal del secundario (figura 2.11) no será posible acceder directamente al voltaje del secundario debido a la alta tensión a la que trabaja este circuito, por lo que necesitamos una pinza capacitiva (1) que colocamos en el cable de la bobina. Como por este cable circulan todas las chispas de todos los cilindros, podemos ver simultáneamente la señal de cada uno de los mismos. Al igual que en el caso anterior, nos valdremos de la misma pinza inductiva (2), colocada en el cilindro número 1 para saber a qué cilindro corresponde cada una de las señales, así como de la pinza de masa (3).

saber más

La pistola estroboscópica

Para verificar el correcto funcionamiento de los avances emplearemos una pistola estroboscópica, como explicaremos a lo largo de esta unidad.

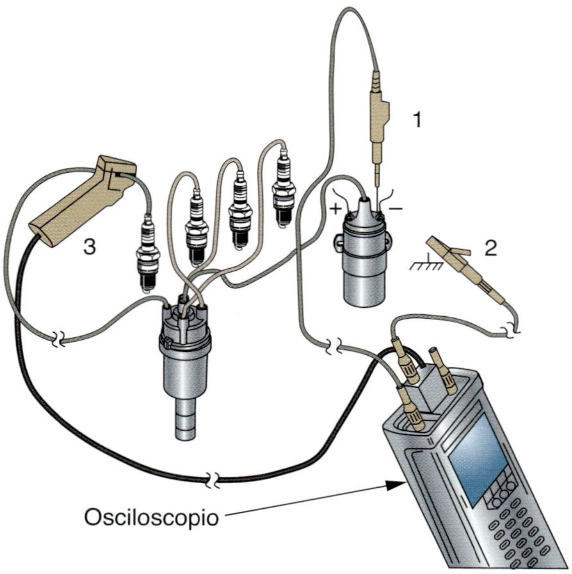

↑ **Figura 2.10.** Comprobación del circuito primario del encendido mediante el osciloscopio.

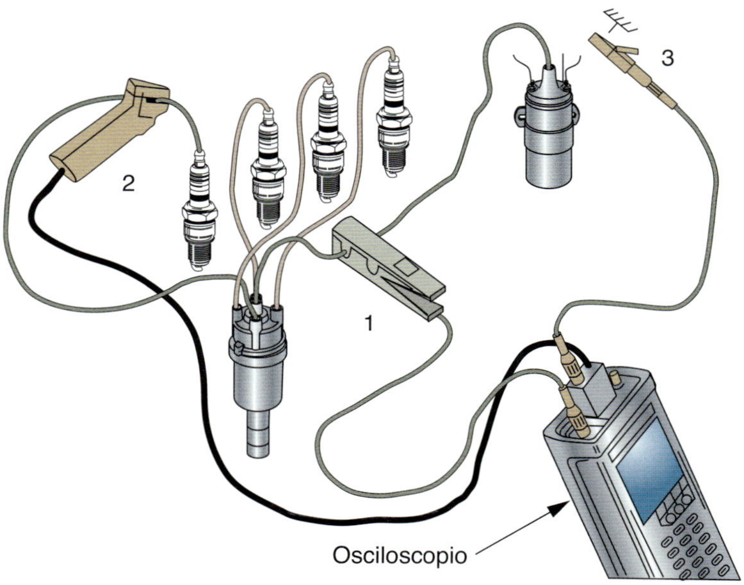

↑ **Figura 2.11.** Comprobación del circuito secundario del encendido mediante el osciloscopio.

La gráfica del primario (figura 2.12) representa la tensión que existe entre los contactos del ruptor, durante el ciclo completo del encendido.

- El punto A representa el momento de la apertura de contactos.
- El punto B corresponde a la carga inicial del condensador por la tensión inducida en el primario al abrirse los contactos y la tensión de encendido generada en el secundario.
- Las oscilaciones amortiguadas del punto B al C (son en realidad una corriente alterna) representan el efecto de la bobina y el condensador mientras dura la chispa. El voltaje alrededor del cual oscilan depende de la tensión de dicha chispa.

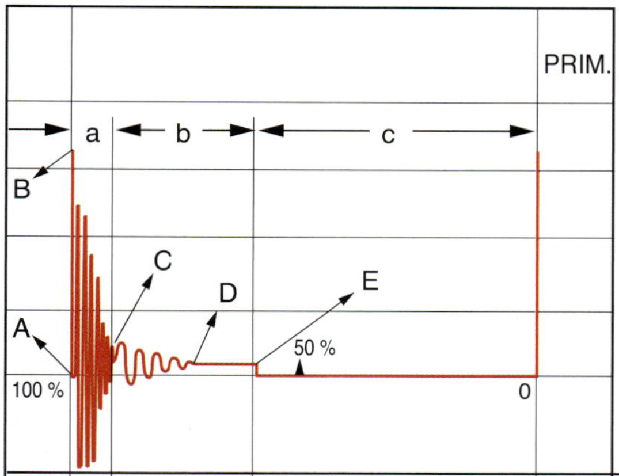

a. Zona de encendido
b. Zona intermedia
c. Zona de cierre

← **Figura 2.12.** Oscilograma normal del circuito primario.

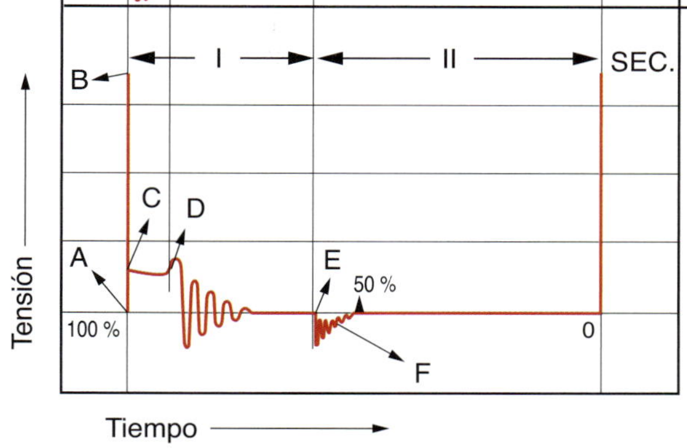

I. Tiempo de apertura
II. Tiempo de cierre

← **Figura 2.13.** Oscilograma normal del circuito secundario.

- Las oscilaciones del C al D representan la disipación de energía una vez extinguida la chispa. Al final de las oscilaciones la tensión se estabiliza al valor de la tensión de batería.
- En el punto E se cierran los contactos, con lo que la tensión entre los mismos se hace cero.

En cuanto al oscilograma del secundario (figura 2.13) representa gráficamente la tensión que existe entre los electrodos de la bujía durante un ciclo completo de encendido.

- Hasta la apertura de contactos, la tensión es cero (punto A). La línea A-B representa la alta tensión que se induce en el secundario para provocar el salto de chispa en la bujía. El punto B representa la tensión de ruptura o ignición necesaria para iniciar dicha chispa.
- Al producirse la descarga, la tensión baja hasta el punto C y se mantiene casi constante mientras dura la chispa (línea C-D).
- A partir del punto D, la energía de la bobina no es suficiente para mantener la chispa. Ahí comienza el proceso de amortiguación (línea D-E) durante el cual se disipa lentamente la energía residual de la bobina hasta el cierre de contactos (punto E).
- El cierre de contactos se inicia con una línea vertical descendente que representa la tensión inducida en el secundario cuando se vuelve a establecer de nuevo la corriente primaria.
- Las oscilaciones (F) que se ven durante el retorno de la tensión a cero son debidas a la bobina.

Averías en el encendido y los oscilogramas que producen

caso **práctico** inicial

Cuando el mecánico detectó que un cable de conexión del distribuidor con la bujía estaba en mal estado, el oscilograma visto en el osciloscopio reunía las mismas características que el de la figura 2.18.

A continuación describimos las averías características de este sistema de encendido y las variaciones que generan en los oscilogramas normales:

- **Algunas indicaciones importantes para la evaluación:**
  - Los oscilogramas pueden tener algunas diferencias en función del régimen de giro y de las condiciones de carga del motor. Los que presentamos a continuación son típicos de regímenes de 1.200 rpm y de carga nula, salvo aquellos que requieren condiciones específicas (ejemplo, las fugas de alta tensión).
  - Cuando vemos los impulsos consecutivos de todos los cilindros del motor sobre el osciloscopio, normalmente el del primer cilindro aparece en la parte izquierda. Los demás cilindros del motor se ordenan de forma consecutiva conforme al orden de encendido.
  - Si aparece un fallo que se manifiesta en todos los cilindros, la búsqueda del mismo debe centrarse en el circuito primario y secundario hasta el distribuidor (incluido el rotor de este). Si la anomalía se manifiesta en un solo cilindro nos debemos dirigir al circuito secundario a partir del distribuidor.
- **Defectos en la línea de encendido:** la siguiente tabla muestra diferentes factores que modifican la tensión de encendido. Dada la variedad de causas, no es fácil orientarse en la búsqueda de averías. Es muy importante que dicho valor sea igual en todos los cilindros y que tenga la magnitud correcta.

FACTORES QUE AFECTAN A LA MAGNITUD DE LA TENSIÓN DE ENCENDIDO	TENSIÓN DE ENCENDIDO	
	Alta	**Baja**
Separación de los electrodos de las bujías	Grande	Pequeña
Compresión	Alta	Baja
Estado de la mezcla	Pobre	Rica
Temperatura de los electrodos	Baja	Alta
Material de los electrodos	Aleaciones inadecuadas	Aleaciones adecuadas
Estado de los electrodos	Abrasados	Nuevos
Forma de los electrodos	Redondeada	Afilada
Punto de encendido	Retardado	Avanzado

↑ **Tabla 2.1.**

- **Imagen de secundario**
  - Línea de encendido alta, para alguno o todos los cilindros (figura 2.14).

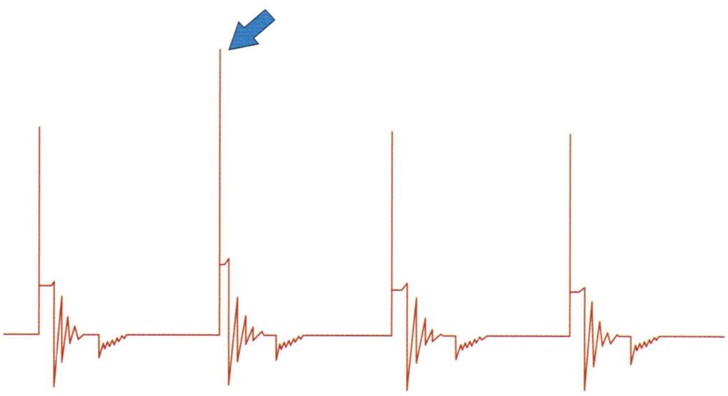

↑ **Figura 2.14.** Línea de encendido alta en la imagen del secundario.

Indica:

- Electrodos de las bujías demasiado separados o desgastados.
- Mezcla pobre.
- Resistencia o distancia elevada en la conexión distribuidor-bujía.

Si es en todos los cilindros:

- Rotor del distribuidor desgastado.
- Relación de compresión excesiva (cámaras con carbonilla).

– Línea de encendido demasiado baja, en algunos o todos los cilindros (figura 2.15).

Indica:

- Baja compresión.
- Bujía comunicada o poca separación entre sus electrodos.
- Tapa del distribuidor comunicada.
- Mezcla demasiada rica.
- Cables de alta con poca resistencia.

• **Defectos en la línea de chispa**

– **Imagen de primario y secundario**

- Línea de chispa doble (figura 2.16)

  Indica:

  - Contactos sucios, picados o mal enfrentados.
  - Condensador con elevada resistencia en su conexionado.
  - Puesta a punto incorrecta.

– **Imagen de secundario**

- La línea de chispa aparece en todos los cilindros con mucha inclinación y es demasiado amplia (figura 2.17).

  Indica:

  - Resistencias antiparasitarias en el rotor del distribuidor o en el cable de unión bobina-distribuidor.

- La línea de chispa aparece con mucha inclinación y es demasiado amplia en uno de los cilindros (figura 2.18).

  Indica:

  - Cable de conexión distribuidor-bujía del cilindro afectado en mal estado.

- La línea de chispa aparece inclinada e inestable e incluso con superposición de pequeñas oscilaciones (figura 2.19).

  Indica:

  - Suciedad en la bujía correspondiente.

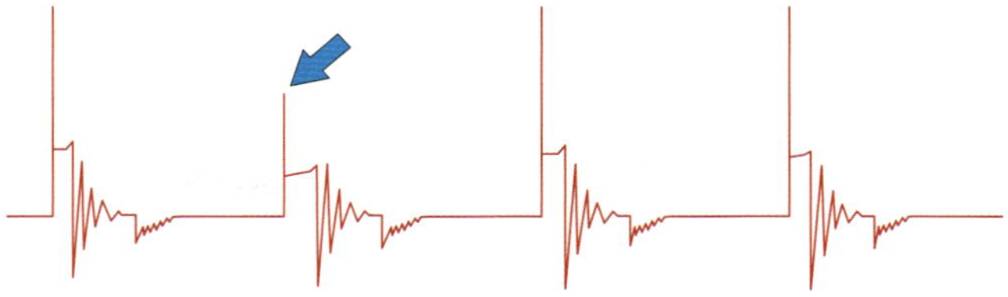

↑ **Figura 2.15.** Línea de encendido baja en la imagen del secundario.

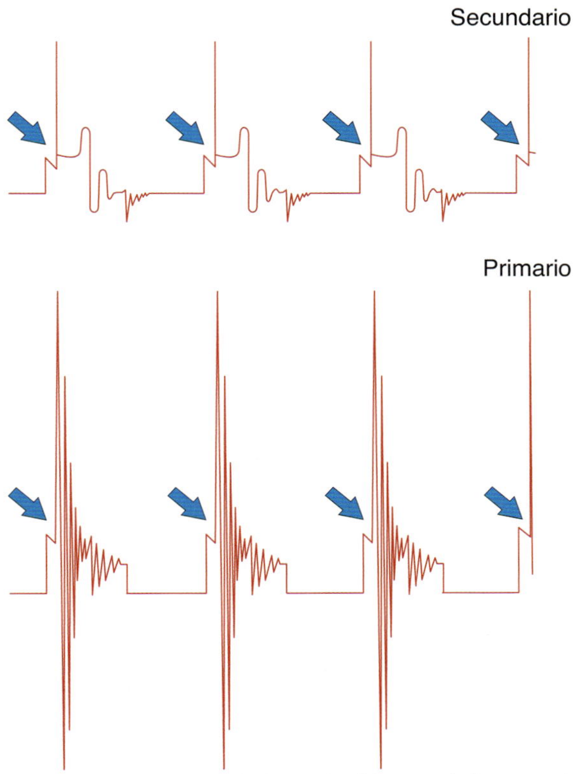

↑ **Figura 2.16.** Defectos en la línea de chispa en la imagen de secundario y en la de primario.

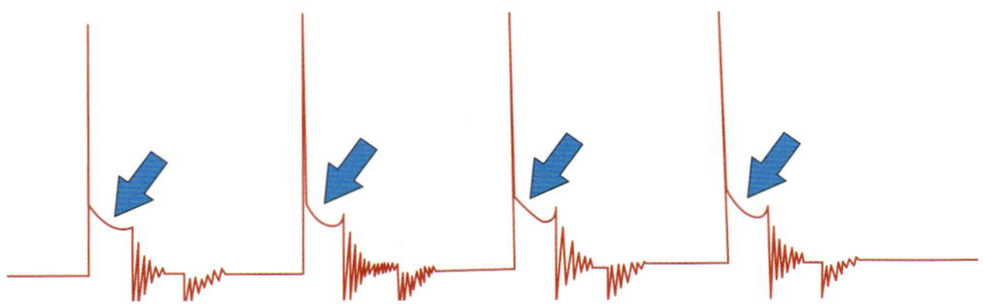

↑ **Figura 2.17.** Línea de chispa del secundario con demasiada inclinación y con excesiva amplitud en todos los cilindros.

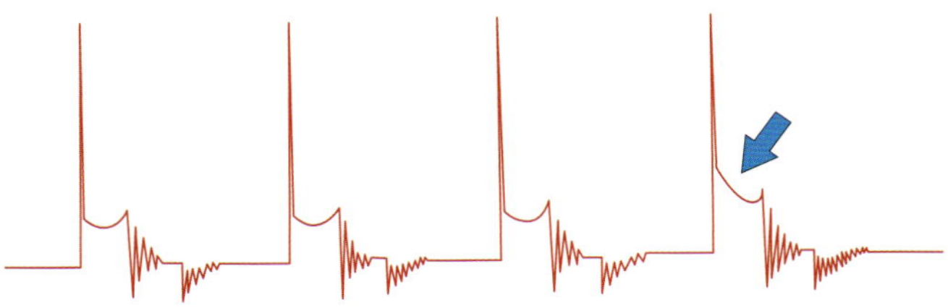

↑ **Figura 2.18.** Línea de chispa del secundario con demasiada inclinación y con excesiva amplitud en uno de los cilindros.

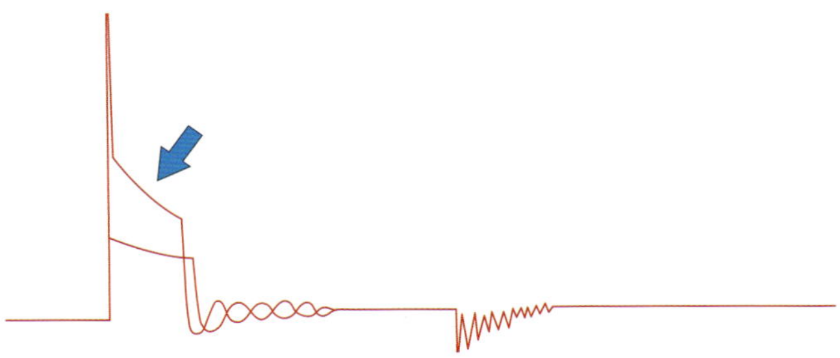

↑ **Figura 2.19.** Inclinación e inestabilidad de la línea de chispa en la imagen del secundario.

saber más

Causas de una avería

Cuando se barajan varias causas en una avería, no significa que concurran todas ellas; una sola es suficiente para provocar dicha avería.

- **Irregularidades en la zona intermedia**
  - **Imagen de primario y secundario**
    - Menos de tres oscilaciones (figura 2.20).

      Indica:

      - Bobina con espiras en cortocircuito.
      - Condensador con fugas.
    - Más de 5 oscilaciones (figura 2.21).

      Indica:

      - Excesiva capacidad del condensador.

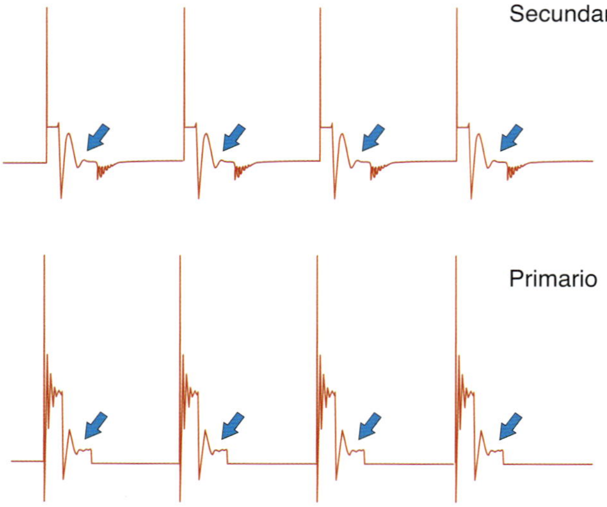

↑ **Figura 2.20.** Irregularidad por defecto de oscilaciones en la zona intermedia en la imagen de secundario y en la de primario.

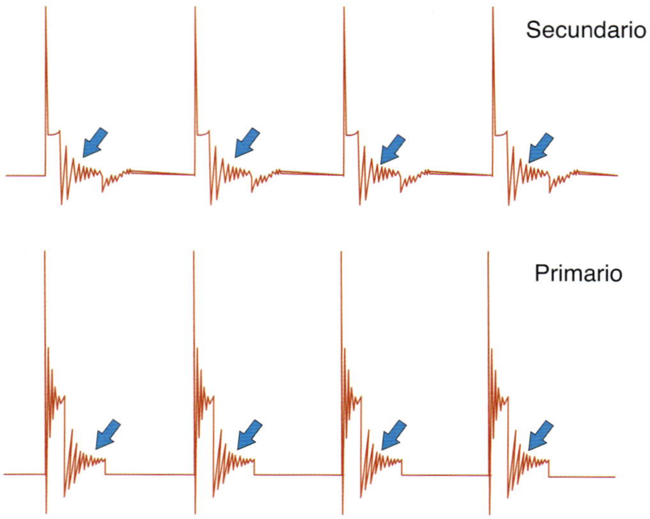

↑ **Figura 2.21.** Irregularidad por exceso de oscilaciones en la zona intermedia en la imagen de secundario y en la de primario.

- **Defectos en la zona de cierre**
  - **Imagen de primario y secundario**
    - Cierre de contactos anormal (figura 2.22).

      Indica:

      - Contactos defectuosos.

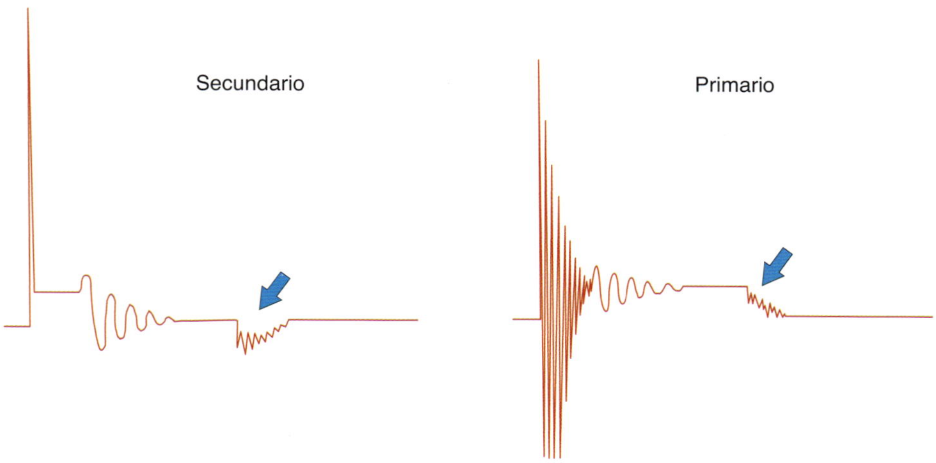

↑ **Figura 2.22.** Defectos en la zona de cierre (imagen de secundario y de primario).

– **Imagen de secundario**

- Desaparición casi completa en las zonas de amortiguación y cierre de la curva osciloscópica en todos los cilindros (figura 2.23).

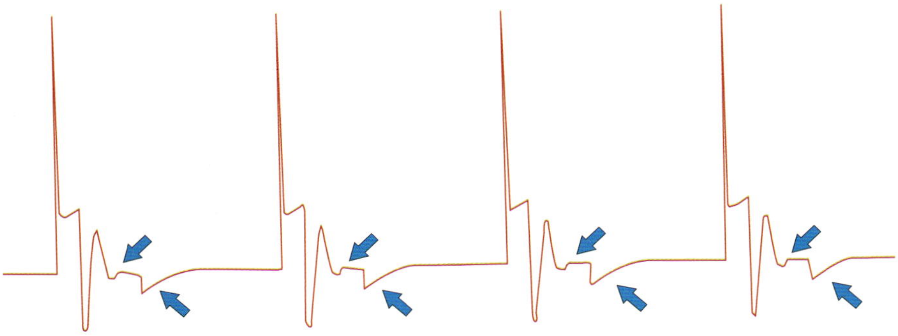

← **Figura 2.23.** Desaparición casi completa de la curva osciloscópica en las zonas de amortiguación y cierre en la imagen de secundario.

Indica:

- Bobina con espiras en cortocircuito.
- Condensador en cortocircuito con masa.

- **Averías especiales**

– **Imagen de primario y secundario (figura 2.24)**

Indica:

- Polaridad de la batería invertida.
- Bobina de encendido mal conectada.

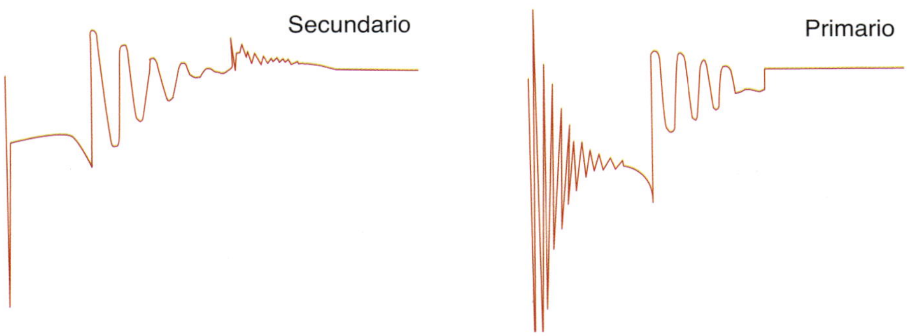

← **Figura 2.24.** Imagen de secundario y de primario invertidas.

Puesta a punto de encendido

Consiste en sincronizar el eje del distribuidor con los tiempos del encendido del motor para que se distribuya la chispa en el momento justo.

Comprobación del avance inicial

Deberán realizarse las siguientes operaciones:

- Ajustar los contactos a la medida prescrita.
- Determinar el sentido de giro del motor y del distribuidor.
- Situar el pistón número 1 en la carrera de compresión con los grados de avance inicial correspondientes. Para ello deben coincidir, durante el desarrollo de esa fase, la señal de referencia situada en la polea del cigüeñal y la señal indicadora de grados que está ubicada en la tapa de distribución (figura 2.25). En algunos motores la marca móvil va en el volante de inercia y las fijas en la envolvente del embrague o en distintas partes del bloque.

↑ **Figura 2.25.** Referencias del motor para la puesta a punto del encendido.

- Orientar el rotor del distribuidor hacia el contacto de la tapa que da salida para el cilindro número 1. En esa posición, introducir el distribuidor en su alojamiento del bloque.
- Colocar una lámpara de pruebas en paralelo con los contactos del ruptor (figura 2.26) y establecer el circuito de encendido.
- Girar la carcasa del distribuidor ligeramente en el sentido de giro y después girarla lentamente en sentido contrario hasta que la lámpara se encienda (momento de abrirse los contactos y salto de la chispa). En ese instante, fijar el distribuidor al bloque por medio de la brida de sujeción correspondiente.
- Cerciorarse de que el rotor apunta al cilindro número 1 y colocar los cables de alta tensión según el orden de encendido correspondiente.

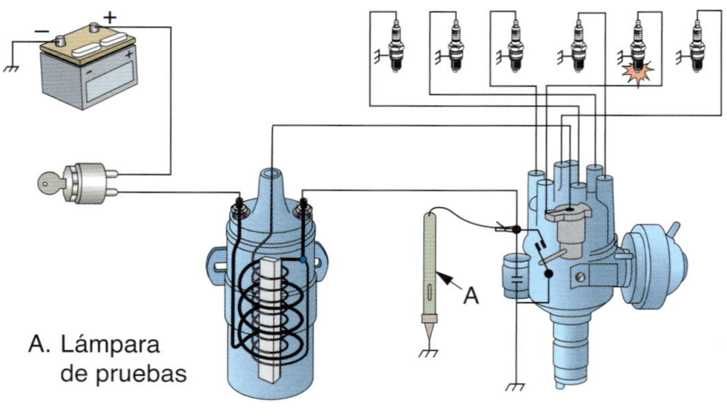

↑ **Figura 2.26.** Conexión de la lámpara de pruebas al circuito de encendido.

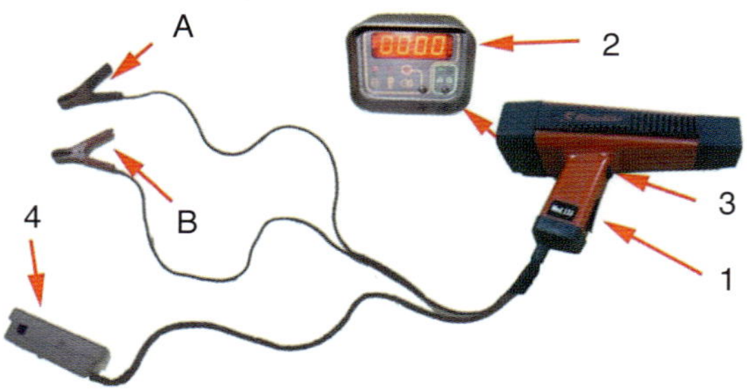

↑ **Figura 2.27.** Pistola estroboscópica.

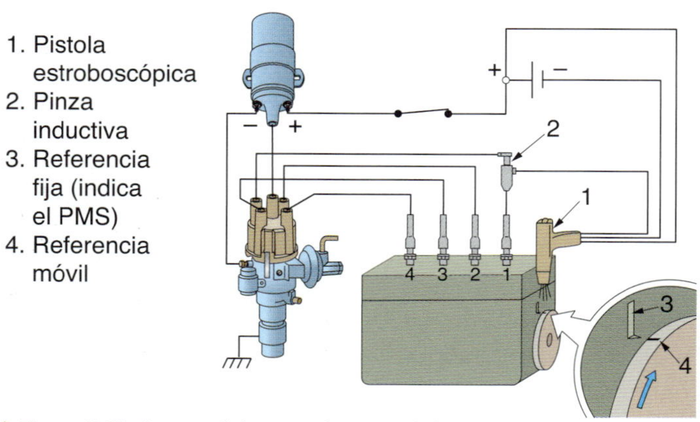

↑ **Figura 2.28.** Ensayo del punto de encendido con la pistola estroboscópica.

Se puede verificar la puesta a punto, al igual que los avances centrífugo y por depresión, estando el motor en marcha (ensayo dinámico) a través de una pistola estroboscópica (figura 2.27). Esta basa su funcionamiento en el llamado **efecto luminoso estroboscópico** que consiste en la emisión repetitiva de una luz muy potente en un espacio de tiempo muy corto, de tal modo que la retina humana es incapaz de percibir el movimiento en ese tiempo tan corto, por lo que los objetos en movimiento iluminados por este *flash* se ven como si estuvieran quietos. Coordinando la emisión de la luz estroboscópica con el salto de la chispa en uno de los cilindros e iluminando con ella una parte móvil unida al cigüeñal, veremos esa parte solo en la posición en que se encuentra durante el salto de chispa.

La pistola está formada por un *flash* estroboscópico que se dispara a través de un circuito electrónico cuando el pulsador (1) está accionado. Este circuito electrónico generará un disparo de *flash* según los grados mostrados en su indicador (2). Esta indicación se puede variar a través de un potenciómetro (3). La pistola detecta el salto de la chispa a través de una pinza inductiva (4). De este modo, si vemos las referencias del motor iluminadas por el *flash* estroboscópico indicando el Punto Muerto Superior (PMS) será porque la chispa se ha producido los grados que marca la pistola estroboscópica antes del PMS.

Para la alimentación de su circuito interno, la pistola dispone de dos cables (A y B) que se conectan a la batería.

Explicamos la comprobación de la puesta a punto propiamente dicha mediante este aparato:

- Poner el motor al ralentí hasta que alcance su temperatura normal.
- Conectar correctamente la pistola estroboscópica (la pinza inductiva al conductor de la bujía número 1 con la flecha hacia dicha bujía y los cables de alimentación a la batería).

- Desconectar la toma de vacío del distribuidor.
- Con el pulsador accionado, se dirige el haz luminoso hacia las referencias fijas y móviles del motor (figura 2.28). Ajustar mediante el potenciómetro los grados de avance inicial estipulados por el fabricante.
- Si la puesta a punto está correctamente efectuada, la marca móvil debe coincidir con la fija indicadora del PMS (0°). En caso contrario, después de aflojar el tornillo de fijación de la brida, hay que corregir el distribuidor girando la carcasa del mismo en un sentido u otro según proceda.
  Si queremos atrasar el encendido, debemos girar la carcasa en el mismo sentido de rotación que la leva, mientras que si queremos avanzarlo la giraremos en sentido contrario.

Comprobación del avance centrífugo

- A un número determinado de revoluciones, ajustar el potenciómetro hasta que las marcas coincidan (la móvil y la del PMS). El avance centrífugo será el que nos marque el indicador menos el inicial.
- Repetir la operación a distintas revoluciones y, con los datos obtenidos, trazar la curva de avance centrífugo y compararla con la que da el fabricante para ese motor. De no coincidir la curva, hay que revisar dicho mecanismo.

Comprobación del avance por depresión

- Conectar la toma de vacío al distribuidor y realizar la prueba a distintas velocidades de rotación del motor. Para ello, ajustar el potenciómetro en cada una de las pruebas hasta que coincidan las marcas como en los casos anteriores.

  Obviamente:

  Avance por depresión = avance total – (avance inicial + avance centrífugo)

- Trazar la curva y contrastarla con la del fabricante. Si es distinta hay que cambiar el mecanismo de depresión.

2.2. Encendido transistorizado comandado por contactos

Salvo la comprobación del amplificador y la ausencia de pruebas en el condensador (por el simple hecho de no poseerlo), las demás comprobaciones son las mismas que en un encendido convencional.

Realizamos las siguientes operaciones para verificar el amplificador (figura 2.29):

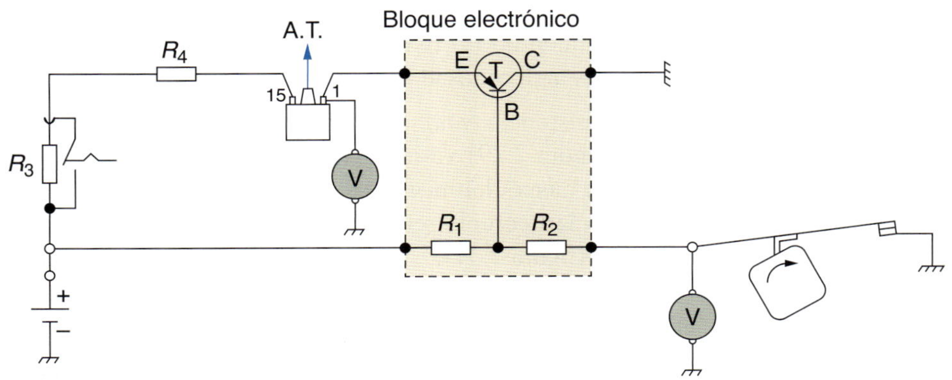

↑ **Figura 2.29.** Verificación del bloque electrónico mediante un voltímetro en un encendido transistorizado comandado por contactos.

saber más

El estroboscopio es un instrumento inventado por el matemático e inventor austríaco Simon von Stampfer hacia 1829.

Si la frecuencia de los destellos no coincide exactamente con la de giro, pero se aproxima mucho a ella, veremos el objeto moverse lentamente, hacia adelante o hacia atrás según que la frecuencia de destello del estroboscopio sea, respectivamente, inferior o superior a la de giro.

Prueba 1

Comprobamos si el cierre y la apertura de contactos del ruptor es correcta. Para ello conectamos un voltímetro entre la entrada de dichos contactos y masa; el aparato debe marcar 12 V con los contactos abiertos. De no ser así, hay que revisar la instalación eléctrica del amplificador. Si la instalación está bien se sustituye dicho amplificador.

Con los contactos cerrados, la lectura en el voltímetro debe ser de 0 V. En caso contrario hay que sustituir el ruptor.

Prueba 2

Conectamos un voltímetro entre el borne 1 de la bobina y masa para ver si bloquea el transistor. Con el interruptor de encendido cerrado y los contactos del ruptor abiertos la tensión debe ser la de la batería. En caso contrario, el amplificador está en mal estado o la bobina no tiene positivo.

Si la tensión es correcta, realizar la misma prueba con los contactos del ruptor cerrados. La tensión debe ser aproximadamente de 0,2 V. Si el amplificador no es un Darlington la tensión debe ser aproximadamente 4 V. Unos valores incorrectos indican que el amplificador está defectuoso o no tiene buena masa.

Prueba 3

Si realizamos la prueba número 1 con el osciloscopio, el impulso de mando muestra una tensión rectangular nítida de acuerdo con la apertura y el cierre de los contactos (figura 2.30).

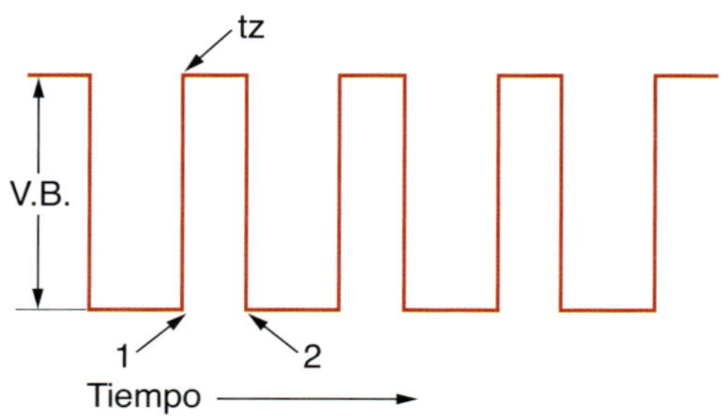

tz. Momento del encendido
1. Contactos abiertos
2. Contactos cerrados
V.B. Voltaje de batería

↑ **Figura 2.30.** Oscilograma del impulso de mando en un encendido transistorizado comandado por contactos.

Prueba 4

Si se obtienen los oscilogramas de primario y secundario de este sistema de encendido se observa que son idénticos al del encendido convencional; salvo que en este caso los defectos atribuidos al ruptor son debidos al amplificador.

Si la resistencia limitadora de corriente (la resistencia R_4 en la figura 2.29) va integrada en el amplificador la tensión de cierre del mismo es aproximadamente 2 V (esto se apreciaría en el oscilograma de primario en la zona de cierre) (figura 2.31).

Nota: La puesta a punto y verificación de los sistemas de avance es totalmente idéntica al caso anterior, salvo que dicha puesta a punto es necesario hacerla de forma menos frecuente debido al menor desgaste del ruptor.

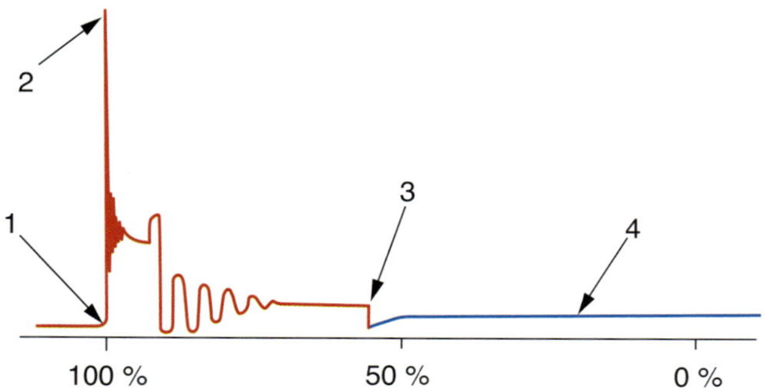

1. Momento de encendido (el transistor se cierra)
2. Tensión de encendido
3. El transistor se hace conductor
4. Tensión de limitación

↑ **Figura 2.31.** Apreciación de la tensión de cierre del amplificador en el oscilograma de primario.

2.3. Encendido transistorizado con generador de impulsos por efecto Hall

Nos apoyaremos en la figura 2.32:

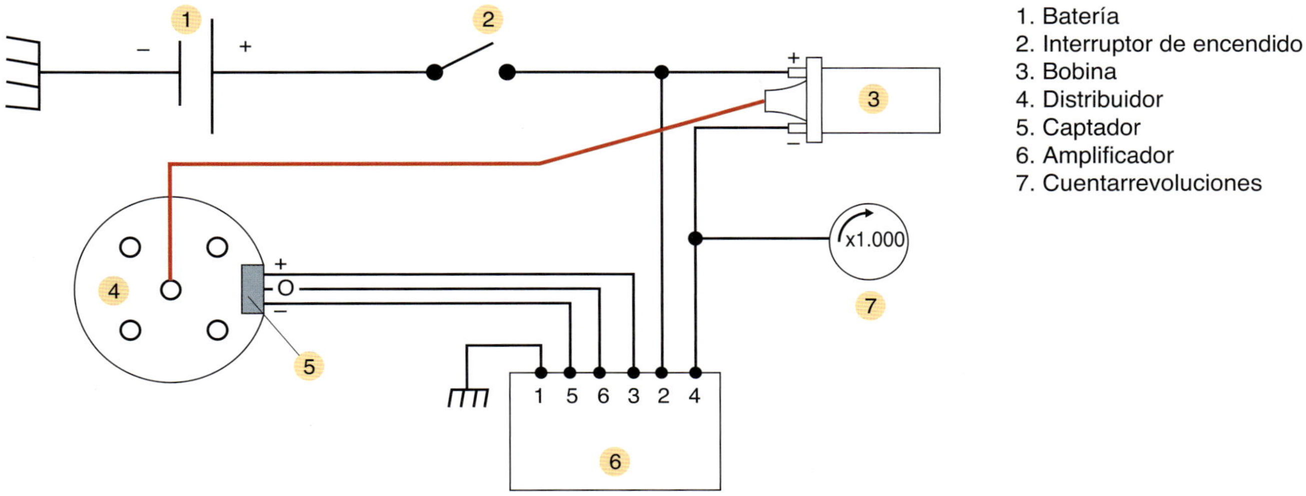

↑ **Figura 2.32.** Esquema de un encendido Hall.

Constructivamente, un encendido electrónico con sensor Hall es idéntico al transistorizado por contactos. Como sabemos, dicho sensor realiza la función del ruptor.

Por tanto, se deben realizar todas las comprobaciones redactadas en el apartado anterior, excepto las que conciernen al ruptor. La novedad está pues en la prueba del sensor que explicamos a continuación:

1. Se comprueba la resistencia entre + y – del sensor Hall, que debe ser mayor de 1 kΩ. En caso contrario, hay que sustituir el sensor.

2. Se comprueba la alimentación del sensor, conectando un polímetro (en la selección de V) entre + y – de dicho sensor. Con el circuito de encendido establecido el aparato debe marcar 12 V. En caso contrario, hay que tener en cuenta que esta tensión es regulada y suministrada por el amplificador de encendido, por lo cual hay que revisar la instalación de este y, si está correcta, sustituir el amplificador.

3. Se verifica la señal del sensor Hall conectando el polímetro entre – y 0. Para ello se hace girar el motor hasta que la pantalla magnética se sitúe entre el imán y el sensor. En ese momento, el polímetro debe indicar una tensión que depende del sensor que estemos comprobando. En modelos antiguos esta tensión debe estar entre 4 y 8 V, mientras que en los modelos más modernos su valor es aproximadamente 12 V.

Girando el motor hasta que la pantalla abandone el imán, debemos tener una tensión inferior a 1 V en todos los modelos.

Si los valores no son correctos hay que sustituir el sensor, siempre que su alimentación sea correcta (si se sigue el orden que estamos marcando, la habremos verificado en un punto anterior).

4. Prueba con el osciloscopio:

a) La señal entre 0 y – debe oscilar (modelos antiguos) entre un voltaje bajo inferior a 1 V y un voltaje alto comprendido entre 4 y 8 V (figura 2.33).

saber más

El corazón de un emisor Hall lo constituye un pequeño circuito integrado que contiene, además de la célula o pastilla sensible al campo magnético, la electrónica asociada para proporcionar una señal cuadrada. La célula Hall, cuando detecta el campo magnético, genera una pequeña tensión que alimenta la base de un transistor, de modo que el transistor montado con el emisor a masa conduce y pone el colector a masa. Por esta razón, al comprobar la señal de mando de un transmisor Hall, cuando la célula está sometida al campo magnético, la onda cuadrada se encuentra a nivel bajo (transmisor conduciendo a masa).

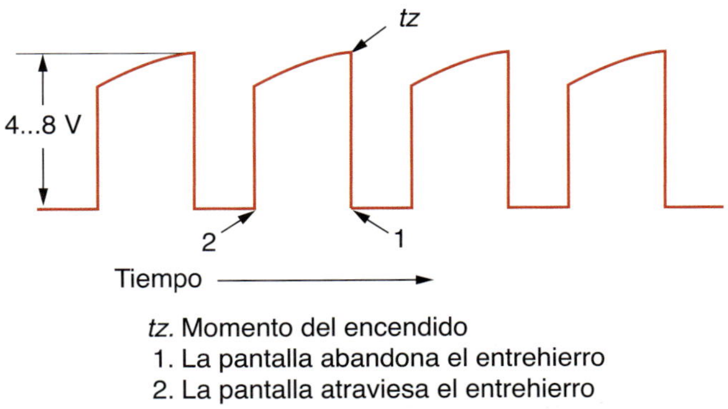

↑ **Figura 2.33.** Señal de un sensor Hall en modelos antiguos.

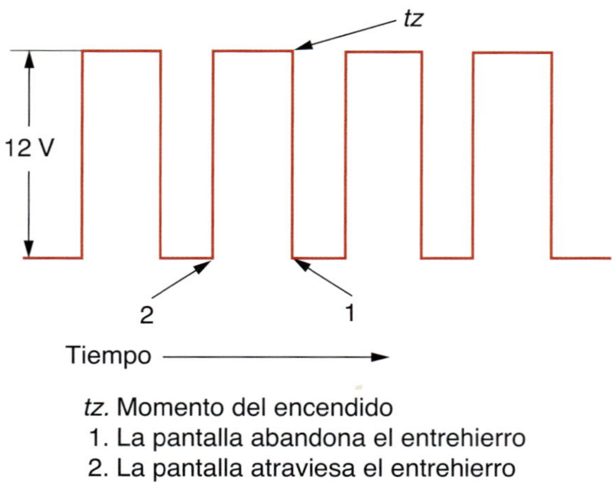

↑ **Figura 2.34.** Señal de un sensor Hall en modelos modernos.

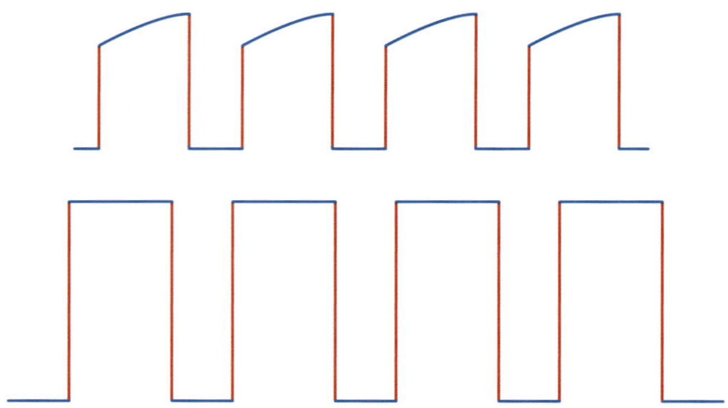

↑ **Figura 2.35.** Verificación de la verticalidad de los flancos de variación de nivel en la señal de un sensor Hall.

En los modelos más modernos, la señal debe ser rectangular (figura 2.34), con un valor alto de 12 V y un valor bajo inferior a 1 V. Hay que asegurarse de que la parte central de los flancos de variación de nivel sea perfectamente vertical (figura 2.35).

Si los valores y la forma de señal no son los correctos, hay que cambiar el sensor.

b) Comprobando la alimentación del sensor se debe apreciar una señal perfectamente plana de 12 V en cualquiera de los dos casos (modelos antiguos y modernos).

2.4. Encendido transistorizado con generador de impulsos por inducción

En la figura 2.36 apreciamos un esquema de este sistema de encendido.

1. Batería
2. Interruptor de encendido
3. Bobina
4. Distribuidor
5. Captador
6. Amplificador
7. Cuentarrevoluciones

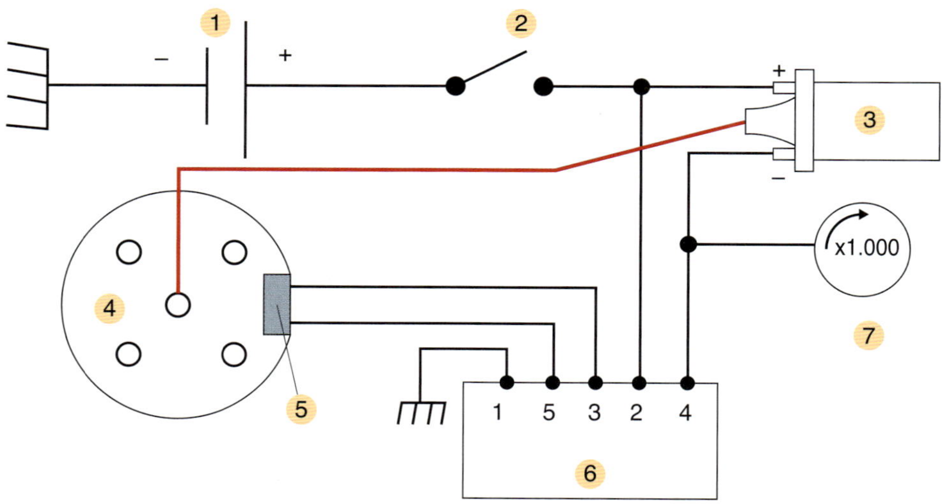

↑ **Figura 2.36.** Esquema de un encendido inductivo.

Explicamos las pruebas concernientes al captador, que son las que realmente se diferencian del anterior. Para ello procedemos de la forma siguiente:

1. Se comprueba visualmente el estado del distribuidor para ver posibles roturas.

2. Se comprueba el entrehierro. Es necesario comprobar la separación (figura 2.37), mediante una galga de espesores, entre las distintas puntas de las estrellas del rotor y del estátor del sensor. Compararla con la especificada por el fabricante y ajustarla con unos alicates si es necesario. Hay que tener en cuenta que dicha separación se puede reducir debido a la holgura del eje del distribuidor. En algún modelo, esta separación se puede regular aflojando los tornillos de anclaje del estátor (figura 2.38).

3. Comprobar la holgura del eje del distribuidor verificando que, al forzar dicho eje, no se reduce la separación entre las estrellas del rotor y del estátor a menos de 0,4 mm aproximadamente. En caso contrario hay que sustituir el distribuidor.

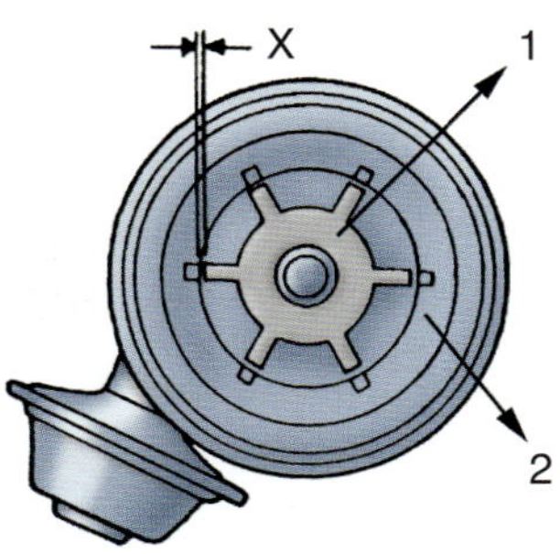

↑ **Figura 2.37.** Verificación del entrehierro del captador.

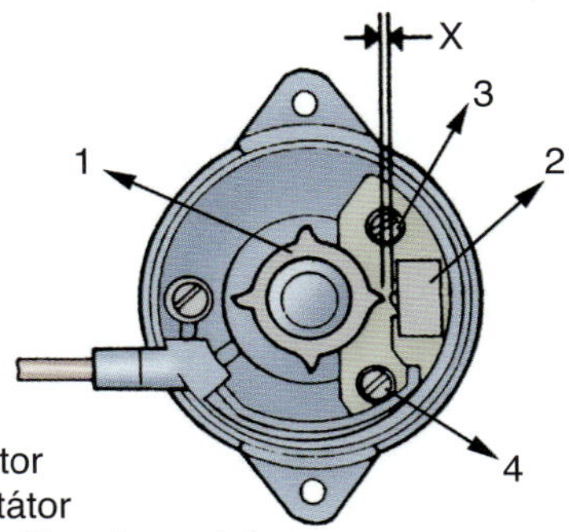

↑ **Figura 2.38.** Entrehierro regulable.

saber más

Apantallamiento

En los casos en los que el amplificador y el sensor están muy separados, la conexión entre ellos va protegida por una malla metálica de apantallamiento, con objeto de absorber las posibles interferencias eléctricas del exterior.

Comprobaciones eléctricas

1. Comprobar la resistencia del captador (figura 2.39). Compararla con los datos que da el fabricante teniendo en cuenta que esta suele aumentar sensiblemente con la temperatura.
2. Comprobar si existe la conexión a masa del apantallamiento de los cables del sensor.
3. Por último, comprobar con el osciloscopio la señal del sensor, la cual debe ser la que muestra la figura 2.40. Se debe comprobar que el voltaje de pico a pico sea como mínimo de 2 V. En caso de no alcanzarlos, comprobar el entrehierro y, si este es correcto, habrá que sustituir el captador. Cerciorarse de que todos los picos de tensión tengan aproximadamente la misma altura; esto es, que entre el mayor voltaje de pico y el menor voltaje de pico no haya una diferencia mayor al 20%. Si existe esta diferencia podría ser debido a que algunas estrellas del rotor o del estátor están deformadas o a un exceso de holgura en el eje del distribuidor.

↑ **Figura 2.39.** Comprobación de la resistencia del captador del distribuidor.

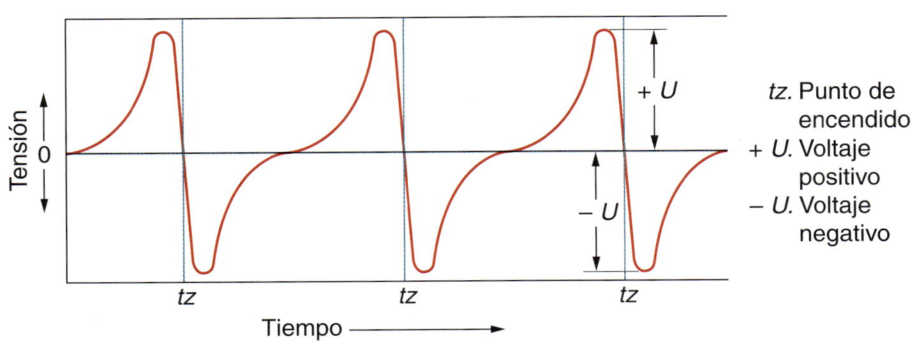

↑ **Figura 2.40.** Señal de un sensor de impulsos por inducción.

caso práctico inicial

La señal del sensor inductivo del Honda Accord era correcta.

2.5. Encendido transistorizado con regulación electrónica del ángulo de cierre, limitación de la corriente primaria y corte de la corriente de reposo

Todas las comprobaciones son iguales a los dos últimos sistemas explicados anteriormente, a excepción de las relativas al control del primario de la bobina, por el cual las diferencias las encontraremos en los oscilogramas de primario y secundario.

Vamos a referirnos primero a las consecuencias de la limitación de corriente (figura 2.41).

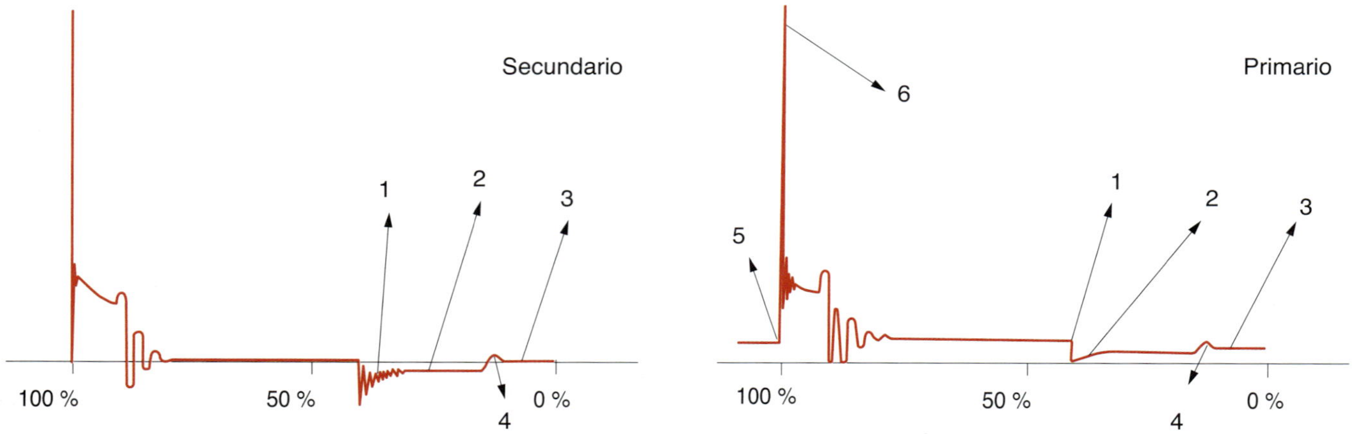

↑ **Figura 2.41.** Oscilogramas normales de secundario y de primario de un encendido transistorizado con limitación de corriente.

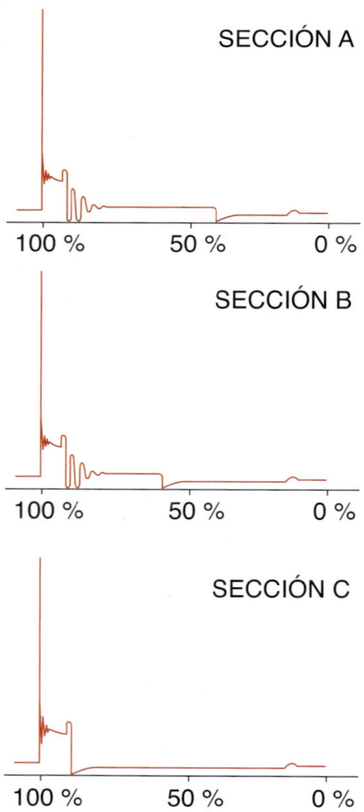

↑ **Figura 2.42.** Apreciación en el oscilograma primario de las variaciones del ángulo de cierre.

Con respecto a la señal de primario observamos cómo en un primer momento, se produce el cierre del primario de la bobina en el punto 1 de la figura, por el cual la bobina empieza a cargar. A medida que la bobina se va cargando, va aumentando la corriente que circula por su interior y por tanto por el interior del transistor de la etapa final del amplificador, por lo que el voltaje absorbido por este también va aumentando (punto 2). Al aumentar la corriente hasta alcanzar el valor de limitación, el amplificador debe absorber más voltaje para impedir que esta corriente siga subiendo (punto 3). En el momento en que el amplificador empieza a regular la intensidad, se produce un pequeño cambio en la variación de la corriente que circula por la bobina, lo que provoca la oscilación del punto 4. Por último, hay que señalar que la apertura del transistor se produce en el punto 5, alcanzándose la tensión necesaria para la generación de la chispa en el punto 6.

Por lo que respecta a la señal del secundario, debemos tener en cuenta que esta es función directa de la variación de la corriente que circula por la bobina, por lo cual en el momento de cierre del transistor tenemos un crecimiento brusco de la corriente, lo que provoca las oscilaciones vistas en el punto 1. Como la intensidad que circula por la bobina no es constante, apreciamos un pequeño voltaje durante la carga de la misma (punto 2). Al entrar la etapa de potencia en su fase de limitación de corriente, la intensidad de primario deja de variar, por lo que la tensión de secundario se vuelve cero (punto 3). En el momento de entrada de la etapa de potencia en su fase de regulación, tenemos unas ligeras oscilaciones debidas al cambio brusco de la intensidad que se produce en ese instante (punto 4).

A continuación, explicamos los oscilogramas debido a las variaciones del ángulo de cierre, para lo cual nos apoyamos en la figura 2.42.

En la sección A de dicha figura, vemos la señal de primario correspondiente a 1.000 rpm, en la cual se observa un ángulo de cierre del 40%.

Debido a que en este sistema de encendido el ángulo va aumentando con las revoluciones apreciamos en la sección B un ángulo de cierre del 60% correspondiente a 4.000 rpm.

Por último, cuando el ángulo de cierre crece demasiado, se corre el peligro de producir el cierre sin que la chispa haya finalizado, lo cual provocaría su extinción. Para que esto no ocurra, el cierre nunca se producirá sin antes dejar un tiempo mínimo para finalizar la chispa correctamente, lo cual se observa en la sección C.

Puesta a punto de los encendidos transistorizados sin contactos

La puesta a punto y verificación de los sistemas de avance en este tipo de encendidos es idéntica a la descrita en el encendido convencional a través de la pistola estroboscópica. Teniendo en cuenta que en estos sistemas no existe desgaste mecánico, la puesta a punto solo es necesaria en caso de manipular o sustituir el distribuidor.

Para algunos modelos, existen comprobadores de puesta a punto automáticos que avisan a través de un indicador del avance de encendido que tiene el motor en ese momento. Para ello están provistos de una pinza inductiva que se ha de colocar en el cable de la bujía número 1 y por la cual toma referencia del momento real de producción de la chispa. Por otro lado, también llevan una conexión a un sensor inductivo que en algunas marcas ya está incorporado en el motor mientras que en otras forma parte del comprobador.

Este sensor, a través de un pivote situado en el volante del cigüeñal o bien en la polea de este, toma referencia de la posición del motor. Midiendo el intervalo de tiempo que va desde el paso del pivote hasta el momento del salto de chispa, el equipo es capaz de calcular el avance con el que está saltando la chispa, el cual podemos visualizar directamente en el indicador para efectos de comprobación.

Por último, hay que comentar que para su alimentación interna este aparato lleva dos pinzas para su conexión a la batería.

ACTIVIDADES

2. Dispón en tu taller de los encendidos siguientes:
- Encendido electromecánico convencional.
- Encendido inductivo.
- Encendido Hall.

Asegúrate de que dichos encendidos tienen problemas de funcionamiento.

Realízale una inspección superficial a cada uno de ellos. Esta inspección consistiría en:
- Mirar si los cables de alta tensión están bien colocados y en orden de encendido.
- Mirar si la batería está bien cargada.
- Verificar los fusibles.
- Asegurarse que las conexiones eléctricas están limpias y seguras.
- Comprobar la rotación del distribuidor y el orden de encendido.

El objetivo de esta actividad es concienciarnos de que muchas veces solucionamos problemas sin tener que efectuar comprobaciones «profundas».

3. Efectúa el desmontaje y montaje de todos los elementos que conforman los encendidos de la actividad anterior, identificando todos sus componentes.

ACTIVIDADES FINALES

- 1. ¿Qué magnitudes eléctricas miden los siguientes aparatos: voltímetro, amperímetro y ohmímetro?
- 2. ¿Cómo se realiza el conexionado de los aparatos mencionados anteriormente para la medición de las distintas magnitudes eléctricas?
- 3. ¿Cuál es más preciso, un multímetro digital o uno analógico? Razona la respuesta.
- 4. ¿Qué comprobaciones se le realizan a una bobina de encendido?
- 5. ¿Qué se entiende por puesta a punto del encendido?
- 6. Explica que es un oscilograma.
- 7. ¿Para qué se emplea el osciloscopio y cómo se conecta al circuito de encendido?
- 8. ¿En qué consiste el efecto estroboscópico?
- 9. ¿Cómo se comprueba la puesta a punto del encendido y los avances centrífugos y por vacío, con la pistola estroboscópica?
- 10. ¿Cómo se comprueba un sensor Hall?
- 11. ¿Cómo se comprueba un captador inductivo?
- 12. Dibuja y explica los oscilogramas normales de primario y secundario de un sistema de encendido con y sin regulación de corriente primaria.
- 13. ¿Cómo se comprueba un módulo electrónico de encendido?
- 14. ¿Qué daños puede acarrear en el motor un apriete inadecuado de las bujías de encendido?
- 15. Si conectamos el positivo de un diodo LED al positivo de la bobina y el negativo al negativo de la bobina y giramos el motor a velocidad de arranque y el diodo no parpadea ¿Qué elemento consideras culpable?
- 16. ¿Qué puede pasar a la hora de interpretar una imagen en el osciloscopio si no se selecciona correctamente la escala Tiempo/División?
- 17. ¿Qué puede pasar a la hora de interpretar una imagen en el osciloscopio si no se selecciona correctamente la escala Voltios/División?
- 18. Si el motor está funcionando con una mezcla pobre: ¿cómo lo apreciaríamos en el oscilograma de encendido?
- 19. Si el motor está funcionando con bujías con poca separación entre sus electrodos: ¿cómo lo apreciarías en el oscilograma de encendido?
- 20. Comprueba distintos sistemas de encendido con los aparatos descritos en esta unidad.
- 21. Realiza la puesta a punto de diferentes sistemas de encendido.
- 22. Localiza averías a través de oscilogramas de encendido.

EVALÚA TUS CONOCIMIENTOS

Resuelve en tu cuaderno o bloc de notas

1. Las unidades de control…

a. Soportan cualquier temperatura.

b. Se pueden deteriorar si hay temperaturas elevadas.

c. Trabajan mejor en frío.

d. Son más eficaces si hay temperaturas superiores a 60 °C.

2. Una línea de encendido demasiado baja en la imagen de secundario indica:

a. Mezcla rica.

b. Punto de encendido retardado.

c. Baja compresión.

d. Electrodos de las bujías demasiado separados o desgastados.

3. El sensor tipo Hall genera una señal…

a. De tipo resistiva.

b. De tipo amperimétrica.

c. Cuadrada.

d. Senoidal.

4. El sensor tipo inductivo genera una señal…

a. De tipo resistiva.

b. De tipo amperimétrica.

c. Cuadrada.

d. Senoidal.

5. Para verificar la señal de un sensor Hall se conecta el polímetro entre…

a. – y +

b. – y 0

c. 0 y +

d. Resulta indiferente

6. Cuando observamos la señal de un sensor Hall en el osciloscopio y vemos que los flancos de variación de nivel no son perfectamente verticales ¿Qué debemos hacer?

a. Cambiar el amplificador.

b. Cambiar el sensor.

c. Cambiar la bobina de encendido.

d. Realizar una puesta a punto de encendido.

7. ¿Con qué objeto se instala una malla metálica de apantallamiento entre el amplificador y el sensor en algunos encendidos transistorizados?

a. Para absorber las posibles interferencias eléctricas del exterior.

b. Para que la separación entre el estator y el rotor sea constante.

c. Para que la señal de salida se pueda medir.

d. Para que no haya variación del punto de encendido.

8. En el oscilograma normal de secundario de un encendido transistorizado con limitación de corriente…

a. Al entrar la etapa de potencia en su fase de limitación de corriente la tensión de secundario se hace cero.

b. Al entrar la etapa de potencia en su fase de limitación de corriente la tensión de secundario es de 5 V.

c. Al entrar la etapa de potencia en su fase de limitación de corriente la tensión de secundario es de 12 V.

d. Tenemos una caída brusca de tensión en el secundario en el momento de entrada de la etapa de potencia en su fase de regulación.

9. En un encendido inductivo, ¿se puede regular la separación entre el rotor y el estátor?

a. Sí, en todos los modelos.

b. No.

c. En algunos modelos si.

d. No se puede regular, a no ser que se trate de un motor de seis cilindros.

PRÁCTICA **PROFESIONAL**

HERRAMIENTAS

- Polímetro
- Osciloscopio
- Pistola estroboscópica (solo si la puesta a punto del encendido no es correcta)
- Llaves fijas
- Llaves acodadas

MATERIAL

- 1 motor con encendido de efecto Hall
- Documentación técnica o manuales de fabricantes

Comprobación de un encendido transistorizado con generador de impulsos por efecto Hall

OBJETIVOS

Saber comprobar individualmente, con los útiles adecuados, cada uno de los elementos que componen un sistema de encendido transistorizado con generador de impulsos por efecto Hall. Todo ello bajo unas normas indispensables de seguridad.

PRECAUCIONES

- Utilizar una ventilación adecuada en el local donde se están realizando las pruebas.
- No arrancar el motor con componentes de alta tensión desconectados.
- Utilizar las herramientas adecuadas y en buen estado.
- Cerciorarse del buen estado del cableado, conexiones eléctricas y aislamientos.
- Los cables de alta tensión estarán bien colocados, con la resistencia adecuada y según el orden de encendido.
- Asegurarse que los fusibles y bujías están bien así como el estado de carga de la batería.

DESARROLLO

1. Consultar el esquema eléctrico correspondiente (figura 2.43).

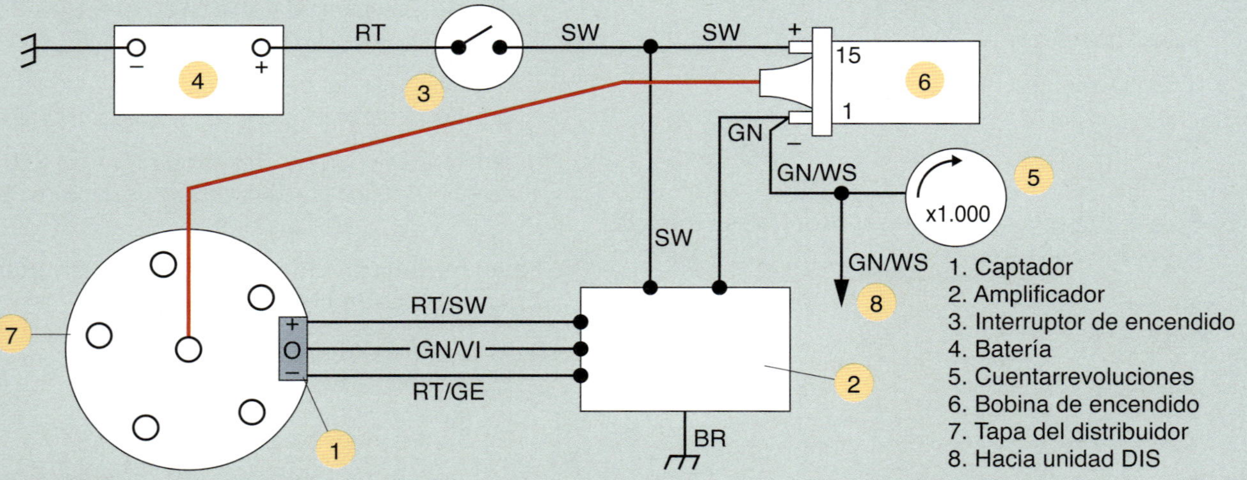

↑ **Figura 2.43.**

2. Comprobar la rotación del distribuidor y el orden de encendido.
3. Comprobar y, si hace falta, ajustar el reglaje de encendido (figura 2.44).
4. Conectar un óhmetro en los bornes 15 (+) y 1 (–) de la bobina de encendido para medir la resistencia del circuito primario (figura 2.45).

5. Conectar un óhmetro en el borne 1 (–) de la bobina de encendido y en el borne de alta tensión de la misma para medir la resistencia del circuito secundario (figura 2.46).

↑ **Figura 2.44.**

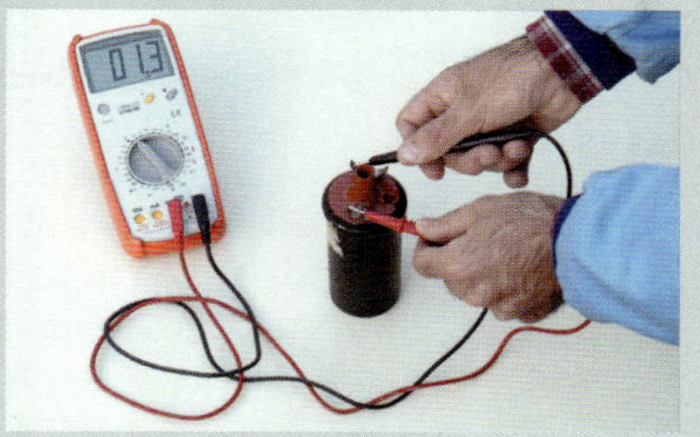

↑ **Figura 2.45.**

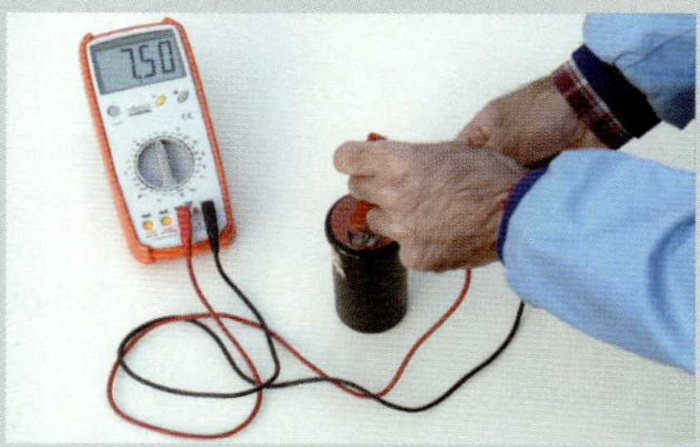

↑ **Figura 2.46.**

En ambos casos, el valor de la resistencia debe estar comprendido dentro de los indicados por el fabricante. En caso contrario, hay que sustituir la bobina.

6. Verificar el funcionamiento del sensor Hall con el polímetro, para ello se le realizan las siguientes pruebas:
   a. Comprobar la resistencia entre + y – del sensor Hall (figura 2.47). Compararla con la especificada. Si el valor no es correcto hay que sustituir el sensor.
   b. Comprobar la alimentación del sensor, conectando el polímetro entre + y – de dicho sensor (figura 2.48). Con el encendido establecido el aparato debe indicar aproximadamente 11 V. Debemos tener en cuenta que esta tensión es suministrada y regulada por el amplificador de encendido, por lo que, en caso de no ser correctos los valores, hay que revisar la instalación del amplificador y, si está correcta, sustituir dicho amplificador.
   c. Verificar la señal del sensor Hall conectando el polímetro entre – y 0. Para ello girar el motor hasta que la pantalla magnética se sitúe entre el imán y el sensor. En ese momento el polímetro debe indicar una tensión de 12 V. Cuando la pantalla abandona el imán, la tensión debe ser inferior a 1 V (figura 2.49).

   Hay que cambiar el sensor, siempre que su alimentación sea correcta, si los valores de la señal no son los especificados anteriormente.

7. Con el osciloscopio realizar las pruebas siguientes:
   a. Comprobar la señal entre 0 y – (figura 2.50). La señal debe ser rectangular con un valor alto de 12 V y un valor bajo inferior a 1 V. Hay que asegurarse de la verticalidad de los flancos de variación de nivel en su parte central. Si la forma de señal y los valores no son los correctos, se debe cambiar el sensor.
   b. Comprobar la alimentación del sensor. Se debe apreciar una señal perfectamente plana de 12 V.

↑ **Figura 2.47.**

↑ **Figura 2.48.**

↑ **Figura 2.49.**

↑ **Figura 2.50.**

NOTA: si realizadas todas las pruebas anteriores existiese algún problema en el encendido, se debería cambiar el amplificador.

MUNDO **TÉCNICO**

Herramientas de los osciloscopios para simplificar las medidas en presencia de señales ruidosas

Introducción

Casi todo el mundo que trabaja con circuitos eléctricos tiene que dedicar algún tiempo a enfrentarse a la presencia del ruido o bien, buscar la fuente para eliminarlo o reducir su impacto en las medidas. El ruido puede proceder de un número casi interminable de fuentes, ya sean internas o externas al diseño, que ocultan la señal de interés.

El ruido puede hacer que sea difícil encontrar la verdadera tensión de la señal y puede incrementar el nivel de *jitter* haciendo difíciles las medidas temporales. También se puede necesitar una traza limpia, libre de ruido, para poder centrarse en la propia señal del diseño. Otras veces se precisa de una traza limpia para mostrar claramente en informes y documentos la forma en que funciona el diseño.

Este artículo técnico revisará características comunes de los osciloscopios para reducir el ruido durante las medidas, incluyendo una herramienta innovadora disponible solamente en los osciloscopios de las series MSO2000 y DPO2000 de Tektronix. Con el filtro paso-bajo variable FilterVu™ patentado por Tektronix se puede filtrar el ruido no deseado de la señal al mismo tiempo que se capturan los espurios *(glitches)* inesperados con el ancho de banda completo del osciloscopio, lo que permite concentrarse en la señal de interés sin perder de vista los eventos críticos de alta frecuencia.

Utilización del osciloscopio para medir señales ruidosas

Antes de analizar una señal se necesita una presentación en la pantalla que sea estable, lo cual puede ser un problema si la señal es ruidosa, ya que por su naturaleza hace que sea difícil lograr un disparo estable. La mayoría de osciloscopios incorporan varias características que ayudan a enfrentarse a este problema.

A menudo, el primer paso en la obtención de un disparo estable consiste en probar qué modo de acoplamiento a la entrada del circuito de disparo funciona mejor. Muchos osciloscopios de Tektronix ofrecen filtros de disparo para el rechazo de altas frecuencias (HF Reject), de bajas frecuencias (LF Reject) y de ruido (Noise Reject), cada uno de los cuales se puede utilizar para obtener una señal de disparo estable.

El filtro de rechazo de altas frecuencias (HF Reject) consiste en un filtro paso-bajo aplicado a la entrada del circuito de disparo. Con dicho filtro se intenta hacer caso omiso de cualquier inestabilidad o ruido de alta frecuencia. El filtro de rechazo de bajas frecuencias (LF Rejet) consiste en un filtro paso-alto aplicado a la entrada del circuito de disparo. Con dicho filtro se intenta hacer caso omiso de las señales de baja frecuencia que provocan falsos disparos. El filtro de rechazo de ruido (Noise Reject) incrementa el ciclo de histéresis del disparo, con ello se evita que el ruido aleatorio provoque falsos disparos. Puede ser difícil de predecir cómo afectarán estos modos de filtrado a cada señal en particular, si es necesario, se debe probar con cada uno de ellos para obtener un disparo estable.

Los sistemas de disparo en la mayoría de osciloscopios ofrecen también un control del tiempo de espera entre disparos (Holdoff). Este control solo permite que ocurra un disparo después de un tiempo de retardo especificado por el usuario. Es aconsejable modificar el ajuste del tiempo de «Holdoff» para que se ignoren los falsos disparos si la señal es repetitiva. Si el disparo es aún inestable, la mayoría de osciloscopios ofrecen un filtro de limitación del ancho de banda del osciloscopio mediante el cual la señal se aplica a través de un filtro paso-bajo. El filtrado paso-bajo tiene normalmente unas pocas opciones disponibles para el ajuste de la frecuencia de corte y a menudo, estas no son inferiores a 20 MHz. Para muchas aplicaciones, tales como la depuración de fuentes de alimentación, esta limitación del ancho de banda puede no ser suficiente. Es aconsejable modificar la limitación del ancho de banda hasta conseguir un disparo estable.

Reducción del ruido de la señal visualizada en la pantalla

Una vez que ha obtenido un disparo estable, se puede ajustar aún más la visualización del ruido en la pantalla del osciloscopio. Hay varias herramientas disponibles para hacer esto: el filtro de limitación del ancho de banda del osciloscopio (explicado anteriormente), el modo de adquisición con promediado (Average), el modo de adquisición de alta resolución (Hi-Res) y la nueva característica disponible en los osciloscopios de la serie MSO/DPO2000 de Tektronix, el filtro paso-bajo variable FilterVu™.

Autor: Trevor Smith form Tektronic
Traducido y adaptado por: Juan Ojeda (AFC Ingenieros S.A., jojeda @afc-ingenieros.com)

EN RESUMEN

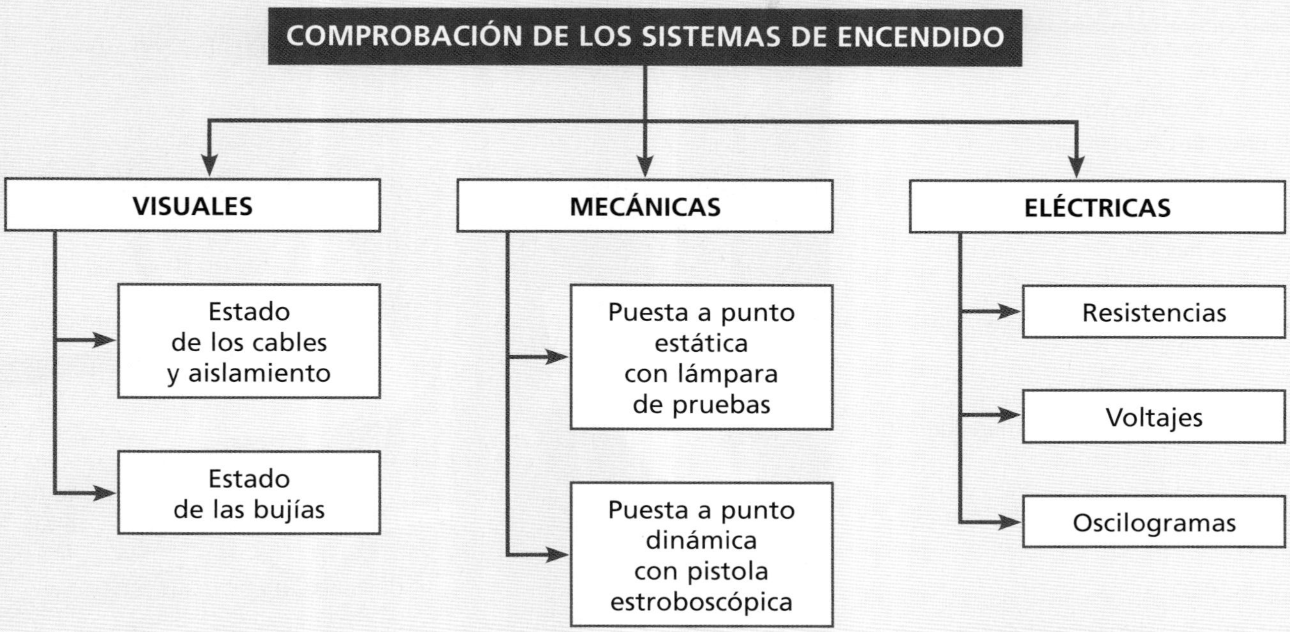

entra en internet

1. En las siguientes direcciones puedes encontrar más información sobre lo tratado en la unidad:
   - <es.wikipedia.org/wiki/Efecto_estrobosc%C3%B3pico>
   - <www.ngk.de/es/tecnologia-en-detalle/bujias-de-encendido/diagnostico/>
   - <http://canbus.galeon.com/electricidad/electricidad1.htm>
   - <www.ngk.de/es/tecnologia-en-detalle/cables-de-encendido/diagnostico/>
   - <www.youtube.com/watch?v=cI-YfxSnfnY&feature=related>
   - <www.youtube.com/watch?v=natocN_IAGc>

3 Sistemas de alimentación en motores Otto I

vamos a conocer...

1. Generalidades
2. El proceso de combustión
3. Gases presentes en el escape
4. La carburación
5. Clasificación de los sistemas de inyección
6. La inyección mecánica
7. La inyección electromecánica
8. La inyección electrónica analógica (*L-Jetronic* de Bosch)

PRÁCTICA **PROFESIONAL**

Identificar distintos tipos de carburadores sobre motores

Identificar una inyección mecánica y una inyección electromecánica en dos motores distintos

MUNDO **TÉCNICO**

Normas Euro 5 y Euro 6: reducción de las emisiones contaminantes de los vehículos ligeros

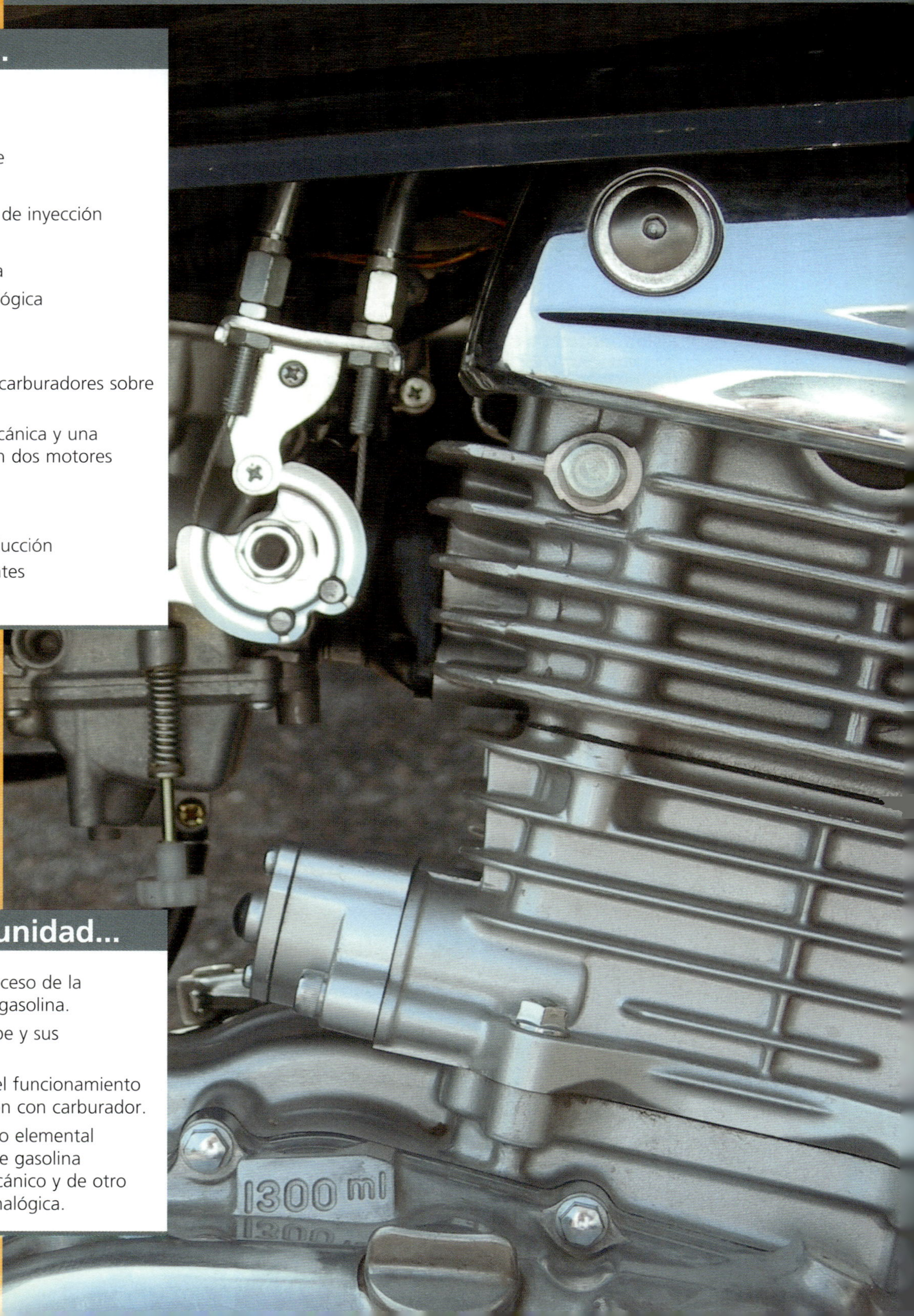

y al finalizar esta unidad...

- Sabrás cómo se realiza el proceso de la combustión en un motor de gasolina.
- Conocerás los gases de escape y sus características.
- Conocerás superficialmente el funcionamiento de un sistema de alimentación con carburador.
- Aprenderás el funcionamiento elemental de un sistema de inyección de gasolina mecánico, de uno electromecánico y de otro electrónico con tecnología analógica.

CASO **PRÁCTICO** INICIAL

situación de partida

Los hermanos Martínez tienen tres coches de gasolina con sistemas de alimentación diferentes. Carlos, que estudió Formación Profesional hace más de 40 años, posee un Citroën GSA serie YE. Santiago y Miguel son propietarios de un Volkswagen Passat 1.8 GL y un Audi 90 versión 2.3E respectivamente.

Un día, hablando de la contaminación de los automóviles surge la curiosidad de los tres por conocer el funcionamiento de los sistemas de alimentación de sus coches. Su sobrino Emilio acaba de finalizar el C.M. de Electromecánica de vehículos y nadie mejor que él para explicárselos.

La explicación que reciben es la siguiente:

- Como tú bien sabes, Carlos, el Citroën dispone de un sistema en el cual hay una zona donde la gasolina y el aire son mezclados y otra zona donde la gasolina es almacenada (cuba). Estas partes están conectadas por la tobera principal. En la carrera de admisión del motor, la gasolina es aspirada por el flujo de aire, con lo cual la mezcla aire-gasolina va al interior del cilindro. La cantidad de aire es controlado por la válvula de aceleración conectada al pedal del acelerador, determinándose así la cantidad de mezcla aire/gasolina aspirada.
- El Passat dispone de un sistema de inyección mecánica. En dicho sistema hay un platillo que al elevarse debido a la depresión que se crea al bajar los pistones, va a levantar el émbolo del dosificador de combustible y, según su posición, deja pasar más o menos gasolina a los inyectores. Para que la dosificación de aire-gasolina sea correcta, se añaden ciertos elementos que actúan en función de la temperatura, tensión y depresión. El sistema tiene bastantes mejoras con respecto al GSA.
- El Audi incorpora un sistema electromecánico de inyección. Dispone de una serie de modificaciones que lo diferencian del resto de las inyecciones mecánicas. Lo más importante es la incorporación de una Unidad Electrónica de Control (U.E.C.) y de algunos sensores. La U.E.C., según reciba unos valores u otros de dichos sensores, se encargará de enviar una señal hacia un actuador con lo cual dosifica más o menos combustible hacia los inyectores. De esta forma se reduce el consumo y la emisión de gases contaminantes.
- Pero donde se ven realmente grandes mejores en cuanto a contaminación, consumo, elasticidad del motor, rendimiento... es en los sistemas totalmente electrónicos de inyección.

Carlos, que es una persona muy sensibilizada con la contaminación, con la información que recibe de su sobrino se plantea comprar un vehículo con un sistema de inyección electrónico.

↑ **Distintos elementos que intervienen en la dosificación del combustible.**

estudio del caso

Antes de empezar a leer esta unidad de trabajo, puedes contestar las dos primeras preguntas. Después analiza cada punto del tema, con el objetivo de contestar al resto de las preguntas de este caso práctico.

1. ¿Qué sistema de alimentación tiene el coche de Carlos?
2. ¿Crees que reúnen las mismas características los dosificadores de los coches de Santiago y Miguel?
3. Un vehículo con catalizador y sonda lambda, ¿puede usar cualquier gasolina?
4. ¿Crees que se comercializa gasolina con plomo en la actualidad?
5. ¿Consideras que los gases de escape en un motor de gasolina son todos contaminantes?
6. ¿Qué diferencia hay entre un sensor y un actuador?
7. ¿Cuál es el aspecto que resulta más diferente entre las inyecciones mecánicas y electrónicas?
8. ¿Crees que se fabrican actualmente modelos de vehículos con sistemas de alimentación como los descritos en la situación de partida anterior?

1. Generalidades

En los motores de gasolina, la mezcla se prepara utilizando un carburador o un equipo de inyección. Hasta hace unos años, el carburador era el medio más usual de preparación de la mezcla en vehículos de turismo. Era un medio puramente mecánico.

Sin embargo, desde que se utiliza la inyección de combustible, la carburación dejó de emplearse en turismos. Donde realmente se emplea el carburador actualmente es en maquinaria forestal (motosierras, desbrozadoras, cortacéspedes, podadoras...), en algunas motocicletas, así como en otros pequeños motores de gasolina (motobombas, generadores, etc.).

La preferencia de la inyección se debe a que aporta importantes ventajas en cuanto a potencia, consumo, comportamiento en marcha y de contaminación. Las razones de estas ventajas residen en el hecho de que la inyección permite una dosificación mucho más precisa del combustible que el carburador. Además, se consigue una mejor distribución de la mezcla ya que, mientras se asignaba, casi siempre, un único carburador para distribuir la mezcla a todos los cilindros, en la inyección (salvo las monopunto, de las cuales hablaremos en la próxima unidad), cada cilindro lleva su inyector.

Los carburadores recibieron importantes mejoras por parte de los fabricantes a lo largo de los años en que fueron utilizados, aun así tenían importantes limitaciones. A su vez, las inyecciones mecánicas y las electromecánicas no resultaron tan satisfactorias como de ellas se podía esperar.

Además de la carburación (en vehículos turismo), tampoco se fabrican actualmente sistemas de inyección mecánica ni de inyección electromecánica, ya que ahora todos los sistemas de inyección son electrónicos.

De todas formas, aún quedan funcionando muchos turismos con dichos sistemas por nuestras carreteras.

2. El proceso de combustión

Antes de entrar de lleno en el proceso de combustión, es conveniente recordar que un motor de gasolina obtiene su fuerza de la explosión producida durante la combustión de la mezcla aire/gasolina. Para comprender mejor este proceso vamos a estudiar estos dos elementos.

2.1. Aire

Es una mezcla de varios gases. De estos, los que se encuentran en proporciones variables, como el vapor de agua y gas carbónico, se consideran impurezas. En ausencia de estas impurezas, el aire puro tiene una composición constante. Concretamente, posee una composición volumétrica del 21% de oxígeno, 78% de nitrógeno y 1% de argón y otros gases. Esta proporción del 1% podemos considerarla, a efectos motorísticos, como nitrógeno, ya que se comportan como él en la combustión, es decir, son inertes.

2.2. Gasolinas

Están constituidas por mezclas de 300 a 400 **hidrocarburos** diferentes que proceden de la destilación del petróleo. Pueden contener, además de carbono e hidrógeno, **aditivos y algunas impurezas** como compuestos de azufre y nitrógeno. Los aditivos se le añaden en pequeñas cantidades con objeto de mejorar su calidad (aditivos detergentes, anticorrosivos, antioxidantes, etc.) y para diferenciar unos tipos de gasolina de otros (colorantes).

Una de las cualidades más importantes de la gasolina es su **poder antidetonante,** cuya medida está dada por el llamado número de octano (NO). El valor del NO de la gasolina se obtiene comparándola con combustibles referenciales, que están constituidos por mezclas de isoctano y heptano. Al isoctano ($C_8 H_{18}$) se le asigna convencionalmente un NO = 100, por poseer excelentes cualidades antidetonantes; mientras que al heptano ($C_7 H_{16}$), que tiene cualidades antidetonantes bastante bajas, se le adjudica un NO = 0. Mezclando ambos combustibles se obtienen mezclas de NO entre 0 y 100.

La determinación del NO de la gasolina se efectúa de forma experimental en motores monocilíndricos especiales, a los que se les puede variar la relación de compresión. Para ello se compara el poder antidetonante de la gasolina con el de la mezcla (heptano/isoctano). Así por ejemplo, a una gasolina que tiene el mismo poder antidetonante que una mezcla formada por el 80% de isoctano y el 20% de heptano, se le asigna un NO = 80.

En estos procedimientos de ensayo se facilitan dos números de octano (MON y RON). La diferencia entre ambos está en las condiciones de ensayo (temperatura del aire aspirado, calentamiento de la mezcla, avance al encendido y número de revoluciones). Así, mientras que el MON (Motor Octane Number) mide la capacidad antidetonante en condiciones severas, el RON (Research Octane Number) lo hace en condiciones normales. El RON es el que se conoce comercialmente (95, 97, 98) y el MON coincide normalmente 10 unidades por debajo (85, 87, 88).

Cuanto más alto sea el NO, más alta puede ser la relación de compresión y el avance al encendido o, lo que es lo mismo, cuanto más elevado sea el número de octano mayor será su capacidad para resistir la detonación. Los motores están diseñados para la utilización de un número determinado de NO; sin embargo, se pueden utilizar gasolinas de octanaje superior al recomendado, pero con ello no se consiguen potencias superiores a no ser que se varíen las características del motor. Lo que no deben utilizarse son gasolinas de octanaje inferior al recomendado.

Las gasolinas con plomo, en las cuales se utilizaba este elemento como aditivo antidetonante así como lubricador de los asientos de válvulas, no se utiliza actualmente. Han sido sustituidas por gasolinas exentas de plomo, dado su efecto contaminante. Sustituyen al plomo otros aditivos antidetonantes, mucho menos contaminantes como pueden ser el MTBE (Metil T-Butil Éter) así como mezclas de alcohol.

Otra de las características de la gasolina es su **alto grado de volatilidad,** de ahí que se evapore con mucha facilidad. Para evitar su desaparición debido a su volatilidad, y al mismo tiempo impedir su admisión en la atmósfera, es necesario guardarla en recipientes cerrados. La volatilidad de cualquier líquido varía con la temperatura (cuanto más caliente más volatilidad); por tanto, existe peligro de aumento de presión en los recipientes en los cuales se guarda, si se aumenta la temperatura.

saber más

El plomo destruye rápida e irremediablemente a los catalizadores ya que reacciona con los metales nobles del mismo haciéndolos inservibles.

Cuando la Unión Europea aprobó la normativa por la que se retirarían todas las gasolinas con plomo del mercado antes de enero de 2001, a España le concedieron una prórroga, dada la cantidad de vehículos que aún existían en territorio nacional consumiendo combustibles con plomo. A partir de agosto de 2001 se comenzaron a retirar paulatinamente la gasolina Súper 97 con plomo, para finalmente, en enero de 2002, prohibir por ley comercializar cualquier tipo de gasolina con plomo. En abril de 2001, el consumo de gasolina súper representaba el 28,5% del total de las gasolinas.

Es obligatorio que hasta el 31 de diciembre de 2013 estén disponibles en todo el mercado nacional gasolinas de protección (la gasolina sin plomo 95). Esta gasolina de protección seguirá cumpliendo las especificaciones actuales por lo que podrá ser consumida por todos los vehículos.

saber más

Nota

En la unidad 4 hablaremos de los catalizadores.

$$(CH_3)_3 - CO - CH_3$$

↑ **Fórmula del Metil T-Butil Éter.**

saber más

Audi comienza una iniciativa global basada en la generación de energía sostenible y limpia de emisiones de CO_2. Combinará el hidrógeno con el CO_2 en una etapa adicional para producir metano. A pesar de que este metano es también conocido como gas natural sintético, Audi se refiere a él bajo la denominación Audi e-gas. Así, habrá motores de combustión diseñados para usarse con gas natural y Audi, a partir de 2013, comenzará la producción en serie de estos modelos bajo la denominación TCNG. La metanización es muy ventajosa porque la reacción se produce con la ayuda del CO_2. Esto da lugar a un ciclo completamente cerrado para el CO_2, lo cual además facilita la movilidad de larga distancia respetuosa con el medioambiente.

En los motores de ciclo Otto interesa una formación de la mezcla lo más homogénea posible, de ahí que la gasolina, al ser un combustible muy volátil, encaja perfectamente ya que sus vapores pueden repartirse uniformemente en el aire. La volatilidad del combustible ayuda especialmente en las dos condiciones de funcionamiento siguientes:

- Cuando el motor funciona en la fase de arranque en frío y calentamiento, dado que en esas condiciones la evaporación del combustible es difícil debido a la baja temperatura del motor.
- En la fase de aceleración cuando, debido a la depresión que se crea en el colector de admisión, disminuye la temperatura lo cual frena la evaporación.

También ha de ser estable porque, debido a que es una mezcla de un número bastante grande de sustancias, es propensa a que alguna de esas sustancias genere depósitos o residuos que pueden deteriorar las conducciones por donde circula.

Su poder calorífico, que es el calor producido por la gasolina cuando se quema completamente, es de aproximadamente 11.000 kcal/kg y su densidad oscila aproximadamente entre 0,71 y 0,76 kg/L a 15 °C.

Es insoluble en el agua y muchos de sus componentes deben tener unos valores limitados, dado su alto poder contaminante (caso del azufre, benzeno, etc.). Esta contaminación es debida a que durante el proceso de combustión el azufre reacciona con el oxígeno para formar dióxido de azufre (SO_2). La cantidad de azufre que es emitido al aire (como SO_2) es casi la misma cantidad de azufre presente en el combustible. Se ha demostrado que los óxidos de azufre perjudican el sistema respiratorio, especialmente de las personas que sufren de asma y bronquitis crónica. Los óxidos de azufre también son responsables de algunos efectos sobre el medio ambiente. El de mayor preocupación es su contribución a la formación de la lluvia ácida. Se llama **lluvia ácida** a la peligrosa mezcla que compone la lluvia provocada por la liberación que se produce en la atmósfera de ciertos contaminantes que mezclados con el agua forman ácidos. Esta lluvia acidifica el agua, agota el suelo, hace desaparecer plantas y animales, produce daños importantes a los bosques y provoca corrosiones serias en las edificaciones.

caso práctico inicial

Los tres coches, con tres sistemas de alimentación diferentes, pueden consumir gasolina sin plomo 95.

Por su parte, el benceno es un hidrocarburo cuya fórmula molecular es $C_6 H_6$. Es un líquido incoloro, poco denso (0,884 a 15 °C) y que se evapora rápidamente al aire. Funde a 5,4 °C e hierve a 80,4 °C. Es sumamente inflamable y, sobre todo, extremadamente tóxico, por lo que en grandes concentraciones o ante una exposición prolongada incluso puede ser mortal. No en vano, está considerado dentro de la lista mundial de agentes cancerígenos. En bajas exposiciones continuadas afecta a la médula ósea y produce leucemia, anemia y otras enfermedades de la sangre y del sistema respiratorio.

Por último, la gasolina constituye un potente disolvente orgánico y, como tal, no todos los plásticos o gomas son resistentes a ella, por lo que hay que utilizar tuberías adecuadas para su conducción.

2.3. Proceso de combustión

La combustión de un hidrocarburo (como la gasolina está formada por cientos de tipos distintos los representamos de forma genérica como HC) es la reacción química que se produce al combinar este hidrocarburo con oxígeno (O_2). En condiciones normales de presión y temperatura, estos dos gases no reaccionan entre sí, sino que es necesario un aporte de energía inicial para desestabilizar sus moléculas de tal forma que sus átomos se recombinen para dar sustancias más estables.

En este caso, estas sustancias son agua (H_2O) y dióxido de carbono (CO_2). Esto responderá a la siguiente ecuación:

$$HC + O_2 \rightarrow H_2O + CO_2$$

Para simplificar no se han tenido en cuenta las proporciones de ninguno de los elementos, debido a que no solo entra en juego un hidrocarburo.

La energía inicial necesaria para el inicio de la combustión se aporta por medio de la chispa que el encendido hace saltar entre los electrodos de una bujía. Esto provoca el conocido efecto de propagación de la llama, que consigue la combustión de toda la mezcla presente dentro de la cámara.

En condiciones ideales, el sistema deberá trabajar de tal forma que todo el hidrocarburo se queme dentro del motor. Debido a las condiciones de funcionamiento del motor, la proporción entre el aire y la gasolina adquiere una especial importancia para conseguir la combustión total del hidrocarburo. Por eso, en función de esa proporción, se definen tres tipos de mezcla:

- **Mezcla estequiométrica.** Es aquella en la cual la totalidad del oxígeno se quema con la totalidad del hidrocarburo, de tal forma que no sobra ninguno de los dos componentes. Esta se suele conseguir con una proporción de 14,7 kg de aire por cada kilogramo de gasolina.
- **Mezcla rica.** Aquella en la que el aire contenido en la mezcla es insuficiente para quemar todo el hidrocarburo. En esta situación, al no haber oxígeno suficiente para la recombinación de todo el hidrocarburo, un porcentaje de la mezcla no se quema de forma completa por lo que, aparte del dióxido de carbono natural de la mezcla, también aparece monóxido de carbono (CO). Lo que representamos en la siguiente fórmula:

  $$HC + O_2 \rightarrow H_2O + CO_2 + CO$$

  La cantidad de CO que produce una combustión rica es proporcional al exceso de hidrocarburo presente en la mezcla, por lo que la medida de porcentaje de CO presente en el gas de escape se utiliza para determinar el grado de riqueza de la mezcla. Si la mezcla se vuelve excesivamente rica pueden aparecer bolsas de hidrocarburos en la cámara de combustión. La ausencia de oxígeno en estas bolsas imposibilita el avance de la llama, por lo que esta se apaga, desperdiciando así una gran parte de la mezcla. Una posible consecuencia es la condensación de gasolina entre los electrodos de la bujía, lo que impide la presencia de oxígeno en ese punto, dando lugar a la imposibilidad del inicio de la combustión hasta que se evapore esa gasolina. Esto se conoce como motor ahogado.
- **Mezcla pobre.** Aquella en la que la gasolina presente en la mezcla es insuficiente para quemar todo el oxígeno. En esta situación, al no quemarse toda la mezcla, obtenemos una falta de rendimiento del motor. En casos de mezclas muy pobres, pueden aparecer bolsas de oxígeno sin hidrocarburos en su interior en las que puede apagarse la llama, finalizando prematuramente la combustión con la consiguiente emisión de hidrocarburos sin quemar.

Uno de los modos más corrientes de especificar la riqueza de una mezcla es el conocido **factor λ,** que representa, para una mezcla determinada, la relación entre el aire que tiene la mezcla y el que debería tener para quemar la totalidad del hidrocarburo presente en ella. Se puede representar por la fórmula:

$$\lambda = \frac{\text{masa de aire real}}{\text{masa de aire teórica}}$$

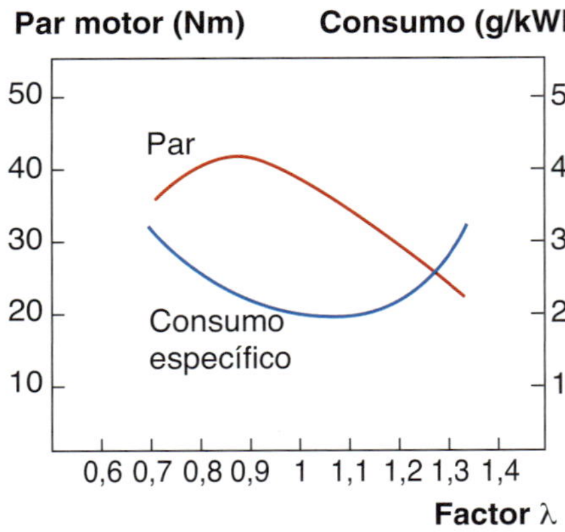

↑ **Figura 3.1.** Influencia del factor λ en el par motor y en el consumo específico de combustible.

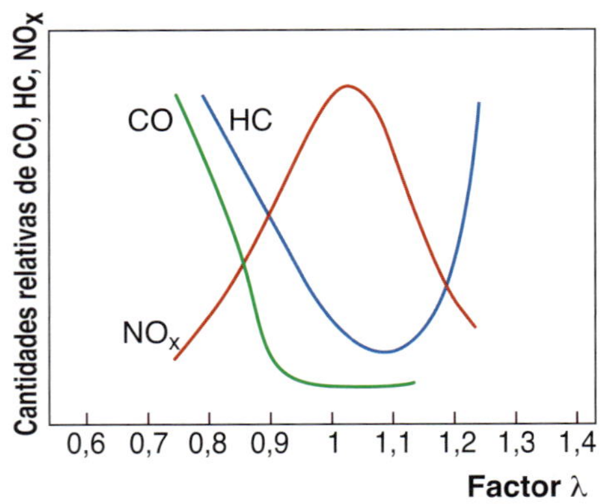

↑ **Figura 3.2.** Influencia del factor λ en las emisiones contaminantes.

Teniendo en cuenta esto, nos encontramos con que una mezcla rica tiene una cantidad de aire menor que la que deberá tener para la quema total de hidrocarburos, con lo cual la fórmula antes especificada nos daría valores de λ menores que 1. Obviamente, la mezcla estequiométrica tiene valores $\lambda = 1$, mientras que mezclas pobres darían valor de λ mayor que 1.

La mezcla que mayor par motor desarrolla gracias a la expansión de los gases producidos durante su combustión es una mezcla ligeramente rica; mientras que la mezcla que menor consumo relativo específico (relación entre la gasolina consumida y la potencia desarrollada por el motor) produce es ligeramente pobre. El comportamiento de estos valores en función del par motor y del consumo específico es el representado en la figura 3.1.

Aparte de la combustión normal, dentro del motor se producen una serie de reacciones químicas que no afectan directamente al funcionamiento del mismo. Una de las más importantes es la oxidación del nitrógeno. El nitrógeno es un gas inerte que en condiciones normales de presión y temperatura no reaccionaría con el oxígeno, pero en condiciones de altas presiones y temperaturas elevadas puede llegar a oxidarse, dando lugar a los gases contaminantes NO y NO_2, representados generalmente como NO_x. Por tanto, contribuyen a su formación las altas concentraciones de oxígeno unidas al aumento de presión y temperatura. La emisión de estos gases tiene gran importancia ya que son contaminantes.

En la figura 3.2, vemos cómo responden tres de los gases más importantes presentes en el escape de los motores de gasolina. Observando esta figura y la anterior se puede deducir que la mezcla ideal para encontrar un compromiso entre par motor, consumo y contaminación es $\lambda = 1$, es decir, mezcla estequiométrica.

En sistemas de gestión antiguos, para conseguir una pequeña tolerancia en el funcionamiento del sistema, se optaba por establecer una mezcla ligeramente rica, lo cual garantizaba un funcionamiento relativamente óptimo del motor.

Lo descrito hasta ahora es válido para condiciones de funcionamiento del motor caliente y régimen estable. Sin embargo, cuando el motor está frío, la gasolina puede llegarse a condensar en las paredes del cilindro, por lo que el sistema debe prever esa condensación y aportar suficiente gasolina para compensar la que no se va a quemar debido a esta condensación. En situaciones de grandes aceleraciones, para conseguir un incremento de potencia que nos garantice el aumento de prestaciones momentáneamente, es conveniente enriquecer de una forma excesiva la mezcla.

3. Gases presentes en el escape

Por último, hacemos un breve estudio de la totalidad de los gases que se producen en la combustión y, por tanto, presentes en el escape:

saber más

La combustión perfecta

En una combustión perfecta los gases emitidos serían CO_2, H_2O y N_2.

3.1. Gases no tóxicos

- **Nitrógeno (N_2).** Además de ser el componente principal del aire que respiramos (78%), es inerte (no se combina con nada). Así pues, tal como entra en los cilindros sale por el escape sin sufrir modificación alguna, excepto en pequeñas cantidades para formar los óxidos de nitrógeno.
- **Oxígeno (O_2).** Forma parte del aire con una proporción del 21%. Como sabemos, es imprescindible para la combustión. Si esta fuera perfecta no debería sobrar nada de oxígeno, pero como no lo es, todavía sale por el escape un residuo de aproximadamente 0,6% (su valor varía en función de la riqueza de la mezcla).
- **Vapor de agua (H_2O).** Este vapor se condensa por el tubo de escape a medida que el gas pierde temperatura, produciendo el característico goteo de los escapes de los automóviles.
- **Dióxido de carbono (CO_2).** Aunque no es tóxico, resulta perjudicial para el medio ambiente cuando se encuentra en concentraciones superiores a las normales. Siempre que la cantidad de CO_2 presente en la atmósfera sea superior a la que las plantas puedan absorber para transformar en oxígeno, se produce «el efecto invernadero» que hace que la temperatura de todo el planeta aumente y se produzcan cambios climáticos de imprevisibles consecuencias.

3.2. Gases tóxicos

Constituyen aproximadamente el 1% de los gases de escape emitidos en un motor de gasolina. Aunque hay infinidad de componentes presentes en los gases de escape que tienen efecto nocivo, no todos estos compuestos son contaminantes en las proporciones que se encuentran. Solo hay cuatro de ellos que están regulados en las distintas legislaciones que limitan las emisiones de los vehículos a motor:

caso práctico inicial

Los tres hermanos, después de escuchar a su sobrino, saben que los coches con inyección electrónica de gasolina contaminan menos.

- **Monóxido de carbono (CO).** Este gas incoloro, inodoro e insípido es muy tóxico por su gran afinidad con la hemoglobina de la sangre. Los glóbulos rojos absorben CO con mayor facilidad que el oxígeno y, como no existe en el cuerpo ningún proceso que sea capaz de descargar los glóbulos rojos del CO que han absorbido, quedan inutilizados para el transporte de oxígeno. Debido a esto, el respirar CO en pequeñas proporciones puede provocar la incapacidad de la sangre para transportar oxígeno a las células y por tanto provocar la muerte por asfixia interna. Para tener una idea de su efecto, cabe decir que una concentración de solo un 0,3% de CO en el aire que respiramos puede producir la muerte en 30 minutos aproximadamente.
- **Hidrocarburos sin quemar (HC).** Aparecen por alguna de las siguientes causas:
  - Combustible sin quemar.
  - Paso excesivo de aceite a la cámara de combustión.

saber más

Dióxido de azufre

También los motores de gasolina pueden emitir dióxido de azufre (SO_2) en pequeñas cantidades. Reduciendo la composición de azufre en el combustible, se rebajan las emisiones de este gas tóxico.

Aunque en las cantidades que emite un motor en condiciones normales de funcionamiento no provocan envenenamiento para el ser humano, sí son nocivos tanto para este como para la mayoría de los seres vivos, por lo cual es necesario reducir su emisión al mínimo. A alguno de estos hidrocarburos se le atribuyen propiedades cancerígenas (concretamente al benzopireno 3-4).

- **Óxidos de nitrógeno (NO_x).** Como sabemos, son consecuencia de la combinación del oxígeno con el nitrógeno en condiciones de alta presión y temperatura. El NO (monóxido de nitrógeno), en presencia del oxígeno del aire, se transforma en dióxido de nitrógeno (NO_2) de color pardo rojizo y olor muy penetrante que origina irritación en los órganos respiratorios. Si sus concentraciones son muy elevadas puede llegar a destruir los tejidos pulmonares y los alvéolos. También son altamente perjudiciales para el medio ambiente ya que, una vez sueltos en la atmósfera, se combinan con el vapor de agua para formar compuestos ácidos que dan lugar a la «lluvia ácida». La cantidad de NO_x aumenta con las revoluciones del motor y con el grado de carga. También el incremento de la relación de compresión causa generalmente un incremento en las emisiones de NO_x.
- **Partículas sólidas.** La combustión, al ser incompleta, produce partículas sólidas en forma de cenizas y hollín. Su efecto, respecto a la contaminación, no tiene gran importancia en los motores de gasolina pero sí en los diésel. Estas partículas pueden acumularse en las partes mecánicas del motor (tanto en los motores diésel como en los de gasolina), dificultando su funcionamiento o produciendo la obturación de los pasos de aire. Los efectos que ejercen sobre el organismo humano todavía no están aclarados por completo.

4. La carburación

En este sistema, la gasolina se mezcla con el aire que pasa por el conducto de admisión, debido a la depresión creada por la aspiración en dicho conducto.

1. Filtro de aire
2. Carburador
3. Mariposa del carburador
4. Colector de aspiración
5. Depósito de la gasolina
6. Filtro del depósito
7. Leva del árbol de levas
8. Bomba mecánica para la alimentación de la gasolina

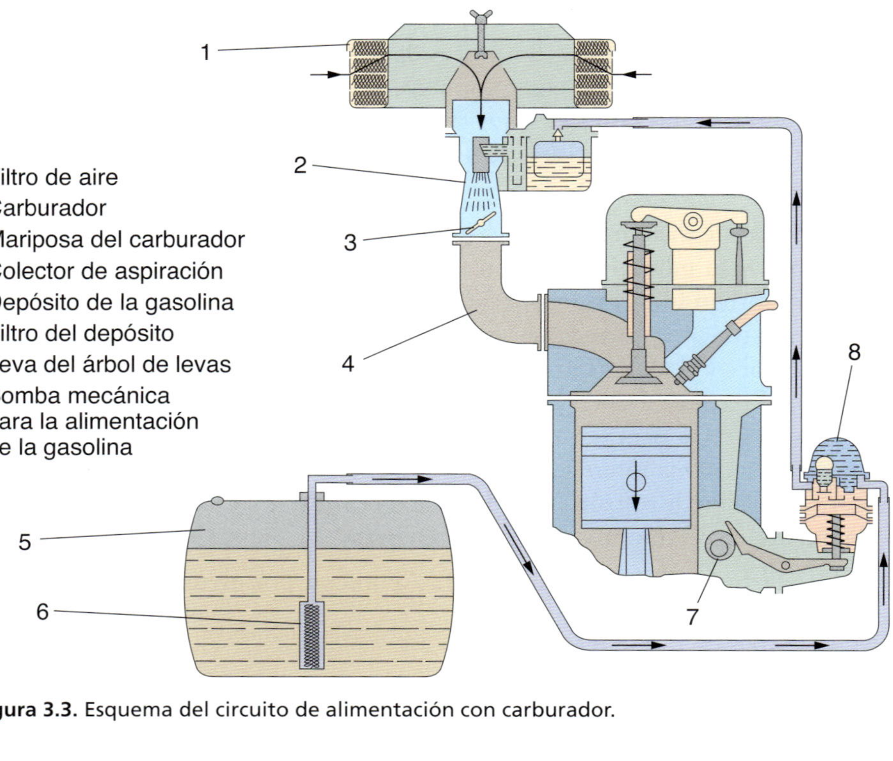

↑ **Figura 3.3.** Esquema del circuito de alimentación con carburador.

Quien prepara dicha mezcla es el carburador y quien envía la gasolina desde el depósito a este elemento es una bomba que, generalmente en estos sistemas, es de accionamiento mecánico a través del árbol de levas.

La figura 3.3 nos muestra el circuito de alimentación de un sistema de carburación.

A continuación analizamos de una forma sencilla el funcionamiento del carburador.

saber más

El filtro de combustible, filtro de aire y colectores serán tratados a lo largo de esta unidad.

El depósito de combustible lo estudiaremos en la unidad 4.

El carburador

Apreciamos su aspecto exterior mediante la figura 3.4.

Su funcionamiento está basado en el **efecto Venturi.** Por dicho efecto se provoca la aspiración de la gasolina al pasar el aire a través de un estrechamiento. Al mezclarse ambos cuerpos (un líquido con un gas a gran velocidad), se consigue la pulverización de la gasolina (figura 3.5). La depresión que crea la masa gaseosa al circular por la canalización del carburador es directamente proporcional a su velocidad.

↑ **Figura 3.4.** Aspecto exterior de un carburador.

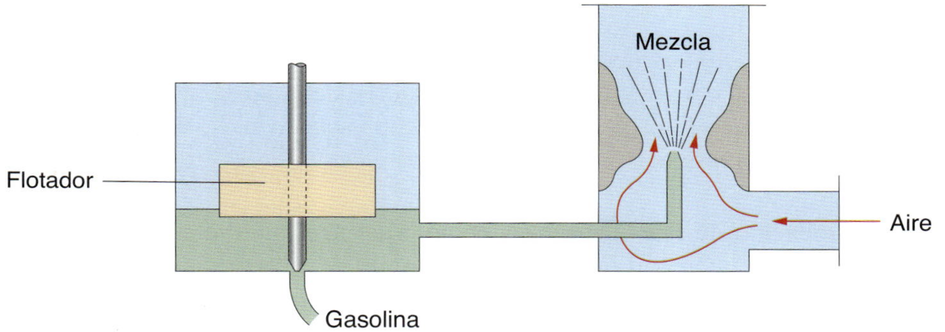

↑ **Figura 3.5.** Efecto Venturi.

Veamos unas nociones básicas de Física para entender mejor el efecto Venturi.

La dinámica de fluidos, Hidrodinámica, considera a estos para su estudio como incompresibles. En el caso de los gases, si las velocidades de corriente no son muy grandes (caso del carburador), se puede considerar que en su comportamiento cumplen con las leyes de la dinámica de fluidos.

caso práctico inicial

El coche de Carlos tiene un sistema de alimentación con carburador.

Si consideramos una tubería de distintas secciones (figura 3.6), por la que circula un líquido con régimen laminar (las líneas de corriente no se entrecruzan entre sí) y llamamos, S_1 y S_2 a las áreas de las distintas secciones de la tubería, y v_1, v_2, a las velocidades con las que fluye el líquido a través de dichas secciones, se cumple que el volumen de fluido que circula durante el mismo intervalo de tiempo es igual para ambas secciones S_1 y S_2 ($v_1 \neq v_2$) o lo que es lo mismo: $S_1 \cdot d_1 = S_2 \cdot d_2$, y dividiendo por el tiempo t nos queda:

$$\frac{S_1 \cdot d_1}{t} = \frac{S_2 \cdot d_2}{t}$$

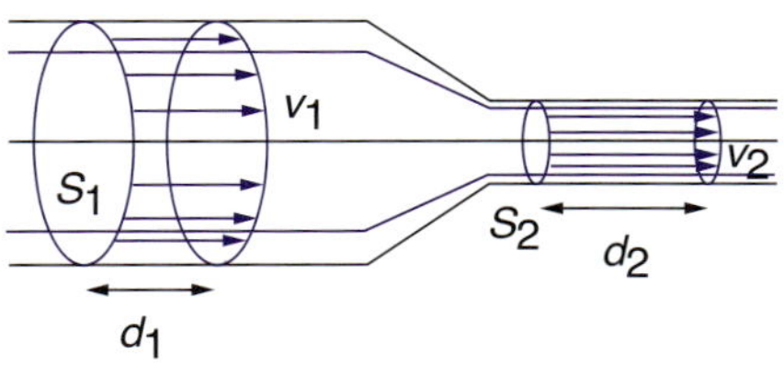

↑ **Figura 3.6.**

Al ser $\frac{d_1}{t}$ la velocidad v_1 del líquido en la sección de tubería de superficie S_1 y v_2 la velocidad en el tramo de tubería de superficie S_2 la ecuación anterior queda de la siguiente manera: $S_1 \cdot v_1 = S_2 \cdot v_2 = cte.$

De donde se deduce que $\frac{v_1}{v_2} = \frac{S_2}{S_1}$

Fórmula que expresa el llamado **principio de continuidad** que dice lo siguiente:

Las velocidades del líquido, que se mueve con régimen laminar, están en razón inversa al área de las secciones de la tubería por la cual circula dicho líquido.

Por tanto, si se estrecha una tubería, la velocidad del líquido aumenta, y si se ensancha la velocidad del líquido disminuye.

El **efecto Venturi** relaciona la velocidad con la presión del fluido.

Concretamente, este efecto nos dice:

Donde se estrecha la tubería, se produce un aumento de la velocidad del líquido, y, como consecuencia, una disminución de la presión, mientras que donde se ensancha la tubería, se reduce la velocidad del líquido, y hay un aumento de la presión.

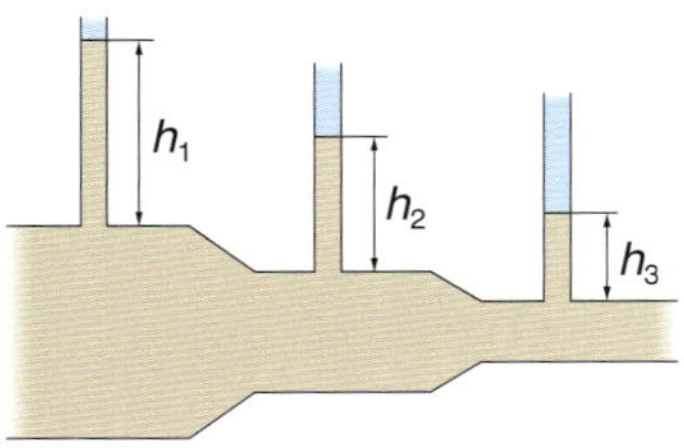

↑ **Figura 3.7.**

La comprobación de este efecto lo podemos ver experimentalmente en la figura 3.7. Se observa cómo el líquido sube a más altura (más presión) en las partes más anchas de la tubería, mientras que en los estrechamientos, debido a una disminución de la presión, alcanza menor altura.

Condiciones que debe reunir un carburador

Sabemos que la mezcla con que es alimentado un motor varía según las circunstancias en que se encuentre este. El carburador debe satisfacer con la mejor aproximación posible las exigencias del motor en cada momento. De ahí que debe cumplir las siguientes funciones:

- Pulverizar perfectamente la gasolina y mezclarla homogéneamente con el aire para que la combustión sea óptima.
- Realizar la dosis de aire y gasolina que satisfaga las condiciones de funcionamiento del motor.
- Poder variar la cantidad de mezcla aspirada.

El carburador elemental

Un carburador elemental está constituido por las siguientes partes (figura 3.8):

- Una cuba de nivel constante (1).
- Un difusor (2).
- Un surtidor de gasolina (3).
- Una válvula (4).

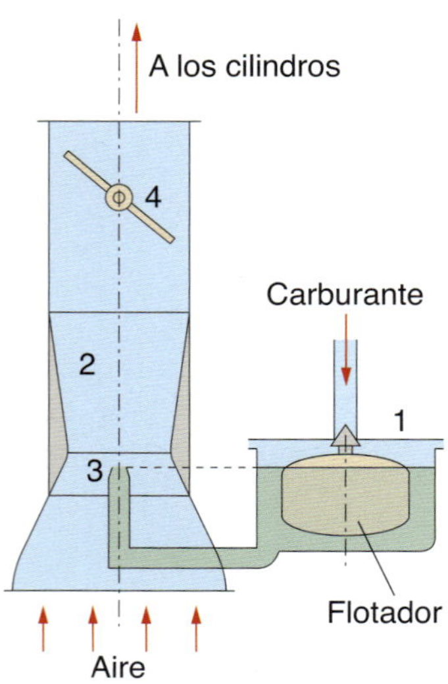

↑ **Figura 3.8.** Principio de funcionamiento del carburador.

La **cuba** tiene como función mantener el nivel de combustible aproximadamente a la altura del surtidor. Esta condición la puede realizar por medio de un flotador (lo apreciamos en la figura 3.8) construido bien de chapa delgada de bronce o bien de corcho o de plástico. El flotador actúa directamente, o mediante una palanca, sobre una válvula de aguja cónica. Esta válvula se abre en el momento de descender el nivel para dejar entrar más combustible.

El **difusor** (o Venturi) sirve para crear la depresión necesaria a la altura del surtidor para que pueda ser aspirado el combustible.

El mayor rendimiento del difusor, demostrado experimentalmente, se obtiene con un ángulo de 7° para el cono de salida y de 30° para el cono de entrada. Asimismo también se ha demostrado experimentalmente que la mayor depresión y succión de combustible no es en la zona más estrecha del difusor sino en una zona desplazada hacia la salida del surtidor y cuya distancia sería 1/3 del diámetro de máximo estrechamiento. Por ese motivo se coloca la boca del surtidor en esa zona.

En función de la posición del difusor y de la dirección del flujo del fluido podemos hablar de carburador vertical, invertido, horizontal o inclinado (figura 3.9).

El más empleado en el sector del automóvil es el invertido ya que presenta mejores condiciones de ubicación y porque el movimiento del flujo se ve favorecido por la gravedad.

El **surtidor de gasolina** consiste en un tubo calibrado situado en el interior de la canalización de aire del carburador. Su boca de salida está a la altura del difusor. Por su parte inferior va unido a la cuba, de la cual recibe combustible hasta el nivel establecido por el principio de vasos comunicantes.

A la salida de la cuba va montado un calibre cuyo paso de combustible, rigurosamente calibrado y de gran precisión, guarda relación directa con el diámetro del difusor adecuado para cada tipo de motor. Tiene la función de dosificar la cantidad de combustible que puede salir por el surtidor en función de la depresión creada en el difusor. Dicho calibre está formado por un pequeño tornillo desmontable que lleva impreso en su cabeza (o bien en un lateral) un número que corresponde al diámetro de paso de su orificio en centésimas de mm.

La **válvula** que varía la cantidad de mezcla aspirada por el motor es, en la mayoría de los casos, del tipo de mariposa. Es accionada por el pedal del acelerador a través de un cable de tracción que une el pedal con el carburador.

Un carburador elemental como el que explicamos no satisfaría las exigencias del motor, ya que estas cambian en función de la temperatura, presión atmosférica y revoluciones. Solo permitiría una mezcla adecuada para un determinado régimen de revoluciones ya que la relación surtidor/difusor permanece constante.

saber más

Nos podemos encontrar con **carburadores dobles** (las mariposas de gases están unidas por un mismo eje y son accionadas simultáneamente) y con **carburadores de doble cuerpo** (una cuba alimenta a dos surtidores independientes, pero en este caso un cuerpo se llama principal y funciona a bajos regímenes y el segundo cuerpo se denomina secundario y funciona a altos regímenes).

Indicaremos también que existen carburadores de difusor variable.

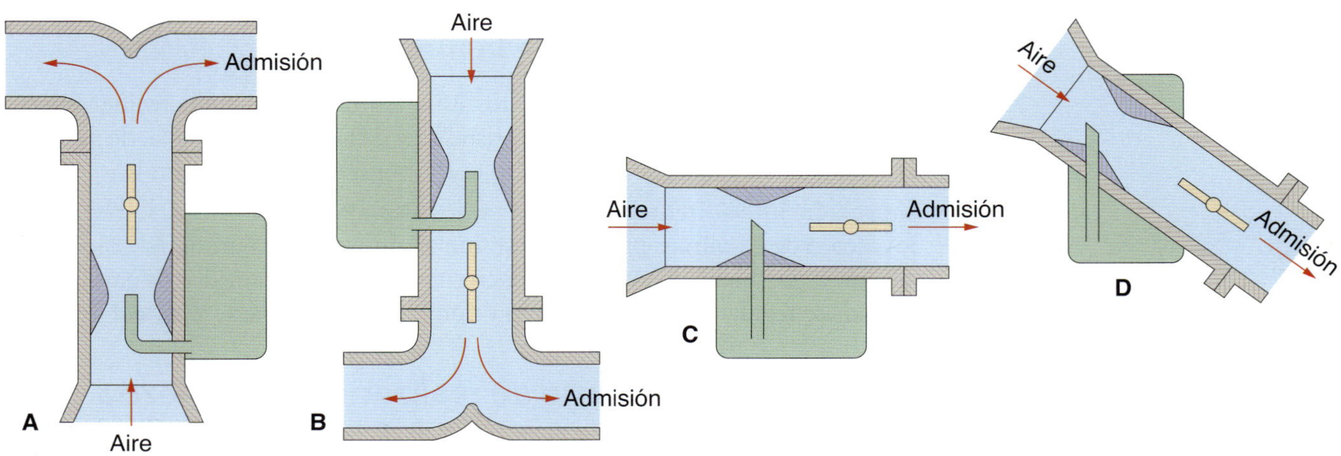

↑ **Figura 3.9.** Tipos de carburadores según la posición del difusor. A. Vertical. B. Invertido. C. Horizontal. D. Inclinado.

Otras exigencias, que no cumpliría este carburador, se relacionan con el arranque en frío, la aceleración, la marcha en vacío, el paso de ralentí a funcionamiento en marcha normal o viceversa, la economía de combustible. Por tanto, hay que incorporar al carburador elemental unos dispositivos para que cumpla todas esas exigencias. Entre otros dispositivos, se encuentran los siguientes:

- Corrección automática de la mezcla (sistema de empobrecimiento y sistema de enriquecimiento).
- Circuito de marcha lenta. Indicaremos en este apartado que dependiendo de un tipo de carburador u otro se le suelen practicar algunas técnicas para que el paso de marcha lenta a marcha normal o viceversa se efectúe, obviamente, sin que el motor se pare
- Dispositivo de arranque en frío.

5. Clasificación de los sistemas de inyección

Los distintos sistemas de inyección se pueden clasificar atendiendo a varios motivos:

5.1. Según el sistema de regulación de la mezcla

- **Mecánicos.** En estos sistemas el aporte de gasolina al aire se regula por un estrangulamiento que se abre y se cierra mecánicamente en función de la cantidad de aire que permite entrar la mariposa. Al mismo tiempo, la corrección de la mezcla se regula de forma mecánica en función de parámetros como la temperatura del motor.
- **Electromecánicos.** Es una variante del anterior, donde la corrección de la regulación de la mezcla la realiza electrohidráulicamente una Unidad Electrónica de Control (UEC) en función de distintos parámetros medidos a través de sensores.
- **Electrónicos.** Una UEC medirá a través de distintos sensores las condiciones de funcionamiento del motor y, en función de estas, inyectará la cantidad de gasolina óptima. Al mismo tiempo esta UEC se puede encargar del control del encendido, sistemas antipolución, etc.

5.2. Según la formación de la mezcla

- **Inyección continua.** Empleada en los sistemas mecánicos y electromecánicos, se basa en la inyección, a presión constante y de forma continuada, de gasolina en el ramal del colector de admisión correspondiente a cada cilindro.
- **Inyección intermitente.** Utilizada en los sistemas electrónicos, se basa en la inyección de gasolina a presión constante en uno o varios puntos del colector de admisión por medio de inyectores electromagnéticos. La cantidad de gasolina inyectada se regula variando el tiempo y número de veces que se activa el inyector.

5.3. En función del punto de realización de la mezcla

- **Indirecta.** La mezcla se realiza en el colector de admisión. Según el punto donde se realice se puede subdividir en dos grupos:

  - Multipunto. Existe un inyector para cada uno de los cilindros y está situado en el colector de admisión orientado hacia la válvula de admisión del cilindro correspondiente.
  - Monopunto. Este sistema solo existe en inyecciones electrónicas y monta un único inyector en la parte común a todos los cilindros del colector de admisión.
- **Directa.** La inyección se realiza en el interior de la cámara de combustión.

  Las inyecciones electrónicas multipunto, en función de la coordinación de la apertura de los inyectores, se pueden clasificar en:

  - **Simultáneas.** Todos los inyectores se activan al mismo tiempo coordinados por el giro del motor.
  - **Secuenciales.** Cada inyector se activa de forma individual sincronizado con la apertura de la válvula de admisión correspondiente.
  - **Semisecuenciales.** Se utiliza en motores de número de cilindros pares y se activan los inyectores de los cilindros que tienen la carrera pareja.

Los sistemas de gestión electrónica, en función del funcionamiento interno de la UEC, se pueden dividir:

- **Analógicas.** La UEC realiza, por medio de circuitos electrónicos básicos, operaciones aritméticas (sumas, restas, multiplicaciones, etc.) con las señales de entrada, y modula el tiempo de apertura de los inyectores con el resultado de estas operaciones.
- **Digitales.** La base de estas UEC es un microprocesador capaz de controlar los distintos subsistemas de gestión del motor. Este microprocesador medirá a través de los distintos sensores del sistema las condiciones de funcionamiento del motor y, en función de estas señales, buscará en su memoria las señales óptimas que le han sido programadas por el fabricante para el control de los distintos subsistemas del motor. Los sistemas más modernos incluso pueden detectar fallos en los distintos sensores y actuadores y sustituir su función por valores aproximados tomados del resto de sensores.

6. La inyección mecánica

El sistema de inyección mecánica fue diseñado por la marca alemana Bosch y distinguido con el nombre de *K-Jetronic* (*K* = continuo y *Jetronic* = inyección; es decir, inyección continua).

La cantidad de aire que entra en el motor es controlada por una mariposa y medida por un plato-sonda, que informa mecánicamente de dicha cantidad a un dosificador-distribuidor para que prepare la dosis de combustible adecuada. Por su parte, el combustible llega a este punto por medio de una electrobomba y un acumulador. Una vez preparada la dosis, el combustible es introducido por los inyectores en los colectores de admisión.

La gasolina queda suspendida en los mismos hasta que los émbolos la aspiran, junto con el aire, al abrirse las válvulas de admisión correspondientes. En estos sistemas, la mezcla se ve corregida en función de la temperatura por medios mecánicos.

Para acondicionar el caudal de combustible a las distintas fases de funcionamiento del motor, se encuentran en el dosificador-distribuidor un regulador de presión y unas válvulas de presión diferencial que aseguran que los inyectores trabajen siempre a la misma presión independientemente del caudal inyectado.

caso **práctico** inicial

El coche de Santiago posee un sistema de inyección mecánica.

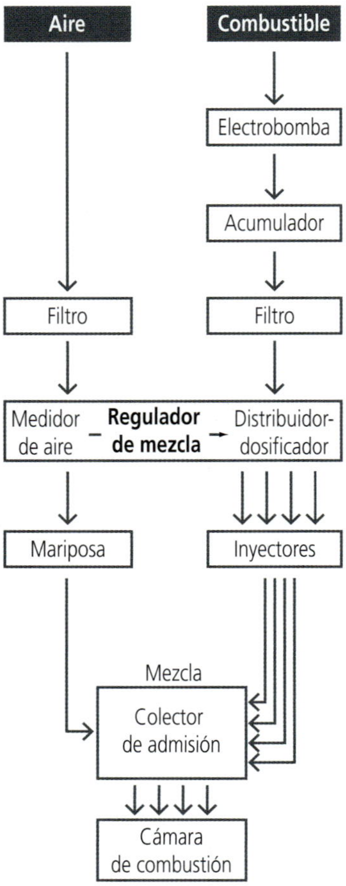

↑ **Figura 3.10.** Esquema de funcionamiento de un sistema de inyección *K-Jetronic*.

saber más

El acumulador de presión mantiene la presión de combustible en el circuito después de haber parado el motor; mientras que el regulador de presión limita la presión del sistema a un valor determinado.

Los inyectores introducen el combustible en cada uno de los colectores de admisión, pulverizándolo mediante los movimientos oscilantes de su aguja. La función del inyector no es dosificar el combustible ya que esa función, como sabemos, la realiza el dosificador-distribuidor.

El filtro va colocado detrás del acumulador de presión y su función es separar las partículas de suciedad que puede tener el combustible. Suelen ser de papel con un tamaño medio del poro de aproximadamente 10 μm.

En el circuito de combustible existen tres presiones de trabajo para el buen funcionamiento del sistema:

- Presión del sistema: es la presión principal; la crea la bomba principal y la controla el regulador principal del sistema.
- Presión de mando: es la que actúa sobre la cabeza del émbolo de mando del dosificador de combustible.
- Presión de retención: esta presión, con el motor apagado, es necesaria para mantener todo el circuito bajo una cierta presión, mientras el motor esté caliente, evitando así la formación de burbujas de gasolina que dificultarían el arranque en caliente.

Vemos un esquema básico de este sistema en la figura 3.10, mientras que la figura 3.11 nos muestra una instalación de este sistema con todos sus elementos. Estudiamos este sistema valiéndonos del siguiente orden:

1. Alimentación de combustible.
2. Circuito de aspiración de aire.
3. Regulación de la mezcla, arranque en frío y fase de calentamiento.
4. Regulación del ralentí.

6.1. Alimentación de combustible

El combustible es succionado desde el depósito por una electrobomba y, a través del acumulador de presión y del filtro, es conducido a presión hasta el distribuidor-dosificador, en el cual se establece la regulación de la presión y el caudal de inyección.

Desde aquí el combustible sale hacia los correspondientes inyectores que, como se comentó anteriormente, lo inyectan de forma continua.

Electrobomba

La electrobomba (figura 3.12) suele ir montada cerca del depósito de combustible y, en algunos casos, está en el interior del propio depósito, alojada en un soporte con suspensión elástica. Este último montaje permite disminuir el característico zumbido que se produce durante su funcionamiento y, al mismo tiempo, evita las posibles fugas a través de las juntas de estanqueidad. No existe peligro de explosión, ya que en esa zona no hay mezcla inflamable, solo hay combustible.

Es alimentada por un relé de mando de tipo taquimétrico, esto es, un relé de mando que incorpora un circuito electrónico de tal modo que la bobina del relé solo se excita si el circuito electrónico recibe alimentación de la llave de contacto y señal de revoluciones proveniente del primario de la bobina. Esta función se realiza con el objeto de que la bomba permanezca en funcionamiento solo en el caso de que el motor esté en marcha. Con esta disposición se evita un funcionamiento innecesario de la electrobomba cuando el motor está parado y el encendido conectado (muy importante sobre todo en caso de accidente en el que hayan resultado dañadas las conducciones de combustible).

Generalmente es de tipo celular con rodillos metálicos periféricos, accionada por un motor eléctrico con excitación de imanes permanentes sumergido en el combustible.

El disco del rotor, que está situado excéntricamente en el cuerpo de la bomba, alberga en las celdas ubicadas a lo largo de su circunferencia los rodillos metálicos. Estos rodillos son empujados por la fuerza centrífuga de giro contra la placa exterior, con lo cual se garantiza la estanqueidad hidráulica.

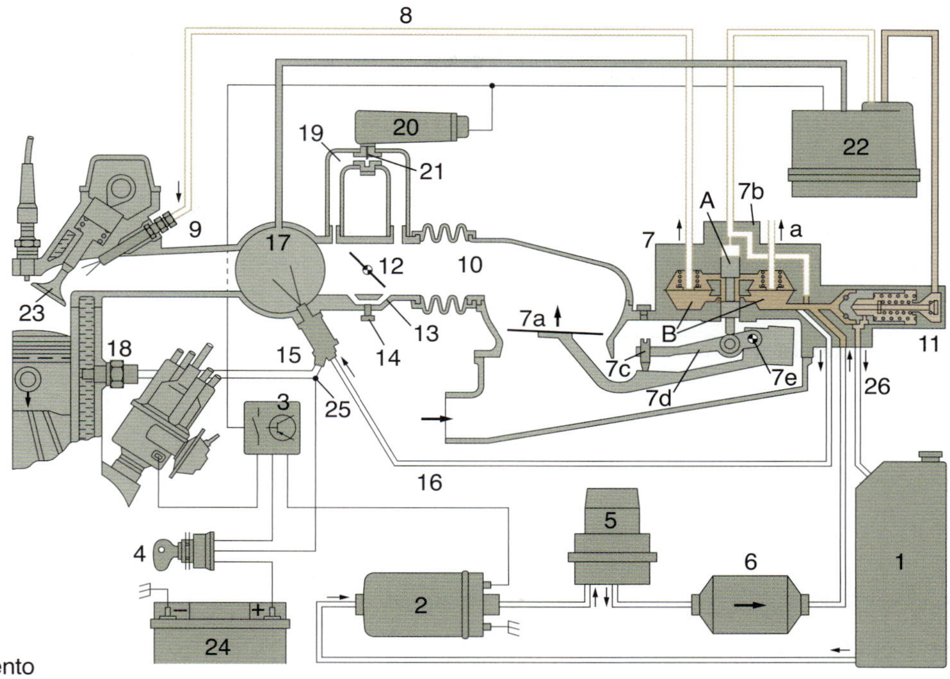

1. Depósito de combustible
2. Electrobomba
3. Relé taquimétrico
4. Llave de contacto
5. Acumulador
6. Filtro de combustible
7. Regulador de mezcla
7a. Plato-sonda
7b. Distribuidor-dosificador
7c. Tornillo de riqueza
7d. Palanca de plato-sonda
7e. Fulcro de la palanca
8. Tubo de conducción hacia el inyector
9. Inyector
10. Colector de admisión
11. Regulador de presión
12. Válvula de mariposa
13. *By-pass* de marcha lenta
14. Tornillo de velocidad de ralentí
15. Inyector para el arranque en frío
16. Conducto de alimentación hacia el inyector de arranque en frío
17. Caja de aire
18. Interruptor térmico temporizado
19. Conducto *by-pass* de calentamiento
20. Válvula de aire adicional
21. Obturador de la válvula de aire adicional
22. Regulador para la fase de calentamiento
23. Válvula de admisión
24. Batería
25. Borne 50
26. Conducto de retorno

A. Válvula corredera de dosificación
B. Cámaras de alimentación (una para cada cilindro)
a. Conducto hacia otro inyector

↑ **Figura 3.11.** Esquema de una instalación de un sistema de inyección *K-Jetronic.*

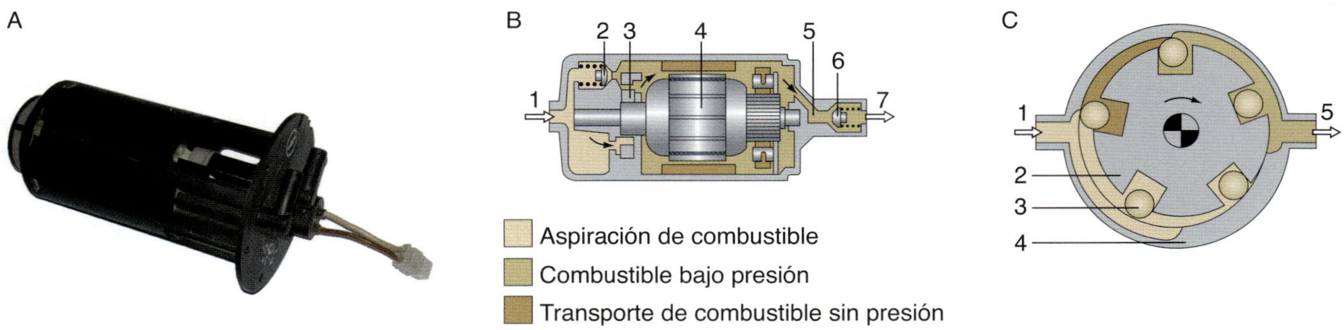

A. Aspecto exterior

B. Sección longitudinal
1. Lado de aspiración
2. Válvula de sobrepresión
3. Bomba celular de rodillos
4. Inducido del motor
5. Conducto de salida
6. Válvula antiretorno
7. Salida de combustible a presión

C. Sección transversal (proceso de bombeo)
1. Lado de aspiración
2. Disco del rotor
3. Rodillo metálico
4. Cuerpo de bomba
5. Lado de impulsión

↑ **Figura 3.12.** Electrobomba de combustible.

El combustible fluye por los espacios vacíos y se comprime en el conducto de salida. La válvula antirretorno impide que el combustible vuelva al depósito con el motor parado, mientras que la válvula de sobrepresión hace retornar el líquido al lado de aspiración cuando la presión en el circuito resulta por encima de los valores deseados. Este tipo de bombas se utiliza en todos los sistemas de inyección (mecánicos, electromecánicos y electrónicos). En muchos vehículos modernos, la bomba empieza a funcionar cuando el sistema de gestión detecta la apertura de la puerta del conductor. De esta forma, al estar ya presurizado el circuito de alimentación, el arranque es más rápido. Obviamente, dicha alimentación se anula pasado un tiempo razonable ya que esta función va temporizada.

saber más

Bombas adicionales

En muchas ocasiones se instalan (en cualquier sistema de inyección) bombas adicionales de combustible sumergidas en el mismo depósito, cuya función es la de suministrar a la bomba principal el caudal de combustible necesario. Estas bombas suelen incorporar un transmisor para indicar el nivel de dicho combustible.

6.2. Circuito de aspiración de aire

Hacemos una breve descripción de este circuito que no solo nos va a ser útil para la inyección mecánica sino para el resto de inyecciones.

La función del circuito de aspiración de aire es suministrar al motor la cantidad necesaria de este fluido gaseoso para que los procesos de combustión se realicen de una forma correcta. Está constituido por los elementos reguladores de la cantidad de aire y por el filtro purificador. Además está dotado de dispositivos que atenúan los ruidos de aspiración (resonadores).

Filtro del aire

Es el encargado de retener las impurezas del aire aspirado con el fin de proteger las partes internas del motor.

Está pensado también para que sirva como silenciador con el fin de reducir el ruido generado por el flujo pulsante a la entrada. Una o varias cámaras de resonancia correctamente dimensionadas conforman dicho silenciador. En casos especiales donde el ruido es muy intenso hay que añadir silenciadores adicionales a lo largo de la línea de aspiración del aire.

Los filtros de aire más utilizados en la actualidad son los denominados secos, que consisten en un cartucho de papel plegado en forma de acordeón, para aumentar la superficie filtrante. Los filtros secos son muy eficaces y sencillos en cuanto al montaje y mantenimiento.

saber más

El circuito de aspiración de aire en los sistemas con carburador y de inyección monopunto

En motorizaciones con carburador o inyección monopunto, el circuito de aspiración de aire suele estar equipado con dispositivos reguladores de temperatura del aire normalmente integrados en el filtro de aire.

Colector de admisión

Su misión es la de conducir el aire (inyección multipunto) o la mezcla aire/gasolina (inyección monopunto o carburador) a los cilindros. Así pues, su forma es distinta en función del tipo de alimentación.

Se fabrican generalmente de aluminio o fundición.

En los sistemas de inyección monopunto o con carburador, el colector debe satisfacer las condiciones siguientes:

- Alimentar uniformemente a todos los cilindros.
- Mantener una estabilidad y una homogeneidad en la mezcla durante todo el recorrido.
- Optimizar el rendimiento volumétrico en las diferentes condiciones de funcionamiento del motor.

saber más

Nota

En la unidad 4 explicaremos cómo se varía la longitud de los colectores de admisión con el fin de mejorar el llenado de los cilindros.

En los sistemas mencionados anteriormente se suelen calentar los colectores con el fin de subsanar, en parte, el problema de la distribución de la mezcla entre los diferentes cilindros. El problema existe debido a la inercia de las pequeñas gotas de gasolina contenidas en la mezcla.

En los sistemas multipunto al ser solo aire el fluido que circula por el colector, este debe reunir las siguientes características:

- Optimizar el rendimiento volumétrico.
- Asegurar un buen reparto de la cantidad de aire aspirado.

Al no existir combustible se pueden utilizar conductos individuales largos y así el rendimiento volumétrico se ve reforzado.

Los colectores adquieren aire de una caja en cuyo extremo está la válvula de mariposa. De esta forma se logra tener en todos los cilindros las mismas condiciones de admisión.

6.3. Regulación de la mezcla, arranque en frío y fase de calentamiento

Para los razonamientos siguientes conviene que tengamos como referencia la figura 3.11 y la figura 3.13.

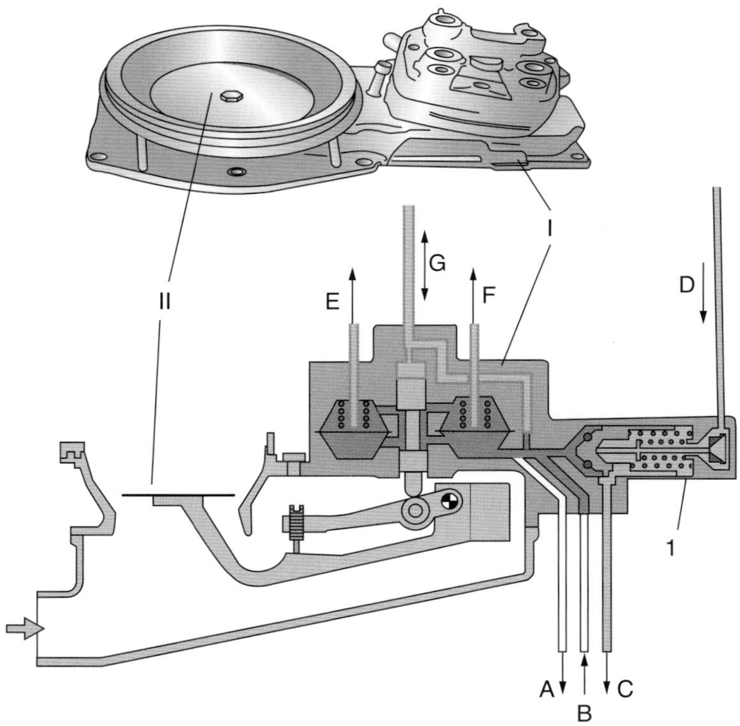

I. Distribuidor-dosificador
II. Medidor del caudal de aire
1. Regulador de presión
A. Combustible hacia el inyector de arranque en frío
B. Entrada del combustible hacia el distribuidor-dosificador
C. Sobrante
D. Combustible procedente del regulador de calentamiento
E y F. Combustible hacia los inyectores
G. Presión de control (comunica con el regulador de calentamiento)

↑ **Figura 3.13.** Regulador de la mezcla.

El medidor de mezcla consta del medidor de aire y del distribuidor-dosificador. Su función es graduar el caudal de combustible para que corresponda a la cantidad de aire aspirado.

El plato-sonda se elevará más, tanto más aire entre al motor. Cuanto más se eleve el plato más se levanta la válvula corredera de dosificación, con lo cual más gasolina sale hacia los inyectores.

La presión de control actúa sobre la cabeza de la válvula corredera en oposición a la fuerza que ejerce el plato-sonda sobre la misma, obligándole a bajar. De este modo, se evita que dicha válvula quede en su parte alta cuando baja el plato-sonda.

La presión de control se toma de la presión del sistema a través de un estrangulador. Este último sirve además para desconectar los dos circuitos de presión, el de control y el principal. Quien regula la presión de control es el regulador de fase de calentamiento. Esta presión es muy baja con el motor frío (aproximadamente 0,5 bares) y va subiendo a medida que se calienta (aproximadamente a los 3,7 bares), transmitiéndose a la cabeza de la válvula corredera por medio de un estrangulador de amortiguación que atenúa las oscilaciones de dicha válvula y del plato-sonda al aspirar el aire. La presión de control también interviene en la dosificación del combustible, puesto que a mayor presión más empuja a la válvula corredera hacia abajo y como consecuencia al plato-sonda, llegando así poca cantidad de combustible al inyector. Sin embargo, si la presión de control es baja, el plato-sonda sube con más facilidad, y con él la válvula corredera, con el consiguiente aumento de caudal en los inyectores.

Indicaremos que para facilitar el arranque en frío, en este sistema se dispone de un inyector de arranque en frío regulado por un interruptor térmico temporizado y que para la fase de calentamiento intervienen la válvula de aire adicional y el regulador de fase de calentamiento.

La válvula de aire adicional suministra más aire al motor durante este periodo mientras que gracias al regulador de fase de calentamiento el motor recibe más combustible, a igualdad de caudal de aire, durante esa etapa. Ambos elementos funcionan combinados y reciben la corriente del relé taquimétrico.

6.4. Regulación del ralentí

Cuando el motor funciona a ralentí, se dispone de un *by-pass* por el que circula el aire, ya que la mariposa está cerrada. El caudal de aire se regula por un tornillo, con lo cual se varía la velocidad de ralentí. El *by-pass* y el tornillo de regulación aparecen representados en la figura 3.11, con los números 13 y 14 respectivamente.

Hemos de señalar que, aunque lo más habitual es encontrar el tornillo de velocidad de ralentí en el mismo cuerpo de la mariposa, también nos podemos encontrar modelos de vehículos que lo ubican en otras zonas.

Antes de realizar la regulación propiamente dicha, debemos asegurarnos que tanto la puesta a punto del encendido como el estado de las bujías y del filtro de aire son correctos. Al ajuste de ralentí, le sigue un ajuste del CO y, para realizar ambas operaciones, el motor debe estar a su temperatura normal de funcionamiento (aproximadamente 80 °C).

7. La inyección electromecánica

Este tipo de inyección fue también diseñada por Bosch, bajo el nombre de *KE-Jetronic* (*K* = Continuo, *E* = Electrónico y *Jetronic* = Inyección; es decir, inyección electrónica continua).

El principio de funcionamiento es similar al *K-Jetronic* en la parte mecánica de dosificación de combustible. Este sistema incorpora además una parte electrónica compuesta por una serie de sensores que informan de los diferentes estados del motor a una unidad de control (UEC), la cual corrige la dosificación de combustible obteniendo así una regulación más precisa.

La figura 3.14 nos muestra un esquema de este sistema.

caso **práctico** inicial

El coche de Miguel incorpora un sistema de inyección electromecánica.

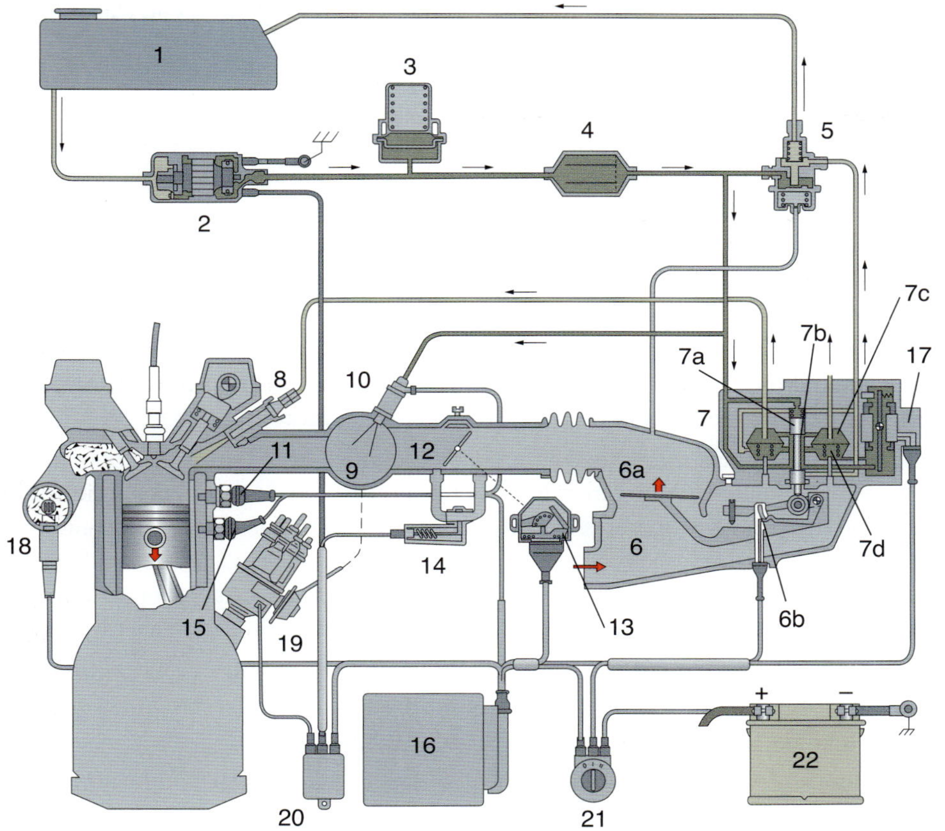

1. Depósito de combustible
2. Electrobomba
3. Acumulador
4. Filtro
5. Regulador de presión
6. Medidor de aire
6a. Plato-sonda
6b. Potenciómetro
7. Distribuidor-dosificador
7a. Válvula corredera
7b. Borde de mando
7c. Cámara superior
7d. Cámara inferior
8. Inyector principal
9. Colector de admisión
10. Inyector de arranque en frío
11. Interruptor térmico temporizado
12. Mariposa
13. Interruptor de mariposa
14. Válvula de aire adicional
15. Sonda térmica del motor
16. UEC
17. Actuador electrohidráulico de presión
18. Sonda lambda
19. Distribuidor de encendido
20. Relé de mando
21. Conmutador de encendido y arranque
22. Batería

↑ **Figura 3.14.** Esquema de una instalación de un sistema de inyección KE-Jetronic.

El actuador electrohidráulico es comandado por la unidad de control y su aportación de cara a la precisión de la mezcla es esencial, ya que es el que controla los caudales de inyección.

Por su parte, el regulador de presión es el que mantiene constante la presión de alimentación. A diferencia del *K-Jetronic*, donde va incorporado en el distribuidor-dosificador, aquí está intercalado en el tubo de alimentación.

Toda la parte de señales enviadas hacia la unidad de control por parte de los otros nuevos dispositivos la trataremos detalladamente en los sistemas electrónicos.

Para el arranque en frío, se utiliza, al igual que en el sistema anterior, un inyector auxiliar activado por el interruptor térmico temporizado; mientras que para la fase de calentamiento interviene, además de la válvula de aire adicional, el actuador electrohidráulico como corrector de mezcla.

Funciones que en el *K-Jetronic* son activadas mediante varios componentes y sistemas, ahora, las realiza el actuador electrohidráulico:

- Funciones como enriquecimiento en la fase de arranque, plena carga, aceleración o regulación lambda en caso de mezcla pobre, son activadas aumentando el valor de corriente que llega al actuador electrohidráulico.
- La función de regulación lambda en caso de mezcla rica (necesidad de empobrecimiento) es activada reduciendo la corriente del actuador electrohidráulico.
- El corte de inyección en deceleración, se activa invirtiéndole la polaridad a la corriente que llega al actuador electrohidráulico.

saber más

Sensores y actuadores

Ambos son dispositivos del sistema de medida y control que interactúan con el medio físico que se quiere estudiar o controlar.

Mientras que los sensores a partir de una magnitud física a controlar, generan una señal eléctrica proporcional a dicha magnitud, los actuadores a partir de una señal eléctrica generan una magnitud distinta que actúa sobre el sistema físico.

saber más

El inyector de arranque en frío

En algunos modelos con este sistema de inyección, el inyector de arranque en frío está comandado por la U.E.C.

8. La inyección electrónica analógica (*L-Jetronic* de Bosch)

caso **práctico** inicial

Carlos quiere comprar un coche con inyección electrónica de gasolina, debido a que tiene bastantes ventajas con respecto a la carburación, la inyección mecánica e inyección electromecánica.

Con la aparición de este sistema, se abandonó la idea de medir el aire con la presión o depresión en el colector de admisión, ya que no se lograba conseguir unos resultados satisfactorios en todos los estados de carga del motor. Con el *L-Jetronic* se incorpora un nuevo sistema medidor de caudal de aire entrante en el cilindro. Se trata de un medidor de compuerta oscilante que efectúa directamente la medición.

Es un sistema de inyección independiente del de encendido e intermitente-simultáneo donde una unidad de control activa los inyectores en sincronización con los diferentes regímenes de funcionamiento del motor.

Una serie de sensores informan a la unidad de control de las distintas condiciones de trabajo a las que se halla sometido el motor. En función de dichas condiciones, la unidad activará a los inyectores el tiempo necesario para que el caudal de gasolina inyectado a cada cilindro sea el correcto en todo momento. Debido a que la diferencia de presión entre el combustible y la admisión se mantiene constante, la cantidad de combustible inyectada solo depende de la duración del impulso hacia los inyectores.

Existen dos señales básicas que toda unidad de control de inyección ha de conocer para poder realizar dichos impulsos:

- El caudal de aire aspirado (medido por el caudalímetro).
- El número de revoluciones del motor (en este caso, tomadas en el cable negativo de la bobina).

Las demás señales son secundarias y lo que hacen es perfeccionar el sistema, es decir, ajustar más todavía el tiempo de apertura de los inyectores. Estas señales son las proporcionadas por el interruptor de mariposa, sensor de temperatura del motor y sensor de temperatura del aire (en este sistema, como se aprecia en la figura 3.15, está alojado en el caudalímetro).

Veamos algunos detalles internos de estas UEC analógicas:

La UEC calcula el **tiempo básico** de inyección a partir de la información del aire aspirado y del número de revoluciones. Este cálculo lo realiza en un circuito llamado multivibrador de control de división. Este tiempo básico de inyección se verá modificado en la siguiente etapa del circuito por las señales recogidas del resto de sensores. La llamada «etapa multiplicadora» calcula a partir de las informaciones de estos sensores **un factor de corrección** que suma al tiempo básico de inyección.

Además de esta suma tendrá que añadir otro factor que dependerá del nivel de tensión de la batería. El tiempo de excitación de los inyectores dependerá de que haya un nivel correcto de tensión. En caso contrario, habrá que compensar con un tiempo extra de inyección para corregir el caudal correcto de combustible. **Así se tiene el tiempo final de inyección con la suma del tiempo básico, el tiempo de corrección enriquecido y el tiempo de corrección de tensión.**

Establecemos el siguiente orden para el estudio de este sistema:

1. Alimentación de combustible.
2. Estudio del caudalímetro, interruptor de mariposa y sensor de temperatura del motor.
3. Arranque en frío y fase de calentamiento.
4. Momentos excepcionales del motor.

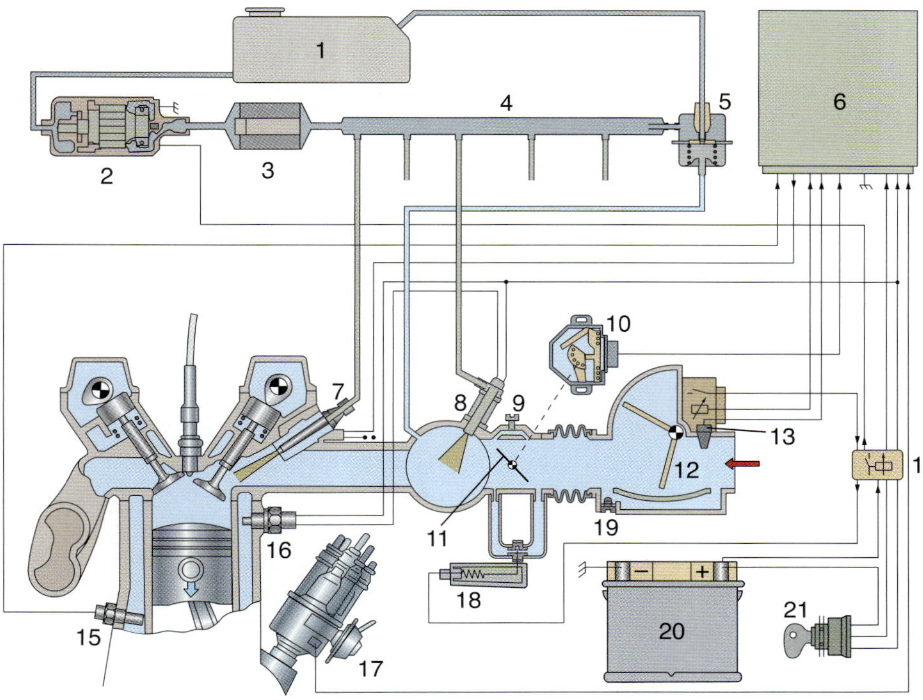

1. Depósito
2. Electrobomba
3. Filtro
4. Rampa de inyección
5. Regulador de presión
6. Unidad de control
7. Inyector principal
8. Inyector de arranque en frío
9. Tornillo de ajuste de ralentí
10. Interruptor de mariposa
11. Mariposa
12. Caudalímetro de aleta
13. Sonda de temperatura del aire
14. Relés
15. Sonda de temperatura del motor
16. Interruptor térmico temporizado
17. Distribuidor de encendido
18. Válvula de aire adicional
19. Tornillo de regulación de CO
20. Batería
21. Conmutador de encendido y arranque

↑ **Figura 3.15.** Esquema de una instalación de un sistma de inyección *L-Jetronic*.

8.1. Alimentación de combustible

Una electrobomba aspira el combustible del depósito y lo envía a presión a través del filtro hacia una rampa a la que se encuentran conectados todos los inyectores, incluido el de arranque en frío (figura 3.16). Un regulador de presión acoplado en el extremo de dicha rampa mantiene constante la presión de inyección en la misma, independientemente del tiempo de activación de los inyectores y de la temperatura del combustible. Para ello devuelve la gasolina sobrante al depósito.

Dentro de este sistema de inyección, hay algunos modelos de automóviles que carecen de circuito de retorno (figura 3.17). Como apreciamos en la figura, el regulador de presión se encuentra en el depósito, con lo cual a la rampa solo llega la cantidad de combustible que va a ser inyectada. Con esta disposición de montaje se rebaja bastante la temperatura de la gasolina en el depósito y con ello se ve reducida la cantidad evaporada de la misma.

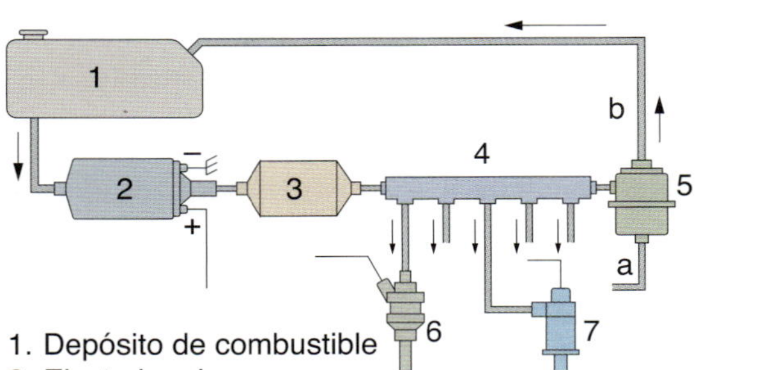

1. Depósito de combustible
2. Electrobomba
3. Filtro
4. Rampa de inyección
5. Regulador de presión
6. Inyector principal
7. Inyector de arranque en frío
a. Conexión al colector de admisión
b. Retorno hacia el depósito

↑ **Figura 3.16.** Circuito de alimentación de combustible con retorno.

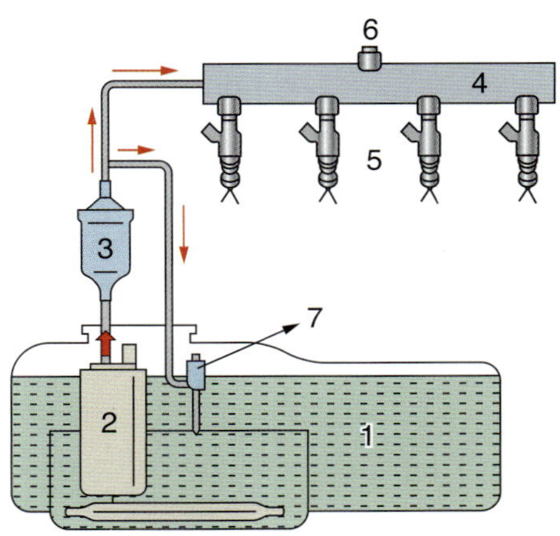

1. Depósito
2. Electrobomba
3. Filtro
4. Rampa de inyección
5. Inyectores
6. Conexión para el inyector de arranque en frío
7. Regulador de presión

↑ **Figura 3.17.** Circuito de alimentación de combustible exento de retorno.

saber más

Algunos modelos incorporan una válvula de toma rápida, gracias a la cual se puede medir directamente la presión en rampa.

saber más

También podemos encontrar modelos donde el regulador de presión va incorporado al filtro de combustible.

A continuación explicaremos detalladamente cada elemento, sin explicar, no obstante, la electrobomba y el filtro debido a que su función y ejecución son similares a las del *K-Jetronic*. Los elementos de este sistema son:

- **Rampa de inyección**

  Generalmente, para este modelo se fabrica de acero, aunque en la actualidad son usados también el aluminio y los plásticos. Este tubo tiene como función garantizar la igualdad de presión en todos los inyectores. Su tamaño es lo suficientemente grande para evitar los golpes de presión que se producen al abrir y cerrar los inyectores. De este modo, además de servir de soporte a los inyectores y al regulador de presión, efectúa una función de acumulación.

- **Regulador de presión**

  Mantiene una presión de inyección regulada entre 2,5 y 3 bares (valores aproximados en todos los modelos). Consta de un cuerpo metálico donde se forman dos cámaras (figura 3.18), la superior (1) y la inferior (2), separadas por una membrana (3). El combustible entra desde la rampa hasta la cámara superior por el conducto (4). La inferior va provista de un muelle (5) que mantiene posicionada la membrana, además de una toma de vacío (6) conectada al colector de admisión. Una válvula (7), que descansa sobre la parte superior de la membrana a través del portaválvula (8), cierra el conducto de retorno (9) al depósito por medio de la placa (10). Cuando la presión en la rampa supera el tarado del muelle, el retorno queda libre, ya que la membrana se desplaza hacia abajo arrastrando la válvula. Por supuesto, esta válvula recuperará su posición inicial en el momento que la presión en la rampa tenga el valor de tarado de dicho muelle. De esta forma, la presión se mantiene en todo momento entre los límites correctos.

  El vacío del colector de admisión también actúa sobre la membrana y su repercusión sobre la presión de combustible debe ser tal que esta ha de adaptarse linealmente al valor de la presión de dicho colector. Es decir, si la presión en el colector de admisión sube 0,5 bares, la presión del combustible subirá asimismo 0,5 bares. Esto se consigue debido a la relación que guardan entre sí la superficie de la membrana, el diámetro de la tubería de retorno y la presión del muelle. De esta forma se logra que la diferencia de presión entre la rampa de inyección y el colector de admisión sea fija, y por tanto, también es fija la diferencia de presión entre la entrada y salida de los inyectores. Esto es especialmente importante en modelos sobrealimentados. Con este sistema se puede conseguir que la presión real de inyección (presión del sistema menos presión de admisión) sea fija con presiones absolutas de sistema menores, lo cual ocasiona un menor esfuerzo de la bomba. En sistemas de inyección modernos se elimina este conducto debido a la mejora en las bombas de combustible.

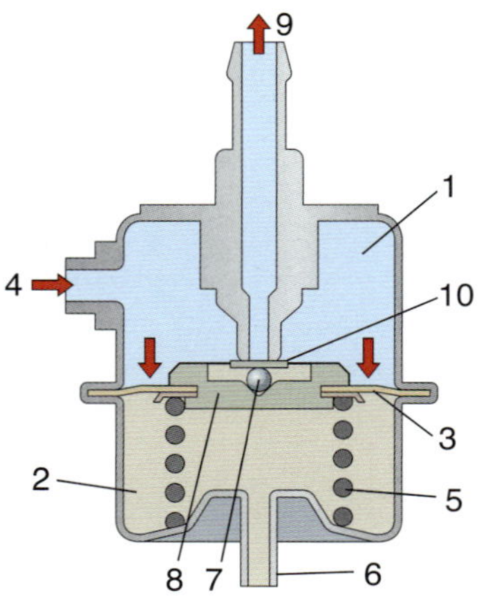

↑ **Figura 3.18.** Regulador de presión del combustible en el sistema *L-Jetronic*.

- **Inyectores**

  En este caso, se trata de válvulas electromagnéticas activadas por la unidad de control bajo los principios de inducción magnética (figura 3.19).

  El inyector está compuesto por un cuerpo, donde está alojado el devanado eléctrico (1), y un núcleo (2), acoplado con la aguja (3), que es empujado contra el alojamiento de estanqueidad por un muelle antagonista (4). La aguja va provista de un perno pulverizador (5) y de un disco de tope (6) que limita su recorrido.

  Cuando el devanado recibe un impulso de tensión por parte de la unidad de control a través del conector de alimentación (7), se produce en dicho devanado un campo magnético que desplaza al núcleo contra la acción del muelle y, por tanto, a la aguja (aproximadamente 0,1 mm) de su asiento (8). Esto provoca un chorro de combustible por la parte inferior del inyector. Cuando cesa el impulso eléctrico, es el muelle quien devuelve al núcleo y a la aguja a sus posiciones iniciales.

Al igual que en los inyectores mecánicos, estos inyectores incorporan un filtro (9) para eliminar las impurezas que aún pueda tener la gasolina.

Se montan en soportes de caucho (obteniendo así un aislamiento térmico y absorción de vibraciones), con la inclinación adecuada en cada colector para lograr un perfecto flujo que favorezca la mezcla aire-combustible en el momento en que se produzca la apertura de la válvula de admisión correspondiente.

Los impulsos de los inyectores están sincronizados con la señal de encendido. Por tanto, al ser un sistema de inyección simultáneo, habrá cuatro inyecciones en cada cilindro por cada ciclo completo del motor.

Hay motores donde la preparación de la mezcla se mejora gracias al contenido adicional de aire al inyector. En este caso, un tubo de aire está unido con el tubo de aspiración y cada inyector está a su vez empalmado con dicho tubo de aire. Por efecto de la depresión en el colector de admisión se aspira aire del tubo de aspiración y se conduce por el tubo de aire de los diferentes inyectores. La interacción entre moléculas de combustible y de aire actúa de modo que el combustible queda pulverizado muy finamente.

El resultado de este sistema es una mejora de la combustión así como una reducción de las sustancias nocivas en los gases de escape.

El contenido de aire actúa principalmente en el funcionamiento de carga parcial del motor.

Aspecto exterior

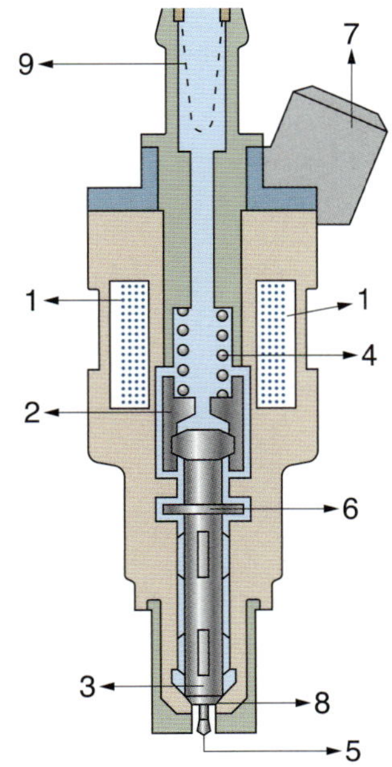

Sección de un inyector en posición de cierre

↑ **Figura 3.19.** Válvula de inyección electromagnética.

a. Entrada de combustible
b. Rampa de inyección
c. Regulador de presión
1, 2, 3, 4. Inyectores principales

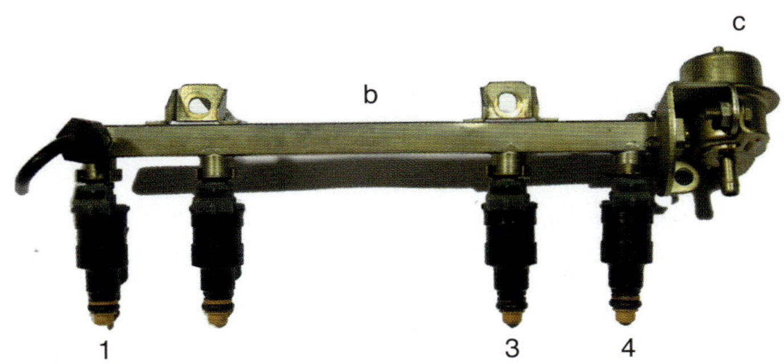

↑ **Figura 3.20.** Disposición de montaje de los inyectores y del regulador de presión en la rampa de inyección.

EJEMPLO

Sabiendo que la diferencia de presión entre el inyector y el colector de admisión (presión nominal) es de 2,6 bares y que la presión absoluta en el colector de admisión es de 0,3 bares. ¿A qué presión se deberá inyectar el combustible en dicho colector?

Solución

El hecho de que la presión absoluta sea de 0,3 bares, significa que la presión relativa es –0,7 bares. Esto es así, debido a lo siguiente:

P. relativa = 0,3 – 1 = –0,7 bares.

Ahora seguimos:

Presión real de inyección = presión nominal + presión colector de admisión

O sea:

Presión real de inyección = 2,6 + (-0,7) = 1,9 bares.

saber más

En la actualidad se suelen emplear inyectores con varios orificios pulverizadores. Con ello, se ayuda a mantener la misma dosificación en todo el volumen de la mezcla (buena homogeneidad) y se consigue fraccionar lo máximo posible las partículas de gasolina (buena vaporización).

8.2. Estudio del caudalímetro, interruptor de mariposa y sensor de temperatura del motor

Caudalímetro

Este sensor mide el caudal de aire aspirado por el motor, lo cual resulta, como sabemos, imprescindible para la dosificación del combustible.

Como se puede observar en la figura 3.21, este medidor, al igual que en los sistemas mecánicos y electromecánicos, va situado antes de la mariposa. Por tanto, todo el aire que pasa por esta, si exceptuamos el que se deriva por el conducto *by-pass*, ha sido previamente medido por él. Así pues, la señal del caudalímetro siempre se adelanta a la entrada de aire en los cilindros, con lo cual se dosifica la cantidad de combustible con cierta antelación, lo que favorece el enriquecimiento en aceleración.

Lo estudiamos detalladamente mediante la figura 3.22.

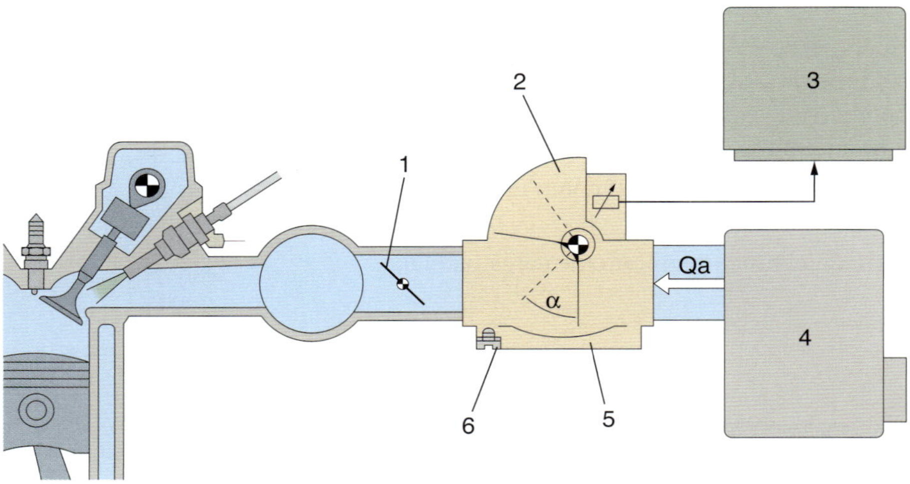

1. Mariposa
2. Caudalímetro
3. Unidad de control
4. Filtro de aire
5. Conducto by-pass
6. Tornillo de ajuste de la mezcla

Qa. Caudal de aire aspirado

↑ **Figura 3.21.** Ubicación del caudalímetro de aire en el sistema *L-Jetronic*.

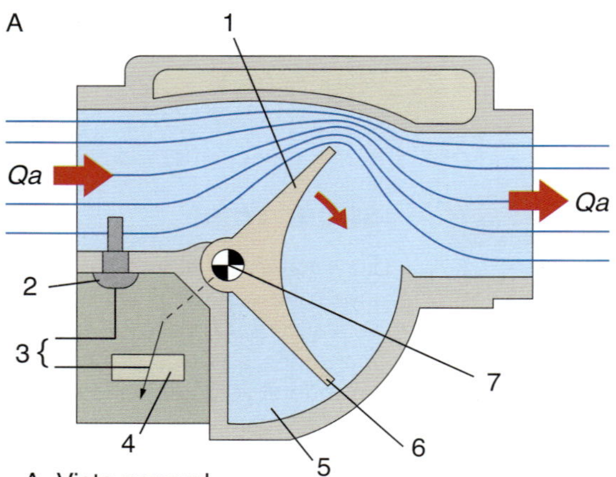

A. Vista general
1. Aleta sonda
2. Sensor de temperatura del aire
3. Señales hacia la UEC
4. Potenciómetro
5. Volumen de amortiguación
6. Chapaleta de compensación
7. Eje central

Qa. Caudal de aire aspirado

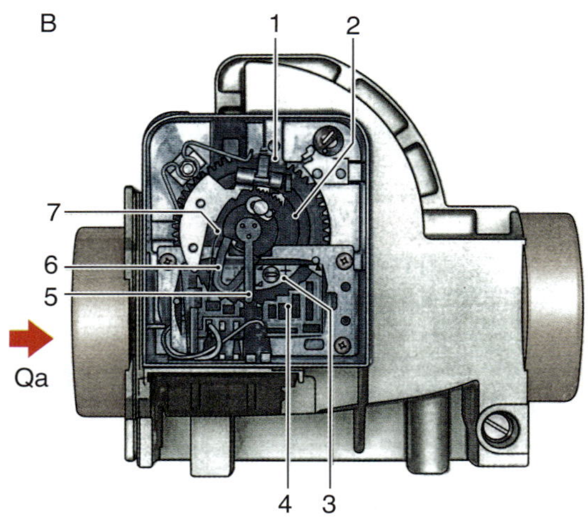

B. Parte eléctrica detallada
1. Corona dentada para tensión previa del muelle
2. Muelle antagonista
3. Resistencias del potenciómetro
4. Resistencias de compensación térmica
5. Toma del cursor
6. Cursor
7. Contacto de la bomba de combustible

Qa. Caudal de aire aspirado

↑ **Figura 3.22.** Estructura del caudalímetro de aire.

El principio de funcionamiento se basa, en este tipo de caudalímetro, en el desplazamiento de una **aleta-sonda** bajo el empuje del aire de admisión. Esta aleta-sonda va unida por su eje a un potenciómetro. Cada desplazamiento de la misma se convierte en una señal de voltaje hacia la unidad de control. El recorrido de la aleta-sonda y el voltaje emitido por el potenciómetro son lineales.

Prácticamente todos los potenciómetros de los caudalímetros van provistos de unas **resistencias de compensación de temperatura,** fabricadas del mismo material que las del propio potenciómetro, con el fin de nivelar las variaciones de señal debidas a la temperatura del potenciómetro.

El diseño mecánico del caudalímetro se realiza de tal modo que la relación entre el desplazamiento de la aleta-sonda y la cantidad de aire que entra obedece a una función logarítmica. Así, para pequeñas cantidades de aire entrante, una pequeña variación del mismo provoca un gran recorrido en la aleta; sin embargo, la misma variación, si la cantidad de aire es muy grande significa un menor desplazamiento en dicha aleta. Este diseño se debe a que, para un correcto funcionamiento del motor, la precisión necesaria en cantidades pequeñas de aire es mayor.

Una **chapaleta de compensación,** unida a la aleta-sonda, tiene como función amortiguar las oscilaciones producidas en el medidor. Esto se logra por compresión del aire en la cámara (5), evitando así oscilaciones de la aleta-sonda, que causarían medidas erróneas. Asimismo va provisto de un pequeño conducto *by-pass* de aire, controlado por un tornillo de regulación (se aprecia en la figura 3.21) para ajustar la riqueza de la mezcla ya que, como se comentó, el aire que pasa por el *by-pass* no es medido por el caudalímetro y, por tanto, no es reconocido por la unidad de control, con lo cual la mezcla se enriquece o se empobrece al cerrar o abrir el tornillo respectivamente.

Los caudalímetros usados en versiones de inyección más modernas carecen del tornillo de regulación. En estos casos, la regulación de la riqueza se efectúa aplicando a la unidad de control una señal de un potenciómetro adicional ajustable, normalmente dispuesto en el propio caudalímetro.

En el interior del caudalímetro va alojado un sensor para medir la temperatura del aire aspirado. Se trata de una **resistencia NTC** (Coeficiente de Temperatura Negativo) que, con el aumento de temperatura, baja su resistencia, mientras que si baja la temperatura, sube su resistencia.

Hay que tener en cuenta que la densidad del aire varía con la temperatura y, por lo tanto, para una misma apertura de mariposa el llenado de los cilindros es diferente según la temperatura del aire aspirado. Concretamente, el llenado mejora al bajar la temperatura del aire, ya que el aire frío es más denso.

La unidad de control necesita saber este dato para efectuar las correcciones oportunas. En muchos sistemas de inyección electrónicos, este sensor se monta en el colector de admisión pero fuera del caudalímetro, aunque tiene las mismas características que el descrito anteriormente.

Por último, el caudalímetro contiene un contacto que conecta el relé (incluido dentro de un relé doble) de la electrobomba con las primeras vueltas del motor. La electrobomba también funciona mientras se acciona el motor de arranque, ya que el relé recibe señal de arranque durante esa fase.

En otras versiones de inyección, desaparece este contacto del caudalímetro, ya que la electrobomba, como se comentó en su momento, se activa a través de un relé taquimétrico cuando recibe el impulso de encendido del negativo de bobina, mientras que se desactiva cuando hay ausencia de revoluciones.

saber más

Potenciómetro

El potenciómetro (figura 3.23) es un aparato que permite obtener una tensión variable a partir de una fuente de tensión constante. Se compone de una resistencia fija (R) que lleva un contacto deslizante o cursor (C). Aplicando una tensión (U) a los extremos de la resistencia, se obtiene una fracción graduable (u) de dicha tensión entre el cursor y uno de los terminales.

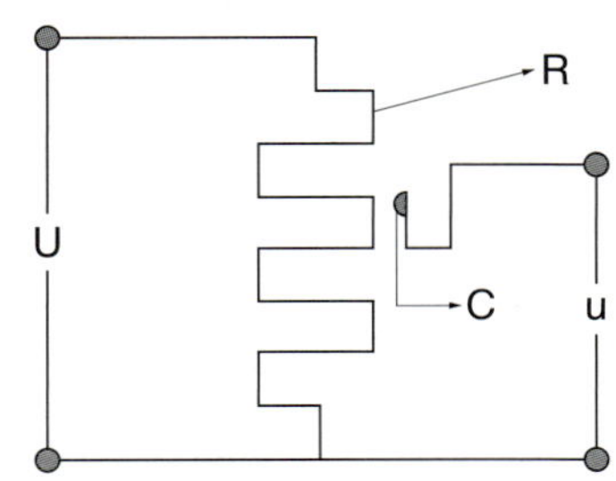

↑ **Figura 3.23.** Esquema básico de un potenciómetro.

Interruptor de la mariposa

Este otro sensor está unido al eje de la mariposa en uno de sus extremos y tiene como finalidad informar a la unidad de control de la situación de ralentí o de plena carga (figura 3.24). Así, la unidad de control efectúa una regulación más precisa de caudal para esas posiciones extremas de la mariposa.

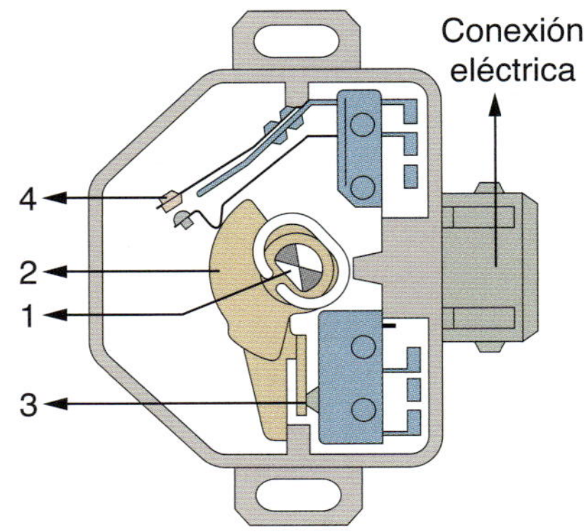

↑ **Figura 3.24.** Interruptor de la mariposa.

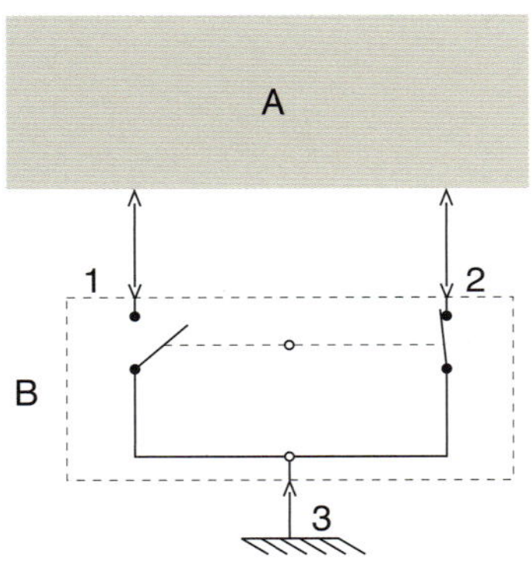

A. UEC
B. Interruptor de mariposa

↑ **Figura 3.25.** Esquema eléctrico de un interruptor de mariposa.

El giro de la mariposa obliga, a través de su eje (1), a que la leva de mando (2) abra el contacto de ralentí (3), ya que en posición de ralentí este contacto está cerrado para informar, en forma de tensión, a la unidad de control de tal situación.

En aceleración total, la leva de mando cierra el contacto de plena carga (4), por lo que la unidad de control recibe ahora información de carga completa.

La unidad de control alimenta a los terminales 1 y 2 del sensor (figura 3.25). El contacto deslizante (3) va conectado a masa. Cuando la mariposa está cerrada (ralentí) los contactos 2 y 3 se unen, por lo cual la alimentación de la unidad de control se conecta a masa, quedándose en 0 V.

Cuando la mariposa se abre completamente, se unen los terminales 1 y 3. Al igual que en el caso anterior, la señal es de 0 V.

En algunos sistemas el contacto deslizante está conectado a positivo. Así la UEC recibe voltaje de suministro, para ralentí y plena carga, en vez de 0 V.

Sensor de temperatura del motor

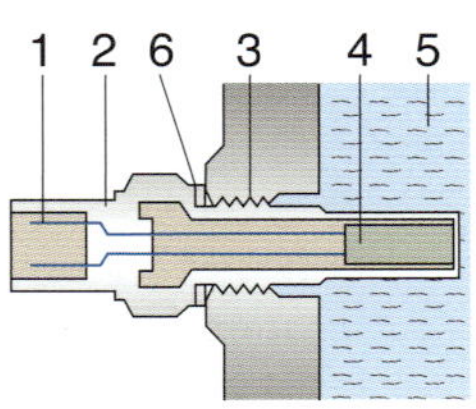

1. Conexión eléctrica
2. Cuerpo
3. Rosca
4. Resistencia NTC
5. Líquido refrigerante
6. Anillo obturador

↑ **Figura 3.26.** Sensor de temperatura del motor.

Va en contacto con el líquido refrigerante para informar a la unidad de control de la temperatura de este (figura 3.26).

Consta de un elemento roscado hueco, en cuyo interior se aloja una resistencia NTC que, en función del valor que va adquiriendo debido a la temperatura del líquido, envía a la unidad una señal u otra para así adoptar los factores de corrección necesarios en los tiempos de inyección. La señal enviada es en forma de tensión variable proporcional a las variaciones de temperatura. Básicamente la UEC disminuye los pulsos de inyección en la medida que el motor se calienta y los incrementa cuando el motor está frío.

Es importante resaltar que este sensor va roscado al bloque en motores refrigerados por agua; mientras que en los refrigerados por aire va roscado en la culata.

8.3. Arranque en frío y fase de calentamiento

Para el enriquecimiento de la mezcla durante el arranque en frío, se sigue conservando el mismo circuito que en los sistemas mecánicos y electromecánicos, es decir, un inyector de arranque en frío activado por un interruptor térmico temporizado. Por tanto, la unidad de control no interviene para nada en este circuito (figura 3.27). Sin embargo, en versiones de inyección posteriores, desaparece el inyector de arranque en frío y el enriquecimiento durante esta fase es controlado directamente por la unidad de control, la cual activará más o menos tiempo todos los inyectores principales en función de los datos que recibe del sensor de temperatura (figura 3.28).

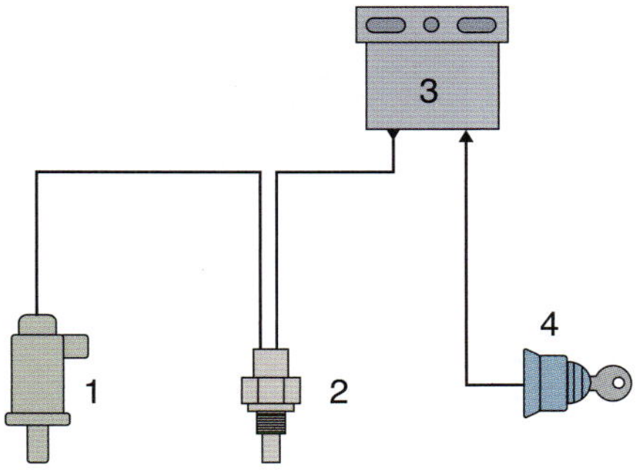

1. Inyector de arranque en frío
2. Interruptor térmico temporizado
3. Conjunto de relés
4. Conmutador de encendido y arranque

↑ **Figura 3.27.** Enriquecimiento en el arranque mediante inyector de arranque en frío.

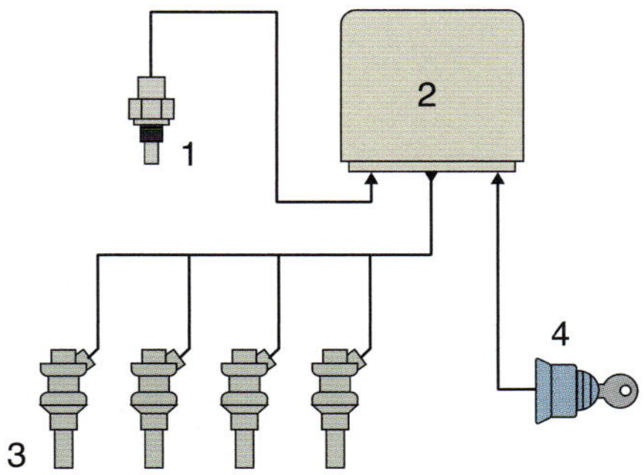

1. Sonda de temperatura del motor
2. UEC
3. Inyectores principales
4. Conmutador de encendido y arranque

↑ **Figura 3.28.** Enriquecimiento regulado por la UEC.

saber más

Nota

El funcionamiento y estructura del inyector de arranque en frío, el interruptor térmico temporizado y la válvula de aire adicional son idénticos a los del sistema mecánico.

Una vez producido el arranque, prosigue una fase de calentamiento del motor en la que sigue siendo necesario un caudal extra de combustible. Este caudal es regulado por la unidad de control, abriendo durante más o menos tiempo los inyectores principales, según la información que tenga del sensor de temperatura del motor.

A fin de compensar la cantidad de gasolina extra inyectada en esta fase con una cantidad equivalente de aire, manteniendo así estable el ralentí, se dispone de una válvula de aire adicional.

8.4. Momentos excepcionales del motor

Cuando la unidad de control recibe información a través del interruptor de «mariposa cerrada» y al mismo tiempo toma una señal de régimen elevado (condiciones estas que se dan en fase de retención), la propia unidad no envía señal de activación de los inyectores, con lo cual se reduce el consumo y la contaminación en estas circunstancias del motor.

En el momento en que el régimen de giro descienda por debajo de un valor predeterminado, o si el interruptor de mariposa cambia de posición, la unidad de control vuelve a activar a los inyectores.

Por otro lado, la unidad de control también suprime las señales de inyección cuando el motor alcanza el régimen máximo admisible.

saber más

Partiendo del sistema original, y a base de modificar distintos aspectos, han aparecido múltiples variantes del L-Jetronic, siendo las más representativas las siguientes: LE-Jetronic, LE2-Jetronic, LE3-Jetronic, LU-Jetronic, LU2-Jetronic y LH-Jetronic.

ACTIVIDADES FINALES

- 1. ¿Qué diferencias hay entre gasolina con plomo y gasolina sin plomo?
- 2. ¿Qué indica el número de octano (NO) en una gasolina?
- 3. ¿Qué representa el valor lambda (λ)?
- 4. ¿Por qué aparece el monóxido de carbono en los gases de escape?
- 5. ¿Cuál es la misión del carburador?
- 6. En un motor de explosión, el diámetro del cuerpo del carburador es de 34 mm. La velocidad de la corriente del gas por dicho cuerpo, cuando el motor gira a 4.200 rpm, es de 64 m/s. Calcula la velocidad del gas en la zona interna del carburador donde el diámetro es de 24 mm.
- 7. ¿Cuáles son los elementos básicos de un carburador para la formación de la mezcla?
- 8. Dentro del difusor del carburador: ¿dónde se sitúa la zona de máxima depresión?
- 9. ¿Qué función tiene el acumulador de presión en el sistema mecánico de inyección?
- 10. ¿Qué elemento es responsable de que la presión de mando sea inferior a la presión principal con el motor caliente en un sistema *K-Jetronic*?
- 11. ¿Qué misión realizan los resonadores en el sistema de alimentación?
- 12. En un motor de inyección de gasolina *K-Jetronic* tenemos una bomba eléctrica de alimentación de combustible, con una válvula de sobrepresión de 16 mm de diámetro. ¿Cuál será la fuerza del muelle de retorno de válvula para que regule una presión de 6 kg/cm^2?
- 13. La función de enriquecimiento en aceleración en un sistema *KE-Jetronic* corre a cargo de...
- 14. ¿Cómo se enriquece la mezcla durante el arranque en frío en los sistemas *K-Jetronic* y *KE-Jetronic*?
- 15. ¿Cuál es la función del actuador electrohidráulico?
- 16. ¿Cómo actúa la UEC sobre el actuador electrohidráulico cuando hay que enriquecer o empobrecer la mezcla?
- 17. ¿Qué significa que un sistema de inyección trabaja de forma semisecuencial? ¿Y de forma secuencial?
- 18. La presión real de inyección en un motor sobrealimentado es de 3,5 bares. Sabiendo que se llegan a alcanzar los 0,65 bares de presión positiva en el colector de admisión: ¿cuál será la presión nominal?
- 19. Un motor es alimentado con una mezcla cuyo factor lambda es de 1,16. ¿Qué cantidad de gasolina tendrá que aportar para una masa de aire de 295 gramos?
- 20. ¿Qué factor lambda correspondería a una mezcla formada por 1.315 g de aire y 98 g de gasolina?

EVALÚA TUS CONOCIMIENTOS

Resuelve en tu cuaderno o bloc de notas

1. ¿Qué es la mezcla estequiométrica?

a. La relación que proporciona una combustión completa.

b. La relación que proporciona un exceso de CO.

c. La relación que proporciona un exceso de oxígeno.

d. La que usan los sistemas electromecánicos.

2. Si la relación lambda es igual a 1 nos indica:

a. Mezcla pobre.

b. Mezcla estequiométrica.

c. Mezcla rica.

d. Sonda lambda defectuosa.

3. ¿Cuáles son las principales emisiones contaminantes en un motor de gasolina?

a. Partículas sólidas, CO_2 y NO_x

b. CO, CO_2 y HC

c. HC, partículas sólidas y CO

d. HC, CO y NO_x

4. Si la combustión en un motor fuese correcta, ¿qué gases saldrían por el escape?

a. N_2, CO_2 y HC

b. N_2, CO_2 y CO

c. H_2O, CO_2 y N_2

d. H_2O, CO_2 y O_2

5. ¿Cuál es la consecuencia de las emisiones de CO_2?

a. Es tóxico.

b. Efecto invernadero.

c. Inutiliza a los glóbulos rojos para el transporte de oxígeno.

d. Ninguna.

6. Por el Venturi, el fluido pasa con una velocidad:

a. Menor que la que trae hasta ahí.

b. Mayor que la que trae hasta ahí.

c. Igual que la que trae hasta ahí.

d. No pasa fluido por el Venturi.

7. La cantidad de gasolina inyectada en un sistema electrónico de inyección indirecta depende de:

a. De la presión de gasolina.

b. De la presión de gasolina y del tiempo de apertura del inyector.

c. Únicamente del tiempo de apertura del inyector.

d. De las revoluciones del motor y de la capacidad de la rampa de inyección.

8. ¿Cuál puede ser una de las consecuencias de una regulación de la presión de gasolina defectuosa (presión superior al valor máximo) en un sistema electrónico de inyección indirecta?

a. La UEC compensa esa sobrepresión en la rampa de inyección disminuyendo el tiempo de inyección con el objeto de mantener una mezcla homogénea.

b. Se enriquece la mezcla.

c. El motor se mantiene acelerado.

d. El motor contaminaría más.

9. ¿Cuál es la función de la válvula adicional de aire en la inyección?

a. Enriquecer la mezcla.

b. No existe la válvula adicional de aire en la inyección sino que está en el carburador.

c. Controla el ralentí.

d. Evitar subidas peligrosas de presión.

10. ¿Cuántas válvulas lleva incorporada la bomba eléctrica de combustible?

a. 1 válvula de sobrepresión.

b. No lleva ninguna válvula.

c. 3 válvulas, una de sobrepresión, una de antirretorno y otra de vacío.

d. 2 válvulas, una de sobrepresión y otra antirretorno.

11. La UEC analógica calcula el tiempo básico de inyección a partir de:

a. Las revoluciones y temperatura del motor.

b. El aire aspirado y la temperatura del motor.

c. El aire aspirado y las revoluciones del motor.

d. Densidad del aire.

PRÁCTICA **PROFESIONAL**

HERRAMIENTAS

- Destornilladores planos y de estrella
- Llaves fijas y de estrella plana

MATERIAL

- 3 motores de turismo
- 2 motores de moto
- 1 motor de una motosierra
- 1 motor de una desbrozadora
- 1 motor fueraborda

Identificar distintos tipos de carburadores sobre motores

OBJETIVOS

Saber identificar distintos carburadores en distintos motores.

PRECAUCIONES

Utilizar las herramientas de manera adecuada.

DESARROLLO

Una vez que conocemos el funcionamiento de los distintos tipos de carburadores, es muy importante saber identificarlos sobre el motor. El simple hecho de conocer de que tipo de carburador se trata nos ayuda mucho de cara a realizar trabajos con el; sobre todo si carecemos de documentación técnica.

↑ **Figura 3.29.** Carburador monocuerpo de difusor fijo en un turismo.

↑ **Figura 3.30.** Carburador de difusor variable en una moto.

↑ **Figura 3.31.** Carburador de doble cuerpo en un turismo.

↑ **Figura 3.32.** Carburador de difusor variable en un turismo.

↑ **Figura 3.33.** Carburador de difusor fijo en una motosierra.

↑ **Figura 3.34.** Carburador de difusor variable en una desbrozadora.

↑ **Figura 3.35.** Batería de carburadores en una moto tetracilíndrica.

↑ **Figura 3.36.** Carburador de difusor fijo en un fueraborda.

Identificar una inyección mecánica y una inyección electromecánica en dos motores distintos

HERRAMIENTAS

No se necesitan

MATERIAL

- 2 motores de turismo

OBJETIVOS

- Saber identificar una inyección mecánica y una electromecánica.

PRECAUCIONES

Ninguna en especial.

DESARROLLO

A simple vista son dos sistemas muy parecidos. Una forma sencilla de diferenciarlos es la presencia del actuador electrohidráulico sobre el distribuidor-dosificador en el sistema electromecánico.

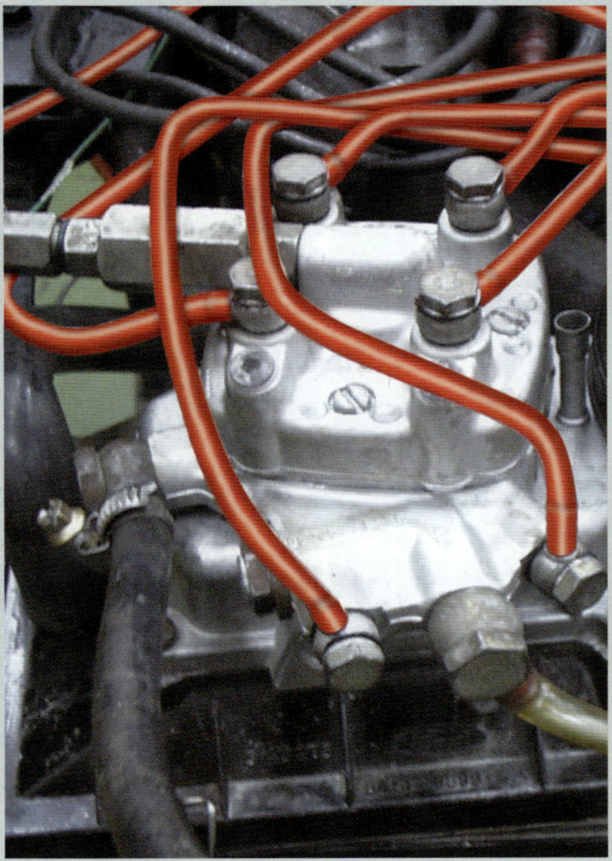

↑ **Figura 3.37.** Inyección mecánica.

↑ **Figura 3.38.** Inyección electromecánica.

MUNDO **TÉCNICO**

Normas Euro 5 y Euro 6: reducción de las emisiones contaminantes de los vehículos ligeros

Reglamento (CE) nº 715/2007 del Parlamento Europeo y del Consejo de 20 de junio de 2007 sobre la homologación de tipo de los vehículos de motor por lo que se refiere a las emisiones procedentes de turismos y vehículos comerciales ligeros (Euro 5 y Euro 6) y sobre el acceso a la información relativa a la reparación y el mantenimiento de los vehículos.

Norma Euro 5

Emisiones procedentes de los coches diésel:

- Monóxido de carbono: 500 mg/km;
- Partículas: 5 mg/km (o una reducción del 80% de las emisiones respecto de la norma Euro 4);
- Óxidos de nitrógeno (NO_x): 180 mg/km (o una reducción del 20% de las emisiones respecto de la norma Euro 4);
- Emisiones combinadas de hidrocarburos y óxidos de nitrógeno: 230 mg/km.

Emisiones procedentes de los coches de gasolina o que funcionan con gas natural o con GLP:

- Monóxido de carbono: 1000 mg/km;
- Hidrocarburos no metanos: 68 mg/km;
- Hidrocarburos totales: 100 mg/km;
- Óxidos de nitrógeno (NO_x): 60 mg/km (o una reducción del 25 % de las emisiones respecto de la norma Euro 4);
- Partículas (únicamente para los coches de gasolina de inyección directa que funcionan con combustión pobre): 5 mg/km (introducción de un límite que no existía en la norma Euro 4).

En lo que respecta a las camionetas y otros vehículos comerciales ligeros destinados al transporte de mercancías, el Reglamento incluye tres categorías de valores límite de las emisiones en función de la masa de referencia del vehículo: inferiores a 1.305 kg, entre 1.305 kg y 1.760 kg, y superiores a 1.760 kg. Los límites aplicables a esta última categoría valen también para los vehículos destinados al transporte de mercancías (categoría N2).

Norma Euro 6

Todos los vehículos equipados de un motor diésel tendrán la obligación de reducir considerablemente sus emisiones de óxidos de nitrógeno a partir de la entrada en vigor de la norma Euro 6. Por ejemplo, las emisiones procedentes de los coches y de otros vehículos destinados al transporte se limitarán a 80 mg/km (lo que representa una reducción suplementaria de más del 50% respecto de la norma Euro 5). Se reducirán, asimismo, las emisiones combinadas de hidrocarburos y óxidos de nitrógeno procedentes de los vehículos diésel (coches y otros vehículos destinados al transporte) para limitarlas, por ejemplo, a 170 mg/km.

Aplicación de las normas

A partir de la entrada en vigor de las normas Euro 5 y Euro 6, los Estados miembros deberán rechazar la homologación, matriculación, venta y puesta en servicio de aquellos vehículos que no respeten los límites de emisión. Se concederá un plazo suplementario de un año a los vehículos de transporte de mercancías (categoría N1, clases II y III, y categoría N2) y a los vehículos diseñados para cubrir necesidades sociales específicas.

Calendario:

- La norma Euro 5 es aplicable desde el 1 de septiembre de 2009 en lo que respecta a la homologación y será aplicable a partir del 1 de enero de 2011 en lo que se refiere a la matriculación y venta de las nuevas clases de vehículos;
- La norma Euro 6 será aplicable a partir del 1 de septiembre de 2014 en lo que respecta a la homologación, y del 1 de septiembre de 2015 en lo que se refiere a la matriculación y venta de las nuevas clases de vehículos.

Otras obligaciones de los fabricantes

Además de respetar los límites de emisiones mencionados anteriormente, los fabricantes deberán asegurar la durabilidad de los dispositivos de control de la contaminación para una distancia de 160.000 km. Asimismo, se deberá poder comprobar la conformidad en circulación transcurridos 5 años o el equivalente a 100.000 km.

Contexto

El Reglamento modifica, en particular, la Directiva 70/156/CEE y la Directiva 2005/55/CE y derogará, a partir del 2 de enero de 2013, las Directivas 70/220/CEE, 72/306/CEE, 74/290/CEE, 77/102/CEE, 78/665/CEE, 80/1268/CEE, 83/351/CEE, 88/76/CEE, 88/436/CEE, 89/458/CEE, 91/441/CEE, 93/59/CEE, 94/12/CE, 96/44/CE, 96/69/CE, 98/69/CE, 98/77/CE, 99/100/CE, 99/102/CE, 2001/1/CE, 2001/100/CE, 2002/80/CE, 2003/76/CE y 2004/3/CE.

Fuente: Europa
Síntesis de la legislación de la UE

EN RESUMEN

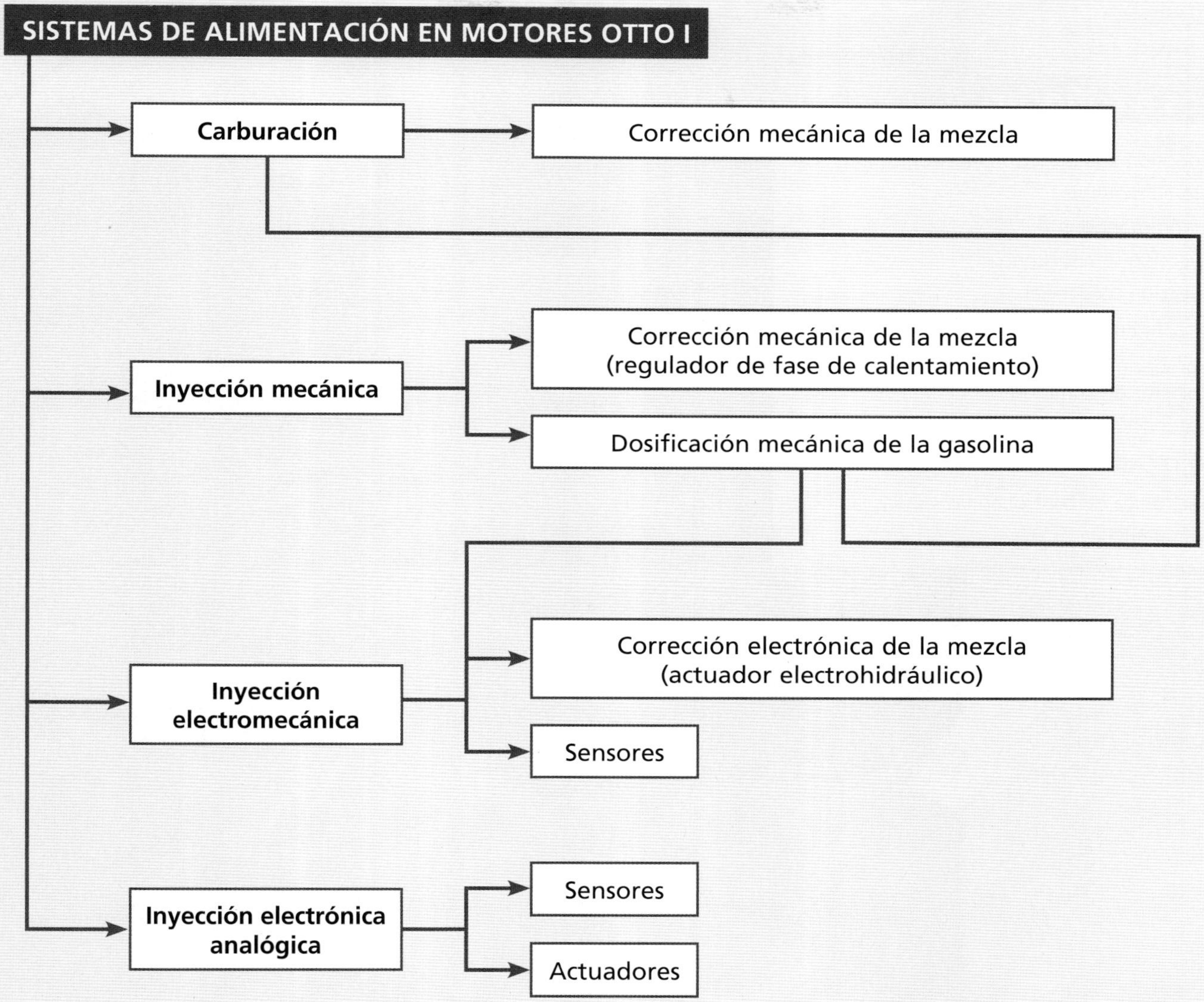

entra en internet

■ 1. En las siguientes direcciones puedes encontrar más información sobre lo tratado en la unidad.

- <http://es.wikipedia.org/wiki/Gasolina>
- <http://www.surtidores.com.ar/Contenido/noticia5994.html>
- <http://www.youtube.com/results?search_query=inyeccion+mecanica++de+gasolina+k-jetronic&aq=f>
- <http://www.youtube.com/results?search_query=inyeccion+mecanica++de+gasolina+ke-jetronic&aq=f>
- <http://www.redcontenido.com/sistemas_de_inyeccion.htm>

4 Sistemas de alimentación en motores Otto II

vamos a conocer...

1. Introducción a la inyección electrónica indirecta
2. El sistema *digifant*
3. Inyección monopunto
4. La inyección semisecuencial
5. La inyección secuencial

PRÁCTICA **PROFESIONAL**

Comprobación del sensor de presión del colector de admisión

Comprobación de la señal de los inyectores

MUNDO **TÉCNICO**

La electrónica de control en las sondas lambda de banda ancha

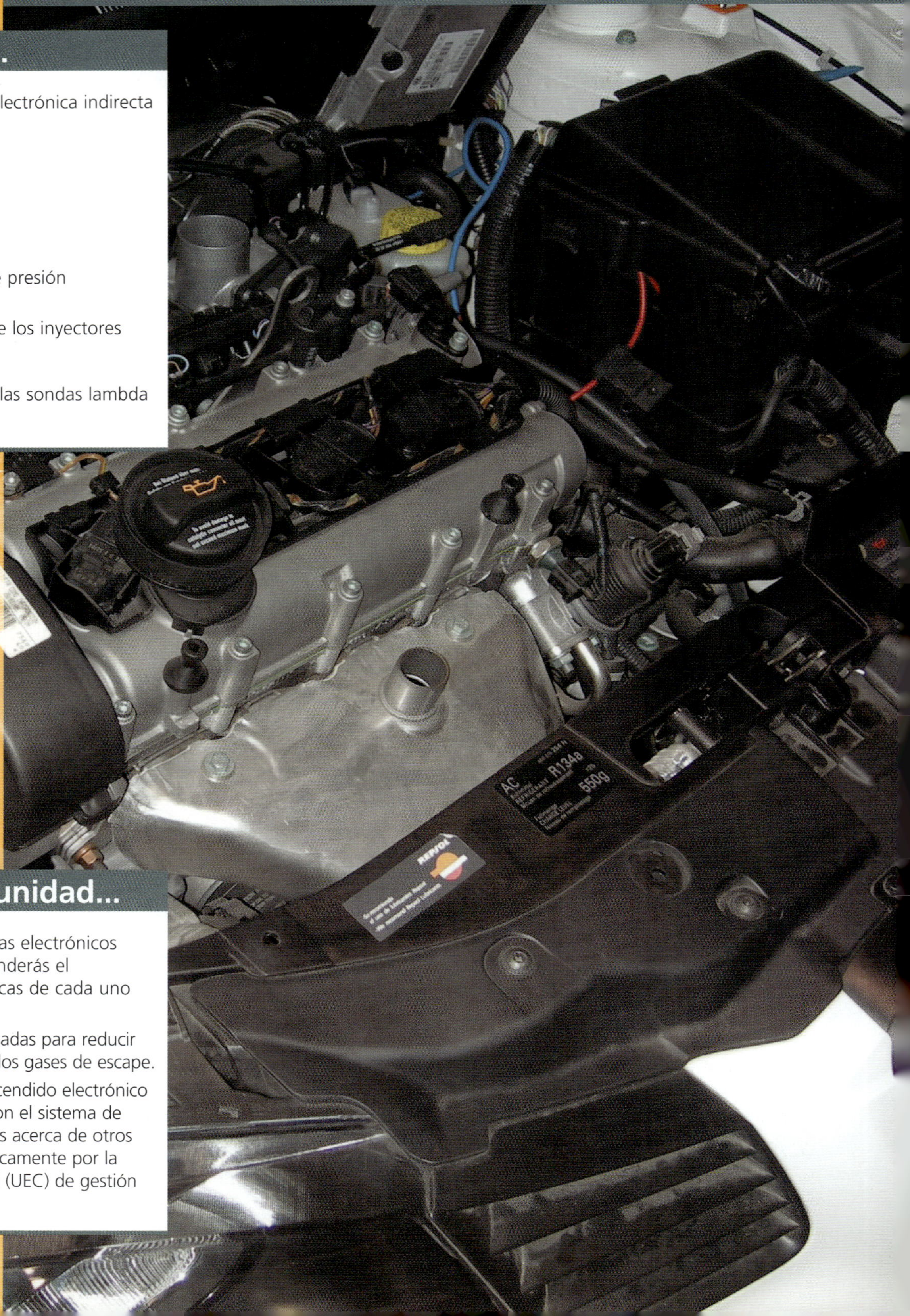

y al finalizar esta unidad...

- Diferenciarás distintos sistemas electrónicos de inyección indirecta y aprenderás el funcionamiento y características de cada uno de sus componentes.
- Aprenderás las técnicas empleadas para reducir los efectos contaminantes de los gases de escape.
- Conocerás los sistemas de encendido electrónico controlados conjuntamente con el sistema de inyección y adquirirás nociones acerca de otros sistemas controlados electrónicamente por la Unidad Electrónica de Control (UEC) de gestión del motor.

CASO **PRÁCTICO** INICIAL

situación de partida

María, que es propietaria de un vehículo de gasolina, se dirige a una estación de I.T.V. para realizar la primera inspección periódica de su vehículo. Unos kilómetros antes de la llegada a la estación empieza a notar una pérdida de potencia y un mal funcionamiento del motor con bruscas sacudidas de la marcha. Al mismo tiempo, en el cuadro de instrumentos, se enciende un testigo de avería. Sigue circulando con el vehículo hasta que encuentra un lugar para estacionar. Unos segundos antes de hacerlo se le enciende otro testigo en el cuadro de instrumentos.

Consultando el manual de usuario comprueba que el primero de ellos corresponde a una anomalía en el sistema anticontaminación y el segundo, a una avería en el sistema de inyección. Siguiendo las indicaciones del manual decide llamar a una grúa que le lleve el vehículo a su taller de confianza.

Una vez en el taller, María le cuenta a Felipe, el responsable del taller, la situación que le había ocurrido con su vehículo. Felipe, después de realizarle una serie de preguntas para acotar las posibles averías, le dice que es necesario realizar una lectura de la memoria de averías de la unidad de gestión motor para ver que tipo de fallos tiene memorizados, para ello utiliza un equipo de diagnosis.

Después de realizar la lectura de esa unidad le comunica que las averías que tiene memorizadas son:

- P0170 Regulación de inyección incorrecta.
- P0300 Fallo de combustión.
- P0303 Fallo de combustión del cilindro 3.
- P0353 Bobina de encendido cilindro 3 defectuosa.

Después de esto y teniendo en cuenta los síntomas de la avería que le dijo María, cree localizada la avería aunque necesita hacer unas pequeñas comprobaciones. El resultado de estas determinan que la avería corresponde a la bobina de encendido del cilindro 3, aunque una de las averías, concretamente la P0170, corresponde a la sonda lambda. Esto es consecuencia de una mala combustión de uno de los cilindros y no de la propia sonda.

Felipe le comunica a María que tiene que sustituir la bobina de uno de los cilindros ya que está defectuosa. María acepta, y luego de realizar la sustitución, se arranca el motor y su comportamiento es correcto.

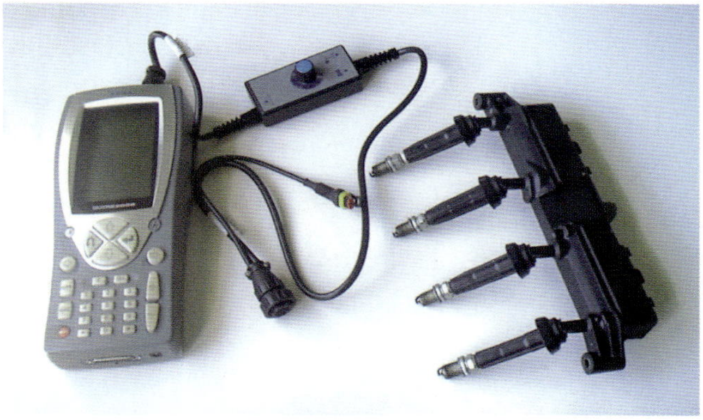

↑ **Equipo de diagnosis y bobinas individuales de encendido.**

estudio del caso

Antes de empezar a leer esta unidad de trabajo, puedes contestar las dos primeras preguntas. Después analiza cada punto del tema, con el objetivo de contestar al resto de las preguntas de este caso práctico.

1. ¿Qué tipo de encendido tiene el vehículo de María?
2. ¿Por qué crees que el equipo de diagnosis del caso anterior codifica una avería de sonda lambda cuando realmente la culpable es la bobina de encendido?
3. ¿Crees que los códigos de averías han sido estandarizados para que sea posible consultar los datos con cualquier equipo de diagnosis de tipo genérico o por el contrario hay que consultarlos con equipos específicos para cada marca automovilística en concreto?
4. ¿Qué métodos se utilizan para reducir los gases contaminantes?
5. ¿Piensas que mediante el sensor de revoluciones del motor podemos determinar si la combustión en uno de los cilindros es incorrecta?

1. Introducción a la inyección electrónica indirecta

recuerda

En la unidad 3 estudiamos un sistema de inyección electrónica indirecta, pero en tecnología analógica.

En la actualidad se exigen unos grandes requerimientos de rendimiento a los motores, tanto en cuanto a entrega de potencia como de ahorro de combustible y de reducción de contaminación. Estas exigencias solo pueden ser cubiertas con el uso de la electrónica, por lo que tanto la preparación de la mezcla (inyección) como la realización del encendido han de ser controlados electrónicamente. Incluso en algunos modelos se consigue el aumento de rendimiento incorporando sistemas electrónicos que modifican características mecánicas del motor, como puede ser el tamaño de los colectores de admisión o la variación del punto de la distribución. Por otro lado, las normativas antipolución obligan a la incorporación de sistemas que reduzcan los gases contaminantes generados en el proceso de combustión. Debido al endurecimiento de estas normas, muchos de estos sistemas han de ser controlados electrónicamente.

Por tanto, en la actualidad lo que tradicionalmente recibe el nombre de sistema de inyección ha pasado en realidad a ser un sistema electrónico de gestión completo del motor donde no solo se gestiona la inyección, sino el encendido, sistemas antipolución, sistemas de aumento de rendimiento, sistemas de confort de marcha (estabilización de ralentí), ventilación del sistema de refrigeración del motor, etc.

En esta unidad estudiaremos los sistemas de gestión de la inyección electrónica indirecta, con los que pretenderemos abarcar tanto los distintos subsistemas como los sensores y actuadores que nos podemos encontrar en el mercado actual. En la actualidad existen innumerables sistemas de gestión, si bien un gran porcentaje de estos se pueden explicar como combinación de las distintas partes de los que nosotros vamos a describir.

2. El sistema *digifant*

Este sistema de gestión electrónica, desarrollado para el grupo Volkswagen, es uno de los primeros del mercado que incorporan una UEC digital, así como de los primeros que integran encendido e inyección. Estas dos características las mantendrán todos los sistemas de gestión explicados posteriormente a este. Con respecto a la inyección, es de tipo multipunto simultánea.

saber más

La alimentación de las unidades de control

Las unidades de control necesitan alimentación eléctrica continua para que todos sus componentes puedan funcionar.

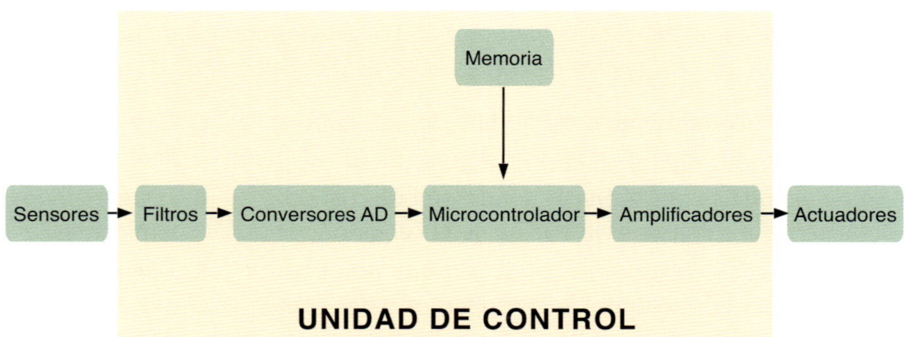

↑ **Figura 4.1.** Esquema de funcionamiento de una UEC digital.

El hecho de que la UEC sea digital significa que está formada por un microcontrolador (es decir, un ordenador integrado diseñado específicamente para realizar labores de control) que se encargará de generar las señales para los actuadores de la siguiente forma (figura 4.1):

1. Una serie de circuitos filtran las posibles interferencias eléctricas y convierten las señales de los distintos sensores en señales digitales para que puedan ser tratadas por el microcontrolador. La adaptación se realiza en dos etapas:

   - Cuantificación: representa la magnitud de la señal mediante un número finito de valores.
   - Codificación: representa el valor mediante un código determinado.

   Las señales digitales se basan en el empleo de impulsos eléctricos que pueden variar en anchura y frecuencia. La importancia de trabajar con impulsos radica en que es posible transmitir información de modo binario (solo dos estados posibles: 0 y 1), siendo esto el origen de la técnica digital y el fundamento de la lógica electrónica.

   En las señales analógicas, la electrónica utiliza señales de voltaje que varían de magnitud en función del tiempo y se utilizan componentes que funcionan de acuerdo con estas características: amplifican o atenúan las señales eléctricas.

2. El microcontrolador busca en la memoria de la UEC cuáles son las señales que fueron programadas en fábrica para las condiciones de funcionamiento que están siendo medidas por los sensores.
3. En función de los datos de la memoria, genera las señales eléctricas para excitar a los actuadores.
4. Como el microcontrolador no es capaz de generar señales suficientemente potentes como para excitar a los actuadores, una serie de amplificadores se encargan de dar potencia suficiente a la señal generada por el microcontrolador.

Vamos a explicar la forma de organizarse los datos en el interior de la memoria y para ello comentamos su realización para el encendido.

El ángulo de encendido base se almacena en la memoria en una tabla organizada en función del número de revoluciones y de la cantidad de aire aspirado (carga del motor). Esta tabla se puede representar en un gráfico tridimensional que habitualmente se denomina mapa cartográfico o campo de características (figura 4.3). Una vez que el microprocesador adquiere el ángulo de encendido base, busca en otra tabla la corrección que ha de hacer en función de la posición de la mariposa. Tras obtener ese valor, multiplica el ángulo de encendido base por la corrección debido a la apertura de la mariposa, obteniendo un valor de encendido corregido. Otra serie de tablas nos proporcionarán otras correcciones en función de la temperatura del motor y de la temperatura del aire aspirado que, una vez aplicadas a nuestro valor de encendido base, nos facilitarán el ángulo de encendido final que le aplicaremos a la bobina.

Este sistema de trabajo, en este caso, nos permite adaptar el ángulo de encendido al motor de forma totalmente experimental, sin vernos obligados a tener en cuenta las distintas causas mecánicas (rebotes y turbulencias del aire en los colectores de admisión y escape, turbulencias en la cámara de combustión, efectos debidos a la distribución, etc.) que influyen en el ángulo de encendido.

saber más

Ajuste del brillo de una lámpara mediante técnica analógica y técnica digital

Analógico: mediante un potenciómetro en serie, limita la intensidad y por tanto el voltaje de alimentación. Así la lámpara recibe una tensión regulada de manera continua.

Digital: eligiendo un valor predeterminado. Así la tensión de alimentación de la lámpara es regulada mediante varios puntos previamente definidos, logrando de este modo un control incremental.

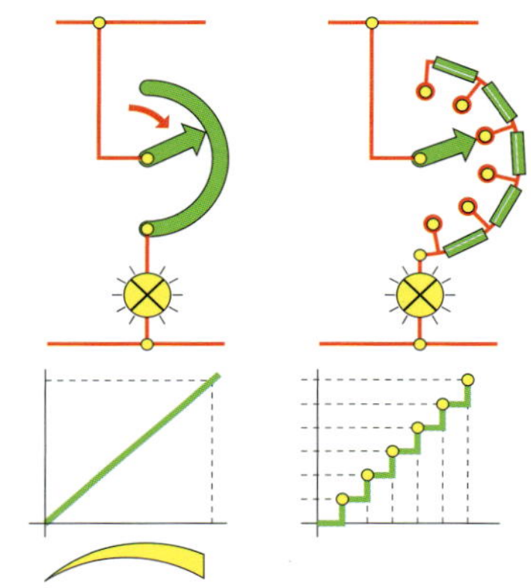

↑ **Figura 4.2.** Ajuste del brillo de una lámpara mediante técnica analógica y digital.

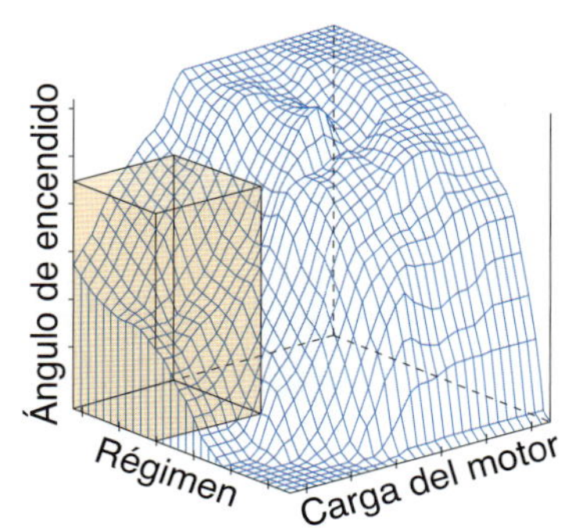

↑ **Figura 4.3.** Campo característico del ángulo de encendido electrónico.

Del mismo modo que existe un mapa cartográfico para el encendido, existe otro de iguales características para los tiempos de inyección.

Este sistema de inyección basa sus cálculos en la medida del volumen de aire aspirado por el motor y las revoluciones del mismo, efectuando correcciones a través de los demás sensores y señales integradas en el sistema que podemos observar en la figura 4.4.

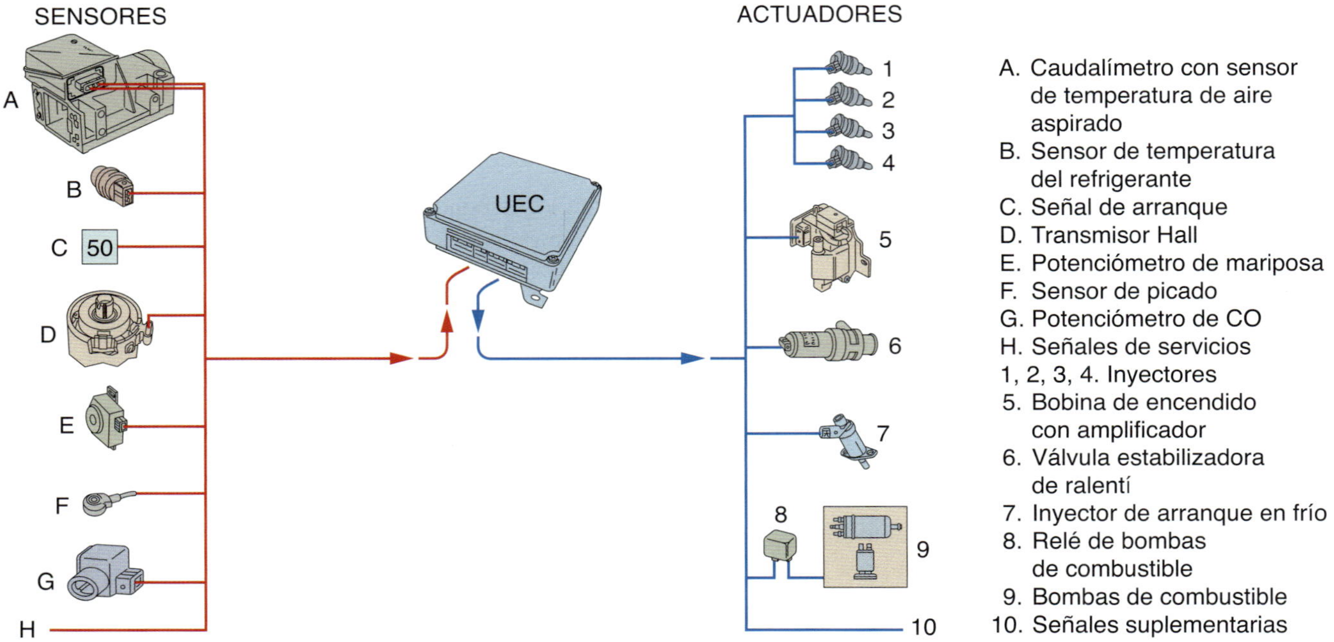

↑ **Figura 4.4.** Cuadro sinóptico típico de uno de los primeros sistemas de inyección digital.

Evitamos explicar el circuito de alimentación de combustible dado que es similar al estudiado en el sistema *L-Jetronic*. La única diferencia estriba en que en este caso la bomba es accionada a través de un relé cuya bobina recibe masa a través de la UEC. Solamente recibe masa durante unos segundos inmediatamente después de poner el contacto y no volverá a recibirla hasta que la UEC recoja señal de revoluciones.

También los sensores de temperatura del aire aspirado, temperatura del líquido refrigerante, así como los inyectores, reúnen características análogas a las del sistema *L-Jetronic*.

Pasaremos a estudiar los sensores y actuadores que presentan diferencias con respecto al sistema *L-Jetronic*.

2.1. Caudalímetro

El funcionamiento en este caso es idéntico al caudalímetro que explicamos en la unidad anterior si bien no suele llevar tornillo de regulación de CO y, si lo lleva, no debe ser manipulado, ya que este ajuste se realiza a través de un potenciómetro de CO.

2.2. Potenciómetro de CO

En realidad, en este caso, no es un potenciómetro sino una resistencia variable, dado que su conexión eléctrica solo lleva dos cables en lugar de tres (figura 4.5). Hay sistemas en los que sí son potenciómetros.

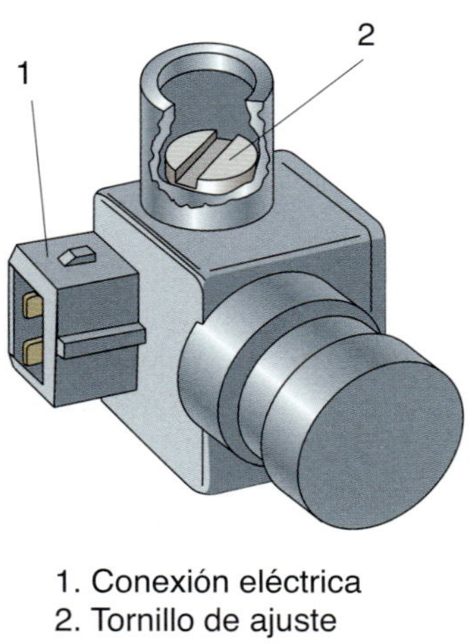

↑ **Figura 4.5.** Resistencia variable para la regulación de CO.

Este sensor permite un ajuste básico del contenido de CO en los gases de escape. Para ello, dependiendo de la posición del tornillo de ajuste, envía un valor de resistencia entre 0 y 2 kΩ a la UEC para que esta modifique el tiempo de inyección.

En este sistema, va instalado al lado del filtro de aire, mientras que en otros se ubica en otras zonas del vano del motor. Incluso, algunas veces se encuentra en el interior de la UEC pero, por supuesto, el tornillo de reglaje puede ser accionado, ya que es externo a dicha unidad.

2.3. Señal de arranque

Esta señal de tensión llega a la UEC a través del borne 50 con el fin de que dicha unidad active, dependiendo de la temperatura del motor, al inyector de arranque en frío. Por otro lado, esta información asegura la existencia de revoluciones durante el arranque para así garantizar la alimentación del relé de las electrobombas en caso de caída de tensión de la batería.

El funcionamiento interno del inyector de arranque es el mismo que el explicado en su momento, con la diferencia de que en este caso, como se aprecia, es excitado por la UEC.

2.4. Transmisor Hall

El funcionamiento interno es igual que el explicado para el encendido. En este caso, el generador produce una señal cuya frecuencia es medida por la UEC para conocer las revoluciones del motor. Esta utilizará los cambios de voltaje para tener una referencia de la posición del árbol de levas (figura 4.6).

Esta señal se utiliza para:

- El control de los tiempos de inyección.
- La estabilización del régimen de ralentí.
- La limitación del número máximo de revoluciones.
- El mando de encendido y el ángulo de cierre.
- La activación de las electrobombas.
- Corte de marcha por inercia.

Existen modelos (básicamente de fabricantes japoneses) que incorporan un sensor de tipo óptico que puede ir en la cabeza del árbol de levas o en el interior del distribuidor. Un ejemplo de este tipo es el que se monta en las inyecciones Mitsubishi, el cual explicamos a continuación apoyándonos en la figura 4.6.

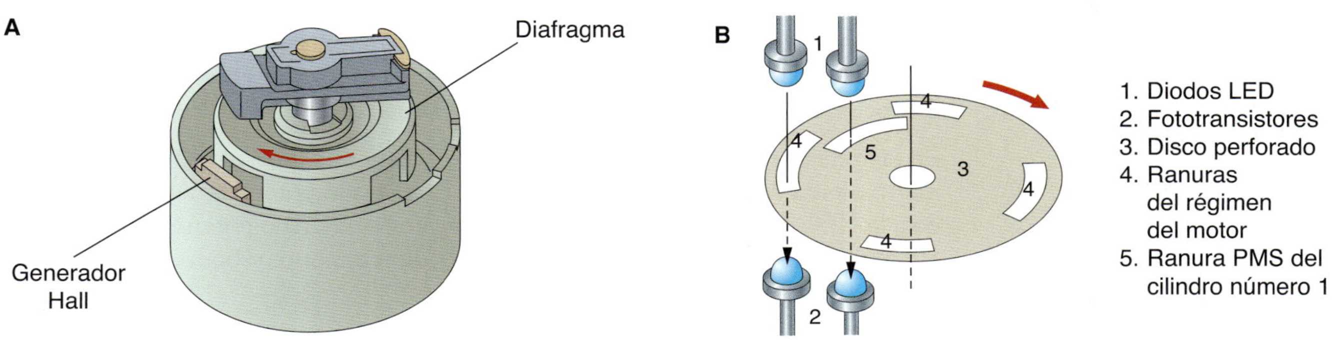

↑ **Figura 4.6.** Transmisores: a) Hall. b) Óptico.

saber más

El fototransistor

La sensibilidad de un fototransistor en la detección de un flujo luminoso puede ser miles de veces mayor que la de una célula fotoeléctrica normal.

Su funcionamiento está basado en la detección de la luz que atraviesa un disco perforado. Para ello se colocan en un lugar oscuro uno o más diodos LED como emisores de luz y uno o más fototransistores como detectores de luz. Entre ellos, un disco perforado que está unido al árbol de levas o al eje de giro del distribuidor. Al girar el disco, el detector(es) de luz pasa de una señal alta (normalmente 5 o 12 V), la cual indica que recibe luz a través de la perforación, a una señal baja (normalmente de 0 V) que indica que no recibe luz. Esto da como resultado una señal de onda cuadrada como la representada en la figura 4.7. En el caso de llevar más de un diodo, uno se utiliza para la medida de revoluciones y el otro para la posición del árbol de levas.

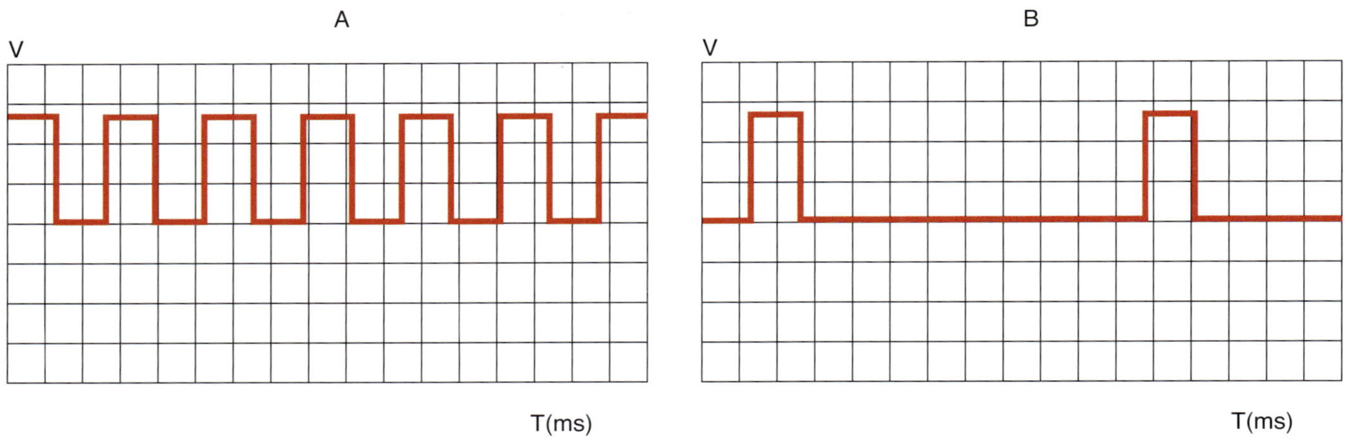

A. Señal de revoluciones

B. Señal de posición

↑ **Figura 4.7.** Señal típica de un transmisor de tipo óptico.

2.5. Potenciómetro de mariposa

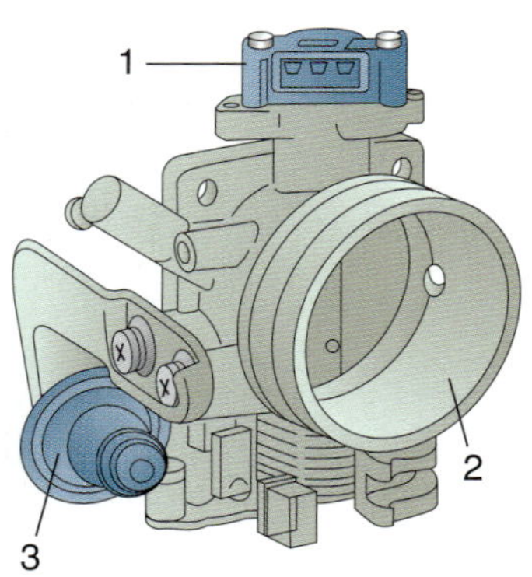

1. Potenciómetro
2. Tubuladura de la mariposa
3. Amortiguador de cierre

↑ **Figura 4.8.** Ubicación del potenciómetro de mariposa.

El potenciómetro de mariposa (figura 4.8) informa a la UEC de la posición angular de la mariposa así como su velocidad angular de apertura. Esta información, como sabemos, resulta fundamental para estabilizar el ralentí, realizar la desconexión de marcha por inercia y el enriquecimiento de plena carga.

En su funcionamiento, el sensor del potenciómetro se desliza sobre una pista de resistencia e informa mediante señales de tensión de todo el recorrido de la mariposa. Estas señales van desde totalmente cerrada hasta totalmente abierta, correspondiéndole un valor determinado de resistencia a cada una de las posiciones.

El amortiguador de cierre ralentiza el cierre de la mariposa cuando se suelta el pedal del acelerador en retención. Así, se reducen los gases contaminantes en el escape mientras el motor funciona en esta situación.

En las versiones con cambio automático, el sensor está formado por dos potenciómetros, cada uno con su propio conector. El segundo potenciómetro va conectado a la UEC del cambio automático, la cual alimenta dicho potenciómetro y mide en el pin correspondiente la tensión que es directamente proporcional al ángulo de apertura de la válvula de mariposa.

La señal captada en dicho pin es utilizada para el correcto funcionamiento del cambio automático.

2.6. Sensor de picado

Este dispositivo (figura 4.9), también conocido como sensor de detonación, va acoplado al bloque motor en la parte externa de uno de los cilindros. Gracias a este sensor es posible ajustar el momento de encendido al límite de la detonación, con lo cual el motor producirá el máximo rendimiento puesto que se contribuye a un mayor aprovechamiento de la energía del combustible.

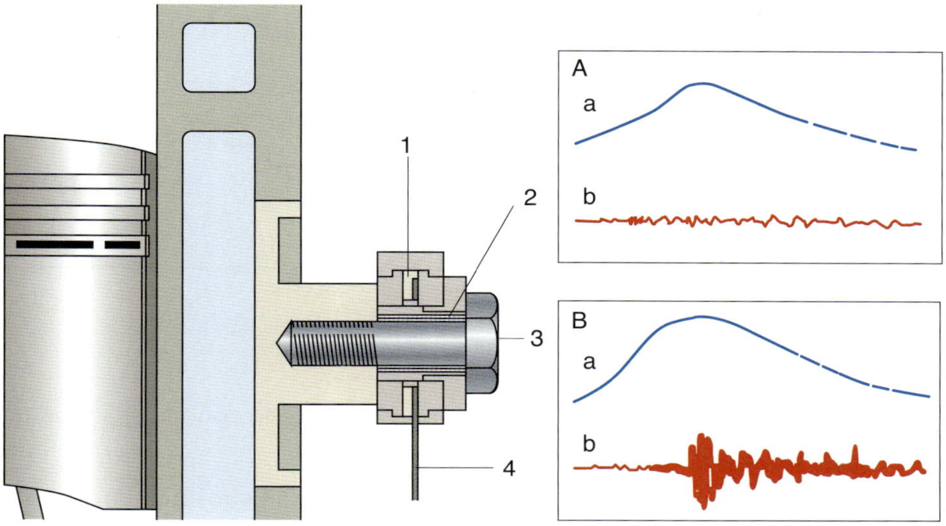

1. Cerámica piezoeléctrica
2. Casquillo de acero
3. Tornillo de fijación
4. Empalme para la salida de la señal

A. Combustión sin picado
B. Combustión con picado
a. Presión de combustión
b. Señal del sensor de picado

↑ **Figura 4.9.** Estructura y señales típicas del sensor de picado.

El sensor de picado trabaja según el principio piezoeléctrico, que consiste en un fenómeno que se da en algunos cristales (generalmente cuarzo o turmalina). En estos, aparece un voltaje entre sus caras cuando estas son sometidas a presiones. Además, estos cristales pueden deformarse si se les aplica un voltaje.

En un sensor de picado, la cerámica piezoeléctrica transforma ininterrumpidamente las vibraciones del motor, mediante deformación, en señales eléctricas de tensión alterna.

El picado de biela se caracteriza por un sonido característico. Este sonido es debido a la vibración del motor con unas frecuencias comprendidas entre 8 y 12 kHz. La UEC filtrará la señal proveniente del sensor de picado para evaluar solo las vibraciones comprendidas entre esas frecuencias, de tal modo que si estas vibraciones alcanzan un determinado nivel, esto será interpretado como picado de biela. La UEC únicamente evaluará la existencia del picado en los momentos comprendidos entre la generación de la chispa y unos grados después del PMS.

Cuando se produce el picado, normalmente este sensor atrasa el encendido en pasos de aproximadamente 3°. Si el motor deja de picar, el sensor vuelve avanzar el punto de encendido en pasos de aproximadamente 0,5° hasta volver a detectar picado (figura 4.10). De este modo, como comentamos anteriormente, el motor estará funcionando siempre en las proximidades del picado obteniéndose así el rendimiento máximo.

saber más

Sensor de picado

En motores de gran cilindrada existe la posibilidad de que el sensor de picado quede lejos de alguno de los cilindros, por lo cual se introducen más de uno.

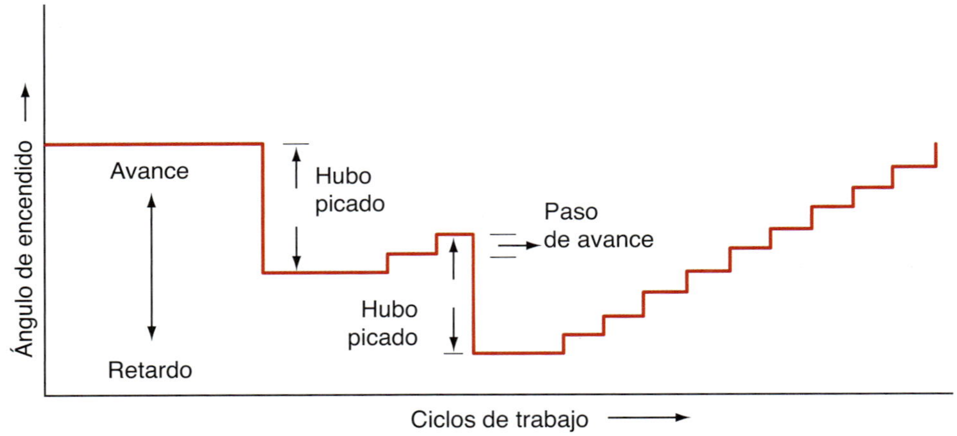

↑ **Figura 4.10.** Funcionamiento detallado del sensor de picado.

Los sistemas más modernos incorporan sensores de picado con la capacidad de seleccionar individualmente cada cilindro.

Por último, decir que todas las UEC detectan el picado mucho antes de que este sea perceptible. Por otro lado, resulta fundamental que el sensor esté apretado al par de apriete correcto para que funcione perfectamente.

2.7. Señales de servicios

La UEC efectúa otras correcciones en función de las señales de servicios. Así, por ejemplo, utiliza la señal de conexión del aire acondicionado para aumentar el paso de aire para el régimen de ralentí. Asimismo, también recibe, en caso de llevar cambio automático, señal de posición de la palanca y, si el cambio automático es de gestión electrónica, señal de las intervenciones que está realizando el cambio.

2.8. Control del encendido

saber más

El amplificador, también llamado etapa final de potencia, cumple la función de amplificador de corriente y además, por cuestiones de seguridad, limita la intensidad máxima al primario.

Como sabemos, la UEC controla conjuntamente el sistema de inyección y el sistema de encendido. Para el control de este último, la UEC emite una señal hacia el amplificador con el fin de que este corte la corriente primaria de la bobina en el momento preciso. En este caso, el amplificador va incorporado en la bobina, aunque en otros sistemas es externo a la misma e incluso a veces va en el interior de la UEC.

Los sistemas de gestión con encendido integrado se caracterizan, entre otras cosas, por la gran exactitud con que se determina el momento adecuado del salto de chispa, detalle este que no era plenamente satisfactorio en los sistemas de encendido que realizaban el avance mecánicamente.

Para evitar corrientes parásitas, que se generan por inducción en el material del núcleo y para realizar a la vez un apantallamiento sobre los bobinados del transformador, se instala una cinta de masa. Esta es necesaria para el correcto desparasitaje del vehículo.

La figura 4.11 nos muestra la bobina de encendido de este sistema de gestión, en la que se puede apreciar una conexión para la señal de revoluciones hacia el cuadro de instrumentos.

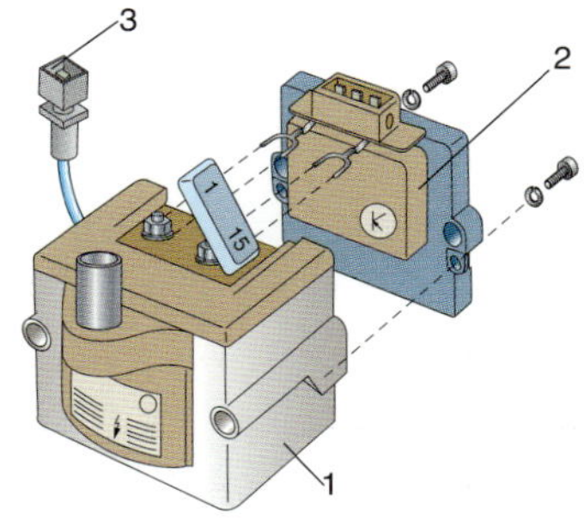

1. Bobina
2. Amplificador
3. Señal de revoluciones

↑ **Figura 4.11.** Bobina de encendido con amplificador.

2.9. Regulación del régimen de ralentí

Un ralentí debe ser estable independientemente de las cargas del motor y, además, ser acelerado durante el calentamiento del motor cuando este está frío. De este modo, conseguimos un efecto menos contaminante de los gases de escape y un calentamiento más rápido del motor.

Esta función la realiza en este sistema una válvula estabilizadora de ralentí controlada por la UEC. Para realizar este cometido, la UEC necesita tener información de la mariposa cerrada, el régimen de revoluciones, la temperatura del motor y la conexión del aire acondicionado, si es que el vehículo lo monta.

Esta válvula sustituye a la válvula de aire adicional y ocupa la misma posición que esta, tal como apreciamos en la figura 4.12. La diferencia fundamental entre la corredera de aire adicional y la válvula estabilizadora de ralentí estriba en que la primera actúa dependiendo de una tensión constante que recibe a través del conmutador de encendido y funciona mientras el motor está frío, mientras que la segunda deja pasar más o menos aire en función de la tensión variable que reciba de la UEC, la cual la activará más o menos tiempo en función de la carga a la que está sometido el motor en cada momento.

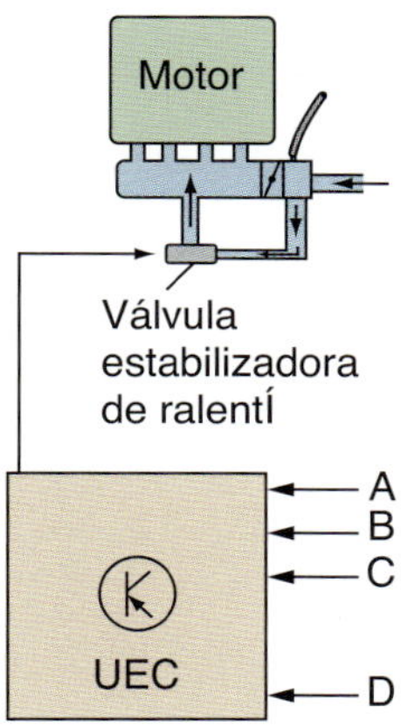

A. Nº de revoluciones del generador Hall
B. Temperatura del refrigerante
C. Potenciómetro de la mariposa
D. Conexión del aire acondicionado

↑ **Figura 4.12.** Esquema de la regulación del régimen de ralentí mediante válvula estabilizadora.

Está formada por un émbolo desplazable, un núcleo, un devanado y un muelle recuperador (figura 4.13). El émbolo regula el paso de aire a través de él en el sentido que señalan las flechas y está unido al núcleo por un mismo eje.

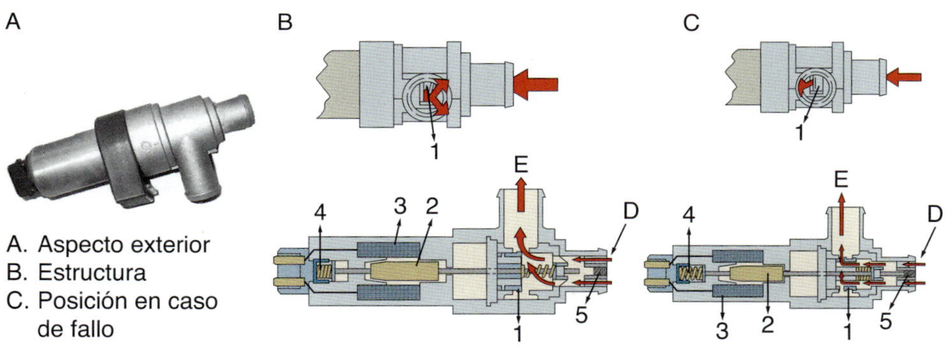

A. Aspecto exterior
B. Estructura
C. Posición en caso de fallo

1. Émbolo desplazable
2. Núcleo
3. Devanado
4. Muelle recuperador
5. Tope
D. Empalme antes de la mariposa
E. Hacia el colector de admisión (después de la mariposa)

↑ **Figura 4.13.** Válvula estabilizadora de ralentí.

En el momento en que la UEC necesita actuar sobre la válvula, según información de los sensores mencionados anteriormente, mandará impulsos sobre el devanado, lo cual provocará un campo magnético en el mismo que hará que se desplace el núcleo, y con él el émbolo, hacia la izquierda contra la fuerza del muelle recuperador. Normalmente, el devanado recibe positivo de la llave de contacto, mientras que la UEC lo cierra a masa mediante los impulsos.

La posición del núcleo, y por consiguiente la sección de apertura de la válvula desbloqueada por el émbolo desplazable, viene determinada por el tiempo que dura el impulso. La frecuencia de los impulsos se mantiene estable (aproximadamente 100 Hz) gracias a la función reguladora de la tensión.

En caso de fallo de esta válvula, el muelle recuperador desplaza al émbolo hacia la derecha (sección C), presionándolo contra un tope, de manera que la apertura hacia el colector de admisión permanece constante (corresponde con la posición de reposo). En este caso, el número de revoluciones corresponde aproximadamente al régimen de ralentí caliente.

Existen válvulas estabilizadoras de ralentí que incorporan un diodo en paralelo con el devanado. Con él se eliminan los picos de tensión producidos por la válvula debido a los cortes de corriente en el bobinado de la misma, que podrían deteriorar la UEC y otros elementos electrónicos del vehículo.

Algunos sistemas de inyección estabilizan el ralentí por medio de un actuador rotativo. Este actuador (figura 4.14) está formado por dos imanes permanentes enfrentados a un inducido. En uno de los extremos del eje va alojada la válvula, en este caso un sector rotativo, que regula el paso del aire y cuyo giro está limitado aproximadamente a 75°. Un muelle en espiral montado en el otro extremo mantiene a dicha válvula en posición de reposo cuando la UEC no activa el actuador. Al igual que en el caso de la válvula estabilizadora, la apertura del sector viene determinada por la duración del impulso. Algunos modelos de actuador rotativo sustituyen el muelle de recuperación por un electroimán, por lo que su conexión eléctrica lleva tres cables en vez de dos.

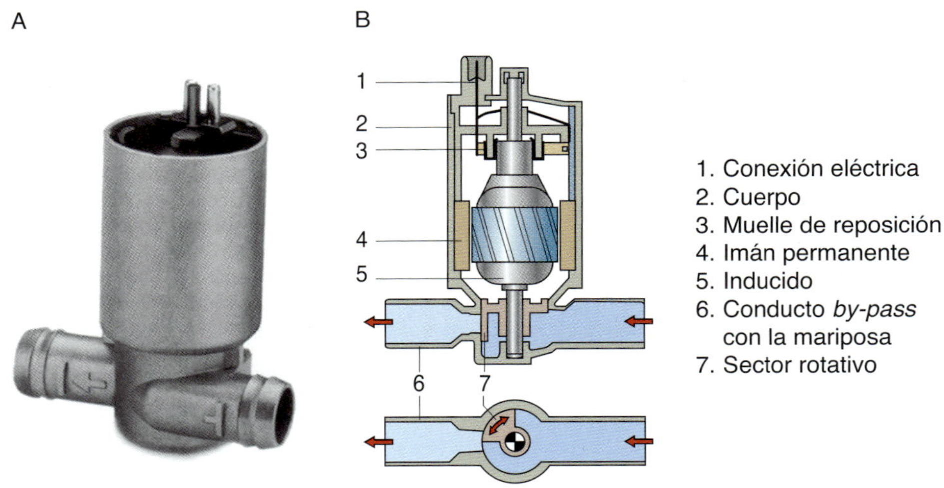

A. Aspecto exterior B. Detalle interno

↑ **Figura 4.14.** Actuador rotativo de ralentí.

2.10. Señales suplementarias

En caso de incorporar una caja de cambio automática, la unidad de control de esta recibe información del número de revoluciones del motor.

3. Inyección monopunto

Como se comentó en la unidad anterior, este sistema está basado en la introducción de la gasolina por un único punto del colector de admisión común a todos los cilindros. Todos los sistemas monopunto fueron desarrollados como sistemas de inyección sencillos que permitieron la adaptación de un sistema de inyección a motores que estaban funcionando con carburadores sin la necesidad de hacer grandes modificaciones en el diseño original.

Con la entrada en vigor de la primera normativa antipolución de la Unión Europea en 1993 (la Euro 1), se obligó a reducir drásticamente la emisión de contaminantes. Esta reducción solo podía llevarse a cabo a través de sistemas de regulación de riqueza automática (regulación lambda) y sistemas tales como la ventilación del depósito de combustible (cánister). Esto supuso que todos los modelos fabricados a partir de esa fecha se vieran obligados a incorporar algún tipo de gestión electrónica de la alimentación de combustible. Debido a la ya comentada sencillez de adaptación de los sistemas de inyección monopunto, estos sistemas fueron los más montados en vehículos de pequeña y mediana cilindrada a mediados de la década de los noventa. A medida que se fueron diseñando nuevos motores, los sistemas monopunto fueron cayendo en desuso hasta el punto de que no se montan en ningún vehículo actualmente.

Aunque en este capítulo haremos una descripción de un sistema de gestión de inyección y encendido integrado, existe un modelo previo a este cuyas únicas funciones eran la gestión de la inyección y la ventilación del depósito.

Como es tradicional en todos los sistemas de inyección, el sistema monopunto tiene un circuito hidráulico, un circuito de admisión y un circuito eléctrico. Pasamos al estudio detallado de las distintas partes que conforman este sistema, cuyos sensores y actuadores vemos en el cuadro sinóptico de la figura 4.15.

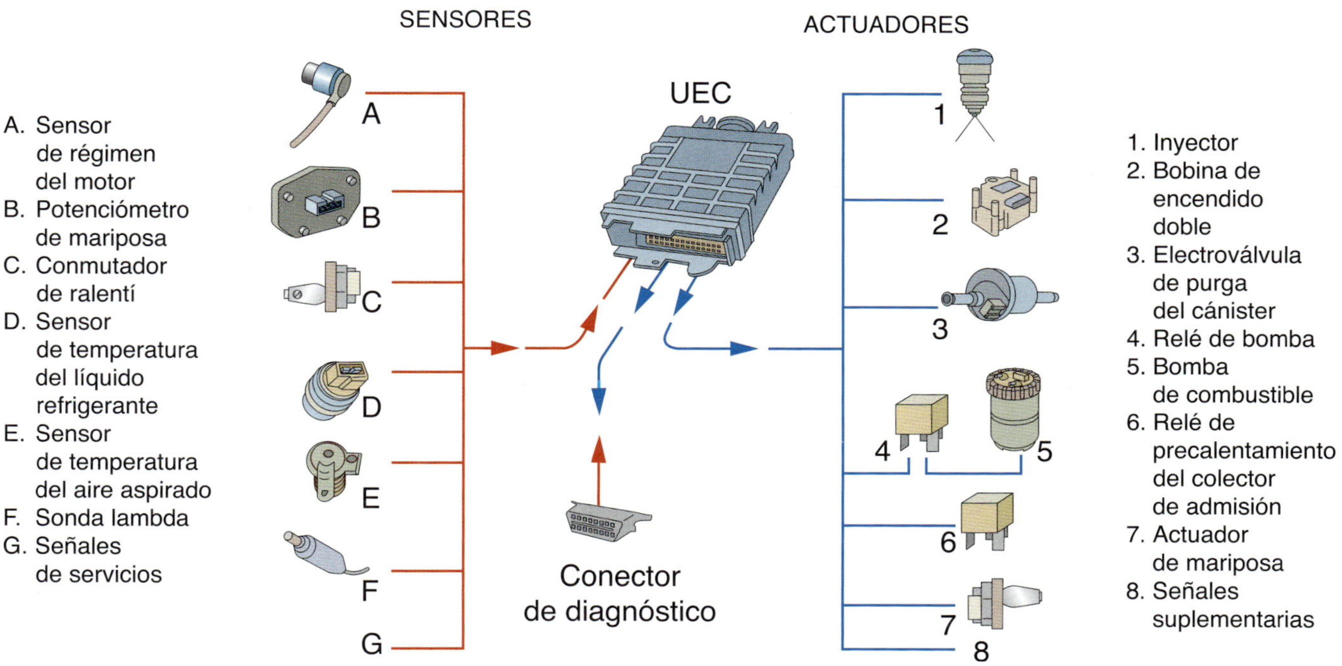

↑ **Figura 4.15.** Cuadro sinóptico de un sistema de inyección monopunto.

3.1. Sistema de alimentación de combustible

Como ocurría en la alimentación por carburador, y a diferencia del resto de sistemas de inyección, el aire y la gasolina circulan en este caso juntos por el colector de admisión (figura 4.16).

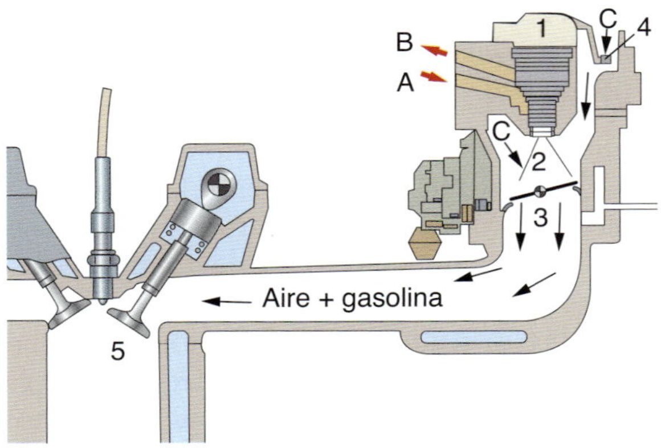

1. Inyector
2. Combustible inyectado
3. Mariposa
4. Sensor de temperatura del aire
5. Válvula de admisión

A. Entrada de combustible
B. Retorno de combustible al depósito
C. Entrada de aire

↑ **Figura 4.16.** Circuito de admisión de aire y gasolina en un sistema monopunto.

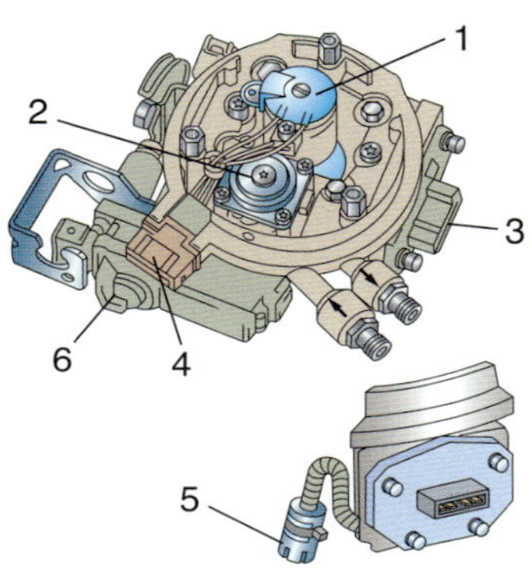

1. Inyector con sensor de la temperatura del aire
2. Regulador de presión
3. Potenciómetro de la mariposa
4. Caja de conexión para inyector y sensor de temperatura del aire aspirado
5. Ventilación para potenciómetro de mariposa
6. Actuador de mariposa

↑ **Figura 4.17.** Cuerpo de inyección monopunto.

Funcionalmente, el sistema de alimentación de combustible es idéntico al de un sistema multipunto, a excepción del regulador de presión y el inyector. Estas dos piezas están integradas en un cuerpo de inyección monopunto, también llamado unidad central de inyección, que es el elemento más característico de cuantos componen el sistema. Como se ha comentado, la mayor virtud de este sistema reside en la sencillez de adaptación a un motor de carburación. Esta característica viene dada porque la mayor parte de los elementos del sistema están integrados en el citado cuerpo de inyección monopunto (figura 4.17).

Con respecto al regulador de presión, hay que decir que este regula de una manera similar al de los sistemas multipunto, excepto que en este caso está tarado a una presión inferior (normalmente a 1 bar). Cuando hay fluctuaciones de presión de combustible (por ejemplo debido a las oscilaciones en la tensión de alimentación de la bomba, variación de consumo...), el muelle del regulador reacciona sobre la membrana para modificar el caudal de retorno, con lo cual se mantiene una presión constante. Otra función del regulador es la de mantener una presión de retención durante cierto tiempo después de parar el motor. Con esto se elude la formación de burbujas que harían más difícil el arranque en caliente.

Se debe comentar asimismo que estos reguladores no llevan el conducto unido al colector de admisión como los reguladores de los sistemas multipunto, ya que el inyector, al ir montado delante de la mariposa, siempre está sometido a la presión atmosférica y por tanto, la presión de la gasolina debe mantenerse siempre a un valor constante.

Por último, en lo referente al regulador, decir que no se puede sustituir este elemento sin sustituir la mitad superior de la unidad central de inyección, ya que ambos están calibrados entre sí.

Por lo que respecta al inyector, cuyo funcionamiento interno es idéntico a los explicados en los sistemas multipunto, hay que tener en cuenta que se utiliza para alimentar a todos los cilindros. Para lograr una difusión uniforme de la gasolina, este inyector tiene dos formas de actuar en función de las revoluciones y la carga del motor.

En condiciones normales de funcionamiento del motor, el inyector se abre sincronizado con el motor, de tal forma que realiza una inyección momentos antes de la apertura de la válvula de admisión de cada uno de los cilindros. En caso de velocidades de motor muy bajas (ralentí y arranque), el caudal inyectado es muy bajo, por lo que los tiempos de inyección deberían ser muy cortos. En este caso, cabe la posibilidad de que la aguja del inyector no logre abrirse con un tiempo tan corto, por lo que, para conseguir una buena difusión en estas condiciones, se reducen el número de inyecciones, se descompasan del giro del motor y se aumenta el tiempo de inyección.

Por otro lado, cuando se producen fuertes aceleraciones hay que realizar un enriquecimiento momentáneo. Si este enriquecimiento se realizara por el aumento del tiempo de inyección, la entrada de tanta gasolina en tan poco tiempo provocaría su condensación en las paredes del colector. Para pulverizar mejor esta gasolina, la UEC realiza un mayor número de inyecciones por apertura de válvula de admisión.

En la figura 4.18 se muestra una unidad central de inyección seccionada, en la cual se puede apreciar el comportamiento del aire y del combustible dentro de la misma. Asimismo se puede apreciar en la parte inferior del canal de admisión una resistencia de calentamiento conocida también con el nombre de «erizo» debido a su forma. Su función es acalorar dicho colector con el fin de evitar la condensación de la gasolina en sus paredes. El mando de la resistencia se efectúa a través de un relé activado por la UEC cuando el motor está en marcha y con una temperatura del agua del motor inferior a 70 °C aproximadamente.

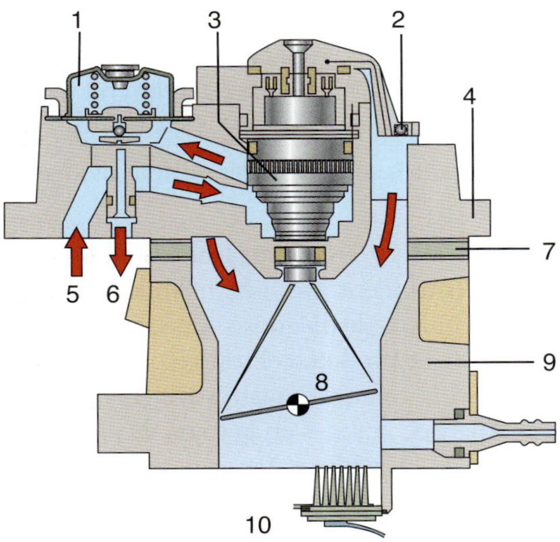

1. Regulador de presión
2. Sensor de temperatura del aire
3. Inyector
4. Parte superior del cuerpo de inyección (parte hidráulica)
5. Entrada de combustible
6. Retorno de combustible al depósito
7. Placa intermedia para el aislamiento térmico
8. Mariposa
9. Parte inferior del cuerpo de inyección
10. Resistencia de calentamiento

↑ **Figura 4.18.** Comportamiento detallado del aire y del combustible por el interior del cuerpo de inyección monopunto.

Hay, no obstante, modelos monopunto que no llevan este sistema de calefacción eléctrica sino que el calentamiento se consigue por la proximidad del colector de admisión al colector de escape o bien por el aprovechamiento del líquido refrigerante del motor.

3.2. Circuito eléctrico

En función de la información recibida por parte de los sensores, la UEC (figura 4.15) controla, como sabemos, el tiempo de apertura del inyector, el ángulo de avance del encendido y la calefacción del colector de admisión. Pero además se encarga de la estabilización del ralentí, de la alimentación de la electrobomba de

saber más

La unidad de inyección en algunos sistemas monopunto

Existen sistemas donde los componentes del regulador no están calibrados con la parte superior de la unidad de inyección. Por tanto, se pueden sustituir por separado.

combustible, del reciclaje de los vapores de gasolina almacenados en el cánister y de la indicación del consumo de combustible. No obstante, debemos tener en cuenta que existen diferencias, tanto en informaciones como en funcionamiento, dependiendo de la versión o modelo de inyección.

Con el fin de dinamizar y simplificar al máximo el proceso de localización de averías la UEC va provista de un completo sistema de autodiagnosis. Esto quiere decir que el sistema verifica periódicamente su funcionamiento para encontrar posibles averías.

Con respecto a los sensores, el sistema de gestión puede detectar un fallo en un sensor verificando si este no está emitiendo un valor totalmente absurdo (por ejemplo temperaturas muy altas o muy bajas) o si las señales de dos sensores no son lógicas entre sí (por ejemplo temperatura del aire mayor que la temperatura del motor). Con respecto a los actuadores, la unidad puede encontrar fallos midiendo el consumo eléctrico de los mismos, o bien verificando a través de algún sensor que el actuador está realizando su labor.

Una vez detectado el fallo, el microcontrolador guarda en una memoria, mediante un código, el tipo de fallo. Esta memoria puede ser leída conectando a la UEC con un equipo de diagnosis, el cual puede ser de gran utilidad para detectar fallos esporádicos. Al mismo tiempo, mientras exista el fallo, la UEC intentará sustituir, solo para algunos fallos en concreto, el valor del sensor o la función del actuador con otros valores medios.

De todas formas, los sistemas de gestión no siempre son capaces de detectar sus fallos y a veces localizan averías que pueden ser debidas a más de un elemento del sistema. Debido a esto, como ayuda a la localización de averías, las unidades modernas pueden transmitir, en tiempo real, al equipo de diagnosis los valores que están leyendo a través de los sensores así como las señales que están intentando aplicar a los actuadores.

Una vez subsanadas las averías, hay que borrar los códigos de las mismas mediante el propio equipo de diagnosis.

A algunos sistemas más antiguos de inyección se le podían leer los códigos de averías, bien en un testigo del cuadro de instrumentos o bien mediante una luz diodo de la UEC sin necesidad de utilizar equipos de diagnosis. En estos casos, la lectura se efectúa por medio de los destellos que produzca el testigo o la luz diodo ante los requerimientos que se le hagan en la toma de diagnóstico. Para borrar los códigos, también hay que realizar ciertas operaciones en la toma de diagnosis. Tanto para la lectura como para el borrado de los códigos, hay que seguir las normas del fabricante en cada caso.

A continuación vamos a estudiar detalladamente cada uno de los sensores y actuadores novedosos que conforman el sistema. Reservando aquellos con elementos relacionados con aspectos anticontaminantes para su estudio separado.

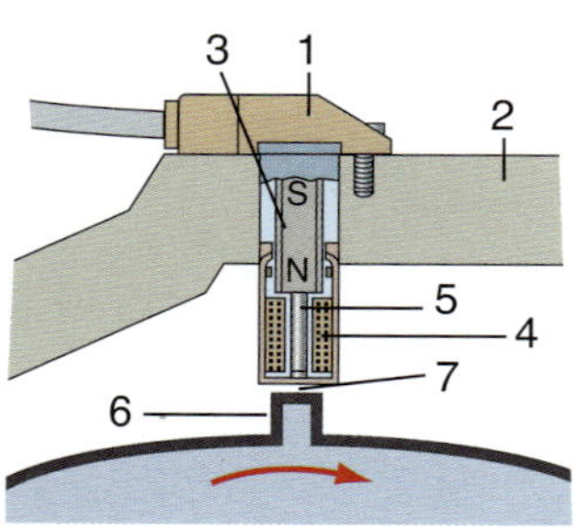

↑ **Figura 4.19.** Sensor de posición y velocidad del motor de tipo inductivo.

3.3. Sensores

Sensor de posición y velocidad del motor

La función de este sensor es medir la velocidad del cigüeñal, así como su posición. Es un sensor de tipo inductivo y basa su funcionamiento en provocar una variación de un campo magnético en el interior de una bobina para que esta provoque un voltaje inducido entre los bornes de la misma.

En la figura 4.19, tenemos un esquema de un sensor de este tipo. El sensor (1) está atornillado al bloque de cilindros (2). En su interior encontramos un imán permanente (3) desde donde se conduce el campo magnético producido por él hasta el interior de la bobina (4) a través del núcleo (5). Frente al sensor se hacen pasar una o varias piezas (6) de materiales que conduzcan bien el campo magnético, separadas por una distancia llamada entrehierro (7).

Al acercarse el metal al sensor, el campo magnético dentro de la bobina aumenta, lo cual acarrea una tensión positiva en la bobina, mientras que, si se separa, la tensión resultante es negativa.

El sensor proporciona un voltaje proporcional a la variación del campo magnético en el interior de la bobina, por lo que cuanto más rápido varía el campo (o lo que es lo mismo, cuanto más rápido se mueva la pieza metálica), el voltaje de la señal será mayor (los picos de tensión serán más altos). La señal también depende del entrehierro, ya que este debe ser suficientemente corto para que el voltaje del sensor sea alto y al mismo tiempo debe ser lo suficientemente grande para que no haya peligro de roce entre el sensor y la rueda generatriz. Por este motivo, algunos sensores disponen de un entrehierro regulable.

La señal generada por este sensor es una repetición de la onda básica representada en la figura 4.20, donde por cada pieza metálica unida al cigüeñal tendremos una señal de ese tipo.

Distribuyendo varios dientes o tetones a lo largo del volante del cigüeñal, la UEC podrá saber cuál es la velocidad del motor, midiendo el tiempo que tardan en pasar dos dientes.

Para conocer la posición del cigüeñal hay dos opciones:

1. Colocar una única pieza metálica de referencia.
2. Colocar varias piezas pero de tal forma que no todas estén uniformemente situadas, para que la UEC reconozca la pieza descolocada como referencia de posición de cigüeñal.

Esta última opción es la más utilizada hoy en día. Lo más frecuente es distribuir un número relativamente grande de dientes (normalmente 60) en una corona a lo largo del volante del cigüeñal y eliminar uno o dos dientes tal como demuestra la figura 4.21. Su señal se puede ver en la figura 4.22. En este caso, el intervalo que transcurre entre el paso de dos dientes nos da la medida de la velocidad del cigüeñal, mientras que el primer paso por cero después de la falta de un diente nos marca la posición del cigüeñal.

En algunos modelos se utilizan para esta función sensores de tipo Hall, cuyo funcionamiento está basado en el llamado efecto Hall, fenómeno que ha sido tratado en el bloque temático dedicado al encendido.

En su construcción típica (figura 4.23, sección A), este sensor (1) va unido, al igual que el inductivo, al bloque de cilindros (2). En su interior se monta un imán permanente (3) próximo al circuito integrado Hall (4), el cual está formado por una capa Hall y un amplificador. Este circuito recibe alimentación y emite su señal a través de los terminales (5).

Su funcionamiento se basa en la producción por parte del imán (3) de un pequeño campo magnético, que prácticamente no tiene efecto sobre la capa Hall. El imán solo pasa a tener efecto sobre dicha capa si se desvía su campo magnético hacia ella. Esto se hace, en este caso, a través de una pieza metálica o diente (Z) dispuesto en el cigüeñal (6). De este modo, el sensor generará la señal representada en la sección B de la figura 4.23, en la cual se puede obser-

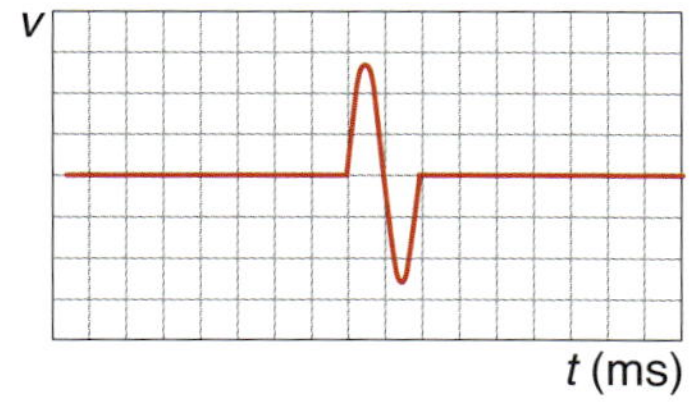

↑ **Figura 4.20.** Onda básica de la señal de un sensor de posición y velocidad del motor de tipo inductivo.

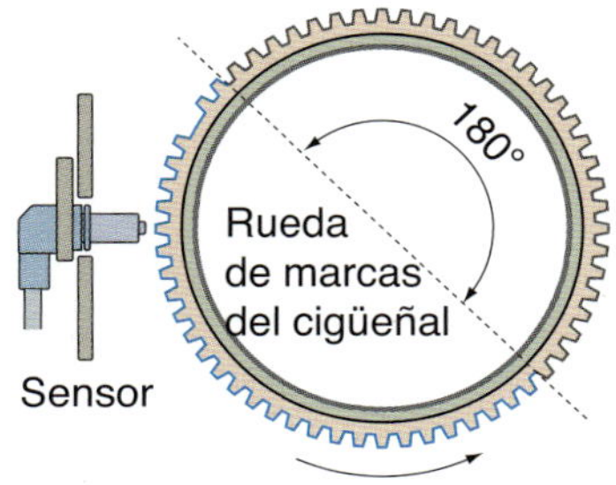

↑ **Figura 4.21.** Detalle del volante del cigüeñal (60 dientes menos uno) y del sensor de posición y velocidad.

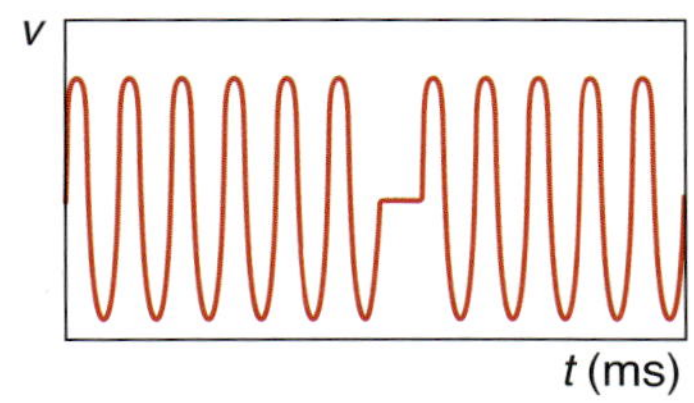

↑ **Figura 4.22.** Señal del sensor de posición y velocidad del motor de tipo inductivo con el volante de la figura 4.21.

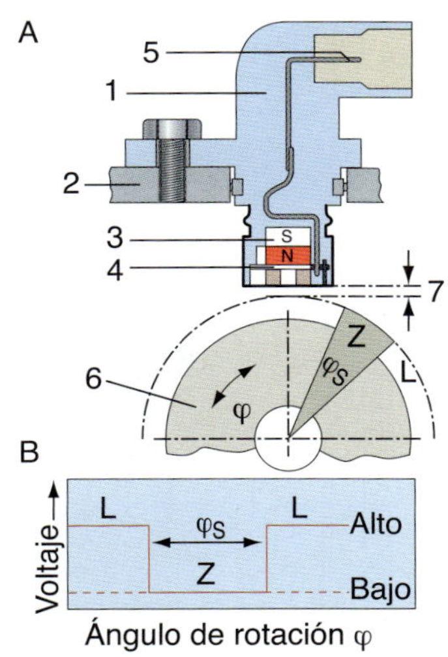

↑ **Figura 4.23.** Sensor de posición y velocidad del motor de tipo Hall.

var que si no hay metal delante del sensor (parte L del cigüeñal) este emite un voltaje alto (normalmente de 5 V) y, si está pasando el diente Z, emite un voltaje bajo (normalmente 0 V). También nos podemos encontrar sensores que emitan la señal invertida o que el valor de tensión alto sea de 12 V. Igual que para el sensor inductivo, hay una distancia (7), entrehierro, entre el diente y el sensor.

Este sensor se utiliza mucho menos que el inductivo para medidas del cigüeñal, pero, al igual que en el otro caso, la corona generatriz más usada es la formada por 60 menos uno o sesenta menos dos (figura 4.24), generando en este último caso la señal de la figura 4.25.

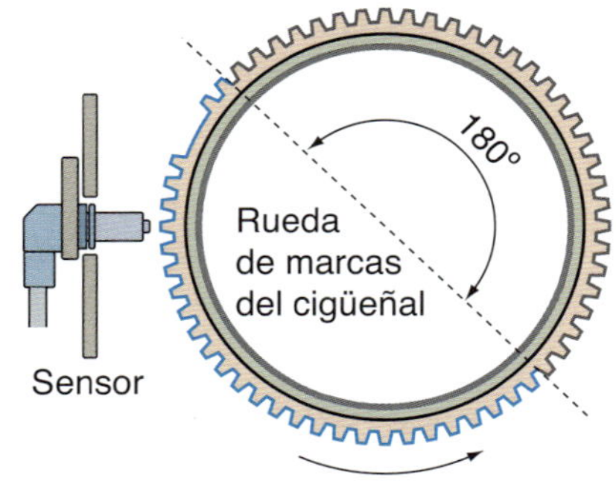

↑ **Figura 4.24.** Detalle del volante del cigüeñal (60 dientes menos dos) y del sensor de posición y velocidad.

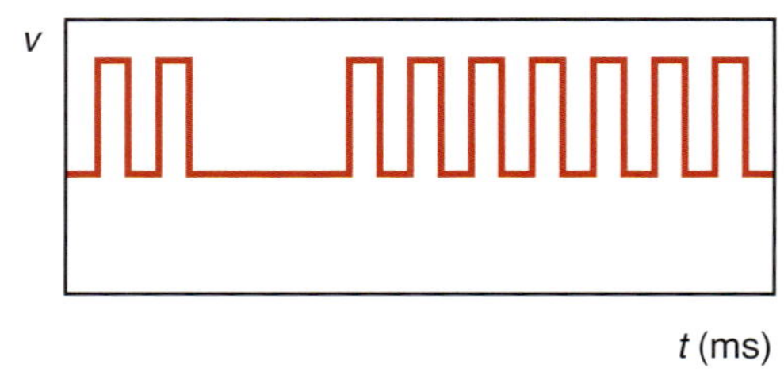

↑ **Figura 4.25.** Señal del sensor de posición y velocidad del motor de tipo Hall con el volante de la figura 4.24.

saber más

Potenciómetros de mariposa de pista única

Existen sistemas monopunto que disponen de sensores de presión para medir la carga del motor. Por esta razón el potenciómetro de mariposa es, en este caso, de pista única.

Potenciómetro de mariposa

Como sabemos, tiene la función de informar a la UEC del ángulo de apertura de la mariposa en todo momento. A través de esta señal, la UEC reconoce el estado de carga del motor ya que este sistema no dispone de ningún sensor para medir la cantidad de aire que entra en los cilindros.

Tiene unas características especiales y es un dispositivo muy preciso, ya que su información es fundamental para que la UEC calcule el tiempo básico de inyección.

En la sección A de la figura 4.26 podemos observar su conexión a la UEC a través de cuatro vías. El positivo y el negativo de alimentación se conectan con una tensión estable de 5 V, mientras que las dos señales independientes de información (I y II) se dirigen hacia la UEC.

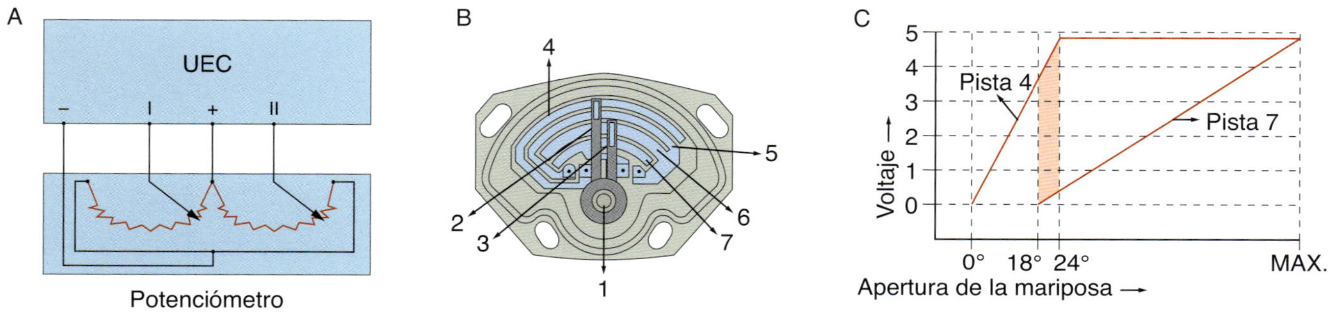

↑ **Figura 4.26.** Estructura y funcionamiento del potenciómetro de mariposa.

Como apreciamos en la sección B, el eje de la mariposa (1) da movimiento a un cursor con dos contactos deslizantes (2 y 3) que se desplazan a lo largo de sus correspondientes pistas (4 y 5) y (6 y 7) respectivamente. Las pistas 5 y 6 son las que reciben la tensión referencial de aproximadamente 5 V desde la UEC. La pista de contacto 4 informa a la UEC de las bajas cargas (ángulos de mariposa desde 0° hasta aproximadamente 24°), mientras que para medias y plenas cargas (ángulos de mariposa desde aproximadamente 18° hasta plena apertura) es la pista 7 la que da la información de tal situación.

Como se puede observar, cuando la mariposa presenta una apertura entre 18 y 24°, hay una información al mismo tiempo de las pistas 4 y 7. La UEC usa esta situación para verificar si ambas señales están sincronizadas, pudiendo así saber si hay alguna irregularidad en el funcionamiento del potenciómetro. La sección C nos muestra un gráfico en el cual se puede apreciar la variación de tensión en función de la apertura de la mariposa. La parte sombreada representa la simultaneidad de las dos señales. El tiempo básico de inyección se ve incrementado cuando la mariposa tiene un ángulo de apertura superior a 60° aproximadamente (enriquecimiento a plena carga), mientras que, cuando hay una rápida variación ascendente de la señal, la UEC la interpreta para el enriquecimiento en aceleración. Por lo que respecta a la fase de deceleración, decir que la UEC suprime los impulsos de inyección siempre que el motor supera aproximadamente las 1.800 rpm, la mariposa de gases esté completamente cerrada y que la temperatura del líquido refrigerante sea superior a 40 °C aproximadamente. Para evitar tirones, la UEC volverá a activar el inyector cuando el régimen descienda por debajo de 1.500 rpm aproximadamente.

Por último, comentar que la cámara del potenciómetro comunica con el exterior a través de un deshumidificador para evitar la condensación del agua. Con esta ventilación, se eluden problemas de oxidación y de penetración de suciedad (figura 4.17).

Conmutador de ralentí

Este dispositivo, accionado por la palanca que mueve al eje de la mariposa, está diseñado para que esté cerrado cuando la mariposa se encuentra en posición de reposo y abierto cuando se acciona el acelerador.

Su información es utilizada por la UEC para la fase de regulación del ralentí, el control de llenado al ralentí (a través del actuador de mariposa) y la activación del corte de inyección en deceleración.

Señales de servicios

Al igual que para el sistema *digifant*, la UEC también tiene en cuenta otros parámetros como son la señal de conexión del aire acondicionado, la señal de posición de la palanca (en caso de llevar cambio automático) y en caso de ser cambio automático con gestión electrónica, la señal de las intervenciones que está realizando el cambio.

Las dos primeras informaciones las utiliza para la regulación del régimen de ralentí, mientras que, en el caso de la tercera, la UEC retrasa el ángulo de encendido, con lo cual se reduce el par motor, consiguiéndose así una mayor confortabilidad durante el cambio de marchas.

3.4. Actuadores

Mando de la bobina de encendido

En este sistema, se utiliza un encendido de distribución estática de tipo «chispa perdida». Con el objeto de reducir el circuito eléctrico de alta tensión del sistema de encendido y para aminorar el riesgo de derivaciones de alta tensión a masa, se elimina la distribución mecánica de la chispa, por lo que es la UEC quien realiza la distribución de la chispa a cada uno de los cilindros.

En este sistema, se ha escogido la realización de la distribución por «chispa perdida» que fue uno de los sistemas más empleados en motores de media-baja gama.

El sistema se utiliza en motores con un número par de cilindros, donde los cilindros tienen un movimiento paralelo de sus pistones dos a dos. Su funcionamiento se basa en generar la chispa de forma simultánea y a través de una bobina para cada par de cilindros. Cada bobina basa su funcionamiento en el mismo principio que una bobina convencional (elevación de la tensión producida por el corte de primario de un transformador), si bien eléctricamente su conexión es distinta. El secundario de la bobina está totalmente aislado del primario y en cada uno de los bornes del secundario va conectada una bujía. Al generarse la alta tensión en el secundario, esta se aplica simultáneamente a las dos bujías, distribuyéndose esta tensión entre ambas de tal modo que absorba más tensión la que tenga más resistencia, ya que las dos bujías cerrarán circuito entre sí a través de la culata. Podemos ver el esquema eléctrico típico en la sección **a** de la figura 4.27.

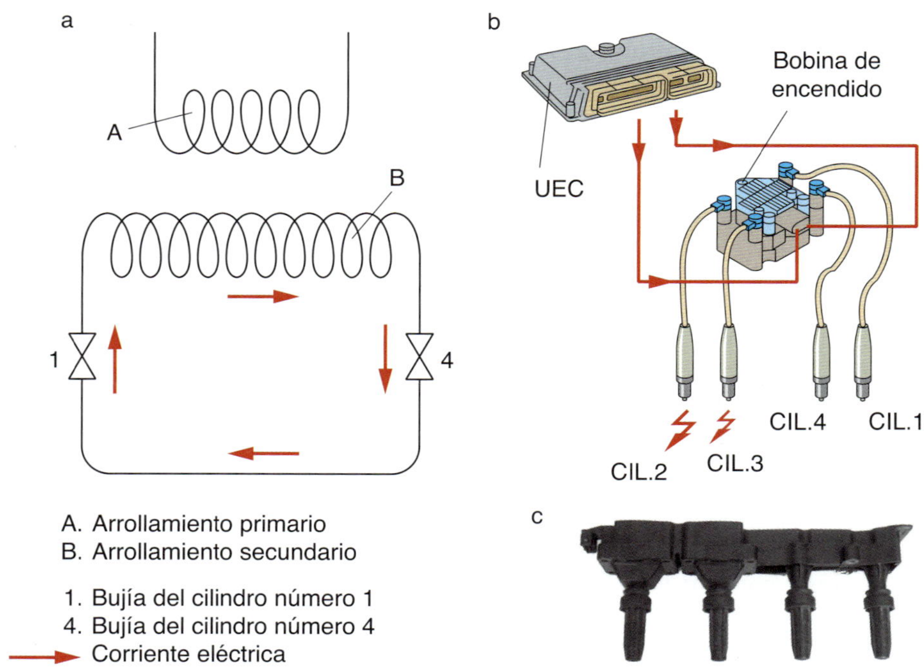

↑ **Figura 4.27.** Encendido electrónico estático con bobina de chispa perdida.

La UEC generará, con el avance que tenga programado, el corte de primario, en cada bobina en la carrera ascendente de los pistones. De este modo, se producirá el encendido en un cilindro que está en compresión y en otro que está en escape.

Dado que los gases de escape no contienen sustancias inflamables, la chispa generada en este cilindro no ocasionará ningún efecto en el funcionamiento del motor. La resistencia que presentan los gases de escape a que salte la chispa entre ellos es mucho menor que la resistencia en el caso de la mezcla en compresión, debido a la falta de presión, a sus características químicas y a su temperatura. La tensión de encendido en gas de escape oscila entre 1 y 2 kV y la tensión de chispa oscila entre 200 y 600 V, mientras que en compresión el encendido oscila entre 15 y 30 kV y la tensión de chispa entre 2 y 6 kV. Por ello, la mayor parte de la tensión de secundario de la bobina recaerá en el cilindro que está en compresión. La chispa generada en el cilindro que está en escape (chispa perdida) consumirá un porcentaje relativamente bajo.

Con respecto a su construcción, nos podemos encontrar cada bobina por separado o en el caso de motores de cuatro cilindros, ambas integradas en una única pieza (tal como se observa en la sección **b** de la figura 4.27). Una de las opciones más usadas en la actualidad, con objeto de minimizar el recorrido de alta tensión, es integrar en una única pieza las dos bobinas, los cables de alta tensión y los conectores de las bujías como podemos ver en la sección **c** de la figura 4.27.

Al igual que en una bobina convencional, la etapa final de potencia puede ir situada en el interior de la UEC, como un módulo independiente, o integrada con el conjunto de bobinas. En caso de que se monte como un módulo independiente, un único módulo integrará todas las etapas amplificadoras. La etapa final, sea cual sea el tipo, puede llevar las mismas regulaciones de limitación de corriente y regulación de tiempo de cierre que las descritas en los encendidos transistorizados.

Actuador de mariposa

Este elemento actúa sobre la palanca de accionamiento de la mariposa de gases y es utilizado para la regulación del régimen de ralentí. En cierto sentido actúa como la válvula estabilizadora de ralentí. Es comandado por la UEC en función de la temperatura del motor, del régimen de giro del mismo, de la posición de la mariposa y de las señales de servicios (figura 4.28).

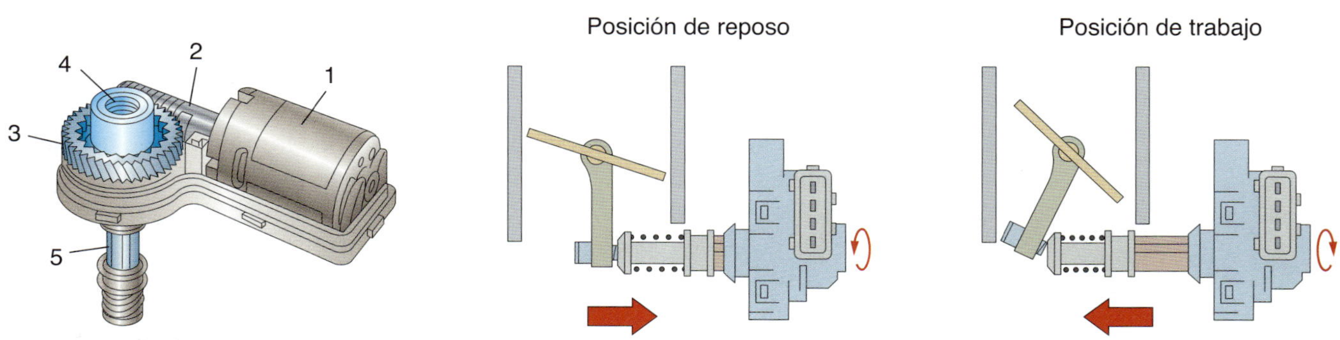

↑ **Figura 4.28.** Estructura y funcionamiento del actuador de mariposa.

Está constituido por un motor de corriente continua (1), normalmente de tipo «paso a paso», que da movimiento a un grupo reductor formado por un tornillo sinfín (2) y una corona helicoidal (3). Dicha corona dispone de un taladro interior roscado (4) al cual está acoplado el empujador de accionamiento (5), que es quien manipula a la mariposa de gases. Para que el motor reciba corriente, con el fin de comenzar el ciclo de regulación, es necesario que la UEC tenga información del conmutador de ralentí cerrado. En el resto de las gamas de funcionamiento del motor, el actuador permanece en posición de reposo. La apertura de la mariposa depende del tiempo con que la UEC alimente al motor eléctrico, pudiendo variar desde un mínimo de aproximadamente 100 ms hasta un máximo con activación permanente. La influencia máxima del actuador sobre la mariposa, para estabilizar el ralentí, es de aproximadamente 17°.

Para modificar el sentido de giro del motor, basta con que la UEC invierta la polaridad de alimentación.

Señales suplementarias

En caso de incorporar caja de cambio automática, la unidad de control de esta recibe información del número de revoluciones del motor. También la unidad de control del cuadro electrónico de instrumentos tiene esta información, además de la del consumo instantáneo de combustible. Para calcular la magnitud de la señal de consumo, la UEC del sistema de inyección se basa en la duración del ciclo de inyección. Estas informaciones, revoluciones y consumo, se pueden apreciar en dicho cuadro.

3.5. Medidas anticontaminación

Con el fin de cumplir con las exigencias anticontaminantes, este sistema incorpora, como se comentó en la descripción general del mismo, una regulación automática de la riqueza, así como un sistema de desaireación de vapores del depósito de combustible.

saber más

El catalizador

El catalizador, cuyo estudio lo haremos en las páginas siguientes, es el componente más importante para la depuración de los gases de escape.

Regulación automática de la riqueza

A través de esta regulación, conocida como regulación lambda, se consigue que el factor λ se mantenga dentro de un margen óptimo (λ = 0,99 ... 1). Para realizar esta función, se analiza continuamente la composición de los gases de escape por medio de un dispositivo llamado sonda lambda. Esta regulación ya se efectuaba en algunos modelos que instalaron carburadores electrónicos, así como en algunas inyecciones electromecánicas.

La sonda lambda es un sensor electroquímico, también llamado sonda de oxígeno o sonda HEGO, que detecta inmediatamente el mínimo desvío de exceso o defecto de oxígeno residual de toda la combustión y envía señales a la UEC de dichas desviaciones. De este modo, la UEC corrige los tiempos de inyección con la finalidad de que el factor lambda, como sabemos, esté en todo momento en valores óptimos. Además, la UEC considera las fluctuaciones en la composición de los gases de escape para efectuar el control de numerosas funciones, sirviendo a su vez frecuentemente estas oscilaciones como síntomas de que puede haber un posible fallo. La sonda lambda va montada en el tubo de escape antes del catalizador (figura 4.29) e incluso en algunos modelos está sobre el propio catalizador.

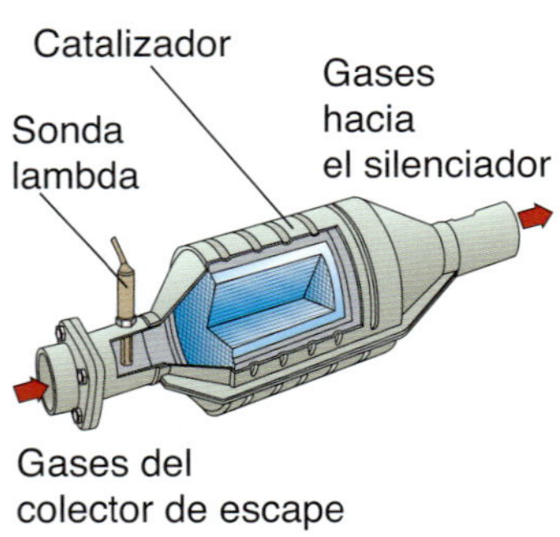

↑ **Figura 4.29.** Ubicación de la sonda lambda en el sistema de escape.

La sonda podrá trabajar perfectamente si su temperatura es al menos de 300 °C, alcanzando aproximadamente los 900 °C a medida que se va calentando por el calor que le transmiten los gases de escape.

La sonda consta fundamentalmente de un electrólito en estado sólido que está formado a partir de un cuerpo hueco de cerámica de dióxido de zirconio (ZrO_2), que es impermeable al gas y está cerrado en un extremo (figura 4.30). Se ha añadido dióxido de itrio por motivos de estabilización. Tanto por su interior como por su exterior, el cuerpo cerámico va provisto de una capa fina de platino poroso que sirve como electrodo. La parte interna (electrodo positivo) está en contacto con el aire ambiente; mientras que la parte externa (electrodo negativo) va en contacto con los gases de escape. Sobre el electrodo negativo se encuentra una capa cerámica, altamente porosa, para impedir que los residuos de los gases de escape influyan negativamente en la capa de platino. El cuerpo de cerámica está protegido contra impactos mecánicos y choques térmicos por un tubo de metal con muescas. Completan el conjunto las conexiones eléctricas, la carcasa exterior con una zona roscada, el casquillo protector, la pieza de contacto, un tubo de apoyo cerámico y un resorte de disco. Estos dos últimos elementos sirven para fijar y sellar la cerámica de dióxido de zirconio en el espacio del sensor.

saber más

Zirconio

Es un metal blanco grisáceo muy parecido al titanio. Su número atómico es 40. Entre sus compuestos destaca la zirconia (ZrO_2) que tiene su punto de fusión aproximadamente a 2.700 °C.

1. Carcasa de la sonda
2. Tubo de apoyo cerámico
3. Conexiones eléctricas
4. Tubo de metal con muescas
5. Dióxido de circonio
6. Pieza de contacto
7. Casquillo protector
8. Elemento calefactor
9. Conexiones para el elemento calefactor
10. Resorte de disco
11. Electrodo positivo
12. Electrodo negativo
13. Capa protectora de cerámica
14. Tubo de escape
15. Gases de escape
16. Aire

U. Tensión generada

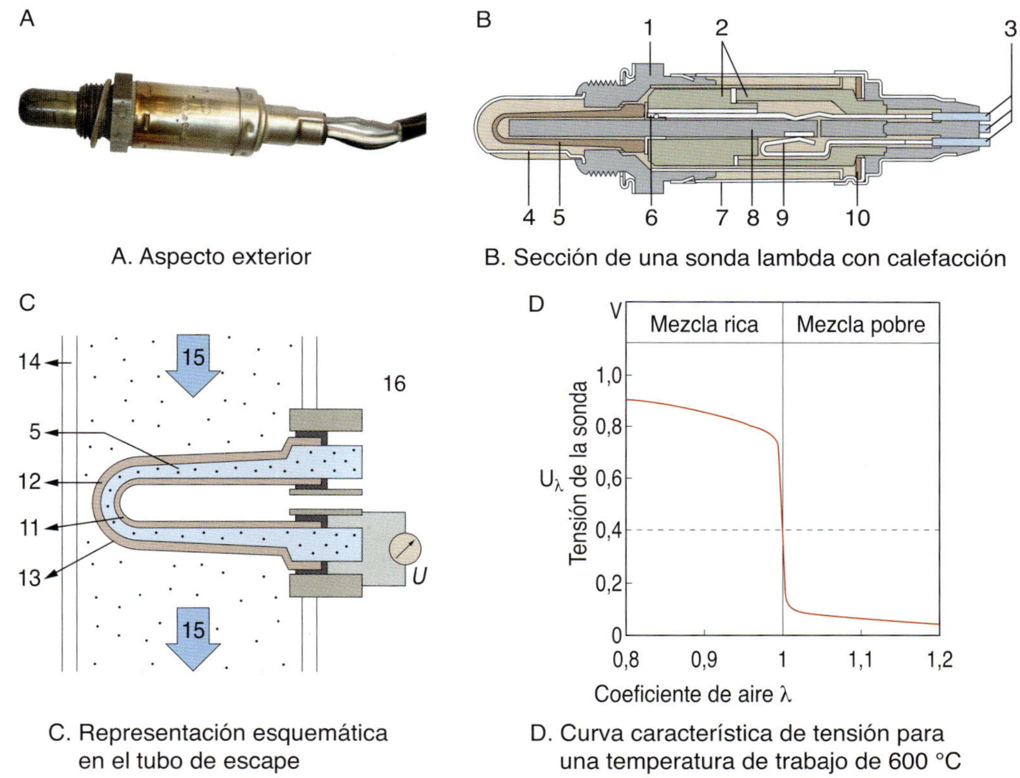

↑ **Figura 4.30.** Diversos detalles de la sonda lambda.

Cuando la sonda alcanza los 300 °C aproximadamente, el dióxido de zirconio permite el paso de oxígeno por su interior. Si hay una diferencia de concentración de oxígeno entre las dos superficies (interna y externa) se produce una pequeña tensión que será proporcional a dicha diferencia. Así, cuando la mezcla es rica, o sea, cuando los gases de escape de la combustión que comunican con el electrodo negativo contienen un bajo porcentaje de oxígeno, el dióxido de zirconio deja pasar el oxígeno desde el electrodo positivo al negativo, lo que provoca una tensión de aproximadamente 900 mV. Por el contrario, si la mezcla es pobre, hay un alto porcentaje de oxígeno en los gases de escape, lo cual disminuye la diferencia de oxígenos entre ambos electrodos y por ello la tensión generada será de unos 100 mV. En el caso de que la mezcla sea la ideal, la tensión creada será de aproximadamente 400 mV.

caso práctico inicial

La unidad de gestión del motor del coche de María tiene memorizada una avería de regulación de inyección incorrecta. Esto es debido a que la sonda lambda interpreta una mezcla muy rica. No es una avería propia de la sonda lambda, pero sí interpretada por la misma.

saber más

Itrio

Es un elemento químico de símbolo Y y número atómico 39. Es un sólido de color gris hierro. Su uso está creciendo mucho, tanto en la industria automovilística como en la metálica. La industria de la televisión lo utiliza para dar colores rojos en los tubos de las pantallas.

saber más

Algunas ventajas de la sonda de titanio son:

- Es sólida y compacta y la respuesta es rápida.
- No hace falta aire de referencia.
- Tiene una resistencia elevada al combustible con plomo.
- Alcanza su temperatura de trabajo muy rápidamente.

Con la señal descrita, la UEC será capaz de realizar la regulación de la mezcla. La UEC realizará la inyección regulando los tiempos de inyección a partir de los datos memorizados en fábrica. Para conseguir una regulación de mezcla exacta, la UEC buscará en su memoria los tiempos de inyección correspondientes al estado de funcionamiento del motor. Una vez obtenido el tiempo de inyección memorizado en fábrica lo corregirá multiplicando su valor por el **valor del dato corrección lambda.** Este dato es calculado constantemente por la UEC a partir del valor de la sonda lambda. Inicialmente, la corrección lambda es igual a 1 (no existe corrección). Periódicamente, la UEC verificará, a través de la tensión de la sonda lambda, si la mezcla es rica o pobre. Cada vez que la UEC detecta que la mezcla es pobre, incrementa el valor de corrección lambda hasta conseguir una mezcla rica. Del mismo modo, cada vez que el sistema detecte una mezcla rica reducirá el valor de corrección lambda hasta conseguir una mezcla pobre. De este modo, el sistema oscilará continuamente alrededor de la mezcla estequiométrica.

En los sistemas modernos, cada vez que se apaga el motor, el sistema memoriza la corrección lambda utilizada en la última conducción. Con esto se consigue que la próxima vez que se ponga en marcha el motor alcance la mezcla estequiométrica más rápidamente y, al mismo tiempo que el arranque se realice con las correcciones de funcionamiento calculadas la última vez que el motor estuvo arrancado. El sistema limita el valor de corrección lambda de tal modo que, si no consigue regular la mezcla estequiométrica sin variar excesivamente los valores de fábrica, la UEC codificará avería en la regulación lambda con lo cual no hará caso al valor de la sonda y fijará el valor de corrección en función de emergencia.

Constructivamente, se pueden distinguir dos tipos de sondas lambda: sin precalentar y precalentadas. Su aspecto exterior no suele variar demasiado y solo se diferencian por el número de cables de la conexión y por su colocación en el escape.

También podemos encontrar sondas de dióxido de titanio. Sus características son las siguientes:

- Necesitan una alimentación normalmente de 5 o 1 V procedente de la electrónica de medición.
- Electrónicamente se asemejan a una resistencia NTC.
- Varían su resistencia con la concentración de oxígeno.
- Si el contenido de oxígeno es elevado, el dióxido de titanio pierde conductividad.
- Si el contenido de oxígeno es bajo, con un valor lambda inferior a 1, el dióxido de titanio gana conductividad.
- A temperaturas elevadas la sonda reacciona rápidamente.
- El rango térmico de trabajo de estas sondas está entre 200 y 700 °C.
- Por encima de 850 °C la sonda puede resultar destruida.
- El comportamiento de la sonda en tensión es antagónico al de una sonda de dióxido de circonio:
  - Valores altos de tensión corresponden a mezclas pobres.
  - Valores bajos de tensión corresponden a mezclas ricas.

Las sondas no precalentadas se utilizan en motores en los que es posible colocar la sonda muy cerca de las válvulas de escape. De este modo, la sonda alcanzará su temperatura de funcionamiento por medio de los gases de escape.

Las precalentadas incorporan una resistencia de calefacción que permite que el elemento de medida alcance la temperatura de funcionamiento con mayor rapidez e independientemente de la temperatura de los gases de escape. Debido a la limitación de emisión de gases contaminantes durante las primeras fases de funcionamiento del motor, este tipo es el único utilizado en la actualidad.

Este ajuste tan preciso de la mezcla es indispensable para que sea alta la efectividad del catalizador.

El catalizador es un dispositivo de postratamiento para los gases de escape con el objeto de tomar gases de poca estabilidad molecular (dañinos al cuerpo humano) para convertirlos en productos de alta estabilidad molecular y con casi nula reactividad en condiciones normales de presión y temperatura. Debe estar cerca del colector de escape, ya que, para que sea eficaz, su temperatura de funcionamiento debe estar por encima de los 300 °C. Concretamente, el catalizador propiamente dicho es un conjunto de metales preciosos que están en el interior del convertidor.

Partes del catalizador

Está formado por un soporte o sustrato que es por donde circulan los gases de escape y en el cual se eliminan los gases tóxicos. Este soporte puede ser de dos tipos: cerámico o metálico.

- **Cerámico.** Conocido como monolito cerámico, se compone de silicato de magnesio-aluminio y tiene forma oval o cilíndrica con una estructura de múltiples celdillas de panal con una densidad aproximada de 400 por pulgada cuadrada. Las paredes de estos conductos tienen una capa muy fina (aproximadamente 0,15 mm) de metales preciosos como platino (Pt), paladio (Pd) y rodio (Rh), que son los que realmente hacen reaccionar a los gases para su eliminación. Este tipo de sustrato es el más utilizado.
- **Metálico.** Conocido como monolito metálico, está compuesto por una hoja de acero inoxidable de aproximadamente 0,01 mm de espesor, arrollada en espiral para conformar una estructura igual al tipo anterior. Presenta algunas ventajas frente al cerámico como son su mayor resistencia a las altas temperaturas y su menor contrapresión al motor; aun así es muy poco empleado debido a su elevado precio.

La superficie de este sustrato, sea cerámico o metálico, no es suficiente como para que los gases se adapten adecuadamente con los metales preciosos. Para aumentarla se le aplica una capa intermedia de óxido de aluminio llamada *washcoat* que proporciona una superficie 7.000 veces mayor. Por la superficie de contacto de esta capa van repartidos los metales preciosos formando una especie de microcristales. Existen muchas variedades de esta capa en función de la proporción de metales preciosos así como del proceso de fabricación. Su composición química tiene una gran importancia en la duración del conjunto.

Por lo que respecta a la carcasa exterior y al protector de calor y golpes, decir que están formados por un cuerpo metálico, generalmente de acero inoxidable, donde llevan una serie de nervios que le aportan rigidez al conjunto y evitan deformaciones. Entre estas dos carcasas se interpone fibra cerámica como aislante térmico.

saber más

Nota

En este capítulo nos referimos a catalizadores que se utilizan en Europa.

saber más

Los metales preciosos

Los metales preciosos inician y aceleran las reacciones químicas entre los gases sin ellos participar.

saber más

La condición imprescindible para el correcto funcionamiento del catalizador es que su temperatura sea superior a 300 °C y que la relación lambda esté entre 0,99 y 1,00.

saber más

Calentamiento rápido del catalizador

Debido a las severas normas anticontaminantes, las Unidades de Control de los sistemas actuales de inyección de gasolina empobrecen la mezcla y retrasan el encendido, tras el arranque el frío.

El empobrecimiento de la mezcla da lugar a una combustión más larga, debido a la disminución de la velocidad de la llama. Esto acarrea, junto con el retraso del encendido, un aumento de la temperatura de los gases de escape con lo cual tenemos un funcionamiento correcto del catalizador más rápido.

En el caso de los catalizadores cerámicos, se coloca entre la carcasa exterior y el monolito una malla metálica elástica formada por alambres de acero con un diámetro de aproximadamente 0,25 mm. Esta malla fija la cerámica a la carcasa con el objeto de absorber las diferencias de dilatación entre ambos elementos.

En algunos catalizadores, se sustituye esta malla metálica por una manta expandible, la cual tiene la ventaja de que su espesor aumenta mucho más con la temperatura que la malla metálica, pero tiene el inconveniente de que sus fibras se deshacen con bastante facilidad cuando la densidad de la manta disminuye.

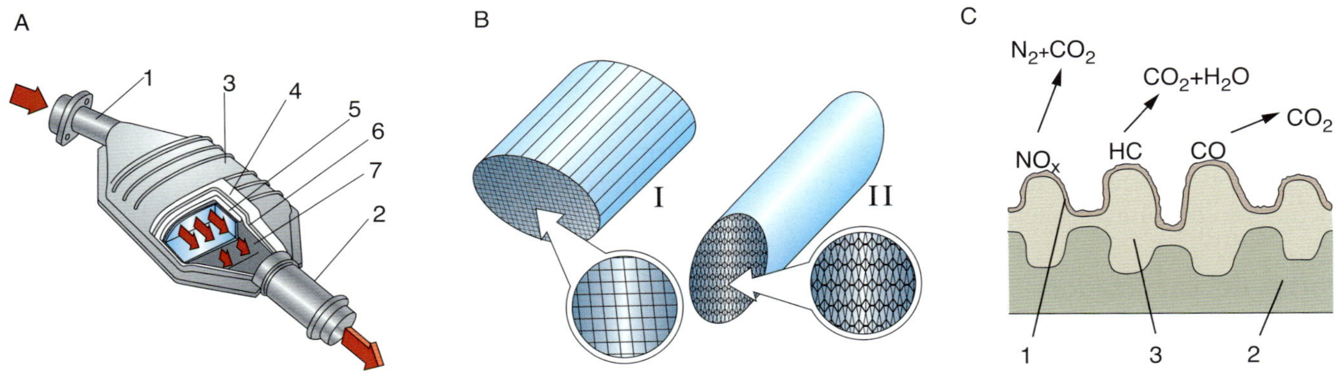

A. Partes del convertidor catalítico
1. Tubo de entrada
2. Tubo de salida
3. Protector de calor y golpes
4. Fibra cerámica aislante
5. Aislante de fijación
6. Carcasa exterior
7. Monolito cerámico

B. Detalle del sustrato
I. Cerámico
II. Metálico

C. Ampliación de la superficie de una celda
1. Metales preciosos
2. Sustrato
3. *Washcoat*

↑ **Figura 4.31.** Partes de un catalizador y particularidades de alguna de ellas.

Tipos de catalizador

Los clasificamos en tres grupos:

- **Catalizador de dos vías.** Llamado también catalizador de oxidación. Es un convertidor de dos gases (CO y HC). Se suele utilizar en motores de mezcla pobre (muchos de los vehículos que lo instalan son de carburador).
- **Catalizador de tres vías con toma de aire.** Llamado también catalizador de tres vías de bucle abierto. Solamente existe en vehículos de fabricación americana y convierte CO, HC y NOx. La conversión de los gases la efectúa en dos etapas; en la primera transforma los NOx mientras que en la segunda transforma los CO y HC mediante la inyección de aire. Precisa una mezcla rica o estequiométrica para funcionar.
- **Catalizador de tres vías.** Llamado también catalizador de tres vías de bucle cerrado. Transforma los tres gases, CO, HC y NOx. Es el empleado actualmente en todos los vehículos europeos y, dado que para su funcionamiento necesita mucha precisión en la regulación de la mezcla, debe incorporar una sonda lambda.

Exteriormente son iguales, excepto el de tres vías con toma de aire, que dispone de un tubo para la entrada de aire entre los dos monolitos. La diferencia realmente estriba en el *washcoat* y en el tipo de materiales preciosos que utilizan.

Depuración catalítica

En un catalizador de tres vías se desarrollan tres reacciones químicas:

Los NOx se transforman a través de la reducción, para lo cual se necesita una mezcla algo rica (aproximadamente 0,5% de CO). Así, los NOx a altas temperaturas contactan con el rodio, con lo cual el oxígeno se separa para combinarse con el CO. El resultado es CO_2 y N_2, ninguno de ellos tóxico.

Los HC se transforman por el procedimiento llamado oxidación, para ello se necesita oxígeno suficiente (mezcla un poco pobre). De esta forma, los HC a altas temperaturas, al contactar con el paladio, se queman con el oxígeno para dar lugar a CO_2 y vapor de agua.

El CO también sufre la transformación por el proceso de oxidación, por lo que la mezcla debe ser pobre para que cuando el CO a altas temperaturas contacte con el platino, se queme con el oxígeno. El resultado es CO_2, que resulta inocuo.

Las tres conversiones se realizan simultáneamente debido a que la sonda lambda permite la variación alternativa de la mezcla de rica a pobre para obtener suficiente oxígeno y suficiente CO.

Por último, hacemos una breve descripción de los tres metales preciosos mencionados anteriormente:

- **Platino:** es un sólido de color blanco grisáceo, bastante blando, maleable, dúctil y tenaz. Es permeable a los gases y no se oxida a ninguna temperatura. Funde a los 1.772 °C.
- **Paladio:** es un sólido blanco, maleable, que funde a los 1.550 °C. Adsorbe el hidrógeno hasta 900 veces su propio volumen. Es el único de los metales del grupo del platino que se disuelve en el ácido nítrico.
- **Rodio:** sólido de color blanco de plata, duro y quebradizo que funde a los 1.960 °C. El cloro lo ataca a elevada temperatura y solo se oxida al rojo vivo.

Los tres metales estudiados se extraen por tratamientos largos y complejos, especialmente a partir de minerales en los que predominan el cobre, hierro y níquel.

Normas básicas para mantener el catalizador en buen estado

La duración media de un catalizador suele estar entre 80.000 km y 200.000 km (según el modelo y las condiciones de funcionamiento). Para que esta vida no se vea seriamente reducida, deben cumplirse unas normas básicas:

- No utilizar gasolina con plomo, ya que pequeñas cantidades de este metal neutralizan los metales preciosos, por lo que estos pierden el poder eliminatorio de gases tóxicos.
- Procurar que la puesta a punto del motor y del encendido sean correctas.
- No circular con fallos en el encendido, ya que esto provocaría la combustión de la gasolina en el escape, elevando su temperatura y pudiendo así llegar a fundir el catalizador.

saber más

Si se tapona el catalizador, el motor acusa una falta de potencia.

- No arrancar el motor empujando el vehículo o insistiendo excesivamente sobre el contacto. Esta práctica hace que llegue combustible sin quemar al monolito, que se puede fundir por combustión.
- Evitar agotar en exceso el depósito de combustible, ya que puede provocar un suministro irregular al catalizador, lo cual puede causar falsas explosiones que fundan el monolito.
- Comprobar que el consumo de aceite sea el correcto, ya que un consumo excesivo puede dañar las propiedades catalíticas del convertidor.

Sistema de ventilación del depósito de combustible

Debido a que los vapores de gasolina son altamente contaminantes, hay que evitar su emisión a la atmósfera. Por ello, los coches modernos de gasolina van dotados de un depósito de gasolina cerrado herméticamente (figura 4.32). Como la gasolina es una sustancia altamente volátil es necesario recoger los vapores que genera y para eso, el depósito de combustible lleva un tubo de ventilación que comunica con un depósito relleno de carbón activo (partículas de grafito de un tamaño de decenas de micras). Este depósito es conocido como cánister. Los vapores de gasolina, al entrar en contacto con las partículas de carbón, se condensan en el interior del cánister.

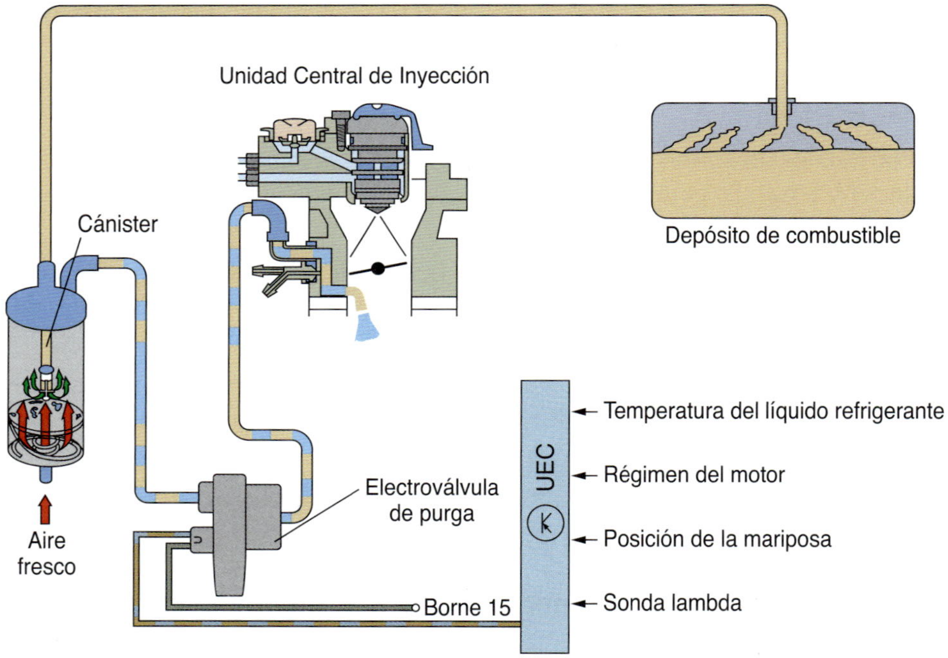

↑ **Figura 4.32.** Sistema de ventilación del depósito de combustible.

saber más

El carbón activo

El carbón activo se prepara generalmente a partir de la turba (carbón combustible), mezclándola con ácido fosfórico y calcinando la mezcla a 1.200 °C. Durante el proceso se destila fósforo, el cual se rescata por combustión en forma de ácido fosfórico puro. El residuo de carbón se seca después de un lavado con ácido clorhídrico. El logro es el carbón activo cuyas propiedades adsorbentes tienen múltiples aplicaciones.

Una vez que se arranca el motor, y se aproxima este a su temperatura de servicio, la gasolina acumulada en el cánister puede aspirarse para ser aprovechada por el motor, al mismo tiempo que se impide que los vapores generados en el depósito lleguen a la atmósfera. Para proceder a la extracción de la gasolina que hay en el interior del cánister, este está conectado a la admisión a través de un tubo en el que va intercalada una electroválvula de purga. Esta electroválvula es activada a través de la UEC, la cual va variando el tiempo durante el que conecta a masa a dicha electroválvula para modular la apertura de la misma. De este modo, al abrirse la válvula, el colector de admisión aspirará aire a través de la toma de aireación. El aire, al pasar a través del carbón activo, arrastrará la gasolina que tiene impregnada. Con el motor parado la electroválvula de purga permanece cerrada para evitar fenómenos de autoencendido a causa del flujo de vapores de combustible hacia el colector de admisión.

La apertura de la electroválvula varía en función de las revoluciones, de la temperatura del líquido refrigerante y de la cantidad de aire aspirado (en este caso, apertura de la mariposa). La gasolina acumulada en el interior del cánister depende de una serie de circunstancias que el sistema no puede evaluar (temperatura ambiente, tiempo que el vehículo estuvo parado); por ello, la ventilación se procurará hacer cuando pueda producir menos perturbaciones en la suavidad de marcha del motor. Al mismo tiempo, la unidad de control corrige la activación de la electroválvula en función de la señal de la sonda lambda.

La unidad evalúa el enriquecimiento que provocan los vapores de combustible, comparando la señal emitida por la sonda cuando no hay introducción de vapores con la emitida cuando sí los hay. Así conoce el grado de saturación del depósito y adapta el tiempo de excitación de la electroválvula. Esta corrección permite lograr un grado de saturación medio del depósito de carbón activo. Por último, mencionar que **la ventilación del cánister no se realiza de forma continua,** sino que se efectúa con pequeños períodos de descanso.

Debido a la hermeticidad de los depósitos de gasolina, con la instalación del cánister, dichos depósitos incorporan algunas medidas de seguridad. Aprovechamos la ocasión para describir un depósito de combustible de un vehículo moderno (figura 4.33).

Se suelen fabricar de plástico. Unido a él va un depósito de expansión (1) para acumular los gases, por medio de la desaireación (2), que se van produciendo durante el funcionamiento. A este depósito de expansión va acoplada una **válvula antivuelco (3) que tiene dos funciones:**

- Permite, una vez lleno el depósito de expansión, el paso de los gases que no han podido acumularse en este depósito hacia el cánister.
- En caso de vuelco del vehículo, evita el vaciado del depósito a través del tubo de ventilación gracias a una bola que incorpora.

El depósito de gasolina también va provisto de una **válvula de desaireación** (4), cuya misión es permitir la entrada de aire para ocupar la gasolina consumida por el motor. Esta válvula tiene un muelle que impide la salida de gases hacia el exterior salvo que el depósito alcance una presión excesiva. En caso de que falle el sistema de ventilación, o que el cánister esté saturado de combustible, esta válvula permite la salida de gases al exterior impidiendo que se formen presiones peligrosas en el sistema.

El depósito, por otra parte, va dotado de los sistemas clásicos de llenado, entre los cuales se encuentra el manguito de llenado (5) y una ventilación del depósito específica para el llenado de combustible (6). Esta ventilación comunica la parte alta del depósito con un depósito de expansión de gases para el repostaje (7), el cual comunica a su vez con la parte alta del manguito de llenado de tal modo que la punta de la manga del surtidor queda por debajo de ese punto. Esta desaireación tiene la función de extraer el aire del depósito para permitir la entrada de gasolina durante el repostaje y queda obstruida por el tapón de gasolina una vez terminado el repostaje.

recuerda

Si se interrumpe la excitación, la electroválvula se mantiene cerrada con lo cual deja de desairearse el depósito de combustible.

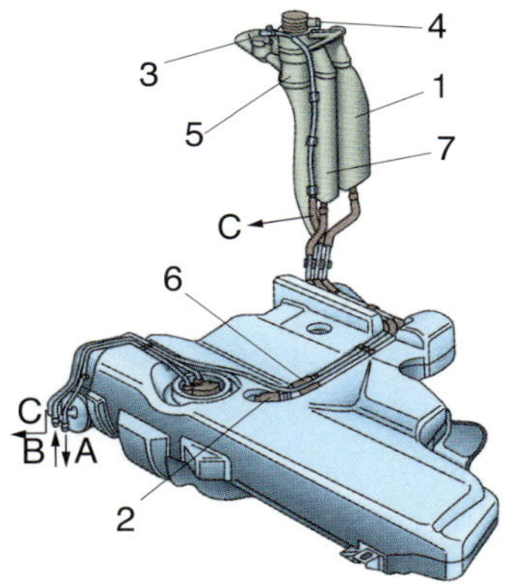

A. Conducto de salida hacia la bomba
B. Retorno del regulador de presión
C. Conducto hacia el cánister

↑ **Figura 4.33.** Depósito de combustible.

4. La inyección semisecuencial

Vamos a introducir un modelo de gestión electrónica de los más utilizados en este momento. Con respecto a la parte de la inyección volvemos a un sistema de inyección multipunto en el cual se introduce la novedad de ser semisecuencial. Estos sistemas se utilizan en motores con número de cilindros par y tienen la particularidad de que en ellos se abren simultáneamente los inyectores de los cilindros cuyos pistones tienen una carrera pareja. De esta forma, se produce una inyección por cada carrera descendente del pistón, con lo cual podemos sincronizar al menos una de las inyecciones con la apertura de la válvula de admisión correspondiente y solo deberá esperar en suspensión a la apertura de la válvula la mitad de la gasolina. Gracias a estos sistemas de inyección, podemos conseguir una mezcla de gasolina más homogénea para aprovechar mejor el combustible.

Con respecto al encendido, continúa siendo un sistema de encendido estático de chispa perdida. El sistema incorpora como novedad la gestión de los ventiladores de refrigeración del motor. Además proporciona las señales necesarias de temperatura del motor para el cuadro de instrumentos y también tiene la capacidad de efectuar la desconexión del compresor del climatizador en determinadas circunstancias.

Con respecto de la contaminación, este modelo de gestión electrónica incorpora un sistema de recirculación de gases de escape que permite la reducción de gases contaminantes así como un pequeño aumento de rendimiento del motor.

También la UEC incorpora algunas novedades como es el ajuste básico. Esta función sirve para adaptar un sensor o actuador nuevo a la UEC cuando este es sustituido, o bien para corregir pequeños desgastes mecánicos del motor o de los propios sensores o actuadores.

A. Sensor MAP
B. Sensor de régimen
C. Sensor de picado
D. Sondas lambda
E. Sensor de temperatura del líquido refrigerante
F. Potenciómetro de mariposa
G. Señales de servicios

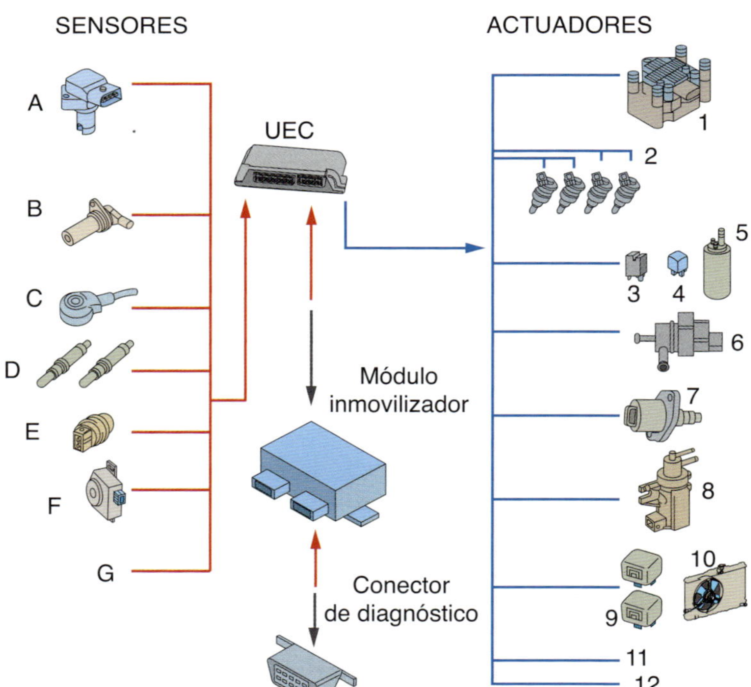

1. Bobina de encendido
2. Inyectores
3. Interruptor de inercia
4. Relé de bomba
5. Electrobomba
6. Electroválvula para depósito de carbón activo
7. Motor «paso a paso»
8. Válvula de recirculación de gases de escape
9. Relés
10. Electroventiladores
11. Hacia la resistencia de calefacción (respiradero del cárter del cigüeñal)
12. Señales suplementarias

↑ **Figura 4.34.** Cuadro sinóptico de un sistema de inyección semisecuencial.

Al mismo tiempo, cabe destacar que la mayor parte de estas unidades de control modernas son reprogramables. Esto quiere decir que a través de los equipos de diagnosis de la marca se pueden cargar nuevos juegos de datos que permitan la variación tanto de todos los mapas característicos dentro de la unidad, como incluso la de los programas informáticos que rigen el funcionamiento de la propia unidad. Igualmente, también permiten al fabricante sustituir distintos sensores y actuadores por modelos nuevos de distinto funcionamiento cuando en los antiguos se ha detectado algún tipo de anomalía.

La función de la reprogramación se produce debido a que los sistemas de gestión modernos incorporan multitud de funciones, por lo que existe una gran probabilidad de que determinadas condiciones de funcionamiento que no han sido probadas adecuadamente en fábrica ocasionen en el sistema funcionamientos defectuosos. A través de esta función, se pueden compensar pequeñas pérdidas de efectividad por el envejecimiento de sensores y actuadores que no se tuvieron en cuenta durante la fabricación de los mismos. Obviamente, estas UEC siguen manteniendo todas las funciones de las UEC digitales anteriores.

Por último, hay que comentar que este sistema semisecuencial incorpora la función de arranque codificado, aunque esta función nos la podemos encontrar en algunos de los modelos explicados anteriormente.

4.1. Sensores

Sensor de presión MAP (*Manifold Absolute Pressure*)

Este sensor (figura 4.35) mide permanentemente, a través de un tubo de vacío, la presión absoluta del aire que hay en el colector de admisión y la convierte en una determinada señal hacia la UEC. Así, la UEC conoce en todo momento el llenado de aire en el motor. A mayor presión absoluta en el colector de admisión, mayor cantidad de aire aspirado o viceversa.

Es de tipo piezorresistivo (resistencia variable con la presión). Concretamente, estos sensores están formados por unos cristales de silicio colocados sobre una lámina que por un lado está sometida a la presión del colector de admisión y por el otro a una cámara sobre la que hay una presión que ha sido fijada en fábrica (vacío de referencia). Por tanto, la lámina se deforma por efecto de la presión que hay en el colector de admisión, lo cual hace variar la forma de los cristales y, como consecuencia, su resistencia.

saber más

El puente de medida (circuito evaluador) del sensor MAP consiste en un puente de Wheatstone con cuatro resistencias, el cual se desequilibra, dado que dos de ellas están sometidas a deformación por presión. Esta deformación hace que varíe su valor óhmico, lo que deriva en una señal eléctrica en función de dicha variación.

Señalemos que también existen sensores MAP piezoeléctricos.

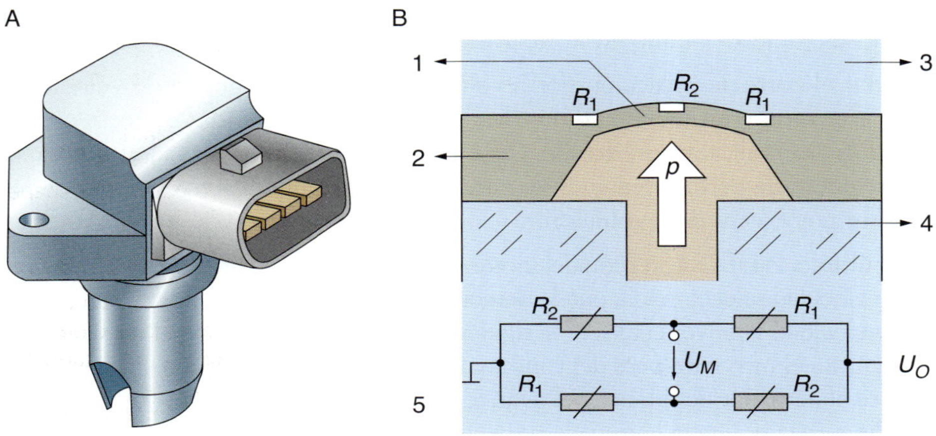

A. Aspecto exterior
B. Esquema de funcionamiento
1. Diafragma
2. Chip de silicio
3. Vacío de referencia
4. Cristal de Pirex
5. Puente de medida

U_M. Voltaje de medida
U_0. Tensión de alimentación
R_1. Resistencias de deformación (comprimidas)
R_2. Resistencias de deformación (por extensión)
p. Presión medida

↑ **Figura 4.35.** Sensor MAP.

saber más

Sensor MAP

En los motores modernos el sensor de presión MAP suele llevar integrado el sensor de temperatura del aire de admisión.

La construcción del sensor MAP puede ser diferente según las marcas, pero siempre estará unido al colector de admisión directamente o mediante un tubo.

La alimentación suele ser de 5 V y la señal de salida, en la mayoría de los modelos, es un valor de tensión entre 0 y 5 V. No obstante, hay modelos (caso de Ford por ejemplo) en los que es una señal en forma de frecuencia entre 80 y 160 Hz. Cuanto más baja sea la presión, más baja será la tensión/frecuencia emitida.

También podemos encontrar antiguos sensores analógicos donde la señal oscila entre 2,5 y 3,5 V.

En algunos modelos estos sensores van instalados dentro de la UEC, con lo cual solo pueden ser comprobados a través del conector de diagnosis de esta.

Señales de servicios

Entre las señales de servicios, tenemos las siguientes:

- Señales del sistema de aire acondicionado.
- Señal DF del alternador.
- Señal de velocidad del vehículo.
- Señal de voltaje de batería.
- Manocontacto de la dirección asistida.

Aparte de la ya comentada señal de aire acondicionado conectado que le indica a la UEC del sistema de gestión del motor cuándo está trabajando el compresor de aire acondicionado, existe una segunda señal de disponibilidad de aire acondicionado que proviene del interruptor de conexión del mismo. Este interruptor le indica a dicha UEC que el aire acondicionado está activo y que en cualquier momento se puede conectar el compresor. Al recibir esta señal, la UEC eleva un poco el régimen de ralentí.

A través de la señal DF del alternador, la UEC de gestión del motor recibe señal del estado de carga del alternador y, por tanto, de la potencia mecánica que está consumiendo este. De este modo, la UEC podrá ajustar el ralentí (en este caso actuando sobre un motor «paso a paso») para compensar la pérdida de revoluciones que produciría el consumo del alternador.

También la UEC de gestión del motor recibe una señal de impulsos de frecuencia proporcional a la velocidad del vehículo con el fin de reconocer la velocidad a la que circula el mismo. Al mismo tiempo, comparando la velocidad del vehículo con el régimen de revoluciones, la UEC puede deducir la relación de velocidad seleccionada en la caja de cambios. Esta señal es utilizada por la UEC para las siguientes funciones:

- Elevar el régimen de ralentí si el vehículo está en marcha para, en caso de acoplamiento del embrague, reducir lo máximo posible la tendencia al calado. Con el mismo objetivo, también se eleva el ralentí al iniciar la marcha el vehículo.
- Variar el corte de inyección por revoluciones según el régimen de velocidad. De este modo, en las relaciones de velocidad más reducidas el corte de inyección se realiza antes, debido a que en esa situación es más fácil acercarse al régimen de corte rápidamente, con lo cual aumenta el riesgo de rotura del motor por exceso de revoluciones.
- Por último, la UEC de gestión del motor, conociendo las revoluciones y la relación de velocidad seleccionada, puede detectar cuándo se va a seleccionar un cambio de velocidad y prever cuál será la siguiente velocidad y por tanto el régimen que alcanzará el motor después del cambio de la misma. Con estos datos, y actuando sobre el actuador de ralentí y el avance al encendido, el sistema controlará parcialmente la potencia entregada por el motor produciendo cambios de velocidad más suaves y evitando el tironeo del vehículo después de acoplar el embrague.

Esta señal puede ser recibida a través de una salida desde el cuadro de instrumentos o mediante un sensor específico, que suele ser de tipo Hall, cuya corona generatriz va acoplada a un piñón que está ensamblado al grupo diferencial (figura 4.36).

Por lo que respecta al voltaje de la batería, cabe decir que esta señal la recibe la UEC a través de sus propias líneas de alimentación de tensión y la utiliza para la corrección de los tiempos de carga de la bobina y apertura de los inyectores, así como para la desactivación del sistema de gestión (apagado del motor) en caso de que la tensión del sistema no alcance un valor que garantice su correcto funcionamiento (normalmente este valor es de aproximadamente 8 V).

Para concluir con las señales de servicios, hay que decir que en el tubo de salida de la bomba de dirección asistida existe un manocontacto (figura 4.37) que le indica a la UEC de gestión del motor si la bomba está mandando presión y si por lo tanto está consumiendo potencia al motor. De este modo, al cerrarse el manocontacto, la UEC aumentará el régimen de ralentí para compensar esta pérdida de potencia.

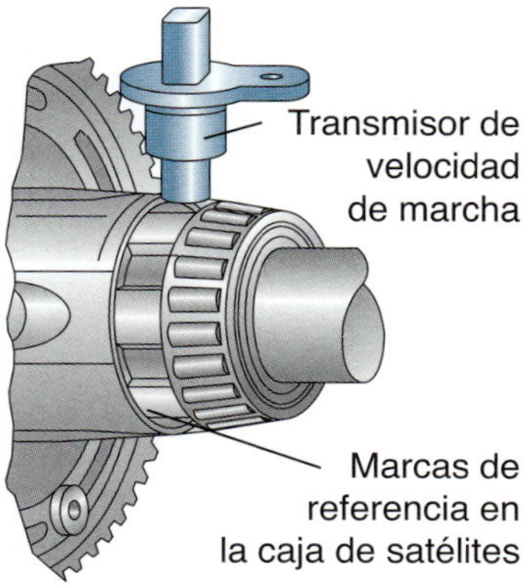

↑ **Figura 4.36.** Ubicación del sensor de velocidad del vehículo en el grupo diferencial.

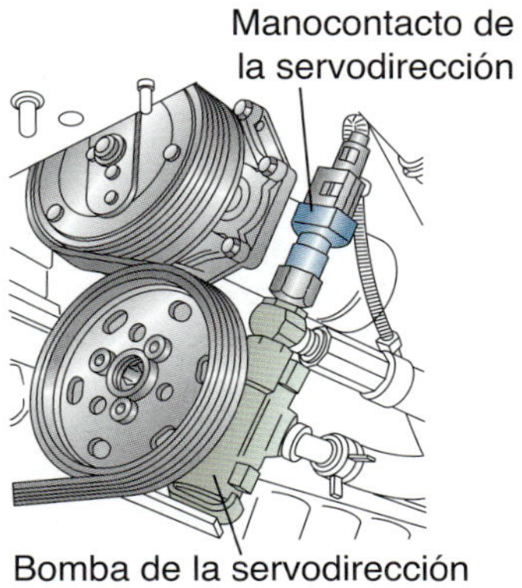

↑ **Figura 4.37.** Ubicación del manocontacto en la bomba de la servodirección.

4.2. Actuadores

Interruptor de inercia o sensor de impacto

Este elemento (figura 4.38), instalado en casi todos los coches modernos (incluso en los diésel), tiene la función de desconectar la alimentación de la electrobomba, y con ello interrumpir el funcionamiento del motor, en caso de que el vehículo reciba un golpe medianamente brusco. De esta forma, se evita el derrame de combustible si se produce alguna rotura en las tuberías.

Está formado por una bola de acero sujeta en su alojamiento cónico por una fuerza magnética. Si la bola es sometida a una aceleración por encima del valor de calibrado (momento del golpe), vence la acción de la fuerza magnética, con lo cual sale de su posición haciendo que se abran unos contactos para interrumpir la alimentación. Para restablecer la conexión es necesario presionar un botón que sobresale por su exterior.

Suele ir colocado en zonas muy diversas (detrás del radiocasete, al lado del pedal de embrague, dentro del capó, debajo de la rueda de repuesto, etc.).

↑ **Figura 4.38.** Sensor de impacto.

Motor paso a paso

Este dispositivo (figura 4.39), comandado por la UEC, controla la cantidad de aire tomado en derivación de la caja de la mariposa. Se realiza este control con el fin de suministrar el caudal de aire adicional en frío (ralentí acelerado), regular el régimen de ralentí en caliente en función de la carga del motor y mejorar las fases transitorias de funcionamiento del motor (por ejemplo, cambios de marcha y variaciones rápidas en la posición del acelerador).

Consiste en un pequeño motor eléctrico que se compone de una serie de bobinas y unos imanes permanentes que hacen de rotor. Está ideado para girar pasos muy pequeños y precisos y posicionar con gran precisión una válvula que, en realidad, es quien obstruye más o menos el conducto de aire adicional.

El motor propiamente dicho se encuentra en el eje, o de alguna forma engranado al mismo, donde van los imanes permanentes. Las dos bobinas (1-2 y 3-4) reciben corriente de los cuatro terminales del motor «paso a paso», por lo cual se crea un campo magnético en las mismas provocando un giro en el rotor. Este giro es transformado en un movimiento lineal del eje que posiciona a la válvula para variar la sección de paso del aire. La UEC podrá excitar las bobinas para situar al rotor en una de las cuatro posiciones posibles del motor. Según las bobinas que conecte y la polaridad con que lo haga situará al rotor en una de las cuatro posiciones posibles indicadas en la figura 4.39 (sección B). Una vez situado en una posición (por ejemplo, paso 1), la bobina podrá pasar a una de las posiciones contiguas (paso 2 o paso 4). Según la polaridad escogida por el siguiente paso, el motor girará en un sentido u otro. El giro posible entre dos pasos siempre será de 90° con independencia del voltaje de alimentación de la batería y del desgaste y agarrotamiento del sistema, siempre y cuando la UEC excite las bobinas el tiempo suficiente para completar el paso. Escogiendo un tiempo de excitación suficientemente largo, la UEC consigue mover con la misma precisión el motor independientemente de las condiciones de trabajo y del desgaste del mismo.

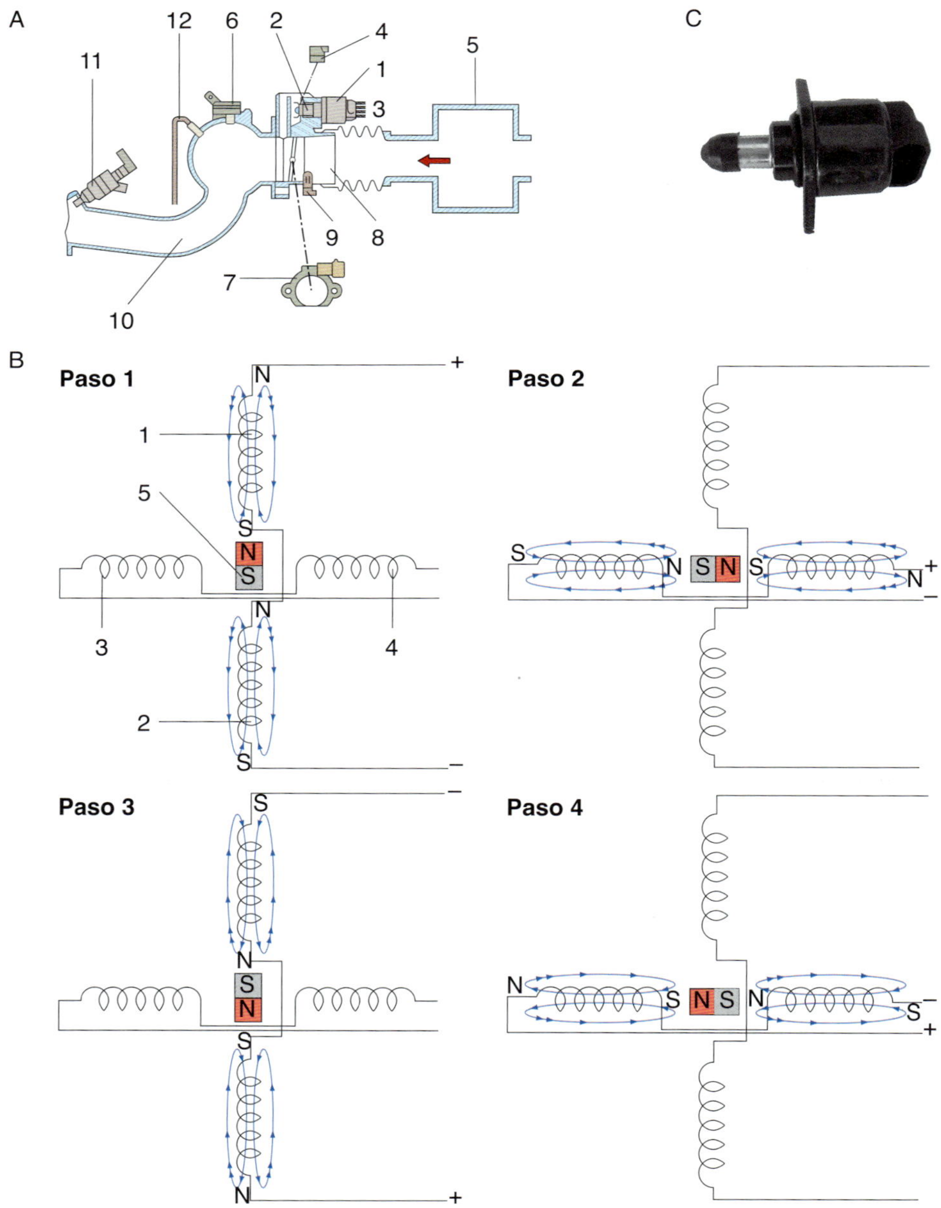

A. Ubicación del motor «paso a paso» en el sistema de inyección
1. Motor paso a paso
2. Válvula del motor paso a paso
3. Cables de alimentación de las bobinas del motor paso a paso
4. Resistencia de calentamiento de la caja de mariposa
5. Caja del filtro de aire
6. Sensor MAP
7. Potenciómetro de mariposa
8. Caja mariposa
9. Termistancia de aire de admisión
10. Colector de admisión
11. Inyectores (x 4)
12. Conducto del cánister

B. Detalle de la parte eléctrica
1, 2, 3, 4. Bobinas
5. Rotor

C. Aspecto exterior

↑ **Figura 4.39.** El motor «paso a paso».

Con el fin de conocer la posición del motor «paso a paso», la UEC necesita una puesta a cero de dicho motor cada vez que se pone el contacto. Para ello, la UEC excita al motor «paso a paso» para que este realice un total de pasos mayor que el que es capaz de realizar en alguno de sus sentidos. Al hacer esto, la UEC habrá abierto o cerrado totalmente el paso de aire por lo cual ya conoce la posición del motor «paso a paso».

Se necesitan aproximadamente 200 pasos para que el eje haga su recorrido total, lo que demuestra la alta precisión de este mecanismo. Para que la UEC calcule el número de pasos que se necesitan para regular la fase de ralentí, necesita información de la temperatura del motor y de las revoluciones del mismo; siendo necesario en algunos casos la posición de la mariposa y como información adicional la conexión y desconexión del aire acondicionado.

En deceleración, la UEC retrasa el retorno de la válvula del motor «paso a paso» a su posición de estanqueidad. De esta forma llega al motor una cantidad de aire desviado por el orificio lo cual reduce las emisiones contaminantes de los gases de escape.

Por último, comentar que en la sección A de la figura 4.39 aparece un nuevo elemento: la resistencia (tipo PTC) de calentamiento de la caja de mariposa, que impide la formación de hielo en dicha caja. Al alcanzar una temperatura determinada, su resistencia es tan grande que el consumo de potencia eléctrica es mínimo, por lo que ya no sube de temperatura. Esta resistencia está alimentada a 12 V.

recuerda

La UEC se encarga de la excitación de las bobinas, cambiando alternativamente la polaridad de cada grupo de bobinas para producir el giro o para cambiar el sentido de giro.

Resistencia de calefacción (respiradero del cárter del cigüeñal)

Esta resistencia va situada en el tubo de salida de los gases del cárter y tiene como función calentar dichos gases para reducir su densidad y evitar así que se condensen en el circuito de admisión, donde podrían producir depósitos.

Señales suplementarias

La UEC de gestión del motor es capaz de desactivar al relé que alimenta al compresor de aire acondicionado en los siguientes casos:

a) A revoluciones del motor excesivamente bajas para suprimir el consumo de potencia producido por el compresor de aire acondicionado cuando existe una posibilidad de calado.

b) Inicio de aceleración. En esta situación, la UEC desactiva al compresor durante unos segundos para aumentar la potencia que el motor aplica a las ruedas.

c) En caso de sobretemperatura del motor, con el fin de reducir el consumo de potencia del motor y así poder aumentar la capacidad de refrigeración.

Refrigeración del motor

Con objeto de ahorrar sensores de temperatura en el circuito de refrigeración y simplificar las instalaciones eléctricas en el vehículo, esta UEC incorpora el control de la puesta en marcha de los ventiladores de refrigeración y proporciona las señales de temperatura para su visualización en el cuadro de instrumentos (figura 4.40). Para esto, la UEC toma la señal de temperatura de las dos sondas (1). Cuando el motor alcance un determinado nivel de temperatura, pondrá en marcha una primera fase en la que conectará a masa el relé nº 2, por lo que, como se observa en el esquema, quedarán conectados en serie los ventiladores 3 y 4 (ambos alimentados a 6 V). Si

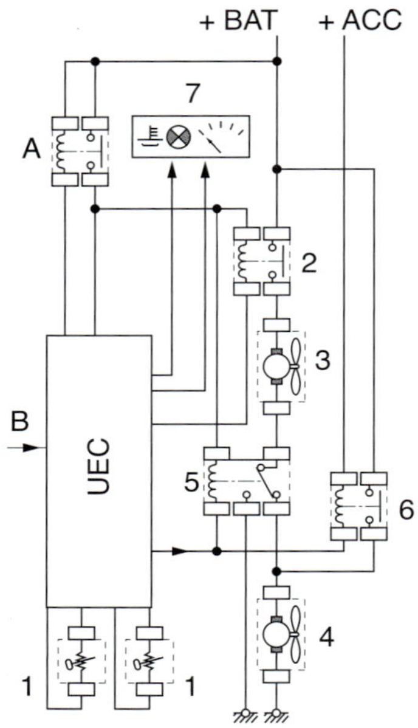

+BAT = +batería
A. Relé doble de inyección
+ACC = +accesorios
B. Información de la climatización en servicio

↑ **Figura 4.40.** Esquema eléctrico de un circuito de ventilación del motor.

la temperatura sigue subiendo hasta alcanzar el nivel de la segunda fase, la UEC pondrá a masa las bobinas de los relés 5 y 6 de tal forma que, a través del relé 5, el ventilador 3 recibe masa y, a través del relé 6, el ventilador 4 recibe positivo, con lo que ambos quedan alimentados a 12 V. El funcionamiento de los ventiladores también se mantendrá después de apagado el vehículo, pero se limitará a un tiempo máximo de aproximadamente 6 minutos para evitar la descarga de la batería en caso de mal funcionamiento del sistema. Por otro lado, la UEC también conectará los ventiladores cuando reciba la señal de conexión del compresor de la climatización. Con las señales de temperatura, la UEC conforma una señal de voltaje que enviará al cuadro de instrumentos (7) para excitar al indicador de temperatura del motor dispuesto en dicho cuadro. Del mismo modo, si la temperatura excede de un determinado nivel, la UEC pondrá a masa el testigo de sobrecalentamiento del cuadro.

Como se ha explicado, la UEC es la encargada de generar las señales de temperatura para el cuadro y poner en marcha los ventiladores, por lo que cualquier fallo en la medida de temperatura del motor provocaría el fallo simultáneo, tanto de la indicación de la temperatura como de la puesta en marcha de los ventiladores. Para evitar que esto ocurra, algunos modelos incorporan dos sondas de temperatura, de modo que si falla la principal, el sistema pueda tener señal de la secundaria. En caso de detectar fallo en cualquiera de las dos sondas, el sistema lo indicará haciendo parpadear el testigo de sobrecalentamiento y, en algunos modelos, pondrá en marcha los ventiladores en velocidad máxima en todo momento.

4.3. Medidas anticontaminación

En lo concerniente a aspectos de anticontaminación, este sistema incorpora, además de la técnica de control de los vapores del depósito de combustible, dos sondas lambda así como un subsistema donde se recicla una cantidad controlada de gases de escape.

Sondas lambda

En estos sistemas se suele montar una sonda lambda adicional situada después del catalizador (figura 4.41) cuya finalidad es verificar la efectividad del mismo. De este modo, la UEC compara las tensiones de las sondas anterior y posterior al

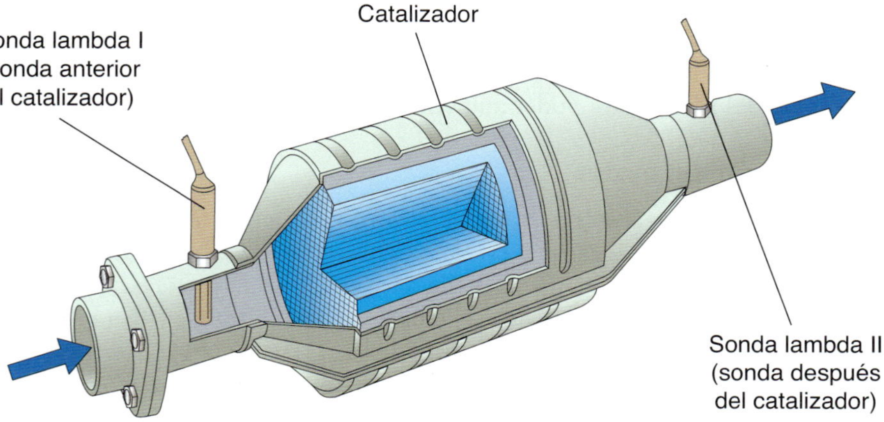

← **Figura 4.41.** Ubicación de una segunda sonda lambda en el sistema de escape.

catalizador y, si la relación entre las mismas difiere del margen teórico especificado por el fabricante, la gestión del motor detecta un funcionamiento irregular del catalizador. En este caso, queda registrado el código de avería correspondiente en la memoria, visualizándose dicha avería en el testigo pertinente.

Ambas sondas tienen las mismas características y, para evitar que sus conectores sean intercambiados por confusión, estos suelen ser geométricamente distintos y con diferentes colores.

En la figura 4.42, podemos ver los voltajes emitidos por una sonda lambda posterior al catalizador cuando este está funcionando correctamente (sección A) o incorrectamente (sección B).

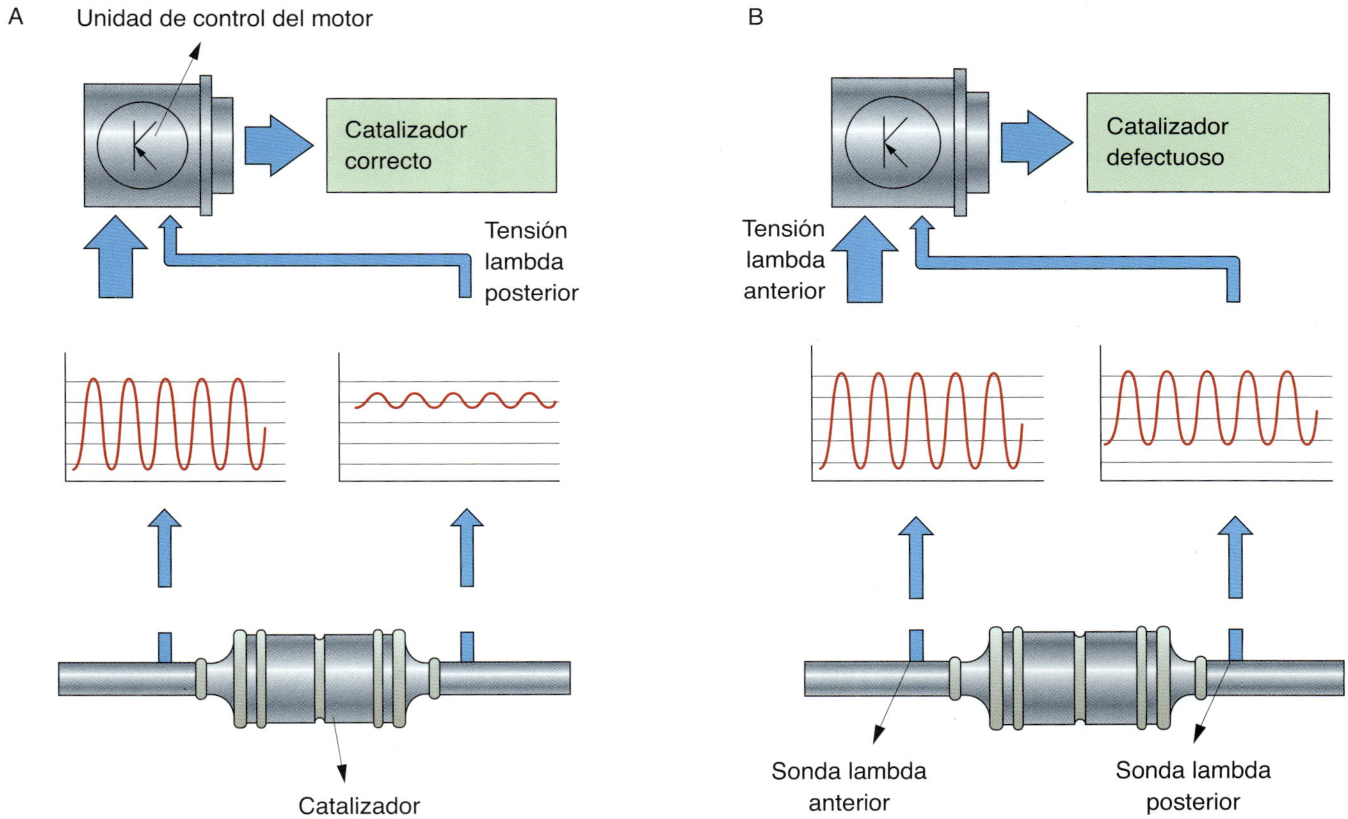

↑ **Figura 4.42.** Informe de la sonda lambda posterior al catalizador de un catalizador correcto y de uno que funciona incorrectamente.

Sistema de recirculación de gases de escape

Este sistema permite enviar a la admisión un determinado caudal de gases de escape, en determinadas condiciones del motor, con la finalidad de disminuir la temperatura de la combustión para que los óxidos de nitrógeno (NO_x) se vean reducidos. El resultado es, aparte de la reducción del efecto contaminante de los gases, un pequeño incremento del rendimiento del motor y una disminución en el consumo de combustible.

Los colectores de escape y admisión se comunican, tal como se aprecia en la figura 4.43, a través de la válvula de recirculación de gases de escape (EGR, del inglés *Exhaust Gases Recirculation*) que es, como es obvio, la que determina la cantidad de gases de escape que deben pasar a admisión.

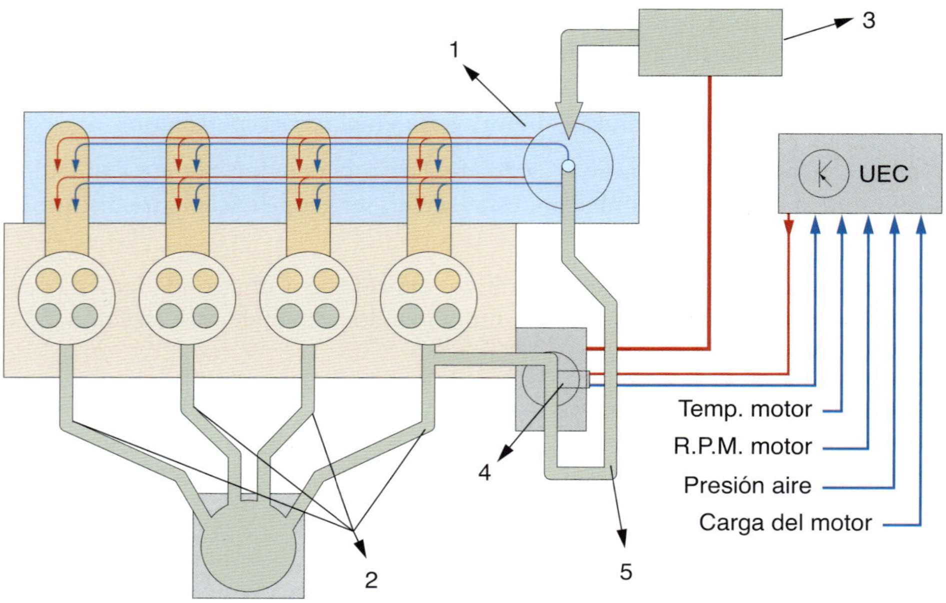

1. Colector de admisión
2. Colector de escape
3. Filtro de aire
4. Válvula EGR
5. Tubo de alimentación hacia el colector de admisión

↑ **Figura 4.43.** Sistema de recirculación de gases de escape.

Esta válvula es comandada por la UEC en función de los siguientes parámetros: temperatura del motor, régimen del motor, presión del aire y carga del motor. Se denomina **carga del motor** a unas revoluciones determinadas al tanto por ciento de potencia teórica que está entregando el motor sobre el total de potencia que sería capaz de entregar a esas revoluciones. Este valor se calcula en función de las revoluciones y el ángulo de mariposa.

La válvula EGR no es activada (por tanto mantiene cerrado el paso de gases) si el motor está frío o a plena carga. En los demás estados, se regula su apertura para conseguir un óptimo rendimiento del motor sin entorpecer la suavidad de marcha.

Como se aprecia en la figura 4.44, cuando el devanado (1) recibe un impulso de tensión por parte de la unidad de control, se produce en dicho devanado un campo magnético que desplaza al inducido (2) contra la acción del muelle (3), lo cual deriva en un movimiento de la válvula (4) hacia apertura. Una vez cesa el impulso, es el propio muelle el que hace que la válvula recupere su posición inicial. El grado de apertura de la válvula se regula a través del voltaje que se le aplica.

En el cabezal de la válvula, hay un potenciómetro (5) cuya función es informar a la UEC acerca de la sección de apertura de la válvula. De esta forma, la UEC puede regular la tensión del devanado en la válvula en función de los parámetros anteriormente citados.

Por otra parte, debe mencionarse el conducto (6) que, comunicado con el filtro de aire, compensa la presión en la válvula durante las fases de regulación.

Para finalizar la descripción de este sistema, señalaremos que en otros modelos de vehículos la válvula EGR es mecánica, tal como la podemos apreciar en la figura 4.45. Este tipo de válvula realiza la misma función que la explicada ante-

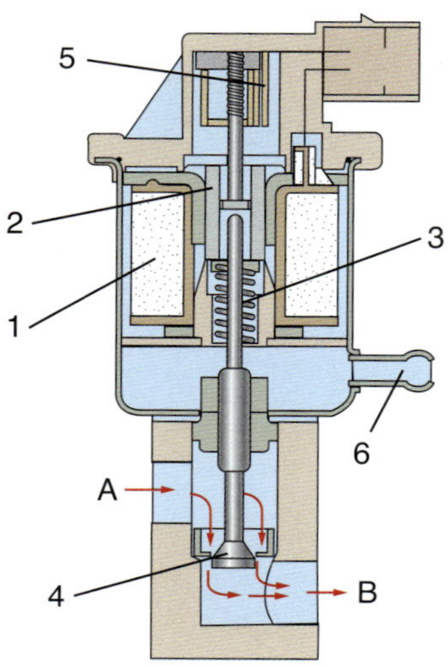

A. Gases de escape del motor
B. Gases hacia el colector de admisión

↑ **Figura 4.44.** Válvula EGR controlada directamente por la unidad de mando.

riormente aunque de un modo menos preciso. Consta de un diafragma (1), un muelle (2) y la válvula propiamente dicha (3). Cuando el vacío generado en la válvula a través del conducto (4) alcanza un determinado valor, el diafragma comprime al muelle, lo cual hace levantar de su asiento a la válvula por medio del vástago (5). En este caso, es el grado de vacío el que determina la dimensión de la apertura. El muelle estirado mantiene en posición de reposo al diafragma y por tanto a la válvula.

Aquí la electrónica interviene en la regulación del vacío, ya que este viene determinado por un regulador electrónico que está conectado, a través de unos tubos, al colector de admisión y a la propia válvula EGR. Este regulador está regido por la UEC y consta, aparte de los conductos, de un electroimán y una válvula. Cuando la UEC envía una señal de voltaje en función de los parámetros conocidos sobre el electroimán, la válvula de este se desplaza más o menos según la intensidad de la señal, con lo que genera un mayor o menor vacío en la válvula EGR.

Por último, comentar unos detalles acerca del ahorro de combustible mediante la recirculación de gases de escape.

En un motor con recirculación de gases de escape, sabemos que se añaden gases de escape al aire aspirado y también conocemos que la EGR trabaja en el margen de carga parcial, es decir, estando poco abierta la válvula de mariposa. Así pues, a fin de aspirar igual cantidad de aire del exterior que en un motor sin recirculación de gases de escape, la válvula de mariposa tiene que abrirse más. Gracias a este mayor ángulo de válvula de mariposa se producen menos turbulencias en el aire aspirado. Por tanto, el motor aspira el aire venciendo menor resistencia y ello hace disminuir el consumo de combustible.

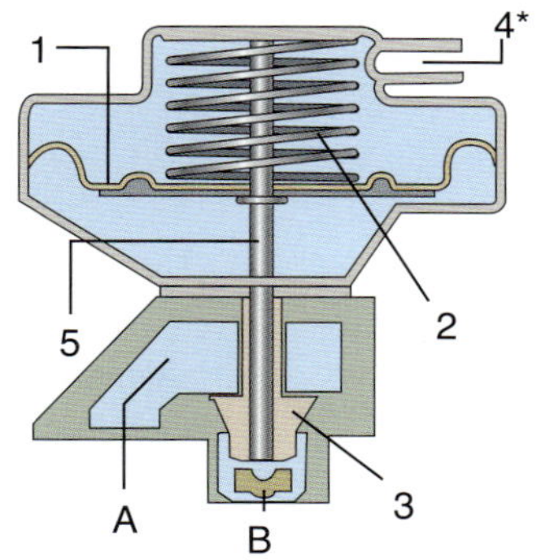

* Vacío regulado por un regulador electrónico

A. Salida al colector de admisión

B. Entrada de gases de escape desde el colector de escape

↑ **Figura 4.45.** Válvula EGR mecánica.

saber más

Existen EGR giratorias con sensores Hall en vez de potenciómetros y EGR lineales con sensores Hall de recorrido lineal. En este último caso el acercamiento/alejamiento del imán, varía el flujo sobre el sensor Hall y en consecuencia, la tensión generada.

La UEC recibe la señal del sensor Hall, con lo cual registra la posición de la válvula, y la utiliza como señal de retroinformación para el control del motor, integrado en la propia válvula.

4.4. Codificación de arranque o inmovilizador

Esta función tiene por objeto impedir arranque del motor si no se recibe la autorización por parte del dispositivo de arranque codificado. Podemos encontrar, según el modelo que se trate, de distintos sistemas.

La versión más extendida en la actualidad es la inmovilización del motor a través de la codificación de llaves (figura 4.46). Este sistema está basado en una central de inmovilización conectada a una antena que se coloca en el antirrobo del vehículo. Todas las llaves del vehículo disponen en su interior de un pequeño circuito electrónico integrado en una pastilla. En este circuito se encuentran otra antena, un circuito de alimentación, un circuito de recepción y emisión de radiofrecuencia y un microcontrolador con una pequeña memoria.

Este conjunto funciona de tal modo que, al poner contacto, la central de inmovilización alimenta a la antena del antirrobo con una onda senoidal. Esta antena induce sobre la antena de la llave una onda del mismo tipo que será utilizada por el circuito de alimentación con el fin de generar el voltaje necesario para el funcionamiento del resto de los circuitos de la llave. De este modo, la sección de inmovilización de la llave es capaz de funcionar sin baterías. Al recibir alimentación, el microcontrolador de la llave lee en su memoria el código de identificación de esta y se lo envía al circuito de radiofrecuencia para que lo transmita a través de la antena. La central de inmovilización, a través de la antena del antirrobo, detecta el código enviado por la llave y comprueba si ese código está almacenado en su memoria de llaves correctas.

Esta memoria, según el modelo, puede almacenar entre seis y veinte llaves, las cuales deberán ser programadas por el equipo de diagnosis del sistema. La central de inmovilización está conectada a la UEC de la gestión del motor a través de unos cables de comunicaciones.

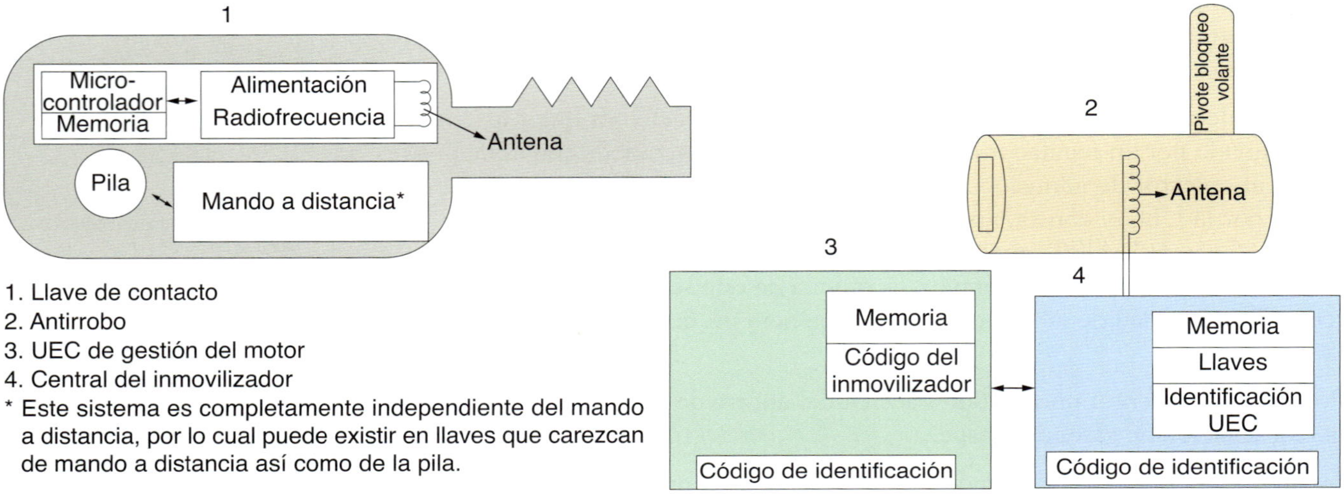

1. Llave de contacto
2. Antirrobo
3. UEC de gestión del motor
4. Central del inmovilizador

* Este sistema es completamente independiente del mando a distancia, por lo cual puede existir en llaves que carezcan de mando a distancia así como de la pila.

↑ **Figura 4.46.** Esquema de bloques de un inmovilizador.

Al instalar en el vehículo, tanto la central de inmovilización como la UEC de gestión del motor, se memoriza en sus respectivas memorias el código de identificación de ambas centrales de tal modo que, en el momento en que la central de inmovilización recibe un código de llave correcta, se comunica con la UEC de gestión del motor, la cual responde con su código de identificación. El inmovilizador comprueba en su memoria si la UEC de gestión del motor que ha respondido es la que ha sido programada para trabajar con este y en caso afirmativo le envía a la misma su código de identificación y le indica que la llave introducida es correcta. La UEC de gestión del motor recibe estos datos y comprueba igualmente que la unidad de inmovilización es la programada y en caso correcto permite el arranque del motor. Si existiese algún tipo de error en alguno de los pasos descritos, la UEC de gestión del motor no recibiría la autorización de arranque, por lo cual no funcionaría y no sería posible arrancar.

Hay sistemas que prescinden de cerradura mecánica y el inmovilizador se guía exclusivamente por la señal que emite el transponder. En estos sistemas hay un pulsador que envía una señal a la UEC para que inicie el proceso de arranque.

También nos podemos encontrar, en versiones más modernas, transponder en forma de tarjetas. Dicho transponder será reconocido al encontrarse en el área de influencia.

Señalaremos que el transpondedor o transponder es un tipo de dispositivo utilizado en telecomunicaciones cuyo nombre viene de la fusión de las palabras inglesas Transmitter (transmisor) y Responder (Contestador/Respondedor).

saber más

Programación de la UEC

Hay ciertas UEC que una vez que son programadas para trabajar en conjunto no es posible volver a programarlas.

ACTIVIDADES

1. Realiza una codificación de llaves y de una UEC de inmovilizador con el equipo de diagnosis de que dispongas en el taller.

5. La inyección secuencial

Uno de los sistemas más avanzados del mercado es el basado en la inyección secuencial (figura 4.47) que, en este caso que explicamos corresponde a un motor de 8 cilindros en V. Debido a la existencia de dos culatas, todos los sensores y actuadores relacionados con la culata (sensores de picado), árboles de levas (sensores de fase y actuadores de distribución variable), admisión (actuadores de admisión variable) y escape (sonda lambda) se encuentran duplicados.

A. Medidor de masa de aire por lámina caliente
B. Transmisor de régimen
C. Sensores de posición del árbol de levas
D. Sondas lambdas
E. Mariposa electrónica
F. Transmisor de temperatura del líquido refrigerante
G. Sensores de picado
H. Pedal del acelerador (a) con transmisor de posición integrado (b)

I. Transmisor de posición del acelerador
J. Interruptor de luz de freno e interruptor de pedal de freno
K. Interruptor de pedal de embrague (sólo en versiones con cambio manual)
L. Transmisor de temperatura del aceite
LL. Regulador de velocidad

II. Transmisor del ángulo del volante
III. UEC de ABS/ESP
IV. UEC para cambio automático

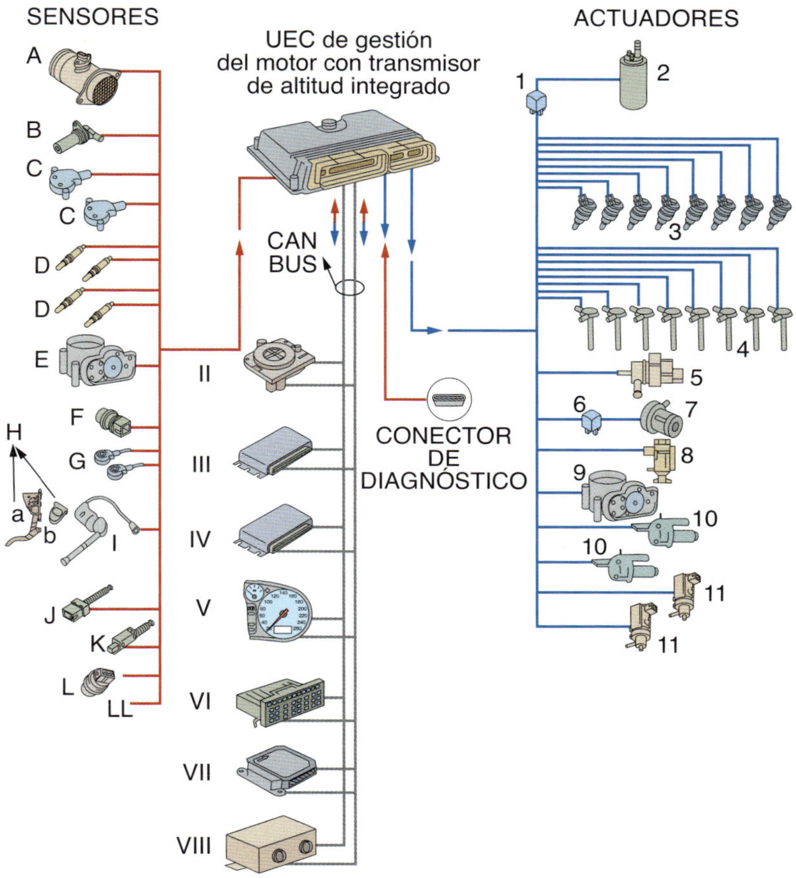

V. Procesador combinado en el cuadro de instrumentos
VI. UEC y panel de mandos e indicación para climatizador
VII. UEC del airbag
VIII. Módulo inmovilizador

1. Relé de bomba de combustible
2. Bomba de combustible
3. Inyectores
4. Bobinas de encendido
5. Electroválvula para depósito de carbón activo
6. Relé para bomba de aire secundario
7. Bomba de aire secundario
8. Electroválvula de inyección de aire secundario
9. Mariposa electrónica
10. Electroválvulas de variación de la distribución
11. Electroválvulas para admisión variable

↑ **Figura 4.47.** Cuadro sinóptico de un sistema de inyección secuencial.

En este sistema de gestión, con respecto a la inyección, hay que decir que se trata de una inyección secuencial, es decir, cada inyector se abre sincronizado con la válvula de admisión correspondiente.

Por otro lado, incorpora una serie de novedades que contribuyen al aumento de rendimiento del motor, como son la actuación sobre la admisión y distribución; que favorecen la suavidad de marcha como es el control electrónico de la mariposa, la incorporación de un interruptor de freno y embrague; o que eliminan contaminantes como pueden ser la inyección de aire en el escape y las mejoras en las sondas lambda. También la UEC incorpora internamente sistemas de autodiagnosis.

Otra novedad importante es la incorporación del CAN Bus. Gracias al CAN-Bus se evita que el aumento de información a enviar o un mayor número de unidades de control implique un aumento del cableado. Así se reduce la complejidad en el conexionado, el tamaño de los conectores y el volumen ocupado por los cables. Además se ha podido incrementar el volumen de información, la velocidad y la seguridad en la comunicación y el espacio disponible en el habitáculo.

5.1. Sensores

Medidor de masa del aire por lámina caliente

↑ **Figura 4.48.** Aspecto exterior de un medidor de masa de aire por lámina caliente.

Este tipo de medidores de masa de aire (figura 4.48) basan su funcionamiento en mantener una lámina conductora a una diferencia de temperatura fija con respecto a la temperatura del aire que entra en el interior del motor. La transferencia de calor entre dos cuerpos es proporcional a la diferencia de masas de los mismos y a su diferencia de temperaturas. El medidor de masa de aire regulará electrónicamente la temperatura de la lámina para que la diferencia de temperatura (suele ser de aproximadamente 70 °C) entre esta y el aire aspirado sea fija. De este modo la potencia eléctrica consumida por la lámina para mantener la diferencia de temperatura será la medida de calor transferida de dicha lámina al aire aspirado y, por tanto, será proporcional a la masa de aire aspirado.

En la sección **a** de la figura 4.49 vemos el esquema eléctrico y en la sección **b** apreciamos un ejemplo de construcción donde se pueden ver las dos caras del mismo medidor de masa de aire.

saber más

Para calcular la masa de aire que entra al cilindro y en consecuencia, dosificar la cantidad de combustible, se recurre a la información de varios sensores. Para ello se emplean dos procedimientos:

Primer procedimiento:

- Caudalímetro másico: incorpora corrección por temperatura de aire aspirado y por tanto, mide masa de aire.
- Revoluciones: sabiendo el caudal másico y el número de ciclos/seg, se calcula el reparto de masa de combustible por cilindro.
- Posición pedal acelerador: en motor de gasolina para modificar la dosificación. En un motor diésel para evitar humos.

Segundo procedimiento:

- Sensor de presión: teniendo en cuenta la sección de paso y la presión en la misma, se conoce el caudal volumétrico.
- Sensor de temperatura: con la sonda de temperatura y el dato que ya teníamos de presión, se ajusta el dato densidad. Con caudal y densidad sabemos el caudal másico (presión y temperatura suelen ir en el mismo sensor).
- Revoluciones y pedal acelerador: igual que en el primer procedimiento.

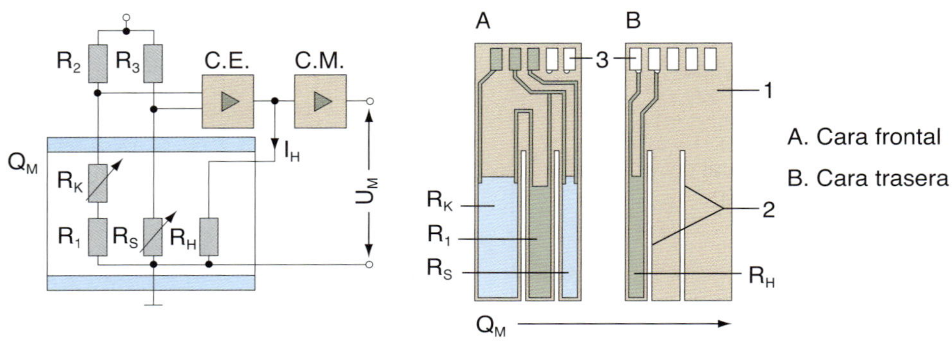

↑ **Figura 4.49.** Esquema de funcionamiento interno de un medidor de masa de aire por lámina caliente.

Sobre una base cerámica (1) sobre la que existen dos cortes de separación (2), se montan unas resistencias alimentadas a través de unos contactos (3). La primera de ellas, R_K, se utiliza para medir la temperatura del aire aspirado. En el otro extremo de la base se monta una lámina (R_H), que será la que se mantenga a una diferencia de temperatura constante con respecto a la temperatura medida por R_K. Para medir la temperatura de R_H, pegada a ella se monta una resistencia R_S. Un circuito electrónico (CE), por medio del puente de resistencias formado por R_1, R_2, R_3, R_K y R_S se encargará de alimentar eléctricamente la lámina caliente (R_H) regulando su temperatura. Un amplificador (CM) se ocupará de medir la corriente eléctrica (I_H) consumida por la lámina y transformarla en una señal de voltaje (U_M) que será utilizada por la UEC de gestión del motor como medida del caudal de aire (Q_M).

En algunos modelos, las resistencias, en vez de ir montadas sobre una base cerámica, se sitúan sobre un armazón metálico. También existe una versión más antigua que utilizaba un hilo de platino, en lugar de una lámina caliente. Este modelo incorporaba una función de autolimpieza, donde el hilo caliente se conectaba directamente a voltaje de la batería durante unos segundos cada vez que el motor se apagaba. De este modo, se conseguía que el hilo caliente se pusiera incandescente para poder quemar los depósitos de polvo que se pudieran haber adherido a él. A esta técnica se denomina **pirolisis.** Un mejor estudio de los materiales utilizados ha permitido prescindir de esta función en la actualidad.

Una evolución de los medidores de masa de aire de lámina caliente son los denominados de **flujo inverso** (figura 4.50). Este tipo de medidores de masa de aire tienen la ventaja de que son capaces tanto de realizar medidas de caudal de aire que entra en el motor como del caudal de aire que sale de este. En los motores de explosión a determinadas revoluciones, el rebote del aire contra las válvulas que se acaban de cerrar puede provocar que parte del aire que ha sido aspirado y medido por el medidor de masa de aire vuelva a salir, siendo medido por segunda vez por el mismo medidor de masa de aire. En un medidor como el descrito anteriormente, en esta situación, estaríamos midiendo más cantidad de aire del que realmente ha sido aspirado por el motor.

Los medidores de masa de aire de flujo inverso se basan en mantener una lámina (1) a una temperatura fija y constante (figura 4.51). Al lado de la lámina se sitúan dos sondas de temperatura (M_1 y M_2). M_1 está situada en el lateral correspondiente a la entrada de aire desde el filtro, mientras que M_2 está al lado correspondiente al motor. En condiciones normales de funcionamiento (el aire que pasa por el medidor de masa del mismo está siendo aspirado por el motor), el aire aspirado enfría la sonda de temperatura M_1 y, al mismo tiempo, parte de este aire se calienta por efecto de la lámina (1) y calienta a su vez a la sonda de temperatura M_2. En esta situación, M_2 tendrá una temperatura superior a M_1 y esa diferencia de temperatura será proporcional al caudal de aire aspirado. En el caso de que por el medidor de masa de aire circule aire proveniente del motor, este aire realiza el mismo proceso que el descrito anteriormente, pero en este caso enfriará la sonda M_2 y calentará a la sonda M_1. En este caso, la cantidad de aire medido también es proporcional a la diferencia de temperaturas, pero el medidor de masa de aire puede restar esta cantidad de aire a la cantidad de aire medida anteriormente, ya que ha detectado que ha salido del motor debido a que la temperatura de M_2 es más baja que M_1. Ya que la duración del rebote de aire es extremadamente corta, todo el conjunto del sensor de medida (2) ha de estar montado sobre un diafragma extremadamente fino (3) que permita una rápida disipación del calor.

Pasamos a describir el montaje del medidor de masa de aire (4 en la figura 4.51) a través de la figura 4.52: el medidor de masa de aire (1) está introducido en un tubo de medida (2) intercalado en los conductos de admisión del motor. En el interior del conducto de medida parcial (3) se introduce la célula de medición del sensor (4), formada por el diafragma y las resistencias descritas anteriormente. El aire medido accederá al conducto de medida parcial a través de la entrada (5) desde el filtro de aire y saldrá hacia el motor a través del conducto (6). Un circuito electrónico (7) se encarga de regular la temperatura de la lámina y medir las temperaturas de las dos sondas, transformando estas en un voltaje proporcional a la masa de aire aspirado. Este circuito electrónico recibirá alimentación y enviará la señal de caudal de aire a la UEC de gestión del motor a través de los contactos (8).

Por otro lado, algunas marcas japonesas instalan en sus vehículos medidores de masa de aire que miden el flujo de aire según el principio Karman Vortex, es decir, de forma ultrasónica. Este tipo de caudalímetros integran el sensor de presión atmosférica y, al igual que otros medidores de aire, el sensor de temperatura del aire de admisión. A continuación explicamos su funcionamiento:

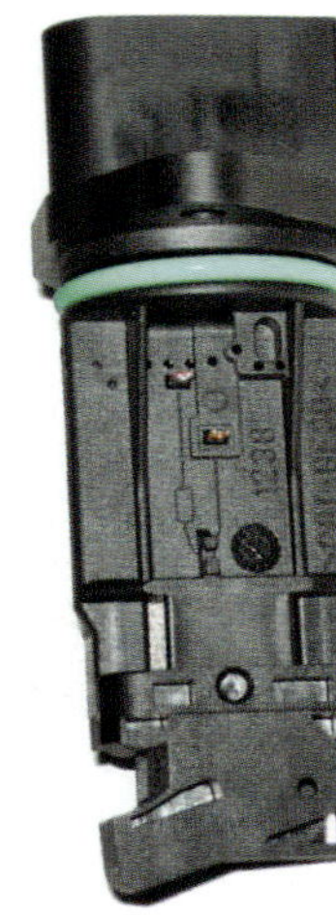

↑ **Figura 4.50.** Aspecto exterior de un medidor de masa de aire por lámina caliente de flujo inverso.

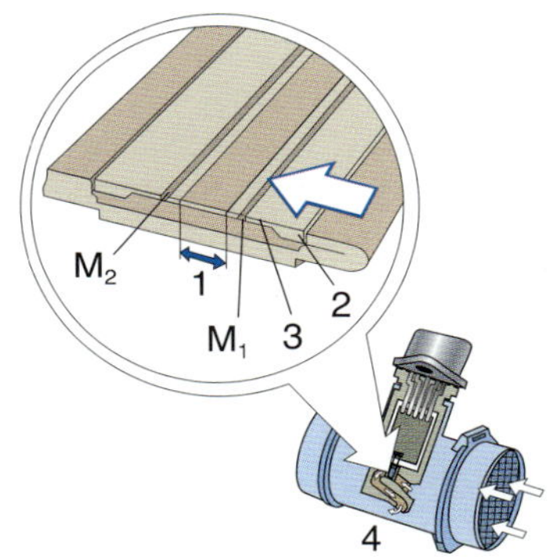

↑ **Figura 4.51.** Principio de medición de un medidor de masa de aire por lámina caliente de flujo inverso.

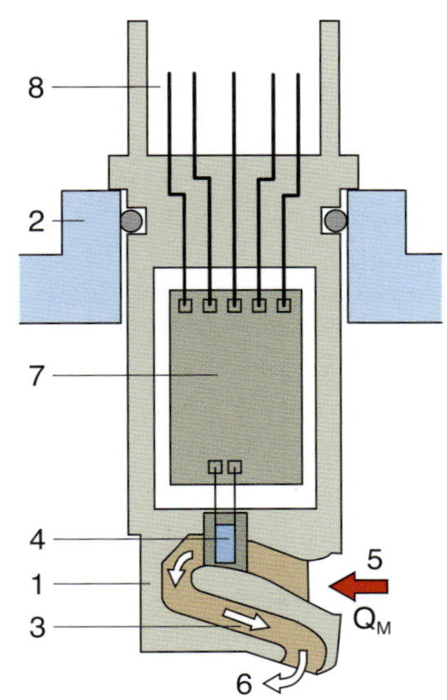

↑ **Figura 4.52.** Esquema de un medidor de masa de aire de flujo inverso.

El funcionamiento de este tipo de medidores se basa en lo siguiente: el aire de entrada (figura 4.53) se dirige hacia el interior del medidor de forma paralela a sus paredes a través de la rejilla (1). Al pasar por el cono arremolinador (2), genera una turbulencia en el canal de medida (3). La cantidad de turbulencia generada dependerá de la cantidad de aire/segundo que pasa por el medidor. La densidad del aire en el canal de medida dependerá de la turbulencia. Como la velocidad del sonido en el aire depende de la densidad de este, la medida del tiempo que tarda una onda sonora en atravesar el canal de medida será proporcional a la cantidad de aire que pasa por el medidor. Para realizar esta medida de tiempo, el circuito electrónico (4) genera una vibración ultrasónica a través del altavoz (5). Esta señal será detectada, a través del micrófono (6), por el circuito electrónico (7), el cual evaluará el desfase entre las señales emitida y recibida. Este circuito convertirá este desfase en un voltaje que será evaluado por la UEC de gestión del motor (8) como medida del caudal de aire (figura 4.54).

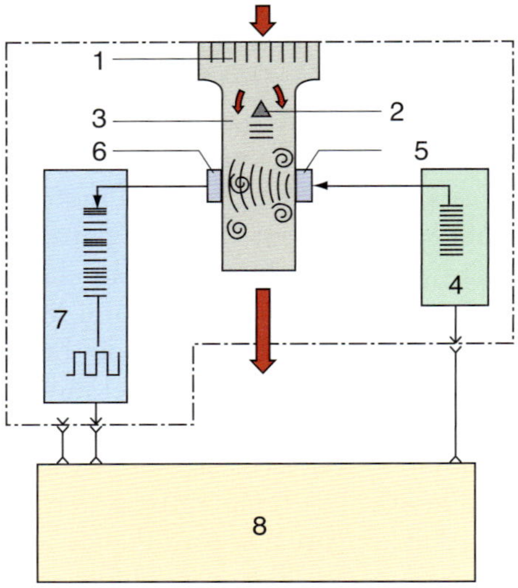

↑ **Figura 4.53.** Circuito fundamental de un medidor de masa de aire de tipo Karman Vortex.

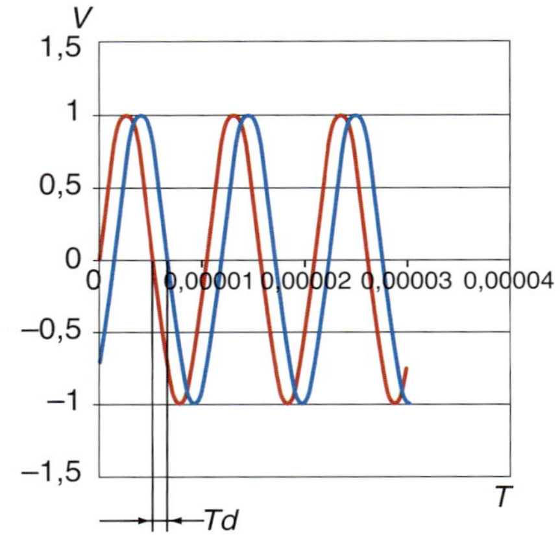

↑ **Figura 4.54.** Desfase de señales en un medidor de masa de aire tipo Karman Vortex.

Sensor de posición del árbol de levas

En estos sistemas modernos de inyección secuencial y encendido de bobina independiente se usa un sensor para detectar cuándo está el cilindro número uno en fase de compresión. Por tanto, siguiendo el orden de encendido, la UEC conoce la fase en la que se encuentran cada uno de los cilindros con el objeto de realizar la inyección y el encendido en el cilindro correspondiente.

Este sensor, llamado sensor de fase, va colocado enfrente de un disco que está unido a la cabeza del árbol de levas. Si el disco monta un único diente, este va dispuesto de tal modo que pase por delante del sensor durante la fase de compresión del número uno.

Este sensor puede ser de tipo inductivo o de tipo Hall, aunque en este caso la opción más utilizada es el sensor Hall. Ambos reúnen las mismas características que los sensores inductivos y Hall de velocidad del motor descritos en su momento.

El hecho de montar un solo diente en el disco del árbol de levas tiene la desventaja de que, durante el arranque, la UEC puede tardar hasta aproximadamente tres vueltas en detectar la fase del motor. Por este motivo, algunos motores montan una rueda generatriz con varios dientes según el número de cilindros del

saber más

En los equipos con distribución variable, la información del sensor de posición del árbol de levas es primordial para el funcionamiento correcto del sistema.

motor (figura 4.55). Estos dientes no tienen todos los mismos tamaños, de modo que, comparando su señal con las del captador del cigüeñal, la UEC puede detectar más rápidamente la fase del motor, y por tanto iniciar antes las secuencias de inyección y encendido. La señal de cada uno de estos sensores se puede apreciar en la figura 4.56.

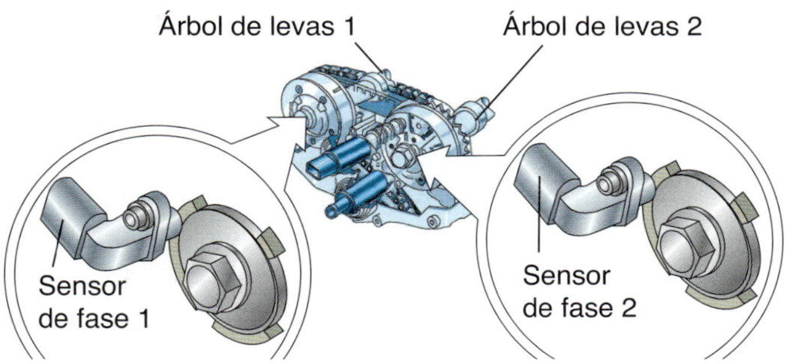

↑ **Figura 4.55.** Ubicación de los sensores de fase con respecto a una rueda generatriz de varios dientes.

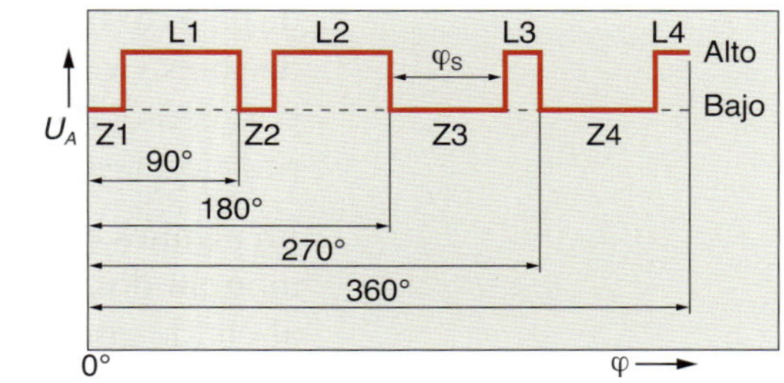

Z1, Z2, Z3, Z4. Zonas dentadas
L1, L2, L3, L4. Zonas no dentadas
U_A. Voltaje emitido
φ. Ángulo de rotación
φ_S. Ángulo del diente

↑ **Figura 4.56.** Señal de cada uno de los sensores de la figura 4.55.

También nos podemos encontrar sensores de fase de tipo Hall diferencial. Estos sensores están formados por dos capas Hall y una rueda generatriz diseñada de tal forma que genere dos señales en las capas Hall. Estas dos señales son opuestas y proporcionales a la diferencia de intensidad del campo magnético en los dos puntos de medición. De esta forma el amplificador, con las dos señales, crea una única señal mucho más precisa que la de un sensor convencional. En la figura 4.57 podemos ver dos ejemplos de sensores Hall diferenciales (corresponden a un motor de 4 cilindros), con una placa perforada-dentada de posicionamiento axial para el cierre de señal (sección A) y con una rueda dentada de doble pista de posicionamiento radial (sección B). La señal de ambos sensores se puede apreciar en la sección C de la misma figura. Constituyen otras ventajas de este sensor, una buena compensación de la temperatura así como un mayor entrehierro.

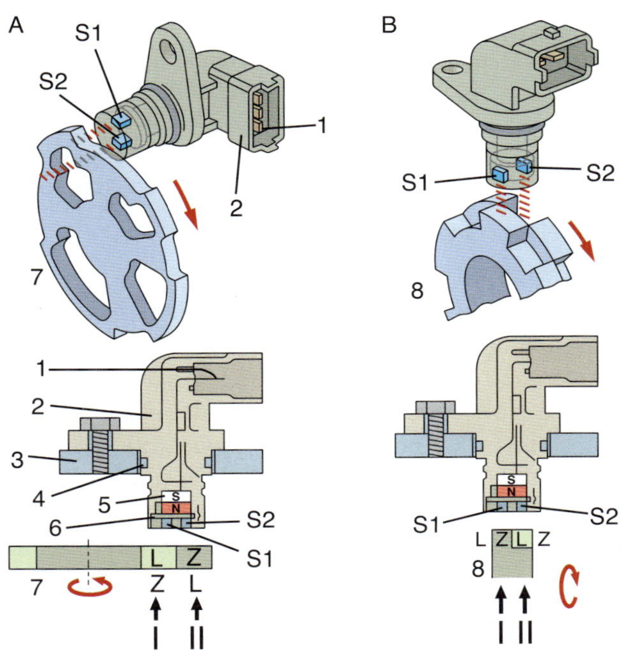

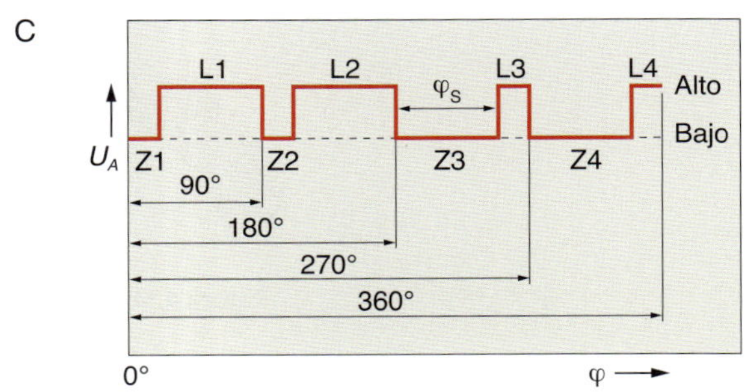

U_A. Voltaje emitido
φ. Ángulo de rotación
φ_S. Ángulo del diente
1. Conexión eléctrica
2. Cuerpo del sensor
3. Bloque del motor
4. Anillo obturador
5. Imán permanente
6. Circuito integrado Hall-diferencial con elementos Hall S1 y S2
7. Placa perforada
8. Rueda dentada de dos pistas

Señal de salida «baja»
Material (Z) frente a S1
Hueco (L) frente a S2

Señal de salida «alta»
Hueco (L) frente a S1
Material (Z) frente a S2

I. Pista 1
II. Pista 2

↑ **Figura 4.57.** Dos disposiciones típicas de sensores de fase de tipo Hall diferencial y señal característica de los mismos.

Transmisor de posición del acelerador

Al incorporar este sistema de gestión una mariposa controlada electrónicamente, ya no existe unión mecánica (cable Bowden) entre el pedal del acelerador y la mariposa de gases. En este caso, es la UEC la encargada de regular la entrada de gases al motor. El principal parámetro para regular la apertura de la mariposa de gases va a ser la petición de potencia del conductor o, lo que es lo mismo, la posición del pedal del acelerador. Por esto, dicho pedal incorpora un sensor de posición (sección **a** de la figura 4.58).

En algunos casos, este sensor de posición es de tipo potenciométrico, en el que se montan dos potenciómetros. Los cursores de estos potenciómetros están unidos al eje de giro del pedal del acelerador tal como puede observarse en la sección **b** de la figura 4.58. La instalación de dos potenciómetros se realiza para tener la mayor fiabilidad posible de la medida del pedal del acelerador. Así, si uno de los dos potenciómetros fallara, la UEC siempre podría utilizar el otro como medida del pedal.

Debido a que los sensores de tipo potenciométrico sufren un desgaste mecánico por el roce del cursor sobre la pista del potenciómetro, la mayor parte de los fabricantes han optado por sustituirlos por captadores sin unión mecánica. Para esto se pueden utilizar captadores de medida por efecto Hall o de tipo capacitivo.

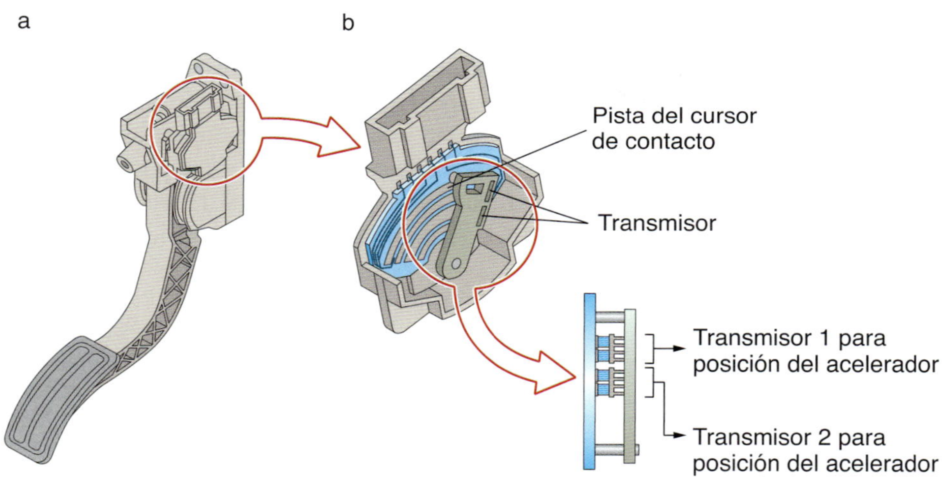

↑ **Figura 4.58.** Transmisor de posición del acelerador de tipo potenciométrico.

Los sensores por efecto Hall basan su funcionamiento en medir la intensidad del campo magnético que atraviesa la placa Hall. Para ello se une al pedal del acelerador un imán permanente y se sitúa sobre el soporte del sensor un circuito electrónico que contiene la placa Hall. Al moverse el pedal del acelerador, el imán permanente se acercará o alejará de la placa Hall provocando con ello una variación del campo magnético que atraviesa esta. El circuito electrónico se encargará de amplificar la tensión Hall producida por el campo magnético, dando así una tensión proporcional a la posición del acelerador. Un ejemplo de este sensor lo podemos apreciar en la figura 4.59, en la cual se puede ver al sensor Hall (1) y al imán permanente (2) incrustado en el eje de giro (3) del pedal (4). En este tipo de sensores también es habitual el montaje de dos captadores Hall.

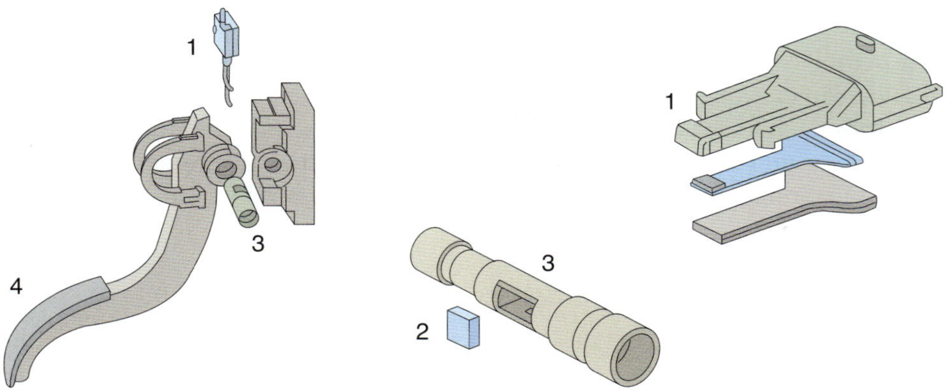

↑ **Figura 4.59.** Transmisor de posición del acelerador de tipo Hall.

En cuanto a los capacitivos, hay que decir que usan condensadores de placas paralelas, donde parte de las placas del condensador permanecen unidas al soporte del sensor y el resto permanecen unidas al eje de giro del pedal. De esta forma, al girar el pedal se irá variando la cantidad de superficie de las placas que quedan paralelas entre sí, por lo que se irá modificando la capacidad del condensador que forman estas placas. Un circuito electrónico se encargará de medir esta capacidad y convertirla en un voltaje proporcional a la posición del pedal. Al igual que en los casos anteriores, se suelen montar dos sensores para aumentar la fiabilidad. En la figura 4.60 se puede ver un ejemplo de este sensor con distintas posiciones de sus placas.

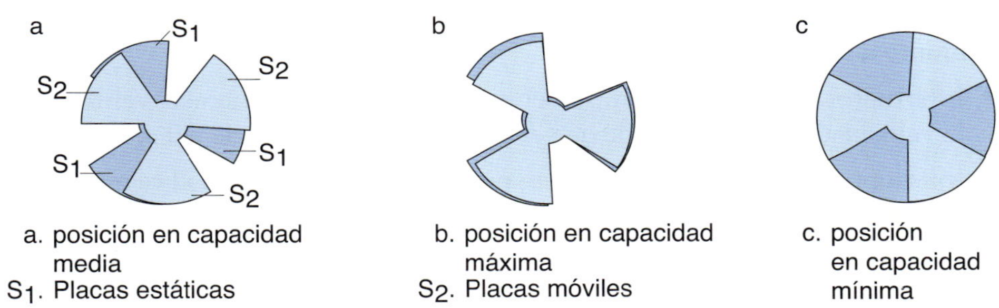

↑ **Figura 4.60.** Transmisor de posición del acelerador de tipo capacitivo.

Sensor selectivo de picado

El sistema de detección de picado funciona como los sistemas descritos en su momento pero, en este caso, la UEC memoriza cuál ha sido el cilindro que ha producido el picado y, de esta forma, actúa individualmente sobre cada uno de los cilindros para optimizar así al máximo el rendimiento de dichos cilindros por separado.

Interruptor de pedal de freno e interruptor de luz de pedal de freno

El sistema monta un interruptor (figura 4.61) que le indicará a la UEC si el pedal de freno está pisado. Al mismo tiempo, también tomará señal del interruptor de las luces de freno para anotar la misma información en caso de fallo del otro interruptor. Esta información será usada por la centralita para desconectar el regulador de velocidad de marcha y como señal de comprobación del pedal del acelerador, ya que, en condiciones normales, estos dos pedales no se pisan al mismo tiempo.

saber más

También podemos encontrar algunos modelos con potenciómetros de tipo inductivo. En este caso, el potenciómetro está formado por dos sensores que funcionan de forma independiente y de una lámina metálica que es desplazada linealmente por el mecanismo cinemático del pedal. Cada sensor está formado por una bobina inductora y tres inducidas. Por la inductora circula una corriente alterna que genera un campo magnético que atraviesa las bobinas inducidas. En la zona donde está la lámina metálica, el campo magnético aumenta. Debido a la diferente posición de las bobinas, en cada una se induce una tensión de distinto valor. Unos procesadores electrónicos evalúan estos valores y determinan, por la distribución de tensiones en las diferentes bobinas, la posición exacta de la lámina y atribuyen a cada posición un valor de tensión para la señal de salida del potenciómetro. Las señales de salida son analógicas, con valores comprendidos entre 0 y 5 V.

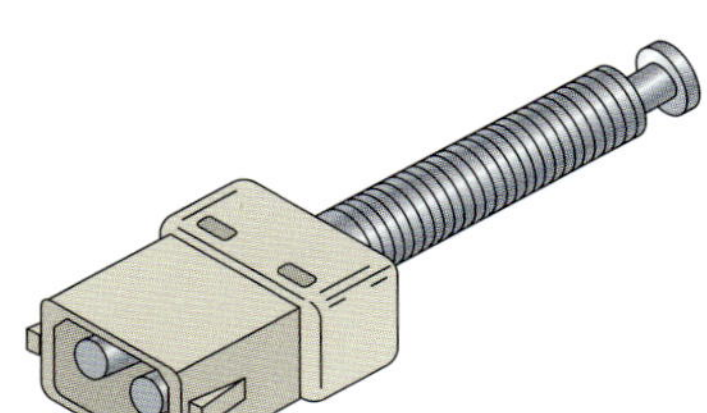

↑ **Figura 4.61.** Interruptor de pedal de freno y de luz de pedal de freno.

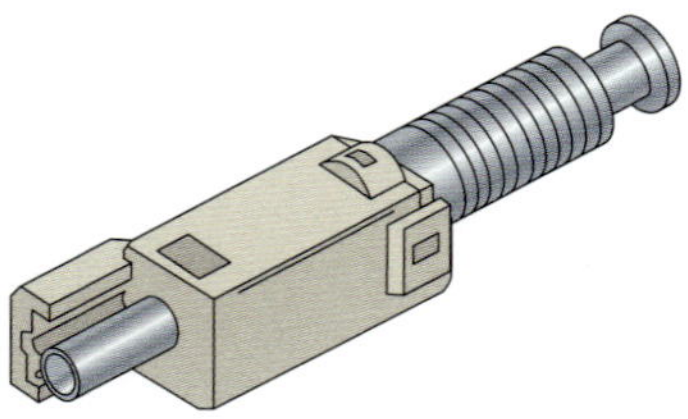

↑ **Figura 4.62.** Interruptor de pedal de embrague.

Interruptor de pedal de embrague

Este sensor (figura 4.62) informa a la UEC si el embrague ha sido pisado. En caso de detectar que se ha pisado el pedal de embrague, la UEC desactivará el regulador de velocidad de marcha y, en conducción normal, interpretará que se va a realizar un cambio de marcha, con lo cual adaptará la apertura de mariposa al cambio de marcha que se vaya a realizar para producirlo a la mayor suavidad posible.

Transmisor de temperatura del aceite

Este sensor tiene las mismas características que el sensor de temperatura del líquido refrigerante. Se utiliza para limitar la potencia entregada por el motor en caso de que el aceite esté muy frío debido a que en estas condiciones el aceite no ofrece plena garantía de lubricación.

saber más

La señal proporcionada por el transmisor de altitud también se utiliza como valor de corrección para regular la presión máxima de sobrealimentación. Así, se puede compensar la disminución de la densidad del aire conforme aumenta la altitud y conocer con exactitud la carga del motor.

Transmisor de altitud

Es un sensor MAP, de iguales características a los utilizados en medir la presión en el colector de admisión. Su función es la de informar a la UEC de la presión atmosférica para así poder efectuar las correcciones del caudal de gasolina inyectado y el avance al encendido.

Regulador de velocidad

Este sistema incorpora la función de regulación de velocidad. Esta función sirve para que el vehículo mantenga una velocidad constante sin necesidad de que el conductor actúe sobre el pedal del acelerador. Para esto, el sistema incorpora un conjunto de interruptores:

- Interruptor de programación. Al ser pulsado, la UEC mantiene el vehículo en la velocidad actual a pesar de que el conductor levante el pie del acelerador.
- Interruptor acelerar. Cada vez que se pulsa, aumenta la velocidad ya programada en intervalos de 2 o 5 km/h.
- Interruptor decelerar. Disminuye la velocidad ya programada en intervalos de 2 o 5 km/h.
- Interruptor cancelar. Anula la función de regulación de velocidad.

Para el funcionamiento de la función de regulación de velocidad, el sistema ha de incorporar un sensor de velocidad del vehículo. En algunos modelos, el dato de velocidad del vehículo se puede obtener a través del bus de datos de la unidad de control del ABS.

La función de regulación de velocidad solamente será posible para velocidades medias o altas y por tanto el sistema no efectuará la regulación de la velocidad si el vehículo no supera un determinado límite (normalmente 50 km/h).

El sistema cancelará la función de regulación de velocidad en cualquier tipo de intervención del conductor sobre los pedales. Así, una vez que se ha levantado el acelerador, si este se vuelve a pisar o si se pisan los pedales de frenos o del embrague, la UEC de gestión del motor anulará la función de regulación.

Señales de servicios (CAN Bus)

En los sistemas de control modernos todas las señales descritas en los capítulos anteriores que tienen por objeto las mejoras de la suavidad de marcha debido a la aparición de cargas en el motor producidas por otros sistemas montados en los vehículos, se introducen en la UEC de gestión del motor a través del CAN Bus (*Controlled Area Network, red de área del controlador*). La interconexión entre varios equipamientos, permitiendo de esta forma el intercambio de datos es lo que se denomina *red*, mientras que el mecanismo que faculta sobre una misma línea física el transporte de datos entre varios equipamientos se llama *multiplexage*. El *bus* es el soporte que permite la transmisión de las informaciones entre los diferentes calculadores.

En la actualidad, prácticamente todos los sistemas auxiliares del vehículo (ABS, climatización, dirección asistida variable, cambio automático, cuadro de instrumentos, *airbag*) están gobernados por unidades de control de tipo digital. Estas unidades de control se pueden conectar todas entre sí en paralelo, a través de dos únicos cables comunes a todas ellas, para que realicen un intercambio de datos, al igual que lo hacen varios ordenadores conectados en red. La conexión en red más utilizada en la actualidad para ordenadores de control en el interior del automóvil es el CAN Bus. En este caso, la UEC de gestión del motor recibirá a través del bus los siguientes datos:

- De la gestión de la dirección asistida recibe el dato de que la bomba de dirección está consumiendo potencia al motor.
- De la unidad antibloqueo del freno y control de estabilidad recibe el dato de la velocidad actual del vehículo y la petición de limitación de potencia para que la gestión del motor reduzca la potencia del motor en caso de haberse detectado una pérdida de estabilidad o un patinaje de ruedas.
- De la gestión del cambio automático, la UEC del motor recibe los datos del estado del cambio para saber la posición de la palanca y así decidirse sobre qué cambio va a realizar. De este modo, durante los cambios de marcha, la gestión del motor actuará sobre la mariposa del acelerador para que los cambios se realicen lo más suavemente posible. Al mismo tiempo, la UEC del motor le envía a la unidad de control del cambio automático la potencia que está entregando el motor, la posición del acelerador y las revoluciones con el fin de que dicha unidad de control escoja la marcha más adecuada en cada situación.
- Del cuadro de instrumentos. En este caso, la UEC del motor le envía al cuadro de instrumentos los datos de revoluciones, consumo, temperatura del motor y alarma por sobretemperatura del mismo.
- De la unidad del climatizador, la UEC del motor recibe los datos de disponibilidad del compresor de aire acondicionado y de la potencia teórica consumida por el compresor en cada momento. Esta potencia se calcula en función de las condiciones de trabajo del climatizador (temperatura interior, exterior, seleccionada, etc.). La UEC de gestión del motor le envía a la unidad del climatizador las órdenes de desconexión del compresor (en caso de sobretemperatura, motor muy frío, tendencia al calado y fuertes aceleraciones).
- De la unidad del *airbag*, la UEC del motor recibe el dato de que se ha producido una colisión con la finalidad de que desconecte la bomba de gasolina.
- Por último, del inmovilizador, la UEC del motor recibe y envía los datos necesarios para la autorización de arranque.

Con el empleo del sistema CAN Bus se ha conseguido, como comentamos en su momento, que la UEC de gestión del motor sea capaz de manejar una gran cantidad de datos, simplificando enormemente la instalación eléctrica del vehículo.

Cuanto mayor sea el número de equipamientos, la solución multiplexada más se justifica.

saber más

El Bus MOST

Existen sistemas donde el intercambio de datos entre los distintos equipamientos no es soportado por corriente eléctrica, sino por la luz. El Bus, en este caso, es de fibra óptica. Estos son los sistemas Bus MOST (Media Orient Systems Transport). A diferencia del CAN, en el bus MOST la circulación de la información se efectúa en un solo sentido (en «anillo»). La transmisión de datos del Bus MOST es aproximadamente 20 veces superior al CAN Bus.

En el libro *Circuitos Eléctricos Auxiliares del Vehículo* de la editorial Editex se habla en profundidad del sistema CAN Bus.

5.2. Actuadores

Mando de las bobinas de encendido

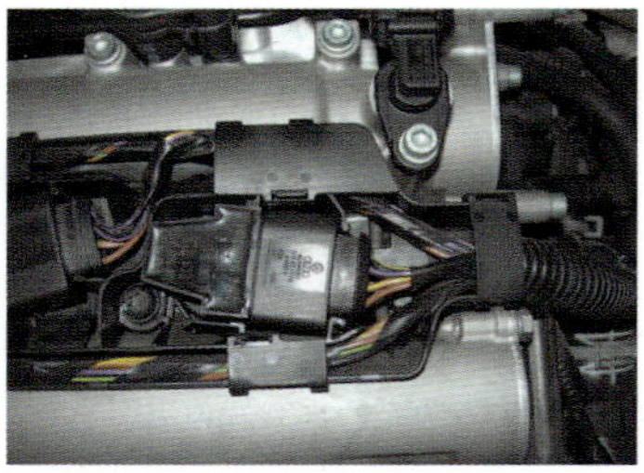

↑ **Figura 4.63.** Aspecto exterior de una bobina individual de un sistema de encendido estático.

Este sistema instala un sistema de distribución de chispa de tipo electrónico, basado en la utilización de una bobina para cada uno de los cilindros. La UEC, basándose en la posición del cigüeñal y del árbol de levas, generará la chispa en el momento y cilindro adecuado. Su funcionamiento es idéntico al de una bobina convencional, salvo que el terminal de secundario[1] no está unido al primario, tiene una conexión eléctrica propia totalmente aislada del primario. De esta forma, el cierre del circuito de alta tensión se realiza a través de este borne, el cual normalmente está conectado a masa, tal como se puede apreciar en la sección A de la figura 4.64.

En algunos modelos, este borne está cortocircuitado entre todas las bobinas y la conexión a masa se realiza a través de una resistencia (sección B de la figura 4.64), de tal modo que la corriente eléctrica que circula a través de las bujías también circula a través de dicha resistencia. Midiendo el voltaje entre bornes de la resistencia, la UEC puede medir la corriente eléctrica en cada una de las bujías, pudiendo así diagnosticar fallos en el circuito de alta tensión de cada uno de los cilindros.

saber más

Recuerda que las señales básicas para que la UEC calcule el momento en que debe realizarse el encendido son el régimen de giro del motor y la carga.

Señalaremos también que el antiparasitaje de determinados modelos de bobina no permite obtener una imagen de secundario de manera directa.

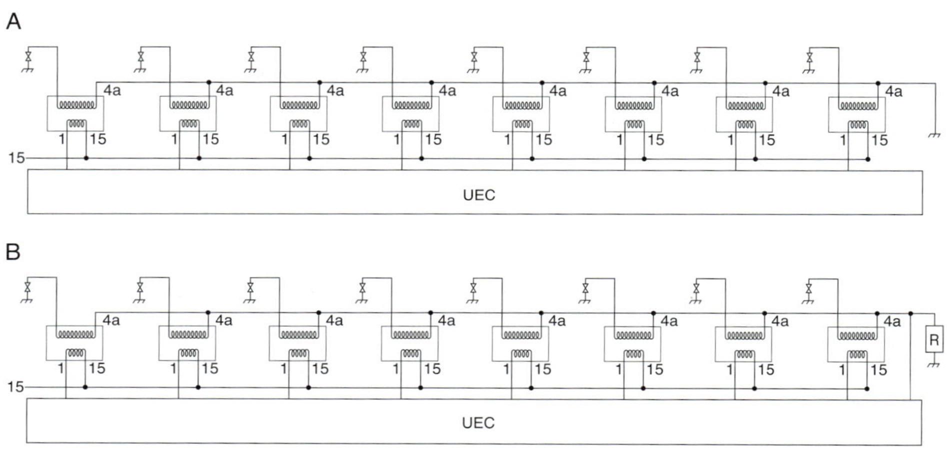

↑ **Figura 4.64.** Cuadro de conexiones de un encendido estático con bobina individual.

caso práctico inicial

El coche de María tiene un encendido de bobina individual.

Al igual que en los sistemas de encendido descritos anteriormente, las etapas finales de encendido de cada una de las bobinas pueden ir situadas en el interior de la UEC, como módulo independiente o integradas con la propia bobina. También pueden incorporar los sistemas de limitación de corriente y regulación de tiempo de cierre tal como ocurría con los encendidos descritos.

Existen motores con dos bujías por cilindro (cada una con su bobina). Es lo que se denomina Twin Spark (doble encendido). Esta tecnología fue desarrollada por Alfa Romeo.

Con este encendido se permite reducir la distancia que ha de recorrer el frente de llama para alcanzar los puntos más alejados de la cámara de combustión. Así, se obtiene la combustión total en menos tiempo con lo que el riesgo de detonación es menor. De esta forma puede haber un ángulo de avance al encendido mayor lo que deriva en un rendimiento térmico más elevado ya que las pérdidas de calor se reducen. El resultado es un menor consumo de combustible y una mejora en prestaciones.

[1] Según las normas DIN está nombrado como 4a.

Mariposa electrónica

En este sistema de gestión, es la propia UEC la que se encarga de regular la mariposa (figura 4.65). De este modo, la UEC tiene la posibilidad de regular de forma precisa y total la potencia entregada por el motor en cada momento. Con esto, la gestión conseguirá una muy buena estabilización del ralentí, además de una importante mejora de la suavidad de marcha al poder compensar las cargas externas del motor (aire acondicionado, carga del alternador, dirección asistida, etc.) con aperturas de la mariposa en todo momento. También podrá efectuar una regulación de velocidad a través del programador, ya que será capaz de acelerar el motor en todo el momento. Asimismo cabe la posibilidad de controlar la potencia entregada por el motor bajo la petición de otros sistemas, tales como los sistemas de control de estabilidad o de cambio automático.

↑ **Figura 4.65.** Mariposa electrónica.

Por último, la UEC podrá limitar la potencia entregada por el motor en caso de que el sistema detecte una avería que ponga en peligro el motor o que afecte a los dispositivos anticontaminación.

La mariposa de gases (figura 4.66, elemento 1) es accionada mediante un motor eléctrico (2) a través de tres engranajes de desmultiplicación (3). Este motor eléctrico recibe alimentación a través de la UEC, la cual se encargará de modificar su polaridad según se quiera abrir o cerrar la mariposa de gases. La mariposa de gases también lleva unido un muelle de recuperación (4) que forzará su cierre en caso de fallar el motor de mando de la mariposa. Para regular de modo preciso la posición de la mariposa electrónica, esta incorpora en su tapa dos potenciómetros de posición (5) cuyos cursores (6) están unidos al piñón de accionamiento de dicha mariposa. El montaje de los dos potenciómetros se realiza para poder tener en todo momento información de la posición de mariposa aunque haya fallado uno de dichos potenciómetros. En caso de avería de uno de estos potenciómetros, la UEC tomará señal del otro, limitando la apertura máxima de la mariposa como precaución para no dañar el motor. En caso de fallo de los dos potenciómetros, la UEC cierra la mariposa.

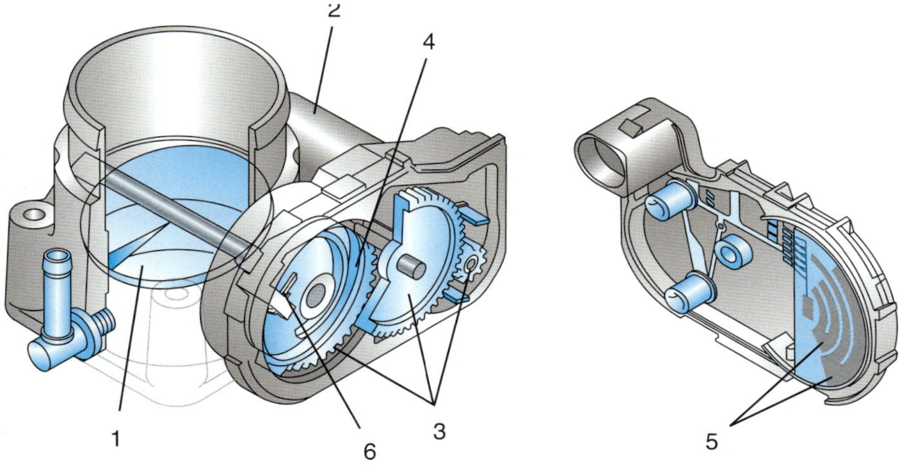

↑ **Figura 4.66.** Detalles internos de una mariposa electrónica.

Los motores modernos pueden incorporar transmisores de ángulo para mando de la mariposa de tipo magnetorresistivos en vez de potenciómetros. Estos transmisores trabajan sin contacto fijo.

Constan de un sensor electrónico recubierto de un material ferromagnético y un imán de referencia, el cual es solidario con el eje cuyo ángulo de giro ha de medirse.

Cuando gira el eje con el imán varía la posición de las líneas de campo del imán con respecto al elemento sensor y en consecuencia la resistencia de dicho elemento. En función de este valor de resistencia, el circuito electrónico del sensor calcula el ángulo de giro absoluto del eje con respecto al sensor.

Sistema de distribución variable

En la actualidad, gran parte de los modelos de gasolina incorporan sistemas de distribución variable. Como es sabido, el momento de cierre y apertura de las válvulas de admisión y de las válvulas de escape es crucial para obtener un llenado óptimo del motor, con el consiguiente aumento de rendimiento y reducción de las emisiones de escape.

Aparte de la aspiración del aire producida por el movimiento descendente del pistón, el llenado de los cilindros se puede mejorar por el conocido efecto del cruce de válvulas. Este efecto se basa en aprovechar la inercia mecánica de los gases de escape para producir un arrastre de los gases de admisión manteniendo para ello las válvulas de admisión y escape abiertas simultáneamente en las proximidades del PMS. Puesto que este sistema se basa en la inercia de los gases de escape, dependerá, en gran medida, de la cantidad de gas de escape con la que está trabajando el motor (por tanto, depende de la cantidad de aire aspirado, carga del motor) y también de la velocidad de dichos gases de escape (velocidad marcada por las revoluciones del motor). La mejora de llenado en los cilindros, debido al efecto de cruce de válvulas, solo será efectiva en condiciones en las que las revoluciones sean altas y la carga, y por tanto la cantidad de gas, también. En otros casos no solo no contribuirá a mejorar el llenado sino que entorpecerá el mismo.

Para conseguir aproximar los momentos de apertura y cierre de válvulas a los momentos óptimos para el estado de funcionamiento del motor, los sistemas de gestión de gasolina incorporan sistemas de distribución variable en motores con árboles de levas independientes de admisión y escape, donde el sistema operará sobre los árboles de tal modo que en condiciones de bajas revoluciones o motor sin carga, el sistema atrasará el momento de apertura de admisión y avanzará el momento de cierre de escape, reduciendo así el cruce. En condiciones de revoluciones medias o altas, el sistema avanzará la apertura de admisión y retrasará el cierre de escape, aumentando así el cruce.

Los sistemas modernos controlan en todo momento la posición de los árboles de levas con respecto al cigüeñal para conseguir un punto óptimo para cada condición de funcionamiento. Con objeto de verificar el punto en el que se encuentran los árboles de levas, las UEC comparan las señales de los sensores del cigüeñal y fase, pudiendo así corregir la posición de los árboles de levas y verificar el perfecto funcionamiento del sistema de distribución variable.

Los sistemas de distribución variable más utilizados en la actualidad basan su funcionamiento en modificar el punto de los árboles a través de la fuerza generada por la presión del aceite lubricante del motor. Aunque los sistemas más habituales operan sobre el árbol de levas de admisión, también existen sistemas en los que se operan sobre ambos árboles.

Existen varios sistemas de distribución variable, dependiendo de su funcionamiento mecánico. Unos actúan sobre la unión del piñón de accionamiento de los árboles y el propio árbol, modificando la posición relativa entre estos dos elementos. Otros actúan sobre la posición de los tensores de las cadenas de distribución. Por último, existen modelos donde el árbol de levas incorpora varias levas y un pivote de enclavamiento que selecciona el balancín que actuará sobre la válvula.

A modo de ejemplo, describimos ahora un sistema de distribución variable (figura 4.67). Este sistema está formado por un soporte (1) en el cual se practican los conductos de aceite, dos variadores (admisión (2) y escape (3)), una electroválvula (4) reguladora del variador de admisión, una electroválvula (5) reguladora del variador de escape y una cadena (6) que transmite el movimiento a los dos piñones de los dos árboles de levas.

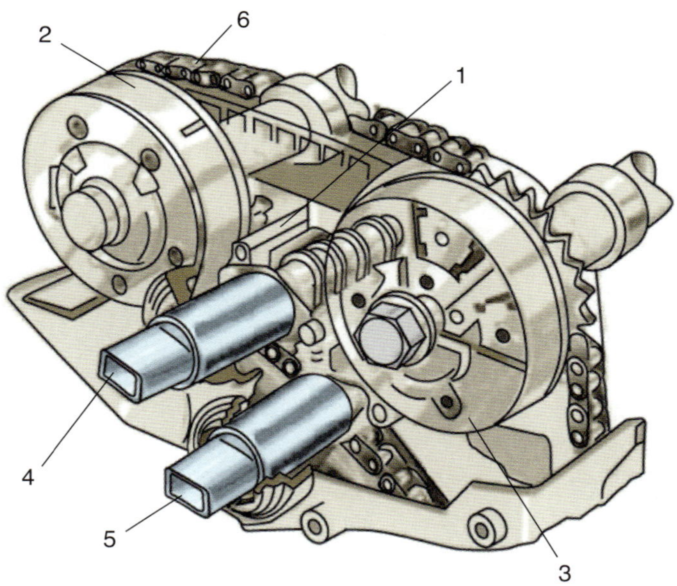

↑ **Figura 4.67.** Ejemplo de distribución variable.

El funcionamiento se basa en la canalización de la presión del aceite hacia los dos variadores. Las electroválvulas (4 y 5), activadas por la UEC de gestión del motor, son las encargadas de la canalización de dicho aceite.

Cuando el motor funciona a ralentí o a bajas revoluciones o bajas cargas (figura 4.68 sección A), la electroválvula reguladora del variador de admisión está en reposo, con lo que el aceite se dirige hacia las cámaras A con el fin de mantener al rotor de admisión en posición inicial. De esta forma, la apertura de la válvula de admisión permanece en posición de atraso. En estas mismas condiciones de funcionamiento, la electroválvula reguladora del variador de escape es excitada por parte de la UEC de gestión del motor, con lo que la presión de aceite llega a las cámaras B de dicho variador. Con ello se ocasiona un giro en el rotor de escape y, como consecuencia, un adelanto en el momento de cierre de las válvulas de escape.

Cuando el motor está aproximadamente por encima de las 2.000 rpm, y con carga (figura 4.68 sección B), se activa la electroválvula reguladora del variador de admisión, mientras la otra electroválvula permanece en estado de reposo. De esta forma, hay un giro en el rotor de admisión, ya que llega presión de aceite a las cámaras B y, como consecuencia de ello, hay un avance en la apertura en las válvulas de admisión. Las válvulas de escape pasan a posición de atraso en su cierre.

Aunque aquí solo se han descrito las dos posiciones más extremas, en condiciones de cargas y revoluciones medias, la UEC efectuará una variación progresiva de los dos árboles.

En la sección C de la figura 4.68, apreciamos las partes de una de las electroválvulas reguladoras (las dos tienen las mismas características y su principio de funcionamiento es idéntico, incluso en otros sistemas que usan otra mecánica distinta). La bobina es alimentada por la UEC de gestión del motor y genera un campo magnético que desplaza al núcleo. Este está unido al vástago que, con su desplazamiento, abre o cierra los pasos de aceite hacia los variadores de admisión o escape según proceda. La forma de alimentar a la electroválvula es controlando, a través del terminal de masa el voltaje que recibe, enviando una señal de frecuencia fija y anchura de impulsos variable para controlar el tiempo que permanece conectada a masa.

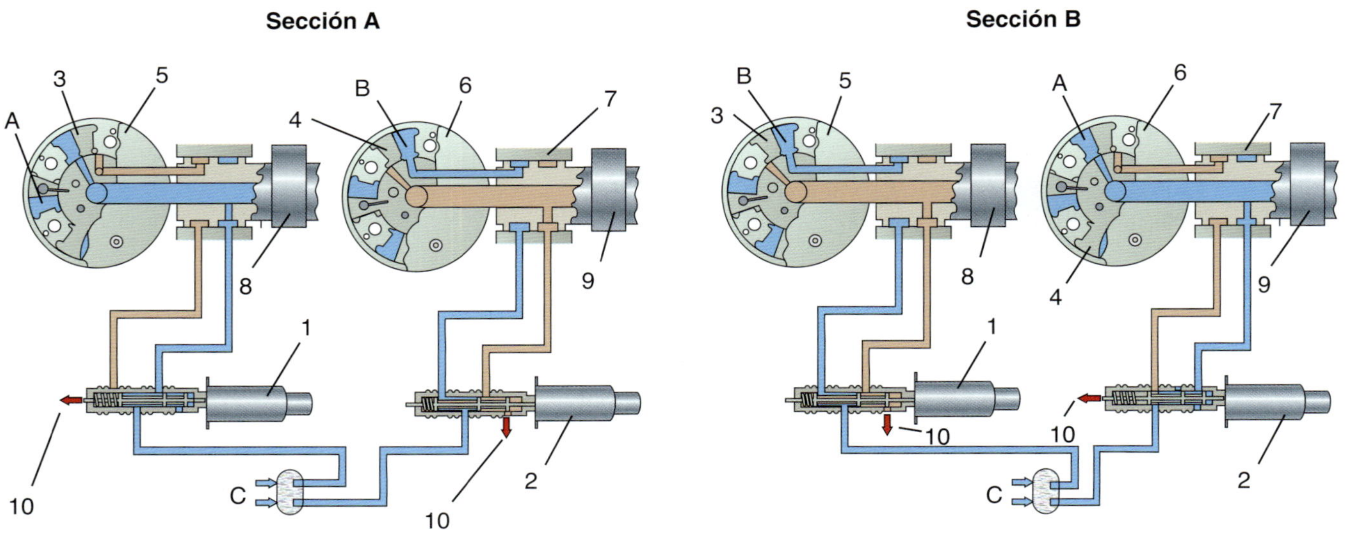

1. Electroválvula reguladora del variador de admisión
2. Electroválvula reguladora del variador de escape
3. Rotor de admisión
4. Rotor de escape
5. Variador de admisión
6. Variador de escape
7. Soporte
8. Árbol de levas de admisión
9. Árbol de levas de escape
10. Orificios de fuga

A. Cámaras A
B. Cámaras B
C. Entrada de aceite

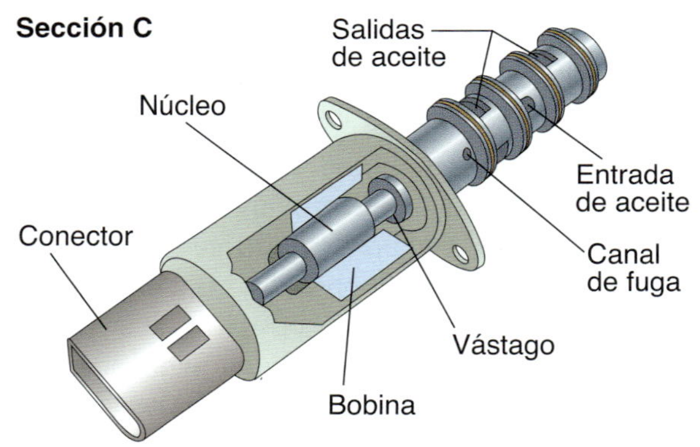

↑ **Figura 4.68.** Funcionamiento detallado de un sistema de distribución variable.

Admisión variable

Como es sabido, las reflexiones de las ondas sonoras a lo largo de los colectores de admisión pueden afectar al llenado de los cilindros. Como estas reflexiones dependen del tamaño del colector de admisión, variando este, podremos conseguir un mejor llenado de los cilindros. La UEC de gestión del motor, para controlar la longitud de los colectores de admisión, actuará sobre una electroválvula que comunica depresión con un pulmón que permita la apertura o cierre de un canal de admisión corto. De este modo, en condiciones de bajas revoluciones o bajas cargas, la UEC de gestión del motor activará la electroválvula para que el vacío bloquee el paso de admisión corto, obligando al aire a circular por el conducto largo. Esta posición la observamos en la sección A de la figura 4.69.

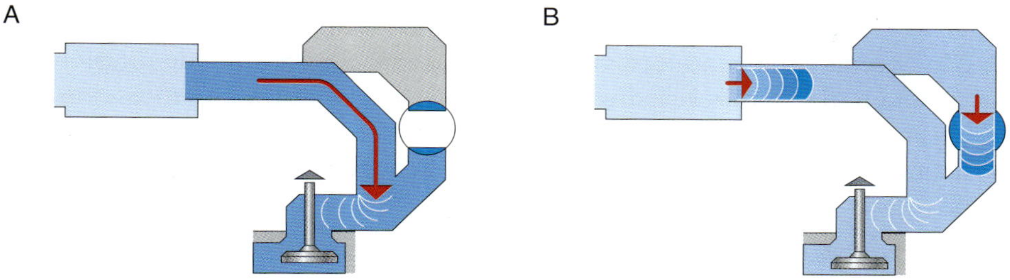

↑ **Figura 4.69.** Admisión variable (circuito fundamental).

En condiciones de altas revoluciones y gran petición de carga, la UEC de gestión del motor desconectará la electroválvula impidiendo de esta forma el paso de vacío al pulmón, lo cual acarrea la apertura del conducto de admisión corto, permitiendo que las ondas sonoras circulen por este, mejorando así el llenado de los cilindros en estas condiciones (sección B de la figura 4.69).

En la figura 4.70 vemos un ejemplo de circuito neumático de apertura y cierre de canal corto, donde el vacío necesario para la activación del pulmón (1) se recoge del conducto de admisión (2) y se acumula en el depósito (3) impidiendo que este se llene de aire en condiciones en las que no exista vacío en la admisión a través de la válvula antirretorno (4). Este vacío se comunicará con el pulmón a través de la electroválvula (5).

saber más

Apertura de conducto

En algunos sistemas, la apertura del conducto corto se realiza al activar la electroválvula.

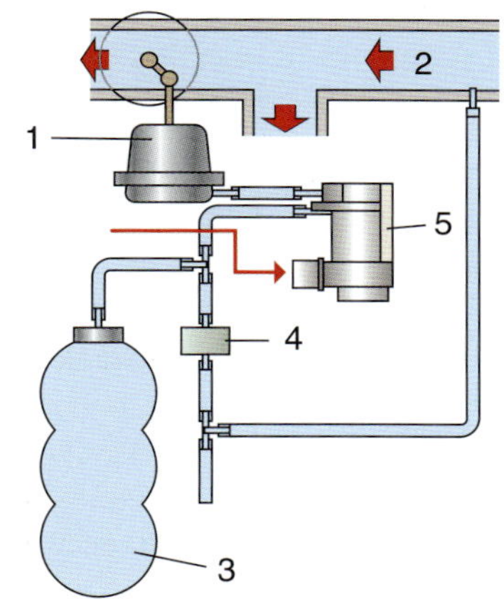

↑ **Figura 4.70.** Circuito neumático de apertura y cierre de canal corto en un sistema de admisión variable.

5.3. Medidas anticontaminación

Para una mejor depuración de los gases de escape, es frecuente ver en estos sistemas dos nuevas técnicas. Por un lado, la incorporación de un precatalizador con una nueva sonda lambda a su entrada y, por otro, un sistema de inyección de aire detrás de las válvulas de escape durante esta fase.

El sistema sigue montando el catalizador principal con una sonda lambda convencional detrás del mismo para verificar el nivel de purificación de los gases de escape. Para la función de vigilancia de la sonda postcatalizador resulta suficiente la gama de medición de señales a saltos que proporciona este tipo de sonda alrededor del valor lambda ($\lambda = 1$).

Nueva sonda lambda

Esta nueva sonda, llamada de banda ancha, tiene la facultad de realizar mediciones muy precisas, no solo en el punto estequiométrico ($\lambda = 1$) sino también en la gama pobre ($\lambda > 1$) y en la gama rica ($\lambda < 1$). Por tanto, permite a la UEC efectuar una regulación continua de la relación de la mezcla. En esta sonda, el valor λ deja de ser proporcionado en forma de tensión, como en la sonda convencional, y la nueva señal suministrada es mediante una intensidad con incrementos casi lineales. Así es posible, como es sabido, disponer de valores lambda en una banda más ancha, es decir, no sólo informa de si la mezcla es rica o pobre, sino que da una señal eléctrica exacta de la composición momentánea de los gases de escape.

saber más

Walter Nernst (1864-1941)

Fue un físico y químico alemán. Existen ecuaciones matemáticas de Nernst que permiten calcular la distribución de iones como función del campo eléctrico, así como el campo eléctrico a partir de la distribución de iones.

A diferencia de una sonda lambda convencional, este tipo de sondas no generan una señal por sí mismas. Necesitan de una electrónica de control asociada para poder funcionar y, por norma general, dicha electrónica se integra en la unidad de control de gestión del motor.

La sonda lambda de banda ancha consta fundamentalmente (sección A de la figura 4.71) de dos partes: la parte de medición está formada por una bomba de oxígeno (1), alimentada eléctricamente mediante unos electrodos de platino. A esta accede el oxígeno a través de dos barreras porosas, una de difusión (2) colocada en el interior del intervalo de difusión (3) y otra de protección (4). Asimismo, incorpora una célula de concentración Nernst (5) y una célula de medición (6), una cámara de referencia (7), un conducto de acceso de gases (8) y una resistencia de calefacción (9).

La otra parte es electrónica (10) que regula el funcionamiento de la sonda.

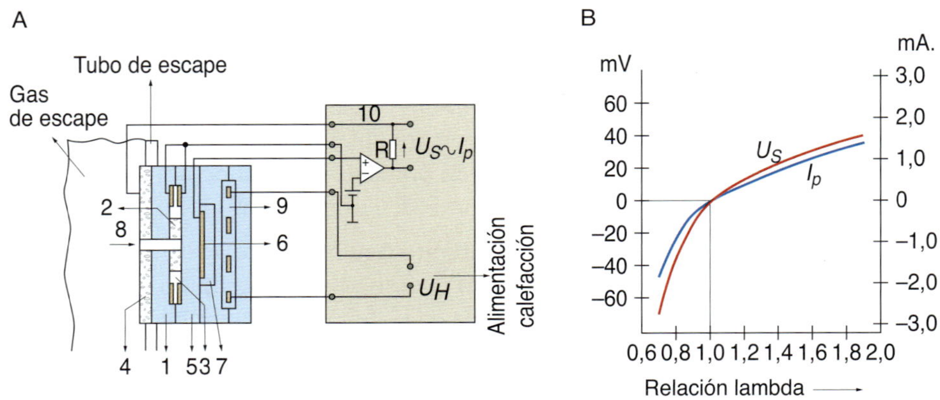

↑ **Figura 4.71.** Sonda lambda de banda ancha.

La sonda se basa en mantener de forma constante la concentración de oxígeno del gas contenido en la célula de concentración Nernst. Se trata de lograr la concentración correspondiente a la de una mezcla estequiométrica. Para esto, la sonda calculará la concentración de oxígeno a través de la célula de medición (la cual tiene el mismo funcionamiento que una sonda lambda convencional) mediante la diferencia de concentración entre la célula de referencia y la célula de concentración Nernst. A la célula de concentración Nernst podrán entrar parte de los gases de escape a través del conducto de acceso de estos.

La electrónica de control será capaz de variar la concentración de oxígeno en la célula de concentración Nernst alimentando los electrodos de la bomba de oxígeno, de tal modo que, al conectar una tensión positiva en dichos electrodos, dicha bomba extraerá oxígeno de la célula de concentración Nernst a través del intervalo de difusión.

La barrera porosa de difusión sirve para limitar la cantidad de oxígeno extraído. Invirtiendo la polaridad de la bomba de oxígeno, podremos extraer oxígeno del gas de escape e introducirlo en la célula de concentración Nernst. Midiendo la corriente eléctrica consumida por la bomba de oxígeno podremos saber la cantidad de oxígeno que le hemos tenido que aportar o extraer al gas de escape para conseguir que este tenga una concentración de oxígeno equivalente a riqueza estequiométrica. Esta corriente eléctrica (Ip) se mide como la caída de tensión (Us) en bornes de una resistencia R conectada en serie con la bomba de oxígeno.

La gráfica de la sección B de la figura 4.71 nos muestra la relación entre la intensidad hacia la bomba de oxígeno (I_p) y la caída de tensión (U_s) en la resistencia, con respecto al valor lambda. Como se aprecia en la misma, el transporte de oxígeno no es necesario cuando $\lambda = 1$ y por tanto la corriente de la bomba en este caso es cero.

Dada la complejidad de este elemento, consideramos conveniente explicarlo también de una forma mucho más práctica y lo hacemos a través de la figura 4.72.

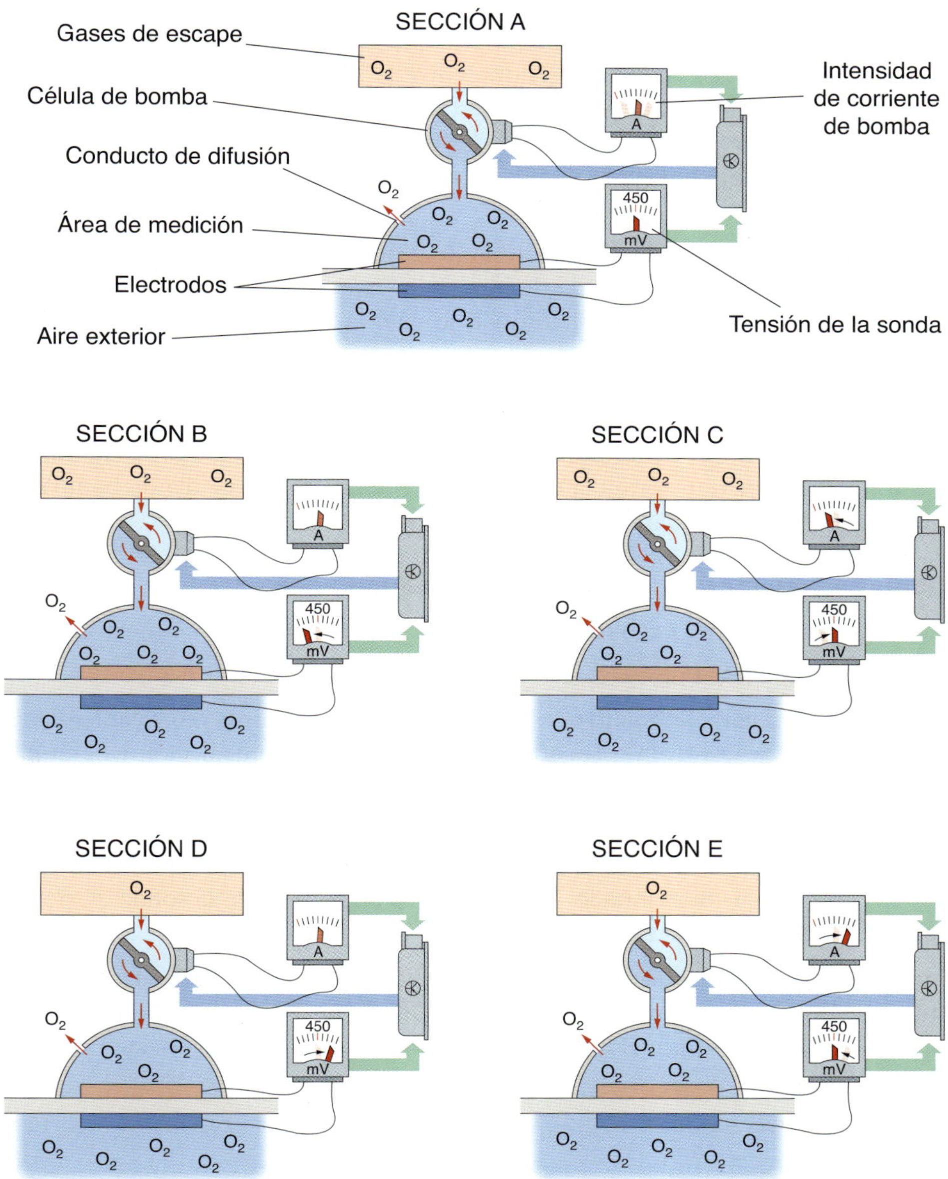

↑ **Figura 4.72.** Funcionamiento de una sonda lambda de banda ancha.

Al igual que la sonda convencional esta sonda produce una tensión con ayuda de dos electrodos, la cual resulta de las diferencias de contenido de oxígeno. Pero en este caso dicha tensión es constante. La estabilidad de la tensión (450 mV) se alcanza mediante una célula de bomba que alimenta de oxígeno al electrodo que está en contacto con los gases de escape. El consumo

saber más

La bomba de oxígeno

El efecto de bombeo del elemento de la bomba es un proceso netamente físico. Al actuar una tensión en dicho elemento se transporta (bombea) oxígeno, en función de la polaridad, a través de la cerámica permeable al oxígeno.

de corriente de la bomba es convertido por la UEC de gestión del motor en un valor lambda (Sección A).

Imaginemos que la mezcla de combustible/aire empobrece, es decir, que el contenido de oxígeno aumente en los gases de escape. De esta forma la célula de bomba, conservando un rendimiento uniforme, proporciona más oxígeno hacia el área de medición del que puede fugarse por el conducto de difusión. De esta forma se altera la proporción de oxígeno con respecto al aire exterior y baja la tensión entre los electrodos (sección B). Para tener otra vez 450 mV entre los electrodos, hay que rebajar el contenido de oxígeno por el lado de los gases de escape. Para ello, la célula de bomba tiene que mandar menos oxígeno hacia el área de medición con lo cual el rendimiento de la bomba se reduce hasta conseguir de nuevo 450 mV. La UEC de gestión del motor transforma el consumo de corriente de la bomba en un valor de regulación lambda y corrige de forma correcta la composición de la mezcla. Aparecen de nuevo entre los electrodos 450 mV (sección C).

Si se enriquece la mezcla el contenido de oxígeno en los gases de escape disminuye. De esta forma, la célula de bomba, al mantener un caudal fijo, aporta menos oxígeno al área de medición con lo cual la tensión entre los electrodos se incrementa. Por el conducto de difusión se fuga, en este caso, más oxígeno en comparación con el que aporta la célula de bomba (sección D). Para recuperar los 450 mV entre los electrodos, la célula de bomba tiene que aumentar el caudal. Así se aumenta el contenido de oxígeno en el área de medición y la UEC de gestión del motor transforma la corriente consumida por la célula de bomba en un valor de regulación lambda (sección E).

Cables y conectores de las sondas de banda ancha

Este tipo de sondas está cableado con cinco cables entre sonda y conector.

El conector puede ser de 6 u 8 vías, siendo 6 lo más habitual.

Del conector, según el número de vías, parten respectivamente 6 o 7 cables hacia la electrónica de control de la sonda (en la unidad de control motor habitualmente).

Existen dos fabricantes de este tipo de sondas, la alemana Bosch y la japonesa NTK, existiendo diferencias entre ambos tanto en la respuesta y precisión de la sonda como en su conexionado. La electrónica de control de la sonda es, por lo tanto, específica para cada fabricante.

Las sondas de Bosch denominadas LSU utilizan conectores de 6 vías con una numeración asignada para cada cable de la sonda que varía según modelo. No obstante, el color de los mismos se mantiene según su conexionado en el interior de la sonda.

Las más antiguas son las LSU 4.0, siendo las LSU 4.2 y las LSU 4.9 las más modernas.

Las sondas LSU montan una resistencia de compensación en su conector, en la posición mostrada en la figura 4.73A, que sirve para corregir las diferencias de medida debidas a tolerancias de fabricación.

Las sondas NTK denominadas L1H1 (las más antiguas), L2H2 y las más modernas L3H3, emplean conectores de 6 y 8 vías.

En los modelos de 8 vías existe una resistencia de compensación de la sonda montada entre dos terminales libres del conector (figuras 4.74A y 4.74B).

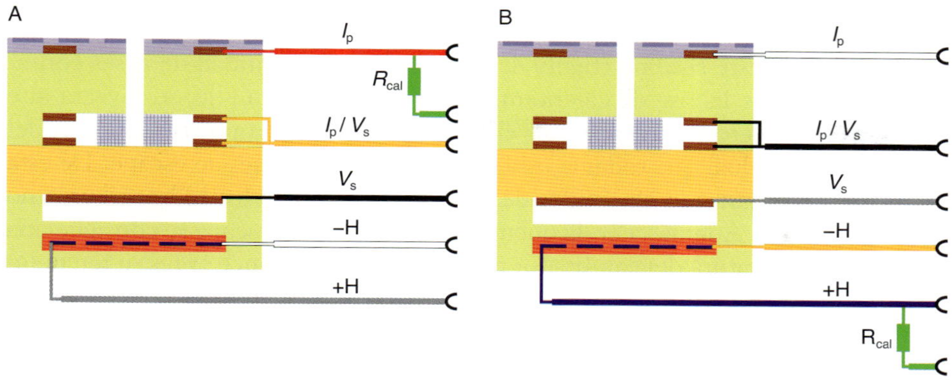

↑ **Figura 4.73.** Sondas de banda ancha con conector de 6 vías. A) Bosch LSU 4.x. B) NTK L2H2.

En estas sondas un extremo de la resistencia de compensación se conecta a masa mediante el cableado del vehículo y el otro a la electrónica de control, formando parte de un divisor resistivo que sirve para corregir la medición de la sonda.

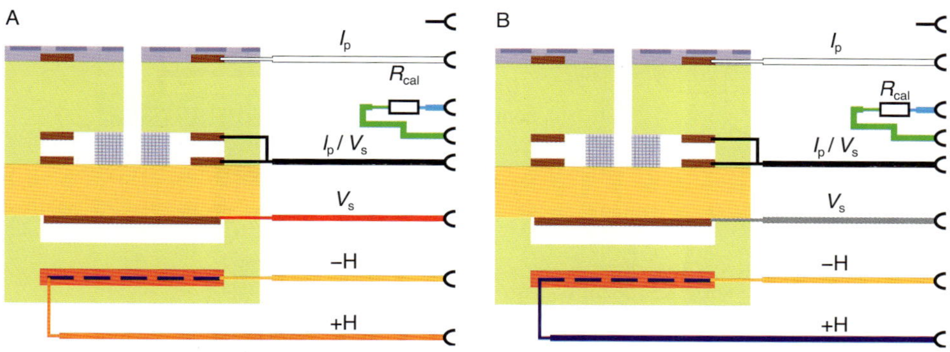

↑ **Figura 4.74.** Sondas de banda ancha con conector de 8 vías. A) NTK L1H1. B) NTK L2H2.

Las sondas NTK con conector de 6 vías montan una resistencia de calibración con un terminal compartido con uno de los cables de la sonda, no obstante dicho cable, a diferencia de las sondas LSU, es el cable azul de la sonda (+H) (figura 4.73B), no el cable de bombeo I_p (figura 4.73A). El modo de empleo de la resistencia de calibración es similar al utilizado en los modelos de 8 vías de la misma marca.

La tabla siguiente nos muestra la designación de los cables, función y color según fabricante.

Cable	Punto de conexión y función del cable	COLOR DEL CABLE		
		Bosch	NTK	
		LSU 4x	L1H1	L2H2
I_p	Conexión del electrodo de la célula bomba en contacto directo con los gases del escape. Cable de gobierno de la corriente de bomba	Rojo	Blanco	Blanco
I_p/V_s	Conexión común de los electrodos de la célula bomba y de la célula de Nernst situados en la ranura de difusión. Masa virtual	Amarillo	Negro	Negro
V_s	Electrodo de medición de la célula de Nernst. Tensión de referencia	Negro	Rojo	Gris
–H	Negativo de la resistencia de calefacción de la sonda	Blanco	Amarillo	Amarillo
+H	Positivo de la resistencia de calefacción de la sonda	Gris	Naranja	Azul

↑ **Tabla 4.1.** Designación de los cables, función y color según fabricante.

Inyección de aire secundario

La finalidad de este sistema (figura 4.75) es reducir la cantidad de gases contaminantes durante la fase de calentamiento del motor. Para ello, se inyecta aire fresco en el colector de escape con el fin de provocar una postcombustión del combustible residual que todavía está contenido en los gases de escape. De esta forma se oxida parte de los óxidos de carbono (CO) y de los hidrocarburos no quemados (HC). Además, con la quema de los gases en el escape se consigue una subida de temperatura del catalizador permitiendo que alcance antes su temperatura de funcionamiento.

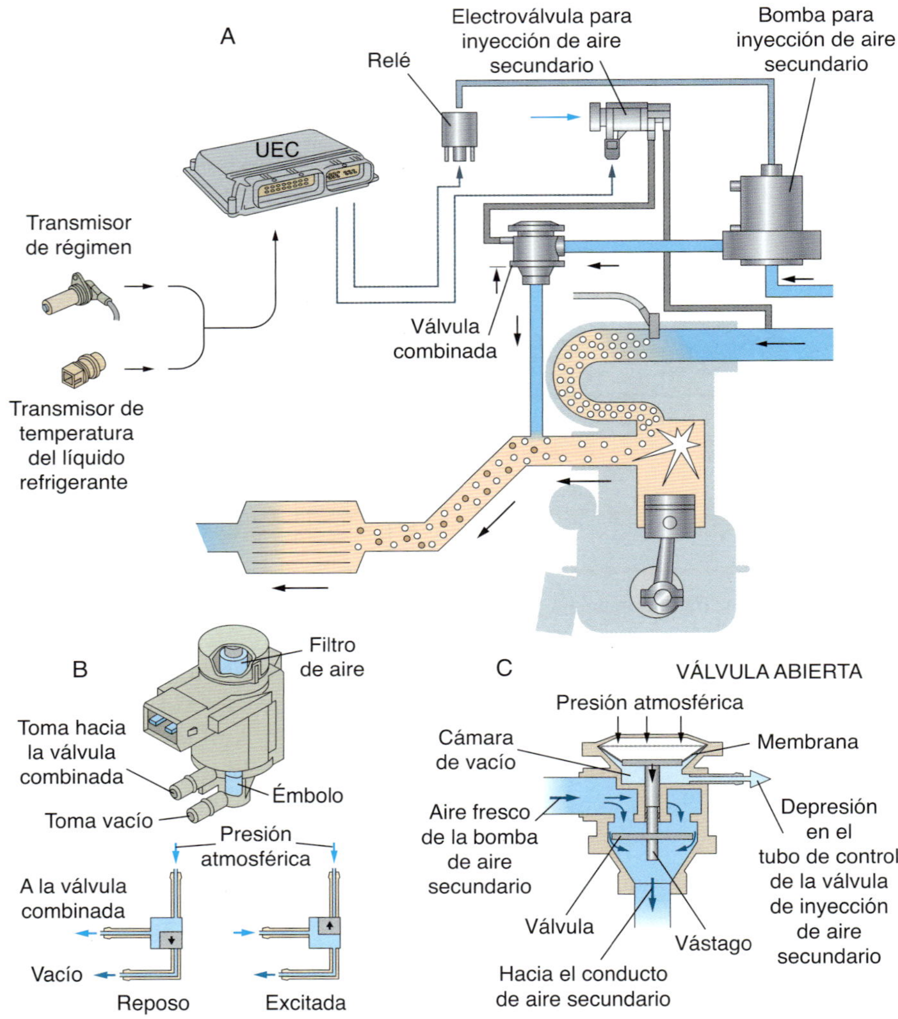

A. Circuito fundamental
B. Electroválvula para inyección de aire secundario detallada
C. Válvula combinada detallada

↑ **Figura 4.75.** Sistema de inyección de aire en el colector de escape.

Este sistema fue utilizado hace unos años y después estuvo en desuso durante mucho tiempo. Sin embargo, se vuelve a recuperar con la entrada en vigor de las nuevas normas anticontaminación de la Unión Europea, ya que estas normas, además de limitar la emisión de contaminantes cuando el motor está a la temperatura de servicio, añaden nuevas restricciones en otras condiciones de funcionamiento.

La UEC es quien gobierna este sistema y para ello necesita tener información del régimen de revoluciones, de la temperatura del líquido refrigerante y, en algunos sistemas, del tiempo que el motor ha permanecido parado antes del arranque.

Conforman el sistema una bomba de aire secundario, una electroválvula para el control de la inyección de aire y una válvula combinada que permite insuflar dicho fluido gaseoso, además de evitar la salida de gases de escape a través de la bomba de aire secundario cuando el sistema no está funcionando.

Mientras el motor no alcance aproximadamente los 30 °C o bien durante un tiempo determinado (aproximadamente 1 o 2 minutos), la UEC excita al relé que alimenta eléctricamente a la bomba de presión. Al mismo tiempo, la UEC excita a la electroválvula de control de aire. De esta forma, la electroválvula permite la llegada de vacío existente en el colector de admisión a la cámara de vacío de la válvula. Este vacío actúa sobre la membrana de dicha válvula desplazando al vástago. Esto acarrea la apertura de la válvula y, como consecuencia de ello, gracias a la presión, generada por la bomba de aire secundario, esta inyecta aire fresco en el escape. Esta presión, al actuar sobre la base de la válvula, también ayuda a su apertura.

Cuando el motor alcanza los 30 °C o transcurre el tiempo predeterminado, la UEC deja de excitar tanto el relé de la bomba de aire secundario como la electroválvula y, en este caso, la única presión que actúa sobre la válvula combinada es la presión residual de los gases de escape, que contribuye a mantener cerrada dicha válvula. De esta forma, queda desactivado el sistema y al mismo tiempo se impide que lleguen los gases de escape a las turbinas de la bomba de aire secundario.

En algunos modelos existe una versión reducida de la válvula combinada, en la que no existe cámara de vacío, por lo que la válvula funciona contrarrestando la presión de los gases de escape con la presión de la bomba de aire secundario actuando como una simple válvula antirretorno.

Para finalizar la explicación de este sistema, diremos que la bomba generadora de presión está formada generalmente por dos turbinas que trabajan neumáticamente en tándem de tal forma que la primera aspira el aire procedente del filtro y lo expulsa hacia el exterior a gran velocidad. Este aire es recogido por un conducto que lo introduce en la zona central de la segunda turbina, la cual lo envía al colector de escape con una velocidad y presión incrementada.

saber más

El sistema de inyección de aire en el escape también se activa al ralentí tras el arranque en caliente, para efectos de autodiagnóstico.

5.4. Nuevas funciones de vigilancia de la UEC

Los modernos sistemas de gestión están obligados por las nuevas leyes anticontaminación a autodiagnosticar y verificar el correcto funcionamiento de los sistemas que contribuyen a la reducción de gases contaminantes. Para esto, incorporan nuevas funciones basadas en el estudio y comparación de las señales entregadas por los distintos sensores, además de los ya tradicionales sistemas de autodiagnóstico por consumo eléctrico de actuadores y evaluación del nivel de las señales de los sensores.

Control de la regulación lambda

Si una sonda lambda se encuentra en mal estado, su tiempo de respuesta, esto es, el tiempo que tarda en traducir en voltaje la concentración de oxígeno en escape, aumenta. Debido a esto, la UEC realiza un exceso de corrección que se traduce en un alargamiento de los periodos en los que la mezcla se mantiene rica o pobre, lo que aumenta la emisión de contaminantes.

La UEC puede detectar fallos en la sonda lambda midiendo la frecuencia de la señal de la sonda. Si esta es demasiado baja, indica que el sistema no es capaz de realizar una regulación suficientemente rápida (figura 4.76).

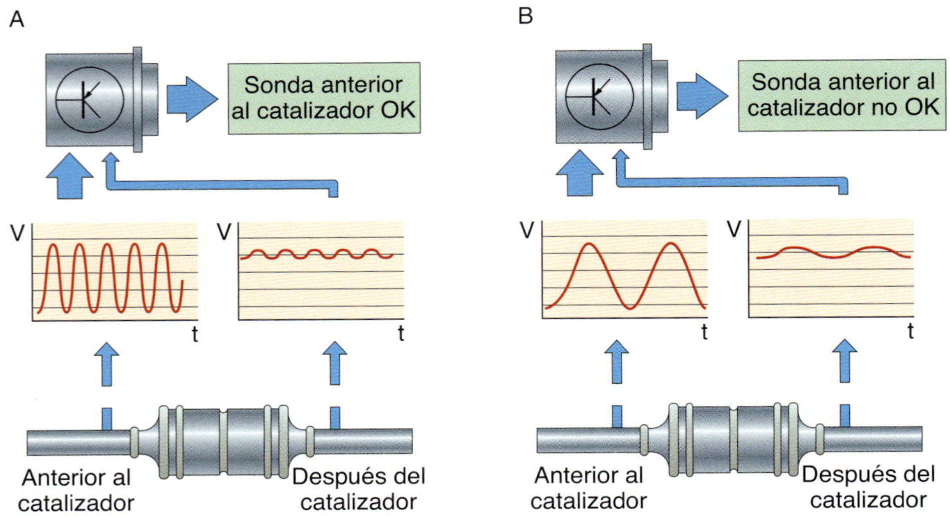

→ **Figura 4.76.** Control de la regulación lambda a través de la sonda lambda anterior al catalizador.

Otro modo de verificar la regulación lambda es a través de la sonda lambda posterior al catalizador y el sensor de velocidad del vehículo. En un sistema que está funcionando de modo correcto, las respuestas del motor han de ser coherentes con la riqueza indicada por la sonda lambda. De este modo, si se le requiere un aumento de potencia al motor, el sistema puede detectar si este aumento ha sido producido detectando a través del captador de velocidad del vehículo si este se ha acelerado. Si todo el sistema de control de riqueza de mezcla funciona correctamente, esta aceleración se debe de traducir en un pequeño enriquecimiento de la mezcla que debe ser detectada por una pequeña subida del voltaje en la tensión de la sonda lambda posterior al catalizador (sección A de la figura 4.77). Si no se produjera esa subida de voltaje (sección B de la misma figura), ello indicaría algún tipo de fallo en los sensores o actuadores que contribuyen a la alimentación de combustible. La sonda lambda posterior al catalizador sigue manteniendo su función de regulación del funcionamiento del catalizador.

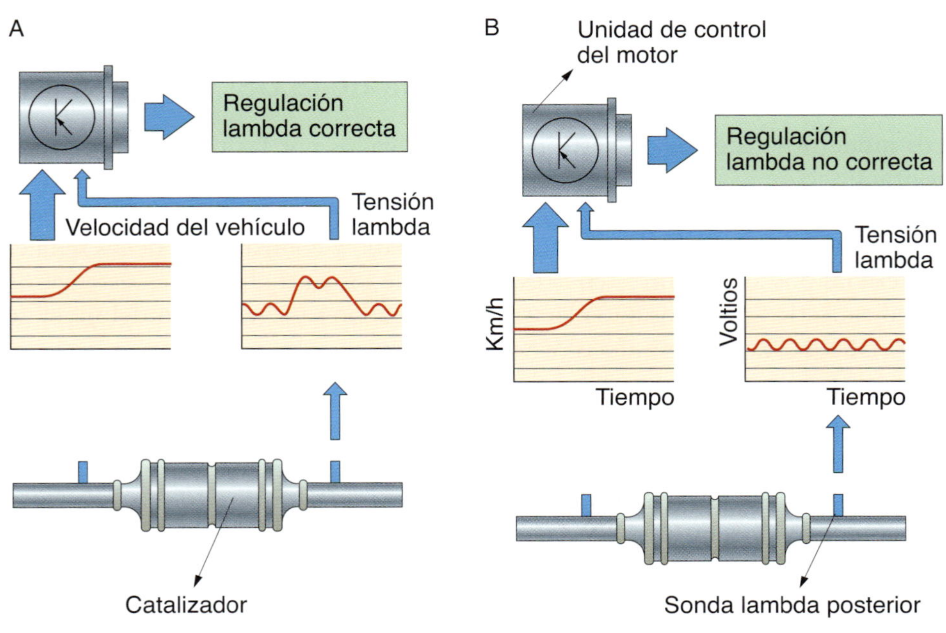

→ **Figura 4.77.** Control de la regulación lambda a través de la sonda lambda posterior al catalizador y a través del sensor de velocidad del vehículo.

Vigilancia del circuito de desvaporización del depósito

La activación de la electroválvula de ventilación del depósito de carbón activo debe indicar un pequeño aporte adicional de gasolina a la mezcla. Por esto, en el inicio de la fase de activación de dicha electroválvula, la sonda lambda anterior al catalizador debe detectar un pequeño enriquecimiento de la mezcla.

La figura 4.78 (sección A) nos muestra la distorsión de la señal de la sonda lambda debido al aporte de gasolina del depósito de carbón activo.

En la sección B se aprecia un funcionamiento de sonda lambda sin ningún tipo de distorsión. Si se da este último caso, el sistema codificaría fallo en el sistema de ventilación del depósito de combustible.

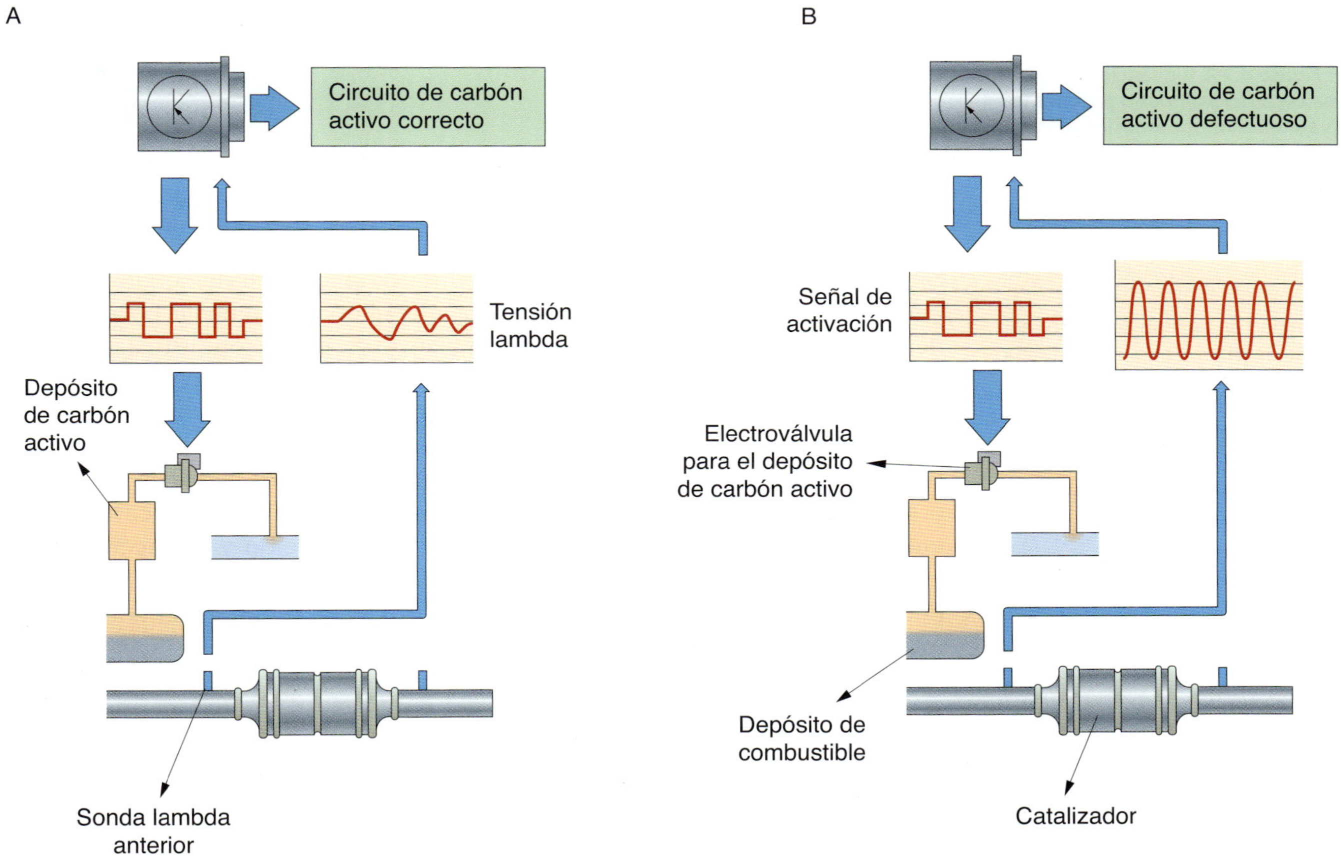

↑ **Figura 4.78.** Vigilancia del circuito de desvaporización del depósito de combustible a través de la sonda lambda anterior al catalizador.

Vigilancia del sistema de aire secundario

El aporte de aire fresco en el escape implica un gran aumento de la concentración de oxígeno en el mismo, lo que debe de ser detectado por la sonda lambda con una fuerte bajada de tensión. De este modo, al activar el sistema de aire secundario, la tensión de la sonda debe caer bruscamente como se puede observar en la sección A de la figura 4.79. Si esto no ocurriese, el sistema codificaría fallo en el sistema de aire secundario. Esta situación la podemos ver en la sección B de la figura 4.79.

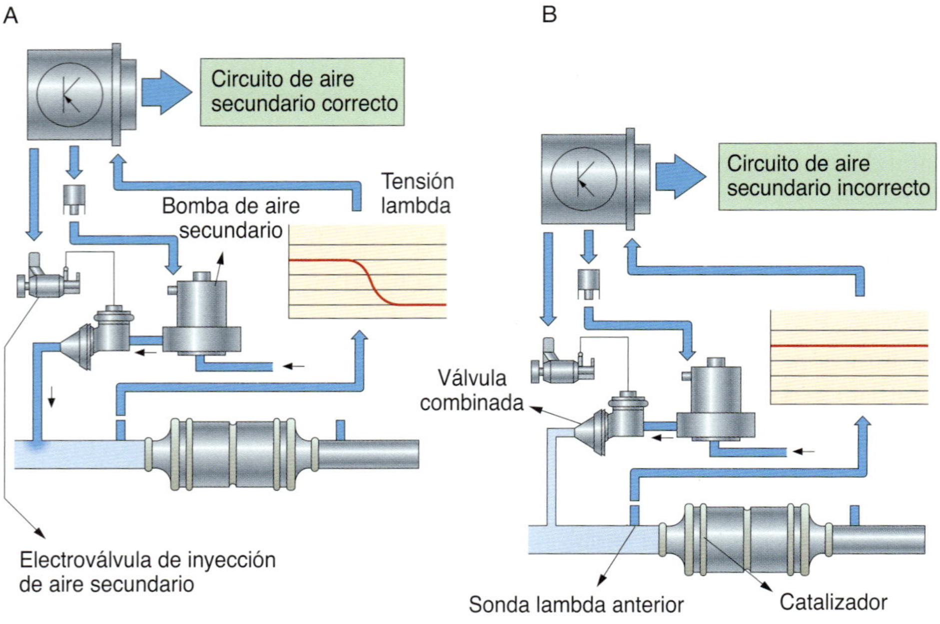

→ **Figura 4.79.** Vigilancia del sistema de aire secundario a través de la sonda lambda anterior al catalizador.

caso **práctico** inicial

La unidad de gestión del motor del coche de María tiene memorizada una avería de fallo de combustión del cilindro 3. Esto es debido a que la bobina de encendido de ese cilindro está defectuosa.

Vigilancia de las combustiones

Si la combustión en cada uno de los cilindros se está produciendo de forma correcta, esto se debe traducir en una aceleración del cigüeñal poco después del paso del PMS del cilindro que se encuentra en explosión. Esta aceleración puede detectarse por un aumento de la frecuencia y el voltaje de la señal de revoluciones del cigüeñal. Si se detecta que uno de los cilindros se está acelerando menos que los otros, esto indicaría que ese cilindro no está realizando una correcta combustión (fallos mecánicos en el cilindro, fallos de encendido o fallos de inyección). Ante la posibilidad de que salgan hidrocarburos sin quemar a la atmósfera, el sistema desactiva la inyección y el encendido del cilindro en el que se ha detectado el fallo de combustión. En la figura 4.80 podemos apreciar una combustión correcta (sección A) y una combustión incorrecta (sección B).

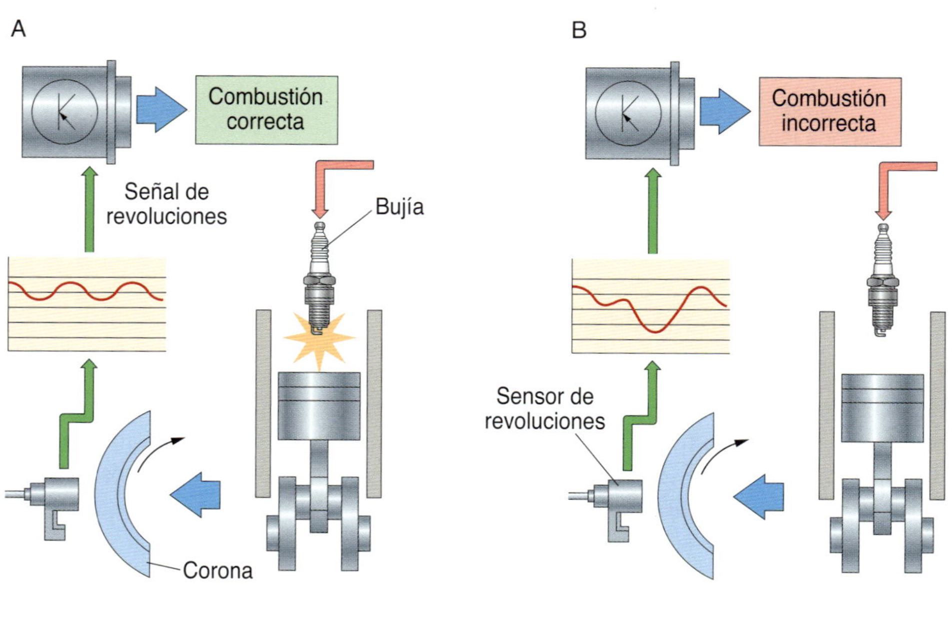

→ **Figura 4.80.** Vigilancia de las combustiones a través del sensor de revoluciones.

Vigilancia del sistema de recirculación de los gases de escape

El transmisor de presión en el conducto de admisión (o el caudalímetro) tiene que detectar un ascenso de la presión (una depresión menos intensa) al dejar pasar gases de escape hacia el conducto de admisión. La UEC compara el ascenso de la presión en el conducto de admisión con la cantidad recirculada de gases de escape y puede sacar de ahí conclusiones sobre el funcionamiento de la recirculación de los gases de escape (EGR). Este autodiagnóstico se ejecuta únicamente en la fase de deceleración, porque es cuando se desactiva la inyección, la cual sería una magnitud perturbadora para la medición, y por ser cuando el motor tiene un alto rendimiento de aspiración. La figura 4.81 nos muestra una EGR correcta (sección A) y una EGR incorrecta (sección B).

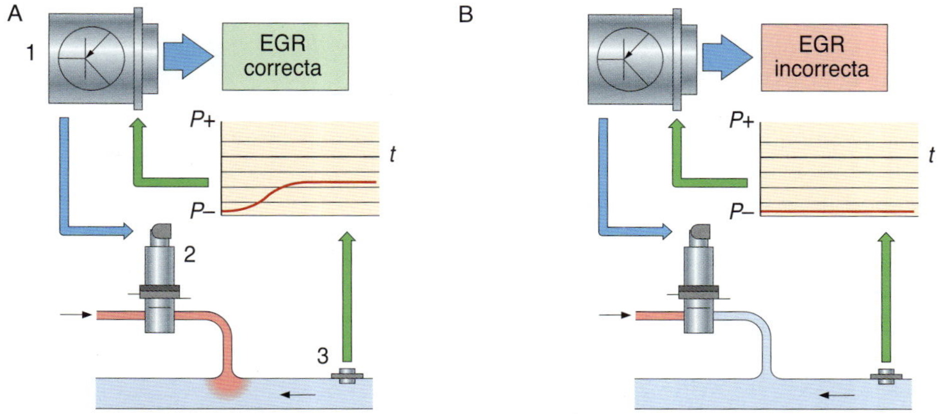

P+ = Presión positiva
P– = Depresión
t = Tiempo

1. Unidad de control del motor
2. Válvula de recirculación de gases de escape
3. Transmisor de presión en el colector de admisión

← **Figura 4.81.** Vigilancia del sistema de recirculación de los gases de escape a través del transmisor de presión en el colector de admisión.

5.5. El termostato regulado electrónicamente

Finalizamos la inyección secuencial comentando que nos podemos encontrar con sistemas que llevan el termostato regulado electrónicamente (figura 4.82). De esta forma, mediante el calentamiento de la cera termodilatable se regula la temperatura del motor según las condiciones de carga. El termostato lleva dos terminales, uno por donde es alimentado con la tensión de la batería y el otro por donde recibe una señal de frecuencia fija y anchura de impulsos variable por parte de la UEC de gestión del motor. De esta forma, dicha unidad de mando puede controlar la apertura del termostato.

- A plena carga lo que nos interesa es trabajar con bajas temperaturas (85 – 95 °C) para que el aire aspirado no se caliente en exceso y así se pueda aumentar la potencia. Para que esto ocurra, la UEC conectará el borne negativo del termostato a masa durante más tiempo con lo cual abrirá antes debido a que la calefacción eléctrica dilata la cera.
- A carga parcial lo que interesa es trabajar con temperaturas altas (95 – 110 °C) para conseguir un mejor rendimiento y como consecuencia de ello una reducción en el consumo y en la emisión de gases contaminantes. Para conseguirlo, la UEC conectará a masa el borne negativo del termostato durante menos tiempo con lo cual tardará más tiempo en abrir.

Si falla la resistencia eléctrica del termostato o hay alguna interrupción en el cableado, el termostato abrirá el paso del líquido refrigerante cuando se alcancen los 110 °C.

Por último, es importante resaltar que este tipo de termostato se utiliza sobre todo en inyección directa de gasolina.

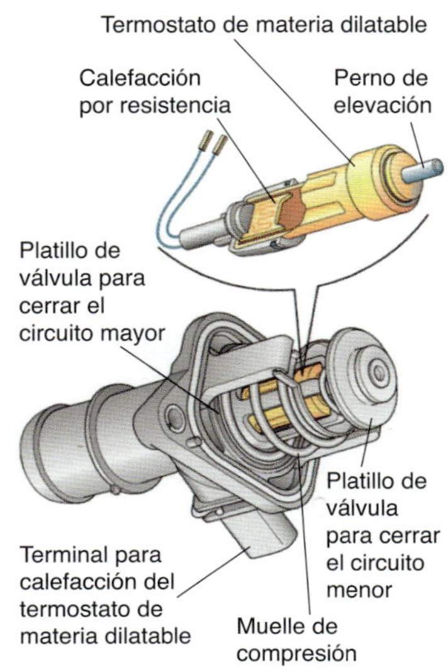

↑ **Figura 4.82.** Termostato regulado electrónicamente.

ACTIVIDADES FINALES

- 1. ¿Qué ventajas tiene una inyección electrónica de gasolina con respecto a las inyecciones mecánicas y electromecánicas?
- 2. ¿Qué es una sonda lambda?
- 3. ¿Qué misión se le encomienda al sensor de picado?
- 4. Explica el proceso de depuración de los gases de escape dentro del catalizador.
- 5. ¿Qué ocurre si la sonda lambda queda fuera de servicio?
- 6. ¿Qué ventajas ofrece la sonda lambda de banda ancha con respecto a la sonda convencional?
- 7. Si alimentamos con 1,5 V el cable de señal lambda, la UEC tiene que.......
- 8. ¿Cómo se comprueba si el catalizador trabaja correctamente en los vehículos con motor de gasolina?
- 9. ¿Por qué en los sistemas de inyección monopunto el regulador de presión no tiene conexión con el colector de admisión como en los sistemas multipunto?
- 10. ¿Con qué objeto se instala la válvula EGR?
- 11. ¿Para qué sirve un depósito de carbón activo?
- 12. ¿Qué objeto tiene montar el sensor de fase en las inyecciones secuenciales? ¿Qué ventajas ofrece el sensor de fase diferencial frente al convencional?
- 13. ¿Qué se entiende por carga del motor?
- 14. Explica cómo funciona una bobina de encendido de chispa perdida.
- 15. ¿Qué particularidades caracteriza al nuevo medidor de masa de aire por lámina caliente?
- 16. ¿De qué herramientas dispone la gestión del motor para influir sobre el par motor?
- 17. ¿En qué consiste la regulación lambda?
- 18. ¿A qué elemento anticontaminación va asociada la sonda lambda?
- 19. ¿Está siempre activa la regulación lambda?
- 20. ¿Qué se entiende por adaptación lambda?
- 21. ¿Cómo se compensan las tolerancias de fabricación entre sondas lambda de banda ancha?
- 22. ¿Funcionan del mismo modo la resistencia de compensación de las sondas Bosch y las NTK?
- 23. ¿Cuántas sondas lambda monta habitualmente un vehículo?

EVALÚA TUS CONOCIMIENTOS

Resuelve en tu cuaderno o bloc de notas

1. ¿Dónde va colocada la resistencia de compensación en las sondas lambda de banda ancha NTK de 8 vías?

a. Entre el terminal de la célula de bomba y un terminal libre.

b. Entre el positivo de la resistencia de calefacción de la sonda y un terminal libre.

c. Entre dos terminales libres del conector.

d. No llevan resistencia de compensación.

2. ¿Con qué estrategia se evita el picado de bielas?

a. Aumento del avance de encendido.

b. Disminución del avance de encendido.

c. Limitando la velocidad de rotación del motor.

d. Combinando inyecciones secuenciales con semisecuenciales.

3. Indica bajo qué principio trabaja el sensor de picado:

a. Magnetismo.

b. Fotoelectricidad.

c. Piezoelectricidad.

d. Piezorresitivo.

4. Indica bajo qué principio trabaja el transmisor de régimen:

a. Magnetismo.

b. Fotoelectricidad.

c. Piezoelectricidad.

d. Conductividad eléctrica.

5. ¿Qué ocurre cuando una electroválvula del cánister se queda clavada en posición cerrada?

a. El motor funciona en fase de emergencia.

b. El motor no funciona.

c. Se produce un enriquecimiento excesivo y con ello un aumento de la contaminación.

d. El motor funciona bien, pero puede dañarse el cánister.

6. Indica bajo qué principios trabaja el sensor MAP:

a. Magnetismo.

b. Fotoelectricidad.

c. Piezoelectricidad.

d. Piezorresistividad.

7. Los medidores de masa por lámina caliente...

a. Miden la cantidad real del aire aspirado teniendo en cuenta su densidad.

b. Miden el volumen de aire aspirado por el motor.

c. Miden el volumen de aire aspirado por el motor pero cuando éste está caliente.

d. Miden el volumen de aire teniendo en cuenta su presión.

8. Los sistemas que utilizan un sensor Hall en el árbol de levas y un inductivo en el cigüeñal...

a. No se dan estos casos.

b. En caso de avería en uno de los sensores, el motor puede seguir funcionando.

c. Facilitan una puesta en marcha más inmediata.

d. Las dos anteriores.

9. La información del interruptor del pedal de embrague, se utiliza para:

a. Evaluar el sincronismo del pedal de freno.

b. Reducir el par motor durante los cambios de marcha.

c. Realizar el corte de marcha por inercia.

d. Evaluar el grado de desgaste del embrague.

10. La inyección de aire secundario se realiza con objeto de reducir las emisiones de hidrocarburos durante:

a. Depende de la EGR.

b. Depende de la presión existente en el colector de admisión.

c. Cuando se superan las 4.500 rpm.

d. Los primeros minutos de funcionamiento del motor (mezcla rica y lambda no operativa).

PRÁCTICA PROFESIONAL

HERRAMIENTAS

- Osciloscopio de cuatro canales

MATERIAL

- Vehículo de gasolina con sensor MAP. En la práctica del ejemplo se ha empleado un Ibiza 02, con código de AZQ

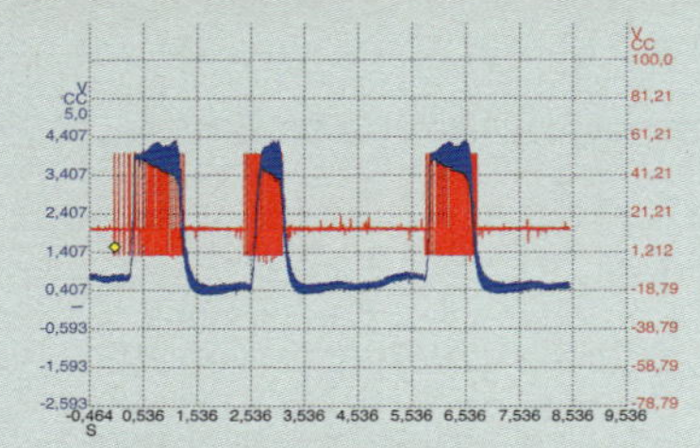

↑ **Figura 4.83.** Evolución de la presión del colector de admisión (azul) y señal de un inyector de referencia (rojo).

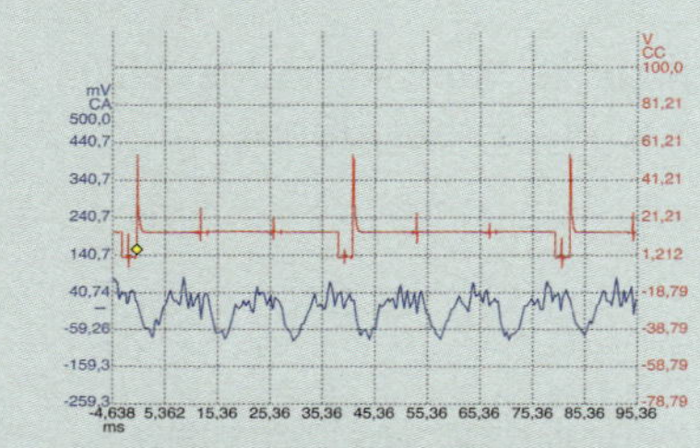

↑ **Figura 4.84.** Fluctuaciones de presión en la aspiración de los cilindros a ralentí (azul) e inyector de referencia (rojo).

saber más

Evaluación del equilibrio en la aspiración del motor

Si observamos atentamente la prueba realizada, vemos que la tensión del sensor asemeja estar dibujada en un trazo grueso que se ensancha en determinados momentos. Ampliando la imagen se aprecia que ese trazo grueso en realidad se corresponde a una oscilación de la tensión, esta es debida al solapamiento de los tiempos de admisión de los cilindros, que provocan fluctuaciones de presión en el colector de admisión.

Analizando dicha fluctuación en una condición de funcionamiento estable, como el ralentí, podemos detectar posibles problemas relacionados con el llenado de los cilindros.

Comprobación del sensor de presión del colector de admisión

OBJETIVOS

- Saber comprobar correctamente el funcionamiento de un sensor de presión del colector de admisión mediante un osciloscopio.
- Entender el comportamiento del aire durante la fase de admisión del motor.
- Aprender a aprovechar la información proporcionada por los sensores instalados en el vehículo en el diagnóstico de problemas mecánicos.

PRECAUCIONES

Manejar correctamente las herramientas y ventilar el local.

DESARROLLO

Rango de medición

Este sensor es un sensor analógico de respuesta lineal. Se evaluará en primer lugar la tensión proporcionada por el sensor en reposo:

- Conectar el canal A del osciloscopio entre la vía de señal del sensor (vía 95 de la UCM) y masa (preferiblemente de sensores, vía 83 de la UCM).
- Ajustar la tensión en la escala de 5 V, poner contacto, medir el nivel de tensión en reposo y notar el valor.

Con el motor en marcha:

- Ajustar la base de tiempos en un rango suficientemente amplio (500 ms/div).
- Medir el nivel medio de tensión a ralentí.
- Acelerar el motor a fondo un par de veces y capturar la imagen (figura 4.83).
- En vista de los valores obtenidos, razonar a qué es debido el valor de la tensión en reposo y si será el mismo en un motor sobrealimentado.
- Relacionar las fluctuaciones de tensión observadas en el sensor con los valores de presión alcanzados en el colector durante la prueba.

Realización práctica

- Conectar el canal A del osciloscopio en la vía de señal del sensor de presión.
- Partiendo de una escala de 5 V y una base de tiempos a 100 ms/div, pasar de modo DC a AC y disminuir la escala de tensión hasta ver con claridad las fluctuaciones de tensión.
- Conectar el canal B del osciloscopio en la vía de activación de un inyector empleando el atenuador de x20.
- Ajustar el nivel de disparo: «Automático» sincronizando el canal B.
- Observar en la imagen las oscilaciones debidas a las fluctuaciones de presión del aire aspirado. Deben ser las mismas para todos los cilindros (figura 4.84).

HERRAMIENTAS

- Osciloscopio de cuatro canales

MATERIAL

- El vehículo de la práctica anterior

Comprobación de la señal de los inyectores

OBJETIVOS

Saber medir y analizar la señal eléctrica de activación de los inyectores de gasolina convencionalesy detectar problemas mecánicos en los inyectores a partir de su señal eléctrica.

PRECAUCIONES

Manejar correctamente las herramientas y ventilar el local.

DESARROLLO

Activación de los inyectores:

1. Ajustar el canal A en la escala de 100 voltios, conectar el osciloscopio entre la activación del inyector (o el terminal correspondiente del calculador motor, por ejemplo 88, 87 u 85) y masa.
2. Ajustar el canal B en la escala de 1 amperio.
3. Conectar la pinza amperimétrica con el conmutador de la misma en la posición 20 amperios en uno de los cables del inyector.
4. Ajustar el nivel de disparo y la escala de tiempos en 2ms/div.
5. Arrancar el motor y capturar una imagen (figura 4.85). Comentar en qué zonas de las curvas de tensión e intensidad se ven reflejados el efecto de la autoinducción de la bobina del inyector. Indicar en estas curvas el punto en el que se produce la apertura mecánica del inyector (BIP) y el cierre real del mismo.
6. Desconectar un inyector y conectar externamente un inyector viejo de prueba.
7. Con el motor en marcha bloquear con un botador u otro medio la aguja del inyector, observar como la señal BIP desaparece al igual que la deflexión de cierre. Desbloquear el inyector y observar como vuelve a aparecer.

Notas de interés:

- La curva de intensidad muestra el efecto de autoinducción de la bobina, la intensidad no aumenta instantáneamente en la conexión del inyector, sino que lo hace de forma progresiva.
- El inyector, a diferencia de una bobina ordinaria, es una electroválvula cuyo núcleo cambia su estado de movimiento bruscamente. Dicho cambio provoca en la curva de intensidad un punto de inflexión cuando se produce la apertura mecánica del inyector (señal BIP: *begin of injection period*). Este hecho nos permite conocer que el inyector está realmente funcionando.
- Al finalizar el tiempo de activación del inyector se produce un cambio brusco de intensidad, esto provoca un pico de autoinducción en la curva de tensión.
- En esta zona de la curva de tensión, concretamente al final del proceso de descarga autoinductivo de la bobina, aparece una pequeña inflexión debida a la detención brusca del movimiento del núcleo del inyector al cerrarse el mismo.
- Esta inflexión permite diagnosticar igualmente si el inyector está en movimiento. No obstante, la falta de esta inflexión solo es visible si el inyector se activa individualmente. En inyecciones simultáneas o semisecuenciales queda enmascarada por el efecto de los otros inyectores.

saber más

Notas

- Analizaremos la señal de activación de los inyectores en tensión e intensidad. Se estudiarán conceptos como el tiempo de activación, la autoinducción y el efecto sobre la misma que provoca un cambio brusco del movimiento del núcleo magnético de una bobina. Esto último permite diagnosticar el movimiento mecánico del inyector a través de ambos oscilogramas.
- Se utilizarán los dos canales del osciloscopio, uno con una sonda de tensión (con un nivel de atenuación función de la entrada máxima del osciloscopio) y otro con la pinza amperimétrica de 20/60 amperios.

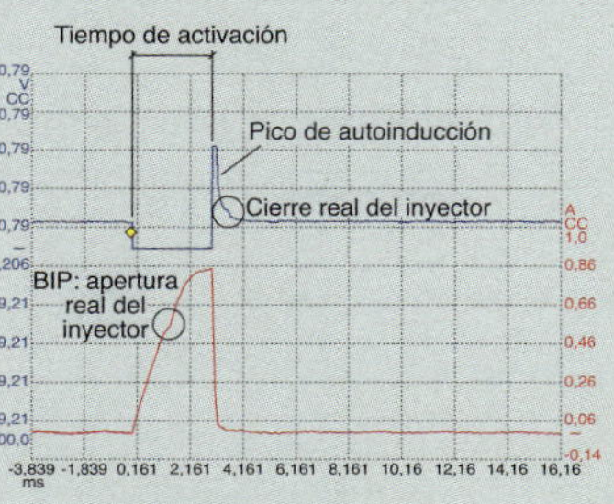

↑ **Figura 4.85.** Activación del inyector en tensión (azul) y corriente (rojo).

MUNDO **TÉCNICO**

La electrónica de control en las sondas lambda de banda ancha

Este tipo de sondas precisan de una electrónica asociada, que controla y regula su funcionamiento, proporcionando una señal de medición. Esta electrónica habitualmente se integra en la unidad de control del motor.

Bosch fabrica distintos circuitos integrados de aplicación específica (ASIC), como el CJ110, CJ120 y CJ125, para el control de sus sondas. Dichos chips han ido incorporando en un mismo componente distintas funciones de control de la sonda. Así, el CJ110 desarrollado para el control de la LSU 4 controla la corriente de bomba para la regulación de la tensión de Nernst a 450 mV, mide la corriente de bomba y amplifica la señal con un factor de amplificación fijo, proporciona una masa virtual y una tensión de referencia para la célula de Nernst (450 mV respecto a la masa virtual), controla el ajuste de calibración y posee autodiagnosis, el CJ120 y CJ125 desarrollados para el control de las sondas LSU 4x miden además la resistencia interna de la célula de Nernst para el control de la calefacción de la sonda, entre otras funciones.

Para la utilización de la sonda como componente independiente, por ejemplo, como sensor de oxígeno para la afinación de motores, existen unas electrónicas externas (como la AWS del esquema de la figura 4.86) que controlan la sonda y proporcionan el valor lambda a través de un display o un ordenador. Muchos de estos modelos permiten el control tanto de sondas Bosch como NTK.

Funcionamiento de la electrónica de medición en las sondas LSU

En la figura puede apreciarse una electrónica de control asociada a una sonda LSU.

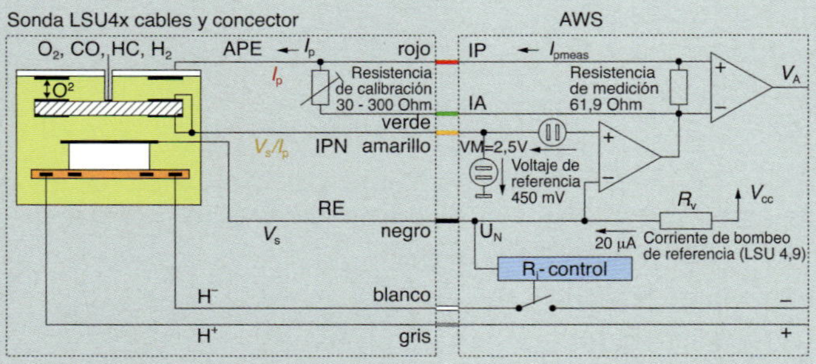

↑ **Figura 4.86.** Sonda LSU 4x y electrónica de control de la sonda (solución convencional).

- Dicha electrónica proporciona una masa virtual VM = 2,5 V con respecto a masa de batería, conectada al cable V_s/I_p (amarillo) (negativo de la célula de Nernst y cable común con electrodo de célula bomba).
- Proporciona también una tensión de referencia de 450 mV respecto a la masa virtual. Dicha tensión de referencia alimenta la entrada no inversora del amplificador diferencial asociado a la célula Nernst.
- Mide la tensión de la célula de Nernst mediante la entrada inversora (–) del amplificador diferencial conectada a V_s (cable negro).
- Alimenta la célula bomba con una corriente Ip proporcional a la desviación del valor de tensión de referencia medido en la entrada inversora (–) del amplificador diferencial asociado. Dicha corriente estabiliza la tensión de la célula de Nernst por el bombeo de oxígeno hacia o desde la ranura de difusión mediante la célula bomba.
- Mide la corriente de bombeo estandarizada I_{pmeas} midiendo la caída de tensión producida al pasar la corriente de bomba I_p por un circuito paralelo formado por una resistencia de medición de 61,9 Ω y la resistencia de calibración (de entre 30 y 300 Ω) situada en el conector de la sonda, por medio del circuito operacional de salida.
- Proporciona una tensión V_A de salida función de la corriente medida:

  V_A (V) = 2,5 + 1,648 · I_{pmeas} (mA) para la electrónica AWS

  Y en el caso de los integrados de Bosch CJ110, CJ120 y CJ125

  V_A (V) = 1,5 + (61,9/1000*V). I_{pmeas} (mA)

  donde V es el factor de amplificación del operacional de salida (presenta un valor de $V = 17$ para ajustar la tensión de salida al rango de medición estándar $\lambda = 0{,}8$ a infinito y $V = 8$ para ajustar el rango de medición de 0,7 a infinito, sonda LSU 4.2 o 0,65 a infinito, sonda LSU 4.9).

Fuente: información Bosch

EN RESUMEN

SISTEMAS DE ALIMENTACIÓN EN MOTORES OTTO II

INYECCIÓN ELECTRÓNICA INDIRECTA

- Sensores
  - Posición/velocidad del motor, fase del motor, carga/aire aspirado, voltaje de la batería, arranque, velocidad del vehículo, potenciómetro de CO/sonda lambda, temperatura del motor, del aire y del aceite, altitud, picado, regulador de velocidad, posición del acelerador, posición del embrague, posición del freno
- Sistemas controlados
  - Inyección, encendido, ralentí/posición de mariposa, bomba de gasolina, ventilación del depósito, inyección de aire, refrigeración del motor, EGR, distribución variable, admisión variable
- Señales adicionales
  - Autodiagnosis
  - Aire acondicionado
  - Dirección asistida
  - Cambio
  - ABS
  - Suspensión inteligente
- CAN BUS

entra en internet

■ 1. En las siguientes direcciones puedes encontrar más información sobre lo tratado en la unidad.

- <www.mazda.com\mazdaspirit>
- <http://tuwecanico.com/index.php/componentes/11-sonda-lambda>
- <http://www.ngk.es/es/tecnologia-en-detalle/sondas-lambda/diagnostico/>
- <http://www.autocity.com/documentos-tecnicos/index.html?codigoDoc=359>
- <http://www.youtube.com/watch?v=mUnJ0JKz_rc>
- <http://www.sabelotodo.org/automovil/inyecciongasolina.html>
- <http://www.youtube.com/watch?v=lwerwKm2dLg>
- <http://www.ngk.es/es/productos-y-tecnologias/sondas-lambda/tecnologias-de-sondas-lambda/sonda-lambda-de-banda-ancha/>

5 Sistemas de alimentación en motores Otto III

vamos a conocer...

1. La inyección electrónica directa
2. Modos operativos de funcionamiento del motor de inyección directa
3. Sistema de combustible regulado en función de las necesidades

PRÁCTICA **PROFESIONAL**

Señal de mando de un inyector en un motor de inyección directa de gasolina

Estudio de los modos de inyección en un motor de inyección directa de gasolina

MUNDO **TÉCNICO**

Funcionamiento de motores con gas licuado del petróleo (G.L.P.) o con gas natural comprimido (G.N.C.)

y al finalizar esta unidad...

- Conocerás los modos operativos de funcionamiento en motores de inyección directa.
- Sabrás el funcionamiento en general del circuito de combustible en baja y alta presión de los sistemas de inyección directa.
- Conocerás el funcionamiento detallado de cada uno de los elementos que conforman el circuito de combustible en los sistemas de inyección directa.

CASO **PRÁCTICO** INICIAL

situación de partida

José es propietario de un Audi A3 FSI con letras de motor CCZA con una potencia de 200 CV. Está circulando por una calle y de repente se enciende la luz de avería motor y el vehículo se detiene. Intenta ponerlo en marcha nuevamente pero, aunque aprecia que el motor de arranque gira, el vehículo no enciende.

Avisa a la asistencia para que pasen a recoger el vehículo y lo lleva a un concesionario Audi de esa misma ciudad.

Al llegar el coche al taller, el responsable de la concesión se dirige al vehículo y diagnostica la posible anomalía que presenta el vehículo. Al acceder a la unidad motor con el terminal de diagnosis, en esta aparece una avería con la siguiente frase: «Unidad de alimentación de combustible, falta de comunicación». El responsable le comunica a un operario del taller cuál es la avería que diagnostica el terminal de diagnosis y deciden comprobar la alimentación y comunicación a través del bus de datos de la propia unidad, situada en la parte superior del depósito de combustible. Estas dos comprobaciones determinan que la alimentación y la comunicación son correctas.

La avería procede de la propia unidad. Se informa a José de la procedencia de la avería y éste ordena su sustitución, previo presupuesto por parte del taller.

El mecánico para su sustitución debe seguir el siguiente protocolo:

- Se sustituye la unidad de alimentación (proceso puramente mecánico).
- Introducir el terminal de diagnosis y asegurarse de que no hay avería memorizada.
- Con el motor girando a ralentí se selecciona en la máquina de diagnosis:
  - Ajuste básico.
  - Se introduce el grupo de indicación 103.
  - Se activa ajuste básico.
  - Verificar en el campo 4: «Adaptación ON».
  - Al finalizar la adaptación de la bomba de combustible, si esta se ha realizado con éxito aparecerá «Adaptación OK».

A partir de este momento ya estaría realizado el ajuste básico de la nueva unidad.

José ya puede circular nuevamente con su vehículo.

↑ **Equipo de diagnosis.**

estudio del caso

Antes de empezar a leer esta unidad de trabajo, puedes contestar las dos primeras preguntas. Después analiza cada punto del tema, con el objetivo de contestar al resto de las preguntas de este caso práctico.

1. ¿Qué ventajas principales presenta el sistema de inyección directa?
2. ¿Es posible adaptar la tecnología de un motor de inyección directa a un motor de inyección indirecta?
3. ¿Qué misión cumple el sensor de temperatura en la línea de escape, especialmente en motores sobrealimentados?
4. ¿Qué función desempeña el sensor de presión de combustible de alta?
5. ¿Todos los sistemas de inyección directa de gasolina tienen que llevar sensor de presión de baja de combustible?
6. ¿Entre qué presiones puede oscilar la presión de carburante en el circuito de baja?

1. La inyección electrónica directa

caso práctico inicial

El vehículo de José es de inyección directa de gasolina y, más concretamente, un Audi A3 FSI.

Es un sistema que la firma Mitsubishi empezó a usar desde mediados de los años noventa, aunque ya fuera empleado de una forma ocasional por Mercedes en los años cincuenta. Actualmente el sistema ya está más extendido a otras marcas, con diferentes denominaciones, pero basándose en el mismo principio de funcionamiento.

saber más

Algunas de las denominaciones de inyección directa son las siguientes:

- JTS: De Fiat.
- GDI: Mitsubishi.
- IDE: Renault.
- HPI: Grupo PSA.
- TSI: Volkswagen.
- FSI: De Bosch para motores atmosféricos.
- TFSI: De Bosch para motores sobrealimentados.

A

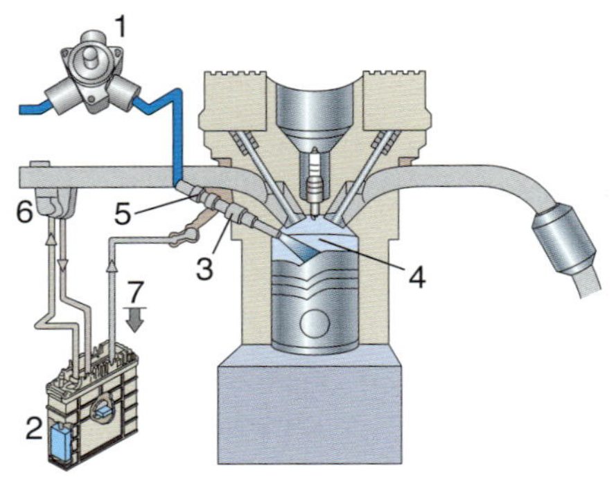

B

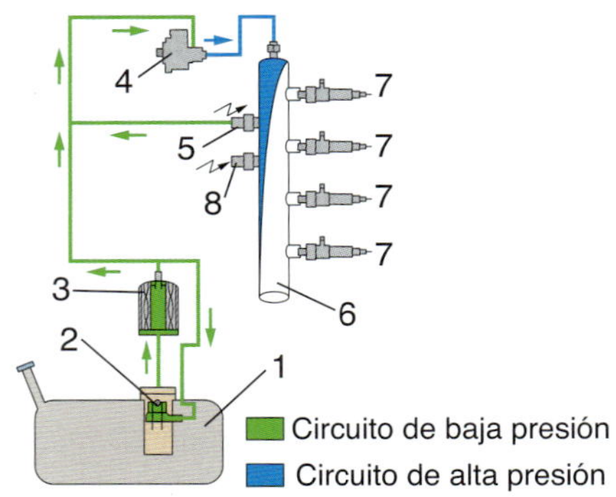

A. Esquema de principio de un sistema de inyección directa de gasolina

1. Bomba de alta presión
2. UEC de gestión del motor
3. Inyector
4. Cámara de combustión
5. Rampa de inyección
6. Acelerador electrónico
7. Información de los demás sensores

B. Detalle de la parte hidráulica

1. Depósito
2. Bomba eléctrica
3. Filtro
4. Bomba de alta presión
5. Regulador de alta presión
6. Rampa de inyección
7. Inyectores
8. Captador de presión

C

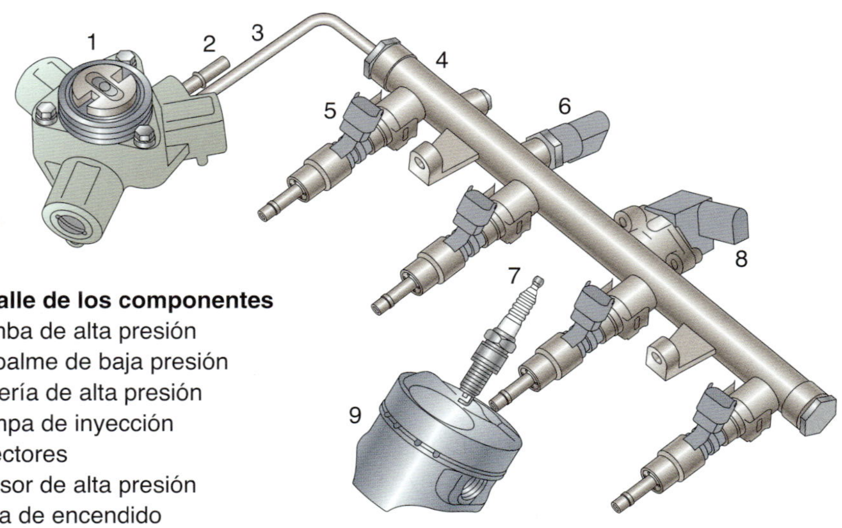

C. Detalle de los componentes

1. Bomba de alta presión
2. Empalme de baja presión
3. Tubería de alta presión
4. Rampa de inyección
5. Inyectores
6. Sensor de alta presión
7. Bujía de encendido
8. Regulador de alta presión
9. Cilindro

↑ **Figura 5.1.** La inyección directa de gasolina.

En un sistema de inyección directa, la gasolina es directamente inyectada en la cámara de combustión. La inyección es efectuada a una presión bastante elevada gracias a que una bomba de alta presión puede suministrar combustible a una rampa común a la cual van sujetos los inyectores. La presión en dicha rampa, y por tanto la presión de inyección, puede oscilar entre los 30 y 150 bares.

El mando de los inyectores se realiza por la UEC de gestión del motor, generalmente en modo secuencial.

La duración de la inyección, el inicio de la misma, así como la presión a la que debe ser inyectado el combustible son determinados permanentemente por dicha unidad electrónica en función de una serie de parámetros (régimen, posición de mariposa, etc.). Concretamente, en lo que respecta a la presión debemos subrayar que es un sensor de presión, dispuesto en la propia rampa, quien informa a la UEC de la presión en la misma. Esta presión puede ser modificada en todo momento por la propia UEC a través del regulador de presión que está colocado en la rampa de inyección o en la bomba de alta presión según los equipos. Si se da este último caso, la bomba impele solamente el combustible necesario.

saber más

Encendido

Los vehículos de inyección directa de gasolina permiten trabajar con relaciones de compresión y con ángulos de avance mucho mayores. Esto se debe a que la tendencia al picado se reduce sustancialmente por dos factores:

- La tendencia a refrigerar el cilindro, gracias a que la evaporación del combustible inyectado directamente absorbe parte del calor del aire.
- Al admitir solo aire, se reduce el tiempo en que el combustible está mezclado con el, evitando la oxidación del mismo.

2. Modos operativos de funcionamiento del motor de inyección directa

El sistema de inyección directa aporta importantes mejoras en cuanto a ahorro de combustible, en ciertas condiciones de funcionamiento del motor y, por otro lado, disminuye la emisión de gases contaminantes.

Para lograr estos objetivos, el motor de inyección directa utiliza cinco modos operativos de funcionamiento:

- Modo estratificado pobre.
- Funcionamiento con mezcla homogénea.
- Modo «homogéneo-pobre».
- Inyección en dos fases – calefacción del catalizador.
- Inyección en dos fases – plena carga.

2.1. Modo estratificado pobre

Este modo operativo consiste en concentrar una mezcla aire/gasolina inflamable cerca de la bujía (mediante un diseño especial de los conductos de admisión y de la cabeza de los pistones) y llenar el resto de la cámara con aire y gases de escape permitidos por la válvula E.G.R.

Con este funcionamiento, el motor ofrece una reducción en el consumo bastante significativa pero implica utilizar un sistema de escape sofisticado.

Durante esta fase, la gasolina es inyectada en la fase de compresión justo antes del encendido. En la zona de inyección (proximidades de la bujía), la mezcla contiene una riqueza muy cercana a valor $\lambda = 1$ lo cual nos asegura una muy buena combustión. Esta zona caliente permite inflamar las capas del resto de la mezcla que cada vez va siendo más pobre a medida que se aleja de la bujía. El control de la carga del motor se efectúa variando el caudal inyectado, sin utilizar la mariposa, que se mantiene casi abierta al máximo aunque el pedal del acelerador no se encuentre pisado casi a fondo. Con esto conseguimos rellenar el cilindro de forma que el aire que no se consume nos ayuda a elevar la presión de compresión, lo cual incrementa el rendimiento del motor con respecto a un motor de inyección indirecta.

Este tipo de funcionamiento es posible en las zonas de débil régimen (desde ralentí hasta aproximadamente 3.500 rpm) y con cargas bajas y medias.

El modo estratificado no se puede utilizar más allá de media carga, ya que la riqueza sería muy importante alrededor de la bujía y no sería posible su inflamación.

Con esta estratificación específica, el valor lambda en el área de combustión oscila entre 1,5 y 3.

La carga estratificada solo se puede realizar en sistemas de inyección directa ya que pueden introducir el combustible en la cámara poco antes del momento de encendido.

Si el motor es capaz de funcionar con mezcla pobre, se producirá una disminución del consumo de gasolina, no ya porque se inyecte menos gasolina, que sería casi la misma cantidad, sino porque la mariposa estaría más abierta que en condiciones normales para dejar entrar más aire y cuanto más abierta esté la mariposa, mejor rendimiento tiene el motor.

El hecho de que el motor funcione con mezcla pobre crea una mayor cantidad de NO_x que un motor de inyección indirecta, por lo que un catalizador tradicional no sería lo suficientemente eficaz para solucionar el problema. Un nuevo catalizador-acumulador de NO_x, situado detrás del catalizador convencional, almacena los NO_x en forma de nitratos gracias a que, además de los metales preciosos conocidos, incorpora sales de bario que son las que precisamente permiten el almacenamiento de los NO_x cuando el motor funciona con mezcla pobre. Cuando se alcanza la cantidad máxima admisible de nitratos, la UEC de gestión del motor hace que el motor funcione con mezcla rica (aproximadamente 3s), con lo que los nitratos son transformados en nitrógeno por el aporte de hidrocarburos. Una vez eliminados los nitratos, el motor puede de nuevo funcionar con mezcla pobre. El ciclo de almacenamiento/eliminación de los NO_x puede producirse aproximadamente cada minuto cuando el motor funciona con mezcla pobre.

Las ecuaciones de las reacciones en la fase de acumulación de NO_x, fase de desacumulación y transformación son las siguientes:

Acumulación:	$2BaO + 4NO_2 + O_2 \rightarrow 2Ba(NO_3)_2$
Desacumulación:	$Ba(NO_3)_2 + 3CO \rightarrow 3CO_2 + BaO + 2NO$
Transformación:	$2NO + 2CO \rightarrow N_2 + 2CO_2$

BaO: Óxido de bario — $Ba(NO_3)_2$: Nitrato de bario

NO_2: Dióxido de nitrógeno — NO: Monóxido de nitrógeno

Veamos un poco más en detalle el funcionamiento de este catalizador-acumulador de NO_x:

En lo que respecta a su arquitectura equivale al catalizador de tres vías. La saturación del catalizador se indica a la UEC de gestión del motor por medio de un sensor de NO_x, que va situado detrás de dicho catalizador-acumulador.

Concretamente, este sensor envía las señales a una Unidad de Control Específica de NO_x y esta procesa dichas señales y se las transmite a la UEC de gestión del motor. La cercanía de la Unidad de Control Específica al sensor de NO_x evita la falsificación de señales por interferencias externas. La UEC de gestión del motor cambia el modo de regeneración, como vimos anteriormente, cuando detecta que el catalizador-acumulador de NO_x está saturado.

El principio de funcionamiento del sensor de NO_x es similar al de una sonda lambda de banda ancha. Sería como sigue:

- En la primera célula-bomba se adapta el contenido de oxígeno a un valor constante (estequiométrica).
- El valor lambda se capta a través de la corriente de bombeo.
- Acto seguido, el caudal de gases pasa por una barrera de difusión hacia la celda de medición de O_2, la cual disgrega los óxidos nítricos en oxígeno y nitrógeno por mediación de sus electrodos reductores.
- La concentración de NO_x se calcula analizando la corriente de bombeo de oxígeno.

Un sensor de temperatura, instalado antes del catalizador-acumulador, vigila y gestiona el margen operativo de dicho catalizador-acumulador de NO_x en lo que respecta a la temperatura, para tener establecida una conversión óptima. También se utiliza para diagnosticar térmicamente el catalizador convencional.

Hay fabricantes que debido al alto contenido de azufre de las gasolinas de algunos países han optado por no utilizar la mezcla estratificada, ya que supone una regeneración demasiado frecuente del catalizador-reductor que ocasiona una reducción importante del rendimiento de los motores. En este caso funcionan siempre con carga homogénea y por tanto, no necesitan catalizador-acumulador de NO_x.

saber más

La abertura de la válvula de mariposa en el modo estratificado pobre

En el modo estratificado pobre no es posible abrir al máximo la válvula de mariposa, porque debe existir siempre una cierta depresión en consideración del sistema de carbón activo, el de EGR y eventualmente para la regulación de la depresión para el freno.

saber más

Azufre

El acumulador también retiene azufre (S) y para regenerarlo es preciso subir su temperatura hasta los 650 °C.

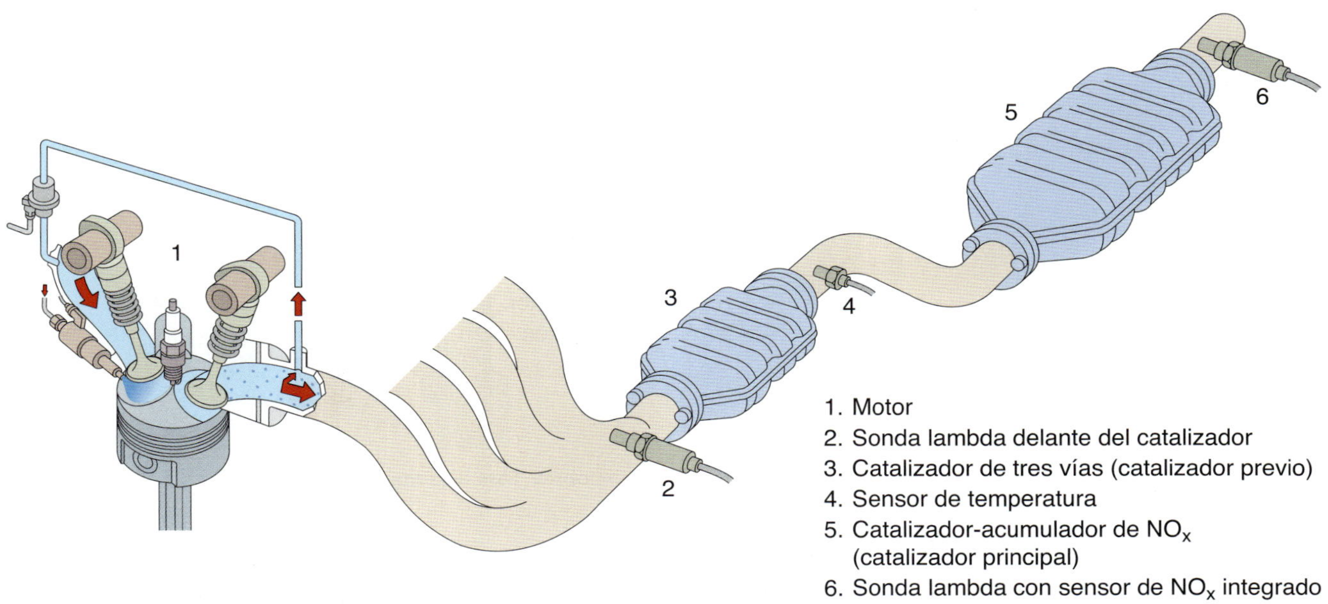

↑ **Figura 5.2.** Sistema de escape con catalizador de tres vías como catalizador previo, catalizador acumulador de NO_x postpuesto y sondas lambda.

2.2. Funcionamiento con mezcla homogénea

Este modo de funcionamiento es utilizado para conseguir las prestaciones máximas del motor en donde la mezcla se enriquece hasta un valor de $\lambda = 1$.

En este caso, la gasolina es inyectada durante la fase de admisión con el fin de crear homogeneidad en la mezcla antes de su inflamación. La carga del motor es controlada por la mariposa electrónica.

Esta fase se aproxima mucho a la de la inyección indirecta, por lo que no se obtiene ningún ahorro de consumo. En algunas fases de funcionamiento del motor, es necesario utilizar mezclas homogéneas ricas ($\lambda < 1$).

Durante esta fase de funcionamiento, la catálisis de los gases contaminantes se produce de forma tradicional.

2.3. Modo homogéneo-pobre

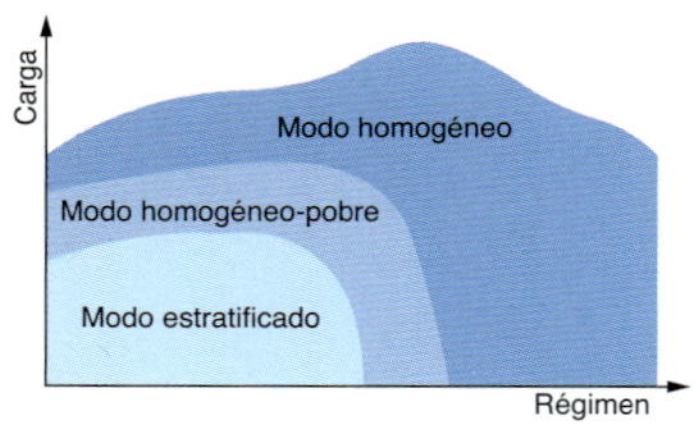

↑ **Figura 5.3.** Condiciones de carga y régimen para cada fase de funcionamiento.

El motor trabaja en este modo durante la transición entre los dos modos estudiados. En toda la cámara de combustión existe aquí una mezcla homogénea pobre. La relación de combustible y aire es de aproximadamente $\lambda = 1{,}55$. Rigen aquí las mismas premisas que para el modo estratificado.

Admisión

Igual que en el modo estratificado, la válvula de mariposa (figura 5.4) se encuentra lo más abierta posible y la chapaleta del colector de admisión está cerrada. Debido a ello se reducen, por una parte las pérdidas por estrangulamiento y por otra se consigue un flujo intenso del aire en el cilindro.

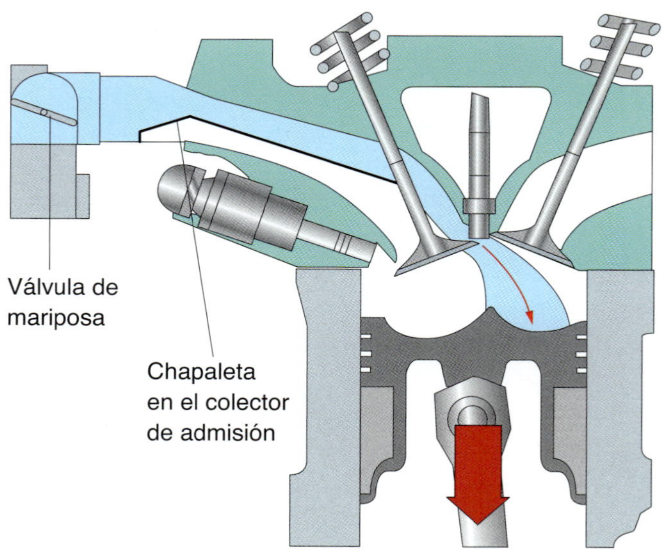

↑ **Figura 5.4.** Modo «homogéneo-pobre». Fase de admisión.

Inyección

El combustible se inyecta directamente en el cilindro a unos 300° (figura 5.5) antes del PMS durante el ciclo de admisión. La UEC se encarga de regular la cantidad inyectada de modo que aproximadamente λ sea igual a 1,55. Así, se reduce más el consumo de combustible en comparación con el funcionamiento a λ =1 con recirculación de gases de escape.

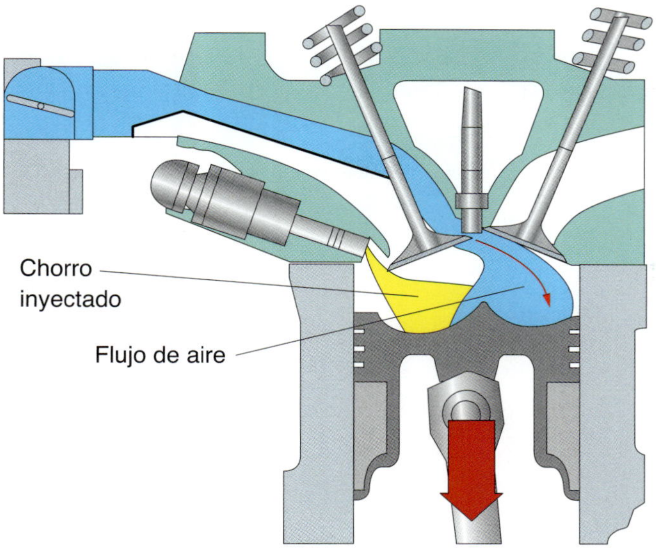

↑ **Figura 5.5.** Modo «homogéneo-pobre». Fase de inyección.

saber más

El modo homogéneo-pobre no existe en todos los motores. Su utilización es más habitual en los de última generación.

Formación de la mezcla

El momento de inyección tan temprano permite disponer de más tiempo para la formación de la mezcla hasta el momento del encendido. Así se produce un reparto homogéneo (uniforme) en la cámara de combustión (figura 5.6).

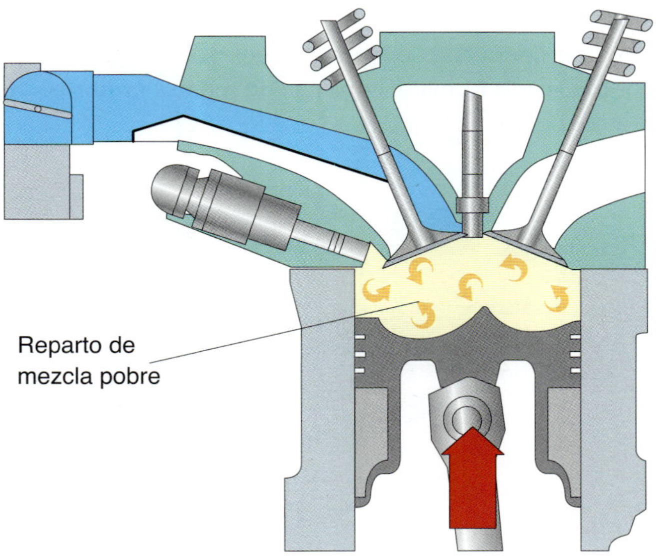

↑ **Figura 5.6.** Modo «homogéneo-pobre». Formación de la mezcla.

Combustión

Igual que en el modo homogéneo, es posible elegir libremente el momento de encendido, ya que se tiene un reparto homogéneo de la mezcla.

saber más

La recirculación de gases de escape en inyección directa, funcionando en modo estratificado y en modo homogéneo pobre, está indicada para bajar la temperatura de la cámara y generar menos NO_x.

La combustión se realiza en toda la cámara (figura 5.7).

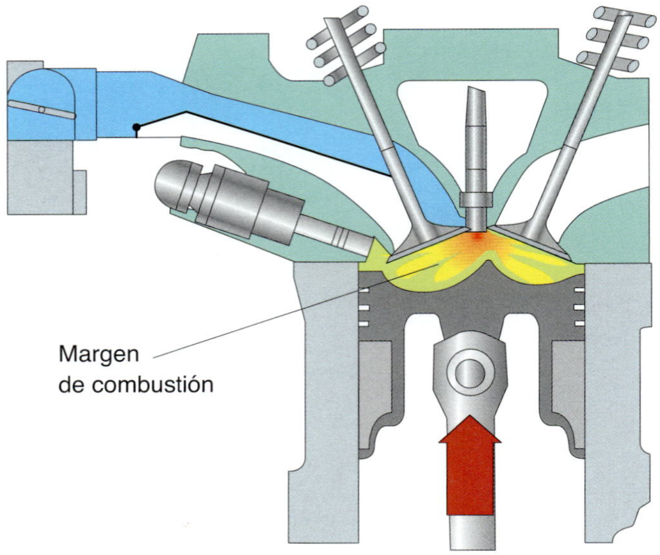

↑ **Figura 5.7.** Modo «homogéneo-pobre». Combustión.

2.4. Inyección en dos fases. Calefacción del catalizador

saber más

El modo operativo para el calefactado del catalizador no suele sobrepasar el minuto de tiempo.

Al calefactar el catalizador en el modo homogéneo, este se calienta más rápidamente. Aparte, se mejora la suavidad de funcionamiento de la mecánica y se produce menor cantidad de HC.

Primera inyección

La inyección de la primera fase se realiza a unos 300° antes del PMS durante el ciclo de admisión. De esta forma se consigue un reparto uniforme de la mezcla de combustible y aire (figura 5.8).

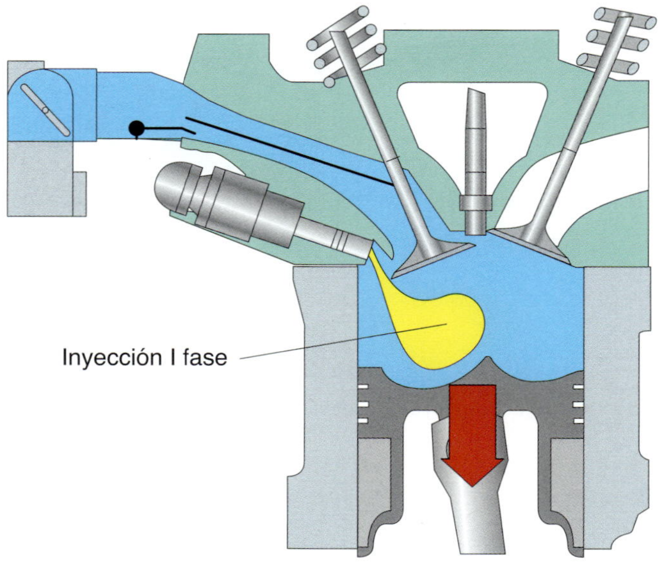

↑ **Figura 5.8.** Calefacción del catalizador. Primera inyección.

Segunda inyección

En esta fase se inyecta una pequeña cantidad de combustible a aproximadamente 60° antes del PMS en la carrera de compresión (figura 5.9). Esta mezcla se quema muy tarde y hace que aumente la temperatura de los gases de escape.

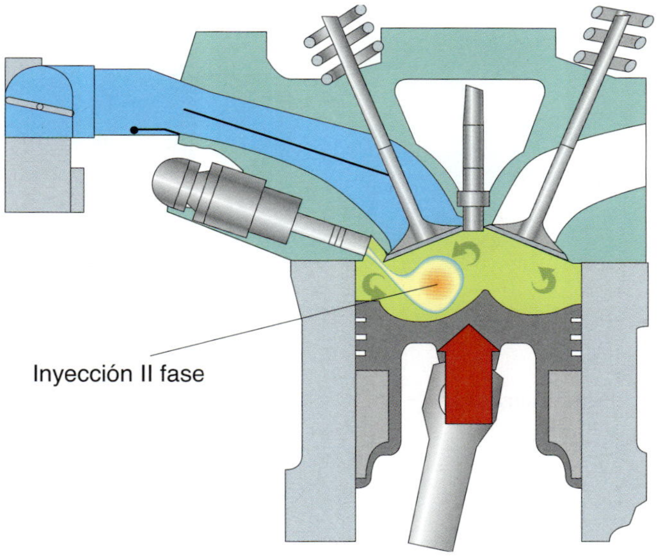

↑ **Figura 5.9.** Calefacción del catalizador. Segunda inyección.

Los gases de escape más calientes calefactan el catalizador, haciendo que alcance más rápidamente su temperatura de servicio (figura 5.10).

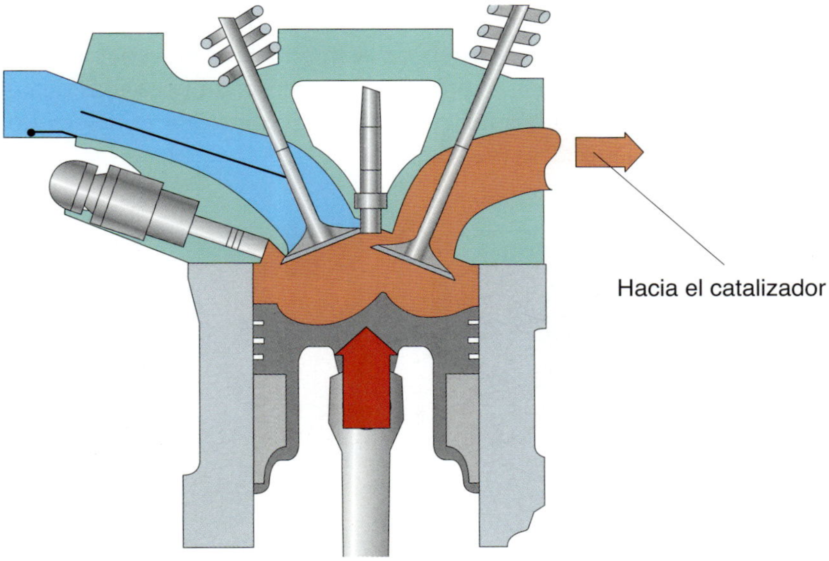

↑ **Figura 5.10.** Gases de escape hacia el catalizador.

2.5. Inyección en dos fases. Plena carga

En los motores con inyección directa de gasolina se produce en parte un reparto heterogéneo de la mezcla a regímenes de hasta 3.000 rpm y a plena carga, lo cual

saber más

Gracias a la segunda inyección se puede retrasar el encendido en gran medida. La riqueza de la mezcla alrededor de la bujía es importante y dicha mezcla acaba de quemarse cuando las válvulas de escape ya están abiertas.

es indeseable. Con la inyección en dos fases se evita este fenómeno y se consigue a la vez un aumento de par.

saber más

Los motores sobrealimentados presentan algunas particularidades:

- En la mayoría de los casos no funcionan con carga estratificada, aunque los de última generación, sí que lo hacen.
- Los modos de funcionamiento se reducen a dos: mezcla homogénea y calefactado del catalizador, ambos con lambda igual a 1.
- Suprimen el acumulador y el sensor de NO_x
- La fase de calefacción del catalizador dura de 30 a 40 segundos.

Primera inyección

Se realiza nuevamente a unos 300° antes del PMS durante el ciclo de admisión. Se inyectan aproximadamente dos tercios de la cantidad total de combustible (figura 5.11).

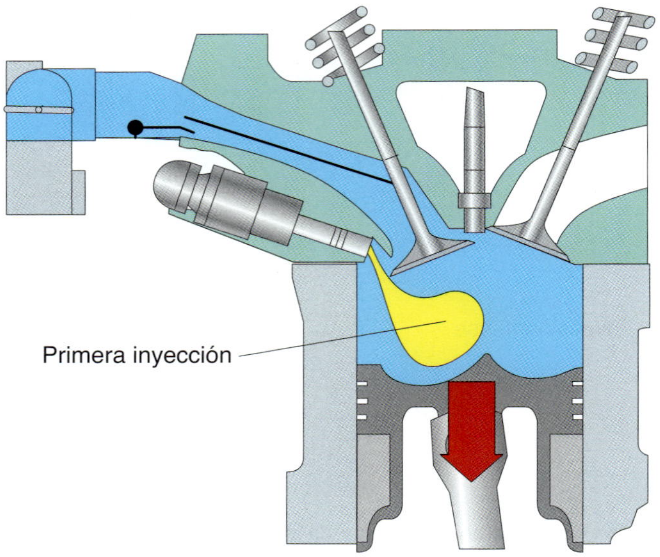

↑ **Figura 5.11.** Plena carga. Primera inyección.

saber más

Dependiendo del sistema de inyección y la marca en la que vaya instalado, existen variantes en las que la segunda inyección se realiza al final de la compresión.

Además, en estas versiones solo se practica esta función cuando se quiere adquirir del motor las máximas prestaciones.

Segunda inyección

El resto de combustible se inyecta aproximadamente al comienzo del ciclo de compresión (figura 5.12). En consecuencia se deposita una menor cantidad de combustible en las paredes de los cilindros y se mejora la homogeneización. Aparte de ello, en la zona de la bujía se produce una mezcla un poco más rica que en el resto de la cámara de combustión, lo cual permite mejorar el desarrollo de la combustión y reduce la tendencia al picado.

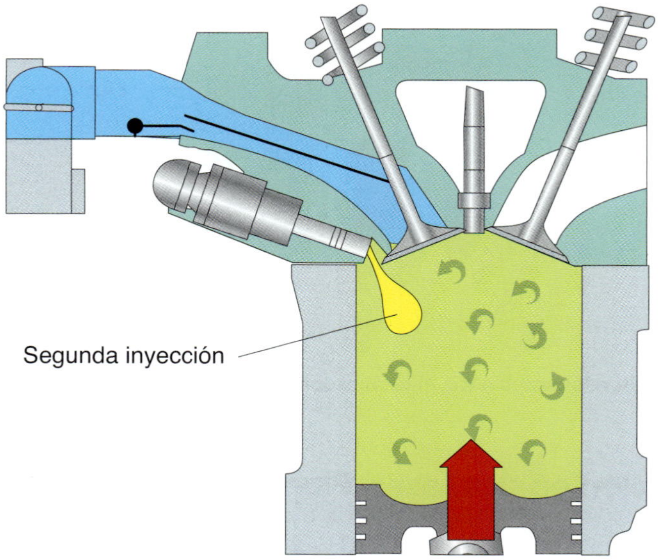

↑ **Figura 5.12.** Plena carga. Segunda inyección.

3. Sistema de combustible regulado en función de las necesidades

Tanto la electrobomba como la bomba de alta solo someten a presión la cantidad de combustible necesaria que se demanda en los inyectores (figura 5.13). Así, por un lado, se reduce la potencia absorbida por dichas bombas en comparación con los sistemas tradicionales, en los cuales se presurizaba más combustible del necesario y por otro, hay una baja aportación de calor hacia el combustible. También se reduce la sonoridad. En definitiva, el sistema es más eficiente.

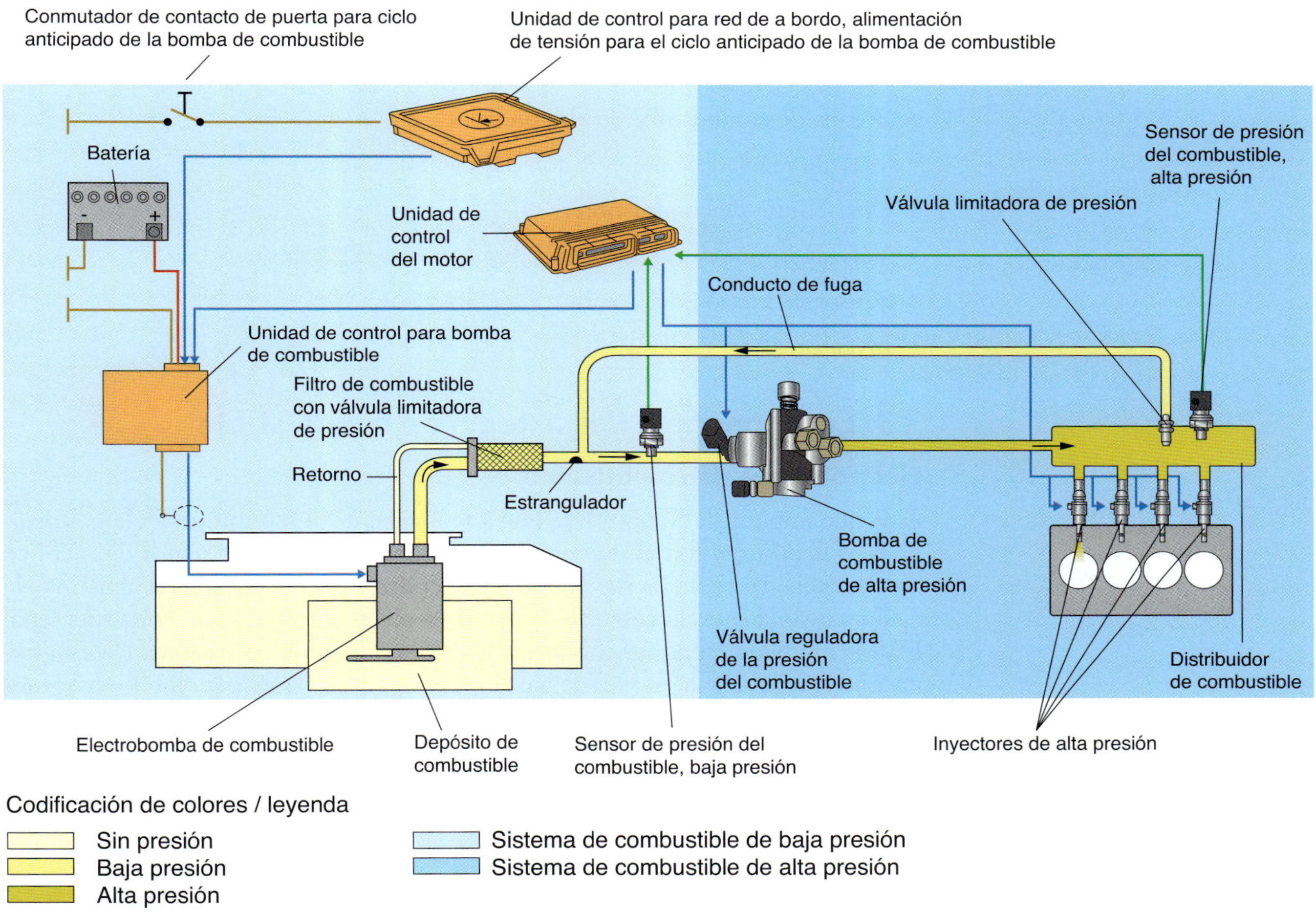

↑ **Figura 5.13.** Sistema de combustible regulado en función de las necesidades.

3.1. Sistema de combustible de baja presión

En funcionamiento normal, la presión oscila entre 0,5 y 5 bares, mientras que en arranque (en caliente y en frío) la presión aumenta hasta los 6,5 bares. Este aumento de presión en arranque se traduce también en un aumento de presión en el sistema de alta, lo que deriva a una mejor preparación de la mezcla lo cual hace que tengamos un arranque más rápido (arranque en frío). En arranque en caliente, el aumento de presión impide la generación de burbujas de vapor en la bomba de alta.

El sistema consta de los siguientes elementos:

- Unidad de control para la bomba de combustible.
- Depósito de combustible.
- Electrobomba de combustible.
- Filtro de combustible con válvula limitadora de presión (abre aprox. 6,8 bares).
- Sensor de presión de combustible en baja presión.

3.2. Sistema de combustible de alta presión

El combustible se encuentra sometido entre 30 y 150 bares, aunque el margen de presiones puede diferir de un motor a otro.

El sistema consta de:

- Bomba de combustible de alta presión.
- Válvula reguladora para presión del combustible.
- Distribuidor de combustible.
- Válvula limitadora de presión (abre aprox. a 120 bares).
- Sensor de presión del combustible, alta presión.
- Inyectores.

3.3. Componentes del sistema de combustible

Electrobomba de combustible

Es la que impulsa el combustible hacia la bomba de alta presión. Suele ir atornillada al depósito y forma un componente compartido con el sensor de nivel de combustible. Es excitada por la unidad de control para bomba de combustible, la cual va instalada en la cubierta de la propia electrobomba, a través de una señal PWM (modulación por ancho de pulsos, Pulse-Width Modulation). De esta forma queda regulada la presión de baja entre los 0,5 y 5 bares así como los 6,5 bares para las fases de arranque.

Aprovechamos para ver el funcionamiento detallado del sistema de baja presión (figura 5.14).

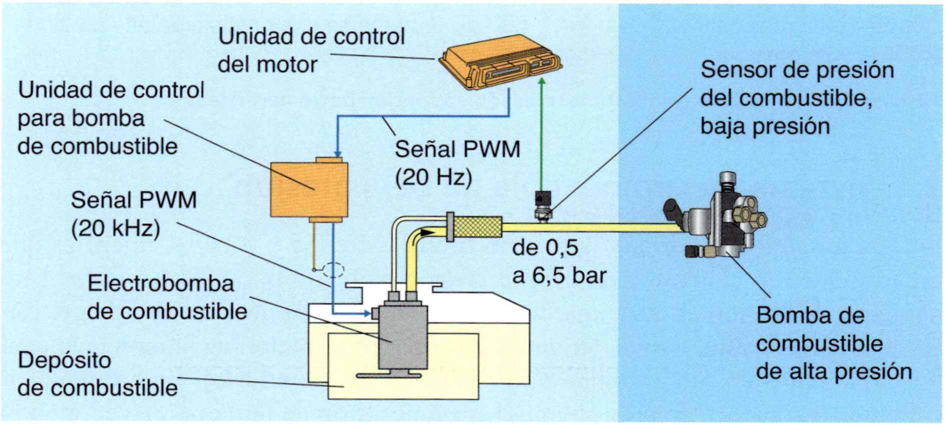

↑ **Figura 5.14.** Sistema de combustible de baja presión.

El sensor de presión del combustible a baja presión informa a la unidad de control del motor de la presión momentánea del mismo. Si difiere de la presión teórica, la unidad de control del motor transmite una señal PWM (frecuencia de 20 Hz) a la unidad de control para bomba de combustible. Esta, por su parte, excita a la electrobomba de combustible mediante una señal PWM (frecuencia de 20 KHz) hasta que la presión coincida con la programada en la familia de características.

Es importante señalar que si se avería la unidad de control para bomba o la electrobomba propiamente dicha, el motor deja de funcionar.

En algunos motores no existe el sensor de baja presión (figura 5.15). En estos casos, se utiliza una programación especial de la unidad de control del motor que permite adaptar la alimentación eléctrica de la electrobomba de combustible a los distintos estados del circuito (filtro, bomba, etc.). Estos sistemas calibran el estado del circuito una vez por cada ciclo de conducción para corregir la cartografía de excitación de la electrobomba en caso necesario. En dicha calibración la unidad de control del motor disminuye la velocidad de giro de la bomba mediante la señal de mando que envía a la unidad de control para la electrobomba de combustible hasta detectar en el circuito de alta una disminución de la presión. Conseguido este efecto, se compara la excitación de mando que se ha aplicado con la teóricamente necesaria para conseguirlo, si éstas coinciden, la cartografía empleada no necesita ajuste; en caso contrario se aplica un factor corrector en función de la diferencia existente.

caso práctico inicial

Al Audi de José le diagnosticaron un fallo en la unidad de control de la bomba de combustible. Esta avería hizo que el motor dejara de funcionar.

caso práctico inicial

Cuando sustituyen la unidad de control para bomba de combustible en el Audi, el mecánico tuvo que realizar un ajuste básico mediante el equipo de diagnosis.

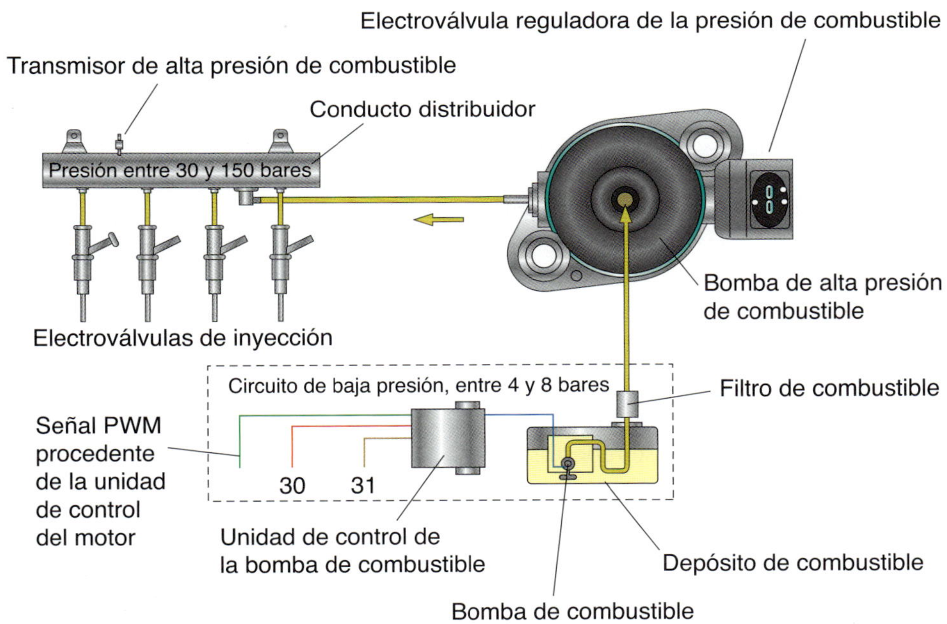

↑ **Figura 5.15.** Circuito de combustible con regulación electrónica, sin sensor de baja presión.

saber más

Si se sustituye la unidad de control del motor o la unidad de control para bomba se tiene que llevar a cabo una adaptación mediante el equipo de diagnosis.

saber más

El circuito de combustible de la figura 5.15 tampoco posee válvula de descarga o retorno.

Bomba de combustible de alta presión

Tiene la función de generar una presión del combustible comprendida entre los 30 y los 150 bares en el sistema de alta presión. Aunque los valores de presión dependen de unos motores a otros.

Se trata de una bomba con cilindro único y dosificación regulada.

La presión en el circuito de alta se ajusta mediante la electroválvula reguladora de presión ubicada en la propia bomba. La unidad de control de motor conoce en todo momento la presión en el tubo distribuidor gracias al sensor de presión de alta. De esta forma puede controlar dicha electroválvula y ajustar las presiones en el circuito de alta.

La válvula limitadora de presión puede ir ubicada en el tubo distribuidor o en el interior de la bomba. Si se da este último caso, se elimina el tubo de fuga del distribuidor hacia el sistema de baja ya que el reenvío hacia dicho sistema se realiza en la propia bomba.

A continuación se explica el funcionamiento de una bomba de alta presión (figura 5.16) accionada por una leva cuádruple situada en el extremo del árbol de levas de escape.

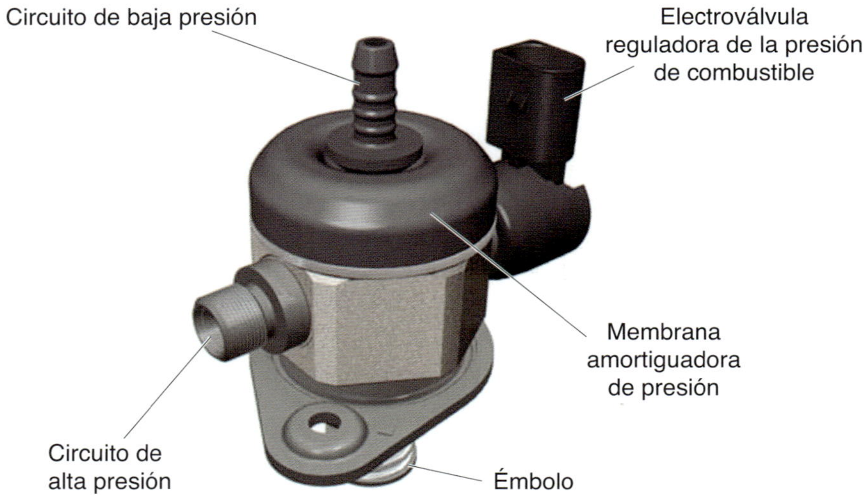

↑ **Figura 5.16.** Bomba de alta presión.

El hecho de utilizar una leva cuádruple permite reducir la altura de la leva con lo que se reduce la carrera del émbolo y el volumen de caudal impelido por carrera. Así, no solo se reduce el tamaño de la bomba, sino que se presuriza el sistema de un modo más rápido y con menos fluctuaciones en la presión, mejorando el arranque y la fase de aceleración del motor.

En el gráfico de la figura 5.17 se pueden ver las ventajas que aporta el progresivo aumento de levas en los motores de inyección directa en cuanto a oscilaciones de presión en el circuito se refiere.

saber más

Por cada vuelta del árbol de levas (dos vueltas del cigüeñal) se realizan cuatro carreras impelentes del émbolo de la bomba y, por lo tanto, cuatro inyecciones de combustible.

Indicaremos también que según el tipo de motor, difiere el lugar de montaje, el tipo de accionamiento y la estructura exterior de la bomba de alta presión.

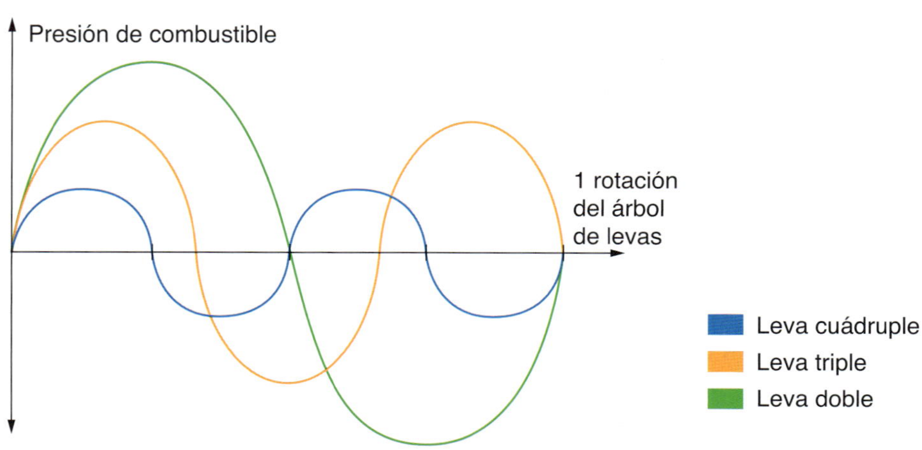

↑ **Figura 5.17.** Efectos en las oscilaciones de la presión con distintos tipos de levas.

Veamos una explicación detallada de la bomba en combinación con la electroválvula reguladora de presión a través de las figuras 5.18, 5.19, 5.20 y 5.21:

La duración de la excitación de la electroválvula es mínima para provocar el cierre de la válvula de entrada durante la carrera impelente del émbolo y así provocar un rápido aumento de la presión. Cuanto más temprano se realice la excitación, mayor periodo útil de dicha carrera, y por tanto, más aumenta la presión en el conducto distribuidor. Quien excita a la electroválvula es la unidad de control del motor conectándola a masa.

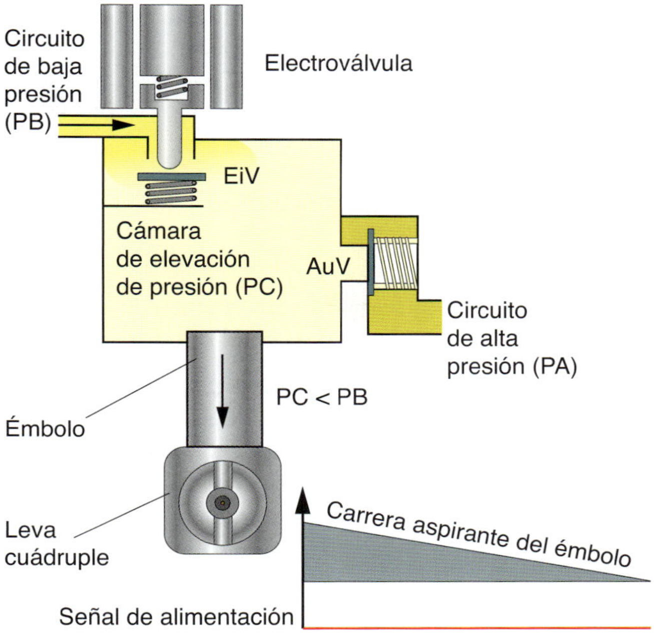

↑ **Figura 5.18.** Émbolo de la bomba en carrera de aspiración.

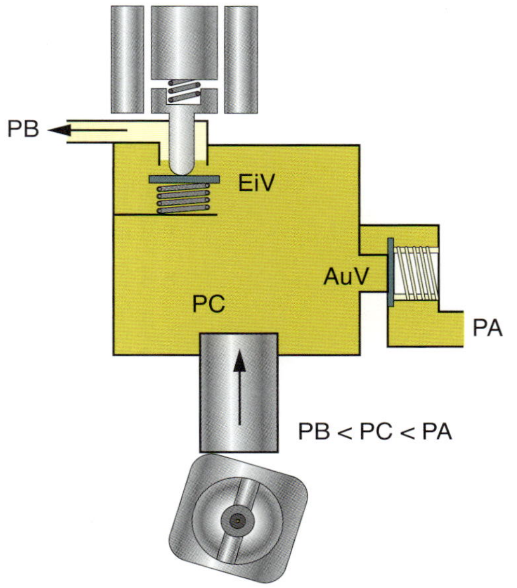

↑ **Figura 5.19.** Émbolo de la bomba en carrera impelente.

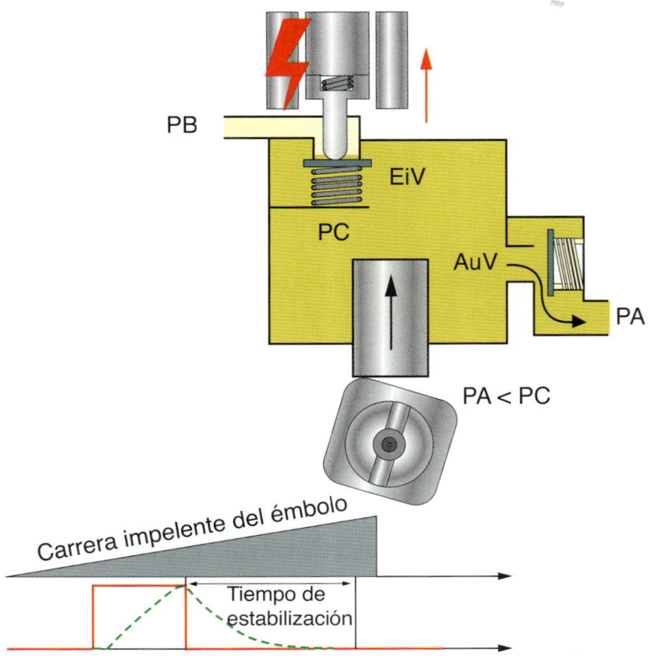

↑ **Figura 5.20.** Émbolo de la bomba en carrera impelente.

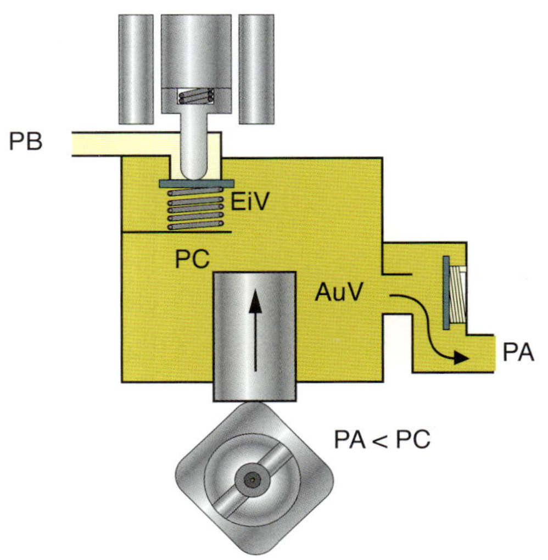

↑ **Figura 5.21.** Émbolo de la bomba en carrera impelente.

saber más

Podemos encontrar sistemas de inyección de gasolina donde la bomba de alta presión está formada por tres émbolos radiales a 120° accionados tangencialmente por una excéntrica, solidaria al árbol de accionamiento de la propia bomba.

Es importante señalar, por un lado, que la operación mostrada en los gráficos sucede 4 veces con cada vuelta del árbol de levas y por otro, que la unidad de control del motor regula la presión en el conducto distribuidor utilizando como referencia la señal del sensor de presión de alta.

En la figura 5.18:

- El combustible fluye desde el conducto de baja presión hacia la cámara de elevación.
- La electroválvula está sin corriente.
- La válvula de entrada (EiV) está abierta, debido a que la fuerza del muelle es inferior a la fuerza de flujo de la electrobomba de combustible.
- Se regula la presión en el interior de la cámara de elevación debido a la depresión existente.
- La válvula de salida (AuV) está cerrada.

En la figura 5.19:

- La electroválvula sigue sin corriente.
- La válvula de entrada (EiV) tiende a cerrarse debido al aumento de la presión en el interior de la cámara, la cual supera a la presión en el circuito de baja.
- No obstante, la electroválvula la mantiene un poco abierta para que exista una pequeña fuga de combustible hacia el conducto de baja. A pesar de que el émbolo provoca un incremento de la presión en el interior, la fuga de combustible no permite que la presión supere la presión del conducto distribuidor, lo cual garantiza que la válvula de salida (AuV) permanezca cerrada.

En la figura 5.20:

- La unidad de control del motor manda un breve impulso de corriente a la electroválvula reguladora con lo que la aguja de ésta retrocede y la válvula de entrada (EiV) se cierra.
- El émbolo sigue ascendiendo y en cuanto la presión en el interior de la cámara supere la presión del conducto de alta presión, la válvula de salida (AuV) se abre. De esta forma se aumenta la presión en el conducto distribuidor.

En la figura 5.21:

- El combustible circula hacia el conducto distribuidor hasta que el émbolo comienza su carrera de aspiración.
- La electroválvula está sin corriente.
- La válvula de entrada (EiV) está cerrada hasta que, en la carrera de aspiración, la presión en la cámara de aspiración sea inferior a la fuerza del muelle de la electroválvula.
- La válvula de salida (AuV) permanece abierta hasta que, en la carrera de aspiración, la presión en la cámara de elevación sea inferior a la presión en el conducto distribuidor.
- A continuación se efectúa una inyección en el cilindro.

Existen motores donde el funcionamiento de la electroválvula es distinto ya que la duración de la excitación es mayor para que la válvula de entrada permanezca abierta. La unidad de control del motor la dejará de excitar en el momento preciso de la carrera impelente con lo cual la válvula de entrada cierra y aumenta la presión. Es decir, para estos motores, el funcionamiento de los cuatro gráficos que explicamos es igual, salvo la excitación de la electroválvula que está excitada en todos los casos excepto en la figura 5.20.

Sensor de presión de alta

Se encuentra atornillado en el tubo distribuidor y su función es medir la alta presión existente en dicho tubo e informar de la misma a la unidad de control de motor. Vemos su aspecto exterior mediante la figura 5.22.

El sensor registra la presión mediante resistencias piezorresistivas integradas en una membrana de acero. Un circuito electrónico amplifica la señal de salida del sensor hacia la unidad de control de motor (figura 5.23).

↑ **Figura 5.22.** Aspecto exterior de un sensor de presión.

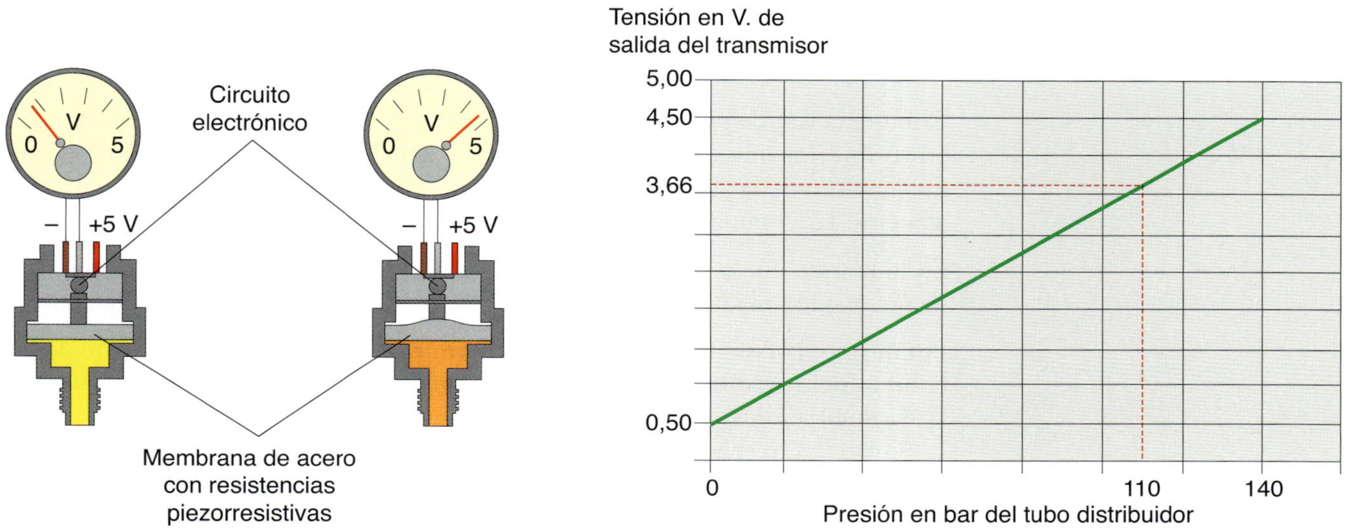

↑ **Figura 5.23.** Generación de tensión en el sensor de alta presión.

El funcionamiento del sensor radica en la flexión de la membrana de acero por la acción de la presión de combustible que fluye hasta la misma. Con altas presiones la membrana sufre una gran deformación, provocando una reducción del valor de las resistencias y por lo tanto un aumento de la señal de tensión de salida.

Con bajas presiones, la membrana se deforma levemente, aumentando el valor de la resistencia y provocando con ello una reducción de la señal de tensión de salida.

El sensor de presión es alimentado a 5 V y genera un cambio de tensión (conforme a la presión existente) entre 0,5 y 4,8 V.

Si se ausenta la señal del sensor de presión, la unidad de control de motor interrumpe la excitación a la válvula reguladora de presión. Esto conlleva a un empobrecimiento de la mezcla inyectada ya que la presión de alta se iguala con la de baja. Si se dan estas condiciones, el motor tendrá problemas en arranque en frío y no admite solicitudes de carga.

Aunque el más utilizado es el de tipo piezorresistivo, también se pueden encontrar sensores de tipo piezoeléctrico y sensores capacitivos.

saber más

El principio de funcionamiento del sensor de baja presión es idéntico al sensor de alta presión.

Inyectores

Los inyectores son semejantes en su aspecto funcional a los que se utilizan en las inyecciones indirectas, pero están reforzados mecánicamente, ya que deben de aguantar mayores presiones y temperaturas al estar sus extremos en la cámara de combustión. En cuanto a la parte eléctrica, decir que van provistos de una bobina de mayor potencia para lograr alzar la aguja.

Suelen ir montados sobre la rampa de forma estratégica con un determinado desplazamiento lateral por encima de la cámara de combustión. Su sujeción se realiza mediante grapas y van provistos de una junta de teflón con el fin de asegurar la estanqueidad de la cámara de combustión. Tanto las juntas como las grapas se deben cambiar sistemáticamente después de un desmontaje.

Son alimentados por la UEC de gestión del motor en varias fases (figura 5.24):

- Fase de precarga.
- Fase de inicio.
- Fase de mantenimiento.

Durante la fase de precarga, se prepara al inyector para su apertura estableciendo en su interior una corriente eléctrica que debe ser insuficiente para iniciar el movimiento de la aguja. La alimentación se efectúa a una tensión de aproximadamente 12 V y una corriente de aproximadamente 1 A.

En la fase de inicio, se provoca una subida rápida de la aguja y para ello se alimenta a aproximadamente 75 V con una corriente de 12 A aproximadamente.

Por último, la fase de mantenimiento permite continuar la alimentación de las bobinas del inyector con el objeto de limitar la potencia eléctrica consumida. La alimentación se produce con una tensión y una corriente aproximadas de 12 V y 2,5 A, respectivamente.

El hecho de alimentar a los inyectores con 75 V es con el objeto de poder conseguir un electroimán de potencia elevada con una intensidad reducida que nos permita utilizar cables de menos sección en el bobinado con la consiguiente reducción del tamaño de este.

y Amperios
x Duración (ms)
A Corriente de precalentamiento
B Corriente de mantenimiento
C Corriente de inicio
D Fase de precarga
E Fase de inicio
F Fase de mantenimiento
G Fin del mandato
Ta Tiempo de apertura del inyector

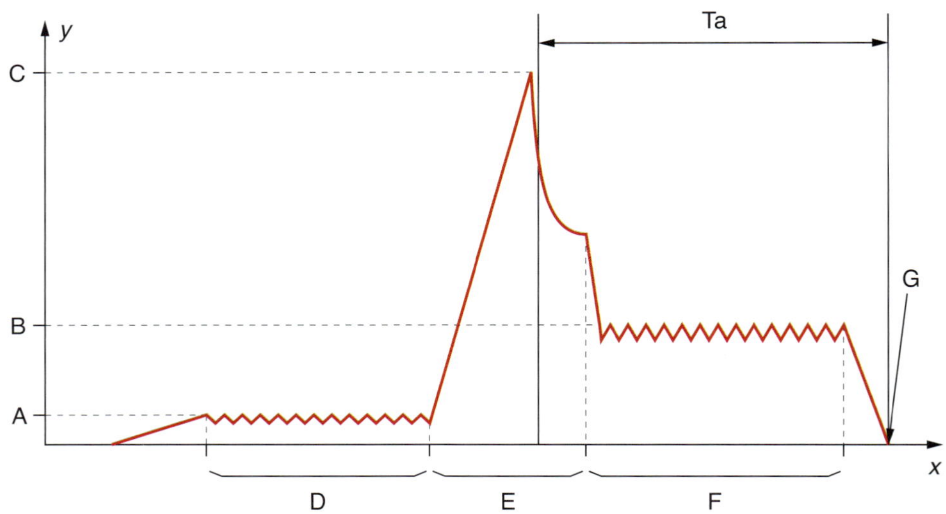

↑ **Figura 5.24.** Corriente de mando de un inyector de inyección directa de gasolina.

Señalaremos, que podemos encontrar inyectores que necesitan otros valores de tensión para su apertura. La figura 5.25 nos muestra un inyector de estas características y la señal correspondiente.

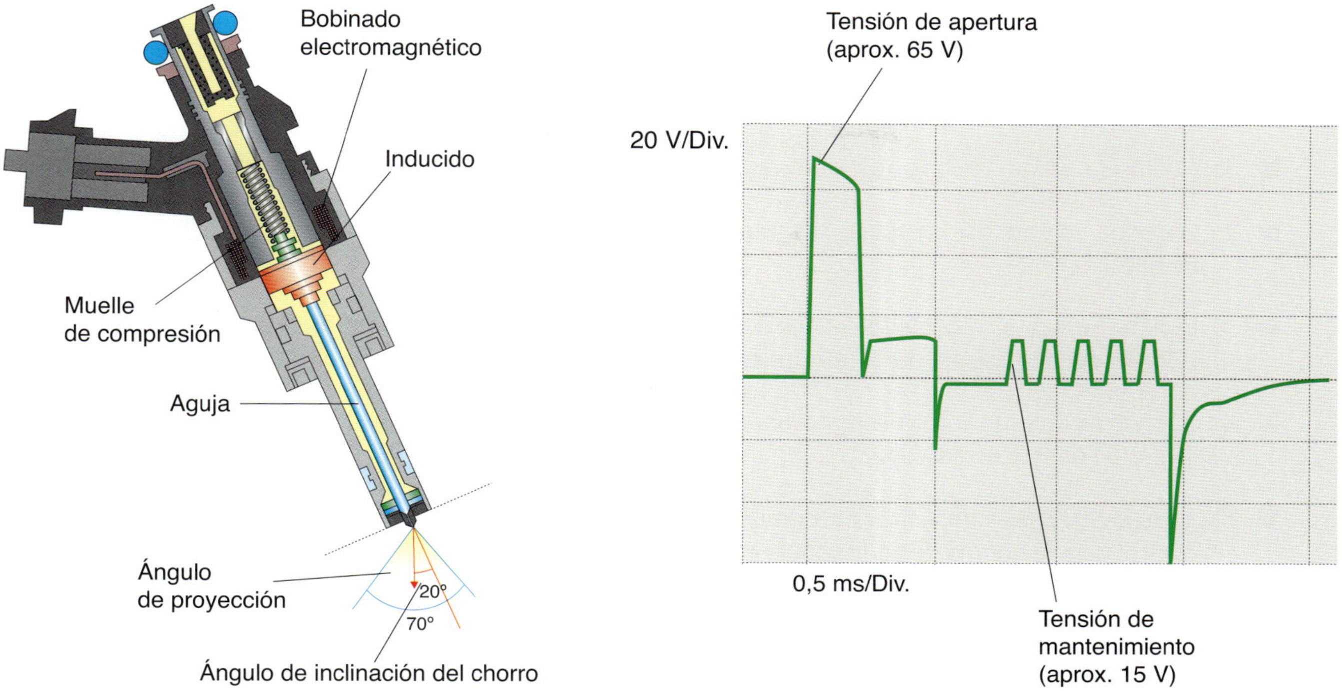

↑ **Figura 5.25.** Sección de un inyector de inyección directa de gasolina y señal característica.

Por último, para finalizar la explicación de la inyección directa de gasolina mostramos una figura representativa del circuito de alta presión (figura 5.26).

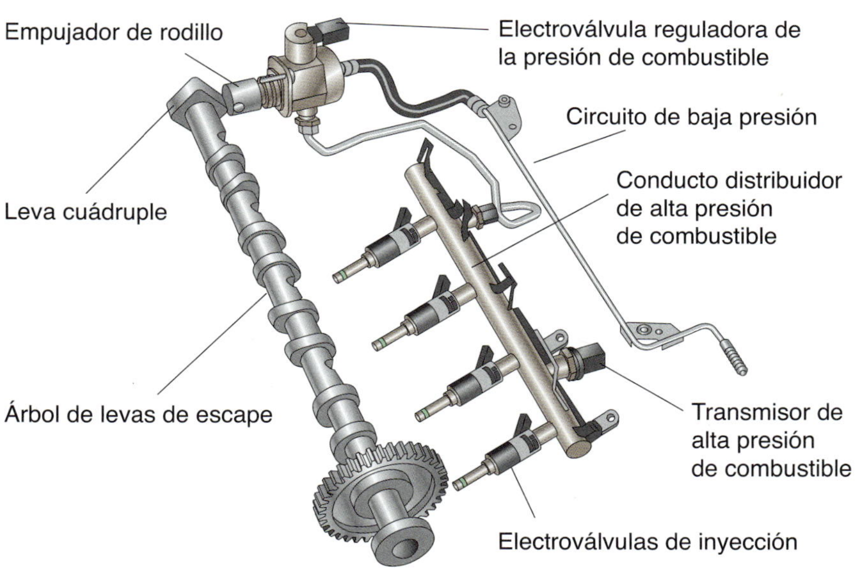

↑ **Figura 5.26.** Elementos del circuito de alta presión.

saber más

En la unidad 6, explicaremos detalladamente las señales de activación de inyectores de inyección directa de gasolina.

saber más

Existen sistemas modernos de inyección directa de gasolina donde la presión en el tubo distribuidor puede alcanzar los 200 bares y donde sus inyectores son piezoeléctricos.

ACTIVIDADES

1. Localiza en varios motores los distintos componentes de la inyección electrónica de los cuales hablamos a lo largo de esta unidad. Ayúdate, si es necesario, de los manuales técnicos correspondientes.

ACTIVIDADES FINALES

- 1. ¿Cómo se genera la alta presión de combustible en un sistema de inyección directa de gasolina?
- 2. ¿Por qué no abre por completo la válvula de mariposa en el modo estratificado en una inyección directa de gasolina?
- 3. Explica el proceso de cómo se economiza combustible y cómo la contaminación se ve reducida en la inyección directa de gasolina durante algunas fases de funcionamiento del motor.
- 4. ¿Dónde va ubicada la válvula reguladora de presión del combustible y qué función tiene en un sistema de inyección directa de gasolina?
- 5. ¿Con cuál o cuáles frecuencias transmiten sus señales PWM la unidad de control del motor y la unidad de control para la bomba de combustible en un sistema de inyección directa de gasolina?
- 6. ¿Qué misión tiene el sensor de NO_x en la inyección directa de gasolina?
- 7. ¿Qué particularidades tiene el sistema de admisión en un motor de inyección directa de gasolina?
- 8. ¿A qué presión se inyecta en un sistema de inyección directa de gasolina?
- 9. ¿De qué tipo puede ser la bomba de alta presión en un sistema de inyección directa de gasolina?
- 10. Observa detenidamente las imágenes de la primera práctica profesional de esta unidad y contesta a las siguientes preguntas:

  Nota: Cuando hablamos del caso 2 nos referimos a la figura 5.29.

  - ¿Cuál de las imágenes corresponde a una apertura real del inyector que tratamos de medir?
  - ¿Por qué en el segundo caso no existe intensidad en el cable del inyector y sin embargo vemos una señal en los canales A y B?
  - ¿Por qué la diferencia de A-B no produce señal en el caso 2?
  - ¿Qué significa que el canal A y B tengan la misma señal?
  - ¿Qué es la señal que aparece en los canales A y B en el caso 2?
- 11. Observa detenidamente las imágenes de la segunda práctica profesional de esta unidad y contesta a las siguientes preguntas:
  - Durante el modo de inyección para arranque rápido. ¿Podemos emplear el método descrito para conocer el ángulo al que sucede la inyección respecto al encendido?
  - ¿En caso negativo, cómo podríamos medirlo?
  - ¿Por qué se caracteriza el modo de inyección para arranque rápido?
  - ¿Y el modo de inyección para el calentamiento rápido del catalizador?
  - ¿Cuándo se produce la inyección en modo homogéneo?
- 12. ¿Qué ventajas ambientales se generan con el uso de G.L.P. y con G.N.C. en los vehículos?

EVALÚA TUS CONOCIMIENTOS

Resuelve en tu cuaderno o bloc de notas

1. En un motor de inyección directa de gasolina, la inyección del combustible se produce...

a. En varias fases según las condiciones de funcionamiento del motor.

b. Durante la admisión.

c. Cuando el pistón está en el PMS y en la fase de escape.

d. Durante el cruce o solape de válvulas.

2. En un motor de inyección directa de gasolina funcionando con mezcla homogénea, la apertura del inyector se efectúa...

a. Durante el tiempo de admisión.

b. Unos 25° antes del final de compresión.

c. Depende del tipo de motor.

d. Durante el cruce o solape de válvulas.

3. ¿Cómo se produce la regeneración del catalizador-acumulador de NO_x?

a. Cambiando dicho catalizador-acumulador.

b. Avanzando el encendido.

c. Variando la mezcla para así aumentar la temperatura del catalizador.

d. Cambiando el sensor NO_x.

4. Indique cuál de las siguientes afirmaciones referentes al sistema de alimentación de combustible es falsa:

a. La válvula de descarga, ubicada en la bomba de alta presión, está tarada a 150 bares.

b. La presión de combustible en el circuito de alta puede variar entre los 30 y 150 bares.

c. La bomba de alta presión puede estar accionada por una leva cuádruple situada en el extremo del árbol de levas de escape.

d. La unidad de control del motor excita la electroválvula reguladora de la presión de combustible después de cada inyección.

5. ¿Tras la sustitución de qué componentes del sistema de combustible se tiene que llevar a cabo una adaptación con la función denominada «localización guiada de averías»?

a. No se tiene que llevar a cabo ninguna adaptación.

b. Después de sustituir la unidad de control del motor o la unidad de control para bomba de combustible.

c. Después de sustituir cualquier componente.

d. Después de sustituir el sensor de alta presión en los sistemas que carecen de sensor de baja presión.

6. ¿Qué componente no pertenece al sistema de combustible de alta presión?

a. Válvula reguladora para la presión del combustible.

b. Tubo de combustible de alta presión.

c. Unidad de control para bomba de combustible.

d. Inyectores.

7. ¿Qué componentes pertenecen al sistema de combustible de baja presión?

a. Sensor de presión del combustible, baja presión.

b. Filtro de combustible.

c. Depósito de combustible.

d. Electrobomba de combustible.

8. ¿Cuáles de las siguientes afirmaciones son correctas?

a. La válvula reguladora para presión del combustible va atornillada a la bomba monocilíndrica de alta presión de combustible y se encarga de regular la presión del combustible en el sistema de alta presión.

b. La válvula reguladora para presión del combustible va atornillada en el tubo distribuidor de combustible y se encarga de regular la presión del combustible en el sistema de alta presión.

c. La válvula reguladora para presión del combustible va atornillada en el tubo distribuidor de combustible y se encarga de regular la presión del combustible en el sistema de baja presión.

d. No existe válvula reguladora de presión en los sistemas de inyección directa de gasolina.

9. ¿En qué sitio del sistema de escape se encuentra el sensor de NO_x?

a. Antes del catalizador–acumulador de NO_x.

b. Antes de las sondas de señales a saltos.

c. Después del catalizador–acumulador de NO_x.

d. Antes de los precatalizadores.

PRÁCTICA **PROFESIONAL**

HERRAMIENTAS

- Caja de bornes (recomendable)
- Osciloscopio digital de dos canales (recomendable cuatro)

MATERIAL

- Vehículo o maqueta con motor de inyección directa de gasolina
- Esquema eléctrico

Señal de mando de un inyector en un motor de inyección directa de gasolina

OBJETIVOS

- Adquirir destreza en el manejo y ajuste del osciloscopio.
- Reconocer una señal característica de activación de un inyector de inyección directa de gasolina.
- Identificar las distintas señales que obtenemos según la conexión del osciloscopio, reconociendo las que se corresponden a una activación real de un inyector de referencia.

PRECAUCIONES

Manejar correctamente las herramientas y ventilar el local.

DESARROLLO

En la realización de la práctica se ha empleado una maqueta de un motor 1.4 TSI de 90 kW con código motor CAXA perteneciente a un Volkswagen Golf serie V.

1. Desconectar la batería para poder desenchufar la unidad de control de motor y colocar la caja de bornes.
2. Si disponemos de un osciloscopio de cuatro canales emplearemos dos para obtener la señal de activación en tensión y uno adicional para obtener la señal en corriente de forma simultánea.

   Si por el contrario se utiliza un osciloscopio de dos canales obtendremos en primer lugar la señal en tensión empleando los dos canales y a continuación la señal en corriente (se puede utilizar el canal libre con la señal de activación positiva del inyector para poder referenciar ambas entre sí).
3. Ajustar la base de tiempos del osciloscopio en 20 ms y la resolución digital en 1MS.
4. Empleando como referencia de masa para todos los canales del osciloscopio la masa del vehículo o una masa de la UCM, conectar la sonda de medición del canal A del osciloscopio al positivo de un inyector, y del canal B al negativo del mismo (para el inyector 1 las vías 60/31 y 60/33 de la UCM respectivamente).
5. Activar el canal matemático A-B para obtener la alimentación real del inyector.
6. En el canal C del osciloscopio, conectar la pinza amperimétrica de 60/20 amperios seleccionando el conmutador de la pinza y la escala de medición en 20 amperios.
7. Conectar la pinza a uno de los cables del inyector y calibrar la misma.
8. Arrancar el vehículo, seleccionar el sincronismo del canal C en auto y ajustar el nivel y la posición del mismo para detener la imagen en la posición de pantalla deseada.

9. Capturar la imagen (figura 5.27) y detener el vehículo.

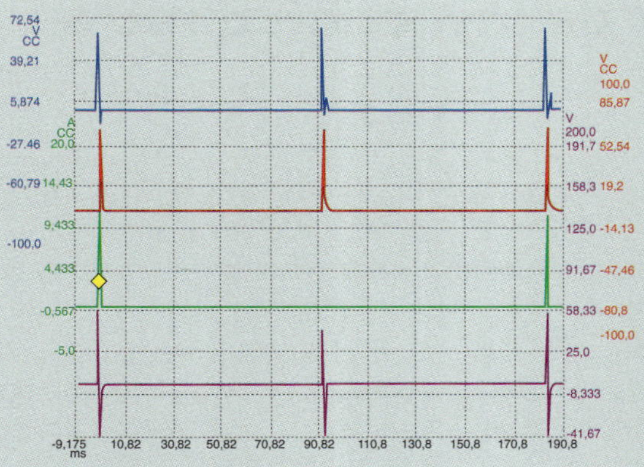

← **Figura 5.27.** Alimentación positiva del inyector (Canal A: azul), negativa (Canal B: rojo), A-B (morado) y corriente de excitación del inyector (Canal C: verde).

10. Observar cuántas señales aparecen en cada canal y su simultaneidad. En el canal A y B en el ejemplo se observan 3 señales y en el C y el matemático dos.
11. Utilizando la herramienta de ampliación digital del osciloscopio (zoom), ampliar la zona en la que existe señal en el canal A, B y C (figura 5.28).

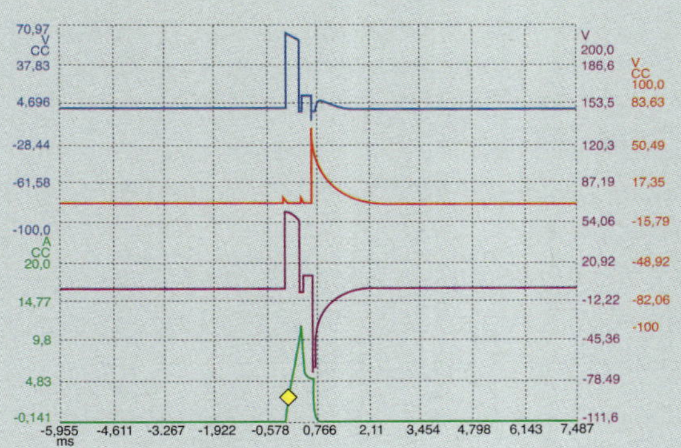

← **Figura 5.28.** Ampliación de la figura 5.27, en la que se observa la activación real del inyector. Alimentación positiva del inyector (Canal A: azul), negativa (Canal B: rojo), A-B (morado) y corriente de excitación del inyector (Canal C: verde).

12. Utilizando la herramienta de ampliación digital del osciloscopio (zoom), ampliar la zona en la que existe señal en el canal A y B pero no en el C (figura 5.29).

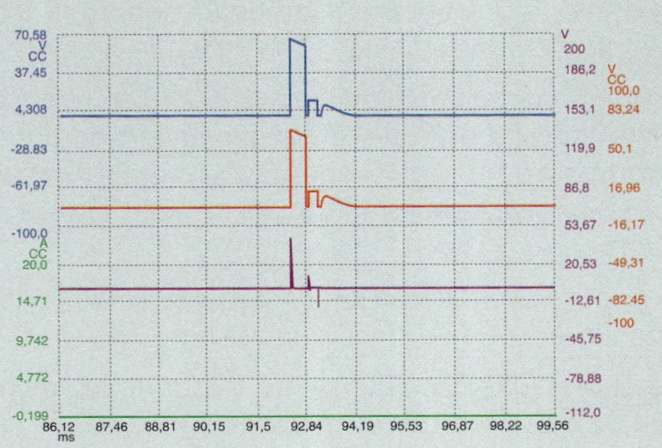

← **Figura 5.29.** Señal en el canal A y en el canal B con ausencia de corriente (canal C).

saber más

En el canal matemático aparentemente se aprecian tres señales, pero en realidad una de ellas es solo ruido debido a las pequeñas diferencias entre las señales del canal A y B que son en realidad la misma en ese instante. Si nos fijamos la diferencia es cero y lo que se ve son los picos que aparecen en las conmutaciones durante la regulación que son tan rápidos que es muy difícil que ambas señales digitalmente se representen con los mismos puntos.

PRÁCTICA PROFESIONAL

HERRAMIENTAS

- Caja de bornes (recomendable)
- Osciloscopio digital de dos canales (recomendable cuatro)

MATERIAL

- Vehículo o maqueta con motor de inyección directa de gasolina
- Esquema eléctrico

Estudio de los modos de inyección en un motor de inyección directa de gasolina

OBJETIVOS

- Adquirir destreza en el manejo y ajuste del osciloscopio.
- Asentar los conocimientos teóricos adquiridos, relativos a los motores de inyección directa.
- Medir de forma simultánea y analizar distintas señales seleccionadas según una estrategia adecuada con el fin de comprender los distintos comportamientos del motor y resolver averías.

PRECAUCIONES

Manejar correctamente las herramientas y ventilar el local.

DESARROLLO

En la realización de la práctica se ha empleado una maqueta de un motor 1.4 TSI de 90 kW con código motor CAXA perteneciente a un Volkswagen Golf serie V. Aunque el motor funciona en modo homogéneo, tiene programados dos modos de inyección adicionales, uno para arranque rápido y otro de inyección doble para el calentamiento rápido del catalizador.

1. Desconectamos la batería para poder desconectar la unidad de control de motor y colocar la caja de bornes.
2. Si disponemos de un osciloscopio de cuatro canales los emplearemos con las señales de mando de una bobina y activación de un inyector en un cilindro, posición del árbol de levas y posición del cigüeñal.
3. Si por el contrario se utiliza un osciloscopio de dos canales combinaremos las señales de mando del encendido y la del inyector de un cilindro.
4. Ajustar la base de tiempos del osciloscopio en 1s y la resolución digital en 10MS.
5. Emplearemos como referencia de masa para todos los canales del osciloscopio la masa del vehículo o una masa de la UCM.
6. Conectamos la sonda de medición del canal A del osciloscopio a la activación de la bobina de un cilindro por ejemplo el 1 (vía 60/51 de la UCM).
7. En el canal B emplearemos la pinza amperimétrica de 60/20 amperios con uno de los cables del inyector del mismo cilindro que en el caso anterior (cable marrón/negro que parte de la vía 60/33 de la UCM o cable rojo/negro que parte de la vía 60/30 para el inyector nº 1). Utilizaremos la escala de medición de 20 amperios.
8. En el canal C mediremos la señal de posición del árbol de levas en la vía 60/39 de la UCM ajustando la tensión de medición a la escala de 10 V.
9. Y por último en el canal D mediremos la señal del sensor de régimen de cigüeñal en la vía 60/54 de la UCM (escala de medición 10 V).

10. Con el motor frío comenzamos la medición y arrancamos el vehículo, observamos la señal del canal B deteniendo la medición en el momento en el que se observe la conmutación de inyección doble a inyección simple, capturamos la imagen (figura 5.30) y detenemos el vehículo.

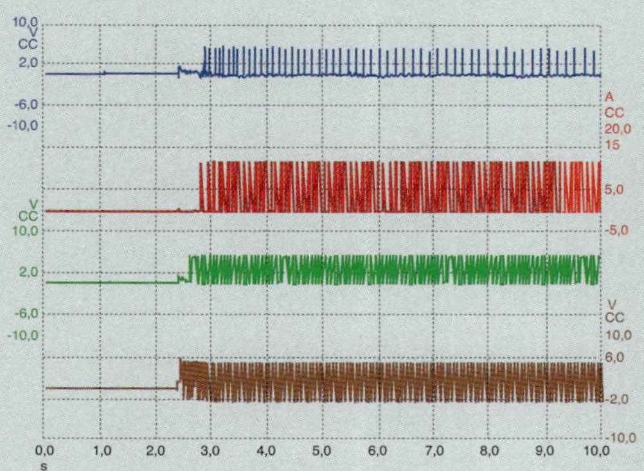

← **Figura 5.30.** Activación de la bobina del cilindro 1 (Canal A: azul), inyector (Canal B: rojo), señal sensor árbol de levas (Canal C: verde) y rpm y posición de cigüeñal (Canal D: amarillo). La captura se ha detenido cuando se ha observado la finalización del modo de inyección doble.

11. Utilizando la herramienta de ampliación digital del osciloscopio (zoom), amplía las señales que se aprecian en los primeros instantes del arranque, figura 5.31.

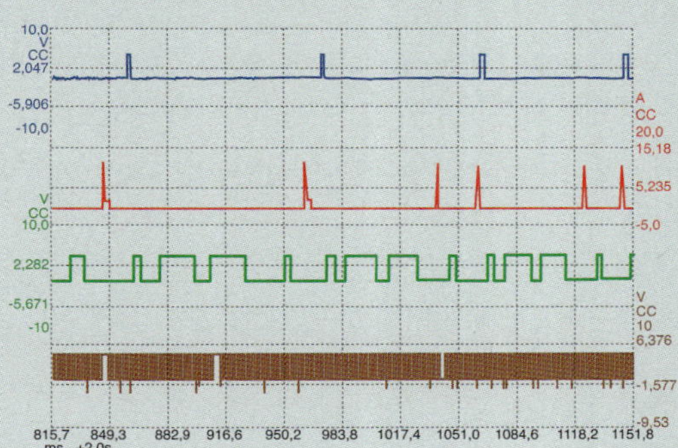

← **Figura 5.31.** Ampliación de la figura 5.30, en la que se observa el modo de inyección durante la fase de arranque y la conmutación posterior al modo de inyección doble para el calentamiento del catalizador.

12. Amplía las señales que se aprecian en la transición del modo de inyección doble al modo de inyección homogéneo, figura 5.32.

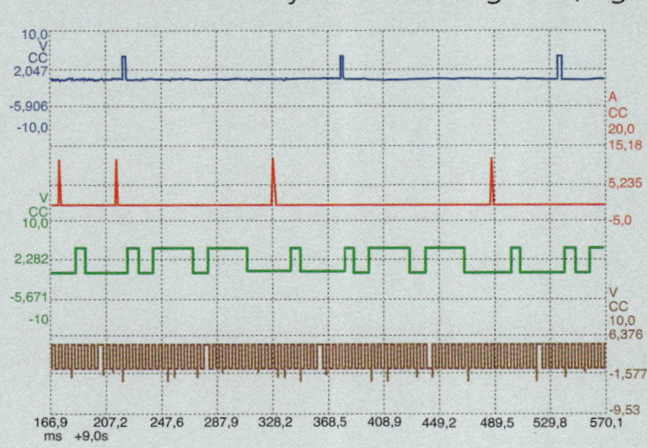

← **Figura 5.32.** Finalización de la fase de calentamiento del catalizador, conmutación a modo homogéneo.

13. Durante la fase de funcionamiento del motor a régimen estable, mide el tiempo transcurrido durante dos saltos de chispa consecutivos. Sabiendo que el ángulo girado por el cigüeñal entre esos dos instantes es de 720°, mide el tiempo transcurrido entre la inyección y el salto de chispa y calcula a cuantos grados antes del salto de chispa sucede la inyección.

MUNDO **TÉCNICO**

Funcionamiento de motores con gas licuado del petróleo (G.L.P.) o con gas natural comprimido (G.N.C.)

En algunos vehículos se emplea como combustibles, aunque en muy pocos, el G.L.P. o el G.N.C. Hay motores que ya vienen de fábrica para funcionar indistintamente con gasolina o con uno de estos dos combustibles gaseosos. La selección del tipo de combustible la puede realizar el propio conductor a través de un pulsador específico para ello. El rendimiento del motor sufre pequeñas variaciones en la entrega de par y potencia, dependiendo del combustible utilizado en cada situación.

Sin embargo, un mismo vehículo no puede funcionar con G.L.P. y con G.N.C. ya que las condiciones de trabajo son diferentes por lo que los componentes del equipo están diseñados para diferentes presiones de trabajo.

Existen Kits homologados para convertir a G.L.P. o a G.N.C. motores que funcionan con gasolina. En un futuro no muy lejano se podrán convertir también los vehículos diésel.

El G.L.P.

Es una mezcla de propano (C_3H_8), de butano (C_4H_{10}) y una pequeña cantidad de aditivos olfativos.

Es un combustible sin plomo ni azufre y tiene un índice de octano superior a la gasolina (oscila entre los 105 y los 115 octanos). A una presión entre 6 y 10 bares el gas se encuentra en estado líquido lo cual facilita el transporte y su almacenaje.

El porcentaje de propano y butano puede variar entre un 50% de propano y 50% de butano hasta un 80% de propano y 20% de butano, dependiendo del país y del proveedor. La proporción de la mezcla puede repercutir en el consumo final debido a que el butano aporta más rendimiento energético que el propano. Si se disminuye el porcentaje de butano aumenta el consumo de gas.

Al ser la mezcla de propano y butano incolora e inodora, se le añaden aditivos olfativos para facilitar la detección de posibles fugas.

En relación con el resto de los gases comerciales tiene un poder calorífico alto y una densidad mayor que la del aire. Es muy fácil ajustar el aire necesario para que la combustión de estos productos sea la estequiométrica, debido a su alta pureza y a la homogeneidad de sus componentes.

Se puede obtener de cuatro formas:

- En forma directa desde los yacimientos de petróleo. Luego es procesado para separarlo de bencinas y otros gases que se encuentran presentes como impurezas.
- Aplicando altas temperaturas y presiones a gasolinas de bajo octanaje. Este proceso logra romper las moléculas que la componen, generando así G.L.P.
- A través de la destilación primaria del petróleo crudo.
- Por separación del gas natural a través de una unidad de procesamiento de gas natural (UPGN)

El G.N.C.

Es el energético fósil más compatible con el medio ambiente. Consta de un 80-99% de metano (CH_4). El resto está constituido por adiciones de dióxido de carbono, nitrógeno e hidrocarburos menos significantes.

Cuanto más bajo es el contenido de carbono de un energético, tanto más bajas son a su vez sus emisiones derivadas del carbono, tales como el dióxido de carbono, monóxido de carbono, los hidrocarburos y las partículas de hollín.

El gas natural se puede utilizar directamente, sin modificaciones químicas, como combustible para motores de combustión interna. Esto supone una clara ventaja de coste en comparación con el refinado del petróleo para obtener gasolina y gasoil.

Fuente: Cuadernos didácticos de Volkswagen y S.E.A.T. Motor gas

EN RESUMEN

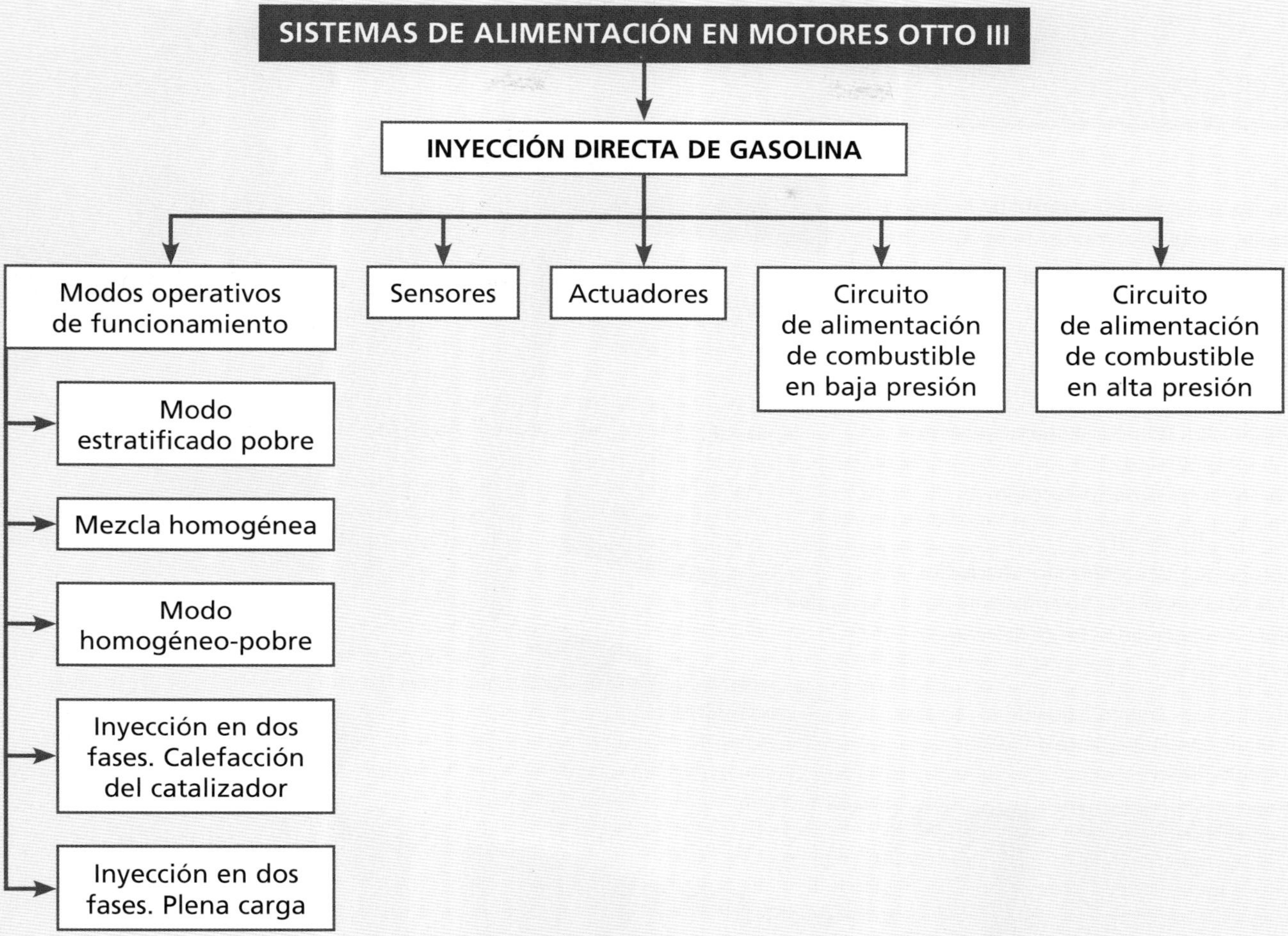

entra en internet

■ 1. En las siguientes direcciones web puedes encontrar más información sobre lo tratado en la unidad.

- <http://www.youtube.com/watch?v=Qt8VqjkXj9U>
- <http://es.wikipedia.org/wiki/Inyecci%C3%B3n_directa>
- <http://rb-kwin.bosch.com/es/es/powerconsumptionemissions/gasolinesystems/direct_gasoline_injection/index.html>
- <http://www.youtube.com/watch?v=lwerwKm2dLg>
- <http://debates.coches.net/showthread.php?t=36014>
- <http://detodounpoco.cl/esco17019.htm>
- <http://www.cuspide.com/isbn/8429104200>
- <http://www.e-promocio.com/userFTP/AULA_FORMACIO/Sistemas_de_inyeccion_II.pdf>

6 Comprobación de los sistemas de inyección de gasolina

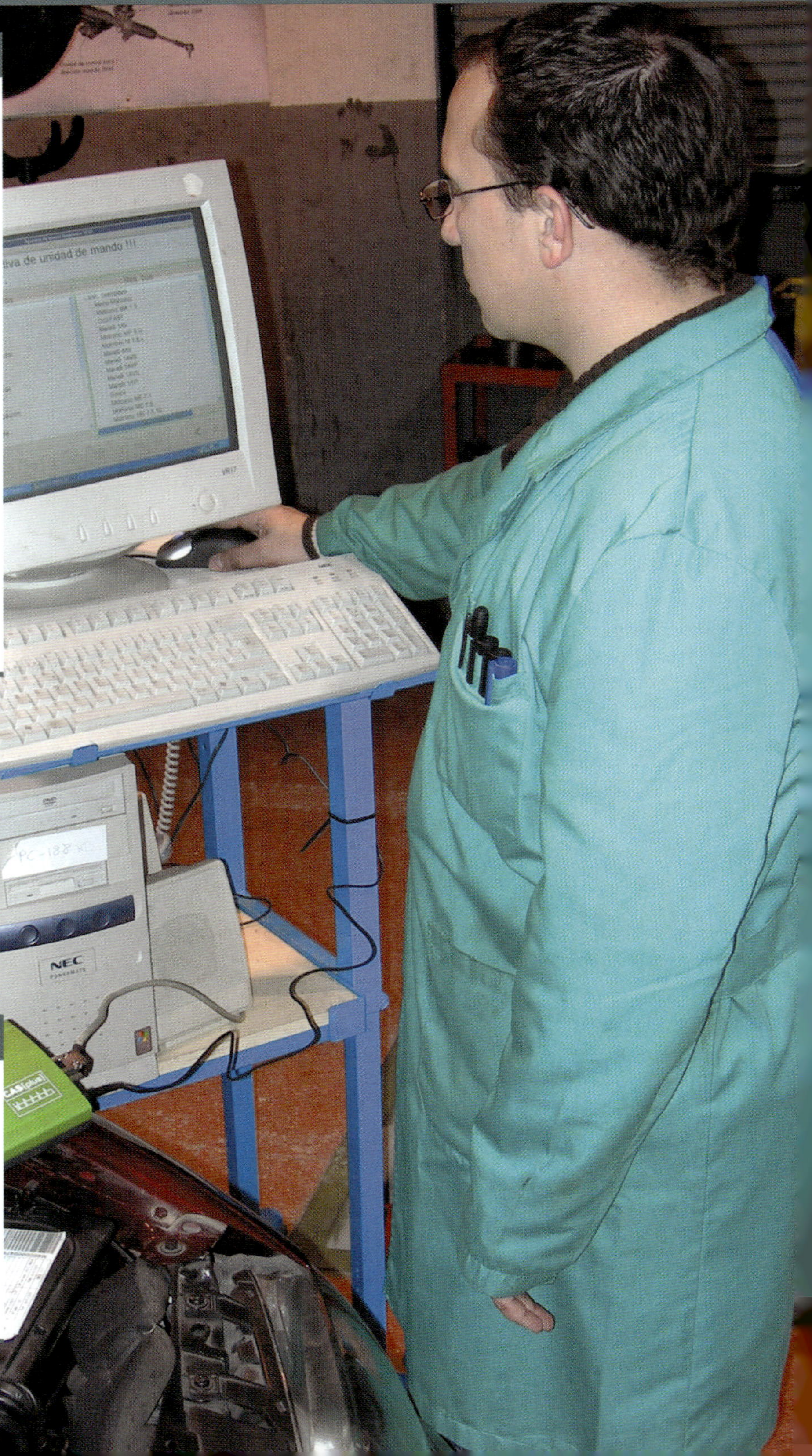

vamos a conocer...

1. Generalidades
2. Controles y reglajes en un sistema *K-Jetronic*
3. Controles y reglajes en un sistema *KE-Jetronic*
4. Comprobación de la alimentación de combustible en los sistemas electrónicos de inyección indirecta
5. Comprobación de los distintos elementos de un sistema de gestión electrónico
6. Comprobación de un sistema de inyección directa de gasolina
7. El análisis de los gases de escape

PRÁCTICA **PROFESIONAL**

Comprobación del catalizador mediante EOBD. Análisis del proceso con osciloscopio

Análisis del encendido con osciloscopio

MUNDO **TECNICO**

Comprobación y diagnóstico de las sondas lambda de banda ancha LSU (Bosch) con osciloscopio

y al finalizar esta unidad...

- Conocerás los procedimientos para solventar averías en los sistemas de inyección de gasolina.
- Sabrás verificar el circuito de alimentación de combustible de cualquier sistema de inyección de gasolina y comprobar el funcionamiento de sus sensores y actuadores.
- Sabrás comprobar otros sistemas controlados electrónicamente por la Unidad Electrónica de Control de gestión del motor.

CASO **PRÁCTICO** INICIAL

situación de partida

En Talleres Andrade el responsable del departamento de diagnosis, Santiago, está reparando un Audi A3 2.0 TFSI con letras de motor BWA. El propietario apreciaba que al circular con el vehículo, este no lo hacía de una forma regular, sino que a determinados regímenes de giro del motor, daba tirones. También en algunas ocasiones el régimen de ralentí ni era estable ni se realizaba a las revoluciones lógicas de ese estado.

Santiago, después de realizar la diagnosis del vehículo y más concretamente de la gestión del motor (ya que esta presentaba una avería a través del testigo M.I.L. del cuadro de instrumentos), dedujo que el problema se encontraba en la mariposa motorizada de admisión. Después de realizar unas pequeñas comprobaciones con el mismo equipo de diagnosis, determina que el problema está en la retroinformación de la posición de la mariposa ya que los grados de apertura de esta por momentos no coinciden con los grados de apertura que indica el sensor de posición de mariposa.

Esto lo observa en los bloques de valores de medición (valores tanto de entrada como de salida con los que trabaja la Unidad de Gestión del Motor) y concretamente en los que afectan al funcionamiento de la mariposa de admisión.

Con todo esto determina que la avería solo se solucionará si sustituye la mariposa motorizada de admisión.

Una vez cambiada la mariposa, necesitó hacer una serie de operaciones para que el motor funcionase con normalidad. Esto es así porque la Unidad de Gestión del Motor tiene que aprender los nuevos valores de la nueva pieza para poder gestionarla correctamente. Santiago sabe que el proceso de adaptación es fundamental.

Para eso los pasos a seguir (protocolo), concretamente en esta marca serían:

1° Con el equipo de diagnosis, entrar en la gestión del motor (código de dirección 01).

2° Ya dentro, elegimos el apartado «Ajuste Básico» (canal de dirección 04).

3° Dentro de ajuste básico elegimos el canal 68 y seguidamente la mariposa de admisión abre y cierra completamente para así memorizar o aprender los valores de posición de la mariposa comparándolos con los del sensor de posición de esta.

Finalmente se retira el equipo de diagnosis y se aprecia el correcto funcionamiento del motor.

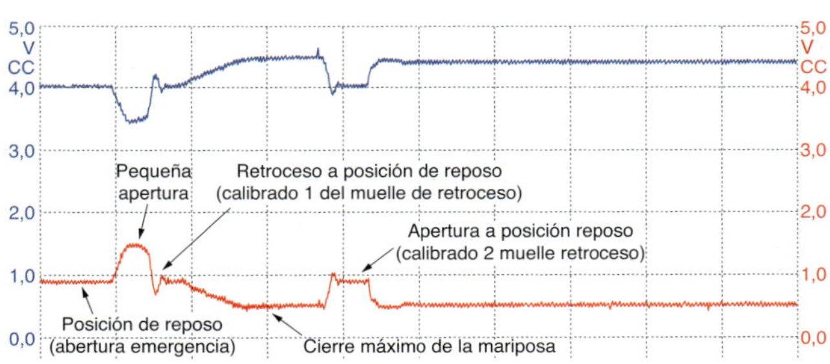

↑ Adaptación de la mariposa.

↑ Mariposa motorizada.

estudio del caso

Antes de empezar a leer esta unidad de trabajo, puedes contestar las dos primeras preguntas. Después analiza cada punto del tema, con el objetivo de contestar al resto de las preguntas de este caso práctico.

1. Posibles anomalías en el funcionamiento de un motor cuando una mariposa de admisión no está adaptada.
2. ¿Qué necesitamos para hacer la adaptación de una mariposa a un vehículo?
3. ¿Podemos adaptar una mariposa de admisión de segunda mano?
4. Sí desconectamos eléctricamente una mariposa motorizada ¿necesitamos hacer una adaptación de la misma?
5. ¿Podemos comprobar una mariposa motorizada con un polímetro?
6. ¿Por qué la mariposa motorizada lleva dos potenciómetros de posición?

1. Generalidades

La creciente complicación de los sistemas de gestión en general ha obligado a los mecánicos a introducir nuevos métodos para la búsqueda y reparación de las averías.

El gran número de sensores, actuadores y sistemas de corrección dentro de un sistema de gestión moderno nos obliga a la utilización de sistemas que nos orienten sobre en qué elemento se puede encontrar la avería. Para localizar las averías seguiremos este proceso:

- Si el sistema dispone de **autodiagnosis,** conectaremos el equipo correspondiente al vehículo y miraremos si el sistema ha registrado alguna avería; si ha registrado una avería relacionada con un sensor o actuador, comprobaremos el funcionamiento de este elemento como se describirá más adelante y, si es necesario, lo sustituiremos. Si la UEC ha registrado alguna avería relacionada con la imposibilidad de realizar alguna regulación (por ejemplo, riqueza, picado, ralentí, etc.), comprobaremos los sensores, actuadores y elementos mecánicos del motor que intervienen en esa regulación, tanto a través de los valores indicados por el equipo de diagnosis como a través de herramientas tradicionales como pueden ser el polímetro, el osciloscopio y el analizador de gases.
- Si el sistema no ha registrado ninguna avería, comprobaremos el modo en que está trabajando dicho sistema por medio de las señales que nos indican el resultado final de su funcionamiento, como pueden ser los tiempos de inyección y el punto de encendido utilizados, los gases emitidos o la apertura de los distintos actuadores (válvulas de ralentí, válvula de desvaporización del depósito, apertura de la válvula EGR, etc.). En caso de que alguno de estos valores nos parezcan sospechosos, empezaremos a comprobar los elementos que guarden relación con estos valores. Si no encontramos ningún valor sospechoso, comprobaremos de forma sistemática todos los elementos que componen el sistema.

Para realizar las comprobaciones descritas en esta unidad, es necesario tener en cuenta una serie de precauciones de seguridad. Con respecto a las partes eléctricas, se respetarán las normas descritas al principio de la unidad 2 y, por lo que se refiere a la manipulación del circuito de gasolina, se evitarán las llamas, chispas y materiales incandescentes en sus proximidades. También se debe eludir el contacto de la piel con la gasolina, así como la aspiración de sus vapores.

Antes de desconectar cualquier tubo de combustible es muy importante liberar la presión del sistema de alimentación de combustible.

Por lo que respecta a los equipos de diagnosis, es importante resaltar que existen una gran variedad de equipos de diagnosis en el mercado, tanto de equipos multimarcas como los específicos de cada marca. Los códigos de averías han sido estandarizados para que sea posible consultar los datos con cualquier equipo de diagnosis de tipo genérico, esto facilita el trabajo a los fabricantes de equipos de diagnosis genéricos a la hora de codificar las diferentes averías.

Estos equipos de diagnosis incorporan una potente base de datos con esquemas e imágenes gráficas imprescindibles para una correcta localización de componentes e interpretación de averías. También suelen incorporar analizador de 4 gases con valor lambda, placa de medición (ohmios y voltios), osciloscopio, etc.

2. Controles y reglajes en un sistema *K-Jetronic*

Antes de realizar cualquier tipo de comprobación, es necesario asegurarnos de que todos los conductos de admisión se encuentran en buen estado.

2.1. Control de las presiones

Se debe de utilizar un manómetro provisto de sus correspondientes tuberías y racores de acoplamiento, así como de un grifo de cierre que permita aislar el regulador de fase de calentamiento cuando se desee.

El manómetro debe ir colocado en el conducto que une el dosificador-distribuidor y el regulador de fase de calentamiento, de tal forma que el grifo quede entre el manómetro y dicho regulador (figura 6.1).

1. Manómetro
2. Grifo
3. Distribuidor-dosificador
4. Tubería hacia el regulador de calentamiento

↑ **Figura 6.1.** Medida de presiones en un sistema de inyección mecánico.

A continuación, se purga el circuito del manómetro. Para ello se arranca el motor con el grifo abierto.

Acto seguido se realizan las siguientes comprobaciones, según el orden indicado y no descartando ninguna de las mismas.

Presión de alimentación

Esta prueba se realiza con la finalidad de comprobar que la presión de alimentación es la correcta. De dicha presión van a depender los caudales suministrados por el dosificador y la presión de mando.

La prueba se realiza con el grifo del manómetro cerrado y realizando un puente eléctrico, provisto de un interruptor y un fusible, en el relé de la bomba para que esta funcione sin necesidad de encender el motor.

Antes de conectar la alimentación de la bomba, habrá que desconectar el regulador de fase de calentamiento y la válvula adicional de aire para que no reciban alimentación eléctrica durante esta prueba.

A continuación, se realiza la prueba propiamente dicha conectando el interruptor y observando la presión, la cual debe coincidir con los valores marcados por el fabricante. De ser mayor a la estipulada, se comprobarán los conductos de retorno y el tarado del regulador de presión, ya que este se puede variar por medio de la extracción o incorporación de arandelas de distintos espesores. Si no fuera posible alcanzar la presión correspondiente, hay que sustituir el regulador.

Si la presión es menor que la estipulada por el fabricante, se comprobará el caudal de la bomba tal como se explica en la prueba siguiente. Si dicho caudal es el indicado en la tabla de características, hay que regular el tarado o sustituir el regulador de presión para conseguir una presión correcta.

Control del caudal de la bomba de gasolina

La prueba se realiza para comprobar el caudal máximo de la bomba cuando esta trabaja a la presión del sistema y garantizar así que la bomba sea capaz de suministrar la cantidad suficiente de gasolina en cualquier situación de trabajo.

Para efectuar esta prueba hay que dejar caer la presión de gasolina en el circuito y conectar el conducto de retorno del regulador de presión a una probeta graduada. A continuación, se conecta el interruptor del puente eléctrico del relé de bomba descrito en el apartado anterior, durante el tiempo especificado por el fabricante y se anota la cantidad de combustible suministrado a la probeta.

Si la cantidad de gasolina depositada en la probeta es menor a la especificada, hay que comprobar la alimentación de la bomba, el estado del filtro de combustible, el de los conductos y el acumulador de presión. Si todo esto es correcto se debe sustituir la bomba.

Presión de control

Esta comprobación se efectúa con el fin de conocer si el funcionamiento del regulador de calentamiento se adapta a las distintas temperaturas del motor.

Para realizar la prueba, abriremos el grifo del manómetro y conectaremos el regulador de fase de calentamiento y la válvula de aire adicional. A continuación se arrancará el motor y tomaremos nota de la presión de control a distintas temperaturas, comenzando por una temperatura inferior a 30 °C (motor frío) y terminando con la temperatura de funcionamiento del motor, momento en que se conectan los ventiladores de la refrigeración (motor caliente). Se comparan los valores con los especificados por el fabricante y, de ser distinto alguno de ellos, se comprueba la alimentación de la resistencia eléctrica del regulador de calentamiento. Si esta es correcta se sustituye el regulador de calentamiento.

Además de comprobar la variación de presión de control por temperatura, en los modelos con variación de presión de control por carga del motor, se comprueba dicha presión al conectar y desconectar el tubo de vacío y se compara con la especificada por el fabricante. De ser distinta, se deberá sustituir el regulador de calentamiento.

Presión residual y presión de corte

La prueba de presión residual debe realizarse en las mismas condiciones que vimos para la comprobación de la presión de control con el motor caliente y se efectuará después de realizar esta.

Después de anotar el valor de la presión con el motor caliente, se desconecta el encendido y se observa la caída de presión en el circuito transcurridos 10 y 20 minutos. Si la presión cae demasiado rápido, habrá que comprobar:

- La estanqueidad de la válvula de retención de la electrobomba.
- La estanqueidad del regulador de presión, del inyector de arranque en frío y de los inyectores principales, así como la del dosificador, del acumulador y los empalmes de las conducciones.

Para la comprobación de la presión de corte hay que asegurarse que el motor esté a temperatura normal de funcionamiento. El manómetro debe estar con el grifo cerrado y hay que situar el giro del motor al régimen de ralentí y esperar a que se alcance la presión especificada. Después de desconectar el encendido, se controla la caída de presión que debe ser inmediata al valor marcado por el fabricante. Si no sucede así, hay que comprobar el regulador de presión.

2.2. Reglaje del régimen de ralentí y del contenido de CO

Para la realización de ambas operaciones, el motor debe estar a su temperatura normal de funcionamiento (aproximadamente 80 °C), la puesta a punto del encendido debe ser correcta, el filtro de aire debe estar limpio y, naturalmente, el reglaje debe realizarse con el motor en marcha. Debemos disponer de un analizador de gases que conectaremos al motor correspondiente (sección A de la figura 6.2).

Con la sonda del analizador de gases conectada al escape del motor, se regula el motor al régimen de giro marcado por el fabricante, actuando para ello en el tornillo *by-pass* de aire de la mariposa (sección B de la figura 6.2) y nunca sobre el tope de mariposa. En los modelos en los que el tope de mariposa es regulable, se actuará sobre este para permitir que la mariposa esté totalmente cerrada sin que esta se gripe sobre las paredes del conducto de admisión.

Una vez terminado el ajuste de ralentí, se efectúa el reglaje del porcentaje de CO, actuando en el tornillo de riqueza tal como se observa en la sección C de la figura 6.2 hasta conseguir el valor recomendado. Hemos de comentar que la actuación sobre la riqueza de la mezcla puede acarrear una variación en el régimen de ralentí. Si fuera necesario, hay que volver a ajustarlo.

saber más

Indicación de las revoluciones del motor

El número de revoluciones lo podemos observar en el analizador y, en la mayoría de los automóviles, en el cuadro de instrumentos de los mismos.

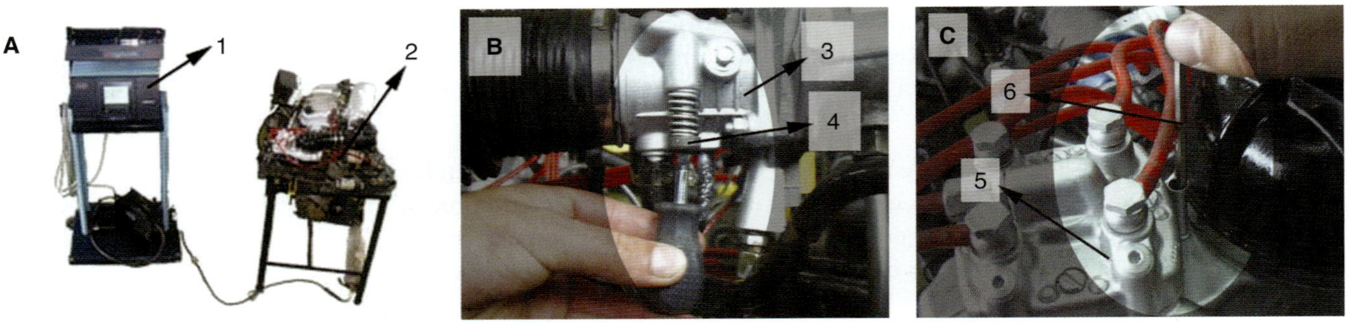

1. Analizador de gases
2. Motor

3. Caja de mariposa
4. Tornillo *by-pass* de aire de la mariposa

5. Distribuidor-dosificador
6. Actuando sobre el tornillo de riqueza mediante una llave Allen

↑ **Figura 6.2.** Regulación del régimen de ralentí y del contenido de CO.

2.3. Control de los distintos elementos que conforman el sistema

Inyectores

Los inyectores pueden ser causa de muchos problemas si su funcionamiento se produce de forma irregular.

Se le realizan las siguientes comprobaciones:

- Caudal de gasolina inyectado.
- Presión de apertura.
- Pulverización.
- Estanqueidad.

El procedimiento es el siguiente:

- Se desmontan los inyectores, según las instrucciones, y se colocan encima de unas probetas graduadas manteniendo conectados los tubos de alimentación.
- A continuación, se realiza el puente provisto del interruptor y del fusible en los bornes correspondientes del relé de bomba, tal como conocemos. Se retira el conducto de aire entre el medidor de aire y la caja de mariposa. Se acciona el interruptor para poner la bomba en funcionamiento, se levanta el plato sonda y se comprueban si los caudales se encuentran en el nivel adecuado, así como si la pulverización se produce de forma homogénea y con un ángulo de 35° aproximadamente. En el caso de que la diferencia de caudal sea superior a la indicada por el fabricante, se cambiarán entre sí los inyectores que han suministrado el máximo y el mínimo caudal. Se repite la operación de comprobación y, si el mínimo caudal se repite en el mismo cilindro y la tubería no está dañada, es indicio de que la válvula diferencial tiene un problema. En este caso, hay que sustituir el distribuidor-dosificador. Si por el contrario el mínimo caudal se produce en el mismo inyector deberemos proceder a su sustitución. Aquellos inyectores que no efectúen una pulverización correcta, se deben limpiar y, en caso necesario, deben ser cambiados.

- Por lo que se refiere al control de la estanqueidad, se comprobará que ninguno de los inyectores gotee o pierda gasolina con la bomba en funcionamiento y el plato-sonda en posición de reposo. En caso de haber pérdidas, se cambia el inyector o inyectores defectuosos.

- La comprobación de la presión de apertura se realiza en un banco específico de limpieza. La pulverización y estanqueidad también se pueden comprobar en el mismo banco. Para ello, se pone en marcha la bomba del banco y, con el regulador de presión del mismo, se va aumentando la presión hasta conseguir la pulverización de los inyectores. Observamos en el manómetro que la presión de apertura es la indicada por el fabricante (de 4 a 4,5 kg/cm^2 aproximadamente) y que la pulverización se produce tal como se indicó anteriormente. A continuación, ayudándonos del regulador de presión, reducimos la presión hasta que los inyectores dejen de pulverizar. En estas condiciones, los inyectores no deben de perder gasolina, al menos, durante dos minutos. En algunos modelos, el fabricante permite como máximo la pérdida de una gota por minuto.

- Si hay anomalías en cualquiera de las comprobaciones anteriores, se procederá a efectuar una limpieza de los inyectores y, en caso de que no se resuelvan estos problemas se deberán sustituir los inyectores defectuosos.

Inyector de arranque en frío

Para efectuar la prueba, que debe realizarse con el motor frío, se deben seguir estos pasos:

- Desenchufar los conectores del regulador de calentamiento y de la válvula de aire adicional.

- Desconectar la alimentación de la bobina de encendido para evitar que el motor térmico arranque.

- Conectar un voltímetro al conector del inyector.

- Accionar brevemente el motor de arranque y comprobar que la tensión es la de la batería.

Si no se cumple este voltaje será debido al mal estado del cableado, de las conexiones de los conectores o bien a que el interruptor térmico temporizado está defectuoso.

- Si la alimentación es correcta, colocar el inyector en una probeta graduada, volver a accionar el motor de arranque y observar tanto el cono de pulverización, que debe ser muy regular, como la duración de la inyección, que debe ser la marcada por el fabricante.

- Comprobar la estanqueidad del inyector haciendo funcionar el relé de la bomba de combustible a través del puente provisto del interruptor y el fusible. Esta prueba debe realizarse durante 60 segundos aproximadamente observando que el inyector no tiene fugas.

Cualquier irregularidad en la pulverización y en la estanqueidad supone cambiar el inyector. Sin embargo, si la duración de la inyección no es la adecuada hay que sustituir el interruptor térmico temporizado.

Interruptor térmico temporizado

Para efectuar las correspondientes verificaciones en este elemento, se realizan las siguientes operaciones con el motor frío (temperatura inferior a 30 °C):

- Desconectar la alimentación de la bobina de encendido.
- Con un voltímetro, mirar la tensión existente entre el borne 50 del interruptor térmico temporizado y masa al accionar el motor de arranque. Debe ser la de la batería, lo cual indica que dicho interruptor está bien alimentado. En caso contrario, hay que revisar la instalación eléctrica.
- Comprobar mediante un voltímetro que la lámina bimetálica conecta a masa el inyector.
- Conectar de nuevo la alimentación de la bobina de encendido.

Por otro lado, con el motor a temperatura superior a la especificada por el fabricante para el interruptor térmico, comprobar, mediante un voltímetro, que dicho interruptor térmico no conecta a masa el inyector.

En caso de fallo, hay que sustituir el interruptor térmico.

Válvula de aire adicional

Con el motor frío, se desconecta la válvula y se observa visualmente que el orificio de paso esté totalmente abierto (sección A de figura 6.3).

Con el motor a temperatura normal de funcionamiento dicho orificio debe quedar totalmente cerrado (sección B de figura 6.3).

En caso de no ser satisfactorias las comprobaciones anteriormente mencionadas, se comprobará la alimentación eléctrica de la válvula y si es correcta se sustituye la válvula.

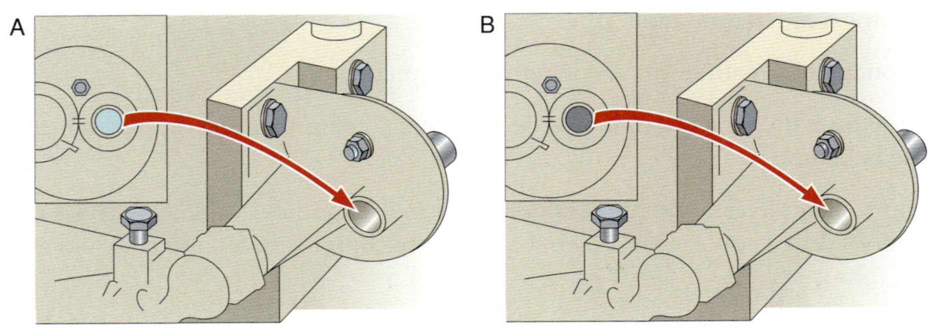

↑ **Figura 6.3.** Control de la válvula de aire adicional.

Plato-sonda

A esta pieza se le realizan las siguientes comprobaciones:

Prueba del desplazamiento

Mediante un imán, se somete al plato-sonda a un movimiento alternativo mediante el cual se debe notar resistencia solamente cuando se tira hacia arriba (sección A de la figura 6.4). Si durante esta prueba se observan zonas donde el movimiento es irregular, se debe cambiar el regulador de mezcla, ya que es muy probable que la válvula corredera esté atascada en el cilindro.

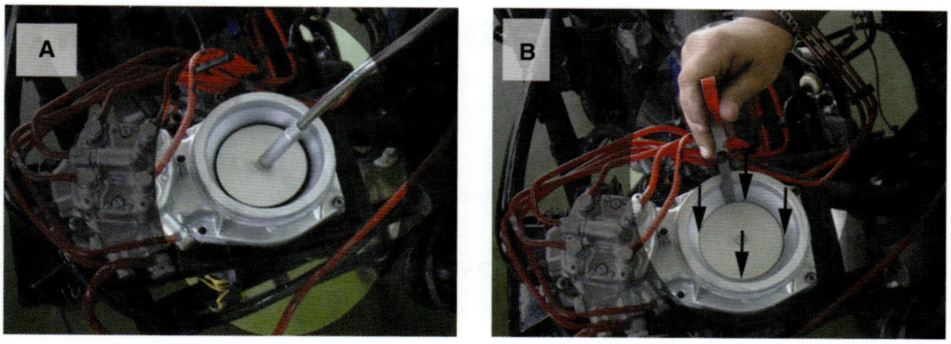

↑ **Figura 6.4.** Control del plato-sonda.

Posición del plato-sonda

Con el plato en reposo, la superficie superior de este se debe encontrar al mismo nivel que la zona donde se inicia el difusor. Sin embargo, existen unas pequeñas tolerancias dadas por el fabricante. Esta prueba debe realizarse después de que el motor haya estado girando unos 20 segundos procurando que la temperatura no sea excesiva.

Si existe deformación, se debe de actuar sobre la abrazadera del muelle hasta conseguir la posición correcta. Algunos modelos llevan un tornillo de reglaje en vez de muelle.

También se debe medir con una galga de espesores la distancia que queda entre el borde del plato-sonda y el cuerpo del distribuidor para verificar el centrado del plato (sección B de la figura 6.4). Esta prueba se debe realizar en cuatro puntos diametralmente opuestos.

Si el plato está descentrado, se corrige en el tornillo central del mismo. Se debe tener en cuenta que dicho tornillo debe apretarse después al par de apriete correcto.

Una vez corregida la posición inicial del plato-sonda, se desmonta el distribuidor-dosificador y se comprueba el ajuste de la palanca del pistón de mando midiendo la distancia existente entre la superficie de apoyo del distribuidor y el rodillo (generalmente suele ser de 20 mm aproximadamente). De ser incorrecta, se regula en el tornillo de riqueza. En la figura 6.5 podemos apreciar dicha distancia (*x*) así como el tornillo de riqueza, la palanca y el rodillo (1, 2 y 3 respectivamente).

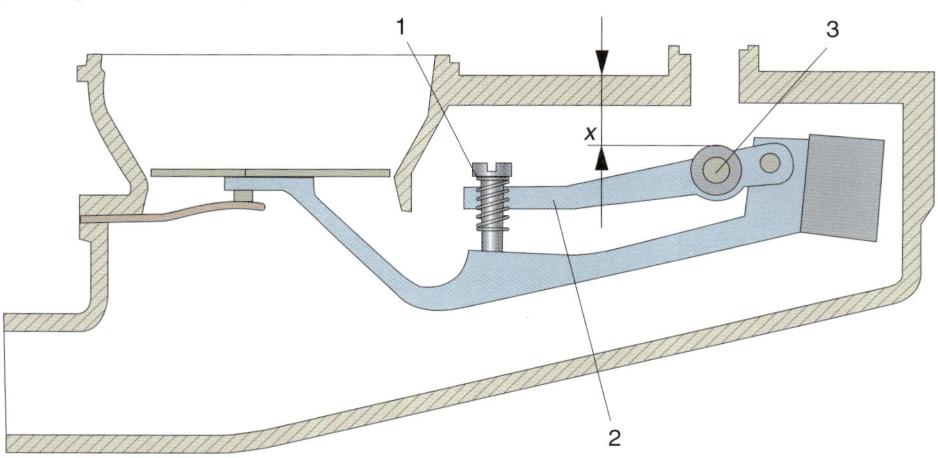

↑ **Figura 6.5.** Ajuste de la palanca del pistón de mando.

saber más

Posición del plato-sonda

Es imprescindible revisar el ajuste del ralentí y el porcentaje de CO si se modifica la posición del plato-sonda.

3. Controles y reglajes en un sistema *KE-Jetronic*

Muchas de las verificaciones y trabajos ya explicados en el anterior sistema son válidas para este por lo que haremos referencia a las novedades.

3.1. Comprobación de las presiones

Instalaremos el manómetro en el distribuidor-dosificador. Una tubería se montará en las cámaras inferiores, para lo cual deberemos quitar el tapón que se encuentra en el orificio destinado para tal fin. La otra tubería se acopla en la cabeza del pistón de mando. El grifo debe estar montado de tal forma que, al cerrarlo, obstruya la tubería de la cabeza del pistón de mando. Por lo tanto, cuando nos interese ver la presión de las cámaras inferiores, se deberá cerrar dicho grifo. Al abrirlo, el manómetro nos indicará la presión que reina en la cabeza del pistón de mando; es decir, la presión del sistema.

El orden en el que se deben realizar los controles de las presiones es el siguiente:

Máxima presión de la bomba

Con esta prueba podemos conocer si la bomba es capaz de suministrar una presión superior a la del sistema. Se debe realizar con el grifo del manómetro cerrado. Tras cerrar el grifo, pondremos en funcionamiento la bomba, puenteando los bornes correspondientes en el relé de la misma, y obstruiremos el tubo de retorno principal con el objeto de ver la subida de presión en la aguja del manómetro. La aguja debe llegar hasta aproximadamente 7 kg/cm^2, momento en el que debe abrirse la válvula de sobrepresión. Si los valores de presión no son los correctos, se debe sustituir la bomba, siempre y cuando la alimentación de la misma y el estado del filtro sean satisfactorios.

Presión del sistema

Abrimos el grifo y el manómetro nos indicará la presión existente en la cabeza del pistón de mando. Dicha presión suele estar comprendida entre 5 y 6 kg/cm^2. Si la presión no es la correcta, se debe sustituir el regulador de presión del sistema.

Presión en las cámaras inferiores

Con la misma posición de montaje del manómetro, comprobaremos la presión en las cámaras inferiores. Para esta prueba, se debe desconectar el regulador electrohidráulico y, con el grifo abierto, observar cómo el manómetro indica la presión del sistema. Al cerrarlo, la presión debe descender aproximadamente entre 0,3 y 0,5 kg/cm^2. Si la presión no desciende, puede ser debido a que el paso calibrado de retorno de las cámaras inferiores está obstruido. Para asegurarnos de ello, desmontamos el extremo del conducto metálico en el regulador de presión del sistema y lo colocamos en una probeta graduada. Accionamos la bomba durante un minuto aproximadamente, el caudal debe ser el marcado por el fabricante. Si el caudal es correcto significa que el paso calibrado está limpio y por tanto el elemento culpable de que la presión en las cámaras inferiores no sea la adecuada es el actuador electrohidráulico, que debe ser sustituido.

Presión residual

Hemos de recordar que, cuando un motor tiene dificultades de arranque en caliente, es muy importante que esta presión sea correcta. Como paso previo a la prueba se debe hacer funcionar la bomba durante unos segundos hasta obtener la presión del sistema. Cuando la bomba deje de funcionar, contemplaremos cómo la presión baja hasta aproximadamente 3 kg/cm^2. Aproximadamente 35 minutos después de haber parado la bomba, la presión no debe ser inferior a aproximadamente 2 kg/cm^2. Si al parar la bomba, la presión residual se mantiene por debajo del valor indicado por el fabricante (en este caso 3 kg/cm^2), se debe sustituir el acumulador.

También puede ocurrir que la presión sea correcta pero que descienda muy rápidamente. Esto es debido a que se está produciendo una fuga. Esta fuga puede ser, bien por las tuberías, bien por la válvula antirretorno de la bomba o bien por la válvula del regulador de presión del sistema. Por tanto, para asegurarnos de una parte u otra, empezaremos revisando los conductos y tuberías de gasolina asegurándonos de que están en perfectas condiciones. A continuación, ponemos en funcionamiento a la bomba durante unos segundos con el fin de presurizar nuevamente el circuito. Después de parar la bomba, se obstruye el conducto de retorno principal. Si la presión residual desciende es debido a que la fuga se encuentra en la válvula antirretorno de la bomba. Por el contrario, si al taponar el retorno la presión residual no desciende, la fuga está en la válvula del regulador de presión del sistema.

3.2. Control de los distintos elementos que conforman el sistema

Inyector de arranque en frío

Aparte de las comprobaciones que se le realizan como en el sistema K-Jetronic, este elemento puede no funcionar, en este caso, debido a que la UEC no cierre el circuito a masa.

Si se da este caso, deberemos descubrir si esto es debido a la falta de alguna de las señales necesarias para que se active o si, por el contrario, existe un problema en la propia UEC. Para aclararlo, comprobaremos la alimentación de la UEC y la señal de arranque. Si son correctas, se comprueba mediante un óhmetro la resistencia de la sonda de temperatura, que se debe corresponder con los datos que indica el fabricante. Si los datos de esta son correctos, debemos sustituir la UEC, ya que es esta la que impide el cierre del circuito a masa.

Actuador electrohidráulico

Deberemos medir la resistencia de la bobina del mismo para asegurarnos de que no está cortada. El valor debe ser el indicado por el fabricante (aproximadamente 20 ohmios). En caso contrario, hay que sustituir el actuador electrohidráulico.

Puede ocurrir que, aunque este elemento esté bien, la UEC no le envíe perfectamente la señal bajo las distintas condiciones del motor (arranque, postarranque, fase de calentamiento, aceleración y corte en deceleración). En este caso repercutirá negativamente sobre el funcionamiento del motor. Por lo tanto, se debe comprobar la intensidad de las señales en cada caso intercalando un polímetro en serie con el actuador electrohidráulico y, al mismo tiempo, observar las presiones de las cámaras inferiores en el manómetro, que seguirá estando conectado de la misma forma que describimos anteriormente. Dichas intensidades y presiones se deben corresponder con las marcadas con el fabricante.

Si el polímetro no indica el valor correcto, asegurarse de si el fallo es de la UEC o de los sensores. Cambiar, si es necesario, el elemento correspondiente.

Si el polímetro indica el valor correcto y, sin embargo, las presiones no son correctas se debe sustituir el actuador electrohidráulico.

4. Comprobación de la alimentación de combustible en los sistemas electrónicos de inyección indirecta

Durante la conexión del manómetro hay que asegurarse de que el contacto de encendido no esté accionado.

A continuación, se realizan las siguientes operaciones:

- Se realiza la conexión del manómetro entre el filtro de combustible y la rampa de inyección (figura 6.6). Se deberá prestar atención al apretado de las roscas con el fin de que no haya pérdidas de presión durante las pruebas.
- Arrancar el motor, dejarlo al ralentí, desconectar el manguito de depresión (si es que existe) y comparar la presión registrada en el manómetro. Debe coincidir con la especificada por el fabricante (entre 2 y 4 bares dependiendo del sistema).

Si la presión es mayor se comprobará si existe obstrucción en el conducto de retorno al depósito y de no ser así se sustituirá el regulador de presión.

Si la presión es menor, se deriva el conducto de retorno a una probeta y se puentea el relé de bomba para provocar el funcionamiento de la misma. Si existe retorno, el problema está en el regulador; por el contrario, si no existe retorno, se comprobarán los conductos, el filtro de gasolina y la alimentación eléctrica de la bomba de gasolina. De ser todo correcto, se sustituye la bomba.

Si la presión es correcta y el regulador de presión tiene toma de depresión, se comprobará si este funciona correctamente. Para ello se coloca en dicha toma una bomba de vacío (figura 6.7). El manómetro sigue instalado de la misma forma que se comentó anteriormente. Al proporcionarle mediante la bomba un vacío creciente al regulador, con el motor en marcha, debe producirse una caída de la presión regulada del mismo valor que dicho vacío. Así por ejemplo, si la presión en la rampa en determinadas condiciones, sin vacío alguno en el regulador (solo actúa sobre él la presión atmosférica) es de 3 bares, aplicándole un vacío de 0,5 bares la presión debe decaer a 2,5 bares. Si esto no ocurre, hay que controlar el estado del manguito de retorno del regulador al depósito ya que puede estar taponado o doblado y, en caso de no presentar irregularidad, se debe sustituir el regulador. En motores sobrealimentados también se debe generar presión sobre el regulador de presión y observar que la presión sube la misma cantidad que la presión generada sobre dicho regulador.

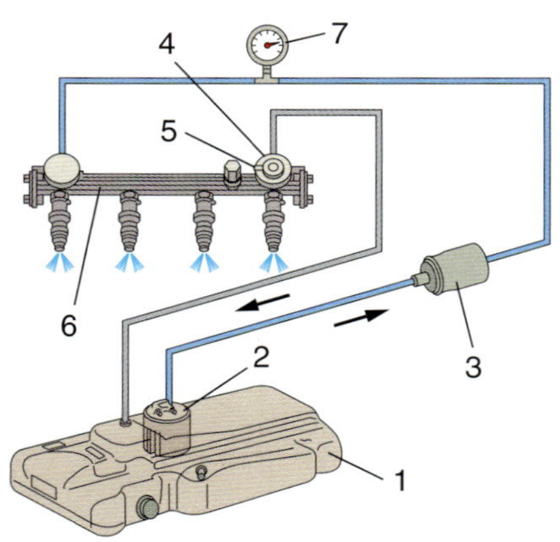

1. Depósito de combustible
2. Bomba
3. Filtro
4. Regulador de presión
5. Toma de vacío
6. Rampa de inyección
7. Manómetro

↑ **Figura 6.6.** Comprobación de la presión en la rampa de inyección.

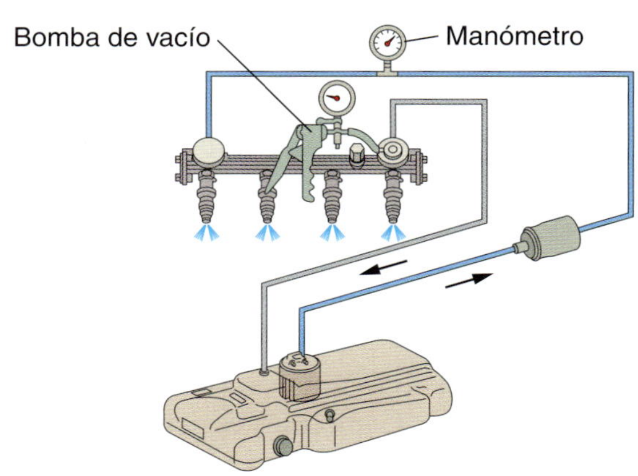

↑ **Figura 6.7.** Verificación del regulador de presión.

Otro modo de realizar esta comprobación es conectando un vacuómetro al colector de admisión del motor y arrancando el motor para que produzca vacío. El valor de la presión del sistema debe ser igual al valor de tarado del regulador menos el vacío del motor.

Si estas pruebas no se realizan satisfactoriamente, habrá que cambiar el regulador de presión. También se comprobará el caudal de la electrobomba tal como se describió para los sistemas *K-Jetronic*. Esta prueba no es posible en los modelos que incorporan el regulador de presión en el interior del depósito de combustible. En este caso, la prueba de caudal se realizará verificando la presión del sistema cuando el motor esté consumiendo la máxima cantidad de gasolina (máximas revoluciones y con el acelerador a fondo).

Si el sistema que estamos comprobando es un sistema monopunto todas las comprobaciones descritas anteriormente se realizan del mismo modo, pero teniendo en cuenta que las presiones de trabajo del sistema, son menores. Evidentemente, en estos sistemas , al carecer el regulador de tubo de vacío, no se realiza la prueba concerniente a dicho vacío.

Por último, comprobamos la señal de corriente consumida por la electrobomba (figura 6.8).

Dicha señal nos proporciona información de:

- Giro de la electrobomba y su velocidad. El consumo de la electrobomba aumenta cada vez que una celda de bombeo genera presión, esto se traduce en un rizado en la curva de intensidad, cuya frecuencia depende del número de celdas de bombeo de la electrobomba y de su velocidad de giro.
- Estado de la electrobomba. Si la electrobomba presenta problemas mecánicos, desgaste o rugosidad en algún elemento de bomba el rizado no es uniforme, presentando deformaciones que se repiten a intervalos regulares.
- Presión de combustible incorrecta. Partiendo de una señal de referencia para el modelo estudiado, una presión excesiva de combustible se manifiesta por el aumento en la intensidad media consumida y una disminución de la frecuencia del rizado. Una disminución en la presión de combustible presenta un efecto opuesto.

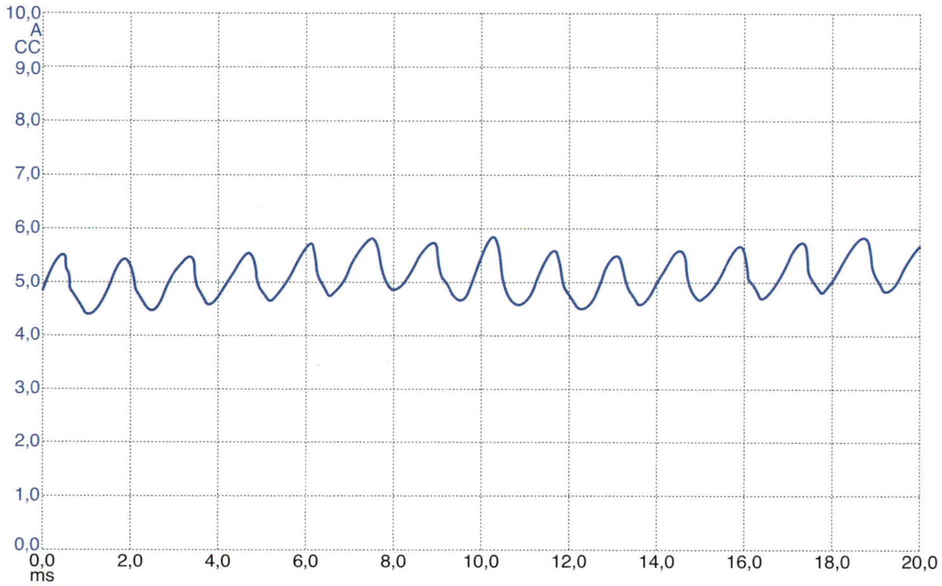

↑ **Figura 6.8.** Corriente consumida por la electrobomba

5. Comprobación de los distintos elementos de un sistema de gestión electrónico

En este capítulo vamos a tratar de forma general la comprobación de los distintos sensores y actuadores que nos podemos encontrar dentro de un sistema de gestión electrónico. Para ello proporcionaremos numerosas pruebas típicas que se le realizan a dichos elementos con el fin de asegurarnos de que su funcionamiento es el adecuado. Señalaremos que cualquier anomalía en los resultados de las comprobaciones supone cambiar el sensor o actuador correspondiente. Antes de comprobar los sensores o actuadores es conveniente verificar la alimentación de la UEC mediante un voltímetro. Si no existe la tensión de batería, buscaremos la caída de tensión en el cableado.

El primer paso en la búsqueda de las averías será, si el sistema dispone de autodiagnosis, conectar el equipo de diagnosis al vehículo y efectuar la lectura de averías memorizadas por la UEC. Después se comprobarán los sensores y actuadores a los que se refiere dicha avería.

Antes de realizar manualmente las comprobaciones eléctricas de los sensores y actuadores se comprobarán los valores que está midiendo la UEC a través del equipo de diagnosis, verificando si estos son coherentes con el resto de sensores y actuadores y con el funcionamiento del motor. Esto se realizará independientemente de que la UEC haya o no codificado avería.

5.1. Sensores

Sensor de posición y velocidad del motor

Debemos cerciorarnos acerca de qué tipo se trata y, en función de ello realizaremos las siguientes comprobaciones.

Sensores inductivos

El sensor, como es sabido, está formado internamente por una bobina, por lo que la primera comprobación será medir la resistencia de dicha bobina mediante un polímetro y compararla con la especificada por el fabricante. En este punto hay que tener en cuenta que la resistencia de los metales crece cuando se calientan, por lo que los sensores cercanos al bloque del motor varían mucho su resistencia según esté el motor frío o caliente.

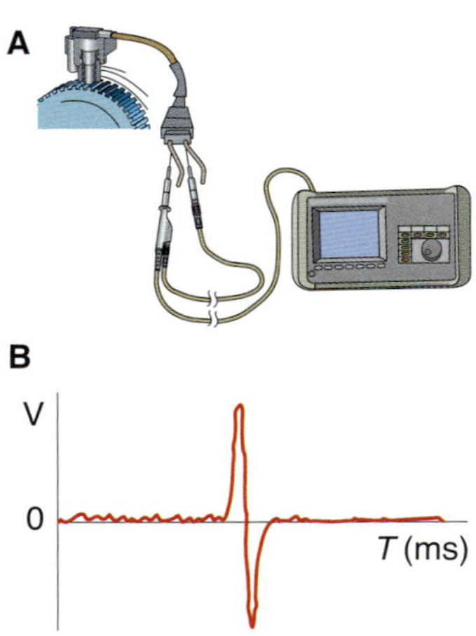

↑ **Figura 6.9.** Prueba de un sensor de posición y velocidad del motor.

Señal característica de un sensor inductivo.

El voltaje de pico a pico de la señal debe ser el indicado por el fabricante. Para ello se comprueba dicha señal mediante un osciloscopio tal como indica la sección A de la figura 6.9. La señal típica, para cada diente, es la mostrada en la sección B de la figura anteriormente mencionada. Si la señal no es lo suficientemente fuerte, la UEC hará una mala lectura del sensor. Una señal débil o inexistente puede deberse a que el sensor esté demasiado separado de los tetones o dientes de la rueda, por lo que su campo magnético no llega a variar lo suficiente. También puede deberse a que haya algún tipo de suciedad o bien en el sensor o bien en la rueda. Y por último, puede deberse a que el propio sensor haya perdido sus propiedades magnéticas.

Todos los picos deben tener aproximadamente la misma altura, ya que, si algún pico tiene menos altura que los otros, es síntoma de que hay un diente o tetón doblado o roto en la rueda de disparo.

Hay que comprobar que el patrón de la señal se corresponde con el patrón de la rueda generatriz; de no ser así hay que comprobar la integridad de dicha rueda generatriz. Por ejemplo, si los dientes están a igual distancia unos de otros, los pulsos de la señal también lo deben estar; si existen dos pulsos más separados que los demás, esto es síntoma de que falla algún diente o tetón. En este caso, hay que asegurarse de que la rueda no tenga un diente de sincronismo. Si el fabricante no dice nada al respecto, es que no lleva este diente, por lo que todos los dientes deberían estar a igual distancia.

En las ruedas formadas por dientes aislados que informan de la posición, el fabricante nos debe indicar si el pulso es positivo o negativo. Generalmente el primero debe ser el positivo. Si la señal no coincide con las especificaciones del fabricante hay que comprobar la polaridad tanto del osciloscopio como la del sensor. Si estas dos son las correctas, el fallo puede ser debido a que se haya montado un sensor incorrecto.

Si el sensor incorpora cable apantallado, se comprobará tanto la conexión del apantallamiento a masa como que no haya cortocircuito entre los cables de señal y dicho cable apantallado.

Sensores Hall

Este tipo de sensor necesita, como es sabido, una tensión de alimentación para funcionar, por lo que lo primero que se hará será comprobar si recibe esa tensión de alimentación.

A continuación se verificará mediante un osciloscopio la señal del sensor, que debe ser como la mostrada en la figura 6.10. En dicha señal se comprobará que la tensión alta deberá superar un determinado valor proporcionado por el fabricante. Al igual que en el caso del sensor de tipo inductivo, si el sensor no alcanza ese valor, la UEC no será capaz de interpretar la señal del sensor.

↑ **Figura 6.10.** Señal de un sensor de posición y velocidad de tipo Hall.

Asimismo la tensión baja debe ser lo suficientemente baja (unas décimas de voltio); si no es así, la UEC no será capaz de detectar las transiciones entre niveles. Una tensión en baja elevada puede deberse a una resistencia excesiva en los cables de masa del sensor, o al propio sensor.

Debemos indicar que las transiciones de nivel alto a bajo deben ser rectas verticales. Por último señalaremos que, al igual que en el sensor inductivo, se deberá comprobar que el patrón de la rueda generatriz se corresponde con el patrón de la señal generada.

Sensores ópticos

A este sensor se le realizarán las mismas comprobaciones que al anterior. Señalaremos que, en caso de fallo en el funcionamiento del sensor, se debe comprobar que todo el sistema (sensor y disco perforado) esté limpio, puesto que la suciedad puede no dejar pasar la luz y, dependiendo del diseño del sensor, esto puede acarrear los mismos síntomas que los citados en el anterior sensor.

Sensor de fase

Se utilizan sensores de iguales características que para la posición y velocidad del motor, por lo que su comprobación es idéntica a los mismos. En algún caso, la UEC puede codificar avería de coherencia o sincronismo entre el sensor de fase, el sensor de velocidad y la posición del cigüeñal. En este caso, aparte de las comprobaciones eléctricas del sensor, habrá que comprobar el calado de la distribución y, si es que existe, el funcionamiento del sistema de distribución variable.

Sensor de velocidad del vehículo

Aunque los más frecuentes son los de efecto Hall, también nos podemos encontrar inductivos y ópticos. Puesto que posee las mismas características que los sensores de posición y velocidad del motor, se le realizan las mismas comprobaciones que a aquellos.

Sensor de temperatura

Se le realizarán las siguientes comprobaciones:

- Con el encendido desconectado, se debe medir la resistencia del sensor a distintas temperaturas y compararla con los valores especificados por el fabricante.
- Con el encendido conectado, se mide el voltaje del sensor a distintas temperaturas. Hay que comprobar que el valor varía conforme al tipo de sensor: si es de tipo NTC debe bajar con la temperatura y si es de tipo PTC debe subir.

Medidores de cantidad de aire

Señalaremos que, si llevan sensor de temperatura del aire incorporado, hay que comprobar las variaciones de tensión que produce dicho sensor con diferentes temperaturas.

Por lo que respecta al medidor propiamente dicho, se le efectuarán las siguientes verificaciones, según el tipo de medidor que disponga el motor:

a) Sensor volumétrico de aire

Con el encendido conectado, se comprueba que el caudalímetro recibe la alimentación eléctrica correspondiente.

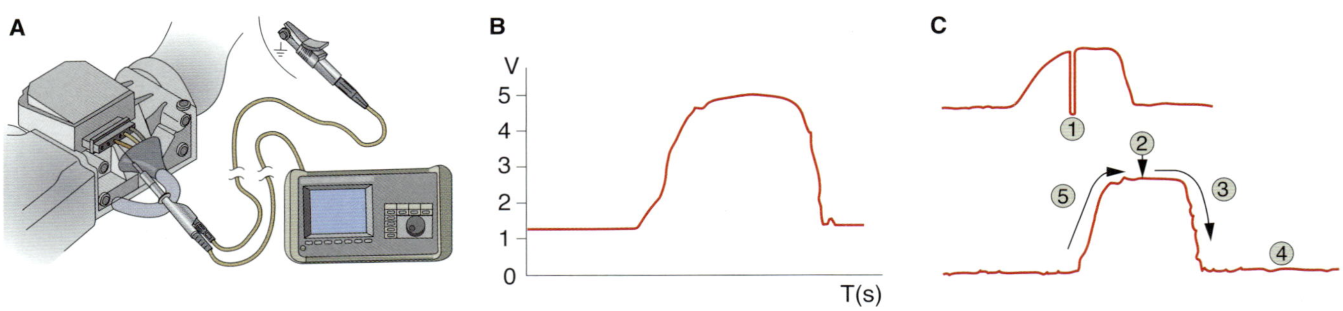

↑ **Figura 6.11.** Prueba de un sensor volumétrico de aire. Señal típica y características de la misma.

Mediante un osciloscopio digital o un polímetro, como muestra la sección A de la figura 6.11, se compara el voltaje de la señal con el especificado por el fabricante. En la sección B de la misma figura se puede apreciar la señal típica de este sensor; mientras que la sección C nos muestra un estudio exhaustivo de dicha señal. Esta última sección la explicamos a continuación:

- Las variaciones bruscas de voltaje (1) indican un corto a masa o defectos en el potenciómetro.

- La tensión de pico (2) indica la entrada de un caudal de aire máximo en el colector de admisión.
- Una disminución de tensión (3) nos señala menos cantidad de aire circulando por el colector de admisión.
- Una tensión mínima (4) nos indica que la placa de estrangulación está cerrada.
- Un aumento de tensión (5) informa de un aumento de caudal de aire por el colector de admisión.

Señalaremos que, si a ralentí los valores no son los correctos, la causa más probable es que la tensión del muelle de retorno no es la adecuada; mientras que si al acelerar progresivamente el motor, existe un cambio brusco en la señal, ello nos indica el mal estado del potenciómetro del caudalímetro.

Si no fuera posible encender el motor, la prueba se realizaría moviendo manualmente la aleta-sonda del caudalímetro con el contacto puesto.

Al desplazar la aleta-sonda manualmente, se debe apreciar suavidad en su movimiento, sin que existan puntos duros.

b) Medidor de masa de aire por lámina caliente

Con el encendido conectado, se comprueba que el medidor recibe la alimentación eléctrica correspondiente. Hay que tener en cuenta que para algunos modelos se necesita una alimentación para la fase de potencia de 12 V y una alimentación para la fase de control de 5 V. Con respecto a la masa, algunos modelos requieren un terminal específico para conducir el negativo de la señal.

Según el tipo de señal emitida, existen dos tipos de medidores de masa de aire, analógico y digital. Los analógicos emiten un voltaje proporcional a la masa del aire aspirada; mientras que los digitales emiten una señal de onda cuadrada cuya frecuencia varía en función de la masa de aire aspirada. Por tanto, se comprueba mediante un osciloscopio digital o un polímetro la señal correspondiente (figura 6.12). Con el motor a distintos regímenes, se debe comparar el voltaje de señal o la frecuencia con el especificado por el fabricante.

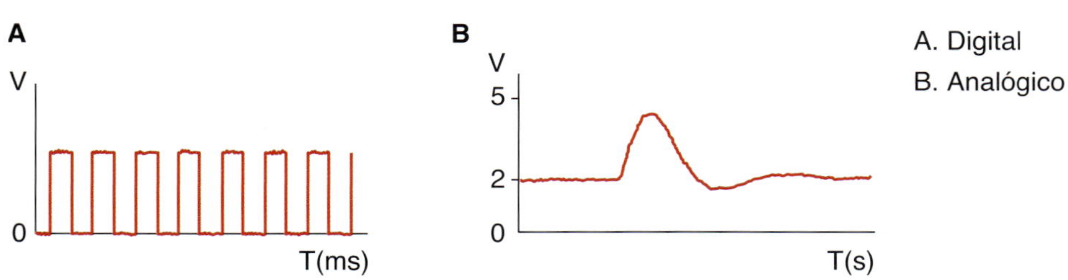

↑ **Figura 6.12.** Señales de un medidor de masa de aire por lámina caliente digital y de uno analógico.

saber más

Los medidores Karman Vortex

Los medidores de masa de aire tipo Karman Vortex son medidores digitales y se comprobarán de forma análoga a los de lámina caliente de este tipo.

Si no fuera posible encender el motor, hay que comprobar con el contacto puesto que la frecuencia de la señal o el voltaje crece en el momento de arranque.

A continuación vemos algunos detalles de estos medidores:

La señal del sensor de masa de aire se utiliza en gasolina para el control de caudal inyectado, para el control de avance de encendido (avance en función de la carga) y para el sistema de carbón activo (cánister).

saber más

En la medición con el equipo de diagnosis comparamos la masa de aire teórica y real. Cuando el valor de masa de aire viene expresado en mg/ciclo, el valor máximo se alcanzará en condiciones de máxima carga a un régimen próximo al máximo par motor que es cuando se alcanza el llenado óptimo de los cilindros. Por ello, la verificación del caudalímetro debe de hacerse con el vehículo circulando, nunca en vacío, por ejemplo partiendo de tercera velocidad al pisar a fondo al paso por 3.000 rpm.

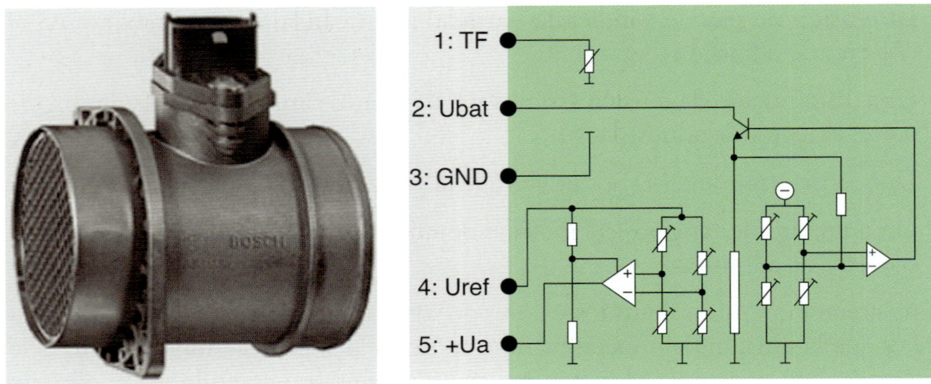

↑ **Figura 6.13.** Medidor de masa de aire por lámina caliente tipo HFM 5.

La figura 6.13 nos muestra a un medidor tipo HFM5. Sus terminales indican lo siguiente:

1: Sensor de temperatura del aire de admisión

2: Tensión de alimentación 12 V

3: Masa

4: Tensión de referencia 5 V

5: Señal de salida caudal aire (0 ÷ 5 V).

- 1,5 V a ralentí.
- 4,5 V régimen máximo en vacío.

Una medición excesiva de este medidor indica que hay avería en el mismo.

Una medición insuficiente:

- Posible avería medidor masa
- Entrada de aire en admisión
- Exceso de recirculación EGR

Nota: si disponemos de dato en equipo de diagnosis, se debe comparar masa aire real con masa de aire teórica.

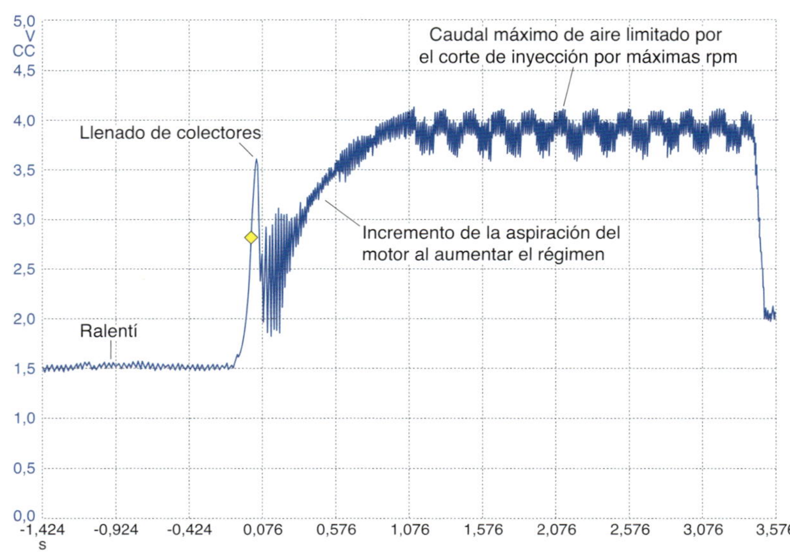

↑ **Figura 6.14.** Evolución de la tensión en un caudalímetro en una aceleración a fondo en vacío. Pertenece a un medidor tipo HFM5.

Resulta más práctico comprobar que el caudalímetro alcanza una tensión por encima de 4 V que comprobar con el útil de diagnosis los miligramos de aire aspirado.

Seleccionando una base de tiempos amplia, comprobamos la evolución de la tensión medida por el medidor de masa (figura 6.14). Con el motor a temperatura de servicio, partiendo del régimen de ralentí, en una aceleración a fondo, observamos, en primer lugar, un pico de tensión. Esto se debe al incremento en la velocidad del aire debido al llenado de los colectores al igualarse las presiones a ambos lados de la mariposa.

Tras ese pico de tensión, la aspiración del motor va incrementando el caudal de aire aspirado con el régimen hasta que se alcanza un valor máximo que debe llegar a los 4 V.

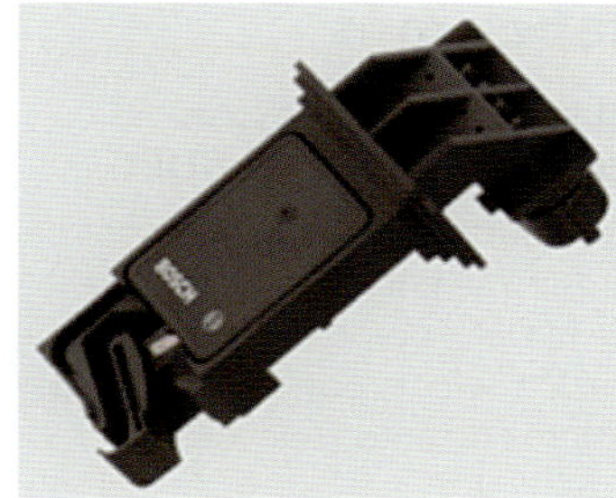

↑ **Figura 6.15.** Medidor de masa de aire por lámina caliente tipo HFM6.

En la figura 6.15 podemos ver un medidor tipo HFM6 donde sus terminales indican lo siguiente:

1: Alimentación positivo.

2: Señal masa de aire (señal cuadrada, de tensión fija y variable en frecuencia).

3: Señal temperatura aire.

4: Masa.

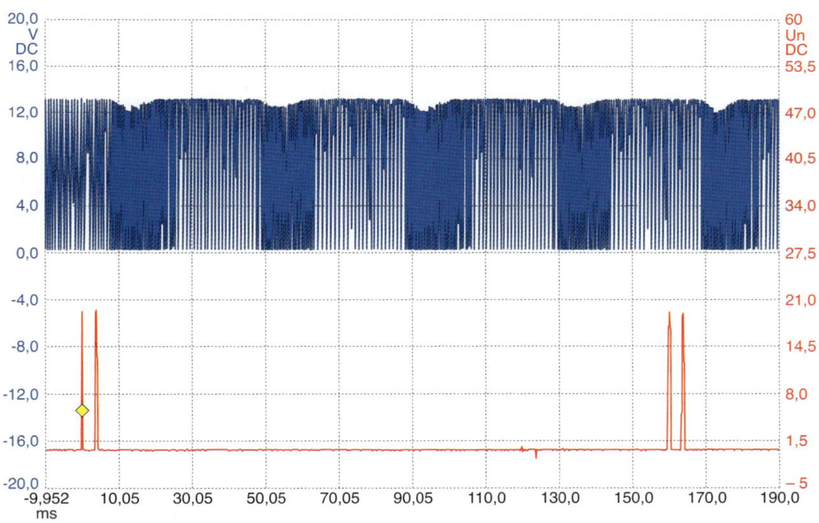

↑ **Figura 6.16.** Oscilograma de un medidor HFM6 instalado en un motor diésel Common Rail.

En el oscilograma de la figura 6.16 se observa una fluctuación periódica de la frecuencia en el ciclo completo del motor (visible con la ayuda de la señal de un inyector), debida a los distintos ciclos de aspiración de los cilindros.

c) Sensor de presión absoluta (MAP)

Con el encendido conectado se comprueba que el sensor recibe la alimentación correspondiente.

Se debe comprobar el estado del manguito de conexión del sensor, así como el del colector de admisión.

Al igual que en los medidores de masa de aire, nos podemos encontrar sensores de tipo analógico o de tipo digital. Si son analógicos, el voltaje emitido será proporcional a la presión medida por el sensor (sección A de la figura 6.17). En el caso de los digitales, la señal será una onda cuadrada cuya frecuencia es proporcional a la presión medida por el sensor (sección B de la figura 6.17). Por tanto, observar mediante un osciloscopio digital o un polímetro la señal pertinente.

saber más

Los terminales del modelo HFM6 de la figura 6.16 indican lo siguiente:

1: Temperatura.

2: Masa.

3: Libre.

4: + Bat.

5: Señal masa aire.

6: Libre.

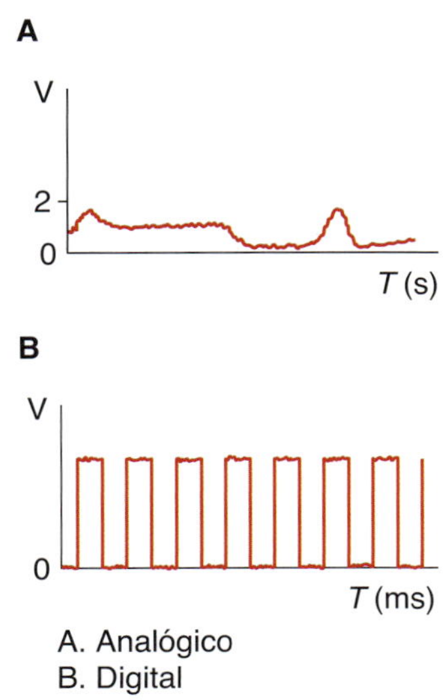

↑ **Figura 6.17.** Señal de un sensor MAP analógico y de uno digital.

saber más

El sensor de presión en el interior de la UEC

En algunos sistemas, el sensor de presión se encuentra en el interior de la UEC, por lo cual su comprobación solo es posible a través del sistema de autodiagnosis.

Con el encendido conectado y el motor parado, el sensor debe dar la señal correspondiente a la presión atmosférica. Para observar la variación de valores, deberemos realizar diferentes estados de presión mediante un dispositivo generador de vacío y presión. Los valores deben corresponderse con los especificados por el fabricante.

Con el motor en marcha podemos realizar la comprobación en funcionamiento con un polímetro o un osciloscopio.

En el caso del osciloscopio, debe ajustarse la base de tiempos con una escala suficientemente amplia (por ejemplo 500 ms/div). Realizando una captura en la que se aprecie la tensión del sensor en el funcionamiento a ralentí y tras realizar un par de aceleraciones a fondo (figura 6.18), podemos evaluar si el rango de medición es el correcto.

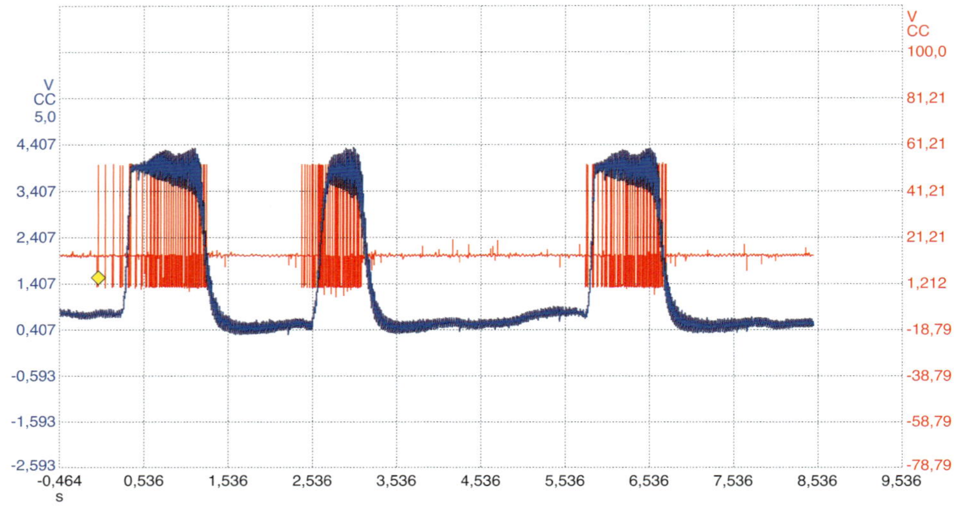

→ **Figura 6.18.** Evolución de la presión del colector de admisión y señal de un inyector de referencia.

La medición de la señal de los distintos sensores del vehículo por medio de un osciloscopio nos permite observar en tiempo real el comportamiento del vehículo y evaluar posibles problemas mecánicos. Ampliando adecuadamente la señal del sensor de presión mientras el motor funciona a ralentí y utilizando la señal de un inyector, de una bobina o de un cable de encendido como referencia, podemos evaluar los distintos ciclos de aspiración del motor, tal como se observa en la figura 6.19, pudiendo en caso de presentarse una anomalía, localizar el cilindro causante del problema.

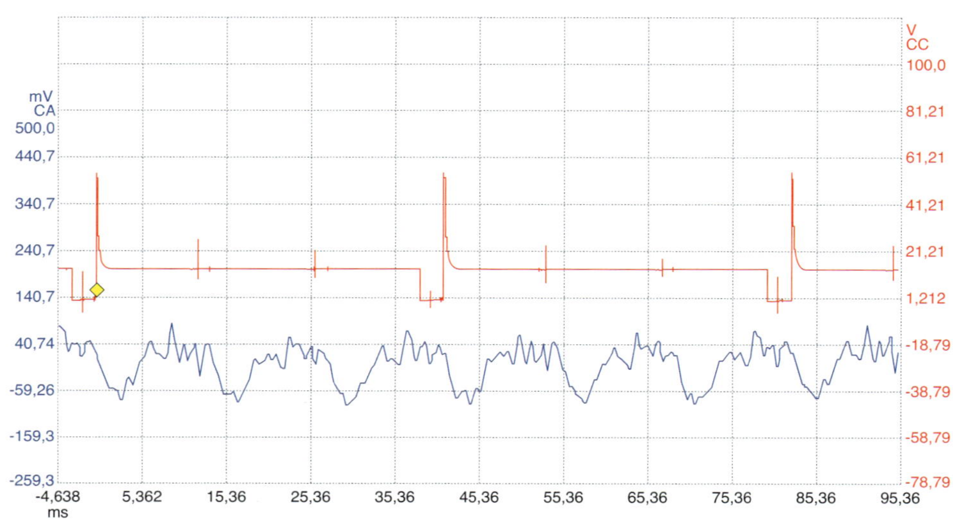

→ **Figura 6.19.** Fluctuaciones en la aspiración en un motor de gasolina de 3 cilindros (ralentí) e inyector de referencia. Funcionamiento correcto.

Sensor de posición de la mariposa de aceleración/pedal del acelerador

Describimos las comprobaciones que se le realizan a los dos tipos de sensores utilizados.

Sensor con interruptores

- Se conecta un polímetro o un osciloscopio digital en el cable de señal del interruptor de ralentí y se observa la variación brusca en el voltaje de señal al abrir levemente la mariposa (figura 6.20).
- Se conecta un polímetro o un osciloscopio digital en el cable de señal del interruptor de plena carga y se observa la variación brusca en el voltaje de señal al abrir completamente la mariposa (figura 6.20).
- En caso de que las señales no sean correctas, habrá que ajustar los interruptores de mariposa a través de sus tornillos de fijación, teniendo cuidado de que la mariposa no haga tope sobre el interruptor de ralentí.
- Las características de las señales, en ambos casos, debe ser:
  - La tensión alta deberá superar un determinado valor proporcionado por el fabricante.
  - La tensión baja deberá ser de 0 voltios.
  - Las transiciones de nivel alto a bajo deben ser rectas verticales.
- No deben aparecer sobreoscilaciones debidas al rebote de los interruptores (detalle a en la figura 6.21), ya que eso indicaría contactos desgastados o muelles recuperadores de la mariposa de aceleración sueltos.

saber más

Sustitución del potenciómetro de mariposa

En algunos modelos de gestión, al sustituir el potenciómetro de mariposa, la UEC ha de adaptarse a los valores de voltaje del nuevo potenciómetro, por lo que deberemos forzar un ajuste básico a través del equipo de diagnosis.

En los casos en que la regulación del ralentí se efectúe a través de la posición de la mariposa, existe también un microinterruptor para indicar cuándo el pedal del acelerador está en ralentí. La comprobación se realizará como se indicó anteriormente para el interruptor de ralentí.

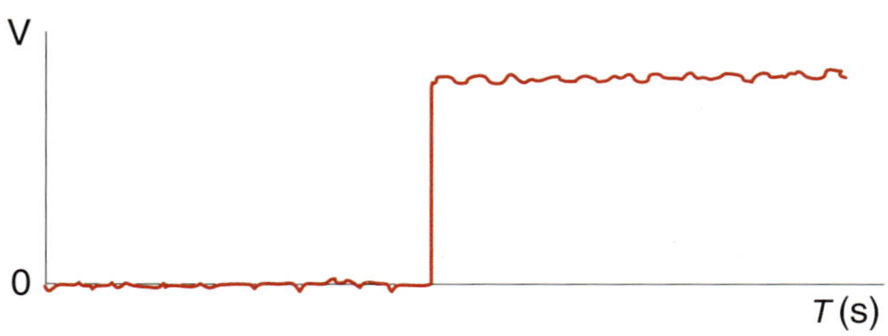

↑ **Figura 6.20.** Señal de un sensor de posición de la mariposa de aceleración y del pedal del acelerador de tipo con interruptores.

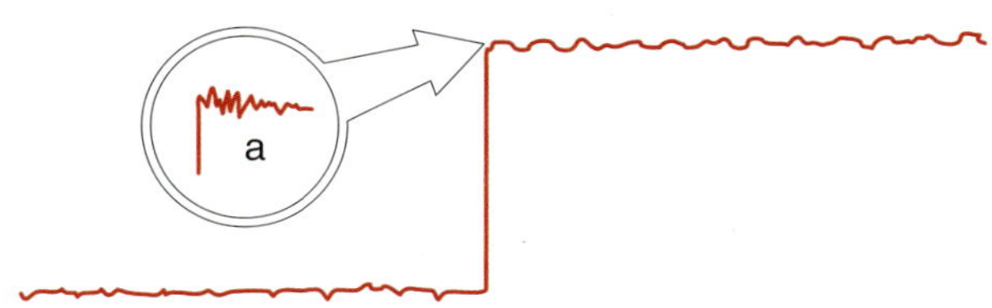

↑ **Figura 6.21.** Sobreoscilaciones debido al rebote de los interruptores.

Sensor potenciométrico

Con el encendido conectado, se comprueba que el sensor recibe la alimentación eléctrica correspondiente.

Al igual que en el caso anterior, se conecta un osciloscopio digital o un polímetro al sensor y, desplazando la mariposa desde la posición de cierre hasta la apertura total y nuevamente hasta la posición de cierre, se debe obtener la forma de onda mostrada en la sección A de la figura 6.22. En la sección B de la misma figura se aprecia en detalle las partes de dicha onda, la cual debe reunir las siguientes características:

- Tanto la tensión alta como la baja deben tener el valor indicado por el fabricante. En caso de que el potenciómetro se pueda mover para ajustar, se mueve para que emita el voltaje de señal indicado por el fabricante cuando la mariposa se encuentra totalmente cerrada.

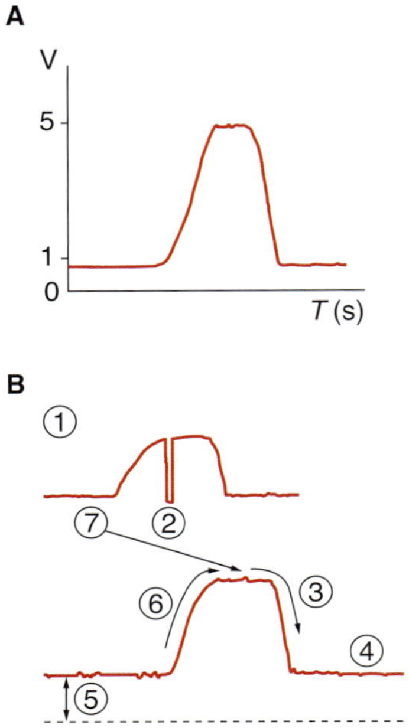

↑ **Figura 6.22.** Señal de un sensor de posición de la mariposa de aceleración y del pedal del acelerador de tipo potenciométrico. Estudio exhaustivo de dicha señal.

- No deben aparecer variaciones bruscas de voltaje, ya que eso indicaría un cortocircuito a masa o a positivo o defectos en el potenciómetro de la mariposa.
- Concretamente, los puntos de la sección B de la figura 6.22 indican lo siguiente:
  - (1) Secuencia de sensor de mariposa defectuosa.
  - (2) Cambios bruscos de voltaje que indican lo explicado en el punto anterior.
  - (3) Una disminución de tensión indica un empobrecimiento (cierre de la placa de estrangulación).
  - (4) Una tensión mínima señala que la placa de estrangulación está cerrada.
  - (5) El mínimo voltaje de señal se corresponde con contacto puesto y mariposa cerrada.
  - (6) Un incremento de tensión indica un enriquecimiento.
  - (7) La tensión de pico nos señala que la mariposa de aceleración está totalmente abierta.

En los potenciómetros con dos pistas descritos en la inyección monopunto, uno de los mismos solo varía de señal para pequeñas aperturas de la mariposa, manteniéndose fijo si la mariposa se abre por encima de un determinado nivel, mientras que el otro varía de señal para toda la apertura de la mariposa.

Potenciómetro de CO

Al igual que todos los potenciómetros, debe comprobarse que este reciba alimentación y masa. Por otro lado, indicaremos que, al mover el tornillo que lo acciona, el voltaje en el terminal de señal irá variando progresivamente.

Sonda lambda

Sonda lambda de banda estrecha

Este tipo de sonda, como sabemos, actúa como una batería proporcionando tensión alta de salida (resultante de una situación rica) y tensión baja de salida (indicación de mezcla pobre). Para ver su funcionamiento, se le realizan las siguientes pruebas:

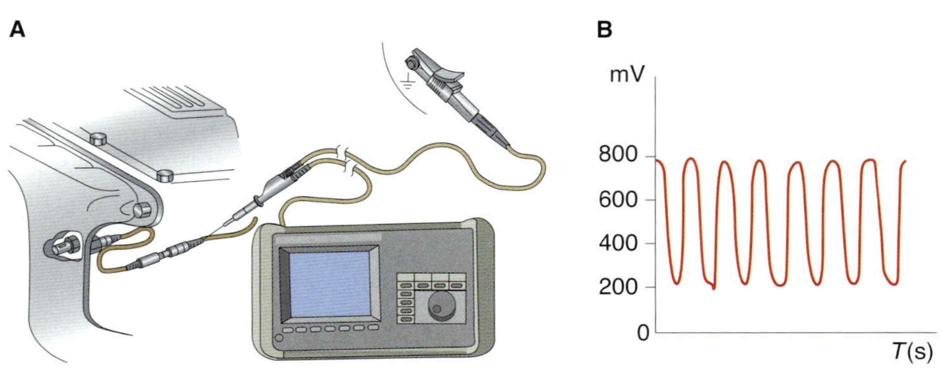

↑ **Figura 6.23.** Prueba de una sonda lambda de banda estrecha. Señal característica.

- Mediante un osciloscopio digital (sección A de la figura 6.23), se observa la señal, la cual debe ser como la que aparece en la sección B de la misma figura, debiendo reunir las siguientes características:
  - Las tensiones de pico máximo deben alcanzar, al menos, el valor de 800 mV.
  - Las tensiones de pico mínimas deben alcanzar, al menos, 200 mV o inferior.
  - Debemos tener en cuenta que, con el envejecimiento y la saturación del sensor, los tiempos de crecimiento y decrecimiento de la señal aumentan.
- En caso de que la señal medida no sea correcta, habrá que verificar la coherencia de los gases de escape con la sonda lambda teniendo en cuenta que la sonda lambda solo mide la presencia de oxígeno en el escape, el cual puede provenir tanto de una combustión defectuosa, como de una mezcla excesivamente rica o excesivamente pobre o de tomas de aire en el escape.
- En caso de que la sonda lambda no tenga cable negativo de señal, se debe comprobar que el escape sea una buena toma de masa.
- Por último, recordar que si la sonda es precalentada hay que comprobar la alimentación de la resistencia calefactora y el valor de la propia resistencia.

Sonda lambda de banda ancha

Tomamos como referencia un sistema Simos 3PE, con dos sondas de oxígeno, una de banda ancha, anterior al catalizador para el control de la regulación lambda y otra convencional, posterior para la vigilancia del mismo. El vehículo sobre el que se ha trabajado es un Ibiza 02. Las referencias a las vías de la Unidad de Control del Motor pueden encontrarse en el esquema de gestión del motor de dicho vehículo.

1. Comprobación de la regulación lambda con osciloscopio en una sonda LSU

La figura 6.24 muestra la asignación de vías y el cableado propio de la sonda.

Cable	Color	Vía	Función
I_p	Rojo	6	Corriente de bomba $I_p=I_{pmeas}+I_A$ en el cable rojo de la sonda. Corriente de bomba compensada, I_{pmeas}, en el cable que viene de la UCM a la vía 6.
	Verde	2	Corriente de compensación I_A.
I_p/V_s	Amarillo	5	Masa electrónica. 2,5 V respecto a masa de batería.
V_s	Negro	1	Tensión de referencia, 450 mV respecto a I_p/V_s. 2,95 V respecto a masa de batería.
-H	Blanco	4	Negativo de la resistencia de calefacción. Control por RCO desde UCM
+H	Gris	3	Positivo de calefacción de la sonda.

↑ **Tabla 6.1.**

Seguiremos el siguiente proceso:

- Desembornamos la batería y medimos la resistencia existente entre la vía 33 y 15 de la UCM (vía 6 y 2 de la sonda), obtenemos el valor del paralelo formado por la resistencia de medición de la UCM (de 61,9 Ω) y la de compensación en el conector de la sonda (de valor comprendido entre 30 y 300 Ω).
- Midiendo la resistencia entre los mismos terminales 33 y 15 con la sonda desconectada verificamos el valor de 61,9 Ω de la resistencia de medición de la UCM.

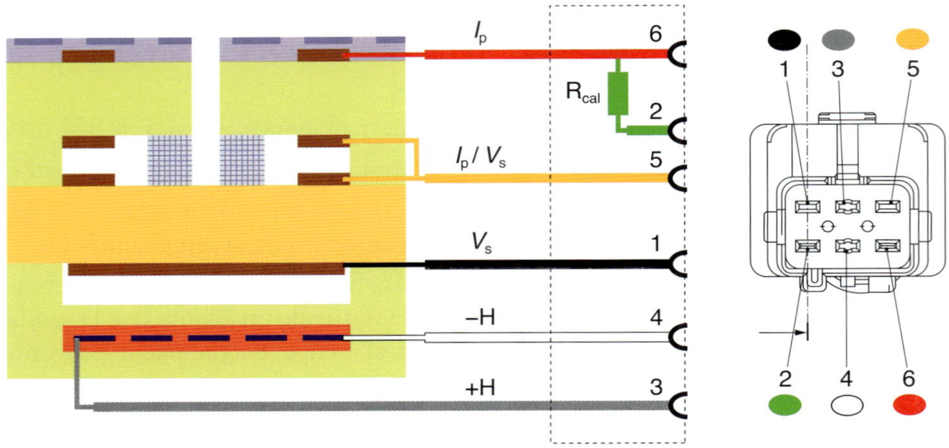

↑ **Figura 6.24.** Disposición del conexionado de la sonda LSU 4.2 con conector RB 130.

- Embornamos de nuevo la batería.
- Conectamos el Canal A del osciloscopio entre la vía 6 del sensor o la 33 de la UCM y masa (vía 83 de la UCM).
- Conectamos el Canal B del osciloscopio en la vía 2 del sensor o en la 15 de la UCM.
- Ajustamos ambos canales en el rango de medición de 5 V y el de tiempo a 2 s/div.
- Creamos un canal matemático con la fórmula (B-A) / *R* donde *R* puede ser el valor de la resistencia medida con la sonda conectada o desconectada. En el primer caso obtenemos en este canal el valor I_p de la corriente de bomba sin compensar y en el segundo caso *R*= 61,9 Ω al de la corriente de bomba compensada I_{pmeas}.
- Arrancamos el vehículo y observamos que una vez transcurrido el tiempo necesario, la sonda empieza a funcionar, activándose la regulación lambda. El canal A y B presentan el mismo valor y oscilan por igual de forma asimétrica respecto al valor de 2,5 V (masa electrónica de la sonda) en un valor no superior a ±0,5 V, más desplazado hacia los 3 V que hacia los 2 V, figura 6.25.

↑ **Figura 6.25.** Regulación lambda a régimen de ralentí.

- Mantenemos el motor a unas 2.000 rpm y observamos como la frecuencia de oscilación aumenta en torno a 1 Hz para una sonda en buen estado (figura 6.26).

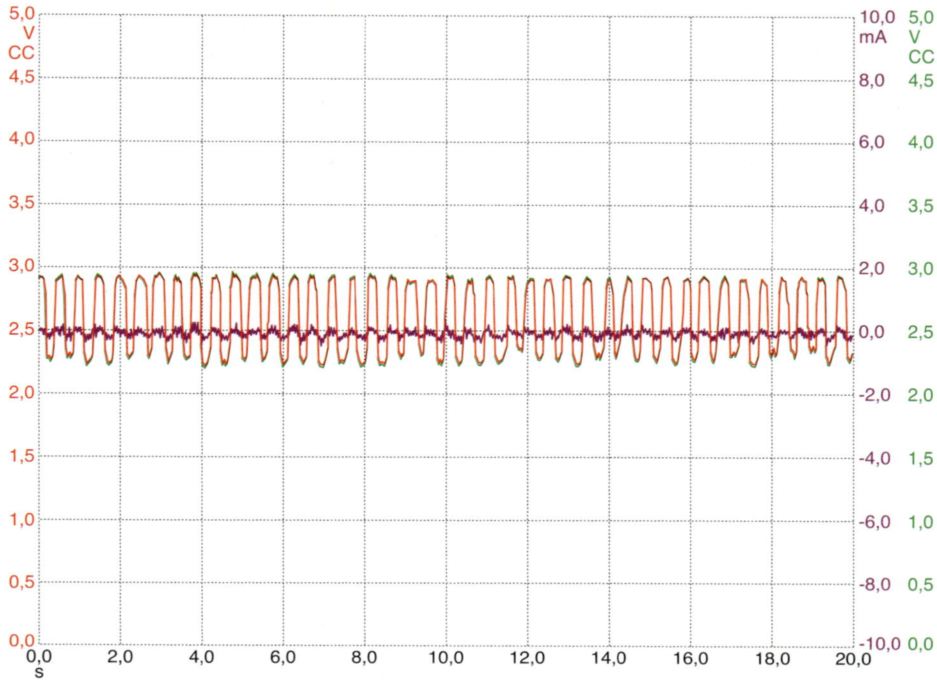

↑ **Figura 6.26.** Regulación lambda a 2.000 rpm.

- Desde 2.000 rpm soltamos el acelerador para a continuación pisarlo y volverlo a soltar, provocando un corte en retención, un enriquecimiento y un corte en retención adicional, figura 6.27.

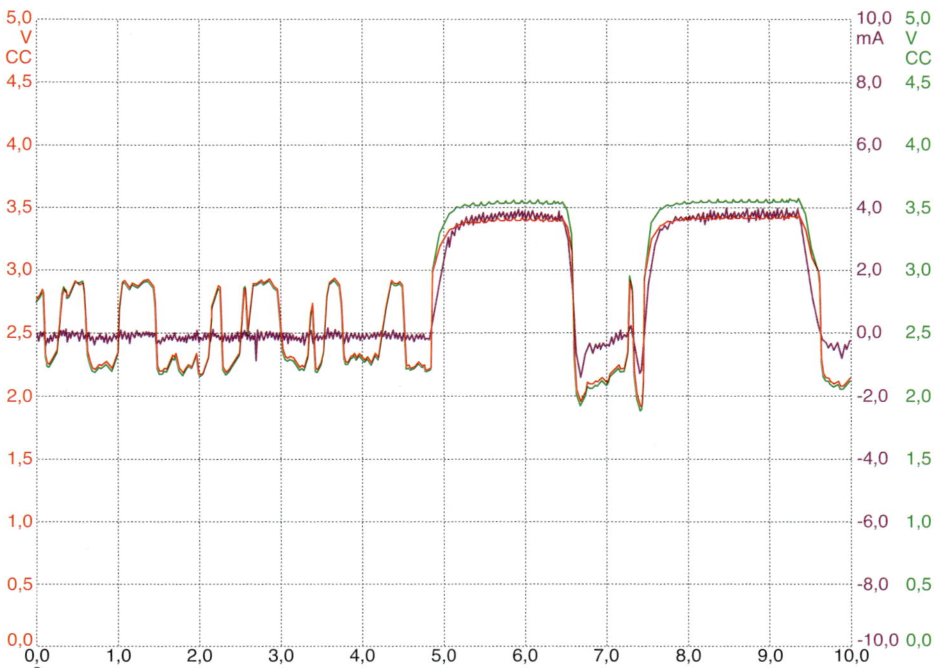

↑ **Figura 6.27.** Corte en retención y aceleración.

saber más

Notas de interés

- Durante la regulación lambda la corriente de bomba permanece en un valor de 0 mA, ya que el valor promedio de la composición de gases de escape está en lambda 1.
- Los valores instantáneos de tensión comprendidos entre 2,5 V y 3 V, en la vía 6 o 2 de la sonda, se corresponden con mezclas ligeramente pobres sin respuesta en la corriente de regulación de la sonda durante la regulación lambda.
- Los valores instantáneos de tensión comprendidos entre 2,5 V y 2,2 V se corresponden con mezclas ligeramente ricas sin respuesta en la corriente de regulación de la sonda durante la regulación lambda.
- La ligera variación en la composición de los gases de rico a pobre y viceversa durante la regulación lambda es necesaria para el correcto funcionamiento del catalizador.

saber más

Notas de interés

- Valores positivos de *Ip* se corresponden con mezclas pobres. La tensión en la vía 2 del sensor supera a la tensión medida en la vía 6, ambos valores se encuentran por encima de 3 V, límite máximo alcanzado durante la regulación lambda.
- Valores negativos de *Ip* se corresponden con mezclas ricas. La tensión en la vía 2 del sensor es inferior a la tensión en la vía 6, ambos valores se encuentran por debajo de los 2,2 V, límite mínimo alcanzado durante la regulación lambda.

Medida directa de las corrientes de bomba I_p e I_{pmeas} mediante pinza amperimétrica de alta sensibilidad.

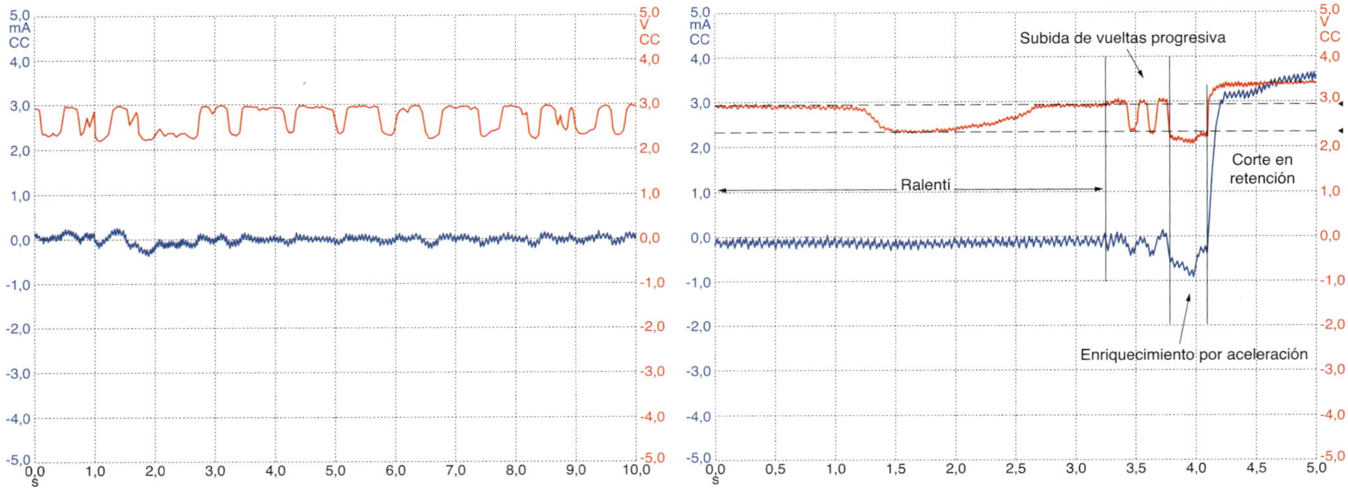

↑ **Figura 6.28.** Regulación lambda (2.000 rpm) y comportamiento de la sonda en aceleración desde ralentí y retención. Capturas con pinza K2 de Chauvin Arnoux en el cable I_p de la sonda.

saber más

Notas de interés

- El sentido positivo de la corriente es el de la flecha de la pinza apuntando hacia el sensor.
- Si la pinza se coloca en el cable rojo de la sonda medimos *Ip*. Si la colocamos en el cable entre la vía 33 de la UCM y la 6 de la sonda medimos I_{pmeas}.
- Es recomendable alejar la pinza amperimétrica de cualquier fuente de calor, pues la temperatura afecta a la precisión y calibración de la misma.

En el proceso anterior hemos medido la corriente de bomba apoyándonos en la caída de tensión en los extremos de la resistencia de compensación de la sonda LSU. Si fuese una sonda lambda de banda ancha NTK esto no sería posible.

Recientemente ha aparecido en el mercado una nueva pinza amperimétrica de alta sensibilidad que nos permite una medida directa de la intensidad I_p; el rango de medición de esta está comprendido entre 0,1 y 450 mA. Este tipo de pinza nos aporta la ventaja de no interferir en la medición del sensor, simplifica el proceso y nos permite la medición de esta corriente también en los modelos de sonda NTK.

En la figura 6.28 podemos ver dos capturas realizadas con esta pinza conjuntamente con la tensión del terminal 6 del sensor (cable rojo).

2. Diagnóstico de la sonda con máquina de diagnosis

Es el método que emplean los fabricantes en su servicio postventa. Las unidades de control que montan este tipo de sondas poseen autodiagnosis. No obstante, conocer la forma de trabajo de la unidad y la información que nos suministra nos resultará de gran ayuda a la hora de interpretar correctamente los códigos de avería o de diagnosticar diversos problemas del motor mediante el empleo de la información suministrada por estos sensores. Se realizarán las siguientes verificaciones:

a) *Las informaciones de estado:* es una información que se muestra en forma de mensaje tipo ON/OFF, ACTIVADA/DESACTIVADA, como cifra binaria (0/1) dentro de un grupo de indicadores de estado u otra forma similar. Nos informa sobre el estado en el que se encuentra una determinada función de la sonda.

b) *La información en tiempo real medida por el sensor.* Comprende el grupo de valores en el que se incluye la señal proporcionada por la electrónica de control de la sonda tras su proceso de control y medición y el valor lambda calculado a partir de esta señal. Existen dos magnitudes eléctricas relacionadas con la medición directa del sensor; la corriente de bomba y la tensión del sensor. Estas magnitudes se encuentran disponibles en función del modo de acceder a la diagnosis del vehículo, además de otros parámetros directamente relacionados con estos valores.

Señalaremos que accediendo por la diagnosis del fabricante podemos ver el valor lambda real, obtenido a partir de la curva característica del sensor que relaciona I_{pmeas} con lambda (figura 6.29).

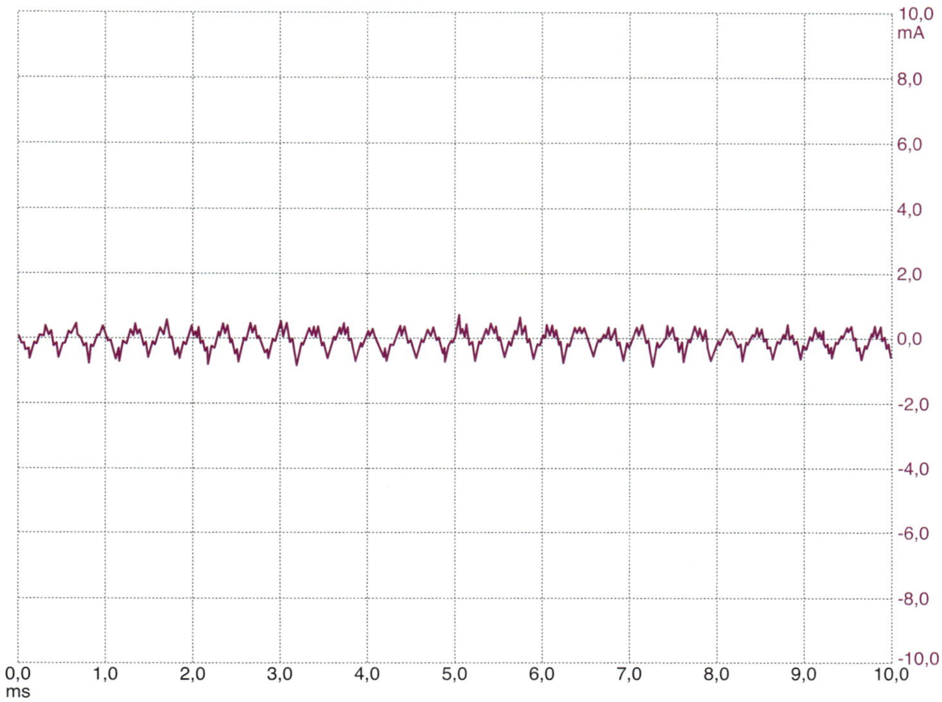

↑ **Figura 6.29.** Corriente de bomba I_{pmeas} medida en los extremos de la resistencia de calibración personalizando la sonda de medición con el software del osciloscopio.

c) *La regulación lambda y las adaptaciones de la mezcla.* Este apartado es independiente del tipo de sonda empleado, sea esta de banda ancha o convencional. Estos valores nos informan en primer lugar de la corrección instantánea de la mezcla efectuada por la UCM durante los ciclos de enriquecimiento y empobrecimiento llevados a cabo para el óptimo funcionamiento del catalizador. Cuando por algún motivo externo la composición de la mezcla se ve modificada, la unidad corrige la dosificación hasta conseguir que la regulación lambda trabaje de nuevo correctamente. Si este suceso se prolonga en el tiempo, la unidad modifica el valor de trabajo de su cartografía en función de la corrección que venía realizando, adaptándose a las nuevas condiciones.

Sonda lambda secundaria

Como sabemos, esta sonda se utiliza para verificar el funcionamiento del catalizador y sólo se comprobará si el resto del motor y sus componentes funcionan correctamente.

Las comprobaciones se basan en comparar la señal de la sonda lambda secundaria con la señal de la sonda principal. Las oscilaciones de la sonda lambda secundaria se corresponderán con las de la principal, pero sus valores concordarán con los de una mezcla prácticamente libre de oxígeno, siendo 500 mV un valor caracte-

saber más

Para saber si la sonda posterior está activa sin recurrir a la autodiagnosis, observaremos la señal de calefacción de la sonda. Si la señal está en su mínimo valor la sonda está inactiva. Cuando la Unidad de Control del Motor quiere realizar la comprobación del catalizador aumenta el % de activación de la calefacción de la sonda, para que esta alcance y mantenga la temperatura de servicio.

rístico de tensión. Si la señal de la sonda secundaria no sigue las oscilaciones de la principal, esto puede ser debido a una toma de aire en el conducto de escape existente entre las dos sondas o bien a un mal funcionamiento de la propia sonda. En caso de que la sonda lambda secundaria siga las oscilaciones de la principal pero no haya prácticamente diferencia entre el voltaje de ambas (ambas sondas detectan la misma cantidad de oxígeno), esto nos indicaría que el catalizador no está funcionando correctamente.

En la figura 6.30, apreciamos las dos señales de una sonda secundaria en buen estado. En la sección A se ve un catalizador correcto mientras que la sección B nos muestra un catalizador defectuoso.

La entrada en funcionamiento de la segunda sonda se efectúa durante los ciclos de comprobación del catalizador que se realizan según lo estipulado en la programación de la UEC. Lo más habitual es encontrarla inactiva, lo que dificulta la visualización del proceso.

En nuestro caso es posible forzar mediante autodiagnosis la comprobación de los sistemas anticontaminación a vehículo parado y por tanto observar mediante el osciloscopio lo que está sucediendo.

Señalaremos, por último, que los indicadores de avería de un catalizador son los siguientes:

- Pérdida acusada de potencia a altas revoluciones.
- Pobre aceleración (debido a la obstrucción del catalizador).
- Ruidos extraños en el tubo de escape por rotura del monolito.

Sensor de picado

Se conecta un osciloscopio entre los bornes de señal del captador de picado. Con el motor apagado y el contacto desconectado, se da un pequeño golpe con un objeto metálico en la culata. En el osciloscopio se debe ver la oscilación de la señal debida al golpe (figura 6.31), teniendo en cuenta que la amplitud de la oscilación estará en función de la intensidad del golpe. En caso de que los cables de señal dispongan de apantallamiento se debe comprobar su conexión a masa y que no haya cortocircuito entre este y los cables de señal.

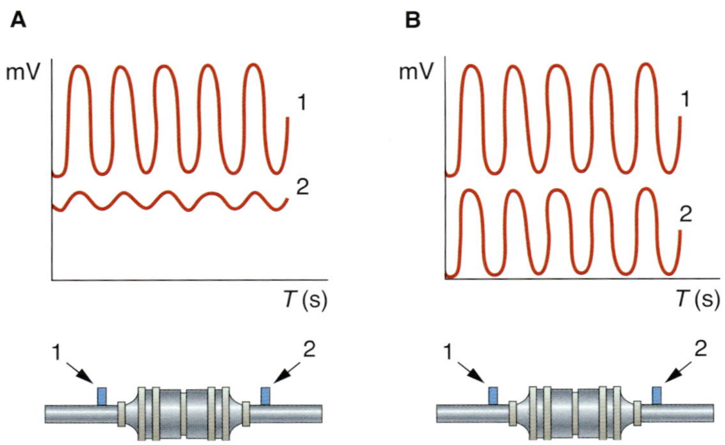

↑ **Figura 6.30.** Ejemplo de resultado de un catalizador correcto en comparación con otro que funciona incorrectamente.

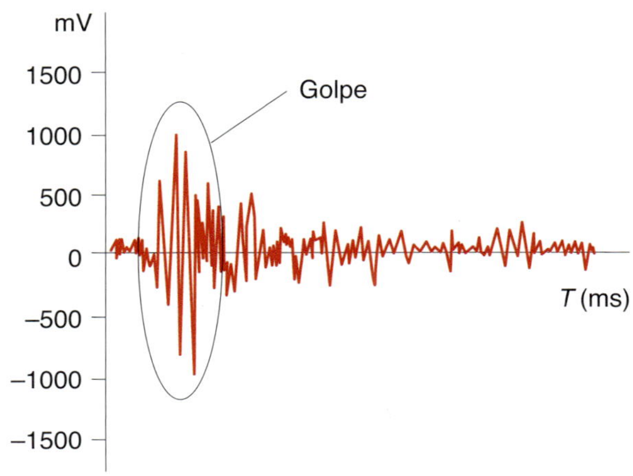

↑ **Figura 6.31.** Señal de un sensor de picado.

Sensor de altitud

Es un sensor de presión absoluta, por lo que su comprobación se efectúa del mismo modo que el utilizado para el sensor que mide la presión en el colector de admisión.

Posición de pedales de freno y embrague

Se trata de interruptores, por lo que habrá que comprobar con un polímetro o un osciloscopio la oscilación entre voltaje alto y bajo al accionar los distintos pedales.

Regulador de velocidad

Se trata de varios interruptores para informar a la UEC cuando se pulsa cada uno de ellos. Habrá que observar en el cable correspondiente a cada uno de los interruptores, mediante un polímetro o un osciloscopio, el cambio de señal alta a señal baja al accionar el pulsador pertinente.

Manocontacto de dirección asistida

Con el motor en marcha, se conecta un polímetro entre los bornes del manocontacto. Al girar el volante, la bomba de dirección debe mandar presión con lo cual el manocontacto deberá cerrarse y, como consecuencia, el voltaje deberá pasar de un valor alto a cero voltios.

5.2. Actuadores

Bobinas de encendido

El principio de funcionamiento de las bobinas de encendido sigue siendo el mismo que en el caso de las bobinas de un encendido convencional, por lo que las señales eléctricas de la bobina son las mismas que las descritas en los sistemas de encendido. Hay que tener en cuenta que, en el caso de un encendido con distribuidor, la señal de la bobina se verá afectada por el funcionamiento de todos los cilindros. En cambio, en un sistema de «chispa perdida», la señal de encendido solo se verá afectada por los cilindros que activan la bobina que estamos comprobando. Y en el caso de un sistema de bobina individual la señal de encendido solo dependerá de uno de los cilindros. En los dos últimos casos, habrá que comprobar a todas las bobinas y comparar los valores característicos de la señal de encendido (tensión de encendido, tensión de chispa, etc.), que fueron descritos en los sistemas de encendido, para cada una de ellas.

Las comprobaciones mediante polímetro en una bobina de encendido de «chispa perdida» son las siguientes:

- Alimentación: con el contacto accionado, la tensión en el terminal de alimentación deberá ser la de la batería.
- Resistencia de primario: se medirá entre positivo común y los dos negativos. El valor deberá ser el especificado en la ficha de diagnóstico.
- Resistencia de secundario: la medición se efectuará entre las salidas de alta tensión de las dos bobinas. Los valores serán los marcados en la ficha de diagnóstico.
- Aislamiento a masa: se verificará que tanto el primario como el secundario dan resistencia infinita referida a masa.

La forma de las imágenes medidas mediante osciloscopio, como comentamos, son las mismas que en una bobina normal. Por último, vemos algunos detalles de las bobinas individuales mediante las figuras 6.32, 6.33 y 6.34:

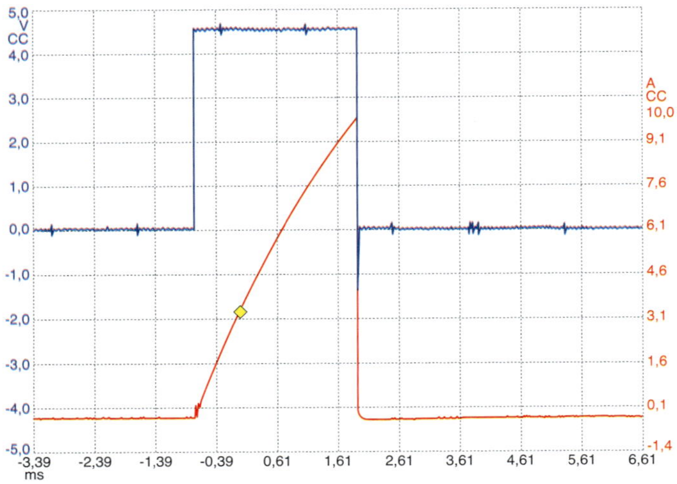

↑ **Figura 6.32.** Bobina de encendido, señal de conexión y corriente primaria.

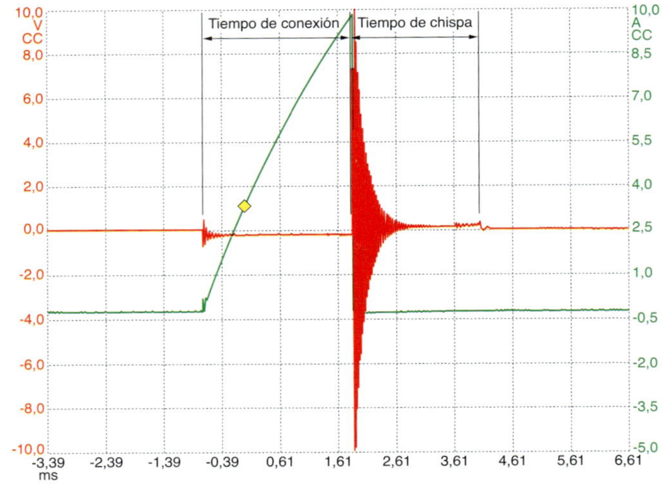

↑ **Figura 6.33.** Bobina de encendido, primario y secundario captado con bobina amplificadora.

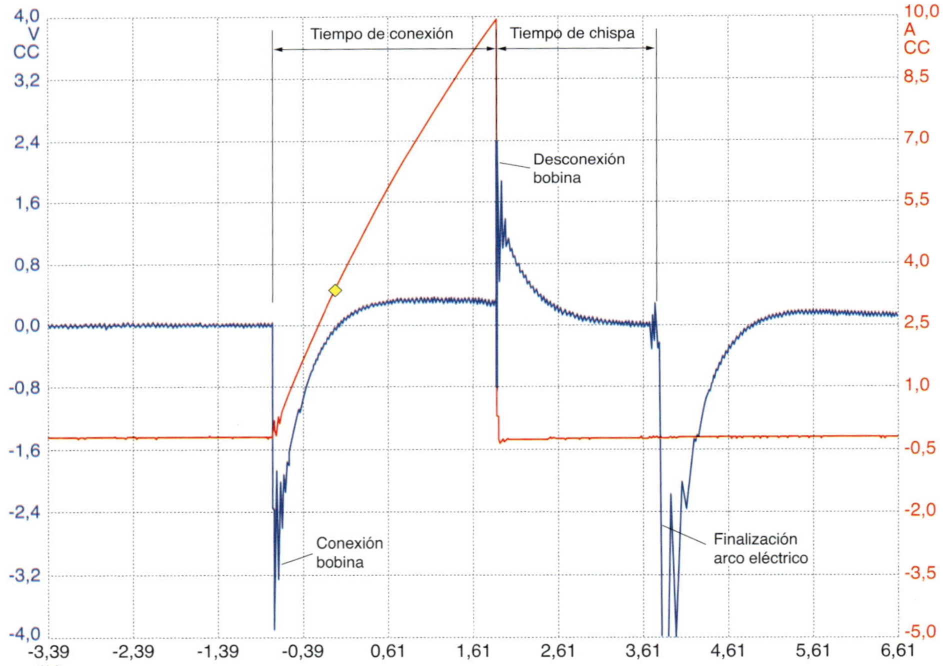

↑ **Figura 6.34.** Bobina de encendido, primario y secundario captado con punta de prueba del osciloscopio.

Nota: el antiparasitaje de determinados modelos de bobina no permite obtener una imagen de secundario de manera directa. En estos casos si queremos obtener una imagen de secundario, procederemos retirando los tornillos que unen la bobina a masa aislando la bobina del contacto con la culata, por ejemplo apartándola ligeramente. Aproximando la sonda del osciloscopio a la bobina o en su caso al terminal de alta tensión correspondiente obtendremos la imagen que necesitamos.

En la figura 6.35 puede apreciarse la curva de carga de la bobina en las alimentaciones de potencia de la misma.

La sección de los cables de alimentación utilizada por los fabricantes está bastante ajustada por lo que son apreciables caídas de tensión en los mismos proporcionales a la intensidad de alimentación de los actuadores que alimentan.

Una caída de tensión excesiva refleja un problema en la alimentación del componente.

Obsérvese que para detectar la caída de tensión con el consumo, el uso del osciloscopio simplifica la diagnosis.

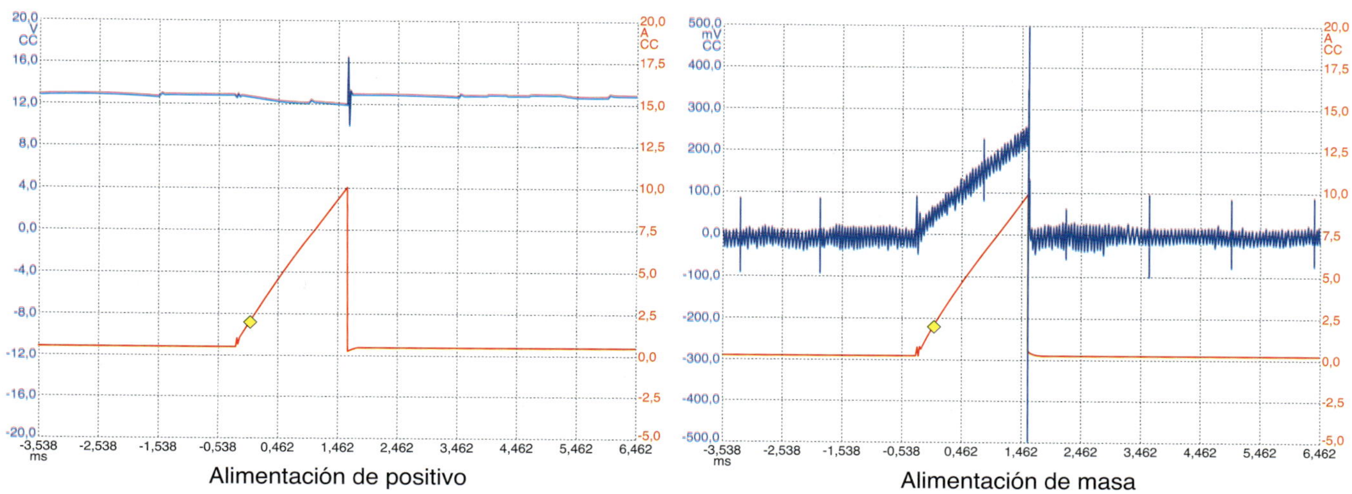

↑ **Figura 6.35.** Curva de carga.

Inyectores

Los inyectores son activados a través de la UEC conectando y desconectando por momentos su terminal negativo, con lo cual habrá que comprobar si reciben alimentación positiva por parte del relé de alimentación y negativa por parte de la UEC.

Para comprobar la alimentación positiva, se conectará un polímetro o un osciloscopio entre el terminal positivo y masa del vehículo. Al hacer funcionar el motor, la tensión debe ser la de la batería.

Para comprobar la activación de un inyector, se conectará el osciloscopio entre el negativo del inyector y masa. La UEC deberá conectar a masa el inyector para abrirlo. Dependiendo del tipo de UEC tendremos dos señales distintas de activación del inyector:

a) Sin regulación de corriente (figura 6.36)

En este caso, la UEC conecta directamente a masa el inyector para abrirlo, por lo cual cuando este permanece cerrado, en el terminal negativo tendremos el voltaje de batería (zona 4). Para abrirlo lo conecta a masa, por lo que en el terminal negativo aparece una tensión de cero voltios durante el tiempo de apertura (zona 3). En el momento de desconectar el inyector, este genera un pico de sobretensión debido a la desaparición del campo magnético del interior del electroimán (zona 1). Los puntos 5 y 2 se corresponden a los momentos de apertura y cierre del inyector respectivamente.

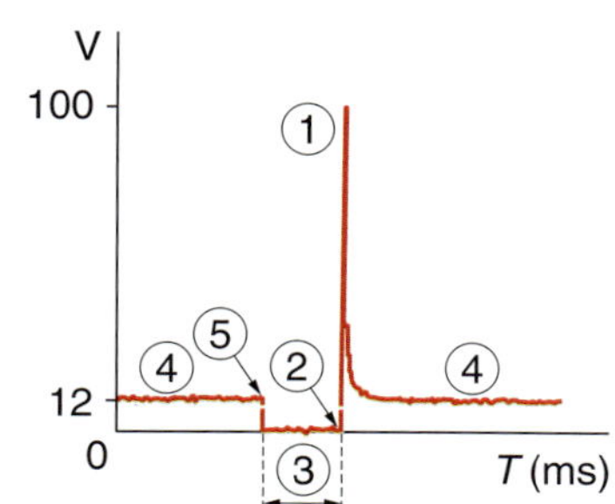

↑ **Figura 6.36.** Señal de mando de un inyector de gasolina en un sistema donde la UEC no tiene regulación de corriente.

saber más

Picos de sobretensión

Cada vez que se desconecta el inyector durante la regulación de mantenimiento puede haber picos de sobretensión debido a la variación de campo magnético (zona 5, figura 6.37).

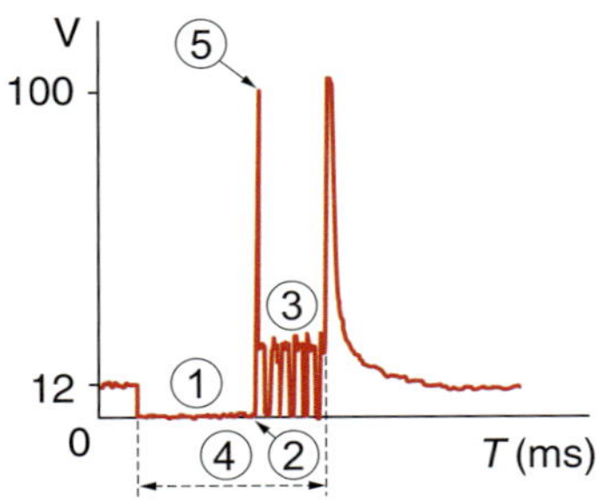

↑ **Figura 6.37.** Señal de mando de un inyector de gasolina en un sistema donde la UEC tiene regulación de corriente.

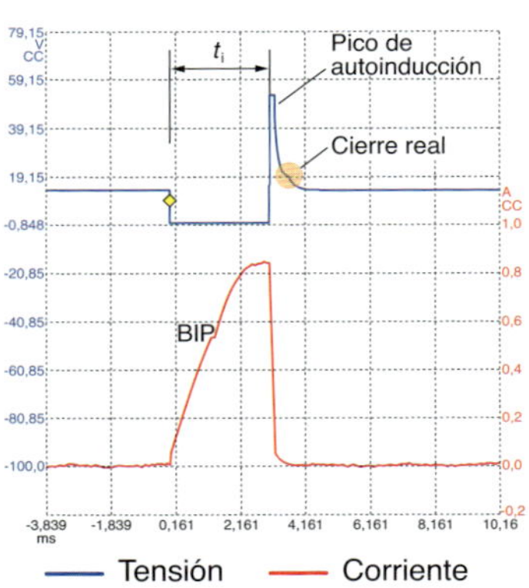

↑ **Figura 6.38.** Análisis en tensión y en corriente de un inyector de una inyección multipunto.

b) Con regulación de corriente (figura 6.37)

La intensidad eléctrica consumida por un inyector para realizar la apertura es mayor que la necesaria para mantenerlo abierto, por lo que se puede conseguir un ahorro de potencia eléctrica reduciendo el voltaje de alimentación cuando este está abierto. En este caso, la UEC conecta el inyector directamente a masa para abrirlo (zona 1). Midiendo la intensidad consumida por el inyector, la UEC puede detectar el desplazamiento de la aguja de este cuando la intensidad cae. Esto significará que la aguja se ha desplazado y por lo tanto el inyector está abierto (zona 2). Para mantenerlo abierto ya no se necesita todo el voltaje de batería, por lo cual la UEC lo aguantará abierto mediante una serie de impulsos rápidos (zona 3). El resto de la señal es idéntica al de un inyector sin regulación de corriente. Se considera tiempo de apertura del inyector (zona 4) a la suma del tiempo de apertura (zona 1) y la zona de mantenimiento (zona 3).

Los tiempos de apertura de los inyectores nos dan información de la cantidad de gasolina que la UEC está intentando introducir en el motor con lo cual nos indica el estado de todos los sensores que afectan a este parámetro (cantidad de aire, temperatura del motor, etc.). Evaluando los tiempos de inyección durante el funcionamiento del motor a ralentí y comparándolos con la riqueza de la mezcla medida a través del analizador de gases, podremos conocer si el funcionamiento del motor se corresponde con la señal generada por la UEC. Si la mezcla no es correcta y los tiempos de inyección se corresponden con este funcionamiento, esto nos indica un fallo en los sensores que alimentan a la UEC, en la instalación eléctrica o en la propia UEC. Si, por contrario, los tiempos no se corresponden con el tipo de mezcla, esto nos indicaría un fallo en el circuito hidráulico de la gasolina (bomba, filtro, conducciones, inyectores) o en el circuito de admisión y escape de aire del motor.

A continuación vemos el análisis detallado en tensión y en corriente de la activación de diversos inyectores de inyección indirecta.

En la figura 6.38, el oscilograma de tensión ha sido medido en la vía de masa del inyector respecto a masa. Puntos característicos:

- **BIP:** inflexión en la curva de corriente que marca el inicio real de inyección. Indica el punto en el que el inyector abre en su totalidad.

  La ausencia de este punto nos indica que el inyector está agarrotado, así como tiempos de aparición demasiado retrasados nos indican un tiempo de respuesta demasiado lento del inyector y por tanto un suministro menor de combustible. Una presión excesiva de combustible también influye en el tiempo de respuesta del inyector que en casos extremos no posee energía suficiente para abrir. Del mismo modo una presión demasiado baja adelantaría el tiempo de respuesta del inyector, aunque esto en la práctica puede resultar prácticamente inapreciable a primera vista, según el modelo de inyector y sus presiones de trabajo.

- **Cierre real del inyector:** aparece reflejado al finalizar el pico de autoinducción que aparece en la desconexión del inyector. Esta distorsión desaparece si el inyector está agarrotado, no obstante para que se pueda observar este efecto el inyector debe tener una masa propia no compartida, como el caso de las inyecciones secuenciales. En el caso de las inyecciones simultáneas o semisecuenciales la masa de los inyectores se asocia en grupos quedando enmascarada la desaparición de la zona por el efecto de los otros inyectores.

- **Pico de autoinducción:** el pico de autoinducción del inyector no supera los 50 V presentando una zona plana al alcanzar este valor. Esto es debido al empleo en la unidad de un Zéner de protección que impide que los picos alcancen valores mayores.

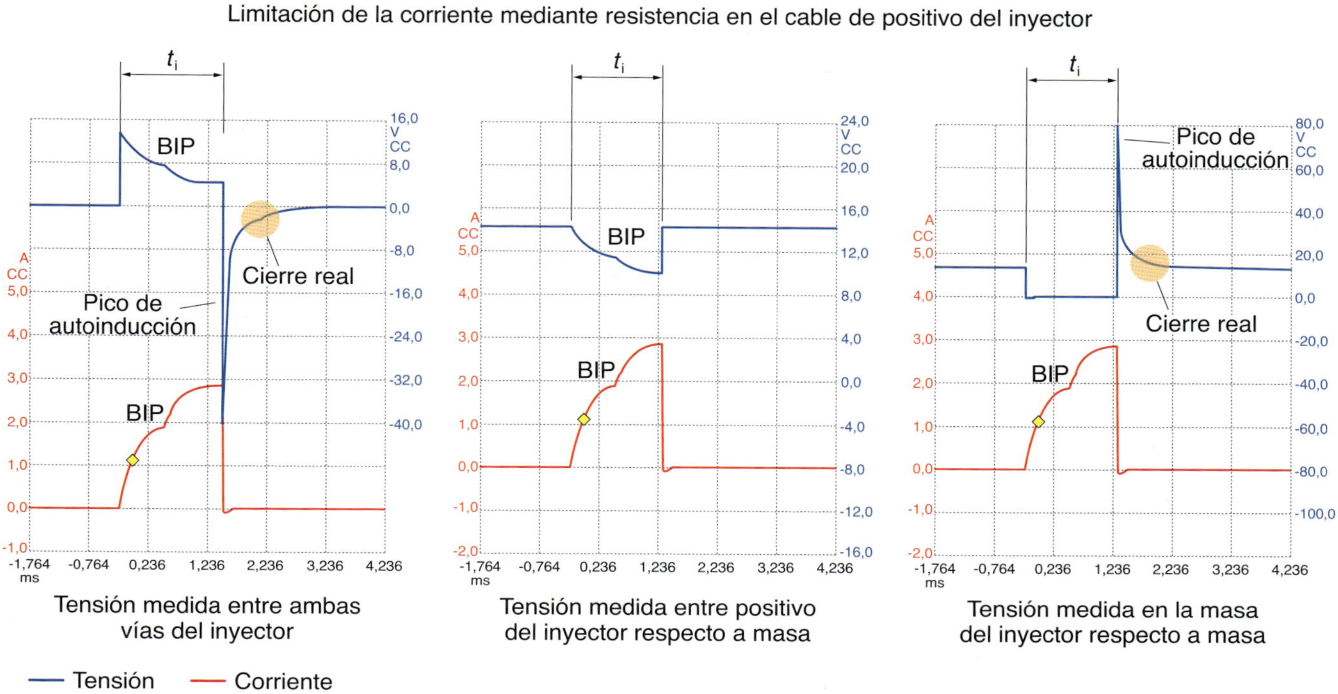

↑ **Figura 6.39.** Análisis en tensión y en corriente de la activación de un inyector monopunto de Bosch.

Los inyectores monopunto de Bosch (figura 6.39) son alimentados mediante una resistencia limitadora situada en el cable de positivo del inyector. La primera figura situada a la izquierda nos muestra la tensión de alimentación real del inyector por efecto de la resistencia limitadora. La corriente que circula por el inyector aumenta progresivamente debido a la autoinducción del bobinado del propio inyector. El aumento de la corriente hace que la caída de tensión en la resistencia limitadora sea cada vez mayor (ley de Ohm $V = I \times R$) por lo que la tensión de alimentación en el inyector va disminuyendo conforme aumenta la intensidad. La desconexión de la masa del inyector por parte de la UCM hace que la intensidad que circula por el inyector caiga a cero de forma brusca, lo que provoca un pico de autoinducción que se opone al cambio (valor negativo respecto a la tensión de alimentación).

La segunda figura muestra la evolución de la tensión en el positivo del inyector durante el tiempo de inyección. Mientras el inyector no recibe masa el potencial de la vía de positivo del inyector es 12 V. En el momento que el inyector recibe masa, la autoinducción del inyector hace que la intensidad no aumente de golpe como ocurriría con una resistencia pura, si no que lo haga de forma progresiva.

El cable de positivo posee una resistencia limitadora por ello, conforme aumenta la intensidad en el circuito aumenta la caída de tensión en dicha resistencia y por tanto la tensión en la vía de positivo del inyector va disminuyendo progresivamente. Como se puede observar la forma de la curva de tensión es simétrica respecto a la curva de intensidad, lo que permite observar en ella los mismos puntos característicos (señal BIP).

La tercera gráfica muestra la conexión más habitual en muchas ocasiones por comodidad, por rapidez o por accesibilidad o cuando se tiene que trabajar con múltiples señales. La señal de tensión ha sido medida en la vía de activación del inyector en la UCM. La línea de masa no presenta resistencia por lo que la forma de la curva de intensidad no resulta visible durante la conexión. El pico de autoinducción es visible por ser esta la vía del inyector que se desconecta al finalizar la inyección.

Puntos e intervalos característicos (figura 6.39):

- **Tiempo de inyección** (t_i): en la mayor parte de las gestiones electrónicas se considera el tiempo durante el cual la unidad proporciona alimentación eléctrica al inyector. En realidad no se corresponde exactamente con el tiempo real de inyección que transcurre entre la señal BIP (apertura real) y el cierre real del inyector (no obstante existen sistemas como las gestiones diesel con inyector bomba donde la señal BIP es detectada por parte de la unidad y se considera el inicio real de inyección).
- **BIP:** inicio real de inyección. El coeficiente de autoinducción de una bobina depende de su número de espiras y de su núcleo magnético. La válvula en reposo presenta un núcleo magnético fijo aunque distinto en función de su posición (abierta o cerrada) y variable con el tiempo durante la conmutación de la válvula. El movimiento del núcleo provoca también un efecto inductivo en la válvula que se superpone a la autoinducción de una bobina normal. El frenado del núcleo de la válvula que se produce al alcanzar ésta su tope mecánico provoca que el coeficiente de autoinducción de la bobina varíe de golpe por la desaparición del movimiento provocando este punto de inflexión característico en la curva de carga de la bobina del inyector que nos permite identificar el inicio real de inyección.
- **Cierre real del inyector:** el pico de autoinducción se produce al desconectar la bobina del inyector una vez finalizado el tiempo de inyección (t_i). El cierre de la válvula de inyección produce una ligera distorsión en esta zona que permite identificar este momento.

saber más

Los tiempos de inyección

El valor de los tiempos de inyección, en la mayor parte de los vehículos, se puede evaluar con el equipo de diagnosis.

Por último, referente a los inyectores, indicaremos que es posible limpiar los inyectores con equipos de ultrasonidos. Estos equipos efectúan la limpieza por vibración ultrasónica, al mismo tiempo que se realiza una abertura del inyector para evacuar la suciedad. Suelen incorporar una serie de probetas graduadas y una pistola estroboscópica para realizar la comparación del caudal de los inyectores y el chequeo visual de la atomización. Podemos apreciar un equipo de ultrasonidos típico en la figura 6.40.

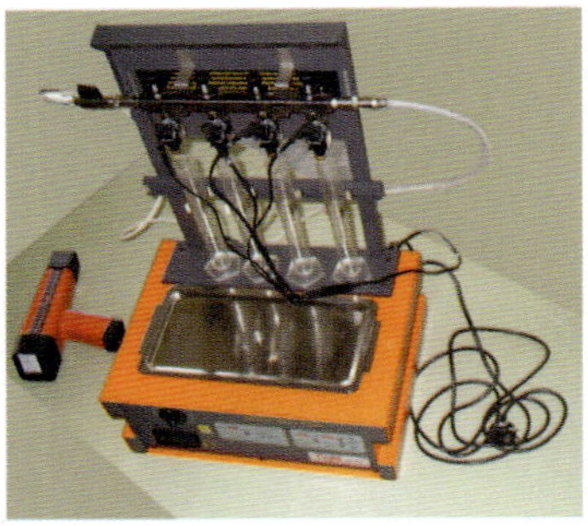

↑ **Figura 6.40.** Equipo de limpieza y comprobación ultrasónico de inyectores.

Regulación de ralentí

Válvula estabilizadora de ralentí

La válvula estabilizadora de ralentí recibe alimentación positiva directa del relé del sistema y negativa a través de la UEC. Esta última regulará la apertura de la válvula de ralentí variando el voltaje suministrado. Para esto le enviará una señal de onda cuadrada de frecuencia fija sobre la cual variará el tiempo en que el actuador permanece conectado a masa.

Para su comprobación, conectaremos un osciloscopio entre el borne positivo del actuador y masa del vehículo. En este borne el actuador debe recibir voltaje de batería. Conectando el osciloscopio entre el borne negativo del actuador y la masa del vehículo podremos examinar la señal enviada por la UEC (figura 6.41).

La UEC conectará el borne negativo a masa durante más o menos tiempo según el voltaje que quiera suministrar al actuador (zona 1).

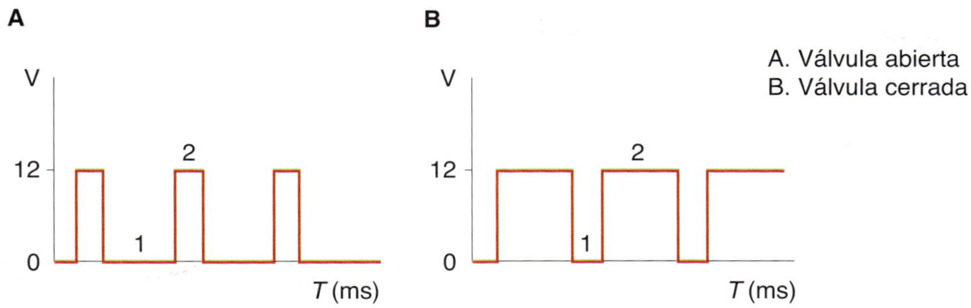

↑ **Figura 6.41.** Señales de mando de una válvula estabilizadora de ralentí en posición abierta y en posición cerrada.

Durante el tiempo que permanece el actuador desconectado, aparecerá el voltaje de batería (zona 2) en el terminal negativo. La frecuencia de la señal ha de ser lo suficientemente rápida para que el actuador no se mueva de forma perceptible al conectarse y desconectarse. Evaluando el porcentaje de tiempo en el que la señal permanece conectada a masa (factor de trabajo negativo), podremos saber la apertura que está intentando realizar la UEC.

Con el motor caliente, sin consumo de potencia (cambio de marchas en punto muerto, consumidores eléctricos desconectados, aire acondicionado desconectado, dirección asistida sin funcionar, etc.) y sin ningún tipo de fallo en el motor (encendido, riqueza, conducciones de admisión y escape, etc.), la válvula estabilizadora de ralentí debería mantener la velocidad de ralentí con una abertura mínima, por lo cual el porcentaje de tiempo que permanece conectada a masa debe ser bajo. Si esto no fuera así es porque la válvula necesita un voltaje excesivo para ser abierta por lo que deberá ser sustituida. En la misma situación de funcionamiento ha de comprobarse que la válvula reguladora de ralentí no esté agarrotada, para lo que deberemos generar un consumo repentino (conectar aire acondicionado, luces, etc.). En este caso, la válvula deberá compensar la aparición del consumo de potencia con una mayor apertura de aire. Si no lo consigue, el motor tenderá al calado por lo que habrá que sustituir la válvula.

En algunos casos de válvulas estabilizadoras de ralentí, el voltaje de la señal no logra alcanzar los valores de cero voltios y voltaje de batería (figura 6.42) debido a la alta autoinducción del electroimán que la forma. De ocurrir esto habrá que consultar las especificaciones del fabricante ya que esta misma señal podrá ser debida a un fallo en el transistor de activación de la UEC o a la alimentación eléctrica de la misma.

Algunas válvulas reguladoras de ralentí disponen de un segundo devanado para la realización del cierre de la misma en vez del tradicional muelle de recuperación. En este caso, los dos devanados reciben alimentación positiva por un terminal común y negativa por dos terminales a través de la UEC. La señal será igual que para el actuador con un único devanado, salvo porque las señales de los devanados de apertura y cierre son complementarias, esto es, cuando uno de los dos recibe masa el otro no lo hace (figura 6.43).

Motor «paso a paso»

Para verificarlo, debemos comprobar si recibe una alimentación correcta por parte de la UEC. Como se explicó en la unidad 4, este motor consta de cuatro

saber más

Las señales cuadradas

Las señales eléctricas, aunque tengan aspecto rectangular, se consideran cuadradas.

↑ **Figura 6.42.** Señal de mando de una válvula estabilizadora de ralentí con conmutación lenta.

saber más

Sustitución del regulador de ralentí

En algunos modelos de sistemas de gestión del motor, al sustituir un regulador de ralentí, es necesario realizar una adaptación de la UEC a la nueva pieza a través del equipo de diagnosis.

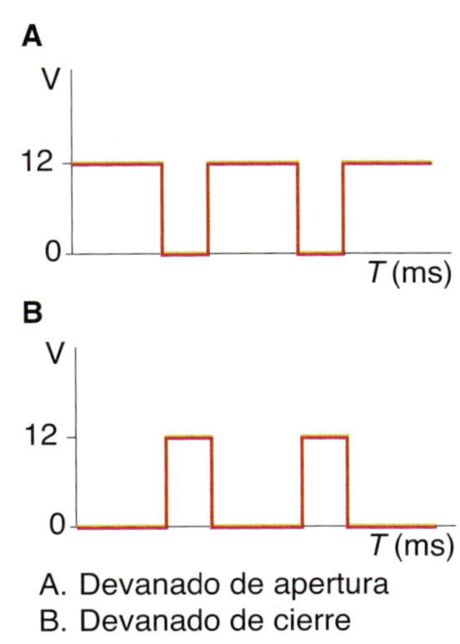

↑ **Figura 6.43.** Señal de mando de una válvula estabilizadora de ralentí con doble devanado.

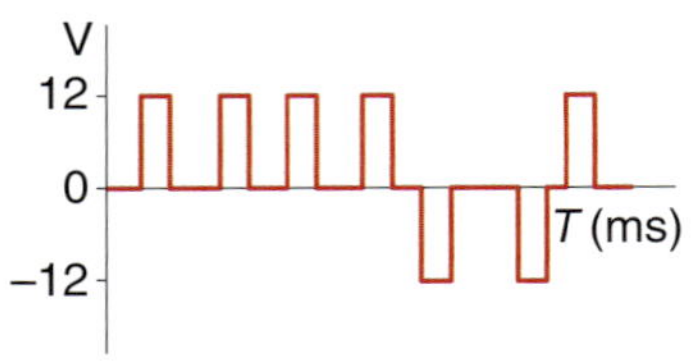

↑ **Figura 6.44.** Señal de mando de un motor «paso a paso».

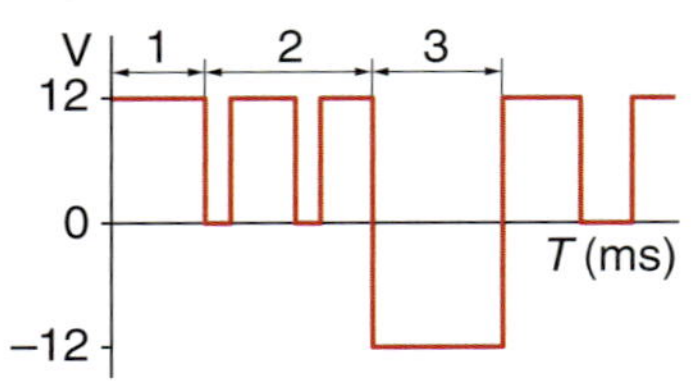

1. Mariposa abriéndose
2. Mariposa manteniéndose en una posición
3. Mariposa cerrando

↑ **Figura 6.45.** Señal de mando del motor de una mariposa electrónica.

caso práctico inicial

La mariposa motorizada del Audi tuvo que ser sustituida. El mecanismo adaptó la nueva mariposa al motor mediante el equipo de diagnosis.

bobinas conectadas en serie dos a dos a las que se enviarán impulsos con la polaridad adecuada para realizar el movimiento de los pasos. Por ello, si conectamos un osciloscopio entre los bornes de cada par de bobinas deberemos ver una serie de impulsos de polaridad positiva y negativa en función del paso que esté dando la UEC (figura 6.44). Estos pulsos deben ser perfectamente cuadrados. En caso contrario, indicaría un fallo en la instalación eléctrica o en los transistores de activación de la UEC.

Después de conectar el contacto del vehículo, la UEC ha de realizar una puesta a cero del motor «paso a paso». En este momento, el motor se deberá desplazar correctamente y tendremos que comprobar que este desplazamiento se realiza con suavidad.

A través del equipo de diagnosis podremos evaluar la apertura que está intentando realizar la UEC. Esto vendrá indicado mediante el número de pasos de apertura. Realizando las pruebas de apertura de regulación de ralentí y velocidad de apertura descritas para la válvula reguladora de ralentí en el apartado anterior, podremos comprobar el funcionamiento mecánico del motor «paso a paso».

Mariposa electrónica

Este elemento, como se explicó en la unidad 4, consta de un motor y dos captadores de posición de la mariposa. Los captadores son de tipo potenciométrico y se comprobarán de igual modo que los captadores de una mariposa convencional. Con respecto al motor, diremos que recibe a través de la UEC una alimentación que utilizará la polaridad adecuada para abrirlo o cerrarlo, por lo que la señal entre bornes del motor será la representada en la figura 6.45. En este caso, se ha representado como positivo el voltaje para abrir la mariposa y como negativo el enviado para cerrarla.

En estos sistemas, la UEC debe memorizar la potencia eléctrica consumida por la mariposa para mantenerse abierta en distintas posiciones con el fin de conseguir un control rápido de la apertura de la misma. Esta memorización ha de forzarse a través del equipo de diagnosis mediante la función de autoadaptación entre la UEC y la mariposa. Es conveniente realizar esta prueba periódicamente y cada vez que la UEC codifique fallo en el control de la apertura de la mariposa, así como después de sustituir la unidad de la mariposa electrónica.

5.3. Sistemas anticontaminación

Cánister

A este sistema se le realizarán las siguientes comprobaciones:

- Verificar la integridad de las conducciones, del depósito cánister y del depósito de combustible, así como su estanqueidad. Si el depósito de carbón activo gotea por el tubo de aireación, el carbón activo queda inservible y hay que proceder a la sustitución de dicho depósito.
- Comprobar la señal de la electroválvula. Esta recibe alimentación positiva a través del relé del sistema y negativa a través de la UEC, que variará su apertura mediante una señal de frecuencia fija y anchura de impulsos variable. Conectando un osciloscopio entre el terminal negativo de la electroválvula y masa, se deberá observar una señal de iguales características a la mostrada en la figura 6.41. En caso de ausencia de señal o de ser incorrecta, habrá que comprobar la

resistencia de la electroválvula, la instalación eléctrica y la alimentación de la UEC. Y en el caso de que sea correcta y el sistema de gestión no detecte un funcionamiento correcto del sistema cánister, hay que sustituir la electroválvula.

Recirculación de gases de escape

Distinguiremos los dos sistemas descritos en la unidad 4:

a) EGR controlada eléctricamente

En este caso, como ya conocemos, la EGR consta de un electroimán y un sensor de posición de la válvula. El electroimán recibe alimentación positiva a través del relé del sistema y negativa a través de la UEC, la cual conectará el electroimán a masa con una señal de frecuencia fija y anchura de impulsos variable para modificar la apertura de la válvula, por lo que la señal tiene las mismas características que la electroválvula del cánister.

Si la señal no es correcta, se debe comprobar la resistencia del electroimán, así como la instalación eléctrica y la alimentación de la UEC. Hay que tener en cuenta que una vez que la UEC detecta la imposibilidad de controlar la posición de la válvula, no volverá a intentar abrir dicha válvula hasta la próxima puesta en marcha del motor.

Por lo que respecta al sensor de posición, hay que decir que es de tipo potenciométrico por lo que hemos de comprobar su alimentación y masa. Recibe normalmente ambas señales a través de la UEC. Conectando un polímetro o un osciloscopio digital entre el terminal de señal y masa y forzando manualmente la válvula, deberemos observar una variación de la señal que, al igual que en todos los potenciómetros, deberá ser progresiva y sin cambios bruscos.

La UEC verificará el funcionamiento mecánico de la válvula comprobando si es capaz de controlar la posición de esta. Si la UEC codifica esta avería, se comprobará la instalación eléctrica y, de ser correcta, se deberá sustituir la válvula EGR.

b) EGR neumática

- Se desmontará la válvula, se aplicará vacío sobre la membrana y se apreciará su movimiento.
- Volver a montar la válvula, conectar el manómetro de vacío a la entrada de vacío de la electroválvula de control de la EGR y arrancar el motor para verificar la integridad del depresor o del depósito acumulador de vacío, según el caso.
- Conectar el manómetro de vacío a la salida de la electroválvula de control hacia la válvula EGR. La electroválvula estará alimentada positivamente a través del relé del sistema y el negativo lo recibirá a través de la UEC mediante una señal de frecuencia fija y anchura de impulsos variable. Cuanto más tiempo esté conectada la electroválvula al negativo más vacío transmitirá hacia la EGR, por lo que, conectando un osciloscopio entre el terminal negativo de la electroválvula y masa, deberemos comprobar la correspondencia entre la señal y el vacío transmitido.

  Si el vacío no se correspondiera con la señal, se sustituye la electroválvula. Si la señal no es correcta, se deberá comprobar, como es habitual, la resistencia de la electroválvula, instalación eléctrica y alimentación de la UEC. Igual que en el caso anterior, la UEC puede desconectar la electroválvula si detecta fallo en la recirculación de los gases de escape.

Sistema de inyección de aire secundario

Debemos recordar que este sistema solo funciona los segundos posteriores a la puesta en marcha del motor cuando este está frío. La parte neumática del sistema (válvula combinada, electroválvula de vacío) se comprobarán de igual modo que para la recirculación de gases de escape salvo por el hecho de que la electroválvula de vacío del sistema de aire secundario se conectará directamente a masa sin que haya regulación de vacío (sistema todo-nada).

La bomba de aire secundario está conectada directamente a masa y recibe corriente positiva a través de un relé cuya bobina está conectada a positivo por medio del relé del sistema y a negativo a través de la UEC, que la conectará a masa conjuntamente con la electroválvula para hacer funcionar el sistema. Comprobaremos mediante un polímetro que, tanto la bobina del relé como la electroválvula, reciben positivo directo tras la puesta de contacto y negativo al arrancar con el motor frío.

5.4. Sistemas de mejoras de rendimiento

Admisión variable

Para verificar este sistema, se debe desmontar y comprobar visualmente el estado del dispositivo obturador del conducto de admisión corto y ver que este se mueve con facilidad. Volver a montar la admisión, aplicar vacío sobre la membrana del obturador y observar su movimiento. Se comprobará mediante un manómetro de vacío y un osciloscopio la electroválvula de control del sistema de igual modo que se describió para la electroválvula del sistema de aire secundario, provocando su funcionamiento variando la posición de la mariposa y el número de revoluciones.

Distribución variable

Comprobar el funcionamiento mecánico del sistema y verificar la señal de la electroválvula de variación de la distribución. Esta electroválvula recibe alimentación positiva del relé del sistema y masa a través de la UEC. En algunos casos, el sistema efectuará una variación total de la distribución conectando directamente a masa la electroválvula, por lo que comprobaremos, mediante un polímetro, si la UEC conecta y desconecta la electroválvula en función de las revoluciones del motor.

En los demás casos, la UEC variará el voltaje entregado a la electroválvula y, por tanto, la variación de la distribución, conectando a masa dicha electroválvula con una señal de frecuencia fija y anchura de impulsos variable, la cual deberá ser comprobada por medio de un osciloscopio.

En ambos casos, si la señal no es correcta se deberá comprobar la instalación eléctrica del sistema y la resistencia de la electroválvula, teniendo en cuenta que la UEC dejará de activar el sistema en caso de que detecte algún fallo en el mismo.

Si el sistema dispone de captador de posición del árbol de levas, podrá verificar el funcionamiento mecánico del sistema de distribución variable.

5.5. Señales auxiliares. Aire acondicionado, arranque y cambio automático

Se comprobará mediante un polímetro que la UEC recibe tensión de alimentación por los bornes que indican cada una de estas señales (aire acondicionado conectado, cambio en punto muerto, etc.).

5.6. CAN Bus

Comprobar con el equipo de diagnosis que la UEC de gestión del motor es capaz de comunicarse correctamente con las otras UEC y con el propio equipo de diagnosis.

Sabemos que las unidades de control se comunican entre si mediante CAN Bus a través de dos líneas, CAN L y CAN H.

Mediante los dos canales del osciloscopio se pueden observar ambas señales. Sin necesidad de efectuar ninguna desconexión, se deben introducir las puntas de prueba positivas en cualquier punto del circuito donde se tenga acceso a los dos cables de CAN Bus. La punta negativa se conectará a masa.

La aparición de dos señales iguales pero inversas indica que el cableado de CAN Bus no presenta ningún tipo de cortocircuito, ni a positivo ni a masa, pero no nos permite saber si alguna unidad perdió la conexión con el Bus.

Como comentamos anteriormente, para saber si hay una correcta comunicación entre las unidades de control debemos utilizar el equipo de diagnosis.

5.7. Funcionamiento de los electroventiladores

Comprobar con un polímetro que la UEC conecta a masa las bobinas de los relés correspondientes a cada una de las velocidades de los ventiladores al alcanzar el motor la temperatura indicada por el fabricante.

6. Comprobación de un sistema de inyección directa de gasolina

6.1. Comprobación del circuito de baja presión

Mediante un manómetro, se verificará la presión de combustible a la entrada de la bomba de alta presión, cuyo valor deberá corresponderse con el indicado por el fabricante. En caso contrario, se deberá comprobar el estado del filtro de combustible, así como el de las conducciones y, de ser correcto, se sustituirá la bomba de baja presión.

A continuación analizamos con detalle, a través de dos figuras, el funcionamiento de una electrobomba moderna. Es la electrobomba gobernada según necesidades.

La electrobomba de combustible (figura 6.46) es alimentada en función del caudal inyectado y la presión necesaria de suministro. La unidad de control del motor le indica a la unidad de control para la electrobomba de combustible la tensión eficaz con la que debe alimentar la electrobomba por medio una señal PWM de frecuencia 20 Hz (señal verde). Algunos fabricantes emplean CAN bus para el envío de esta información entre estas unidades, además de otras informaciones como puede ser la velocidad real de rotación de ésta, tal es el caso de las unidades para el control de la electrobomba de combustible diseñadas para BMW que son capaces de medir la velocidad de rotación de la electrobomba analizando el rizado que se produce en la corriente consumida al girar generando presión de combustible. La unidad para el control de la electrobomba gobierna la alimentación de esta por medio de una señal PWM de frecuencia 20 kHz (señal azul). El gobierno se realiza por la escobilla positiva de la electrobomba.

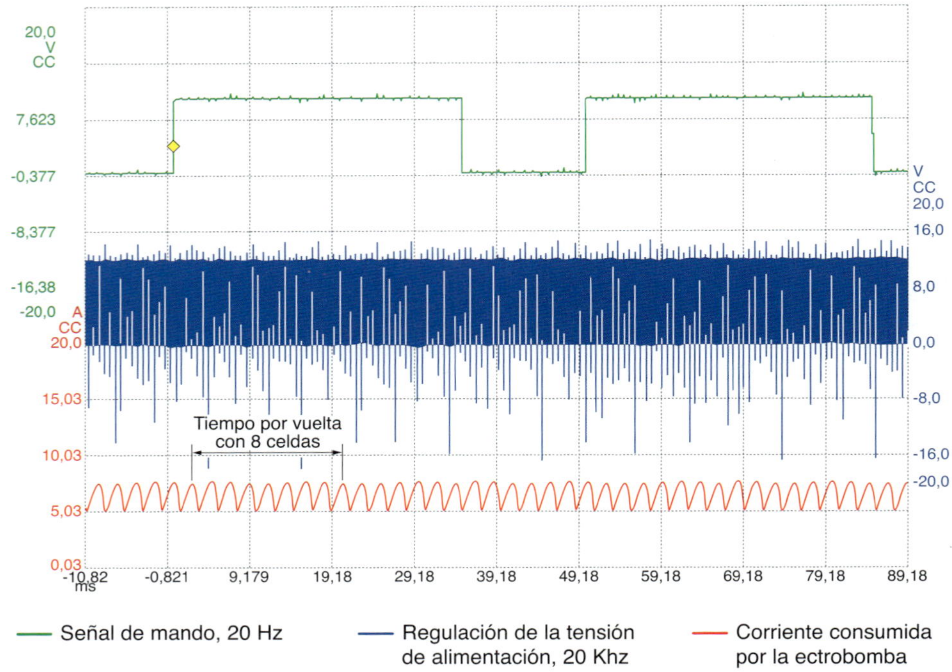

↑ **Figura 6.46.** Electrobomba de combustible gobernada según necesidades.

En función del valor de tensión eficaz con el que es alimentada la electrobomba y la presión generada, esta gira a una velocidad y consume una intensidad. Sin embargo, el consumo no es completamente uniforme; experimenta una variación cíclica, o rizado, debida a la contribución individual de cada celda que compone la electrobomba, a la presión. La frecuencia del rizado depende del número de celdas que componen la electrobomba y de su velocidad de giro.

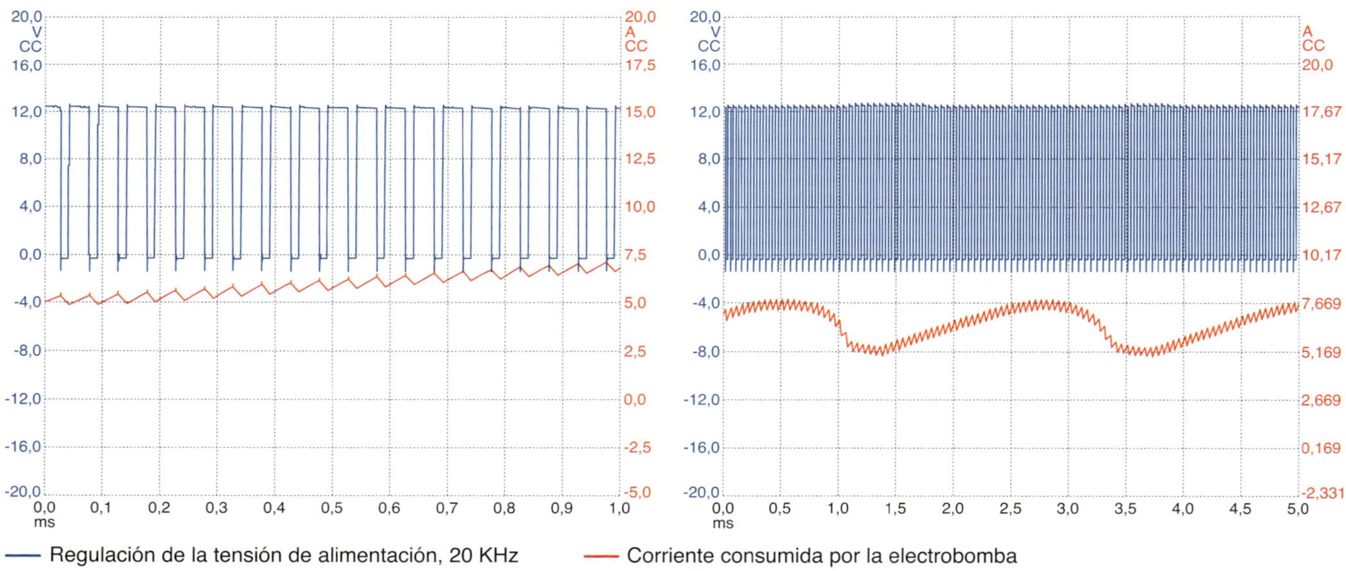

↑ **Figura 6.47.** Electrobomba de combustible gobernada según necesidades.

En la sección de la izquierda de la figura 6.47 se ve el detalle de la regulación PWM con frecuencia 20 kHz. La conexión y desconexión del positivo de la electrobomba provoca una regulación en forma de diente de sierra en la intensidad. Por su parte, la sección de la derecha muestra también la regulación PWM con frecuencia 20 kHz pero con una base de tiempos mayor. Se aprecia como la intensidad oscila debido a la variación de consumo de la electrobomba al generar presión cada celda de la misma. La señal PWM es la misma y es la responsable de la forma en diente de sierra de la intensidad.

6.2. Comprobación del circuito de alta presión

A través del equipo de diagnosis comprobaremos que la bomba de alta presión y el regulador de presión generan y regulan la presión de combustible necesaria para el funcionamiento del sistema. Realizaremos una comprobación de la presión en distintas condiciones de funcionamiento (arranque, ralentí, carga parcial y plena carga). Compararemos los valores medidos con los indicados por el fabricante; en caso de ser incorrectos, verificaremos cada uno de los distintos elementos que conforman el circuito de alta presión.

Sensor de alta presión

Comprobaremos que recibe alimentación y masa necesarios para su funcionamiento. A través del equipo de diagnosis o mediante un polímetro conectado entre el terminal de señal y masa, verificaremos que la presión medida por este es la correcta.

Regulador y bomba de alta presión

Antes de realizar ninguna comprobación, se verificará la estanqueidad del circuito de alta comprobando para ello que no haya fugas en ninguno de sus elementos.

A continuación comprobaremos la señal recibida por el regulador de presión, la cual debe ser una onda cuadrada de anchura de impulsos variable. Por medio de un osciloscopio o un equipo de diagnosis, mediremos el factor de trabajo de la señal (tanto por ciento de tiempo que el regulador permanece conectado) a distintas presiones y lo compararemos con los datos especificados por el fabricante. Si el factor de trabajo es excesivamente bajo, hay que sustituir el regulador; mientras que si el factor de trabajo es excesivamente alto y la presión no llega a alcanzar el valor especificado por el fabricante se debe comprobar la existencia de retorno de combustible en el regulador. Si existe retorno, hay que sustituir el regulador. Si no existe, se debe sustituir la bomba. Si el regulador de alta presión funciona correctamente deberemos verificar que la bomba de alta es capaz de generar suficiente caudal para alimentar el sistema en todas las condiciones de funcionamiento, teniendo en cuenta que los puntos de mayor exigencia para la bomba son en el arranque y a plena carga.

Señalaremos, por último que en las figuras 6.48, 6.49 y 6.50 apreciamos imágenes referidas a una electroválvula reguladora de presión de una bomba de las más modernas actualmente. Es la bomba monoémbolo.

La alimentación de la electroválvula mantiene la válvula de admisión de la bomba abierta durante la carrera impelente de la bomba.

La desconexión de esta electroválvula hace que la presión de rampa alcance el máximo valor, hasta el valor límite de la válvula de seguridad montada en la propia bomba.

Antes de intervenir en el sistema de alta presión de combustible se ha de despresurizar con el motor en marcha mediante autodiagnosis.

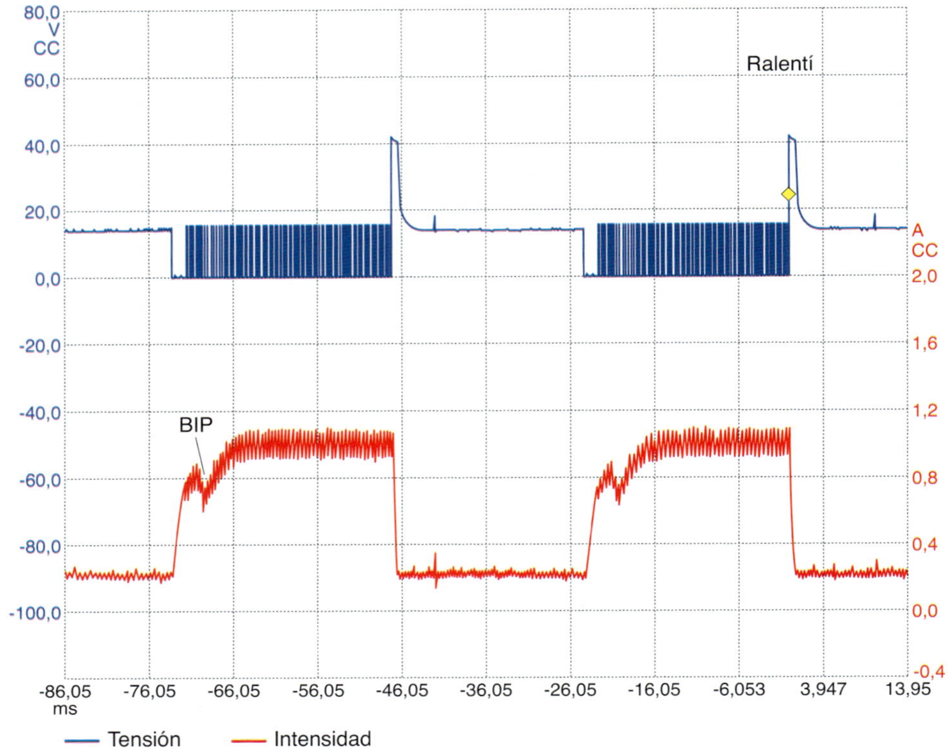

↑ **Figura 6.48.** Electroválvula reguladora de presión (a ralentí) de una bomba monoémbolo.

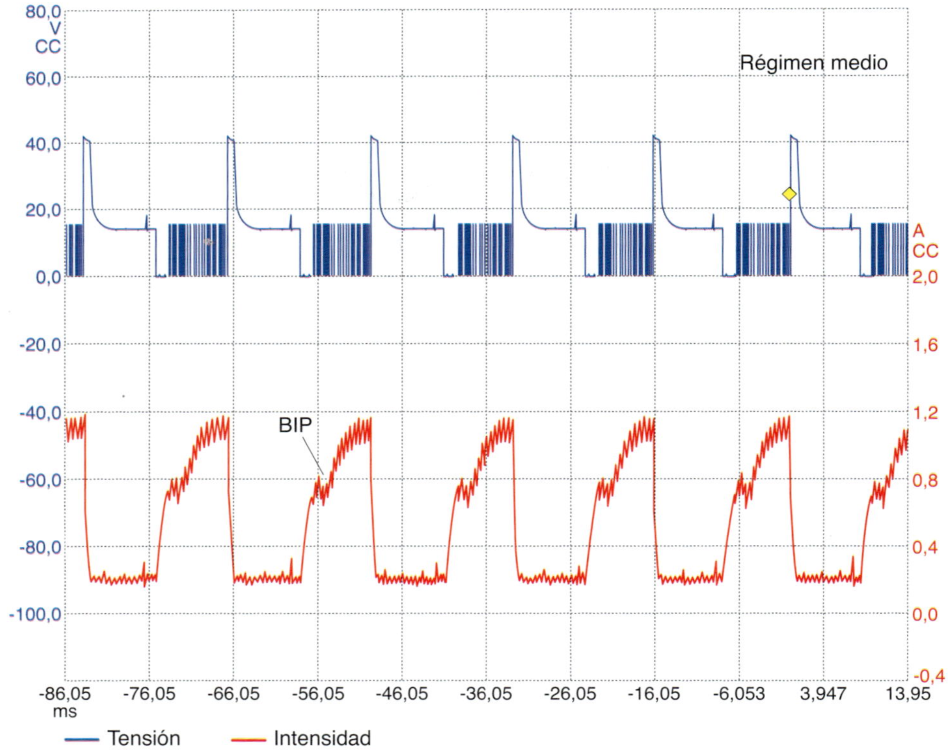

↑ **Figura 6.49.** Electroválvula reguladora de presión (a régimen medio) de una bomba monoémbolo.

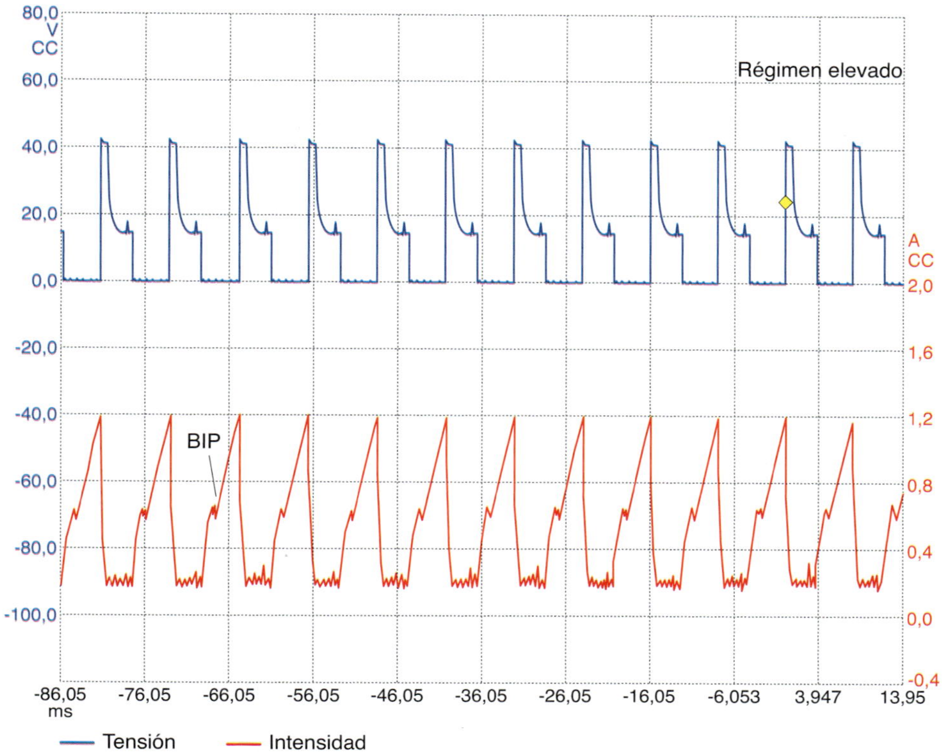

↑ **Figura 6.50.** Electroválvula reguladora de presión (a régimen elevado) de una bomba monoémbolo.

En otros modelos de bomba monoémbolo, sin alimentación, la válvula de admisión se mantiene abierta por la acción de un elemento de empuje y un muelle asociado a la válvula reguladora y se cierra al alimentar la válvula que retira el elemento de empuje comenzando de este modo la carrera útil de la bomba.

En estos modelos de bomba al desconectar la electroválvula, la presión empieza a disminuir por el consumo de los inyectores hasta igualarse con la presión de suministro de la electrobomba de combustible.

Antes de intervenir en el sistema de alta presión de combustible en este otro modelo de bomba, el sistema se despresuriza desconectando la electroválvula con el motor en marcha hasta que la presión se iguale con la presión de suministro de la electrobomba. La autodiagnosis solo se emplea para el borrado de las averías una vez se ha finalizado la intervención.

Inyectores

Se debe comprobar que estos reciben la señal correcta de la UEC. Comprobaremos a través del equipo de diagnosis o a través de un osciloscopio el tiempo de apertura y lo compararemos con el especificado por el fabricante.

Una vez comprobado el circuito de alta presión, verificar a través de un analizador de gases si la riqueza de la mezcla es coherente con el tiempo de apertura. De ser incoherente, sustituir los inyectores.

La figura 6.51 nos muestra una activación en régimen de ralentí de un inyector electromagnético, mientras que en la figura 6.52 vemos la activación de ese mismo inyector al acelerar.

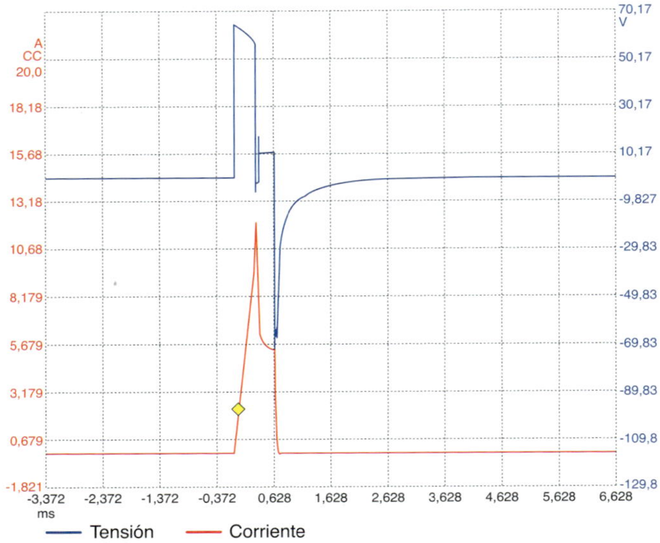

↑ **Figura 6.51.** Activación en régimen de ralentí de un inyector electromagnético de inyección directa.

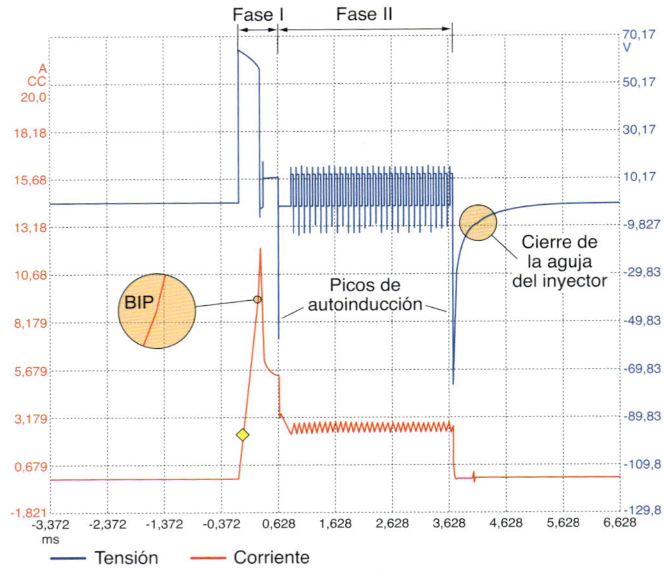

↑ **Figura 6.52.** Activación al acelerar de un inyector electromagnético de inyección directa.

Explicamos la figura 6.52, ya que la fase I de esta figura corresponde a la activación en régimen de ralentí de la figura 6.51.

- Fase I: activación rápida del inyector.
- Fase II: mantenimiento de la apertura del inyector.

saber más

La señal de un inyector piezoeléctrico en inyección directa de gasolina reúne las mismas características que las de un inyector piezoeléctrico de un sistema diésel «Common Rail». Estas señales serán explicadas con detalle en la unidad número 10.

Durante la fase I el inyector es alimentado mediante la descarga de la energía acumulada en los condensadores de la unidad de control con una tensión de unos 65 V. De esta manera la bobina alcanza su intensidad máxima de alimentación (12 amperios) de forma rápida, creando un campo magnético intenso que supone un rápido inicio del desplazamiento del núcleo del inyector y de la aguja del mismo. Tras esta primera etapa la intensidad máxima de alimentación se desconecta disminuyendo el nivel de intensidad a la mitad de su valor máximo, reactivándose a continuación la alimentación con 12 V lo que mantiene el nivel de intensidad en torno a los 5,6 amperios, suficientes para lograr la máxima apertura del inyector.

En la fase II, cuando el tiempo de inyección supera el tiempo de activación de la fase I, la intensidad es reducida al nivel de 3 amperios durante el tiempo suplementario que dura la inyección, esto proporciona la energía suficiente para mantener el inyector abierto con el mínimo consumo. Para ello se desconecta la alimentación de tensión hasta que la intensidad disminuye hasta el mínimo de unos 2,3 amperios, volviéndose a conectar a 12 V de nuevo hasta elevarse hasta el máximo de 3 amperios, momento en el cual vuelve a desconectarse de nuevo repitiéndose el ciclo de regulación hasta el final de la activación del inyector.

Puntos de interés:

- **BIP:** comienzo real del inicio de inyección. En este modelo de inyector se aprecia un punto de inflexión en la curva de corriente antes de alcanzar la intensidad máxima de 12 amperios. Este punto se corresponde con el inicio del desplazamiento de la aguja del inyector. La localización de este punto varía con el modelo de inyector con el que se esté trabajando.

- **Cierre del inyector:** en el último pico de autoinducción del oscilograma de tensión se aprecia una ligera inflexión debida a la deceleración producida en el cierre del inyector.

Cualquiera de estos puntos característicos sirve para diagnosticar si un inyector se encuentra bloqueado.

Por último, con respecto a la inyección directa, indicaremos que la comprobación del resto de componentes del sistema de inyección es idéntica a la de los sistemas de inyección ya explicados.

7. El análisis de los gases de escape

Después de haber introducido muy superficialmente el analizador de gases cuando explicamos el reglaje del ralentí y del contenido del CO en el sistema *K-Jetronic*, explicaremos ahora más profundamente el análisis de los gases de escape. Mediante el análisis de dichos gases tendremos una indicación real del estado y del reglaje del motor ya que es uno de los métodos más conocidos y fiables para diagnosticar averías.

Tanto los vehículos con motores de gasolina como los de motores diésel deben cumplir una normativa específica en materia de contaminación para poder circular.

Cada vez las normas anticontaminación son más estrictas y, para poder cumplirlas, como vimos en las unidades 3, 4 y 5, los constructores se han visto obligados a aportar modificaciones significativas en todo lo concerniente a la depuración de los gases de escape.

Los analizadores de gases ofrecen la posibilidad de comprobar las emisiones de los vehículos para diagnosticar si cumple la normativa vigente o necesita un ajuste o una reparación. Por otro lado, como se comentó anteriormente, una interpretación correcta de los datos obtenidos en dichos analizadores, ayuda mucho a detectar diversas averías de los sistemas de alimentación y encendido.

Como norma general, los analizadores de gases en un motor de gasolina miden los siguientes componentes: CO, CO_2, O_2, HC y el factor λ.

El CO, CO_2 y O_2 los mide en tanto por ciento, el HC en partículas por millón (ppm) y el factor lambda, que como sabemos, es la relación entre el aire que tiene la mezcla y el que debería tener para quemar la totalidad del hidrocarburo presente en ella, lo indicará mediante un valor numérico sin unidades.

7.1. Condiciones de la prueba

La medición de los gases debe realizarse en dos condiciones de prueba, una a ralentí y la otra entre 3.000 y 4.000 rpm (véanse las especificaciones del fabricante).

Antes de empezar la prueba, el vehículo debe reunir las siguientes condiciones:

- Motor a su temperatura de funcionamiento (esperar a que salte el electroventilador y que se pare).
- Filtro de aire en perfecto estado.
- Estado y nivel de aceite óptimo.

- Tubo de escape sin agujeros ni fisuras.
- Sistema de encendido en perfecto estado.

Manifestaremos también que antes de efectuar la prueba se deben realizar dos aceleraciones libres para limpieza.

De todas formas, siempre se debe cumplir escrupulosamente con las prescripciones específicas del fabricante del vehículo sobre las condiciones de la prueba y los valores obtenidos.

Las exigencias no son iguales para vehículos alimentados con carburador, inyección de gasolina sin catalizar o catalizados.

Evidentemente todos los vehículos deben cumplir con la normativa vigente.

No es el objetivo en este caso ver la evolución de la severidad de los valores límites autorizados de los gases de escape, ya que para eso están las normativas, pero vamos a mostrar en dos tablas con valores máximos admitidos de gases de una normativa reciente que nos va ser muy útil para el estudio de las averías. Los valores de CO_2 son valores mínimos ya que este nos indica el rendimiento del motor.

En la primera tabla observamos los valores de los gases a ralentí salvo después del catalizador ya que para verificar el estado de este hay que poner el vehículo a unas 2000 rpm durante unos minutos.

	Carburación	**Inyección sin catalizador**	**Inyección (antes del catalizador)**	**Inyección (después del catalizador)**
CO	Entre 1% y 2%	1%	Entre 0,4 y 0,8%	Menor de 0,2%
CO_2	Mayor de 11%	Mayor de 12%	Mayor de 13%	Mayor de 13,5%
HC	Menor de 400 ppm	Menor de 300 ppm	Menor de 250 ppm	Menor de 100 ppm
O_2	Menor de 3,5%	Menor de 2,5%	Menor de 1,5%	Menor de 0,2%
λ	—	—	Entre 0,99 y 1,02	Entre 0,99 y 1,01
RPM	Ralentí	Ralentí	Ralentí	2.000

↑ **Tabla 6.2.** Emisión correcta de gases a ralentí.

	Carburación	**Inyección sin catalizador**	**Inyección (antes del catalizador)**	**Inyección (después del catalizador)**
CO	3,5%	2,5%	Entre 0,4 y 0,8%	0,2%
CO_2	12% mín.	14% mín.	Mayor de 14%	14% mín.
HC	300 ppm	200 ppm	Menor de 200 ppm	50 ppm
O_2	3%	3%	Menor de 1,5%	0,3%
λ	—	—	0,99-1,02	0,97-1,03
RPM	3.000	3.000	3.000	3.000

↑ **Tabla 6.3.** Emisión correcta de gases a 3.000 rpm.

Vamos a realizar una breve descripción de las consecuencias de los excesos o defectos de los gases medidos por el analizador:

- CO: este gas va disminuyendo a medida que el valor λ aumenta, mientras que si λ disminuye el CO aumenta. Es el único gas que se puede regular en vehículos no catalizados. Al regularlo se alteran todos los demás gases y podemos diagnosticar las posibles averías del sistema.
- CO_2: cuanto mayor sea el porcentaje de CO_2 en el tubo de escape mayor será el rendimiento del motor. Los valores oscilan, dependiendo del vehículo y del sistema que emplee, entre el 13% y 16% para un factor lambda igual a 1. Cuando la mezcla es más rica o más pobre, disminuye el porcentaje de CO_2 y por tanto el rendimiento del motor. El valor de CO_2 es el más significativo de todos los gases ya que es el que nos indica realmente del estado de la combustión.
- HC: los HC aumentan cuando λ es mayor o menor que 1 ya que en ese caso la combustión no se efectúa en condiciones óptimas. Los niveles altos de HC son producidos generalmente por averías en el sistema de alimentación (tanto de gasolina como de aire) y encendido, como efecto de una combustión incompleta o un encendido parcial.
- O_2: sabemos que si la mezcla es ideal, teóricamente no sobraría nada de O_2, pero como la combustión en realidad nunca es perfecta, siempre queda cierta cantidad. En caso de mezclas ricas, el valor de oxígeno es menor pero nunca llega a ser cero. Se puede producir por fallos en el encendido, mezcla demasiado pobre, tomas de aire en la admisión o tubo de escape roto.

  Cuando aparece oxígeno en exceso en el escape, puede confundirnos sobre el diagnóstico de otros gases.

A continuación hacemos referencia a las averías más significativas que se pueden deducir partiendo de los valores obtenidos. Las pruebas se realizaron en automóviles de inyección con catalizador.

ANÁLISIS DE CO_2, CO Y HC			
CO_2	CO	HC	Situación
Alto	Bajo	Muy bajo	Combustión óptima
Bajo	Bajo	Bajo	Combustión correcta. Escape inestanco
Bajo	Alto	Alto	Combustión incorrecta. Mezcla muy rica
Bajo	Muy bajo	Alto	Combustión incorrecta. Mezcla muy pobre

↑ **Tabla 6.4.**

ANÁLISIS DE HC Y CO		
HC	CO	Situación
Muy alto	Bajo	Fallos en el sistema de encendido
Alto	Alto	Mezcla muy rica
Alto	Muy bajo	Mezcla muy pobre. Tomas de aire por la admisión
Alto	Normal	Distribución defectuosa (escaso juego de válvulas). Motor envejecido
Alto	Bajo	Mezcla pobre

↑ **Tabla 6.5.**

TABLA DE AVERÍAS SEGÚN EL FACTOR LAMBDA		
Valor λ	**Lectura de gases**	**Posible avería**
$\lambda > 1$ Mezcla pobre 1,1...... 1,5	CO bajo HC bajo CO_2 bajo O_2 alto	Tubo de escape roto
$\lambda > 1$ Mezcla pobre 1,1...... 1,5	CO bajo HC alto CO_2 bajo O_2 alto	Mezcla pobre Fallo de encendido
$\lambda < 1$ Mezcla rica 0,7......... 0,9	CO alto HC alto CO_2 bajo O_2 bajo	Mezcla rica

↑ **Tabla 6.6.**

TABLA DE AVERÍAS SEGÚN CO, HC, CO_2 Y O_2	
Lectura	**Posible avería**
CO > 1% Mezcla rica	Filtro de aire sucio u obstruido Mezcla mal regulada Recirculación de gases bloqueada Tubos de retorno obstruidos Bujías defectuosas Presión de gasolina alta Aceite muy quemado Inyectores gotean Caudalímetro manipulado NTC defectuosa UEC defectuosa Enriquecimiento defectuoso en aceleración
CO < 0,5% Antes del catalizador Mezcla pobre	Presión de gasolina baja Medidor de aire defectuoso Filtro de combustible sucio NTC defectuosa Inyectores sucios Tomas de aire en la admisión Sonda lambda comunicada a masa
HC > 300	**Problemas de encendido:** platinos, bobina, bujías, cables, avance **Problemas de combustión:** mezcla pobre o rica Tomas de aire en la admisión. CO bajo **Problemas mecánicos:** baja compresión Válvulas no estancas Aceite del motor quemado **Problemas de inyección:** inyectores pegados u obstruidos Tiempo de inyección alto. CO alto Inyector de arranque en frío defectuoso Baja presión de combustible
CO_2 < 12%	Entradas de aire por el tubo de escape
O_2 > 1%	Entradas de aire por el tubo de escape Sonda Lambda defectuosa Mezcla pobre Aceite del motor quemado

↑ **Tabla 6.7.**

Hemos de comentar que para la detección de averías en los vehículos no catalizados se pueden utilizar las mismas deducciones expuestas anteriormente pero, evidentemente, hay que tener en cuenta los valores de dichos vehículos.

También indicaremos que la eficacia de un catalizador se comprueba relacionando los valores de emisión de CO antes y después del catalizador. Con un catalizador en buen estado, los valores de los gases deben estar próximos a los siguientes:

$$CO < 0{,}2\% \quad HC < 50\ ppm \quad O_2 < 0{,}2\% \quad CO_2 > 13\%$$

Si el vehículo no dispone de toma antes del catalizador, hay que parar el motor y esperar al menos 15 minutos para que el catalizador se enfríe, después arrancar el motor y realizar la lectura de gases a la salida del escape en menos de un minuto, antes de que el catalizador se caliente.

Por último señalaremos que todos los vehículos a gasolina matriculados desde el **1 de enero del 2001,** deben de poseer el sistema de diagnóstico EOBD *(Euro On Board Diagnostic)*. El EOBD está integrado en la UEC de gestión del motor y su función es la de vigilar todos los componentes y sistemas que puedan provocar una alteración en la emisión de los gases de escape. Además dicho sistema señala al conductor, mediante un testigo luminoso situado en el cuadro de instrumentos, de que algún componente relacionado con la emisión de gases no funciona correctamente.

Es un sistema estándar para todos los vehículos y su implantación no está relacionada directamente con una normativa sobre gases de escape de la Unión Europea. Por este motivo, la fecha de implantación se considera independientemente de las normativas sobre gases de escape. El acceso al EOBD se puede realizar con cualquier máquina de diagnóstico universal.

Finalizamos el análisis de los gases de escape mostrando un analizador típico a traves de la figura 6.53.

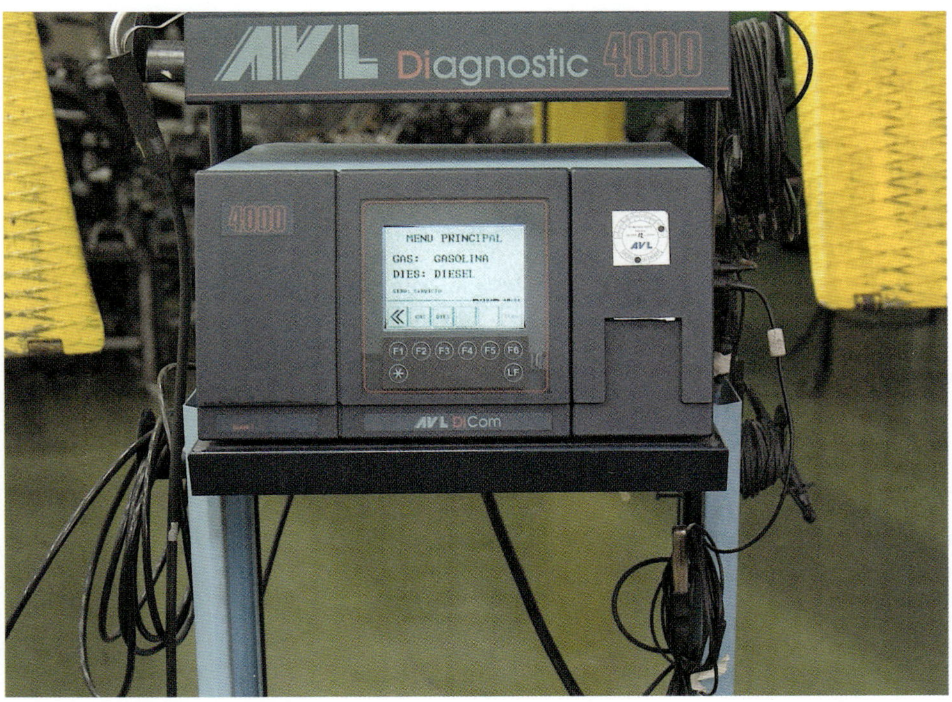

↑ **Figura 6.53.** Analizador de gases.

ACTIVIDADES FINALES

- 1. Describe el proceso de verificación de la presión de control en un sistema de inyección mecánico.
- 2. ¿Cómo compruebas el inyector de arranque en frío y la válvula de aire adicional en el sistema mencionado anteriormente?
- 3. ¿Cómo compruebas el caudal de una electrobomba?
- 4. Describe el proceso de verificación de la presión en la rampa de inyección así como la del regulador de presión en un sistema electrónico de inyección indirecta.
- 5. ¿Cuál puede ser la causa de que los picos de señal perteneciente a un sensor de posición y velocidad del motor de tipo inductivo no tengan aproximadamente la misma altura?
- 6. Cita las comprobaciones que se le realizan a los distintos medidores de caudal de aire.
- 7. ¿Qué indica el que aparezcan variaciones bruscas de voltaje en la señal de un sensor de posición de la mariposa de tipo potenciométrico?
- 8. Explica el proceso de comprobación de una sonda lambda de banda estrecha y una de banda ancha.
- 9. Realiza una descripción exhaustiva de la señal de activación de un inyector de inyección indirecta en perfecto estado en un sistema de inyección donde la UEC tiene regulación de corriente.
- 10. ¿Qué tendrías que hacer en un motor en perfecto estado de funcionamiento y sin consumo de potencia si la válvula estabilizadora de ralentí, para mantener la velocidad de ralentí, necesita un voltaje elevado para abrir?
- 11. ¿De dónde puede provenir el fallo si, al comprobar con un osciloscopio una válvula EGR controlada eléctricamente, tenemos una señal incorrecta?
- 12. ¿Qué elemento sería el culpable dentro de un sistema de inyección directa de gasolina si el factor de trabajo de la señal hacia el regulador de presión es excesivamente alto y la presión no llega a alcanzar el valor especificado por el fabricante?
- 13. ¿Qué anomalías presenta en el funcionamiento de un motor un sensor de picado en mal estado?
- 14. ¿Cómo se comprueba un medidor de masa digital con modulador de frecuencia?
- 15. ¿Qué es y cómo se genera el código de conformidad, también llamado código de inicialización o *readiness-code*?
- 16. ¿Qué comprobaciones se le pueden hacer a un inyector de una inyección directa de gasolina? ¿Cómo se harían esas comprobaciones, y con qué equipos?
- 17. ¿Qué elementos de un sistema de inyección serían comprobables con un osciloscopio y que lecturas haríamos de los mismos?
- 18. ¿Qué tipo de señal envía una sonda de temperatura con modulación de frecuencia, y como se comprobaría su buen funcionamiento?
- 19. ¿Cuál es la señal lógica del funcionamiento de una sonda lambda de banda ancha colocada antes del catalizador?
- 20. ¿Cómo se purga un circuito de alimentación de gasolina en un sistema de inyección que lleva el regulador de presión en el depósito de combustible?
- 21. Realiza las distintas comprobaciones explicadas a lo largo de esta unidad en los correspondientes sistemas de inyección de gasolina.

EVALÚA TUS CONOCIMIENTOS

Resuelve en tu cuaderno o bloc de notas

1. ¿Cuáles pueden ser las consecuencias de un inyector desconectado?

a. La temperatura de los gases disminuye.

b. Se adelanta el encendido.

c. El tiempo de inyección de los otros inyectores aumenta para hacer de nuevo la mezcla homogénea.

d. Hay una caída instantánea de potencia y el motor se para.

2. ¿Cómo se mide la señal de mando de un inyector?

a. Entre el «+» de batería y la salida de la UEC que comanda el inyector.

b. Entre los bornes del inyector.

c. Entre masa y la salida de la UEC que comanda el inyector.

d. Depende si la UEC tiene o no regulación de corriente.

3. La información de salida de un sensor de temperatura es:

a. Una tensión de salida proporcional a la temperatura.

b. Una resistencia que varía con la temperatura.

c. Una frecuencia cuya periodicidad cambia con la temperatura.

d. Una tensión de salida fija independiente de la temperatura.

4. Si analizando los gases de escape de una inyección de gasolina catalizada aparecen los resultados siguientes: CO: 0,19%, CO_2: 14,5%, HC: 20 ppm, O_2: 0,2%, λ: 0,99; rpm: 3.100

a. Es una mezcla demasiado pobre.

b. Es una mezcla demasiado rica.

c. Son los resultados típicos cuando hay un fallo de encendido.

d. Son valores totalmente conformes.

5. La presión de combustible de los sistemas multipunto está comprendida entre:

a. 0,75 y 1,2 bares según modelos.

b. 2 y 4 bares según modelos.

c. 1 y 2 bares según modelos.

d. 1,4 y 5,5 bares según modelos.

6. Una sonda lambda de banda estrecha en buenas condiciones da una tensión:

a. Variable entre 0,2 y 0,8 voltios.

b. Variable entre 0,3 V y 2,2 V.

c. Fija de 5 V.

d. Fija de 1,5 V.

7. La auto-adaptación de las inyecciones es una característica de:

a. Adaptarse mejor a las diferentes temperaturas del motor.

b. Adaptarse a los distintos cambios de presión atmosférica.

c. Compensar las tolerancias y desgastes de elementos envejecidos o sustituidos.

d. Controlar los tiempos de inyección.

8. Conectando un osciloscopio entre los bornes de cada par de bobinas de un motor «paso a paso» debemos ver:

a. Una señal de corriente continua.

b. Una señal senoidal.

c. No vemos nada ya que hay que comprobar individualmente cada bobina.

d. Una serie de impulsos cuadrados de polaridad positiva y negativa en función del paso que está dando la UEC.

9. ¿Qué intensidad se necesita para lograr la máxima apertura de un inyector de inyección directa de gasolina?

a. 12 A

b. 5,6 A

c. 2,3 A

d. 3 A

10. ¿Qué gas nos indica realmente el estado de la combustión?

a. CO

b. HC

c. CO_2

d. O_2

PRÁCTICA **PROFESIONAL**

HERRAMIENTAS

- Equipo de diagnosis
- Osciloscopio de cuatro canales (en caso de dos canales, prescindir de la conexión del canal B que aparece en el texto y del canal matemático para el cálculo de la corriente de la sonda)

MATERIAL

- Vehículo en el que se puede activar las comprobaciones EOBD en el taller mediante equipo de diagnosis

Nota: en este estudio, el vehículo sobre el que se ha trabajado es un Ibiza 02, con código de motor AZQ. Las referencias a las vías de la unidad de control motor pueden encontrarse en el esquema de gestión motor de dicho vehículo

Comprobación del catalizador mediante EOBD. Análisis del proceso con osciloscopio

OBJETIVOS

- Conocer en qué consiste el código de conformidad en los sistemas EOBD.
- Saber cómo genera dicho código la unidad de control.
- Realizar la generación del código de conformidad en el taller.
- Observar los procesos y estrategias que utiliza la unidad de control de motor para comprobar un sistema de anticontaminación.
- Adquirir destreza en el manejo de las herramientas de diagnosis.
- Reconocer el funcionamiento correcto del catalizador y de la sondas lambda anterior y posterior, observando las señales de las mismas.

PRECAUCIONES

Manejar correctamente las herramientas y ventilar el local.

DESARROLLO

Las condiciones para la comprobación son las siguientes:

- Todos los consumidores eléctricos han de estar desconectados.
- La temperatura del líquido refrigerante ha de ser, como mínimo, de 80 °C.
- La temperatura del aire de admisión ha de ser inferior a 60 °C.

1. Empleamos el Canal A y B del osciloscopio para controlar la sonda anterior al catalizador, monitorizando el cable Ip y el terminal libre de la resistencia de compensación.
2. Conectamos el Canal A del osciloscopio entre la vía 6 del sensor o la 33 de la UCM y masa (vía 83 de la UCM).
3. Conectamos el Canal B del osciloscopio en la vía 2 del sensor o en la 15 de la UCM.
4. Ajustamos ambos canales en el rango de medición de 5 V y el de tiempo a 2 s/div.
5. Creamos un canal matemático con la fórmula (B-A) / R (Puede tomar $R = 61{,}9\ \Omega$).
6. Conectamos el Canal C del osciloscopio a la vía de señal de la sonda posterior (vía 5 de la UCM), ajustando la escala de medición a 1V.
7. Con el motor en marcha y la máquina de diagnosis (se ha empleado VCDS-Vagcom) entramos en el código de dirección «01 motor».
8. Introducimos la función 02 «Consultar memoria de averías».
9. Si existe alguna avería hay que subsanarla antes de continuar. Si no la hay continuar con el siguiente punto.
10. Borrar la memoria de averías. El borrado de la memoria de averías borra el código de conformidad.
11. Salir de la función 02 y entrar en la función 04 «ajuste básico».
12. Para el diagnóstico del catalizador introducimos el grupo 046.

13. Pisar el pedal del freno y, a continuación, también el acelerador. La unidad de control del motor aumenta el régimen del motor hasta un valor teórico en torno a las 2.200 rpm. Seguir manteniendo pisados ambos pedales hasta que la temperatura del catalizador alcance un mínimo de 521 °C y la indicación en el campo 4 salte de «Verificac. OFF» a «Verificac. ON», figura 6.54.

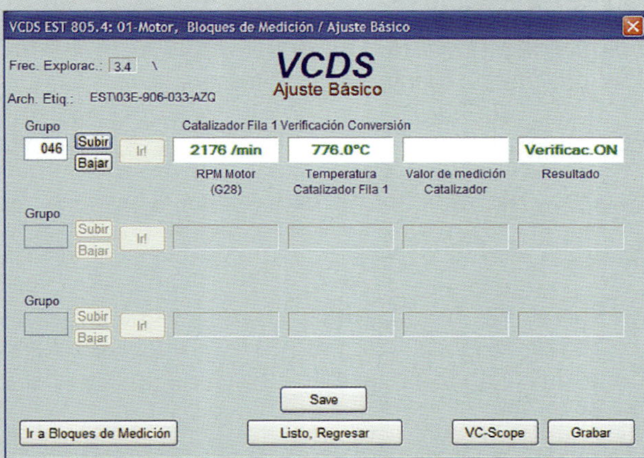

↑ **Figura 6.54.** Verificación del catalizador. Generación del código de conformidad mediante autodiagnosis.

14. Seguir manteniendo pisados ambos pedales hasta que en el campo 4 se indique el valor teórico «Kat F1 OK.» (en caso de avería «Kat F1 no OK»).

15. Realizamos la captura del proceso, inicialmente la tensión de la sonda posterior se encuentra desplazada a rica con un valor de tensión próximo a los 0,7 V. Durante la comprobación, la UCM va variando la regulación lambda de forma que el contenido de oxígeno en el escape cambie. El valor medio de la sonda posterior disminuye a un valor comprendido entre los 0,2 y 0,18 V durante cierto tiempo, figura 6.55.

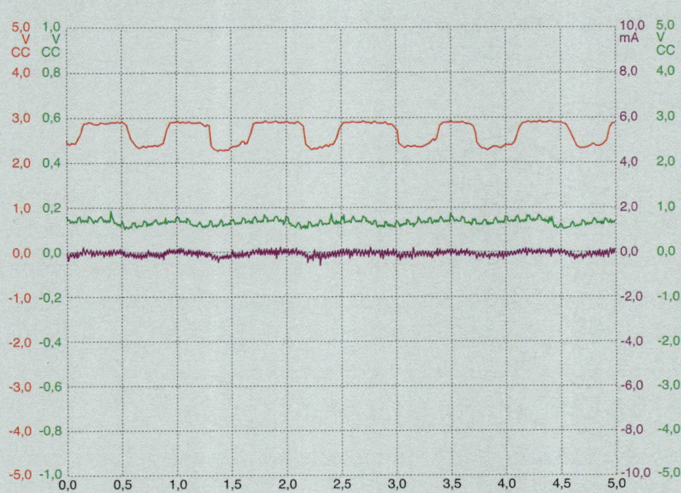

↑ **Figura 6.55.** Comprobación del catalizador mediante EOBD. Sonda anterior (rojo) (vía 6), corriente de bomba *Ip* (morado), sonda posterior (verde).

saber más

El código de conformidad es un código asociado al sistema EOBD. Consta de una serie de dígitos que indican si la última comprobación a la que se ha sometido un componente del sistema anticontaminación ha sido superada con éxito. A una comprobación superada con éxito le corresponde un 0, mientras que una comprobación no realizada o no superada le corresponde un 1.

saber más

La amplitud de la señal de la sonda posterior prácticamente no varía, lo que indica el correcto funcionamiento del catalizador.

PRÁCTICA **PROFESIONAL**

HERRAMIENTAS

- Osciloscopio de cuatro canales

MATERIAL

- El mismo vehículo de la práctica anterior

Análisis del encendido con osciloscopio

OBJETIVOS

- Saber analizar correctamente el funcionamiento de un sistema de encendido de bobinas individuales mediante el osciloscopio.

PRECAUCIONES

Manejar correctamente las herramientas y ventilar el local.

DESARROLLO

El sistema de encendido de este vehículo monta una bobina por cilindro, cada una con su etapa de potencia integrada en la misma. Las bobinas van situadas directamente en la culata sobre la bujía de encendido, desapareciendo de este modo los cables de alta.

La configuración de estas bobinas no hace posible medir resistencias de primario ni de secundario, ya que no son accesibles al exterior del componente. Tampoco es posible obtener un oscilograma de primario por el mismo motivo. No obstante, su diagnosis es posible sin recurrir al equipo de diagnosis.

Las bobinas poseen un conector de 4 vías en el que tenemos:

- Un positivo de potencia.
- Una masa de potencia.
- Una masa de secundario.
- Una vía de mando o activación de la bobina.

Las vías de masa de potencia y secundario pueden cambiar según la referencia de recambio de la bobina. Es posible que un motor incorpore bobinas con diferentes referencias, si estas han sido sustituidas en algún momento.

Circuito primario

Comenzaremos analizando la señal de activación de la bobina y la corriente que circula por el circuito primario.

1. Conectar el canal A del osciloscopio entre la vía 4 de la bobina a analizar, vías 112, 113 o 100 de la unidad (según bobina) y masa. Escala de 5 voltios y 1 ms/div.
2. En el canal B emplearemos la pinza amperimétrica en el rango de 20 amperios conectada en el positivo de potencia vía 3 de la bobina. Escala de 10 amperios.
3. Sincronismo: auto en cualquiera de los canales.
4. Arrancar el vehículo y capturar la señal (figura 6.56).
5. Apagar el motor, desconectar la bobina y el inyector correspondiente para proteger el catalizador.
6. Arrancar el motor y con el osciloscopio conectado en el terminal 4 de la bobina, medir la señal de activación. Con esto demostramos que ésta existe aún estando desconectada la bobina.

saber más

El uso de la vía de masa de potencia también se puede utilizar, pero dado que en algunas bobinas, según su referencia, esta se encuentra en la vía 2 y en otras en la vía 1, esto puede dar lugar a confusión, pudiendo hacernos pensar que una bobina está averiada cuando en realidad no lo está.

saber más

Si no existe señal de activación de la bobina, se deberá desconectar el conector de la misma y volver a comprobar en circuito abierto. Existe la posibilidad de que la etapa de la bobina esté en cortocircuito y derive la señal de activación a masa.

Si aún así no existiese señal, el problema está localizado en el cableado, en la alimentación de la UCM o en la propia UCM.

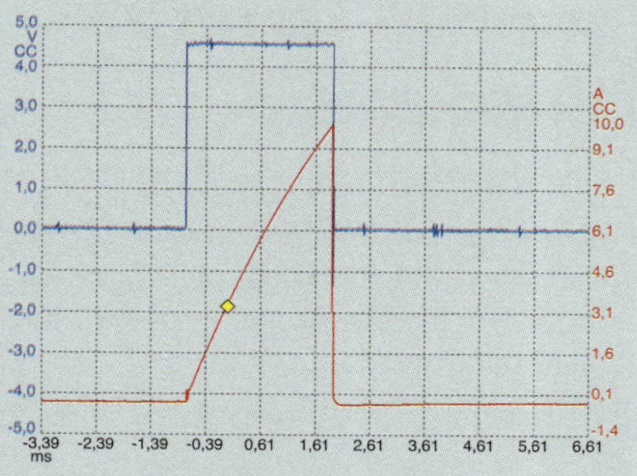

↑ **Figura 6.56.** Señal de activación de la bobina e intensidad de corriente primaria.

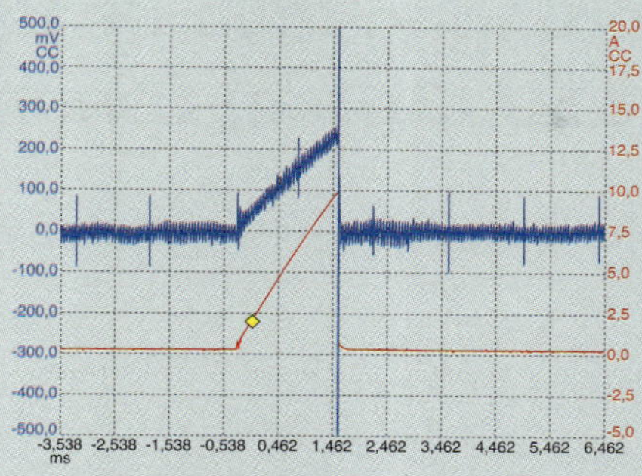

↑ **Figura 6.57.** Caída de tensión en el cable negativo de la bobina durante la activación de la misma.

Alimentación en potencia

En este punto, veremos la importancia de la sección del cableado en los componentes de potencia y como problemas en el mismo afectan a la alimentación de estos.

1. Localizar la alimentación de masa de potencia de la bobina a analizar, empleando la pinza amperimétrica en los cables de masa de la bobina buscando en cual circula la corriente primaria. En el ejemplo la pinza se ha conectado en el canal B.
2. Conectar el canal A entre la vía de alimentación de masa de potencia en el conector de la bobina y una buena masa. Ajuste del osciloscopio: escala de 500 mV, 1 ms/div.
3. Arrancar el vehículo y capturar la imagen (figura 6.57).
4. Conectar el canal A en la vía de alimentación positiva de la bobina (vía 3). Ajustar el osciloscopio en la escala de 20 V y capturar la imagen (figura 6.58).

Análisis del salto de chispa

1. Con el canal B del osciloscopio capturaremos la curva de corriente de primario, tal y como se ha descrito en los apartados anteriores. Ajustar el canal A del osciloscopio en la escala de 4V y conectar la masa del osciloscopio a una buena masa.
2. Poner en contacto la sonda del canal A del osciloscopio con la superficie de la bobina con el motor en marcha, reajustar la escala de tensión si fuese necesario y capturar la imagen, figura 6.59.

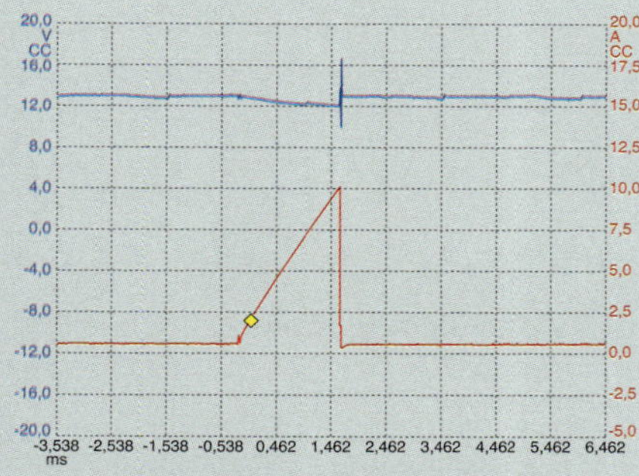

↑ **Figura 6.58.** Caída de tensión en el positivo de bobina durante la activación de la misma.

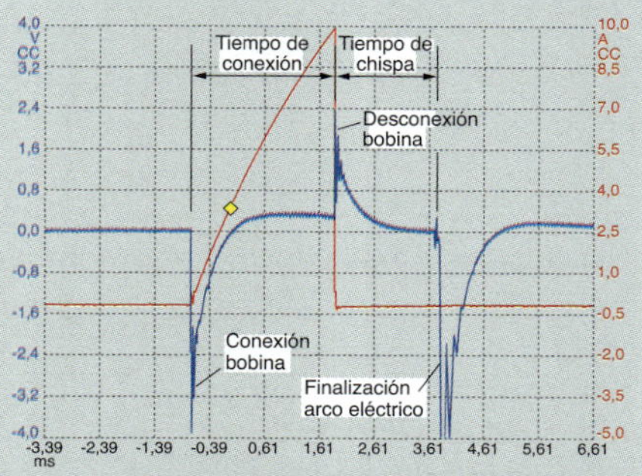

↑ **Figura 6.59.** Corriente primaria y visualización del tiempo de chispa.

saber más

Si se quiere ver la caída de tensión positiva con más detalle, conmutar el canal A al modo CA y ajustar la escala de tensión a un rango más pequeño, por ejemplo 500 mV/div.

Puede apreciarse la curva de carga de la bobina también en las alimentaciones de potencia de la misma.

La sección de los cables de alimentación utilizada por los fabricantes está bastante ajustada, por lo que son apreciables caídas de tensión en los mismos proporcionales a la intensidad de alimentación de los actuadores que alimentan.

Una caída de tensión excesiva refleja un problema en la alimentación del componente.

Obsérvese que para detectar la caída de tensión con el consumo, el uso del osciloscopio simplifica la diagnosis.

saber más

Notas de interés

Estamos utilizando la sonda del osciloscopio a modo de antena, por lo que se consigue capturar las perturbaciones producidas en el en torno de la bobina. Dichas perturbaciones producen unos picos de tensión característicos en la conexión de primario y en su desconexión, al igual que cuando finaliza el arco eléctrico.

La duración del arco eléctrico es una medida de la calidad de la chispa y de que esta se está produciendo.

MUNDO **TÉCNICO**

Comprobación y diagnóstico de las sondas lambda de banda ancha LSU (Bosch) con osciloscopio

Mediciones en la célula *Nernst* (referencia) y en la célula de bomba

Para el análisis del funcionamiento de la célula *Nernst* y la célula bomba, podemos proceder de dos maneras diferentes:

- Método 1: utilizar un único canal del osciloscopio para conectarnos de forma independiente a la célula *Nernst* o al shunt de medición de la corriente de bomba.
- Método 2: emplear varios canales del osciloscopio y una masa común, conjuntamente con la herramienta de funciones matemáticas del *software* del osciloscopio para combinar dichas señales entre sí.

Determinación de $R_{i,N}$, (resistencia interna de la célula *Nernst*) por parte de la Unidad , puesta en servicio y tensión de referencia

- Método 1: seleccionar un canal activo del osciloscopio. Conectar la masa del osciloscopio al cable Vs/Ip de la sonda (cable negro) y la punta de medición al cable Vs (cable amarillo). Ajustar la tensión de medición a 2 V y la escala de tiempos a 500 μs/div.
- Método 2: seleccionar dos canales en el osciloscopio. Conectar la masa del osciloscopio a la masa del vehículo, la punta de medición del canal A al cable Vs de la sonda y la del B al Vs/Ip. Ajustar la tensión de medición a 5 V y la escala de tiempos a 500 μs/div. Con la herramienta «funciones matemáticas» del *software* del osciloscopio restar A-B.

Determinación de $R_{i,N}$ con corriente alterna

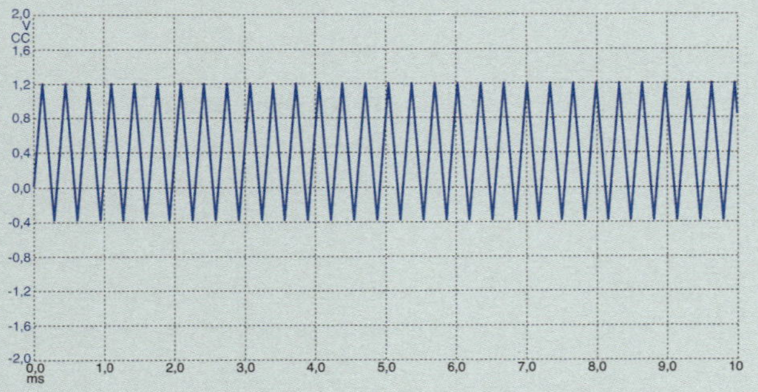

↑ **Figura 6.60.** Sonda fría, señal de 3 kHz en la célula de *Nernst* empleada para determinar $R_{i,N}$.

Si para la medición de la resistencia interna de la sonda, $R_{i,N}$ se emplea una señal de corriente alterna, al arrancar el vehículo observaremos la señal de 3 kHz empleada para medir dicha resistencia, figura 6.60, de valor medio 450 mV. Como $R_{i,N}$ de la sonda fría es muy grande, la amplitud de la señal es máxima.

Conforme la célula *Nernst* aumenta de temperatura su resistencia disminuye, y con ella la amplitud de la señal aplicada, alcanzando la amplitud que le corresponde a temperatura de servicio.

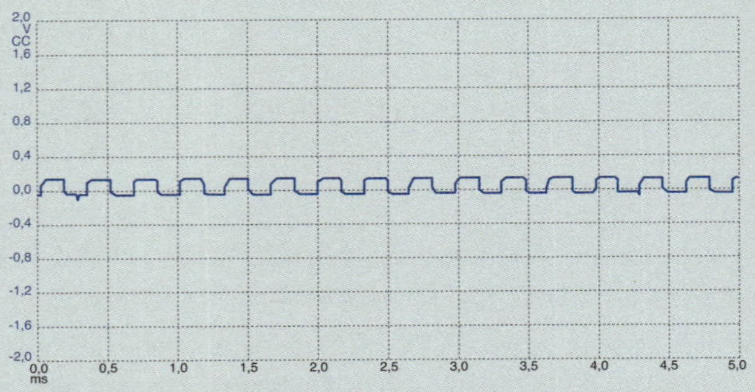

↑ **Figura 6.61.** Aproximación a temperatura de servicio. Pequeña amplitud de la señal y valor medio correspondiente a la composición de los gases. El ejemplo corresponde a una sonda montada en un vehículo diésel.

El valor medio de la señal se encuentra en función de la composición de los gases de escape en la ranura de difusión que es la misma que en el escape, ya que el control de la sonda todavía no ha actuado sobre la corriente de bomba (la figura 6.61 corresponde a una sonda montada en un vehículo diésel, por lo que la tensión se encuentra inicialmente en 0,1 V como le corresponde a un exceso de oxígeno).

A continuación la electrónica de control empieza a alimentar la célula bomba para regular la cantidad de oxígeno de la ranura de difusión bombeando en el sentido adecuado. La tensión media de referencia empieza a desplazarse hasta estabilizarse en el valor de referencia de 450 mV. En este punto la señal de la sonda es válida, estando lista para el servicio (figura 6.62).

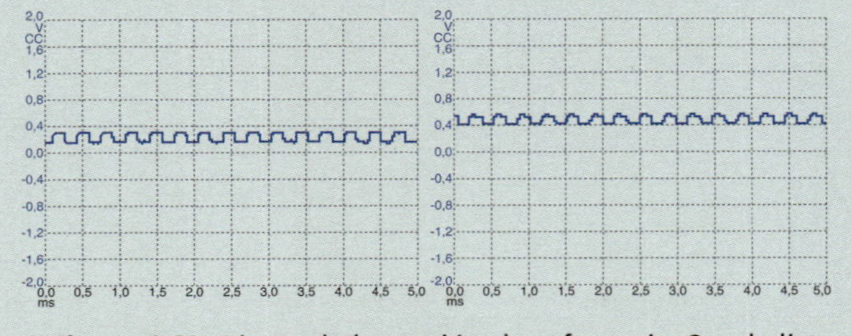

↑ **Figura 6.62.** Ajuste de la tensión de referencia. Sonda lista para el servicio.

Fuente: Juan Carlos Dorado Herbón
Ramón Feijoo Revilla
Jose Manuel Grille Martínez

EN RESUMEN

COMPROBACIÓN DE LOS SISTEMAS DE INYECCIÓN DE GASOLINA

- Análisis de los gases de escape
- **VISUALES**
  - Estado de las conducciones del aire y de la gasolina
  - Estado de la instalación eléctrica
- **MECÁNICAS**
  - Comprobación de presiones de gasolina
  - Comprobaciones de piezas móviles
- **AUTODIAGNOSIS**
  - Lectura y borrado de códigos de averías
  - Lectura de valores medidos
  - Programación y puesta a punto
- **ELÉCTRICAS**
  - Resistencias
  - Voltajes
  - Oscilogramas

entra en internet

■ 1. En las siguientes direcciones puedes encontrar más información sobre lo tratado en la unidad.

- <http://www.forofocus.com/forum/index.php?topic=116.0>
- <http://www.pruebautos.com.ar/images/index_nota13.htm>
- <http://www.autocity.com/manuales-reparacion/index.html?nivelAcceso=3&codigo=106>
- <http://www.cise.com/portal/notas-tecnicas/item/302-an%C3%A1lisis-de-los-gases-de-escape-de-los-motores-de-combusti%C3%B3n-interna.html>

7 Inyección diésel I

vamos a conocer...

1. Combustión diésel
2. El gasóleo
3. Estudio de los elementos que componen el circuito de inyección diésel
4. Comprobación de los elementos anteriores
5. El filtrado del aire

PRÁCTICA **PROFESIONAL**

Verificación de un inyector de espiga en el equipo de pruebas

MUNDO **TÉCNICO**

Tecnologías de calentadores NGK

y al finalizar esta unidad...

- Conocerás el proceso de combustión, según el tipo de cámara de compresión, en un motor diésel.
- Aprenderás las características del gasóleo y serás capaz de identificar los elementos que forman el circuito de inyección diésel.
- Conocerás los procesos de verificación del sistema de inyección diésel para ser capaz de detectar las posibles averías y comprenderás la importancia del filtrado del aire y del combustible.

CASO **PRÁCTICO** INICIAL

situación de partida

Panadería «Os Ancares» dispone de varias furgonetas para el reparto.

Dos de ellas sufrieron averías en la última semana.

La que conduce Agustín arranca perfectamente pero se para. Esta furgoneta ya venía consumiendo más combustible de lo normal.

Por su parte, la que conduce Ángel tiene problemas en las aceleraciones, ruidos anormales y emite humos muy negros a plena carga y en especial a velocidades altas y medias con pérdidas de potencia en la mayoría de los casos.

En el taller de su confianza le detectaron las siguientes irregularidades:

Furgoneta de Agustín:

- Filtro de gasóleo muy sucio.
- Entrada de aire en la tubería que une la bomba de alimentación de combustible con el filtro. Justo en la conexión del filtro.
- Orificio de aireación del depósito de combustible obstruido.
- Tubo de escape aplastado, lo cual dificulta la salida de gases.
- El filtro de aire, aunque en buen estado, es inadecuado, por lo que ofrece más resistencia que la calculada para ese motor. El jefe de taller piensa que este el causante del consumo excesivo.

El mecánico le cambia los filtros, el tubo de escape, le soluciona la entrada de aire y la aireación del depósito. Con ello, la furgoneta funciona correctamente y su consumo vuelve a la normalidad.

Furgoneta de Ángel:

- Bomba de alimentación defectuosa (causa de falta de aceleración).
- 1 inyector mal tarado (causa del ruido).
- Fugas alrededor de una bujía de precalentamiento debido a un apriete defectuoso de la misma (causa del ruido)
- 2 inyectores con funcionamiento irregular debido a que los orificios de pulverización están parcialmente obstruidos (causa de humo negro).

El mecánico le cambia la bomba de alimentación, le desobstruye con un alambre perfectamente calibrado los orificios de los 2 inyectores, efectúa el tarado correcto del inyector y aprieta correctamente la bujía de precalentamiento.

Ahora el funcionamiento de la furgoneta de Ángel es correcto.

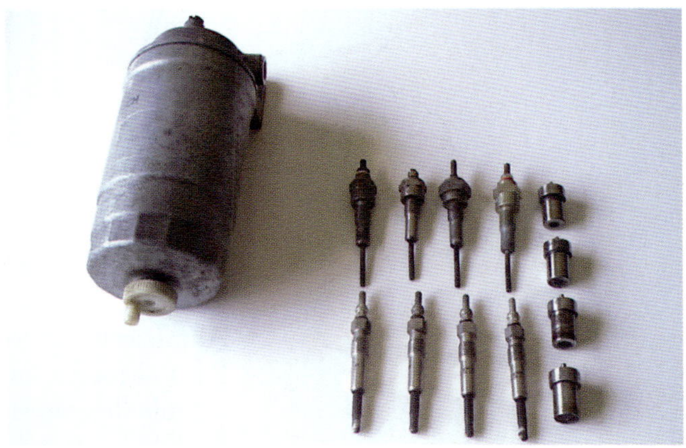

↑ **Filtro de combustible, calentadores y toberas.**

estudio del caso

Antes de empezar a leer esta unidad de trabajo, puedes contestar las dos primeras preguntas. Después analiza cada punto del tema, con el objetivo de contestar al resto de las preguntas de este caso práctico.

1. ¿Qué importancia tiene el filtro de gasóleo en el circuito de alimentación diésel?
2. ¿Cuál es la función de las bujías de precalentamiento?
3. ¿Cómo se comprueba la presión de los inyectores?
4. ¿Cuál es la función de la bomba de alimentación?
5. ¿Para qué sirve el tubo de aireación del depósito de combustible?
6. En el motor diésel, el aire que entra en el cilindro, aumenta su temperatura hasta alcanzar unos 700 °C, ¿En qué tiempo se produce?

1. Combustión diésel

Cuando se inyecta gasóleo en el interior del cilindro contra el aire que está comprimido, con una relación que puede llegar a 1:24, esta mezcla se inflama debido a las altas temperaturas (de hasta 800 °C).

Tras el comienzo del encendido, se intenta conseguir una combustión a presión constante (en la práctica es difícil conseguirlo). Para ello, la cantidad quemada debe ir sincronizada con el giro del cigüeñal sin que varíe la presión.

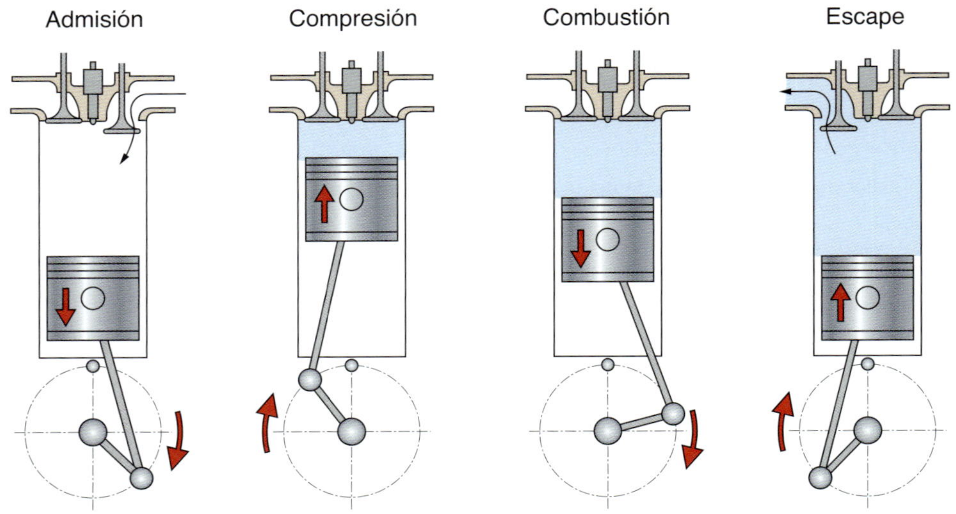

↑ **Figura 7.1.** Funcionamiento del motor diésel en sus cuatro fases de trabajo.

El ciclo de trabajo del diésel se divide en cuatro tiempos (figura 7.1):

- **Admisión:** el pistón se desplaza desde el Punto Muerto Superior (PMS) al Punto Muerto Inferior (PMI) y aspira aire debidamente filtrado a través de la válvula de admisión, permitiendo rellenar el cilindro con este fluido gaseoso. La válvula de escape está cerrada.
- **Compresión:** durante este tiempo, las dos válvulas están cerradas, el pistón sube desde el PMI al PMS comprimiendo el aire en el espacio destinado para la cámara de combustión. Así, el aire puede alcanzar, cerca del PMS, temperaturas entre los 500 y 700 °C.
- **Inyección-combustión:** unos grados antes de que el pistón llegue al PMS (depende del tipo de motor), se inyecta gasóleo finamente pulverizado el cual, poco después de entrar en contacto con el aire muy caliente que se haya comprimido, produce la combustión con lo que las partículas de combustible se queman a medida que van entrando en la cámara. Esta inflamación del gasóleo en el aire caliente provoca un gran aumento de temperatura y presión que, aplicada a la cabeza del pistón, se transforma en energía mecánica.
- **Escape:** hacia el final del recorrido precedente, la válvula de escape se abre, permitiendo a los gases quemados salir voluntariamente del cilindro, gracias a que su presión es superior a la atmosférica. El recorrido del pistón desde el PMI al PMS termina de expulsar los gases residuales a través de la válvula de escape, que sigue abierta.

saber más

Detonación

Si el retraso del encendido de las primeras gotas de gasóleo es muy largo, se producen grandes variaciones de presión y vibraciones violentas debido a la acumulación de mucho combustible en la cámara. Estas circunstancias pueden desencadenar la detonación, muy similar a la de los motores de gasolina con la diferencia de que en estos últimos la detonación tiene lugar al final de la combustión, mientras que en los diésel ocurre al principio.

Una vez que conocemos las nociones básicas de la combustión diésel, podemos hacer una diferenciación muy sencilla entre el motor de gasolina y el motor diésel. Lo hacemos del siguiente modo:

Tiempos del ciclo	Gasolina	Diésel
1°	**Admisión** de una mezcla de aire y gasolina cuya preparación se efectúa externamente en un sistema de carburación o de inyección.	**Admisión** de aire.
2°	**Compresión** de dicha mezcla entre 8 y 12 bares.	**Compresión** del aire entre 30 y 60 bares. El aire se calienta entre 500 y 700 °C.
3°	La mezcla se incendia gracias a una chispa que salta entre los electrodos de la bujía: **explosión y expansión.**	Mediante un inyector se introduce el gasóleo a presión, dosificado por una bomba de inyección o por una UEC, en la cámara de combustión. Hay una inflamación del gasóleo cuando entra en contacto con el aire caliente: **combustión** y **expansión.**
4°	**Expulsión** de los gases quemados.	**Expulsión** de los gases quemados.

↑ **Tabla 7.1.**

Debido a las características de un motor diésel todo sistema de inyección ha de garantizar las siguientes funciones:

- **Generación de presión de inyección.** Debido a que en los motores diésel el combustible se inyecta en la cámara de combustión, el sistema ha de asegurar que dicho combustible sea introducido y pulverizado de forma eficaz en las condiciones de presión que se dan en las proximidades de la explosión.
- **Dosificación de la cantidad inyectada.** Ya que la cantidad de aire aspirado en un motor diésel sólo varía en función de las revoluciones y en caso de existir la presión de sobrealimentación, la potencia entregada por el motor se regulará en función de la cantidad de combustible inyectado; por lo que la cantidad de combustible inyectado dependerá primordialmente de la posición del acelerador, y esta cantidad queda limitada a un valor máximo que dependerá de las revoluciones del motor y de la presión de sobrealimentación.
- **Control del momento de inyección.** Debido al retraso que existe entre el momento de inyección y el momento de explosión, el sistema de inyección deberá variar el momento de la inyección en función de las revoluciones para compensar el tiempo transcurrido entre la inyección y la explosión para que esta última se produzca en el momento que ocasione mayor rendimiento sin la existencia de picado de bielas. La inyección de combustible se produce siempre en el mismo punto del interior de la cámara de combustión; debido a esto, el sistema de inyección deberá prolongar la inyección para que esta se produzca siempre sobre aire puro. Al mismo tiempo la presión de explosión dependerá de la cantidad inyectada, por lo que habrá que realizar una variación del momento de inyección en función del caudal que se vaya a inyectar.
- Como ya se comentó, el motor diésel controla su potencia controlando la cantidad de combustible, por tanto, regulando el combustible podremos regular la velocidad de ralentí y cortándolo, el sistema podrá limitar la velocidad de giro del motor.

Procedimientos de combustión

saber más

El retardo de encendido depende de:

- La facilidad de encendido del carburante.
- La temperatura final de la compresión (relación de compresión, refrigeración del aire de alimentación).
- La presión final de la compresión (relación de compresión, grado de sobrealimentación).

La forma de la cámara de combustión tiene un papel muy importante para conseguir una temperatura homogénea en el aire. Existen tres tipos de combustión en función de la cámara:

Cámara de precombustión

El aire está comprimido en dos zonas (figura 7.2), en la antecámara (A) y en la cámara principal (B). El combustible se inyecta en la antecámara mediante un inyector de un orificio, comenzando aquí la precombustión y terminando en la cámara (B).

La presión de inyección suele estar entre 110 y 150 bares. Las combustiones son suaves y progresivas. Se necesitan bujías de precalentamiento, que están situadas en las antecámaras.

Cámara de turbulencia

Se trata en cierto modo de que es un sistema mejorado con respecto al anterior (figura 7.3). Un canal tangencial une la cámara de turbulencia (A) con la principal (B). Cuando se comprime el aire, este pasa casi en su totalidad a la cámara (A). El gasóleo se inyecta en ella produciéndose ahí casi la totalidad de la combustión. El poco combustible que queda sin quemar lo hace en la cámara principal. El inyector y la presión de inyección tienen las mismas características que la cámara de precombustión.

Las combustiones también son suaves y se necesitan calentadores para el arranque en frío.

Combustión directa

El chorro de combustible se dirige al interior del cilindro (figura 7.4), contra la cabeza del pistón; en este suele estar la cámara de combustión, lo cual supone una mayor facilidad para crear remolinos en el aire y como consecuencia una mejora en la vaporización del combustible.

Se emplean inyectores de varios orificios y la presión de inyección suele estar entre 160 y 250 kg/cm^2. Tiene la ventaja de un menor consumo de combustible y un fácil arranque, por lo cual las bujías de calentamiento no son siempre necesarias y se usan en motores de pequeña cilindrada y bajas temperaturas.

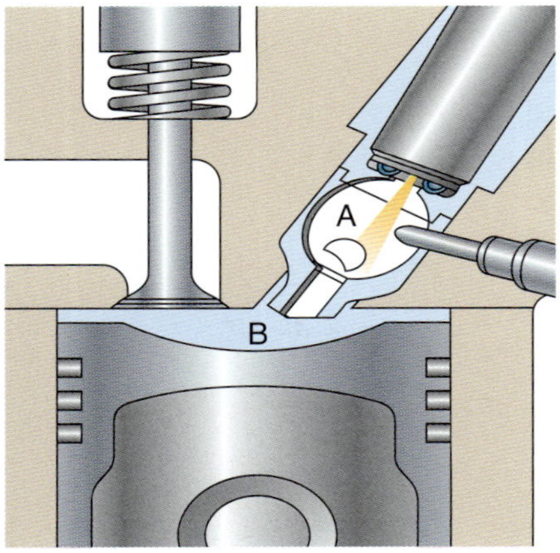

↑ **Figura 7.2.** Procedimiento de cámara de precombustión.

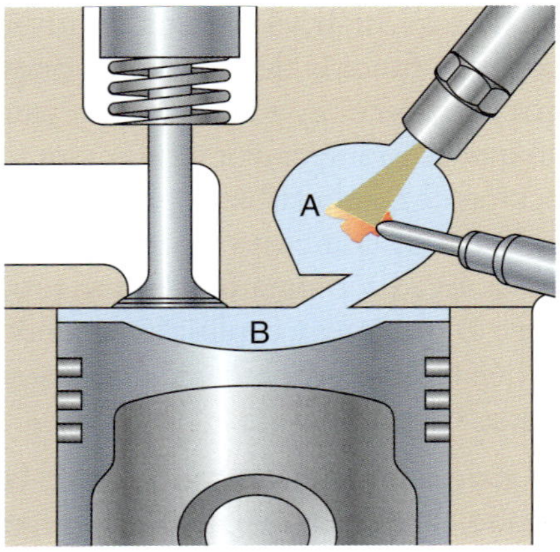

↑ **Figura 7.3.** Procedimiento de cámara auxiliar de turbulencia.

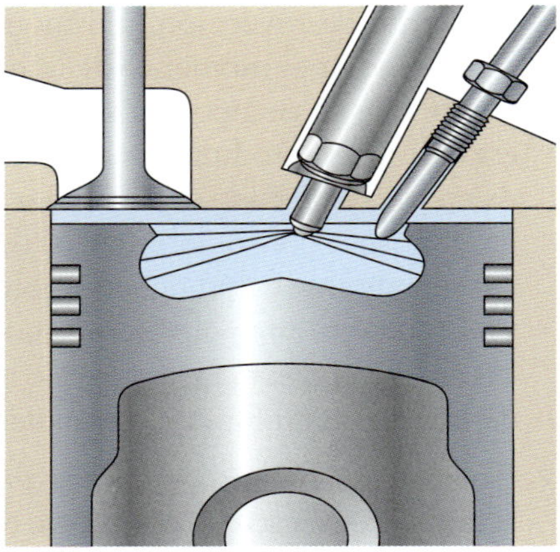

↑ **Figura 7.4.** Procedimiento de inyección directa.

2. El gasóleo

Los gasóleos son mezclas de hidrocarburos que entran en ebullición entre los 180 °C y los 370 °C. Se obtienen a partir de una destilación progresiva del petróleo. Son considerados naftas por ser productos de destilación que están entre las gasolinas y los aceites lubricantes. Su composición es variable, dentro de unos márgenes, en función de los esquemas de refinado de cada refinería.

2.1. Tipos de gasóleo

En España tenemos tres tipos de gasóleo: El A, el B y el C.

El A es de color amarillento y se emplea fundamentalmente como carburante. Puede recibir distintas denominaciones comerciales en función de las compañías petroleras. Su densidad es de 0,845 kg/litro a 15 °C. Según la cantidad de azufre que tengan, se comercializa en dos versiones. El más caro es el que tiene menos azufre.

El B, conocido como gasóleo agrícola, es de color rojizo y se utiliza principalmente para el uso en motores agrícolas, así como determinada maquinaria de obra pública. Se diferencia del gasóleo tipo C en su color y en su mayor refinado y mayor poder calorífico. Del A se diferencia en el nivel de azufre permitido por la legislación. Su densidad es superior al A (aproximadamente 0,855 kg/litro a 15 °C).

El gasóleo C, conocido como gasóleo de calefacción, es de color azulado y su uso es para calderas de calefacción y otras calderas empresariales. Es el de más bajas características según los análisis del mismo y un punto de congelación mejor que el de los otros dos tipos de gasóleo, así como un menor poder calorífico. No es adecuado utilizarlo como combustible en motores diésel. Su densidad equivale a la del gasóleo B.

saber más

En el Real Decreto 1088/2010 del 3 de septiembre (BOE de 4 septiembre de 2010) vienen recogidas las especificaciones técnicas de las gasolinas y de los distintos gasóleos.

2.2. Características

El gasóleo tiene que poseer unas ciertas características o propiedades para poder ser usado como combustible por los motores diésel. Las características más importantes son:

- Número de cetanos.
- Punto de inflamabilidad.
- Poder calorífico.
- Densidad.
- Punto de cristalización.
- Contenido de azufre.
- Volatilidad.
- Viscosidad.
- Contenido de cenizas.
- Contenido de agua y sedimentos.

Número de cetanos

Una vez inyectado el gasóleo en el cilindro, se debe encender lo más rápido posible y de una forma espontánea. El número de cetanos (NC) es el índice que nos dice la capacidad que tiene un gasóleo para inflamarse. Ese número es tanto mayor cuanto más fácilmente se inflama.

saber más

Valores de NC

Actualmente, los motores diésel modernos requieren, para su buen funcionamiento, gasóleo con un NC del orden de 50-70. Si un motor tiene un NC bajo se obtiene un menor rendimiento y una mayor contaminación.

Para determinar el NC de un gasóleo se utilizan motores de laboratorio con una relación de compresión variable, contrastando el comportamiento del combustible según la mezcla del cetano, que es un hidrocarburo que tiene una facilidad de inflamación extraordinaria. A este hidrocarburo se le atribuyen como medida de su fácil inflamabilidad 100 cetanos (índice de cetano igual a 100) y a la alfametilnaftalina, que tiene muchas dificultades para inflamarse, se le asigna el índice de cetano igual a cero.

De esta forma, un combustible cuyo índice de cetano sea 58 tendrá la misma calidad de encendido que una mezcla compuesta de 58 % de cetano y 42 % de otros compuestos.

Punto de inflamabilidad

El punto de inflamabilidad de un combustible, en general, es la temperatura más baja a la cual el combustible desprende vapores en cantidad suficiente para inflamarse momentáneamente cuando se pone en contacto con una llama. La legislación y las normas de las compañías de seguros establecen los puntos de inflamabilidad mínimos de cada combustible.

En el caso del gasóleo, debe ser superior a 55 °C ya que valores inferiores acarrean problemas en el encendido por ser este demasiado rápido, con el consiguiente aumento de presión y de temperatura en la cámara de combustión, que puede derivar en perforaciones en los pistones. Otro de los problemas importantes es la seguridad en el transporte, almacenamiento, etc.

Poder calorífico

El poder calorífico indica la cantidad de calor producido por el gasóleo cuando se quema completamente. Esto refleja, por tanto, la energía térmica potencialmente disponible. Se expresa en kcal/kg o en kJ/kg.

Para averiguar el poder calorífico de un combustible, se emplea un método práctico que consiste en quemar una masa de combustible conocida y medir el calor que se desprende a través de un calorímetro, donde el calor producido es absorbido por una masa de agua, también conocida, cuya elevación de temperatura es medible.

Existen dos tipos de poderes caloríficos:

- **Poder calorífico superior (PCS).** Es la cantidad total de calor desprendido en la combustión completa de un kilogramo de gasóleo, incluyendo el calor aportado por la condensación del vapor de agua producido en la combustión.
- **Poder calorífico inferior (PCI).** Es el poder calorífico superior menos la cantidad de calor que cede el vapor de agua al condensarse.

En realidad, en un motor funcionando, el vapor de agua no se condensa sino que sale acompañando a los gases de escape. Así pues, en el PCS de los combustibles hay un porcentaje de calor que no puede ser convertido en energía.

El PCI del gasóleo suele ser aproximadamente de 10.200 kcal/kg o 42.700 kJ/kg.

saber más

Nota

1 kilocaloría (kcal) = 4.185 julios (J) = 4,185 kilojulios (kJ).

Densidad

Se llama densidad de un producto a la masa del mismo por unidad de volumen a una temperatura dada. Como se puede apreciar, la densidad está en función de la temperatura, por lo que hay que indicar el valor de esta cuando se defina la densidad de un producto. En los gasóleos, la densidad se expresa a 15 °C. Todos los combustibles que se comercializan deben tener una densidad lo más homogénea posible.

Una mayor densidad significa una mayor masa, ya que en el cilindro siempre se utilizan volúmenes constantes en las distintas condiciones de funcionamiento. Si la densidad aumenta, hay más humos en el escape y un mayor poder calorífico por litro a igualdad de poder calorífico por kilo (que es como se suele expresar).

La densidad del gasóleo comercializado en Europa oscila entre 0,825 y 0,860 kg/L.

Punto de cristalización

Cuando las temperaturas son muy bajas, la parafina contenida en el gasóleo tiende a solidificarse en forma de cristales, los cuales pueden llegar a bloquear los filtros del vehículo. Para evitar estos problemas, los gasóleos deben cumplir unas especificaciones en aquellas características relacionadas con el comportamiento en frío. El punto de cristalización debe de estar entre –20 y –30 °C.

Contenido de azufre

El azufre, durante el proceso de combustión, se transforma en dióxido de azufre (SO_2) y en otros óxidos de azufre conocidos como SO_x. Estos contaminantes presentes en los gases de escape son nocivos para el medio ambiente y para el ser humano debido a su gran acidez.

A continuación indicamos algunas de las características del azufre:

- Es un elemento químico de símbolo S y número atómico 16.
- Es un cuerpo no metálico de color amarillo-limón que funde a una temperatura de 113 °C y que hierve a 445 °C.
- No tiene olor ni sabor y es un mal conductor de la electricidad y del calor.
- Al arder desprende un gas de olor característico (trióxido de azufre).

Volatilidad

Es la rapidez con la que un líquido pasa al estado de vapor. Para determinar la volatilidad del gasóleo, basta con saber la temperatura que hace falta para destilar el 90% de una muestra de dicho combustible. Cuanto menor sea la temperatura, mayor será su volatilidad. Debido al tipo de mezcla y de combustión, en los motores diésel no se necesita que el combustible sea demasiado volátil.

El campo de destilación de los gasóleos está aproximadamente entre 200 y 300 °C.

Viscosidad

La viscosidad de un líquido mide la resistencia del mismo a fluir. A mayor viscosidad, mayor resistencia (menor fluidez). Esta propiedad se ve afectada por la temperatura: cuanto mayor sea esta, menos viscoso será el líquido; por tanto, cuando se defina la viscosidad de un producto se deberá expresar su temperatura. La viscosidad del gasóleo afecta a la forma del chorro que entra en los cilindros: si la misma es alta, el chorro estará poco pulverizado y será largo, produciendo más humos en el escape; mientras que si es baja, el chorro será muy pulverizado y corto, ocasionando peores arranques en caliente.

saber más

Parafina

Se encuentra, tanto en los residuos de la destilación del petróleo, como en la Naturaleza. La parafina refinada tiene una masa molecular que puede variar entre 300 y 400. Suele contener menos del 0,5 % de aceite y su punto de fusión generalmente se encuentra entre 47 y 62 °C. Si está en estado sólido es de color blanco, mientras que si es líquida resulta incolora. No tiene olor ni sabor, es bastante dura y quebradiza.

Tiene aplicación en muchas industrias, como la cosmética, eléctrica, textil, etc.

Es sabido que las partes internas de la bomba de inyección y los inyectores están lubricados por el mismo gasóleo, por tanto este debe tener una viscosidad adecuada para realizar estas funciones. Existe, para el gasóleo de automoción, un rango de viscosidades óptimo para el buen funcionamiento del vehículo. Actualmente, los valores de viscosidad de los gasóleos están aproximadamente entre $2 \cdot 10^{-6}$ y $4{,}5 \cdot 10^{-6}$ m^2/s a 40 °C.

Contenido de cenizas

La cenizas suelen estar compuestas de arena y orín, que son muy abrasivos. Por tanto, el contenido de cenizas debe ser el más bajo posible, para eludir un desgaste desmesurado de los motores. Los combustibles refinados tienen, generalmente, un contenido de cenizas muy pequeño.

Contenido de agua y sedimentos

Tanto el agua como los sedimentos de los gasóleos proceden de la manipulación y el almacenamiento de los mismos. Los sedimentos están formados de materia carbonosa y metales u otro material inorgánico. Pueden ser el origen de corrosión y desgaste tanto de la bomba inyectora como de los inyectores. Además, una cantidad de agua excesiva puede generar una combustión anormal.

2.3. Aditivos

El gasóleo tiene aditivos a fin de realzar ciertas cualidades y de proporcionarle otras no presentes en su estado natural. Tales aditivos contribuyen a:

- Proteger contra la corrosión las distintas partes del sistema de alimentación del motor, repercutiendo positivamente en la duración del mismo.
- Aumentar el NC, mejorando, por tanto, la combustión en los cilindros.
- Mejorar la limpieza de los inyectores, lo cual hace que disminuya el consumo y las emisiones contaminantes.
- Incrementar la operatividad en frío, evitando la solidificación de la parafina.

EJEMPLO

Calcula el poder calorífico/litro del gasóleo, sabiendo que el poder calorífico por kg es de 10.200 kcal. La densidad es de 0,83 kg /dm³.

Solución

Peso = $d \cdot V$ = 0,83 kg/dm³ · 1 dm³ = 0,83 kg

Poder calorífico/L = 0,83 · 10.200 = 8.466 kcal/litro

ACTIVIDADES

1. Busca información en Internet o en la biblioteca y haz un estudio más detallado de los combustibles.

3. Estudio de los elementos que componen el circuito de inyección diésel

Circuito con bomba de inyección lineal

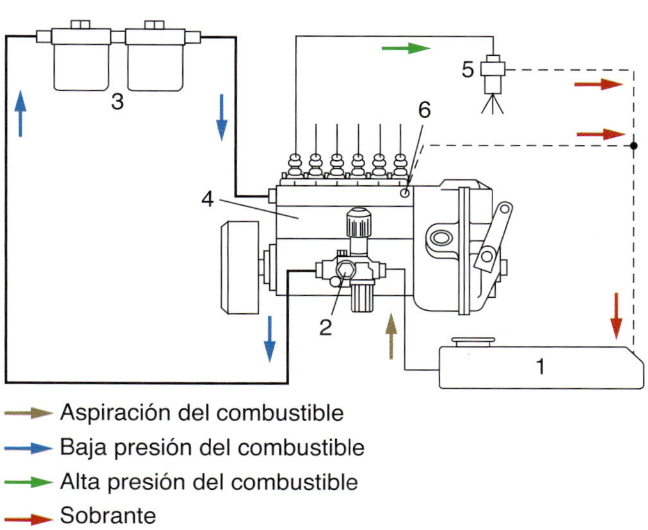

↑ **Figura 7.5.** Sistema de inyección diésel con válvula de descarga en la bomba de inyección.

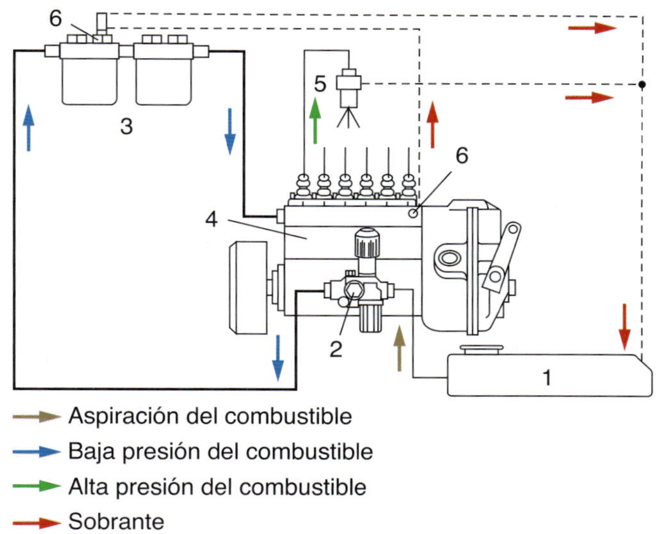

↑ **Figura 7.6.** Sistema de inyección diésel con válvula de descarga en el filtro y en la bomba.

Como se ve en las figuras 7.5 y 7.6, el circuito está formado por los siguientes elementos:

1. Depósito.

2. Bomba de alimentación.

3. Filtros de combustible.

4. Bomba de inyección lineal.

5. Inyector.

6. Válvula de descarga.

El funcionamiento es como sigue:

La bomba de alimentación aspira el combustible del depósito y lo impulsa a baja presión a la bomba de inyección a través del filtro. Esta bomba de inyección eleva la presión de tal forma que resulte suficiente para que el gasóleo sea impulsado a través de la válvula de presión hacia el inyector, saliendo finamente pulverizado en la cámara de combustión del motor.

Debido a que el filtro de gasóleo está muy cerca del motor, se monta una válvula de descarga en la cámara de admisión de la bomba de inyección (figura 7.5) para evitar la formación de burbujas del combustible. El sobrante de este vuelve al depósito a través de la válvula y de la tubería de retorno.

Si en el interior del motor reina una temperatura muy elevada, el circuito se parece al de la figura 7.6, donde vemos una válvula de descarga en el filtro a través de la cual una parte de combustible retorna al depósito, durante el funcionamiento, arrastrando las burbujas.

Circuito con bomba de inyección rotativa

El funcionamiento es el mismo que con bomba lineal, con la diferencia de que en este caso la bomba de alimentación va incorporada dentro de la bomba de inyección. Este circuito lo apreciamos en la figura 7.7.

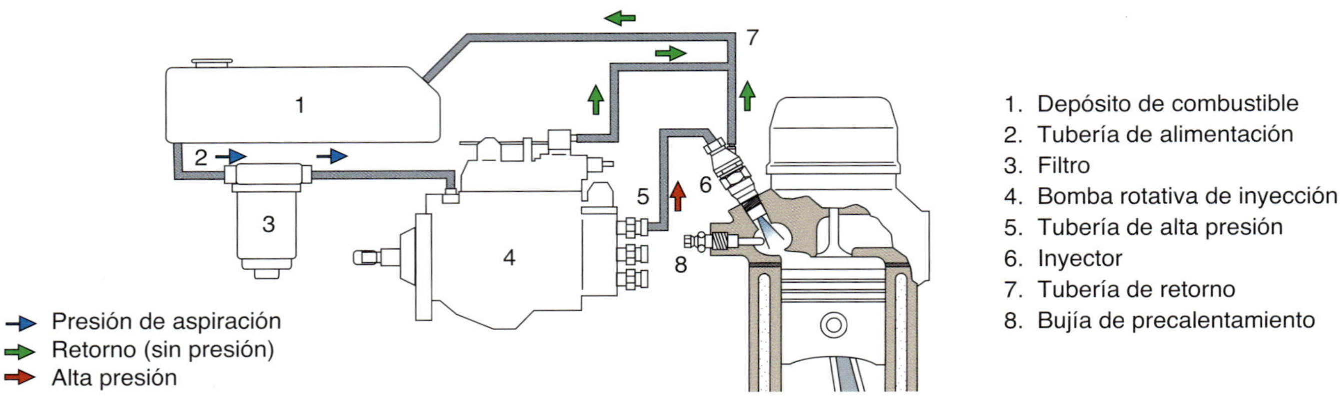

↑ **Figura 7.7.** Circuito de alimentación de combustible en una instalación de inyección con bomba rotativa.

A continuación explicamos detalladamente cada uno de los componentes:

caso **práctico** inicial

El orificio de aireación del depósito de combustible de la furgoneta de Agustín estaba obstruido.

A la furgoneta de Ángel le faltaba aceleración. El elemento causante era la bomba de alimentación.

3.1. Depósito

El depósito en el circuito de inyección diésel reúne las mismas características que las descritas para los depósitos de los motores de gasolina, salvo que en este caso, al ser el gasóleo un líquido mucho menos volátil que la gasolina, no dispone de los sistemas de desvaporización (cánister).

3.2. Bomba de alimentación

Describimos las que van adosadas en las bombas de inyección lineal, y estudiaremos en la próxima unidad las que van incorporadas en las bombas de inyección rotativa.

La bomba de alimentación es el elemento encargado de aspirar el combustible del depósito y mandarlo bajo presión (entre 1 y 2 kg/cm^2) a la bomba de inyección a través del filtro.

Está constituida por un émbolo, accionado por el árbol de levas de la bomba de inyección. Suele llevar incorporado un cebador manual que sirve para purgar el circuito en caso necesario.

En la figura 7.8 podemos apreciar una bomba de simple efecto con cebador manual.

Existen dos tipos de bombas:

- Bomba de alimentación de simple efecto.
- Bomba de alimentación de doble efecto.

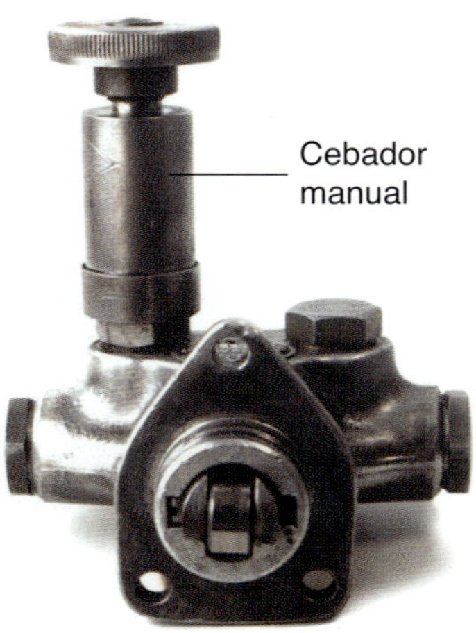

↑ **Figura 7.8.** Bomba de simple efecto con cebador manual.

Simple efecto

Como se aprecia en la figura 7.9, la bomba de alimentación de simple efecto consta de dos cámaras (7 y 9) separadas por un émbolo móvil (4). En la carrera intermedia o fase de transferencia, cuando la leva (1) impulsa al rodillo (2) y al perno de presión (3), el combustible penetra en la cámara de presión (9) a través de la válvula de retención (8) situada en el lado de impulsión. Durante la carrera de aspiración y de impulsión, la leva deja de actuar, el pistón retrocede por la acción del muelle (5) y el combustible es impulsado desde la cámara de presión a la bomba de inyección. Al mismo tiempo, la bomba de alimentación aspira combustible desde el depósito y lo hace pasar por un filtro purificador y por la válvula de retención (6) hasta llevarlo a la cámara (7).

Si el consumo disminuye, la presión en la tubería de alimentación aumenta. Entonces la fuerza del muelle no es suficiente para que se realice una carrera de trabajo completa. Se reduce el caudal de alimentación y este se puede hacer cero si la presión sigue aumentando. Así, el filtro de combustible queda protegido de presiones elevadas (es la fase autorreguladora).

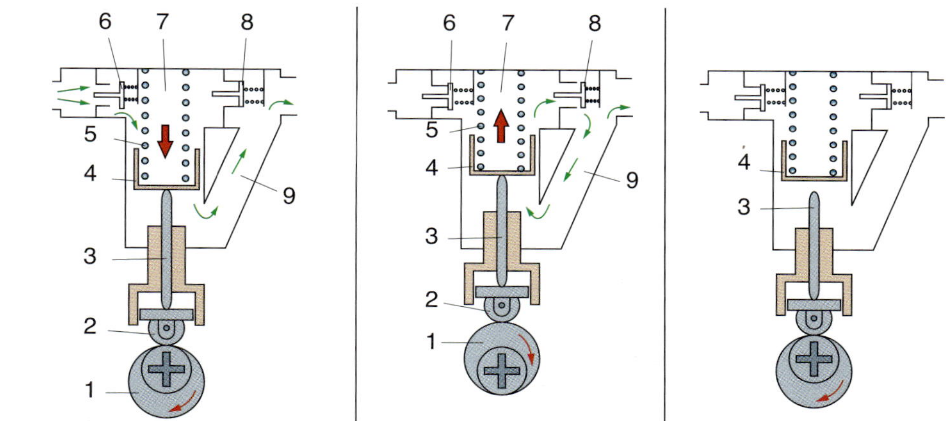

↑ **Figura 7.9.** Fases de funcionamiento de una bomba de alimentación de simple efecto.

Doble efecto

Aquí el desplazamiento del pistón provoca en cada carrera (sea ascendente o descendente) una aspiración y una impulsión (figura 7.10). Por tanto, el caudal es doble con respecto a las de simple efecto.

Tiene tres fases de funcionamiento:

- **1.ª Fase.** Aspiración e impulsión (cuando baja el pistón de la bomba).

  La excéntrica (1) no actúa sobre el pistón (5) y este baja por la acción del muelle (9), provocando una depresión en la cámara (8). La válvula (10) se cierra, mientras que se abre la válvula (7), por donde entra gasóleo de la cámara (6) hacia la cámara (8). Esta es la fase de aspiración. Al mismo tiempo impulsa gasóleo de la cámara (13) hacia la cámara (11) a través de la válvula (12); la válvula (4) está cerrada contra su asiento. Esta sería la fase de impulsión.

- **2.ª Fase.** Aspiración e impulsión (cuando el pistón de la bomba sube).

  La leva (1), el rodillo (2) y el perno (3) hacen que el pistón (5) suba comprimiendo el muelle (9). Ahora la depresión se crea en la cámara (13). Entra gasóleo por la válvula (4) y, por otro lado, sale a través de la válvula (10) hacia la bomba inyectora, permaneciendo cerradas las válvulas (12 y 7).

- **Fase autorreguladora.** Si la presión en la cámara (13) es igual a la del resorte (9) contra el pistón (5), este no puede desplazarse, quedando inmóvil en la posición más alta.

saber más

Depósito de gravedad y bombas de alimentación eléctricas

Si no se utilizan bombas de alimentación, el depósito de combustible tiene que estar instalado por encima de la bomba de inyección, que es lo que se llama depósito de gravedad. También indicaremos que existen algunos modelos que montan bombas de alimentación eléctricas, las cuales, al igual que en los motores de gasolina, pueden ir en el interior del depósito de combustible.

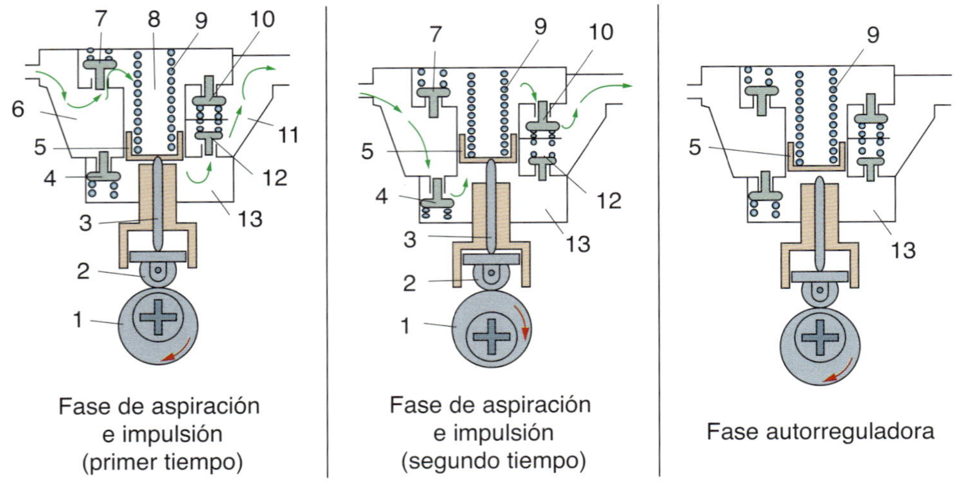

↑ **Figura 7.10.** Fases de funcionamiento de una bomba de alimentación de doble efecto.

3.3. Filtro de combustible

↑ **Figura 7.11.** Efectos en una bomba de inyección debido a un mal filtrado de combustible.

La función del filtro es proteger a la bomba de inyección y a los inyectores eliminando las impurezas y el agua contenida en el gasóleo. Deben estar en perfecto estado, ya que un filtrado irregular puede provocar daños muy serios en el sistema de inyección, tal como se manifiesta en la figura 7.11, y también acarrear consecuencias negativas en el motor en cuanto a la combustión, consumo, contaminación, potencia, etc.

Según las características de los motores, así serán las del filtro, por lo que podemos encontrar filtros simples, dobles (con filtrado en serie y en paralelo), etc., todos ellos con o sin acumulador de agua. En la figura 7.12 apreciamos algunos de estos tipos.

En cuanto a los cartuchos de filtro, los más empleados son los de papel y los de fieltro (ambos los vemos en la figura 7.13) con un tamaño de sus poros de 0,015 mm aproximadamente.

Hay cartuchos que se pueden cambiar independientemente de la carcasa; mientras que hay otros en los que la carcasa y el elemento filtrante forman una sola unidad, por lo que al efectuar el mantenimiento se sustituye el conjunto completo.

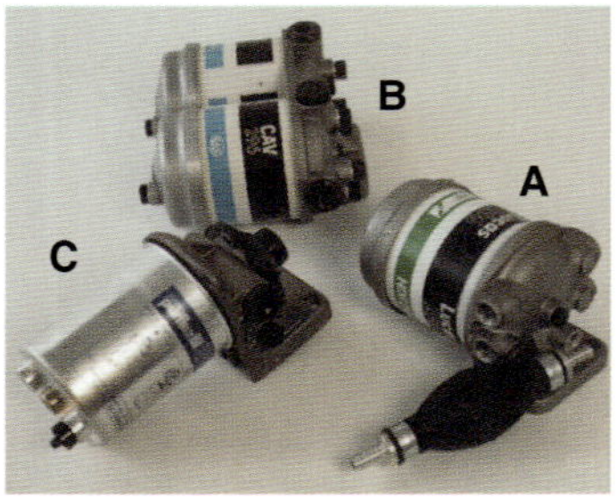

A. Filtro simple con acumulador de agua y bomba de cebado exterior.
B. Filtro doble con filtrado en serie y con acumulador de agua.
C. Filtro simple con tapón de drenaje y bomba de cebado incorporada.

↑ **Figura 7.12.** Filtros de gasóleo.

Los filtros de gasóleo suelen ir montados en una posición alta para favorecer la desaireación a través del tornillo de purga. Pueden incorporar una bomba de cebado manual mientras que en otros casos esta bomba es exterior al filtro.

En los filtros que no llevan acumulador de agua, esta se deposita en el fondo del cuerpo del filtro, eliminándose cuando se cambia este, mientras que en aquellos filtros que sí llevan acumulador, este puede consistir en un pequeño depósito transparente que al contemplarlo revela la necesidad o no de vaciarlo.

Algunos filtros incorporan un dispositivo electrónico para indicar la presencia de agua. El aviso llega a través de un piloto situado en el cuadro de mandos. El principio de funcionamiento de este dispositivo electrónico se basa en la variación de resistencia del gasóleo cuando tiene agua.

Algunos filtros también van provistos de otro dispositivo para el calentamiento del combustible para evitar que la parafina del mismo pueda llegar a bloquear el filtro. Consiste en una serie de resistencias introducidas en el soporte del cartucho que se alimentan eléctricamente a través de unos contactos de un termointerruptor instalado en el mismo soporte. Dicho termointerruptor es sensible, tanto a la temperatura del gasóleo como a la temperatura ambiente. A temperaturas bajas del gasóleo, los contactos están cerrados y alimentan a las resistencias para el calentamiento, mientras que cuando el gasóleo está a temperatura normal los contactos se abren e interrumpen el circuito.

En la figura 7.14, observamos un filtro seccionado donde vemos el tornillo de purga, el dispositivo de calentamiento y el acumulador de agua con su avisador correspondiente. Por su parte, en la figura 7.15 vemos el detalle ampliado del dispositivo de calentamiento del combustible.

Hay que comentar que las últimas tecnologías están trabajando en filtros que integran válvulas para garantizar la regulación de presión, pensando sobre todo en vehículos que montan sistemas Common Rail.

Por último, indicaremos que se debe respetar escrupulosamente el cambio de filtro en los intervalos que indique el fabricante y utilizar siempre el que este recomiende.

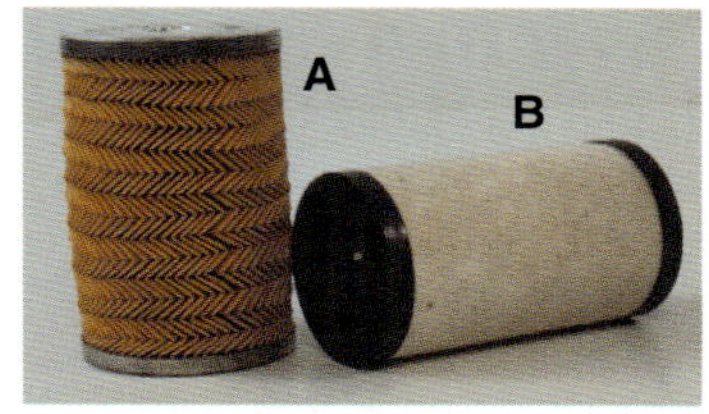

A. Papel. B. Fieltro.

↑ **Figura 7.13.** Cartuchos de filtro de gasóleo.

saber más

Fieltro

Es una especie de paño no tejido, que resulta de conglomerar lana o pelo de liebre, conejo, castor, etc. Aunque este conglomerado pueda adquirir formas más o menos esféricas, el fieltro siempre tiene un grosor uniforme.

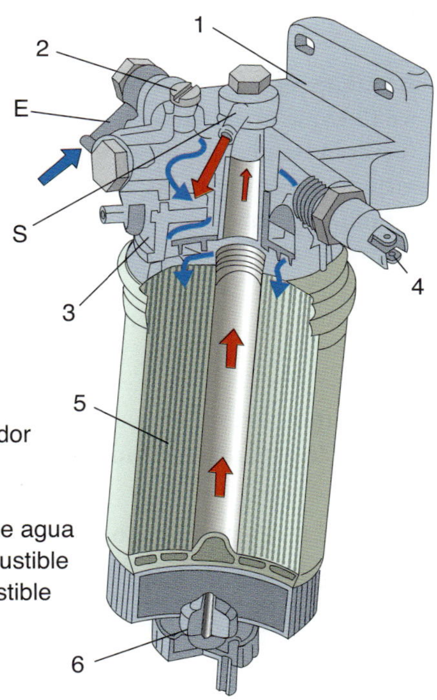

1. Soporte
2. Tornillo de purga
3. Elemento calentador
4. Termointerruptor
5. Cartucho filtrante
6. Sensor detector de agua
E. Entrada del combustible
S. Salida del combustible

Gasóleo sin filtrar
Gasóleo filtrado

↑ **Figura 7.14.** Vista seccionada de un filtro de gasóleo.

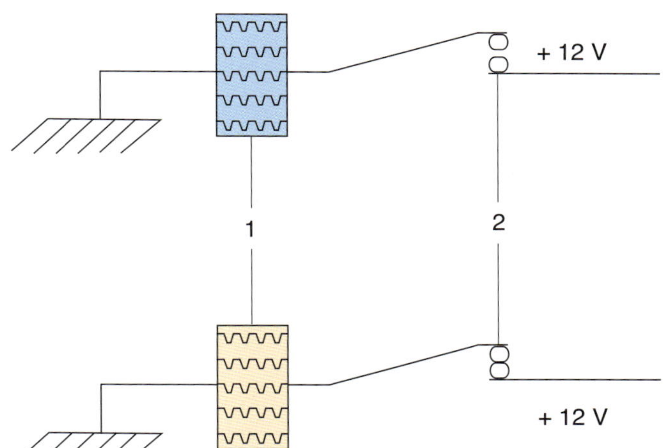

Temperatura normal del gasóleo

Calentando el gasóleo

1. Caja de resistencias
2. Termointerruptor

↑ **Figura 7.15.** Detalle del circuito eléctrico del dispositivo de calentamiento del gasóleo.

Prefiltro

En muchas instalaciones de alimentación diésel se montan prefiltros para eliminar las partículas más gruesas. Van situados antes de la bomba de alimentación y en algunos casos forman parte de ella. El elemento filtrante suele estar fabricado con mallas finas de tela metálica.

caso **práctico** inicial

El filtro de gasóleo de la furgoneta de Agustín estaba sucio y además tenía entradas de aire en una de sus conexiones.

saber más

También podemos ver instalaciones con prefiltros decantadores. En estos casos el agua que pueda llevar el combustible, al pesar más que el propio combustible, queda depositada en el fondo del recipiente.

En la figura 7.16 podemos observar el aspecto exterior de un prefiltro, así como un esquema donde se aprecian sus partes.

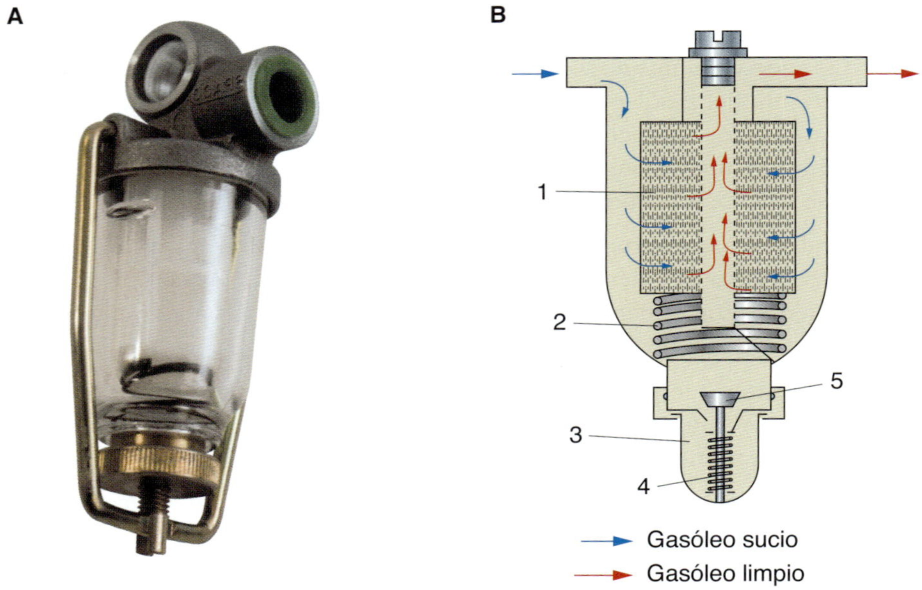

↑ **Figura 7.16.** Prefiltro. A. Aspecto exterior. B. Esquema.

Su funcionamiento es como sigue: el combustible viene del depósito y pasa a través del elemento filtrante (1), que es estanco en la parte alta gracias al resorte (2), y sale por un tubo hacia la bomba de alimentación. Las impurezas caen a la cubeta (3) que se mantiene abierta gracias al muelle de válvula (4), que hace que esta (5) esté levantada. Las cubetas se pueden desmontar para extraer la suciedad; en cuyo momento la válvula cae sobre su asiento. Normalmente estos prefiltros son lavables.

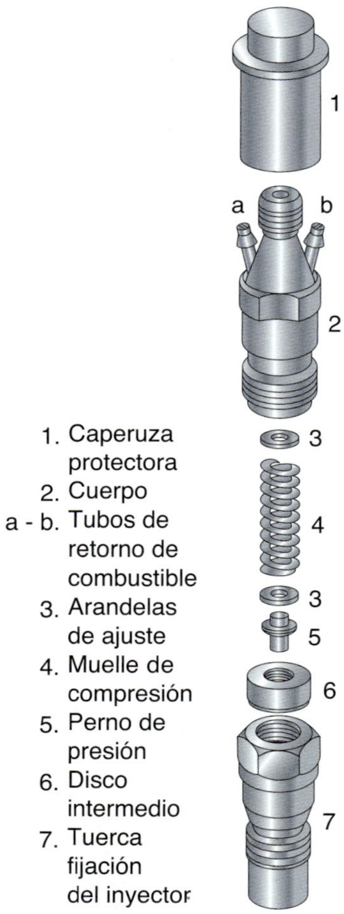

↑ **Figura 7.17.** Despiece de un portatobera.

3.4. Inyector

A esta pieza se le encomienda la función de introducir el gasóleo, que llega de la bomba de inyección, dentro de la cámara de combustión de una forma conveniente.

En un inyector se pueden diferenciar dos partes principales:

- El portatobera, cuyo despiece vemos en la figura 7.17.
- La tobera o inyector propiamente dicho, formada por el cuerpo de la misma y una válvula de aguja, tal como se aprecia en la figura 7.18. Con una presión y un tiempo de inyección definidos, es la sección del inyector la que determina la cantidad de combustible que entra en la cámara de combustión.

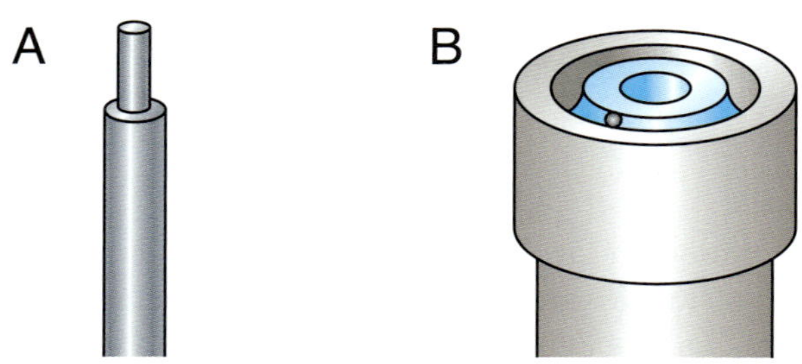

↑ **Figura 7.18.** Tobera.

El portatobera

Las funciones del portatobera son:

- Fijar la tobera en la posición correcta.
- Alojar en su interior el muelle de tarado del inyector y el dispositivo de regulación de presión de apertura.
- Permitir la circulación del combustible hacia la tobera a través de los conductos necesarios.
- Facilitar el retorno de combustible de fuga procedente de la tobera.

Tipos de portatoberas

Se puede hacer una clasificación de portatoberas atendiendo a diversas consideraciones:

- Según la tobera que va en su interior, pueden ser portatoberas para toberas cortas y portatoberas para toberas largas.
- Según la posición del muelle de tarado, existen portatoberas con muelle en la parte superior (figura 7.19) donde la regulación de presión se efectúa mediante elementos roscados sin necesidad de desmontar el conjunto; y portatoberas con muelle en la parte inferior (figura 7.20), que ofrecen ciertas ventajas con respecto a las anteriores como son el cierre más rápido de la tobera al ser sus partes móviles más ligeras, lo que hace que exista menos riesgo de que al final de la inyección los gases de la combustión penetren en la tobera. En este tipo de portatoberas, la variación de la presión se hace a través de suplementos, siendo necesario desmontar el conjunto para dicha regulación.

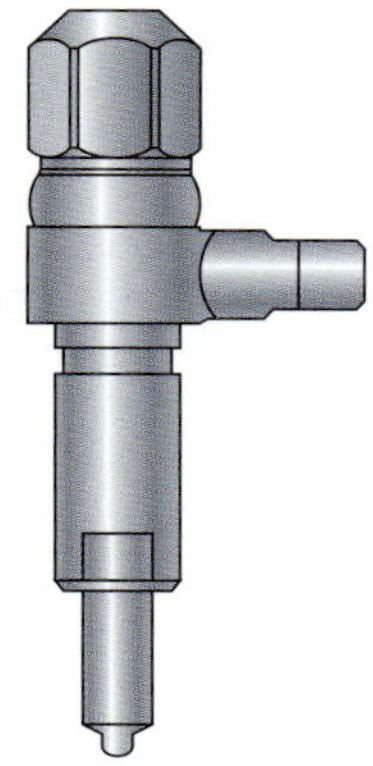

↑ **Figura 7.19.** Portatoberas con muelle de tarado de presión en la parte superior.

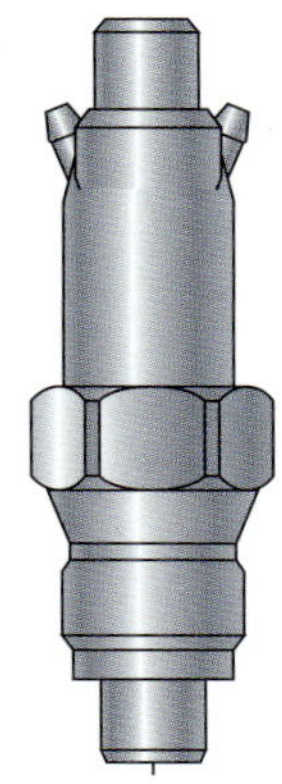

↑ **Figura 7.20.** Portatoberas con muelle de tarado de presión en la parte inferior.

La tobera

Sus funciones son:

- Pulverizar correctamente el combustible que inyecta.
- Cerrar con muchísima rapidez el circuito de inyección por debajo de una presión determinada. Y, una vez cerrado, asegurar la hermeticidad para evitar que los gases de la combustión puedan penetrar en dicho circuito.

Los elementos que la integran (cuerpo y válvula) forman un conjunto intercambiable. La precisión entre ellos es muy grande (entre 0,002 y 0,004 mm). En muchos modelos, la tobera suele estar protegida de las altas temperaturas de la cámara de combustión mediante arandelas térmicas que se intercalan entre el cuerpo del portainyector y la culata, que al mismo tiempo hacen que el cierre sea hermético. Dichas arandelas deben cambiarse siempre que se extraigan los inyectores.

Existen dos tipos (figura 7.21):

- Toberas de orificios (para motores de inyección directa).
- Toberas de espiga o tetón (para motores con cámara de precombustión y cámara de turbulencia).

Dentro de estos dos tipos existen variedades según el tipo de motor.

saber más

Ajustes excepcionales de presión

Existe algún portatobera con muelle en la parte superior donde el ajuste de la presión es también por suplementos.

A. De orificios
B. De espiga

↑ **Figura 7.21.** Aspecto exterior de dos toberas típicas.

A. Tobera de orificios

Pueden llevar uno o varios orificios (figura 7.22). Si llevan uno, este puede ir practicado central o lateralmente, mientras que si llevan varios orificios, los mismos suelen estar repartidos de forma equidistante.

El diámetro y la longitud de los orificios influyen sobre la forma y la profundidad del chorro. La presión de apertura de estas toberas suele ser de 160 a 250 kg/cm^2.

Toberas de orificios refrigerados: en el caso de motores donde la tobera tiene mucha temperatura (motores muy sobrealimentados, etc.) se utilizan toberas de orificios con refrigeración externa (figura 7.23). Llevan dos orificios, uno para la entrada de combustible y otro para la entrada y salida del refrigerante. En la parte inferior del cuerpo estas toberas presentan una rosca de doble paso estanqueizada por una envoltura refrigerante. El fluido refrigerante llega a la tobera, desde aquí pasa por uno de los dos pasos de la rosca a la cámara anular y desde esta es impulsado por el otro paso de la rosca y por el orificio de salida hacia el canal de salida del portatobera. El refrigerante suele ser aceite, emulsiones de aceite o bien agua que no ataque al acero.

B. Toberas de espiga o tetón

La presión de apertura se sitúa entre 110 y 150 bares. La aguja de la tobera tiene en uno de los extremos un tetón de diseño especial que penetra, con escasa holgura, en el orificio de inyección del cuerpo de la tobera (figura 7.24). El chorro inyectado puede ser modificado cambiando las dimensiones y formas del tetón.

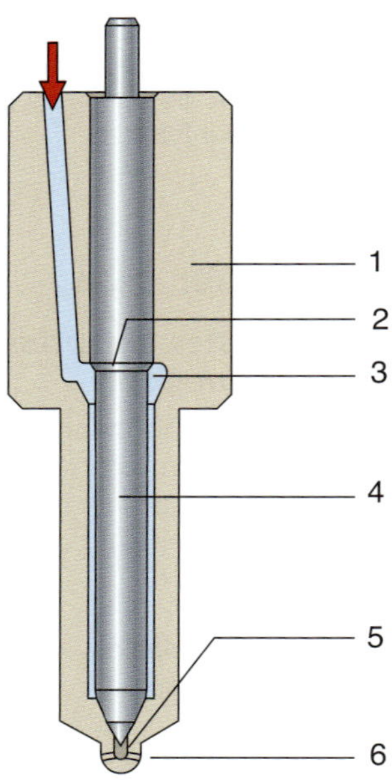

1. Cuerpo de la tobera
2. Parte cónica de empuje
3. Cámara de presión
4. Aguja
5. Taladro ciego
6. Orificios

↑ **Figura 7.22.** Sección de una tobera de orificios.

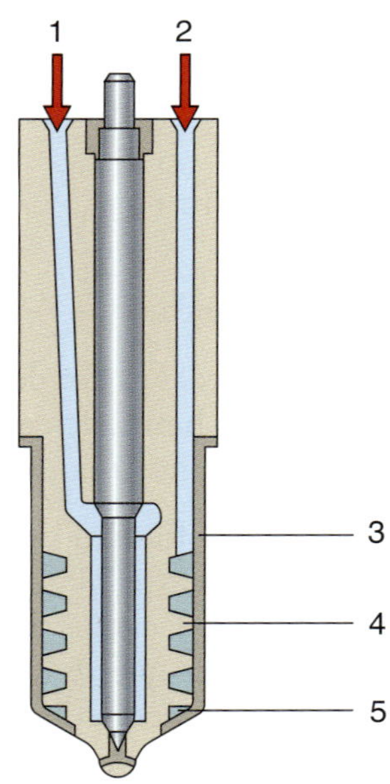

1. Entrada de combustible
2. Entrada de refrigerante
3. Envoltura refrigerante
4. Rosca de doble paso
5. Cámara anular

↑ **Figura 7.23.** Sección de una tobera de orificios refrigerados.

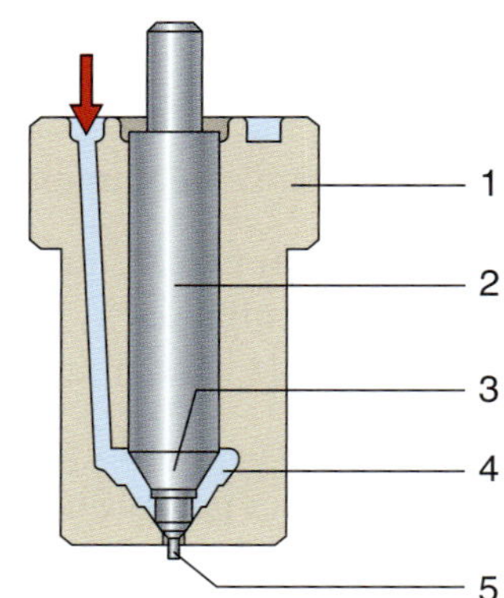

1. Cuerpo de la tobera
2. Aguja
3. Parte cónica de empuje
4. Cámara de presión
5. Espiga de inyección

↑ **Figura 7.24.** Sección de una tobera de espiga.

Toberas de espiga con estrangulación: tiene la espiga de unas dimensiones especiales consiguiéndose así una inyección de poco combustible (figura 7.25). Al principio, cuando abre la aguja, solamente deja libre una rendija muy estrecha, dejando pasar poco combustible (es lo que se llama efecto de estrangulación). Según va abriendo más (por aumento de presión), la sección se hace mayor y al final de la carrera de aguja se inyecta el chorro principal.

Con este tipo de toberas la combustión es más suave, ya que la presión aumenta más lentamente.

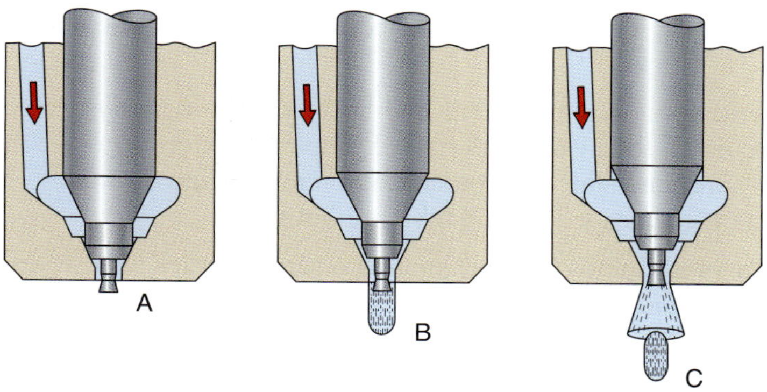

↑ **Figura 7.25.** Sección de una tobera de espiga con estrangulación.

Funcionamiento del conjunto del inyector

A través de la figura 7.26 podemos interpretar el funcionamiento en conjunto del portatoberas y la tobera.

Quien determina la presión de apertura de la aguja (14) es el muelle (10), que la empuja a través del perno (11) contra su asiento. Mediante los suplementos (9) se varía la presión del muelle y, por tanto, la presión de inyección.

La llegada de combustible se produce por el conducto (1), que comunica con el canal (3), atravesando este el cuerpo de sujeción (2), el disco intermedio (4) y el cuerpo de la tobera (13).

Mientras se produce la inyección, la aguja permanece levantada de su asiento por la presión reinante en el conducto (3). Cuando cesa dicha presión, la aguja se «sienta» por medio del perno y del muelle que presiona a este, finalizando de esta forma la inyección.

Completan el conjunto, la tuerca de fijación del inyector (5), la tuerca de fijación de la tubería de impulsión (6), el filtro de varilla (7), el conducto para el sobrante de combustible (8) y, en el caso de inyectores de orificios, los pasadores de fijación del inyector (12).

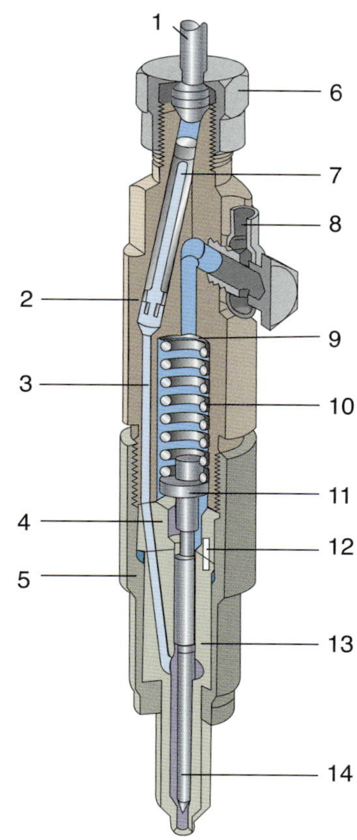

↑ **Figura 7.26.** Estructura del conjunto del inyector.

EJEMPLO

Un inyector tiene una tobera con dos orificios de diámetro 7 y 3 mm. Calcular la fuerza a dar al muelle para que inicie la inyección a una presión de 120 kgf/cm^2.

Solución

$F = P \cdot S = 120 \text{ kgf/cm}^2 \cdot \pi (R^2 - r^2) = 120 \cdot 3{,}14 (0{,}35^2 - 0{,}15^2) = 37{,}68 \text{ kgf}$

3.5. Calentadores

En el caso de temperaturas exteriores bajas y con el motor frío, el combustible no llega a inflamarse o lo hace de una forma poco satisfactoria, por lo que necesita de calentadores (también llamados bujías de precalentamiento) para facilitar el arranque. Se calientan a una temperatura de 850 °C aproximadamente teniendo lugar este calentamiento durante todo el proceso de arranque.

En los motores modernos, estos calentadores permanecen calientes durante algunos minutos después del encendido del motor, lo cual hace que disminuya la contaminación y permite un funcionamiento perfecto del motor, incluso a bajas revoluciones.

Haciendo una breve historia, hay que decir que las bujías de incandescencia antiguas iban conectadas en serie y eran del tipo de filamento externo y ojal con dos polos alcanzando aproximadamente en un minuto temperaturas de 1.000 °C. Tenían una resistencia mecánica y duración bastante limitada.

Los modernos calentadores rápidos (6-10 segundos) o súper rápidos (3-5 segundos) son del tipo de estilo autorregulante, conectados en paralelo, y tienen en su filamento incandescente aleaciones especiales de cromo, aluminio, hierro y un filamento de regulación a base de níquel. Este último filamento impide que la temperatura supere los valores máximos admitidos.

En la figura 7.27 apreciamos distintos tipos de calentadores.

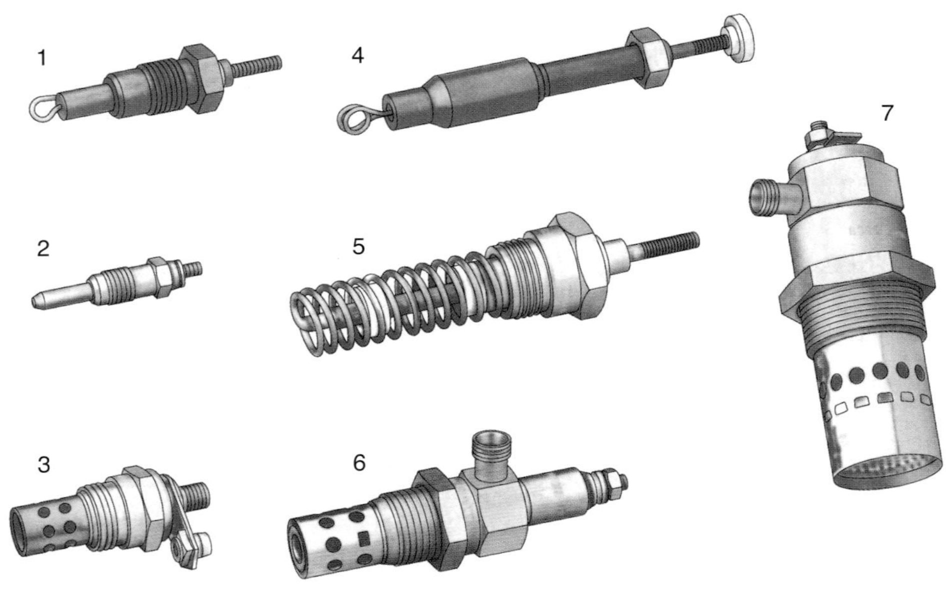

1 y 4. De alambre de dos polos
2. De espiga de arranque rápido
3. De alambre de llama de un polo
5. De alambre de un polo
6 y 7. De espiga de llama de un polo

↑ **Figura 7.27.** Distintos tipos de calentadores.

En los motores con precámara (figura 7.28) o cámara de turbulencia (figura 7.29) el calentador se encuentra en estas cámaras, mientras que en los de inyección directa van (si es que los montan) en la cámara de combustión (figura 7.30). En el caso de motores de inyección directa de gran cilindrada, tiene lugar un precalentamiento del aire aspirado mediante calentadores de incandescencia de llama (figura 7.31).

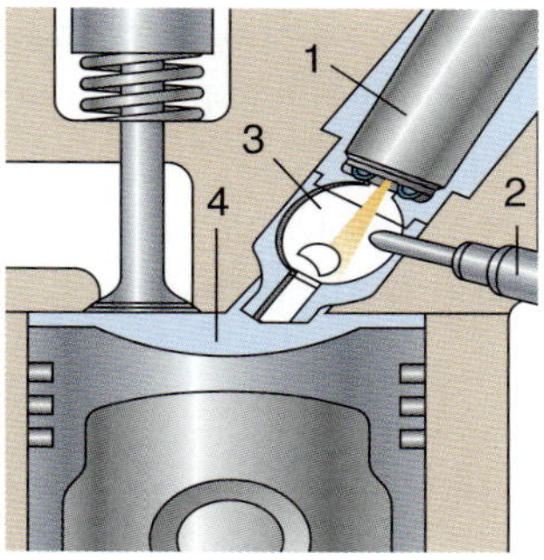

1. Inyector
2. Calentador de espiga
3. Precámara
4. Cámara de combustión

↑ **Figura 7.28.** Calentador de espiga en un motor con cámara de precombustión.

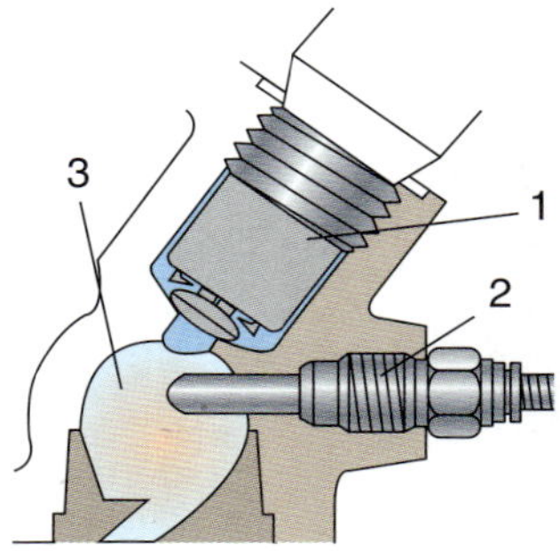

1. Inyector
2. Calentador de espiga
3. Cámara de turbulencia

↑ **Figura 7.29.** Calentador de espiga en un motor con cámara auxiliar de turbulencia.

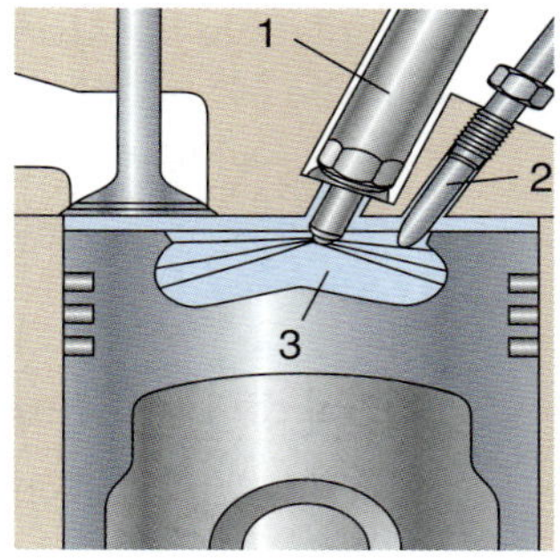

1. Inyector
2. Calentador de espiga
3. Cámara de combustión

↑ **Figura 7.30.** Calentador de espiga en un motor de inyección directa.

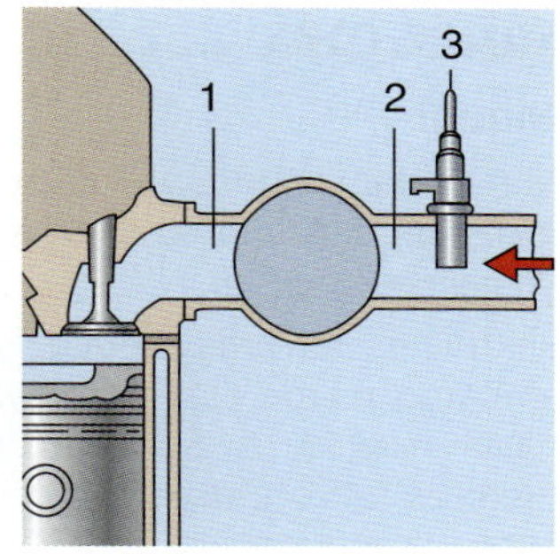

1. Tubo de aspiración
2. Tubo colector de admisión
3. Calentador de llama

↑ **Figura 7.31.** Calentador de llama insertado en el colector de admisión.

Funcionamiento

Lo vemos a través de la figura 7.32.

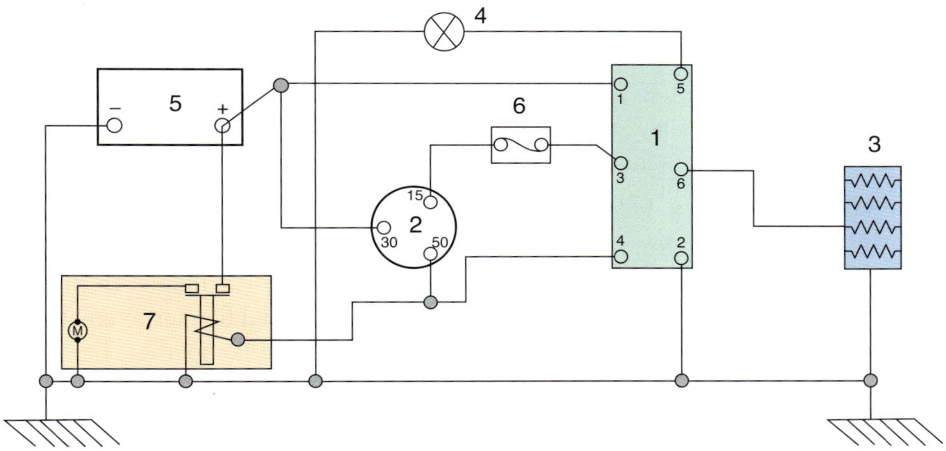

↑ **Figura 7.32.** Circuito eléctrico del sistema de precalentamiento.

La conexión eléctrica de los calentadores se realiza a través de un temporizador (1) que suministra corriente a ellos en intervalos que están perfectamente delimitados.

Cuando se acciona la llave de contacto (2), la corriente pasa a los calentadores (3) (aproximadamente 20 segundos dependiendo del tipo de calentador), iluminándose al mismo tiempo una luz testigo (4) en el cuadro de instrumentos. Pasado ese tiempo, la lámpara se apaga indicando al conductor que puede accionar el arranque. En caso de falta de maniobra de arranque, el temporizador ordena el apagado de los calentadores con el objeto de no estropearlos.

Como mencionamos anteriormente, una vez arrancado el motor, los calentadores siguen recibiendo corriente a impulsos cortos procedente del temporizador, aproximadamente durante dos minutos.

Ahondando más en la figura 7.32 vemos que el temporizador recibe corriente de la batería (5) a través del borne (1). Por el terminal (5) alimenta a la lámpara testigo; por otro de sus bornes (3) recibe corriente de la batería a través de la llave de contacto y del fusible (6).

saber más

Sonda de temperatura

En algunos sistemas se monta una sonda de temperatura en el refrigerante del motor con la finalidad de conseguir el tiempo de precalentamiento en función de la temperatura del mismo.

saber más

Níquel

Metal blanco brillante, duro y maleable. Su símbolo es Ni y su número atómico 28.

En frío es ferromagnético, sin embargo pierde esta propiedad hacia los 356 °C. Su punto de fusión es 1.453 °C mientras que su punto de ebullición es 2.732 °C. La densidad del níquel es 8,90 veces la densidad del agua a 20 °C. Es resistente a la corrosión alcalina y no es inflamable en trozos grandes, pero los alambres finos pueden incendiarse. Es moderadamente reactivo. La mayor parte del níquel comercial se emplea en el acero inoxidable y otras aleaciones resistentes a la corrosión.

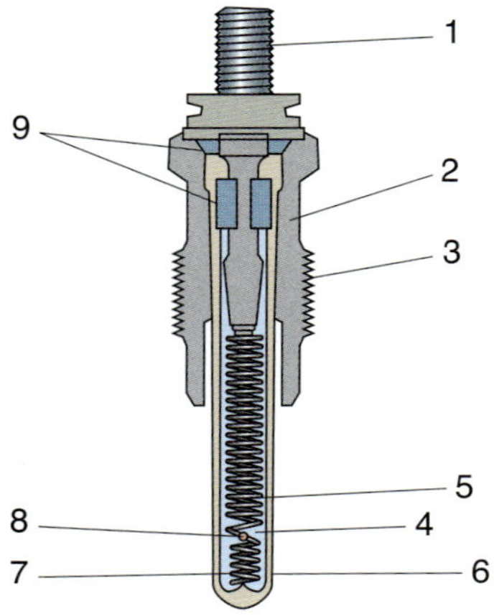

↑ **Figura 7.33.** Señalización de las partes de un calentador.

Completa la instalación el motor de arranque (7), que manda señal de arranque al borne (4) del temporizador, y los calentadores como elementos receptores que reciben la corriente por el terminal (6) del mismo temporizador.

Por último, apreciamos cómo la batería, la lámpara testigo, el motor de arranque, el temporizador y los calentadores cierran a masa sus circuitos internos.

Partes de un calentador

En la figura 7.33, vemos las partes de un calentador. Las describimos muy brevemente:

- **Terminal de conexión (1).** Sirve para alimentar al calentador.
- **Carcasa niquelada (2) y polvo aislante (4).** La carcasa niquelada es resistente a la corrosión mientras que el polvo aislante cerámico tiene alta conductividad térmica, un buen aislamiento y fija, a prueba de vibraciones, el filamento calefactor (7) y el regulador (5) en el tubo incandescente.
- **Rosca niquelada arrollada (3).** Evita que el calentador se agarrote en la culata y da mayor resistencia.
- **Filamento regulador (5).** Tiempo de preincandescencia corto (4 segundos como máximo). Mediante el comportamiento de una resistencia de tipo PTC (Coeficiente Temperatura Positivo) se reduce el calentamiento, no superando así la temperatura máxima de incandescencia.
- **Tubo incandescente de Inconel 601** con espesor de pared exactamente adaptado (6). Este material, Inconel 601, es resistente a la corrosión. El espesor de pared está adaptado a las características del motor.
- **Filamento calefactor (7).** Se encarga del calentamiento de la punta del tubo incandescente.
- **Unión soldada (8)** por láser entre el filamento regulador y el filamento calefactor. Esta soldadura láser garantiza una posición céntrica del filamento en el tubo incandescente y, con ello, un calentamiento uniforme de la superficie del tubo.
- **Junta doble (9).** Hermetiza el interior del tubo incandescente contra las influencias atmosféricas.

EJEMPLO

Calcula la resistencia de un calentador de 1,5 V, sabiendo que dicho calentador genera 1.200 calorías en una cámara de precombustión durante medio minuto.

Solución

Según el efecto Joule, el calor desarrollado será:

$$Q = 0{,}24 \cdot I^2 \cdot R \cdot t$$

Como $I = V/R$ será:

$$Q = \frac{0{,}24 \cdot V^2}{R^2} \cdot R \cdot t = \frac{0{,}24 \cdot V^2 \cdot t}{R}$$

$$R = \frac{0{,}24 \cdot V^2 \cdot t}{Q} = \frac{0{,}24 \cdot 1{,}5^2 \cdot 30}{1.200} = 0{,}0135 \text{ ohmios}$$

3.6. Tuberías

Son los elementos que se encargan de conducir el gasóleo por el circuito dentro de un sistema de inyección. Podemos distinguir dos tipos de tuberías:

- Aquellas que transportan el gasóleo a baja presión.
- Las de alta presión, que enlazan la bomba de inyección con los inyectores.

Tuberías de baja presión

Consideramos en este grupo aquellas que conducen el combustible a la bomba de inyección, al igual que las del sobrante. Estas tuberías tienen que reunir una serie de condiciones como son:

- Tolerar perfectamente las propiedades de los gasóleos sin deformaciones ni perforaciones.
- Tener gran adaptabilidad para la distinta racorería.

Se emplean distintas variedades de tuberías: caucho NBR con trenzado metálico exterior (este trenzado es de acero galvanizado), plástico 100 %, caucho NBR desnudo y forrado de trenza textil, etc. En la actualidad, es muy utilizado el termoplástico poliamida 11 (PA11), conocido comercialmente como Rilsan 2.

Las tuberías se suelen designar por sus diámetros exterior e interior aunque, a veces, dependiendo de los fabricantes, puede aparecer en la designación el diámetro exterior y el espesor de la pared.

saber más

Poliamida 11

Puede ser de varios colores y se caracteriza por su tenacidad y resistencia al desgaste, el bajo coeficiente de rozamiento, la gran insolubilidad, así como su adaptabilidad a los racores.

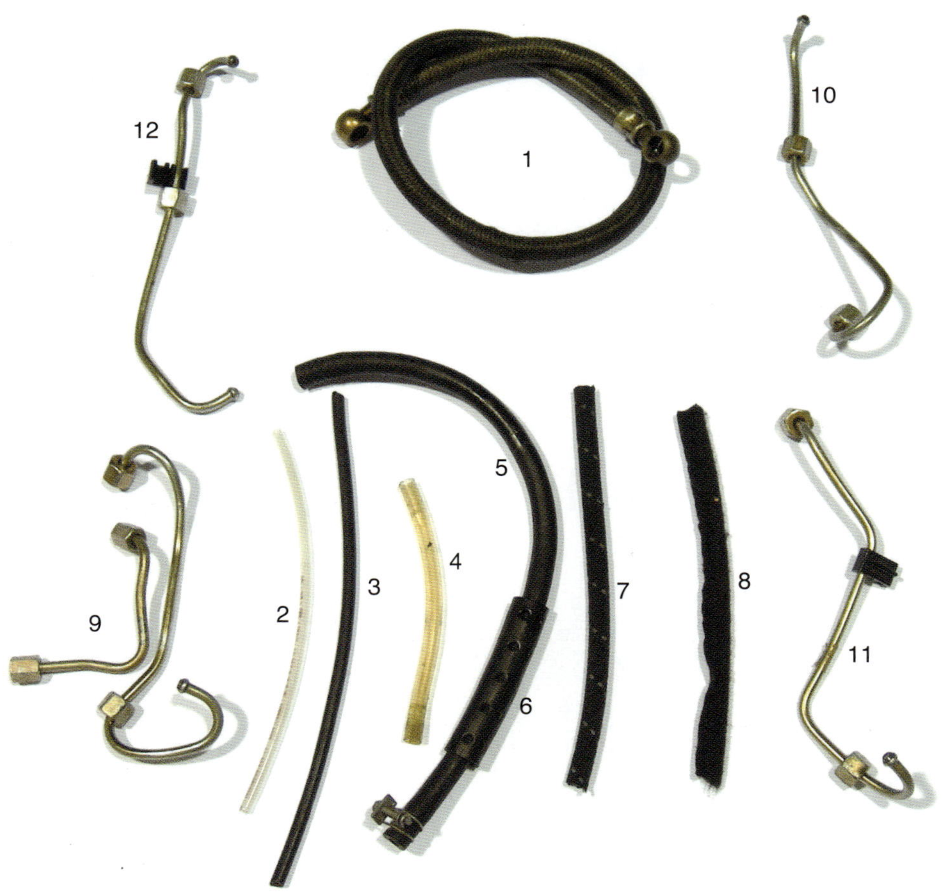

1. Tubería de baja presión de caucho NBR con trenzado metálico exterior
2. Tubería de baja presión (PA11) transparente
3. Tubería de baja presión (PA11) negra
4. Tubería de baja presión de plástico
5. Tubería de baja presión de caucho NBR desnudo
6. Tubería de baja presión de caucho NBR forrado de trenza textil

7 y 8. Tuberías de sobrante de caucho NBR desnudo y forrado de trenza textil respectivamente

9, 10, 11, y 12. Tuberías de alta presión

↑ **Figura 7.34.** Distintos tipos de tuberías conductoras del gasóleo.

Tuberías de alta presión

Estas tuberías están elaboradas con material de muy buena calidad, generalmente acero, ya que soportan presiones pulsantes (todo-nada) que pueden superar los 1.000 bares que se repiten además muchas veces por minuto. La superficie interna debe de estar muy pulida y exenta de cuerpos extraños. Los extremos disponen de niples cónicos que hacen de estanqueidad en los conos de los racores de conexión a la bomba y al portatobera.

Todas las tuberías de alta presión de un motor suelen tener la misma longitud. Es importante respetar la longitud de origen, no debiendo intercambiarse tuberías entre cilindros. También hay que apretar los racores al par correspondiente.

Los tubos están sujetos entre sí (normalmente dos a dos) a través de bridas, las cuales se deben colocar en el lugar correcto y no de manera arbitraria, ya que podría derivar en ruidos por vibraciones en los propios tubos.

En cuanto a la designación, los tubos de alta siguen la misma norma que los de baja, apreciando en dicha designación que las paredes de estos tubos son muy espesas.

En la actualidad es muy empleado el tubo multicapas que está compuesto por tres extractos de metal envueltos uno sobre el otro y soldados en el horno, lo que hace que tenga mayor resistencia.

En la figura 7.34 podemos ver distintos tipos de tuberías conductoras del gasóleo.

4. Comprobación de los elementos anteriores

Antes de comprobar los elementos por separado, podemos hacerlo con la instalación en su conjunto, descartando así el fallo de algunos componentes. En la figura 7.35 vemos la instalación completa con los manómetros y el vacuómetro necesarios para realizar las comprobaciones pertinentes. También necesitaremos una llave dinamométrica, para realizar el apriete de los racores al par correspondiente, y una pinza de estrangulación de mangueras.

1. Depósito
2. Prefiltro
3. Bomba de alimentación
4. Bomba de inyección
5. Filtro principal
6. Válvula de rebose
7. Inyector
8. Tornillos de purga

A. Vacuómetro
B y C. Manómetros

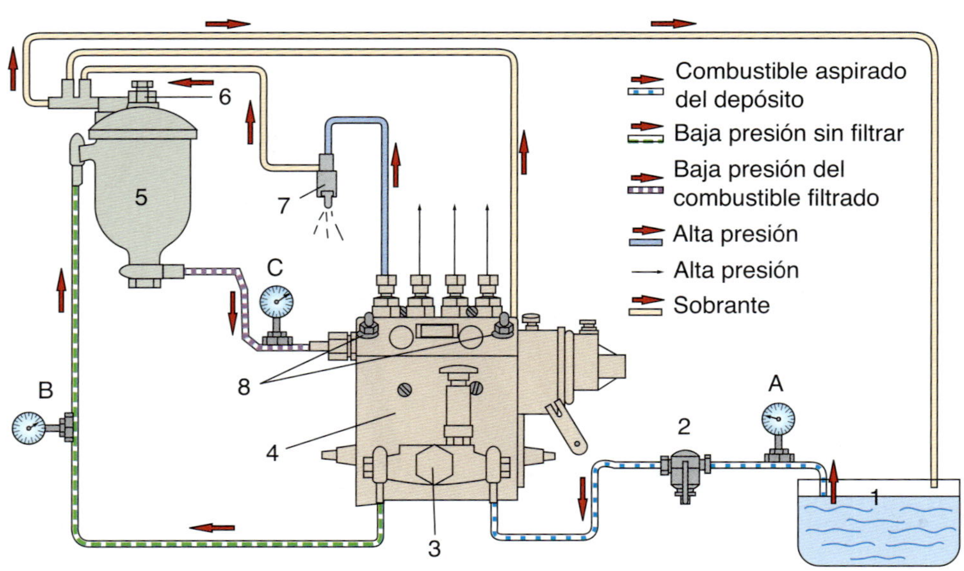

↑ **Figura 7.35.** Comprobación del circuito de alimentación de combustible en un motor diésel con bomba lineal.

4.1. Proceso de trabajo

El proceso de trabajo se compone de las fases siguientes:

Fase 1. Comprobación de la presión de alimentación:

1. Intercalar entre la bomba de inyección y el filtro un manómetro.
2. Purgar el circuito bombeando el combustible a través del mando manual de la bomba de alimentación, siendo necesario para ello tener los tornillos de purga abiertos. Una vez evacuado el aire hay que cerrar dichos tornillos.
3. Encender el motor, ponerlo a ralentí y después a 3.000 rpm aproximadamente. A ambos regímenes, la presión de alimentación marcada en el manómetro (C) debe ser de 2,2 atmósferas.
4. Si la presión es igual o superior a 3 atmósferas, hay que comprobar si hay estrangulación en la tubería de retorno al depósito. Si esto no ocurre, hay que desmontar la válvula de rebose, que normalmente va en el filtro, y tararla correctamente. Para ello se desmonta, se limpia y se colocan arandelas de mayor o menor espesor, según proceda. En este caso habría que ponerlas de más espesor ya que la arandela se coloca entre el tornillo de cierre y el cuerpo de la válvula, luego a mayor espesor más separación del tornillo con respecto al cuerpo y por tanto el muelle está menos comprimido.
5. Si la presión es inferior a 2,2 atmósferas, se comprime la tubería entre el manómetro y la bomba de inyección. Aumentar el régimen (aproximadamente a 3.000 rpm) y comprobar que la presión debe subir hasta 2,5 atmósferas.

Si sigue siendo inferior a 2,2 atmósferas hay que comprobar el filtro, la bomba de alimentación y las posibles fugas que existan en el circuito.

Fase 2. Comprobación de la bomba de alimentación:

1. Intercalar entre la bomba de alimentación y el depósito un vacuómetro para comprobar la depresión de la bomba.
2. Purgar el circuito a través del mando manual de la bomba y del tornillo situado en la parte alta del filtro.
3. Encender el motor, ponerlo a 3.000 rpm y comprobar que no exista aire en el circuito. Si esto ocurre, hay que cambiar mangueras o apretar abrazaderas, según sea el caso.
4. Poner el motor a ralentí y comprimir la tubería entre el vacuómetro y el depósito. La depresión de la bomba debe ser de 0,2 a 0,4 atmósferas; en caso contrario el problema está en la bomba de alimentación o en el prefiltro, si es que lo lleva.
5. Intercalar un manómetro (B) de presión a la salida de la bomba de alimentación para comprobar la presión de bombeo y el estado del filtro principal.
6. Purgar el circuito como se indicó anteriormente hasta que se elimine el aire de las canalizaciones.
7. Poner el motor a 3.000 rpm y comprobar la presión de bombeo, la cual debe ser superior en 0,2 o 0,3 atmósferas a la obtenida después del filtro.
   - Si la presión es superior a 2,5 atmósferas indica que el filtro está en malas condiciones.
   - Si la presión es inferior, el fallo es de la bomba o de posibles fugas en las tuberías.

A continuación se explica como se realiza la comprobación de cada elemento, por separado.

saber más

Hemos explicado la comprobación de un circuito de inyección con bomba lineal. Para una instalación con bomba rotativa, el proceso es el mismo pero hay que tener en cuenta que la bomba de alimentación, en este caso, está incorporada en la bomba de inyección. Según este método podemos saber la depresión de la bomba de alimentación, aunque para conocer la presión de bombeo de esta bomba hay que comprobar la bomba de inyección en el banco de pruebas.

4.2. Filtro de combustible y tuberías

Cualquiera de estos elementos, si están en mal estado, hay que cambiarlos. Nada se puede hacer en ellos.

4.3. Depósito de combustible

Hay que procurar que esté limpio, bien sujeto, que el orificio de aireación esté exento de suciedad y que no tenga pérdidas.

4.4. Bomba de alimentación de la bomba lineal

Se comprueba en un banco de pruebas (figura 7.36) y para ello hay que seguir particularmente las instrucciones de cada banco.

A continuación explicamos la prueba en uno de los bancos existentes en el mercado.

1. El tubo de alimentación del banco se conecta al racor de entrada de la bomba y la salida de esta al tubo de descarga del banco.
2. Abrir el grifo «Prueba de alimentación salida de aire» y cerrar el grifo «descarga», situado en la parte inferior de la probeta graduada.
3. Se realiza el cebado de la bomba. Llega un momento en que el combustible fluye por el tubo de salida (el número de emboladas debe ser inferior a 25).
4. Se pone el banco a funcionar, se gira la bomba de inyección a 200 rpm y se comprueba qué cantidad de líquido se recoge en la probeta correspondiente (debe ser 600 cm^3 en 30 segundos aproximadamente).
5. Se cierra la salida de aire en la probeta y se comprueba que sigue llenándose hasta los 1.000 cm^3. El manómetro debe indicar una presión de 1,5 a 2 kg/cm^2.
6. Se para el banco. Si la bomba está en buenas condiciones, la aguja del manómetro debe mantener la presión obtenida durante 5-6 segundos. Si antes de transcurrir ese tiempo la presión baja, esto nos indica que los asientos de las válvulas de la bomba están en mal estado.

   Por el contrario, si la presión indicada por el manómetro fuese inferior a 1,5 kg/cm^2, es probable que el émbolo de la bomba de alimentación esté en mal estado.

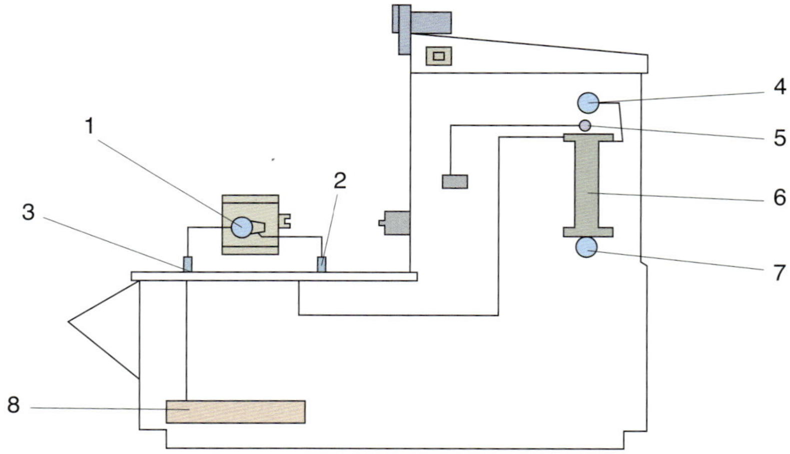

1. Bomba de alimentación montada en la bomba de inyección
2. Toma de la bomba de alimentación (presión)
3. Toma de la bomba de alimentación (aspiración)
4. Manómetro de 0-4 kg/cm^2
5. Grifo salida de aire
6. Probeta de 1.000 cc
7. Grifo de vaciado
8. Depósito de combustible

↑ **Figura 7.36.** Comprobación de una bomba de alimentación en el banco de pruebas.

4.5. Bomba de alimentación de la bomba rotativa

Por ir incorporada dentro de la bomba de inyección, la comprobación se hará conjuntamente con esta. Este aspecto será estudiado en la unidad 8, dedicada a bombas de inyección.

4.6. Inyectores

Los inyectores se verifican en el equipo de pruebas (figura 7.37).

Este equipo está compuesto por una bomba manual (1) que hace llegar el combustible hasta el inyector (9); una válvula (2) para aislar o unir la presión en el circuito; un manómetro (3) que nos indica la presión; un depósito (4) donde reside el líquido de pruebas; y otro recipiente (5) para recoger el líquido procedente del inyector. Completan el equipo una palanca de accionamiento (6), la tubería de alta presión (7) y el soporte del inyector (8).

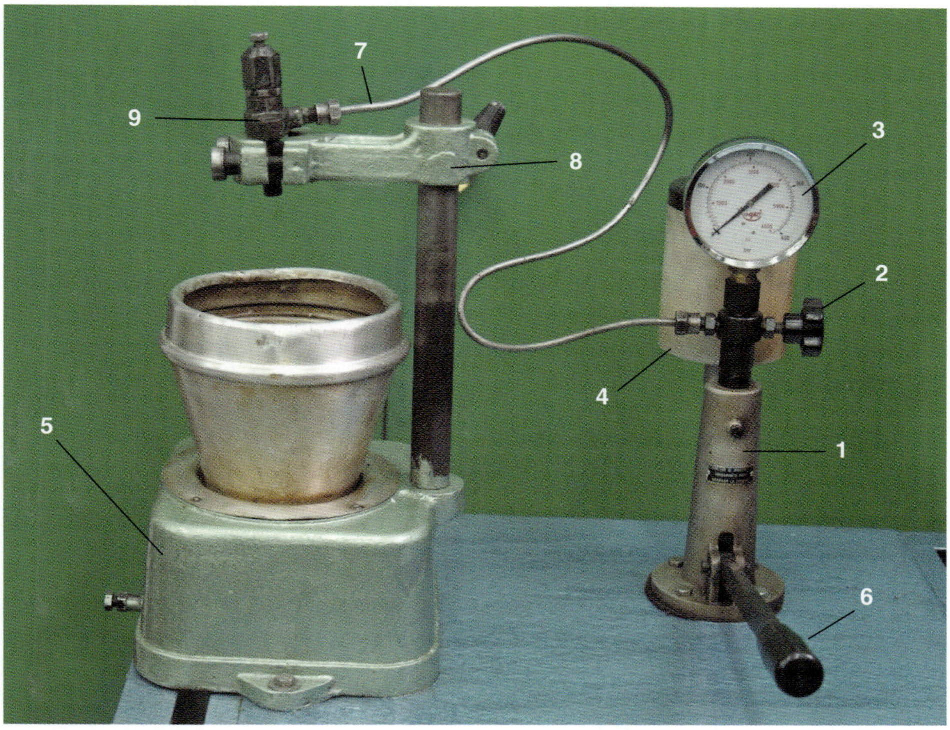

↑ **Figura 7.37.** Equipo comprobador de inyectores.

Antes de iniciar las pruebas es importante tener presente una serie de precauciones que a continuación se exponen:

- Utilizar gafas de protección si se está expuesto al combustible pulverizado suspendido en el aire.
- No se debe dirigir el chorro a zonas calientes y deberá alejarse de cualquier llama, ya que el líquido de pruebas, finamente pulverizado, está en unas condiciones en la que es fácil su inflamación.
- También es importantísimo que los chorros no vayan dirigidos a las manos ni a ninguna otra parte del cuerpo. En caso de que esto ocurriese, hay que someterse a una revisión médica debido a que el combustible en esas condiciones puede causar lesiones serias.

Las pruebas del inyector constan de tres fases:

Fase I: Verificación de la pulverización

Se coloca el inyector en el comprobador y se cierra la válvula del equipo para aislar el manómetro del mismo. A continuación, se debe accionar la palanca de la bomba con una cadencia de unas 120 emboladas/min y observar el chorro del combustible (figura 7.38).

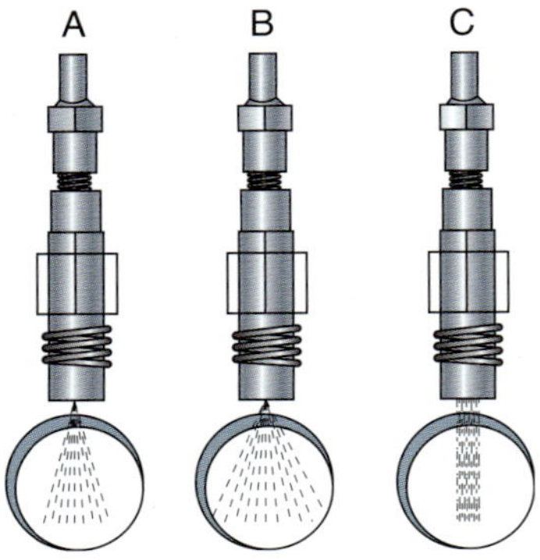

↑ **Figura 7.38.** Distintos tipos de pulverizaciones de un inyector.

La pulverización debe ser fina y uniforme (caso A). Si el chorro es desparramado (caso B), indica suciedad en la aguja, siendo conveniente desmontar el inyector para proceder a limpiarlo con las herramientas adecuadas y, si es necesario, sustituir la pieza o piezas defectuosas. Si el chorro es continuo (caso C) indica baja presión de apertura de la válvula por defecto del muelle (hay que sustituirlo) o bien que este está mal regulado (procederemos a regularlo como indicamos en la fase siguiente).

caso práctico inicial

La furgoneta de Ángel hacía ruido debido a que un inyector estaba mal tarado. Además, el vehículo echaba humo negro debido a que otros dos inyectores no funcionaban bien por causa de que los orificios de pulverización de los mismos estaban parcialmente obstruidos.

Fase II: Ajuste de la presión de tarado

Para esta prueba hay que abrir la válvula del manómetro. A continuación, hay que actuar sobre la palanca de la bomba y comprobar la presión a la que se efectúa la inyección, que deberá corresponder con la del fabricante con una tolerancia de aproximadamente 5 atm.

Regulación mediante arandelas

En este caso, si la presión no es la correcta, hay que modificar el espesor de las arandelas (3) para variar la presión del muelle (4), elementos que apreciamos en la figura 7.17. Si colocamos más espesor aumentamos la presión, en caso contrario la disminuiremos.

Regulación mediante elemento roscado

Si la presión de apertura es incorrecta, hay que actuar sobre el elemento roscado (4) que regula la presión del muelle (9) de la figura 7.39, roscándolo para aumentar la presión y desenroscándolo para disminuirla.

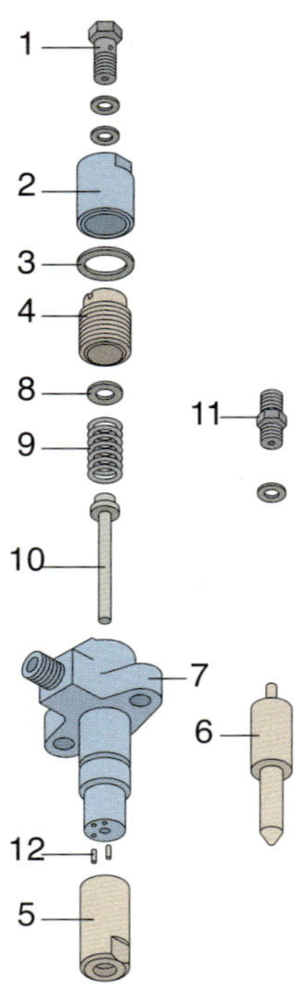

↑ **Figura 7.39.** Despiece de un inyector con ajuste de presión mediante elemento roscado.

En ambos tipos de regulación hay que volver a comprobar la presión de inyección y realizar cuantas veces sea necesario los reglajes hasta conseguir la presión correspondiente.

Fase III: Control de pérdidas

Se debe secar correctamente el inyector o tobera y actuar lentamente sobre la palanca de bombeo hasta obtener en el manómetro una presión por debajo de la de tarado (aproximadamente 20 atm menos). Mantener esa presión durante aproximadamente 10 segundos y ver que el inyector no gotea.

En caso contrario, indica un defecto de estanqueidad lo cual implica el desmontaje del inyector para su limpieza, siendo necesario en muchos casos cambiar la tobera.

Reparación del inyector

Para reparar un inyector hay que seguir escrupulosamente las normas del fabricante y para ello se debe identificar el inyector para actuar correctamente.

4.7. Calentadores

Cuando un motor arranca con dificultad en frío o incluso no lo hace, debemos pensar que uno de los elementos que pueden estar en mal estado son los calentadores. También el circuito eléctrico del sistema de precalentado puede ser el culpable de acarrear los problemas anteriormente citados.

Se harán dos tipos de comprobaciones para determinar si el fallo es del calentador propiamente dicho o si, por el contrario, procede del circuito eléctrico de precalentado. Además se puede dar el caso de que el motor registre esos síntomas y sin embargo la avería provenga de otra parte.

Si deseamos comprobar individualmente los calentadores, procederemos de la siguiente forma:

a) Desmontándolos del motor y conectándolos a una batería. Deben ponerse incandescentes; en caso contrario están defectuosos.

b) También desmontados, medimos su resistencia eléctrica con un óhmetro y la comparamos con los datos del fabricante.

c) Sin desmontarlos, los comprobamos a través de una lámpara de pruebas y una batería. Basta con conectar una punta de la lámpara al calentador y la otra al positivo de la batería, estando el polo negativo de la batería conectado a masa del motor. Si el calentador está en buen estado, la lámpara se ilumina; en caso contrario, estará defectuoso.

d) Midiendo el consumo. Conectando una pinza amperimétrica en el cable de la salida de la caja de precalentado, comparamos el consumo con los datos que da el fabricante (aproximadamente 48 A los cuatro calentadores). Si el consumo es menor, es señal de que algún calentador falla y, si no hay consumo puede ser que haya fallo en el circuito o que los calentadores estén todos defectuosos.

e) Para comprobar el circuito eléctrico del sistema nos apoyamos en la figura 7.40.

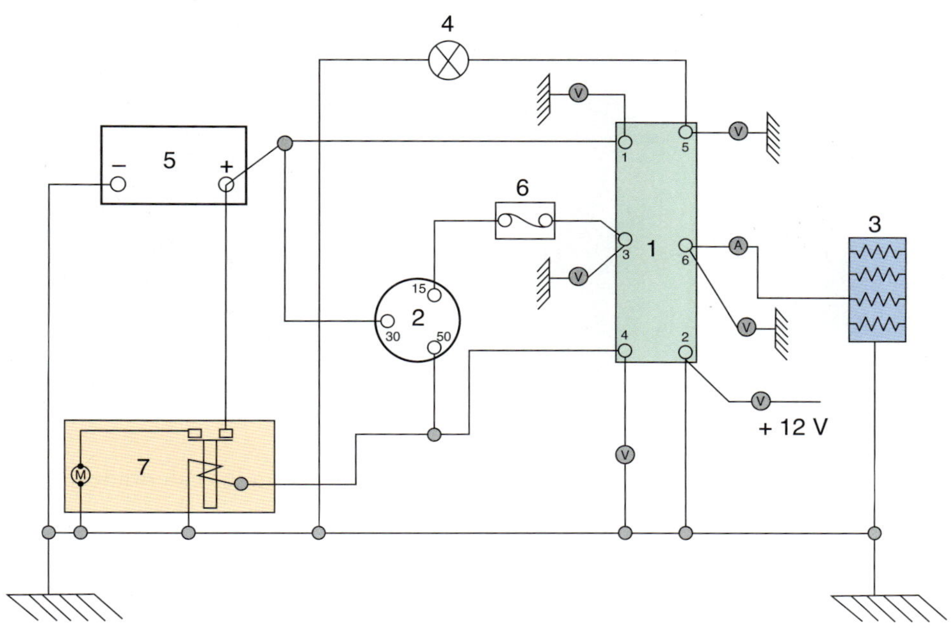

↑ **Figura 7.40.** Verificación del circuito eléctrico del sistema de precalentado.

saber más

Siempre que se detecten fallos en alguno de los calentadores se recomienda cambiarlos todos.

Mediante un voltímetro (o lámpara de pruebas) comprobamos si hay alimentación en la caja de precalentado. Para ello conectamos el voltímetro o la lámpara como indica en la figura. Para que haya tensión en los bornes 3, 6 y 5 hay que accionar la llave de contacto; mientras que para que la haya en el terminal 4 hay que accionar el arranque. Al borne 1 debe llegar corriente directa de la batería.

Hay que comprobar si el borne 2 del temporizador es una buena masa, tal como muestra la figura. En este caso, debe indicar la tensión de la batería; en caso contrario es que hay una masa defectuosa.

No se debe comprobar el borne 5 con la lámpara de pruebas, ya que destruiría la caja de precalentado por el aumento de consumo. Una vez arrancado el motor (si es que arranca), debe haber corriente intermitente en el terminal 6 durante 2 minutos aproximadamente.

Si el voltímetro o lámpara de pruebas no indican correctamente los valores, será signo de que falla alguno de los siguientes elementos: caja de precalentado, cableado, batería, motor de arranque, llave de contacto o lámpara piloto del salpicadero.

En la misma figura, también se aprecia el amperímetro a la salida de la caja, del cual ya hablamos en el apartado anterior.

f) Sin extraerlos del motor y a través de una lámpara de pruebas en serie con el calentador (figura 7.41). Al accionar la llave de contacto la lámpara debe de encenderse. Si no ocurre esto puede ser fallo del calentador, del circuito de precalentado o de ambos. Comprobaremos que el fallo procede del circuito de alimentación del calentador, conectando la punta de la lámpara a masa en vez de al calentador; si la lámpara luce, el elemento defectuoso es el calentador, en caso contrario será el circuito el que falla. Si se da este último caso será necesario solucionar este problema tal y como se explicó en el apartado anterior para después comprobar el calentador nuevamente conectando la lámpara en serie con el mismo.

↑ **Figura 7.41.** Comprobación de un calentador en un motor.

caso **práctico** inicial

Un calentador de la furgoneta de Ángel tenía fugas debido a un apriete defectuoso.

Con esto damos por finalizadas las pruebas concernientes a los calentadores, incluido su circuito de precalentado.

Por último, decir que siempre que se detecte algún fallo en un calentador es necesario cambiarlo, utilizando siempre el tipo aconsejado en el libro de mantenimiento y apretándolo al par correcto. Igualmente, se debe señalar que muchas veces el causante del deterioro del calentador es el propio inyector por pérdidas de este.

5. El filtrado del aire

El filtrado del aire es de suma importancia, ya que repercute positivamente en la duración de los órganos del motor, en su consumo y en la contaminación.

Los motores diésel tienen un circuito de aspiración de aire prácticamente igual al de los motores de gasolina, ya que está formado por una serie de conductos, un filtro de aire y un colector de admisión. Si son motores sobrealimentados también llevan un compresor en dicho circuito.

En los motores diésel, como sabemos, la regulación rpm/carga únicamente es función de la cantidad de combustible inyectado, y por eso no existe la mariposa para el control del aire. Esa es la diferencia principal respecto a los motores de ciclo Otto.

Así pues la limpieza del aire se realiza a través de filtros, casi siempre de papel de muy alta calidad, especialmente grofado para garantizar una separación regular de los pliegues (figura 7.42). Este tipo de filtros tiene un amplio campo de utilización (turismos, furgonetas, camiones, autocares, tractores...).

También se utilizaron mucho en su momento filtros de aire bañados en aceite (figura 7.43A) en motores que trabajan en condiciones muy severas en cuanto a contaminación (como en maquinaria agrícola y de obras públicas), pero este tipo de maquinaria se está inclinando en la actualidad a utilizar filtros de papel.

Los filtros deben reunir una serie de condiciones, como son:

a) Un buen rendimiento de filtrado que retenga todo tipo de partículas.

b) Larga durabilidad que mantenga ese buen rendimiento durante el máximo de tiempo.

Asimismo, los filtros sirven para atenuar el ruido del aire al entrar en el motor.

Dada su simplicidad, consideramos innecesario describir el funcionamiento del filtro de papel, por lo que pasamos a hacerlo con el bañado en aceite que se muestra en la figura 7.43B.

El aire entra por el conducto (1) y baja por el conducto central (2), chocando contra el recipiente de aceite (3), en donde quedan depositadas las partículas más gruesas por el cambio brusco de dirección. En su recorrido hacia la entrada en el motor por el conducto (4), el aire termina de limpiarse a través del elemento filtrante móvil (5) y el elemento filtrante superior fijo (6). Completan el esquema los ganchos de unión de las dos partes del filtro (7) y el tornillo de sujeción del filtro inferior (8).

Como cuidados en este tipo de filtros: hay que procurar cambiar el aceite cuando esté espeso por la suciedad, limpiar perfectamente el recipiente antes de rellenar con aceite nuevo y mantener el nivel correcto, ya que un nivel inferior puede acarrear filtrado insuficiente y, por el contrario, un nivel superior haría que el aire arrastrase aceite al interior de los cilindros.

Por último y de forma general, diremos que los filtros hay que cambiarlos cuando sea necesario, ya que en caso contrario pueden frenar la entrada del aire, tan necesario para los diésel, que funcionan siempre con exceso de este fluido gaseoso.

saber más

Sensores en el sistema de aspiración

En los modelos actuales, el sistema de aspiración del aire lleva, como veremos en la unidad 9, una serie de sensores de medición de las características del aire aspirado (caudal, temperatura) para que la UEC realice los cálculos necesarios para la inyección, del mismo modo que los sistemas electrónicos de inyección de gasolina.

↑ **Figura 7.42.** Filtros de aire de papel.

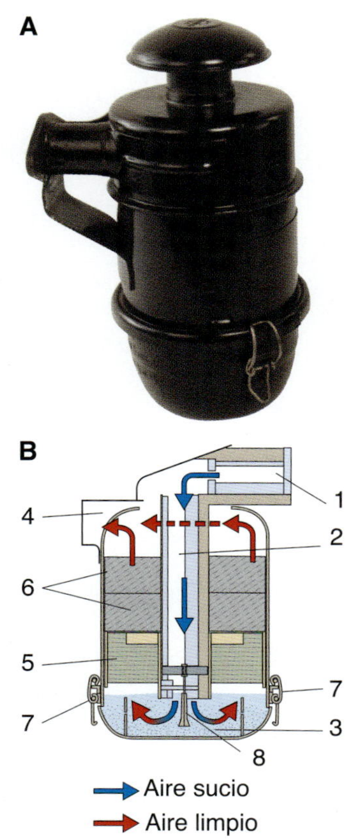

↑ **Figura 7.43.** Filtro de aire bañado en aceite. A. Aspecto exterior. B. Esquema.

ACTIVIDADES FINALES

- 1. ¿Por qué hay que variar el momento de la inyección de combustible?
- 2. Explica el proceso de combustión en un motor con cámara de turbulencia y en otro con inyección directa.
- 3. ¿Qué tipo de inyectores se suelen instalar en la inyección indirecta?
- 4. Generalmente, ¿cómo se regula la entrada de aire en un motor diésel?
- 5. ¿En qué se diferencia el gasóleo B del A?
- 6. ¿Para qué solamente es apto el gasóleo C?
- 7. ¿Cómo se determina la volatilidad del gasóleo?
- 8. ¿Qué nos indica el número de cetanos en el gasóleo?
- 9. ¿Cómo afecta la viscosidad del gasóleo a la forma del chorro inyectado?
- 10. ¿Dónde suele ir incorporada la bomba de alimentación en un circuito con bomba de inyección rotativa?
- 11. Explica el funcionamiento de una bomba de alimentación de simple efecto.
- 12. ¿Cuál es, por término medio, el tamaño de los poros de los filtros de combustible diésel?
- 13. Explica los tipos de portatoberas.
- 14. ¿Qué funciones realiza la tobera? Enumera los diferentes tipos de toberas.
- 15. ¿Qué temperatura suele alcanzar un calentador?
- 16. ¿Cómo se designan las tuberías de baja y alta presión?
- 17. ¿Cómo se regula la presión en un portatoberas con muelle en la parte inferior?
- 18. Si vemos que la pulverización de un inyector no se realiza de forma correcta, ¿a qué puede ser debido?
- 19. ¿Cómo se mide el consumo de los calentadores?
- 20. ¿Qué condiciones deben reunir los filtros de aire?
- 21. Comprueba un circuito de alimentación con una bomba lineal y otro con una bomba rotativa.
- 22. Realiza la comprobación de una bomba de alimentación en el banco de pruebas perteneciente a un circuito con bomba de inyección lineal.
- 23. Desmonta, monta y comprueba un inyector.
- 24. Comprueba los calentadores de un motor.
- 25. Realiza un cambio de un filtro de gasóleo, filtro de aire y tuberías de impulsión a un motor diésel.

EVALÚA TUS CONOCIMIENTOS

Resuelve en tu cuaderno o bloc de notas

1. ¿Cómo influye el número de cetano sobre el retraso de encendido?

a. Si es más alto el N.C. hay un menor retraso.

b. Si es más alto el N.C. hay un mayor retraso.

c. No influye para nada.

d. Depende del tipo de la cámara de combustión.

2. La potencia entregada por el motor diésel se regulará en función de........

a. La cantidad del aire aspirado.

b. Del avance a la inyección.

c. De la cantidad de combustible inyectado.

d. Del tarado de los inyectores.

3. El hecho de permanecer funcionando los calentadores después del encendido del motor tiene como objetivo:

a. Aumentar más rápido la temperatura del motor.

b. Una disminución del consumo de gasóleo.

c. Optimizar el tiempo de respuesta del turbocompresor.

d. Limitar la polución.

4. ¿Cuál es la densidad del gasóleo en Europa?

a. Entre 720 y 770 kg/m^3.

b. Entre 825 y 860 kg/m^3.

c. Entre 770 y 800 kg/m^3.

d. Entre 880 y 910 kg/m^3.

5. ¿Qué juego queda entre la aguja y el cuerpo de los inyectores?

a. 2-4 μm.

b. 20-40 μm.

c. 200-400 μm.

d. 10-20 μm.

6. ¿Qué inyector es apropiado para el motor de inyección directa?

a. Inyector de espiga.

b. Inyector de espiga con estrangulación.

c. Inyector de orificios.

d. Resulta indiferente.

7. La pulverización del inyector debe ser:

a. Fina e uniforme.

b. Desparramada.

c. Es indiferente.

d. Un chorro continuo.

8. El precalentamiento tiene como objetivo:

a. Calentar el gasóleo.

b. Crear un punto caliente en la cámara de combustión.

c. Calentar el líquido de refrigeración.

d. Mejorar la fiabilidad del motor.

9. El poder calorífico del gasóleo..............

a. Evita que el gasóleo tienda a solidificarse.

b. Es igual que el de la gasolina.

c. Es mayor que el de la gasolina.

d. Es menor que el de la gasolina.

10. ¿Cuál es la diferencia esencial entre los carburantes y las naftas?

a. No hay ninguna diferencia.

b. La nafta no es un combustible.

c. Que los carburantes son hidrocarburos y la nafta no lo es.

d. La volatilidad de cada uno de ellos.

PRÁCTICA **PROFESIONAL**

HERRAMIENTAS

- Útil para extraer el inyector del motor
- Equipo de pruebas de inyectores
- Llave dinamométrica
- Útil para desmontar los inyectores sobre el banco (solo si hay que corregir la pulverización o la presión del inyector)

MATERIAL

- Motor con inyector de espiga
- Manual del fabricante

Verificación de un inyector de espiga en el equipo de pruebas

OBJETIVO

Saber verificar correctamente un inyector de espiga en el equipo de pruebas.

PRECAUCIONES

- Utilizar una ventilación adecuada en el local donde se están realizando las pruebas.
- Utilizar guantes y gafas de protección.
- No dirigir el chorro del gasóleo hacia zonas calientes ni hacia las manos.
- Utilizar las herramientas adecuadas y en buen estado.

DESARROLLO

1. Desmontar del motor el tubo de inyección que va acoplado al inyector.
2. Retirar el tubo de sobrante.
3. Extraer el inyector del motor con el útil adecuado (figura 7.44).
4. Montar el inyector en la tubería correspondiente del equipo de pruebas y comprobar que la válvula de presión está cerrada (figura 7.45).
5. Efectuar breves impulsos sobre la palanca con lo cual el inyector deberá producir una pulverización fina y homogénea (figura 7.46).

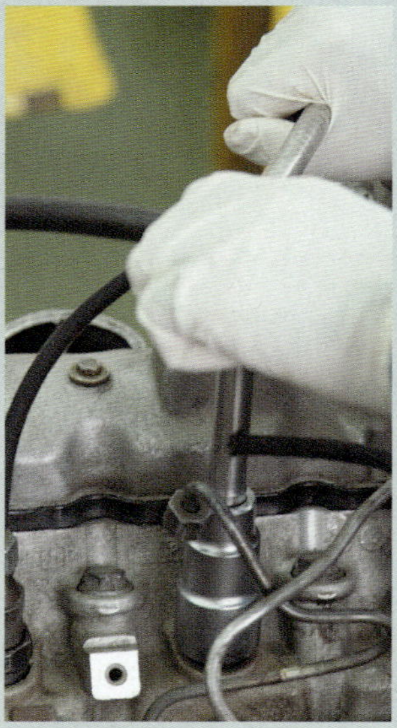

↑ **Figura 7.44.**

↑ **Figura 7.45.**

↑ **Figura 7.46.**

6. Si el chorro es de forma desparramada indica suciedad en la aguja. En este caso hay que desmontar el inyector para limpiarlo y, si fuese necesario, sustituir las piezas defectuosas.
7. Si el chorro fuese continuo indica baja presión de apertura de la válvula por defecto del muelle (habría que cambiarlo) o que este está mal regulado (procederíamos a mirar si está bien regulado como indicamos en el punto siguiente).
8. Abrir la válvula del manómetro y actuar sobre la palanca de la bomba hasta que se produzca la inyección. En ese momento, leer en el manómetro la presión de inyección (figura 7.47) y comprobar que se corresponde con la del fabricante. Se admite una tolerancia aproximada de +/- 5 atmósferas.
9. Si la presión no es la correcta, habrá que desmontar el inyector y modificar el espesor de los suplementos que van encima del muelle (figura 7.48) con el fin de variar la presión del mismo. Recordemos que si aumentamos el espesor incrementamos la presión. En caso contrario la disminuiremos.

   Hay que repetir la operación de ensayo y la regulación tantas veces como se necesite, hasta conseguir la presión de inyección marcada por el fabricante.

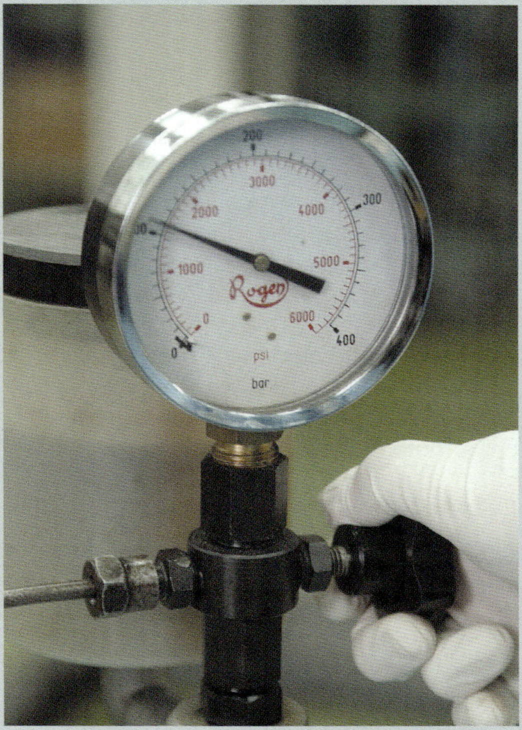

↑ **Figura 7.47.**

10. Limpiar el extremo del inyector hasta dejarlo seco y obtener, mediante la palanca de la bomba, una presión de unas 20 atmósferas por debajo de la presión de inyección.

    Mantener esa presión durante aproximadamente 10 segundos y ver que el inyector no gotea. Esto indica que el cierre de la aguja en la tobera es correcto (figura 7.49).

    Si gotea, es señal que hay un defecto de estanqueidad lo cual implica el desmontaje del inyector para su limpieza, siendo necesario en muchos casos cambiar la tobera.
11. Por último, una vez que se asegura una pulverización, una presión de inyección y un cierre de tobera correctos, desmontar el inyector del equipo de pruebas y montarlo en el motor apretándolo al par especificado por el fabricante. Acoplar el tubo de inyección y el tubo de sobrante al inyector.

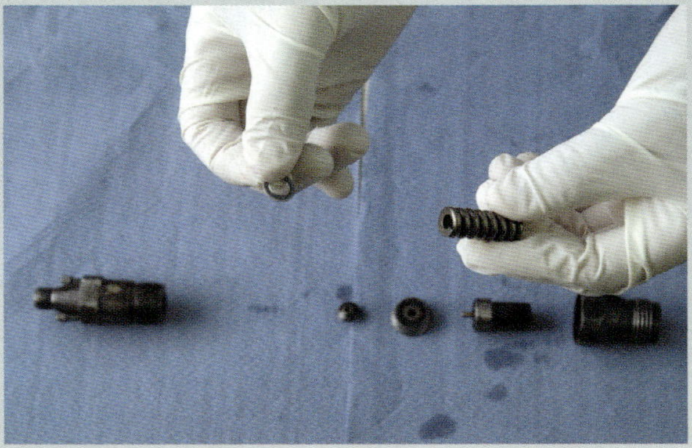

↑ **Figura 7.48.**

↑ **Figura 7.49.**

MUNDO **TÉCNICO**

Tecnologías de calentadores NGK

Calentadores de cerámica

Al contrario de un calentador de varilla metálica, el filamento calefactor de un calentador de cerámica posee un punto de fusión particularmente elevado. Además, está recubierta de nitrito de silicona, un material cerámico extremadamente resistente. La combinación de la espiral calentadora y el recubrimiento cerámico permite alcanzar temperaturas más elevadas y tiempos de precalentamiento extremadamente cortos gracias a la extraordinaria conductividad térmica. Además, los calentadores de cerámica son más finos, lo cual es importante, ya que en los motores modernos se dispone de poco espacio.

Calentadores de cerámica autorregulables

También denominados «calentadores SRC» *(Self Regulating Ceramic)*. Disponen de una espiral calentadora y otra reguladora.

Dado que la resistencia eléctrica de la espiral reguladora aumenta al subir la temperatura limitando así el flujo de corriente, este calentador apenas necesita control del exterior.

Este tipo de calentadores se calienta en 3 segundos a más de 1.100 °C y regula la temperatura automáticamente a menos de 1.000 °C.

Calentadores de cerámica de alta temperatura

En estos calentadores, también denominados «bujías de incandescencia NHTC» *(New High Temperature Ceramic)*, todo el elemento calefactor es de cerámica.

Esta bujía alcanza en 2 segundos una temperatura de funcionamiento de 1000 °C y puede tener una incandescencia residual de hasta 10 minutos y hasta 1.350 °C. Esto quiere decir que está incandescente en las fases de empuje o durante la fase de regeneración del filtro de partículas y que durante este período minimiza las emisiones de partículas.

Este tipo de calentador ha sido especialmente desarrollado por NGK para facilitar al fabricante de automóviles el cumplimiento de las normas de gases de escape Euro IV y Euro V.

Fuente: NGK

Referencias utilizadas en los calentadores NGK

Y –	2	0	4	T	S	1
Y, YS: Calentadores metálicos YD: Calentadores metálicos con doble aislador	Tamaño de rosca 1: 10 m Ø 2: 12 m Ø 3: 10 m Ø 4: 14 m Ø 5: 10 m Ø (Espiral doble) 7: 10 m Ø (Espiral doble) 8: 18 m Ø 9: 12 m Ø (Espiral doble) Nota: Y-109, Y-159 y Y-171 para Caterpillar tienen un tamaño de rosca de 3/8" (= aprox. 9,5 mm)	Voltaje de la batería 0-4: 12 V. 5-9: 24 V.	Número de serie	Tiempo de precalentamiento V: Arranque rápido T: Arranque rápido (excepto YS-871T, que es un calentador diésel estándar) R, M: QGS (Quick Glow System) Sistema de calentamiento rápido (también Y-117SS y Y-204SS) J: SRM *(Self Regulating Metal)* Metal Autorregulador K o sin letra: Arranque Estándar B: Modificación U: QGS. Sistema de Calentamiento Rápido	Material del tubo Nada: Normal S: Material especial contra el sobrecalentamiento	Número de modificación

Y	E	0	1
Y: Calentador metálico	E: 8 mm (QGS o SRM)	Número de serie	

C	Y	0	1
C: Calentador cerámico	Y: SRC Z: QGS Y: QGS	Número de serie	

Cuerpo:

Diámetro de la rosca	Par de apriete
8 mm	8-15 Nm
10 mm	15-20 Nm
12 mm	20-25 Nm
14 mm	20-25 Nm
18 mm	20-30 Nm

Terminal:

Diámetro de la rosca	Par de apriete
4 mm (M4)	0.8-1.5 Nm
5 mm (M5)	3.0-4.0 Nm

EN RESUMEN

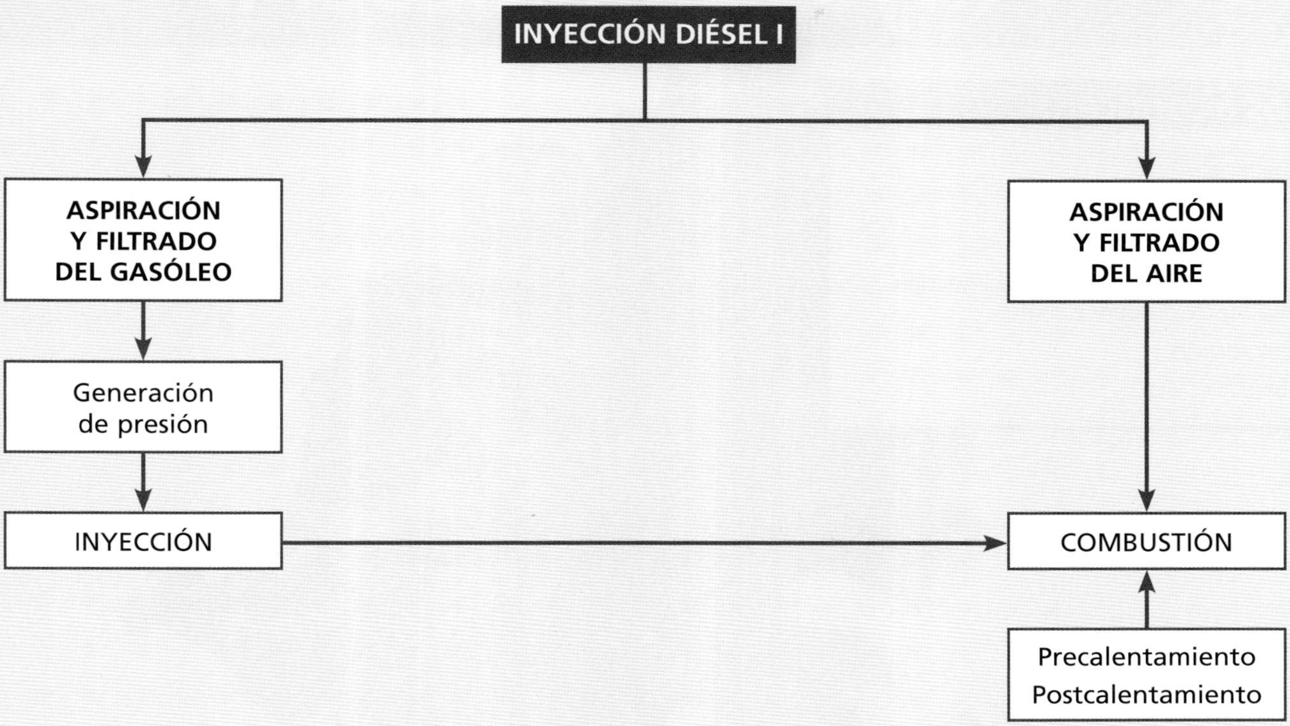

entra en internet

1. En las siguientes direcciones puedes encontrar más información sobre lo tratado en la unidad.
   - http://www.sabelotodo.org/automovil/inyecciondiesel.html
   - http://www.sabelotodo.org/automovil/camaras.html
   - http://www.youtube.com/watch?v=nDhObahcoGI
   - http://noticias.juridicas.com/base_datos/Admin/rd1088-2010.html
   - http://es.wikipedia.org/wiki/Motor_di%C3%A9sel
   - http://www.sabelotodo.org/automovil/bujiasprecalent.html
   - http://www.inetplus.com.ar/mp/prueba_y_calibrado_de_inyectores.htm
   - http://sistemasauxiliaresdelmotor.blogspot.com/2009/11/bujias-de-precalentamiento-o.html
   - http://www.beru.com/es/productos/tecnologia-de-arranque-en-frio-para-diesel/ayudas-de-arranque-en-frio-para-vehiculos

8 Inyección diésel II

vamos a conocer...

1. Bomba lineal

2. Bombas rotativas

PRÁCTICA **PROFESIONAL**

Puesta en fase de una bomba de inyección rotativa Bosch VE sobre el motor

MUNDO **TÉCNICO**

Bomba LUCAS EPIC

y al finalizar esta unidad...

- Identificarás los distintos tipos de bombas de inyección y conocerás las características constructivas y el funcionamiento.
- Una vez desmontadas las bombas, detectarás las averías más comunes y el modo de resolverlas.
- Conocerás las pruebas de ensayo y ajuste de las bombas de inyección en el banco de pruebas.
- Conocerás las técnicas de puesta a punto de las bombas sobre el motor.

CASO **PRÁCTICO** INICIAL

situación de partida

En Talleres Facal son especialistas en inyección diésel y sobre todo en bombas inyectoras. A Diego, su dueño, siempre le gustó adquirir coches diésel usados y con averías. Así que dispone de varios ejemplares en su espaciosa nave. En estos momentos de crisis económica están atravesando una mala racha de trabajo por lo que decide repararlos y sacarlos a la venta.

A continuación describimos las anomalías de distintos vehículos y las causas que van detectando los distintos mecánicos.

El motor del coche Peugeot Partner, que monta una bomba rotativa LUCAS DPC, gira normalmente pero no arranca.

Por las marcas de puesta a punto, el mecánico detecta que el calado de la bomba es incorrecto. Posiblemente debido a una revisión mal efectuada en su momento.

Solución: le realiza una puesta a punto correcta con el utillaje adecuado. Con esto, el coche arranca; después verifica el calado dinámicamente con la pistola estroboscópica.

El coche Citroën Jumpy, que monta una bomba rotativa Bosch VE, arranca normalmente pero tiene un ralentí muy defectuoso e incluso se para a veces.

Las causas detectadas son que las palancas que accionan el acelerador y sus correspondientes topes están mal regulados. Una segunda causa es un purgado defectuoso del circuito.

Solución: regulación de palancas y topes y purgado del sistema.

El coche Volvo S40, que monta una bomba rotativa LUCAS DPC le falta aceleración. El defecto aparece muy bruscamente, por lo que el mecánico sospecha de la bomba de alimentación o del regulador. Una vez descartada la bomba de alimentación y otras causas, acierta con el regulador.

Solución: comprobación de la bomba en el banco y cambio de algunos muelles en el regulador.

El coche Citroën C15, que monta una bomba rotativa Bosch Ve, golpetea en fase con la combustión de un cilindro.

El mecánico piensa que hay un cilindro que no trabaja en condiciones normales. Descartado el inyector y las válvulas, desconfía de la bomba. Una comprobación en el banco de dicha bomba le confirma que el cilindro está sobrecargado debido a que la bomba le manda exceso de combustible.

Solución: calibrado del caudal correcto en el cilindro de la bomba correspondiente.

El coche Mercedes Vito, que monta una bomba lineal, emite humos azules en frío y pasan a ser negros cuando se calienta y va a plena carga acompañados de falta de potencia a altas velocidades.

El mecánico desconfía de un retraso en la inyección. Verifica el calado con la pistola y ve que es perfecto, pero aprecia que el dispositivo de avance no funciona.

Solución: comprobación de la bomba y, concretamente del mecanismo de avance, en el banco de pruebas. Tuvo que modificar la presión del muelle del pistón de avance.

↑ **Bombas de inyección diésel.**

estudio del caso

Antes de empezar a leer esta unidad de trabajo, puedes contestar las dos primeras preguntas. Después analiza cada punto del tema, con el objetivo de contestar al resto de las preguntas de este caso práctico.

1. ¿Por qué es necesario el calado en las bombas?
2. Indica las diferencias entre una bomba lineal y una rotativa.
3. ¿Para qué sirven los reguladores en las bombas?
4. Enumera los controles más importantes que se le hacen a las bombas en el banco de pruebas.
5. Con la pistola estroboscópica en los motores de gasolina coordinas la emisión de la luz con el salto de la chispa. ¿Qué coordinas con la pistola estroboscópica diésel?
6. ¿Crees que es posible que con una misma pistola estroboscópica puedes verificar un motor de gasolina y un motor diésel?

1. Bomba lineal

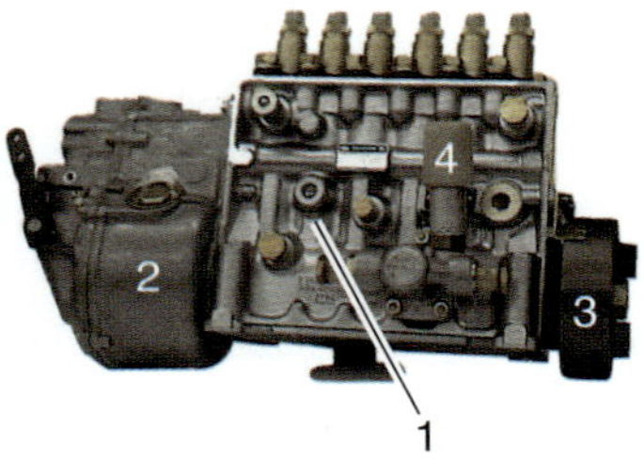

1. Bomba
2. Regulador mecánico
3. Variador de avance
4. Bomba de alimentación

↑ **Figura 8.1.** Bomba de inyección lineal BOSCH.

En este tipo de bombas (figura 8.1), el número de elementos de bombeo es igual al número de cilindros del motor. Dichos elementos están situados en línea.

El conjunto de la bomba está formado por los siguientes mecanismos:

- La bomba propiamente dicha, como elemento generador de presión.
- El regulador mecánico del número de revoluciones, para regular el régimen.
- El variador de avance (en algunos casos cuando es necesario), para ajustar el comienzo de la inyección en función del número de revoluciones.
- La bomba de alimentación, para aspirar el combustible desde el depósito e impulsarlo hasta la bomba de inyección con una determinada presión (fue estudiada en la unidad anterior).

La casa alemana BOSCH es la más representativa de las que fabrican este tipo de bombas. Esta firma ha denominado PE a este tipo de bombas y, dado que existe una gran variedad de medidas según las potencias del motor, les asigna una letra en función del tamaño.

El principio de funcionamiento de todas ellas es el mismo y solo se diferencian en algunos detalles como pueden ser la regulación del comienzo de la inyección, la regulación del caudal, su fijación al motor, el poder emplear o no varios combustibles, etc.

Dependiendo de los tamaños, podemos hablar, por ejemplo, de los modelos M, A, MW, P1... 3000, P7100... 8000 aplicables a motores con potencias de 20, 25, 35, 60, 160 kW/cilindro respectivamente. Para potencias mayores, existen los modelos ZW, P9 y P10.

Las bombas lineales PE tienen un campo de aplicación muy variado. Se utilizan en motores industriales, camiones, tractores y en algunos turismos.

1.1. Estudio tecnológico de una bomba Bosch

saber más

Para evitar el goteo de los inyectores, además de la válvula de presión, se dispone de un perfil especial en el flanco de salida de la leva, llamado **perfil de retroacción**.

En la figura 8.2 apreciamos una bomba lineal seccionada en un cilindro, donde se pueden ver los distintos elementos que hacen que se genere la suficiente presión para que el gasóleo salga hacia los inyectores en una cantidad perfectamente dosificada dependiendo de las necesidades del motor. También figura el tornillo de purga para extraer el aire del circuito en caso necesario.

El motor le facilita un movimiento giratorio al árbol de levas y este con su movedura hace que el impulsor de rodillo tenga un movimiento rectilíneo. Esto obliga al émbolo a levantarse y empujar al gasóleo, que se encuentra dentro del cilindro gracias a la bomba de alimentación, hacia el racor de impulsión a través de la válvula de presión, la cual se alza venciendo al muelle que la sustenta contra su asiento. Esta válvula, además de separar la tubería de alta con respecto al émbolo de la bomba, descarga dicha tubería después de la inyección, evitando así el goteo en el inyector. No obstante, mantiene una cierta presión en esa canalización, llamada residual, que permite una subida más rápida de la misma cuando se efectúa el siguiente ciclo.

El impulsor de rodillo, al igual que el émbolo, tiene unas limitaciones en su recorrido, a las que denominamos Punto Muerto Superior (PMS) y Punto Muerto Inferior (PMI). El movimiento desde el PMI al PMS se lo da la leva, mientras que quien lo devuelve hasta el PMI es el muelle del émbolo, el cual se apoya en

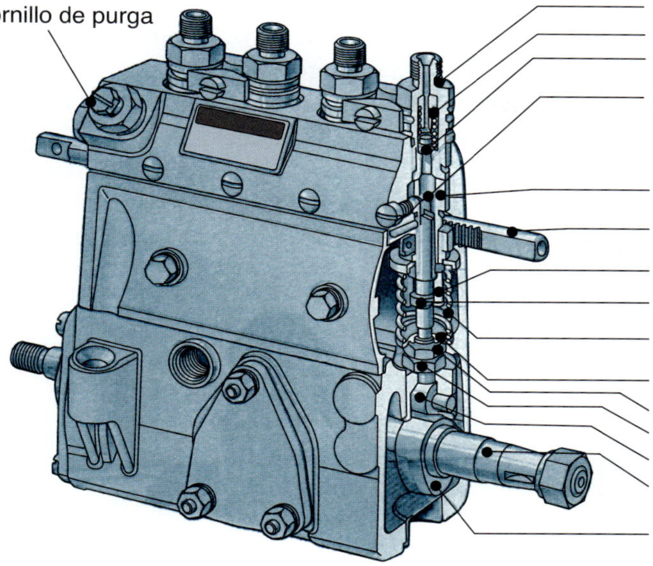

↑ **Figura 8.2.** Estructura de una bomba lineal.

el platillo. Este muelle impide además que el rodillo se separe de la trayectoria que va marcando la leva, debido a la gran aceleración. Hay que destacar también que encima de los impulsores de rodillo están los tornillos de ajuste para variar el comienzo de inyección, los cuales se fijan en su posición mediante una contratuerca.

La varilla de regulación, unida al pedal del acelerador y al regulador, hace que el casquillo de regulación gire, transmitiéndole al émbolo un movimiento de rotación gracias al talón de que dispone el mismo. Por tanto, el émbolo recibe de la leva un movimiento alternativo constante y, asimismo, recibe otro de rotación variable de la varilla de regulación. La repercusión de estos movimientos en el émbolo se irá viendo más detalladamente según avancemos en el estudio de esta bomba. El émbolo y el cilindro de la bomba forman lo que se denomina el elemento de bomba. El ajuste entre ambas piezas es de una precisión muy elevada, de tal forma que el cilindro es casi estanco incluso en altas presiones y revoluciones. Decimos «casi» puesto que solo permite unas pequeñas pérdidas por fugas que son necesarias para la lubricación de ambos elementos. Dichos elementos deben cambiarse juntos y nunca por separado.

El émbolo suele llevar una ranura vertical y una rampa sesgada (la inclinación varía de unos modelos a otros), mientras que el cilindro puede disponer de una o dos lumbreras. Si tiene solo una (figura 8.3, sección A), cumple una doble función (entrada y salida del combustible). En caso de disponer de dos lumbreras (figura 8.3, sección B), una es para la entrada y la otra para la entrada y el retorno.

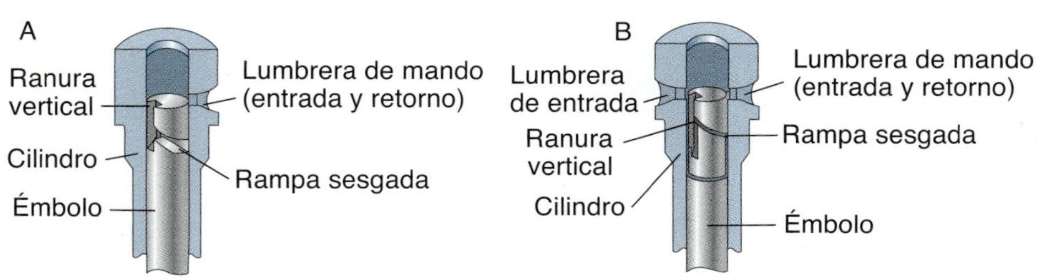

↑ **Figura 8.3.** Elemento de bombeo.

saber más

Los sistemas de inyección mecánicos mediante bomba inyectora pueden llegar a tener problemas debido a los gasóleos especiales de bajo contenido de azufre (<10 ppm) que se comercializan en la actualidad. El diseño de dichos sistemas se hizo teniendo en cuenta el alto contenido en azufre, y su correspondiente lubricación, que tenía el gasóleo comercializado hace años.

En aquellas bombas en las que sus partes móviles (árbol de levas, impulsor de rodillo...) reciben lubricación directamente del circuito de engrase del motor, existe el riesgo de que el combustible de fuga se mezcle con el aceite. Para evitar esto, se dispone de una ranura anular en el cilindro que comunica con la cámara de admisión de la bomba a través de un canal tangencial. De este modo, el combustible de fuga reposa en esa ranura antes de volver a dicha cámara (figura 8.4, sección A). Otras veces, la ranura anular está practicada en el émbolo. Entonces el combustible se acumula ahí para ser reconducido a través de hendiduras talladas en el propio émbolo (figura 8.4, sección B).

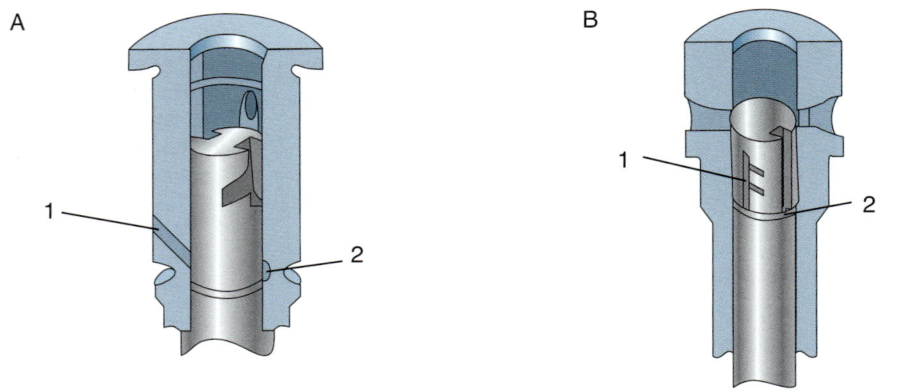

1. Canal tangencial para el retorno de fugas
2. Ranura anular en el cilindro

1. Hendiduras para el retorno de fugas
2. Ranura anular en el émbolo

↑ **Figura 8.4.** Elementos de bombeo con retorno de fugas.

La forma de la leva afecta a aspectos tan importantes como son la duración de la inyección, la velocidad de alimentación y, en general, al rendimiento de la bomba. Interesa que la inyección dure lo menos posible, razón por la cual solo se aprovecha la zona central de la leva, que es donde la velocidad de alzada es mayor. La inyección deberá terminar antes de que dicha velocidad esté en su punto máximo. Esta imposición se establece para que la compresión entre el impulsor de rodillo y la leva no exceda de los valores prefijados. Por esta razón, en cada inyección se respeta una holgura entre la leva y el impulsor de 0,3 a 0,5 mm. Las levas pueden tener múltiples formas (simétricas, asimétricas...) dependiendo del diseño del motor y de las aplicaciones de este. Se debe apuntar que el ángulo que forman las levas entre sí tiene que estar diseñado para que el orden de inyección coincida con el orden de encendido del motor.

Dosificación del combustible

La figura 8.5 nos indica las distintas fases en la carrera del émbolo, para una posición fija de la varilla de regulación:

- Fase A. El émbolo se encuentra en el PMI y la lumbrera de mando queda libre para acoger el combustible procedente de la cámara de admisión.
- Fase B. Muestra la carrera previa del émbolo hasta el cierre de la lumbrera. A partir de ese instante, la válvula de impulsión comienza a levantarse para el inicio de suministro.

saber más

El tarado de apertura de los inyectores es superior al de las válvulas de impulsión. Así, el inyector se cierra primero y se evita su goteo.

- Fase C. Representa la carrera útil, durante la cual aumenta la presión en el interior del cilindro. La válvula de impulsión se abre totalmente y hay entrega de combustible a los inyectores.
- Fase D. Es el fin de la carrera útil, ya que la arista superior de la rampa sesgada del émbolo comunica con la lumbrera de mando. La presión decae, lo cual acarrea el cierre de la válvula contra su asiento, y el combustible se alivia por la ranura vertical y por la propia rampa sesgada hacia la cámara de admisión.
- Fase E. El émbolo completa su recorrido hasta el PMS.

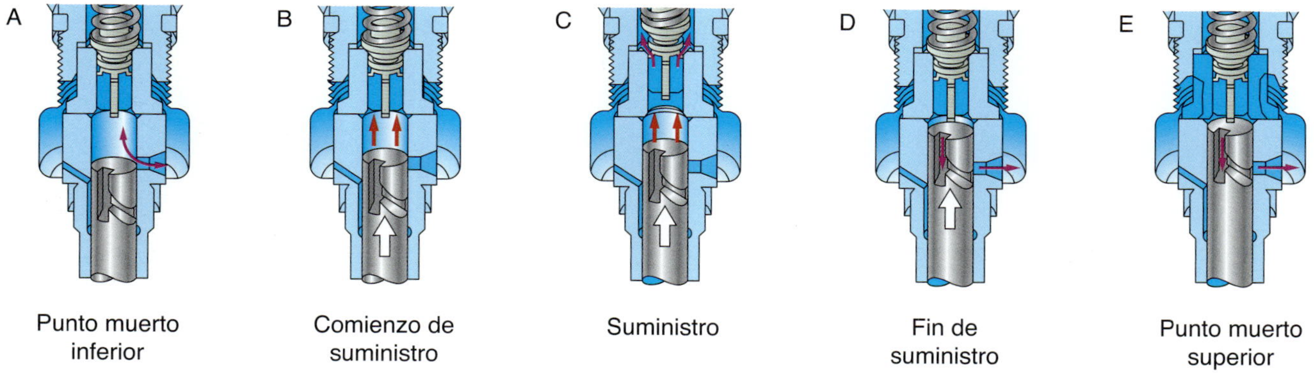

↑ **Figura 8.5.** Fases de la carrera del émbolo.

Modificación del caudal de inyección

Es la varilla de regulación la que puede variar la carrera útil del émbolo y, por tanto, el caudal inyectado. La figura 8.6 nos muestra distintas posiciones del émbolo con sus respectivos volúmenes inyectados, para una posición fija del árbol de levas.

- Posición A. Nos indica suministro nulo, ya que el émbolo está girado de tal forma que su ranura vertical coincide con la lumbrera de descarga. El émbolo se ubica en ese punto cuando deseamos parar el motor.
- Posición B. Señala una alimentación parcial, ya que la varilla de regulación y el émbolo han realizado la mitad de su recorrido.
- Posición C. Representa la alimentación máxima. La varilla de regulación fue accionada hasta el final de su trayecto obligando al émbolo a llegar hasta el final del suyo. La ranura helicoidal coincidirá con la lumbrera de descarga después de que el émbolo haya hecho la máxima carrera útil.

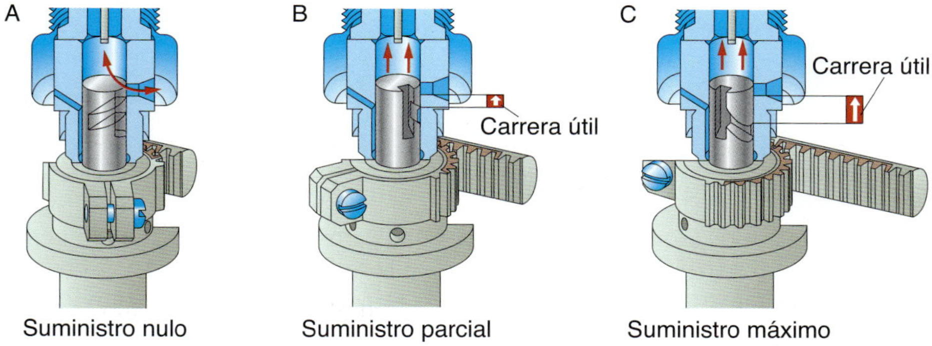

↑ **Figura 8.6.** Posición del émbolo de la bomba para distintos volúmenes de inyección.

EJEMPLO

Calcular el caudal que suministra en cada embolada una bomba de inyección lineal cuyo émbolo tiene un diámetro de 8 mm; una carrera de 9 mm, para cargas en el motor de 1/2 y potencia máxima. La inclinación de la rampa es de 45°.

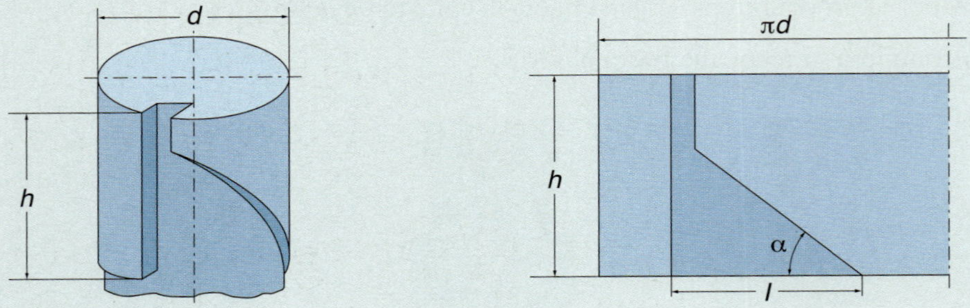

Datos:

d: diámetro del émbolo en milímetros.
h: recorrido máximo del émbolo en milímetros.
l: desplazamiento máximo de la cremallera en milímetros.
α: ángulo de inclinación de la rampa en grados sexagesimales.

Solución:

Como: $\operatorname{tg} \alpha = \dfrac{h}{l}$

Resulta: $l = \dfrac{h}{\operatorname{tg} \alpha}$

- El desplazamiento de la cremallera entre los límites de mínima y máxima carga, es de:

$$l = \frac{h}{\operatorname{tg} \alpha} = \frac{9}{\operatorname{tg} 45^\circ} = 9 \text{ mm}$$

- El émbolo se desplaza en cada carga del motor lo siguiente:

  1/2 de carga:

$$h_1 = \frac{l}{2} \operatorname{tg} 45^\circ = \frac{9}{2} \cdot 1 = 4{,}5 \text{ mm}$$

  Carga máxima:

$$h = l \cdot \operatorname{tg} 45^\circ = 9 \cdot 1 = 9 \text{ mm}$$

- Con estos desplazamientos del émbolo, el caudal a inyectar en cada caso es :

$$\text{Caudal (1/2)} = \frac{\pi \cdot d^2}{4} \cdot h_1 = \frac{3{,}14 \cdot 8^2}{4} \cdot 4{,}5 = 226{,}08 \text{ mm}^3$$

$$\text{Caudal (carga máxima)} = \frac{\pi \cdot d^2}{4} \cdot h = \frac{3{,}14 \cdot 8^2}{4} \cdot 9 = 452{,}16 \text{ mm}^3$$

Nota: realmente el émbolo siempre se desplaza los 9 mm, o sea, lo que es una carrera total, pero cuando nos referimos a h_1 quiere decir que mientras realiza ese desplazamiento (4,5 mm) hay carrera útil (inyección de combustible). Lo demás es carrera muerta. Para la carga máxima (9 mm) se da el caso, evidentemente, de que toda la carrera es útil.

Reguladores de velocidad

La función del regulador es conseguir una estabilidad giratoria en el motor, ya que de otro modo este tendría problemas al sobrepasar el número de revoluciones establecido por su fabricante en algunos momentos de su funcionamiento debido a la disminución de la carga, independientemente de la posición de la varilla de regulación. Por el contrario, los problemas pueden llegar a ralentí al aumentar la carga, ya que las revoluciones pueden disminuir de tal forma que el motor llegue a pararse.

Los reguladores más empleados son los mecánicos, que basan su funcionamiento en los efectos de la fuerza centrífuga, y, dentro de estos, son los llamados de máxima-mínima los que tienen más aplicación en el campo del automóvil.

Regulador mecánico de máxima-mínima

Este tipo de regulador (figura 8.7) limita las velocidades máxima y mínima de rotación de un motor. En velocidades intermedias, es el conductor, a través del pedal del acelerador, quien hace la regulación.

El buje del regulador, en el que se albergan los pesos centrífugos con las palancas acodadas, recibe el impulso del árbol de levas a través de un amortiguador de vibraciones. En cada peso centrífugo suele haber tres muelles helicoidales (figura 8.8), de los cuales dos son de regulación final y uno de ralentí. A través de las tuercas de ajuste se puede modificar el tarado de dichos muelles. Los de regulación final se apoyan en dos platillos (interior e exterior), mientras que el de ralentí descansa en el plato exterior por un lado y en el propio peso por otro.

Proseguimos explicando la figura 8.7:

Las palancas acodadas transforman el movimiento radial de los pesos centrífugos en movimientos axiales del perno de mando. Este propaga a su vez el movimiento a la deslizadera que se dirige en línea recta a través del bulón-guía.

Cualquier movimiento de la varilla de regulación tiene influencia en el caudal inyectado, ya que, como es sabido, hace girar el émbolo de la bomba provocando una variación de la carrera útil.

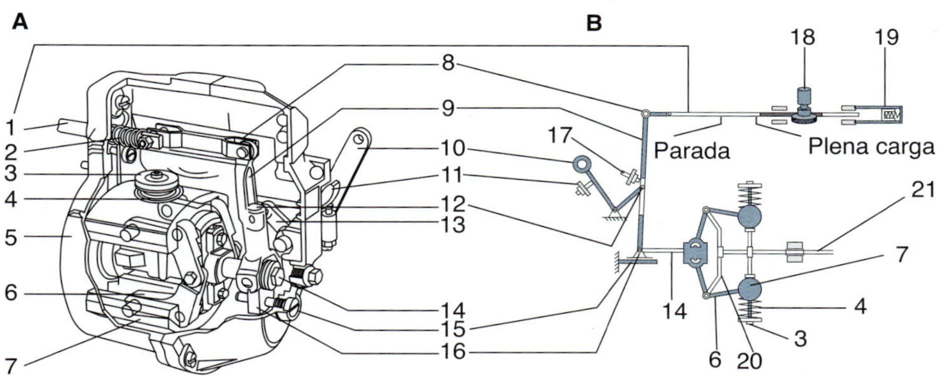

1. Varilla de regulación
2. Resorte compensador de juego
3. Tuerca de ajuste
4. Resortes de regulación
5. Carcasa
6. Palanca acodada
7. Peso centrífugo
8. Horquilla articulada
9. Palanca reguladora
10. Palanca de mando
11. Tope «stop»
12. Colisa
13. Palanca intermedia
14. Perno de mando
15. Bulón-guía
16. Deslizadera
17. Tope de plena carga
18. Émbolo de bomba
19. Tope de varilla de regulación (con muelle)
20. Buje del regulador
21. Árbol de levas

↑ **Figura 8.7.** Regulador mecánico de máxima-mínima. A. Estructura real. B. Esquema.

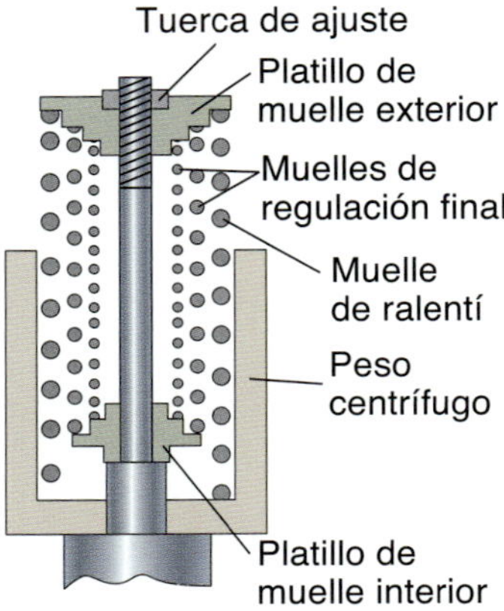

↑ **Figura 8.8.** Peso centrífugo para el regulador de máxima-mínima.

La deslizadera consigue, a través de la palanca reguladora, que la varilla de regulación sea sensible al movimiento radial de los pesos, ya que hay una conexión palanca-varilla mediante la horquilla articulada. Un resorte colocado en dicha varilla compensa el juego existente en las articulaciones de las distintas palancas.

También hay un enlace entre la colisa, la palanca intermedia y la palanca de mando. Si se acciona esta última, que está unida al pedal del acelerador, la colisa se desliza a lo largo de la palanca reguladora haciendo que esta se incline alrededor del punto de giro existente en la deslizadera alterando la varilla de regulación a través de la horquilla articulada. El movimiento de la varilla será en un sentido u otro dependiendo del sentido de accionamiento de la palanca de mando. Este último elemento tiene dos topes, uno de parada, y otro de plena carga. Asimismo, existe un tope de plena carga para la varilla de regulación (en este caso provisto de muelle).

Si actúa el regulador, el punto de giro de la palanca reguladora está en la propia colisa, repercutiendo ese giro, por supuesto, en la varilla de regulación.

El conjunto con todos los mecanismos va encerrado en un cárter, generalmente de aluminio.

Fases de funcionamiento del regulador

Para el arranque del motor, se debe colocar el acelerador según indique el manual de instrucciones (en la figura 8.9 está accionado a fondo y la varilla de regulación en posición de máximo caudal).

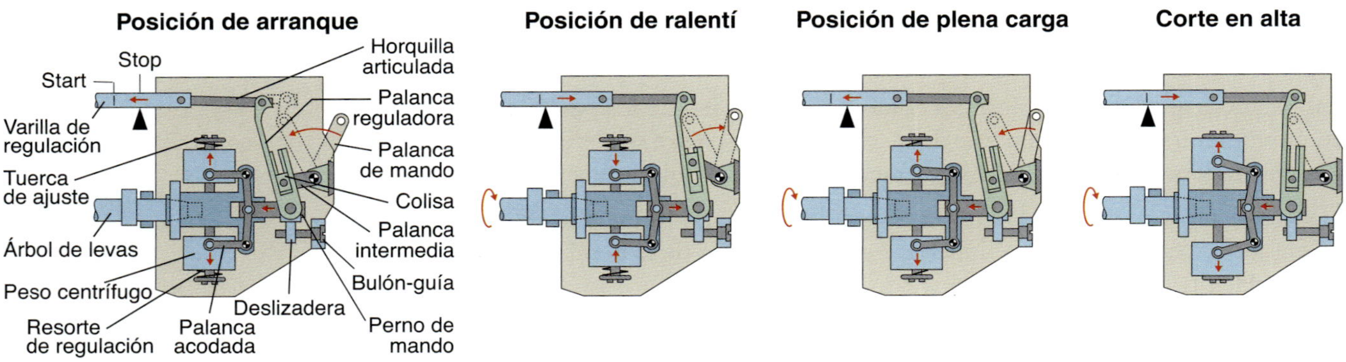

↑ **Figura 8.9.** Fases de funcionamiento del regulador.

Una vez arrancado el motor y con la palanca de mando en posición de ralentí, la varilla retrocede hasta donde ordene el regulador, ya que los pesos centrífugos de este ya están actuando sobre los muelles de ralentí. Las variaciones de revoluciones del motor en ralentí hacen que los pesos se acerquen o se separen empujando a la varilla de regulación hacia más o menos caudal, respectivamente, logrando así un ralentí estable.

Si el régimen es muy elevado, lo cual puede ocurrir tanto a plena carga como a carga parcial dependiendo de la posición de la palanca de mando, los pesos se separan de tal forma que vencen la acción de los muelles de regulación final tendiendo a empujar a la varilla de regulación hacia menos caudal. Si se sobrepasan los límites establecidos, la varilla llega a la posición de parada y se produce corte de suministro. De este modo, el motor no subirá de revoluciones aunque se siga pisando el acelerador.

Dispositivo de asimilación

Su función es la de conseguir aprovechar perfectamente el aire existente en el cilindro. Para ello, el combustible inyectado en plena carga tiene que asemejarse a lo que realmente necesita el motor para que no haya formación de humos ni sobrecalentamiento.

La demanda de combustible de un diésel no sobrealimentado disminuye al aumentar el número de revoluciones. Sin embargo, el comportamiento de la bomba es justamente el contrario, aunque la varilla de regulación permanezca en la misma posición (figura 8.10). En este caso, lo que se necesita es una asimilación positiva (disminución de caudal con el aumento de revoluciones).

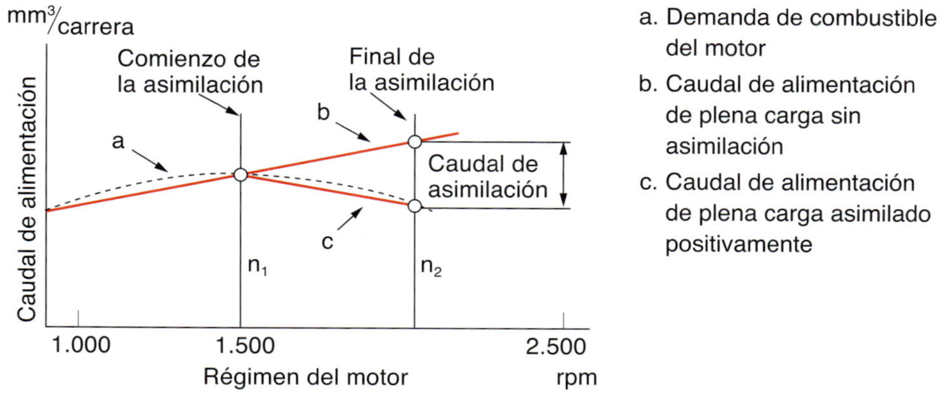

↑ **Figura 8.10.** Curva de demanda de combustible y caudales de alimentación. Con asimilación positiva y sin asimilación.

En un motor sobrealimentado, la demanda de combustible aumenta en el régimen inferior. El caudal de la bomba no es suficiente, por lo que se requiere una asimilación negativa (aumento de caudal con el aumento de revoluciones). A continuación, se opone la asimilación positiva, con reducción de caudal al llegar a un número determinado de revoluciones (figura 8.11).

La función de la asimilación es asumida por el regulador. En el caso del regulador descrito, este dispositivo se encuentra en los pesos centrífugos (figura 8.12) entre el platillo del muelle interior (1) y los muelles de regulación final (2). El dispositivo en sí está formado por un muelle de asimilación (3) que se encuentra dentro de una cápsula (4). Los pesos (5) hacen su recorrido normal durante el ralentí actuando sobre el muelle de ralentí (6). Cuando la fuerza centrífuga es suficiente para que estos venzan al muelle de asimilación, empieza el recorrido de asimilación (h), durante el cual la varilla de regulación se desplaza en dirección de parada. Dicho recorrido se puede ajustar con arandelas de compensación (7).

Como se puede observar, la acción reguladora del dispositivo de asimilación es un paso intermedio entre la regulación en ralentí y la regulación final.

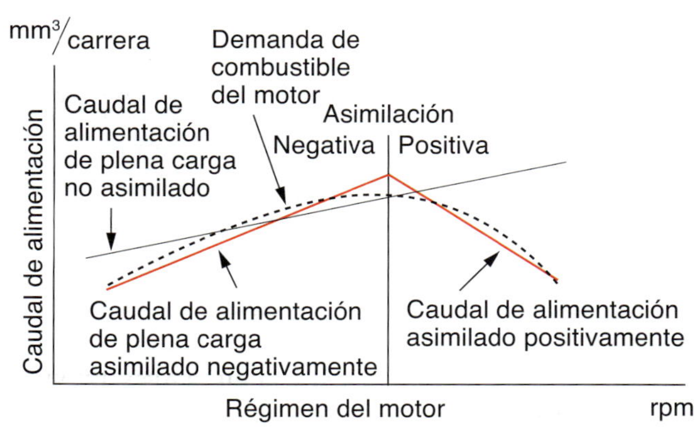

↑ **Figura 8.11.** Curva de demanda de combustible y caudales de alimentación con asimilación positiva, negativa y sin asimilación.

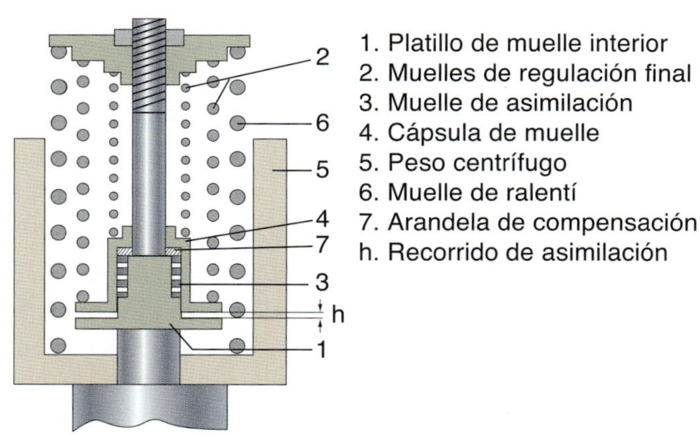

↑ **Figura 8.12.** Dispositivo de asimilación en un regulador de máxima-mínima.

caso **práctico** inicial

La falta de potencia y la emisión de humos impropios en el Mercedes era debido a que el mecanismo de avance de la bomba no funcionaba.

Variador de avance

Es un dispositivo que varía el comienzo de la inyección dependiendo del número de revoluciones. Es importante tener una visión del desarrollo de la combustión por el interior del cilindro (figura 8.13), antes de explicar su funcionamiento.

El combustible necesita un tiempo desde que es inyectado hasta que se inflama. Sin embargo, si ese tiempo se prolonga demasiado, habrá una combustión brusca debido a una subida de presión muy apresurada. Por tanto, tiene que haber un avance a la inyección para compensar el retraso de encendido; así, la presión de combustión será máxima cuando el émbolo comience a descender, que es lo que interesa. Ese avance tiene que aumentar de una forma proporcional al número de revoluciones para que la combustión se realice normalmente.

Como comentamos anteriormente, es el regulador de avance a quien se le encomienda esta tarea. En las bombas lineales, uno de los reguladores de avance más utilizados es el de excéntrica.

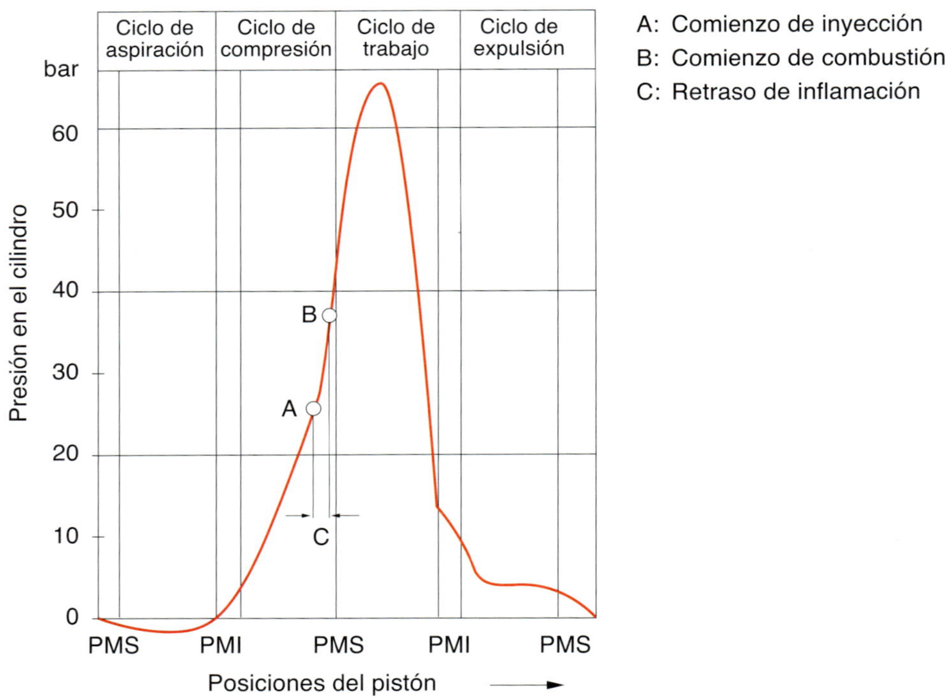

↑ **Figura 8.13.** Relaciones de presión en el cilindro.

Variador de avance de excéntrica

Este tipo de variador suele ir montado sobre el árbol de levas de la bomba (figura 8.14). Pueden ser abiertos, si se lubrican con el aceite del motor, o cerrados si llevan lubricación propia. Orientamos la explicación hacia los primeros, por ofrecer ventajas sobre los otros (necesitan menos espacio, costes más reducidos...).

Está formado por un cuerpo (1), donde se alojan con libertad para el giro el disco de apoyo (2) con el buje (3), y dos pares de excéntricas (las mayores de ajuste (4) y las pequeñas de compensación (5)). Las excéntricas de compensación son conducidas por las de ajuste y por el perno del cubo (6), que está unido directamente al buje. Los contrapesos (7), llevan dos muelles de presión (8) cada uno, guiados cada uno por un bulón (9), engranan con los pernos en dichas excéntricas de ajuste. Una rueda dentada unida al cuerpo da movimiento al variador de avance.

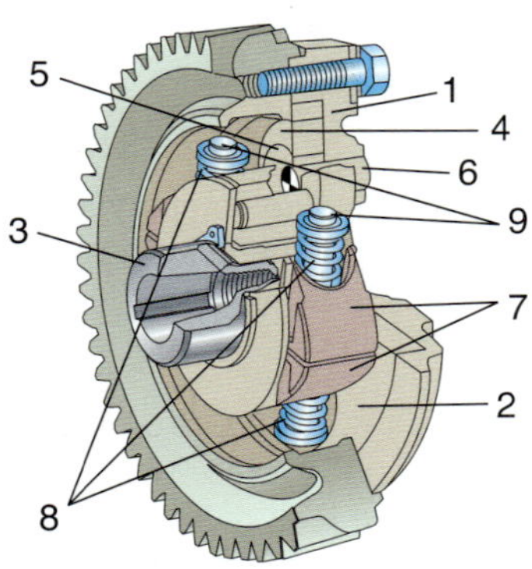

↑ **Figura 8.14.** Variador de avance.

Las excéntricas acopladas entre sí hacen la unión entre el accionamiento y el buje (salida de fuerza) (figura 8.15).

Cuando el motor está parado, los muelles de presión sostienen a los contrapesos en la posición inicial.

Con el motor en marcha, a medida que aumenta el régimen, los contrapesos se desplazan hacia el exterior debido a la fuerza centrífuga. Este desplazamiento provoca un giro de las excéntricas que genera un cambio de posición del buje respecto al cuerpo. De este modo, es posible un avance en la inyección, que puede llegar hasta 30° en el cigüeñal, cuando los contrapesos hacen su recorrido total.

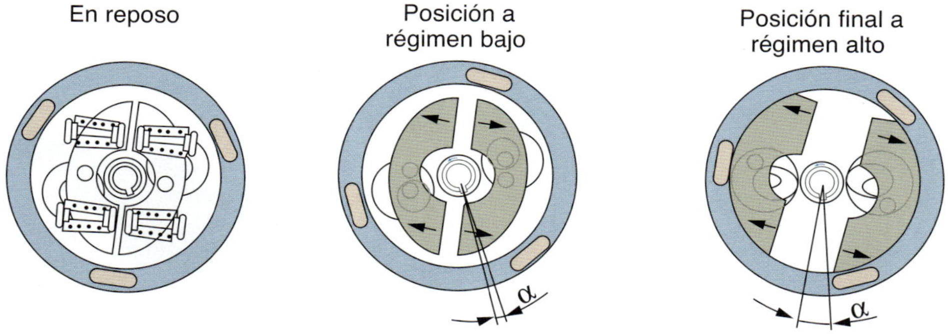

↑ **Figura 8.15.** Funcionamiento del variador de avance.

1.2. Reparación

Es necesario seguir escrupulosamente las instrucciones particulares que marca el fabricante para el desmontaje de la bomba, la reparación propiamente dicha y el montaje. El mismo criterio se sigue para el desarmado del regulador y del variador de avance, aunque este último, si es de excéntrica, casi nunca se despieza, sino que suele cambiarse en conjunto en caso de que sea necesario.

No obstante, manifestamos a continuación unas indicaciones (válidas también para las bombas rotativas) de carácter general:

- Utilizar siempre el utillaje específico correspondiente.
- Lavar cuidadosamente todas las piezas con aceite de pruebas limpio y soplarlas con aire.
- Inspeccionar minuciosamente las piezas una vez desmontadas con el fin de repararlas o sustituirlas si están en malas condiciones.
- Respetar los pares de apriete en todos los tornillos, conforme a las tablas de los manuales correspondientes.

A continuación, revisamos las piezas más significativas.

Elementos de bomba

Se deben sustituir si presentan las siguientes anomalías (figura 8.16):

- Rampas sesgadas redondeadas.
- Puntos mate en la zona de la cabeza.
- Huellas en la superficie de rodadura.
- Elementos agarrotados (se comprueba mediante el ensayo de deslizamiento).

saber más

Desmontaje de una bomba lineal

Siempre que se desmonte una bomba lineal, hay que sustituir los cojinetes del árbol de levas, los anillos tóricos y los tapones de fondo, al igual que todas las juntas.

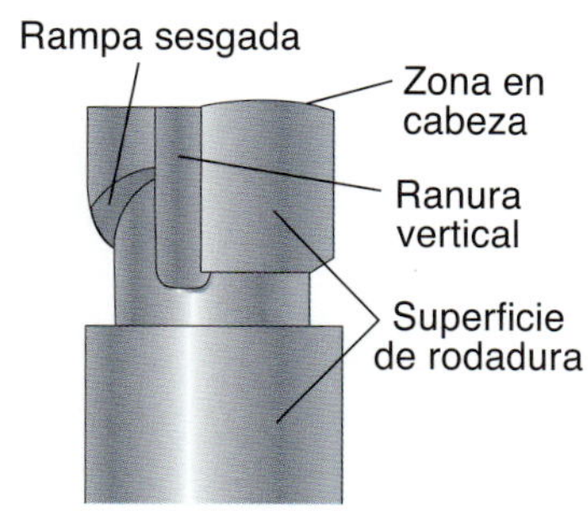

↑ **Figura 8.16.** Elemento de bombeo.

saber más

A realizar antes de la prueba

Antes de la prueba de deslizamiento, lavar en aceite de ensayo el émbolo y el cilindro. Manteniendo casi perpendicular ambos elementos, el émbolo se debe deslizar hacia abajo por su propio peso.

Válvulas de presión

Cualquier irregularidad en la superficie de apoyo del cono, así como en el émbolo de descarga, obliga a cambiar la válvula (figura 8.17). Lo mismo ocurre si se agarrota la válvula.

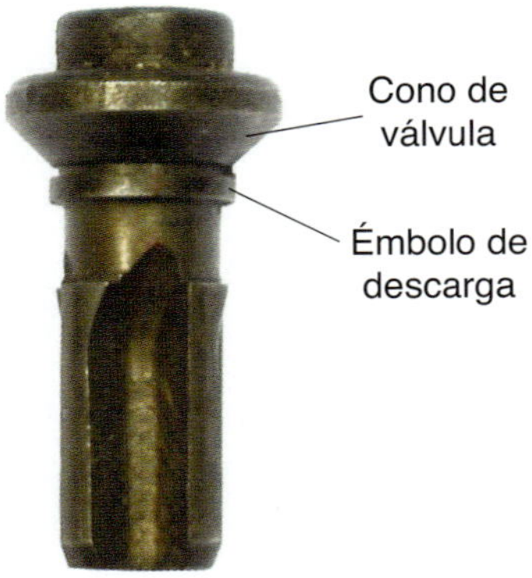

↑ **Figura 8.17.** Válvula de presión.

Árbol de levas

Comprobar visualmente el árbol de levas (figura 8.18) en lo que respecta a:

- Huellas de rodadura pronunciadas en las levas.
- Ranura para chaveta de disco dañada o deformada.
- Daños en la rosca obtusa o en el cono.

Cualquiera de las tres anomalías requiere el cambio del árbol de levas.

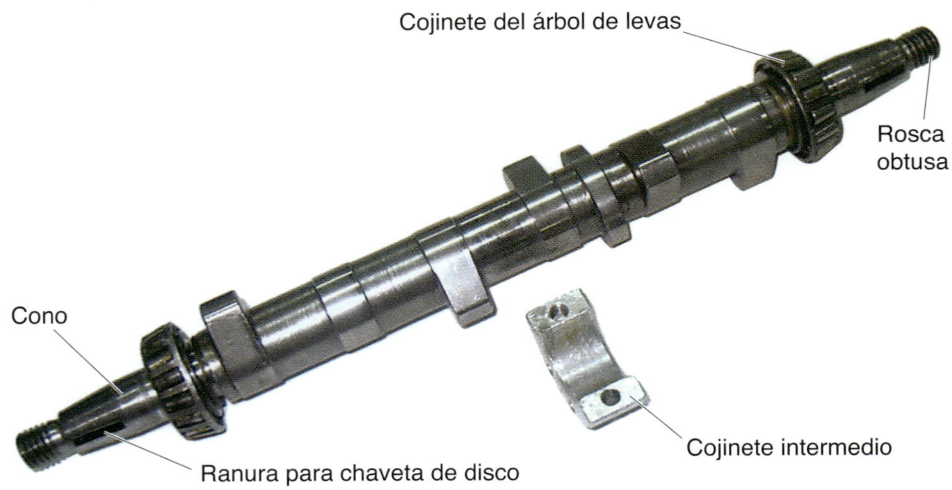

↑ **Figura 8.18.** Árbol de levas de la bomba.

Empujadores de rodillos

Sustituir los empujadores (figura 8.19) y sus elementos si presentan los siguientes daños:

- Tornillo del empujador deformado.
- Huellas muy acentuadas en el cuerpo, en el rodillo, en el casquillo o en el perno del cojinete.

Si se monta un nuevo empujador u otro tornillo, ajustar este a la cota anterior. El ajuste definitivo se hará en el banco de pruebas.

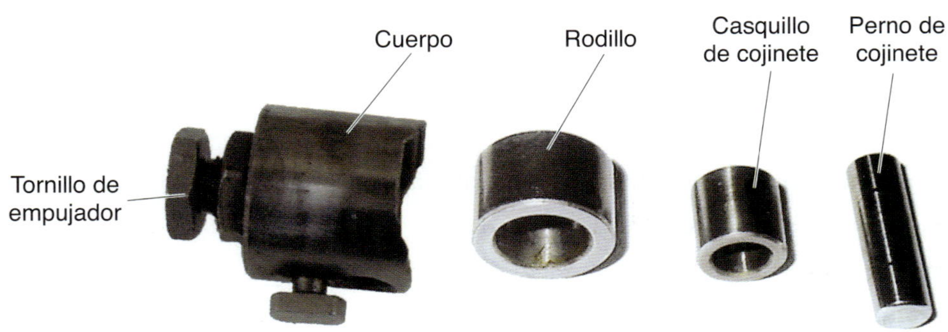

↑ **Figura 8.19.** Despiece de un empujador de rodillo.

Varilla de regulación, corona dentada y los casquillos reguladores

Sustituir siempre que estén dañados o deformados (figura 8.20).

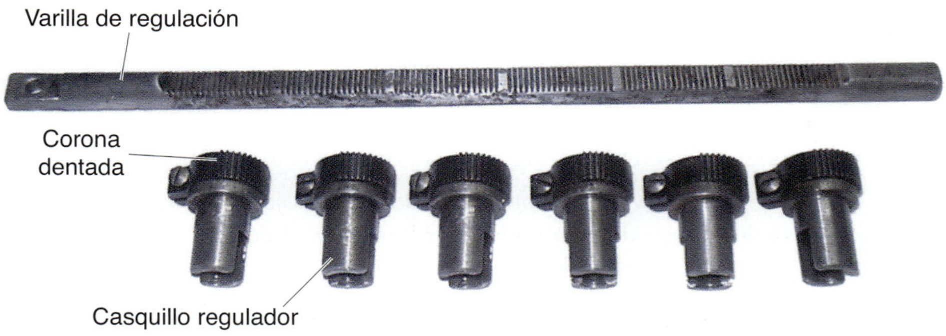

↑ **Figura 8.20.** Varilla de regulación, coronas dentadas y casquillos reguladores.

Muelles de émbolo

Los muelles que estén corroídos o cuyas superficies estén dañadas deben sustituirse. Inspeccionar sobre todo la superficie de apoyo de la primera espira (véanse flechas en la figura 8.21).

↑ **Figura 8.21.** Muelles de émbolo.

Carcasa de la bomba

Comprobar que no presenta estrías ni otros daños externos.

Examinar especialmente:

- Rayas en las guías de los empujadores de rodillos.
- Suavidad de funcionamiento de la varilla de regulación en su guía.
- Que el asentamiento de los elementos sea perfecto sin desniveles.
- Cavitaciones en el recinto de aspiración.

Grupo regulador

Cambiar el grupo si se presenta alguna de las anomalías siguientes:

- Fondos de los pesos desgastados (véase flecha en la figura 8.22A).
- Talón deformado (véase flecha en la figura 8.22B).
- Pernos o palancas sueltos/as o deformados/as.

↑ **Figura 8.22.** Grupo regulador.

Muelles de regulación

Se siguen los mismos criterios que para los del émbolo.

Tapa y cuerpo del regulador

Realizar la siguiente visualización:

- Que las superficies de contacto estén planas y las roscas en perfecto estado.
- Que no haya grietas, sobre todo en el apoyo del árbol de levas en el cuerpo del regulador (véase flecha en la figura 8.23).

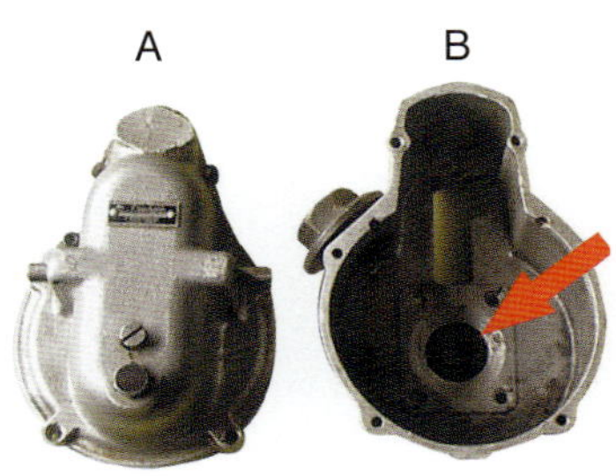

↑ **Figura 8.23.** Tapa y cuerpo del regulador.

1.3. Ensayos

caso práctico inicial

Un purgado incorrecto en el circuito de alimentación provocaba en el Citroën Jumpy un ralentí defectuoso.

En este apartado veremos las comprobaciones y los ajustes necesarios para este tipo de bombas sobre el banco de pruebas. Para realizar las operaciones, hay que seguir las instrucciones de ensayo para cada bomba en concreto.

A continuación exponemos unas sugerencias, válidas también para las bombas rotativas, de carácter general:

- Las operaciones se deben realizar siguiendo el orden que indica la hoja de ensayos.
- Los valores de ajuste y verificación indicados en la hoja de ensayos se refieren a un equipo de ensayo determinado. El no utilizar el equipo exigido acarrea ajustes incorrectos y resultados falsos en el ensayo.
- Utilizar los acoplamientos correctos, según el tipo de bomba y tamaño, para la sujeción de esta al banco.

Condiciones previas a los ajustes, válidas también para las bombas rotativas con la diferencia de que en estas la purga se realiza a 100 rpm y el calentamiento a unas 1.000 rpm:

Una vez amarrada la bomba al banco, se conectan las tuberías de alimentación correctamente, se determina el sentido de giro de la bomba y se pone el banco a unas 50 revoluciones aproximadamente para poder purgarla. Después se para el banco, se conectan los tubos de inyección del mismo a los racores de los elementos de bomba y se hace girar esta a unas 200 rpm durante unos minutos para alcanzar la temperatura normal de régimen. A continuación se para el banco de nuevo y se realizan las comprobaciones y ajustes siguientes:

1. Comprobación y ajuste del comienzo a la inyección

Se monta el dispositivo de medición del recorrido de regulación (figura 8.24).

- Girar a mano el banco de pruebas en el sentido de giro de la bomba hasta que el empujador de rodillo del primer elemento esté en el PMI.
- Desplazar la varilla de regulación hasta que el dispositivo indique el recorrido de regulación prescrito en la hoja de ensayos para el ajuste del comienzo de inyección. En esta posición, fijar la varilla al dispositivo de medición del recorrido de regulación mediante un tornillo de bloqueo.
- Montar sobre la bomba un dispositivo de medición de la carrera previa (formado por un reloj comparador y un palpador), aplicando el palpador sobre el empujador del émbolo (figura 8.25). Poner el comparador a cero.

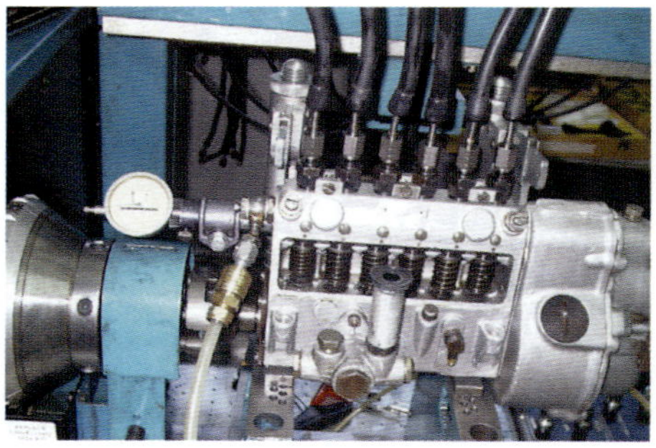

↑ **Figura 8.24.** Comprobación y ajuste del comienzo a la inyección. Montaje del dispositivo de medición del recorrido de regulación.

↑ **Figura 8.25.** Comprobación y ajuste del comienzo a la inyección. Montaje sobre la bomba del dispositivo de medición de la carrera previa del émbolo.

- Ajustar en el banco la alta presión necesaria para esta comprobación (aproximadamente 20 kg/cm^2). Comenzará a salir el aceite de ensayo por el grifo del inyector del banco.
- Mover a mano el volante del banco de pruebas en el sentido de giro hasta que el combustible deje de fluir por el grifo (momento del inicio de la inyección).
- Leer la indicación del reloj comparador para comprobar si en el empujador se registró la medida correcta. Si el valor leído no coincide con los datos de la hoja de ensayos, retirar el dispositivo de la carrera previa y regular el recorrido del empujador según proceda (rodillos de impulsor de distinto diámetro, placas de ajuste, tornillo de ajuste, etc.). En la figura 8.26 se aprecia una regulación a través de tornillo.
- Montar nuevamente el dispositivo de la carrera previa y volver a comprobar el desplazamiento del empujador. Efectuar los reglajes necesarios hasta conseguir la cota prescrita.

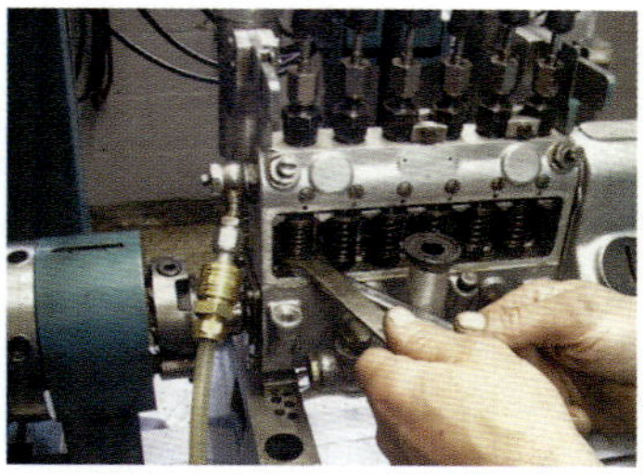

↑ **Figura 8.26.** Regulación del recorrido del empujador.

2. Puesta en fase de la bomba por presión

- Poner el primer cilindro en inicio de inyección (prueba anterior). La marca referencial, que está en una chapa circular al lado del goniómetro del plato de arrastre, se hace coincidir con el cero de este (figura 8.27).
- Abrir tantos grifos del portatoberas del banco como cilindros tenga la bomba.
- Girar el banco a mano con la alta presión conectada y comprobar en el goniómetro, según el orden de inyección establecido, los inicios de inyección de los demás cilindros (debe haber un desfase entre cilindros de 360/número de cilindros). La tolerancia máxima admitida en el desfase es de +/–1°. De ser incorrecta esta desviación angular, se corrige el recorrido de los émbolos como en la prueba anterior.
- Parar el banco y colocar el selector de alta presión en su posición original.
- Desbloquear el dispositivo de medición del recorrido de regulación.

↑ **Figura 8.27.** Referencias para la puesta en fase de la bomba por presión.

3. Comprobación y calibrado del caudal

Proceder de la siguiente forma:

- Conectar los tubos de inyección del banco a los racores de la bomba y alimentar esta con baja presión.
- Desplazar la varilla de regulación la medida que ordene el fabricante para la prueba. Fijar la varilla en esa posición mediante el dispositivo de apriete del útil de medición del recorrido de regulación.
- Hacer funcionar la bomba con el número de revoluciones prescrito en los valores de ensayo; ajustar a 100 el mecanismo contador de carreras y conectarlo.
- La cantidad de aceite de ensayo recogido en las probetas debe corresponder con la especificada por el fabricante en la hoja de ensayos. Si resultan valores no admisibles, corregir girando el casquillo de regulación del cilindro que proceda (figura 8.28B), aflojando previamente el tornillo de apriete de dicho casquillo (figura 8.28A).

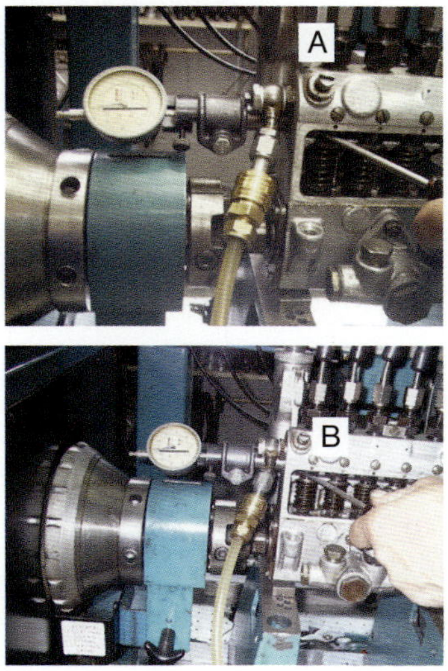

↑ **Figura 8.28.** Comprobación y calibrado del caudal.

saber más

Nota

Los defectos señalados en el último punto de la prueba 3 pueden impedir la regulación correcta del caudal en el punto anterior. En este caso, no tiene sentido realizar la prueba del último apartado sin antes cambiar los elementos defectuosos.

Una vez conseguido el caudal correcto, marcar la posición del casquillo con respecto al sector.

- A continuación, realizar la medición en las gamas que ordene la hoja de ensayos en cuanto a revoluciones y recorrido de la varilla. Si no se alcanzan los valores correspondientes pueden considerarse las siguientes causas:
  - Utilización de elementos de bomba incorrectos o desgastados.
  - Válvula de impulsión y muelles incorrectas/os o desgastadas/os.
  - Racores de impulsión incorrectos o que se hayan inutilizado.

4. Prueba del regulador

- Colocar el dispositivo de medición del recorrido de la varilla de regulación.
- Ajustar el reloj a cero cuando la palanca de mando esté en posición de parada.
- Montar el dispositivo de ajuste (una escuadra con un sector graduado) sobre la palanca de mando para poder medir el recorrido de esta (figura 8.29).
- Desplazar la palanca de mando los grados que indique el fabricante para la prueba de regulación del regulador.
- Impulsar el conjunto de la bomba el número de revoluciones prescrito.
- Comparar el recorrido de la varilla de regulación con el indicado en los valores de ensayo.
- Si los valores no se ajustan a los especificados, realizar la corrección girando la tuerca de ajuste de los muelles de los pesos. Si no se consigue la regulación, debe sustituirse el juego de muelles.

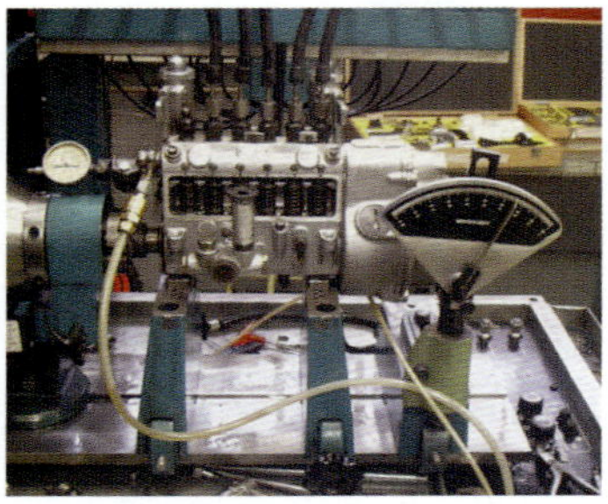

↑ **Figura 8.29.** Prueba del regulador.

A continuación exponemos, a título orientativo, una hoja de ensayo referente a la regulación del regulador.

Número de revoluciones nominal superior			Número de revoluciones nominal inferior			Recorrido del manguito de regulador	
Desviación de la palanca de mando		**Recorrido de la regulación**	**Desviación de la palanca de mando**		**Recorrido de la regulación**	**Recorrido de asimilación***	
Grados	RPM	mm	Grados	RPM	mm	RPM	mm
Máx.	1.090	15,2-17,8	12 ± 4	100	mín. 7,2	250	1,0-1,4
				250	5,6-5,8	350	1,7-2,3
47 ± 4	1.090-1.100	9,9				700	4,5-5,1
	1.160-1.190	4				1.095	8,2-8,4
	1.300	0-1				1.175	9,1-9,6
				350	0		

* La medición y la regulación se realizan según el tipo de versión del dispositivo de asimilación.

↑ **Tabla 8.1.**

1.4. Puesta a punto de la bomba

La puesta a punto es la operación que se necesita para sincronizar el movimiento de la bomba con el eje motor. Para este tipo de bombas, las operaciones que se han de realizar son las siguientes:

- Determinar el sentido de giro de la bomba y del cigüeñal. Girar el cigüeñal en el sentido correcto y llevar el pistón número 1 al tiempo de compresión con los grados de avance a la inyección correspondientes.
- Sacar la válvula de impulsión del elemento número uno (si se hace por alta presión del banco, no es necesario) y colocar un tubo en forma de cuello de cisne en dicho elemento.
- Alimentar la bomba (mediante bombín de cebado, bomba de alta presión del banco o por gravedad). Procurar que la palanca de paro no esté accionada.
- Girar el eje de la bomba en el sentido de giro partiendo del PMI del primer elemento mientras el gasóleo salga por el cuello de cisne. El momento en que el gasóleo deje de fluir es el principio de inyección (en ese instante hay que tomar las marcas de referencia).
- Montar la válvula de impulsión. Acoplar la bomba al motor. Antes de fijarla, si es necesario, realizar lo siguiente:
  - Alimentar la bomba y girar la carcasa en el sentido de giro lo que hace fluir al gasóleo por el cuello de cisne.
  - Girar la carcasa en el sentido contrario hasta que deje de fluir. Fijar la bomba y colocar los tubos de inyección según el orden establecido.

Mediante la utilización de una **pistola estroboscópica** diésel, se puede comprobar el calado de la bomba sobre el motor. Esta operación es válida también para las bombas rotativas. A diferencia de la pistola que comprueba la puesta a punto de los encendidos en los motores de gasolina, donde se coordina la emisión de la luz estroboscópica con el salto de chispa, en la pistola estroboscópica diésel, como es obvio, esa coordinación se hace con la inyección de gasóleo en uno de los cilindros.

La prueba debe realizarse a temperatura normal de funcionamiento del motor y el ralentí regulado al valor correcto. Veamos la operación de comprobación de calado propiamente dicha:

- Se conecta correctamente la pistola estroboscópica. Los dos cables de alimentación a la batería y el sensor (en este caso piezoeléctrico) a la tubería de inyección del cilindro número 1 para detectar el impulso de inyección en ese cilindro. El sensor debe acoplarse en la posición que indique el fabricante.
- Con el motor en funcionamiento, y el pulsador de la pistola estroboscópica accionado, se dirige el haz luminoso hacia las referencias fijas y móvil del motor. Recordemos que normalmente la marca fija va en la tapa de distribución o en la envolvente del embrague, mientras que la móvil suele estar situada bien en la polea delantera del cigüeñal o bien en el volante de inercia.
- Ajustar mediante el potenciómetro de la pistola estroboscópica los grados de avance inicial a la inyección que el fabricante tenga estipulados para ese motor.
- Si el calado de la bomba es correcto, la marca móvil debe coincidir con la fija indicadora del PMS (0°). En caso contrario, hay que girar en su corredera el cuerpo de la bomba o el árbol de levas de la misma, según sea el caso, en un sentido u otro según proceda, hasta la coincidencia de las marcas anteriormente mencionadas.

saber más

Excepciones para la regulación del inicio e inyección

Hay bombas lineales que en vez de girar la carcasa para el control del inicio de inyección, se debe girar el árbol de levas de la bomba con respecto al árbol-motor del mismo.

saber más

Pistola estroboscópica

Hay pistolas estroboscópicas, donde una misma pistola sirve tanto para la comprobación de la puesta a punto de los encendidos como para examinar el calado de las bombas de inyección diésel. Estas pistolas incorporan todos los adaptadores necesarios para efectuar ambas comprobaciones.

caso práctico inicial

Con la pistola estroboscópica, el mecánico apreció que el mecanismo de avance de la bomba del Mercedes no funcionaba.

El ajuste de dicho mecanismo lo tuvo que efectuar en el banco de pruebas.

2. Bombas rotativas

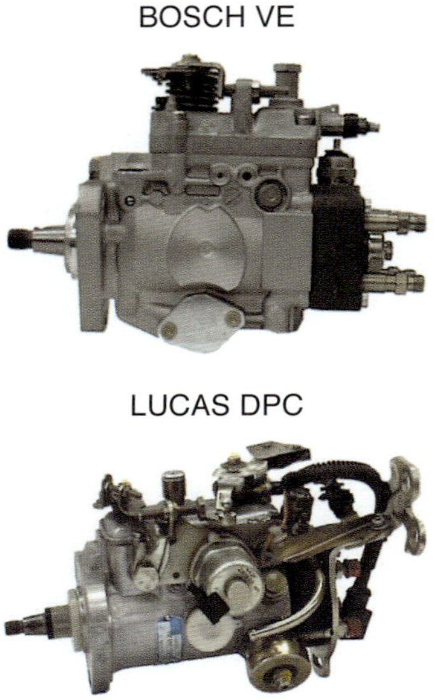

↑ **Figura 8.30.** Aspecto exterior de una bomba de inyección rotativa BOSCH VE y de una LUCAS DPC.

Las bombas rotativas (figura 8.30) están constituidas por un único elemento de bombeo independientemente del número de cilindros. Se presentan como un conjunto compacto donde se integran los siguientes grupos:

- Bomba de alimentación.
- Bomba de alta presión.
- Regulador mecánico de velocidad.
- Variador de avance hidráulico.
- Dispositivo de parada.

También pueden incorporar otros dispositivos según las exigencias del motor (corrección del caudal para motores sobrealimentados, mejoras en arranque en frío, etc.). Son autopurgantes y se lubrican a través del gasóleo que circula por su interior durante el funcionamiento. Presentan algunas ventajas con respecto a las lineales como son: tamaño reducido, dosificaciones más exactas, velocidades de rotación más elevadas, etc. Se emplean, sobre todo, en turismos, camiones, tractores y motores estacionarios. Son adecuadas para motores de hasta un máximo de 8 cilindros.

Subrayaremos de entre las más utilizadas la BOSCH tipo VE y la LUCAS tipo DPC.

2.1. Estudio tecnológico de una bomba BOSCH tipo VE

La figura 8.31 nos muestra la situación real de los distintos componentes en este tipo de bombas.

Para una explicación más clara, subdividimos a la bomba en las siguientes secciones:

- Alimentación de combustible en baja y alta presión.
- Regulador mecánico de velocidad.
- Variador de avance.
- Dispositivos de adaptación.

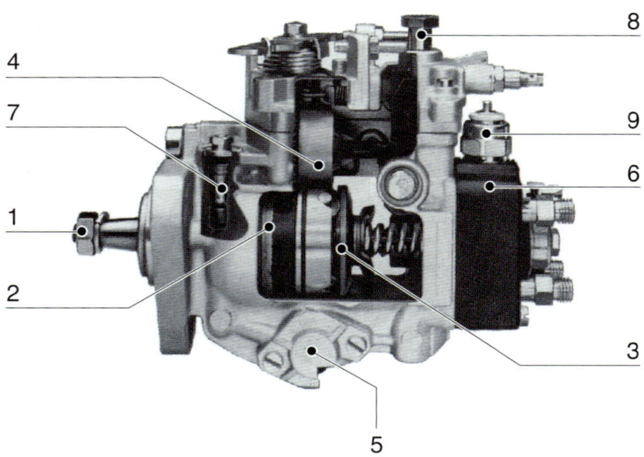

1. Eje de accionamiento
2. Bomba de alimentación
3. Disco de levas
4. Grupo regulador
5. Variador de avance
6. Cabeza distribuidora y bomba de alta presión
7. Válvula de control de presión
8. Estrangulador de rebose
9. Válvula de paro

↑ **Figura 8.31.** Componentes de una bomba rotativa BOSCH VE.

Alimentación de combustible

Baja presión

El combustible es aspirado del depósito por una bomba de alimentación de aletas y conducido al interior de la bomba de inyección. Una válvula de control de presión mantiene una presión regulada en el cuerpo de la bomba.

El retorno del exceso de combustible al depósito se realiza mediante el estrangulador de rebose a través de un orificio de 0,6 mm de diámetro. Con esta circulación, se asegura la refrigeración de la bomba y la autopurga del aire.

En el circuito de baja presión (figura 8.33) el eje de accionamiento (1) hace girar al rotor de la bomba de transferencia (2), cuyas aletas (3) aspiran el combustible de la cámara inferior (4) llevándolo a la superior (5) y de aquí al interior de la bomba de inyección a través de un taladro (6). Al mismo tiempo, una parte de combustible llega a la válvula de control (7) a través de un segundo taladro (8).

Cuando la presión en el interior de la bomba supera el valor de tarado del muelle (9) de la válvula de control, el émbolo se levanta y parte del combustible retorna a través de un canal al lado de aspiración de la bomba de aletas. Una vez restablecida la presión normal, el pistón se ubica de nuevo en su asiento, quedando de esta forma regulada la presión interna de la bomba.

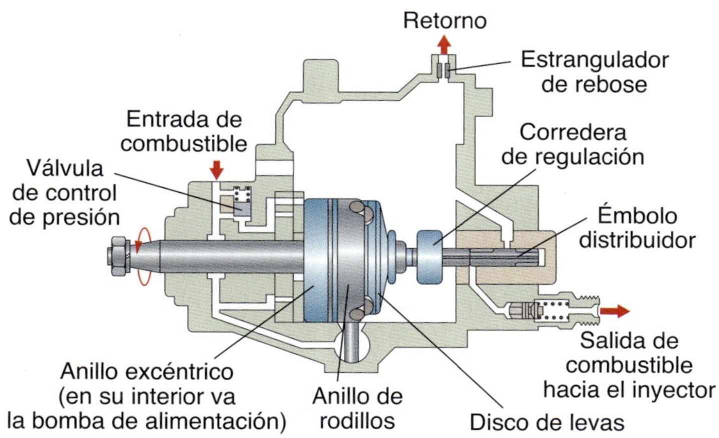

↑ **Figura 8.32.** Elementos de aspiración y de bombeo de combustible en el interior de la bomba rotativa BOSCH VE.

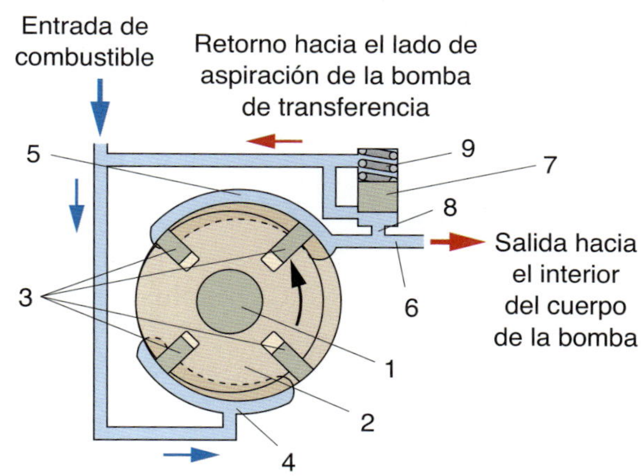

↑ **Figura 8.33.** Circuito de baja presión.

Alta presión

En el circuito de alta presión se comprime el gasóleo y se distribuye a los diversos inyectores en la cantidad justa y según el orden de combustión en los cilindros.

Apoyándonos en las figuras 8.32 y 8.34 describimos el funcionamiento: el eje de accionamiento arrastra al disco de levas a través de un disco de cruceta. La conexión entre ambos se realiza en el interior del anillo portarrodillos, que es fijo (en realidad puede variar de posición a través del variador automático de avance, pero por ahora lo consideraremos fijo). El disco de levas, debido a que rota sobre el anillo portarrodillos, está obligado a realizar un movimiento de elevación y giro, al igual que el émbolo distribuidor, ya que este es solidario al propio disco de levas por medio de una pieza de ajuste.

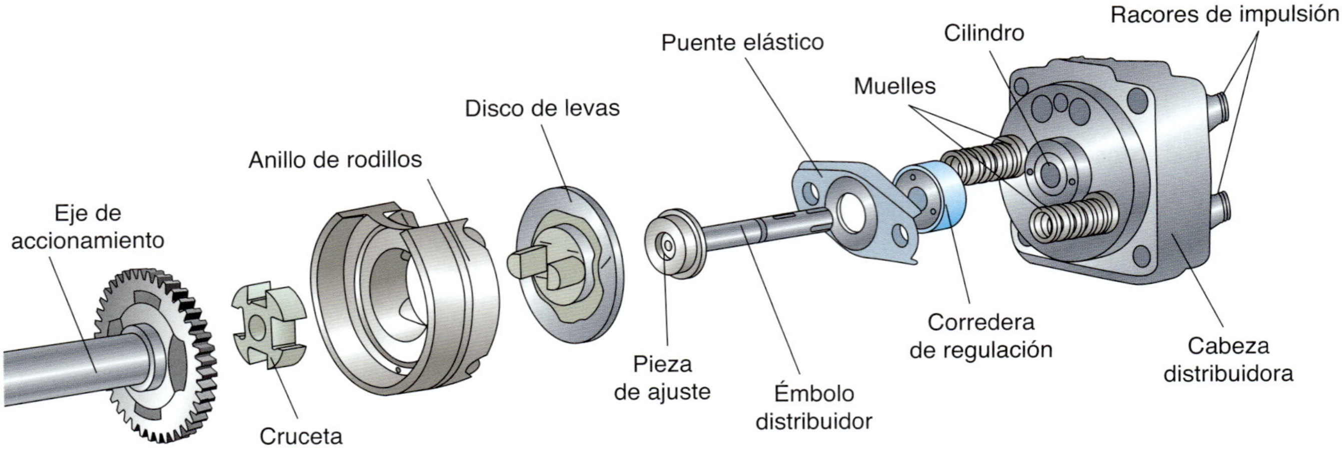

↑ **Figura 8.34.** Elementos que intervienen en el circuito de alta presión.

El émbolo distribuidor se encuentra albergado y guiado en un cilindro situado en la cabeza distribuidora. En cada carrera suya desde el PMI hasta el PMS (para estos puntos se toma como referencia la parte de atrás del émbolo), presiona una cantidad de gasóleo y, cuando gira, la distribuye hacia los inyectores a través de una válvula que está en el interior del racor de impulsión.

Dos muelles dispuestos simétricamente y apoyados en la cabeza distribuidora hacen regresar el émbolo al PMI mediante un puente elástico. Estos muelles impiden además que el anillo de levas pueda saltar de los rodillos del anillo y, debido a su precisión en la altura, evitan que el émbolo salga de su posición central. La corredera de regulación es la que determina el fin de la inyección como posteriormente se apreciará.

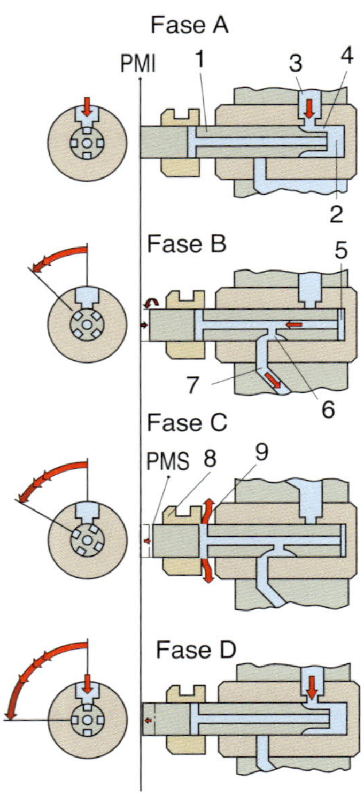

↑ **Figura 8.35.** Distintas posiciones del émbolo distribuidor.

Las fases del émbolo distribuidor (figura 8.35) se corresponden con la dosificación de combustible por cada cilindro del motor. Si se trata de un motor de cuatro cilindros (caso de la figura) el émbolo gira 1/4 de vuelta entre las posiciones del PMI y PMS, mientras que si se trata de un motor de 6 cilindros el giro será de 1/6 de vuelta.

En la fase A, vemos al émbolo (1) en el PMI. El gasóleo llega a la zona de alta presión (2) a través del canal de entrada (3) y de una ranura de control (4). El conducto de salida hacia el inyector está cerrado por la parte lisa del émbolo.

En la fase B, el émbolo realiza su carrera ascendente, obtura el canal de entrada y somete a presión al combustible que se encuentra en la zona de alta presión (5). Durante el movimiento giratorio, la ranura de distribución (6) se pone en comunicación con el orificio de salida (7) con el consiguiente envío del gasóleo hacia el inyector correspondiente.

La fase C representa el fin del envío del gasóleo hacia el inyector, ya que la corredera de regulación (8) abre el orificio de descarga (9) y la alta presión cae bruscamente. En la fase D, el émbolo retorna al PMI dispuesto a repetir las fases anteriores para otro inyector.

El último elemento que encuentra el combustible en alta presión dentro de la bomba es la válvula de impulsión, cuya función es evitar que el gasóleo retorne desde la tubería de alta hacia el émbolo distribuidor y, por otro lado, descargar la propia tubería cuando termina la fase de envío, extrayendo un volumen muy definido, para que el cierre del inyector sea preciso.

Lo comentamos mediante la figura 8.36:

Cuando se envía el combustible a alta presión (figura 8.35, fase B), la válvula (1) se levanta de su asiento (2) comprimiendo el muelle (3). El combustible circula por las ranuras longitudinales (4), que parten de la ranura anular (5), a través del racor de impulsión (6) dirigiéndose hacia el inyector (figura 8.36A).

Cuando llega el final de envío (figura 8.35, fase C), ya no hay suficiente presión para vencer al muelle, por lo que este oprime a la válvula contra su asiento (figura 8.36B).

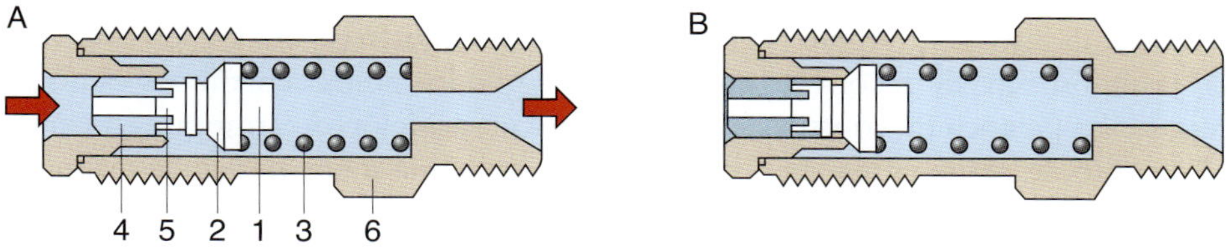

↑ **Figura 8.36.** Válvula de impulsión.

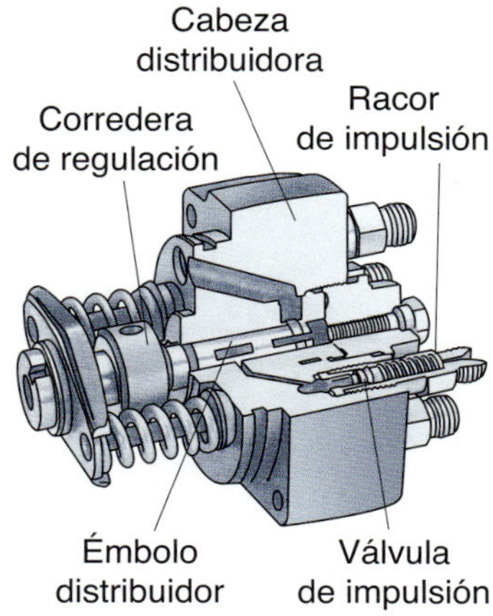

↑ **Figura 8.37.** Cabeza distribuidora.

Para concluir la explicación concerniente al circuito de alta presión, mostramos una sección de la cabeza distribuidora (figura 8.37) donde se pueden apreciar la ubicación de algunos de los componentes que hacen posible este circuito.

Cabe decir a este respecto, que el émbolo distribuidor, la cabeza distribuidora y la corredera de regulación se deben sustituir, en caso necesario, en conjunto y nunca por separado ya que su ajuste es muy exacto.

Regulador mecánico de velocidad

Su función es controlar con precisión el régimen del motor, variando el caudal de alimentación, durante el margen de regulación.

Está formado por unos pesos centrífugos, un manguito regulador, un juego de palancas y los muelles correspondientes (figura 8.38). Recibe movimiento del eje de accionamiento a través de una rueda dentada y durante su actuación modifica la posición de la corredera de regulación.

Existen **reguladores de mínimo y máximo,** los cuales controlan los regímenes de ralentí y máximo, y **reguladores de todos los regímenes** que estabilizan el número de giros entre el arranque y el máximo. En este caso, explicaremos el primero, reservándonos la explicación del segundo para las bombas LUCAS.

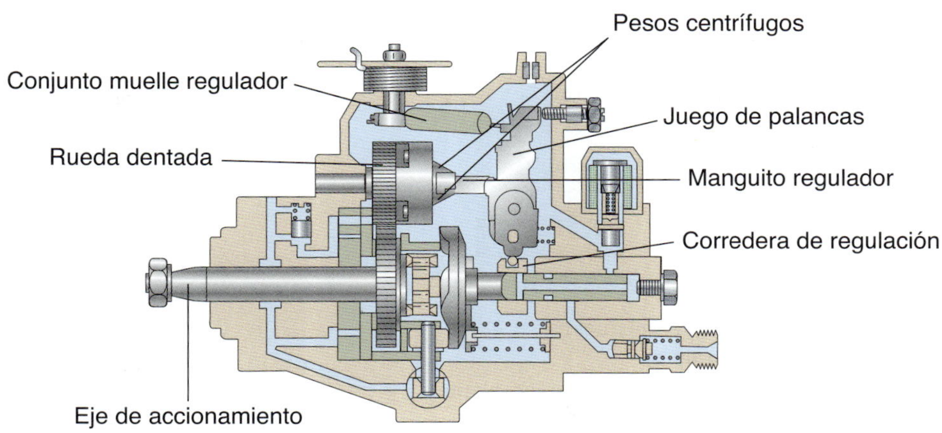

↑ **Figura 8.38.** Bloque regulador.

Reguladores de mínimo y máximo

caso práctico inicial

La mala regulación de las palancas que accionan el acelerador provocan en el Citroën Jumpy un ralentí muy irregular.

Según la velocidad de rotación, los pesos centrífugos (1) (figura 8.39) se separan más o menos empujando al manguito regulador (2) sobre la palanca de arranque (3) y la palanca de sujeción (4), las cuales se mantienen contra él gracias al muelle de regulación (5). Este muelle está introducido en una caja-guía unida por su extremo anterior a la palanca de control de régimen (6). Tanto la palanca de arranque como la de sujeción actúan sobre la corredera de regulación (7) basculando sobre el eje de rotación (M_1) y entre dichas palancas se intercalan el muelle de arranque (8), el de ralentí (9) y el tope de la palanca de sujeción (10).

Durante la fase de arranque (figura 8.39A), el manguito regulador se encuentra en posición cero de recorrido axial, debido a que los pesos centrífugos están en reposo. La palanca de control de régimen está en posición de arranque (tocando el tornillo de plena carga, 11). El muelle (8) presiona a la palanca de arranque contra el manguito regulador, haciéndola girar alrededor de su punto de rotación (M_1), lo que repercute en un movimiento de la corredera de regulación hacia caudal máximo.

En la fase de ralentí (figura 8.39B), la palanca de control de régimen está en la posición de ralentí (tocando el tornillo de ralentí, 12). Con el giro del motor, los pesos centrífugos se abren y empujan al manguito regulador contra la palanca de arranque, venciendo al muelle de lámina (8), lo que acarrea un movimiento de la corredera hacia mínimo caudal. La regulación se efectúa por medio del muelle de ralentí solidario a la palanca de sujeción, sobre el que se apoya la palanca de arranque. Cualquier variación de régimen dentro del ralentí hace modificar la carrera (b) y, por tanto, la carrera útil (h_2).

Cuando se acelera, la palanca de control de régimen abandona su posición de reposo arrastrando a la caja-guía, en la cual se ubica el muelle de regulación. Este muelle tira a su vez, sin comprimirse, del perno de fijación (13) y de la palanca de sujeción mediante el muelle intermedio (14). Queda anulado el margen de actuación de los muelles de arranque y de ralentí y entra en acción el muelle intermedio que durante su carrera (c) permite obtener una transición más progresiva entre el régimen de ralentí y el régimen no regulado.

A. Posición de arranque **B. Posición de ralentí** **C. Posición de plena carga**

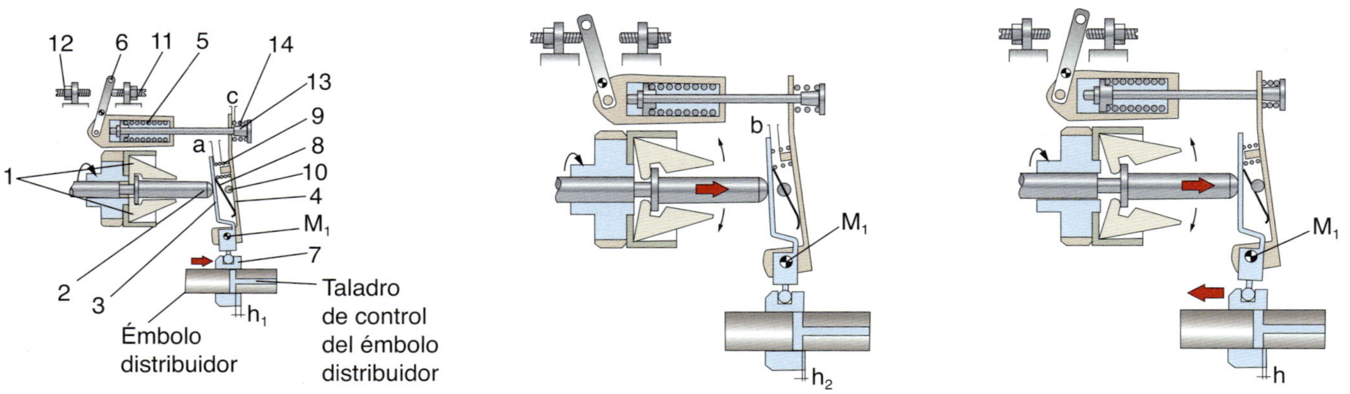

c. Carrera del muelle intermedio
a. Carrera de los muelles de arranque y de ralentí
h_1. Carrera útil máxima, arranque

h_2. Carrera útil mínima de ralentí
b. Carrera del muelle de ralentí para la fase de ralentí

h. Carrera útil de plena carga

↑ **Figura 8.39.** Estructura y funcionamiento de un regulador de mínimo-máximo.

Si la palanca de control de régimen se sigue desplazando en dirección a plena carga, el muelle intermedio se sigue comprimiendo hasta que el collarín del perno se apoya en la palanca de sujeción. A partir de este instante, empieza la fase no regulada (el pedal del acelerador determina directamente el caudal de alimentación). El muelle intermedio queda anulado y la palanca de sujeción es desplazada hacia la izquierda por su parte superior, lo que repercute en un movimiento de la corredera de regulación hacia caudal máximo.

Si disminuye la carga en el motor con la posición de la palanca de control de régimen sin modificar, el número de giros se eleva. Debido al aumento de la fuerza centrífuga de los pesos, obliga a estos a empujar al manguito regulador contra las palancas de arranque y de sujeción. Esta última tira, mediante su extremo superior, hacia la derecha del perno de fijación y de la varilla, para comprimir el muelle regulador. Esto origina un desplazamiento de la corredera de regulación hacia menos suministro (figura 8.39C). El muelle regulador se comprime, siempre que se alcance el régimen máximo establecido por el fabricante. A partir de ese momento empieza la regulación.

Variador de avance

La misión del variador de avance es corregir el comienzo de la inyección en función del régimen. Su control es hidráulico, ya que funciona por la presión interna de la bomba. Va montado en la parte inferior de la bomba en sentido transversal al eje longitudinal y está formado por un émbolo unido al anillo de rodillos mediante una pieza deslizante y un perno. Una tapa de cierre lo delimita a ambos lados de la bomba (figura 8.40).

El combustible, con la misma presión que tiene en el interior del cuerpo de la bomba (figura 8.41, 1), penetra en la cámara que se forma a la derecha del émbolo (2) a través del orificio calibrado (3).

Si la bomba no funciona, el émbolo se mantiene en reposo bajo la acción del muelle del variador de avance (4). Dicha posición se representa en la figura 8.41A.

La presión en el interior de la bomba durante el funcionamiento de la misma es proporcional al régimen de giro. Así, a partir de un determinado régimen, esa presión vence la resistencia del muelle y desplaza al émbolo hacia la izquierda (figura 8.41B), tanto más cuanto mayor sea el número de revoluciones. Este desplazamiento axial del émbolo se deriva en un movimiento angular del anillo de rodillos (5) debido a que ambos elementos están unidos mediante el perno (6) y la pieza deslizante (7). El giro del anillo de rodillos es contrario a la rotación del eje de mando, con lo que los rodillos (8) se acercan a las levas, ocasionando un adelanto en la inyección.

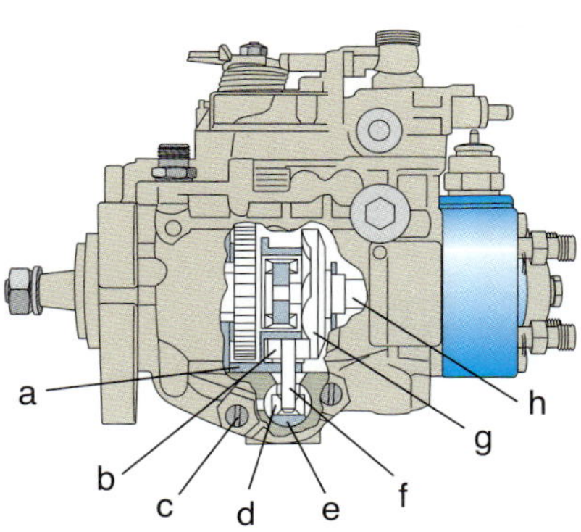

a. Anillo de rodillos
b. Rodillos del anillo
c. Tapa
d. Pieza deslizante
e. Émbolo del variador de avance
f. Perno
g. Disco de levas
h. Émbolo distribuidor

↑ **Figura 8.40.** Disposición del variador de avance en la bomba rotativa de inyección.

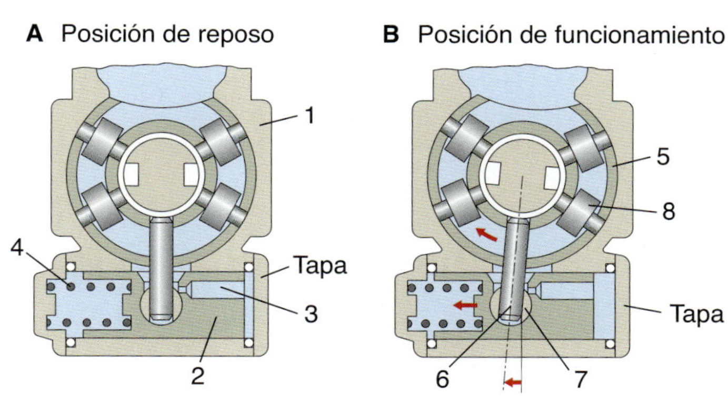

↑ **Figura 8.41.** Funcionamiento del variador de avance.

Dispositivos de adaptación

Su función es mejorar el suministro de gasóleo o el avance de la inyección, de acuerdo con el valor de alguno de los parámetros del motor (presión de carga, presión atmosférica, temperatura...) o en situaciones particulares del mismo (arranque en frío, arranque en caliente...). Con la incorporación de estos dispositivos, se consiguen valores más favorables de par motor, potencia, consumo y contaminación.

Tope de plena carga según la presión de carga (LDA)

Se utiliza en motores sobrealimentados y su función es adaptar el caudal de alimentación de plena carga a la presión de carga (figura 8.42).

Se subdivide en una cámara superior (A) y otra inferior (B), las cuales están separadas herméticamente una de otra por una membrana (1). En la tapa del LDA se encuentra un empalme para la presión de aire de carga. En la cámara A reina la presión del colector de admisión, mientras que en la B lo hace la presión atmosférica.

Un muelle de compresión (2) actúa desde abajo sobre la membrana. Por el lado opuesto, dicho muelle se apoya sobre una tuerca de ajuste (3) provista de una rosca. De este modo, puede modificarse la tensión inicial del muelle y con ella el inicio de funcionamiento del LDA. La membrana es solidaria al perno de control (4) que dispone de un cono (5) al que palpa un pasador guía (6). Al alcanzarse una presión de carga determinada, esta membrana y, por tanto, el perno de control, son empujados contra la fuerza que ejerce el muelle (2). Entonces el pasador guía se desplaza en dirección hacia el perno de control, lo que obliga a la palanca de tope (7) a realizar un movimiento de giro alrededor de su eje M_1. Mediante el muelle de regulación (8), se hacen solidarias la palanca de sujeción (9), la de tope, el pasador guía y el cono de control. De este modo, el movimiento de giro de la palanca de tope se transmite a las palancas de sujeción y a la de arranque (10), las cuales basculan sobre su eje y desplazan a la corredera hacia más caudal.

Si la presión de sobrealimentación desciende, el muelle de compresión empuja al perno de control hacia arriba, con lo que el movimiento de la corredera se invierte reduciendo el caudal en función de la presión de sobrealimentación.

Mediante el tornillo (11) montado en la tapa del regulador (12), se regula el caudal de plena carga, ya que actúa sobre la palanca de ajuste (13).

saber más

Nota

De la sobrealimentación de motores hablaremos en la unidad 11.

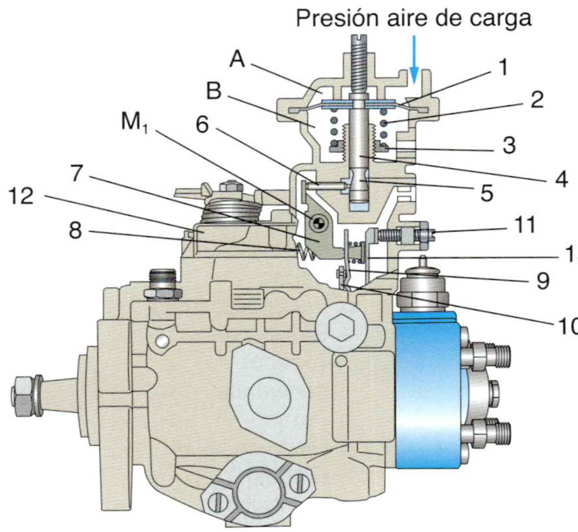

↑ **Figura 8.42.** Bomba de inyección rotativa BOSCH con tope de plena carga en función de la presión de carga.

Comienzo de alimentación en función de la carga (LFB)

Su función es adaptar el inicio de la alimentación al estado de carga para evitar ruidos. Para ello, se realizan modificaciones en el manguito regulador, en el eje regulador y en el cuerpo de la bomba (figura 8.43).

El manguito regulador está provisto de dos orificios transversales que comunican con la presión interna de la bomba (el 8 de la figura 8.43B es para el engrase), mientras que el eje regulador lleva un orificio longitudinal y dos transversales. Uno de los orificios transversales del eje regulador (2) (figura 8.43B) comunica con el lado de aspiración de la bomba de alimentación.

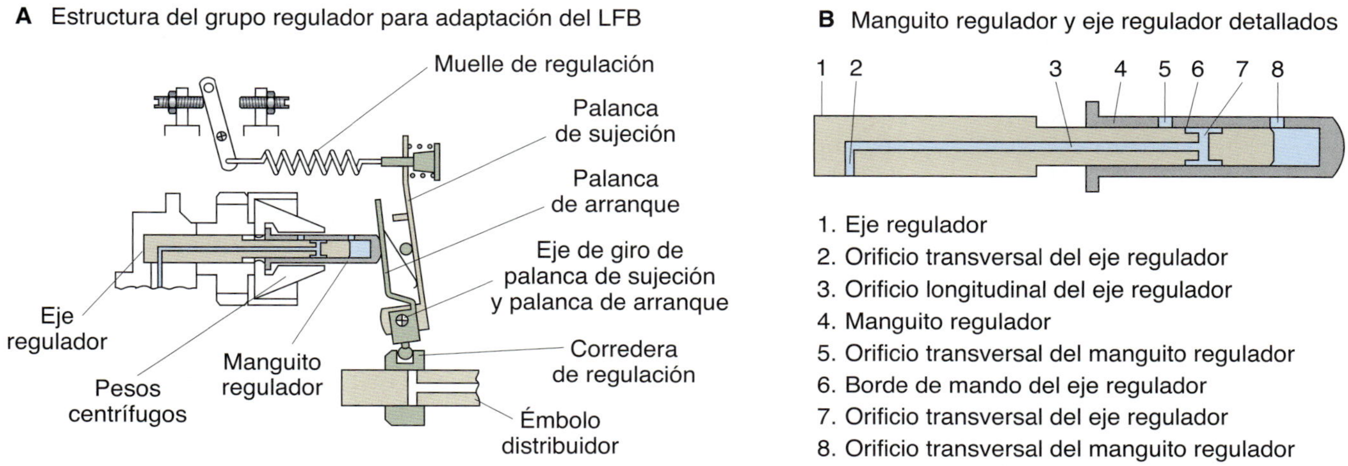

↑ **Figura 8.43.** Construcción del grupo regulador para adaptación del comienzo de alimentación en función de la carga. Manguito regulador detallado.

A medida que aumenta el régimen, los pesos centrífugos desplazan al manguito regulador hacia la derecha. De esta forma, en regulación normal se reduce el caudal. Por otro lado, en regulación mediante el LFB, cuando el borde de mando del eje regulador coincide con el orificio transversal (5) del manguito, escapa el combustible por los orificios (2 y 3) hacia la zona de aspiración de la bomba de alimentación, decae la presión interna de la bomba y el variador de avance actúa hacia «retraso» de comienzo de alimentación.

Si disminuye el régimen (por ejemplo por aumento de carga), el manguito regulador se desplaza hacia la izquierda, con lo cual el orificio transversal del mismo manguito (5) y el transversal del eje regulador (7) no coinciden. Hay un aumento de presión interna y el variador de avance actúa en el sentido de «avance».

Acelerador de arranque en frío (KSB)

Este dispositivo mejora el comportamiento en arranque en frío desplazando al eje portarrodillos hacia avance.

Va montado sobre el cuerpo de la bomba (figura 8.44) y está formado por una palanca de control que puede ser mandada por una cápsula termostática (figura 8.44A), la cual está sometida a la temperatura del líquido refrigerante del motor. Dicha palanca también puede ser gobernada manualmente a través de un cable (figura 8.44B). La posición inicial de la palanca, en ambos casos, queda definida por un tope y por un muelle con patas.

saber más

Otra versión de KSB

Existe también una versión de KSB en la que el dispositivo de ajuste actúa sobre el émbolo del variador de avance.

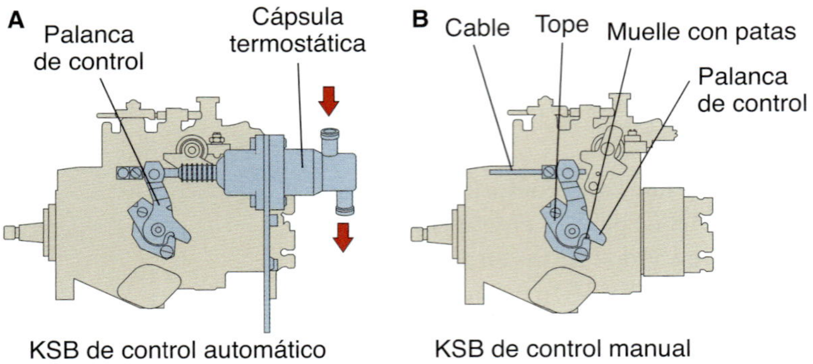

↑ **Figura 8.44.** Acelerador mecánico de arranque en frío de control automático y de control manual.

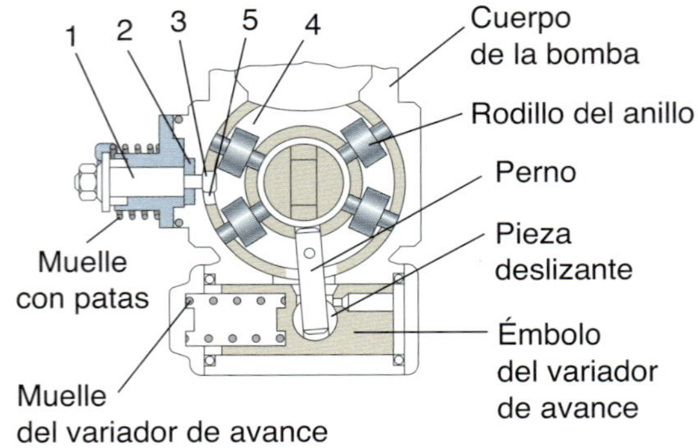

↑ **Figura 8.45.** Funcionamiento del acelerador mecánico de arranque en frío.

La palanca de control (invisible en la figura 8.45) está unida por un árbol (1) a la palanca interior (2), en la que va dispuesta, en posición excéntrica, una rótula (3) que actúa sobre el anillo de rodillos (4) a través de una ranura longitudinal (5). Cualquier movimiento de la palanca de control hace girar al árbol, la palanca interior y la rótula, lo que acarrea un cambio de posición en el anillo de rodillos.

Fijándonos en las **dos figuras anteriores** podemos razonar lo siguiente:

- Si el motor está frío, la cápsula se contrae de tal forma que el giro de la palanca de control lleva al anillo hacia la posición de avance.
- A medida que el motor sube de temperatura, la cápsula se va dilatando, con lo que la palanca de control va recuperando paulatinamente su posición inicial y llevando con ella al anillo de rodillos hacia avance nulo.

En el caso de control manual, la corrección la efectúa el conductor desde el interior del vehículo.

Mediante este dispositivo, como se puede apreciar, no solo se ajusta el instante de la inyección en arranque en frío, sino también en arranque en caliente, así como en fase de calentamiento.

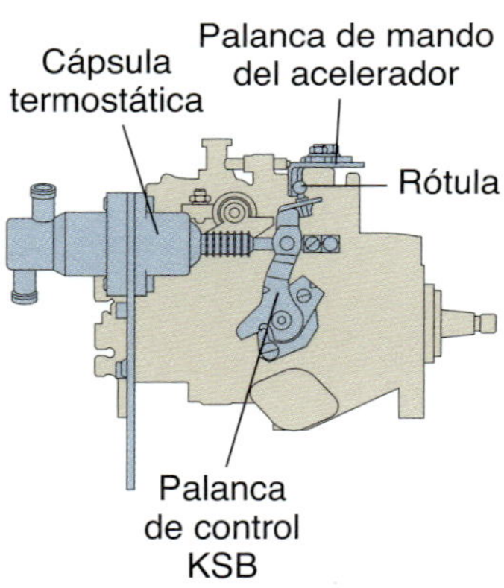

↑ **Figura 8.46.** Dispositivo de elevación del ralentí.

Elevación del ralentí en función de la temperatura (TLA)

Está combinado con el KSB anterior. Para ello, la palanca de control dispone de una rótula en su extremo superior (figura 8.46). Con el motor frío, cuando la palanca de control es desplazada por la cápsula termostática, esta rótula presiona contra la palanca de mando del acelerador aumentando ligeramente el régimen de giro, con lo que se consigue un funcionamiento más estable del motor.

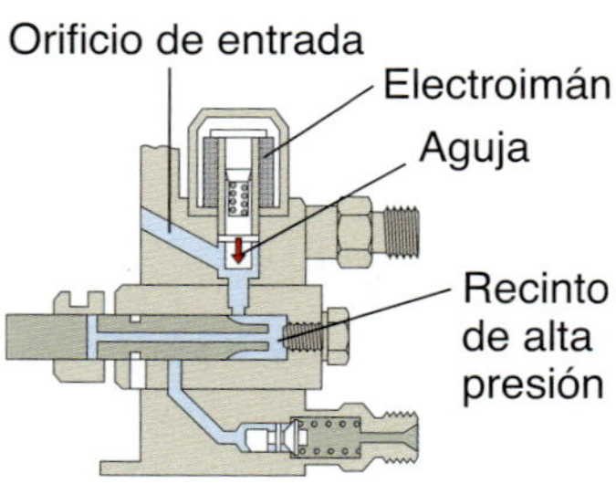

↑ **Figura 8.47.** Dispositivo de parada eléctrico.

Dispositivo de parada eléctrico (ELAB)

Es una válvula electromagnética (figura 8.47) que va montada en la parte superior de la cabeza distribuidora y cuya función es apagar el motor. Si está conectada (es decir, con el motor en marcha), el electroimán mantiene abierto el orificio de entrada de combustible al recinto de alta presión. Al quitar el contacto, la bobina queda sin corriente, el campo magnético se anula y la aguja cae sobre su asiento, con lo que se obtura el orificio de llegada de combustible a la cámara de alta presión y el motor se apaga.

2.2. Reparación

Para este tipo de bombas consideramos dos clases de reparaciones:

- **Reparación parcial.** Se utiliza para solventar aquellas averías que no requieren un desmontaje total de la bomba.
- **Reparación total.** Cuando la solución de la avería necesita un desarmado total de la bomba.

Reparación parcial

A continuación, apreciamos una relación de averías que, en la mayoría de los casos, se solucionan con una reparación de este tipo.

1. El motor arranca mal.	**2. El motor echa humo blanco, admite gas con dificultad (la bomba se calienta demasiado).**	**3. El motor no se para.**	**4. La palanca de regulación no vuelve al tope de ralentí.**	**5. El motor vibra al ralentí.**	**Causa de la avería ***
X					Tapón roscado central defectuoso (1).
	X				Estrangulador de rebose obstruido (tornillos permutados) (2).
		X			Válvula electromagnética defectuosa (electroimán en parada) (3).
			X		Falta de grasa lubricante en el resorte, el casquillo tope y la tapa (4).
				X	Fallos de estanqueidad en el racor de impulsión y en el tornillo de purga (5).
				X	Junta anular radial del árbol defectuosa (6).
				X	Junta anular del variador de avance defectuosa (7).
				X	Obturización de la tapa de la carcasa, casquillo de la palanca de regulación y anillo toroidal defectuosos (8).

* Siempre que sea una de estas causas, las averías se solucionan con una reparación parcial, pero no deban descartarse otras que requieran un desarmado total de la bomba.

↑ **Tabla 8.2.**

(1) Comprobar el par de apriete. Si este es correcto sustituir el tapón.

(2) Limpiarlo. En caso necesario, efectuar el cambio.

(3) Desmontarla. Comprobar el funcionamiento con ella desmontada (figura 8.48). Sustituirla si no funciona.

(4) Engrasar con grasa multigrado (eventualmente se puede utilizar aceite del motor).

(5) Aflojar el racor de impulsión y volver apretarlo al par correspondiente. Si sigue sin ser estanco, sustituirlo junto con su junta. Apretar solo con llave dinamométrica. Si el tornillo de purga no es estanco, sustituir la junta y apretar al par prescrito.

(6) Sacar de la carcasa de la bomba, mediante el útil apropiado, la junta anular (figura 8.49). Montar la junta nueva mediante una prensa.

saber más

Cuidados en la válvula electromagnética

La válvula electromagnética de paro solamente debe ser alimentada con tensión unos instantes ya que desmontada carece del efecto refrigerante del combustible.

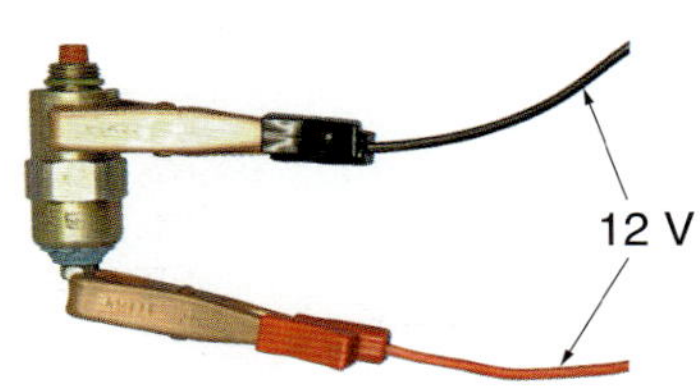

↑ **Figura 8.48.** Comprobación de la válvula electromagnética de paro.

saber más

Desmontaje del KSB

Si en el lado de presión del variador de avance hay montado un KSB, se debe desmontar primero este.

↑ **Figura 8.49.** Extracción de la junta anular radial del árbol de la bomba.

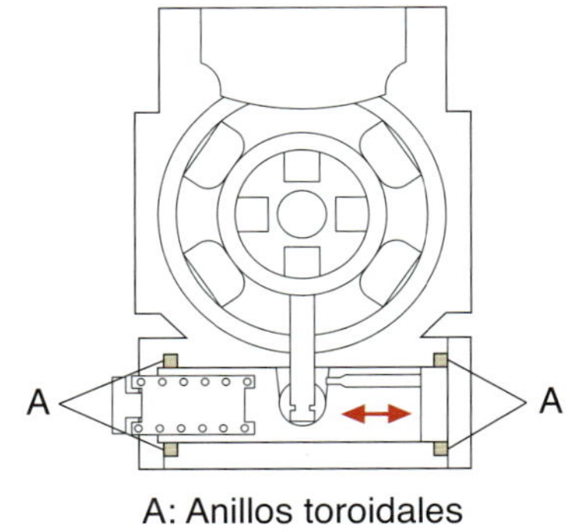

↑ **Figura 8.50.** Anillos toroidales del variador de avance.

(7) Desmontar la tapa del variador de avance y sustituir los anillos toroidales (figura 8.50).

(8) Sustituir la junta anular de la tapa de la carcasa, el casquillo de la palanca de mando y el anillo toroidal en el árbol de la palanca de mando. Dada la gran cantidad de piezas menudas que hay que manipular (pasadores, muelles, palancas...), hay que seguir las instrucciones particulares del fabricante.

Reparación total

Antes de desmontar y reparar las bombas de inyección rotativas se deberá medir la holgura basculante del eje motriz, para así evitar trabajos innecesarios (figura 8.51).

Si se sobrepasa la tolerancia indicada se debe utilizar una carcasa nueva (de ser necesario también un nuevo eje motriz).

A continuación desarmar la bomba siguiendo las instrucciones del fabricante e inspeccionar sus piezas.

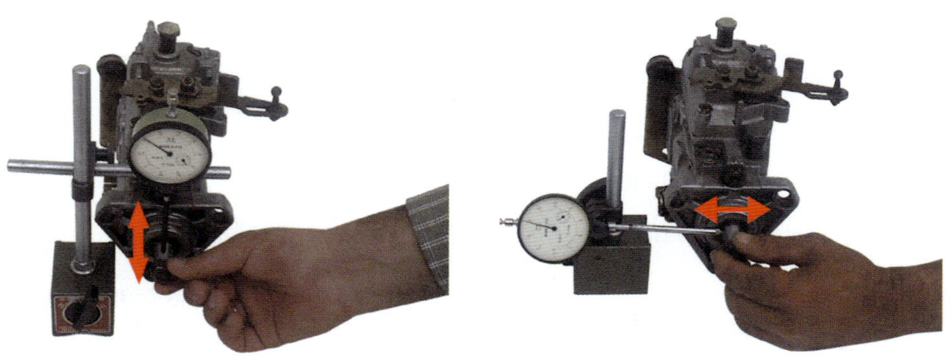

↑ **Figura 8.51.** Comprobación de la holgura basculante del eje motriz.

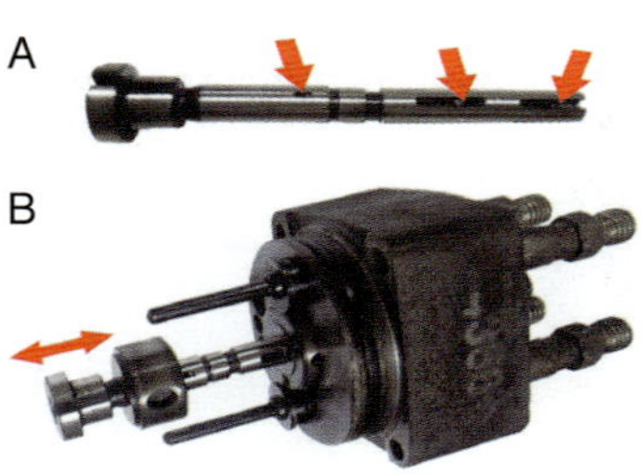

↑ **Figura 8.52.** Inspección del émbolo distribuidor.

Inspección de piezas

Émbolo distribuidor

- Comprobar el grado de afilado de las rampas sesgadas (véanse flechas de la figura 8.52 A).
- Comprobar la facilidad del movimiento del émbolo en la cabeza distribuidora y en la corredera de regulación (figura 8.52 B).

Si alguna de estas piezas muestra huellas de desgaste, se debe sustituir el cuerpo distribuidor completo (émbolo, corredera y cabeza distribuidora). La decisión final sobre el grado de desgaste del émbolo con el cuerpo distribuidor y corredera sólo es posible en el banco de ensayo.

Anillo de rodillos

Comprobar el estado y la facilidad del movimiento de los rodillos (figura 8.53).

Disco de levas

Comprobar el desgaste de las trayectorias de leva del disco.

Si el disco de levas presenta huellas de desgaste o un color azulado metálico, se debe sustituir. En un caso así se sustituirá también el anillo de rodillos completo.

Acoplamiento de la palanca de regulación en la corredera de regulación

Comprobar el funcionamiento y el perfecto asentado del perno de bola del grupo de la palanca de regulación en el taladro de la corredera de regulación (flecha de la figura 8.54).

En caso necesario, sustituir bien el grupo de la palanca de regulación o bien la corredera, incluidos el émbolo y la cabeza distribuidora.

Tope de plena carga (LDA)

Comprobar si presentan desgaste todas las piezas móviles (bulón regulador, pasador-guía, palanca de mando, membrana).

Por último, montar la bomba siguiendo también las instrucciones del fabricante.

saber más

Nota

No extraer los rodillos del anillo.

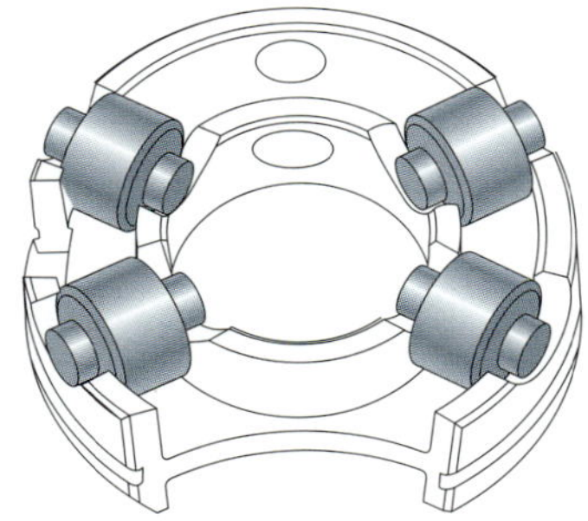

↑ **Figura 8.53.** Inspección del anillo de rodillos.

saber más

Reparación bomba VE y anillos

Siempre que se repare una bomba VE hay que utilizar anillos tóricos y anillo-junta nuevos.

2.3. Ensayos

Preajustes estáticos previos:

Ajustar el eje del regulador

- Enroscar (figura 8.55) el eje regulador hasta que se alcance la distancia prescrita en la hoja de ensayos, desde la brida del cuerpo hasta el lado frontal del eje regulador.
- Fijar el eje regulador apretándolo al par prescrito.

Ajustar el acelerador de arranque en frío con mando térmico (KSB)

- Girar el árbol motriz de la bomba en la dirección de giro hasta apreciar resistencia (la leva encuentra al rodillo).

↑ **Figura 8.54.** Control del acople de la palanca de regulación en la corredera.

↑ **Figura 8.55.** Ajuste del eje del regulador.

↑ **Figura 8.56.** Ajuste del acelerador de arranque en frío con mando térmico. A: Escuadra de tope. B: Palanca de mando.

↑ **Figura 8.57.** Comprobación de la estanqueidad del cuerpo LDA.

- En esa posición, descansar ligeramente la palanca de mando sobre el anillo de rodillos.
- Ajustar la escuadra de tope (figura 8.56), a la medida prescrita, respecto de la palanca de mando.
- Girar en dirección contraria el árbol motriz y otra vez en la dirección de giro hasta la elevación de la leva y verificar el ajuste de la escuadra.

A continuación, se realizan los ensayos propiamente dichos:

Comprobación de la estanqueidad del cuerpo LDA

- Conectar un manómetro-vacuómetro a la entrada del LDA (figura 8.57).
- Aplicar, indistintamente, vacío o presión.
- Los valores se deben mantener. En caso contrario, cambiar el LDA.

Ajustar la carrera del variador de avance y la presión de la bomba de alimentación

Si se indica en la hoja de ensayos, impulsar el LDA con presión de carga.

Conectar el dispositivo de medición de carrera del variador de avance (figura 8.58).

- Al régimen indicado en la hoja de ensayo, deberá alcanzarse la presión de la bomba de alimentación y la carrera del variador de avance.
- En caso contrario, regular la presión de la bomba de alimentación. Para ello, introducir el útil específico correspondiente en la misma válvula (figura 8.59), siguiendo las instrucciones del fabricante.

Para variar la carrera del variador de avance, se modifica la tensión previa del muelle en el variador, mediante el tornillo de ajuste o a través de arandelas de ajuste.

saber más

Influencia de la presión de la bomba

Si se aumenta la presión de la bomba de alimentación, el variador de avance se desplaza en sentido de avance.

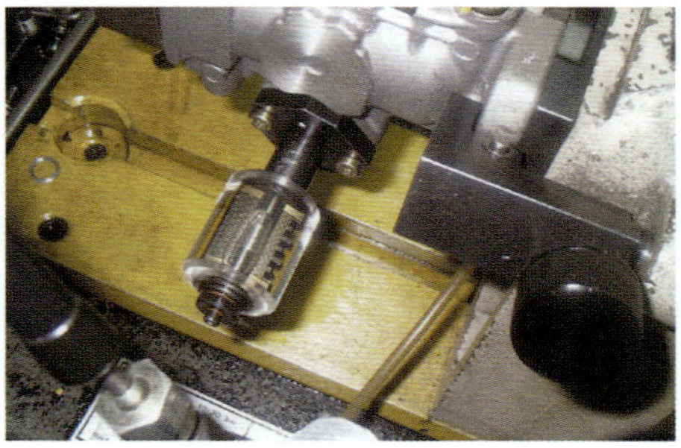

↑ **Figura 8.58.** Dispositivo de medición de la carrera del variador de avance.

↑ **Figura 8.59.** Regulación de la presión de la bomba de alimentación.

Ajustar el caudal de plena carga con presión de carga

- Apoyar la palanca de mando contra su tope máximo.
- Girando el tornillo (1), ajustar el caudal de plena carga con presión de carga según los valores de la hoja de ensayos (figura 8.60).

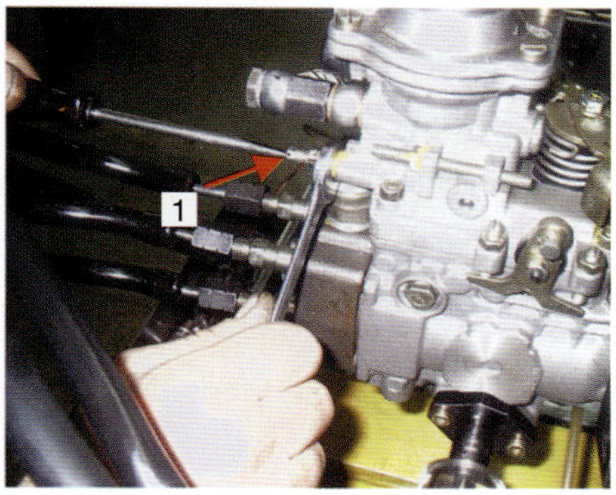

← **Figura 8.60.** Ajuste del caudal de plena carga con presión de carga.

Medir el caudal de arranque automático

- Apoyar la palanca de mando en el tope de ralentí (figura 8.61).
- Volver a apoyar la palanca de mando en el tope de régimen nominal.
- Medir el caudal de arranque al régimen indicado.
- Si no se consigue el caudal de arranque, puede estar determinada incorrectamente la carrera de arranque del manguito regulador.
- En este caso, compensar la diferencia de medida con el correspondiente tapón en el manguito regulador (figura 8.62). Para ello, hay que desmontar el grupo regulador.

Medir el caudal de rebose

- Poner la palanca de mando sobre su tope máximo.
- Medir en la correspondiente probeta el caudal de rebose al régimen indicado.

Si no se corresponde con el prescrito, hay que cambiar la válvula de rebose.

Corte de combustible

- Poner la palanca de mando a tope y comprobar el caudal al régimen indicado.
- Si los valores no se corresponden con los de la hoja de ensayos, hay que regular en el tornillo tope-palanca (figura 8.63).

A: tornillo tope-palanca

← **Figura 8.63.** Regulación en el tornillo tope-palanca para el control del caudal.

saber más

Aumento del caudal

Si se gira a la derecha el tornillo (1) (figura 8.60) aumenta el caudal.

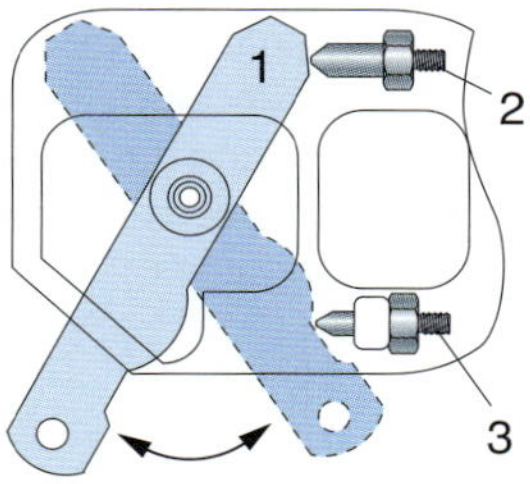

1. Palanca de mando
2. Tornillo de ajuste de ralentí
3. Tornillo de ajuste de régimen nominal

↑ **Figura 8.61.** Topes de la palanca de mando.

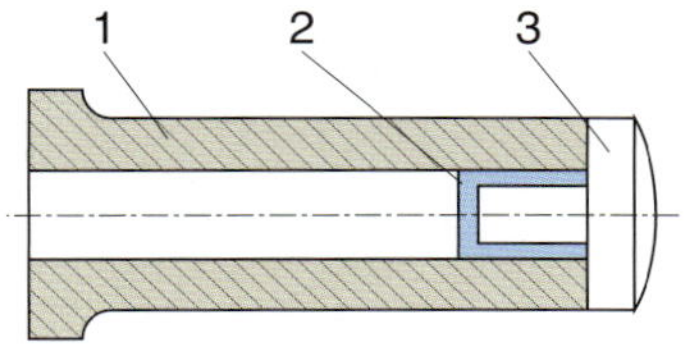

1. Manguito regulador
2. Caperuza hermetizante de goma
3. Tapón

↑ **Figura 8.62.** Detalle del tapón en el manguito para la regulación de la carrera de arranque.

caso **práctico** inicial

Un mal calibrado del caudal en la bomba provocaba en el Citroën C15 un golpeteo en fase con la combustión de un cilindro.

Comprobar la alimentación 0 (parada)

Con la posición de la palanca de mando y el régimen indicados, se debe conseguir la alimentación «0» estando el electroimán de parada desconectado. Si no es así, el electroimán de parada está defectuoso.

2.4. Puesta a punto

- Determinar el sentido de giro de la bomba y del cigüeñal.
- Girar el eje motor en el sentido correcto y llevar el pistón número 1, en el tiempo de compresión, al Punto Muerto Superior.
- Determinar en la bomba qué salida conduce el gasóleo hacia el inyector número 1.
- Colocar la chaveta del eje de accionamiento de la bomba orientada a dicha salida.
- Liberar la palanca de arranque en frío.
- Sacar el tapón roscado (1) (figura 8.64) del elemento de bombeo y colocar en su lugar un útil-soporte con el reloj comparador (el palpador del reloj debe estar en contacto con la cabeza del émbolo-distribuidor a 2-3 milímetros de precarga).
- Acoplar la bomba al motor según las marcas de referencia.
- Girar la carcasa en el sentido de giro de la bomba hasta localizar el Punto Muerto Inferior del émbolo-distribuidor (ocurre cuando el comparador acusa la mínima lectura).
- Poner a cero el reloj-comparador.
- Girar la carcasa en sentido contrario al de giro hasta apreciar en el comparador el valor indicado por el fabricante.
- Fijar la bomba al motor y colocar los tubos de alta presión según el orden de inyección prescrito.

saber más

Consejos para la puesta a punto

En las operaciones de puesta a punto de la bomba es imprescindible seguir las instrucciones particulares que el fabricante marca para la bomba según el motor donde vaya instalada. Recuerda también que la comprobación de la puesta a punto se puede efectuar mediante la pistola estroboscópica.

↑ **Figura 8.64.** Emplazamiento del reloj comparador en el elemento de bombeo para la puesta a punto de una bomba BOSCH VE.

2.5. Estudio tecnológico de una bomba LUCAS tipo DPC

Una bomba de transferencia (figura 8.65) lleva el combustible al interior de la bomba a una determinada presión, la cual varía en función de la velocidad de rotación. Dicha presión es regulada por la válvula de ajuste.

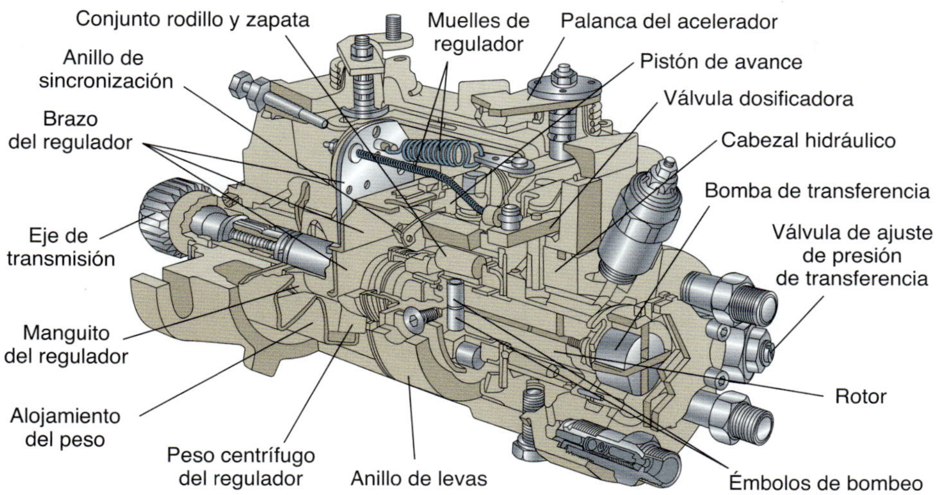

↑ **Figura 8.65.** Estructura de una bomba rotativa de inyección LUCAS DPC.

Un rotor, accionado por el eje de transmisión, actúa como receptor y como distribuidor de combustible. Gira dentro de la cabeza hidráulica, la cual tiene un canal de admisión y tantos canales de distribución como cilindros tenga el motor. El rotor incorpora en uno de sus extremos el elemento de bombeo, formado por dos émbolos que se deslizan, junto con los rodillos, a lo largo de un anillo de levas que permanece estático.

La cantidad de combustible hacia el interior de los pistones depende de la posición de la válvula dosificadora que está sometida a la acción de la palanca del acelerador y a la del regulador. Este último generalmente es de tipo centrífugo y actúa sobre la válvula dosificadora a través de un sistema de palancas (entre ellas está el brazo regulador) y dos muelles.

Un sistema de avance automático, que actúa sobre el anillo de levas, sitúa el principio de inyección en el momento óptimo en toda la gama de funcionamiento. El anillo sincronizador sirve como referencia para la puesta a punto de la bomba.

Además de estos mecanismos básicos, estas bombas incorporan otros dispositivos adicionales que más adelante comentaremos.

La figura 8.66 nos da una visión simplificada del trayecto del combustible desde el depósito hasta el inyector.

Establecemos el siguiente orden para el estudio de esta bomba:

1. Presión de transferencia.
2. Dosificación-bombeo y distribución.
3. Regulador.
4. Variador de avance.
5. Dispositivos adicionales de adaptación.

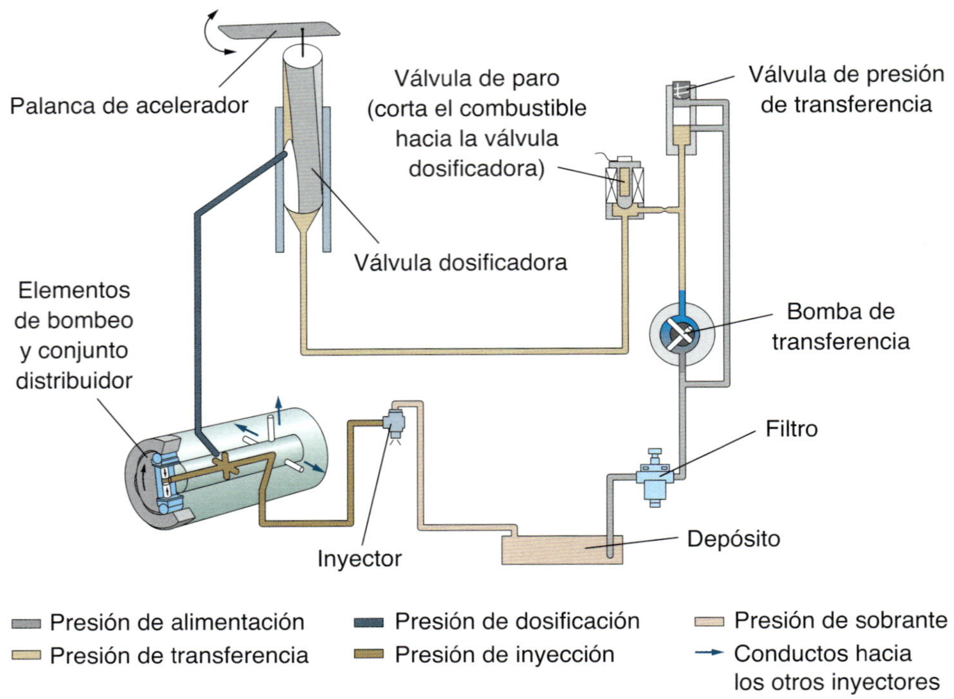

↑ **Figura 8.66.** Circuito de combustible en las bombas LUCAS DPC.

Presión de transferencia

La bomba de transferencia aspira el combustible del depósito y lo envía al interior del elemento de bombeo. Precisamente, la presión que hay desde la bomba hasta la válvula dosificadora es la presión de transferencia, la cual se mantiene regulada gracias a una válvula. Ambos elementos (bomba y válvula) están integrados en la cabeza hidráulica, como se ha visto en la figura 8.65.

Bomba de transferencia

Su composición y funcionamiento es similar al de las bombas BOSCH, por lo que evitamos explicarla de nuevo.

Válvula reguladora de presión

Además de controlar la presión, permite el cebado del circuito en caso de ser necesario. En este último caso, cortocircuita el paso de combustible por la bomba de alimentación.

Está compuesta (figura 8.67) por un cuerpo (1) en el que se alojan el pistón (2) y un muelle de regulación (3) cuya precarga es ajustada por el tornillo exterior (4), el cual está bloqueado mediante la tuerca (5). Mediante el muelle de cebado (6), el pistón se mantiene en su posición inicial.

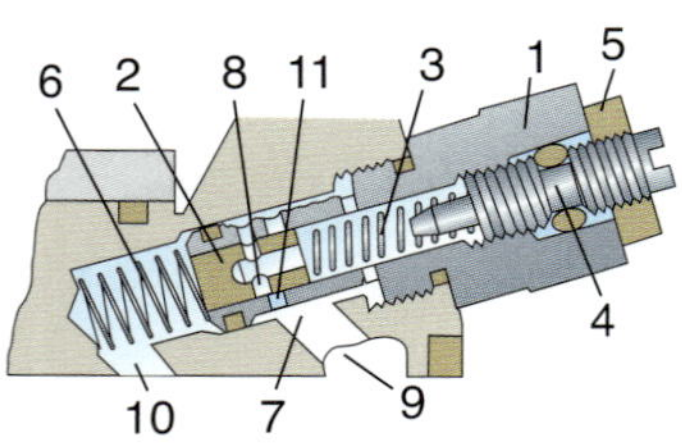

↑ **Figura 8.67.** Válvula reguladora de presión de transferencia.

Si se ceba la bomba (motor parado), el combustible llega al canal (7), con lo que el pistón empuja al muelle (6), se destapan los orificios de cebado (8) y el combustible circula desde el canal de alimentación (9) hasta el canal (10), el cual se comunica con el cabezal hidráulico. Con el motor funcionando, la presión de transferencia actúa sobre la válvula a través del conducto (10). En el momento que dicha presión supera al muelle (3), se destapan los orificios de regulación (11), por lo que el combustible vuelve al lado de aspiración de la bomba de alimentación, disminuyendo así la presión hacia el cabezal.

Dosificación-bombeo y distribución

Estas funciones son atribuidas al cabezal hidráulico (figura 8.68), el cual está formado por la cabeza o pieza fija en la que se encuentran los conductos que comunican con los inyectores, y por el rotor, que es la pieza móvil en la que se alojan los émbolos de bombeo. El rotor va provisto de taladros longitudinales y radiales que se comunican con el elemento de bombeo y con los taladros de la cabeza respectivamente. En el cabezal también va incorporada la válvula dosificadora (figura 8.69), que controla el caudal hacia los émbolos, variando la sección de paso, en función de las condiciones de funcionamiento del motor.

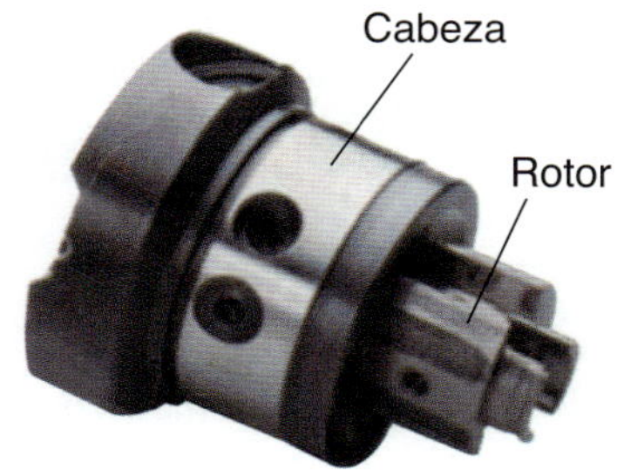

↑ **Figura 8.68.** Cabezal hidráulico.

Se da una fase de admisión cuando el canal de entrada de la cabeza hidráulica coincide con el canal de admisión del rotor (figura 8.70 A). En ese momento entra gasóleo hacia el interior de los émbolos, con lo que estos son desplazados hacia el exterior.

Al girar el rotor, también lo hacen los émbolos junto con los rodillos y las zapatas portarrodillos por el interior del anillo de levas (el número de levas equivale al número de cilindros del motor).

↑ **Figura 8.69.** Válvula dosificadora.

Durante la fase de impulsión, el canal de salida de la cabeza coincide con el canal distribuidor del rotor. En ese momento los rodillos y las zapatas entran en contacto con las levas, lo que se traduce en un movimiento de los émbolos hacia el interior con la consiguiente salida del combustible hacia los inyectores (figura 8.70 B).

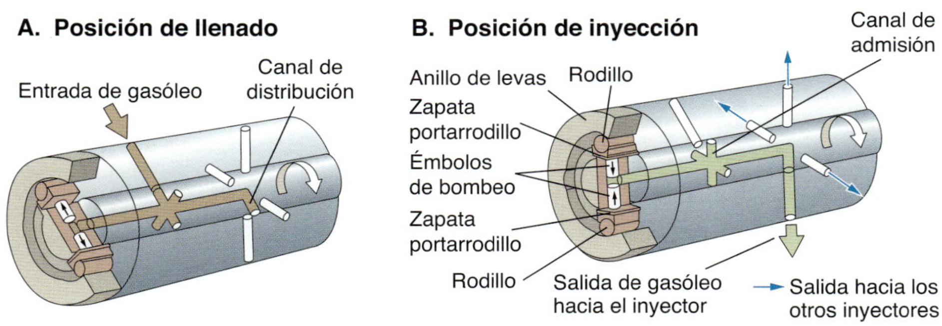

↑ **Figura 8.70.** Esquema de funcionamiento del rotor en donde se muestra el proceso de alimentación y distribución del combustible.

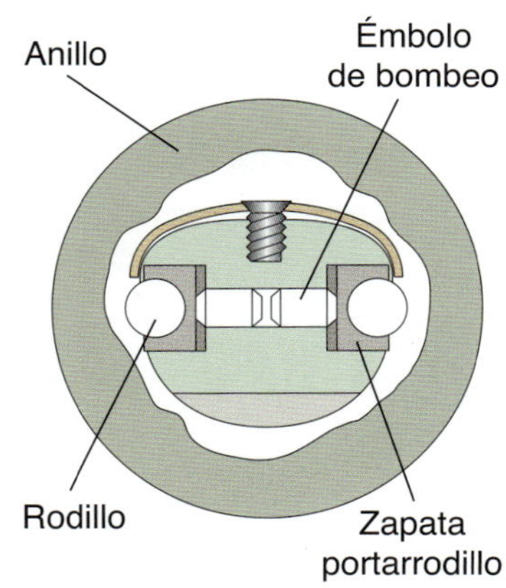

↑ **Figura 8.71.** Elemento de bombeo.

La figura 8.71 nos muestra en detalle el anillo de levas y los émbolos de bombeo.

EJEMPLO

Una bomba de inyección rotativa DPC para un motor de 4 cilindros y 4 tiempos tiene dos émbolos de bombeo de 7 mm de diámetro y una carrera de 4,5 mm. Calcular el caudal de combustible inyectado por embolada. El rendimiento volumétrico (η_v) de la bomba es del 88%.

Solución:

El volumen por embolada es:

$$Ve = \frac{\pi \cdot d^2 \cdot h \cdot \text{n° de pistones} \cdot \eta_v}{4} = \frac{3{,}14 \cdot 0{,}7^2 \cdot 0{,}45 \cdot 2 \cdot 0{,}88}{4} = 0{,}3046 \text{ cm}^3$$

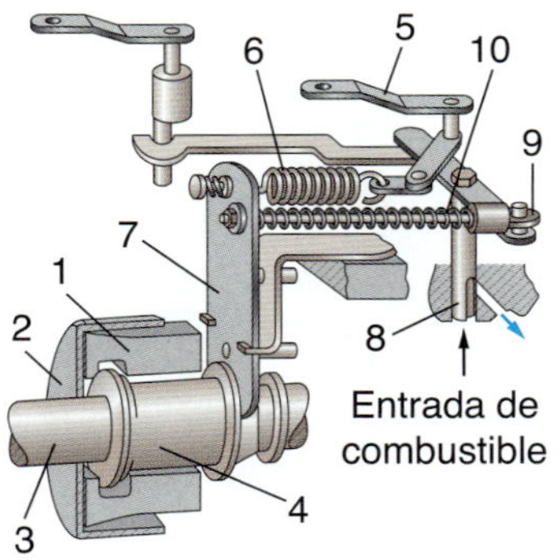

↑ **Figura 8.72.** Estructura de un regulador mecánico para toda gama de velocidades.

saber más

Palanca y válvula electromagnética

Aunque en el regulador presentamos una palanca de paro manual para ver su funcionamiento, lo más frecuente es que veamos las bombas LUCAS DPC con válvula electromagnética de paro.

Regulador

El conjunto está formado (figura 8.72) por un número variable de pesos centrífugos (1) alojados en un soporte (2) solidario al eje de transmisión (3).

Tanto el desplazamiento de los pesos centrífugos, a través del manguito deslizante (4), como el accionamiento de la palanca del acelerador (5), mediante el muelle principal (6), inciden sobre el brazo regulador (7).

En ambos casos, hay una modificación de caudal, ya que el brazo le otorga un giro a la válvula dosificadora (8) mediante la horquilla (9). El muelle (10) hace de carga en los recorridos que el brazo regulador realiza hacia delante.

En ralentí, el equilibrio del brazo regulador se obtiene entre el muelle (11), de calibrado muy fino, y la fuerza centrífuga de los pesos (figura 8.73).

En aceleración, el equilibrio se establece entre el muelle principal y el manguito deslizante. Así, una determinada posición del acelerador se traduce en una determinada posición de la válvula dosificadora.

Si hay un desequilibrio en estas dos fuerzas, ya sea por embalamiento del motor (figura 8.74) o por el caso contrario, ocasiona un cambio de posición en el brazo regulador y por tanto una variación del caudal dosificado.

Accionando la palanca de paro (12), se lleva a la válvula dosificadora a la posición de corte de combustible. La horquilla permite efectuar dicho movimiento en cualquier posición del brazo regulador sin que este se desplace (figura 8.75).

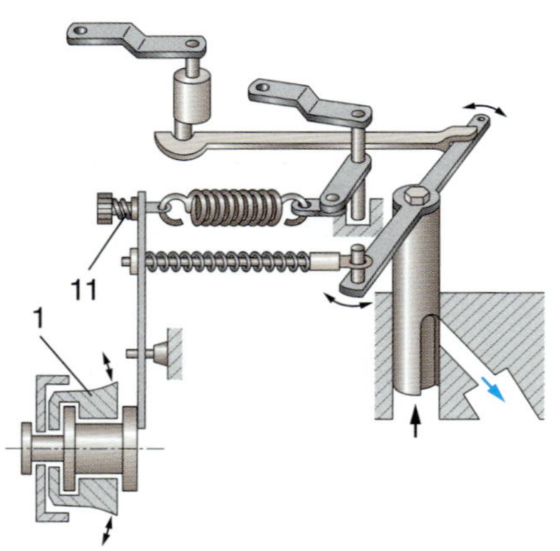

↑ **Figura 8.73.** Posición del regulador en la fase de ralentí del motor.

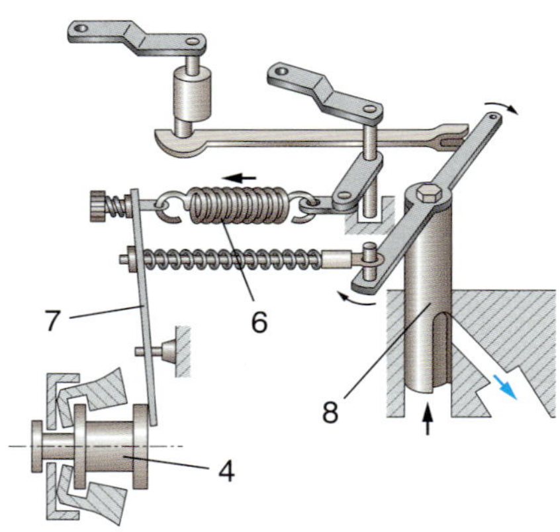

↑ **Figura 8.74.** Posición del regulador en caso de embalamiento del motor.

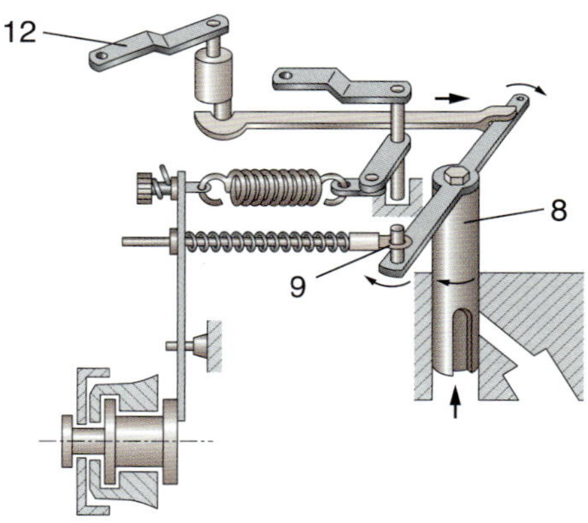

↑ **Figura 8.75.** Posición del regulador en la fase de paro del motor.

Variador de avance

Va emplazado en la parte superior del anillo de levas (figura 8.76) y está formado por un émbolo (1), alojado en la camisa (2), que se comunica con el anillo de levas (3) mediante la rótula (4). Dos muelles (5 y 6) controlan el desplazamiento de dicho émbolo cuando es sometido a la presión de transferencia.

Con el motor parado no hay presión de transferencia en la cámara (7). Por lo tanto, los muelles desplazan a la rótula hacia la derecha, situando al anillo de levas de forma que provoque un retraso en la inyección, facilitando así el arranque.

Con el motor funcionando a ralentí, la presión de transferencia hace que el émbolo comprima al muelle de retardo (5) contra el tope móvil (8). Así la rótula gira al anillo de levas en sentido contrario al del rotor llevándolo a una situación de avance nulo. Si el régimen aumenta, lo hace también la presión

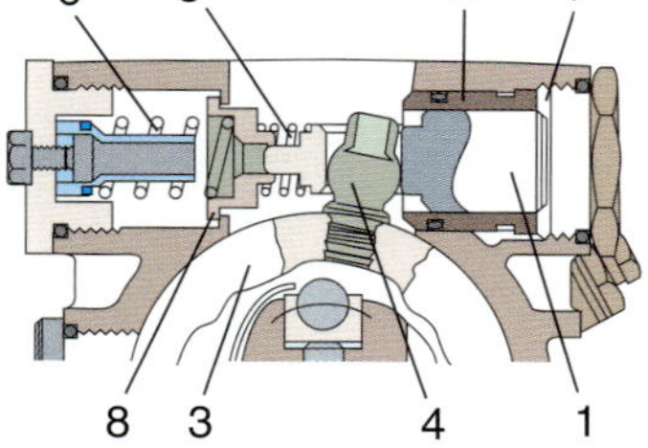

↑ **Figura 8.76.** Variador de avance.

de transferencia. Si esta presión supera el taraje del muelle principal (6), el pistón se desplaza arrastrando aún más al anillo de levas en sentido inverso al de rotación de la bomba y consiguiendo así un avance progresivo del punto de inyección. Si el régimen disminuye estando el anillo de levas en situación de avance, es el muelle principal el que va empujando al pistón hacia la derecha, con lo que el avance se va reduciendo.

Dispositivos de adaptación

Algunos se aprecian desde el exterior de la bomba (figura 8.77).

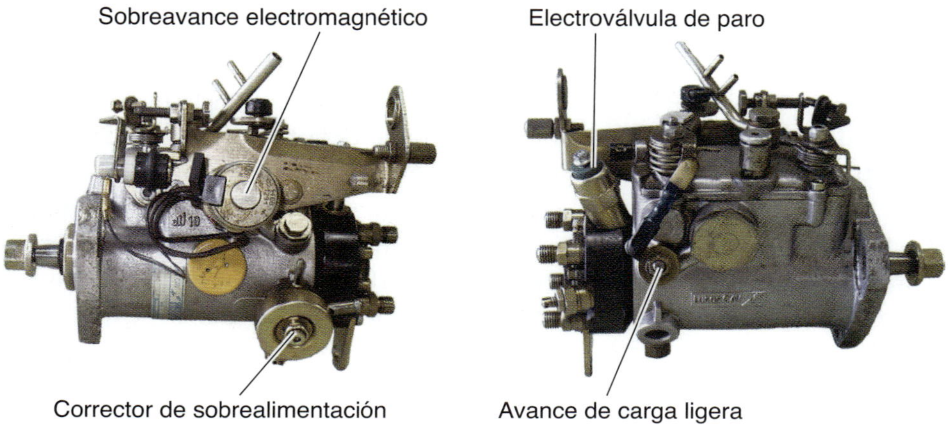

↑ **Figura 8.77.** Distintos dispositivos de adaptación en una bomba LUCAS DPC.

Sobrecarga

Incrementa el caudal en las primeras revoluciones del motor para facilitar el arranque.

Cuando el motor está parado, el muelle de compresión de sobrecarga (1) empuja axialmente a las zapatas portarrodillos (2). Como consecuencia de esto, se aumenta el desplazamiento máximo de los émbolos de bombeo (3) ya que unos machihembrados (4), practicados tanto en la lámina de ajuste de caudal (5) como en las propias zapatas, quedan encajados (figura 8.78 A).

Ya con el motor en marcha, una válvula diferencial alojada en el cabezal hidráulico deja actuar a la presión de transferencia sobre los émbolos de sobrecarga (6). Dichos émbolos empujan a las zapatas contra la fuerza del muelle desencajándolas de los huecos de la lámina de ajuste de caudal. Debido a esto, los émbolos de bombeo (3) recuperan su recorrido normal (figura 8.78 B).

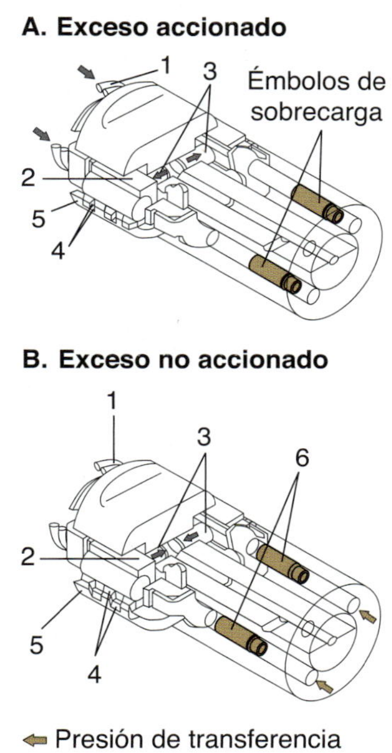

↑ **Figura 8.78.** Mecanismo del exceso de combustible.

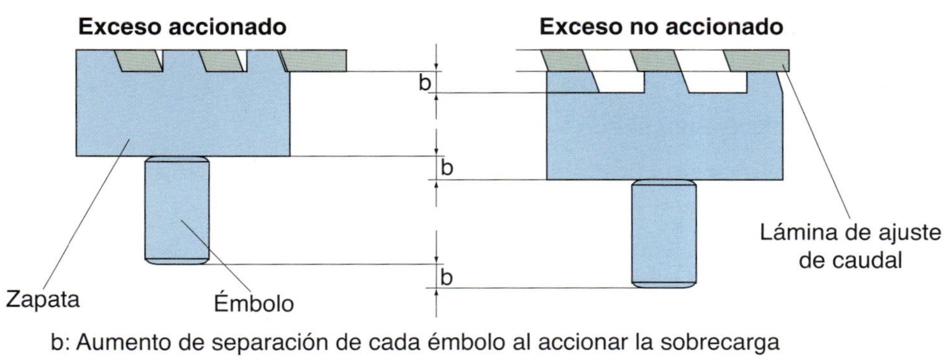

↑ **Figura 8.79.** Detalle del ajuste y desajuste de los machihembrados.

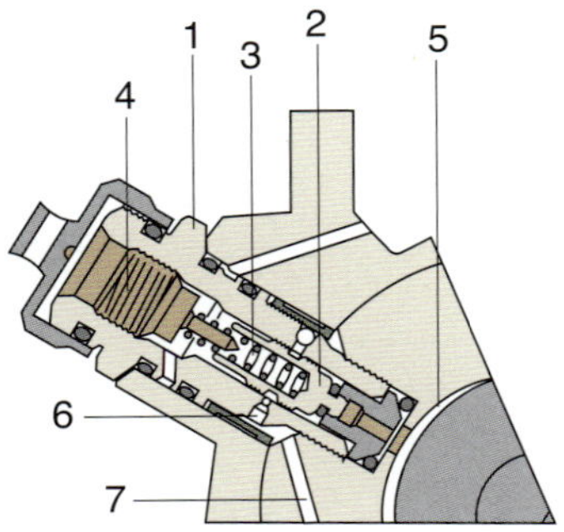

↑ **Figura 8.80.** Válvula diferencial de sobrecarga.

La válvula diferencial está formada (figura 8.80) por un cuerpo (1) que aloja a la válvula propiamente dicha (2) y esta aloja a su vez a un muelle (3). Dicho muelle puede ser tarado por el tornillo de ajuste (4).

La presión de transferencia actúa sobre la válvula a través de la ranura (5). Cuando esta presión vence al muelle, la válvula se levanta descubriendo el canal (6) con el consiguiente paso de dicha presión hacia el canal oblicuo (7) para actuar sobre los émbolos de sobrecarga.

Avance de carga ligera (ACL)

Este dispositivo adecua el avance cuando el motor funciona en la fase de ralentí o carga ligera.

Está integrado en el dispositivo de avance en el lado del muelle y formado (figura 8.81) por un émbolo (1) que recibe una presión u otra según la posición de la válvula de carga ligera (2). Dicha válvula está ubicada en el cabezal hidráulico y es controlada por la palanca del acelerador (3).

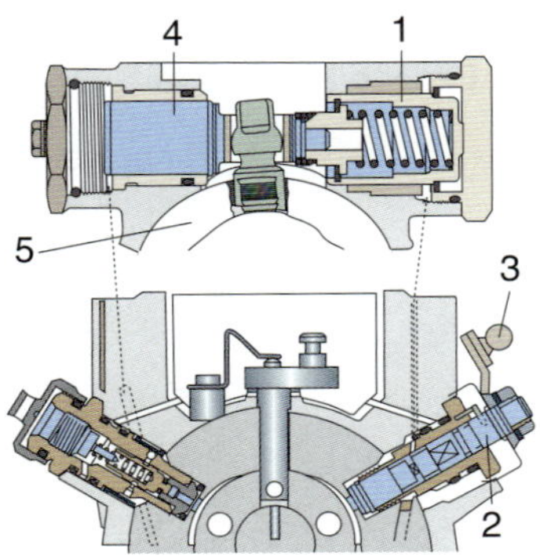

↑ **Figura 8.81.** Avance de carga ligera.

En la fase de «carga ligera», la palanca del acelerador hace pivotar a la válvula, con lo que el pistón 1 se somete a la presión interna, a la vez que el pistón de avance de velocidad (4) recibe presión de transferencia. De esta forma, hay un ligero avance en la inyección, ya que el anillo de levas (5) gira en sentido contrario al rotor (figura 8.82A).

A partir de cierta petición de carga, la palanca del acelerador hace pivotar de nuevo a la válvula, por lo que la presión de transferencia se establece contra el pistón 1 y, por supuesto contra el pistón 4, con lo cual se elimina la función de carga ligera. A partir de ese momento, el anillo de levas se regirá por el avance normal (figura 8.82B).

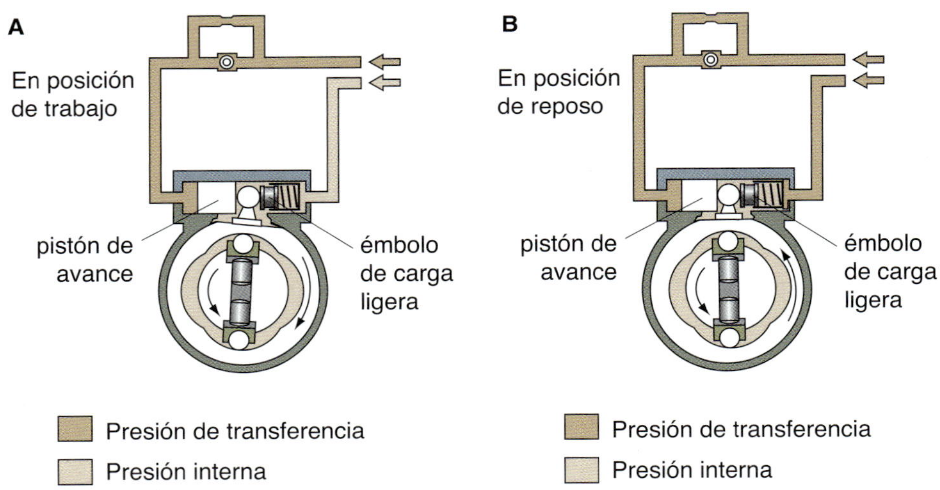

↑ **Figura 8.82.** Dispositivo de carga ligera.

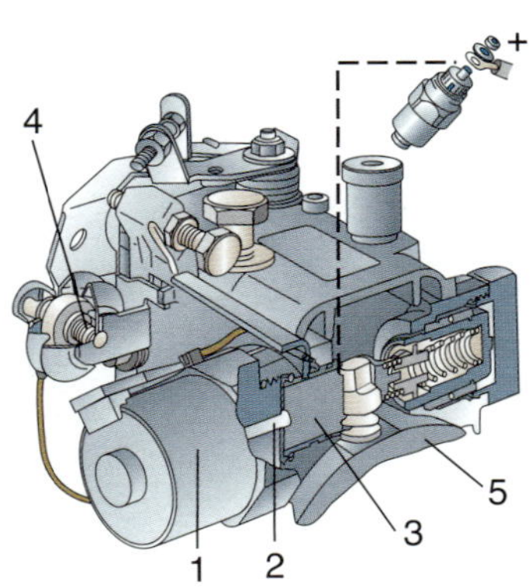

↑ **Figura 8.83.** Sobreavance electromagnético.

Sobreavance electromagnético

Este dispositivo avanza el principio de inyección con el motor frío al ralentí para reducir los humos (figura 8.83).

Está formado por un electroimán (1) que incorpora una varilla desplazable (2), montado en el lugar del tapón de avance. La varilla está en contacto con el pistón de avance (3). Este electroimán se alimenta a través de un contactor (4) en la fase «ralentí motor frío», con lo que la varilla empuja al pistón, y este al anillo de levas (5) a la posición de «sobreavance».

Corrector de sobrealimentación

Es un dispositivo que ajusta el caudal en función de la presión del turbo (figura 8.84). Está compuesto por un cuerpo (1) que aloja un pistón (2) apoyado en un núcleo (3). A cada lado de este núcleo van dos membranas (4) de diferente sección. La presión de sobrealimentación llega a estas dos membranas a través del conducto (5).

Va montado en el circuito de presión de transferencia, entre la válvula diferencial y el dispositivo de sobrecarga.

Cuando hay presión de sobrealimentación sobre el corrector, se desplazan progresivamente las membranas comprimiendo el muelle (6). Con ellas se desplaza el pistón, creando una fuga por el conducto (7), el cual comunica con el tubo de rebose (8), que hará disminuir la presión que llega a los émbolos de sobrecarga, lo que deriva en un aumento de caudal. La presión de sobrealimentación se puede regular variando el taraje del muelle mediante el tornillo (9).

El dispositivo de sobrecarga en los motores sobrealimentados está modificado, ya que las zapatas portarrodillos y la lámina de ajuste de caudal han sido mecanizadas con una rampa en vez de almenas (figura 8.85).

Con el aumento de la presión de sobrealimentación, la presión de sobrecarga disminuye. Por tanto, hay un aumento de caudal, ya que los émbolos de sobrecarga se desplazan más hacia la derecha y los émbolos de bombeo realizan un mayor recorrido.

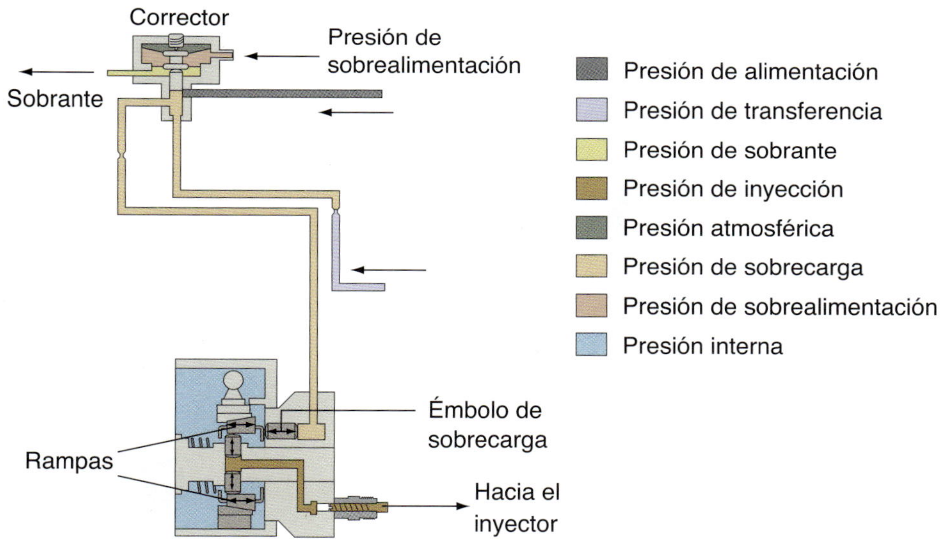

↑ **Figura 8.85.** Funcionamiento interno del circuito de sobrealimentación de combustible.

Dispositivo de parada eléctrico

Va roscado en la cabeza hidráulica y situado en el canal que alimenta a la válvula dosificadora (figura 8.86). Su funcionamiento es igual al que monta la bomba BOSCH VE.

2.6. Reparación

Como ocurría con las bombas BOSCH VE, algunas averías se pueden solucionar sin desarmar totalmente la bomba.

En caso de despiezarla en su totalidad, hay que hacerlo siguiendo las instrucciones particulares que marca el fabricante. La figura 8.87 nos muestra algunas de sus piezas desmontadas.

saber más

Otros tipos de sobreavances

También nos podemos encontrar sobreavances manuales, automáticos e hidráulicos.

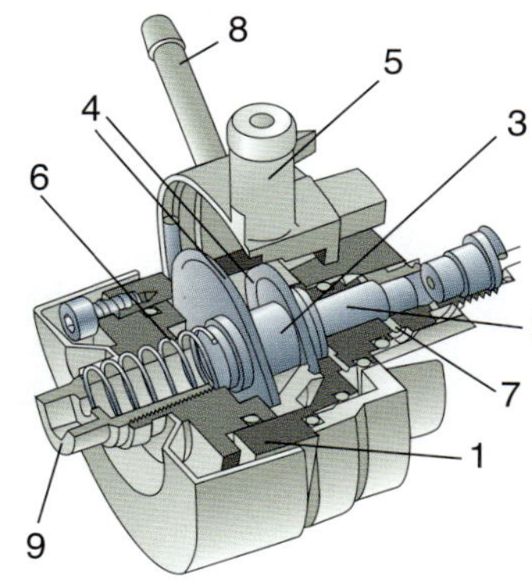

↑ **Figura 8.84.** Corrector de sobrealimentación.

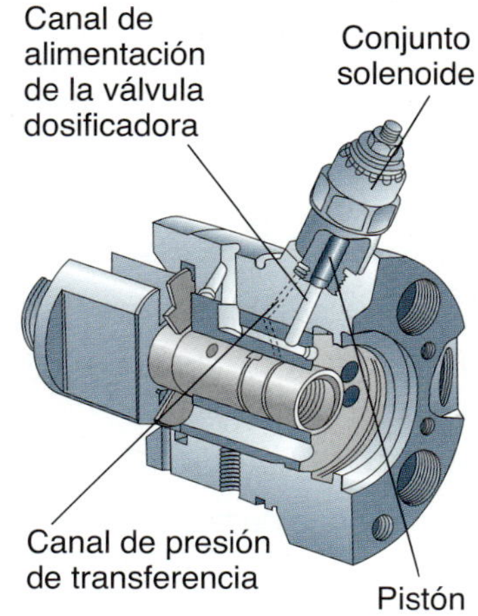

↑ **Figura 8.86.** Dispositivo de parada eléctrico.

Una vez abierta la bomba, las piezas que normalmente se reemplazan son la bomba de transferencia (excéntrica y palas) y los rodamientos.

Si hay suciedad en el interior de la bomba, dada la precisión con que van ajustadas, se suelen cambiar las siguientes piezas:

- Válvula de carga ligera.
- Válvula de presión de transferencia.
- Válvula dosificadora.
- Válvula diferencial de sobrecarga.
- Conjunto de avance.
- Émbolos de sobrecarga y de bombeo.

↑ **Figura 8.87.** Aspecto exterior de algunas de las piezas de una bomba LUCAS DPC.

Otros problemas que, aunque con menor probabilidad, pueden aparecer en algunas piezas son los siguientes:

- Desgaste en el anillo de levas.
- Bobina del sobreavance electromagnético quemada.
- Membrana del corrector de sobrealimentación perforada.
- Electroimán de la válvula de parada defectuoso.
- Defectos en el regulador.
- Desgaste en el cabezal hidráulico.
- Desgaste en la tapa del regulador.

saber más

Desmontaje de la bomba DPC

Siempre que se desmonte una bomba DPC hay que cambiar todas las juntas así como los anillos tóricos.

En estos casos hay que cambiar la pieza completa y, si el problema está en el anillo de levas, se cambiará este junto con las zapatas y los rodillos.

Una vez inspeccionadas las piezas, se monta la bomba siguiendo las directrices que marca el fabricante.

2.7. Ensayos

Las pruebas a realizar son las que se describen a continuación.

Preajuste de la presión de transferencia

- Poner el banco al régimen indicado y actuar en el tornillo de ajuste de la válvula de regulación (figura 8.88) hasta conseguir el valor de la presión de transferencia correcto.

Preajuste de la válvula de sobrecarga

- Apretar al máximo el tornillo de ajuste de la válvula (figura 8.89).
- Ir aflojando dicho tornillo hasta apreciar una caída de presión de transferencia, lo que indica que la válvula está abierta.

Ajuste del avance

- Colocar la palanca de mando a tope.
- Poner el banco al régimen indicado y comprobar el avance.
- Si no coincide con el especificado en la hoja de ensayo, hay que variar la presión de transferencia (dentro de los márgenes estipulados en dicha hoja) hasta conseguir el avance correcto.
- Si no se consigue el valor correcto regulando la presión de transferencia, hay que modificar la presión del muelle del pistón de avance mediante arandelas o por tornillo de ajuste, según proceda.

Esta prueba la vemos en la figura 8.90.

Control de la presión interna

- Hacer girar el banco al régimen estipulado en la hoja de ensayo y comprobar la presión interna en el manómetro correspondiente.
- Si los valores no son correctos, hay que cambiar la válvula de rebose (figura 8.91).

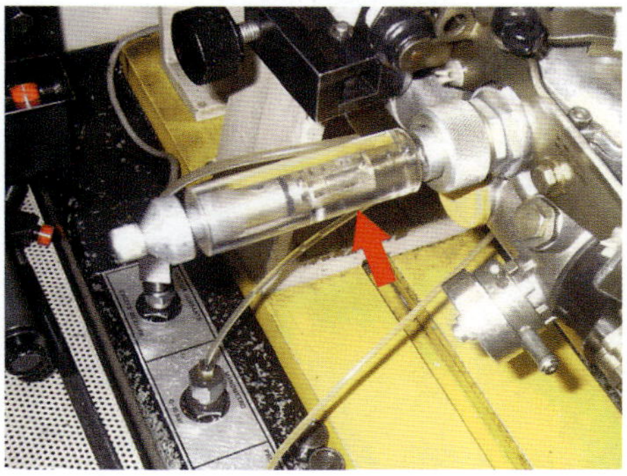

↑ **Figura 8.90.** Ajuste del avance. A. Útil para medir el avance.

↑ **Figura 8.91.** Control de la presión interna.

saber más

Prueba de preajuste

En la prueba de preajuste de la presión de transferencia, si se rosca el tornillo se aumenta la presión mientras que aflojando se disminuye.

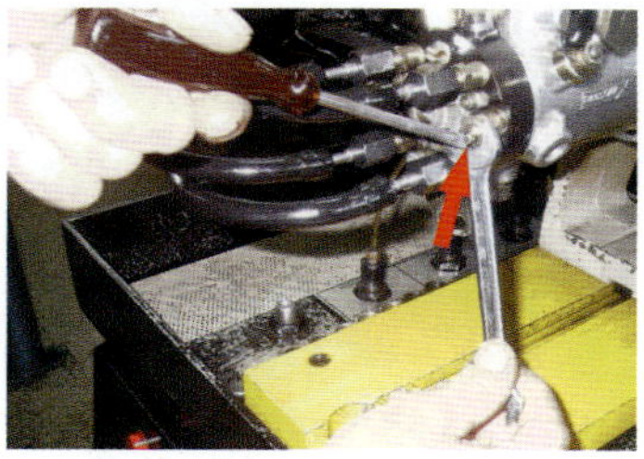

↑ **Figura 8.88.** Preajuste de la presión de transferencia.

↑ **Figura 8.89.** Preajuste de la válvula de sobrecarga.

↑ **Figura 8.92.** Ajuste del caudal máximo.

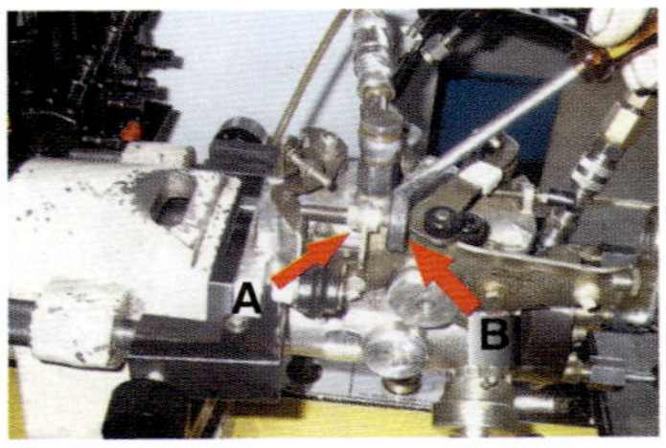

↑ **Figura 8.93.** Controles y ajustes del regulador. Anticalaje. A. Tornillo anticalaje. B. Galga.

↑ **Figura 8.94.** Controles y ajustes del regulador. Ralentí.

Ajuste del caudal máximo

- Medir el caudal máximo de la bomba en posición de plena carga.
- Si no está dentro de la tolerancia indicada en el dato de pruebas, actuar mediante la llave correctora de caudal (figura 8.92) para variar el recorrido de los émbolos de bombeo.

Controles y ajustes del regulador

Dentro de esta prueba se realizan tres controles:

- Anticalaje
  - Poner el banco al régimen que manda la hoja de ensayos.
  - Colocar la galga de espesor correspondiente entre la palanca del acelerador y el tornillo anticalaje (figura 8.93).
  - Corregir en dicho tornillo, si los valores de caudal no son los correctos.
- Ralentí
  - Quitar la galga y comprobar el caudal al régimen estipulado.
  - Corregir en el tornillo de ralentí si los valores de caudal no son correctos (figura 8.94).
- Corte del regulador
  - Al régimen indicado y con la palanca de mando a tope, ajustar el tornillo-tope de dicha palanca hasta obtener el caudal especificado (figura 8.95).

Ajuste del corrector de sobrealimentación y del caudal máximo

- Se trata de ajustar el caudal al número de revoluciones estipulado en la hoja de ensayo con presión de carga nula, máxima y parcial.
- Regular en el tornillo central del corrector de sobrealimentación en el caso de que los valores de caudal no coincidan con los prescritos en la hoja de ensayo (figura 8.96).

caso **práctico** inicial

La falta de aceleración en el Volvo S40 era debido a que el regulador estaba defectuoso.

↑ **Figura 8.95.** Controles y ajustes del regulador. Corte de combustible.

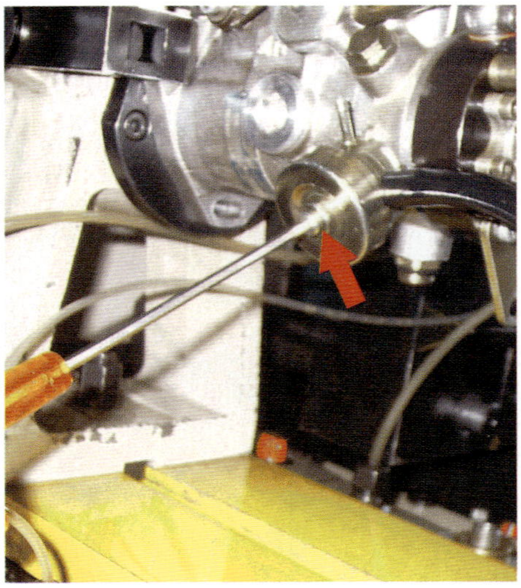

↑ **Figura 8.96.** Ajuste del corrector de sobrealimentación y del caudal máximo.

saber más

Para modificar el caudal

En el ajuste del corrector de sobrealimentación, aflojando el tornillo se aumenta el caudal mientras que apretándolo se disminuye.

Ajuste del avance de carga ligera

- A un régimen dado, posicionar la palanca del acelerador para establecer el caudal indicado.
- En esa posición, ajustar la longitud de la bieleta ACL de forma que se obtenga la variación de avance indicada (figura 8.97).

↑ **Figura 8.97.** Ajuste del avance de carga ligera.

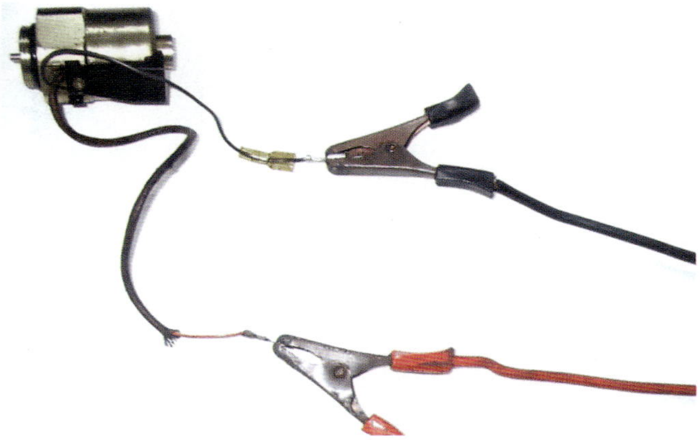

↑ **Figura 8.98.** Control del sobreavance electromagnético.

Control de la anulación del avance de carga ligera

- Con el ajuste de la longitud de la bieleta ACL efectuado, posicionar la palanca del acelerador como indica el dato de pruebas y asegurarse la anulación, a través del avance, del ACL.
- De no ser así volver de nuevo a la operación de ajuste como se indicó en la prueba anterior.

Control del sobreavance electromagnético

Se comprueba fuera del banco alimentándolo a 12 V para ver el desplazamiento de la válvula (figura 8.98). En caso de que esté defectuoso cambiar el dispositivo.

2.8. Puesta a punto

Se procede del siguiente modo:

- Determinar el sentido de giro de la bomba y del cigüeñal.
- Girar el eje motor en el sentido correcto y llevar al pistón número 1, en el tiempo de compresión, al PMS.
- Determinar en la bomba qué salida conduce el gasóleo hacia el inyector número 1.
- Desmontar la válvula de reaspiración de dicha salida.
- Desacoplar el acelerador de arranque en frío y alimentar la electroválvula de parada a 12 V.
- Aplicar, con el probador de inyectores, una presión de aproximadamente 50 kg/cm^2 a través de la salida número 1.
- Aplicar aire con una presión de 2,5 kg/cm^2 aproximadamente por la tubería de alimentación de la bomba, con el fin de anular el retardo de arranque y la sobrecarga.
- Las operaciones sucesivas serán diferentes según se trate de **una bomba con puesta a punto lateral o de una con puesta a punto superior.**

caso **práctico** inicial

El Peugeot Partner no arrancaba debido a que la puesta a punto de la bomba era defectuosa.

Bomba con puesta a punto lateral

- Quitar el tapón lateral y conectar en su lugar un útil-soporte con reloj comparador (figura 8.99).

↑ **Figura 8.99.** Emplazamiento del reloj comparador en la bomba LUCAS DPC con puesta a punto lateral.

- Girar el eje de la bomba en el sentido de giro hasta notar resistencia de principio de inyección (los rodillos chocan con las levas). Forzar el giro a un par de 0,2 kgf·m.
- Ajustar el anillo sincronizador hasta que el útil caiga al fondo de la ranura de sincronismo (figura 8.100).

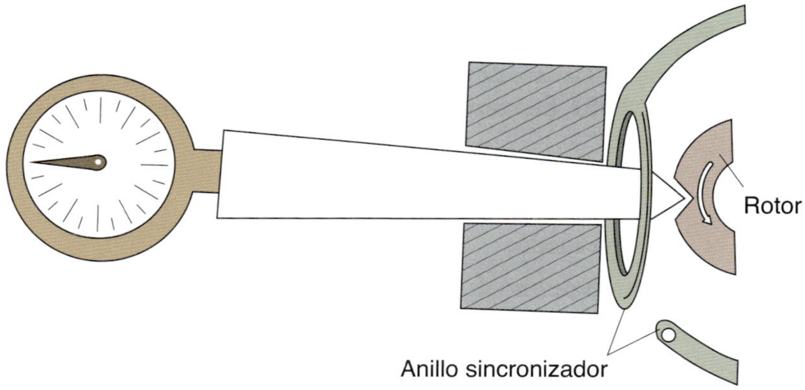

↑ **Figura 8.100.** Detalle del alineamiento del reloj comparador, anillo sincronizador y rotor de la bomba.

- Colocar nuevamente la válvula de reaspiración de la salida número 1.
- Acoplar la bomba al motor según las marcas de referencia.
- Girar la carcasa en el sentido de giro de la bomba hasta que el útil no esté alineado con la ranura de sincronismo.
- Girar la carcasa en sentido contrario hasta que el útil del comparador descienda al fondo de la ranura e inicie una subida de 0,01 a 0,02 mm (medida apreciada en el comparador) (figura 8.101). De todas formas, el valor de la medida se debe consultar en los datos del fabricante.

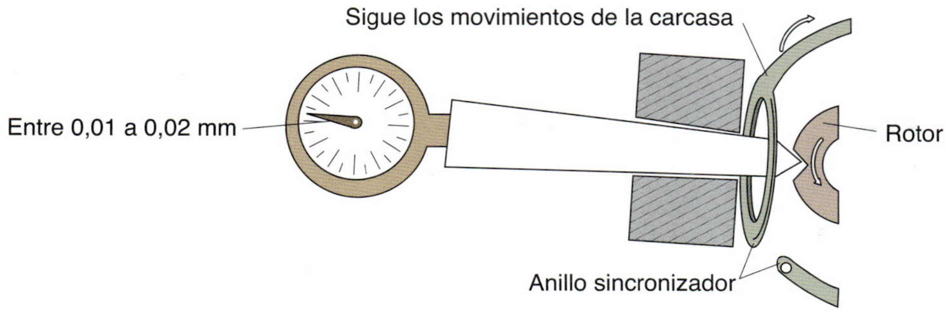

↑**Figura 8.101.** Corrección en el anillo sincronizador para la puesta a punto.

- Fijar la bomba al motor, desmontar el utillaje y colocar los tubos de alta presión según el orden de inyección prescrito.

Bomba con puesta a punto superior

- Quitar el tornillo ubicado en la tapa de regulador destinado para tal fin.
- Introducir el útil-soporte con reloj comparador (figura 8.102) procurando que el tetón del rotor (figura 8.103) no esté en contacto con el empujador. Ajustar a cero el comparador.

↑ **Figura 8.102.** Emplazamiento del reloj comparador en la bomba LUCAS DPC con puesta a punto superior.

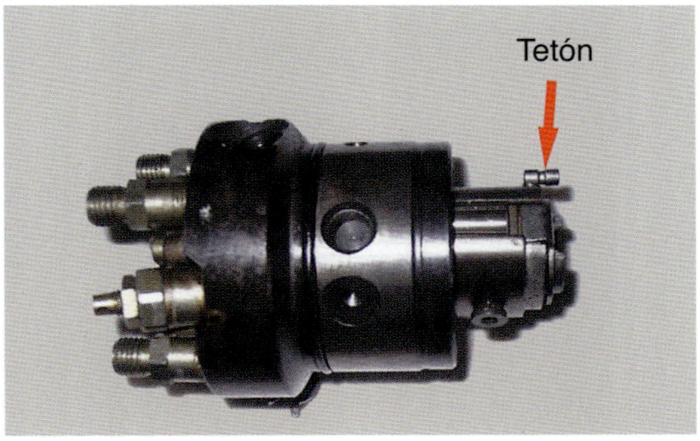

↑ **Figura 8.103.** Detalle del tetón en el rotor de la bomba.

- Girar el eje de la bomba en el sentido de giro hasta notar una resistencia de principio de inyección (los rodillos chocan con las levas). Forzar el giro a un par de 0,2 kgf·m.
- Anotar la medida del comparador y sumar a esta medida **la constante del PMS** (especificada en la tabla de datos del fabricante).
- Troquelar la medida (la que dio el comparador más la constante), precedida de las siglas PMH, en una ficha de plástico y colocar esta en la palanca del acelerador (figura 8.104). La medida también puede ir troquelada en una ficha que se coloca en el tapón lateral.
- Colocar nuevamente la válvula de reaspiración a la salida número 1 y acoplar la bomba al motor.
- Girar la carcasa en el sentido de giro para alejar el tetón del empujador.
- Girar la carcasa en el sentido contrario hasta que el comparador indique la medida troquelada en la ficha.
- Fijar la bomba al motor, desmontar el utillaje y colocar los tubos de alta presión según el orden de inyección prescrito.

saber más

Pistola estroboscópica

La comprobación de la puesta a punto se puede realizar con la pistola estroboscópica.

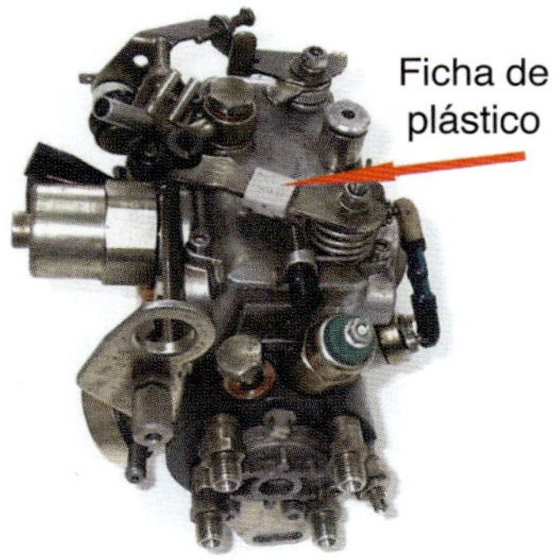

↑ **Figura 8.104.** Detalle de la ficha en la palanca del acelerador.

saber más

Consejos para la puesta a punto

Al igual que todas las bombas de inyección, también en estas se deben seguir escrupulosamente todas las indicaciones que marca el fabricante en el libro de características para evitar operaciones erróneas.

ACTIVIDADES FINALES

- 1. ¿Cuál es la función de una bomba de inyección? Cita los distintos tipos de bombas que conoces.
- 2. Explica el funcionamiento y la regulación de caudal en un elemento de bombeo de una bomba lineal.
- 3. Marca la respuesta correcta:

  Con alimentación nula en una bomba de inyección lineal:

  a) La rampa sesgada está delante de la lumbrera de descarga.

  b) La ranura vertical está delante de la lumbrera de descarga.

  c) La superficie del cilindro está delante de la lumbrera de descarga.
- 4. En las bombas en línea, ¿cómo se evita el goteo en los inyectores?
- 5. ¿Qué significa que el caudal de alimentación de combustible en un motor diésel tiene asimilación positiva?
- 6. ¿Para qué sirve el variador de avance en las bombas?
- 7. ¿Qué hay que hacer si el árbol de levas de una bomba lineal presenta huellas de rodadura pronunciadas en las levas?
- 8. ¿Cuáles son las siglas del dispositivo del comienzo de alimentación en función de la carga en una bomba rotativa Bosch VE?
- 9. Explica la diferencia, en líneas generales, entre una bomba rotativa BOSCH VE y una bomba rotativa LUCAS DPC.
- 10. ¿Qué función tiene la bomba de transferencia? ¿De qué depende la presión de dicha bomba?
- 11. ¿Qué misión tiene la válvula reguladora de presión en una bomba rotativa? ¿Cómo funciona?
- 12. Explica cómo se regula el caudal en una bomba BOSCH VE.
- 13. Cita las diferencias que existen en la regulación del avance a la inyección en una bomba BOSCH VE y en una LUCAS DPC.
- 14. ¿Qué función tiene la válvula dosificadora y cómo funciona?
- 15. ¿Qué función tiene la válvula de impulsión en una bomba rotativa? ¿Dónde va instalada?
- 16. ¿Qué diferencia hay entre la presión de inyección y la presión de apertura del inyector?
- 17. ¿Con qué objeto se instalan distintos dispositivos de adaptación a las bombas?
- 18. Describe el funcionamiento del mecanismo de sobrecarga en las bombas LUCAS DPC.
- 19. Desmonta, inspecciona y vuelve a montar una bomba lineal, una bomba rotativa BOSCH y una rotativa LUCAS con los útiles específicos.
- 20. Realiza la comprobación de las bombas anteriores en un banco de pruebas y efectúa la puesta a punto de las mismas sobre el motor.

EVALÚA TUS CONOCIMIENTOS

Resuelve en tu cuaderno o bloc de notas

1. Una bomba de inyección diésel calada con demasiado avance genera:

a. Un ralentí inestable.

b. Picado del motor.

c. Disminución del número de partículas emitidas.

d. Aumento del par a bajo régimen.

2. En una bomba de inyección lineal, la alimentación de combustible comienza...

a. Cuando la lumbrera de entrada es cerrada por el movimiento ascendente del émbolo de la bomba.

b. En el Punto Muerto Inferior.

c. Cuando la rampa sesgada está delante de la lumbrera de descarga.

d. Cuando la ranura vertical está delante de la lumbrera de descarga.

3. ¿Cuál es la principal diferencia, entre los elementos de bombeo, de una bomba rotativa mecánica Bosch y otra LUCAS?

a. No hay ninguna diferencia.

b. La bomba LUCAS no tiene elementos de bombeo y la Bosch tiene varios.

c. La bomba LUCAS es de émbolo axial y la bomba Bosch de émbolos radiales.

d. La bomba Bosch es de émbolo axial y la bomba LUCAS de émbolos radiales.

4. El retardo del encendido es el tiempo entre...

a. El inicio y el final de la inyección.

b. El comienzo de la inyección y la inflamación de la mezcla de combustible y aire.

c. El comienzo de la alimentación y la inflamación de la mezcla de combustible y aire.

d. El comienzo de la inyección hasta que el pistón llegue al P.M.S.

5. El regulador centrífugo de las bombas rotativas permite...

a. Limitar la velocidad de rotación del motor.

b. Limitar las presiones de transferencia.

c. Aumentar el par a bajo régimen.

d. Una disminución del consumo del gasóleo.

6. La electroválvula de paro...

a. Se acciona cuando hay agua en el combustible.

b. Tapona el retorno de combustible hacia el depósito.

c. Tiene distinta función según se trate de una bomba LUCAS o una bomba Bosch.

d. Corta la entrada de combustible a la bomba.

7. El corrector de sobrealimentación...

a. Incrementa el caudal en las primeras revoluciones del motor para facilitar el arranque.

b. Avanza el principio de inyección cuando el motor está frío para disminuir la contaminación.

c. Ajusta el caudal en función del par.

d. Ajusta el caudal en función de la presión del turbocompresor.

8. En una bomba LUCAS DPC con puesta a punto superior, la medida troquelada en la ficha colocada en la palanca del acelerador indica...

a. La constante del P.M.S.

b. Lo que giró el anillo sincronizador para la puesta a cero del reloj comparador.

c. La constante del P.M.S. más la medida que dio el comparador durante la puesta a punto.

d. La medida que dio el comparador en la puesta a punto.

9. Las siglas del acelerador de arranque en frío en una bomba Bosch VE son...

a. LDA.

b. LFB.

c. KSB.

d. TLA.

10. ¿Qué tipos de sobreavance existen para las bombas LUCAS DPC?

a. Electromagnéticos e hidráulicos.

b. Electromagnéticos y manuales.

c. Electromagnéticos y automáticos.

d. Electromagnéticos, manuales, automáticos e hidráulicos.

PRÁCTICA **PROFESIONAL**

HERRAMIENTAS

- Útil con comparador centesimal
- Llave fija 16-17
- Llave estrella plana 12-13
- Llave estrella acodada 20-22

MATERIAL

- Motor con bomba rotativa Bosch VE
- Manual del fabricante

Puesta en fase de una bomba de inyección rotativa Bosch VE sobre el motor

OBJETIVO

Saber comprobar correctamente sobre el motor si una bomba de inyección rotativa Bosch VE está ordenando inyectar en el momento adecuado.

Recordemos que la puesta en fase es una operación necesaria para sincronizar el movimiento de la bomba de inyección con el eje motor.

PRECAUCIONES

- Utilizar los útiles correctos y en buen estado.
- Procurar que haya buena visibilidad en el local.
- Ser muy rigurosos para la prueba del comparador centesimal.

DESARROLLO

1. Asegurarse que esté apretada solo una de las tuercas de fijación de la bomba, precisamente la más accesible. Dejar flojas las otras dos.
2. Girar manualmente el eje motor en el sentido de rotación hasta llevar el pistón del cilindro número 1 al P.M.S. de final de compresión. Para ello se hace coincidir la marca del volante motor con la marca de la campana del embrague.
3. Destornillar el tapón central del cabezal hidráulico (figura 8.105), y enroscar en su lugar el útil con comparador centesimal asegurándose que el palpador esté en contacto con la cabeza del pistón distribuidor a 2-3 milímetros de precarga (figura 8.106).

↑ **Figura 8.105.**

↑ **Figura 8.106.**

4. Girar el eje motor en sentido contrario al normal de rotación hasta que el pistón distribuidor llegue al P.M.I, verificable a través del comparador.
5. En esta posición poner a cero el medidor.
6. Girar el eje motor en el sentido de rotación, hasta llevar al pistón del cilindro número 1 al P.M.S.
7. En esta condición verificar que el pistón distribuidor de la bomba haya efectuado el recorrido establecido (figura 8.107). En este caso los datos técnicos facilitados por la firma constructora son los siguientes: 0,60 ± 0,03 mm.
8. Si el valor de verificación no se hallara dentro de la tolerancia indicada, como es en este caso (lo apreciamos en la figura 8.107), hay que girar el cuerpo de la bomba en su corredera (para nuestra comodidad habíamos dejado un solo punto atornillado a fondo) hasta obtener el valor establecido por el fabricante (figura 8.108).

↑ **Figura 8.107.**

↑ **Figura 8.108.**

9. En esa posición, fijar la bomba al motor apretando los tornillos al par correspondiente.
10. Desmontar el útil con comparador centesimal y atornillar el tapón central del cabezal hidráulico.

Nota

Como comentamos a lo largo de la unidad, podemos comprobar si la puesta a punto es correcta mediante una pistola estroboscópica. Para ello, con el motor funcionando a ralentí y a temperatura normal de funcionamiento, debemos enfocar la pistola hacia la marca del volante-motor para ver su coincidencia con la marca de la campana del embrague.

Si las marcas no coinciden, se aflojarán las tuercas de fijación de la bomba y se girará el cuerpo de la bomba en su corredera en el sentido apropiado:

- Si el avance es excesivo, el cuerpo de la bomba se deberá girar en el mismo sentido que el árbol de la bomba.
- Si el avance es insuficiente, el cuerpo habrá que girarlo en el sentido contrario al de giro.

Una vez apretadas las tuercas de fijación debemos asegurarnos que las marcas siguen coincidiendo.

MUNDO TÉCNICO

Bomba LUCAS EPIC

El funcionamiento de la bomba EPIC está basado en el mismo principio de funcionamiento que una bomba LUCAS DPC.

El control de caudal y avance difiere de la DPC realizándose mediante tres electroválvulas comandadas por una Unidad Central de Control.

↑ **Figura 8.109.**

Regulación caudal (figura 8.110)

La entrada de combustible se realiza desde el racor de aspiración 1 hasta la bomba de transferencia 4 que aumenta la presión de combustible de forma proporcional a las r.p.m. y es regulada por la válvula 3, transformándose en presión de transferencia.

El combustible es introducido en el cabezal, previo paso por la electrovalvula de paro 5.

No se utiliza válvula de dosificación, ya que esta se ha sustituido por las electroválvulas de llenado 8 y drenaje 7. Las electroválvulas controlan la llegada de combustible al extremo del cabezal y se contraponen al esfuerzo que realiza el muelle, que se encuentra en el otro extremo.

Cuando la válvula 8 está abierta y la 7 cerrada, existe presión de combustible en la cámara del lado derecho y todo el conjunto del rotor es desplazado hacia la izquierda, lo que provoca que el caudal sea nulo al estar los topes de los rodillos en el extremo izquierdo de la rampa.

Si la válvula 8 está cerrada y la 7 está abierta se produce la descarga de combustible de la cámara y el muelle desplaza el rotor hacia la derecha, situándose el tope de los rodillos en la situación de caudal máximo.

La posición exacta del rotor dependerá siempre de la frecuencia de apertura y cierre de las válvulas 8 y 7 estando verificada por el sensor de posición de rotor 9.

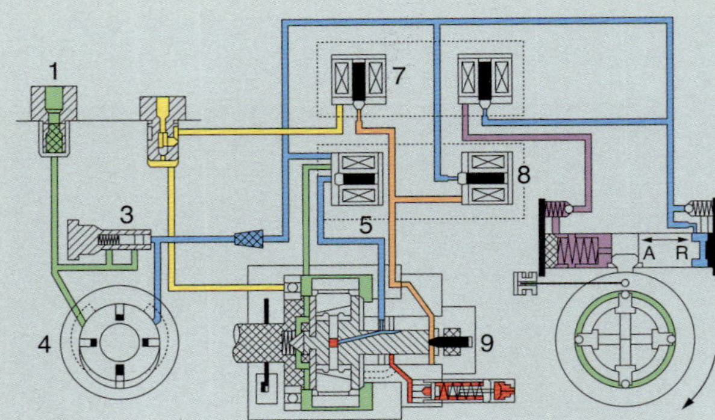

↑ **Figura 8.110.**

Control del avance (figura 8.111)

El control se realiza de forma convencional. Desplazando la corona de levas en sentido contrario al de giro, se produce el avance a la inyección. El paso de combustible a presión está controlado por la electroválvula de avance 1 que permite el paso o no del combustible hacia la cámara del muelle y provoca el equilibrado de las presiones.

La situación exacta del pistón de avance está verificada por el sensor de posición de anillo de levas 6.

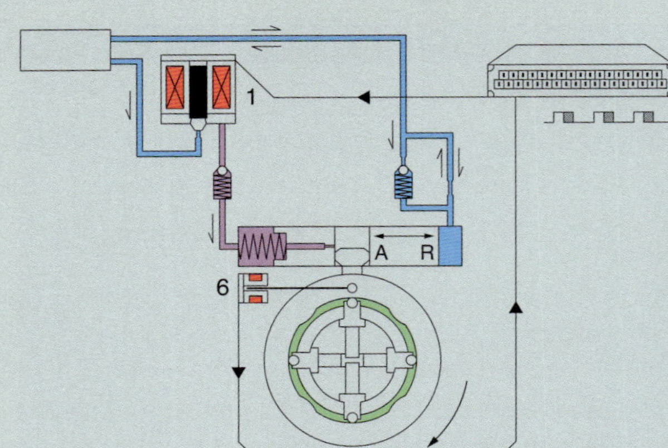

↑ **Figura 8.111.**

Fuente: BERTON FORMACIÓN

EN RESUMEN

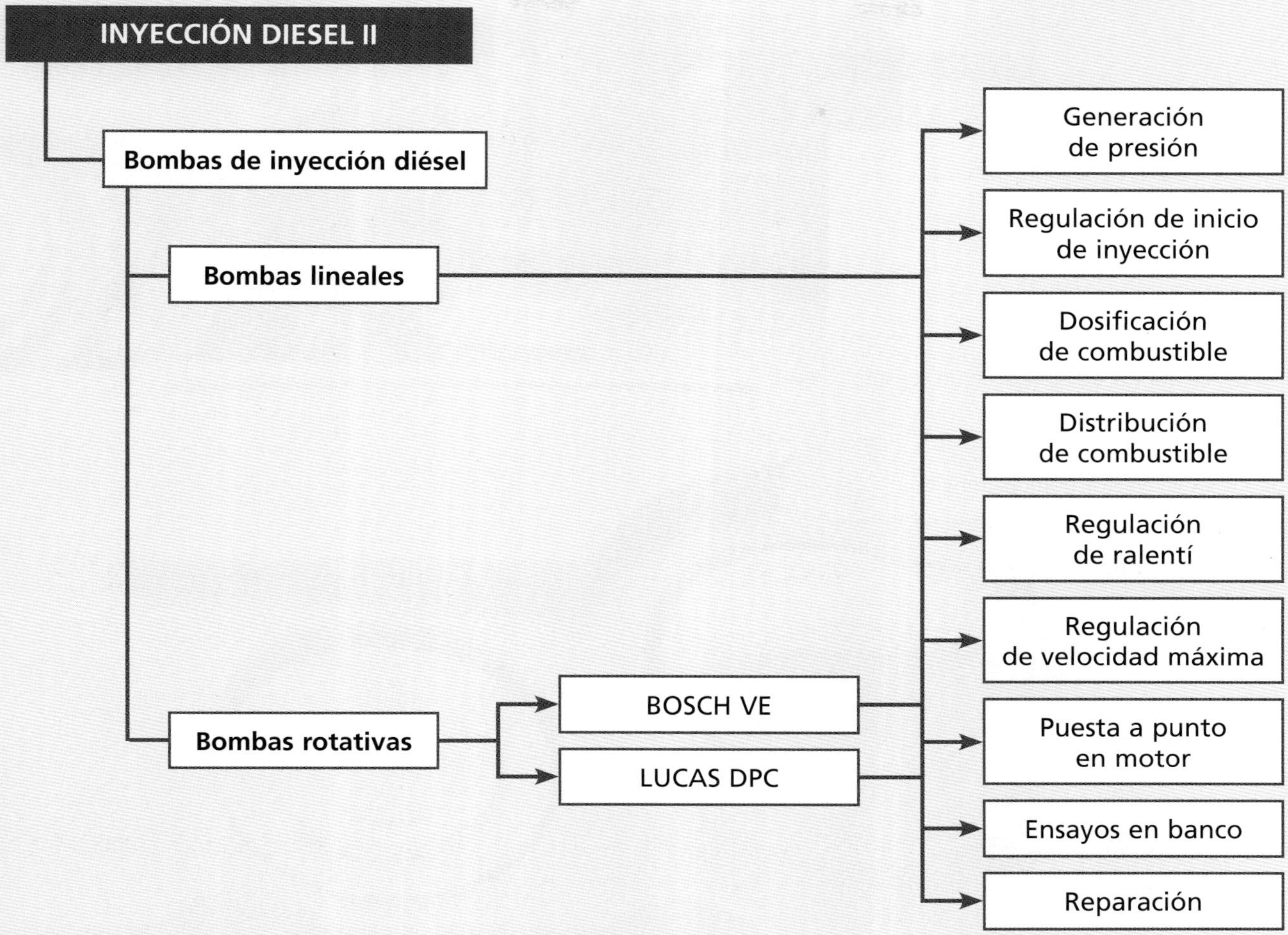

entra en internet

■ 1. En las siguientes direcciones puedes encontrar más información sobre lo tratado en la unidad.

- <http://es.wikipedia.org/wiki/Motor_di%C3%A9sel>
- <http://www.tecnocoche.com/mecanica/mecanica_basica/sistemas_inyecciondiesel.html>
- <http://www.youtube.com/watch?v=Bu6Zr8gGP28>
- <http://www.youtube.com/watch?v=4Ji1X-Mr-YY>
- <http://www.youtube.com/watch?v=HcP8qnZ4tTw>

9 Inyección diésel III

vamos a conocer...

1. Estudio tecnológico de algunos sistemas de inyección diésel controlados electrónicamente
2. Medidas anticontaminación
3. Controles

PRÁCTICA **PROFESIONAL**

Análisis de los humos de escape de un turismo diésel sobrealimentado

MUNDO **TÉCNICO**

Bomba VP 44 e inyector-bomba. Señales

y al finalizar esta unidad...

- Identificarás distintos sistemas de inyección diésel con gestión electrónica y conocerás las peculiaridades de funcionamiento de los mismos.
- Conocerás particularidades del motor diésel respecto al tratamiento de los gases de escape contaminantes.
- Aprenderás los distintos controles que se le hacen a los distintos sistemas EDC y sabrás analizar gases de escape al motor diésel.

CASO **PRÁCTICO** INICIAL

situación de partida

Antonio posee un vehículo diésel de inyección directa. El sistema es inyector-bomba y más concretamente, inyector-bomba piezoeléctrico. Iba circulando normalmente por la autopista y se detuvo en el área de servicio para tomar un café. La sorpresa de Antonio se produjo cuando estaba intentando proseguir en su viaje y al intentar encender el coche este no respondía; simplemente se movía el arranque pero no se ponía en marcha.

Es entonces cuando Antonio avisa a la asistencia para que le lleven el coche al concesionario más cercano. Al llegar al concesionario el responsable del taller intenta poner el motor en marcha. El coche seguía con el mismo problema que tenía. Se acerca el mecánico y después de hablar con el responsable del taller deciden conectar al vehículo el terminal de diagnóstico. Al ver las memorias de averías de la unidad motor se encuentran con un fallo en el inyector número 2. Miran el esquema del cableado del motor y proceden a comprobar la instalación eléctrica del inyector. Una vez comprobada esta, ven que está en perfecto estado. La avería por tanto es del inyector. Este se puede enviar a reparar a un centro especializado en reparaciones (bombero), o bien sustituirlo.

Una vez decidido su reparación o sustitución, al mecánico simplemente le queda eliminar el código de avería de la unidad motor. Es importante resaltar que el inyector tiene un determinado calado dependiendo del tipo de motor en el que vaya equipado.

↑ Culata con inyectores - bomba.

estudio del caso

Antes de empezar a leer esta unidad de trabajo, puedes contestar las dos primeras preguntas. Después analiza cada punto del tema, con el objetivo de contestar al resto de las preguntas de este caso práctico.

1. ¿Cuál es la presión máxima de trabajo aproximadamente de los inyectores-bomba a plena carga?
2. ¿Podemos ver a simple vista, mirando el motor, los inyectores del sistema inyector-bomba?
3. ¿Quién acciona el inyector-bomba para generar la alta presión?
4. ¿Es necesario un ajuste cuando se sustituye alguno de estos inyectores-bomba?
5. ¿El sistema inyector-bomba lleva bujías de precalentamiento?
6. ¿Qué tensión se puede llegar a alcanzar en un sistema inyector-bomba piezoeléctrico durante la apertura del inyector?

1. Estudio tecnológico de algunos sistemas de inyección diésel controlados electrónicamente

saber más

Sistemas EDC

El sistema de Regulación Electrónica Diésel (EDC) fue introducido por Bosch en el mercado en el año 1986.

Actualmente, en turismos, solo se instala el sistema de alimentación «Common Rail», el cual estudiaremos en la unidad siguiente. Sin embargo, se montaron recientemente otros sistemas EDC, que son los tratados en esta unidad.

Los sistemas electrónicos diésel se basan en una UEC que evalúa el estado del motor a través de una serie de sensores para poder realizar, a través del inyector correspondiente, la inyección de combustible con la cantidad justa y en el momento adecuado. Al mismo tiempo la UEC controla otros sistemas de mejora de rendimiento del motor. La mayor parte de los sensores que miden el funcionamiento del motor son idénticos a los explicados para la inyección de gasolina, por lo que en esta unidad solo serán tratados los que se presentan novedosos. Una mención especial la merece el **caudalímetro** ya que, aunque su funcionamiento y comprobación es idéntico al de los modelos usados en gasolina, su utilización por parte de la centralita varía, puesto que en este caso solo se necesita para definir la cantidad máxima de gasóleo que el sistema puede inyectar, ya que no es necesario mantener la relación aire/gasolina en medias cargas. También se utiliza para el control de recirculación de gases de escape. Hay que decir que en los sistemas que incorporan EGR, este sistema sigue manteniendo la función que tenía en los motores de gasolina y que fue explicado en la unidad 4.

1.1. Sistema EDC con bomba rotativa BOSCH VE

1. Transmisor de carrera de la aguja
2. Transmisor de régimen
3. Medidor de masa de aire
4. Transmisor de temperatura de líquido refrigerante
5. Transmisor de temperatura del aire de admisión
6. Conmutador de pedal de freno
7. Conmutador de freno
8. Conmutador de pedal de embrague
9. +DF Borne del alternador
10. Transmisor de posición del acelerador
11. Conmutador de ralentí
12. Transmisor de recorrido de la corredera de regulación
13. Transmisor de temperatura de combustible
14. Señales suplementarias
15. Transmisor de presión atmosférica
16. Transmisor de presión del colector de admisión

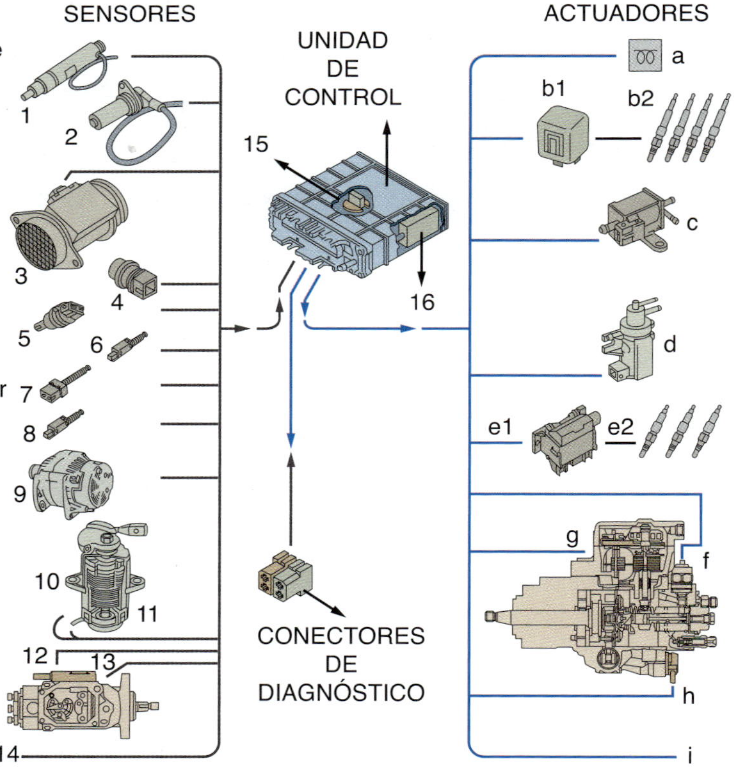

a. Testigo de precalentamiento y avería
b1. Relé para bujía de incandescencia
b2. Bujías de incandescencia
c. Electroválvula para limitación de la presión de sobrealimentación
d. Electroválvula para recirculación de gases de escape
e1. Relé de potencia calorífica
e2. Bujías para calefacción adicional
f. Electroválvula de paro
g. Dosificador
h. Electroválvula para regulación del comienzo de inyección
i. Salidas suplementarias

↑ **Figura 9.1.** Cuadro sinóptico de un sistema EDC con bomba rotativa BOSCH VE.

Bomba

El principio de funcionamiento de esta bomba, cuyo aspecto exterior lo vemos en la figura 9.2, es el mismo que una bomba BOSCH VE mecánica. Su principal diferencia está en la presión de trabajo (800 bares aproximadamente) y en el control electrónico del caudal a inyectar, así como del avance de la inyección.

El combustible es inyectado directamente en la cabeza del pistón.

La figura 9.3 nos muestra las tres novedades de esta bomba:

- Un **sensor** (transmisor de posición de la corredera de regulación).
- Dos **actuadores** (dosificador de combustible y electroválvula para regulación del comienzo de inyección).

De todos estos elementos hablaremos en su momento a lo largo de esta unidad.

↑ **Figura 9.2.** Aspecto exterior de una bomba rotativa BOSCH VE con control electrónico.

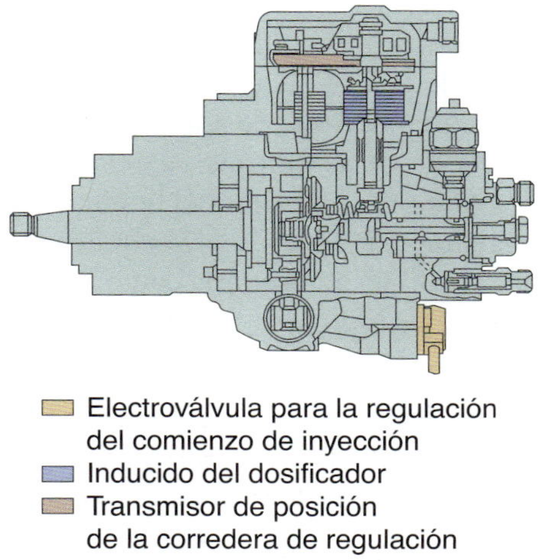

↑ **Figura 9.3.** Detalles de una bomba rotativa BOSCH VE con control electrónico.

Inyectores

Estudiamos su estructura y funcionamiento a través de la figura 9.4. En el portainyector (a) hay dos muelles de diferente espesor y fuerza, lo cual permite realizar la inyección del combustible en dos fases con la consiguiente reducción de la sonoridad del motor.

En la **fase 1,** la presión de combustible vence la resistencia del primer muelle (b), por lo que se inyecta una pequeña cantidad de combustible, a baja presión (aproximadamente 110 bares). La carrera de la aguja del inyector (c) es limitada por el casquillo de empuje (d), que está sometido a la presión del segundo muelle (e).

El aumento de presión de combustible hace que comience a desarrollarse la **fase 2,** en la que se vence la resistencia del muelle (e) y se comprime aún más el muelle (b) por la acción del casquillo de empuje, lo que supone un mayor levantamiento de la aguja del inyector, cuya carrera queda ahora igualmente limitada por el casquillo de empuje que hace tope en el elemento intermedio (f). Durante esta fase se produce la inyección del resto de combustible a una presión más alta (empieza sobre los 220 bares y llega hasta los 600 aproximadamente).

saber más

Bomba Lucas DPC controlada electrónicamente

También nos podemos encontrar vehículos diésel donde el control electrónico del caudal y del avance se realiza sobre una bomba Lucas DPC. En este caso, la bomba tiene el mismo principio de funcionamiento que una bomba Lucas DPC mecánica, pero la diferencia está en que el caudal se controla mediante dos electroválvulas y el avance mediante una.

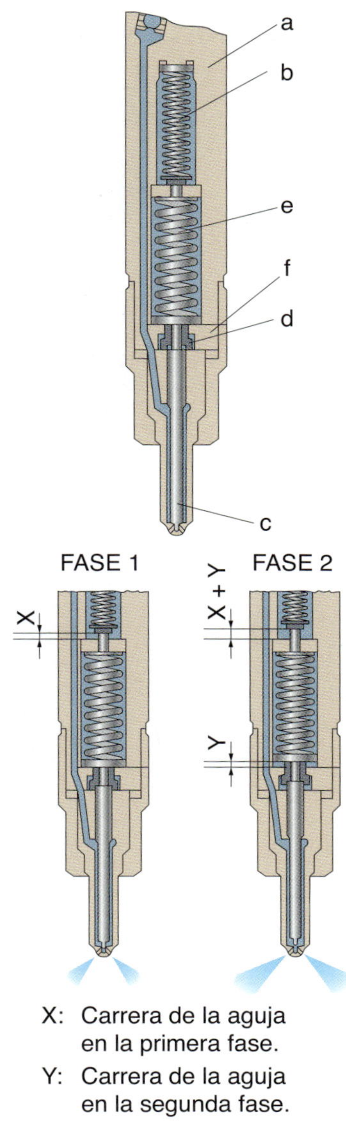

↑ **Figura 9.4.** Inyector bimuelle. Fases de funcionamiento.

Nota:

1. Estos inyectores suelen estar diseñados en versión de 5 orificios, distribuidos a 72° entre sí.
2. En uno de los inyectores está el transmisor de la carrera de aguja, por lo que en caso de extraer dicho inyector se hará con un dado especial con respeto a los dados con que se extraen los otros.
3. En el montaje hay que respetar escrupulosamente su posición, cambiar la arandela antitérmica, limpiar el asiento y apretar la brida al par correspondiente.

saber más

Como no hay interrupción del suministro de combustible desde que comienza la inyección hasta que se acaba, con estos inyectores no podemos considerar ni preinyección ni inyección principal.

Sensores

Explicamos solo las novedades:

a) Transmisor de inicio de inyección

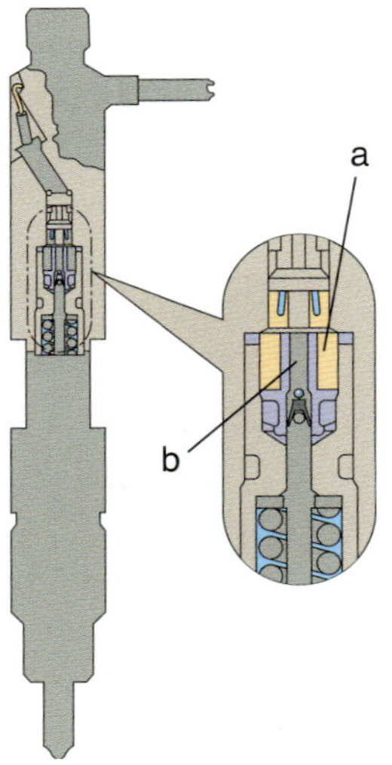

↑ **Figura 9.5.** Inyector con transmisor de inicio de inyección.

Este sensor, integrado en uno de los inyectores, está formado por un bobinado (a), en cuyo interior se encuentra un perno de presión (b) que constituye una prolongación de la aguja del inyector (figura 9.5). Dicho perno hace la función de núcleo magnético. El bobinado recibe constantemente una intensidad de corriente por parte de la UEC con un valor aproximado de 30 mA suministrada en forma de corriente continua de aproximadamente 11 V, lo que genera un campo magnético que se ve modificado cuando el núcleo, debido al movimiento de la aguja, se desplaza por el interior del bobinado. La variación del campo magnético provoca una alteración en la tensión aplicada al bobinado. Dicha alteración es registrada por la UEC para utilizarla como información del comienzo exacto de la inyección.

Si falla este sensor, la UEC controla el inicio de inyección a través de unos valores teóricos fijos de un mapa característico.

La señal de este sensor es la representada en la figura 9.6. El valor de frecuencia está entre 7 y 10 Hz al ralentí. A medida que aumenta el régimen, la frecuencia crece linealmente y también aumenta su amplitud.

b) Transmisor de posición de la corredera de regulación

Está en el interior de la bomba inyectora (en la parte alta) y es accionado por el mismo eje que desplaza a la corredera de regulación (figura 9.7). Se compone de un núcleo en forma de U, dos bobinas y dos anillos (uno móvil y otro fijo). Una bobina con el anillo fijo forma la parte referencial mientras que la otra bobina con el anillo móvil, conforma la parte de medición.

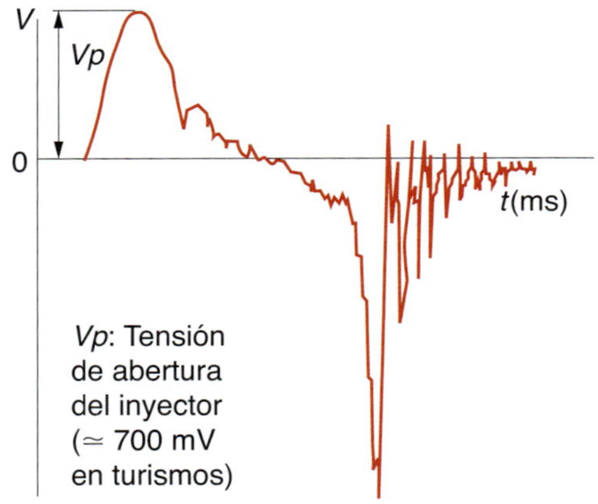

↑ **Figura 9.6.** Señal típica de un transmisor de inicio de inyección.

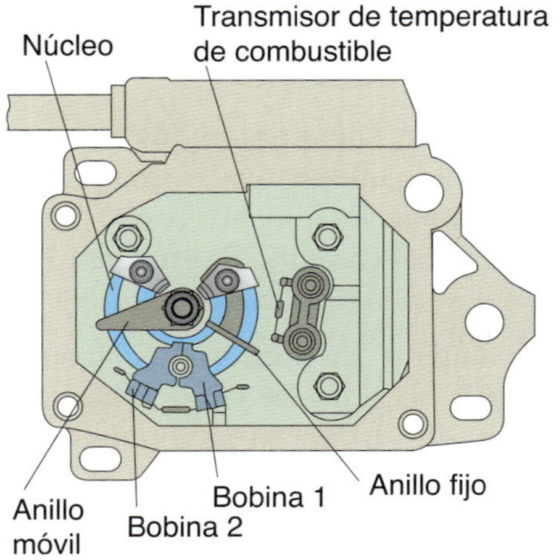

↑ **Figura 9.7.** Transmisor de posición de la corredera de regulación.

A las dos bobinas se les suministra una señal de corriente alterna de frecuencia 10 kHz y voltaje 5 V a través de una resistencia interna de la UEC. Las bobinas tienen una caída de tensión determinada por su autoinducción, la cual varía en función del tamaño de su núcleo y este a su vez varía en función de la posición del anillo fijo para la bobina 1 y del móvil para la bobina 2.

La bobina fija cumple una función de medida patrón para compensar pérdidas por temperatura y desgaste, por lo que la medida real de la posición de la corredera es la diferencia entre los voltajes de la bobina fija y de la bobina variable.

La figura 9.8 nos muestra las distintas señales de este sensor:

- La señal entre bornes de la bobina fija es de 2,2 Vpp (Vpp = Voltaje de pico a pico).
- La señal entre bornes de la bobina variable oscila entre 1,4 Vpp (corte) y 2,4 Vpp (plena carga).

Si el sensor se avería, la UEC corta la alimentación de combustible, por lo que el motor se para.

c) Transmisor de temperatura de combustible

Está situado en el interior de la bomba junto al sensor anterior (figura 9.7). Su función es informar a la UEC de la temperatura del combustible en la bomba a través de una señal eléctrica que varía en función del termistor (casi siempre NTC) que lleva incorporado. Esta señal se utiliza, junto a otras, para calcular con exactitud qué caudal de combustible se necesita. Si se avería este sensor, la UEC establece un valor fijo de temperatura.

Actuadores

a) Dosificador o posicionador

Está situado en la parte superior de la bomba, debajo del transmisor de posición de corredera.

La función de este actuador (figura 9.9) es regular el caudal inyectado variando la posición de la corredera. Es gobernado por la UEC mediante una señal negativa pulsatoria de frecuencia variable (de 200 a 900 Hz) en función de las necesidades de funcionamiento del motor (figura 9.10). Para elaborar esta señal, la UEC tiene en cuenta dos informaciones básicas, la posición del acelerador y la del régimen del motor, además de otras correctoras como son la temperatura del líquido refrigerante, la temperatura del combustible, la masa de aire, etc.

Está constituido como un motor de corriente continua que consta de un inducido, el cual es el eje que desplaza a la corredera a través de una excéntrica, y de un bobinado que crea el campo magnético mediante la variación de tensión de excitación de la UEC.

El eje girará más o menos en función de la excitación y puede llegar hasta los 60°. Este margen de regulación sirve para actuar desde la posición de corte de combustible hasta el caudal máximo (figura 9.11).

Si falla el dosificador, el motor se para, ya que al quedar en posición de reposo, la corredera facilitaría la fuga total de combustible.

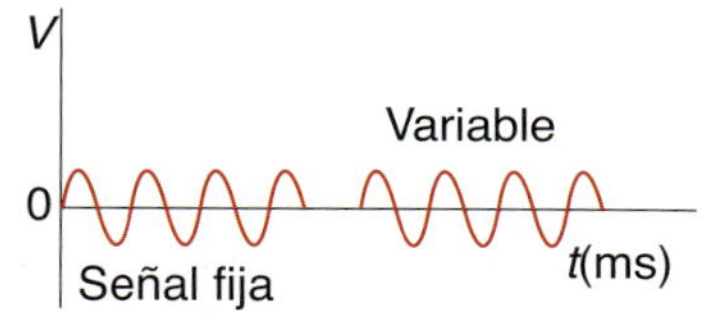

↑ **Figura 9.8.** Señales típicas de un transmisor de la corredera de regulación.

saber más

No hay pista de deslizamiento

El transmisor de posición de la corredera de regulación no dispone de ninguna pista de deslizamiento, por lo tanto es insensible al agua o a los aditivos del combustible.

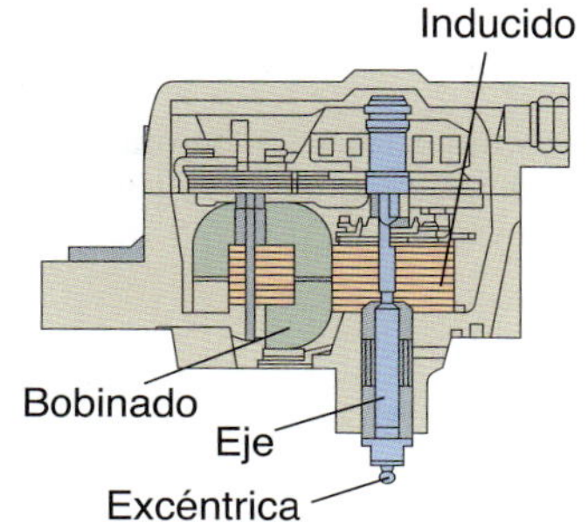

↑ **Figura 9.9.** Dosificador de combustible.

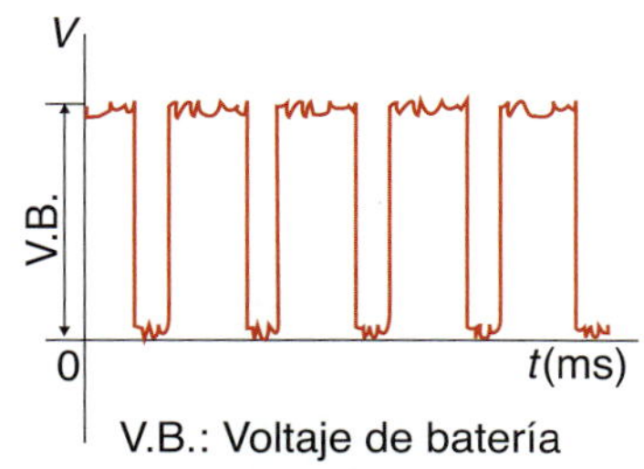

↑ **Figura 9.10.** Señal de mando del dosificador.

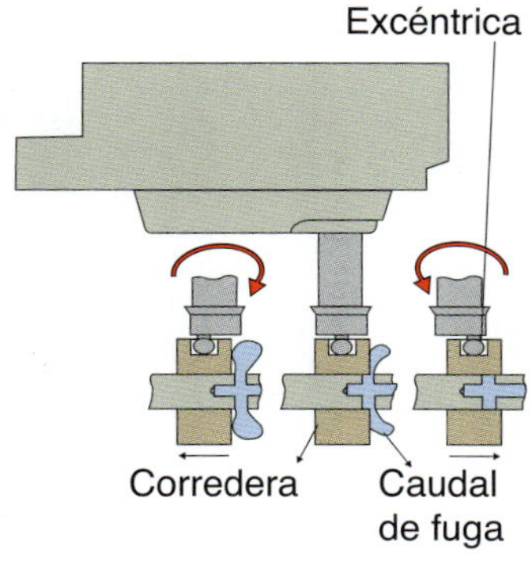

↑ **Figura 9.11.** Distintas posiciones de la corredera de regulación.

saber más

El avance a la inyección se reduce durante la fase de calentamiento del motor, con el fin de disminuir la sonoridad.

→ **Figura 9.12.** Válvula magnética para la regulación del comienzo de inyección.

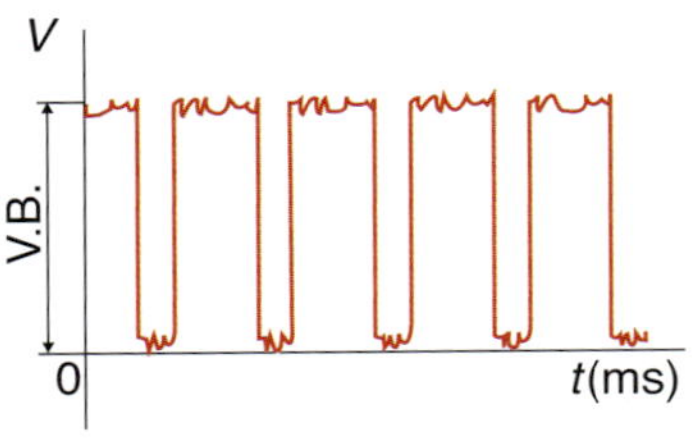

V.B.: Voltaje de batería

↑ **Figura 9.13.** Señal de mando de la válvula magnética de comienzo de inyección.

saber más

Excitación de la electroválvula de corte

En muchos vehículos es necesario dar al arranque para que la UEC excite la electroválvula de corte.

Relé

Bujías de incandescencia

↑ **Figura 9.14.** Relé y bujías de incandescencia.

b) Válvula magnética para la regulación del comienzo de inyección

Está situada en la parte inferior de la bomba de inyección (figura 9.12) y su función es variar la presión que afecta al émbolo del variador de avance para corregir el inicio de inyección en todo momento. Para ello abre o cierra la comunicación del circuito de presión con el conducto de retorno.

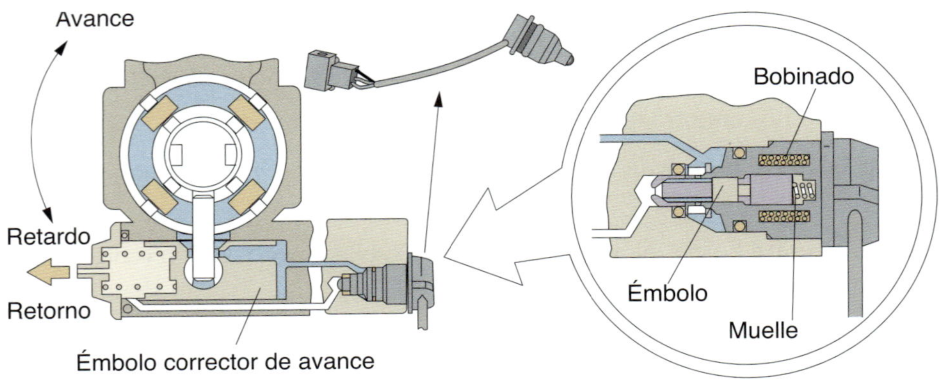

La electroválvula está compuesta por un émbolo, un muelle y un bobinado. En posición de reposo, el émbolo obtura, por la acción del muelle, el paso de combustible hacia el retorno; mientras que cuando es activada este paso queda libre. Dicha activación se produce por la UEC a través de una señal cuadrada (figura 9.13) de frecuencia fija aproximadamente de 50 Hz con una anchura de impulso controlada por la propia UEC para conseguir el avance en función de las distintas señales recibidas (rpm, caudal inyectado, temperatura del motor, inicio de inyección...). Señalaremos que cuanto más tiempo esté activada menor será el avance, mientras que si el tiempo de activación disminuye el avance aumenta.

Si se avería este actuador, la UEC desactiva la función de regulación electrónica de comienzo de inyección, quedando el motor funcionando con un avance excesivo. En este caso, la UEC limitará el caudal y la presión de sobrealimentación para evitar daños mecánicos en el motor.

c) Electroválvula de corte de combustible

Fue explicada en la unidad anterior. La única diferencia estriba en que en estos sistemas es gobernada por la UEC, además de utilizarse para el apagado de emergencia en caso de fallo del transmisor de posición de corredera.

d) Bujías de incandescencia

Se comportan como resistencias tipo PTC (figura 9.14) y su disposición es tal que solo su punta penetra en el interior de la cámara. Estas bujías son excitadas a 12 V por un relé controlado por la UEC, la cual fija el tiempo de precalentamiento, de espera y de postcalentamiento. Dicho control se realiza en función de la temperatura del líquido refrigerante y del régimen de giro (figura 9.15).

Si se supera la fase de ralentí, las bujías de incandescencia se desconectan debido a un interruptor accionado por la palanca del acelerador.

e) Bujías para la calefacción adicional

Se suelen montar tres unidades, normalmente situadas en el manguito del líquido refrigerante que va desde la culata hasta el radiador de calefacción. Su comportamiento es de tipo PTC y son controladas por la UEC, en función de la temperatura del líquido refrigerante y de la señal del borne del alternador, a través de un relé doble.

Este sistema solo es necesario en países fríos y normalmente se monta en vehículos destinados a esos países. Es el sistema que más se utiliza para la calefacción adicional, pero no es el único ya que en algunas marcas instalan pequeños quemadores de gasóleo.

f) Testigo de precalentamiento y avería

Va situado en el cuadro de instrumentos y es controlado por la UEC (figura 9.16). Si luce de una forma continuada indica el funcionamiento del sistema de precalentamiento, mientras que si parpadea significa que hay una avería grave en el sistema de gestión.

saber más

Activación alterna de las bujías de incandescencia

En algunos motores, durante el postcalentamiento, las bujías de incandescencia se activan alternativamente de dos en dos con el objeto de disminuir el consumo eléctrico.

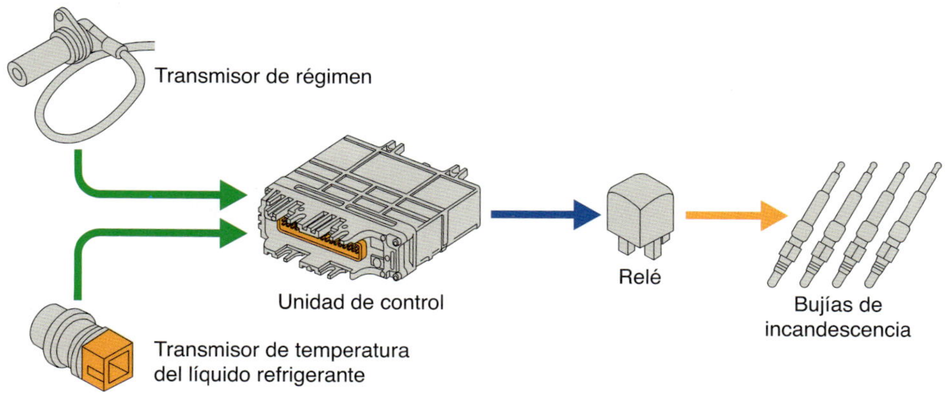

↑ **Figura 9.15.** Sistema de precalentamiento.

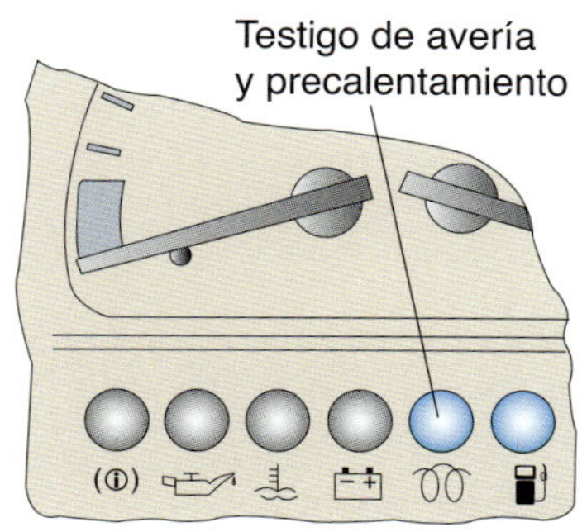

↑ **Figura 9.16.** Testigo de avería y precalentamiento.

1.2. Sistema inyector-bomba

Se aplica en algunos turismos (la figura 9.17 pertenece a este grupo) y en algunos vehículos industriales tanto ligeros como pesados, así como en locomotoras y barcos.

1. Transmisor de altitud
2. Medidor de masa de aire
3. Transmisor de régimen del motor
4. Sensor de fase
5. Transmisor de posición del acelerador
6. Transmisor de temperatura del líquido refrigerante
7. Transmisor de presión del colector de admisión con transmisor de temperatura de aire
8. Interruptor del pedal de embrague
9. Interruptores de luz de freno y pedal de freno
10. Transmisor de velocidad
11. Transmisor de temperatura del combustible
12. +/DF
13. Señales suplementarias

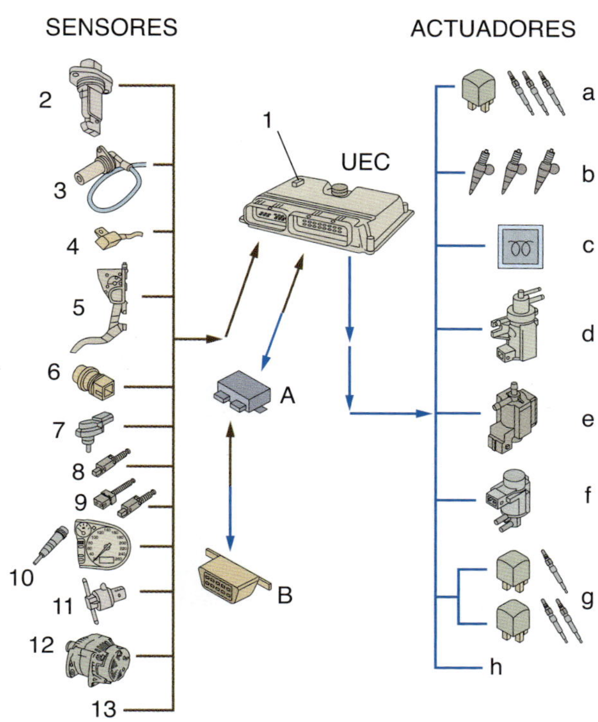

A. Módulo inmovilizador
B. Conector de diagnosis
a. Relé y bujías de precalentamiento
b. Electroválvulas para inyector-bomba
c. Testigo de precalentamiento
d. Electroválvula de recirculación de gases de escape
e. Electroválvula para limitación de la presión de sobrealimentación
f. Electroválvula de control de la mariposa
g. Relés de potencia calorífica y bujías de incandescencia
h. Salidas suplementarias

↑ **Figura 9.17.** Cuadro sinóptico de un sistema EDC con inyector-bomba.

saber más

La fuerza de la leva

La fuerza en la leva de accionamiento del inyector-bomba necesaria para producir 2.000 bares de presión de inyección es 10 veces mayor que la realizada sobre una válvula de admisión o escape a 5.000 rpm.

En estos sistemas, no se necesitan las tuberías de alta presión, lo que repercute positivamente en la inyección.

Existe una unidad, montada directamente en la culata, por cada cilindro del motor. Concretamente, un inyector-bomba es una bomba de inyección con una electroválvula de control y un inyector, agrupados en un sólo componente.

Para impulsar los inyectores-bomba y generar la presión necesaria, el árbol de levas incorpora levas adicionales para accionar unos balancines con cojinete central y rodillo que impulsan los émbolos de los inyectores-bomba. El balancín con rodillo tiene un tornillo de regulación para ajustar el juego entre el balancín y el inyector. Dicho ajuste será necesario cada vez que se desmonte un inyector o su sistema de accionamiento.

Por lo que respecta a la electroválvula de control, diremos que hay dos tipos, la electromagnética y la piezoeléctrica. Ambos tipos se estudian a continuación.

El sistema de inyector-bomba electromagnético lo estructuramos, para su estudio, en las siguientes partes:

- Inyector-bomba propiamente dicho.
- Alimentación hacia el inyector-bomba (circuito de baja presión).
- Nuevos actuadores.

saber más

Los flancos de la leva

El émbolo de la bomba es oprimido a gran velocidad debido a que el flanco de ataque de la leva es muy pronunciado. De esta forma se alcanza rápidamente una alta presión de inyección.

Sin embargo, la recuperación ascendente del émbolo es lenta y uniforme debido a que el flanco de salida es muy suave. Así, el combustible llega al interior del inyector-bomba sin generar burbujas.

Inyector-bomba electromagnético

Su aspecto exterior lo apreciamos en la figura 9.18. Se divide en las siguientes unidades funcionales (figura 9.19):

- **Generación de alta presión (A).** Se compone del cuerpo de la bomba (1), que hace de cilindro de la misma, émbolo de bomba (2) y muelle de reposición (3). El árbol de levas (4) transmite el movimiento al émbolo mediante el balancín de rodillo (5).
- **Electroválvula de control (B).** Regula el comienzo de la inyección y la duración de esta, es decir, el caudal inyectado. Sus componentes principales son: bobina (6), aguja (7), inducido (8), núcleo magnético (9), muelle de compensación (10), muelle (11) y conector (12).
- **Inyector (C).** Pulveriza el combustible y lo distribuye en la cámara de combustión. Formado, entre otros componentes, por una aguja (13) y por un muelle de compresión (14). Está fijado al cuerpo de la unidad de bomba-inyector mediante una tuerca (15).

↑ **Figura 9.18.** Inyector-bomba electromagnético.

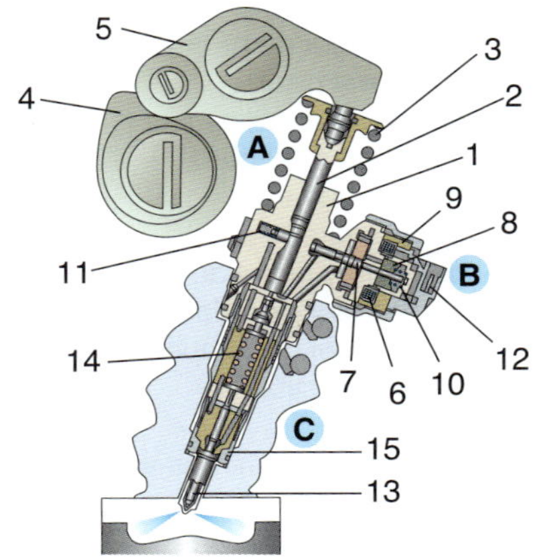

↑ **Figura 9.19.** Estructura de un inyector-bomba-electromagnético.

A continuación describimos las distintas fases de funcionamiento:

Fase A: Alimentación de combustible (figura 9.20)

El émbolo (1), al no ser oprimido por el balancín de rodillo (2), realiza un movimiento ascendente debido a la fuerza del muelle de reposición (3). La aguja (4) de la electroválvula (5) está en posición de reposo (abierta), gracias a que esta no está excitada.

Todo esto permite el paso del combustible, que se encuentra bajo presión por la acción de la bomba de alimentación, desde el conducto de alimentación (A) hasta la cámara de alta presión (B).

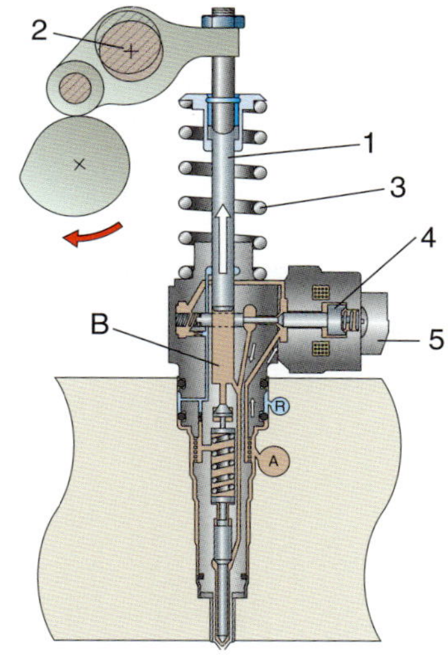

↑ **Figura 9.20.** Fase de alimentación de combustible.

Fase B: Preinyección (figura 9.21)

El balancín de rodillo (1) oprime al émbolo (2) debido a la acción de la leva (3). Esto hace que el combustible se dirija desde la cámara de alta (B) hasta el conducto de alimentación (A) mientras la aguja (4) esté abierta. En el momento que la UEC excita la electroválvula (5), la aguja es oprimida contra su asiento (6), por lo que se cierra el paso de combustible hacia el canal de alimentación. A partir de este momento, en la cámara de alta aumenta la presión, la cual se transmite a la aguja del inyector (7). En el instante en el que la presión venza al muelle (8) del inyector (aproximadamente 180 bares) la aguja de este subirá y comenzará la inyección.

Fase C: Final de la preinyección (figura 9.22)

La apertura de la aguja del inyector (1) durante la preinyección queda limitada mediante un **colchón hidráulico (X).** Cuando el émbolo amortiguador (2) alcanza el estrechamiento (3) practicado en la carcasa del inyector (4) (figura 9.22.I), el combustible ya no se desaloja con tanta facilidad. Esto acarrea un aumento de presión en la cámara de alta (B) que hace bajar al émbolo de evasión (5) hasta su asiento (figura 9.22.II), venciendo la tensión del muelle del inyector (6).

Por un lado, la reducción de presión de la cámara de alta, ocasionado por el descenso del émbolo de evasión, y por otro, el incremento de la fuerza del muelle sobre la aguja del inyector, provocan el cierre de esta y por tanto el fin de la preinyección.

saber más

Intervalo de reposo

Entre la preinyección y la inyección principal hay un «intervalo de reposo», en el cual no se inyecta combustible para que la presión en la cámara de combustión no suba bruscamente.

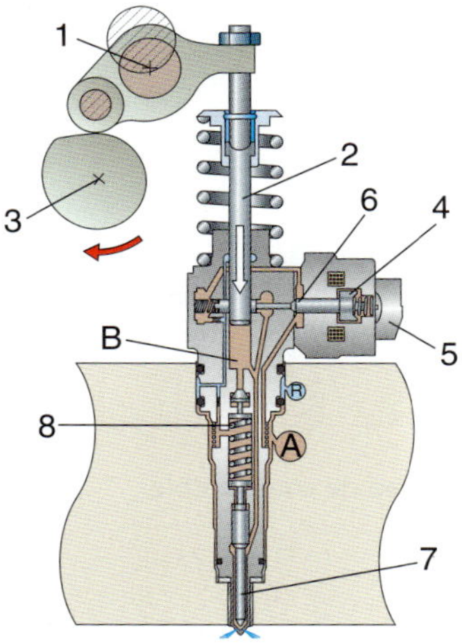

↑ **Figura 9.21.** Fase de preinyección.

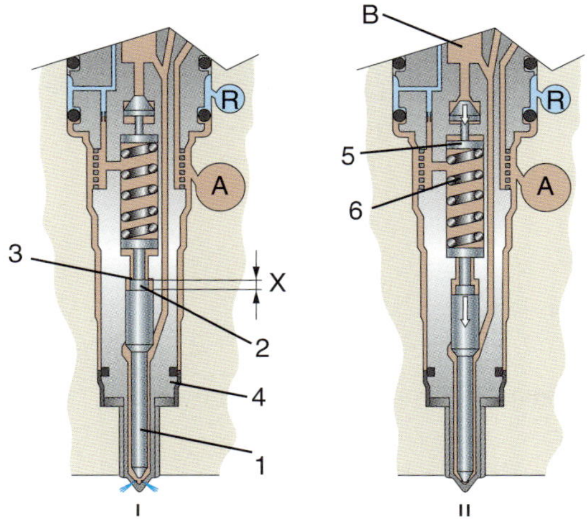

↑ **Figura 9.22.** Final de preinyección.

Fase D: Inyección principal

En esta fase (figura 9.23) la electroválvula (1) sigue cerrada y el émbolo (2) realiza un movimiento descendente. El inicio de la inyección principal se realiza momentos después de cerrarse la aguja del inyector (3) (fase anterior) debido al aumento nuevamente de la presión en la cámara de alta (B). Al alcanzarse 300 bares aproxi-

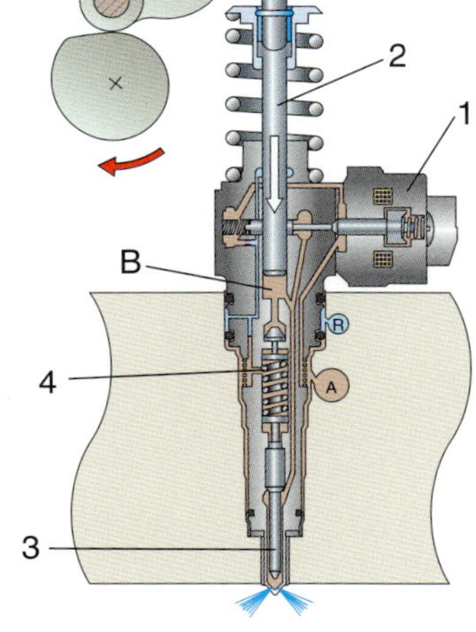

↑ **Figura 9.23.** Inyección principal.

madamente, la presión supera la fuerza del muelle del inyector (4), por lo que la aguja de este se levanta de nuevo de su asiento y se produce la inyección principal.

Debido a que el émbolo de la bomba empuja una mayor cantidad de combustible de la que realmente puede salir por los orificios del inyector, la presión sigue aumentando durante la operación de inyección hasta 2.050 bares aproximadamente. Se alcanzará la máxima presión cuando el motor gire a un alto número de revoluciones acompañado de una gran cantidad de combustible a inyectar.

Fase E: Fin de la inyección principal

El final de la inyección (figura 9.24) se produce cuando la UEC deja de excitar a la electroválvula (1), por lo que el muelle (2) de esta lleva a la aguja (3) de la propia electroválvula a la posición de reposo. En estas condiciones, la presión en la cámara alta (B) desciende, lo que provoca el cierre de la aguja del inyector (4) y el retorno del émbolo de evasión (5) a su punto de partida.

El retorno de combustible tiene lugar como se muestra en la figura 9.25. No lo consideramos una fase en sí, ya que se realiza mientras se desenvuelven cualquiera de las fases anteriores.

Con el retorno de combustible se ven subsanadas las siguientes necesidades:

- Recogida del combustible de fuga del émbolo de la bomba.
- Eliminación de las burbujas de aire que se pueden generar durante el funcionamiento del inyector-bomba (estas son recogidas por unos estranguladores).
- Refrigeración del inyector-bomba.

saber más

Bomba-tubería-inyector

Existe un sistema denominado bomba-tubería-inyector, muy empleado en vehículos industriales, que trabaja según el mismo procedimiento que el inyector-bomba. La única diferencia estriba en que en este sistema, tanto la generación de presión como la electroválvula, están separadas del inyector por medio de unas tuberías cortas, siendo el inyector igual que un inyector convencional.

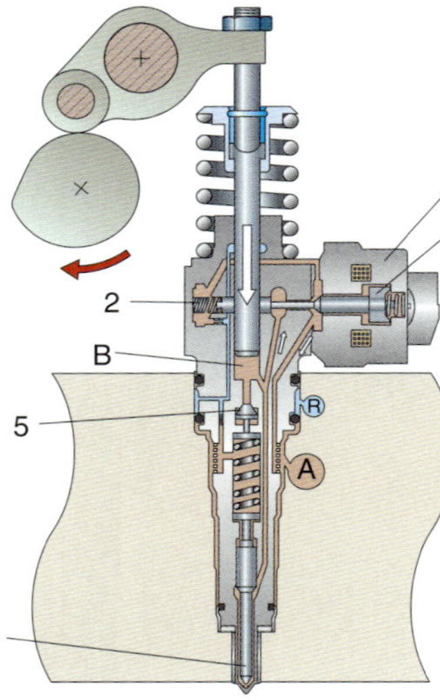

↑ **Figura 9.24.** Fin de la inyección principal.

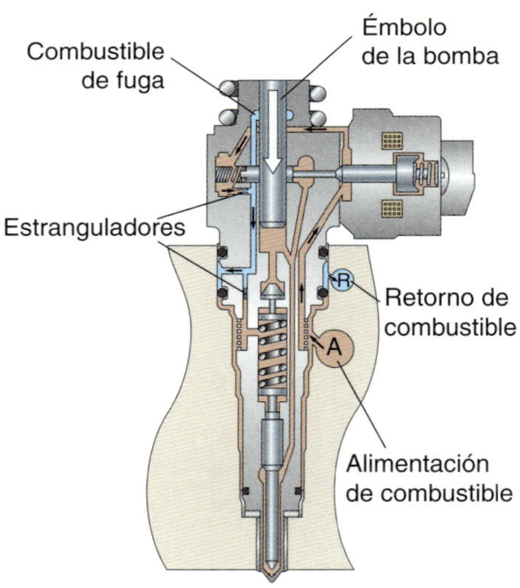

↑ **Figura 9.25.** Retorno de combustible.

Circuito de baja presión

El circuito hidráulico de combustible (figura 9.26) tiene la misión de suministrar combustible filtrado, atemperado y a una presión aproximada de 7,5 bares (el valor depende de cada modelo) a los inyectores-bomba.

El caudal de combustible que se envía a los grupos inyector-bomba es siempre superior al necesario para la inyección. Este exceso de combustible se justifica porque la refrigeración y la lubricación de estos elementos son realizadas por el propio combustible. Por lo tanto, durante el funcionamiento el combustible experimenta un calentamiento que llega a alcanzar valores de temperatura elevados, por encima de los 100 grados, por lo que necesita ser refrigerado para evitar daños al depósito de combustible, aforador, etc. En el retorno, por lo tanto, existirá un dispositivo capaz de refrigerar al combustible.

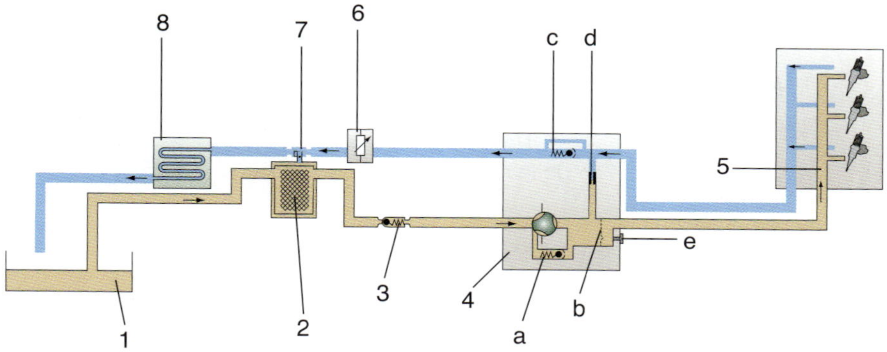

↑ **Figura 9.26.** Circuito de alimentación de combustible (parte de baja presión).

Este circuito incluye los siguientes componentes:

- Depósito de combustible (1).
- Filtro de combustible (2).
- Válvula de retención (3).
- Bomba de combustible (4)*.
- Tubo distribuidor (5).
- Sensor de temperatura de combustible (6).
- Válvula de precalentamiento (7).
- Refrigerador de combustible (opcional) (8).

* Incluye la válvula de descarga (a), el tamiz (b), la válvula reguladora de presión de retención (c), el taladro estrangulador (d) y la toma de medición (e).

Explicamos brevemente la función de cada uno de los componentes que nos resultan novedosos:

Válvula de retención

Su función es impedir que el combustible de la bomba retorne hacia el depósito cuando el motor está parado. La presión de apertura está entre 0,2 y 0,25 bares aproximadamente.

Bomba de combustible

La bomba de combustible (figura 9.27) aspira el combustible del depósito y lo transporta hasta los inyectores-bomba con una presión determinada.

En este caso, cabe hablar de un nuevo tipo de bomba, llamada **bomba tándem** de aletas de bloqueo, accionada por el árbol de levas, cuya estructura la apreciamos en la figura 9.28. La bomba tándem es una unidad constructiva formada por la propia bomba y otra bomba de vacío para el servofreno, pero ambas separadas. Está formada por unas aletas de bloqueo (1), que se ajustan contra las paredes del rotor (2) debido a unos muelles (3), dos válvulas reguladoras (4 y 5), un tamiz (6) y el taladro estrangulador (7). Por supuesto, tubo de aspiración (8), de alimentación hacia la culata (9) y el de rebose (10). La válvula (4) regula la presión de combustible en la zona de alimentación. Al alcanzar una presión superior a 7,5 bares, se abre, con lo que el combustible pasa hacia la zona de aspiración. La válvula (5) mantiene la presión del retorno de combustible a 1 bar; así las relaciones de fuerza en la aguja de la electroválvula son invariables. El tamiz (6) capta las burbujas de vapor que proceden de la zona de alimentación, las cuales son eliminadas por el taladro estrangulador (7) hacia la zona de retorno.

saber más

Este tipo de bomba de combustible admite el montaje sin bomba previa, porque es autocebante. La versión de engranajes, debe llevar obligatoriamente bomba previa.

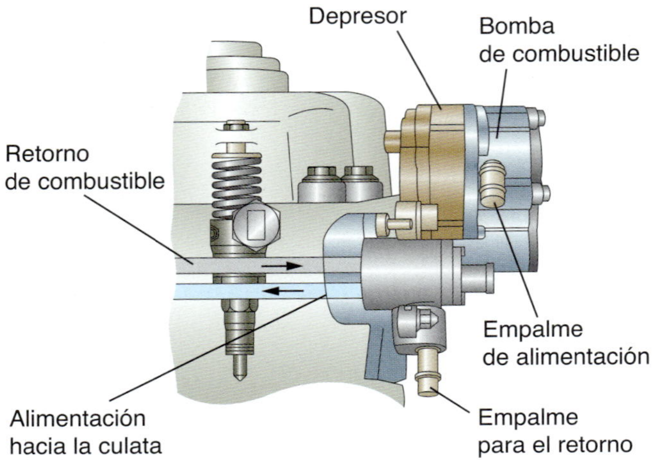

↑ **Figura 9.27.** Emplazamiento de la bomba de combustible.

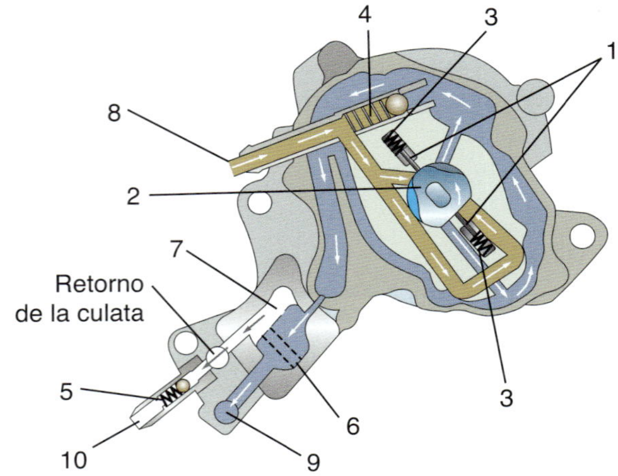

↑ **Figura 9.28.** Estructura de una bomba de combustible de aletas de bloqueo.

En la figura 9.29A se ve cómo, con el giro del rotor (1), el combustible es aspirado por la celda 2 debido al aumento de volumen de la misma, e impulsado por la celda 3 gracias a la reducción de su volumen. En la figura 9.29B, el combustible es aspirado por la celda 4 e impelido por la celda 5. Las celdas aspirantes y las impelentes están separadas por las aletas de bloqueo 6.

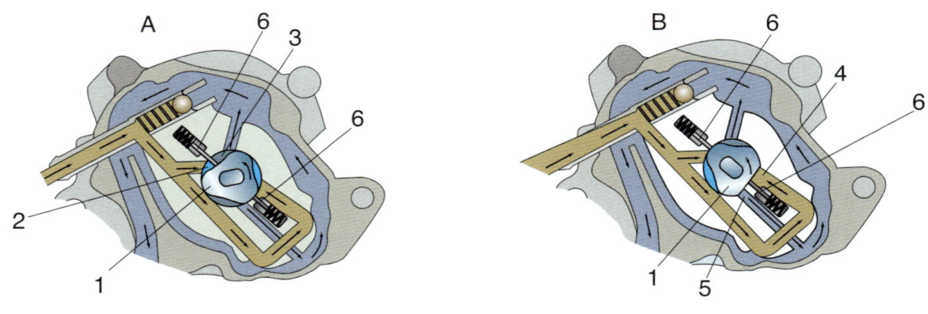

↑ **Figura 9.29.** Funcionamiento de una bomba de combustible de aletas de bloqueo.

El diseño interior de la bomba es tal que el rotor siempre se encuentra bañado en combustible, aunque se hubiera vaciado el depósito. En estas bombas, el transporte del combustible queda garantizado incluso si el régimen es muy bajo.

saber más

Otro tipo de bombas para este sistema

También se montan otro tipo de bombas de combustible en estos sistemas, como son: electrobombas (montadas en la tubería o en el depósito), bombas de engranajes o bombas de aletas de bloqueo (ambas sin formar unidad con la bomba de vacío para el servofreno), así como bombas tándem con engranajes.

Tubo distribuidor

Este elemento (figura 9.30) se encuentra alojado en el interior del taladro de alimentación de la culata. Su misión es conseguir una mezcla homogénea entre el combustible caliente que retorna de los inyectores-bomba cuando la electroválvula de control se abre y el combustible fresco que la bomba impulsa para la alimentación.

El combustible, empujado por la bomba, fluye por el interior del tubo dirigiéndose al cilindro número 1 (figura 9.31). En su recorrido, pasa por los taladros transversales (1) hacia la ranura anular (2), en la cual se mezcla con el combustible caliente expulsado por el inyector-bomba (3) correspondiente.

De esta forma, se consigue una temperatura uniforme del combustible para la alimentación de todos los cilindros. En la figura 9.32 se aprecia, de forma ampliada, el detalle de la mezcla de combustible.

↑ **Figura 9.30.** Aspecto exterior de un tubo distribuidor de combustible.

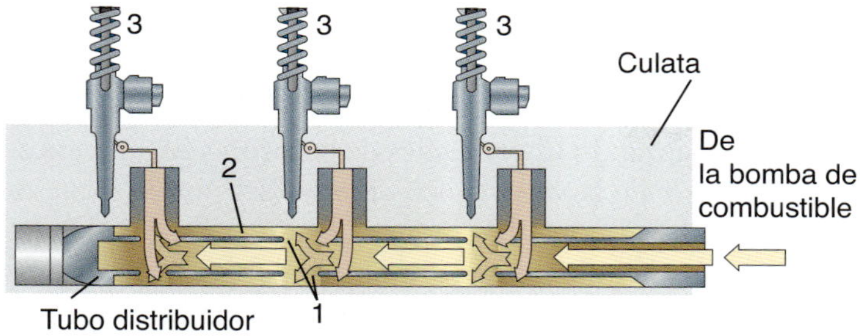

↑ **Figura 9.31.** Reparto de combustible por el interior del tubo distribuidor.

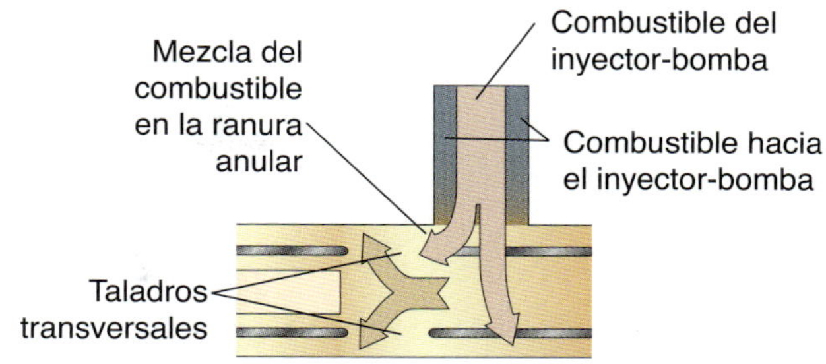

↑ **Figura 9.32.** Detalle de la mezcla del combustible en el interior del tubo distribuidor.

Si no existiera este elemento, el combustible caliente devuelto por los inyectores-bomba se iría acumulando al ser arrastrado por el combustible fresco de alimentación hacia el cilindro número 1, de forma que en esta zona la temperatura del combustible sería más alta. Esta iría disminuyendo en el número 2 y así sucesivamente. El efecto producido sería que, alimentados todos los elementos de bombeo con el mismo volumen de combustible, al tener en ellos distintas temperaturas, la densidad del combustible también sería diferente, por lo que el peso de combustible inyectado sería distinto en los diferentes cilindros (cuanto mayor fuera la temperatura del combustible, menor peso de este).

Esta dosificación anormal entre los diferentes cilindros daría lugar a un funcionamiento cíclico irregular.

Nota: el combustible que vuelve al conducto mecanizado de la culata procedente de la cámara de alta presión del inyector no es el combustible de retorno.

saber más

El circuito refrigerador de combustible es independiente del circuito de refrigeración del motor debido a la diferencia de temperaturas de ambos sistemas, ya que el combustible deberá estar a menor temperatura que el líquido refrigerante del motor.

Válvula de precalentamiento

Impide que el combustible retorne al depósito, hasta que no alcance una determinada temperatura. Con esta operación se concentra el calor en el motor haciendo que este alcance más rápidamente su temperatura de servicio.

Refrigerador de combustible

Su función es enfriar el combustible de retorno para proteger el depósito y el aforador.

De esta forma se garantiza una temperatura de combustible relativamente estable en todo momento.

Nuevos actuadores

Electroválvulas para inyectores-bomba (figura 9.33)

Si esta válvula está en reposo (sin excitar), permite que el combustible circule hacia la cámara de alta presión. En cambio, cuando está excitada, se realiza la inyección.

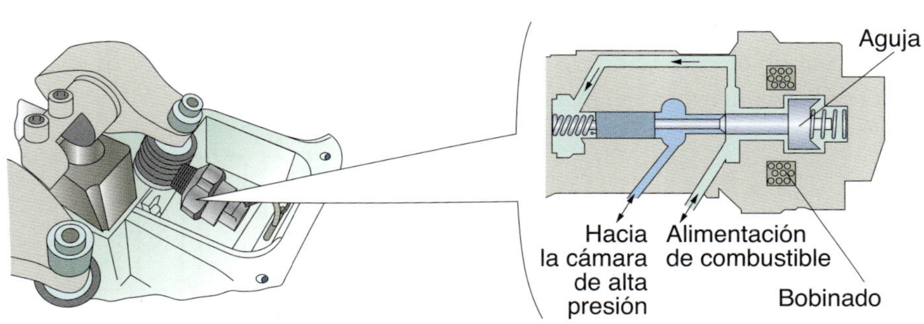

↑ **Figura 9.33.** Ubicación de la electroválvula en el inyector-bomba electromagnético y detalle interno de la misma.

A continuación explicamos detalladamente la señal de activación de un inyector-bomba electromagnético a través de la figura 9.34:

- **Fase I.** Desplazamiento rápido de la válvula de gobierno del inyector: el inyector se alimenta a 12 V, alcanzando intensidades de entorno a 20 amperios. En esta fase se produce el cierre de la válvula de gobierno del inyector que es considerado el inicio real de inyección BIP (*Begin of Injection Period*). Dicho cierre es visible como un punto de inflexión en la curva de corriente producido al golpear la válvula contra el final de su recorrido (ver figura 9.34). La unidad de control analiza la curva de corriente y tiene establecido un control sobre el intervalo de tiempo en el que debe producirse el cierre de la válvula.

  La figura nos muestra que el inyector está correctamente alimentado debido al hecho de que en la fase I antes de la aparición de la señal BIP existe una pequeña limitación de la intensidad al alcanzar al inyector 15 amperios antes de la zona de control de la señal BIP.

- **Fase II.** Mantenimiento del cierre de la válvula de control del inyector: la alimentación rebaja la intensidad a unos 11 amperios mediante la conexión y desconexión rápida de la alimentación del inyector. Esta energía es suficiente para mantener la válvula del inyector cerrada.

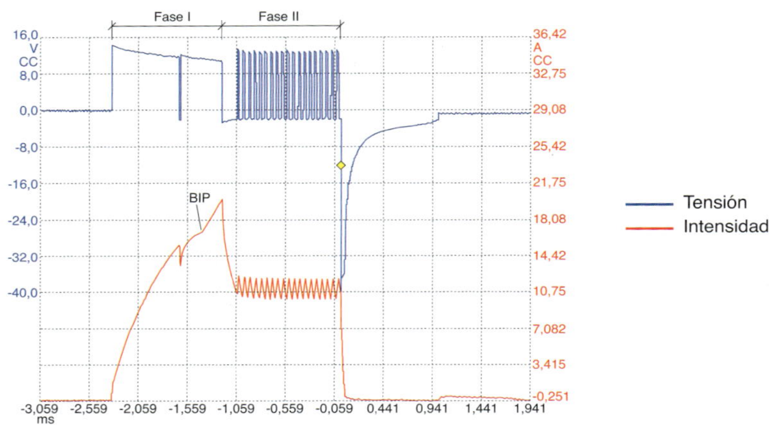

↑ **Figura 9.34.** Inyector-bomba electromagnético.

Electroválvula de control de la mariposa

La electroválvula de control de la mariposa (figura 9.35) está instalada cerca del medidor de masa del aire. Su función es aplicar vacío a un depresor al recibir la señal de la UEC para que este cierre la mariposa del colector de admisión. De esta forma, se suaviza la parada del motor debido al poco aire comprimido.

La figura 9.36 nos muestra en detalle su funcionamiento, así como el tipo de señal que, en este caso, es una onda cuadrada de frecuencia fija y de anchura de impulsos variable en función de la posición de mariposa requerida. Si se avería este actuador, la mariposa se mantiene abierta.

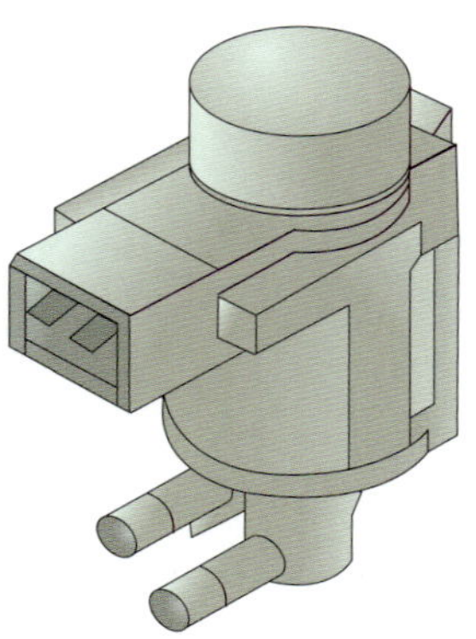

↑ **Figura 9.35.** Electroválvula de control de mariposa.

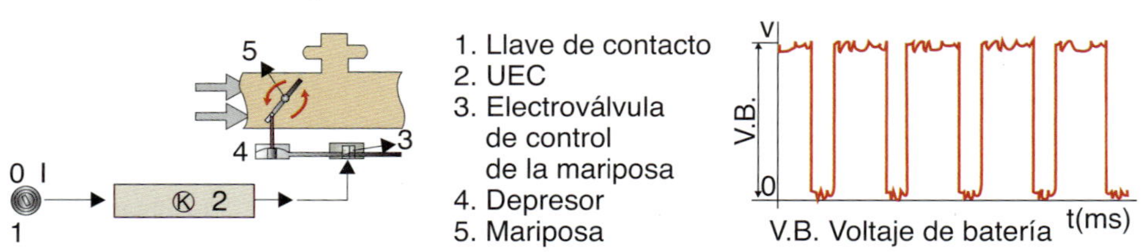

↑ **Figura 9.36.** Funcionamiento detallado de la electroválvula de control de la mariposa y señal de mando de la misma.

Otra función es mejorar la aspiración de los gases de escape para realizar la recirculación de estos. Esta función es necesaria en los motores atmosféricos e incluso en modelos con turbocompresores de bajo soplado. En estos motores la diferencia de presión entre los gases de admisión y escape es muy pequeña, lo cual dificulta la entrada de gases de escape a admisión. Al cerrar parcialmente la mariposa, mediante la electroválvula, se crea una depresión que subsana dicho problema.

saber más

La mariposa, también llamada mariposa antisacudidas, puede ser controlada asimismo mediante un motor eléctrico el cual es gobernado por la U.E.C.

Inyector-bomba piezoeléctrico

La nueva generación de inyectores-bomba, cuyo aspecto exterior lo apreciamos en la sección A de la figura 9.37 y cuya estructura la observamos en la sección B de dicha figura, sustituye la válvula electromagnética por una válvula piezoeléctrica para el control de la inyección.

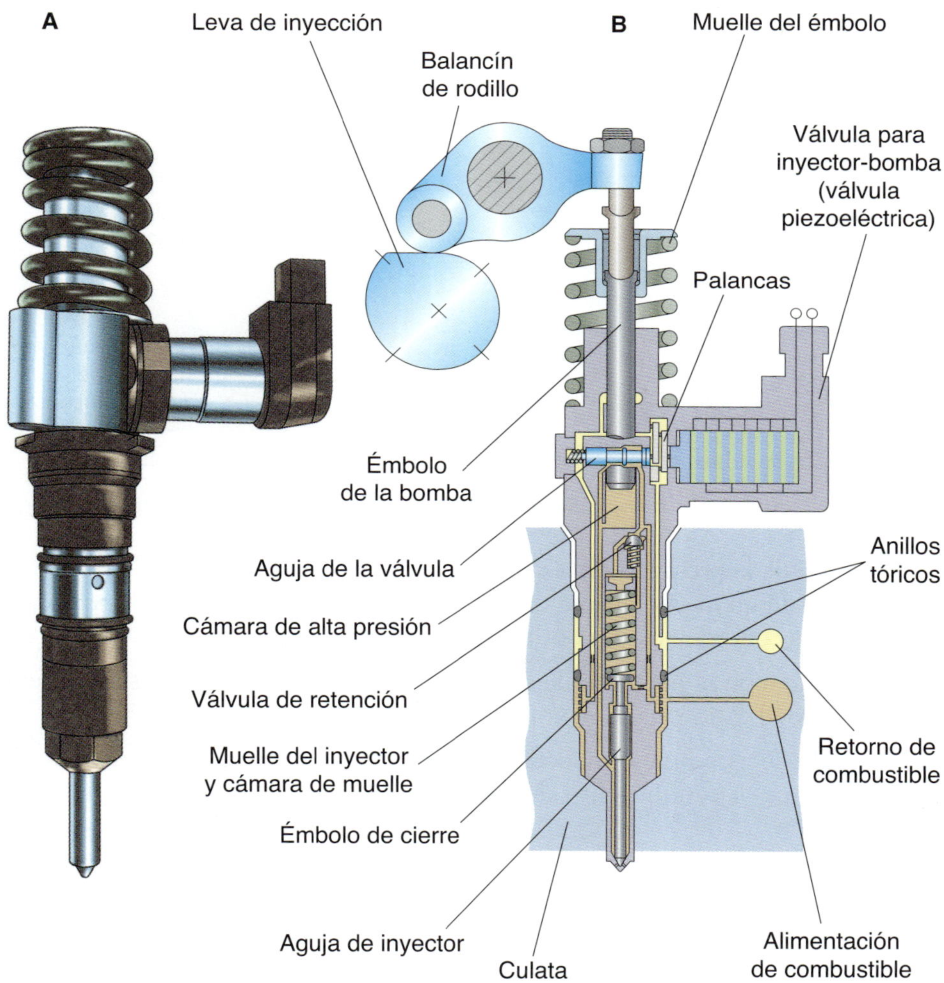

↑ **Figura 9.37.** Inyector-bomba piezoeléctrico.

La válvula piezoeléctrica es capaz de abrirse y cerrarse varias veces durante el mismo ciclo de inyección, debido a que su velocidad de conmutación es 4 veces mayor a la de la válvula electromagnética, la cual permanecía cerrada durante todo el ciclo de inyección. Gracias a esta característica de la válvula piezoeléctrica se consigue una mejor gestión de la cantidad de combustible inyectado.

caso práctico inicial

El vehículo de Antonio posee un sistema de inyector-bomba piezoeléctrico.

De esta forma, a diferencia del inyector-bomba electromagnético, donde ligada a la inyección principal solo se puede realizar una preinyección por ser actuada a través de un sistema mecánico-hidráulico (émbolo de evasión), en el inyector-bomba piezoeléctrico se pueden realizar hasta 2 preinyecciones y 2 post-inyecciones por ciclo.

Además, las preinyecciones y postinyecciones se pueden variar tanto en el momento de inyección (grados del cigüeñal) como en el tiempo de inyección (cantidad inyectada) ya que son gobernadas electrónicamente gracias a la válvula piezoeléctrica (figura 9.38).

El volumen de combustible a alta presión se ha optimizado debido a que se han eliminado tanto el émbolo de evasión como las cámaras de alta presión situadas en la aguja del inyector y en la aguja de la válvula. El diámetro del émbolo de la bomba se ha reducido lo que conlleva a menores fuerzas de accionamiento.

Este inyector tiene un margen de utilización de las presiones de inyección más amplio, situándose ahora entre 130 y 2.200 bares aproximadamente (figura 9.39).

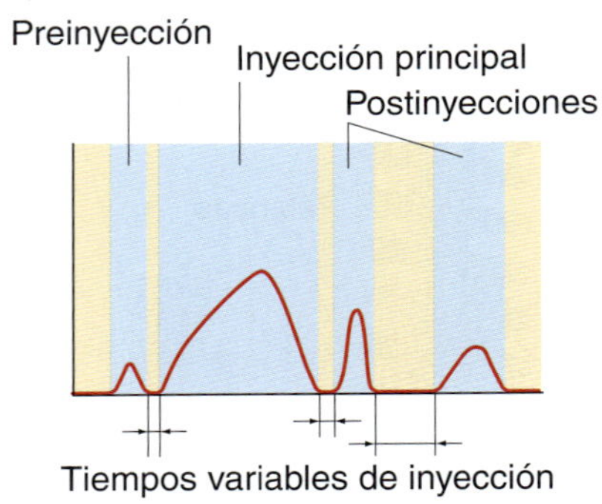

↑ **Figura 9.38.** Gestión de las fases de inyección.

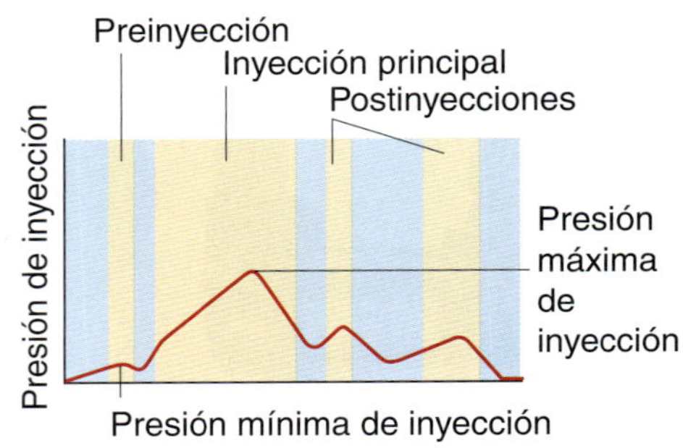

↑ **Figura 9.39.** Presión de inyección.

El comienzo de la preinyección se efectúa a más baja presión con lo cual conseguimos un calentamiento más paulatino de la cámara de combustión y en consecuencia unas condiciones más óptimas para la inyección principal.

Por otro lado, con el aumento de la presión máxima de inyecciones se obtiene una mejor combustión a alto régimen.

El resultado de este nuevo inyector-bomba es una mejora en la formación de la mezcla, mayor rendimiento del motor y una reducción de las emisiones sonoras.

A continuación realizamos un estudio pormenorizado del inyector-piezoeléctrico y para ello lo dividimos en varias secciones.

La válvula piezoeléctrica. Fundamentos básicos de la piezoelectricidad

Esta válvula está compuesta por el actuador piezoeléctrico y por las palancas de transmisión.

El funcionamiento del actuador piezoeléctrico está basado, como su propio nombre indica, en el efecto piezoeléctrico. Y la **piezoelectricidad,** como sabemos desde que explicamos el sensor de picado del motor, es la propiedad que tienen ciertos materiales de producir un voltaje cuando son sometidos a tensión mecánica.

En los materiales cerámicos, este efecto es reversible y a este fenómeno se le denomina **efecto piezoeléctrico inverso,** es decir, si se le aplica un voltaje externo, estos experimentan una deformación (variación de longitud). Este fenómeno se manifiesta en una estructura cristalina (figura 9.40).

Para aplicar el principio piezoeléctrico a un elemento actuador, este debe trabajar como piezoeléctrico inverso, variando la longitud de su estructura cristalina cuando se le aplica un voltaje.

La variación de longitud que experimenta un elemento piezoeléctrico es proporcional a la tensión aplicada. La tensión de control para el actuador piezoeléctrico se encuentra entre 100 y 200 V (figura 9.41).

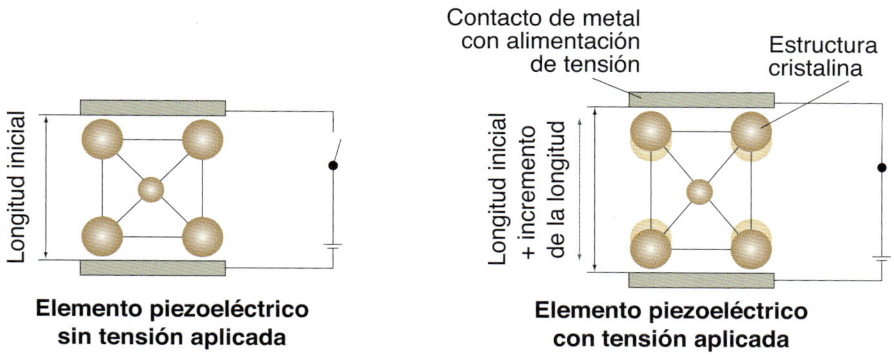

↑ **Figura 9.40.** Efecto piezoeléctrico inverso.

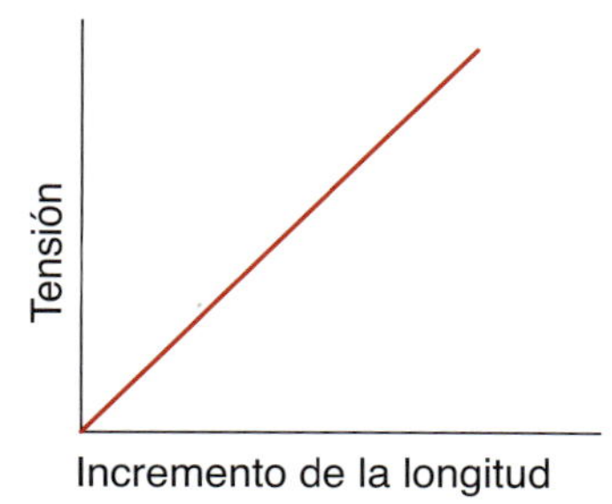

↑ **Figura 9.41.** Variación de la longitud de un elemento piezoeléctrico.

Nos acercamos un poco más al funcionamiento del actuador piezoeléctrico a través de la figura 9.42:

El actuador está formado por un paquete piezoeléctrico y por una placa de presión situada en uno de los extremos. A su vez, el paquete piezoeléctrico está constituido por una batería de elementos piezoeléctricos y por unas placas de metal intercaladas en la batería de dichos elementos a través de las cuales se aplica tensión.

El espesor de cada uno de los elementos piezoeléctricos es 0,08 mm cuya variación de longitud al aplicarle tensión es de sólo un 0,15%; de ahí la justificación de la batería de elementos ya que se necesita una variación de longitud de aproximadamente 0,04 mm.

Otro de los elementos de la válvula piezoeléctrica son las palancas de transmisión que amplían el desplazamiento originado por el actuador piezoeléctrico.

Para que la aguja de la válvula deje libre el paso a la alimentación de combustible hacia el conducto donde se creará la alta presión, necesita una carrera de conmutación de aproximadamente 0,1 mm. Evidentemente, esa longitud será también la que hay que cubrir para el cierre de la aguja sobre su asiento.

Como sabemos, el actuador realiza una variación de longitud de 0,04 mm cuando se le aplica tensión. De ahí la necesidad de implantar un mecanismo entre el actuador y la aguja de la válvula para compensar la diferencia de longitud.

La combinación de dos palancas que se encuentran en contacto entre sí con puntos de apoyo descentrados y opuestos realiza esa ampliación requerida del recorrido del actuador.

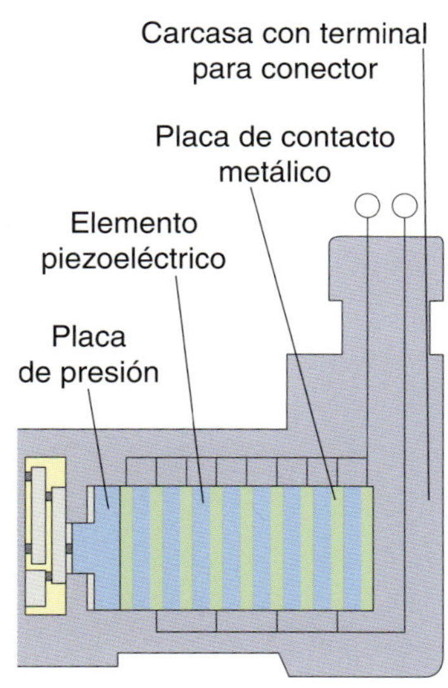

↑ **Figura 9.42.** Actuador piezoeléctrico.

La sección A de la figura 9.43 nos muestra el principio de transmisión por palancas con apoyo descentrado, la sección B nos indica la posición de las palancas cuando la aguja de la válvula está abierta y en la sección C apreciamos la situación de las palancas cuando se cierra la aguja.

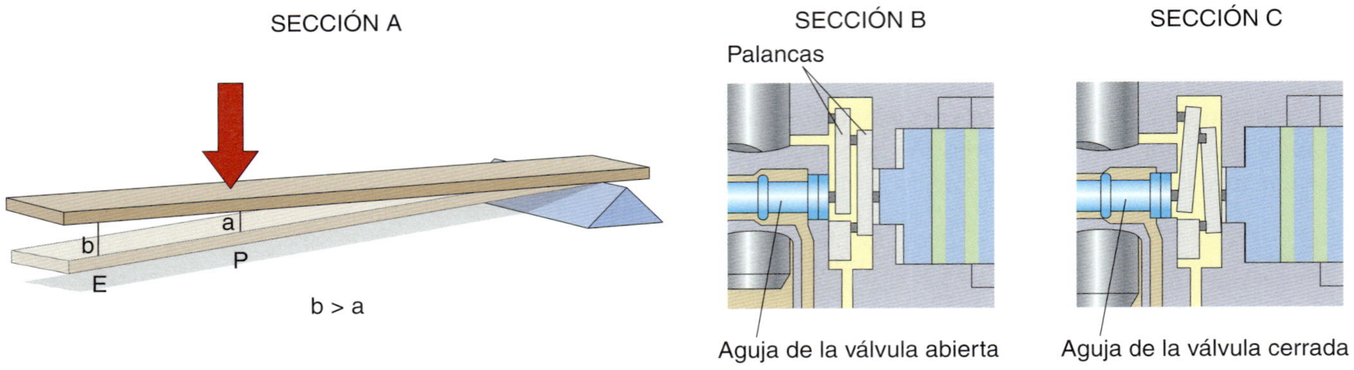

↑ **Figura 9.43.** Palancas de transmisión.

Apreciamos que cuando el actuador piezoeléctrico no recibe tensión de alimentación, la transmisión se encuentra en reposo. En esta posición, la aguja de la válvula está abierta por la fuerza del muelle. Mientras que si el actuador piezoeléctrico está activado, la placa de presión oprime la primera palanca y ésta a su vez la segunda, convirtiendo un desplazamiento inicial de 0,04 mm en 0,1 mm como se comentó anteriormente. En esta situación, la aguja de la válvula está cerrada, separando la zona de alta y baja presión de combustible.

Cámara del muelle del inyector (figura 9.44)

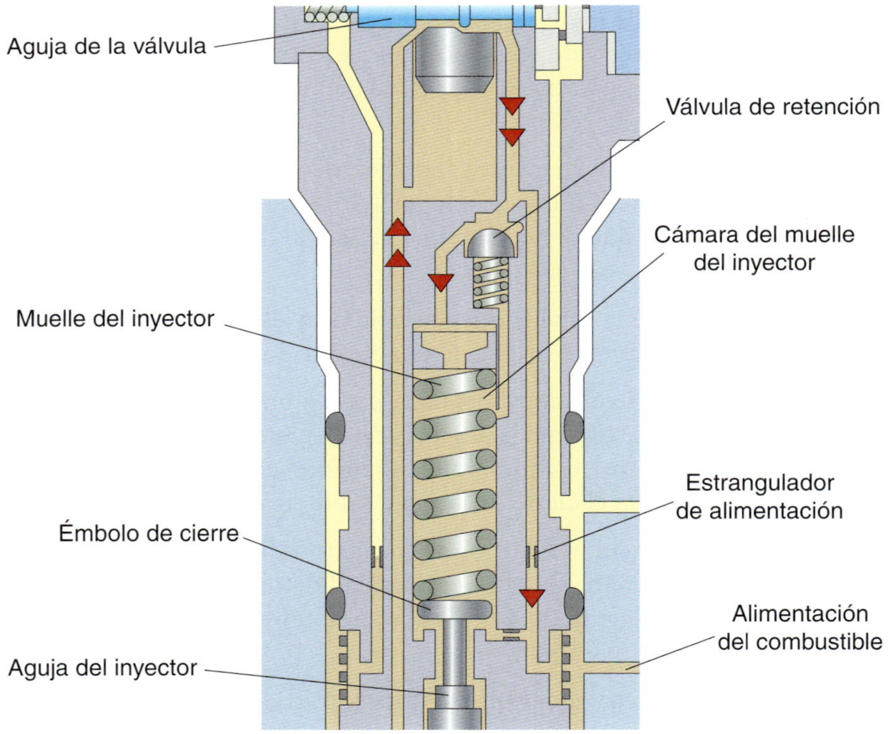

↑ **Figura 9.44.** Cámara del muelle del inyector.

Esta cámara ha sido rediseñada. Se ha modificado el émbolo de cierre de la parte inferior de la cámara y se ha eliminado, como sabemos, el émbolo de evasión.

En la cámara se aloja el muelle que tiene la misión de cerrar la aguja del inyector y la de impedir que dicha aguja abra antes de tiempo al comienzo de cada fase de inyección.

Las presiones que se ejercen sobre la aguja del inyector son diferentes dependiendo de si se trata de una preinyección o una inyección principal, ya que a la fuerza ejercida por el muelle sobre la aguja, hay que sumar la presión producida por el combustible dentro de la cámara.

La presión en el interior de la cámara es controlada por una válvula de retención situada en la entrada de dicha cámara; mientras que la despresurización se efectúa a través del émbolo de cierre tal y como explicaremos en su momento.

Cierre y apertura de la aguja del inyector. Despresurización de la cámara

Con la válvula de retención cerrada, la alta presión del combustible que se encuentra en la cámara del muelle oprime el émbolo de cierre, ayudando así al muelle de la aguja a realizar un cierre rápido (figura 9.45). Esta rapidez en el cierre reduce las emisiones contaminantes y sustituye la función del émbolo de evasión de los inyectores-bomba electromagnéticos.

La apertura de la aguja solo se efectuará cuando la presión generada por el émbolo de la bomba en la parte inferior de dicha aguja, sea mayor que la presión en el interior de la cámara (figura 9.46).

Por lo que respecta a la despresurización de la cámara del muelle del inyector, decir que esta se produce después de cada ciclo de inyección y lo hace a través de una ranura de fuga en el émbolo de cierre (figura 9.47). La rebaja de presión en la cámara se realiza para que la fase de preinyección del siguiente ciclo de inyección se pueda ejecutar con combustible a baja presión (aproximadamente, como comentamos, a partir de 130 bares).

saber más

Ciclo de inyección

Recordemos que un ciclo de inyección comprende la preinyección, inyección principal y la postinyección (esta última, si el sistema dispone de filtro de partículas).

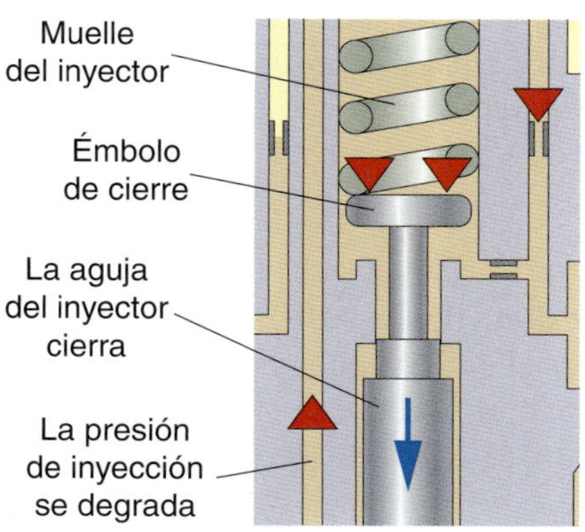

↑ **Figura 9.45.** Cierre de la aguja del inyector.

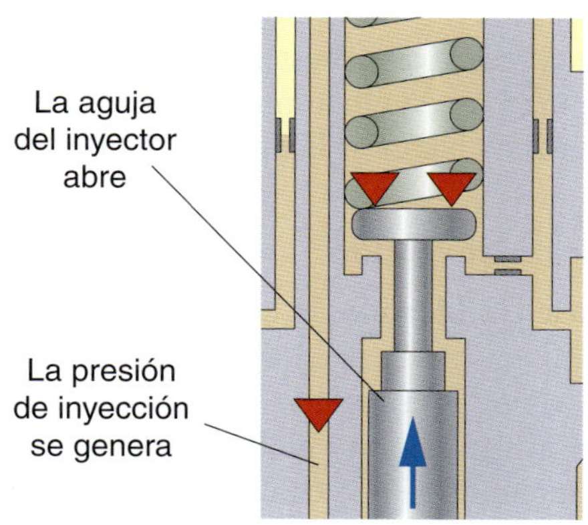

↑ **Figura 9.46.** Apertura de la aguja del inyector.

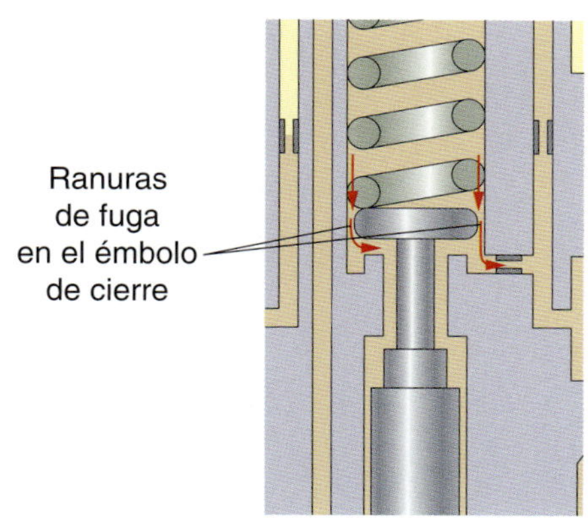

↑ **Figura 9.47.** Despresurización de la cámara del muelle del inyector.

Funcionamiento detallado de la válvula de retención

Nos apoyamos en la figura 9.48. Cuando finaliza cada una de las fases de inyección, la cámara del muelle del inyector se carga con combustible a alta presión, que pasa a través de la válvula de retención.

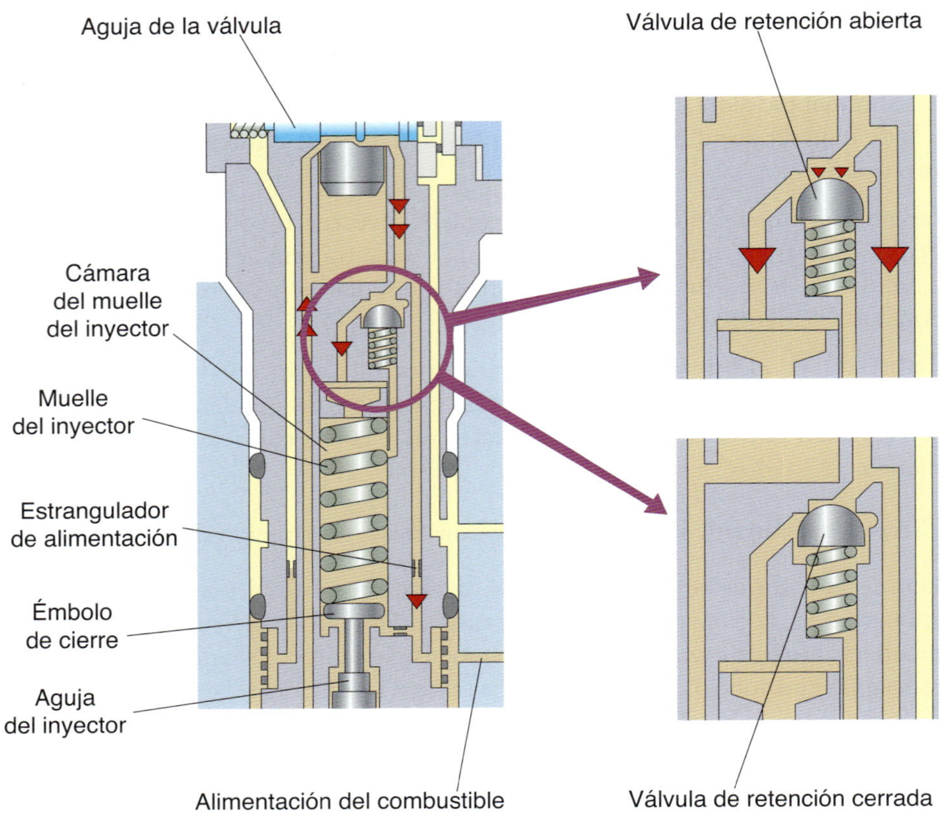

↑ **Figura 9.48.** Válvula de retención.

A través de un estrangulador, situado en la zona de alimentación, el combustible a alta presión se degrada. La disminución de presión en la parte superior de la válvula de retención hace que esta se cierre, manteniendo momentáneamente la presión en la cámara del muelle.

La alta presión acumulada en la cámara del muelle del inyector ayuda por una parte a que haya un cierre más rápido de la aguja tras las fases de inyección y por otra a crear la alta presión para la inyección principal y la postinyección, debido al refuerzo prestado al muelle de la aguja del inyector para que ésta continúe cerrada hasta alcanzar la presión de inyección.

Ciclos de inyección

- **Fase A: Llenado de la cámara de alta presión (figura 9.49).** El llenado de la cámara de alta presión se produce mientras el émbolo de la bomba asciende y la válvula piezoeléctrica no se encuentra excitada. En esta situación la aguja de la válvula está abierta y permite el paso de combustible desde la zona de alimentación a la cámara de alta presión.
- **Fase B: Comienzo de la preinyección (figura 9.50).** El balancín de rodillo oprime al émbolo en sentido descendente debido a la acción de la leva.

  El combustible que está en la cámara de alta presión se desplaza hacia la zona de alimentación hasta que la válvula piezoeléctrica es excitada, momento en el que la aguja de la válvula es comprimida contra su asiento y todo el combustible de la cámara es conducido hacia la parte inferior de la aguja del inyector.

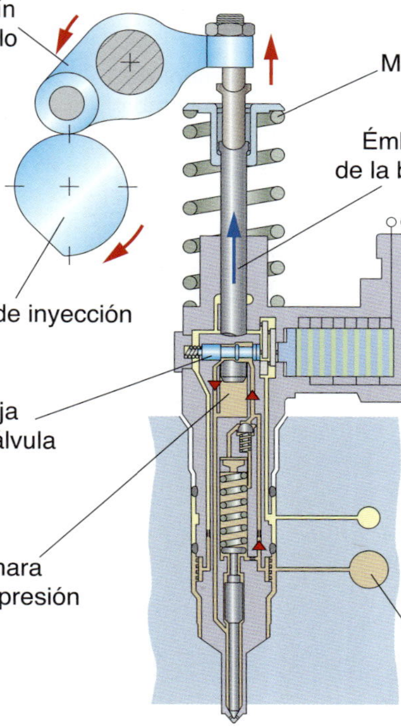

↑ **Figura 9.49.** Llenado de la cámara de alta presión.

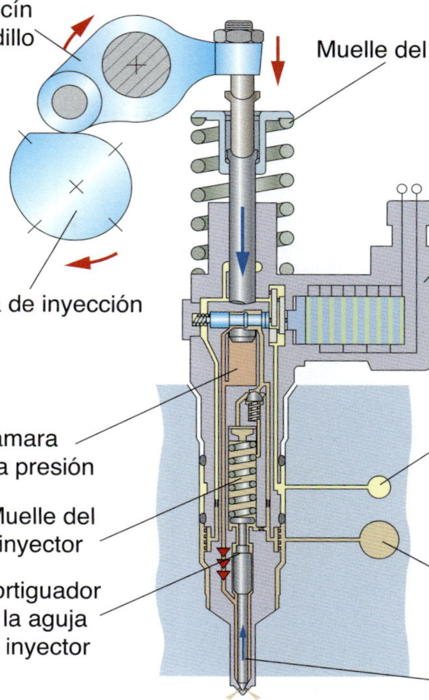

↑ **Figura 9.50.** Comienzo de la preinyección.

La presión del combustible sobre la aguja del inyector va aumentando debido a que el émbolo de la bomba continúa su movimiento descendente. En el instante que la presión (aproximadamente 130 bares) venza la fuerza que opone el muelle de la cámara, la aguja del inyector subirá y comienza la preinyección. La carrera de la aguja queda limitada durante la preinyección mediante el colchón hidráulico, cuyo funcionamiento es idéntico a como lo hace en el inyector-bomba electromagnético. Esta limitación en la carrera de la aguja permite realizar la dosificación correcta de combustible para la fase de preinyección.

- **Fase C: Final de la preinyección (figura 9.51).** La preinyección finaliza cuando la válvula piezoeléctrica deja de ser excitada y la aguja de la válvula se separa de su asiento. En ese momento la aguja del inyector se cierra debido a que la alta presión de combustible se degrada.

  En su recorrido hacia la zona de alimentación, el combustible a alta presión es retenido por un estrangulador de alimentación, por lo que parte del combustible, como es sabido, entra en la cámara del muelle a través de la válvula de retención a realizar la función que comentamos en su momento.

  La UEC puede generar una o dos preinyecciones en cada ciclo en función de la demanda energética requerida al motor.

- **Fase D: Comienzo de la inyección principal (figura 9.52).** El émbolo de la bomba sigue su desplazamiento descendente y la válvula piezoeléctrica vuelve a ser excitada cerrando su aguja lo cual acarrea nuevamente una generación de alta presión.

  Ahora la presión del combustible necesaria para que la aguja del inyector se separe de su asiento es superior a la presión de preinyección, debido a que en el interior de la cámara del muelle hay combustible a alta presión.

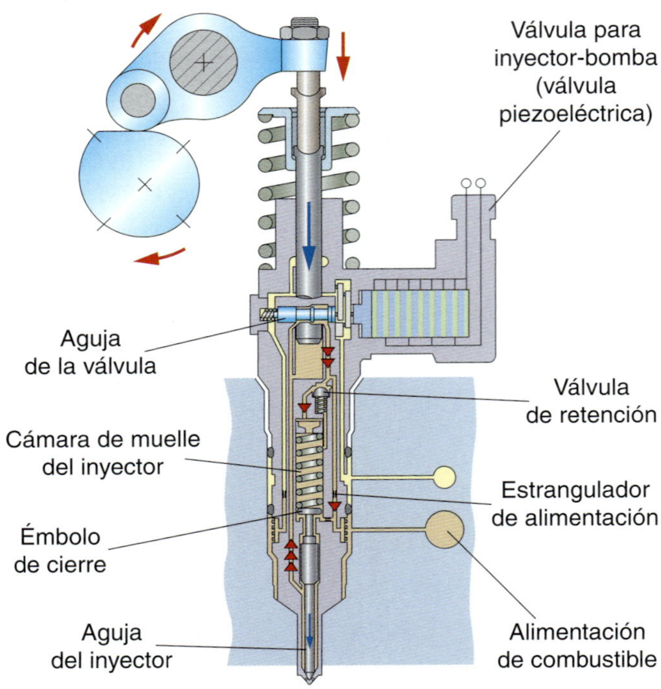

↑ **Figura 9.51.** Final de la preinyección.

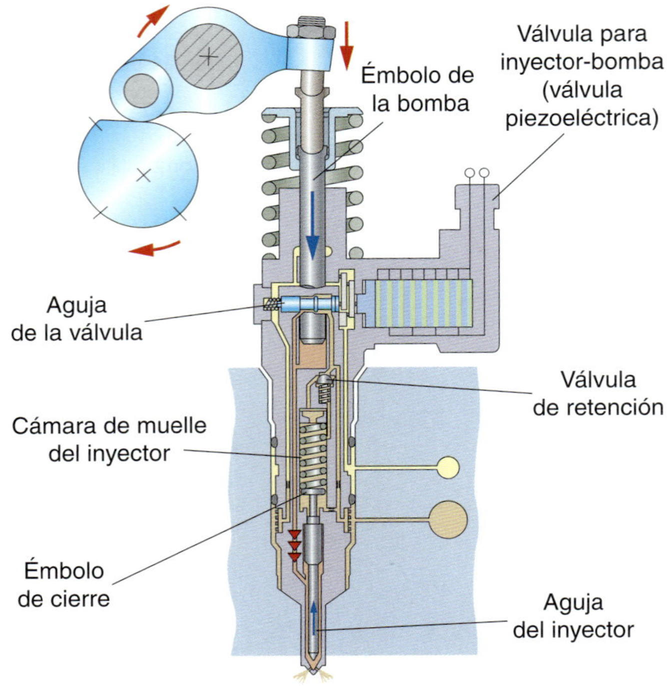

↑ **Figura 9.52.** Comienzo de la inyección principal.

La presión del combustible aumenta hasta levantar la aguja del inyector de su asiento y comienza la inyección principal.

El volumen de combustible expulsado por los orificios del inyector es mucho menor que el volumen impulsado desde la cámara de alta presión, lo cual permite presiones de inyección de hasta aproximadamente 2.200 bares en momentos donde el motor se encuentre entregando la máxima potencia.

- **Fase E: Fin de la inyección principal (figura 9.53).** La inyección principal finaliza cuando la válvula piezoeléctrica deja de ser excitada y su aguja abre el paso de combustible de la cámara de alta presión hacia el conducto de alimentación de forma que, al igual que pasaba con el final de la preinyección, entra combustible de alta presión a la cámara del muelle, ayudando a que la aguja del inyector se cierre más rápidamente.

  El retorno de combustible se hace de la misma forma que en el inyector-bomba electromagnético y asumiendo las mismas funciones.

- **Fase F: Comienzo de la postinyección (figura 9.54).** El émbolo de la bomba sigue bajando y esta fase comienza cuando la aguja de la electroválvula se cierra debido a la excitación de la válvula piezoeléctrica.

  La postinyección se efectúa de la misma forma que la inyección principal, con la diferencia de que la fase de postinyección tiene una duración menor.

  En un ciclo de inyección se pueden realizar hasta dos postinyecciones.

  Nota: Los ciclos de postinyección se realizan únicamente si es necesario regenerar el filtro de partículas, haciendo que se incremente la temperatura de los gases de escape a la salida de los cilindros. En los inyectores-bomba con válvula electromagnética montados en motores con filtro de partículas, la postinyección se realiza gracias a la modificación del perfil de la leva de inyección.

saber más

Nota

En el apartado 2 de esta unidad hablaremos del filtro de partículas.

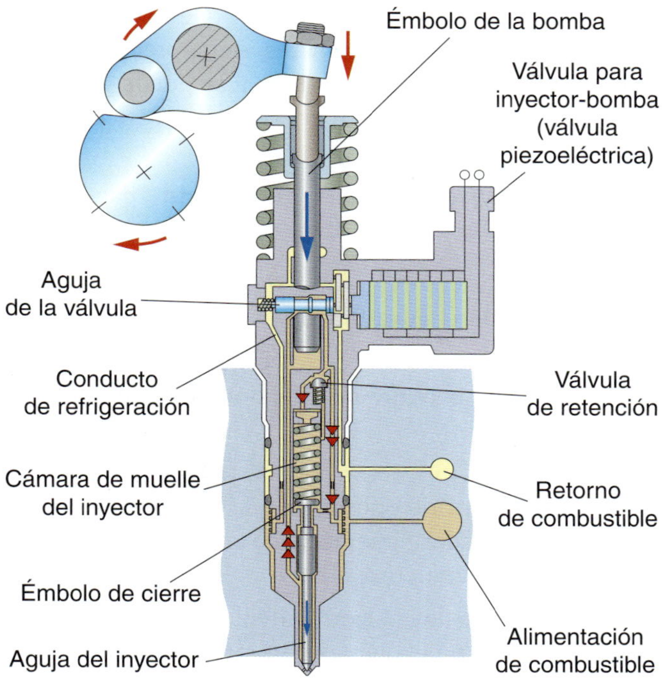

↑ **Figura 9.53.** Final de la inyección principal.

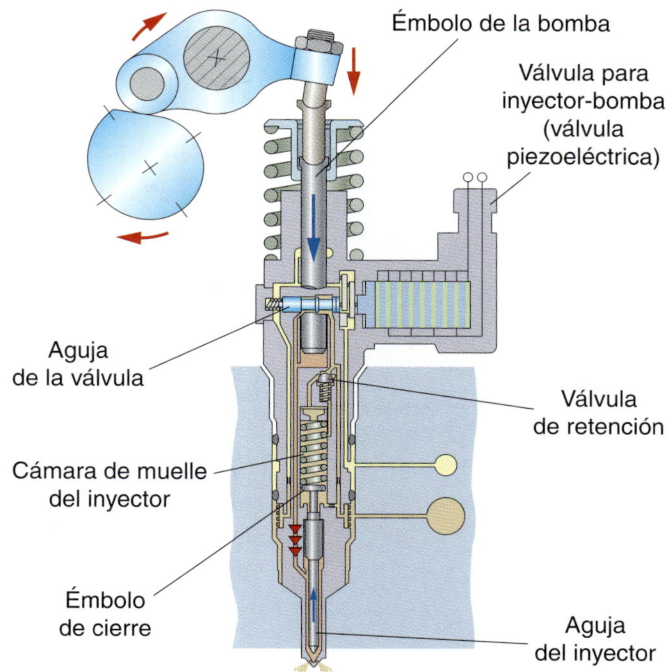

↑ **Figura 9.54.** Comienzo de la postinyección.

- **Fase G: Final de la postinyección (figura 9.55).** La postinyección finaliza con la apertura de la aguja de la válvula. La aguja del inyector se cierra debido a que la alta presión del combustible se degrada.

  El combustible a alta presión vuelve a entrar en la cámara del muelle del inyector favoreciendo el cierre de la aguja del inyector a la vez que opone mayor resistencia a su apertura en la siguiente inyección.

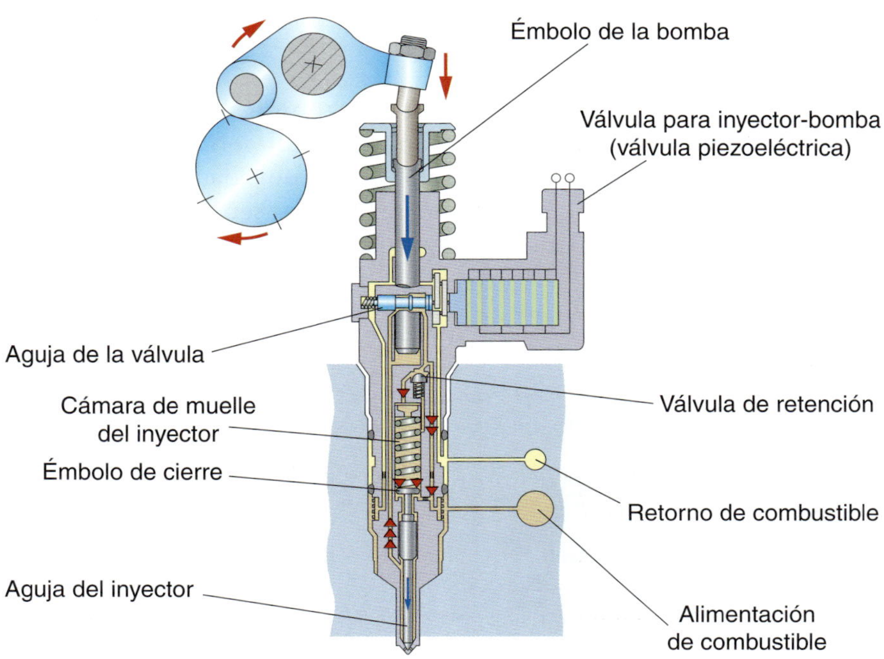

↑ **Figura 9.55.** Final de la postinyección.

saber más

Circuito de baja presión, sensores y actuadores

El circuito de baja presión, los sensores y actuadores en un sistema inyector-bomba piezoeléctrico no presentan diferencias con respecto al sistema inyector-bomba electromagnético.

caso **práctico** inicial

Cuando conectan el equipo de diagnosis al vehículo de Antonio se encuentran con un fallo en el inyector número 2.

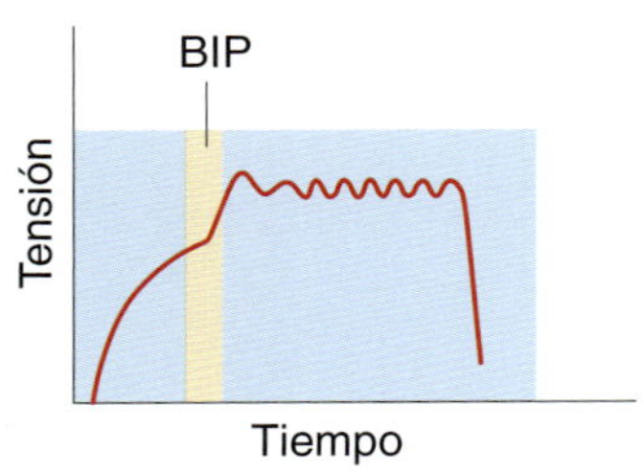

↑ **Figura 9.56.** Control del comienzo de la inyección.

Como la siguiente fase es una preinyección y en ella hay que inyectar combustible a una presión de aproximadamente 130 bares, se ha practicado una ranura de fuga en el émbolo de cierre a través de la cual se puede despresurizar, como se comentó en su momento, la cámara del muelle entre ciclos de inyección.

El tiempo que transcurre entre ciclos de inyección es suficiente para que se vacíe la cámara del muelle del inyector a través de las ranuras de fuga del émbolo de cierre.

Vigilancia del comienzo de la inyección (figura 9.56)

La UEC de gestión del motor vigila el momento exacto en que se cierra la aguja de la electroválvula, teniendo en cuenta el punto de inflexión que se produce en la tensión de alimentación.

Cuando asienta la aguja en el cuerpo del inyector-bomba, transmite en la válvula piezoeléctrica un movimiento de sentido opuesto al que efectúa el actuador piezoeléctrico. Esta alteración en el actuador piezoeléctrico se muestra como una inflexión en la curva de tensión (reconocimiento BIP).

Para verificar el correcto funcionamiento de la electroválvula, la unidad de control tiene memorizado el sector temporal en el que se espera tiene que aparecer el BIP. Funcionando correctamente la electroválvula, el BIP estará dentro de estos límites. Si el BIP aparece fuera de estos límites, se considera que la electroválvula funciona de forma anómala, en cuyo caso se registrará una avería en la memoria de la unidad. La UEC podrá dejar de excitar el inyector-bomba afectado en función de la gravedad de la avería.

La presencia de aire en el circuito de alimentación hace que el BIP aparezca primero, por presentar el aire un menor rozamiento y oposición al desplazamiento de la válvula que el combustible. El agarrotamiento o ensuciamiento de la válvula haría que el BIP también quedara fuera del límite de regulación, pero esta vez del superior.

1.3. EDC con bomba rotativa VR

saber más

Sensores en el interior de la bomba

En el interior de la bomba de inyección VR están el sensor de temperatura de combustible y el sensor del ángulo de rotación.

Como en todos los sistemas EDC, una serie de sensores externos a la bomba envían sus señales a la UEC de gestión del motor con el fin de que esta realice los ajustes necesarios en el mismo. Como novedad en este sistema, hay una UEC montada en su interior que registra las señales de los sensores de la propia bomba e interviene en los actuadores que también están en su interior (figura 9.57).

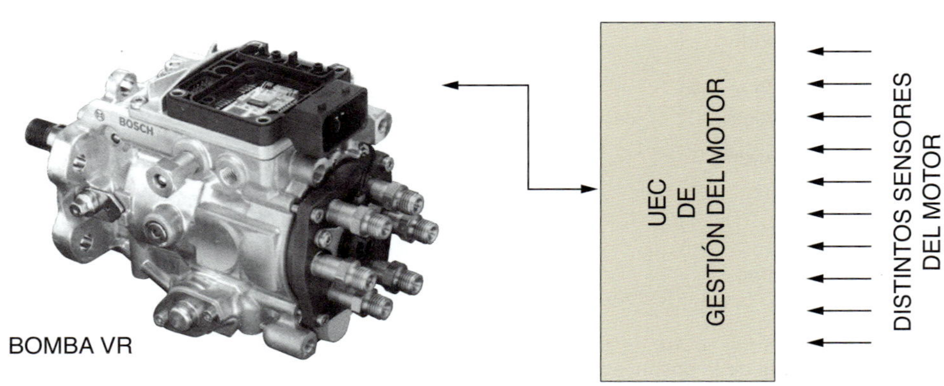

→ **Figura 9.57.** Esquema de principio de un sistema EDC con bomba rotativa VR.

El intercambio de datos entre las dos unidades electrónicas se produce a través del sistema CAN Bus, mediante el cual también es posible, como es sabido, el intercambio de datos con otros sistemas del vehículo (ABS, ordenador de a bordo, control del cambio, etc.).

Los inyectores tienen las mismas características que en el sistema EDC con bomba rotativa BOSCH VE. Las presiones de inyección alcanzadas con estas bombas pueden llegar hasta 1.600 bares aproximadamente.

Para el estudio de este sistema nos centraremos en la alimentación de combustible, tanto en baja presión como en alta (incluyendo la variación del avance). Con ello iremos entrando de lleno en el funcionamiento de la bomba.

El sistema de combustible está compuesto por las siguientes partes (figura 9.58):

- Alimentación de baja presión hacia la bomba VR.
- Las dos unidades de control.
- Alimentación de alta presión hacia el inyector.
- Retorno del combustible.
- Variación de avance. Lo incluimos en este apartado debido a que, en función de su actuación, la alimentación de alta presión hacia el inyector se realizará en un momento u otro y además porque su funcionamiento es electrohidráulico.

Antes de entrar de lleno en la explicación del sistema de combustible consideramos importante conocer alguno de los elementos internos de la bomba (figura 9.59).

saber más

La nueva generación de bombas radiales VP44 se incorporaron al mercado en 1996, siendo la primera vez que una electroválvula de alta presión controlaba el caudal inyectado.

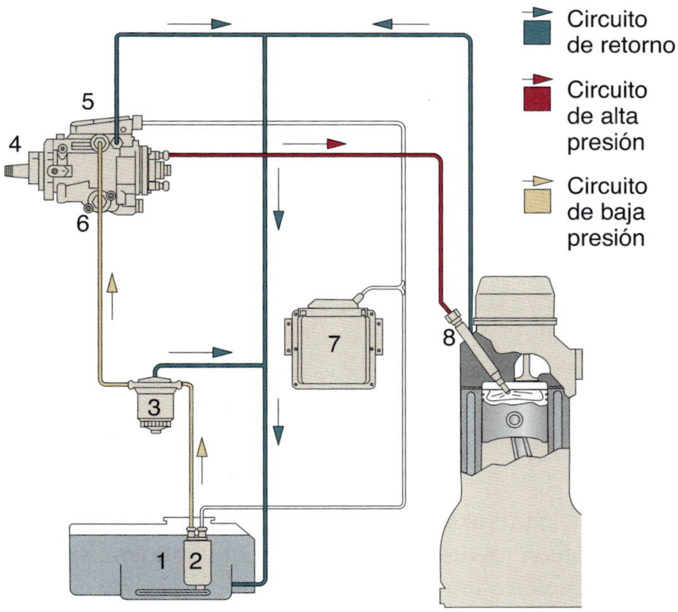

1. Depósito de combustible
2. Bomba previa
3. Filtro
4. Bomba de inyección VR
5. UEC de la bomba
6. Variador de avance
7. UEC del motor
8. Inyector

↑ **Figura 9.58.** Sistema de combustible en una instalación de inyección con bomba rotativa VR.

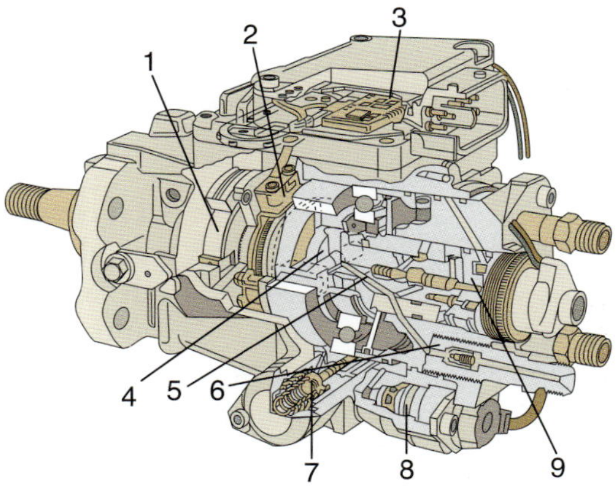

1. Bomba de alimentación de aletas con válvula reguladora de presión
2. Sensor del ángulo de rotación
3. UEC de la bomba
4. Bomba de alta presión
5. Eje distribuidor
6. Válvula de impulsión
7. Mecanismo de variador de avance
8. Electroválvula del variador de avance (válvula de impulsos)
9. Electroválvula de alta presión

↑ **Figura 9.59.** Estructura de una bomba rotativa VR.

Alimentación de baja presión

Para su explicación nos apoyamos en las figuras 9.58, 9.59 y 9.60.

La parte de baja presión comprende los elementos siguientes:

- Depósito de combustible con la opción de una bomba de alimentación previa.
- Tuberías de combustible de baja presión.
- Filtro de combustible.
- Bomba de alimentación de aletas.
- Válvula reguladora de presión.
- Válvula estranguladora de rebose.

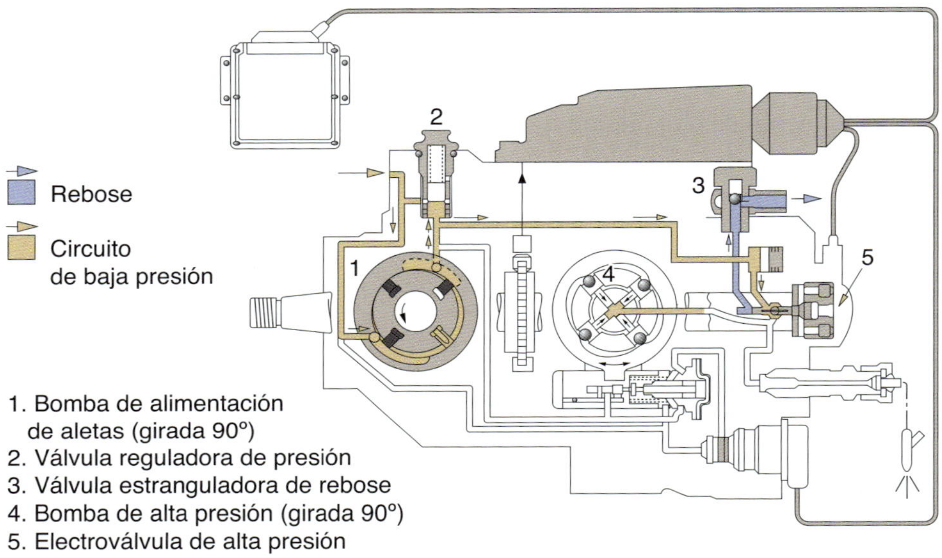

↑ **Figura 9.60.** Parte de baja presión de la bomba rotativa de inyección VR.

En cuanto a su funcionamiento, la bomba de alimentación de aletas extrae el combustible del depósito y lo transporta, debidamente filtrado, hacia el interior de la bomba radial. Este combustible abastece a los diversos grupos constructivos, entre ellos la bomba de alta presión, a través de canalizaciones internas dispuestas en el cuerpo de la bomba. El nivel de presión necesario en la bomba rotativa es más alto si lo comparamos con otras bombas. Debido a esta presión, se practica un taladro en las aletas por el centro de su cara frontal, evitando así que dicha cara esté sometida a presión en su totalidad; con ello se elude un movimiento radial de la misma.

Una válvula reguladora controla la presión de suministro de la bomba de alimentación. Cuando la presión sobrepasa un determinado valor, un émbolo dispuesto en la propia válvula deja al descubierto unos taladros radiales por los que el combustible regresa a la zona de aspiración.

Por último, indicaremos que, a través de un taladro practicado en la válvula estranguladora de rebose, el combustible retorna al depósito cuando se alcanza una presión de apertura preajustada. Por medio de otro taladro, de diámetro muy pequeño y dispuesto en la propia válvula, se facilita la purga automática de aire de la bomba.

saber más

Circuito de baja presión

No detallamos más este circuito ya que es prácticamente igual al explicado en su momento para una bomba BOSCH VE.

Unidades de control

Con la instalación de dos unidades de control se evitan sobrecalentamientos en los componentes electrónicos y se eliminan influencias de las señales perturbadoras que, debido a corrientes elevadas, se pueden producir en la bomba.

La **unidad de control de la bomba** registra la señal del sensor del ángulo de rotación así como aquellas otras que provienen de la **unidad electrónica del motor** (por ejemplo, el caudal de inyección preestablecido por esta en función de una serie de sensores externos, el número de revoluciones del cigüeñal, el inicio de inyección indicado por el sensor de aguja del inyector en algunos casos) con el fin de activar la electroválvula de alta presión y la electroválvula del variador de avance.

- Las señales de activación para ambas electroválvulas tienen las mismas características que las explicadas en el sistema EDC con inyector-bomba electromagnético, así como en el EDC con bomba rotativa VE respectivamente.

A continuación explicamos el sensor del ángulo de rotación (figura 9.61).

El sensor del ángulo de rotación (1) examina una rueda transmisora (2) de dientes finos y con unos huecos grandes repartidos uniformemente por su contorno (el número de huecos es igual al número de cilindros del motor). Dicha rueda va montada fija sobre el eje de accionamiento (3). Con la actuación del variador de avance gira el anillo de levas y con él el sensor. De este modo, la unidad de control de la bomba sabe, además de la velocidad de rotación de esta, la posición angular del anillo de levas y la situación real del variador de avance.

La señal de este sensor es transmitida a través de una lámina conductora flexible (4).

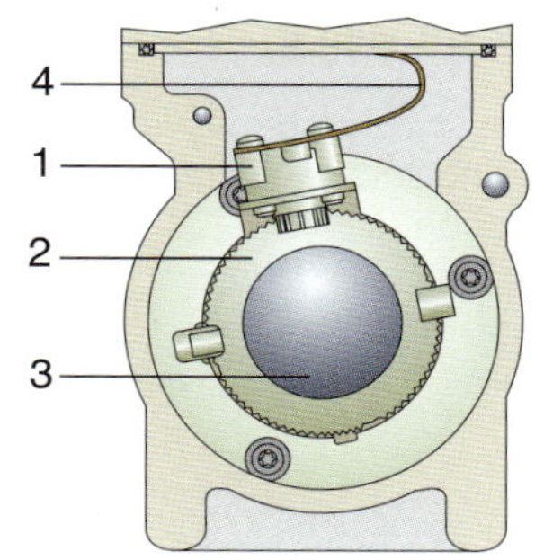

↑ **Figura 9.61.** Esquema del sensor del ángulo de rotación en un eje de accionamiento.

Alimentación de alta presión

En la parte de alta presión (figura 9.62) se genera la presión necesaria para la inyección, así como la distribución y dosificación del combustible.

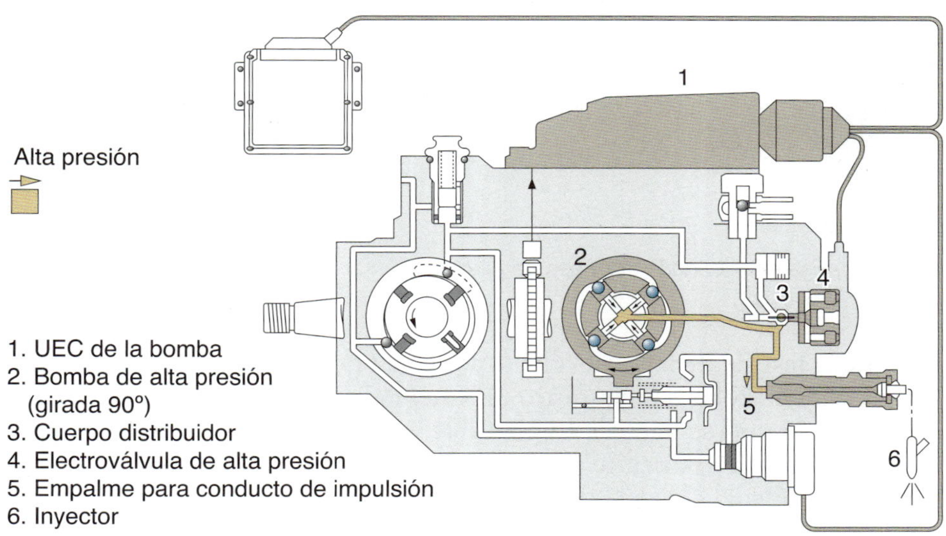

↑ **Figura 9.62.** Parte de alta presión de la bomba rotativa de inyección VR.

Este circuito está formado por los siguientes elementos:

- Bomba de alta presión de émbolos radiales.
- Cuerpo distribuidor que incluye la aguja de la electroválvula de alta presión.

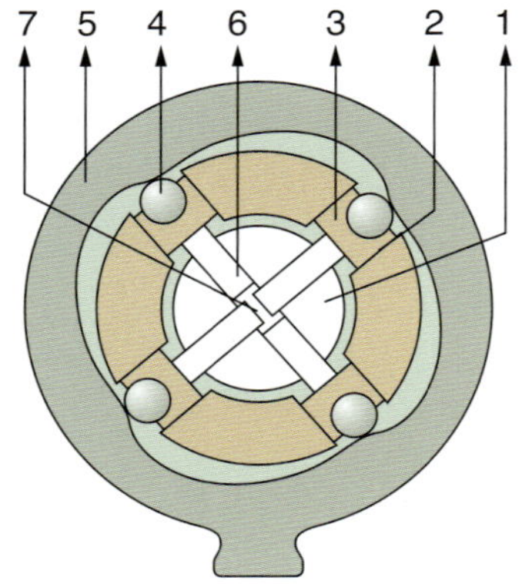

↑ **Figura 9.63.** Estructura de la bomba de alta presión.

saber más

La disposición de las levas en el disco no admite efectuar una post-inyección.

- Electroválvula de alta presión.
- Válvulas con estrangulador de retorno en las conexiones del conducto de impulsión.
- Tuberías e inyectores.

Antes de profundizar en los elementos que lo forman, cabe realizar un comentario en general del circuito. La bomba de alta está alimentada de combustible cuando la electroválvula está abierta, mientras que si está cerrada, el combustible será impulsado al inyector.

Bomba de alta presión

Esta bomba, movida por el eje de accionamiento, crea la presión necesaria para la inyección (figura 9.63).

El eje distribuidor (1) recibe movimiento de un disco de arrastre (manipulado este por el eje de accionamiento) que engrana en las ranuras-guía (2), las cuales alojan los soportes (3) de los rodillos. Estos soportes, al igual que los propios rodillos (4), recorren la parte interior del disco (5) que presenta tantas levas como cilindros tiene el motor. Los émbolos de suministro (6) son conducidos radialmente en la cabeza del eje distribuidor. Estos émbolos se comprimen, y con ellos el volumen de combustible de alta presión (7), cuando los rodillos chocan con las levas. Según el caso de aplicación, así será el número de émbolos.

Cuerpo distribuidor

En el cuerpo distribuidor se canaliza el combustible a alta presión a cada uno de los conductos que comunican con el inyector (figura 9.64).

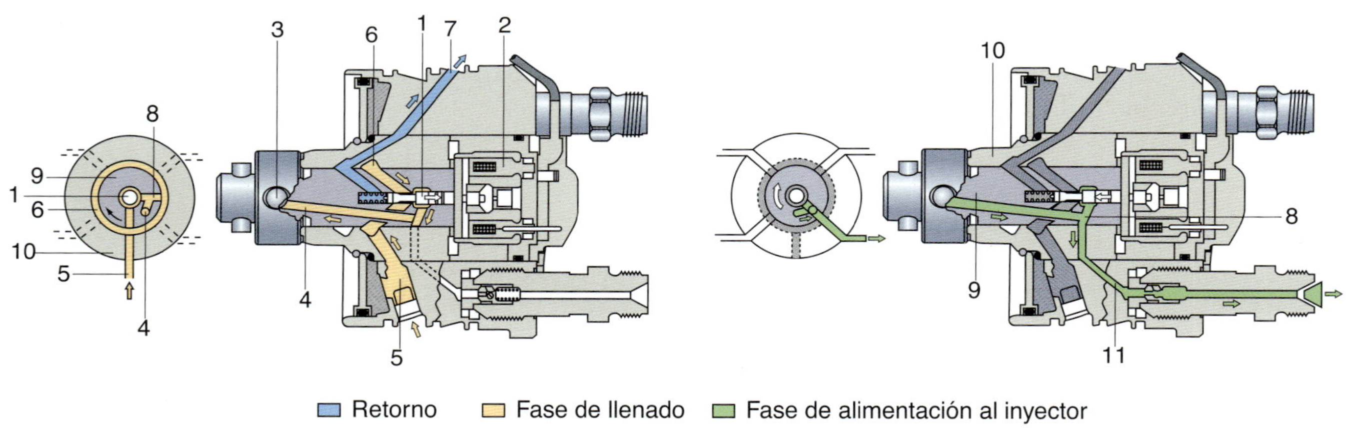

↑ **Figura 9.64.** Cuerpo distribuidor.

Durante la **fase de llenado,** la válvula de aguja (1) de la electroválvula (2) está abierta y los émbolos de suministro (3) orientados hacia fuera. Así el volumen de alta presión (4) se llena de combustible, ya que este, procedente de la bomba de alimentación, discurre por el canal de entrada (5), el canal anular (6) y la propia válvula de aguja. El combustible sobrante sale por el conducto de retorno (7).

Durante la **fase de alimentación hacia el inyector,** la válvula de aguja está cerrada, la electroválvula recibe un impulso por parte de la unidad de control de la bomba y los émbolos de suministro son presionados hacia dentro. Así el combustible que está en el volumen de alta presión resulta comprimido. Este combustible sale a alta presión hacia el inyector a través de la ranura de distribución (8).

Debido al giro del eje distribuidor (9) en el casquillo de control (10), esta salida de combustible coincide con la salida de alta presión (11).

Se puede apreciar que la dosificación de combustible queda determinada por la duración del cierre de la aguja de la electroválvula.

Para parar el motor, la electroválvula permanece abierta y corta de este modo la alimentación de alta presión. Por este motivo, no hay válvula de parada como en el caso de otras bombas.

Válvula con estrangulador de retorno

Esta válvula (figura 9.65) va integrada en la conexión de la tubería de alta presión. Su función es amortiguar las ondas de presión que se producen cuando cierra el inyector, evitando así que haya postinyecciones, muy perjudiciales por la contaminación que acarrean.

Cuando hay alimentación en alta presión, el cono de válvula (1) se levanta, por lo que el combustible sale hacia el inyector a través de la conexión (2). En cambio, cuando cesa la alimentación, el muelle (3) presiona al cono contra el asiento (4). Las ondas de presión se eliminan a través del estrangulador (5).

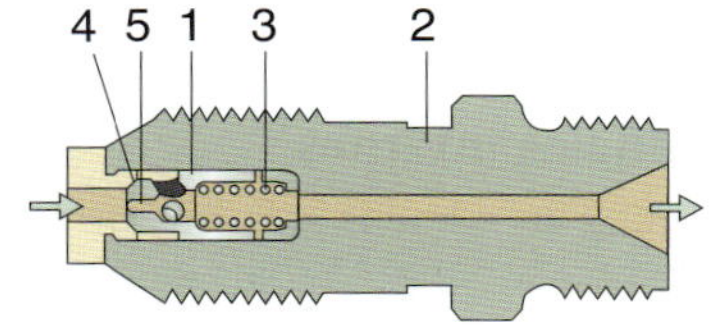

↑ **Figura 9.65.** Válvula con estrangulador de retorno.

Tuberías e inyectores

Ambos elementos fueron comentados en su momento (las tuberías en la unidad 7 y los inyectores en la introducción de este sistema).

Retorno del combustible

En la figura 9.58 se aprecian los distintos conductos de rebose establecidos en la bomba, filtro e inyector.

Variación del avance

La variación de avance (figura 9.66) está compuesta por el sensor del ángulo de rotación (1), que informa de la posición del variador de avance (2) a la unidad de control de la bomba (3), la UEC del motor (4), la electroválvula del variador de avance (5), la bomba de alimentación de aletas (6), el anillo de levas (7) y la electroválvula de alta presión (8).

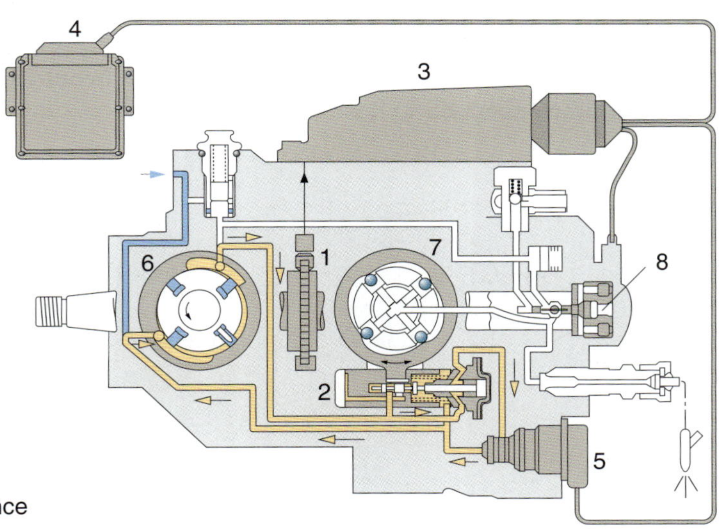

↑ **Figura 9.66.** Variación del avance en la bomba rotativa de inyección VR.

saber más

Elementos girados 90º

En la figura 9.66 el variador de avance, la bomba de alimentación de aletas y el anillo de levas se encuentran girados 90º.

saber más

El sistema conoce la posición del variador de avance, mediante la comparación de la señal del sensor de revoluciones del cigüeñal y la del sensor de ángulo de giro de la bomba.

saber más

Señales internas

Todas las señales internas de la bomba son inaccesibles desde el exterior.

saber más

Bomba de émbolo axial

Existe otra versión de bomba rotativa de alta presión, con la diferencia de que incorpora, en vez de émbolos radiales, un émbolo de bombeo axial (figura 9.68).

Veamos su funcionamiento detallado a través de la figura 9.67:

La presión del combustible generada por la bomba de alimentación de aletas (1) actúa sobre el recinto anular del tope hidráulico (2) a través del estrangulador (3) y, si la electroválvula (4) está cerrada, desplaza hacia la derecha al émbolo de control (5) comprimiendo al muelle (6). Esto supone otro movimiento, en el mismo sentido, de la corredera (7), con lo cual el canal (8) comunica con la parte de atrás del émbolo del variador de avance (9). Así, este émbolo lleva al anillo de levas (10) a la posición de avance mediante el perno esférico (11).

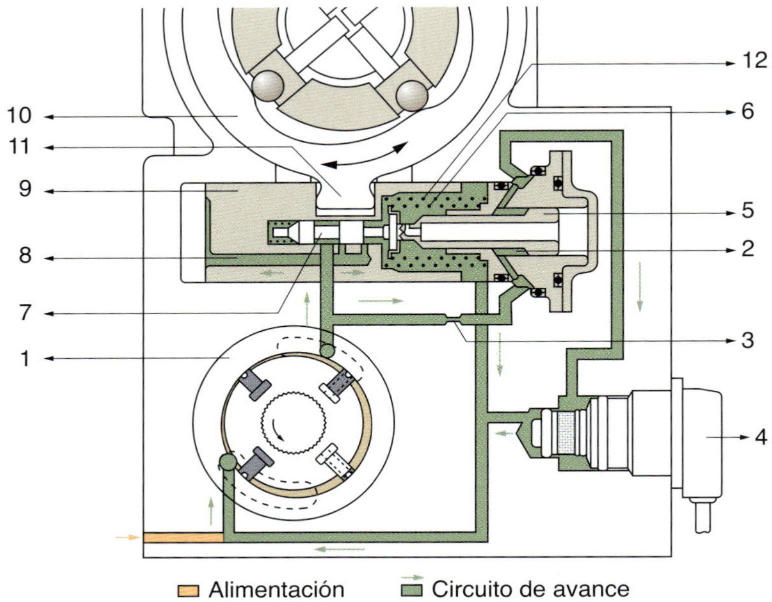

↑ **Figura 9.67.** Representación esquemática del variador de avance con la electroválvula.

Si la electroválvula se abre, debido a los impulsos de la unidad de control de la bomba, la presión en el recinto (2) disminuye por lo que el émbolo de control va recuperando su posición inicial gracias al muelle (6). El émbolo del variador de avance se mantiene parado hasta que la corredera deja escapar el combustible que hay situado detrás del mismo. En ese instante, dicho émbolo se mueve en sentido de retraso, y con él el anillo de levas, por medio del muelle de reposición (12).

Como se puede apreciar, el avance depende del tiempo de cierre de la electroválvula. Cuanto mayor sea este, mayor será el avance, mientras que si el tiempo de cierre disminuye también lo hace el avance.

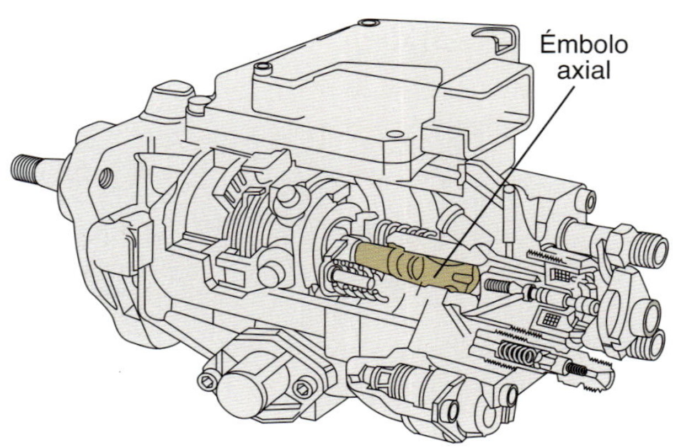

↑ **Figura 9.68.** Bomba rotativa VP (de émbolo axial).

2. Medidas anticontaminación

2.1. Contaminantes

Empezaremos por ver unos gráficos sectoriales donde podemos apreciar una comparación de las emisiones de un motor diésel y de uno de gasolina catalizado (figura 9.69). Si comparamos solamente las emisiones contaminantes tenemos el gráfico de barras de la figura 9.70.

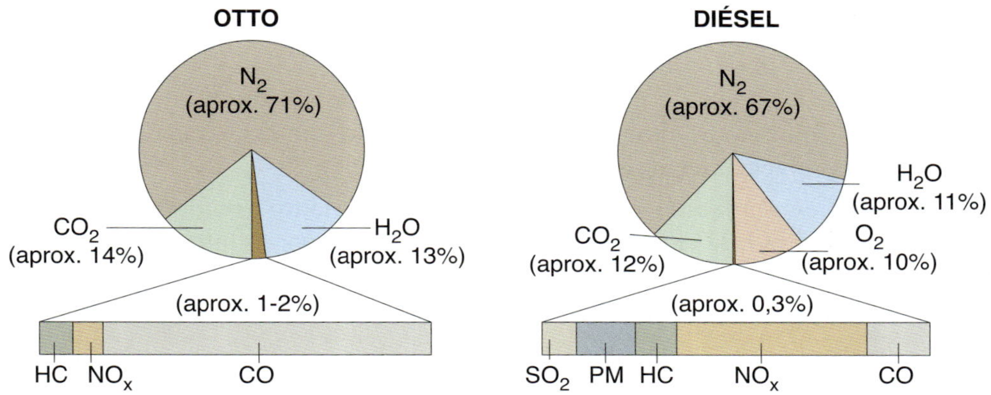

↑ **Figura 9.69.** Comparación de las emisiones entre un motor diésel y uno de gasolina catalizado.

En los motores diésel se utilizan catalizadores de oxidación para mermar la máxima cantidad posible de CO y HC. Estos catalizadores no reducen los NO_x, ya que las temperaturas de los gases de escape son demasiado bajas como para transformarlos mediante un catalizador de reducción. Por tanto, los NO_x tienen que evitarse optimizando los procesos de combustión e incorporando al motor una válvula EGR.

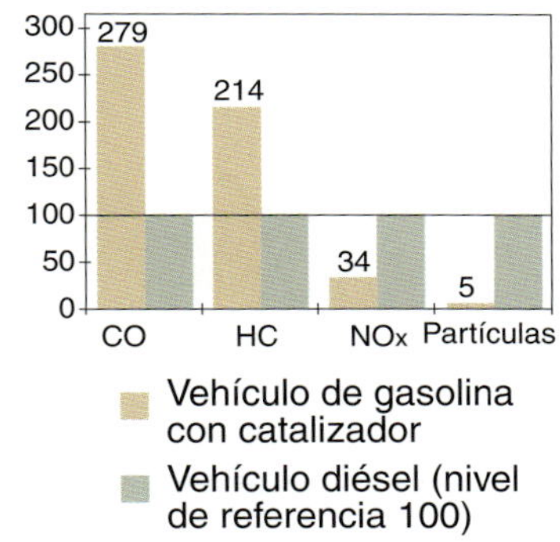

↑ **Figura 9.70.** Comparación de las emisiones contaminantes de un motor diésel y de uno de gasolina catalizado.

El problema radica en la cantidad de partículas emitidas por estos motores en comparación a los de gasolina debido al proceso de combustión y al contenido de azufre en el gasóleo. Las partículas tienen forma esferoidal (figura 9.71) de un diámetro aproximado de 0,05 µm. La generación de las partículas de hollín en el motor diésel depende de los diferentes factores que intervienen en la combustión, tales como la alimentación del aire, la inyección y la propagación de la llama. La calidad de la combustión depende del modo en que se lleve a cabo la mezcla del aire con el combustible. La mezcla puede resultar muy rica en ciertas zonas de la cámara de combustión, por no haber suficiente oxígeno disponible. En este caso la combustión se mantiene incompleta y se producen partículas de hollín. La masa y la cantidad de partículas dependen, por tanto, de la calidad que tenga la combustión en el motor.

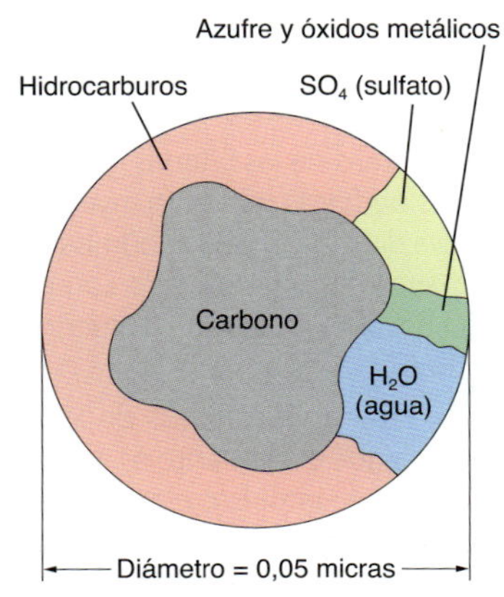

↑ **Figura 9.71.** Tamaño y composición de la carbonilla.

A continuación, vamos a diferenciar los distintos componentes que están presentes en las partículas expulsadas por el motor:

- **Fracción sólida:** se compone casi en toda su totalidad de partículas de carbón.
- **Sulfatos:** proceden de los combustibles que tienen pequeñísimas cantidades de azufre y resulta muy difícil de eliminar totalmente por parte de las compañías petrolíferas. Cabe destacar que los sulfatos no son emitidos directamente por el motor sino que se forman a la salida del mismo debido a la presencia del azufre mencionado anteriormente.
- **Fracción orgánica soluble:** formada por una gran variedad de hidrocarburos del combustible y por subproductos procedentes de la combustión.

El catalizador, además de actuar sobre el CO y los HC, debe disminuir las emisiones de la fracción orgánica soluble, ya que la sólida, al estar compuesta principalmente de partículas de carbón, es difícil de disminuir con el catalizador debido a que la baja temperatura de trabajo del mismo no permite su oxidación. Dentro de la fracción orgánica soluble son de elevado interés los óxidos de azufre (SO_2 y SO_3). Estos compuestos se forman durante la combustión debido a que en el combustible, como sabemos, hay pequeñas cantidades de azufre. El problema que ofrecen estos compuestos es que el SO_2 existente, tras oxidarse y convertirse en SO_3, y en presencia de vapor de agua, da lugar al ácido sulfúrico (H_2SO_4), tal y como se muestra en las siguientes reacciones químicas:

$$SO_2 + (1/2)\,O_2 \rightarrow SO_3$$
$$SO_3 + H_2O \rightarrow H_2SO_4$$

El ácido sulfúrico es altamente corrosivo y como consecuencia de ello puede acarrear problemas en el sistema de escape.

Un problema añadido es que dentro del catalizador (recordemos la capa *washcoat*) el SO_2 se oxida en SO_3 incrementándose por lo tanto la cantidad de ácido sulfúrico, según:

$$SO_2 + (1/2)\,O_2 + Al_2\,O_3 \rightarrow Al_2\,(SO_4)_3$$

↓ Con la temperatura

$$3\,SO_3 + Al_2\,O_3$$

↓ En presencia del vapor de agua

$$H_2\,SO_4$$

Por tanto, el catalizador diésel debe oxidar la fracción orgánica soluble, pero sin oxidar el SO_2 para no aumentar los sulfatos.

Por lo que respecta a las partículas sólidas, indicaremos que se instalan en las líneas de escape (después del catalizador) **unos filtros de partículas** con la finalidad de disminuirlas.

saber más

El cerio

El cerio tiene una temperatura de fusión de 799 °C mientras que su temperatura de ebullición es de 3.426 °C. Se oxida fácilmente con el agua y se disuelve en los ácidos diluidos. Su símbolo químico es Ce.

2.2. El filtro de partículas con aditivo

El filtro es una estructura porosa, de carbono de silicio, compuesta por gran cantidad de pequeños canales alternativamente obstruidos de manera que fuerzan a los gases de escape a atravesarlos quedando retenidas de esta forma las partículas (figura 9.72).

Durante el funcionamiento del motor se van acumulando las partículas en el filtro, lo que provocaría un taponamiento del mismo. El problema se evita regenerando los filtros, con lo cual quedan listos para volver a operar. La regeneración, que es controlada en todo momento por la UEC de gestión del motor, consiste en quemar periódicamente las partículas acumuladas en el filtro. La regeneración del filtro queda limitada debido a la presencia de azufre dentro del combustible.

Cuando la temperatura de escape alcanza el umbral de regeneración (fuertes cargas), las partículas se queman de manera natural en el filtro y no necesita ninguna acción exterior para realizar dicha regeneración.

Por el contrario, si la temperatura de escape no alcanza el límite de regeneración, es necesario aumentarla (ayuda a la regeneración). Esto se consigue mediante una postinyección. Para quemar las partículas se necesitan como mínimo 550 °C. Aditivando el carburante, bien en el depósito o a la entrada de la bomba de inyección, mediante cantidades apropiadas de óxido de cerio, también llamado cerina (comercialmente Eolys de Rhodia), se reduce esa temperatura a 450 °C. Además, este aditivo (que es enviado por una bomba a través de un inyector) impregna las partículas en formación en la

saber más

El modelo Peugeot 607 2.2 HDI 136 CV FAP fue el primer vehículo en equipar el filtro antipartículas con la entrada de un aditivo.

Los sistemas de las últimas generaciones de filtros no llevan inyector. Aditiva directamente una bomba de tipo alternativo y regulada con un RCO del 50% y con una frecuencia de 66,67 Hz.

Nota: cuando hablamos de RCO significa que el elemento es activado mediante impulsos eléctricos en forma de onda cuadrada con una frecuencia fija, pero con un tiempo de puesta a masa (activación eléctrica del elemento) variable.

cámara de combustión y propaga la combustión de las mismas. La cerina se mezcla en una solución orgánica almacenada en un depósito adicional, situado junto al depósito de carburante. No se quema, sino que queda en forma de depósitos sólidos en el filtro.

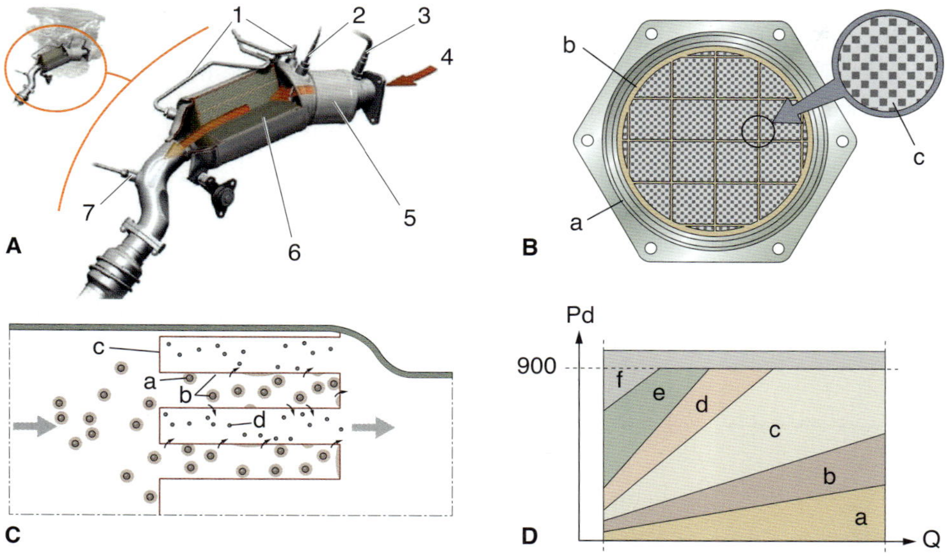

A. Situación del catalizador y del filtro dentro del sistema de escape
1. Conductos para el transmisor de presión diferencial para gases de escape
2. Transmisor de temperatura de gases de escape anterior
3. Sonda lambda
4. Del turbocompresor
5. Catalizador de oxidación
6. Filtro de partículas
7. Transmisor de temperatura de gases de escape posterior

B. Detalle del filtro de partículas
a. Carcasa de acero inoxidable
b. Aislante térmico
c. Cerámica porosa

C. Sección transversal del filtro (detalle del proceso de filtrado)
a. Partículas
b. Cerina
c. Paredes en cerámica porosa
d. Gases de escape filtrados

D. Niveles de carga del filtro
Pd. Presión diferencial (mbar)
Q. Caudal de los gases de escape (L/H)
a. Filtro agujereado
b. Filtro regenerado
c. Zona intermedia
d. Filtro cargado
e. Filtro sobrecargado
f. Filtro atascado

← **Figura 9.72.** Filtro de partículas.

saber más

El filtro de partículas también es conocido por las siglas FAP (Filtro Anti-Partículas).

La ayuda a la regeneración se efectúa en dos fases. La primera se emplea con bajas temperaturas en la línea de escape, la postinyección se realiza justo después de la inyección principal, mientras que la segunda fase es utilizada cuando la línea de escape está caliente y el catalizador de oxidación tiene gran capacidad de conversión, el intervalo de separación entre la inyección principal y la postinyección es mayor. La figura 9.73 nos muestra las dos situaciones.

Cuando tiene lugar la activación de ayuda a la regeneración, el sistema impide la recirculación de los gases de escape (sube la temperatura de combustión). Para ello cierra la válvula EGR y mantiene abierta la caja de mariposa. Esta prohibición permite dar prioridad a la gestión del turbo.

Con objeto de dirigir el paso del aire a través de un calentador de aire de admisión, la caja de mariposa puede ser accionada (forzando su cierre). De esta forma, se garantiza el aumento de temperatura necesario de los gases de escape con la que culminar el proceso de regeneración.

Otro recurso utilizado por el sistema para garantizar la suficiente temperatura de los gases de escape durante la fase de ayuda a la regeneración consiste en la activación de consumidores eléctricos (luneta térmica, motoventiladores, bujías de precalentamiento, etc.).

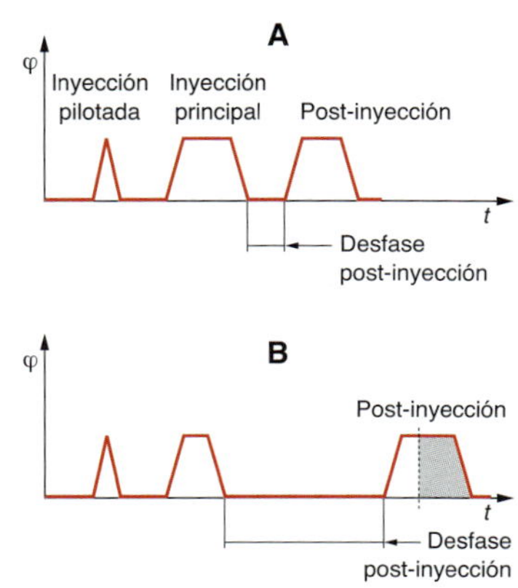

↑ **Figura 9.73.** A. Post-inyección Nivel 1 (aumento de la temperatura del catalizador).

B. Post-inyección Nivel 2 (ayuda a la regeneración máxima).

Dicha activación aumenta el par resistente del alternador, lo que conlleva a un incremento de la carga del motor y en consecuencia la elevación de la temperatura de los gases de escape.

La UEC de gestión del motor sabe en todo momento el nivel de atascamiento del filtro gracias a la información que recibe de un **captador de presión diferencial** (figura 9.74) que mide permanentemente la diferencia de presión entre la entrada y la salida del conjunto catalizador/filtro. Comparando las presiones a ambos lados del mismo se puede establecer el estado en que se encuentra el filtro. La diferencia de presiones obtenida es convertida en una señal eléctrica que aumenta a medida que crece el grado de obstrucción del filtro.

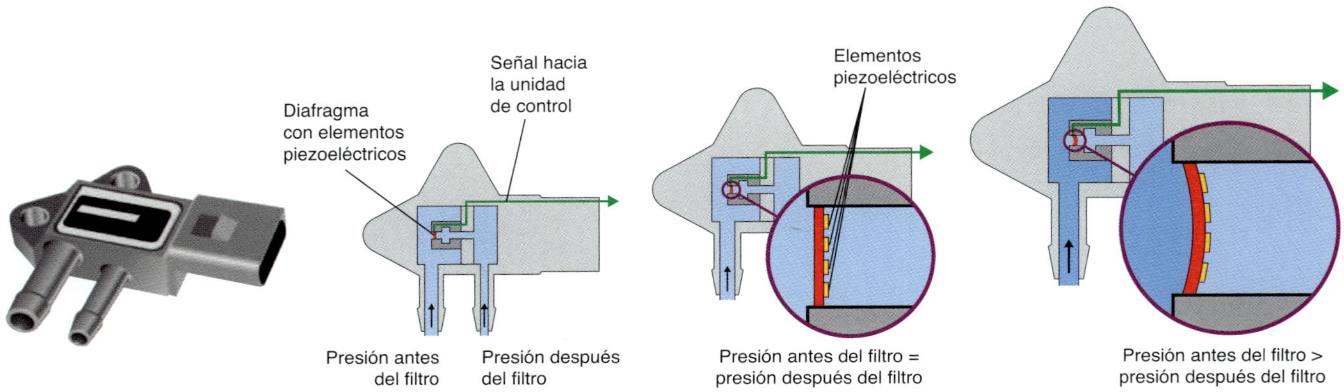

↑ **Figura 9.74.** Sensor de presión diferencial.

Así, a motor parado, la diferencia de presiones entre ambos lados del filtro será nula, siendo el valor de tensión entregado por el captador de aproximadamente 0,5 V. Por el contrario, si con el motor en marcha la tensión suministrada por el captador es alrededor de 4 V, será señal de atasco en el filtro. Por otro lado, dos captadores de temperatura situados uno a la entrada y otro a la salida del catalizador informan respectivamente de la temperatura de ambas zonas. Con el motor funcionando normalmente, la temperatura de los gases de escape a la entrada del catalizador es superior a la de salida.

Durante el proceso de ayuda a la regeneración la UEC de gestión del motor proporciona una inyección extra o post-inyección (después del PMS). Parte de los hidrocarburos entregados en esta fase llegan al catalizador sin quemar con lo cual, el rendimiento térmico de estos aumenta, incrementándose la temperatura de los gases de escape a la salida del catalizador. Este aumento térmico facilita la regeneración del filtro de partículas. El sistema utiliza la información de los transmisores de temperatura alojados en la entrada y salida del catalizador para controlar el buen funcionamiento del sistema.

De esta forma, el calculador de inyección gestiona cuándo y cómo debe efectuar la regeneración. Independientemente de la presión diferencial la ayuda a la regeneración también puede ser activada cuando se rebasa el umbral de distancia recorrida desde la última regeneración. Así se permite liberar de partículas al filtro incluso en caso de fallo del parámetro presión diferencial. La **sección D** de la figura 9.72 nos muestra en detalle los distintos niveles de atascamiento del filtro. El objetivo del calculador es mantener al filtro entre los estados «b» o «c» sea cual sea el kilometraje del vehículo y la conducción adoptada. Señalaremos que si el filtro se encuentra en la zona «a» o en la zona «f», se activa el testigo de diagnosis con lo cual la UEC interrumpe toda demanda de ayuda a la regeneración a la vez que pone el sistema en funcionamiento degradado haciendo (en muchos casos y según modelos) que el motor no pueda rebasar las 2.200 o 3.200 rpm.

saber más

Lectura de los niveles de atascamiento del filtro

La lectura de los distintos niveles de atascamiento del filtro solo es posible con la ayuda del equipo de diagnosis.

En cuanto a la aditivación hay que decir que quien la gestiona es un calculador específico, utilizando para ello las informaciones siguientes: apertura/cierre del tapón del depósito, nivel de carburante (a través del aforador), régimen del motor (información del motor en marcha) y velocidad del vehículo (la utiliza en correlación con la información del aforador para inyectar el aditivo en caso de fallo del tapón del depósito). De esta forma, habrá una aditivación en el momento preciso y una cantidad proporcional al volumen de carburante repostado. Este calculador está comunicado con la UEC de gestión del motor. Además del comienzo y la duración de la inyección, este calculador memoriza la cantidad de aditivo inyectada que, sumada a los valores inyectados anteriormente, representa la cantidad total de aditivo inyectado desde el comienzo de vida del filtro. El valor total es transmitido a la UEC de gestión del motor, que lo utiliza como base para gestionar el nivel de obstrucción del filtro por la cerina. El programa del calculador específico también integra estrategias de ayuda en caso de fallos de alguno de los sensores así como diagnosis con memorización de los defectos.

A continuación describimos con más detalle los otros elementos del sistema de aditivación.

Depósito de aditivo (figura 9.75)

Suele instalarse bajo el depósito de combustible y su capacidad suele ser aproximadamente de unos cinco litros. En su interior va sumergida la bomba de inyección de aditivo. La bomba y el depósito forman un conjunto indisociable.

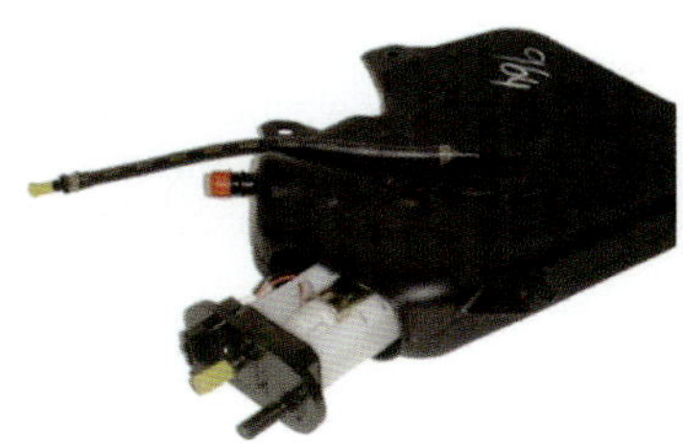

↑ **Figura 9.75.** Depósito de aditivo y su bomba integrada.

Bomba de aditivación de combustible

Tiene la función de generar la presión y el caudal necesario durante el proceso de aditivación. Es una bomba volumétrica de rodillos y está alimentada a 12 V por el calculador específico de aditivación. La puesta en funcionamiento de la misma se realiza en la fase de aditivación y también durante unos 5 segundos, siempre que se accione el contacto.

Sonda de nivel mínimo de aditivo (figura 9.76)

Va instalada en el interior del depósito de aditivo y tiene la función de informar al conductor de que se ha alcanzado el nivel de reserva de aditivo (0,3 litros) poniendo en funcionamiento el testigo correspondiente o visualizando un mensaje en la pantalla multifunción. Esta sonda se caracteriza por ser una resistencia térmica cuyo valor varía de manera brusca según se encuentre sumergida en aditivo o en el aire (reserva alcanzada).

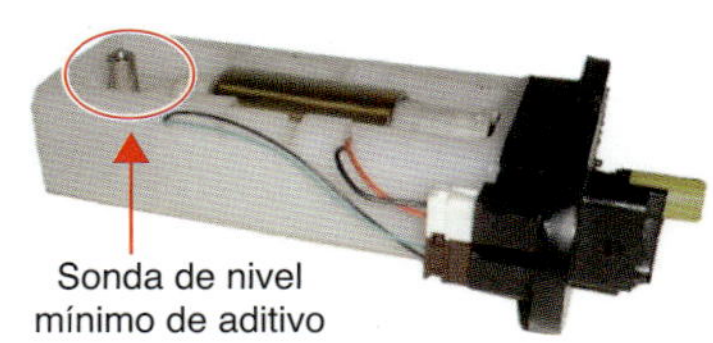

↑ **Figura 9.76.** Sonda de nivel mínimo de aditivo.

Inyector de aditivo

Tiene la función de aportar el volumen de aditivo calculado por la unidad de mando específica de aditivación del combustible, a través de la cual es gobernado.

Es un inyector electromagnético que puede ir albergado bien en el depósito de combustible o bien en la entrada de la bomba de inyección, según sea la zona donde se aditive el combustible. Un regulador, adosado a dicho inyector, mantiene la presión en el circuito de aditivación aproximadamente a 3 bares.

Captador de presencia de tapón de depósito (figura 9.77)

Informa al calculador específico de que puede tener lugar una aportación de combustible.

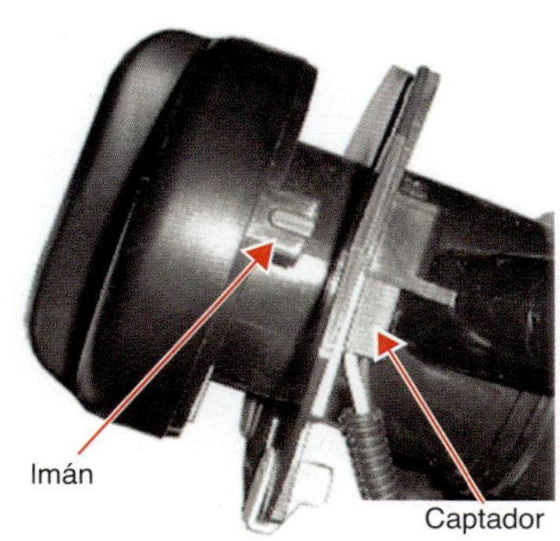

↑ **Figura 9.77.** Captador de presencia de tapón de depósito.

Si efectivamente la hay, el sistema pasará a calcular (a través de la diferencia de nivel antes de abrir y después de cerrar el tapón) el volumen de carburante repostado. La apertura de tapón de llenado seguido de un cierre es llamado «ciclo tapón». El intervalo entre la apertura y el cierre debe ser superior a 5 segundos para que el «ciclo tapón» sea válido.

Este captador está constituido por un interruptor de láminas flexibles (fijado junto a la boca de llenado del depósito) controlado por la acción de un imán (situado en el cuerpo del tapón). Al sacar el tapón de su alojamiento, el interruptor se cierra mientras que el imán dispara la apertura del interruptor cuando el tapón está presente en el depósito.

saber más

Cada vez que se reposta combustible, el sistema de gestión aporta la cantidad de aditivo correspondiente. La presencia de aditivo en el carburante es de 10 a 30 ppm.

Aforador de combustible

Además de informar al conductor del grado de llenado del depósito, este elemento se encarga de establecer el volumen de combustible repostado e informar de ello al calculador específico de aditivación con el fin de determinar la cantidad de aditivo a incorporar.

El aforador de combustible no puede detectar con precisión una variación de nivel inferior a 7 litros.

saber más

Se debe rellenar el depósito de aditivo y cambiar el filtro a los kilómetros indicados por el fabricante.

Válvula de seguridad

Su misión es desgasificar el depósito de aditivo en caso de exceso de presión o depresiones en el interior del mismo.

2.3. Filtro de partículas sin aditivo

Podemos encontrar filtros de partículas que queman de forma continua las partículas, sin tener que agregar un aditivo al combustible. En este caso se ha procedido a combinar el catalizador de oxidación y el filtro en una unidad compartida, dando por resultado el filtro de partículas diésel con recubrimiento catalítico. Este sistema con recubrimiento catalítico va instalado mucho más cerca del motor que el sistema con aditivo.

Constitución del filtro de partículas con recubrimiento catalítico (figura 9.78)

El filtro de partículas, que como sabemos integra el catalizador de oxidación, consta de un cuerpo cerámico alveolar de carburo de silicio alojado en una carcasa de metal. El cuerpo cerámico está dividido por una gran cantidad de pequeños conductos paralelos, cerrados de forma alternativa. El resultado son unos conductos de admisión y escape cerrados por las paredes filtrantes. Las paredes filtrantes de carburo de silicio son porosas.

Una combinación de óxido de aluminio y óxido de cerio recubre el cuerpo de carburo de silicio. Esta combinación se utiliza como sustrato para el catalizador. Dicho sustrato está recubierto con platino, que hace las veces de catalizador.

Ya que los conductos están cerrados alternadamente en dirección de entrada y salida, los gases de escape con partículas tienen que pasar por las paredes filtrantes porosas de carburo de silicio.

En contraste con los componentes gaseosos, las partículas de hollín quedan retenidas en los conductos de entrada.

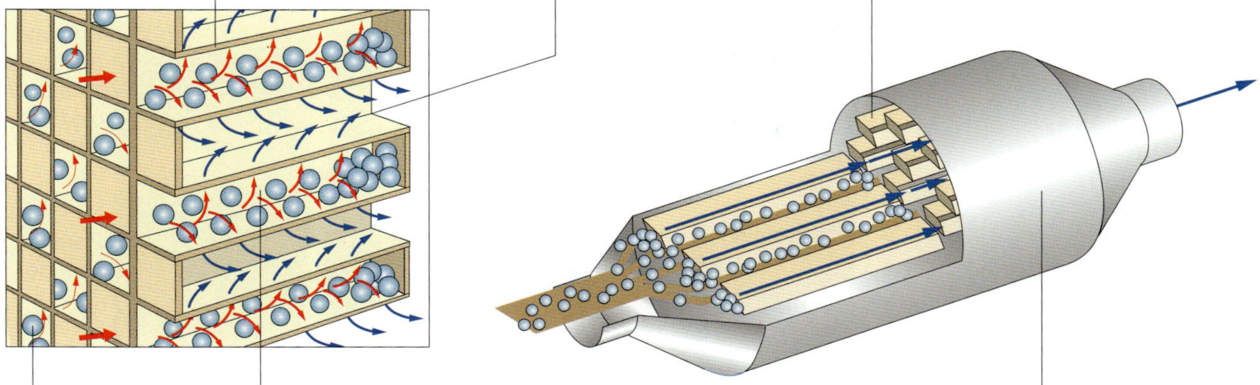

↑ **Figura 9.78.** Constitución del filtro de partículas con recubrimiento catalítico.

Zonas de recubrimiento en el filtro de partículas diésel

La distribución del platino sobre las superficies interiores del filtro de partículas no es uniforme, es máxima en la zona anterior, disminuyendo hacia la salida del mismo (figura 9.79). Las ventajas de esta distribución del material catalítico son las siguientes:

- Funcionando el motor en condiciones normales, el filtro de partículas diésel se calienta rápidamente en la zona anterior. Como esta zona tiene alta concentración de platino, el filtro cuenta con una acción catalítica rápida.
- En la fase de regeneración, la parte posterior del filtro adopta altas temperaturas a raíz de la combustión del hollín. Estas altas temperaturas provocan un ataque a largo plazo contra el platino. Por esa razón, se evita dotar esta zona con mucho platino, que supondría un alto coste.
- La zona posterior de los conductos es donde mayor cantidad de residuos de la combustión se depositan, coincidiendo con la zona de menor cantidad de material catalítico.

↑ **Figura 9.79.** Distribución del platino en el interior del filtro de partículas.

Proceso de regeneración pasiva del filtro de partículas

Con cargas elevadas los gases de escape pueden alcanzar temperaturas de 350 °C a 500 °C en el interior del filtro de partículas por su cercanía al motor. Las partículas de hollín, en estas condiciones, se queman continuamente. Las reacciones son las siguientes (figura 9.80):

- A partir de los óxidos nítricos (NO_x) y el oxígeno (O_2) contenidos en los gases de escape se genera dióxido nítrico (NO_2) con ayuda del recubrimiento de platino.

$$NO_x + O_2 \text{ reacciona produciendo } NO_2$$

- El dióxido nítrico (NO_2) reacciona con el carbono (C) de la partícula de hollín, generándose monóxido de carbono (CO) y monóxido de nitrógeno (NO).

$$NO_2 + C \text{ reacciona produciendo } CO + NO$$

- El monóxido de carbono (CO) y el monóxido de nitrógeno (NO) se combinan con el oxígeno (O_2), produciendo dióxido nítrico (NO_2) y dióxido de carbono (CO_2).

$$CO + NO + O_2 \text{ reacciona produciendo } NO_2 \text{ y } CO_2$$

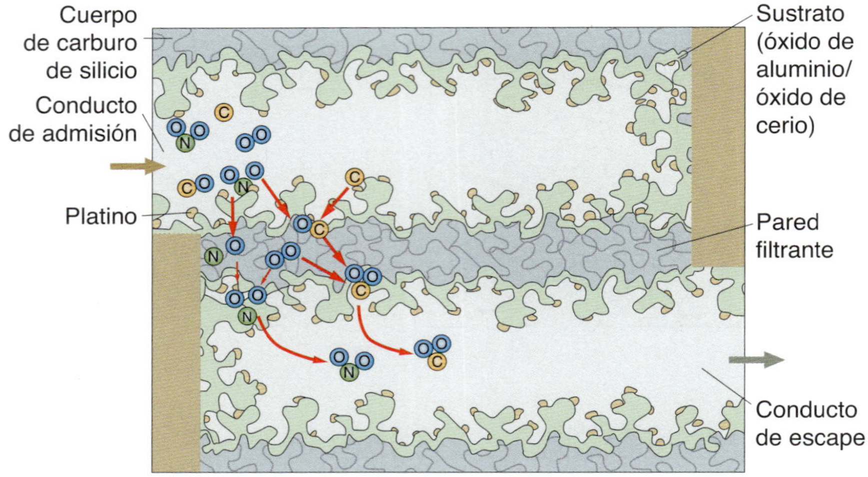

↑ **Figura 9.80.** Proceso de regeneración pasiva del filtro de partículas.

Proceso de regeneración activa del filtro de partículas

Con bajas cargas la temperatura de los gases de escape en el interior del filtro es insuficiente para quemar el hollín. Cuando el filtro alcanza un cierto grado de saturación la gestión de motor inicia un ciclo de regeneración con una duración de unos 10 minutos.

Con temperaturas de 600 °C a 650 °C se produce de forma espontánea la siguiente reacción (figura 9.81):

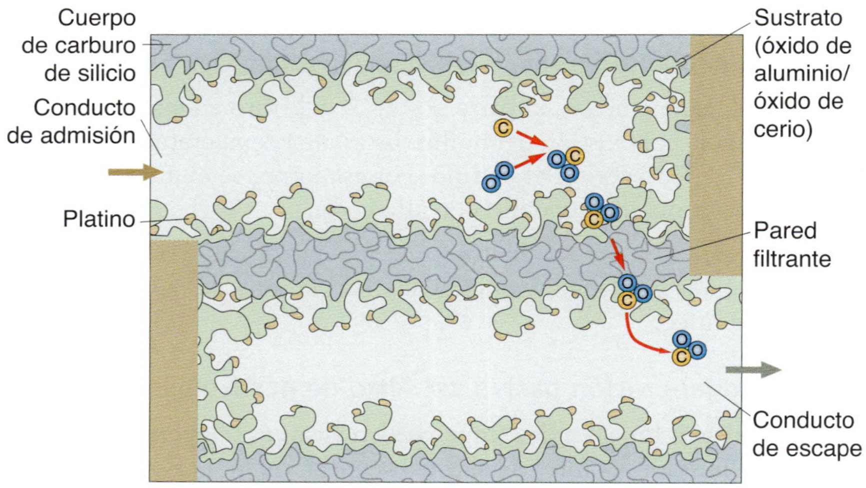

↑ **Figura 9.81.** Proceso de regeneración activa del filtro de partículas.

- El carbono de las partículas de hollín se somete a oxidación con el oxígeno, transformándose en dióxido de carbono.

$$C + O_2 \text{ reacciona transformándose en } CO_2$$

Parámetros empleados por el sistema para realizar la función de regeneración activa (figura 9.82)

La UEC de gestión del motor puede detectar el nivel de saturación del filtro analizando las señales procedentes de la masa del aire, de los sensores de temperatura antes y después del filtro, así como del sensor de presión para los gases de escape.

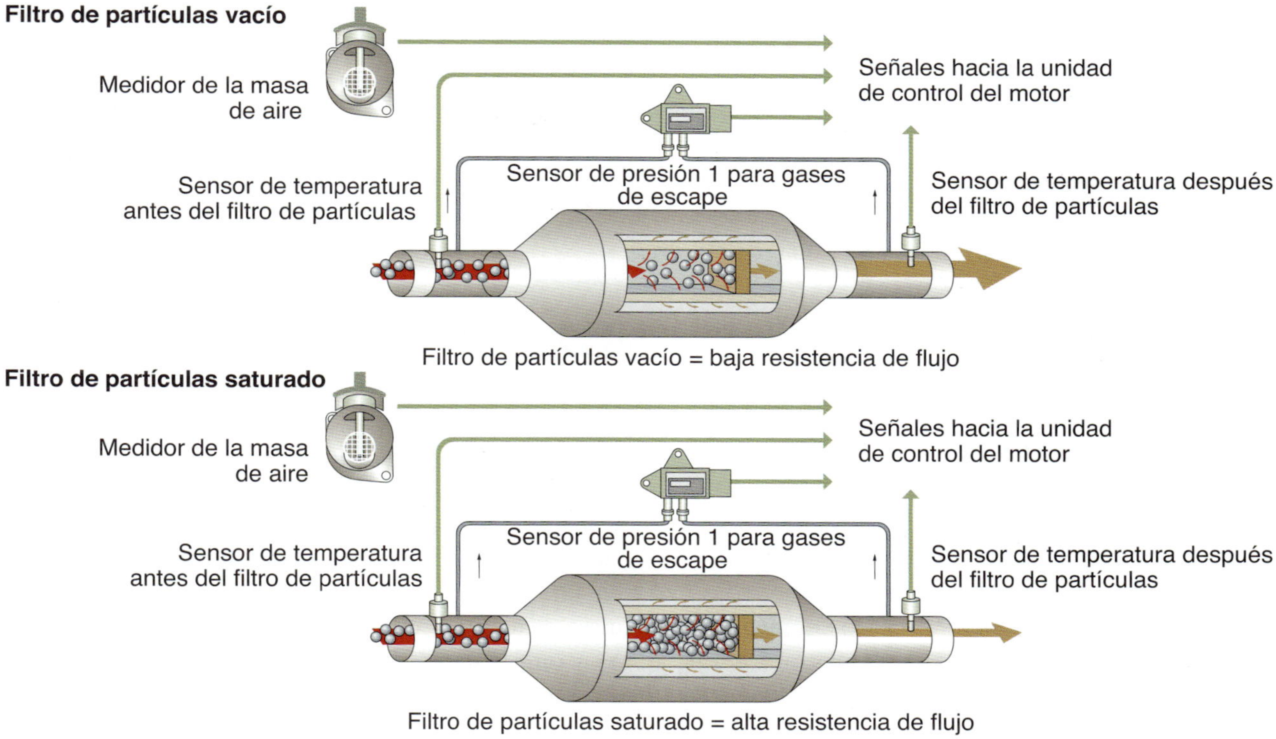

↑ **Figura 9.82.** Parámetros empleados por el sistema para realizar la función de regeneración activa.

Estrategias de regeneración

Si la saturación de hollín ha alcanzado un límite específico, la gestión del motor pone en vigor un ciclo de regeneración activa. A esos efectos:

- Se desactiva la recirculación de gases de escape (sube la temperatura de combustión).
- Se realiza una postinyección 35° después del PMS.
- Se regula a un valor adecuado el aire de admisión con la válvula de mariposa motorizada.
- Se adopta una presión de sobrealimentación adecuada para conseguir que no se altere el par motor durante la regeneración.

Con estas medidas se llega a una temperatura entre 600 °C y 650 °C. A estas temperaturas, como sabemos, el hollín depositado se oxida, transformándose en dióxido de carbono. Tras esta regeneración activa, el filtro vuelve a quedar dispuesto para el funcionamiento.

Circulando con grandes retenciones se inyecta una postinyección 35° después del PMS aunque no existe inyección principal. El combustible no se quema en el cilindro, sino que se evapora. Dichos vapores se queman en el filtro de partículas, aumentando rápidamente la temperatura del filtro.

La dosificación de la postinyección es regulada en función de la temperatura de los gases después del filtro de partículas en la fase de deceleración.

Determinación del nivel de saturación del filtro de partículas

La UEC de gestión del motor vigila continuamente la saturación de hollín del filtro calculando la resistencia de flujo en el filtro. Para determinar dicha resistencia se pone en relación el caudal volumétrico de los gases de escape antes del filtro con respecto a la diferencia de presión antes y después del filtro (figura 9.83).

saber más

Los filtros de partículas fabricados con metal sinterizado ofrecen algunas ventajas importantes:

- Transmiten mejor el calor con lo cual se efectúa la regeneración más rápidamente.
- Son más robustos y sobre todo, más porosos por lo que tardan más en saturarse.
- Sin diseño modular, con varios módulos para cada filtro, permite construir filtros de cualquier forma o perfil. Se prevé construir sistemas con superficies de filtrado desde 1,8 a 8,5 m^2. Esta variedad de posibilidades permite que la tecnología del filtro pueda ser aplicada a todos los motores diésel de turismos, autobuses y maquinaria de construcción.

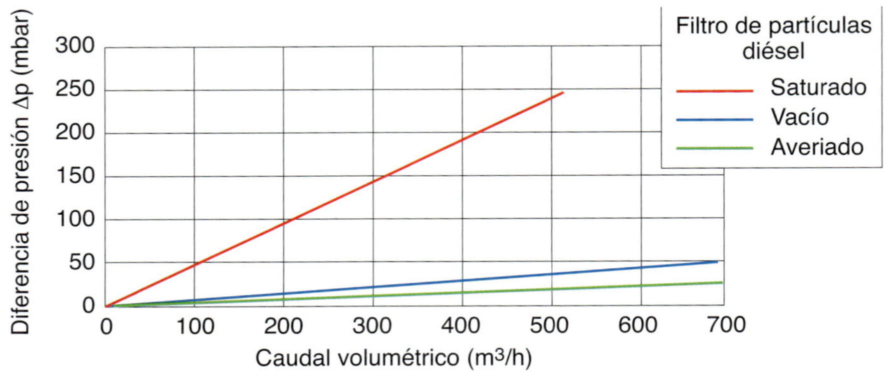

↑ **Figura 9.83.** Determinación del nivel de colmatación del filtro de partículas.

La diferencia de presión se determina con el sensor de presión para gases de escape; mientras que el caudal volumétrico de los gases de escape es calculado por la UEC de gestión del motor, tomando como base la corriente de las masas de aire en el conducto de escape y la temperatura de los gases de escape antes del filtro. La corriente de las masas de gases de escape equivale aproximadamente a la corriente de las masas de aire en el conducto de admisión, que se calcula por medio del medidor de la masa de aire. La masa de los gases de escape depende de su temperatura. Esta temperatura la determinan los termosensores implantados antes y después del filtro. Teniendo en cuenta la temperatura de los gases de escape, la UEC de gestión del motor puede calcular el caudal volumétrico de los gases de escape, tomando como base la corriente de las masas del gas de escape.

El sensor de presión para gases de escape, el medidor de la masa de aire y los dos sensores de temperatura los podemos apreciar en la figura 9.82.

2.4. Otras medidas correctoras de contaminación

Aparte de los filtros de partículas, los catalizadores de oxidación y de la recirculación de los gases de escape, también se adoptan otras medidas en los motores diésel para reducir las emisiones contaminantes. Son las llamadas **medidas endomotrices.**

La medidas endomotrices son aquellas que reducen las emisiones contaminantes en los gases de escape mediante modificaciones que afectan al diseño del motor.

La mayoría de estas modificaciones están dirigidas a optimizar la mezcla de aire/combustible y el proceso de combustión. Entre ellas figuran:

- Geometría específica de los conductos de admisión y escape para mejorar el flujo de aire limpio y de los gases de escape.
- Alta presión de inyección para mejorar la pulverización del combustible.
- Cámara de combustión sobre la cabeza del pistón para perfeccionar la geometría de la cámara y reducir la relación de compresión.
- Disposición de cuatro válvulas por cilindro para facilitar el llenado y vaciado del cilindro.
- Gestión electrónica del sistema de precalentamiento.
- Inyectores de combustible optimizados y con mayor número de orificios de pulverizado.

ACTIVIDADES

1. Realiza una práctica de mantenimiento de un sistema de filtración de partículas con aditivo y de otro sin aditivo respetando las indicaciones del fabricante.

3. Controles

3.1. Comprobaciones

Para la búsqueda de averías se seguirá el mismo procedimiento que el explicado en los sistemas de inyección de gasolina.

A continuación explicamos la comprobación de los elementos que nos resultan novedosos:

a) Transmisor de inicio de inyección

Comprobaremos mediante un polímetro la resistencia del bobinado. Mediante un osciloscopio verificaremos que recibe la tensión de alimentación por parte de la centralita.

Arrancaremos el motor y colocaremos el osciloscopio para la medida de corrientes alternas con el fin de comprobar que la señal se corresponde con la descrita en esta unidad.

b) Bujías para la calefacción adicional

Comprobaremos que reciban la tensión de alimentación cuando el motor se encuentra a temperaturas muy bajas. En caso contrario, comprobaremos que el relé recibe tensión de batería y activación por parte de la UEC.

Si las bujías reciben alimentación, comprobaremos su consumo eléctrico y en caso de no coincidir con el especificado por el fabricante deberemos sustituir las mismas.

c) Electroválvula de control de la mariposa

Comprobaremos si recibe alimentación tras la puesta de contacto y masa a través de la UEC en el momento de apagar el motor.

Por medio de un vacuómetro, comprobaremos la existencia de vacío en el conducto de entrada y posteriormente verificaremos que con el motor en marcha no existe vacío en el conducto de salida. Al apagar el motor, debe aparecer vacío en el conducto de salida para cerrar la mariposa.

d) Comprobación del sistema de masa de aire para motores diésel

Este sistema está formado por varios grupos de componentes, que permiten un suministro óptimo de aire del exterior para el motor en cualquier estado de servicio. Los funcionamientos erróneos de estos grupos de componentes originan diferentes perturbaciones en la marcha del automóvil, tales como pérdida de potencia, emisión de humos negros, etc.

La comprobación del sistema de masa de aire efectúa una verificación completa del sistema y posibilita con ello la delimitación de la causa de la perturbación de forma unívoca a grupo(s) de componente(s) defectuoso(s).

El sistema de masa de aire está formado por:

- Sensor de presión de sobrealimentación.
- Sonda térmica del aire de admisión.

- Sensor de temperatura del aire de admisión.
- Medidor de masa de aire.
- Regulador de recirculación de gases de escape.
- El regulador de presión de sobrealimentación comprende el turbocompresor con regulación y el accionamiento eléctrico del regulador de presión de sobrealimentación.
- Chapaletas de turbulencia espiroidal con regulador eléctrico.
- Filtro de aire, tubos flexibles de aire, tubos, refrigerador del aire de sobrealimentación, sistema de escape, etc.

Aprovechamos la ocasión para describir las chapaletas de turbulencia espiroidal (figura 9.84). Van montadas en un eje en el colector de admisión. En función del régimen y la carga del motor, las chapaletas adoptan una posición determinada para que en el interior del cilindro se genere la turbulencia idónea que facilite la mezcla de aire y gasóleo. Con el motor muy frío las chapaletas se abren parcialmente incluso con el motor a ralentí.

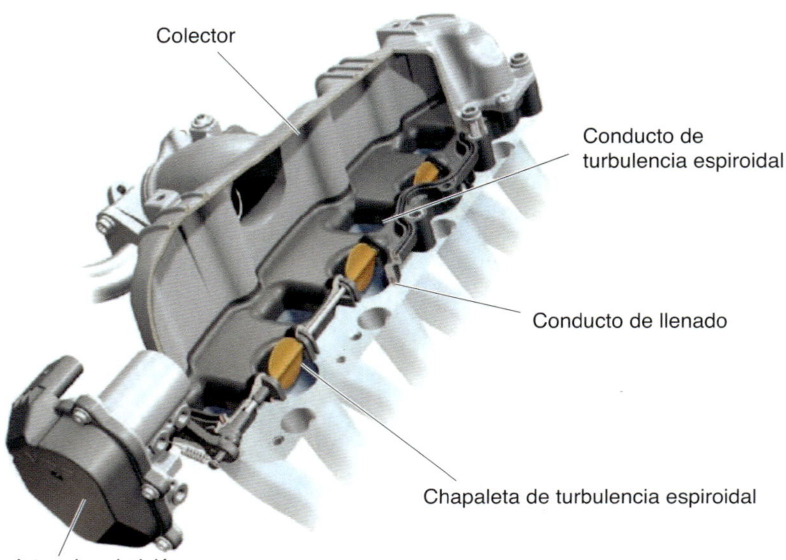

↑ **Figura 9.84.** Chapaletas de turbulencia espiroidal.

El eje de las chapaletas es guiado en ambos sentidos por un motor, gobernado por la unidad de control del motor, a través de una varilla de empuje. En el motor para chapaletas de admisión se encuentra integrado el potenciómetro a través del cual la unidad de control del motor recibe la señal de la posición real de dichas chapaletas.

Funcionamiento a bajos regímenes

A ralentí y regímenes bajos la velocidad de entrada del aire en el cilindro es baja, ya que los pistones se mueven despacio y la presión de sobrealimentación es baja.

En estos estados, las chapaletas de turbulencia espiroidal están cerradas, por lo que todo el aire aspirado pasa por el conducto de turbulencia espiroidal. Esto hace que la velocidad de entrada del aire al cilindro aumente ya que todo el flujo pasa al interior del cilindro por un solo conducto en lugar de dos. Además, debido a la forma del conducto se genera un intenso efecto de turbulencia que favorece la homogeneización de la mezcla.

Funcionamiento a medios y altos regímenes

En estos estados, el tiempo disponible para el llenado de los cilindros es menor, por lo que interesa incrementar al máximo la sección de entrada del aire. Por tal motivo, las chapaletas se abren, dejando el paso del aire a través del conducto de llenado. Gracias al motor para chapaletas de admisión, éstas pueden posicionarse en diferentes grados de apertura en función de la carga y el régimen del motor. A partir de 3.000 rpm las chapaletas quedan totalmente abiertas.

Siguiendo con la comprobación del sistema de masa de aire, indicaremos que para garantizar que dicha comprobación tenga un resultado efectivo, deben cumplirse las siguientes condiciones previas:

- El motor ha de estar a temperatura de servicio.
- Todos los consumidores secundarios (por ejemplo el acondicionador de aire o la calefacción de los asientos han de estar desconectados).
- En la memoria de defectos no ha de haber registrado ningún defecto eléctrico de los siguientes sistemas:
  - Medidor de masa de aire.
  - Dispositivo de recirculación de gases de escape.
  - Regulador de presión de sobrealimentación.
  - Sensor de presión de sobrealimentación.
  - Sensor de temperatura del aire de admisión.
  - Sensor de presión ambiental.
  - Mariposa de estrangulación.
  - Chapaletas de turbulencia espiroidal.
- La conducción del aire de admisión y el filtro de aire han de estar en orden.
- La válvula de mariposa y las chapaletas de turbulencia espiroidal tienen que estar en estado de funcionamiento.

Influencia de las chapaletas de turbulencia espiroidal

Un funcionamiento erróneo de las chapaletas de turbulencia espiroidal tiene solo consecuencias pequeñas en la comprobación del sistema de masa de aire.

Sin embargo, un funcionamiento erróneo de dichas chapaletas puede generar registros en la memoria de defectos relativos a la plausibilidad de la masa de aire.

Si no funcionan las chapaletas durante la marcha del automóvil tiene las siguientes consecuencias:

- Las chapaletas se traban estando cerradas: falta de potencia a elevado número de revoluciones.
- Las chapaletas se traban estando abiertas: empeoramiento de las emisiones de gases de escape.

Caja de mariposa y válvula E.G.R.

La caja de mariposa tiene la misión de actuar sobre la sección de paso del conducto de admisión (reduciéndolo) con la finalidad de mejorar (por estrangulación del tramo de admisión) la recirculación de los gases de escape.

En posición de reposo, esta mariposa se encuentra abierta, favoreciendo así, la circulación del flujo de aire de admisión.

El accionamiento de la mariposa de admisión (mariposa de E.G.R.) y de la válvula E.G.R. es realizado neumáticamente por medio de dos electroválvulas comandadas por RCO.

Ambos modelos de electroválvulas son iguales.

La frecuencia de la señal es de aproximadamente 143 Hz para las dos electroválvulas y las intensidades consumidas fluctúan entre 0 y 0,6 amperios (entre la desconexión, 5% y la máxima señal, 91%).

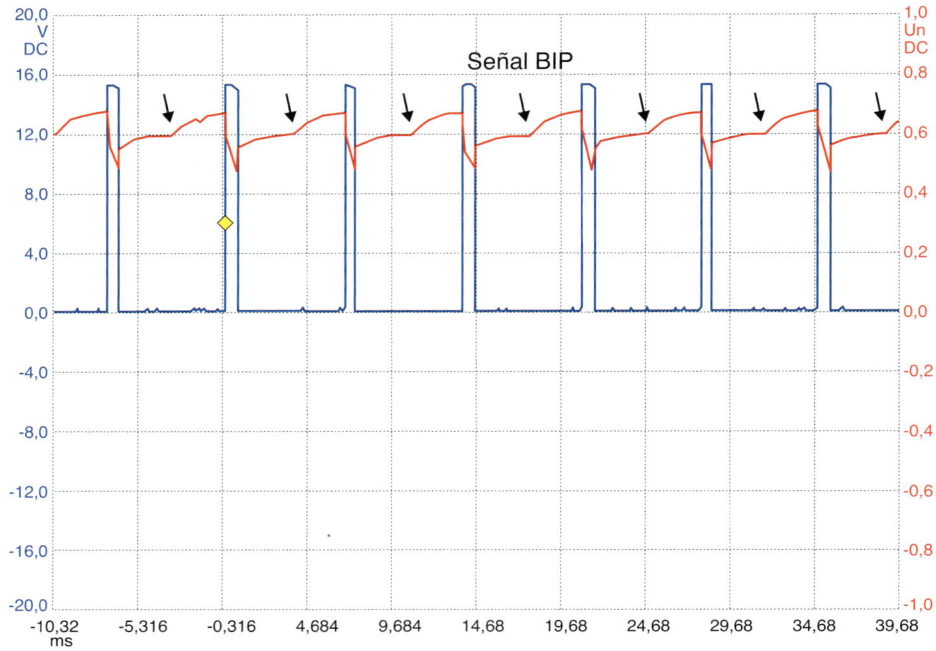

↑ **Figura 9.85.** Activación máxima de la E.G.R. En la curva de corriente se aprecia una señal BIP (tope mecánico).

Una curiosidad que se puede observar en la curva de intensidad de la señal cuando la válvula E.G.R. es mandada con el máximo RCO (91%), es un punto de inflexión en dicha curva (señal BIP) que aparece cuando el núcleo magnético de una válvula alcanza su tope mecánico y es frenado. En nuestro caso indica que con el 91% de señal, la válvula está vibrando a la frecuencia excitadora de 143 Hz y golpea contra su tope cíclicamente (figura 9.85).

Funcionamiento combinado de ambas válvulas

Sigamos este proceso de trabajo:

- Conectar el canal 1 del osciloscopio a la vía de mando de la electroválvula de mando de la mariposa E.G.R.
- Conectar el canal 2 del osciloscopio a la vía de mando de la electroválvula de mando de la E.G.R.
- Arrancar el motor y esperar que alcance la temperatura de servicio.
- Capturar la imagen de los dos actuadores con el motor funcionando a ralentí.
- Acelerar progresivamente el motor e ir capturando las imágenes de lo que sucede (figura 9.86).

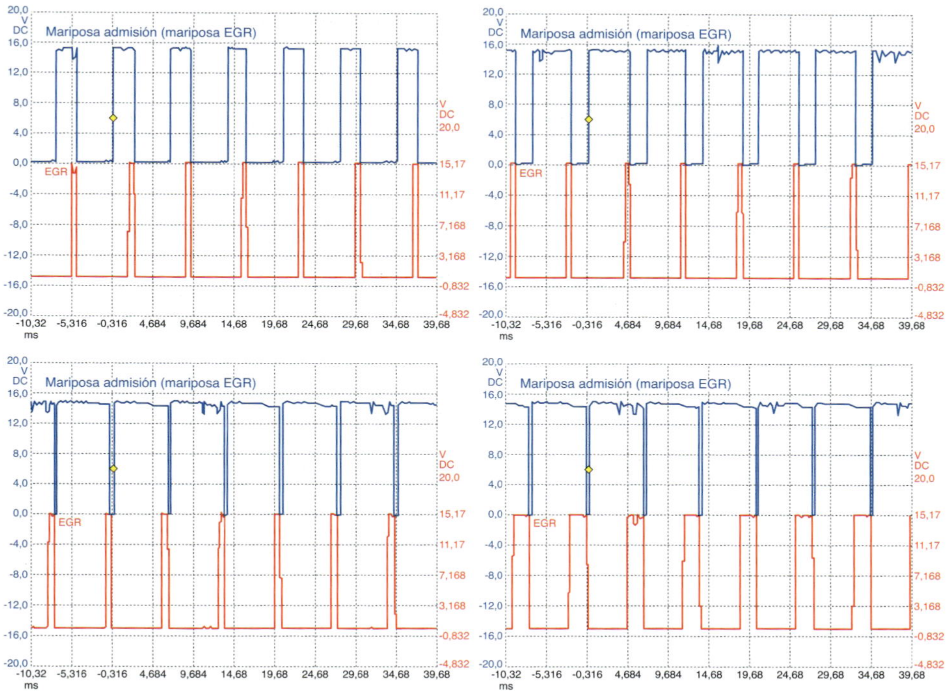

↑ **Figura 9.86.** Funcionamiento E.G.R. desde ralentí a rpm progresivamente más altas.

Medidor de masa de aire

Explicamos un medidor de película caliente y con sonda de temperatura de aire aspirado incorporada.

Recordemos que este elemento mide la cantidad de aire aspirado por el motor y la información suministrada es utilizada para:

- Determinar el porcentaje de gases recirculados.
- Limitar la formación de humos por corrección del caudal del carburante en función de la cantidad de aire aspirado.

Un fallo típico de los medidores de masa de aire es por una desviación de la cantidad medida, generalmente por suciedad depositada en la lámina de medición del sensor. Esto conlleva que en este caso el sensor mida de menos y el motor se limite sin código de avería asociado, debido a que la cartografía de limitación de humos restringe el caudal máximo a inyectar.

Prueba en vacío (figura 9.87)

La mejor manera de comprobar un caudalímetro es en condiciones de máxima carga del motor, mediante prueba en carretera o en banco de potencia.

Sin embargo, la prueba en vacío supone un ensayo rápido que nos permite evaluar de un modo bastante satisfactorio el funcionamiento del caudalímetro.

Se realizarán las siguientes indicaciones:

- Con el motor caliente y funcionando a ralentí, se conectará el canal 1 del osciloscopio entre la vía de señal del caudalímetro y masa.
- Ajustar la escala de tensión a 5 V, con una base de tiempos suficientemente amplia (500 ms/div).
- Seleccionar disparo único con un ajuste del nivel de unos 2 voltios.

- Acelerar el motor a fondo unos segundos y soltar el acelerador.
- Comprobar el nivel máximo de tensión alcanzado. Debería superar los 4 voltios como norma general.
- El nivel de tensión con el motor funcionando a ralentí se encontrará entorno a 1,5 voltios.

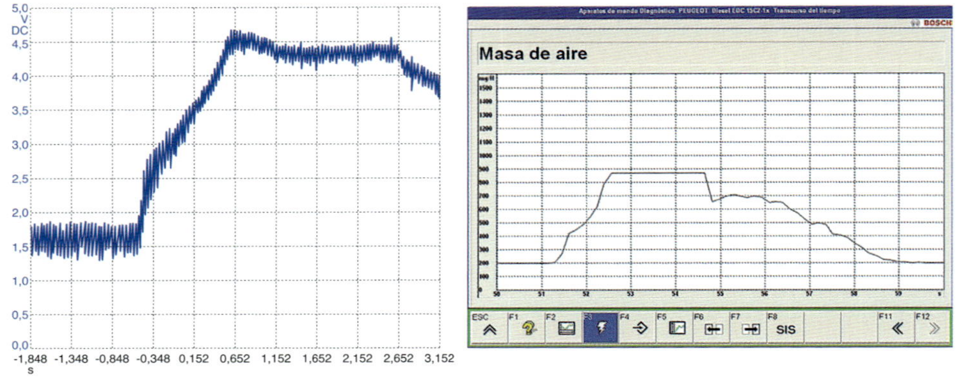

↑ **Figura 9.87.** Prueba del caudalímetro en vacío, comparada con captura simultánea del parámetro en tiempo real.

Evaluación del equilibrio en la aspiración del motor

Debido al solapamiento entre los ciclos de admisión de los distintos cilindros hay fluctuaciones en el nivel de aspiración del motor durante el funcionamiento del mismo.

Gracias a la sensibilidad de los medidores de masa de aire se detectan estas fluctuaciones. Así se puede evaluar el equilibrio en la aspiración del motor.

Realización práctica:

- Conectar el osciloscopio en la vía de señal del caudalímetro y masa.
- En la escala de 5 V ajustar la base de tiempos 100 ms/div.
- Observar en la imagen (figura 9.88) las oscilaciones debidas a las fluctuaciones en la velocidad del aire aspirado. Deben ser las mismas para todos los cilindros.

saber más

Las fluctuaciones se pueden ver con mayor detalle si se pasa de modo de señal DC a AC e utilizando una escala de tensión menor.

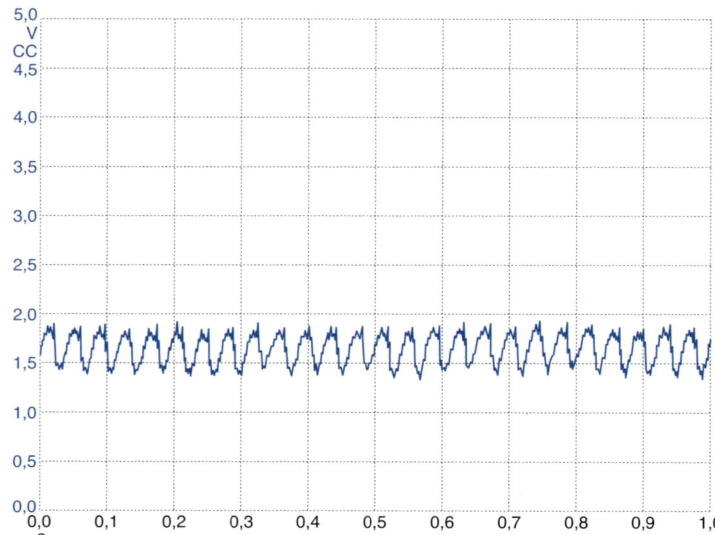

↑ **Figura 9.88.** Fluctuaciones en el caudal de aire debidas a la aspiración de los cilindros (ralentí).

- Conectar la pinza amperimétrica de 20/60 amperios en el canal B con el conmutador de la misma en 60 amperios y conectarla al cable de un inyector.
- Con la escala de tensión en 5 V para el canal A y 20 amperios para el canal B (no importa que la señal se recorte algo en la parte superior de la pantalla), ajustar la base de tiempos a 20 ms/div.
- Desconectar los tubos de vacío de los actuadores neumáticos de la mariposa de admisión (mariposa de E.G.R.) y de la E.G.R., para anular su influencia.
- Con el motor en marcha capturar la imagen proporcionada por el osciloscopio (en la figura 9.89 se utilizó el inyector 4 de referencia).

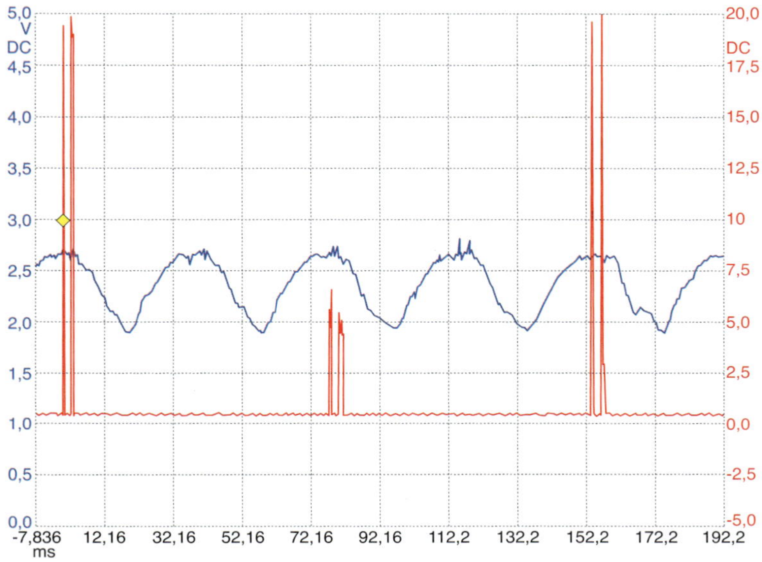

↑ **Figura 9.89.** Fluctuaciones con referencia inyector nº 4.

saber más

Entre el movimiento del aire en el caudalímetro y la aspiración del motor existe un desfase debido a la longitud de los conductos de admisión. Este desfase es el responsable de que veamos la velocidad máxima del aire alcanzada en el caudalímetro aproximadamente en el momento de apertura del inyector.

3.2. Prueba en el banco de la bomba VE electrónica

Seguir las siguientes instrucciones:

- Amarrar la bomba al banco con los acoplamientos correctos.
- Procurar que los cables destinados a realimentar la bomba por parte del simulador sean los adecuados.

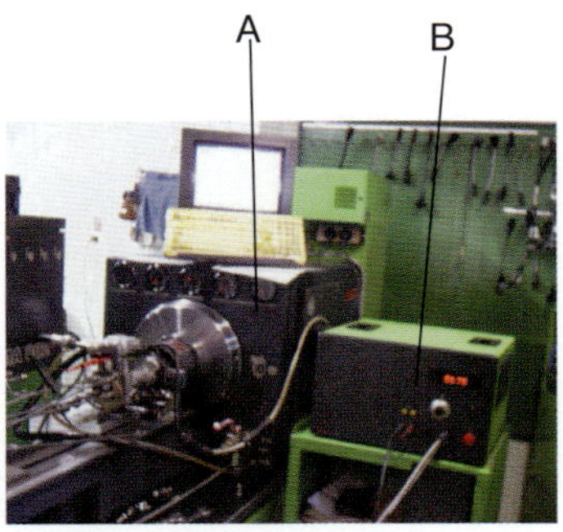

A. Banco de pruebas
B. Simulador

↑ **Figura 9.90.** Banco de pruebas diésel con simulador de señales eléctricas.

↑ **Figura 9.92.** Extrayendo la válvula magnética de comienzo de inyección.

↑ **Figura 9.93.** Regulación del posicionador.

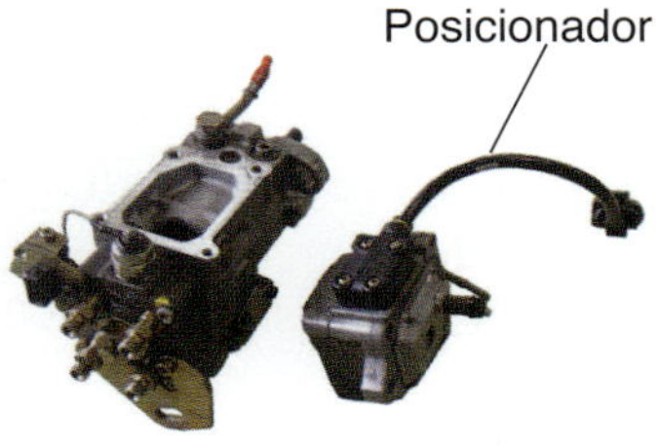

↑ **Figura 9.91.** Posicionador extraído de la bomba.

A continuación, se realizan las siguientes pruebas (reproducimos los valores de una bomba en concreto).

<table>
<tr><td rowspan="2">Prueba n° 1
Comprobaciones eléctricas I</td><th colspan="2">Tope arranque en mV</th><th colspan="2">Tope parada en mV</th><th>Observaciones</th></tr>
<tr><td colspan="2">4.020 … 4.650</td><td colspan="2">650 … 850</td><td>Si no acepta estos valores hay que cambiar el posicionador (figura 9.91).</td></tr>
<tr><td rowspan="2">Prueba n° 2
Comprobaciones eléctricas II</td><th>Mecanismo de ajuste o dosificador</th><th>Transmisor de corredera</th><th>Sonda térmica de combustible</th><th>Válvula magnética de inicio de inyección</th><th>Observaciones</th></tr>
<tr><td colspan="4">Medir las resistencias entre las conexiones que ordena el fabricante a la temperatura de ensayo correspondiente.</td><td>Si los valores no se corresponden con los del fabricante, tanto en el mecanismo de ajuste como en el transmisor de la corredera, supone cambiar el posicionador. Por el contrario, si los valores no son correctos en la sonda y en la válvula, se pueden cambiar estos elementos.</td></tr>
<tr><td rowspan="2">Prueba n° 3
Presión de transferencia</td><th>Régimen (rpm)</th><th colspan="2">Tensión de realimentación (mV)</th><th>Valor de ajuste (bares)</th><th>Observaciones</th></tr>
<tr><td>500</td><td colspan="2">2.100</td><td>6,9...8,1</td><td>Se corrige en la válvula de ajuste siempre que la diferencia sea menor a 1 bar. En caso contrario, hay que cambiar la bomba de transferencia.</td></tr>
<tr><td rowspan="2">Prueba n° 4
Avance (sin alimentar la válvula magnética de inicio de inyección)</td><th>Régimen (rpm)</th><th colspan="2">Tensión de realimentación (mV)</th><th>Recorrido del pistón de avance (mm)</th><th>Observaciones</th></tr>
<tr><td>200
2.000</td><td colspan="2">2.100
3.670</td><td>4,9...8,9
11,8...12,8</td><td>Si los valores del recorrido no son correctos, corregir según proceda (arandelas o tornillos) en el mecanismo de avance.
Nota: si los valores son menores que los mínimos puede ser también que la válvula magnética de inicio de inyección no obture el canal de rebose por estar defectuosa.</td></tr>
<tr><td rowspan="2">Prueba n° 5
Avance (alimentando la válvula magnética de inicio de inyección a 12 V)</td><th>Régimen (rpm)</th><th colspan="2">Tensión de realimentación (mV)</th><th>Recorrido del pistón de avance (mm)</th><th>Observaciones</th></tr>
<tr><td>1.500</td><td colspan="2">1.500</td><td>Max 1 mm</td><td>Cambiar la válvula magnética de inicio de inyección (figura 9.92) si el recorrido no es correcto.
Nota: puede ser también que el canal de rebose esté obstruido.</td></tr>
<tr><td rowspan="2">Prueba n° 6
Caudal de alimentación</td><th>Régimen (rpm)</th><th>Tensión de realimentación (mV)</th><th>Temperatura de medición (°C)</th><th>Caudal extraído (cc/1.000 emboladas)</th><th>Observaciones</th></tr>
<tr><td>1.500</td><td>3.490</td><td>53</td><td>46,8...49,8</td><td>Hay que regular el posicionador (figura 9.93) si los valores de caudal no son correctos; aflojar antes los tornillos que lo sujetan.</td></tr>
<tr><td rowspan="2">Prueba n° 7
Caudal de arranque</td><th>Régimen (rpm)</th><th>Tensión de realimentación (mV)</th><th>Temperatura de medición (°C)</th><th>Caudal extraído (cc/1.000 emboladas)</th><th>Observaciones</th></tr>
<tr><td>100</td><td>2.640</td><td>61</td><td>42...58</td><td>Cambiar el cabezal hidráulico si los valores de caudal no se corresponden con el especificado.</td></tr>
</table>

↑ **Tabla 9.1.**

3.3. Otros controles para los distintos sistemas

Durante las operaciones siguientes (controles de baja y alta presión en los circuitos, controles de las bombas de alta presión, etc.) se deben respetar las consignas de seguridad y de limpieza y utilizar siempre los útiles específicos recomendados.

Baja presión en el sistema inyector-bomba (figura 9.94)

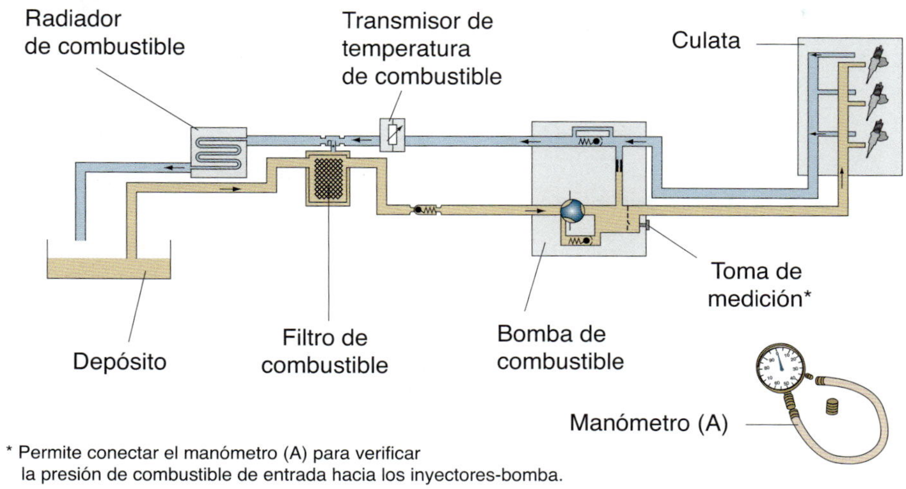

← **Figura 9.94.** Comprobación del circuito de alimentación de combustible (parte de baja presión) en un sistema EDC con inyector-bomba.

Se conecta el equipo de medición donde indique el fabricante con el fin de verificar la presión de combustible en la entrada hacia los inyectores.

Las causas de una presión incorrecta en el sistema son las siguientes:

- Filtro sucio.
- Circuito de retorno obstruido.
- Defectos en la bomba de combustible.
- Defectos en las canalizaciones.
- Avería de la válvula reguladora de presión.

Inyector-bomba propiamente dicho

Todas las UEC detectan la eficacia de cada uno de los cilindros midiendo la aceleración del motor después de la inyección en el cilindro correspondiente. Por tanto, la forma de verificar los inyectores-bomba es a través del equipo de diagnosis mirando la corrección que está aplicando la UEC sobre los tiempos de inyección de cada cilindro. Si hay una corrección excesiva en algún cilindro es que ese cilindro tiene poca eficacia, bien sea por problemas mecánicos (válvulas, segmentos...) o porque el estado del inyector esté defectuoso. Para asegurarse del estado del inyector, se comprueba la compresión del cilindro; si esta es correcta, se cambia el inyector, ya que es él el que se encuentra defectuoso. Esta prueba, si se carece de equipo de diagnosis, se puede realizar con un osciloscopio midiendo los tiempos de inyección en cada cilindro.

Respecto al desmontaje, montaje y ajuste del inyector-bomba hemos de comentar que se deben seguir escrupulosamente las indicaciones del libro de características del fabricante. También se utilizarán las herramientas y equipos necesarios para manipular estos delicados elementos. Si se vuelve a montar el inyector-bomba usado, se deben sustituir sus anillos toroidales y la junta antitérmica.

En los bancos de pruebas se comprueban caudales, fugas y señal BIP. Esta señal es de vital importancia ya que si es incorrecta, afecta al arranque, al caudal de preinyección y al comportamiento al ralentí.

saber más

Purgado del circuito

Téngase en cuenta que la toma de medición hallada en la bomba no se usa para el purgado, ya que en el sistema inyector-bomba no es necesario esta operación.

saber más

En todos los trabajos que requieran un ajuste de los inyectores-bomba mediante el tornillo de ajuste, debe sustituirse el tornillo de ajuste del balancín y el perno esférico del inyector-bomba, de lo contrario, se producirá un desgaste excesivo de estos componentes.

Los tornillos de fijación de los inyectores-bomba también se tienen que sustituir.

caso práctico inicial

Una vez que localizan que el inyector número 2 está averiado, a Antonio le quedan dos opciones: repararlo o sustituirlo.

recuerda

En la figura 9.34 se explicó detalladamente las señales de activación de un inyector-bomba electromagnético.

A continuación explicamos detalladamente las señales de activación de inyectores-bomba piezoeléctricos:

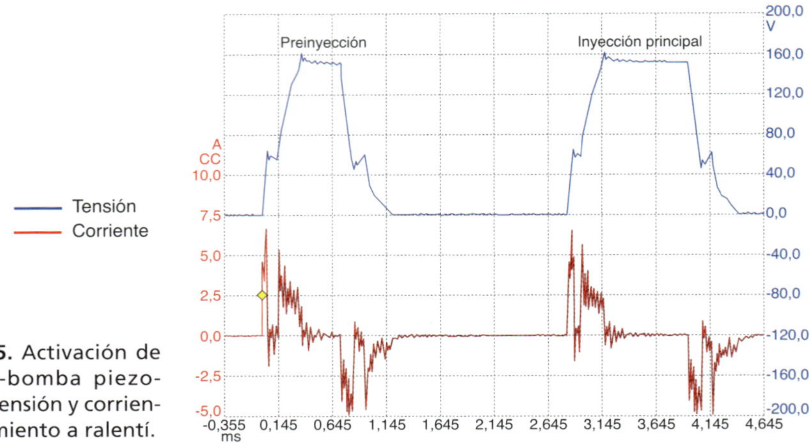

→ **Figura 9.95.** Activación de un inyector-bomba piezoeléctrico en tensión y corriente, funcionamiento a ralentí.

A diferencia de los inyectores bomba electromagnéticos en los que la preinyección e inyección principal se consiguen en una única activación del inyector gracias al émbolo de evasión, en estos inyectores (figura 9.95) a cada activación del mismo le corresponde una única pulverización de combustible, de forma que existen tantas activaciones como preinyecciones, inyecciones y postinyecciones.

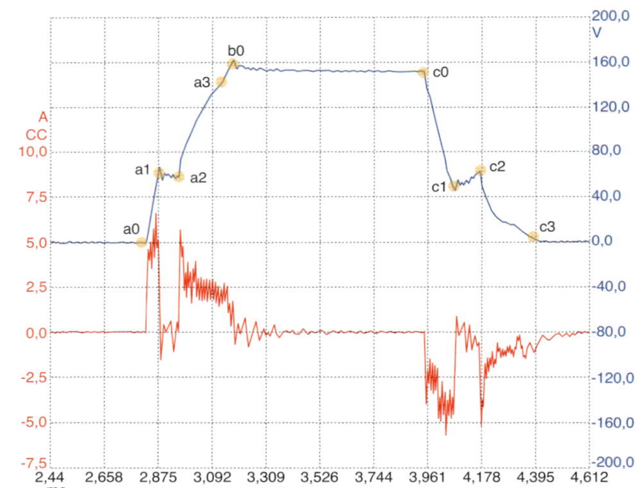

→ **Figura 9.96.** Activación de un inyector-bomba piezoeléctrico durante la inyección principal en el funcionamiento a ralentí.

En la activación del actuador podemos distinguir varias fases y distintos puntos característicos (figura 9.96):

- Fase de carga del actuador, a0-b0: en esta fase el actuador es alimentado hasta que alcanza, en nuestro caso, una alimentación máxima de 150 V. Esta alimentación varía con las condiciones de carga y régimen del motor, según cartografía. En esta fase podemos distinguir tres etapas:
  - a0-a1: se alimenta el actuador hasta que este se carga a 50 V; con ello se consigue un primer desplazamiento de la válvula.
  - a1-a2: reposo.
  - a2-b0: se alimenta el actuador hasta que adquiere su carga final (140 V). En esta fase la válvula se desplaza hasta su posición de cierre (a3) y una vez alcanzada, la tensión de alimentación sigue aumentando ligeramente ejerciendo el actuador una presión de cierre sobre la misma.

- Mantenimiento de la presión de cierre de la válvula, b0-c0: el actuador ha adquirido su carga total, la corriente de alimentación sobre el mismo ha cesado y los cristales piezoeléctricos mantienen su carga y su estado de deformación ejerciendo una presión de empuje que mantiene la válvula contra su asiento.
- Fase de descarga del actuador c0-c3: los dos terminales del actuador son puestos en cortocircuito electrónicamente para que el actuador pierda su carga. Esta fase también se realiza en tres etapas en ralentí y bajo régimen y en una única etapa en regímenes medios y elevados:
  - c0-c1: se cortocircuita el actuador hasta que la tensión del mismo alcanza los 50 V disminuyendo la longitud de los cristales piezoeléctricos. La válvula de gobierno del inyector realiza una primera carrera de apertura.
  - c1-c2: reposo.
  - c2-c3: el actuador se vuelve a cortocircuitar para que pierda totalmente su carga volviendo a su longitud inicial. La válvula de gobierno del inyector alcanza la posición de máxima apertura.

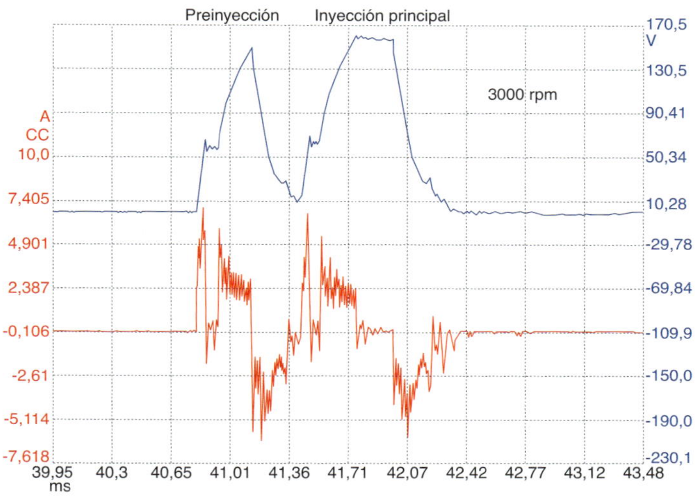

← **Figura 9.97.** Inyector-bomba piezoeléctrico durante la preinyección e inyección principal a 3.000 rpm.

En la figura 9.97 observamos que la fase de final de descarga del actuador piezoeléctrico se realiza en una etapa a diferencia del ralentí.

En la figura 9.98 se aprecia como cada cinco inyecciones la unidad agrega una inyección suplementaria para la detección del BIP y poder calibrar y diagnosticar la válvula del inyector.

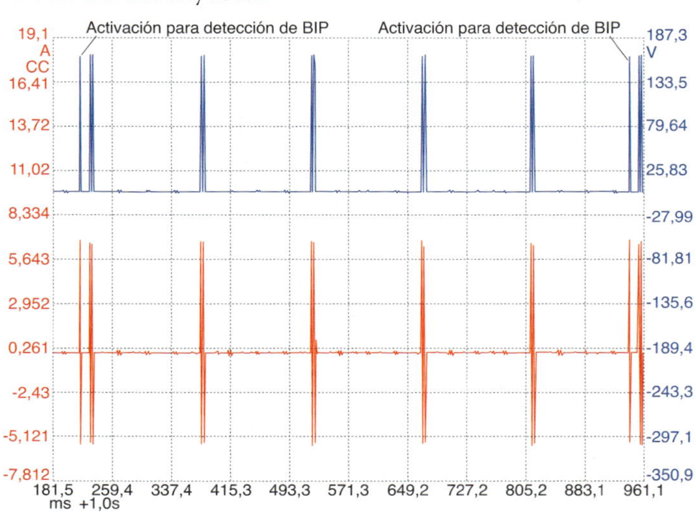

← **Figura 9.98.** Inyector-bomba piezoeléctrico: activación para la supervisión de la válvula del inyector.

Circuito de baja presión de la bomba VR

Para comprobar el circuito de baja presión se debe verificar que no haya entradas de aire. Esto se puede hacer bien con tuberías transparentes o con válvulas de retención colocadas a la entrada y salida del mismo.

Circuito de alta presión de la bomba VR

Si el vehículo no arranca, hay que verificar que llega presión de alta a los inyectores. Para ello hay que aflojar un racor durante el arranque.

- Si llega presión, la bomba queda descartada.
- Si no llega, verificar con el equipo de diagnosis.

Con el equipo de diagnosis verificar los siguientes parámetros de tal forma que los valores objetivos/teóricos/nominales vayan parejos con los reales:

- Rpm del motor y rpm de la bomba.
- Inicio inyección objetivo e inicio inyección real.
- Cantidad de carburante objetivo y cantidad real.

Si los valores no van parejos el fallo está en la bomba, por lo se llevará a un banco de pruebas.

Si el vehículo arranca y no tiene potencia, verificar los seis parámetros mencionados anteriormente y si están bien se hacen las verificaciones propias del circuito de sobrealimentación.

Si están mal alguno de los parámetros se llevará la bomba al banco de pruebas.

Comprobación del caudal de la bomba VR sobre el motor

A través de la toma de diagnosis se controla a ralentí el caudal teórico (mg/embolada) que se está inyectando, calculado en base a los tiempos de inyección mientras la electroválvula está cerrada. Si el caudal que está intentando enviar la UEC para mantener a ralentí el motor es superior al normal hay problemas en alguno de los siguientes elementos:

- Inyectores o bomba defectuosos.
- Bajo rendimiento del motor.

La forma más cómoda de diagnosticar las electroválvulas de caudal y avance de las bombas VP44 es mediante el empleo de una pinza amperimétrica del orden de 20 A (figura 9.99).

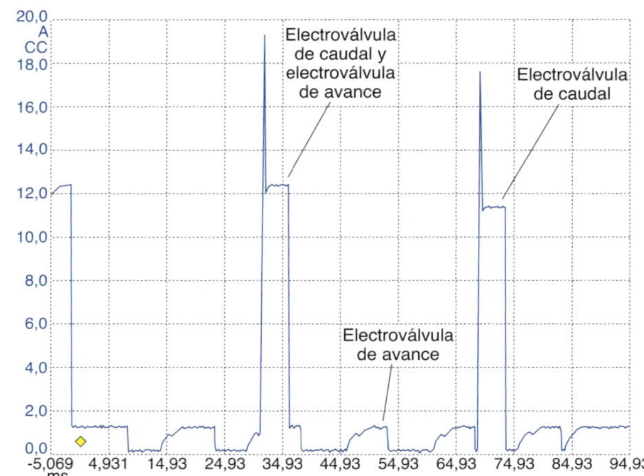

→ **Figura 9.99.** Diagnóstico de las electroválvulas de caudal y avance mediante pinza amperimétrica.

Empleando la pinza con uno de los cables de la electroválvula a diagnosticar podemos obtener su señal de activación. No obstante, la ubicación de la bomba en el motor en la mayor parte de los casos imposibilita o dificulta enormemente este proceso.

Un método más práctico para medir estas señales es obtenerlas en los cables de alimentación de la unidad de bomba, ya que la corriente empleada para la alimentación de estas electroválvulas también circula por estos cables. Para ello colocaremos la pinza amperimétrica bien en el cable de positivo o en el de masa de la unidad de bomba, o retirando el fusible de alimentación de dicha unidad de bomba, estableceremos en su posición un puente con un fusible de protección donde podremos emplear la pinza con comodidad.

A diferencia de la medición en el cableado de la electroválvula, con este método obtendremos ambas señales a la vez, siendo la señal obtenida una combinación de las dos cuando la activación de ambas electroválvulas se produzca de forma simultánea.

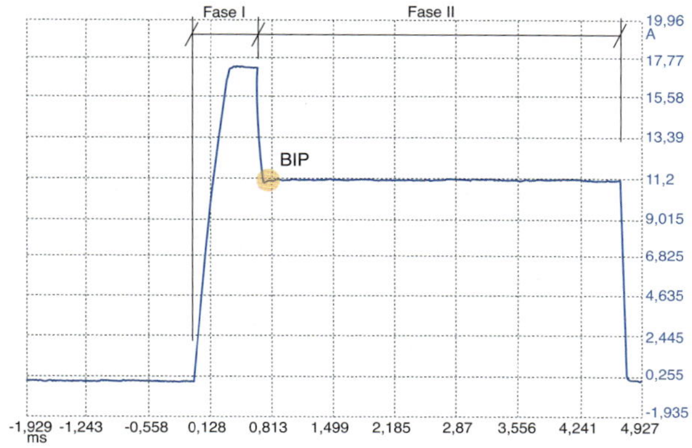

↑ **Figura 9.100.** Electroválvula de caudal de una bomba VP44.

Fases de la electroválvula de caudal de una bomba VP44 (figura 9.100):

- Fase I: la electroválvula es alimentada con una intensidad elevada (17 A) para conseguir un rápido cierre de la válvula de caudal.
- Fase II: la alimentación de la electroválvula se limita, reduciéndose la intensidad al nivel necesario para mantenerla cerrada (11 A).
- BIP: inicio real de inyección, la válvula de caudal alcanza su posición de cierre.

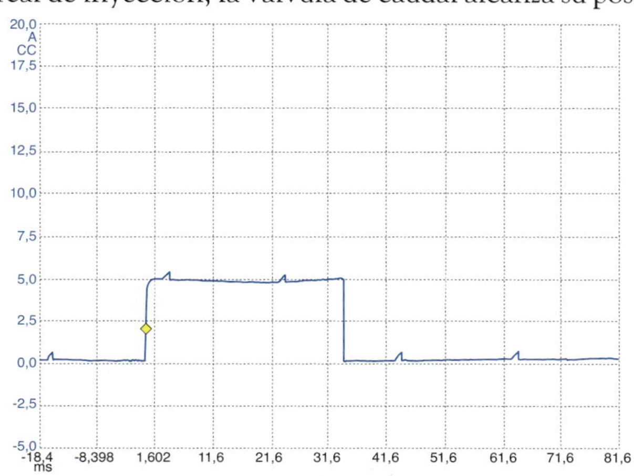

↑ **Figura 9.101.** Fallo en la activación de la válvula de caudal de una bomba VP44.

Fallo en la activación de la válvula de caudal (figura 9.101):

- El fallo es debido a que la etapa final de potencia en la unidad de bomba está averiada.
- La fase I es inexistente y no se alcanza ni siquiera el nivel de intensidad de la fase II.
- Si se da este caso hay que cambiar o reparar la bomba.

La figura 9.102 nos muestra el sensor del ángulo de giro de una bomba VP44 y en las figuras 9.103 y 9.104 apreciamos la señal del mismo y vemos como la válvula de caudal se activa siempre, después de un número determinado de oscilaciones.

↑ **Figura 9.102.** Sensor del ángulo de giro.

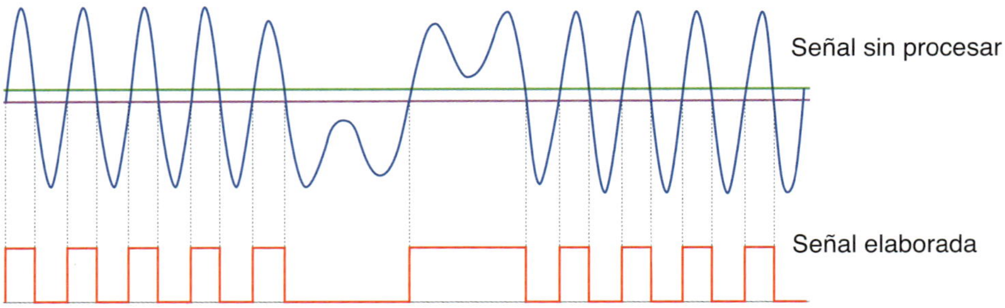

↑ **Figura 9.103.** Señal del ángulo de giro.

La señal elaborada sirve para informar del régimen de bomba y para informar de la posición del variador de avance (el sensor gira con el árbol de levas).

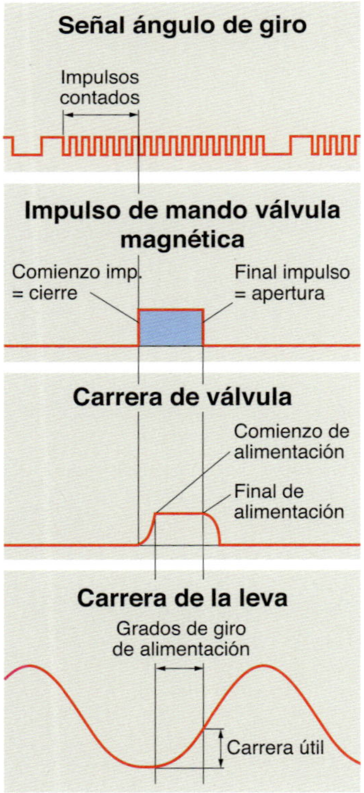

↑ **Figura 9.104.** Señal del ángulo de giro y detalles de la válvula de caudal.

Calado de la bomba VP44

Una gran mayoría no se pueden calar. En caso de desacople, se necesita banco de pruebas para hacer la puesta a punto de comienzo de suministro. Sin embargo, hay excepciones en algunas marcas (BMW, Volvo y Man), ya que en estas tienen un rebaje en el rotor, a fin de colocar un reloj comparador (Figura 9.105). En estos casos se pone a cero la aguja del reloj y moviendo en el sentido de giro, se busca la cota grabada en la carcasa. Admiten una tolerancia, porque la electrónica hace el ajuste dinámico.

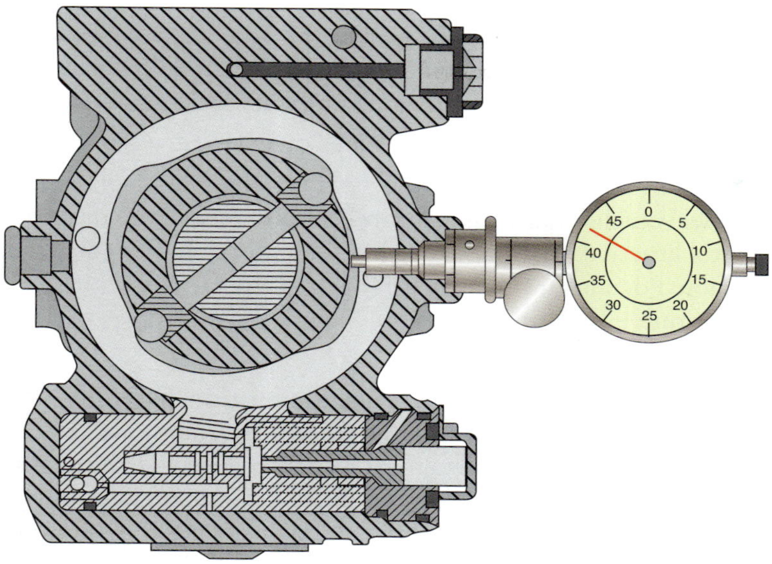

↑ **Figura 9.105.** Detalle del reloj comparador para el calado de una bomba VP44.

3.4. Comprobaciones de los diferentes componentes de los sistemas de filtración de partículas

Sensor de presión diferencial

Verificar que tiene alimentación (normalmente 5 Vcc), masa y que la señal varía (analógica normalmente) al aplicarle presión con una bomba manual de vacío. La presión se aplica por el lado del tubo que va a la parte delantera del filtro de partículas. Si el sensor de presión diferencial lleva solo un tubo (como ocurre en algunos casos) se le aplica la presión en el único tubo que tiene.

Verificando con la máquina de diagnosis el valor de presión está expresado en valores de presión absolutos por lo que un valor negativo significa un deterioro del componente electrónico. La presión diferencial máxima admitida debe consultarse en el manual de reparación y comprobarse a plena carga del motor.

Sondas de temperatura del filtro de partículas delantera y trasera (pueden llevar una sola sonda)

Son resistencias dependientes de la temperatura y con un rango de trabajo muy amplio (temperatura ambiente hasta unos 650 – 700 °C). Verificarlas como una sonda de temperatura normal viendo que la tensión entre sus bornes (dos) varía gradualmente al variar la temperatura.

Sondas lambda de banda ancha

El empleo de este tipo de sondas en motores diésel va asociado fundamentalmente al control preciso de la EGR, permitiendo a los fabricantes trabajar con unos valores de recirculación de gases de escape mayores. En sistemas con filtro de partículas permite un control más preciso de las postinyecciones durante la regeneración activa del filtro.

Comprobación con osciloscopio

La comprobación con osciloscopio de la sonda lambda de banda ancha puede realizarse de forma similar a lo descrito para un motor de gasolina; no obstante nos encontramos con varias particularidades.

La primera es el tiempo que debemos esperar hasta observar la sonda activa desde el arranque del vehículo. La sonda no entra en funcionamiento hasta que la unidad de control la activa para realizar alguna comprobación de algún sistema anticontaminación. Por ello en muchos casos hay que esperar a que el motor adquiera cierta temperatura e incluso someterlo a distintas revoluciones, aceleraciones y cortes en retención desde un régimen estacionario.

La segunda es que en un motor diésel la combustión se realiza con exceso de oxígeno por lo que la sonda estará midiendo permanentemente una corriente de bombeo positiva (tanto mayor cuanto menor sea la recirculación de gases de escape y la cantidad inyectada). Esto supone que tanto el cable Ip de la sonda, como el terminal libre de la resistencia de compensación (caso de una sonda LSU de Bosch), tendrán valores positivos de tensión y estos superarán el valor límite de 3 V respecto a la masa del vehículo. El de mayor valor es el del terminal libre debido a la dirección de la corriente de bombeo de la sonda.

La figura 9.106 nos muestra el funcionamiento detallado de la sonda en régimen de ralentí.

saber más

Cuando la unidad de control va a utilizar la sonda lambda, activa su resistencia de calefacción, cambiando de un valor PWM mínimo (calefacción desactivada) a un valor alto (calefacción activa). Monitorizando esta señal con el osciloscopio podemos saber cuando la sonda es puesta en servicio.

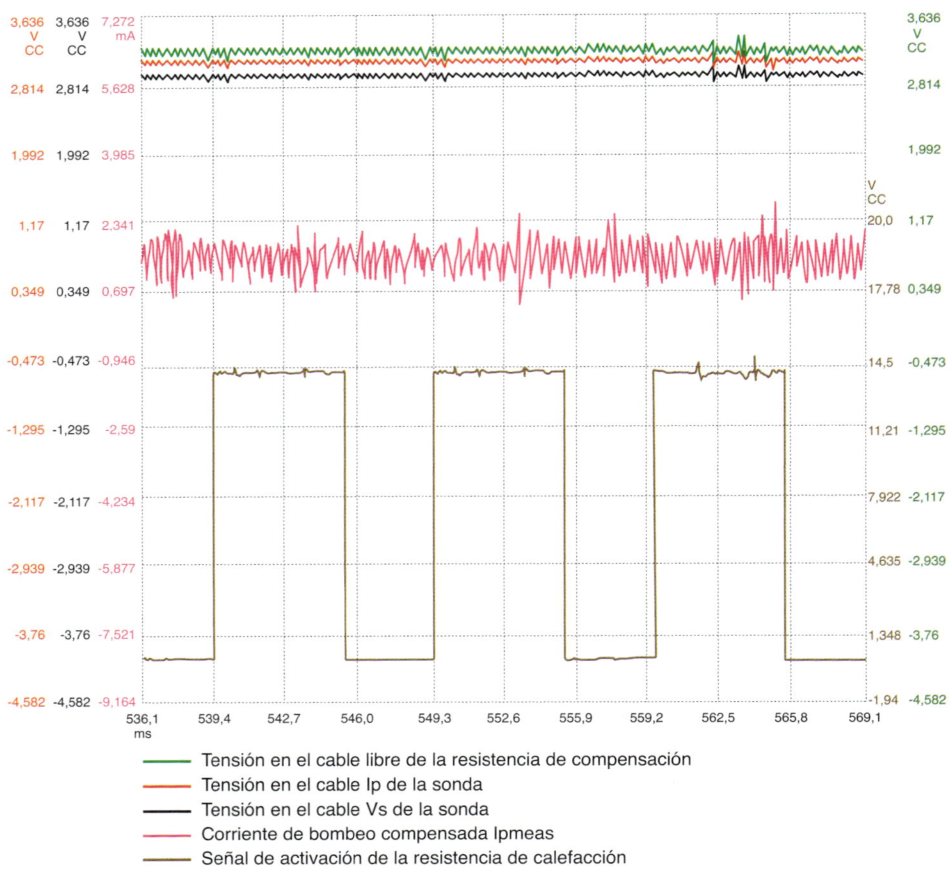

↑ **Figura 9.106.** Motor diésel, funcionamiento de la sonda en régimen de ralentí.

saber más

Las oscilaciones en el cable Ip desaparecen al no existir regulación lambda en diésel, tal como la conocemos en motores de gasolina.

Particularidades de los sistemas de filtro de partículas con aditivación

Verificaciones del nivel de aditivo mediante útil de diagnóstico:

- Con aforador en el depósito de aditivo.
- Sin aforador en el depósito de aditivo.
- Puesta a cero del contador de aditivación tras la reposición del aditivo.
- Verificar el funcionamiento del contactor del tapón de llenado de carburante (modelos- sistema PSA). Verificar que el estado de cerrado pase a estado de abierto y viceversa cuando el tapón está puesto o quitado respectivamente.
- Activación de la bomba de aditivo (durante poco tiempo pues en los sistemas sin aforador en el depósito de aditivo inyecta directamente en el depósito de combustible con el consiguiente consumo de aditivo y mala proporción del mismo en el depósito de combustible).

Recordamos que las regeneraciones son de dos tipos:

- Regeneraciones naturales. Son aquellas que se producen de manera espontánea durante la conducción.
- Regeneraciones forzadas. Son aquellas que se producen por mandato de la unidad de control de motor y son de dos clases:
  - Regeneración forzada por la unidad de control de motor durante la conducción (cuando se cumplen las condiciones adecuadas).
  - Regeneración forzada por la unidad de control de motor mediante útil de diagnóstico.

Dentro de este último tipo diferenciamos el que se realiza con **motor en marcha** y **vehículo parado** y el que se realiza con **vehículo en marcha**. En la primera hay que prestar mucha atención a la limpieza del suelo del taller (tiene que estar perfectamente limpio debajo del coche) y colocar el vehículo a la entrada del taller. La temperatura que se alcanza en los bajos del vehículo es muy elevada. Este tipo de regeneración forzada la encontramos en modelos PSA.

En la segunda con el vehículo en marcha normalmente es necesaria la ayuda de un segundo operario. El principal problema es poder alcanzar la temperatura de regeneración (sobre todo con cambios automáticos) dado que la velocidad de marcha refrigera el escape. Una vez alcanzada la temperatura, normalmente un contador va diciéndonos a través del útil de diagnóstico cuanto tiempo de regeneración nos queda aún. Cuando el contador llega a 0, la regeneración ha finalizado.

La saturación del filtro de partículas la podemos diagnosticar por los mbar que nos da el sensor de presión diferencial, por el porcentaje de saturación % y en otros sistemas por el porcentaje de cenizas depositadas en el mismo (si el sistema pertenece a PSA gramos de cerina depositada).

El reseteo del cambio de filtro de partículas o del aditivo se realiza con útil de diagnóstico.

Hay modelos cuyo nivel de aceite aumenta muchísimo debido a las post-inyecciones (un ejemplo es Mazda). Cuando el aceite ya está deteriorado, es necesario sustituirlo y decirle a la unidad de control motor que se ha cambiado (mediante útil de diagnóstico).

Nota: hay que respetar escrupulosamente las consignas de seguridad marcadas por el fabricante a la hora de intervenir en el circuito de aditivación del carburante y en el filtro de partículas. Asimismo se deberá consultar el manual específico de cada vehículo para realizar un mantenimiento correcto del sistema y para realizar cualquier operación en el mismo.

3.5. Verificación de los humos de escape en el motor diésel

saber más

Ley de Lambert-Beer

La Ley de Lambert-Beer explica que hay una relación exponencial entre la transmisión de luz a través de una sustancia y la concentración de la sustancia, así como también entre la transmisión y la longitud del cuerpo que la luz atraviesa.

El valor correcto de la opacidad de los humos de escape de los motores de ciclo diésel, medido con el combustible especificado, pone de manifiesto el buen estado mecánico del motor y de sus sistemas de alimentación e inyección, obteniendo, con ello, un buen rendimiento útil del mismo y produciendo una baja contaminación atmosférica.

Para cuantificar la opacidad de los humos de escape se emplean unos aparatos llamados opacímetros.

La opacidad *(N)* es la fracción o parte de la luz que emitida por la fuente luminosa, a través de un recorrido de humo, este la impide alcanzar el receptor luminoso. La medida de *(N)* se hace según una escala lineal desde 0, para el flujo luminoso total, hasta el máximo, 100, para el oscurecimiento completo y se expresa en tanto por ciento. El coeficiente de absorción luminosa *(K)* está relacionado con la opacidad *(N)* según una expresión logarítmica dada por la ley de Lambert-Beer. El valor de *(K)* puede variar según una escala logarítmica desde 0, para el flujo luminoso total hasta el máximo, infinito, para el oscurecimiento completo y se expresa mediante un valor numérico seguido de la unidad de medida m^{-1}(metros elevados a la menos uno, es decir, la inversa de la longitud).

A continuación explicamos de una manera sencilla el funcionamiento de un opacímetro:

El opacímetro comprende, fundamentalmente, la cámara de medición u opacímetro propiamente dicho y la unidad de ordenador que procesa las señales recibidas de dicha cámara y puede presentar los resultados en términos de opacidad y/o de coeficiente de absorción luminosa. Una sonda introducida en el tubo de escape es la encargada de llevar los gases de escape a la cámara de medición. Otro conducto dispuesto en la cámara sirve para la salida de dichos gases. También suelen incorporar un sensor para comprobar la temperatura del aceite del motor y un captador para medir las rpm del mismo. El primero se introduce en el lugar de la varilla del aceite, mientras que el segundo se abrocha a un tubo de inyección.

La cámara de medición o «cámara de humo», es el recinto por el cual se hace pasar una muestra de los gases de escape emitidos por el motor del vehículo objeto de la prueba, para conocer su opacidad o ennegrecimiento.

Esta cámara, con una longitud de medición efectiva de 430 milímetros, dispone de una fuente luminosa y de un receptor luminoso. La iluminación en este receptor dependerá del ennegrecimiento de los humos. Un humo muy negro hará que llegue poca luz al receptor, lo cual significa que la opacidad de los humos es grande.

Comentaremos que los opacímetros han de cumplir con la normativa oficial para que sean declarados aptos y homologados por los organismos competentes.

Algunos valores comparativos entre *(N)* y *(K)*

Como información, presentamos la siguiente tabla de correspondencia para una cámara de medición de longitud efectiva de 430 milímetros. Si la cámara de medición tuviera otra longitud distinta, la correspondencia sería diferente.

K	1,06	2,1	2,5	3,0	3,74	10,71
N	36,7	60	66	72,5	80	90

↑ **Tabla 9.2.**

Condiciones de la prueba

Las condiciones que se deben reunir para medir la opacidad de los humos de escape en un vehículo diésel son las siguientes:

- En los ensayos que se realicen se utilizará el combustible comercial que lleve el vehículo.
- El estado del aceite deberá ser óptimo y la temperatura del mismo, como mínimo, 80 °C.
- El estado del escape debe ser satisfactorio y que no presente fugas.
- Se comprobará visualmente que el motor esté libre de defectos y que el ruido de funcionamiento sea normal.
- Los manguitos de agua, conductos de combustible y correas deben encontrarse en buen estado de conservación y apretados, con el fin de evitar posibles anomalías que se puedan producir en el motor durante el ensayo.
- Todos los equipos que consuman energía estarán desactivados.
- Antes de empezar la prueba propiamente dicha, el motor deberá estar funcionando a un régimen estabilizado de 2.000 rpm aproximadamente durante un minuto. Esto se hará para efectuar una limpieza de residuos. Durante este tiempo se prestará atención a ruidos anómalos o funcionamiento anormal del motor.
- A continuación se introduce la sonda por el escape para la toma de muestras. Se acelera durante unos diez segundos hasta conseguir el caudal máximo de combustible. Este proceso se realizará cuatro veces, teniendo la precaución de dejar el motor a ralentí quince segundos entre fase y fase.

Los valores del coeficiente de absorción luminosa *(K)* obtenidos deberán estar dentro de las tolerancias que marca la normativa correspondiente.

Las posibles causas de una excesiva opacidad son las siguientes:

- Mal estado o mala puesta a punto del motor.
- Mezcla rica:
  - Falta de aire en admisión.
  - Excesiva aportación de combustible.
- Mala pulverización.
- Avance de la inyección incorrecto.
- Presión de sobrealimentación incorrecto.

saber más

Todos los vehículos diésel matriculados desde el 1 de enero de 2004, deben llevar el sistema de diagnóstico EOBD.

ACTIVIDADES FINALES

- 1. ¿Qué ventajas ofrece el inyector bimuelle?
- 2. El dosificador está integrado en la bomba inyectora Bosch VE electrónica. ¿Cuál es su función? En caso de avería, ¿puede causar la inmovilización del vehículo?
- 3. Mediante qué elemento se realiza la regulación del comienzo de inyección en los distintos sistemas electrónicos explicados a lo largo de esta unidad?
- 4. ¿Cuál es la función del transmisor de carrera de aguja?
- 5. ¿En qué medida afecta la suciedad del combustible al potenciómetro del dosificador?
- 6. Indica el comportamiento de la electroválvula de alta presión de una bomba VR en la fase de llenado y en la fase de inyección de combustible.
- 7. Explica cómo diagnosticarías las electroválvulas de caudal y avance en una bomba VP44.
- 8. ¿Qué componente hace finalizar la preinyección en un inyector-bomba electromagnético?
- 9. En un sistema con inyector-bomba electromagnético, la inyección principal se inicia estando cerrada la electroválvula y alcanzando los ...
- 10. ¿Qué valor tiene la intensidad durante el mantenimiento del cierre de la válvula de control en un inyector-bomba electromagnético?
- 11. ¿Qué entiendes por reconocimiento BIP?
- 12. En los inyectores-bomba electromagnéticos, la preinyección y la inyección principal se consiguen en una única activación del inyector. ¿Ocurre lo mismo en un inyector-bomba piezoeléctrico? Razona la respuesta.
- 13. Explica detalladamente la fase de descarga del actuador piezoeléctrico a ralentí y bajo régimen.
- 14. Explica la activación de un inyector-bomba piezoeléctrico para la supervisión de la válvula de dicho inyector.
- 15. ¿Qué dos parámetros intervienen en el cálculo de la cantidad de aditivo inyectado en el depósito en un sistema con filtro de partículas?
- 16. ¿Qué se entiende bajo el concepto de «regeneración pasiva» del filtro de partículas diésel sin aditivo?
- 17. ¿Cuánto dura la regeneración activa del filtro de partículas?
- 18. ¿Cómo reconoce la unidad de control de gestión del motor que el filtro de partículas está saturado?
- 19. ¿Qué RCO tiene la electroválvula de mando de la E.G.R en el funcionamiento del motor a ralentí?
- 20. ¿Cuándo aspira el motor mayor cantidad de gases recirculados por ciclo de aspiración? ¿Por qué?

EVALÚA TUS CONOCIMIENTOS

Resuelve en tu cuaderno o bloc de notas

1. **La información del sensor de alzada de aguja se utiliza para:**
   a. El control del caudal inyectado.
   b. El control de la presión de soplado.
   c. Permitir la recirculación de los gases de escape.
   d. El control de avance.
2. **El potenciómetro de posición del dosificador es:**
   a. Logarítmico.
   b. De pista con cursor deslizante.
   c. De cortocircuito de campo magnético.
   d. De efecto contrarrotante.
3. **Indique si las siguientes afirmaciones referentes a un motor con inyector-bomba son verdaderas o falsas:**
   a. El motor con inyector-bomba lleva una correa de distribución más ancha para poder soportar las altas cargas del motor.
   b. El flanco de ataque de la leva de inyección ocupa la mayor parte del recorrido, para disponer de mayor tiempo de inyección.
   c. El flanco de salida es suave para que el recorrido descendente del émbolo sea más lento y no se formen burbujas de aire.
   d. En el piñón del árbol de levas se ha modificado el entrediente para absorber los alargamientos sufridos por la correa.
4. **Indique si las siguientes afirmaciones referentes a un motor con inyector-bomba con válvula electromagnética son verdaderas o falsas.**
   a. La electroválvula permanece cerrada mientras el balancín recorre el flanco suave de la leva de inyección.
   b. Durante todo el proceso de preinyección e inyección principal la electroválvula permanece cerrada.
   c. El colchón hidráulico es una particularidad de la bomba de combustible que reduce la sonoridad de funcionamiento.
   d. La alimentación del inyector se produce cuando la electroválvula se encuentra excitada y, por tanto, cerrada.
5. **La electroválvula de avance de la bomba VR es controlada por:**
   a. La presión interna de la bomba.
   b. La UEC del motor.
   c. Por un anillo de levas.
   d. La UEC de la bomba.
6. **En el caso de una bomba VR:**
   a. El avance y el caudal son gestionados electrónicamente.
   b. Solo el avance de inyección es gestionado electrónicamente.
   c. Solo el caudal es gestionado electrónicamente.
   d. Ni el caudal ni el avance son gestionados electrónicamente.
7. **Gracias a la aditivación del carburante se disminuye la temperatura de combustión de las partículas de hollín, ¿en cuántos grados?**
   a. 350 °C
   b. 100 °C
   c. 450 °C
   d. 550 °C
8. **¿Cuáles de las siguientes afirmaciones son correctas?**
   a. El inyector de aditivo se activa cada vez que repostamos carburante.
   b. Normalmente la temperatura a la entrada del catalizador es superior a la de la salida.
   c. La válvula de seguridad del depósito de aditivo interviene desgasificando éste en caso de sobrepresión.
   d. La sonda lambda tiene un papel primordial en la regeneración del filtro de partículas.
9. **¿Cuál de las siguientes opciones referentes a la válvula de retención dentro de un inyector-bomba piezoeléctrico es verdadera?**

   La válvula de retención…
   a. Está en el interior de la cámara de alta presión e impide la salida de combustible.
   b. Ayuda a la aguja de la válvula a cerrar el circuito de alimentación.
   c. Permite el paso de combustible a la cámara del muelle del inyector.
   d. Permite la salida y la entrada de combustible a la cámara de alta presión.

PRÁCTICA **PROFESIONAL**

HERRAMIENTAS

- Analizador de gases homologado

MATERIAL

- Turismo diésel sobrealimentado (Skoda Octavia 1.9)

Análisis de los humos de escape de un turismo diésel sobrealimentado

OBJETIVO

Saber comprobar correctamente la opacidad de los humos de escape a un motor diésel sobrealimentado. Con este análisis podemos sacar conclusiones importantes acerca del estado mecánico del motor así como del sistema de inyección de combustible.

PRECAUCIONES

- Utilizar una ventilación adecuada en el local donde se están realizando las pruebas.
- Tener siempre presentes las instrucciones que ordena el fabricante del analizador para garantizar un funcionamiento correcto del mismo.

DESARROLLO

Antes de desarrollar la práctica mostramos a través de la figura 9.107 el analizador de gases que vamos a utilizar.

1. Asegurarse que el motor esté caliente y en condiciones mecánicas satisfactorias.
2. La temperatura del aceite debe ser como mínimo 80 °C. Si hubiera dificultades para medir la temperatura del aceite (no es este caso) se daría por válido que el motor esté a su temperatura normal mediante el funcionamiento del ventilador.
3. Dejar el motor funcionando a 2.000 rpm aproximadamente durante 1 minuto.
4. Con el motor a ralentí, introducir la sonda para la toma de muestras en el tubo de escape. Procurar introducirla 50 milímetros como mínimo y que esté alejada de la pared interior del tubo de escape al menos 10 milímetros (figura 9.108).

↑ **Figura 9.107.**

↑ **Figura 9.108.**

5. Acelerar el motor durante unos 10 segundos hasta conseguir el caudal máximo de combustible. Este proceso se realizará 4 veces, teniendo en cuenta que entre cada aceleración hay que dejar el motor a ralentí 15 segundos.
6. Los valores de coeficiente de absorción luminosa *(k)* obtenidos en este vehículo son los indicados en las figuras 9.109, 9.110, 9.111 y 9.112. De los cuatro valores calculamos la media aritmética.

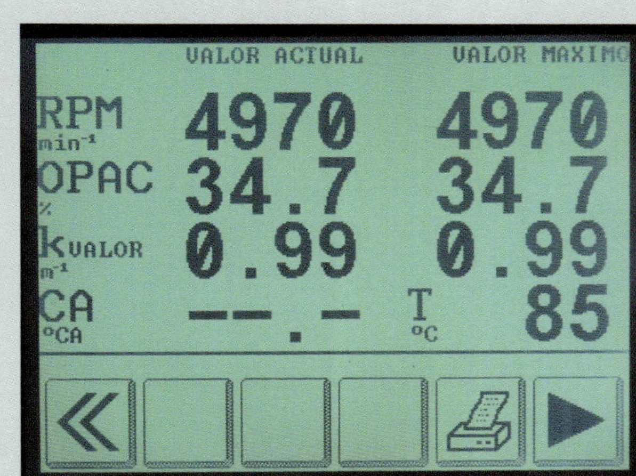

↑ **Figura 9.109.**

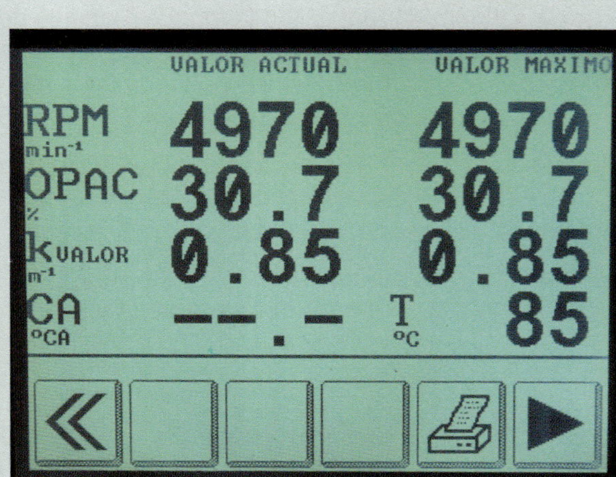

↑ **Figura 9.110.**

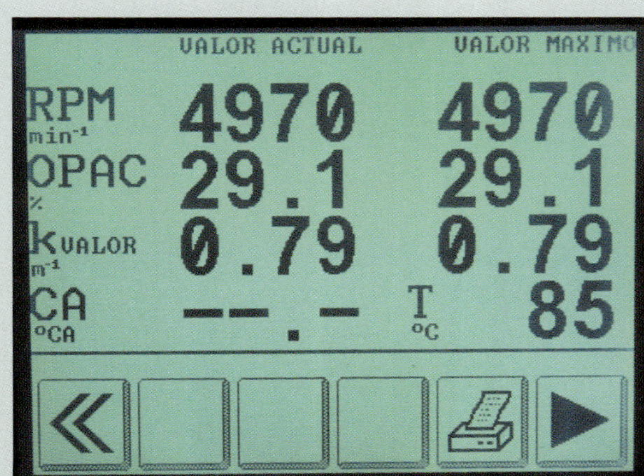

↑ **Figura 9.111.**

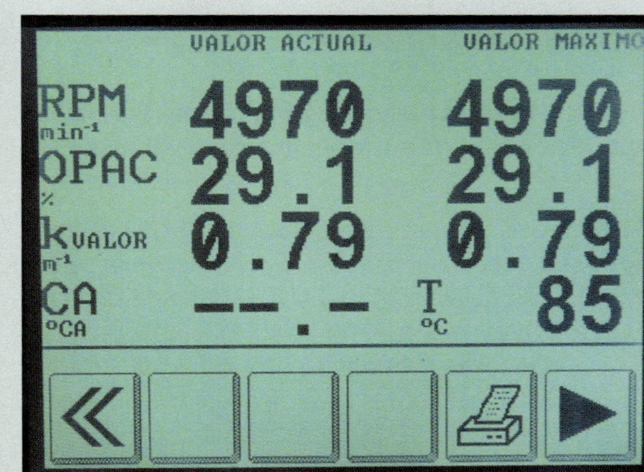

↑ **Figura 9.112.**

7. Siendo estos valores $k_1 = 0{,}99$, $k_2 = 0{,}85$, $k_3 = 0{,}79$ y $k_4 = 0{,}79$, la media aritmética sería **0,855. El vehículo supera la prueba** ya que esa media no rebasa los valores permitidos por la normativa para ese vehículo.

   Si se dan valores de opacidad superiores a los permitidos habría que revisar la puesta a punto del motor, el sistema de alimentación de aire, el sistema de alimentación de combustible, el estado de la pulverización del inyector, el avance a la inyección, la presión de sobrealimentación, etc.

MUNDO **TÉCNICO**

Bomba VP 44 e inyector–bomba. Señales

Bomba VP44 con preinyección (figura 9.113)

Aunque en estas bombas se recurre normalmente al empleo de inyectores bimuelle para el control de la inyección a bajo régimen, existen algunos modelos de bombas con un diseño especial de la leva que permiten una preinyección y una inyección principal por medio de la doble activación de la válvula de caudal.

Aunque parezca contradictorio el tiempo de activación durante la preinyección es mayor que durante la inyección principal ello es debido al diseño de la leva.

Nota: no obstante durante la preinyección se sigue inyectando un caudal menor que durante la inyección principal.

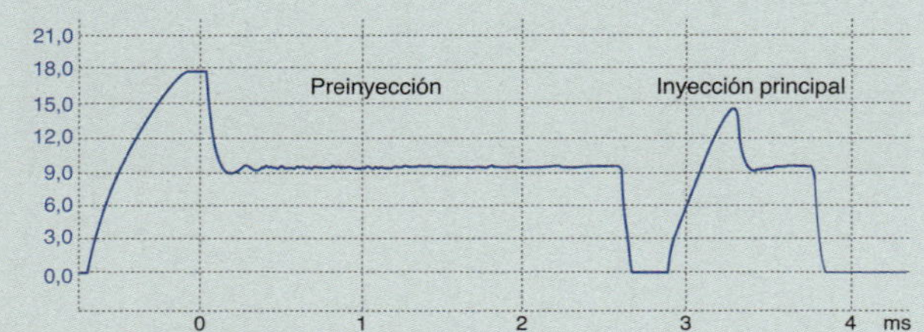

↑ **Figura 9.113.** Bomba VP44 con preinyección.

Inyector-bomba piezoeléctrico (figura 9.114). Activación para la supervisión de la válvula del inyector

Esta activación se produce cada cuatro ciclos de inyección para supervisar el funcionamiento de la válvula de gobierno del inyector. La activación se lleva a cabo cuando la leva se encuentra en su zona de reposo, por lo que el inyector no genera presión y por tanto no inyecta. Esto favorece el análisis de la señal por parte de la unidad ya que ésta se encuentra libre de las perturbaciones que se producen en los cristales piezoeléctricos durante la generación de presión.

En esta activación la unidad cierra la válvula de control del inyector y analiza la tensión de alimentación del actuador. En el momento en el que la válvula alcanza su posición de cierre se produce una inflexión en la tensión de alimentación que se considera el inicio real de inyección (BIP). La unidad supervisa si el tiempo en que se produce el cierre de la válvula se encuentra dentro de los márgenes establecidos.

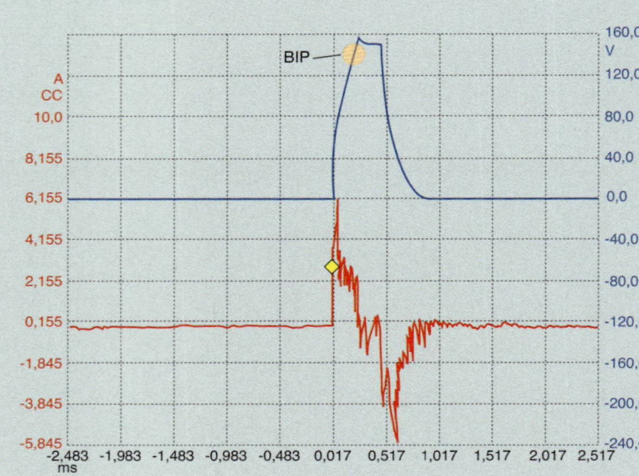

↑ **Figura 9.114.** Inyector bomba piezoeléctrico.

Activación de la electroválvula de corrección de avance de una bomba VP 44 (figura 9.115)

Se puede observar que del mismo modo que en los inyectores, en esta electroválvula también podemos apreciar el momento en la que esta abre (BIP).

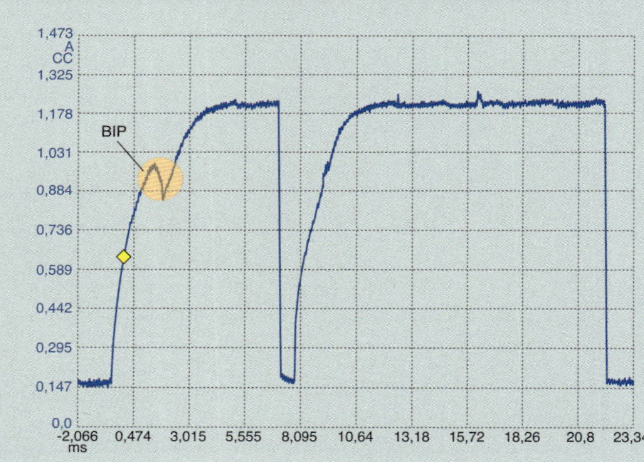

↑ **Figura 9.115.**

Se ha elegido una imagen en la que se muestran dos activaciones muy próximas. En la segunda no exista señal BIP por la proximidad con la primera activación debido a que la válvula no llega a cerrarse.

Fuente: Ramón Feijoo Revilla
Javier Iglesia Anllo
Profesores de automoción

EN RESUMEN

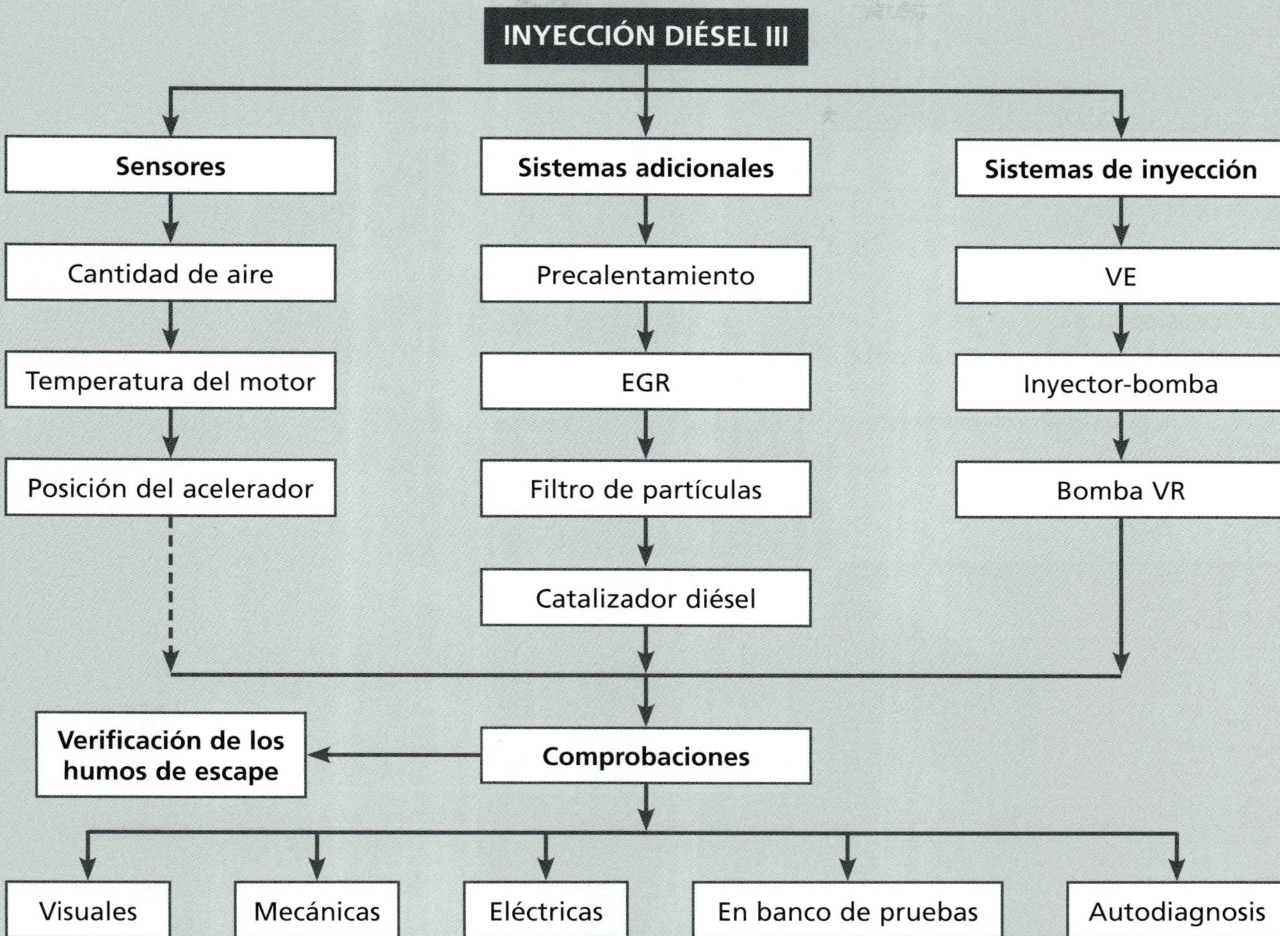

entra en internet

1. En las siguientes direcciones puedes encontrar más información sobre lo tratado en la unidad.
   - <http://www.autocity.com/documentos-tecnicos/index.html?codigoDoc=170>
   - <http://www.autocity.com/documentos-tecnicos/index.html?codigoDoc=290>
   - <http://www.autocity.com/documentos-tecnicos/index.html?codigoDoc=165>
   - <http://rb-kwin.bosch.com/es/es/powerconsumptionemissions/dieselsysteme/dieselsystem/commercialvehiclesystems/startersystems/glow_plugs/glowcombustionsensor.html>
   - <http://es.wikipedia.org/wiki/Piezoelectricidad>
   - <http://www.solociencia.com/ecologia/05042108.htm>

10 Inyección diésel IV

vamos a conocer...

1. Características del sistema Common Rail

2. Circuito de combustible

3. Medidas anticontaminación

4. Controles

PRÁCTICA **PROFESIONAL**

Comprobación del sensor de posición del pedal del acelerador mediante osciloscopio

Comprobación de la señal de los inyectores mediante el osciloscopio

MUNDO **TÉCNICO**

Equilibrado del inyector

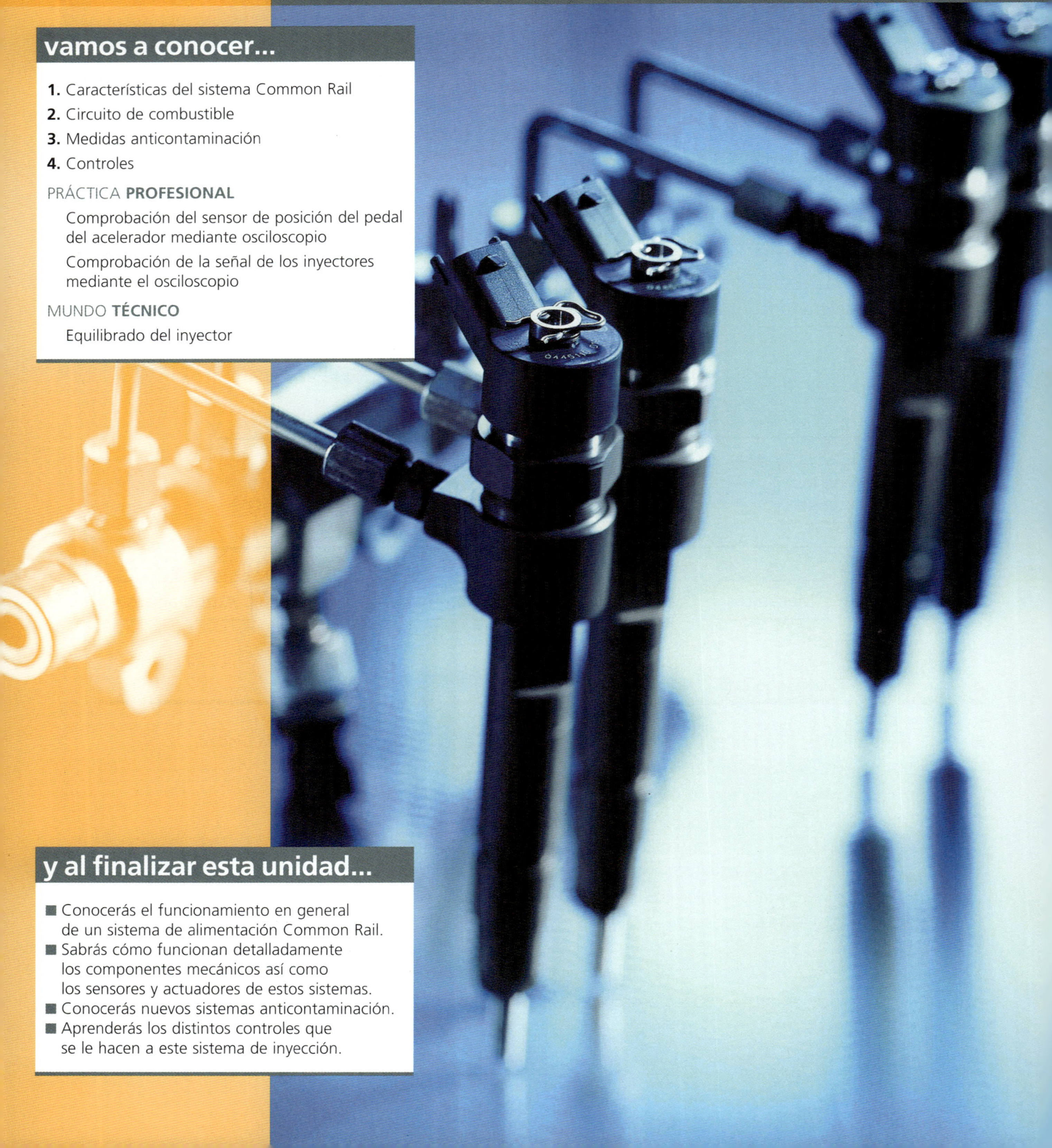

y al finalizar esta unidad...

- Conocerás el funcionamiento en general de un sistema de alimentación Common Rail.
- Sabrás cómo funcionan detalladamente los componentes mecánicos así como los sensores y actuadores de estos sistemas.
- Conocerás nuevos sistemas anticontaminación.
- Aprenderás los distintos controles que se le hacen a este sistema de inyección.

CASO **PRÁCTICO** INICIAL

situación de partida

Isolino es un taxista que tiene un vehículo con un sistema de inyección diésel por conducto común (Common Rail). Desde hace aproximadamente una semana aprecia que el vehículo no enciende adecuadamente. Tiene que encender a base de vueltas de arranque. Decide llevarlo al taller. Una vez en el taller el mecánico le pregunta los síntomas del vehículo.

El mecánico también pregunta si tiene algún testigo de avería grabado en el cuadro. A esta pregunta Isolino contesta que el vehículo no tiene ninguna luz de avería.

El mecánico conecta el equipo de diagnosis en el coche e intenta leer las averías que pueda tener grabadas la unidad de gestión del motor. Una vez aquí, aprecia cómo el vehículo tiene la siguiente avería memorizada: «Margen o rango de corrección del regulador de presión sobrepasado».

Es entonces cuando el mecánico intenta entrar en el apartado de parámetros del vehículo ayudado por el terminal de diagnóstico y comprueba que el sensor de presión de la rampa de inyección tiene un valor nominal de 200 bar y el teórico es de 380 bar.

Lo siguiente que hace el mecánico para asegurarse de la sustitución de alguna pieza es conectar el osciloscopio para ver la señal del sensor de la rampa. Al comprobarlo ve que la señal es inadecuada, por lo que la avería se encuentra en el sensor de presión de la rampa.

Deciden sustituirlo y la avería queda solucionada.

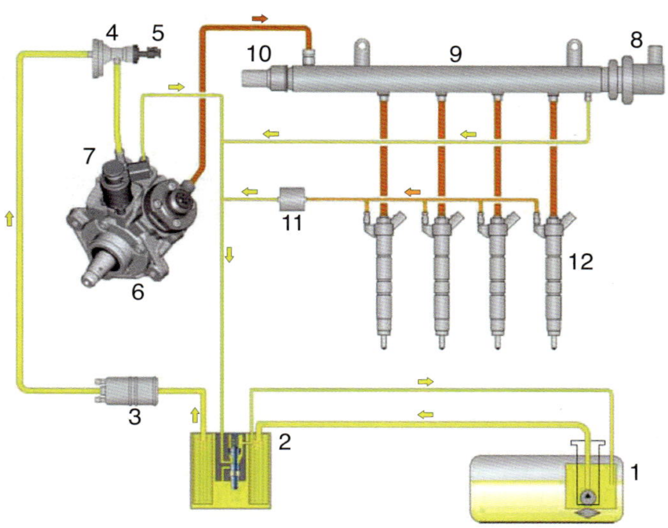

1. Bomba eléctrica previa
2. Filtro con válvula de calentamiento
3. Bomba eléctrica (5 bares)
4. Tamiz
5. Sensor de temperatura
6. Bomba de alta presión
7. Válvula dosificadora
8. Regulador de presión
9. Rail
10. Sensor de presión
11. Válvula de retorno (10 bares)
12. Inyectores

↑ Sistema Common Rail.

estudio del caso

Antes de empezar a leer esta unidad de trabajo, puedes contestar las dos primeras preguntas. Después analiza cada punto del tema, con el objetivo de contestar al resto de las preguntas de este caso práctico.

1. Diferencias respecto a la bomba de alta presión entre un Common Rail con regulador de presión y un Common Rail con regulador de caudal.
2. ¿Todos los Common Rail necesitan una bomba de cebado en el depósito?
3. Los inyectores piezoeléctricos pueden desconectarse con el motor en marcha?
4. En una inyección Common Rail que cumple la normativa EU V. ¿Cómo se comprobaría el estado de las bujías de incandescencia?
5. ¿En los sistemas Common Rail de última generación se pueden utilizar combustibles alternativos como el biodiésel?
6. ¿Qué dos variantes de conjuntos acopladores existen en los inyectores piezoeléctricos?

1. Características del sistema Common Rail

caso práctico inicial

El vehículo instala un sistema de inyección Common Rail.

El sistema Common Rail fue desarrollado por el grupo Fiat en la década de los ochenta y cedido al grupo Robert Bosch en 1994, el cual se ocupó de perfeccionar el desarrollo del proyecto y de su industrialización. El primer vehículo del mundo en equipar este sistema fue el Alfa Romeo 156 con motor JTD en 1997.

Este sistema es el más utilizado en la actualidad tanto en turismos como en vehículos industriales.

El sistema Common Rail, conjugando unas elevadas presiones de inyección independientes del régimen de rotación del motor y controlando la inyección mediante un inyector de apertura eléctrica mandado por un procesador electrónico, consigue ajustar las condiciones del motor optimizando de esta manera la combustión, lo que mejora las emisiones, los consumos y el par motor.

saber más

Los fabricantes han adoptado para sus vehículos con sistema Common Rail distintas denominaciones (DCI, CDI, JTD, TDCI, HDI,...). Algunos fabricantes independientemente del sistema de alimentación empleado, utilizan una denominación común, como TDI.

Básicamente los sistemas de inyección Common Rail consisten en una bomba hidráulica de alta presión, accionada por la distribución del motor, que suministra combustible a una determinada presión a un conducto común llamado acumulador o rail.

Los inyectores de mando eléctrico toman combustible a presión de este conducto y la inyección se produce en el momento en que la UEC excita a dichos inyectores.

La presión en este acumulador es controlada también por la UEC. El valor de esta presión será determinado por un campo característico en función de las condiciones de funcionamiento del motor. Concretamente, la presión es ajustada entre 120 y 2.000 bares a través de una válvula reguladora de la presión, aunque los valores dependen de cada sistema.

Los últimos sistemas Common Rail aportan las siguientes ventajas:

- Permiten reducir las emisiones contaminantes. Evidentemente cumplen las exigencias a las que obliga la normativa vigente.
- Reducen el consumo de combustible.
- Proporcionan importantes mejoras en el confort de marcha al rebajarse la sonoridad y las vibraciones del motor.

La figura 10.1 muestra uno de los sistemas más modernos en estos momentos.

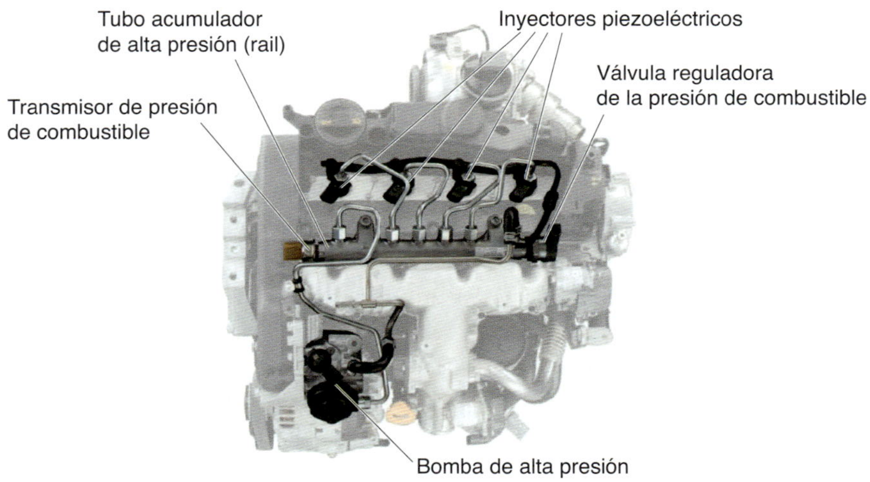

→ **Figura 10.1.** El sistema Common Rail.

2. Circuito de combustible

La bomba eléctrica de prealimentación de combustible ubicada en el interior del depósito (figura 10.2) impulsa el combustible a una presión de entre 0,3 y 0,5 bares, desde dicho depósito hacia la válvula de precalentamiento.

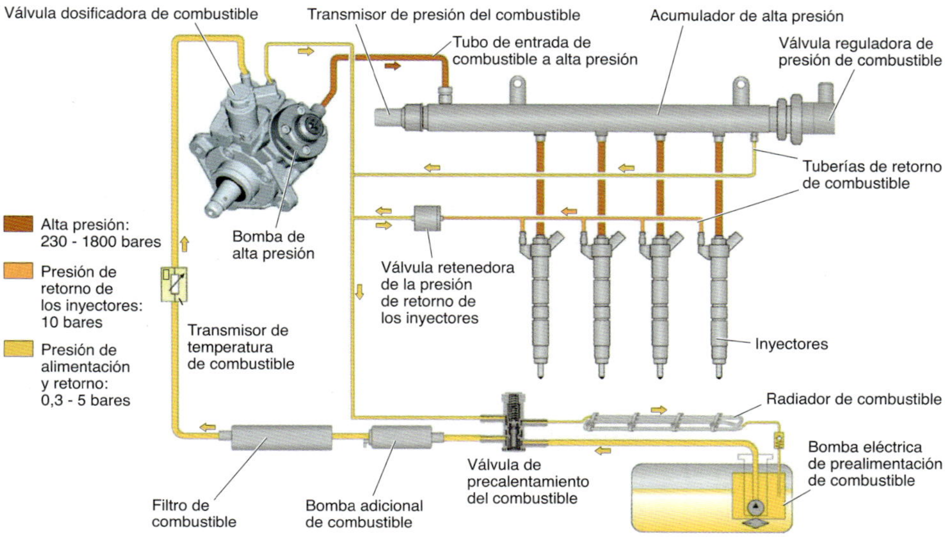

← **Figura 10.2.** Circuito de combustible.

Esta válvula evita que se solidifique la parafina contenida en el combustible en forma de cristales ya que estos pueden obstruir el filtro. En función de si el combustible está frío o caliente, dicha válvula dirige el combustible de retorno hacia la bomba adicional eléctrica o hacia el depósito.

La bomba adicional de combustible se encarga de elevar la presión de combustible hasta aproximadamente 5 bares hacia la bomba de alta presión.

Entre la bomba adicional y la bomba de alta presión se sitúa el filtro y el transmisor de temperatura. Mediante este último la unidad de control determina la temperatura de combustible antes de ser comprimido en la bomba de alta presión.

La bomba de alta presión genera la presión de combustible necesaria para la inyección. A la entrada de la bomba de alta presión se ubica la válvula dosificadora de combustible que regula, en función de las necesidades del motor, la cantidad de combustible a comprimir, optimizando así el proceso de generar presión.

El combustible a alta presión pasa al acumulador, donde están conectados cada uno de los inyectores por medio de tuberías cortas, para que la presión se degrade lo menos posible.

La válvula reguladora de presión de combustible, situada en un extremo del acumulador, regula la presión de combustible necesaria para la inyección en función de las necesidades de funcionamiento del motor.

En el otro extremo del acumulador está ubicado el transmisor de alta presión con el que se informa a la unidad de control del motor de la presión de combustible en el acumulador.

En el tubo de retorno de los inyectores se ubica la válvula retenedora de presión. Se trata de un presostato mecánico que mantiene la presión de retorno a 10 bares. Esta presión constante en el tubo de retorno es necesaria para el correcto funcionamiento de los inyectores piezoeléctricos.

El radiador de combustible reduce el calor residual del combustible para que no se eleve la temperatura en el interior del depósito. Los sistemas modernos trabajan con presiones muy altas, de ahí que el combustible sufre un aumento considerable de temperatura.

Debemos subrayar que es importantísimo refrigerar el combustible debido a que la temperatura afecta a la densidad de este (a mayor temperatura, menor densidad). Como los tiempos de apertura de los inyectores son muy cortos, las variaciones de temperatura influyen en la dosificación ya que para el mismo volumen inyectado, varía la masa por la modificación de la densidad.

En cualquier caso, el combustible se calienta menos en el sistema de inyección Common Rail que en el sistema inyector-bomba, ya que el combustible no circula por el interior de la culata tal como sucede en estos últimos. Por tal motivo, las dimensiones del radiador de combustible en el sistema Common Rail son menores que las de los radiadores que se montan en los sistemas inyectores-bomba.

A continuación explicamos detalladamente el funcionamiento de cada uno de los elementos.

2.1. Válvula de precalentamiento de combustible (figura 10.3)

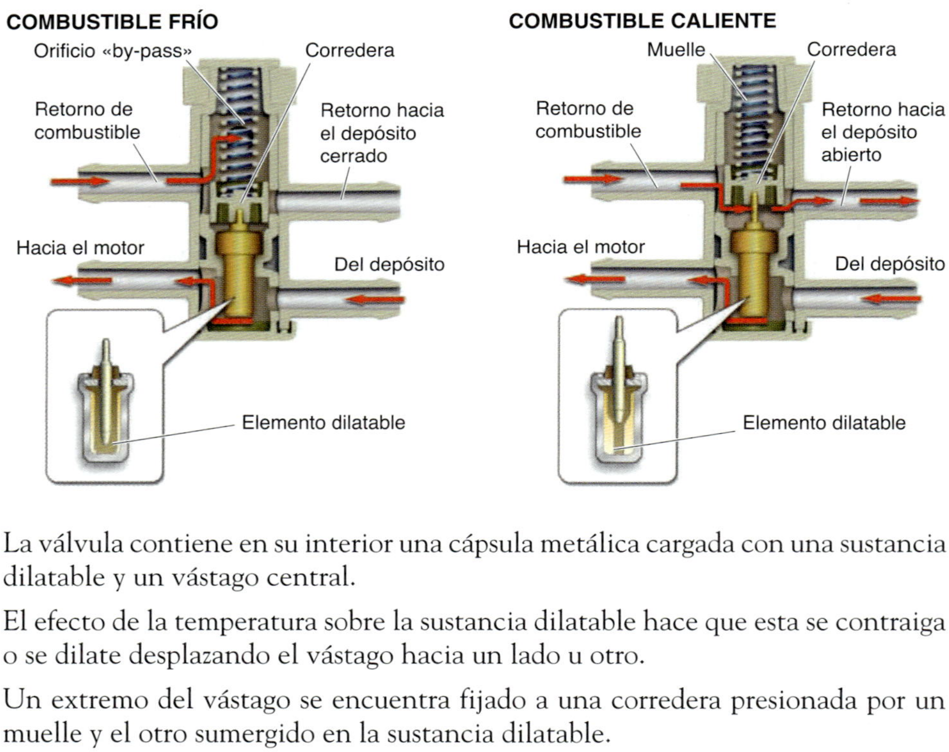

→ **Figura 10.3.** Válvula de precalentamiento de combustible.

La válvula contiene en su interior una cápsula metálica cargada con una sustancia dilatable y un vástago central.

El efecto de la temperatura sobre la sustancia dilatable hace que esta se contraiga o se dilate desplazando el vástago hacia un lado u otro.

Un extremo del vástago se encuentra fijado a una corredera presionada por un muelle y el otro sumergido en la sustancia dilatable.

Cuando el combustible de retorno tiene una temperatura inferior a 15 °C aproximadamente, la fuerza ejercida por el muelle mantiene la corredera en la posición inferior, cerrando el orificio de retorno del combustible hacia el depósito y abriendo paso a la zona del orificio *by-pass* para que el combustible retorne hacia el motor.

A partir de 15 °C aproximadamente de temperatura del combustible, el vástago central es desplazado por la sustancia dilatable hasta completar una carrera de unos 2 milímetros. El vástago desplaza la corredera hacia arriba y esta cierra el paso de combustible hacia el orificio *by-pass* y abre el orificio de retorno hacia el depósito.

Es importante verificar, en caso de sustitución, que la válvula de precalentamiento ha sido montada en la posición correcta.

2.2. Bomba adicional de combustible

Su funcionamiento es igual al de las electrobombas de combustible para inyección de gasolina. Esta bomba, al igual que la bomba eléctrica de prealimentación, es excitada por la unidad de control del motor a través de relés.

Se pueden encontrar sistemas donde solo se instala una sola electrobomba sin necesidad de bomba de prealimentación. En estos casos suele ir ubicada en el depósito de combustible (véase la figura 10.4).

2.3. Bomba de alta presión

Es la encargada de generar la alta presión necesaria para el funcionamiento del sistema. Esta presión es transmitida al acumulador o rail. Es accionada por el propio motor a través del sistema de distribución, bien por correa, cadena o por algún otro componente. Absorbe una potencia aproximada de 4,5 CV.

Vamos a explicar tres tipos de bombas:

- Bomba de tres émbolos radiales.
- Bombas monoémbolo.
- Bombas de dos émbolos a 180°.

Bomba de tres émbolos radiales

La figura 10.5 nos muestra una sección de una bomba de este tipo donde se aprecian algunos elementos, así como las canalizaciones del combustible.

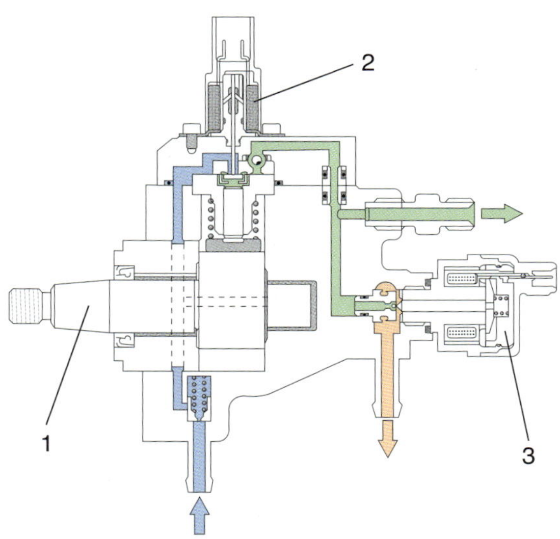

Circuito de baja presión
Circuito de retorno
Circuito de alta

Entrada de combustible
Retorno
Combustible hacia el rail

1. Árbol de accionamiento
2. Desactivador del tercer pistón
3. Regulador de alta presión

↑ **Figura 10.5.** Esquema y sección longitudinal de una bomba de alta presión de tres émbolos radiales.

La parte de bombeo en sí está formada (figura 10.6) por tres émbolos (1) dispuestos radialmente con un ángulo de desfase entre sí de 120°.

saber más

En algunos motores de 6 o más cilindros, se dispone de una segunda bomba de alimentación, completamente mecánica (de tipo engranajes). Esta bomba garantiza el caudal a las 2 rampas o conductos comunes (una para cada bancada). Aun así, en estos casos se sigue manteniendo la electrobomba de rodillos, aunque solo tiene la función de cebar la bomba de engranajes antes de la puesta en marcha del motor.

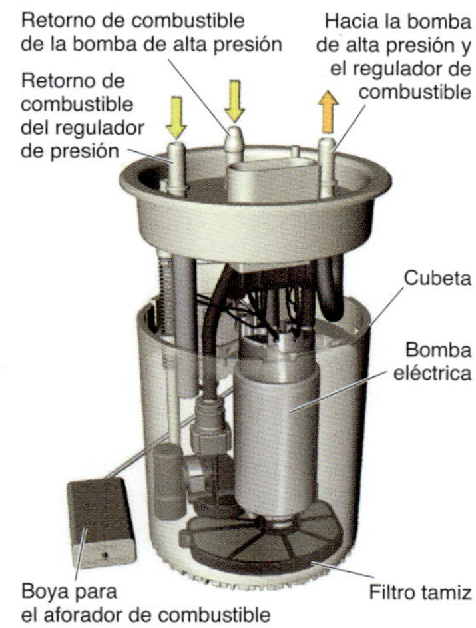

↑ **Figura 10.4.** Electrobomba de combustible.

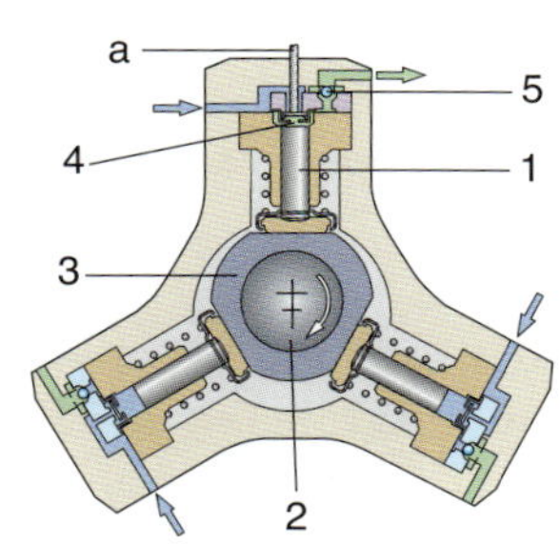

Entrada de combustible
Salida a alta presión
a. Desactivador del tercer pistón

↑ **Figura 10.6.** Zona de bombeo detallada de una bomba de alta presión de tres émbolos radiales.

La excéntrica del árbol de accionamiento (2) mueve al anillo de levas (3). Debido a las distintas posiciones que va adquiriendo este anillo, los émbolos realizan la aspiración de combustible a través de la válvula de admisión (4) y la compresión del mismo a través de la válvula de compresión (5).

Durante una vuelta del árbol de accionamiento se realiza una carrera de suministro en cada émbolo.

Con la figura 10.7 nos acercamos al funcionamiento detallado de la parte de alta presión poniendo como ejemplo la actuación de un émbolo (el funcionamiento en los otros dos es idéntico). La explicamos brevemente:

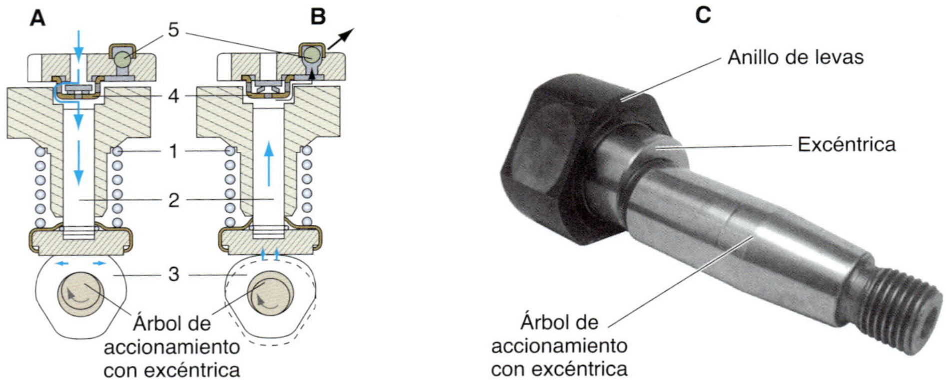

↑ **Figura 10.7.** Aspiración y compresión de combustible en la bomba de alta (funcionamiento detallado).

saber más

La casa Delphi utiliza bombas de alta presión de émbolos radiales empleando el mismo sistema de generación de presión que las bombas rotativas mecánicas de émbolos radiales (Bosch VR y Lucas DPC).

La figura 10.7A representa la fase de aspiración, durante la cual el muelle de recuperación (1) empuja al émbolo (2) sobre el anillo de levas (3). Así el émbolo aspira el combustible, enviado por la electrobomba, a través de la válvula de admisión (4).

La figura 10.7B representa la fase de compresión, en la cual el émbolo realiza la carrera ascendente debido al empuje que le otorga el anillo de levas. La válvula de admisión se cierra mientras que la de compresión (5) se abre para permitir la salida del combustible a presión hacia el acumulador.

La figura 10.7C nos muestra, con mayor detalle, el árbol de accionamiento con excéntrica y el anillo de levas.

Hemos de señalar, por un lado, que en algunos casos, el regulador de presión va montado en la propia bomba y por otro, que en ciertas aplicaciones de estas bombas (en sistemas de primera generación) se dispone de un desactivador del tercer pistón.

Este desactivador consiste en un electroimán gobernado por la UEC.

Cuando se activa, el electroimán mantiene abierta la válvula de entrada de uno de los elementos de bombeo por lo que ahí no se genera alta presión.

Con ello, se reduce la potencia que absorbe la bomba del motor con bajas cargas, se limita de forma rápida la alta presión en caso de avería y se evita un calentamiento excesivo del combustible.

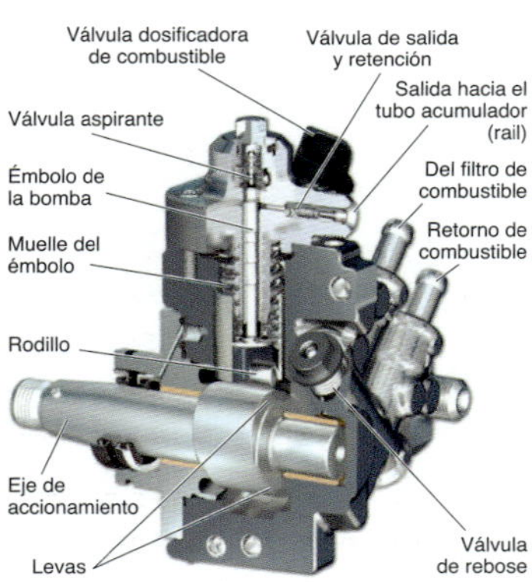

↑ **Figura 10.8.** Bomba monoémbolo.

Bombas monoémbolo (figura 10.8)

Se trata de una bomba, como su nombre indica, de un solo émbolo accionado por el cigüeñal a través de la correa de distribución con una relación de desmultiplicación de 1 a 1.

El émbolo que impulsa el combustible a alta presión es desplazado por dos levas desfasadas 180° entre sí y situadas en el eje de accionamiento.

Con las características mencionadas anteriormente tenemos las siguientes ventajas:

- Cada inyección en el acumulador de alta presión se efectúa a la vez que se realiza la carrera de compresión de cada uno de los cilindros.
- Se mantiene una carga uniforme en el accionamiento de la bomba con lo que se reducen las fluctuaciones de la presión en la zona de alta presión.

Por este motivo, se debe sincronizar la bomba de alta presión con el cigüeñal al sustituir la correa de distribución. Así no se sobrecarga dicha correa.

Además, entre el eje de accionamiento y el émbolo de la bomba se intercala un rodillo que ayuda a que las fuerzas entre ambos se transmitan minimizando la fricción interna.

Otra característica importante es que el cuerpo de la bomba se fabrica prácticamente en una sola pieza por lo que el riesgo de pérdida de estanqueidad se reduce al mínimo.

Por lo que respecta a la estructura de la bomba (figura 10.9), decir que dispone de tres orificios por los que fluye el combustible:

- Un orificio de entrada por donde llega el combustible proveniente del filtro de combustible. Se trata de una conexión de baja presión.
- El orificio de salida hacia el acumulador de alta presión. Es una conexión de alta presión e incluye una válvula de retención.
- Por último, está el orificio de retorno por donde se devuelve el combustible sobrante al depósito.

En el interior de la bomba podemos distinguir dos zonas:

- Zona de baja presión: ocupa la mayor parte del volumen de la bomba y una de sus funciones es lubricar y refrigerar el eje de accionamiento y el émbolo con el mismo combustible que circula por la bomba. Por este motivo la bomba nunca puede funcionar en vacío. Se debe llenar de combustible con la función de ajuste básico del equipo de diagnosis en caso de sustitución.
- Zona de dosificación: comienza en la válvula dosificadora de combustible y finaliza en la cámara de compresión.

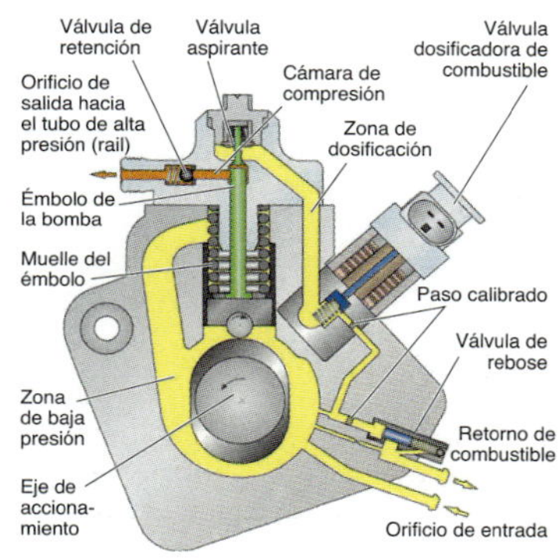

↑ **Figura 10.9.** Estructura de la bomba de alta presión monoémbolo.

Generación de alta presión

La bomba adicional de combustible proporciona combustible hacia la bomba de alta presión a una presión de aproximadamente 5 bares de forma permanente, independientemente de las condiciones operativas del motor.

El combustible atraviesa la válvula de dosificación de combustible (figura 10.10) hacia la válvula aspirante, y de allí hacia la cámara de compresión. El émbolo efectúa movimientos alternativos de ascenso y descenso gracias a las levas del eje de accionamiento. En cada movimiento de descenso, el émbolo aspira combustible hacia la cámara de compresión y durante la carrera ascendente dicho émbolo presiona el combustible para que entre hacia el tubo de alta presión.

A continuación se detalla el funcionamiento de la bomba durante la fase de aspiración de combustible hacia su interior y durante la fase de impulsión hacia el tubo de alta presión.

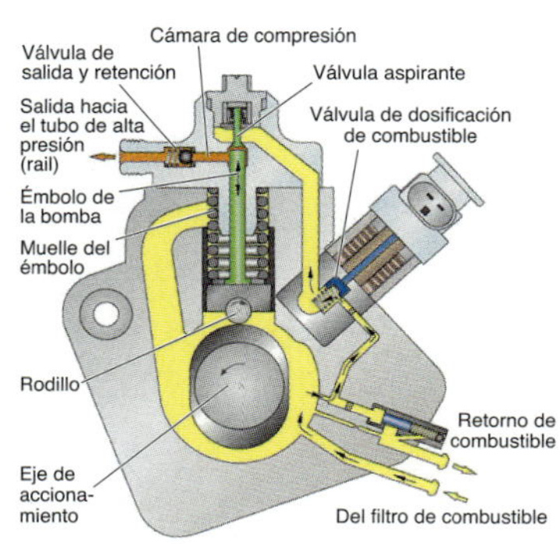

↑ **Figura 10.10.** Circulación del combustible por el interior de la bomba monoémbolo.

- **Carrera aspirante** (sección A de la figura 10.11): cuando el eje de accionamiento incide por su zona más plana en el rodillo, el muelle impulsa el émbolo hacia abajo. Durante este movimiento se crea una diferencia de presión entre la parte superior e inferior de la válvula aspirante. Debido a esto, la válvula aspirante se abre y deja pasar combustible hacia la cámara de compresión. El caudal de combustible que llega hasta la válvula aspirante es regulado por la válvula dosificadora de combustible.
- **Carrera impelente** (sección B de la figura 10.11): cuando el eje de accionamiento incide en el rodillo con la cresta de la leva, comienza el movimiento ascendente del émbolo. La válvula aspirante se cierra, por lo que aumenta la presión en la cámara de compresión. Cuando la presión en esta cámara supera a la presión del tubo acumulador se abre la válvula de salida y retención. De esta forma el combustible fluye hacia el tubo acumulador de alta presión hasta que se igualen las presiones antes y después de la válvula de salida y retención.

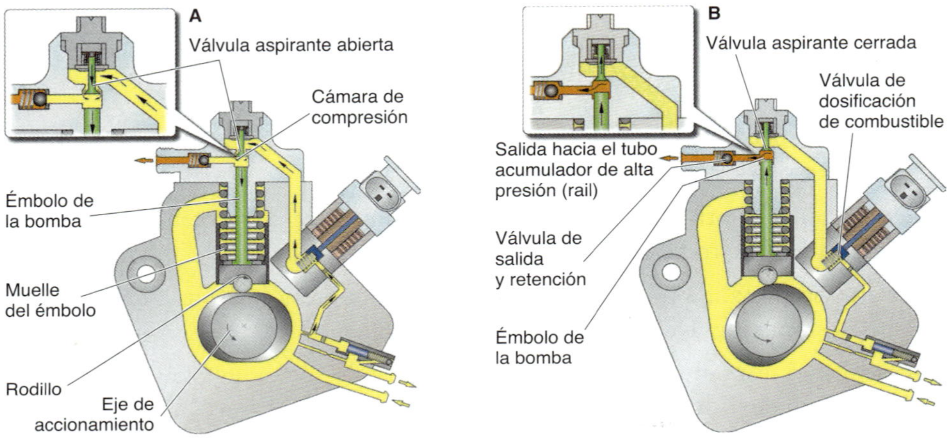

↑ **Figura 10.11.** Carrera aspirante y carrera impelente en la bomba de alta presión monoémbolo.

Zona de baja presión (figura 10.12)

El combustible llega a la bomba de alta presión impelido por la bomba adicional de combustible a una presión de 5 bares aproximadamente. El combustible en la zona de baja presión es regulado a 4,3 bares permanentemente por la válvula hidráulica de rebose. Esta válvula está ubicada en el circuito de retorno de combustible y está formada por un émbolo y un muelle tarado.

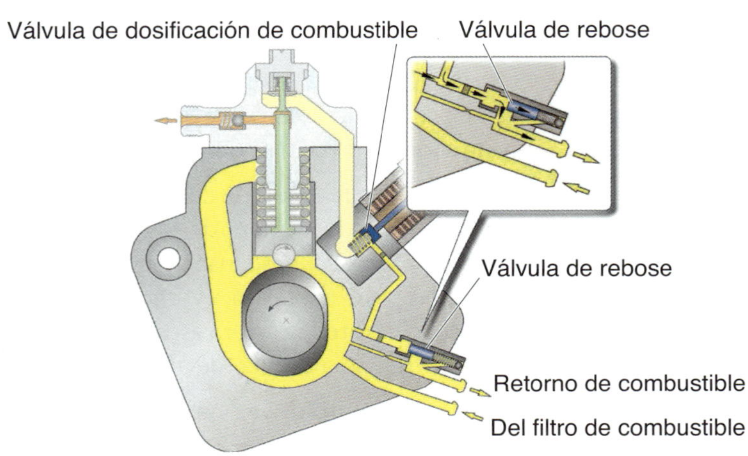

↑ **Figura 10.12.** Zona de baja presión.

Cuando la presión de combustible es mayor de 4,3 bares, la válvula se abre y deja pasar el combustible hacia el conducto de retorno. De esta forma se asegura una presión constante en la entrada de la válvula de dosificación de combustible.

Válvula de dosificación de combustible (figura 10.13)

Está ubicada en la bomba de alta presión de combustible. Está formada por una bobina electromagnética, un émbolo de control de sección variable y un muelle.

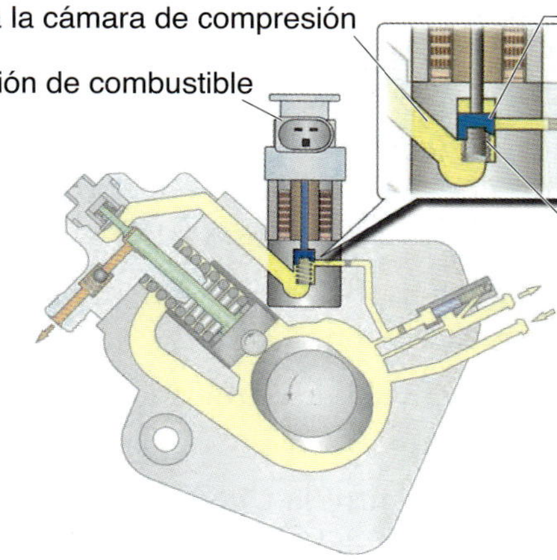

↑ **Figura 10.13.** Válvula de dosificación de combustible.

La válvula dosificadora regula, en función de las condiciones de funcionamiento del motor, la cantidad de combustible que se introduce en la cámara de compresión de la bomba de alta presión.

Los objetivos de esta válvula son:

- Reducir la potencia consumida por la bomba de alta presión.
- Evitar que el combustible se caliente de manera innecesaria.

Su funcionamiento es el siguiente: la UEC excita la válvula de dosificación de combustible para reducir el paso de combustible hacia la cámara de compresión. La señal de excitación es una señal de frecuencia fija y un tiempo de puesta a masa (activación eléctrica del elemento) variable. Es lo que se denomina relación cíclica de apertura (RCO) con la que además de variar el recorrido de la válvula se varía la posición del émbolo de control. La válvula de dosificación permanece abierta mientras no sea excitada por la UEC. Si se ausenta la tensión de excitación, la válvula permanecerá abierta permanentemente. Si la UEC detecta esta anomalía, reduce la entrega de potencia del motor.

saber más

El método de regulación, RCO, también se conoce de otros modos diferentes, tales como:

- Regulación por ciclo de trabajo variable.
- Variación del factor de trabajo.
- PWM *(Pulse Width Module)* o modulación del ancho de pulso.

En el interior de algunas bombas monoémbolo existe una zona estrecha (tubo de Venturi) en el conducto del sobrante de la válvula de dosificación. El tubo funciona como una pequeña bomba de succión. Pues bien, este estrechamiento se aprovecha para conectar la tubería del combustible de retorno de los inyectores. De esta forma, la presión existente en esta tubería oscila entre –0,1 y –0,5 bares. Esta depresión es necesaria para que la velocidad de conmutación de cada inyector sea lo más rápida posible. Esta disposición es muy típica en sistemas con inyectores electromagnéticos.

Bombas de dos émbolos a 180° (figura 10.14)

Son bombas que empezaron a implantarse recientemente. Están formadas, como su nombre indica, por dos émbolos en posición opuesta, de manera que en un giro

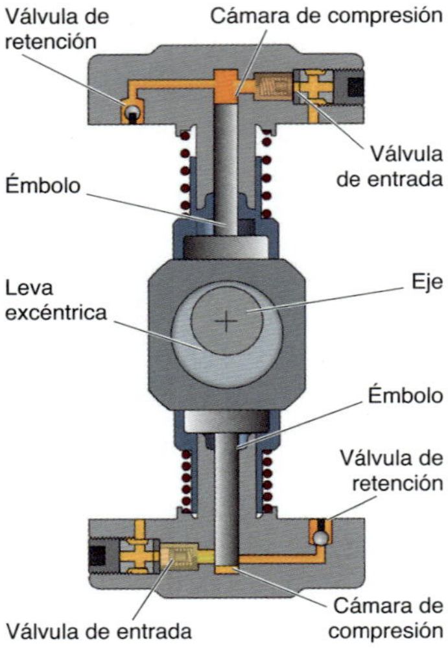

↑ **Figura 10.14.** Bomba con dos émbolos a 180°.

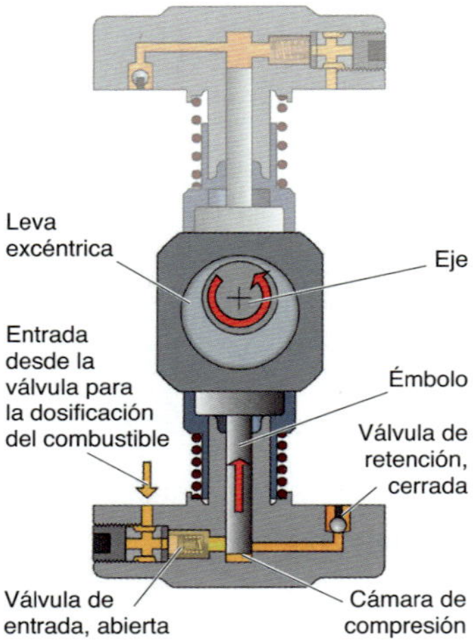

↑ **Figura 10.15.** Fase de aspiración.

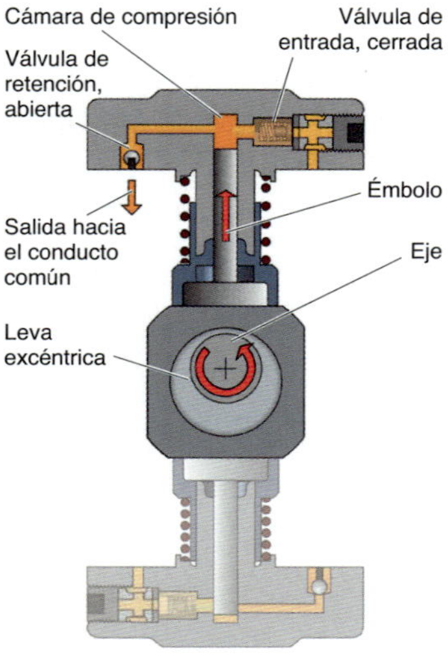

↑ **Figura 10.16.** Fase de compresión.

del eje de la bomba se realiza un ciclo de aspiración y otro de compresión a la vez. De esta forma, la presión máxima en el conducto común se alcanza de manera rápida y se mantiene de modo constante.

Los émbolos de la bomba son accionados mediante la leva excéntrica, que gira solidaria con el eje de la bomba.

Al igual que la bomba anterior, y por los mismos motivos, es necesario sincronizar su movimiento con el cigüeñal.

Como apreciamos en la figura anterior, la bomba está compuesta por las válvulas de entrada, las cámaras de compresión, las válvulas de retención, los émbolos, la leva excéntrica y el eje.

Veamos su funcionamiento detallado en la fase de aspiración y en la fase de compresión de combustible a través de las figuras 10.15 y 10.16 respectivamente.

En la fase de aspiración del combustible, el movimiento del émbolo causa una depresión dentro de la cámara de compresión.

Esta depresión provoca que la válvula de entrada a la bomba se abra y que la válvula de retención se cierre.

Debido a la diferencia de presión entre la cámara de compresión y la entrada desde la válvula para la dosificación del combustible, el combustible entrante vence la acción del muelle de la válvula de entrada, penetrando hacia la cámara de compresión.

Por otro lado, la diferencia de presión que se genera entre la cámara de compresión y el conducto común provoca que el combustible que se encuentra en dicho conducto cierre la válvula de retención, evitando su retroceso hacia el interior de la bomba.

En la fase de compresión, el émbolo provoca un aumento de la presión dentro de la cámara de compresión con lo cual la válvula de entrada se cierra y la válvula de retención se abre.

La válvula de entrada se cierra debido a la diferencia de presión que se genera entre la cámara de compresión y la entrada de combustible, evitando así que la presión generada se degrade hacia la válvula para la dosificación del combustible.

La válvula de retención se abre por la diferencia de presión generada entre la cámara de compresión y el conducto común. Así, la presión generada se transmite hacia el conducto común.

2.4. Válvula reguladora de la presión de combustible (figura 10.17)

Está situada en un extremo del acumulador de combustible de alta presión, aunque hay sistemas que la ubican en la bomba de alta.

Su función es modular la presión en el interior del conducto común.

La válvula es del tipo electromagnético y consta principalmente de:

- Una parte eléctrica, donde se encuentran el conector y la bobina electromagnética.
- Una parte hidráulica, donde se encuentran los conductos de paso de combustible hacia el acumulador de presión o hacia el retorno de combustible.

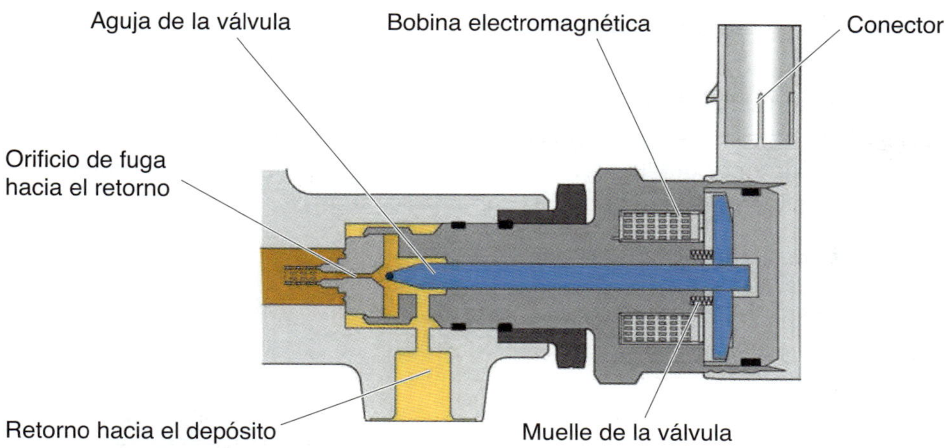

↑ **Figura 10.17.** Válvula reguladora de presión.

Funcionamiento

En reposo la válvula permanece completamente abierta. Para mantener la presión en el conducto acumulador, la UEC excita a la bobina electromagnética con una señal de frecuencia fija y anchura de impulso variable. La aguja de la válvula cierra el orificio de fuga del combustible hacia el retorno. El pequeño calibre de dicho orificio de fuga permite a la aguja vencer la elevada presión del combustible. Veamos, a continuación, un poco más detallado su funcionamiento.

Posición de reposo (figura 10.18)

Sin alimentación de tensión, la válvula permanece abierta por la acción de los muelles. En esta posición, el conducto de alta presión se encuentra comunicado con el retorno de combustible hacia el depósito.

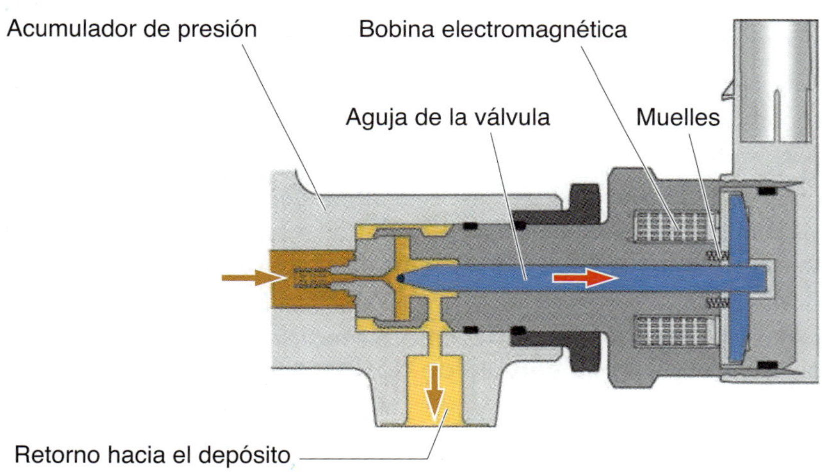

↑ **Figura 10.18.** Válvula reguladora de presión en reposo (abierta).

De esta manera, al detenerse el motor se favorece:

- La compensación de volúmenes de combustible entre el circuito de alta y de baja presión.
- La eliminación de las burbujas que se pudieran originar durante el enfriamiento del motor.

Estas características mejoran el arranque en frío del motor.

saber más

Cuando la presión en el acumulador es menor de 100 bares, el motor se para.

Posición de excitación (figura 10.19)

La UEC excita a la válvula reguladora de presión de combustible, como comentamos, con una señal de frecuencia fija (200-250 Hz, en las primeras versiones, y hasta 1 kHz en las de última generación) y anchura de impulso variable. Para ser más exactos diremos que la regulación de la intensidad se consigue regulando la alimentación de la válvula por masa con una señal de RCO.

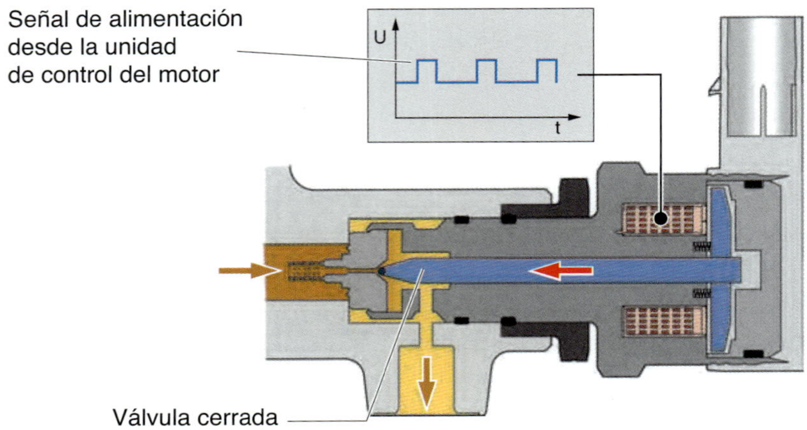

↑ **Figura 10.19.** Válvula reguladora de presión excitada (cerrada).

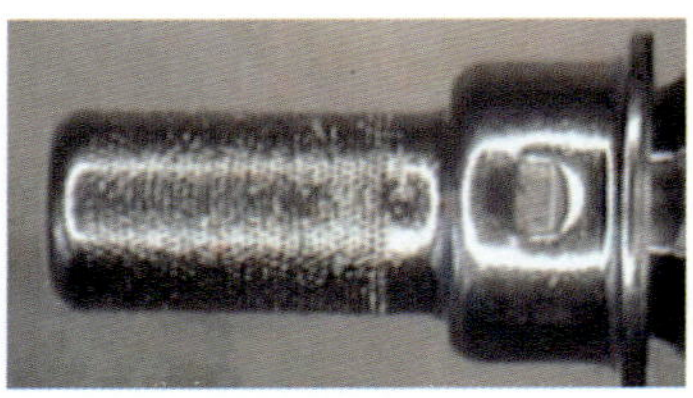

↑ **Figura 10.20.** Microfiltro en la válvula reguladora de presión.

Durante la fase de puesta en marcha del motor, la UEC excita la válvula permanentemente hasta generar una presión en el tubo acumulador de 120 bares.

El paso de combustible hacia el retorno es regulado por la aguja de la válvula en función de la anchura de pulso de la señal. Podemos decir que es una fuga controlada.

Este sistema de regulación permite compensar las fluctuaciones de presión en el acumulador debido a las ondas de presión generadas por la apertura alternativa de los inyectores.

En caso de avería, la válvula permanece abierta, comunicando la presión del acumulador con el retorno de combustible. Así, el motor no funciona debido a que no es posible generar en el acumulador la presión mínima de inyección.

Es importante resaltar que las válvulas reguladoras de presión montan un microfiltro, para impedir que las pequeñas impurezas presentes en el combustible, imposibiliten un asiento correcto de la válvula de cierre (figura 10.20).

Regulación de la presión de combustible mediante la válvula reguladora de presión y la válvula de dosificación de la bomba de alta presión

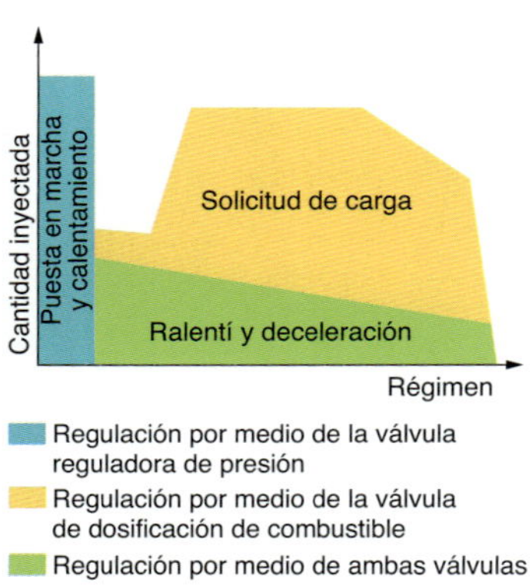

↑ **Figura 10.21.** Regulación de la presión de combustible mediante la válvula reguladora de presión y la válvula de dosificación.

La UEC activa una u otra o incluso a las dos válvulas en función de las condiciones de funcionamiento del motor (figura 10.21).

Según las condiciones de funcionamiento del motor podemos definir tres fases:

- Puesta en marcha y calentamiento del motor.
- Solicitud de carga.
- Ralentí y deceleración.

a) **Puesta en marcha y calentamiento del motor:** la UEC activa la válvula reguladora de presión durante los primeros instantes del arranque, mientras que la válvula de dosificación permanece inactiva, y por lo tanto completamente abierta. De este modo, el combustible se calienta rápidamente debido a que la bomba de alta presión impulsa más combustible del necesario.

El retorno del combustible de alta presión se realiza por la válvula reguladora ubicada en el acumulador de alta presión.

b) **Solicitud de carga:** en esta fase son necesarios tanto una elevada presión, como un gran caudal de combustible a inyectar. La UEC mantiene cerrada la válvula reguladora de la presión de combustible. La regulación de la presión la controla la UEC con la válvula de dosificación. De esta forma, se evita que el combustible se caliente de forma innecesaria y se adapta la energía absorbida por la bomba de alta presión a las necesidades del motor.

c) **Ralentí y deceleración:** en esta fase, la UEC regula la presión mediante ambas válvulas, la reguladora de presión y la de dosificación.

Es decir, la presión de inyección es ajustada mediante la regulación de:

- La presión en el tubo acumulador.
- El caudal de combustible que entra en la bomba de alta presión.

Con este sistema se consigue la regulación exacta de la presión de combustible necesaria, mejorando:

- El funcionamiento del motor a ralentí.
- La transición sin tirones del motor hacia la fase de desaceleración.
- La reducción de las emisiones contaminantes.

2.5. Sensor de presión (figura 10.22)

Es de tipo piezoeléctrico y su función es medir la presión del combustible en el acumulador para que la UEC determine el tiempo de inyección y regule la presión en el circuito de alta.

Es alimentado a 5 V y genera un cambio de tensión (conforme a la presión existente) entre 0 y 0,70 mV. Esta tensión es amplificada por un circuito evaluador interno, por lo que la señal de salida hacia la UEC estará entre 0,5 V y 4,8 V.

Interiormente está formado por un diafragma de acero sobre el que incide la presión de combustible del rail. Sobre este diafragma está montada una lámina extensiométrica que cuando se deforma modifica su resistencia eléctrica.

La lámina se deforma más o menos en función del valor de la presión y la electrónica de regulación genera la señal de salida en función de dicho valor (figura 10.23).

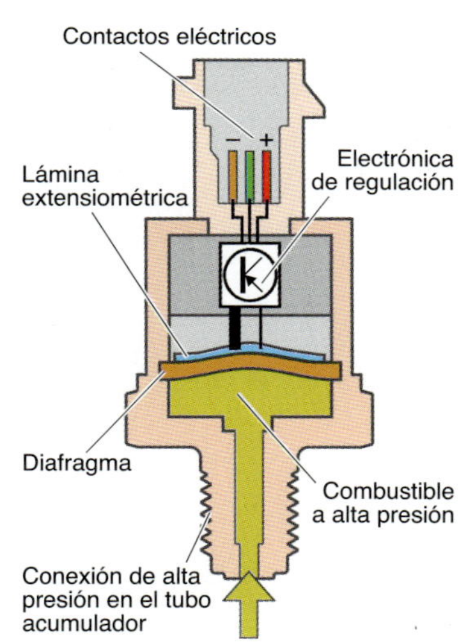

↑ **Figura 10.22.** Sensor de presión.

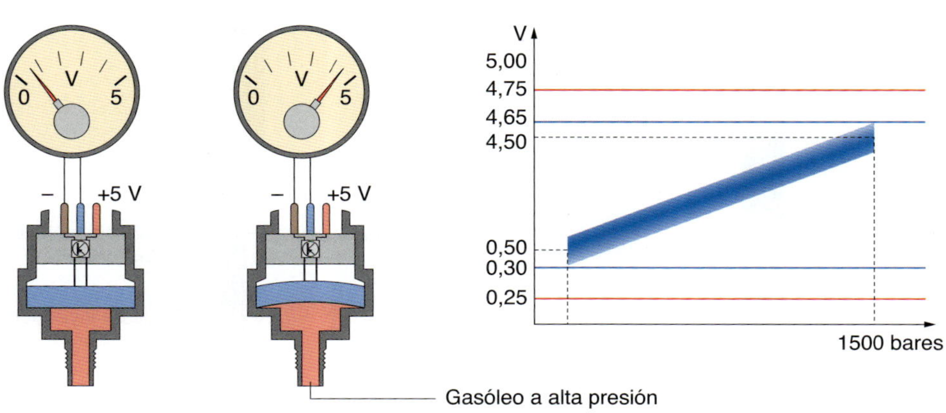

↑ **Figura 10.23.** Gráfica de una señal eléctrica en función de la presión del combustible.

2.6. Acumulador de alta presión

Va colocado en la culata y se suele construir de acero forjado o fundición de aluminio. Sus funciones son:

- Almacena el combustible con alta presión.
- Amortigua las pulsaciones creadas por el suministro de la bomba y la inyección.
- Sirve como soporte de varios elementos: sensor de alta presión, las tomas de alimentación de los inyectores, las tuberías de retorno hacia el depósito, regulador de presión, sensor de temperatura del combustible, la válvula de seguridad y los limitadores de flujo.

2.7. Sensor de temperatura del combustible

Se trata de una resistencia NTC, situada bien en la rampa de combustible, en el retorno desde esta al depósito o en ciertos modelos, entre el filtro y la bomba de alta presión, o incluso en esta última. Su función es la de informar a la UEC de la temperatura del combustible. La UEC emplea este dato para corregir el caudal de inyección y para calcular el avance a la inyección.

Si falla esta señal, la UEC toma un valor sustitutivo en función de la temperatura del líquido refrigerante.

saber más

En ciertos sistemas, el regulador de presión y el sensor de temperatura de combustible no van alojados en el acumulador. Es importante resaltar que no todos los modelos utilizan la válvula de seguridad y los limitadores de flujo.

2.8. Inyectores

Tienen la función de inyectar el combustible necesario para el funcionamiento del motor. Según de qué sistema se trate, podemos encontrar inyectores electromagnéticos (sistemas de primera y segunda generación) e inyectores piezoeléctricos (últimas generaciones). A continuación explicamos detalladamente los dos tipos.

Inyectores electromagnéticos (figura 10.24)

Como su nombre indica, se trata de inyectores de accionamiento por válvula electromagnética. Para abrir la aguja de inyección se utiliza una combinación de mecanismo hidráulico y electroválvula.

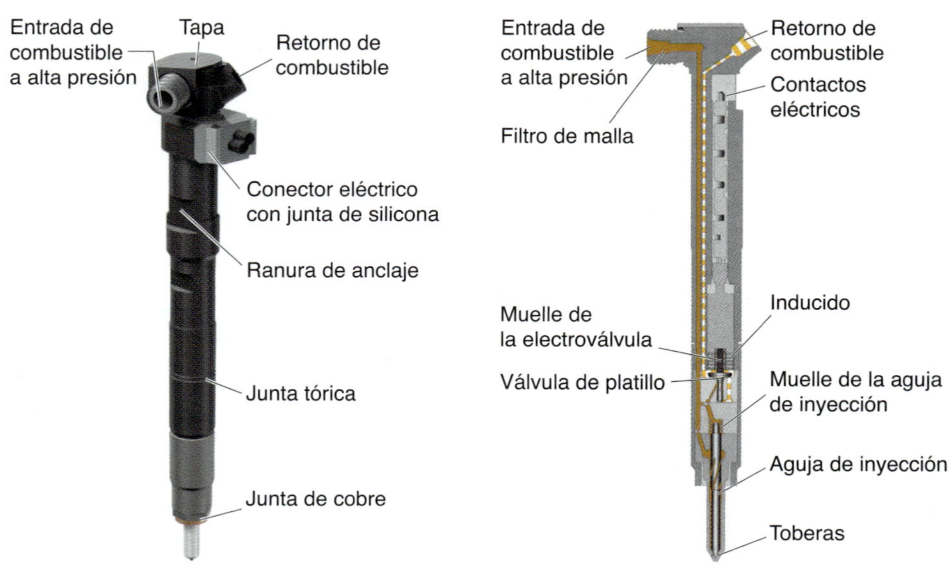

↑ **Figura 10.24.** Inyector electromagnético.

El principio hidráulico está basado en la diferencia de presión generada entre la parte superior e inferior de la aguja. Por otro lado, una electroválvula gobernada por la UEC permite reducir la presión en la parte superior de la aguja de inyección para levantarla de su asiento.

Los inyectores suelen tener cinco o siete orificios o toberas, cada uno de 0,116 mm de diámetro aproximadamente.

En la conexión eléctrica llevan intercalada una junta de silicona que evita la entrada de impurezas y de humedad a los contactos eléctricos. Dicha junta debe ser sustituida cada vez que haya sido desconectado el inyector del cableado del motor.

Si se sustituye el inyector también es necesario sustituir la junta tórica de goma y la junta de cobre antes de volverlo a montar.

Veamos el funcionamiento detallado del inyector:

- **Inyector en reposo (figura 10.25).** Para inyectar combustible es necesario desplazar a la aguja. Con el inyector en reposo, la alta presión del combustible llega por igual a la parte superior de la aguja y a la parte inferior. Por lo tanto la aguja no se mueve. En esta situación, la válvula de platillo está cerrada e impide que la alta presión de combustible escape por el conducto de retorno.

  Los orificios calibrados en el conducto de alta presión sirven para modular la entrada del combustible a alta presión.

- **Apertura de la válvula de platillo (figura 10.26).** Para comenzar la inyección, la UEC excita el inducido electromagnético. Así, el campo magnético creado atrae hacia arriba la válvula de platillo, y por lo tanto abre paso hacia el retorno al combustible a alta presión que hay en la parte superior de la aguja.

  Es importante que en el conducto de retorno haya depresión para que la velocidad de apertura de la válvula de platillo sea lo más rápida posible.

  Cuando la válvula se desplaza hacia arriba, el combustible ubicado en la parte superior de la aguja es enviado rápidamente hacia el retorno a través del conducto de fuga.

  Mientras tanto, la presión en la parte inferior de la aguja prácticamente no disminuye debido a la dificultad que tiene el combustible para atravesar los orificios calibrados.

  Por tanto, en esta situación la diferencia de presión entre la parte superior de la aguja y la parte inferior aumenta muy rápidamente.

- **Comienzo de la inyección (figura 10.27).** Cuando la válvula de platillo se ha desplazado hacia arriba, la UEC mantiene la excitación del inducido mediante una señal pulsatoria.

  Al liberarse la presión del combustible por el conducto de fuga y aumentar la diferencia de presión entre la parte superior e inferior llega un momento en el cual la aguja de inyección se levanta de su asiento y el gasóleo sale por las toberas de inyección.

  Al salir gasóleo por las toberas, la presión en la parte inferior de la aguja desciende rápidamente.

- **Fin de la inyección (figura 10.28).** Para finalizar la inyección, la UEC deja de excitar el inducido de la válvula electromagnética.

  Así, al cesar el campo magnético, la fuerza del muelle impulsa la válvula de platillo contra su asiento y se cierra el paso al combustible a través del conducto de fuga.

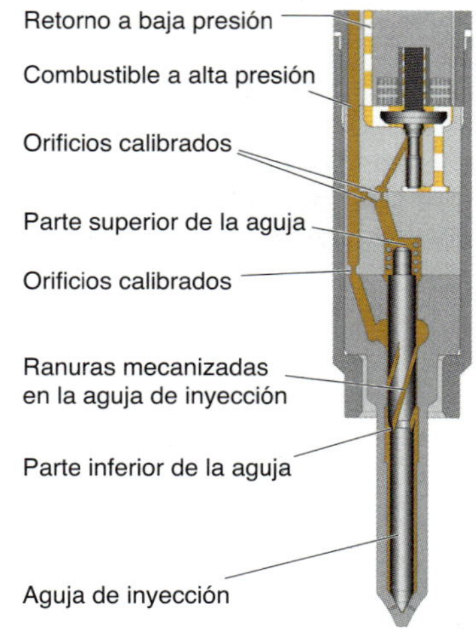

↑ **Figura 10.25.** Inyector en reposo.

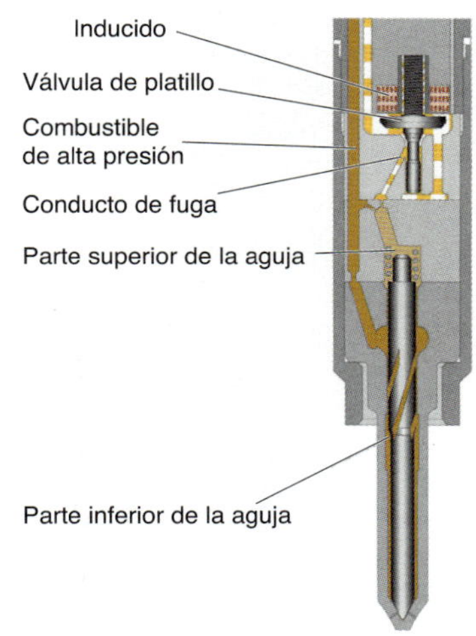

↑ **Figura 10.26.** Apertura de la válvula de platillo.

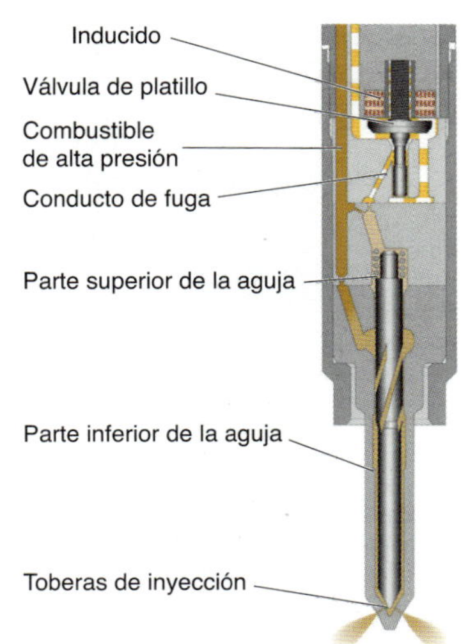

↑ **Figura 10.27.** Comienzo de la inyección.

saber más

En el apartado de «Controles» de esta unidad explicaremos detalladamente las señales de activación tanto de los inyectores electromagnéticos como piezoeléctricos.

De esta forma, el combustible a alta presión se acumula rápidamente en la parte superior de la aguja de inyección, por lo que cada vez hay menos diferencia de presión entre la parte superior y la parte inferior de la aguja de inyección.

- **Restauración del equilibrio (figura 10.29).** La aguja de inyección se cierra cuando la alta presión de combustible llega a su parte superior.

  Con la válvula de platillo cerrada, la presión sube de manera progresiva, tanto en la parte superior como en la parte inferior de la aguja de inyección hasta que se alcanza de nuevo la presión existente en el tubo acumulador.

  En el conducto de retorno se mantiene una depresión de entre –0,1 y –0,5 bares gracias al tubo Venturi de la bomba de alta presión. En esta situación, el inyector está preparado para la siguiente fase de inyección.

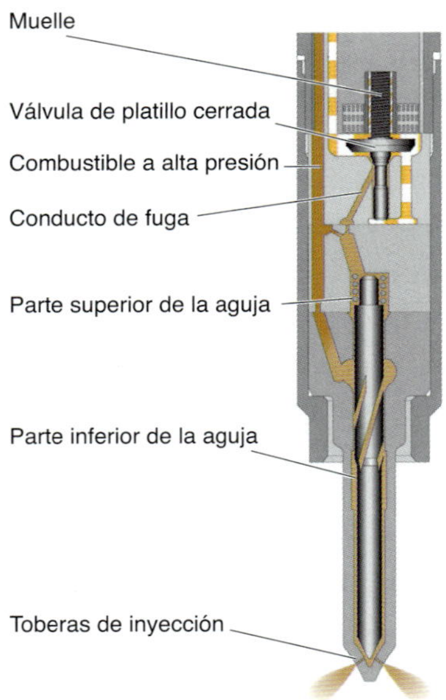

↑ **Figura 10.28.** Fin de la inyección.

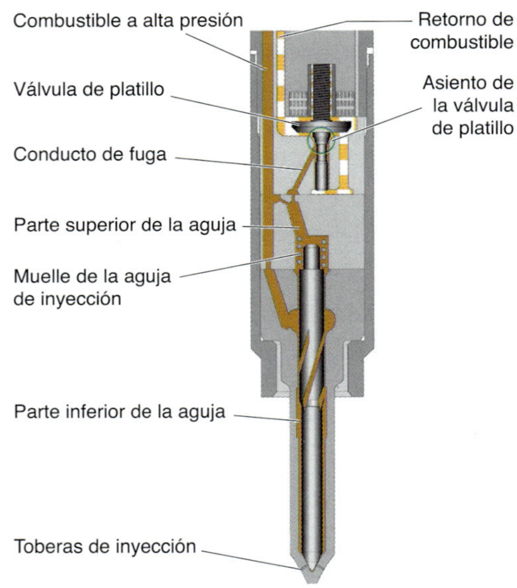

↑ **Figura 10.29.** Restauración del equilibrio.

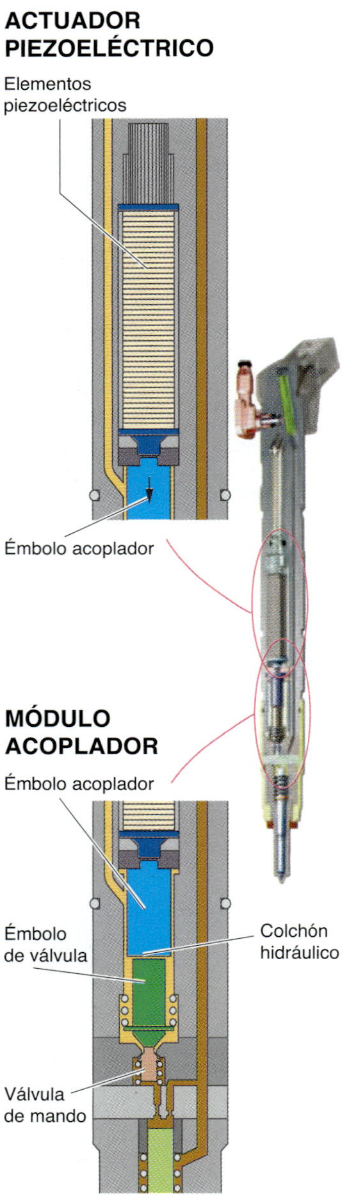

↑ **Figura 10.30.** Estructura de un inyector piezoeléctrico.

Inyectores piezoeléctricos

Los materiales piezoeléctricos que funcionan como actuadores, transforman la tensión eléctrica en una deformación mecánica, es decir, cuando un cuerpo sólido piezoeléctrico recibe corriente, se deforma. Este fenómeno se conoce como **efecto piezoeléctrico inverso.** Pues bien, este mismo fenómeno se aplica para la apertura de la aguja en los inyectores piezoeléctricos de un sistema Common Rail.

La estructura del inyector piezoeléctrico propiamente dicho se divide en dos grandes partes (figura 10.30): el actuador piezoeléctrico y el módulo acoplador.

La transformación de la energía eléctrica (señal de la UEC) en energía mecánica, se produce mediante la deformación del actuador piezoeléctrico. Dicho actuador está formado por 264 láminas de cerámica de 0,08 mm de espesor cada una. La escasa deformación de cada una de ellas (en torno al 0,15% de su espesor) es lo que justifica el gran número de láminas.

Aún así, el recorrido total del actuador piezoeléctrico, cuando recibe la señal por parte de la UEC, no supera los 0,04 mm. Esto no es suficiente ya que la carrera de la válvula de mando debe recorrer un mínimo de 0,1 mm. De ahí que haya que recurrir al módulo acoplador.

Subrayaremos, por una parte, que los datos anteriores pueden variar de un modelo a otro y por otra, que la tensión aplicada al actuador piezoeléctrico oscila entre 110 y 150 V, ajustándose proporcionalmente a la presión existente en la rampa.

El módulo acoplador es un convertidor hidráulico que transforma la variación de longitud experimentada por el actuador piezoeléctrico en presión hidráulica y en recorrido. Se trata de un conjunto de émbolos de diferente diámetro que tiene como objetivo multiplicar la fuerza con la que presiona uno sobre otro, para que la válvula de mando pueda vencer la presión existente en el acumulador de alta presión. Está compuesto por el émbolo acoplador y el émbolo de válvula, ambos de distinto diámetro.

La válvula retenedora de presión, situada en el circuito de retorno de los inyectores (se aprecia en la figura 10.2), mantiene una presión constante de 10 bares. Esta presión es la que afecta al módulo acoplador. El combustible a 10 bares crea un **colchón hidráulico** entre el émbolo acoplador y el émbolo de válvula. Dicho colchón se utiliza para transmitir la fuerza entre ambos émbolos. Con este sistema se reducen las fuerzas de fricción, se compensan las variaciones de longitud de los componentes por efecto de la temperatura y al mismo tiempo ejerce de amortiguador entre los elementos móviles.

Cuando la UEC aplica tensión al actuador piezoeléctrico (figura 10.32), este se expande. Esta expansión instantánea del actuador incide sobre el émbolo acoplador, el cual empuja a su vez sobre el émbolo de válvula, de menor diámetro. Entre ambos no hay contacto mecánico gracias al colchón hidráulico. El émbolo de válvula empuja sobre la válvula de mando, que es la que abre el paso del combustible de alta presión hacia el retorno.

Como los émbolos son de diferente diámetro en sentido descendente, la fuerza que se ejerce finalmente sobre la válvula de mando es muy alta, con el fin de vencer la alta presión del tubo acumulador.

Este es el primer paso que desencadena la inyección de combustible en el cilindro.

Aplicando el principio hidráulico de la diferencia de diámetros, la carrera del de menor diámetro ha de aumentar, con el fin de que el caudal de salida sea idéntico al de entrada. Esto es así, ya que el volumen desplazado viene dado por el recorrido y el diámetro inicial, es decir el producto de su área por la carrera.

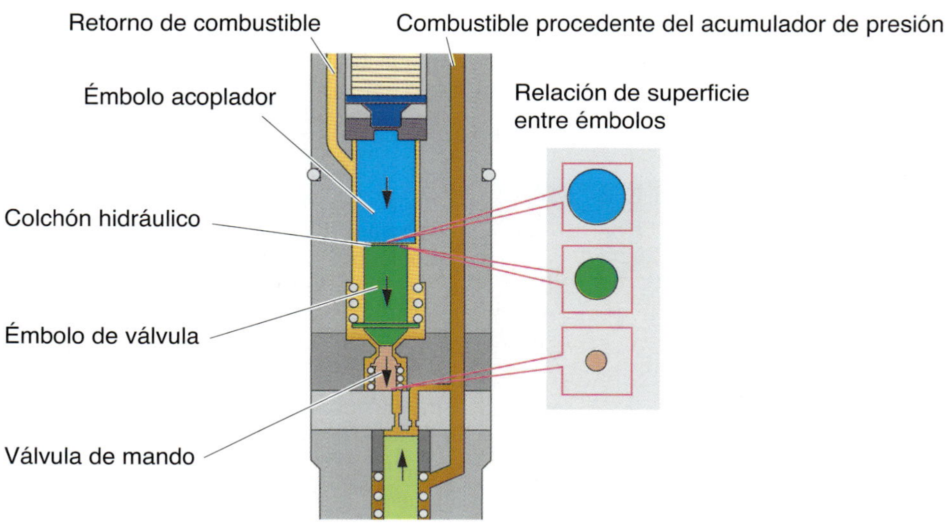

↑ **Figura 10.32.** Funcionamiento del módulo acoplador.

saber más

Funcionamiento de la válvula retenedora de presión (figura 10.31)

Cuando la presión de retorno supera los 10 bares, el muelle tarado cede y la bola abre el paso del combustible hacia el depósito.

Cuando la presión llega a 10 bares el muelle tarado vence la acción de la presión y empuja la bola para que cierre la salida de combustible.

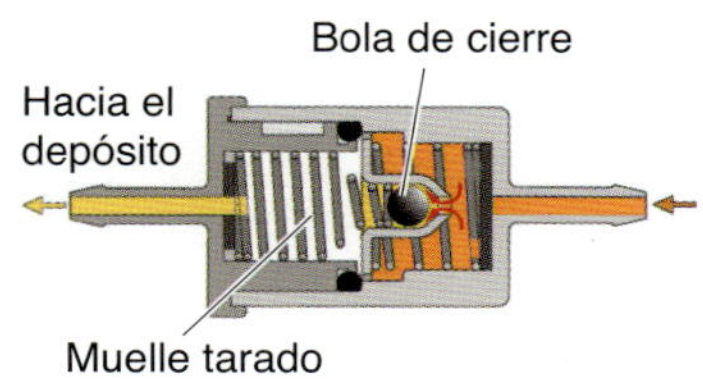

↑ **Figura 10.31.** Válvula retenedora de presión.

saber más

También podemos encontrar conjuntos acopladores en los que el aumento de recorrido se consigue mediante la combinación de dos palancas, tal como describimos para los inyectores-bomba piezoeléctricos.

A continuación explicamos de una manera detallada las distintas fases de funcionamiento del inyector:

- **Posición de reposo (figura 10.33).** En posición de reposo el inyector está cerrado y no es excitado por la UEC. En la cámara de control del inyector incide la alta presión de combustible procedente del tubo acumulador. Esta presión mantiene cerrada, por un lado, la válvula de mando sobre su asiento y, por otro lado, la aguja de la tobera del inyector.

  A partir de la válvula de mando comienza el conducto de retorno. En el conducto de retorno, como sabemos, la presión en reposo es de 10 bares gracias a la acción de la válvula retenedora de presión de retorno de los inyectores.

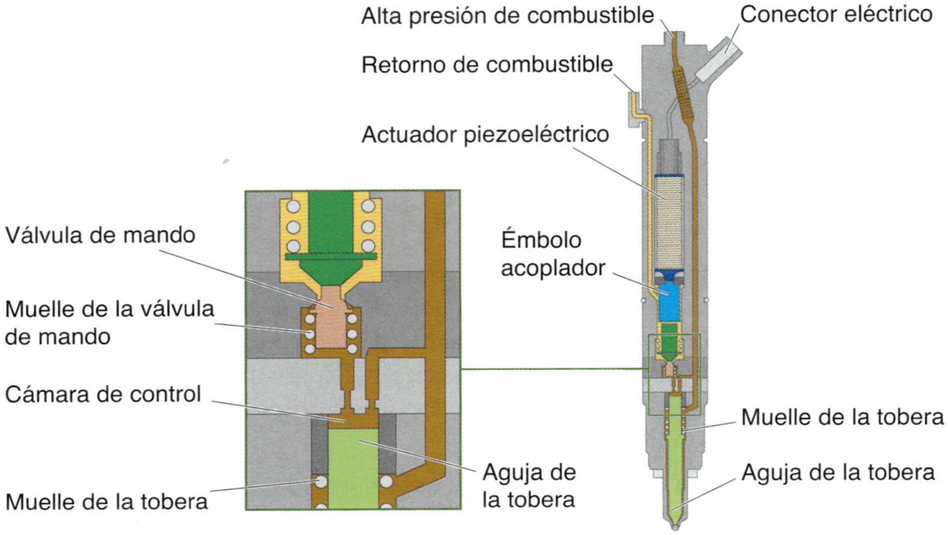

↑ **Figura 10.33.** Inyector en posición de reposo.

- **Comienzo de la inyección (figura 10.34).** La UEC excita el actuador piezoeléctrico y este desplaza al módulo acoplador. El descenso de los émbolos del módulo acoplador genera una presión hidráulica sobre la válvula de mando, lo cual hace que ésta supere la alta presión de combustible y, por tanto, se abra.

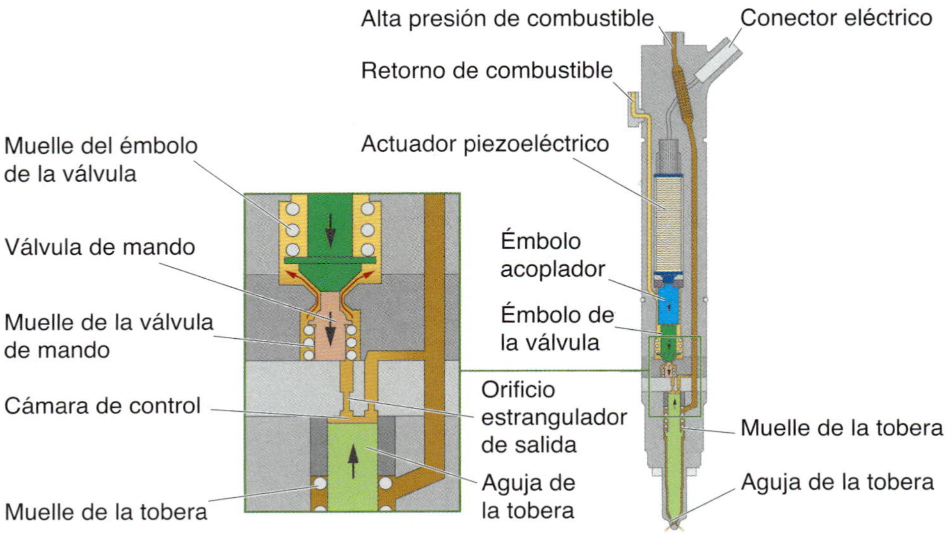

↑ **Figura 10.34.** Inyector en posición de inyección.

Al abrirse la válvula de mando, el combustible a alta presión ubicado en la parte superior de la aguja pasa hacia el retorno a través del estrangulador de salida del módulo acoplador.

La disminución brusca de presión en la parte superior de la aguja hace que esta se despegue de su asiento y se produzca la inyección de combustible.

- **Final de la inyección (figura 10.35).** Se produce cuando el actuador piezoeléctrico no es excitado por la UEC. En este momento, el piezoeléctrico se retrae y el módulo acoplador deja de presionar la válvula de mando. Así, el combustible a alta presión en la parte superior de la aguja cierra dicha válvula contra su asiento.

  Con el cierre de la válvula de mando vuelve a igualarse la presión entre la parte superior e inferior de la aguja de la tobera, por lo que el muelle de la tobera presiona la aguja sobre su asiento y el inyector queda cerrado.

  La cantidad de combustible inyectado depende del tiempo que permanece excitado el inyector.

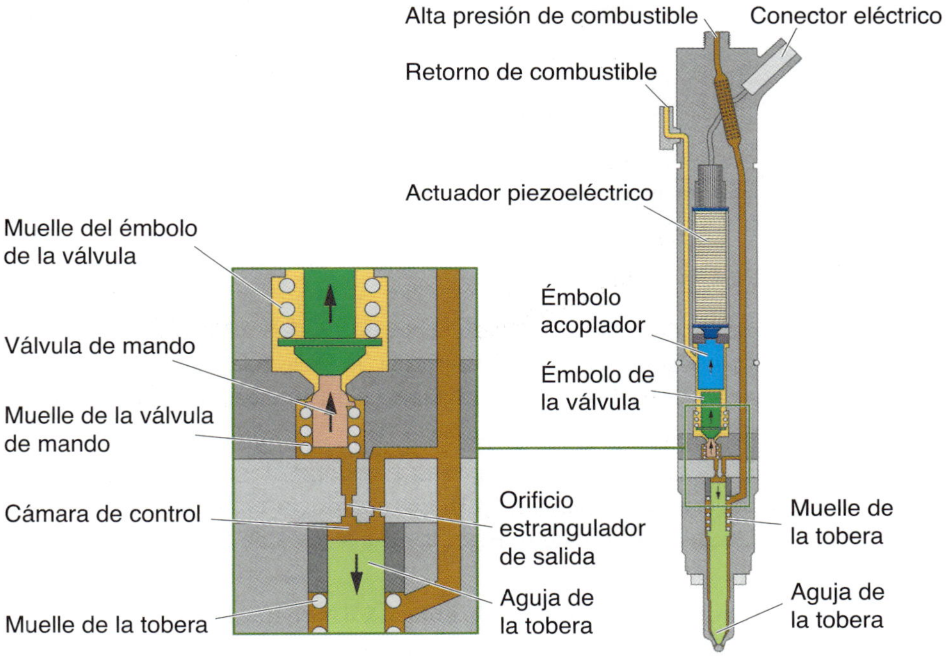

↑ **Figura 10.35.** Final de la inyección.

Para finalizar con la descripción de los inyectores piezoeléctricos indicamos algunas de sus ventajas. Son las siguientes:

- Presión de inyección alta, hasta 2.000 bares.
- Los tiempos de conmutación son muy cortos, lo que permite que haya intervalos cortos y variables entre las fases de inyección.
- Es posible una dosificación muy rápida y precisa de la cantidad de combustible.
- La generación de energía gracias al efecto piezoeléctrico reduce considerablemente la energía necesaria para controlar los inyectores.

Con estas ventajas se consiguen en el motor un menor nivel de ruidos, un menor consumo y menores emisiones contaminantes.

3. Medidas anticontaminación

Dado que las nuevas normas anticontaminación son más restrictivas con los límites de emisiones permitidas (figura 10.36.), los nuevos motores diésel incorporan novedades con el fin de cumplir dichas normas. A continuación explicamos alguna de estas novedades.

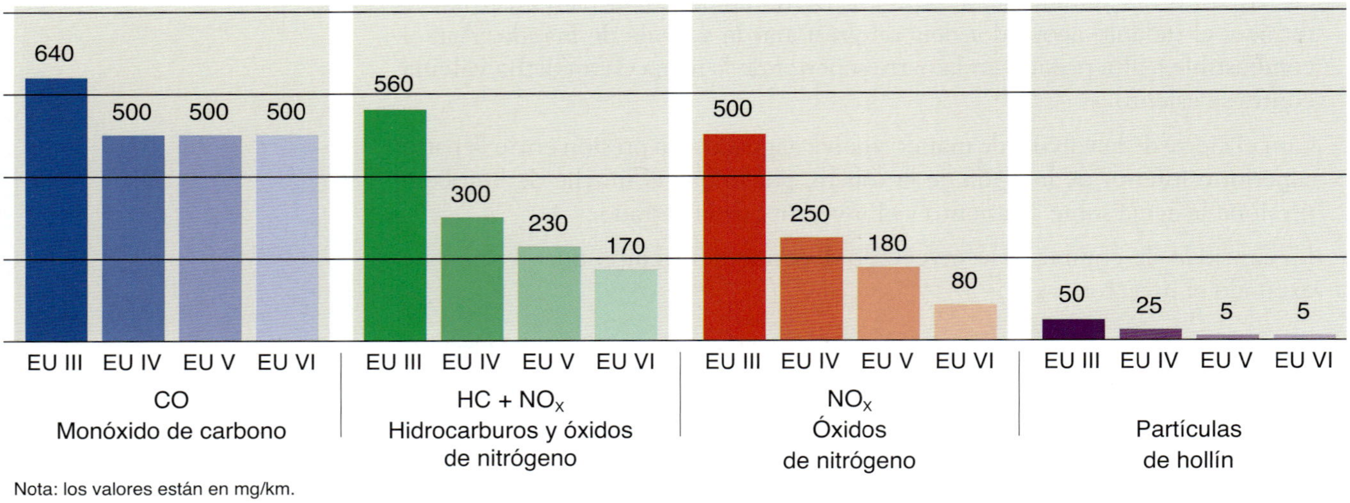

↑ **Figura 10.36.** Comparación de los límites de emisiones contaminantes para vehículos con motor diésel, en función de la normativa anticontaminación.

3.1. Sistema SCR

saber más

La normativa EU VI, cuyos valores límite se recogen en el reglamento CE 715/2007, se aplicará a partir del 1 de septiembre de 2014. Esta normativa restringe aún más la cantidad de óxidos de nitrógeno (NO_x) que puede emitir el vehículo mientras que mantiene los valores bajos respecto a las partículas de hollín.

Este sistema de reducción catalítica selectiva de óxidos de nitrógeno (NO_x), denominado de forma genérica como Sistema SCR *(Selective Catalyc Reduction)*, disminuye los niveles de dichos óxidos mediante la inyección de un aditivo en el caudal de los gases de escape.

Los NO_x contenidos en los gases de escape son transformados en un catalizador de reducción en nitrógeno (N_2) y agua (H_2O). La tecnología SCR emplea un agente reductor denominado AdBlue que se inyecta en los gases de escape antes de que pasen por el catalizador de reducción.

La sustancia activa del aditivo AdBlue, la urea, $CO(NH_2)_2$, es un líquido alcalino que se obtiene a partir del gas natural. La urea es un polvo de cristales blancos que también se encuentra en forma natural en el medio ambiente. Es inodoro, incoloro y no tóxico. Es una sustancia estable que carece de restricciones en cuanto a su almacenamiento o transporte. El uso actual de la urea está en cosméticos, abonos y medicamentos.

El proceso SCR con AdBlue consiste en un agente reductor (acuosa de urea con una concentración del 32,5%) (figura 10.37) que se inyecta mezclado con el flujo de escape y catalíticamente reacciona con el NO_x, reduciendo el nivel de estos gases.

La cantidad de AdBlue suministrada es proporcional a la potencia desarrollada en cada momento por el vehículo. Para cumplir la normativa Euro IV se calcula una adición de 3-4% del consumo de gasóleo, mientras para la Euro V este porcentaje se incrementa hasta 5-7%.

La solución acuosa AdBlue llega desde un depósito separado a través de una bomba a la unidad dosificadora. El AdBlue es dosificado e inyectado como aerosol en el flujo de los gases de escape mediante aire a presión.

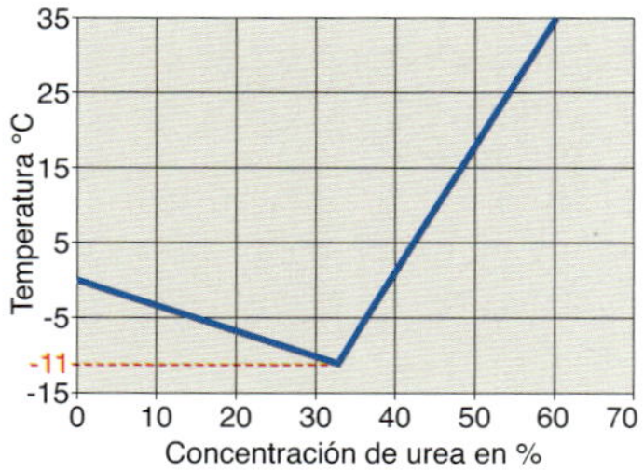

↑ **Figura 10.37.** Concentración de urea.

El medio de reducción AdBlue se desintegra en el flujo de gases de escape calientes mediante una termólisis y una hidrólisis en amoníaco (NH_3). El amoníaco reacciona en el catalizador con NO y NO_2 a las sustancias no tóxicas (N_2 y H_2O).

El sistema SCR está gestionado por la unidad de control del motor. Esta unidad recoge información de una serie de sensores y gobierna una serie de actuadores relacionados con el sistema SCR. Además, este sistema dispone de una unidad de control para gestionar la calefacción de diferentes componentes de dicho sistema y de dos unidades de control que informan a la unidad de control del motor del nivel del agente reductor en el depósito y de la cantidad de óxidos de nitrógeno presentes en los gases de escape.

saber más

La **termólisis** es la reacción en la que un compuesto se separa en al menos otros dos cuando se somete a un aumento de temperatura.

La **hidrólisis** es una reacción ácido-base entre una sustancia, típicamente una sal, y el agua.

Estructura del sistema de gases de escape

Con la introducción del sistema SCR, el sistema de gases de escape en estos motores está formado por los siguientes componentes (figura 10.38):

- Colector de escape con el turbocompresor integrado, que no se muestra en la figura para más claridad.
- Catalizador de oxidación.
- Filtro de partículas.
- Mezclador.
- Catalizador de reducción.
- Tramo final del tubo de escape que tampoco se muestra para mayor claridad.

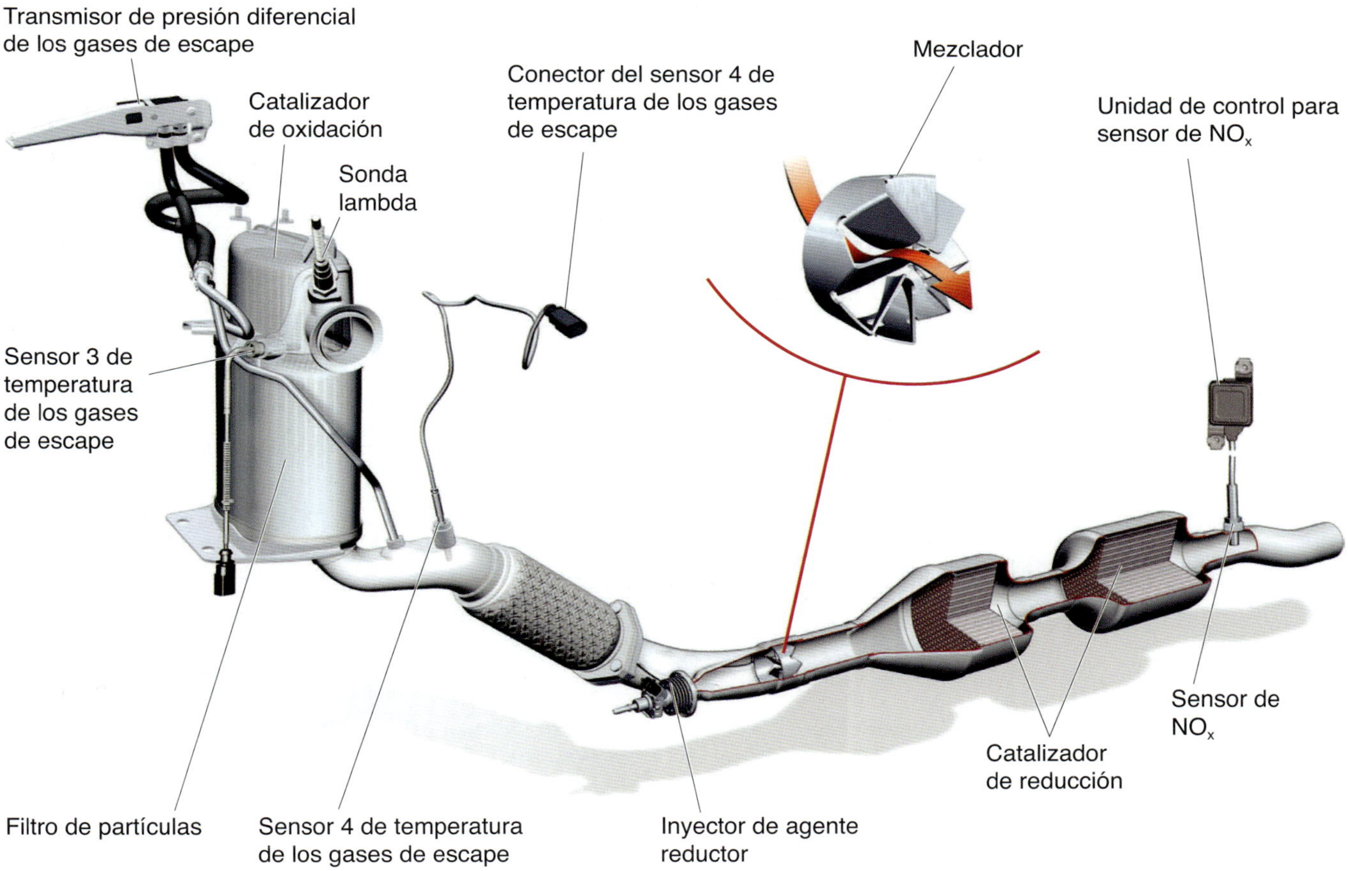

↑ **Figura 10.38.** Estructura del sistema de escape.

Además sobre el sistema de escape se han realizado alojamientos para una sonda lambda, para dos sensores de temperatura de los gases de escape, para el inyector de AdBlue, para un sensor de NO_x y para las tomas de presión del transmisor de presión diferencial de los gases de escape.

La sonda lambda es una sonda de banda ancha, lo cual quiere decir, que mide la cantidad de oxígeno en los gases de escape con mezcla muy pobre, característica general de los motores diésel.

En los motores diésel, la Unidad de Control del Motor utiliza esta señal para corregir la cantidad de gases recirculados y para verificar que en el conducto de admisión existe el oxígeno suficiente para realizar la regeneración activa del filtro de partículas.

El catalizador de reducción (figura 10.39) es el encargado de reducir los óxidos de nitrógeno (NO_x) a nitrógeno (N_2) y a agua (H_2O). Está ubicado en el tramo central del sistema de escape y suele estar dividido en dos partes para ocupar menos espacio. En su interior presenta un cuerpo cerámico, en estructura panal, con recubrimiento de zeolita de cobre. La zeolita de cobre es una estructura porosa compuesta de aluminio, silicio y cobre. Este último es el elemento activo que promueve la reacción química en el catalizador de reducción, siendo más barato que el platino o paladio utilizado en otros tipos de catalizadores.

El catalizador de reducción es operativo a partir de aproximadamente 200 °C. Previamente a la reducción en el catalizador, es necesario que el agente reductor esté disgregado. Este tramo previo recibe el nombre de **trayecto hidrolítico.**

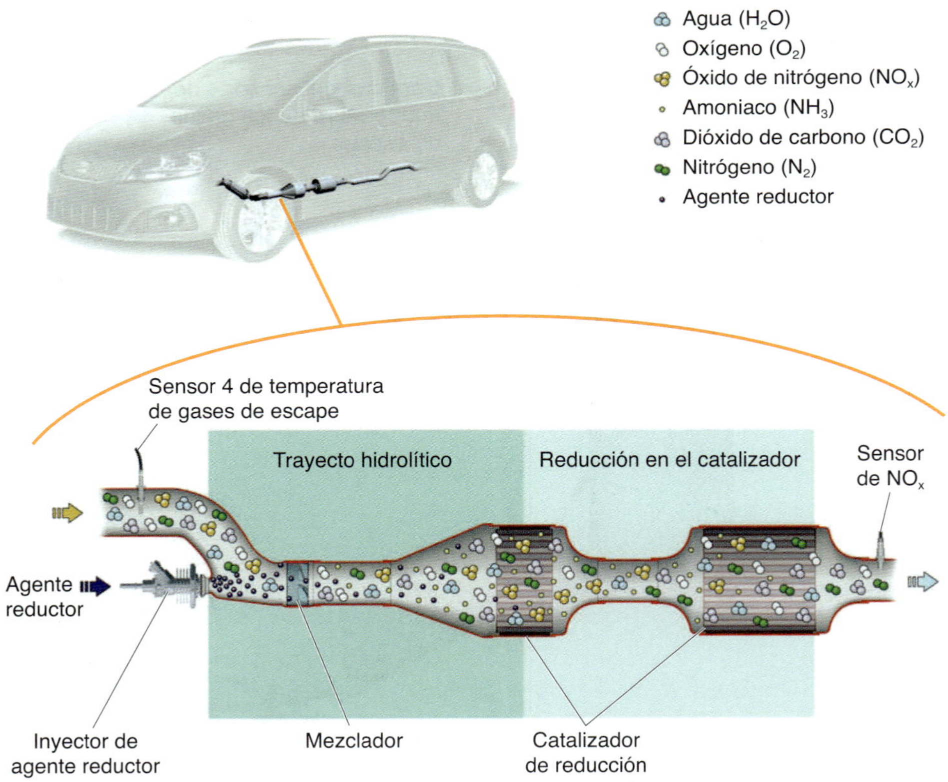

↑ **Figura 10.39.** Catalizador de reducción y trayecto hidrolítico.

Este trayecto (figura 10.40), donde está ubicado el mezclador, comprende desde el inyector del agente reductor hasta el catalizador de reducción.

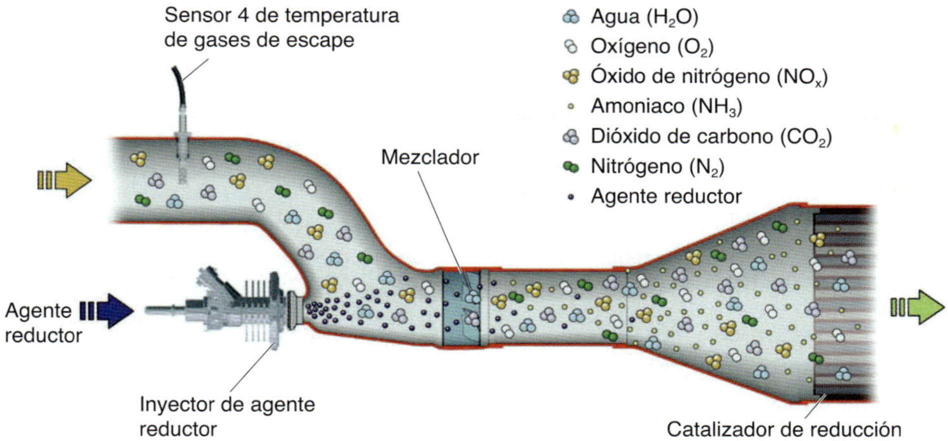

↑ **Figura 10.40.** Trayecto hidrolítico.

Al inyectar el agente reductor y por la acción del calor ocurre:

- Que se evapora el agua del agente reductor.
- Una termólisis que disgrega el agente reductor en amoníaco (NH_3) y ácido isociánico (HNCO).

A continuación se produce una hidrólisis en la que el ácido isociánico (HNCO) reacciona con el agua (H_2O) para formar dióxido de carbono (CO_2) y más amoníaco (NH_3).

Al finalizar el trayecto hidrolítico, el agente reductor se ha disgregado y ha formado dióxido de carbono (CO_2) y amoníaco (NH_3). Este último será la sustancia que reaccione con los óxidos de nitrógeno (NO_x) en el catalizador de reducción.

A continuación explicamos la reducción en el catalizador (figura 10.41): la reducción consiste en extraer el oxígeno (O_2) de los óxidos de nitrógeno (NO_x).

En el catalizador de reducción entran los gases de escape y el amoníaco (NH_3) que se ha formado en el trayecto hidrolítico. El amoníaco reacciona con los óxidos de nitrógeno (NO_x) y forma nitrógeno (N_2) y agua (H_2O).

$$NO + NO_2 + 2NH_3 \longrightarrow 2N_2 + 3H_2O$$

Esta reacción es catalizada por el recubrimiento interno del catalizador de reducción. Como resultado, a la salida del catalizador de reducción, los gases de escape están compuestos principalmente por dióxido de carbono (CO_2), agua (H_2O), oxígeno (O_2) y nitrógeno (N_2).

saber más

El ácido isociánico es el compuesto químico más sencillo, formado por hidrógeno, nitrógeno, carbono y oxígeno, y es uno de los cuatro elementos más encontrados en la química orgánica y en biología.

saber más

Para los vehículos que instalan el sistema SCR se aconseja usar gasóleo de bajo contenido de azufre, para que este elemento entorpezca lo menos posible en el proceso químico.

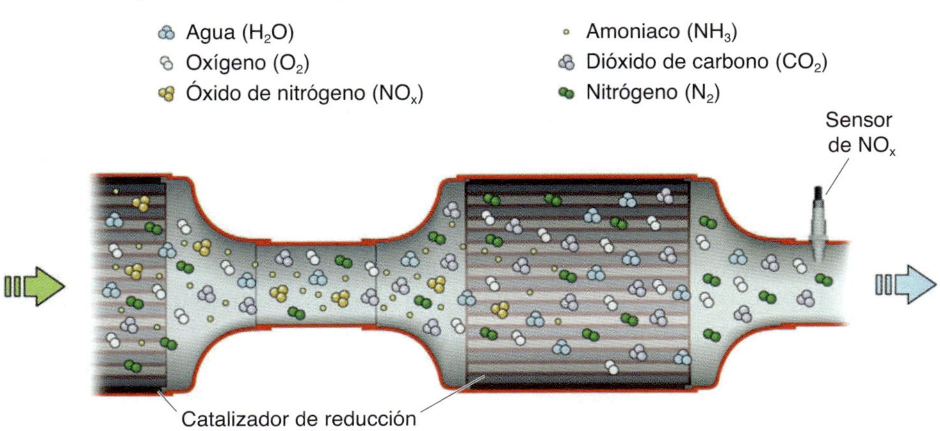

← **Figura 10.41.** Efecto del catalizador de reducción.

3.2. Recirculación de los gases de escape

El sistema es utilizado en los motores diésel para reducir la temperatura de combustión y el oxígeno sobrante en la cámara de combustión. Para este fin se introduce en el aire de admisión una parte de los gases de escape, los cuales son pobres en oxígeno. De esta forma se reducen los óxidos de nitrógeno (NO_x).

La cantidad de gases de escape a recircular debe estar limitada para no incrementar la emisión de hidrocarburos (HC), de monóxido de carbono (CO), de partículas de hollín o generar un fallo en el motor.

La recirculación de gases de escape solamente está activada por debajo de las 3.000 rpm aproximadamente, ya que a partir de ese régimen se reduce notablemente la emisión de NO_x debido a la menor cantidad de aire sobrante. Quien gestiona este sistema es la Unidad de Control del Motor.

Para mejorar el rendimiento de la recirculación de gases de escape se incluye una refrigeración de los mismos. Con la refrigeración se reduce la temperatura de los gases de escape recirculados con lo cual aumenta su densidad para un mismo volumen. De esta forma la temperatura máxima de combustión es más baja, lo cual deriva en una menor cantidad de NO_x.

Funcionamiento detallado del circuito de refrigeración de los gases de escape recirculados (figura 10.42A y 10.42B)

El actuador de vacío, controlado por una electroválvula de control para la refrigeración de los gases de escape recirculados, posee en su interior una chapaleta con la que se conmuta el paso de los gases de escape por los tubos de refrigeración.

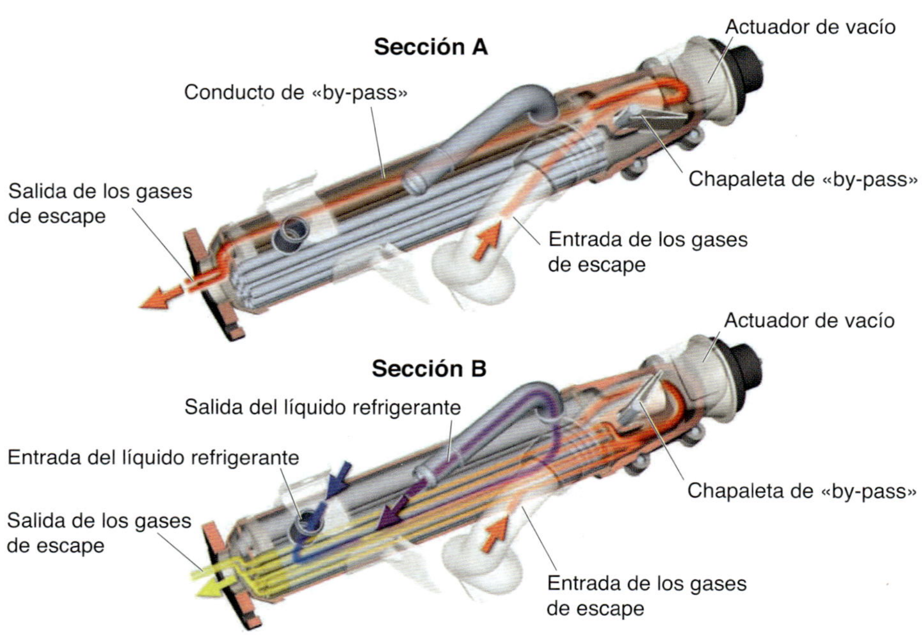

↑ **Figura 10.42.** Refrigeración de los gases de escape recirculados.

- **Motor frío.** Cuando el motor está muy frío no es necesario refrigerar los gases de escape que se recirculan. La chapaleta de *by-pass* abre para que los gases de escape pasen a través del intercambiador de calor por el conducto *by-pass*, y por tanto, sin ser refrigerados. Así se contribuye a que el motor y el catalizador alcancen rápidamente su temperatura de funcionamiento (sección A).

- **Motor en fase de calentamiento.** Cuando la temperatura del motor, alcanza 25 °C aproximadamente, la chapaleta cambia de posición, por lo que obliga a pasar a los gases de escape recirculados a través de los tubos de refrigeración del intercambiador de calor (sección B).

En caso de avería de la electroválvula de control para la refrigeración de los gases recirculados, deja abierto el paso de manera permanente hacia el conducto *by-pass*, por lo tanto los gases de escape que se recirculan no son refrigerados.

saber más

En algunos modelos, se deriva el circuito de refrigeración del motor hacia la E.G.R. con lo que se absorbe calor directamente de la válvula. Se puede considerar una E.G.R. refrigerada por agua.

3.3. Sistema de precalentamiento:

Para explicar este sistema, nos apoyamos en la figura 10.43. Cuando la temperatura es inferior a 15 °C, las bujías de preincandescencia se alimentan, en una primera fase, con tensión modulada por amplitudes de impulso con aproximadamente 11,5 V durante 2 segundos como máximo. Con ello se obtiene la máxima temperatura de caldeo en el menor tiempo posible. A continuación la unidad de precalentamiento suministra a las bujías, la tensión necesaria para el correcto estado operativo (5 V aproximadamente).

saber más

Las bujías de arranque rápido necesitan un 60% menos de energía.

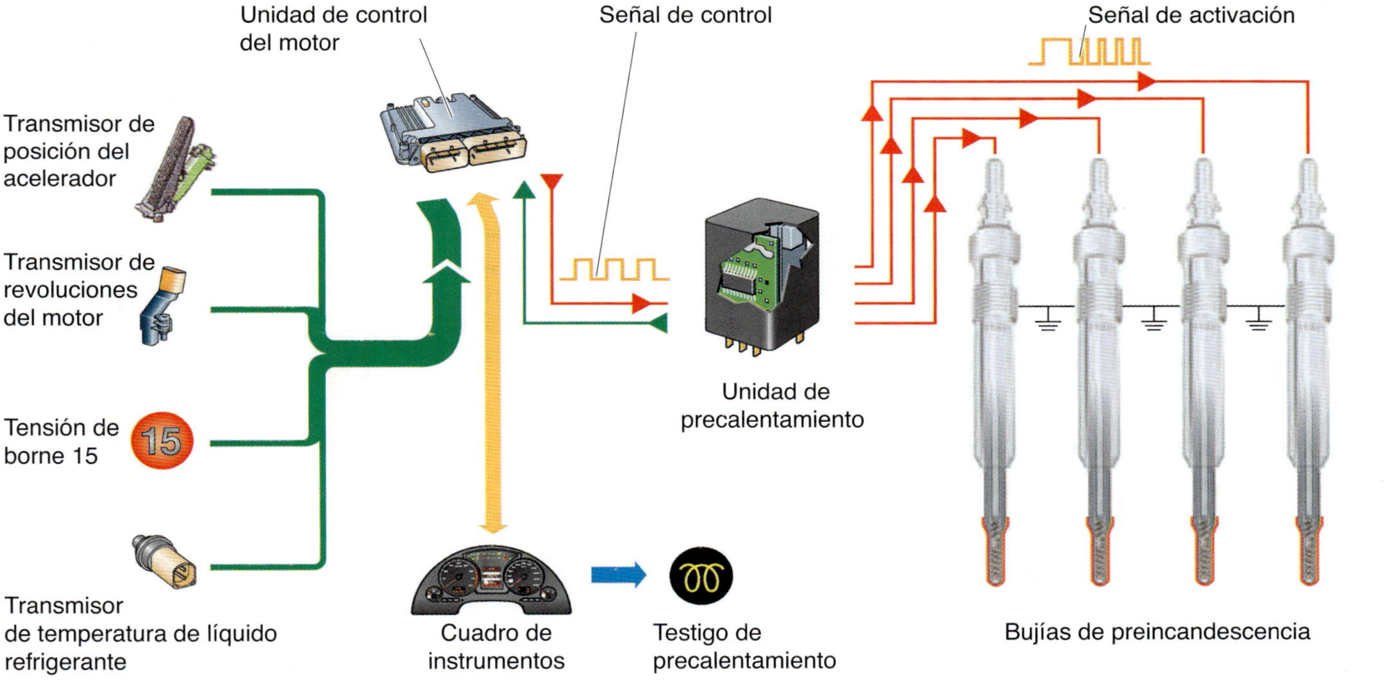

↑ **Figura 10.43.** Sistema de precalentamiento.

La duración del precalentamiento, la frecuencia y la proporción de periodo para las bujías la determina la Unidad de Control del Motor.

Por su parte, la unidad de precalentamiento tiene la función de excitar a las bujías con una señal PWM, realizar el control individual de las mismas y desactivarlas en caso de sobretensión o exceso de temperatura.

Después de cada arranque del motor se produce postcalentamiento. Este se interrumpe después de 5 minutos máximo y no se efectúa si la temperatura del refrigerante supera los 25 °C. El ciclo de postcalentamiento reduce las emisiones de hidrocarburos sin quemar (HC) y reduce la sonoridad del motor en las primeras fases de funcionamiento.

La figura 10.44 nos muestra la evolución de la temperatura y el perfil de la tensión aplicada.

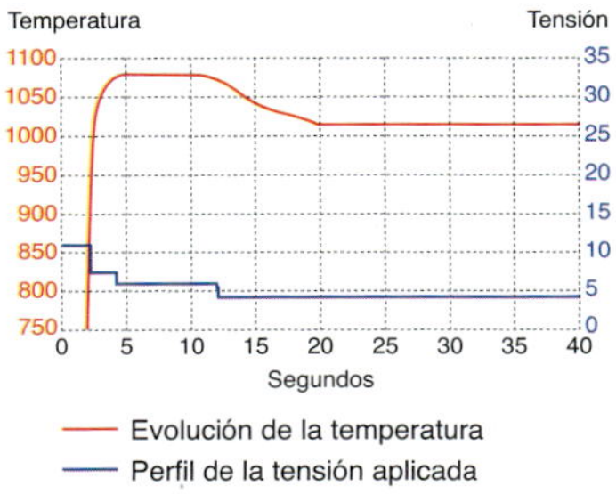

↑ **Figura 10.44.** Evolución de la temperatura y tensión aplicada.

4. Controles

4.1. Comprobaciones hidráulicas

Comprobación del circuito de baja presión

En primer lugar se debe observar el estado del filtro y el nivel de partículas metálicas depositadas en el mismo. Con esto podemos detectar posibles anomalías debidas al desgaste prematuro de las piezas, cuyos depósitos causan distintos problemas hidráulicos en el sistema (fallos de inyectores, regulador de presión…).

A continuación se comprueban las presiones de baja (suministro y retorno). Esta prueba es fundamental ya que con ello garantizamos un correcto diagnóstico de los problemas relacionados con la regulación y falta de presión en el circuito de alta.

Aunque se deben consultar los datos del fabricante, los valores de estas presiones suelen ser los siguientes:

- Presión de suministro: 2 a 3 bares.
- Presión de retorno: inferior a 1 bar.
- Diferencia de presión entre suministro y retorno: mayor de 1 bar.

El proceso de trabajo es el siguiente:

- Conectar los manómetros en los puntos mostrados en la figura 10.45.

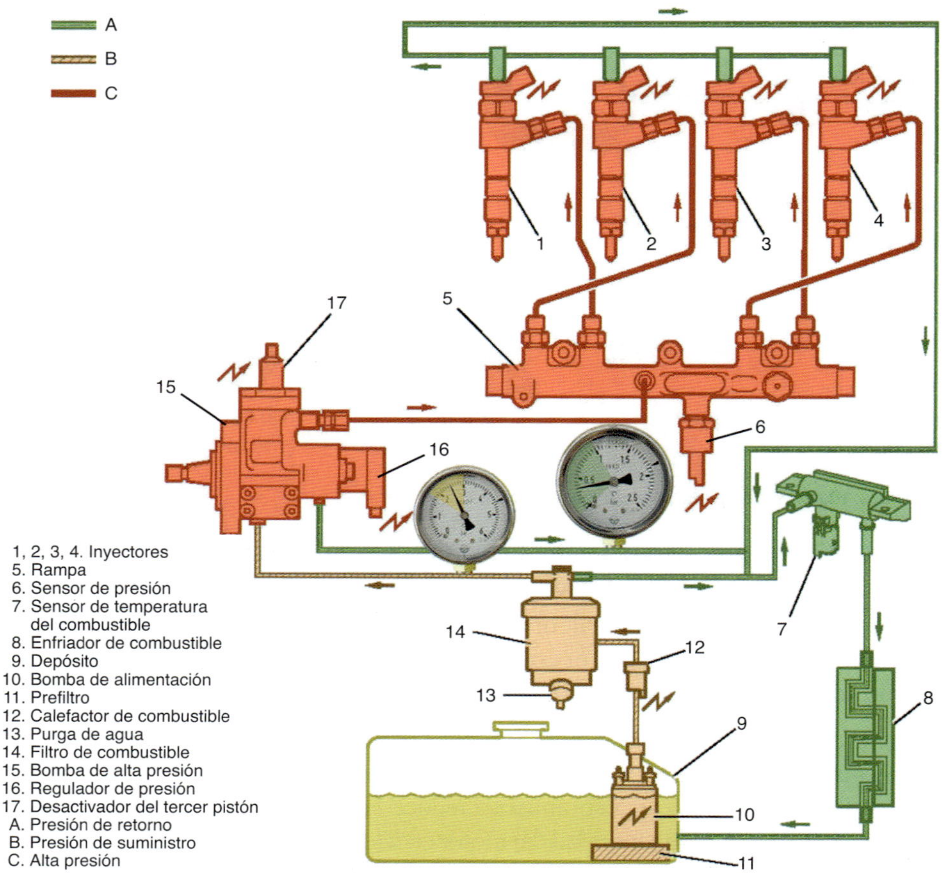

↑ **Figura 10.45.** Puntos de comprobación de las presiones de suministro y retorno.

- Poner contacto dos o tres veces para purgar el sistema, arrancar el vehículo y observar que las presiones alcanzan los valores indicados (figura 10.46).
- Comprobar que las presiones se mantienen cuando se acelera el vehículo.

↑ **Figura 10.46.** Presiones de suministro y retorno.

La comprobación de la presión de suministro, por sí misma, no garantiza que la bomba de alta presión esté correctamente alimentada. El consumo de combustible en ralentí o con el motor funcionando en vacío puede permitir alcanzar las presiones indicadas, no siendo así ante una alta demanda de potencia. Por ello, a la comprobación de la presión de suministro debe acompañarla una comprobación del caudal entregado por la electrobomba. Existen dos maneras de comprobación: en el retorno general del sistema y a la salida de la electrobomba.

En el retorno general del sistema

El proceso de trabajo es el siguiente:

- Desconectar la tubería de retorno general y acoplar una tubería auxiliar para recoger el combustible en un recipiente adecuado.
- Activar durante 1 minuto la electrobomba de combustible.
- Anotar la cantidad de combustible suministrado por la electrobomba durante la prueba.

A la salida de la electrobomba

Seguimos los siguientes pasos:

- Colocar un manómetro con una T a la salida de la electrobomba y un grifo al final del montaje, recogiendo el combustible en un recipiente adecuado (figura 10.47).
- Con el grifo abierto, activar la electrobomba según proceda y después cerrar progresivamente el grifo hasta alcanzar la presión de trabajo de la bomba (aproximadamente 2,5 bares).
- Desconectar la electrobomba, vaciar el recipiente, y volver a activar la electrobomba durante 1 minuto.
- Medir el volumen recogido. Se aprecia que el volumen recogido con la electrobomba trabajando a 2,5 bares es **ligeramente inferior** al volumen recogido en el retorno general del sistema (figura 10.48). La primera impresión es que debería ser al contrario, debido a las restricciones del filtro y tuberías. Sin embargo es así, debido a que cuando se desconecta el retorno en la primera prueba, la presión de retorno cae (ver prueba de presiones), con lo cual la válvula limitadora situada en el filtro abre a una presión inferior, por lo que la electrobomba trabaja a una presión menor de 2,5 bares.
- Aprovechando este montaje se puede repetir la prueba con distintas presiones de trabajo para ver que efectivamente los caudales suministrados dependen de dichas presiones.

saber más

- Si el vehículo activa la electrobomba mediante la BSM (caja de servicio motor), hay que desconectar el conector de la misma y establecer un puente entre la vía correspondiente del conector y positivo de batería.
- Si el vehículo monta relé doble de inyección, se desconecta el fusible de la electrobomba y se puentea entre la salida del fusible y positivo de la batería.

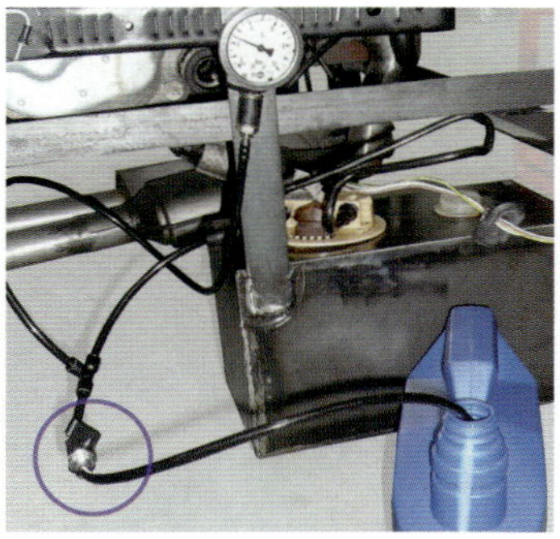

↑ **Figura 10.47.** Medición de caudal a la salida de la electrobomba.

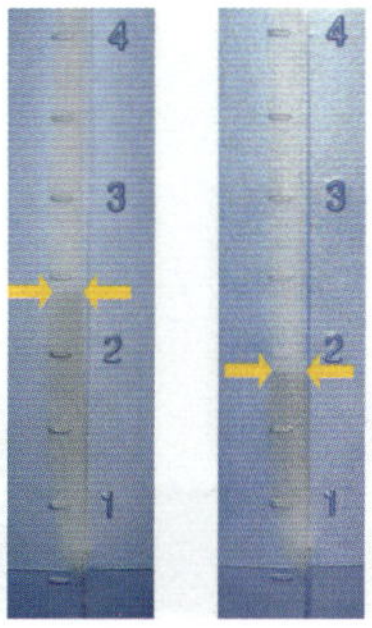

↑ **Figura 10.48.** Caudales obtenidos en el primer y segundo punto de medición.

Comprobación del circuito de alta presión

Los caudales de entrada a la rampa de alta presión y la restricción en los caudales de salida en dicha rampa establecen la alta presión de combustible.

Los caudales que intervienen en el estudio de los problemas asociados al circuito de alta presión son:

- El caudal suministrado por la bomba de alta (entrada).
- El caudal suministrado por los inyectores (salida).
- El retorno (salida): inyectores y regulador.

En función de la presión a conseguir en la rampa, la UEC establece a través del regulador de presión una restricción en el retorno. Para ello alimenta al regulador con una intensidad variable por medio de un mando por RCO. Este puede variar dentro de unos valores límites que permiten a la inyección poder adaptarse a las dispersiones del sistema (mayores caudales de fuga, ligeras variaciones en el caudal suministrado, etc.).

El sistema entrará en fase de emergencia y registrará un código de avería asociado a un fallo en la regulación de presión, si en unas determinadas condiciones de marcha el valor de RCO empleado en excitar a la válvula del regulador se encuentra durante un cierto tiempo fuera de los límites programados.

Dichos fallos de regulación pueden ser debidos a:

- Falta de suministro.
- Exceso de presión de retorno.
- Problemas hidráulicos (fugas, obstrucciones, etc).
- Regulador de presión averiado.

Antes de realizar las siguientes pruebas, consideramos que las presiones de baja y retorno, así como el caudal suministrado por la electrobomba han sido comprobados con resultados satisfactorios.

1. Verificación del sensor de presión

Con objeto de realizar una correcta diagnosis del sistema asociada al tipo de fallos anteriormente mencionados, debemos saber si el sensor de presión mide correctamente, y así poder descartar una falsa medida del mismo como causa del problema.

Si comparamos los valores suministrados por el sensor del vehículo con la información proporcionada por un manómetro exterior, podemos verificar con precisión el funcionamiento de dicho sensor.

El proceso de trabajo es el siguiente:

- Desconectar la batería.
- Intercalar el manómetro de alta presión, apretándolo al par prescrito, entra la bomba y la rampa de combustible.
- Conectar de nuevo la batería y poner contacto un par de veces para purgar el sistema.
- Conectar el equipo de diagnosis y seleccionar en el menú de parámetros la presión de combustible del raíl.
- Arrancar el motor y verificar que la presión medida por el sensor del vehículo y la indicada por el manómetro coinciden en distintos márgenes de medición (figura 10.49). Para ello hay que realizar la prueba a ralentí y a distintas revoluciones del motor.

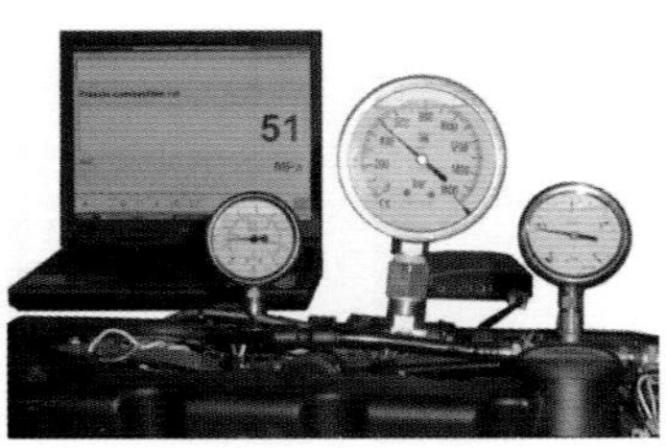

↑ **Figura 10.49.** Verificación del sensor de presión con manómetro exterior.

2. Efecto de la presión de retorno sobre la presión de rampa

Vamos a conocer el efecto que produce una presión de retorno excesiva sobre la presión de rampa, el tipo de fallos que esta provoca y su causa.

Los manómetros se colocan en el mismo sitio que el indicado en la figura 10.45, pero colocando un grifo a continuación del manómetro de retorno (figura 10.50).

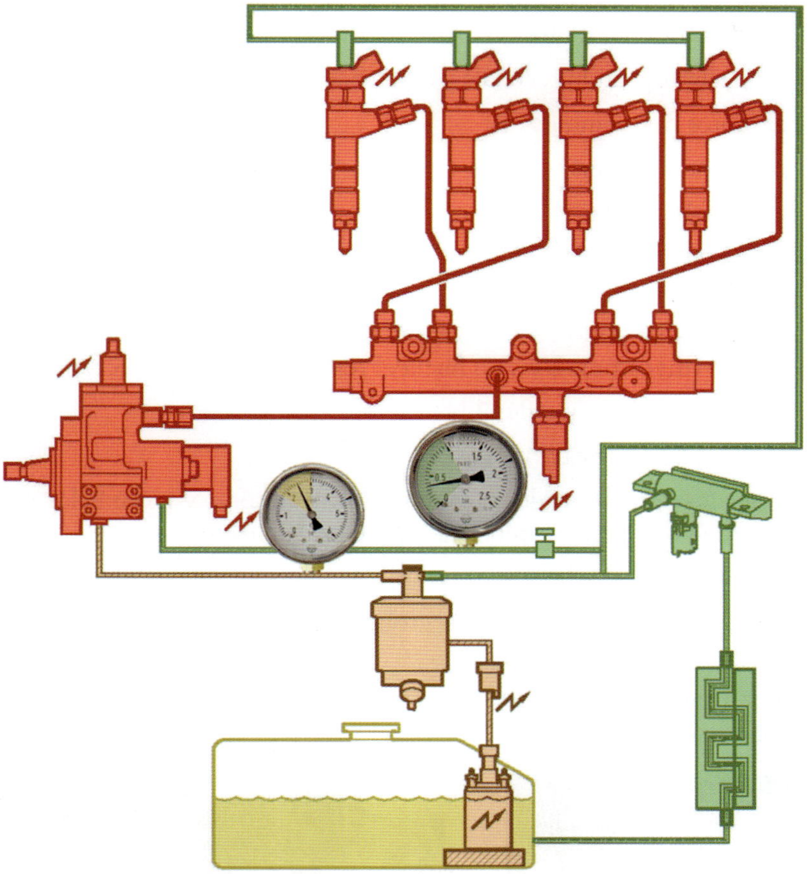

↑ **Figura 10.50.** Disposición de manómetros y grifo para la comprobación del efecto de la presión de retorno.

El proceso de trabajo es el siguiente:

- Con el grifo abierto, poner contacto un par de veces para purgar el sistema.
- Con el equipo de diagnosis o con el manómetro de la figura 10.49 instalado, realizar la lectura de la presión de alta en el transcurso de la prueba.
- Arrancar el vehículo y con el motor funcionando a ralentí ir cerrando progresivamente el grifo observando como sube la presión de retorno (figura 10.51).
- Seguir cerrando el grifo, el motor se apaga.
- Leer la memoria de averías y fijarse en el código generado.
- Borrar la memoria de averías, abrir el grifo y arrancar de nuevo el motor.
- Cerrar progresivamente el grifo hasta alcanzar una presión ligeramente inferior a la que ha provocado la parada del motor.
- Acelerar el motor y observar los manómetros, el motor falla, llegando a parar.
- Volver a leer la memoria de averías y fijarse en el código generado.

El efecto de una alta presión de retorno sobre la presión de rampa, lo observamos en la figura 10.52.

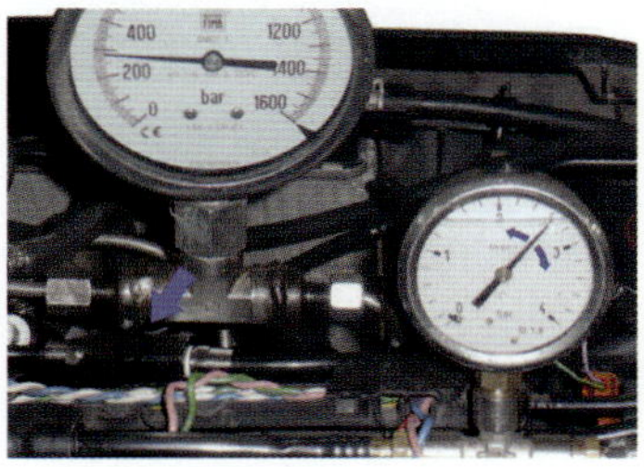

↑ **Figura 10.51.** Regulación de la presión de retorno a la salida de la bomba.

↑ **Figura 10.52.** Efecto de una alta presión de retorno sobre la presión de rampa.

saber más

La parada del motor se debe a la válvula de lubricación y seguridad que incorpora la bomba. Al incrementarse la presión de retorno, aumenta también la presión en la zona de lubricación, cerrando la válvula e impidiendo el paso de combustible a los elementos de bomba.

3. Comprobación de los caudales de retorno de los inyectores

Mediante esta prueba se pueden detectar inyectores defectuosos.

Para la realización de la medición existen distintos *kits* comerciales (figura 10.53) que constan de recipientes graduados, tuberías y acoples rápidos para los inyectores. Aunque la medición también se puede efectuar utilizando tubo flexible transparente de 4 mm y 50 cm de longitud y un número de probetas graduadas igual al de cilindros del motor.

Cuando se comprueban los caudales de retorno pueden ocurrir dos casos:

- Que el motor no arranque.
- Que el motor arranque.

Preparación de la prueba:

- *Si se utiliza tubería flexible:*
  - Desconectar los tubos de retorno y montar 4 tubos flexibles de 50 cm de longitud, taponando en el inyector la salida de retorno hacia el inyector contiguo (inyectores 2 y 3) o hacia el retorno general (inyector 4).
  - Taponar el último tubo flexible.
- *Si se utiliza el kit comercial:*
  - Extraer los conductos de retorno de los inyectores y montar las piezas de acople de las probetas o tubos de medición (figura 10.54).
  - Taponar el tubo final hacia el retorno general.

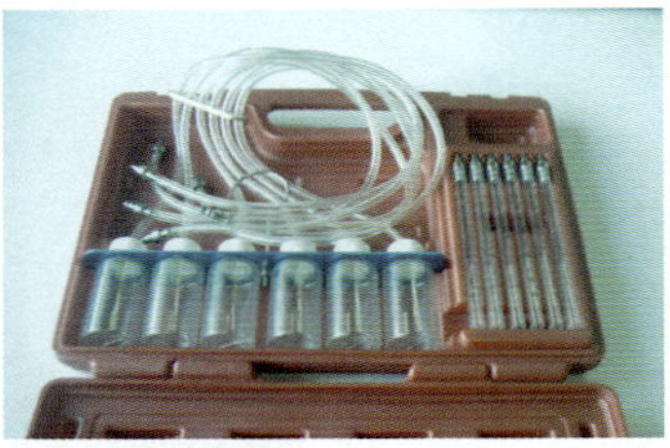

↑ **Figura 10.53.** *Kit* comercial para la verificación de los caudales de retorno de los inyectores.

Si el motor no arranca se utilizan las probetas pequeñas o se mide directamente en el tubo flexible (figura 10.55).

Si el motor arranca se utilizan las probetas grandes o se recoge el combustible en probetas graduadas (figura 10.56).

↑ **Figura 10.54.** Montaje de las probetas pequeñas sobre el inyector para medición de retornos.

↑ **Figura 10.55.** Probetas para prueba a velocidad de arranque.

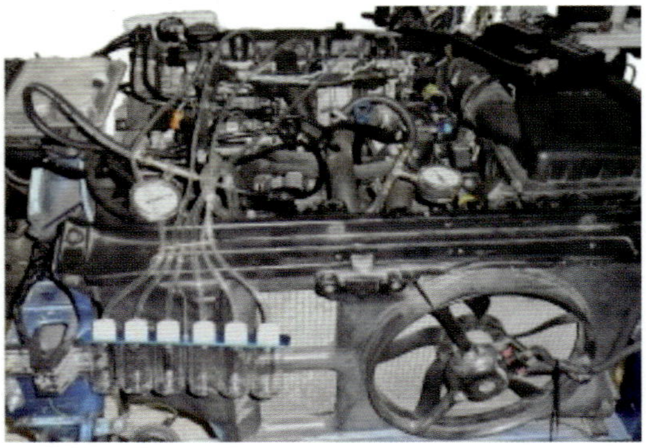

↑ **Figura 10.56.** Recipientes para la prueba con motor en marcha.

Si el motor no arranca:

- Para simular esta situación se desconecta el sensor de posición del árbol de levas.
- Después se acciona el motor de arranque durante 10 o 15 segundos.

Medición con el kit comercial:

- Anotar qué inyector suministra el máximo sobrante y la cantidad suministrada por el mismo.
- Dividir dicha cantidad entre 3.

- Ningún inyector debe proporcionar una cantidad inferior a este valor.
- Si se da el caso de que algún inyector proporciona una cantidad inferior, se debe sustituir el inyector que suministra el máximo sobrante.

Medición con tubo flexible:

- Con los tubos en vertical, anotar qué inyector suministra el máximo sobrante y la longitud de tubo que alcanza la columna líquida.
- Dividir dicha longitud entre 3.
- Ningún inyector debe proporcionar una cantidad de sobrante cuya longitud de columna líquida sea inferior a este valor.
- En caso de que algún inyector proporcione una cantidad inferior, se debe sustituir el inyector que proporciona el máximo sobrante.

Si el motor arranca:

- Arrancar el motor y dejar que las probetas se llenen hasta que el nivel de la del inyector con mayor sobrante supere la mitad del recipiente (cuanto más combustible se recoja más precisión en la valoración) (figura 10.57).
- Al igual que en los apartados anteriores anotar que inyector suministra el máximo sobrante, así como la cantidad suministrada por el mismo.
- Dividir dicha cantidad por 3.
- Ningún inyector debe proporcionar una cantidad inferior a este valor.
- En caso de que algún inyector proporcione una cantidad inferior, sustituir el inyector que suministra el máximo sobrante.

↑ **Figura 10.57.** Caudales obtenidos con el motor en marcha.

saber más

En caso de que el motor no arranque por falta de presión en rampa, téngase en cuenta que la bomba de alta presión es capaz de generar la presión necesaria para mantener el motor funcionando a ralentí con un único elemento de bomba operativo.

4. Comprobación de la presión máxima generada por la bomba

Si la prueba de caudales nos indica que tanto el circuito de baja como los inyectores trabajan correctamente, un fallo en la regulación de presión o una falta de la misma en la rampa de combustible, pueden ser atribuidos al regulador de presión de combustible o a la propia bomba.

Además, si existe una falta de estanqueidad en algún inyector hacia el motor, la prueba de retornos no tiene por qué señalar qué inyector es el causante del problema. En estos casos el comportamiento del motor suele verse visiblemente afectado, pudiéndose detectar el cilindro involucrado por autodiagnosis.

A continuación describimos el procedimiento que nos permite determinar las causas de la falta de presión en alta, tanto si la causa es la bomba de alta presión, el regulador de presión o un inyector defectuoso.

Realización práctica:

- Desmontar el regulador de presión y observar el estado de las juntas, tórica y de teflón (ya que en muchos casos suelen ser la causa del problema).
- Observar el estado del microfiltro (en la figura 10.58 se aprecian depósitos metálicos debidos al desgaste)
- Utilizar el tapón de comprobación en sustitución del regulador (figura 10.59).
- Lubricar las juntas con vaselina antes de montar y acoplar el tapón ciego en sustitución del regulador.
- Desconectar el sensor de posición del árbol de levas.
- Mantener las probetas o tuberías de combustible conectadas en los retornos, para observar la estanqueidad de los inyectores durante la prueba.

↑ **Figura 10.58.** Microfiltro del regulador. Presencia de partículas metálicas.

↑ **Figura 10.59.** Tapón comercial para comprobación de la bomba y tapón realizado con un regulador averiado.

↑ **Figura 10.60.** Tapones de alta presión.

saber más

Con la rampa totalmente taponada y la bomba en buen estado, la presión se mantiene una vez apagado el motor. Al aflojar 1 vuelta cualquier tapón de rampa, la presión caerá por completo sin prácticamente fugas, dado que el combustible acumulado se encuentra encerrado en un volumen rígido (no existen acumuladores con volumen variable que puedan mantener la presión) y el gasóleo es un líquido y por lo tanto idealmente incompresible. No obstante, como norma general de seguridad se deben utilizar guantes y gafas de protección.

caso **práctico** inicial

El vehículo de Isolino no enciende adecuadamente. Cuando le conectan el equipo de diagnosis, pueden leer la avería: «Margen o rango de corrección del regulador de presión sobrepasado».

- Conectar el equipo de diagnosis y seleccionar en el menú de parámetros, la presión de rampa de combustible.
- Accionar el arranque y observar la presión máxima alcanzada, así como qué inyectores fugan mayor cantidad de sobrante.

  La presión máxima alcanzada a alto régimen y en condiciones de carga por el sistema debe ser la marcada por el fabricante. Se debería alcanzar dicha presión o hallarse en el entorno de la misma.
- Si la presión alcanza un valor próximo, el problema está en el **regulador de presión.**
- Si la presión se encuentra muy por debajo de ese valor, se empezará a investigar por los inyectores que fugan una mayor cantidad de gasóleo por el sobrante.
- Esperar a que baje la presión de combustible y desmontar el tubo del inyector que fuga por el sobrante una mayor cantidad, colocando en su lugar un tapón de alta presión (figura 10.60).
- Accionar el arranque hasta que se alcance la presión máxima y observar si esta es suficiente.
- En caso negativo, desmontar el tubo del inyector que presentaba la segunda mayor fuga, taponando la rampa y repetir la prueba.
- Si se sigue sin obtener resultados satisfactorios seguir desmontando tubos y taponando hasta que finalmente todas las salidas de inyectores de la rampa están taponadas.
- Si la presión alcanzada con los tapones de alta presión colocados es demasiado baja, se **debe sustituir la bomba.**

4.2. Comprobaciones con equipo de diagnosis

La unidad de control dispone de autodiagnóstico, mediante el cual se pueden comprobar las señales recibidas de los sensores y las emitidas hacia los actuadores, así como el funcionamiento interno de la propia unidad. Se realizará la diagnosis de la regulación de presión en el circuito de alta. Para ello se seleccionarán en el equipo los parámetros mostrados en la figura 10.61.

Se procederá del siguiente modo:

a) Arrancar el motor, esperar a que alcance la temperatura de servicio y con él funcionando a ralentí, anotar la relación de impulsos de la unidad dosificadora. Los datos son los que se aprecian en la figura 10.61.

Una desviación en el RCO puede indicar un problema del sistema. Valores altos de RCO indican:

- Si el sensor de presión mide bien, tenemos excesivas fugas en alta (inyectores, regulador de presión, holguras en bomba de alta, etc.), que exige a la válvula a trabajar con una intensidad media más alta.
- El mismo síntoma puede aparecer si el sensor de presión informa de una presión inferior a la real.

Valores bajos de RCO, indican:

- Un sensor de presión que mide valores superiores a los reales.
- Obstrucción del microfiltro del regulador de presión.

En cualquiera de los apartados anteriores, el sistema entra en avería, una vez superados los márgenes de RCO máximo/mínimo programado para cada régimen de funcionamiento.

b) Subir de vueltas el motor y mantenerlo a ese régimen. Observar los valores (figura 10.62). A régimen más alto, el RCO del regulador de presión sufre una pequeña variación, primero porque el motor está en vacío y segundo, porque la frecuencia de bombeo de los elementos de bomba aumenta en la misma relación.

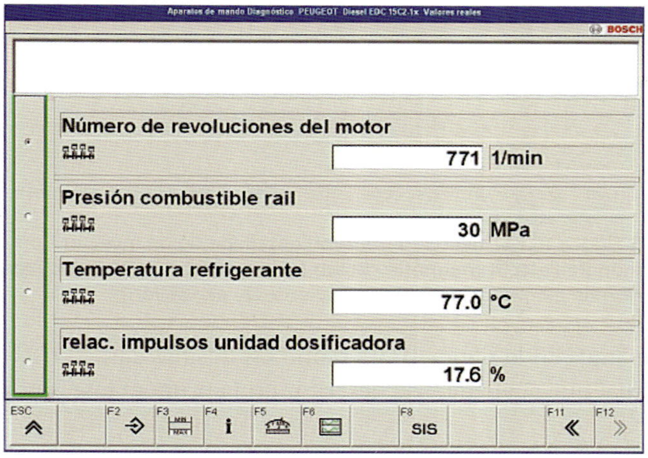

↑ **Figura 10.61.** Parámetros para la regulación de presión en el circuito de alta a ralentí.

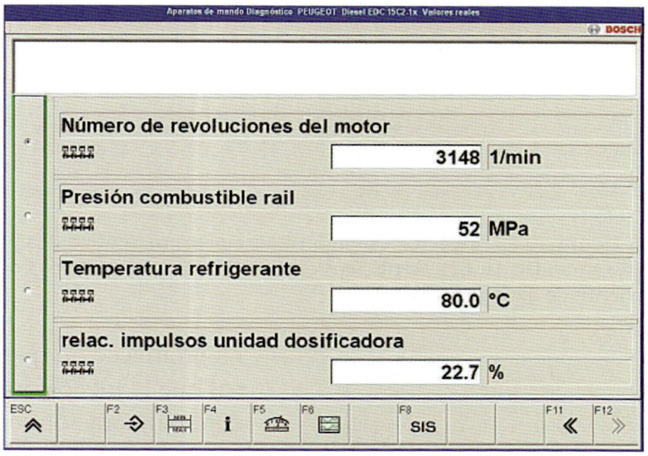

↑ **Figura 10.62.** Parámetros para la regulación de presión en el circuito de alta al acelerar el motor.

4.3. Comprobaciones con osciloscopio

Señal de inyectores

Se trabajará con la señal en tensión e intensidad para su análisis y comprensión mediante el estudio comparativo de ambas señales. Se utilizarán los dos canales del osciloscopio, uno con una sonda de tensión (con un nivel de atenuación función de la entrada máxima del osciloscopio) y otro con la pinza amperimétrica de 60 amperios.

La figura 10.63 nos muestra la señal de un inyector electromagnético Bosch de un sistema EDC 15 C2 durante la preinyección y la inyección principal.

La figura 10.64 muestra la inyección principal detallada, la cual pasamos a describir:

La activación eléctrica se realiza en dos fases:

- Fase I: el inyector es alimentado con una intensidad elevada para conseguir un rápido desplazamiento de la válvula de gobierno del mismo.
- Fase II: el inyector es alimentado con una intensidad moderada, suficiente para mantener la válvula de gobierno en su posición (abierta).

En la fase I se utiliza una alimentación inicial de unos 80 V con objeto de alcanzar la intensidad máxima de alimentación (aproximadamente 20 A) de forma rápida, manteniendo seguidamente dicha intensidad con una alimentación de 12 V. Los 80 V necesarios para esta alimentación se obtienen de unos condensadores situados en la unidad que en algunas gestiones son cargados aprovechando la autoinducción de las bobinas de los inyectores. Para ello, la unidad conecta y desconecta rápidamente estas entre dos ciclos de inyección consecutivos, generando picos de autoinducción que elevan la tensión al nivel necesario para la carga de estos condensadores.

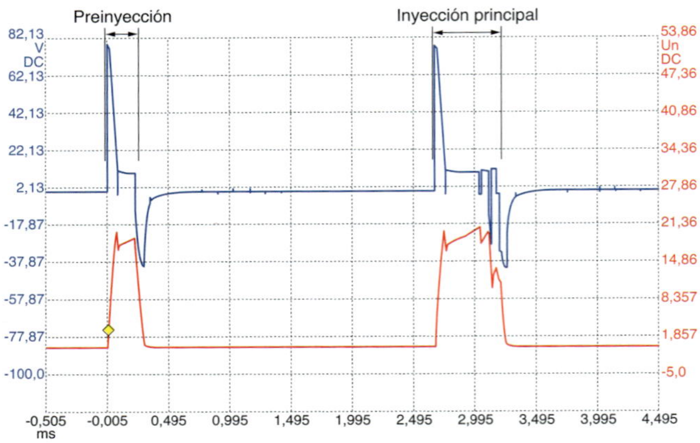

↑ **Figura 10.63.** Inyector Common Rail electromagnético Bosch (sistema EDC 15 C2). Azul: Tensión de alimentación y Rojo: Corriente de excitación.

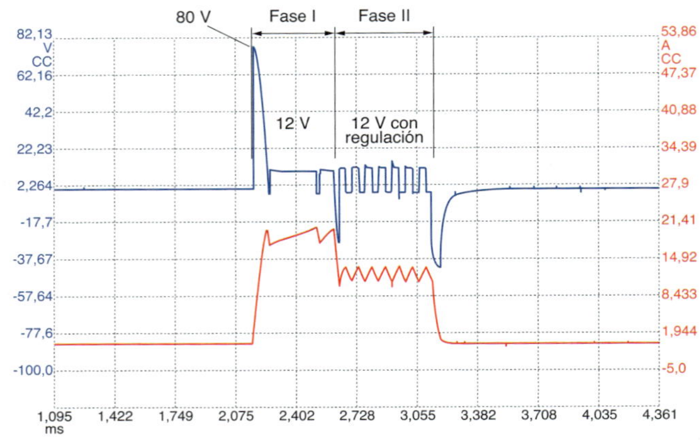

↑ **Figura 10.64.** Inyección principal detallada de un inyector Common Rail electromagnético Bosch (sistema EDC 15 C2). Azul: Tensión de alimentación y Rojo: Corriente de excitación.

La preinyección que apreciamos en la figura 10.63 reúne las mismas características que la inyección principal que acabamos de describir en la primera fase, pero con una duración menor.

Fase de carga de condensadores (figura 10.65)

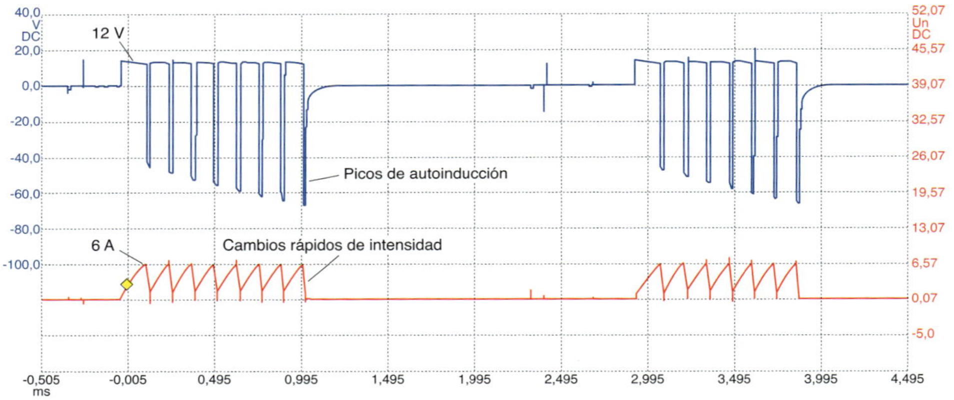

↑ **Figura 10.65.** Inyector Common Rail electromagnético Bosch (sistema EDC 15 C2). Azul: Tensión de alimentación de la bobina del inyector en la fase de carga de condensadores y Rojo: Intensidad que circula por la bobina del inyector en la fase de carga de condensadores.

Entre dos inyecciones consecutivas las bobinas de cada inyector se utilizan para cargar los condensadores que se emplean en la primera fase de apertura de los inyectores. Para ello son alimentadas con la tensión de batería hasta que la intensidad alcanza los 6 amperios. Esta intensidad se halla por debajo de la intensidad mínima de apertura de la válvula (8 amperios). Una vez alcanzados los 6 amperios, la unidad desconecta la masa del inyector produciéndose una caída brusca en la intensidad de la bobina que provoca un pico de autoinducción, elevándose la tensión al nivel necesario para cargar los condensadores a su tensión de trabajo. No obstante, un único pico no proporciona la energía necesaria para que los condensadores queden completamente cargados por lo que se suceden una serie de conexiones y desconexiones consecutivas hasta que los condensadores alcanzan el nivel de carga necesario.

En la figura 10.66 podemos ver la señal de un inyector electromagnético Bosch (preinyección e inyección principal), pero perteneciente a una gestión más moderna que la anterior. La figura 10.67 muestra el detalle de la inyección principal de este mismo inyector. Mediante las dos figuras puede observarse que las tensiones máximas de excitación de los inyectores se han rebajado a unos 50 V y, apreciándose también, dos regulaciones de intensidad con 12 V de alimentación. La primera durante la fase I, manteniendo la intensidad en unos 20 amperios y la segunda durante la fase II manteniendo la intensidad en un valor de unos 13 amperios.

Se puede observar cómo los pulsos de conexión a 12 voltios durante la regulación a 20 amperios, son de mayor duración que durante la regulación a 13 amperios.

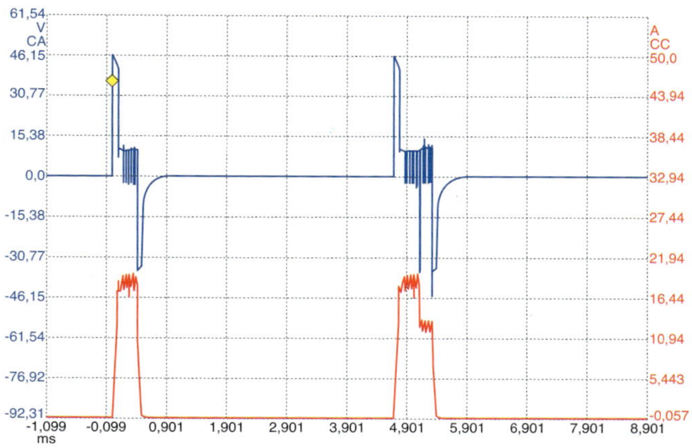

↑ **Figura 10.66.** Inyector electromagnético Bosch. Preinyección e inyección principal. Azul: Tensión y Rojo: Corriente.

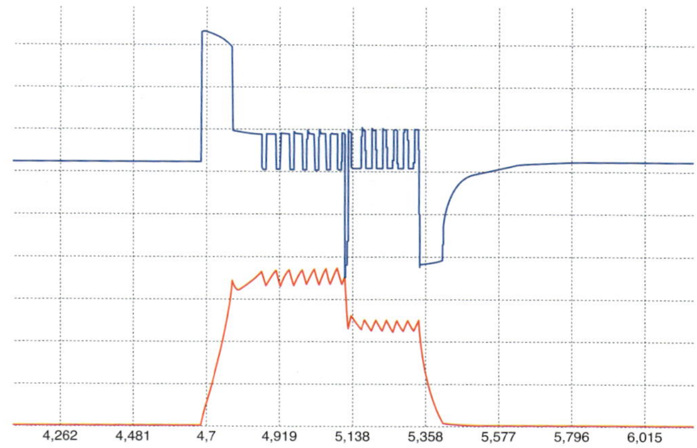

↑ **Figura 10.67.** Inyector electromagnético Bosch. Detalle de la inyección principal. Azul: Tensión y Rojo: Corriente.

En la figura 10.68 podemos apreciar la señal de un inyector electromagnético Delphi (preinyección e inyección principal), mientras que en la figura 10.69 observamos con detalle la inyección principal de este mismo inyector. Estos inyectores presentan la particularidad de que la alimentación de los mismos es a 12 V, tal y como se observa en el oscilograma azul.

Obsérvese cómo debido en parte a esta circunstancia, el tiempo en alcanzar la máxima intensidad es mayor que en los inyectores Bosch.

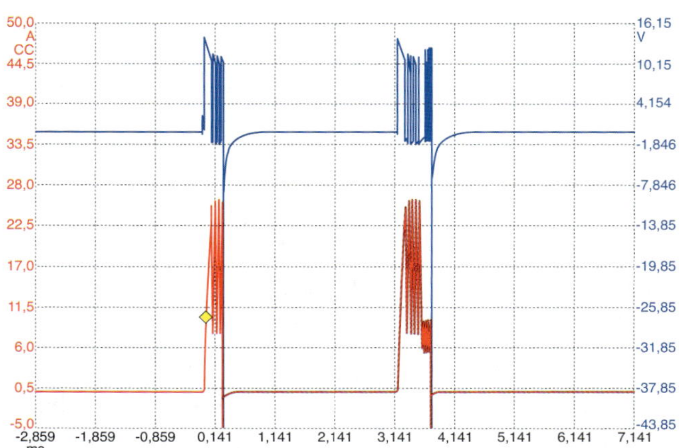

↑ **Figura 10.68.** Inyector electromagnético Common Rail Delphi. Preinyección e inyección principal. Azul: tensión. Rojo: corriente.

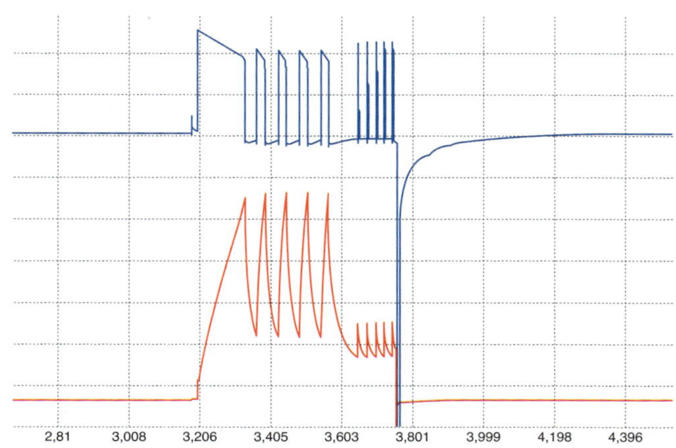

↑ **Figura 10.69.** Detalle de la inyección principal de un inyector Common Rail Delphi (electromagnético).

La figura 10.70 nos muestra el funcionamiento de un inyector piezoeléctrico de Bosch a ralentí y en cargas medias y bajas. En la figura 10.71 podemos observar la activación de dicho inyector.

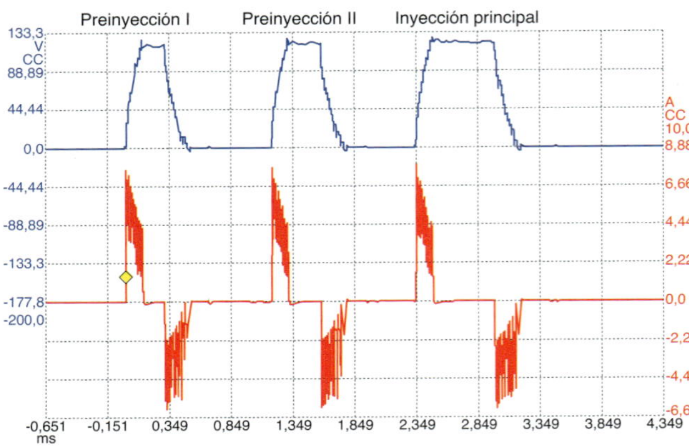

↑ **Figura 10.70.** Funcionamiento de un inyector piezoeléctrico de Bosch a ralentí y en cargas medias y bajas. Dos preinyecciones e inyección principal. Azul: Preinyecciones e inyección principal, oscilograma de tensión y Rojo: preinyecciones e inyección principal, oscilograma de corriente.

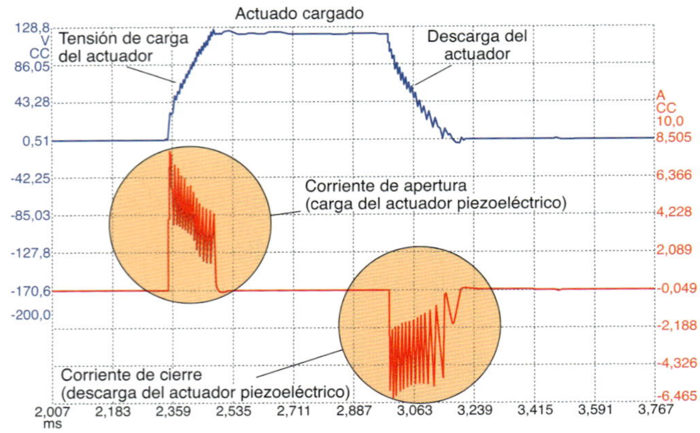

↑ **Figura 10.71.** Activación del inyector Common Rail piezoeléctrico de Bosch. Azul: Tensión y Rojo: Intensidad.

En una primera aproximación, el comportamiento eléctrico de un actuador piezoeléctrico es similar al de un condensador, con una particularidad, el actuador varía su longitud en un sentido u otro al adquirir o ceder carga.

Al igual que en un condensador, si conectamos el actuador a una fuente de tensión se establece una elevada corriente al principio, que va disminuyendo conforme la tensión del actuador iguala la tensión de alimentación. Conforme la tensión crece este se va estirando, existiendo una relación directa entre la tensión adquirida y el estado de deformación del actuador.

Si desconectamos el actuador de la fuente de alimentación, este permanece cargado, manteniendo su estado de carga durante un tiempo prolongado y consecuentemente su estado de deformación.

Para que el actuador vuelva a su longitud original, hay que hacer que este se descargue, para ello se cortocircuitan electrónicamente ambas terminales del actuador. La corriente circula ahora en sentido inverso respecto al de carga, disminuyendo la tensión conforme disminuye la carga eléctrica almacenada, al igual que su longitud.

Como comentamos, el oscilograma corresponde a un inyector Common Rail piezoeléctrico de Bosch. En él, tanto el tiempo de carga como de descarga del actuador, se establece mediante un control electrónico que regula la variación de tensión de forma progresiva y por tanto también la deformación del cristal piezoeléctrico.

Obsérvese que la corriente circula en un sentido en el proceso de carga (valor positivo de la intensidad) y en sentido opuesto en el sentido de descarga (valor negativo de la intensidad).

Cuando el actuador ha adquirido la tensión máxima está completamente estirado, manteniendo esta tensión sin consumo eléctrico (valor cero de intensidad).

Regulación de la presión en rampa

Comprobación de la señal de mando del regulador de presión

En la figura 10.72 vemos dicha señal a ralentí, en caliente y en aceleración. Podemos observar el efecto del aumento de RCO sobre la intensidad. Si conectamos el equipo de diagnosis y con el motor funcionando en las mismas condiciones en que se realizó la captura anterior se puede ver que el valor en % de la «relación de impulsos de la unidad dosificadora» (figura 10.73) es el mismo que el RCO medido en la señal.

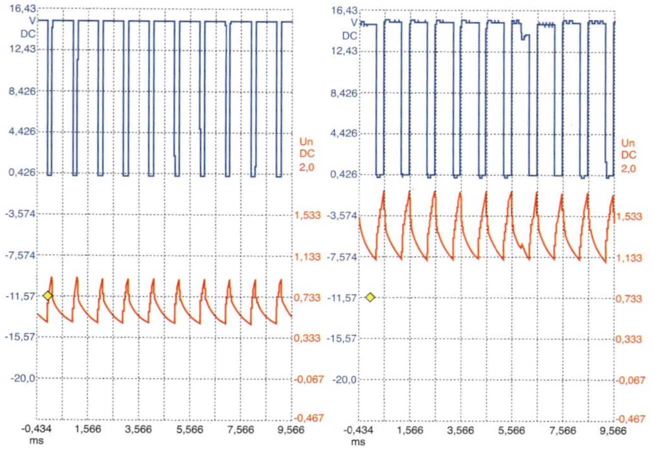

↑ **Figura 10.72.** Mando de la válvula reguladora de presión a ralentí en caliente y en aceleración.

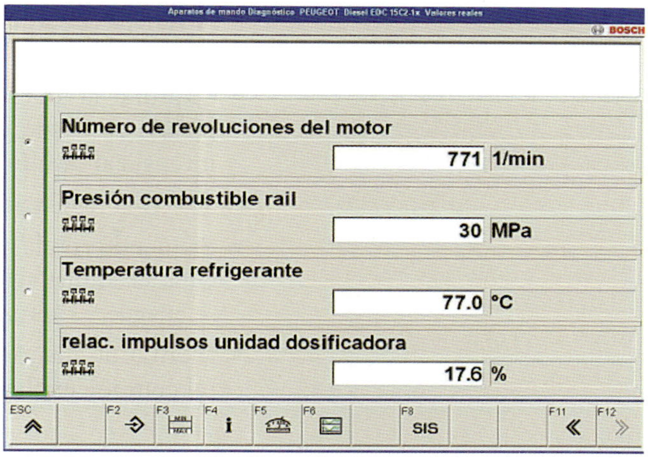

↑ **Figura 10.73.** El RCO medido en la señal es el mismo que el % de la dosificadora.

Señal del sensor de presión

Se seguirá este proceso:

- Conectar el canal 1 del osciloscopio entre la vía de señal del sensor y masa.
- Ajustar el canal en la escala de 5 V y la base de tiempos en la escala de 1s/div.
- Poner contacto, arrancar, mantener al ralentí y acelerar el motor.
- Capturar la imagen desde la puesta del contacto hasta la aceleración del motor (figura 10.74).

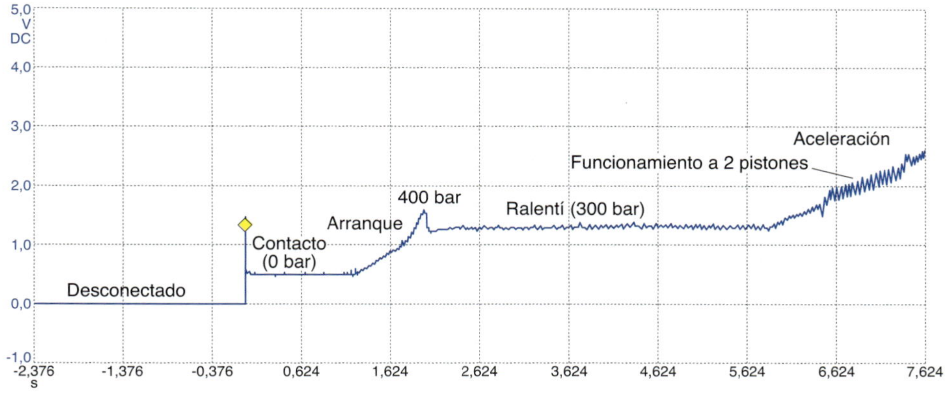

↑ **Figura 10.74.** Presión en rampa en distintas fases de funcionamiento, incluido el arranque.

saber más

Durante la prueba con el motor funcionando a ralentí y a temperatura de servicio, el regulador de presión se encuentra trabajando con un RCO del 17,6%, con lo que se consigue una intensidad media de 614 mA.

caso práctico inicial

La señal del sensor de presión del combustible del vehículo de Isolino es incorrecta.

Análisis de la regulación de presión conjuntamente

Vamos a estudiar conjuntamente la señal de mando del regulador de presión y la información proporcionada por el sensor de presión con el fin de diagnosticar fallos de regulación y entender distintos sucesos relacionados con dicha regulación.

Funcionamiento de la regulación:

- Conectar el canal 1 del osciloscopio al sensor de presión tal como se comentó en el apartado anterior.
- Utilizar el canal 2 con la pinza amperimétrica con el conmutador de la misma en la posición de 20 amperios y el ajuste del canal en 5 amperios.
- Utilizar la base de tiempos de 1s/div.

- Arrancar el vehículo, dejándolo unos segundos al ralentí y acelerando un par de veces.
- Capturar la imagen e identificar las fases de funcionamiento por las que ha pasado el motor, comparando las evoluciones de la presión de rampa y de la intensidad de alimentación del regulador de presión (figura 10.75).

Fallos en la regulación de presión:

- Siguiendo con la prueba del apartado anterior, con el motor en marcha, estrangular la admisión de combustible a la bomba de alta presión hasta que el motor se apague y capturar la imagen de lo que sucede (figura 10.76).
- Montar un manómetro con el grifo en el retorno de la bomba de alta presión tal como se explicó en las comprobaciones hidráulicas del sistema.

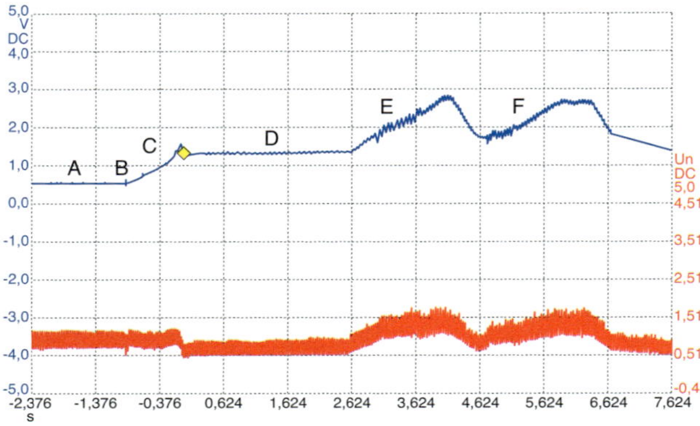

↑ **Figura 10.75.** Presión en rampa e intensidad del regulador de presión. A contacto, B reposo, C arranque, D ralentí, E y F aceleraciones.

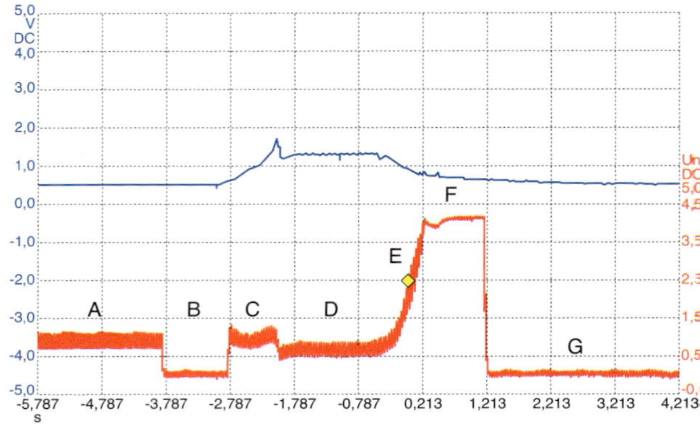

↑ **Figura 10.76.** Estrangulando la admisión de combustible a la bomba de alta presión hasta que el motor se apague. A. Contacto, B. Reposo, C. Arranque, D. Ralentí, E. Falta de combustible (estrangulamiento), F. Regulador de presión con máxima intensidad, G. Parada de motor (desconexión del regulador de presión).

- Con el motor funcionando a ralentí se va cerrando el grifo hasta alcanzar 2,3 bares en el retorno de la bomba, presión ligeramente por debajo de la que produce la parada del motor.
- Con el osciloscopio midiendo la señal del sensor de presión y el consumo del regulador de presión tal y como se ha descrito anteriormente, anotar el valor de intensidad consumida por el regulador de presión en estas condiciones (figura 10.77).
- Acelerar el motor y mantenerlo acelerado unos segundos mientras se captura la imagen (figura 10.78).

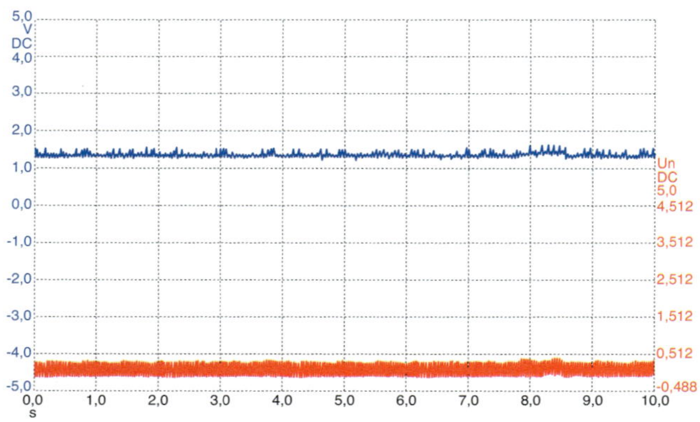

↑ **Figura 10.77.** Consumo del regulador de presión a ralentí con 2,3 bares en retorno.

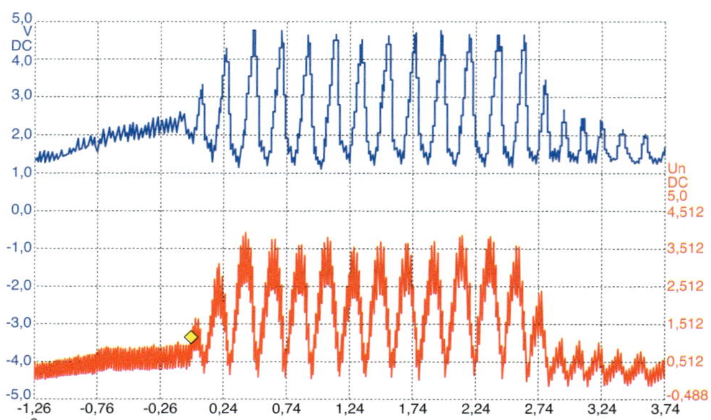

↑ **Figura 10.78.** Comportamiento de la presión de la rampa y del regulador de presión al acelerar con una presión de retorno excesiva.

Análisis de intensidad de la electrobomba de combustible

La intensidad media consumida por la electrobomba está relacionada con el trabajo desarrollado por la misma, bien sea para generar presión, o para vencer un rozamiento excesivo. Del mismo modo una falta de consumo puede indicar unas escobillas desgastadas.

La frecuencia de la oscilación nos proporciona información sobre la velocidad de giro de la bomba. En casos extremos nos indicaría un fallo por gripaje total de la misma.

Se deberá seguir el siguiente proceso de trabajo:

- Conectar la pinza amperimétrica a uno de los cables de alimentación de la bomba.
- Arrancar el motor o alimentar la bomba externamente.
- Capturar la imagen.
- Montar un manómetro y un grifo tal como se describió en el apartado de comprobaciones hidráulicas (recordemos la figura 10.47).
- Cerrar el grifo progresivamente con la electrobomba en funcionamiento (motor parado) y estabilizar la presión a la salida de la electrobomba a distintos valores e ir realizando distintas capturas de la curva de intensidad (figura 10.79).

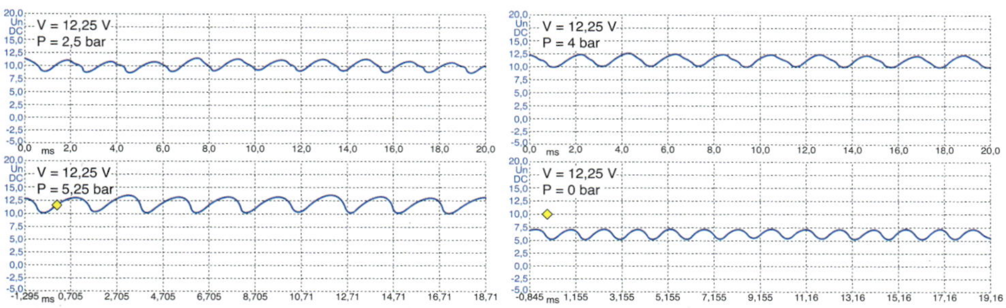

↑ **Figura 10.79.** Corriente consumida por la electrobomba para distintas presiones de trabajo.

Comprobación de las bujías de pre-postcalentamiento

Para su comprobación se utilizará una pinza amperimétrica de 600 amperios, la cual mide el consumo total de todos los calentadores para así estimar si existe alguno averiado.

En los motores de inyección directa, la activación del precalentamiento solo tiene lugar en condiciones de temperatura extremadamente bajas, por lo que para que esta se active se deberá hacerlo provocando una fase de emergencia de la UEC o activándolos por autodiagnosis. No obstante, otra forma de comprobarlos es en la fase de postcalentamiento que sí estará activa con el motor a temperatura ambiente en los primeros segundos posteriores al arranque.

El proceso es el siguiente:

- Desconectar el sensor de temperatura del motor y ajustar la pinza amperimétrica en el cable de alimentación común de los calentadores.
- Ajustar correctamente el osciloscopio y capturar la imagen (figura 10.80).

Para comprobar el consumo en la fase de postcalentamiento, quitar el contacto y volver a conectar el sensor de temperatura.

Con la pinza conectada y el osciloscopio ajustado al igual que se indicó anteriormente, comenzar la captura y arrancar el motor (figura 10.81).

Si el consumo es inferior al indicado, calcular cuántos calentadores están averiados e ir desconectando y repitiendo la prueba hasta detectar cuales están fuera de servicio.

saber más

La intensidad a la que es alimentado el regulador de presión a ralentí baja, al estar el retorno estrangulado. El efecto es similar al que se produce con el filtro del regulador de presión obstruido, la intensidad de alimentación es menor ya que necesitamos cerrar menos la válvula para regular la presión.

saber más

Algunas notas de interés

- Para las pruebas en banco y reparaciones de inyectores se seguirán escrupulosamente las indicaciones del fabricante.
- Las tres causas principales para que no arranque un diésel Common Rail son:
  - No se alcanza la presión en rampa.
  - Inyección a destiempo (asincronismo de las señales de fase y rpm/pms).
  - No hay activación de inyectores.

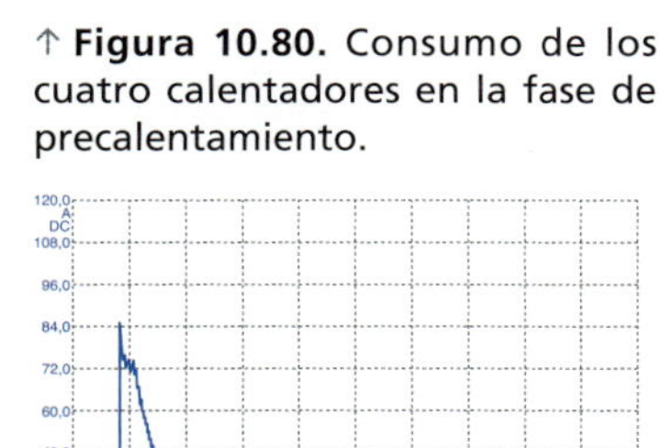

↑ **Figura 10.80.** Consumo de los cuatro calentadores en la fase de precalentamiento.

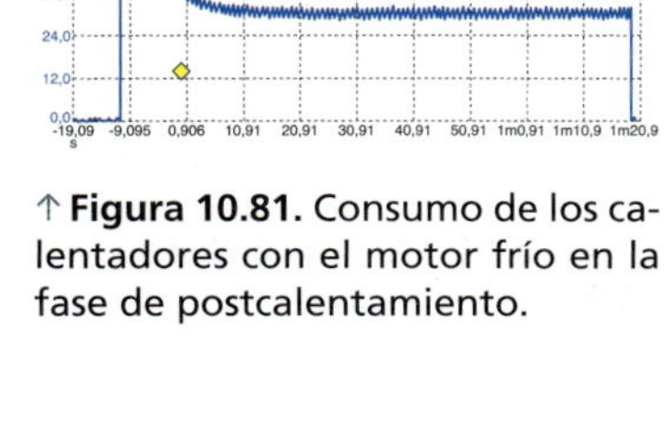

↑ **Figura 10.81.** Consumo de los calentadores con el motor frío en la fase de postcalentamiento.

ACTIVIDADES FINALES

- 1. ¿Por qué se debe refrigerar el combustible en los motores diésel modernos?
- 2. ¿Cuál es la función de la válvula dosificadora de combustible dentro de la bomba de alta presión y qué características reúne la señal de excitación de la misma?
- 3. ¿Qué ventajas reúnen las bombas de alta presión modernas de dos émbolos a 180°?
- 4. ¿Cuál es la función del regulador de presión en un sistema Common Rail? ¿Dónde suele ir montado?
- 5. ¿Por qué hay bombas de alta presión que deben ir sincronizadas con el cigüeñal?
- 6. ¿Cuál es la función del sensor de presión y dónde suele ir ubicado?
- 7. ¿Qué ventajas ofrece el inyector piezoeléctrico con respecto al inyector electromagnético?
- 8. ¿Por qué en el circuito de retorno de los inyectores piezoeléctricos debe haber una presión constante de 10 bares?
- 9. ¿Con qué objetivo se instala el sistema *SCR*? ¿Qué aditivo emplea este sistema?
- 10. ¿A qué llamamos trayecto hidrolítico en el sistema *SCR*?
- 11. ¿Cuáles son los gases de escape a la salida del catalizador de reducción?
- 12. ¿Por qué el sistema EGR no funciona a partir de las 3 000 rpm?
- 13. ¿Quién se encarga de desactivar las bujías de precalentamiento en caso de sobretensión o por exceso de temperatura?
- 14. ¿Son iguales las cantidades de combustible medidas en la prueba de caudal de una electrobomba independientemente del modo de comprobación? Razona la respuesta.
- 15. Si medimos la presión del raíl mediante un equipo de diagnosis y mediante un manómetro de alta presión y los valores no coinciden, ¿cuál será el elemento culpable?
- 16. En la prueba de los caudales de retorno de los inyectores, los sobrantes proporcionados son los siguientes:

Inyector 1	Inyector 2	Inyector 3	Inyector 4
1,25 mL (10 cm)	3 mL (24 cm)	4,5 mL (36 cm)	2 mL (16 cm)

¿Qué inyector debe ser sustituido?

- 17. ¿Cómo se obtienen los 80 V necesarios para desplazar la válvula de gobierno de un inyector electromagnético?
- 18. Cuando el actuador de un inyector piezoeléctrico adquiere la tensión máxima está completamente estirado. ¿Qué consumo tendrá para mantener esa tensión?

EVALÚA TUS CONOCIMIENTOS

Resuelve en tu cuaderno o bloc de notas

1. La bomba de alta presión de un sistema Common Rail está formada por…

a. Tres émbolos dispuestos radialmente con un ángulo de desfase entre sí de 120°.

b. Dos émbolos en posición opuesta.

c. Un solo émbolo accionado por dos levas desfasadas 180° entre sí.

d. Nos podemos encontrar los tres casos anteriores.

2. ¿Cuáles suelen ser los valores de las presiones de baja (suministro y retorno) de un sistema Common Rail?

a. Presión de suministro de 2 a 3 bares y presión de retorno inferior a 1 bar.

b. Presión de suministro inferior a 1 bar y presión de retorno de 2 a 3 bares.

c. Presión de suministro y presión de retorno superior a 1 bar.

d. Presión de suministro y presión de retorno inferior a 1 bar.

3. En una imagen de activación de un inyector electromagnético de un sistema Common Rail se puede observar…

a. Que los pulsos de conexión a 12 V durante la regulación a 20 A son de menor duración que durante la regulación a 13 A.

b. Que los pulsos de conexión a 12 V durante la regulación a 20 A, son de mayor duración que durante la regulación a 13 A.

c. Que son exactamente iguales dichos pulsos.

d. No existen tales pulsos de conexión.

4. El sentido de la corriente durante la carga y descarga del actuador piezoeléctrico de un inyector Common Rail…

a. Valor negativo durante el proceso de carga y valor positivo durante el proceso de descarga.

b. Valor positivo durante el proceso de carga y valor negativo durante el proceso de descarga.

c. Circulan en el mismo sentido.

d. No se puede apreciar el sentido de dicha corriente.

5. ¿Qué tensión recibe el actuador de un inyector piezoeléctrico durante la apertura del inyector?

a. La de batería.

b. Depende del régimen de giro del motor.

c. Unos 90 V.

d. Entre 110 y 150 V.

6. ¿Qué ocurre si se avería el regulador de presión?

a. El motor sigue funcionando con una presión determinada en función del programa de la UEC.

b. La válvula permanece cerrada y en el acumulador se mantiene la presión que había en ese momento.

c. La válvula permanece abierta, comunicando la presión del acumulador con el retorno de combustible y el motor se para.

d. Si el sistema dispone de inyectores piezoeléctricos, la UEC variará el tiempo de excitación de los mismos y el motor sigue funcionando normalmente.

7. ¿Para qué utiliza la UEC la señal de la sonda lambda?

a. Para corregir la cantidad de gases recirculados y para la regeneración activa del filtro de partículas.

b. Para determinar el tiempo de precalentamiento de los calentadores.

c. Para activar el sistema SCR.

d. Para controlar el tiempo de excitación de los inyectores.

8. ¿Qué nos indica la frecuencia de la oscilación cuando analizamos el consumo de la electrobomba de combustible?

a. En los sistemas Common Rail no se puede realizar esta prueba.

b. Nos proporciona información sobre la velocidad de giro de la bomba.

c. La presión a la que está trabajando.

d. El caudal.

9. ¿Crees que la verificación de los humos de escape en un motor con sistema Common Rail se realiza de igual forma que a un motor con otro sistema de alimentación?

a. Sí.

b. No.

c. Depende qué sistema Common Rail instale.

d. Los sistemas Common Rail no necesitan esta prueba.

PRÁCTICA **PROFESIONAL**

HERRAMIENTAS

- Caja de bornes con cableado válido para el modelo de calculador motor del vehículo o maqueta
- Osciloscopio de dos canales

MATERIAL

- Vehículo o maqueta con sistema Common Rail EDC15 C2 1x
- Esquema eléctrico

Comprobación del sensor de posición del pedal del acelerador mediante el osciloscopio

OBJETIVO

Saber comprobar el estado de un sensor de posición del pedal del acelerador.

PRECAUCIONES

Manejar correctamente las herramientas y ventilar el local.

DESARROLLO

El sensor de posición del pedal del acelerador es un sensor de doble pista (señal redundante), y proporciona una de las señales principales para el cálculo de la cantidad inyectada. La tensión de una de las salidas es el doble de la otra. Una varía entre 0,3 a 2 V y la otra entre 0,5 a 4 V.

La falta de señal de este sensou provoca el funcionamiento del sistema en modo degradado, no respondiendo a la solicitud del pedal.

1. Seleccionar la escala de 5 V en los dos canales del osciloscopio.
2. Conectar la punta de masa del osciloscopio a una masa de referencia (puede ser la vía H3 del conector 32 V, Negro de la UCM) y las dos puntas positivas de cada canal del osciloscopio a cada vía de salida del sensor (G3 y C2 del conector de 32 V, Negro).
3. Seleccionar una base de tiempos suficientemente lenta (0,5 s/div).
4. Pisar repetidamente a fondo el pedal del acelerador y capturar la imagen.
5. Mover lentamente el acelerador y capturar la imagen.
6. Verificar en ambos casos que la señal es limpia, sin ruidos ni discontinuidades.
7. Verificar que la relación de tensiones entre una señal y la otra es 2:1. (figura 10.82).

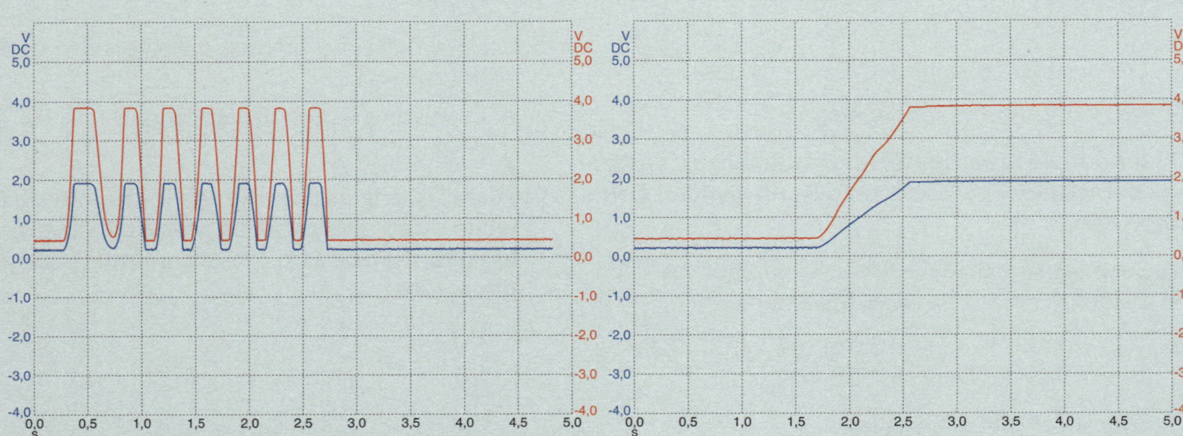

↑ **Figura 10.82.** Comprobación de las dos señales del pedal del acelerador. Accionamiento rápido y accionamiento lento.

Notas de interés:

- Los primeros sensores de posición de pedal eran potenciómetros. La tendencia actual es utilizar sensores sin rozamiento (efecto Hall, inductivos, etc.) considerados de mayor fiabilidad. En el caso de los potenciómetros, el desgaste de las pistas produce fluctuaciones en el nivel de tensión de salida fácilmente detectables con osciloscopio.
- Respecto al ejemplo estudiado, el valor de tensión de ambas señales que proporciona el útil de diagnosis (KTS de Bosch), es el mismo en las dos. Al realizar la lectura no existía código de avería asociado, lo cual indica que no existía un valor sustitutivo de alguna de las señales y que debe de tratarse de un error en el *software* de la KTS. Debemos tener presente que la medición de valores reales en cualquier téster de diagnosis es suministrada por un programa informático y que siempre puede estar sujeta a algún tipo de error.
- La figura 10.83 muestra el esquema básico del sensor de posición del pedal del acelerador de tipo potenciómetro. No obstante, este mismo esquema se sigue empleando por parte de algunos fabricantes al utilizar sensores sin rozamiento, que se han de verificar midiendo tensiones, tal como hemos visto en esta práctica y en los que no es posible medir la resistencia de ninguna pista.

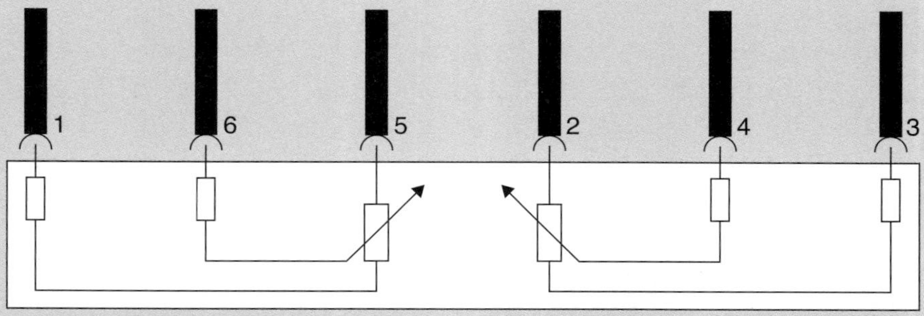

↑ **Figura 10.83.** Esquema básico del sensor de posición del pedal del acelerador de tipo potenciómetro (doble pista).

Nota aclaratoria acerca de la práctica siguiente:

El modo en el que se mide la tensión de activación del inyector en la práctica siguiente es la técnica más sencilla de ver la alimentación real del inyector. No obstante, en el caso de emplear un osciloscopio USB, el fabricante normalmente indica que la vía de masa del osciloscopio debe estar conectada a la masa del vehículo, con objeto de proteger el equipo, el ordenador y la electrónica que estamos midiendo. En este caso, lo recomendable es utilizar un osciloscopio de cuatro canales si queremos ver a la vez la señal en intensidad, ya que se deben emplear dos canales del osciloscopio con dos sondas de tensión, cada uno en un terminal del inyector y ambos referenciados a masa. Creando un canal matemático en el que se reste la señal del terminal negativo al del positivo del inyector, podemos ver la alimentación real del inyector, tal como la veríamos conectando un único canal entre ambos terminales.

PRÁCTICA **PROFESIONAL**

HERRAMIENTAS

- Caja de bornes con cableado válido para el modelo de calculador motor del vehículo o maqueta
- Osciloscopio de dos canales (preferiblemente cuatro si es tipo USB) con pinzas amperimétricas de 20/60 amperios y 600 amperios (o de escalas similares)

MATERIAL

- Vehículo o maqueta con sistema Common Rail EDC15 C2 1x
- Esquema eléctrico del sistema de inyección del vehículo o maqueta

Comprobación de la señal de los inyectores mediante el osciloscopio

OBJETIVO

Detectar si los inyectores funcionan correctamente en lo que respecta a su parte eléctrica.

PRECAUCIONES

Manejar correctamente las herramientas y ventilar el local.

DESARROLLO

- Se trabajará con la señal del inyector, medida en tensión e intensidad, utilizando el análisis comparativo de ambas medidas para la comprensión de las mismas.
- Se utilizarán los dos canales del osciloscopio, uno con una sonda de tensión (con un nivel de atenuación función de la entradas máxima del osciloscopio) y otro con la pinza amperimétrica de 60 amperios.

Activación de inyectores:

1. Ajustar el canal 1 en la escala de 100 voltios.
2. Conectar el osciloscopio entre el positivo y negativo del inyector (o entre los dos terminales correspondientes del calculador motor).
3. Ajustar el canal 2 en la escala 60 amperios (la de 20 amperios recorta algo la amplitud de la señal).
4. Conectar la pinza amperimétrica con el conmutador de la misma en la posición 60 amperios en uno de los cables del inyector.
5. Ajustar el nivel de disparo.
6. Si solo se quiere observar la señal de activación de los inyectores, situar el nivel de disparo del canal de tensión por encima del nivel de tensión de la batería.
7. Si el ajuste de sincronismo se realiza en el canal de intensidad, situar el nivel de disparo entre 8 y 20 amperios.
8. Ajustar la escala de tiempos en 500 μs/div.
9. Arrancar el motor y capturar la imagen a ralentí y en aceleración al paso por distintas revoluciones (figuras 10.84 y 10.85).

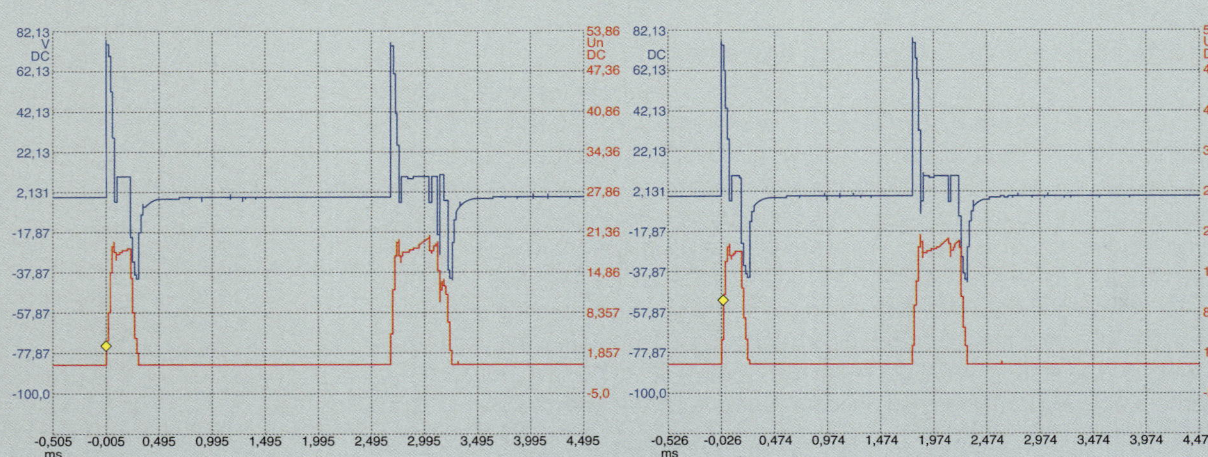

↑ **Figura 10.84.** Preinyección e inyección principal en ralentí, en frío y en caliente.

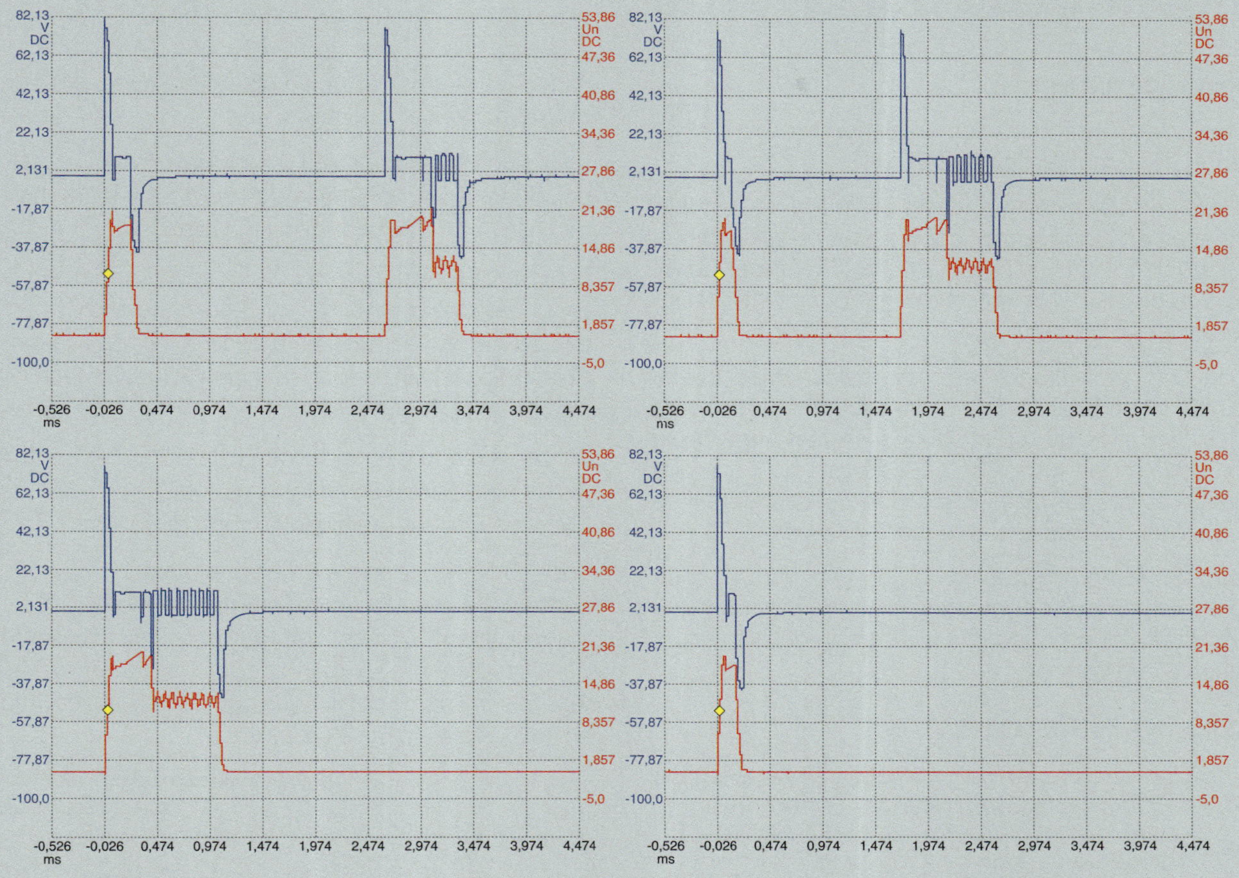

↑ **Figura 10.85.** Secuencia 1 a 3 (fases aceleración). Secuencia 4 (restablecimiento de la inyección tras soltar gas).

Observaciones:

- La activación de este tipo de inyectores a tensión superior a la de la batería, hace necesario conectar el positivo y negativo del osciloscopio a los dos terminales del inyector para ver la señal a la que está alimentado correctamente y poderla interpretar.
- Se puede observar, analizando la curva de intensidad durante la inyección principal, fundamentalmente dos etapas en la activación del inyector, más evidentes durante una aceleración (mayor tiempo de activación). En la primera, la Unidad de Motor alimenta el inyector con una intensidad de 20 amperios para conseguir un desplazamiento rápido de la electroválvula y en la segunda con una intensidad en torno a los 12 amperios para mantenerla abierta.
- La primera etapa transcurre en dos fases, primero la intensidad sube de forma brusca (saturación rápida de la bobina del inyector), consecuencia de una alimentación a 80 voltios. Una vez alcanzada la intensidad máxima (20 amperios) esta se mantiene con una alimentación de 12 voltios constantes mientras no se supere la intensidad máxima, en cuyo caso aparece una regulación de dicha intensidad por desconexión y conexión rápida de la alimentación de 12 voltios durante un breve periodo de tiempo.
- La segunda fase se consigue a una tensión de 12 voltios regulada por la desconexión y conexión de la masa del inyector con el fin de mantener el nivel de intensidad necesario para mantener el inyector abierto (12 amperios).
- Los dos picos de autoinducción más elevados y visibles en el oscilograma se producen en los cambios bruscos de intensidad (transición de 20 a 12 amperios y de 12 a 0).

MUNDO **TÉCNICO**

Equilibrado del inyector

Rango de tolerancia

Después de su fabricación cada inyector es probado antes de su montaje en el motor.

Cada inyector está compuesto por numerosas piezas de gran precisión. Cada una de estas piezas tiene un rango de tolerancia. La suma de las tolerancias de todas las piezas puede afectar al funcionamiento del inyector en su conjunto.

Para compensar las tolerancias internas se comprueba el caudal de inyección de cada inyector en cinco rangos de presión de combustible diferentes antes de su montaje en el motor, y se hace un estudio para cada rango de presión de la desviación del caudal real de inyección con respecto al caudal teórico ideal.

Una vez comprobada la desviación se genera un código corrector que es grabado en la tapa plástica y que indica de forma matemática el grado de desviación que tiene el inyector.

Código corrector «I3C»

El código corrector del inyector, que Delphi denomina «I3C» *(Improved Individual Inyector Correction),* es un código alfanumérico único para cada inyector compuesto por veinte caracteres.

Si han sido sustituidos uno o varios inyectores, el código corrector I3C de cada inyector debe ser memorizado en la unidad de control del motor.

Esta función es denominada «adaptación del inyector». Con este código memorizado, la unidad de control del motor adapta el tiempo de inyección a la desviación de cada inyector para que el caudal inyectado sea lo más próximo al ideal.

Por otro lado, si ha sido sustituida la unidad de control del motor, se deberán adaptar los códigos I3C de cada inyector en la nueva unidad de control.

Si los códigos I3C no han sido adaptados o lo han sido pero de manera incorrecta pueden aparecer problemas en el motor, tales como humorosidad excesiva u otros problemas secundarios, como la saturación demasiado frecuente del filtro de partículas o la dificultad en la puesta en marcha del motor.

Fuente: Cuaderno didáctico de SEAT.
Motor 1.2 I TDI CR

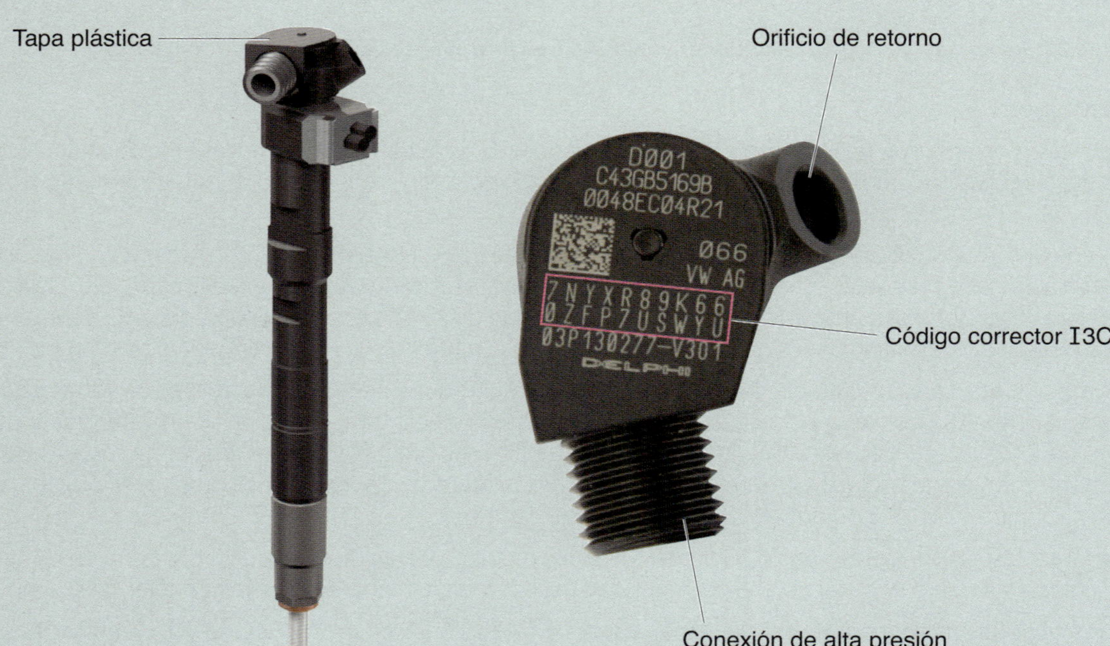

EN RESUMEN

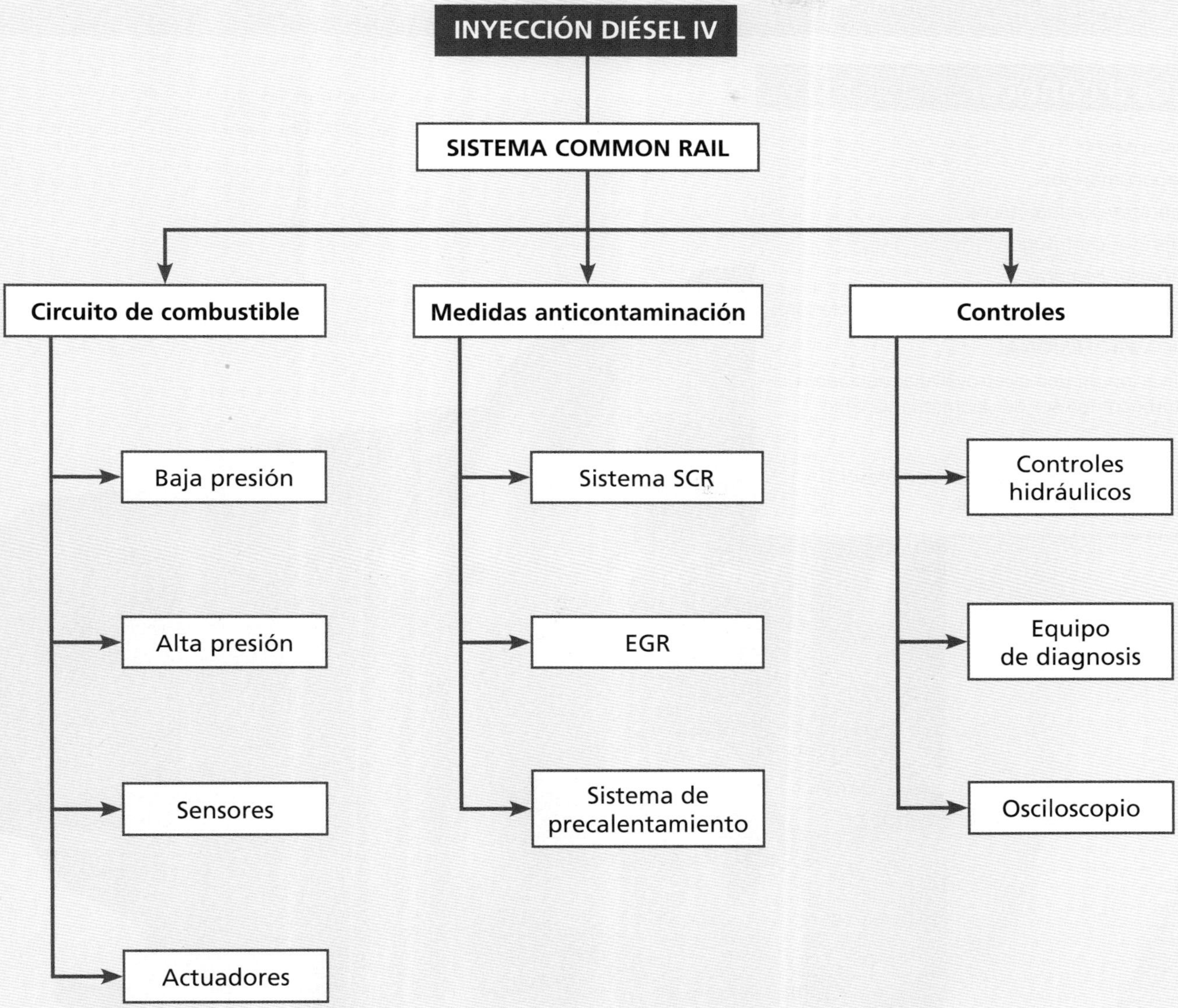

entra en internet

1. En las siguientes direcciones puedes encontrar más información sobre lo tratado en la unidad.
   - <http://www.arpem.com/tecnica/common/common_p.html>
   - <http://www.youtube.com/watch?v=gDYRhoBhMNo>
   - <http://www.mundorecambioytaller.com/fabricantes/el_sistema_common_rail_conquista_los_mercados_mundiales_>

11 El turbocompresor y otros sobrealimentadores

vamos a conocer...

1. Introducción
2. El turbocompresor
3. Compresores volumétricos
4. Compresor centrífugo
5. Compresor *comprex*
6. Verificaciones en los distintos sobrealimentadores

PRÁCTICA **PROFESIONAL**

Verificación de una electroválvula reguladora del turbocompresor de geometría variable

MUNDO **TECNICO**

Sobrealimentación doble con compresor y turbocompresor de escape

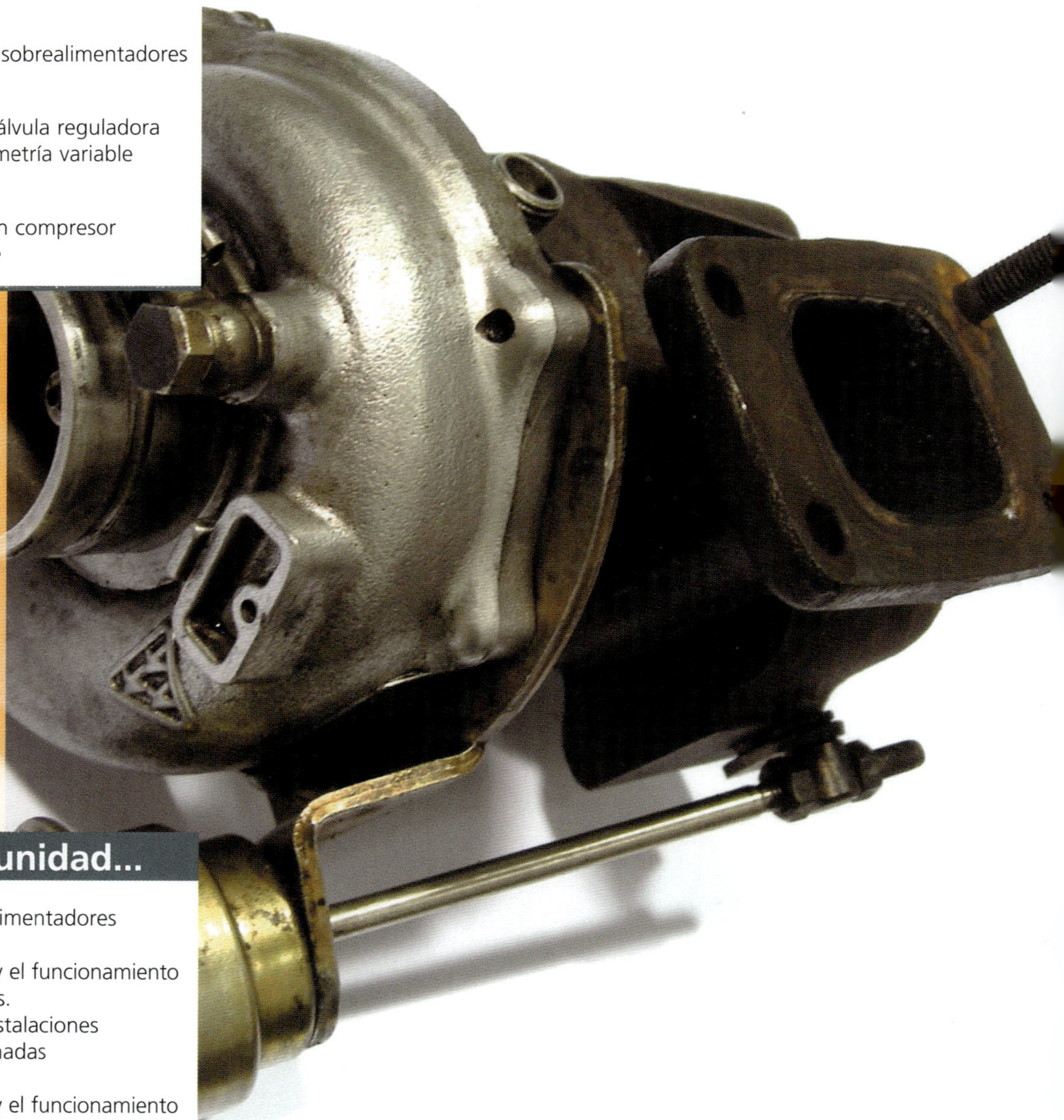

y al finalizar esta unidad...

- Identificarás distintos sobrealimentadores empleados en el automóvil.
- Conocerás las características y el funcionamiento de distintos turbocompresores.
- Serás capaz de interpretar instalaciones de sobrealimentación gestionadas electrónicamente.
- Conocerás las características y el funcionamiento de diversos tipos de compresores.
- Aprenderás los procesos de verificación y control de los distintos sobrealimentadores.

CASO **PRÁCTICO** INICIAL

situación de partida

Emilio tiene un Alfa 159 con motor Common Rail de 150 CV. Circulando con su vehículo a velocidad de crucero de 120 km/h. por una autovía detecta que este pierde potencia. Al mirar por el retrovisor detecta una cantidad inmensa de humo negro que sale por el escape. Inmediatamente se detiene en el arcén de la autovía. Avisa al servicio de grúa y decide llevar el coche al taller de su amigo Javier.

Emilio le comenta a Javier cómo se produjo la avería. Javier enciende el coche sin ningún problema; a ralentí se mantiene bien, pero efectivamente, el vehículo en marcha no tiene potencia suficiente. Javier comprueba que en el cuadro de instrumentos se enciende la luz de avería motor. Al diagnosticar a través de diagnosis, aparece una avería de presión de sobrealimentación insuficiente.

Javier, aprovechando el equipo de diagnosis, hace comprobaciones por comparación de parámetros entre valores real y teórico y detecta que la presión de turbo es baja. Al ver este valor y comprobar que el vehículo echa mucho humo negro, se decanta por inspeccionar el turbo del vehículo. Al verlo comprueba que está roto y hay comunicación entre el circuito de engrase del turbo y el escape, motivo por el cual echa mucho humo negro.

Sustituyen el turbo y el problema queda solucionado.

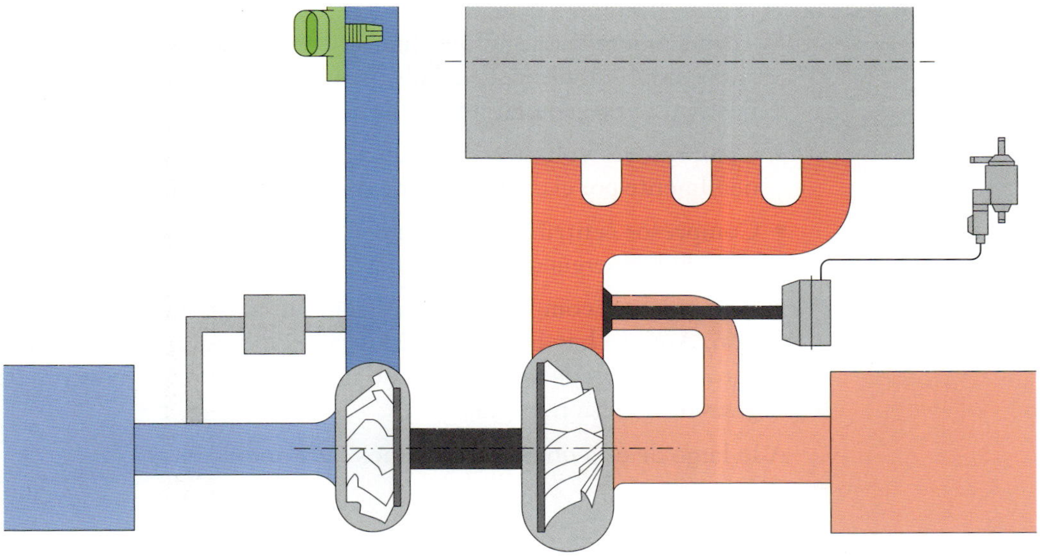

↑ Esquema de accionamiento de un turbocompresor.

estudio del caso

Antes de empezar a leer esta unidad de trabajo, puedes contestar las dos primeras preguntas. Después analiza cada punto del tema, con el objetivo de contestar al resto de las preguntas de este caso práctico.

1. ¿Necesita engrase un turbocompresor?
2. ¿Cuál es la presión aproximada de un turbocompresor de geometría fija?
3. ¿Cómo se refrigera un turbocompresor?
4. Un turbo a ralentí, ¿genera presión?
5. ¿Qué elementos debemos modificar para que un motor atmosférico pase a ser turboalimentado?
6. ¿La presión atmosférica influye en la presión de sobrealimentación?
7. ¿Y la temperatura del aire de admisión?

1. Introducción

A diferencia de los **motores atmosféricos,** donde su alimentación se efectúa por presión atmosférica, en los **motores sobrealimentados** hay una entrada forzada de aire al interior de los cilindros, lo cual conlleva a un aumento de la presión en la cámara de compresión. Este hecho genera problemas de detonación en los motores de gasolina, por lo que se debe reducir ligeramente la relación de compresión en los mismos con respecto a un motor no sobrealimentado. Este riesgo no existe en los diésel, en los que un aumento de la presión ocasiona, incluso, un funcionamiento más suave del motor ya que se ve reducido el tiempo de inflamación de la mezcla.

Sin embargo, la introducción de la electrónica en el control de la gestión del motor y los sensores de picado ha facilitado niveles de sobrealimentación bastante elevados en motores de gasolina debido al control minucioso que se tiene en todo momento sobre el encendido y sobre la presión de tarado del turbo. De esta forma, tenemos unas altas prestaciones y al mismo tiempo se impide la detonación.

Hay distintos tipos de dispositivos de sobrealimentación según el accionamiento de los mismos. Los más usuales son los siguientes:

- **Turbocompresores:** aprovechan la energía de los gases de escape del motor para comprimir el aire de admisión; por tanto, no se absorbe potencia al motor. Pueden ser de geometría fija y de geometría variable.
- **Compresores volumétricos:** son accionados mecánicamente por el motor, generalmente por el cigüeñal, lo cual supone un consumo de potencia del mismo.
- **Compresor centrífugo:** pueden ser accionados mecánicamente o bien aprovechando la energía de los gases de escape.
- **Compresores comprex:** también denominados cambiadores de la onda de presión. Aprovechan la energía de los gases de escape para comprimir la admisión, pero requieren de accionamiento mecánico para el envío y la descarga de los gases de admisión y escape.

A lo largo de esta unidad estudiamos cada uno de ellos.

2. El turbocompresor

Como se comentó anteriormente, el turbocompresor es el sistema más empleado para la sobrealimentación en los motores de cuatro tiempos. Todos los demás dispositivos sobrealimentadores han desaparecido casi totalmente en la práctica.

Este dispositivo es un soplador o compresor movido por una turbina. Los turbocompresores convencionales (geometría fija) tienen el inconveniente de que a bajas revoluciones del motor, el rodete de la turbina apenas es impulsado por los gases de escape, por lo que el motor se comporta en esa situación como si fuera atmosférico.

Para corregir este inconveniente se ha buscado la solución de dotar a una misma máquina soplante de la capacidad de comprimir el aire con eficacia tanto a bajas como a altas revoluciones. Para ello se han desarrollado los turbocompresores de geometría variable.

↑ **Figura 11.1.** Turbocompresor de geometría fija.

El principio de funcionamiento es el mismo para ambos, sin embargo la regulación de la presión es diferente.

2.1. Turbocompresor de geometría fija

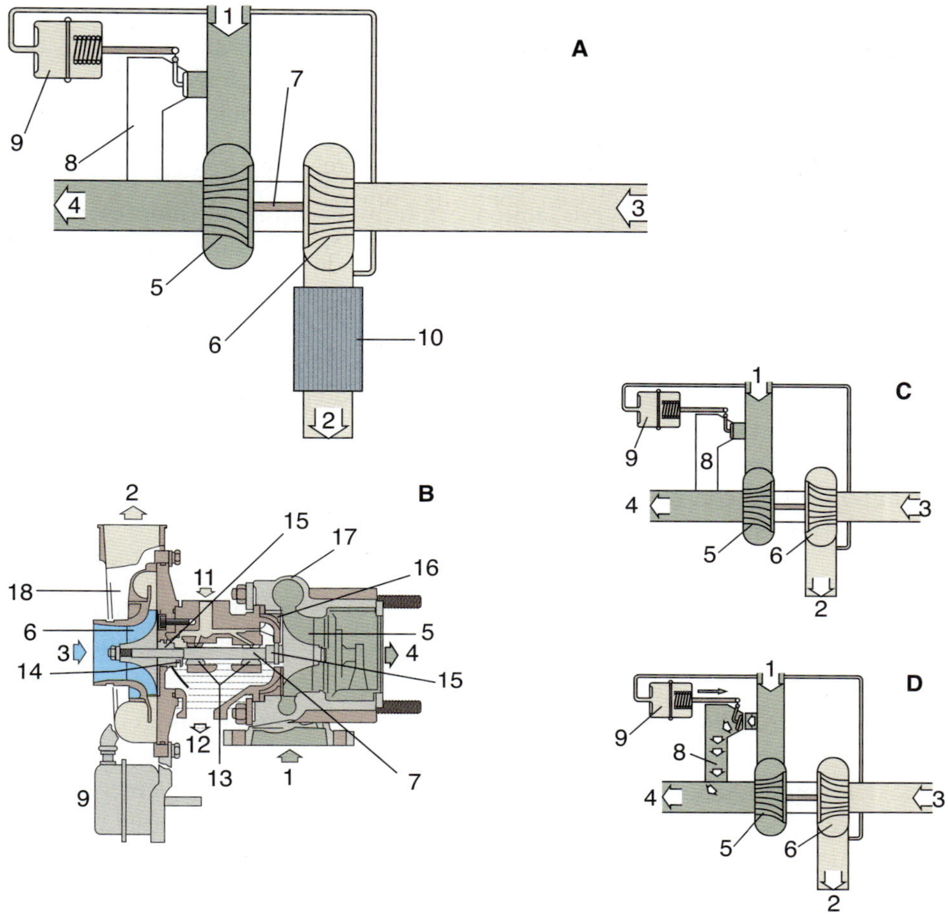

A. Principio de funcionamiento
B. Estructura
C. Válvula reguladora en posición de reposo
D. Válvula reguladora en posición de trabajo
1. Procedente del motor (colector de escape)
2. Hacia el motor (colector de admisión)
3. Procedente del filtro de aire
4. Hacia el exterior
5. Turbina
6. Compresor
7. Eje intermedio
8. Canal *by-pass*
9. Válvula reguladora de presión
10. Intercambiador de calor
11. Entrada de aceite
12. Salida de aceite
13. Cojinetes de apoyo
14. Cojinete axial
15. Retenes metálicos
16. Placa de protección térmica
17. Cárter de la turbina
18. Cárter del compresor

↑ **Figura 11.2.** Funcionamiento y estructura de un turbocompresor de geometría fija.

Su aspecto exterior puede verse en la figura 11.1, mientras que el funcionamiento y la estructura los apreciamos en la figura 11.2.

El turbocompresor está compuesto de una turbina, que es la pieza accionada precisamente por los gases de escape y unida solidariamente por un eje a un compresor, el cual toma el aire de la atmósfera desde el filtro de aire y lo introduce a sobrepresión por el conducto de admisión.

Los gases de escape de salida del motor son conducidos directamente a la turbina, entrando por su zona radial y saliendo por su zona axial. Estos gases se esparcen en los álabes de dicha turbina, lo cual acarrea un aumento de velocidad de la misma y, como consecuencia de ello, un aumento en la velocidad del compresor. Cuando la rueda de este último elemento gira, aspira el aire por su zona central y, debido a la fuerza centrífuga desarrollada, lo descarga a presión por su zona radial hacia el colector de admisión. Tanto la presión como la cantidad de aire impulsado son proporcionales a la velocidad de giro del compresor. De esto se deduce que a alto régimen se intensifica la sobrepresión en el colector de admisión. Con el fin de no sobrepasar un determinado valor en la presión de sobrealimentación, por el peligro que puede acarrear en el propio turbo o en el motor, se dispone de una válvula reguladora, también llamada *waste-gate*, que deriva parte de los gases de escape que accionan la turbina, realizando un *by-pass* sobre esta.

saber más

Inconel

Aleación de níquel, cromo y hierro, que contiene pequeñas cantidades de carbono, silicio y manganeso. Su punto de fusión está en 1.370 °C.

Hay algunas aleaciones de inconel que contienen cobalto y/o molibdeno, titanio, aluminio y niobio.

Todas estas aleaciones son resistentes al agua pura y a la mayoría de las soluciones.

El turbocompresor, en general, y la turbina en particular, está expuesto a altas solicitaciones térmicas y mecánicas y por tanto **se debe fabricar de materiales de alta calidad.** Para dar una idea, diremos que el régimen de giro de la turbina y del compresor puede llegar hasta 250.000 rpm y soportar temperaturas de hasta 1.000 °C. Los materiales empleados suelen ser los siguientes: aleación de inconel, cromo y níquel para la turbina; el cárter de la misma suele ser de fundición aleada con níquel; el eje de unión turbina-compresor se fabrica en acero aleado de alta resistencia; la válvula reguladora de presión suele ser de acero inoxidable; el cárter central de fundición gris laminada; y tanto el cárter del compresor como el compresor propiamente dicho se fabrican en aleación de aluminio.

La presión de sobrealimentación también hace aumentar la temperatura del aire comprimido, por lo que aumenta de volumen y con ello empeora el llenado. Para subsanar el problema se intercala un intercambiador de calor ***(intercooler)*** a la salida del compresor. El intercambiador está constituido por un radiador semejante al utilizado en el sistema de refrigeración y es refrigerado por el aire procedente del exterior. En este caso, se denomina intercambiador **aire/aire.** Suelen incorporar un termostato con el fin de que el aire no pase por el radiador cuando no sea necesario (por ejemplo, en caso de temperaturas ambiente bajas).

En otros casos, se utiliza un *intercooler* de tipo **aire/agua,** donde el agua de refrigeración del motor pasa por el interior del radiador refrigerando al aire comprimido hasta el valor de la temperatura de dicha agua. La disposición de montaje es similar al *intercooler* anterior.

El enfriamiento del aire después de salir del compresor tiene ventajas evidentes, ya que incrementa el rendimiento energético y reduce considerablemente el desgaste del motor. Dicho aumento de rendimiento es debido a que el enfriamiento de la mezcla hace que esta sea más densa, así entra más cantidad en el cilindro, para el mismo volumen, y produce una mayor potencia. Por lo que respecta a la reducción del desgaste, hay que decir que se debe a que el conjunto del motor trabaja con temperaturas más bajas, ya que la combustión de la mezcla también se efectúa a menor temperatura.

El turbocompresor necesita un determinado caudal de gases de escape para iniciar su funcionamiento (su mejor comportamiento se produce cuando el motor supera aproximadamente las 2.500 rpm). Por eso tienen especial interés el tamaño y el peso de los rodetes de la turbina y del compresor ya que cuanto menor sea el tamaño y el peso de los mismos menor será el efecto de retraso que se produzca en el funcionamiento del turbocompresor. Por esta razón, se suelen utilizar rodetes bastante pequeños y fabricar los álabes de material cerámico, que soportan aceptablemente las altas temperaturas, aunque son de mayor fragilidad.

Por lo que respecta al eje, cabe decir que está sometido a cargas pequeñas y es soportado por dos cojinetes, generalmente de bronce sinterizado que se obtiene calentando conglomerados de polvo de bronce sin llegar a la temperatura de fusión con la finalidad de producir piezas de gran resistencia y dureza. El uso de material sinterizado se debe a la necesidad de que haya en el cojinete un efecto autolubricado, que le posibilite funcionar en los momentos iniciales sin aceite, ya que dicho material mantiene el lubricante como si se tratara de una esponja. Para resistir los empujes axiales, estos cojinetes pueden incorporar unos anillos de empuje en sus extremos o bien anillos de retención a lo largo del cojinete.

Un cojinete axial soporta el esfuerzo de empuje del aire de admisión. Estos cojinetes reciben engrase forzado desde el motor mediante la presión de la bomba del mismo. El aceite forzado se introduce entre el cojinete y el eje y entre el cojinete y el alojamiento de este por lo cual se dice que el cojinete, flota y el rozamiento es casi nulo. De esta forma, se pueden reducir las velocidades del cojinete a la mitad de las que gira el eje. Esta circulación de aceite, además de lubricar los cojinetes, arrastra una cantidad importante de calor. Dado que es muy importante una muy buena lubricación, se hace necesario disponer, en la medida de lo posible, de radiadores de aceite, filtros y aceites de excelente calidad.

Entre la pared del extremo caliente del cuerpo de cojinetes y el cuerpo de la turbina queda un espacio de aire, delimitado en el lado de la turbina por una placa de protección cuya función es mejorar el aislamiento térmico entre ambos cuerpos. Dos retenes metálicos, alojados sobre el eje intermedio, evitan que el aceite pase tanto al lado de la turbina como al lado del compresor.

↑ **Figura 11.3.** Aspecto exterior de una electroválvula moduladora de presión.

Es muy importante no apagar el motor cuando gira a un elevado régimen de giro ya que en estas condiciones la turbina y el compresor siguen girando por inercia sin presión de aceite en el circuito. Este problema se está intentando resolver, en parte, con la incorporación de un sistema de refrigeración por agua accionado mediante una bomba eléctrica, la cual puede seguir funcionando incluso después de haber parado el motor y desconectado el contacto.

Veamos detalladamente el funcionamiento de la regulación de la presión de carga: cuando la energía residual de los gases de escape es baja, el conjunto turbina-compresor gira a bajas revoluciones, por lo que la presión de sobrealimentación alcanza valores mínimos. En este caso, la válvula reguladora está en posición de reposo. Todos los gases de escape tienen que pasar forzosamente por la turbina, por lo que la velocidad de giro de la misma irá aumentando progresivamente.

Cuando las condiciones de funcionamiento crean una presión de sobrealimentación superior a la admisible (entre 0,6 y 0,8 bares, según modelo), la membrana de la válvula reguladora vence la presión del muelle, con lo cual solo una parte de los gases de escape pasan a través de la turbina, mientras que la otra parte salen por el *by-pass* a través de la válvula propiamente dicha. Con esta acción, se consigue que el régimen del turbo no siga creciendo y, como consecuencia de ello, tampoco aumenta la presión de sobrealimentación. Cuanto mayor sea la presión de sobrealimentación, por encima del valor de tarado del muelle de la válvula, más se abrirá la válvula, aumentando así el efecto regulador.

En motores con gestión electrónica, es una electroválvula moduladora de presión (figura 11.3) la que gobierna la válvula reguladora de presión.

Esta electroválvula puede ir montada en distintos sitios dependiendo del motor y su función es variar el límite de la presión del turbo en función de una señal cuadrada de frecuencia fija (el valor varía según modelo de motor) procedente de la UEC. La anchura del impulso varía en función de la temperatura del aire, la presión atmosférica y la presión del colector de admisión.

La electroválvula está formada (figura 11.4) por un bobinado y un inducido que tiene una membrana en la parte alta. La presión en la válvula *waste-gate* (1) es una mezcla de presión de admisión y atmosférica. El porcentaje de mezcla viene dado por la posición del émbolo. A mayor excitación, más proximidad a la presión atmosférica, mientras que, a menor excitación, más proximidad a la presión de admisión.

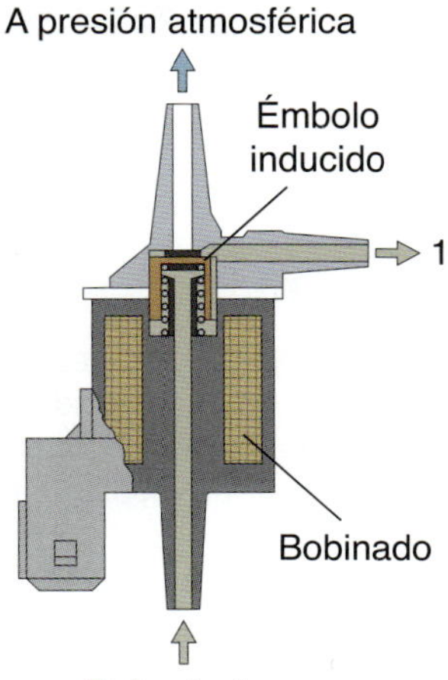

1. A la reguladora mecánica del turbo

↑ **Figura 11.4.** Estructura de una electroválvula moduladora de presión.

Algunos modelos de automóviles utilizan turbocompresores de doble entrada de los gases de escape (de ahí su nombre *Twin Scroll*). Podemos apreciar las dos entradas de los gases de escape en la figura 11.5.

En este caso, la entrada de los gases de escape hacia la turbina se realiza por dos conductos separados entre sí por un tabique. Los cilindros están apareados de tal modo que el decalado de las fases de escape no perturba a la turbina. Así, por uno de los conductos pasan los gases de los cilindros 1 y 4, mientras que por otro circulan los gases de los cilindros 2 y 3. En otras palabras, podemos decir, que con esta técnica no existen interferencias durante la fase de reaspiración de gases de escape (durante el cruce de válvulas) y, en consecuencia, se obtiene una velocidad más lineal en la salida de los gases de escape. El resultado es una menor pérdida de volumen de aire y, con ello, un mayor rendimiento en el motor.

Otra particularidad de este turbocompresor está en el funcionamiento de la válvula reguladora de presión, ya que esta limita solo dos de los cilindros. Los otros dos siguen alimentando de gases a la turbina para que continúe girando. De esta forma, hay una respuesta más rápida del motor cuando el turbo llega a su nivel más bajo de revoluciones.

Por otro lado, hemos de señalar que, en motores de gasolina de altas prestaciones o deportivos donde se produzcan aceleraciones y deceleraciones bruscas y continuas, se suele montar en el conducto de admisión, antes de la mariposa, una válvula de alivio (válvula Dump) tal como se aprecia en la figura 11.6.

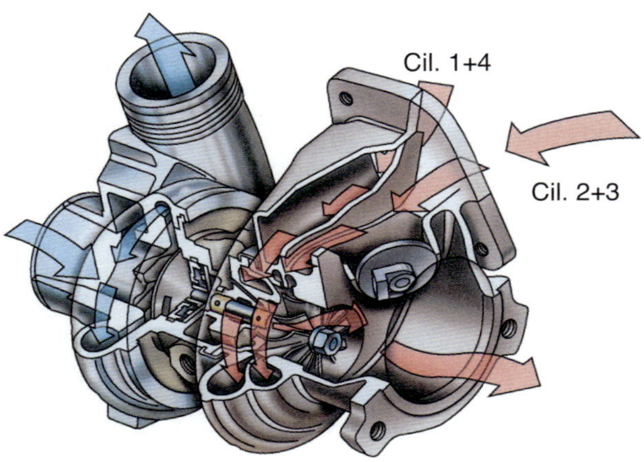

↑ **Figura 11.5.** Sección de un turbocompresor de doble entrada.

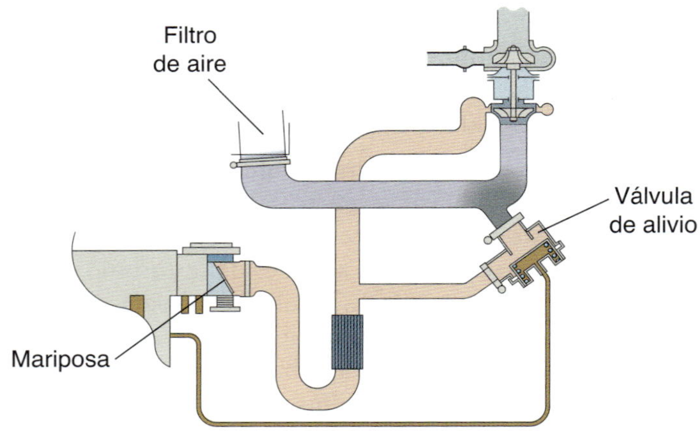

↑ **Figura 11.6.** Ubicación de la válvula de alivio en el conducto de admisión.

saber más

La válvula *Dump* se emplea solo en motores de gasolina debido a que sus características de control de carga se realizan mediante mariposa.

Esta válvula tiene como función limitar la sobrepresión que se genera en dicho conducto cuando se levanta bruscamente el pie del acelerador. Para ello, redirige los gases de admisión de nuevo al conducto del mismo nombre para ser aspirados otra vez por el compresor. Dicha válvula requiere un tarado específico, superior en unas centésimas de gramos/cm^2 a la presión máxima que queremos tener en el colector. Por tanto, su tarado estará por encima del tarado asignado a la válvula de descarga en el *by-pass* de los gases de escape a la turbina. La sobrepresión se crea ya que, considerando el circuito de admisión como un circuito con fluido, cuando el caudal es máximo y se interrumpe repentinamente, se genera un aumento de presión por la inercia propia del fluido en movimiento. Con el montaje de esta válvula se evita el frenado del turbo (que ahora no dispondrá de gases de escape para mantener su giro) manteniéndose en movimiento por su propia inercia, ya que el conducto al que descarga no se presuriza innecesariamente y en una aceleración plena seguida a una deceleración plena, el turbo no pierde régimen con lo cual estará más disponible.

El funcionamiento de dicha válvula de forma continua y efectiva puede requerir que sea accionada por una toma de vacío, de manera que le ayude a mantenerse abierta una vez que se den las condiciones para ello. Dichas condiciones no solo son vacío en el colector, ya que el motor a ralentí genera este vacío y no existe en ese caso presión de aire por la inercia del compresor que haga necesario y preciso la recirculación de gases frescos en el compresor, sino que además deben coincidir dos situaciones:

a) Mariposa cerrada que permita generación de vacío en el colector de admisión, fruto de la carrera de descenso de los pistones.

b) Inercia en la turbina que genere una sobrepresión en el tramo de colector anterior a la mariposa. Esto hace vencer la resistencia del muelle de la citada válvula, lo cual unido al vacío del colector, permite mantenerla abierta y disponer del turbo girando y recirculando su propio gas de admisión.

Una sola de estas condiciones no debe por sí misma ser capaz de abrir la citada válvula. La tensión del muelle y el diámetro del pulmón de accionamiento de la válvula deben garantizar esto y será únicamente la unión de ambas condiciones lo que propicie su funcionamiento.

Una válvula que no abra o lo haga tarde aumentará el retardo del turbo después de una deceleración, cuando se le requiera potencia nuevamente.

Una válvula que abra pronto o quede abierta, hará trabajar innecesariamente al turbo, pudiendo desgastarlo innecesariamente, aunque su retraso será mínimo ante demandas.

Para finalizar con la descripción de los turbocompresores de geometría fija, indicaremos que los podemos encontrar tanto en motores de gasolina como diésel.

saber más

Válvula reguladora de presión en el colector de admisión

En algunos modelos, aunque no es muy frecuente, la válvula reguladora de presión puede estar situada en el colector de admisión, derivando a la aspiración del turbo el exceso de presión.

2.2. Turbocompresor de geometría variable

En la actualidad, son muy utilizados los **turbocompresores variables,** también llamados de geometría variable (TGV). En estos no se precisa de válvula reguladora de presión (aunque hay algunos que la integran), ya que incorporan un mecanismo que incrementa o disminuye la fuerza que realizan los gases de escape sobre la turbina de acuerdo a los requerimientos del motor.

Independientemente de la posición del mecanismo, la totalidad de los gases de escape pasa en todo momento por la turbina. Este tipo de turbocompresores ofrece las siguientes ventajas con respecto al anterior:

- Mantiene casi constante la presión de sobrealimentación en todos los regímenes de funcionamiento.
- Disminuye el retraso en la respuesta.
- Genera un mejor llenado a revoluciones y cargas bajas y, como consecuencia de ello, mejores valores de par.
- Reduce el efecto contaminante, sobre todo cuando las cargas y revoluciones son bajas.
- Permite obtener una mayor potencia máxima con regímenes altos.
- Consigue una curva de potencia muy progresiva.
- Reduce el consumo, especialmente en altas y bajas revoluciones.

caso **práctico** inicial

El turbocompresor del Alfa está roto y comunica el escape con el circuito de engrase del turbo. De ahí que echara mucho humo por el escape.

Hasta el momento, casi solo se utilizan en motores diésel, ya que en los de gasolina la temperatura de los gases de escape es demasiado alta y, dado que los materiales de la geometría están sometidos directamente a la temperatura de los gases de escape antes de su expansión en la turbina, no pueden tolerar sistemas de este tipo.

El sistema de geometría variable permite modificar la entrada de gases al turbocompresor. De esta forma, los gases llevarán la velocidad necesaria en todo momento con lo cual hacen girar a la turbina a las revoluciones óptimas para generar la sobrepresión ideal en el lado de admisión.

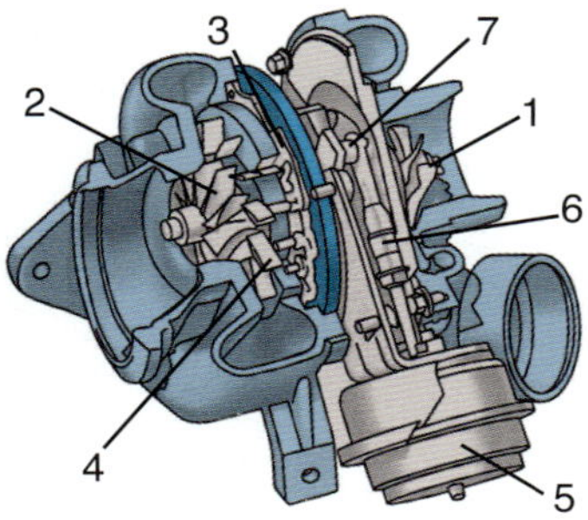

↑ **Figura 11.7.** Turbocompresor de geometría variable.

El turbocompresor (figura 11.7) está formado por un compresor (1) y una turbina (2), que tiene en su periferia un anillo (3) al que están incrustadas una serie de paletas móviles (4) capaces de variar el área y el ángulo de incidencia de los gases de escape hacia la turbina. Una cápsula neumática (5) hace rotar al anillo, y con ello modifica la orientación de las paletas móviles. Esta cápsula está unida al anillo por medio de un tirante (6) y una palanca (7). El vacío de la cápsula lo regula una electroválvula gestionada por una señal proveniente de la UEC de gestión del motor.

Actualmente todos los TGV van regulados por vacío, dado que resultan más limpios y dan menos problemas. Además, la regulación mediante vacío permite diagramas de presión en el colector de admisión independientes de la presión en el mismo, con lo cual el sistema de sobrealimentación puede tener *overboost* tarado a diferentes niveles en cada marcha. El *overboost* es un sistema mediante el cual se eleva la presión de tarado entre 0,2 y 0,4 bares durante un corto espacio de tiempo, por lo que se consigue un incremento momentáneo de potencia. Este sistema solo se emplea en turbocompresores de control electrónico.

saber más

Excepcionalmente se emplean TGV en algunos motores Otto.

En estos casos, se recurre al titanio, material que soporta las elevadas temperaturas de los gases de escape en estos motores.

Su precio suele ser muy elevado.

En este turbocompresor, cuando el **motor funciona a bajas revoluciones,** los gases de escape tienen poca energía cinética con lo cual las paletas móviles están cerradas al máximo y, como consecuencia de ello, provocan un aumento en la velocidad de dichos gases y un ángulo de incidencia muy favorable de los mismos sobre la turbina. De esta forma, la turbina, y en consecuencia el compresor, girarán a mayor velocidad.

En **regímenes medios,** la posición de las paletas va adaptándose a cada momento según las condiciones de funcionamiento.

El **punto de la limitación de la presión** llega cuando las paletas están en su abertura máxima, con lo cual la velocidad de los gases disminuye y la influencia de los mismos sobre la turbina es desfavorable. De esta forma, se hace disminuir el giro de la turbina hasta que la presión que genera el compresor descienda al nivel requerido.

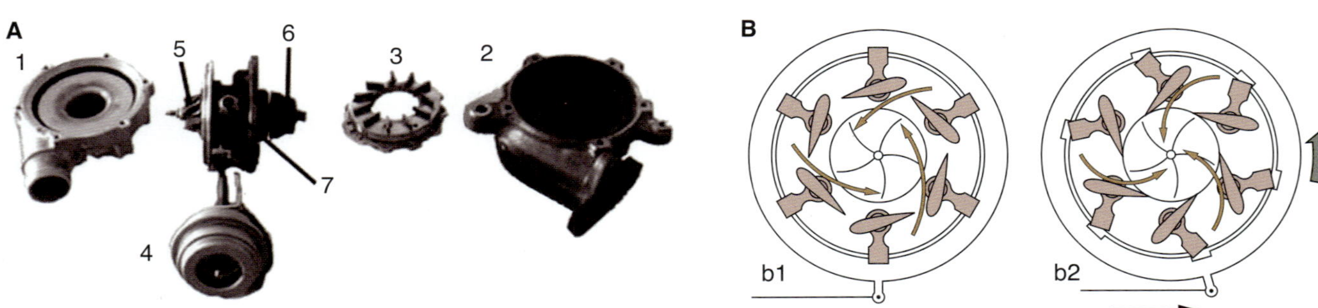

1. Cárter del compresor
2. Cárter de la turbina
3. Anillo de paletas
4. Cápsula neumática
5. Compresor
6. Turbina
7. Entrada de aceite

b1. Flujo moderado de gases
b2. Flujo intenso de gases

↑ **Figura 11.8.** Despiece (A) e influencia de los gases de escape (B) en un turbocompresor de geometría variable.

El principio de la regulación de la presión de sobrealimentación lo podemos ver de una forma sencilla a través de la figura 11.9, la cual comentamos:

Un gas fluye por un tubo estrechado más rápidamente que por un tubo sin estrechamiento, presuponiendo que en ambos tubos reina igual presión (figura 11.9A).

Pues, es este principio fundamental de la Física el que se aplica al turbocompresor por gases de escape con potencia constante.

La figura 11.9B nos representa una presión de sobrealimentación elevada cuando el número de revoluciones es bajo en el motor. Apreciamos cómo la sección del turbocompresor se estrecha antes del rodete de turbina por el efecto de los álabes guía. A consecuencia de la sección estrechada, los gases de escape fluyen con mayor rapidez, por lo que el rodete de la turbina gira más rápido. De esta forma, se alcanza la presión de sobrealimentación necesaria también a un régimen bajo del motor gracias al número elevado de revoluciones de la turbina.

Por su parte, en la figura 11.9C se representa un número de revoluciones elevado, pero que no se debe sobrepasar la presión de sobrealimentación. Los álabes guía dejan libre para los gases de escape una mayor sección de entrada, con la finalidad de no sobrepasar la presión de sobrealimentación alcanzada.

Prácticamente, todos los turbocompresores de geometría variable están gobernados por la UEC de gestión del motor (figura 11.10).

En este sistema, la posición de las paletas de regulación del turbo se gobierna a través de una válvula de regulación. Esta consiste en una varilla accionada por un pulmón que se mueve por el efecto del vacío proporcionado por la electroválvula moduladora de vacío, la cual recibe dicho vacío del acumulador y del depresor. Una válvula unidireccional impide la desaparición del vacío del acumulador.

La electroválvula recibirá alimentación a través de un relé tras la puesta de contacto, y masa a través de la UEC. De este modo, la electroválvula recibirá una señal de onda cuadrada y una anchura de impulsos variable, con lo cual la UEC conseguirá variar el voltaje de alimentación hacia dicha electroválvula.

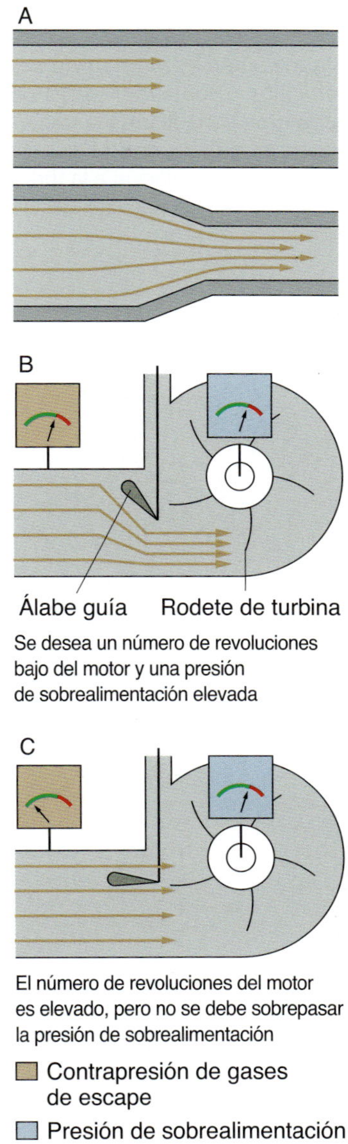

↑ **Figura 11.9.** Principio de la regulación de la presión de sobrealimentación.

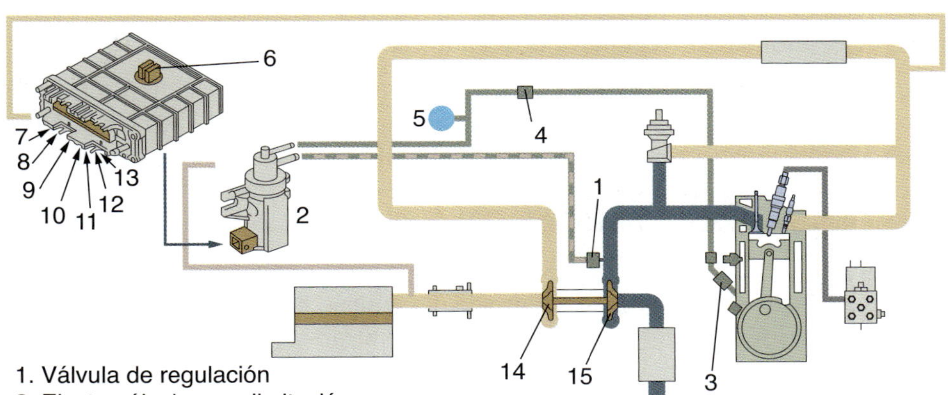

1. Válvula de regulación
2. Electroválvula para limitación de la presión de sobrealimentación
3. Depresor
4. Válvula unidireccional
5. Acumulador de vacío
6. Transmisor de la presión del colector de admisión
7. Transmisor de posición del acelerador
8. Transmisor de revoluciones del motor
9. Transmisor de temperatura del aire de admisión
10. Transmisor de presión atmosférica
11. Transmisor de temperatura del líquido refrigerante
12. Transmisor de temperatura del turbocompresor
13. Transmisor de posición de las paletas del turbocompresor
14. Compresor
15. Turbina

← **Figura 11.10.** Gestión electrónica de un turbocompresor de geometría variable.

saber más

Algunas marcas montan en sus vehículos turbocompresores de geometría variable en los que es una «campana», que se mueve axialmente con relación a la turbina, la que varía el paso del gas de escape.

La electroválvula dispondrá de una entrada de vacío, una entrada de presión atmosférica y una salida (mezcla del vacío del depresor y presión atmosférica) hacia la válvula de regulación.

Si la electroválvula está en reposo y sin depresión, permite el paso entre la toma hacia la bomba de vacío y la toma hacia la válvula de regulación del turbocompresor.

Al poner el motor en marcha, y si la electroválvula no es excitada, comunicará la válvula reguladora con la presión atmosférica, manteniendo en este caso a las paletas en posición de soplado mínimo. A medida que la UEC envía mayor voltaje a la electroválvula, ésta aumenta el vacío existente en la válvula reguladora, direccionando a las paletas a posiciones de mayor soplado.

De este modo, la UEC verificará el soplado real del turbo y podrá regularlo en función de las necesidades de la presión de sobrealimentación. La UEC tendrá en cuenta los siguientes parámetros para efectuar la regulación:

- Posición del acelerador.
- Revoluciones del motor.
- Temperatura del aire de admisión.
- Presión atmosférica.
- Presión de sobrealimentación.
- Temperatura del líquido refrigerante.
- Temperatura del turbocompresor.
- Posición de las paletas del turbocompresor.

Para realizar la correcta regulación de la presión de sobrealimentación, la UEC debe calcular en primer lugar la posición correcta de las paletas móviles. En segundo lugar limitará la presión de sobrealimentación máxima para cada condición de funcionamiento.

Para efectuar la regulación de la posición de las paletas tendrá en cuenta las señales del transmisor de régimen y la del potenciómetro del pedal del acelerador.

Para bajas cargas y bajas revoluciones, y en momentos de solicitaciones bruscas de carga, la UEC enviará mayor voltaje hacia la electroválvula. Para altas cargas y altas revoluciones o cuando la presión real de sobrealimentación sobrepasa a la teórica calculada, la UEC enviará menor voltaje a la electroválvula. Entre las dos posiciones comentadas existen otras muchas posiciones intermedias.

Para limitar la presión máxima de sobrealimentación, la UEC efectúa un segundo cálculo en el que tiene en cuenta como señales básicas, la carga y las revoluciones, pero utiliza las señales del transmisor de presión atmosférica y de la temperatura del aire como correctoras.

caso **práctico** inicial

En el Alfa de Emilio se detecta a través de diagnosis una avería de presión de sobrealimentación insuficiente.

De este cálculo se desprende el valor teórico de presión de sobrealimentación que se debe dar para esas condiciones de funcionamiento.

La UEC compara en todo momento el cálculo teórico de la presión de sobrealimentación basado en mapas de curvas características con la real que mide el transmisor de presión de sobrealimentación.

Si el valor real supera al teórico, la UEC modifica la posición de las paletas hacia la posición de abiertas, independientemente de la posición ideal calculada para ese momento.

La señal de temperatura del aire de admisión, la utiliza la UEC para modificar la presión máxima de sobrealimentación evitando caídas de potencia debido a la disminución de la densidad por el aumento de temperatura del aire.

La señal del transmisor de presión atmosférica se utiliza para corregir en todo momento la presión de sobrealimentación, evitando con ello que el turbocompresor esté sometido a elevados regímenes de giro, debido a la mayor diferencia que se establece entre la presión atmosférica y la presión de sobrealimentación.

Con la señal de la temperatura del aire de admisión, la UEC corrige la presión de sobrealimentación en función de la densidad que posee el aire aspirado. Pues bien, al aumentar la temperatura del aire (menor densidad), se incrementa también la presión límite de sobrealimentación, evitando con ello la disminución de la potencia del motor.

Otra de las señales fundamentales para el cálculo de la presión de sobrealimentación es la temperatura del líquido refrigerante ya que a temperaturas bajas limitaría la presión del turbo para impedir averías debido a que el aceite no tiene temperatura ideal de trabajo y el engrase sería deficiente. Mientas que, con el motor funcionando a temperaturas elevadas, también limitaría la presión del turbo para proteger el motor, evitando así que la temperatura de este siga subiendo.

La temperatura del turbocompresor la indica una resistencia PTC situada a la entrada del mismo. Con esa señal la UEC verifica que la temperatura que alcanzan los gases de escape durante la regeneración activa del filtro de partículas no sea excesiva y pueda dañar al turbocompresor. Si realmente es excesiva la UEC interrumpe la regeneración del filtro.

Por lo que respecta a la posición de las paletas móviles del turbo, decir que es un transmisor ubicado sobre el actuador de vacío del turbocompresor el que informa de la situación de dichas paletas en todo momento. Concretamente, el transmisor detecta el desplazamiento del eje que mueve las paletas. A continuación explicamos su funcionamiento mediante la figura 11.11.

Un sensor Hall capta el desplazamiento longitudinal de un imán adosado al eje desplazable del sensor. Cuando la UEC de gestión del motor activa la electroválvula de regulación de la presión de sobrealimentación, se modifica la posición de la membrana del actuador de vacío del turbocompresor.

Existe una relación directa entre la posición de la membrana y la presión de sobrealimentación generada por el turbocompresor. Con esta señal y la de la presión real de sobrealimentación, la UEC de gestión del motor puede establecer el rendimiento del turbocompresor. Si desaparece la señal, se interrumpe la regulación de la presión de sobrealimentación. La potencia del motor queda limitada ya que las paletas del turbo quedan en posición fija.

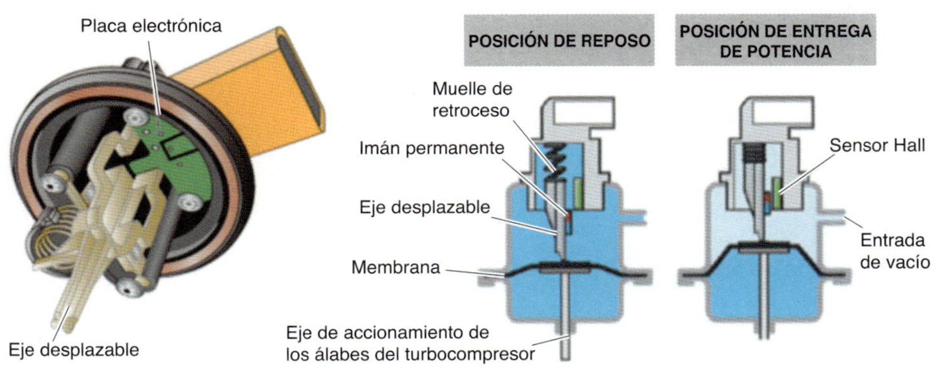

← **Figura 11.11.** Transmisor de posición de los álabes del turbocompresor.

3. Compresores volumétricos

Este elemento mecánico crea una depresión a la entrada del mismo y una presión en su salida hacia el cilindro. Para ello, pueden usarse pistones similares a los usados en el cilindro de un motor, pero previos al mismo y como elemento auxiliar. Los compresores volumétricos de pistones se usan en motores estáticos y son similares a los usados en circuitos como el aire acondicionado. El uso de los pistones no permite suministros continuos, salvo en el caso de multiplicidad de cilindros que establezcan un aporte solapado entre ellos.

Un tipo más usado son los compresores de paletas, los cuales funcionan de forma más continua, estableciendo dos cámaras diferenciadas (una de admisión y otra de escape) y comprimiendo los gases en función de la diferencia de volúmenes entre ambas.

Los compresores de lóbulos utilizan un principio similar generando una ventilación o compresión en la cámara de descarga por el mismo principio de reducir el volumen de dicha cámara frente a la de admisión. Los compresores de lóbulos generan saltos de presión en la descarga, aumentando la misma respecto de la media en el momento de descargar una cámara de lóbulo, de ahí que hacer lóbulos con más cámaras (2, 3, 4, etc.) mejore su funcionamiento. Para solucionar este defecto, se avanzó en el diseño de los compresores de lóbulos (*root*, sección A de la figura 11.12) deformando los mismos para que la entrega de aire no fuera completa, sino que lo hiciera de forma paulatina, dando un perfil del rotor helicoidal (sección B de la figura 11.12), en vez de recto. El aporte de aire que provoca el giro de los lóbulos se hace paulatinamente, por lo que, aparte de un suministro más estable de presión, se consigue un mejor rendimiento por el hecho de generar menores pérdidas en la compresión más regular del fluido y con menor calentamiento del aire. Este compresor es el más usado actualmente y se conoce como *lysholm*. El perfil en espiral (similar a un compresor de tornillo) es la única diferencia real, pero su comportamiento en caudal de aporte sería similar a un compresor *root* de infinitos lóbulos con infinitas cámaras. Los motores que instalan compresores volumétricos suelen incorporar una válvula de descarga en el conducto de admisión, una vez superado el compresor, para regular la presión máxima de soplado.

Los compresores volumétricos precisan todos ellos (pistones, paletas, lóbulos), como es sabido, de aporte de energía mecánica para su funcionamiento y dicho consumo de energía, extraída del motor, reduce su rendimiento final. Sin embargo, por otro lado, esto no supone retraso en la demanda por ir relacionados con el régimen del motor. Pueden utilizarse tanto en motores diésel como de gasolina.

1 y 2. Lóbulos de engranaje helicoidal
3. Lateral triangular de la bocana de admisión (ídem invertido de la bocana de salida)
4. «Zona soporte», cojinetes de apoyo y giro de engranaje
5. Cámara de salida aire comprimido
6. Engranaje de mando o transmisión
7. Carcasa

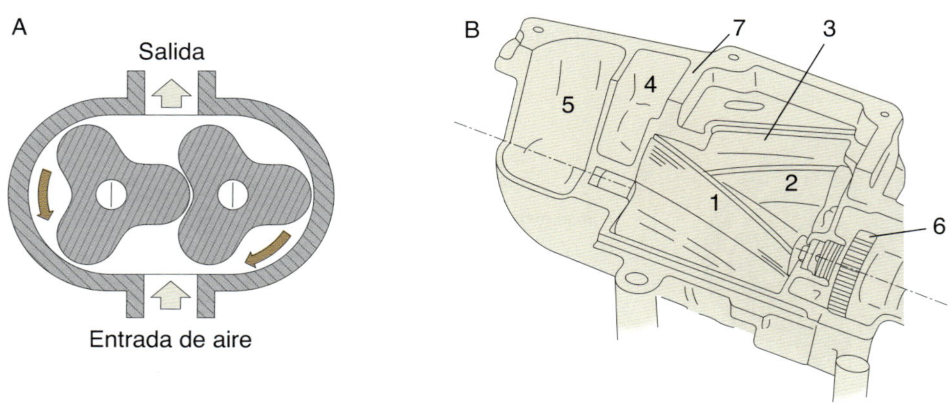

↑ **Figura 11.12.** Compresores volumétricos.

Señalaremos, por último, que existen algunos modelos de inyección directa de gasolina que utilizan un compresor de lóbulos helicoidales y un turbocompresor de geometría fija dentro de un mismo sistema. Es lo que se denomina **tecnología de doble carga.**

El uso de la carga estratificada a bajas revoluciones previene el retraso de la entrada en funcionamiento del turbo, retraso típico en los motores de pequeña cilindrada. Con la tecnología de doble carga se evita este vacío de potencia a bajas vueltas. Su funcionamiento es el siguiente:

Con el motor girando a bajas vueltas, funciona el compresor para asegurar una suficiente entrega de potencia de salida en estas situaciones. Al subir de aproximadamente 3.500 rpm, el compresor se desactiva y empieza a funcionar el turbo.

El paso del compresor al turbo se lleva con el compresor desembragando y a través de una válvula de paso controlada electrónicamente que pasa a dirigir el aire hacia el turbocompresor.

saber más

Los turbos de inyección directa de gasolina son de geometría fija y pilotados por vacío con la clásica válvula *wastegate*.

4. Compresor centrífugo

Este tipo de compresores (sección A de la figura 11.13) efectúan la sobrealimentación mediante una bomba centrífuga creando, al igual que lo hacen los compresores volumétricos, un vacío a su entrada y una presión en su salida hacia el cilindro. Mediante la sección B podemos observar el principio de funcionamiento de un compresor de estas características. El aire entra al compresor en dirección axial y es desplazado radialmente debido a la fuerza centrífuga producida por el movimiento del rodete. Dicho aire es recibido por una serie de aletas que están dispuestas tangencialmente, llamadas difusores, las cuales presentan una mayor separación por su periferia exterior. La función de los difusores es desacelerar la velocidad del aire y aumentar la presión, es decir, convertir la energía cinética del aire en energía potencial en forma de presión. Por último, cabe indicar que la cámara en espiral, cuyo volumen va creciendo, recoge el aire a presión y lo conduce hacia el interior de los cilindros.

Este compresor destaca por su simplicidad pero supone un rendimiento relativamente bajo y no tienen prácticamente aplicación en el campo del automóvil. Donde sí se emplean es en instalaciones estacionarias y en pequeños y medianos propulsores aerodinámicos.

A

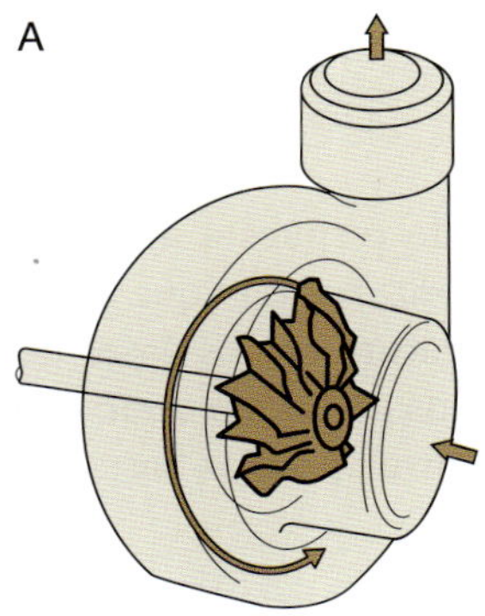

B

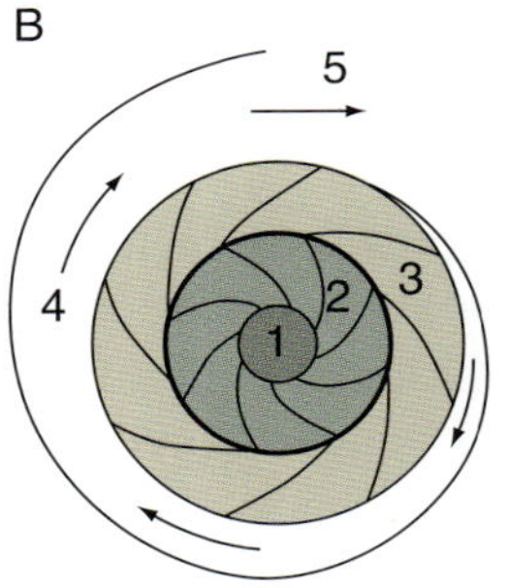

1. Rotor
2. Aletas fijadas en el rotor
3. Aletas difusoras
4. Caja en forma de espiral
5. Salida del aire comprimido a los cilindros

↑ **Figura 11.13.** Compresor centrífugo.

5. Compresor *comprex*

Está formado por un tambor que recibe movimiento del cigüeñal a través de un sistema de transmisión (figura 11.14). Dicho tambor contiene una serie de celdas paralelas al eje de rotación del mismo y comprendidas entre paredes muy delgadas.

Con el giro del tambor, los gases de escape van entrando en las celdas y empujando a los gases frescos que se encuentran en el otro extremo de la celda. Esto es posible ya que las celdas se abren y cierran alternativamente por sus dos extremos. Por un lado van pasando frente a la llegada de los gases de escape, mientras que por el otro van coincidiendo con la salida hacia la admisión. Una vez realizada la función de empuje de los gases frescos, los gases de escape salen de la celda hacia la atmósfera por el mismo extremo que entraron, gracias al arrastre ocasionado por la salida de los otros gases de escape. La perfección de este mecanismo radica en el desfase continuo que hay entre la entrada de escape hacia las celdas y la salida de las celdas hacia la admisión, así como también en la proporción de la sección del conducto de salida de escape hacia el exterior y entrada del exterior hacia la admisión.

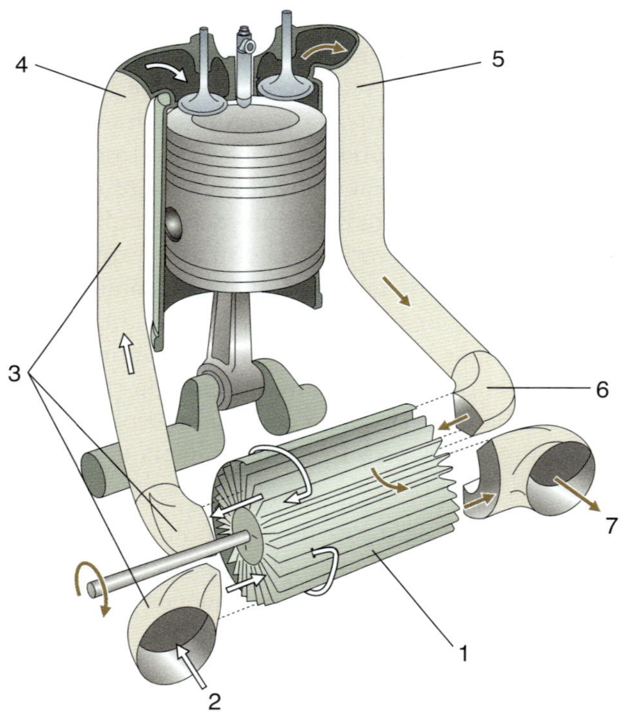

1. Rotor
2. Aire aspirado
3. Conductos hacia el colector de admisión
4. Colector de admisión
5. Colector de escape
6. Conducto hacia el rotor
7. Conducto de salida de gases de escape

↑ **Figura 11.14.** Compresor *comprex*.

Entre las ventajas de este compresor destaca la rapidez de respuesta ante los cambios de carga del motor. Por lo que respecta a las desventajas, hay que decir que tiene un funcionamiento bastante ruidoso, la temperatura de los gases de admisión es bastante alta debido a que las paredes de las celdas están en contacto con los gases de escape y además, dada su complejidad, acarrea precios bastante elevados.

Este tipo de compresores suele emplearse, aunque en casos muy aislados, en camiones.

6. Verificaciones en los distintos sobrealimentadores

Vamos a destinar el final de la unidad a las comprobaciones que se le realizan a cada uno de los sobrealimentadores explicados a lo largo de la misma.

6.1. Controles previos al desmontaje del turbocompresor

Defectos en el turbo

La falta de presión de suministro del turbo se manifiesta con una pérdida importante de potencia y un elevado consumo de combustible. Si la pérdida de presión se debe a una fuga de aire una vez comprimido este, en vehículos diésel esto vendrá acompañado de una humareda negra por el escape más llamativa cuanto más demanda de potencia se haga.

El gripado del turbo por mal uso o defecto dejará sin presión de suministro al colector, por lo que su rendimiento esperado será sensiblemente inferior a un motor de similar cilindrada pero atmosférico, debido a que el turbo presenta ahora una oposición (al estar agarrotado) a la buena respiración del motor.

El fallo de los retenes del elemento compresor, aparte de un consumo elevado de aceite, se acompaña de presencia de humo de color blanquecino en el escape con olor a aceite quemado. Dicho humo proviene de un quemado inadecuado del aceite que entra en la cámara de combustión. El mantener funcionando el motor en estas circunstancias puede ser hasta peligroso, como sucede siempre que entra en el cilindro aceite que se quema incontroladamente en el transcurso de la fase de explosión, pudiendo generar sobrepresiones en el interior del cilindro, siendo estas desastrosas para el motor.

El fallo de la válvula de descarga (*waste-gate*) puede generar similares síntomas a los de un turbo que se agarrota, pero la pérdida de potencia será ligeramente inferior, asemejándose a la de un motor atmosférico de similar cilindrada.

Control de la presión de suministro del turbo

Será preciso comprobar la efectividad del turbo antes de proceder a su desmontaje y revisión. Para ello intercalaremos un manómetro en la propia tubería que sirve para accionar el control de la presión de la descarga (*waste-gate*), tal como apreciamos en la figura 11.15.

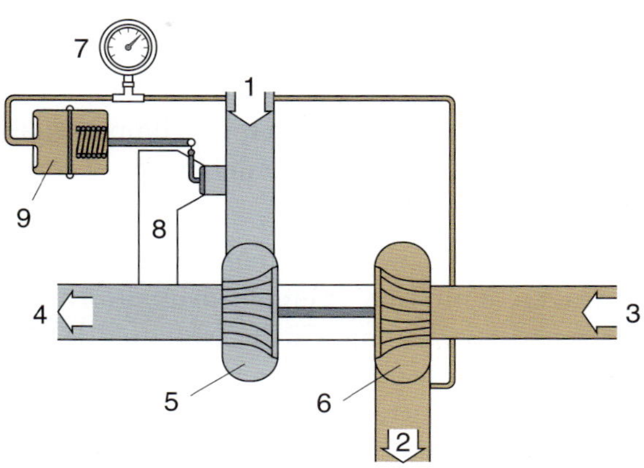

1. Procedente del motor (colector de escape)
2. Hacia el motor (colector de admisión)
3. Procedente del filtro de aire
4. Hacia el exterior
5. Turbina
6. Compresor
7. Manómetro
8. Canal by-pass
9. Válvula reguladora de presión

↑ **Figura 11.15.** Control de la presión de sobrealimentación en un turbocompresor.

Deberemos examinar, en los distintos regímenes y a distintas cargas, la presión máxima que es capaz de mantener en el colector de admisión. Verificaremos la correcta instalación de tuberías y conexiones, de manera que no se vea afectada la pieza que gobierna al elemento de control (*waste-gate*, o geometría variable), sin obstruir la misma ni generar puntos de fuga de aire.

Una vez conectado el manómetro, el motor caliente, se efectuará la prueba acelerando el motor y comprobando que el turbo es capaz de mantener la presión en el colector de admisión en el valor tarado por el fabricante. Se deben comprobar a su vez posibles fugas de manguitos que pudieran hacer perder presión de aire de suministro, bien por abrazaderas o por rajas en las uniones de los tramos de tuberías.

Se comprobará, en caso de presión insuficiente o mal control de la misma, que la válvula de descarga o la propia geometría variable trabajan adecuadamente, verificándolo con posterioridad cuando el motor se haya enfriado. Dicha comprobación se realizará mediante el accionamiento manual de la geometría o el recorrido de la válvula de descarga a mano. En su movimiento, no deben presentar agarrotamiento o funcionamiento a saltos y deben moverse de forma suave, retornando automáticamente a la posición de reposo.

6.2. Trabajos en el turbocompresor

Los turbos son máquinas realmente simples, sin grandes complejidades ni gran número de piezas, pero su elevado régimen de giro, su trabajo en ambientes de suciedad (en el escape) y los altos gradientes térmicos que manejan, implican que sean realmente delicados a la hora de manipularlos.

La limpieza del mismo, así como la comprobación de desgastes y holguras se hacen necesarios con el uso y siempre que se crea que presentan algún tipo de problema. No debemos confiar en un buen funcionamiento de cojinetes con excesiva o escasa holgura. Las condiciones de uso suelen ser tan duras que varían mucho entre el momento en que lo comprobamos (a temperatura ambiente) y las de uso real.

Preparación previa

En los trabajos sobre el turbo deberemos ser igual de cuidadosos que cuando se interviene en cualquier operación de motor que implique posibles entradas de suciedad en su interior. La arena, piedras o tierra que suelen abundar en el vano del motor deberán ser desplazadas previamente al trabajo en sí, bien mediante agua u otro disolvente no agresivo o mediante el soplado de la misma, de forma que el desmontaje y la apertura de las partes de los conductos de admisión y lubricación no implique un mayor riesgo de exponerse a entradas no deseadas de materias extrañas.

Deberemos igualmente tener especial cuidado en taponar con trapos limpios (que no se deshilachen) los orificios de recogida de aceite del cárter del turbo, así como las entradas de colectores a los cilindros.

Una vez extraído el turbosoplante, deberemos proceder a su limpieza exterior cuidando de que no se introduzcan detritus en su interior. Se empleará un disolvente que elimine la grasa que pueda tener depositada. La limpieza de elementos de esta índole debe ser tan cuidadosa como se pueda conseguir. Deberemos entender que el interior de estos elementos de tolerancias tan estrechas deben ser pulcramente tratados, del mismo modo que lo haríamos con una intervención quirúrgica. La sílice de la arena oficia de abrasivo en el interior de una máquina en movimiento y debemos procurar la limpieza en este campo, ya que el elevado giro de un turbosoplante multiplica el efecto de desgaste, frente a otra máquina rotativa cualquiera. Una vez limpio, procederemos a comprobar la holgura del rotor del turbo.

Verificación de la tolerancia axial

Se dispondrá de un comparador con base magnética y un palpador (figura 11.16). Situaremos la base magnética en un punto fijo de referencia; dispondremos el palpador de forma que tome contacto en el eje del turbo y quede libre para desplazarse en la misma dirección en que apunta el eje, sin que forme ningún ángulo con este.

Se empujará el eje en sentido axial de forma que la indicación del comparador nos dé una lectura que sea representativa de la holgura real. Es muy importante que el desplazamiento del palpador no forme ángulo con el eje, sino que se haga en su mismo sentido para que no dé una lectura falseada.

Las tolerancias deben estar dentro de las estimadas por el fabricante, dependiendo estas del tamaño del turbo y el motor al que va destinado (ciclo diésel u Otto). Para turbos de automoción de un tamaño relativamente pequeño son aceptables holguras entre 0,025 mm y 0,10 mm, teniendo que procederse a reparar en caso de ser mayores o menores a las establecidas por el fabricante.

La posición del palpador en cuanto a centrado en el punto de contacto con el eje y su desplazamiento en línea con la dirección del eje es fundamental para evitar errores.

Verificación de la tolerancia radial

Se dispondrá el comparador de forma que el palpador toque el eje de giro preferiblemente en el centro del mismo (si no se ha desarmado el turbo puede usarse el canal de descarga de aceite al cárter, figura 11.17). El palpador debe tocar en la parte más elevada de la sección circular del eje. Esto deberá hacerse con un palpador acodado o utilizando una pieza de adaptación, de forma que el desplazamiento del palpador o pieza se recoja en sentido radial y que el comparador vea igualmente este desplazamiento en la misma dirección, siendo el ángulo del palpador o de la pieza de 90° con el eje.

Se hace girar el eje con ambas manos, forzando el mismo a un desplazamiento radial, con el fin de saber qué holgura dispone.

saber más

Giroscopio o giróscopo

Aparato empleado en barcos, aviones y vehículos especiales que sirve como estabilizador de dirección.

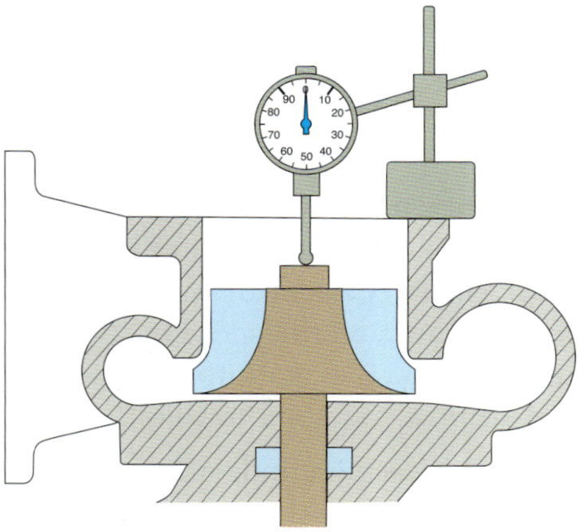

↑ **Figura 11.16.** Verificación de la holgura axial del eje del turbocompresor.

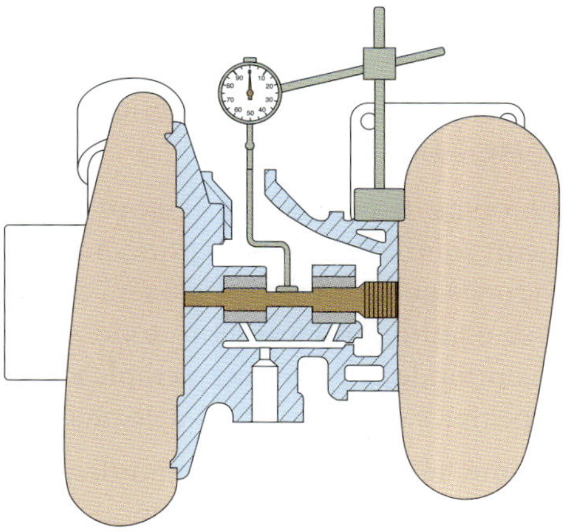

↑ **Figura 11.17.** Verificación de la holgura radial del eje del turbocompresor.

Los valores deberán de ser los marcados por el fabricante (entre 0,075 y 0,18 mm aproximadamente). De no ser así, habrá que sustituir los cojinetes del eje del turbo.

Una vez realizadas estas comprobaciones, se deberá comprobar el estado de desgaste de los elementos más susceptibles de ello (los cojinetes). Se debe señalar que los cojinetes radiales sufren un daño acrecentado cuando hay una mala lubricación o cuando falta refrigeración en el momento de parada del motor.

En motores de automoción, existe un trabajo extra que desgasta prematuramente los cojinetes radiales, sobre todo los de aquellos turbos que fueron pensados para equipos fijos y se montan en motores de coche o camión. Nos referimos aquí al efecto giroscopio del eje cuando gira, que añade un esfuerzo extra en los cojinetes que se suma al propio del giro del rodete. Este esfuerzo, que tiende a mantener la dirección del rodete por su giro sobre sí mismo, fuerza a trabajar a los cojinetes cada vez que el motor cambia de dirección al seguir el trazado de una carretera con curvas frecuentes.

El cojinete axial trabaja más en las afluencias de gases elevadas a bajas revoluciones del motor, sobre todo en las fases de arranque, por la falta de engrase y debido al empuje que los gases quemados generan en el rodete del turbo por su entrada axial.

Por lo tanto, deberemos tener especial cuidado de vigilar el posible desgaste prematuro de turbos que han sido destinados a automoción y que estaban diseñados inicialmente para equipos fijos. Debemos indicar que **nunca** se debe destinar un turbo diseñado para un motor de gasóleo a un motor Otto, ya que las mayores temperaturas de estos últimos requieren materiales y holguras específicas que no se garantizan que existan en los turbos de motores diésel, por trabajar estos a temperaturas de varios cientos de grados más bajas que los motores de gasolina.

Desarmado del turbocompresor

Para limpiar los rodetes ante la presencia de suciedad en los mismos, así como para sustituir uno o todos los cojinetes, es necesario desarmar el turbocompresor.

Deberemos tener especial cuidado de no golpear las piezas, ya que una deformación de los álabes arruinaría irremediablemente el buen equilibrado del conjunto. Cualquier deformación del eje o un mal montaje acabaría igualmente con el equilibrado del mismo degradando en poco tiempo los cojinetes una vez armado el turbo de nuevo.

Los ejes de los turbos se fabrican en tres piezas: rodete de la turbina, rodete del compresor y eje.

El rodete de la turbina y el eje se sueldan por fricción entre ellos. Después se realiza un equilibrado del conjunto mediante esmerilado. Posteriormente el eje recibe la rueda del compresor (que será desmontable), el cual se fija mediante una tuerca y se equilibra nuevamente todo el conjunto mediante rectificado. Por lo tanto, se entiende que el esmero empleado en la fabricación no es gratuito y requiere de especiales cuidados en su desarmado para no arruinar todo este trabajo.

Es muy importante un buen orden de las piezas al ir desmontándolas que permita un correcto armado del mismo, así como un marcado de posiciones referenciales entre sí, de forma que al montarlas vuelvan a ocupar la misma posición que tenían antes del desarmado.

En primer lugar, se soltará la carcasa del compresor. Es posible que nos tengamos que ayudar, una vez retirados los tornillos, con suaves golpes sobre la misma de manera que se despegue de su asiento. Los golpes se harán con un martillo de cabeza blanda y con especial cuidado.

A continuación se procederá de igual manera, sujetado el conjunto del cuerpo central, con la parte de la turbina.

Cualquier deformación de los álabes, tanto del compresor como de la turbina, no permitirá reparar estos debiendo proceder a la sustitución del rotor.

Se procederá a la limpieza de las carcasas en su interior, eliminando todos los restos que los gases hayan dejado y que puedan existir. Se aprovechará para determinar si existen fugas de aceite en los retenes del rotor que nos den indicios de la posible necesidad de sustitución.

Desmontaje del rodete

Cuando los valores de tolerancias indiquen daños en los cojinetes se procederá a seguir desarmando, pudiendo comprobar estas holguras de forma más clara y precisa una vez desmontado las carcasas de turbo y compresor.

El desarmado del rodete implica retirar la tuerca de fijación del rodete del compresor. Esto se hará sujetando el rotor por la parte de la turbina. Habrá que trabajar con mucho cuidado evitando someter al eje del rotor a un par excesivo. Se marcarán, previamente a su desarmado, el rodete y el eje para su posición de montaje, y se retirará el rodete, no sin cierto esfuerzo, ya que este se diseña para que se autoapriete con el propio giro del eje, por lo que deberemos sacarlo estimulando el giro contrario de dicha pieza en lo que a su giro natural se refiere (el rodete al girar aprieta la tuerca que lo fija).

Desmontaje de la turbina

Una vez extraído el rodete, se podrá sacar el eje al que se halla solidaria la turbina, que saldrá a lo largo del cuerpo central del turbo. Se procurará llevar siempre centrado el eje y así evitar que no sufran deformaciones los cojinetes radiales del mismo.

Se procederá a continuación a una inspección visual de:

- **Eje del rotor:** comprobar que la superficie del eje no presenta huellas de erosión, señales de agarrotamiento, ni deformaciones.
- **Turbina:** es lógico que lleve incorporada gran cantidad de detritus que deberán limpiarse sumergiendo la pieza en un disolvente, evitando el rascado que podría dañar la superficie. Con un cepillo de cerda se eliminará la suciedad y se comprobará que los álabes no presentan daños, ni desgastes excesivos. La eliminación de la suciedad la libera de una carga extra en el giro y devuelve el equilibrado inicial a la pieza.
- **Compresor:** no debe presentar síntomas que denoten erosión o daños físicos.

El examen de estas piezas nos da idea del uso que han llevado, de si han sufrido un trato duro y del cuidado que se ha prestado a su refrigeración. Examinando el color de los materiales y las posibles fugas de lubricante, determinaremos si el turbo tiene síntomas de fatiga térmica (tonos azulados muy marcados), mala lubricación (desgaste circunferencial en los puntos de contacto entre el eje y los cojinetes) o quema de aceite en el eje del rotor (deposición de lacas en zonas de altas temperaturas).

Desmontaje del cuerpo central

Se retirará la tapa del cuerpo central, que se encuentra sujeta normalmente mediante *circlips*. Se debe prestar especial cuidado a la cantidad de piezas y el orden de montaje, ayudándonos en lo posible de esquemas o croquis, así como a la disposición extendida de las piezas separadas entre sí, depositándolas en orden sobre un trapo o papel.

Se procederá al desarmado de las piezas que conforman la caja de cojinetes y sus retenes.

Desmontaje de los cojinetes

Conforme se extraen las partes más cercanas a la turbina, se llega al anillo de empuje del cojinete axial, normalmente situado más cerca del compresor. Se comprobará el cojinete axial del turbo sustituyéndose en el montaje por uno nuevo si las holguras no eran las adecuadas.

Para extraer los distintos *circlips* y las grupillas, se precisarán unos alicates de puntas. Se debe comprobar que el daño (en caso de existir) del cojinete no se debe a falta de engrase o piezas rotas o sueltas, sino al uso normal y dilatado en el tiempo. En caso de que el fallo no sea normal, deberá estudiarse la causa que ha generado el daño para intervenir en la causa, además de solucionar el problema.

Las piezas del desmontaje se limpiarán con disolvente y se dispondrán extendidas de forma que no den lugar a equívocos, limpiándolas en su montaje y suprimiendo los restos que quedaran del disolvente empleado mediante soplado con engrase de aceite abundante.

Extraído el cojinete del lado del compresor, se procederá a darle la vuelta al cuerpo del mismo para intervenir en el lado de la turbina de igual manera a la emprendida en el lado del compresor.

Inspección

Se deberán examinar las piezas antes de la limpieza y después de la misma, de forma que la acumulación de desechos nos dé una pista de posibles fugas de gases de aceite, que no se verán una vez limpiado todos los elementos.

Una vez limpias y secas, se examinarán las piezas para ver defectos de desgaste o abrasión, así como el estado de los retenes. De especial importancia es la comprobación de las partes que pueden rozar en el giro normal, así como el engrase que deben recibir en cada momento verificando que los conductos no presenten obstrucciones que dificulten o restrinjan el paso de aceite.

Se verificarán de igual manera todas las piezas de unión de las carcasas, juntas, tornillos, tuercas, grupillas, *circlips*, roscas y tetones. Asimismo se comprobará que la placa de protección térmica no esté dañada ni deformada.

Comprobación del eje y los rodetes

Se debe comprobar que el eje no esté deformado haciéndole rodar por una superficie plana.

Se puede depositar sobre una superficie de recepción que permita el giro del mismo sin su avance. De esta manera, se verá la posible falta de linealidad en el mismo o la torcedura del eje y se podrá medir con un reloj comparador que compruebe el levantamiento del eje en su giro sobre sí mismo.

De igual forma, se puede comprobar que el rodete solidario a él no presenta en su giro un alabeo inaceptable en su parte exterior, usando el mismo reloj comparador, pero ahora apoyado en el borde superior del rodete y con el palpador en el sentido libre de desplazamiento paralelo al eje del turbo. De esta forma, un alabeo o una falta de planitud se detectará antes del montaje, ya que eso implicaría un desequilibrado en su giro inaceptable en su uso.

Se procederá de igual manera montando el rotor del compresor y comprobando que tampoco presenta alabeo alguno.

Es importante no comprobar solo la holgura, como lo hicimos durante el desmontaje, sino ver la deformación del eje (inducido por la deformación del eje o por la deformación del asiento de los rotores) y el alabeo de las palas del rotor, por la incidencia que tiene en el giro del elemento compresor al alto régimen al que se le somete normalmente.

Montaje del turbo

Ahora cobra especial importancia la limpieza. Se precisará pulir aquellos pequeños defectos encontrados siempre que no repercutan en el equilibrado del conjunto.

Como comentamos, se prestará atención a retenes, *circlip*, tornillos, juntas y tuerca de fijación del rodete, renovándose en caso de duda su estado y, a ser posible, siempre que se desmonten aunque presenten buen aspecto. Igualmente, sería bueno sustituir los cojinetes siempre que el desarmado haya sido por haber funcionado mucho tiempo.

El montaje de los cojinetes debe ir acompañado de una comprobación de la buena fijación de los circlips que los sujetan en su posición. El eje debe entrar sin forzar y se empleará aceite abundantemente. Se instalará en el lado opuesto (de la misma forma que desmontamos) el cojinete de empuje, fijando previamente el collar de empuje solidario al cuerpo, el cojinete de empuje y el segmento de sujeción. A continuación se fijará el retén tórico.

El montaje de todos los elementos de sujeción por tuerca o tornillo llevará un par de apriete determinado estipulado por el fabricante.

En el montaje del rodete, se harán coincidir las marcas que pusimos durante el desarmado, de manera que no alteremos el equilibrado de fabrica del conjunto. El apriete del rotor del compresor es de vital importancia. Su par puede ser elevado (hasta 23 kg/cm^2 en turbos grandes) y se procederá después del armado a la comprobación del juego radial y axial de igual manera que antes del despiece.

Posteriormente, se montarán las carcasas de ambos lados cuidando de no dañar los rodetes.

Comprobación de las válvulas de descarga

Se debe comprobar a su vez la válvula de descarga, que suele ir adosada al cuerpo de los gases de escape del turbo, verificando su completo cierre por muelle y su accionamiento neumático. Para ello se aplicará la presión a la que debe abrir la membrana o pulmón de accionamiento y se verificará su correcto desplazamiento.

Podremos usar una fuente de aire a presión constante, un manorreductor o, en caso de no tener uno de tarado tan fino, un simple neumático al que previamente cargaremos con la presión que queramos suministre. De esta manera sencilla podremos comprobar el tarado de la *waste-gate* con el valor que el fabricante estimule necesario.

El montaje del turbo en el motor no se diferencia de cualquier elemento que se acople mediante elementos de rosca. Este mismo presenta el punto donde se debe instalar. Se debe evitar la entrada de suciedad en el motor a través de los conductos de admisión, los conductos de escape, los de engrase del turbo o por el retorno al cárter. Se sustituirán las juntas de unión y los tornillos de sujeción. Se presentarán, a ser posible, sin apretar, montando todo el conjunto, turbo, tubos de llegada de aire, conductos de salida de escape, tuberías de aceite y drenaje del mismo, etc. Una vez el conjunto adopte su posición natural, se procederá si es posible al roscado completo de los tornillos de sujeción y anclaje, y en última instancia a su apretado.

Se comprobará después que no existen fugas en ninguno de los elementos, ya que como se sabe dichos elementos funcionarán a mayor presión que la atmosférica. La caja del turbo se llenará en abundancia del mismo aceite que lleva el motor.

En general, la limpieza debe ser meticulosa y se debe evitar la intrusión de elementos que puedan romper elementos del turbo una vez esté este girando a altas revoluciones.

Ajustes finales

Una vez montado el turbocompresor, se volverá a comprobar la efectividad de la válvula de descarga, comprobando que mantiene la presión de admisión en el valor exigido de similar manera a como se hizo antes de desmontarlo. Si el valor de tarado fuera mayor o menor del requerido, se jugará con la longitud del brazo de accionamiento de dicha válvula (o geometría variable) para que su actuación sea más pronta o más tardía según el caso.

Precauciones especiales

Se ha descrito de forma somera un desmontaje de un turbo normal. Existen en el mercado turbos refrigerados por agua, los cuales gozarán a su vez de llegadas y salidas del elemento refrigerante a la caja central del turbo, lo que complicará su montaje definitivo.

De igual manera, la presencia de geometría variable complica el turbo a nivel de la turbina, ya que en el desmontaje de la carcasa del escape aparece la geometría variable con su corona, distribuidor y álabes móviles adosados a la carcasa. Como sabemos, tiene la misión de acelerar los gases de escape antes de la entrada en contacto con el rodete y su desmontaje generará una multiplicidad de piezas que puede hacer muy farragoso el trabajo. Habrá que prestar especial cuidado al montaje del mismo para evitar perder piezas que impidan volver montarlo, así como comprobar que no se precisan útiles especiales para disponer los elementos antes del ensamblaje.

La presencia de válvulas de alivio deberá ser revisada en aquellos vehículos de gasolina que dispongan de las mismas, limpiando sus asientos de igual manera a las *waste-gate* y comprobando su accionamiento correcto en cuanto a presiones y recorrido.

6.3. Comprobación de compresores volumétricos, centrífugos y *comprex*

La comprobación de los compresores volumétricos no se diferencia de cualquier otra máquina rotativa. La holgura de los cojinetes, que se manifiesta habitualmente como un ruido característico en su giro, y el buen estado de la superficie de los rotores serán las únicas premisas a controlar en este tipo de máquinas.

Tendremos en cuenta durante su examen que el marcado de piezas es importante para que los lóbulos se encuentren acoplados en las posiciones relativas unos de otros, que permitan su proximidad sin tocarse durante el giro. En este caso, no se requiere una fineza similar a la que teníamos en turbocompresores, ya que aquí no tiene un papel importante el equilibrado del conjunto sino la disposición de los engranajes, que obliga a una posición fija de un rotor respecto al otro.

La superficie de los rotores no debe presentar defectos que denoten entradas de materiales extraños por el conducto de admisión y deberemos en todo caso eliminar la suciedad que pueda provenir de la recirculación de gases mediante la EGR o los vapores de aceite del cárter.

Los materiales de un compresor volumétrico no van a estar sometidos a los requerimientos de régimen de un turbocompresor, por lo que no es tan delicado en su manipulación de cara a perder el equilibrado. De igual manera, no van a soportar los gradientes térmicos de los gases de escape que son normales en los turbos, por lo que la suciedad propia de estos no será igual y sus holguras para absorber la dilatación no resultan tan importantes.

Se comprobará la holgura propia de los cojinetes (radiales exclusivamente) de forma similar a la realizada en el turbo, aunque el tipo de cojinete en este caso suele ser de bolas y su holgura menor. Se procederá a la sustitución de los mismos si las holguras superan los valores que estime el fabricante.

Por último, cabe señalar que estas comprobaciones de los compresores volumétricos las podemos considerar válidas para los compresores centrífugos y los *comprex*.

6.4. Comprobación de la electroválvula moduladora de presión

En primer lugar, se comprobará que la electroválvula reciba alimentación de la UEC (hay que tener en cuenta que, si la UEC ha detectado avería en el control de la presión de sobrealimentación, esta dejará de alimentar a la electroválvula).

A continuación colocaremos un manómetro entre la válvula *waste-gate* y la electroválvula, y otro entre la admisión y la entrada de la misma electroválvula. Realizaremos una prueba en marcha comprobando que la presión en la válvula *waste-gate* ha de ser menor que la presión de admisión en el momento en que la UEC excita la electroválvula. Además, la presión en la válvula *waste-gate* y la presión de admisión han de ser iguales en el momento en que la UEC no excita la electroválvula.

6.5. Comprobación de la electroválvula moduladora de vacío

Por medio de un vacuómetro, comprobaremos la existencia de vacío proveniente del depresor. Si este es correcto, conectaremos el vacuómetro a la salida hacia la válvula reguladora de las paletas.

Conectamos un osciloscopio en la alimentación de la electroválvula y realizamos una prueba en marcha comprobando que el vacío en la válvula reguladora crece a medida que aumenta el voltaje de alimentación hacia la electroválvula. Comparamos los valores con los especificados por el fabricante y, de ser incorrectos, se deberá cambiar la electroválvula.

ACTIVIDADES FINALES

- 1. ¿Se puede utilizar un turbo de un motor de gasóleo para uno de gasolina?
- 2. ¿Por qué se usan cojinetes de bronce sinterizado en turbos pequeños? ¿Qué esfuerzos soporta cada cojinete?
- 3. ¿Por qué es necesario limitar la presión máxima de soplado?
- 4. ¿Qué es y cómo funciona la válvula de descarga *(waste-gate)*?
- 5. ¿Qué características reúne un turbocompresor de doble entrada?
- 6. ¿Qué características tiene la señal de activación de la electroválvula de control de la presión de sobrealimentación?
- 7. ¿Cómo funciona un turbo de geometría variable?, ¿qué beneficios aporta? Señala si se puede aplicar a motores de ciclo Otto y por qué.
- 8. ¿Por qué se monta la válvula Dump en algunos motores de ciclo Otto? ¿Por qué los motores de estas características no suelen llevarla todos?
- 9. ¿Por qué se montan intercambiadores de calor en los sistemas de sobrealimentación?
- 10. ¿Cómo se lubrica un turbocompresor?
- 11. ¿Dónde va ubicado el transmisor de la posición de las paletas móviles del turbo?
- 12. ¿Qué importancia tiene la información de la temperatura del líquido refrigerante de cara a la presión de sobrealimentación?
- 13. Explica el compresor volumétrico *lysholm.*
- 14. ¿Qué entiendes por tecnología de doble carga?
- 15. ¿Requiere mejor aceite un motor sobrealimentado?
- 16. ¿Qué es el *overboost*?
- 17. Localiza e identifica todos los componentes de un sistema de sobrealimentación controlado electrónicamente en un vehículo.
- 18. Efectúa el desmontaje, comprobaciones pertinentes y montaje de un turbocompresor de geometría fija y de otro de geometría variable.
- 19. Realiza la comprobación de presiones sobre vehículo en distintos sistemas de sobrealimentación.
- 20. Realiza la comprobación de una electroválvula moduladora de presión y de una electroválvula moduladora de vacío.
- 21. Realiza una lista de los sistemas de sobrealimentación que utilizan los vehículos de tu entorno.

EVALÚA TUS CONOCIMIENTOS

Resuelve en tu cuaderno o bloc de notas

1. La principal ventaja de un turbocompresor de geometría variable es:

a. Reducir el tamaño del turbo.

b. Optimizar el tiempo de respuesta del turbocompresor.

c. Aumentar la relación de compresión del motor.

d. Limitar la velocidad de rotación del motor.

2. El interés principal de un intercambiador aire-aire en un circuito de sobrealimentación es:

a. Favorecer el llenado del motor.

b. Disminuir el tiempo de respuesta del turbo.

c. Mejorar la fiabilidad del motor.

d. Limitar las emisiones de NOx.

3. La electroválvula del turbo de geometría variable controla la mecánica mediante:

a. Combinación de presión de soplado y vacío.

b. Combinación de presión atmosférica y vacío.

c. Aplicación de vacío.

d. Aplicación de presión de soplado.

4. El turbo de geometría variable sopla más:

a. Cuanto más abiertos están los álabes (más cantidad de aire).

b. Cuanto más cerrados están los álabes (más velocidad de paso).

c. Cuanto más presión se le aplica a la válvula unidireccional.

d. Depende en cada caso.

5. ¿Es verdad que los motores turboalimentados, cuando se revolucionan en retenciones, aumentan sus prestaciones de forma rápida acelerando en vez de retener?

a. Sí, ya que en esa situación los gases que accionan la turbina son abundantes y el turbo responde rápido.

b. Depende de la cilindrada del motor.

c. No, ya que los motores turboalimentados adolecen de sufrir una pérdida de prestaciones en fenómenos de retención, los gases que accionan la turbina son muy pocos, de forma que se puede llegar a tener el motor a régimen máximo y el turbo prácticamente parado.

d. Sí, ya que la mariposa se encuentra cerrada y la aspiración del motor es máxima.

6. ¿Qué incidencia tiene el tamaño de los rodetes en el comportamiento del turbo?

a. Ninguna.

b. Es determinante para evitar el retraso del turbo. A menor tamaño del rodete y menor peso, menor será el efecto retraso.

c. Es determinante en los motores diésel.

d. Es determinante en los motores de gasolina.

7. ¿Todos los turbos llevan válvula de descarga?

a. En los motores diésel sí.

b. En los motores de gasolina sí.

c. Depende de la potencia del motor.

d. No, ya que los TGV no la necesitan.

8. ¿Es verdad que un turbocompresor de geometría variable mejora el funcionamiento de la EGR?

a. Sí, ya que la geometría variable incrementa la presión en la zona de escape facilitando el paso de los gases.

b. No, ya que la geometría variable disminuye la presión en la zona de escape impidiendo el paso de los gases.

c. Sí, si se trata de un motor de alta cilindrada.

d. No, ya que el turbo y la EGR son totalmente independientes.

PRÁCTICA **PROFESIONAL**

HERRAMIENTAS

- Osciloscopio
- Vacuómetro

MATERIAL

- Motor con turbocompresor de geometría variable

Verificación de una electroválvula reguladora del turbocompresor de geometría variable

OBJETIVO

Aprender los procesos de verificación y control de una electroválvula reguladora del turbocompresor.

PRECAUCIONES

- Utilizar una ventilación adecuada en el local donde se están realizando las pruebas.
- Utilizar los útiles correctos y en buen estado.
- No intercambiar los tubos de conexión de la electroválvula.
- Verificar que dichos tubos no están agrietados o sueltos.

↑ **Figura 11.18.**

DESARROLLO

La posición de las paletas móviles de un turbocompresor de geometría variable dependerá del tiempo de excitación de la electroválvula de control del turbo.

La UEC excita a dicha electroválvula mediante impulsos de masa. Estos impulsos tienen una frecuencia fija y anchura variable. A mayor anchura de los ciclos negativos (0 V) mayor excitación de la electroválvula.

Antes del desarrollo de la práctica observemos la figura 11.18 para ver la electroválvula que estamos comprobando.

1. Con el motor en marcha, conectamos el osciloscopio entre el terminal de excitación de la electroválvula (punta +) y masa (punta -) (figura 11.19). Nos debe aparecer una tensión pulsante de forma cuadrada que, como sabemos, varía el tiempo de activación a masa en función de la carga del motor (figura 11.20).

   Una señal correcta nos indica que la UEC trabaja bien y la bobina de la electroválvula está correcta.

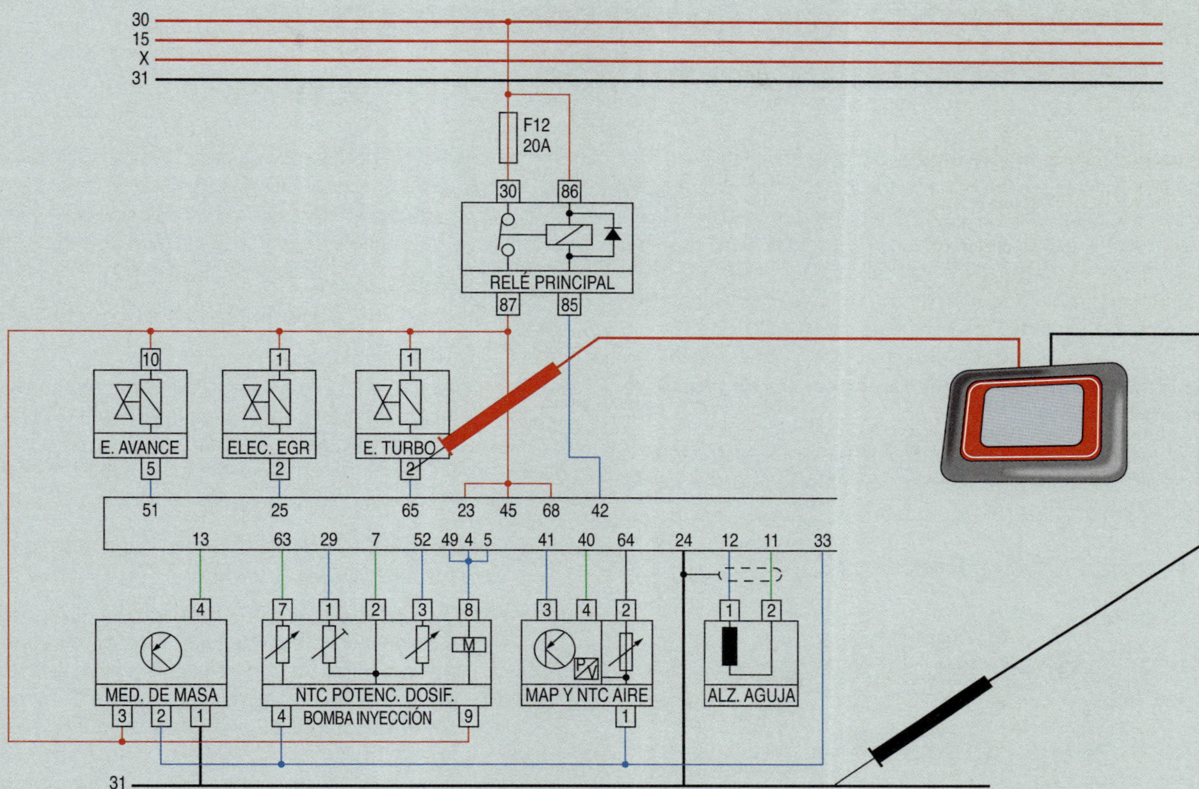

↑ **Figura 11.19.**

2. Para asegurarnos del correcto funcionamiento de la electroválvula, comprobamos que el grado de vacío que la electroválvula aplica a la cápsula neumática crece a medida que aumenta la excitación de dicha electroválvula (aumento de la línea de 0 V). Para ello conectamos el osciloscopio al terminal de excitación y a masa de la electroválvula y el vacuómetro a la entrada de la cápsula neumática (figura 11.21).

3. Comparar los valores con los especificados por el fabricante y, de no ser correctos, se debe cambiar la electroválvula, siempre que la prueba que hicimos en el punto número 1 fuera correcta.

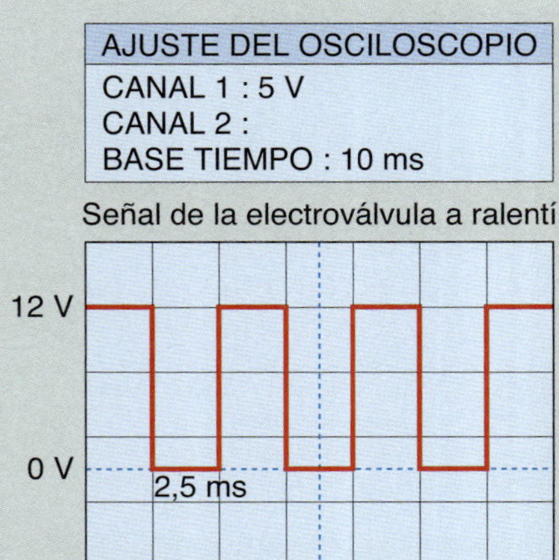

↑ **Figura 11.20.**

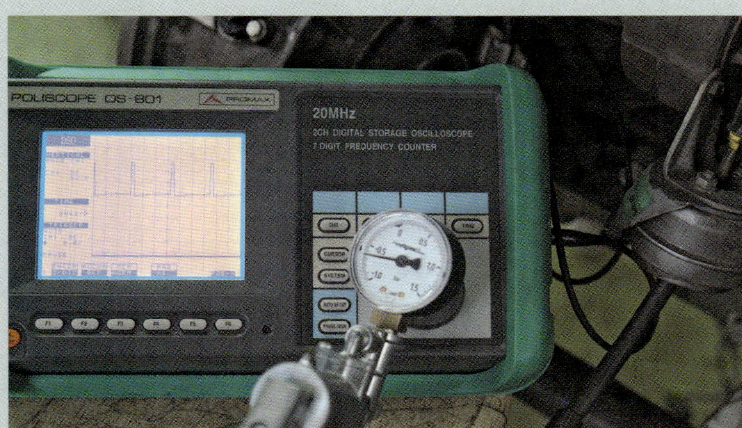

↑ **Figura 11.21.**

MUNDO **TÉCNICO**

Sobrealimentación doble con compresor y turbocompresor de escape

En los motores sobrealimentados actuales se aplica en la mayoría de los casos la sobrealimentación por turbocompresor de escape. El motor TSI 1.4 l es el primero en combinar un compresor y un turbocompresor de escape. Esto significa que, según la entrega de par solicitada, se procede a sobrealimentar el motor con ayuda de un compresor, adicionalmente a la turbo-alimentación por gases de escape.

Cuadro esquemático de los componentes de la sobrealimentación

En el cuadro esquemático siguiente se presenta la estructura de principio del sistema de la «sobrealimentación doble» y de la conducción del aire exterior aspirado.

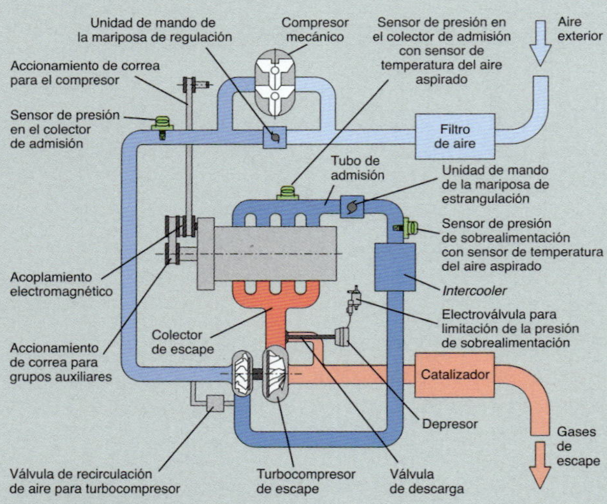

↑ **Figura 11.22.**

El aire exterior es aspirado a través del filtro. La posición de la mariposa de regulación en la unidad de mando determina si ha de fluir aire exterior a través del compresor y/o directamente a través del turbocompresor de escape.

El aire exterior pasa del turbocompresor de escape a través del *intercooler* y la unidad de mando de la mariposa de estrangulación hacia el colector de admisión.

Márgenes de trabajo de los componentes de sobrealimentación

En la gráfica se muestran los márgenes de trabajo del compresor mecánico y del turbocompresor de escape.

Según la intensidad del par solicitado, la unidad de control del motor decide si se ha de generar presión de sobrealimentación y, en caso afirmativo, decide sobre la magnitud en que esto ha de suceder. El turbocompresor de escape trabaja en todos los márgenes representados en color. Sin embargo, la energía contenida en los gases de escape a régimen bajo no resulta suficiente para generar con ella sola la presión de sobrealimentación requerida.

Margen de sobrealimentación constante del compresor

A partir de una solicitud de una entrega de par mínima específica y hasta un régimen de motor de 2.400 rpm el compresor se encuentra conectado continuamente. La sobrealimentación suministrada por el compresor se regula a través de la unidad de mando de la mariposa de regulación.

Margen de sobrealimentación del compresor en función de las necesidades

A un régimen máximo de 3.500 r.p.m. se conecta subsidiariamente el compresor si es necesario. Este es por ejemplo el caso si dentro de este margen se circula a velocidad constante y luego se acelera intensamente. Debido a la inercia de respuesta del turbocompresor se produciría aquí una aceleración retardada (bache turbo). Por este motivo se conecta aquí subsidiariamente el compresor y se alcanza lo más rápidamente posible la presión de sobrealimentación necesaria.

Margen de sobrealimentación exclusivo del turbocompresor de escape

En la zona verde el turbocompresor de escape logra generar sin ayuda externa la presión de sobrealimentación necesaria. La sobrealimentación se regula por medio de la electroválvula para limitación de la presión de sobrealimentación.

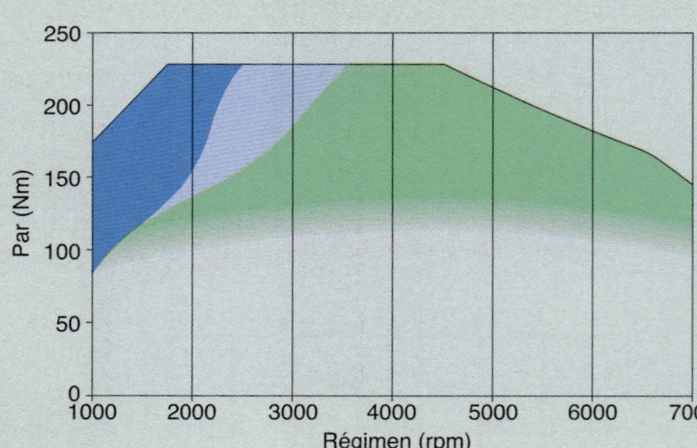

↑ **Figura 11.23.**

Fuente: Programa autodidáctico nº 359 Volkswagen
El motor TSI 1.4 l con sobrealimentación doble

EN **RESUMEN**

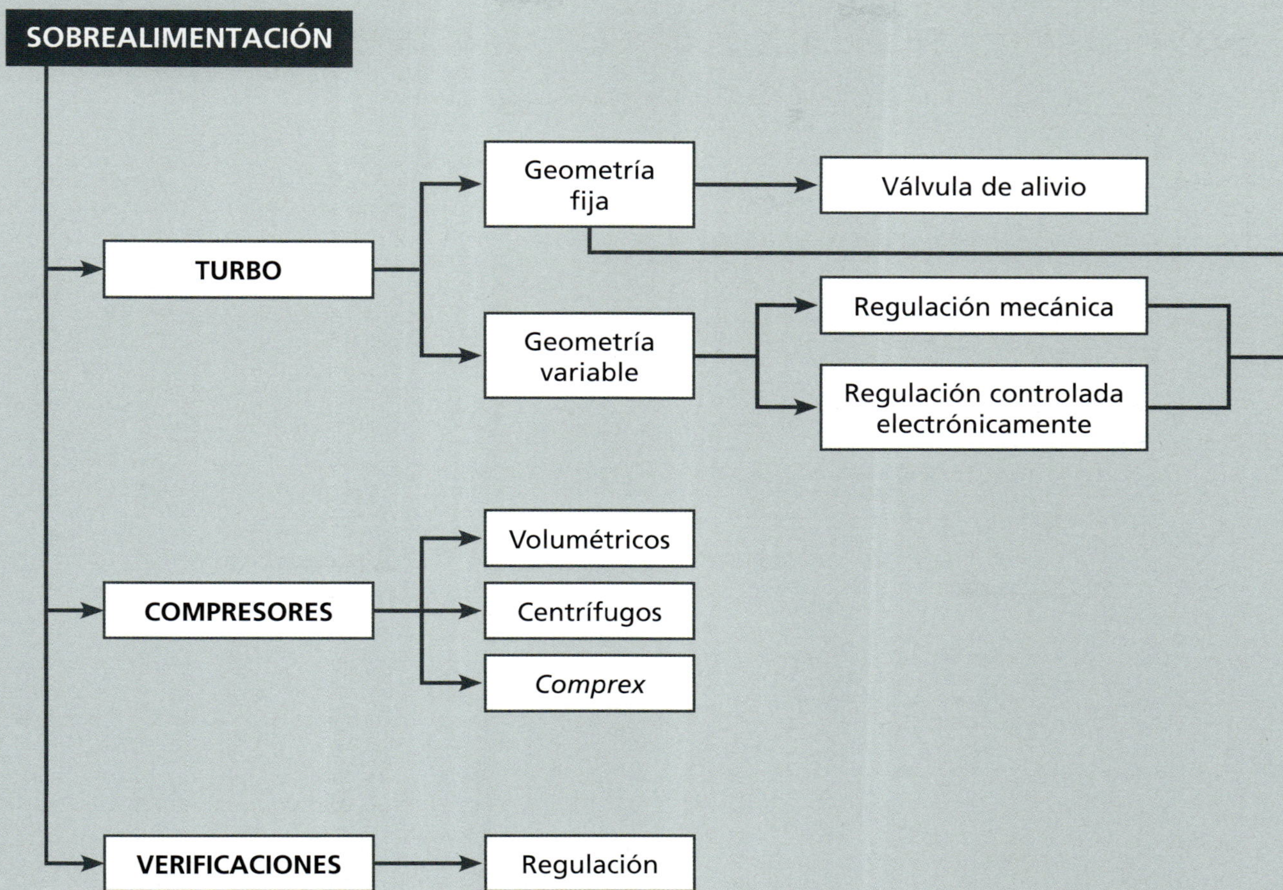

entra en internet

- 1. En las siguientes direcciones puedes encontrar más información sobre lo tratado en la unidad.
  - <http://es.wikipedia.org/wiki/Sobrealimentaci%C3%B3n>
  - <http://www.arpem.com/tecnica/tgv/tgv_p.html>
  - <http://www.youtube.com/watch?v=iykU0qZSp8Y>
  - <http://www.youtube.com/watch?v=rAloCz0objA>
  - <http://www.arpem.com/tecnica/turbo/preguntas/10_p.html>
  - <http://www.drifting.cl/foro/index.php?topic=1256.0;wap2>
  - <http://www.km77.com/glosario/t/turbdoblentra.asp>
  - <http://www.mundocruze.com/t74-gestion-electronica-de-la-presion-del-turbo>
  - <http://www.arpem.com/tecnica/desmonta_turbo/desmonta_turbo_p.html>

EVALÚA TUS CONOCIMIENTOS

UNIDADES	RESPUESTAS CORRECTAS										
	1	2	3	4	5	6	7	8	9	10	11
1	a	a	c	b	d	b	c	a	c	c	
2	b	a y c	c	d	b	b	a	a	c		
3	a	b	d	c	b	b	c	a	c	d	c
4	c	b	c	a	d	c y d	a	d	b	d	
5	a	a	c	a	b	c	a, b, c y d	a y b	c		
6	c	c	b	d	b	a	c	d	b	c	
7	a	c	d	b	a	c	a	b	d	d	
8	b	a	d	b	a	d	d	c	c	d	
9	d	c	a (V) b, c y d (F)	b (V) a, c y d (F)	d	a	b	a, b y c	c		
10	d	a	b	b	d	c	a	b	a		
11	b	a	b	b	c	b	d	a			

Edición: Javier Ablanque

Diseño de cubierta: Paso de Zebra

Fotocomposición, maquetación
y realización de gráficos: J.B. Estudio Gráfico y Editorial, S. L.

Fotografías: Age fotostock, Audi, autor, AVL, BMW, BOSCH, Bougicord, Citroën, Ducellier, Esteban José Domínguez, Fiat, Ford, Freak, Fulmen, Julián Ferrer, km77.com, Lucas, Mann, Mercedes, Mitsubishi, NGK, Opel, Peugeot, Purflux, Renault, Rogen, Seat, Volkswagen y archivo Editex

Dibujos: J.B. Estudio Gráfico y Editorial, S. L.

Preimpresión: José Ciria

Dirección de producción: Santiago Agudo

Agradecimientos a las empresas de A Coruña: Facal, Duro, José Montes, Marcote, Lema Rodríguez, Manuel Espasandín, Guerrero, Carrera, Senra Sport S.L., Casty Romer S.L., Tambre Diesel, Coruña Diesel S.L., Automóviles Miguel Álvarez, Torrente Automociones, Auto-Reparación Vidal S.L., Talleres Rojo, Oza Motor S.A., Motorsoft Europe S.L., Edelmiro Rodríguez S.L; de Xinzo de Limia (Orense): Suministros de Inyección Diesel Guilera e Hijos S.L.; de Vigo: London Diesel; de Cuenca: VW Audi Turismos Villar; a Fonos y Repsol; a la Consejería de Educación y Ordenación Universitaria de la Junta de Galicia, a Ramiro Calvo Carnota, a Juan Carlos Dorado Herbón, a Ramón Feijoo Revilla, a Urbano Fernández Oliveros, a José Manuel Grille Martínez y a Javier Iglesia Anllo.

El presente material didáctico ha sido creado por iniciativa y bajo la coordinación de **Editorial Editex, S. A.**, conforme a su propio proyecto editorial.

Vía Dos Castillas, 33. C.E. Ática 7, edificio 3, planta 3ª, oficina B
28224 Pozuelo de Alarcón (Madrid)
ISBN: 978-84-9003-289-3
Depósito Legal: M-19051-2012

Imprime: Gráficas Muriel
Impreso en España - *Printed in Spain*